Luftverkehr
Eine ökonomische und politische Einführung

Wilhelm Pompl

Luftverkehr

Eine ökonomische
und politische Einführung

Unter Mitarbeit von
Markus Schuckert und Claudia Möller

Fünfte, überarbeitete Auflage

Mit 102 Abbildungen

Professor Dr. Wilhelm Pompl
Hochschule Heilbronn
Max-Planck-Str. 39
74081 Heilbronn
Deutschland
pompl@hs-heilbronn.de

Claudia Möller
Markus Schuckert
Kaiserjägerstr. 4a
6020 Innsbruck
Österreich
markus@schuckert.de
mail@claudiamoeller.de

ISBN-10 3-540-32752-5 Springer Berlin Heidelberg New York
ISBN-13 978-3-540-32752-3 Springer Berlin Heidelberg New York
ISBN 3-540-42656-6 4. Auflage Springer Berlin Heidelberg New York

Bibliografische Information der Deutschen Nationalbibliothek
Die Deutsche Nationalbibliothek verzeichnet diese Publikation in der Deutschen Nationalbibliografie; detaillierte bibliografische Daten sind im Internet über http://dnb.d-nb.de abrufbar.

Dieses Werk ist urheberrechtlich geschützt. Die dadurch begründeten Rechte, insbesondere die der Übersetzung, des Nachdrucks, des Vortrags, der Entnahme von Abbildungen und Tabellen, der Funksendung, der Mikroverfilmung oder der Vervielfältigung auf anderen Wegen und der Speicherung in Datenverarbeitungsanlagen, bleiben, auch bei nur auszugsweiser Verwertung, vorbehalten. Eine Vervielfältigung dieses Werkes oder von Teilen dieses Werkes ist auch im Einzelfall nur in den Grenzen der gesetzlichen Bestimmungen des Urheberrechtsgesetzes der Bundesrepublik Deutschland vom 9. September 1965 in der jeweils geltenden Fassung zulässig. Sie ist grundsätzlich vergütungspflichtig. Zuwiderhandlungen unterliegen den Strafbestimmungen des Urheberrechtsgesetzes.

Springer ist ein Unternehmen von Springer Science+Business Media

springer.de

© Springer-Verlag Berlin Heidelberg 1989, 1991, 1992, 2002, 2007

Die Wiedergabe von Gebrauchsnamen, Handelsnamen, Warenbezeichnungen usw. in diesem Werk berechtigt auch ohne besondere Kennzeichnung nicht zu der Annahme, dass solche Namen im Sinne der Warenzeichen- und Markenschutz-Gesetzgebung als frei zu betrachten wären und daher von jedermann benutzt werden dürften.

Umschlaggestaltung: WMXDesign, Heidelberg
Herstellung: LE-TEX Jelonek, Schmidt & Vöckler GbR, Leipzig
SPIN 11682226   42/3153-5 4 3 2 1 0 – Gedruckt auf säurefreiem Papier

Vorwort zur fünften Auflage

Auch im Luftverkehr ist nichts beständiger als der Wandel, er hat in den letzten Jahren sowohl aus ordnungspolitischer als auch aus betriebswirtschaftlicher Sicht erhebliche Dynamik erfahren. Dies machte zwar keine Veränderungen im Aufbau des Buches, jedoch eine umfassende Aktualisierung der meisten Kapitel notwendig. Dabei wurden historische Darstellungen soweit beibehalten, als es zum Verständnis von Entwicklungsprozessen – etwa der Liberalisierungsfolgen und Allianzbildungen – notwendig erscheint. Der Sachstand schließt alle Ereignisse bis Sommer 2006 sowie die bis dahin veröffentlichten Zahlen ein. Aus inhaltlichen und didaktischen Erwägungen werden bestimmte Themenkomplexe in den Anfangskapiteln zunächst allgemein dargestellt und in späteren Kapiteln dann auf reale Erscheinungen im Luftverkehr angewendet. Diese nur scheinbare Tautologie soll das grundsätzliche Verständnis der wirtschaftlichen und politischen Zusammenhänge fördern und die Interpretation der aktuellen Entwicklungen erleichtern.

Die Überarbeitung und Aktualisierung dieser Ausgabe erfolgte als Kooperation in einem Team, das sich Anfang dieses Jahrzehnts durch das gemeinsame Interesse am Luftverkehr an der Hochschule Heilbronn gefunden hatte und seitdem trotz der räumlichen Trennung (Claudia Möller und Markus Schuckert schließen gerade ihre Promotionen an der Universität Innsbruck ab) mehrere gemeinsame Veröffentlichungen zum Luftverkehrsmanagement verfasste. Im Einzelnen haben federführend Wilhelm Pompl die Funktionen des Luftverkehrs, die Grundlagen und die Neueren Entwicklungen der Luftverkehrspolitik übernommen, Claudia Möller die Nachfrageseite, Preise und Distribution sowie Markus Schuckert die Einführung, Grundlagen, Angebotsseite und den Ausblick. Format, Layout und Verzeichnisse wurden von Claudia Möller bearbeitet. Letztendlich bleibt die Verantwortung für das Buch aber bei Wilhelm Pompl.

Unser Dank hat wiederum zunächst den kritischen Lesern der vorhergehenden Auflagen zu gelten, die auf Unklarheiten der Darstellung und auf Verbesserungsmöglichkeiten hinwiesen. Viele wichtige Informationen und Materialien stammen von Praktikern aus der Luftverkehrswirtschaft. Dem Kollegen Prof. Dr. Frank Fichert danke ich für seine wertvolle Unterstützung. Herr Amtsrat M. Schanbacher, der Leiter der Bibliothek der Hochschule Heilbronn und seine Mitarbeiter sind nicht nur für den umfassenden und ständig wachsenden Bestand an Luftverkehrsliteratur zu begeistern, sie ermöglichten wie immer den Zugang zu mitunter nur schwer zu beschaffender Literatur. Die Betreuung des Buches und seiner inzwischen vier Neuauflagen liegt bereits seit 1988 in den Händen des Springer Verlages und im Besonderen von Dr. Werner A. Müller. Für Detailfragen der aktuellen Auflage war Frau Manuela Ebert ein fürsorglicher und kompetenter Ansprechpartner. Beiden ein herzliches Dankeschön für die gute Zusammenarbeit.

Heilbronn/Innsbruck, im August 2006

Claudia Möller, Wilhelm Pompl, Markus Schuckert

Vorwort zur ersten Auflage

Mit der steigenden Zahl der touristischen und verkehrswirtschaftlichen Studiengänge an den Hochschulen der Bundesrepublik und in vielen europäischen Nachbarstaaten wuchs in den letzten Jahren das Interesse am internationalen Luftverkehr als einem der wichtigsten Leistungsträger des Urlaubs- und Geschäftsreiseverkehrs zunehmend. Dabei zeigte sich, daß gerade für die Studienanfänger kein Lehrbuch vorhanden war, das die politischen, ökonomischen und betrieblichen Aspekte dieses Verkehrszweiges behandelt. Früher erschienene Monographien sind entweder vergriffen oder durch die gewaltigen wirtschaftlichen und luftverkehrspolitischen Entwicklungen der letzten Jahrzehnte veraltet.

Zielgruppen dieses Buches sind vor allem die Studierenden, die sich erstmals mit der komplexen Materie des Luftverkehrs befassen. Ihnen soll damit jedoch keine Betriebswirtschaftslehre der Luftverkehrsunternehmen angeboten werden, sondern ein Überblick über die theoretische und politische Eingliederung des Luftverkehrs und seine aktuellen Erscheinungsformen; darüber hinaus wird das praktische "Handwerkszeug" für eine berufliche Tätigkeit in der Flugtouristik dargestellt.

Inhalt und Aufbau des Buches resultieren aus der Erfahrung von mehr als einem Dutzend Vorlesungen und Seminaren zu diesem Themenbereich. Die für ein Lehrbuch umfangreich erscheinenden Quellenangaben und das ausführliche Literaturverzeichnis begründen sich in der Intention, dem Leser die Suche nach weiterführender Information zu erleichtern. Schon die permanenten Veränderungen des politischen Handlungsrahmens in der Europäischen Gemeinschaft machen es notwendig, daß der am Luftverkehr Interessierte sich durch einen schnellen Zugang zu den Fachzeitschriften und Tarifwerken auf den aktuellen Informationsstand bringen kann.

Zu Dank verpflichtet bin ich mehreren Generationen von Studentinnen und Studenten, deren Fragen und Anregungen den Inhalt dieses Buches mitbestimmten, ebenso meinem Kollegen Prof. Dr. Rainald Taesler für gemeinsame interdisziplinäre Veranstaltungen an der Fachhochschule Heilbronn und seine mir geduldig erteilte juristische Nachhilfe, Prof. Rigas Doganis vom Polytechnic of Central London für die Zustimmung zur Übernahme einiger Graphiken, Frau Alexandra Föll, die die Verzeichnisse anfertigte und, ebenso wie Herr Günter Friedrich, das Manuskript korrigierte, sowie Herrn Ralf Baumbach für das Erstellen der Schaubilder.

Heilbronn, im August 1988

Wilhelm Pompl

Inhaltsübersicht

1 Einführung 1

2 Grundlagen des Luftverkehrs 17
   2.1 Das System Luftverkehrswirtschaft 17
   2.2 Erscheinungsformen des Luftverkehrs 31
   2.3 Spezifische Charakteristika des Luftverkehrs 43

3 Funktionen des Luftverkehrs 51
   3.1 Luftverkehr als "öffentliches Interesse" 51
   3.2 Wirtschaftliche Funktionen 52
   3.3 Politische Funktionen 63
   3.4 Gesellschaftliche Funktionen 65
   3.5 Ökologische Dysfunktionen 67

4 Die Angebotsseite des Luftverkehrsmarktes 79
   4.1 Produkte 79
   4.2 Fluggesellschaften 99
   4.3 Flugplätze 162
   4.4 Luftfahrtindustrie 180
   4.5 Umweltmanagement der Unternehmen 188

5 Die Nachfrageseite des Luftverkehrsmarktes 195
   5.1 Marktsegmente 195
   5.2 Determinanten der Nachfrage 204
   5.3 Substitutionswettbewerb 217
   5.4 Struktur der Nachfrage der Bundesrepublik Deutschland 221

6 Flugpreise 225
   6.1 Begriffserläuterungen 225
   6.2 Preisbildung 230
   6.3 Tarifkoordination 242
   6.4 IATA-Tarifsystem 252
   6.5 Flugpreisberechnung 268
   6.6 Tarifeinhaltung 276
   6.7 Alternative Flugpreissysteme 278

7 Die Distribution 281
7.1 Begriff 281
7.2 Distributionswege 282
7.3 Computerreservierungssysteme 294
7.4 Online-Vertrieb 313
7.5 Abrechnungsverfahren 329

8 Luftverkehrspolitik 333
8.1 Einführung 333
8.2 Die Luftverkehrspolitik der Bundesrepublik Deutschland 344
8.3 Finanzpolitische Instrumente 354
8.4 Ordnungspolitische Instrumente 359
8.5 Staatliche Umweltpolitik 375
8.6 Aktuelle Aspekte der Deutschen Luftverkehrspolitik 387

9 Neue Entwicklungen in der Luftverkehrspolitik 395
9.1 Änderung der luftverkehrspolitischen Ordnungsvorstellungen ... 395
9.2 Die Luftverkehrspolitik der USA 397
9.3 Liberalisierung in Europa 418
9.4 Liberalisierungsschritte der europäischen Luftverkehrspolitik ... 429
9.5 Flankierende europäische Regelungen 452
9.6 Weltluftverkehr: Liberalisierung und Plurilateralismus 495

10 Ausblick 501

Inhaltsverzeichnis

1 Einführung 1

2 Grundlagen des Luftverkehrs 17
   2.1 Das System Luftverkehrswirtschaft 17
      2.1.1 Zum Begriff Luftverkehr 17
      2.1.2 Staatliche Komponenten des Systems 18
         2.1.2.1 Nationale Organe 18
         2.1.2.2 Internationale Institutionen 20
      2.1.3 Privatrechtliche Komponenten des Systems 24
         2.1.3.1 Interessenverbände 24
         2.1.3.2 Infrastrukturträger und Dienstleister 29
         2.1.3.3 Luftfahrtindustrie 30
         2.1.3.4 Finanzierungsinstitutionen 31
   2.2 Erscheinungsformen des Luftverkehrs 31
      2.2.1 Linienflugverkehr 31
      2.2.2 Gelegenheitsverkehr 35
         2.2.2.1 Abgrenzung des Gelegenheitsverkehrs 35
         2.2.2.2 Kategorien des Gelegenheitsverkehrs 38
      2.2.3 Bedarfsflugverkehr mit festen Flugzeiten 40
      2.2.4 Sonstige Luftverkehrsarten 41
      2.2.5 Abgrenzung nach Entfernungsgebieten 41
   2.3 Spezifische Charakteristika des Luftverkehrs 43
      2.3.1 Eigenschaften des Produktes 43
      2.3.2 Besonderheiten der Nachfrage 45
      2.3.3 Charakteristika des Angebotes 46

3 Funktionen des Luftverkehrs 51
   3.1 Luftverkehr als „öffentliches Interesse" 51
   3.2 Wirtschaftliche Funktionen 52
      3.2.1 Grundvoraussetzung einer Volkswirtschaft 52
      3.2.2 Beitrag zur Bruttowertschöpfung 53
      3.2.3 Arbeitsplätze 57
      3.2.4 Regionale Wachstumsimpulse 58

3.2.5 Beitrag zum Außenhandel 61
3.2.6 Staatseinnahmen 62
3.3 Politische Funktionen 63
3.3.1 Transportautarkie 63
3.3.2 Unterstützung der Außenpolitik 63
3.3.3 Militärische Bedeutung 64
3.4 Gesellschaftliche Funktionen 65
3.4.1 Sicherstellung der freien Mobilität 65
3.4.2 Integration von Staat und Gesellschaft 66
3.4.3 Hilfs- und Rettungsfunktionen 66
3.5 Ökologische Dysfunktionen 67
3.5.1 Einführung 67
3.5.2 Schadstoffemissionen... 69
3.5.3 Lärm 75
3.5.4 Energieverbrauch 77
3.5.5 Landschaftsverbrauch 77

4 Die Angebotsseite des Luftverkehrsmarktes 79
4.1 Produkte 79
4.1.1 Passage 79
4.1.1.1 Produkt Flugbeförderung 79
4.1.1.2 Produktkomponenten 82
4.1.1.3 Servicekette 85
4.1.1.4 Kundenbindungsprogramme 89
4.1.2 Fracht 93
4.1.3 Post 98
4.2 Fluggesellschaften 99
4.2.1 Unternehmenstypen 99
4.2.2 Geschäftssysteme 103
4.2.2.1 Überblick 103
4.2.2.2 Full Service Network Carrier 104
4.2.2.3 Low Cost-Carrier 106
4.2.2.4 Der Chartermodus 112
4.2.2.5 Gegenüberstellung der Geschäftssysteme 114
4.2.2.6 Stärken- und Schwächenanalyse des
FSNC-Geschäftssystems 118

4.2.3 Unternehmensstrategien 123
    4.2.3.1 Business-Modelle 123
    4.2.3.2 Optionen für neue Business-Modelle 126
    4.2.3.3 Produkt-/Marktstrategien 128
    4.2.3.4 Konkurrenzstrategien 131
4.2.4 Unternehmensverbindungen.. 133
    4.2.4.1 Überblick.. 133
    4.2.4.2 Operative Beziehungen 136
    4.2.4.3 Code Sharing.. 139
4.2.5 Strategische Allianzen.. 143
    4.2.5.1 Einführung 143
    4.2.5.2 Formen Strategischer Allianzen 147
    4.2.5.3 Beschaffungsallianzen... 152
4.2.6 Unternehmensbeteiligung und Fusion 153
4.2.7 Probleme strategischer Unternehmensverbindungen 159

4.3 Flugplätze 162
  4.3.1 Definition 162
  4.3.2 Aufgaben... 166
    4.3.2.1 Verkehrsstation Flughafen 166
    4.3.2.2. Hub and Spoke-Systeme 168
    4.3.2.2 Wirtschaftsunternehmen Flughafen 171
    4.3.2.3 Flughafenmarketing 174
  4.3.3 Wirtschaftsfaktor Flughafen... 177
  4.3.4 Kapazitätsprobleme... 178

4.4 Luftfahrtindustrie 180
  4.4.1 Flugzeughersteller... 180
  4.4.2 Triebwerkhersteller 185
  4.4.3 Finanzierungsinstitutionen 186

4.5 Umweltmanagement der Unternehmen 188
  4.5.1 Umweltschutz als Unternehmensziel 188
  4.5.2 Fluggesellschaften... 191
  4.5.3 Flughäfen 192

5 Die Nachfrageseite des Luftverkehrsmarktes.. 195

5.1 Marktsegmente... 195
  5.1.1 Einteilung nach Reiseanlass.. 195
  5.1.2 Berufliche Reisen 196
  5.1.3 Privatreisen 199
  5.1.4 Anforderungen an das Produkt Flugreise 201

5.2 Determinanten der Nachfrage 204
    5.2.1 Überblick 204
    5.2.2 Wirtschaftliche Entwicklung 205
        5.2.2.1 Wirtschaftswachstum 205
        5.2.2.2 Konjunkturelle Entwicklung 207
        5.2.2.3 Haushaltseinkommen 208
        5.2.2.4 Urlaubsdauer 209
    5.2.3 Soziale Entwicklungen 210
    5.2.4 Reisebeschränkungen und Ausnahmeereignisse 213
    5.2.5 Preiselastizität der Nachfrage 214
5.3 Substitutionswettbewerb 217
    5.3.1 Konkurrierende Verkehrsmittel 217
    5.3.2 Neue Kommunikationstechniken 220
5.4 Struktur der Nachfrage der Bundesrepublik Deutschland 221

6 Flugpreise 225
6.1 Begriffserläuterungen 225
    6.1.1 Tarife 225
    6.1.2 Tarifpositionen 226
6.2 Preisbildung 230
    6.2.1 Kriterien der Preisbildung 230
    6.2.2 Preisbildungsstrategien 234
    6.2.3 Preisdifferenzierung 236
        6.2.3.1 Theorie der Preisdifferenzierung 236
        6.2.3.2 Ziele der Preisdifferenzierung 237
        6.2.3.3 Formen der Preisdifferenzierung 238
6.3 Tarifkoordination 242
    6.3.1 Historische Entwicklung 242
    6.3.2 Multilaterale Tarifkoordination 244
        6.3.2.1 IATA-Konferenzsystem 244
        6.3.2.2 Kritische Würdigung der IATA-Tarifkoordination 245
        6.3.2.3 Sonstige multilaterale Ansätze 250
    6.3.3 Bilaterale Tarifkoordination 251
6.4 IATA-Tarifsystem 252
    6.4.1 Die Entwicklung von Tarif- und Beförderungsklassen 252
    6.4.2 Der IATA-Normaltarif 255
    6.4.3 Ermäßigungen auf den IATA-Normaltarif 257

6.4.4 Sonderflugpreise im IATA-Tarifsystem 260
 6.4.4.1 Sonderflugpreise für Einzelpersonen 260
 6.4.4.2 Sonderflugpreise für Gruppen 264
6.4.5 Kombinationstarife 265
6.4.6 Sondergebühren 266
6.4.7 Reisegepäck-Bestimmungen 266
6.4.8 Steuern und Gebühren 267

6.5 Flugpreisberechnung 268
 6.5.1 Begriffsbestimmungen 268
 6.5.2 Berechnung auf Entfernungsbasis 270
  6.5.2.1 Meilensystem 270
  6.5.2.2 Höher tarifierte Zwischenorte
   (Higher rated Intermediate Points) 271
  6.5.2.3 Flugreisen mit Oberflächentransport
   (Surface Transportation Segments) 271
  6.5.2.4 Klassendifferenzen (Mixed Class Travel) 272
 6.5.3 Kombination von Teilstreckentarifen 272
 6.5.4 Mindestflugpreise 273
 6.5.5 Währungssystem NUC (Neutral Unit of Construction) 273
 6.5.6 Verkaufs- und Ausstellungsort 275
 6.5.7 Gültigkeit der Flugpreise 276

6.6 Tarifeinhaltung 276

6.7 Alternative Flugpreissysteme 278

7 Die Distribution 281

7.1 Begriff 281

7.2 Distributionswege 282
 7.2.1 Direkter Vertrieb 282
 7.2.2 Indirekter Vertrieb 285
 7.2.3 Agenturen 287
  7.2.3.1 IATA-Agentur 287
  7.2.3.2 Non-IATA-Agentur 289
  7.2.3.3 Agenturprovisionen 290

7.3 Computerreservierungssysteme 294
 7.3.1 Bedeutung 294
 7.3.2 Konzeption eines CRS 298
 7.3.3 Wettbewerbswirkungen 301

7.3.4 Globale Distributionssysteme 303
  7.3.4.1 Entwicklung 303
  7.3.4.2 Die bedeutendsten GDS 306
  7.3.4.3 Leistungsangebot von AMADEUS 311
7.4 Online-Vertrieb 313
  7.4.1 Einführung 313
  7.4.2 Aspekte des Online-Vertriebs 316
  7.4.3 Anbieter im Online-Vertrieb 323
  7.4.4 Konzeption des Internetauftritts 325
  7.4.5 Elektronisches Ticketing 327
7.5 Abrechnungsverfahren 329
  7.5.1 Abrechnung zwischen Agenturen und Fluggesellschaften ... 329
  7.5.2 Abrechnung zwischen den Fluggesellschaften 330

8 Luftverkehrspolitik 333

8.1 Einführung 333
  8.1.1 Zum Begriff Luftverkehrspolitik 333
  8.1.2 Die Begründung staatlicher Einflüsse 335
  8.1.3 Instrumente der Luftverkehrspolitik 342
8.2 Die Luftverkehrspolitik der Bundesrepublik Deutschland 344
  8.2.1 Historischer Überblick 344
  8.2.2 Organisation der Luftverkehrsverwaltung 346
  8.2.3 Ordnungspolitische Rahmenbedingungen 347
  8.2.4 Ziele der staatlichen Luftverkehrspolitik 349
8.3 Finanzpolitische Instrumente 354
  8.3.1 Kapitalbeteiligungen 354
  8.3.2 Finanzhilfen 357
  8.3.3 Steuervergünstigungen 358
8.4 Ordnungspolitische Instrumente 359
  8.4.1 Marktzulassung 359
    8.4.1.1 Funktion der Marktzulassung 359
    8.4.1.2 Nationale Betriebsgenehmigung 360
    8.4.1.3 Nationale Fluglinengenehmigung 362
    8.4.1.4 Bilaterale Fluglinengenehmigung 363
    8.4.1.5 Multilaterale Fluglinengenehmigung 367
    8.4.1.6 Ein- und Ausfluggenehmigung im Gelegenheitsverkehr 368

8.4.2 Kapazitätsregelung 370
    8.4.2.1 Ziele der Kapazitätsregelung 370
    8.4.2.2 Kapazitätsregelung im Linienverkehr 372
    8.4.2.3 Regelungen im Gelegenheitsverkehr 373
8.4.3 Tarifgenehmigung 373
8.4.4 Kooperationen und Beteiligungen 374
8.5 Staatliche Umweltpolitik 375
    8.5.1 Ökologie versus Ökonomie 375
    8.5.2 Lärmschutzpolitik 376
    8.5.3 Klimaschutzpolitik 378
8.6 Aktuelle Aspekte der Deutschen Luftverkehrspolitik 387
    8.6.1 Luftverkehrspolitik des Bundes 387
    8.6.2 Luftverkehrspolitik der Länder 390
    8.6.3 Kritik an der gegenwärtigen Luftverkehrspolitik 391

9 Neue Entwicklungen in der Luftverkehrspolitik 395

9.1 Änderung der luftverkehrspolitischen Ordnungsvorstellungen 395
9.2 Die Luftverkehrspolitik der USA 397
    9.2.1 Die Deregulierung des Inlandsmarktes 397
    9.2.2 Bilanz der Deregulierung 400
    9.2.3 Deregulierung des internationalen Luftverkehrs 413
    9.2.4 Zusammenfassende Beurteilung der Deregulierung 416
9.3 Liberalisierung in Europa 418
    9.3.1 Grundlagen der EG-Verkehrspolitik 418
    9.3.2 Die Anwendbarkeit des EWG-Vertrages auf den Luftverkehr 424
    9.3.3 Interessenkonflikte 427
9.4 Liberalisierungsschritte der europäischen Luftverkehrspolitik 429
    9.4.1 Der Weg zur Liberalisierung 429
        9.4.1.1 Neue bilaterale Abkommen seit 1984 429
        9.4.1.2 ECAC-Agreements von 1987 430
        9.4.1.3 Richtlinie Interregionalverkehr 430
        9.4.1.4 Erstes Liberalisierungspaket 1987 431
        9.4.1.5 Zweites Liberalisierungspaket 1990 433
    9.4.2 Drittes Liberalisierungspaket 1992 437
        9.4.2.1 Betriebsgenehmigung 437
        9.4.2.2 Streckengenehmigung 438
        9.4.2.3 Flugpreise und Tarife 440
    9.4.3 Zwischenbilanz 1996 443

9.5 Flankierende europäische Regelungen 452
    9.5.1 Überblick 452
    9.5.2 Wettbewerb 453
        9.5.2.1 Beihilfen für Fluggesellschaften und Flughäfen 454
        9.5.2.2 Slotzuweisung 459
        9.5.2.3 CRS-Verhaltenskodex 462
        9.5.2.4 Bodenabfertigung 463
        9.5.2.5 Kooperations- und Fusionskontrolle 465
    9.5.3 Verbraucherinteressen 470
        9.5.3.1 Nichtbeförderung, Annullierung, große Verspätung 470
        9.5.3.2 Erleichterung der Ein- und Ausreiseformalitäten 473
    9.5.4 Umwelt 474
    9.5.5 Sicherheit 477
        9.5.5.1 Flugsicherheit 477
        9.5.5.2 Luftsicherheit 480
    9.5.6 Flugverkehrsmanagement 482
    9.5.7 Luftverkehrsaußenpolitik 485
        9.5.7.1 Bestehende bilaterale Luftverkehrsabkommen 485
        9.5.7.2 Gemeinsamer Europäischer Luftverkehrsraum 489
        9.5.7.3 Umfassende Luftverkehrsabkommen
                mit Schlüsselstaaten 490
    9.5.8 Anstehende Regelungen 492
9.6 Weltluftverkehr: Liberalisierung und Plurilateralismus 495

10 Ausblick 501

Quellenverzeichnis 511

Linkliste 567

Sachverzeichnis 569

Abbildungsverzeichnis

Abb. 1.1.	Entwicklung des Fluglinienverkehrs der ICAO-Staaten 1929 bis 2005	2
Abb. 1.2.	Die wichtigsten Verkehrsströme des Linienverkehrs 2005	4
Abb. 1.3.	Entwicklung der Fracht- und Postbeförderung 1930-2005	5
Abb. 1.4.	Entwicklung der Passagierzahlen im Linien- und Gelegenheitsverkehr der Bundesrepublik Deutschland 1955-2005	7
Abb. 1.5.	Unternehmensergebnisse (netto) im Linienflugverkehr 1985-2005 (in Mrd. US$)	8
Abb. 1.6.	Entwicklung der Sicherheit im Weltluftverkehr 1959-2004	9
Abb. 1.7.	Nachfragerückgang in den Wochen nach 9/11	12
Abb. 2.1.	Das System Luftverkehrswirtschaft	18
Abb. 2.2.	Europäische Institutionen des Luftverkehrs	22
Abb. 2.3.	Erscheinungsformen des Luftverkehrs	32
Abb. 2.4.	Verkehrskategorien des Gelegenheitsverkehrs	38
Abb. 2.5.	Technologiesprünge im Transport und deren Auswirkungen auf die Reisezeiten	44
Abb. 2.6.	Kostenstruktur einer Fluggesellschaft	48
Abb. 2.7.	Beispiel einer Streckenergebnisrechnung	49
Abb. 3.1.	Weltluftverkehr: Beitrag zum Bruttoinlandsprodukt und Arbeitsplätze	58
Abb. 3.2.	Weltwirtschaft und Welthandel	61
Abb. 3.3.	Übersicht über wesentliche luftverkehrsbedingte Umweltbelastungen	68
Abb. 3.4.	Verbrennung von 1 kg Kerosin	70
Abb. 3.5.	Atmosphäreschichten der Erde	71
Abb. 3.6.	Erderwärmung 1860-2000	72
Abb. 3.7.	Energieverbrauch und direkte Schadstoffemissionen des Luftverkehrs der Bewohner Deutschlands	73
Abb. 3.8.	Landschaftsverbrauch und Verkehrsleistung unterschiedlicher Verkehrsträger in Deutschland	78
Abb. 4.1.	Total Service Quality	81
Abb. 4.2.	Servicekette	87
Abb. 4.3.	Vielfliegerprogramme von Lufthansa und British Airways	92
Abb. 4.4.	Traditionelle und integrierte Transportkette im Luftfrachtverkehr	97
Abb. 4.5.	Die größten Fluggesellschaften 2005	100
Abb. 4.6	Cost advantages of low-cost carriers on short-haul routes	108
Abb. 4.7.	Preisvergleich Low Cost-Airlines	111
Abb. 4.8.	Gegenüberstellung von Full Service- und Low Cost-Konzept	115
Abb. 4.9.	Gegenüberstellung von Chartermodus und Low Cost-Airline	116
Abb. 4.10.	Überschneidung von Marktsegmenten	118
Abb. 4.11.	Konzernziele Lufthansa	124
Abb. 4.12.	Alternative airline business models	125
Abb. 4.13.	Modulare Strategie am Beispiel der Lufthansa	127
Abb. 4.14.	Arten von Unternehmensverbindungen	133

Abb. 4.15.	Übersicht Allianzen	151
Abb. 4.16.	Beteiligungsverhältnisse (<5%) bei ausgewählten Fluggesellschaften	157
Abb. 4.17.	Ausgewählte Beteiligungen, Fusionen und Übernahmen seit 2001	158
Abb. 4.18.	Die größten Flughäfen nach Passagieranzahl	162
Abb. 4.19.	Flughafen-Klassifizierung	163
Abb. 4.20.	Organisationsformen europäischer Flughäfen	164
Abb. 4.21.	Beteiligungen an ausgewählten Flughäfen in Deutschland	165
Abb. 4.22.	Vorteile eines Netzwerkes	170
Abb. 4.23.	Auswirkungen des Hubbings auf die Anzahl möglicher Flugverbindungen	171
Abb. 4.24.	Gesamtertrag der internationalen Verkehrsflughäfen in Deutschland 2005	172
Abb. 4.25.	Übersicht Auslieferungen Airbus und Boeing 1995-2010.	182
Abb. 4.26.	Übersicht Triebwerkshersteller Jahr 2005	185
Abb. 4.27.	Übersicht Leasingunternehmen Jahr 2005	187
Abb. 4.28.	Ausgewählte Umweltziele des Lufthansa Konzerns	190
Abb. 4.29.	Zehn-Punkte-Programm des Flughafens Frankfurt/Main	193
Abb. 5.1.	Marktsegmentierung nach Reiseanlass	195
Abb. 5.2.	Geschäftsreiseaktivität 2004/2005	197
Abb. 5.3.	Marktsegmente Geschäftsreisemarkt	198
Abb. 5.4.	Marktsegmente Privatreisemarkt	200
Abb. 5.5.	Produktanforderungen der unterschiedlichen Nachfragergruppen	201
Abb. 5.6.	Anforderungen von Geschäftsreisenden an Fluggesellschaften (in %)	202
Abb. 5.7.	Determinanten der Nachfrage im Luftverkehr	205
Abb. 5.8.	Wachstumsraten des Weltbruttosozialprodukts und des Luftverkehrs	206
Abb. 5.9.	Einkommen und Reiseintensität	208
Abb. 5.10.	Reiseintensität 2005 nach Soziodemographie	212
Abb. 5.11.	Verkehrswege bei Geschäftsreisen	219
Abb. 5.12.	Passagiere, Fracht und Post auf den wichtigsten innerdeutschen Streckenpaaren	222
Abb. 5.13.	Verkehrsregionen des Auslandsflugverkehrs 2005	222
Abb. 5.14.	Gewerblicher Luftverkehr auf ausgewählten Flugplätzen	223
Abb. 5.15.	Aufkommensstärkste Zielländer des Auslandsflugverkehrs 2005	224
Abb. 6.1.	Determinanten der Flugpreisfestsetzung	232
Abb. 6.2.	Beispiele räumlicher Preisdifferenzierung	239
Abb. 6.3.	Struktur der Passagetarife (IATA-Tarifsystem)	261
Abb. 6.4.	Flugpreis-Systematik	279
Abb. 7.1.	Distributionswege einer Fluggesellschaft	281
Abb. 7.2	Konzeption eines CRS	300
Abb. 7.3.	Marktanteile Global Distribution Systems 2005	306
Abb. 7.4.	Beteiligungsverhältnisse START – AMADEUS 2001	308
Abb. 7.5.	Leistungspalette eines CRS am Beispiel des START Systems 2001	312
Abb. 7.6.	Systemkomponenten des Online-Vertriebs	316
Abb. 7.7.	Zusammensetzung der Vertriebskosten eines Netzcarriers am Beispiel der Lufthansa	321
Abb. 7.8.	Kosten einzelner Vertriebswege eines Netzcarriers am Beispiel der Lufthansa	322
Abb. 7.9.	Distributionswege im Online-Vertrieb von Fluggesellschaften	324
Abb. 7.10.	Lufthansa InfoFlyway	326

Abb. 8.1.	Bezugsrahmen der nationalen Luftverkehrspolitik	335
Abb. 8.2.	Instrumente staatlicher Luftverkehrspolitik	343
Abb. 8.3.	Die Freiheiten der Luft	364
Abb. 8.4.	Code Share-Rechte	366
Abb. 8.5.	Entwicklung der Treibstoffeffizienz	380
Abb. 8.6.	Primärenergieverbrauch und Gesamtemissionen verschiedener Verkehrsmittel bei einer Reise von einer Person über 1.000 km Entfernung	383
Abb. 8.7.	Verlagerungspotential zwischen Flugzeug und Bahn im innerdeutschen Verkehr	386
Abb. 9.1.	Entwicklung inneramerikanischer Flugpreise 1970-1993	403
Abb. 9.2.	Konzentrationsraten im US-Luftverkehr 1978-2000.	407
Abb. 9.3.	Unfallstatistik im US-Luftverkehr von 1979 bis 1999	408
Abb. 9.4.	Entwicklung von Angebot und Auslastung im US-Linienflugverkehr	410
Abb. 9.5.	Die Entwicklung des US-Luftverkehrs von 1977 bis 1999	411
Abb. 9.6.	Überblick: Entwicklungen in der Europäischen Union	423
Abb. 9.7.	Innergemeinschaftliche Strecken 1992-1996	445
Abb. 9.8.	Produktion des zweitgrößten Luftfahrtunternehmens im Vergleich zum größten Unternehmen	447
Abb. 9.9.	Flugtarife pro Kilometer bei unterschiedlicher Marktstruktur 1996	449
Abb. 9.10.	Anzahl der Linienfluggesellschaften in der Gemeinschaft	450
Abb. 9.11.	Staatliche Beteiligung (einschließlich Beteiligung von Unternehmen im Staatsbesitz) an europäischen Fluggesellschaften	451
Abb. 10.1.	Prognosen zur Entwicklung des Weltluftverkehrs	501
Abb. 10.2.	Prognose zur Entwicklung wichtiger Inlandsmärkte	502
Abb. 10.3.	Prognose zur Entwicklung regionaler Teilmärkte	503
Abb. 10.4.	Entwicklung von Beförderungskapazität, Frequenzen, Strecken und Flugzeuggröße	504

Abkürzungsverzeichnis

A	Airbus
ABC	Advanced Booking Charter
ABl	Amtsblatt
ACD	Air Cargo Club Deutschland
ACE	Association des Compagnies Aériennes de la Communauté Européenne
ACI	Airports Council International
ADL	Arbeitsgemeinschaft Deutscher Luftfahrt-Unternehmen
ADV	Arbeitsgemeinschaft Deutscher Verkehrsflughäfen e. V.
AEA	Association of European Airlines
APEX	Advanced Purchase Excursion-Fare
APU	Auxiliary Power Unit
ASR	Berufsverband mittelständischer Reiseunternehmen
ATA	Air Transport Association of America
ATAG	Air Transport Action Group
ATC	Air Traffic Conference of America, Air Traffic Control
ATM	Air Traffic Management
ATR	Avions de Transport Régional
B	Boeing
BARIG	Board of Airline Representatives in Germany e. V.
BEUC	Bureau of European Consumers Union
BFS	Bundesanstalt für Flugsicherung
BFU	Bundesanstalt für Flugunfalluntersuchung
BGB	Bürgerliches Gesetzbuch
BGBl	Bundesgesetzblatt
BIP	Bruttoinlandsprodukt
BMVBS	Bundesministerium für Verkehr, Bau-, und Stadtentwicklung
BSP	Billing and Settlement Plan (früher: Bank Settlement Plan)
CAA	Civil Aviation Authority
CAB	U.S. Civil Aeronautics Board
CPI	Consumer Price Index
CRJ	Canadair Regional Jet
CRM	Customer Relationship Management
CRS	Computerreservierungssystem
CT	Circle Trip

DFS	Deutsche Flugsicherung GmbH
DGR	Dangerous Goods Regulation
DIHT	Deutscher Industrie- und Handelstag
DIN	Deutsches Institut für Normung e. V.
DLH	Deutsche Lufthansa
DLR	Deutsches Zentrum für Luft- und Raumfahrt e. V.
DOT	Department Of Transport
DRV	Deutscher ReiseVerband (früher: Deutscher Reisebüro- und Reiseveranstalter Verband)
DWD	Deutscher Wetterdienst
EADS	European Aeronautic Defence and Space Company
EASA	European Aviation Safety Agency
EATCHIP	European Air Traffic Control Harmonisation and Integration Program
EBIT	Earnings before Interest and Taxes: Gewinn vor Zinsen und Steuern
ECAC	European Civil Aviation Conference
ECU	European Currency Unit
EFTA	European Free Trade Association
EG	Europäische Gemeinschaft
ELFAA	European Low Fares Airline Association
ERA	European Regions Airline Association
ERSP	Electronic Reservations Service Provider
ETIX	Elektronisches Ticket der Lufthansa (registrierte Marke)
EU	Europäische Union
EuGH	Europäischer Gerichtshof
EWG	Europäische Wirtschaftsgemeinschaft
EWGV	Vertrag zur Gründung der Europäischen Wirtschaftsgemeinschaft
EWR	Europäischer Wirtschaftsraum
F.U.R	Forschungsgemeinschaft Urlaub und Reisen
FAA	Federal Aviation Administration
FAG	Flughafen Frankfurt/Main AG, seit 2001 Fraport AG
FATUREC	Federation of Air Transport User Representatives in the European Community
FCU	Fare Calculation Unit
FFP	Frequent Flyer Program (Bonus- oder Vielfliegerprogramm)
FMG	Flughafen München GmbH
Fraport	Frankfurt Airport Services Worldwide AG
FSNC	Full Service Network Carrier

GATS	General Agreement on Trade and Services
GATT	General Agreement on Tariffs and Trade
GDS	Global Distribution System
GNE	Global New Entrants
GSA	General Sales Agent
HGB	Handelsgesetzbuch
IACA	International Air Carrier Association
IATA	International Air Transport Association
ICAA	International Civil Airports Association
ICAO	International Civil Aviation Organization
ICC	International Chamber of Commerce
IFAPA	International Foundation of Airline Passengers Association
IMF	International Monetary Fund (Internationaler Währungsfonds)
IPCC	Intergovernmental Panel on Climate Change
IT	Inclusive Tour
JAA	Joint Aviation Authorities
JAR	Joint Aviation Requirements
KLM	Koninklijke Luchtvaart Maatschappij N.V. (Königliche Luftfahrtgesellschaft)
LBA	Luftfahrt-Bundesamt
LCA	Low Cost-Airline
LCC	Low Cost-Carrier
LH	Lufthansa
LuftVG	Luftverkehrsgesetz
LuftVZO	Luftverkehrszulassungsordnung
MBB	Messerschmitt-Boelkow-Blohm GmbH
MCT	Minimum Connecting Time
MD	McDonnell Douglas
MOU	Memorandum Of Understanding
MPM	Maximum Permitted Mileage
NAC	North Atlantic Charter
NLF	Nutzladefaktor
NUC	Neutral Unit of Construction

OECD	Organization for Economic Cooperation and Development
OPODO	Opportunity to do
OW	One Way Trip
PAX	Passagier
PEX	Purchase Excursion-Fare
PKT	Passagier-Kilometer (transportiert)
PNR	Passenger Name Record
PT	Passenger Tariff (Passagetarifhandbuch)
ROE	Rate Of Exchange
RPK	Revenue Passenger Kilometres (siehe PKT)
RT	Return Trip
SITA	Société Internationale de Télécommunications Aéronautiques
SITI	Sale Inside Ticket Inside
SITO	Sale Inside Ticket Outside
SKO	Passagier-Kilometer (angebotene)
SLF	Sitzladefaktor
SOTI	Sale Outside Ticket Inside
SOTO	Sale Outside Ticket Outside
TC	Traffic Conference
TCAA	Transatlantic Common Aviation Area
TEN	Transeuropäische Netze
TKT	Tonnen-Kilometer (transportiert)
TPM	Ticketed Points Mileages
TQM	Total Quality Management
UCCCF	Universal Credit Card Charge Form
UFTAA	Universal Federation of Travel Agents' Associations
ULD	Unit Load Device
UN	United Nations
URL	Uniform Resource Locator
US	United States
VFR	Visiting Friends and Relatives, Visual Flight Rules
WAP	Wireless Application Protocol
WATS	World Air Transport Statistics
WTO	World Trade Organisation, World Tourism Organization

1 Einführung

Seit kaum einem halben Jahrhundert sind aus dem alten Menschheitstraum vom Fliegen ein moderner Industriezweig und aus der jährlichen Flugreise in den Urlaub für viele eine Selbstverständlichkeit geworden. Das Massentransportmittel Flugzeug trug neben der Informations- und Kommunikationstechnik mit dazu bei, unsere Welt auf die Dimension eines „global village" (MCLUHAN) zu reduzieren. Theoretisch liegt auf unserem Planeten kein Flughafen mehr als 24 Stunden von irgendeinem anderen Flughafen der Erde entfernt, praktisch aber kann eine spätherbstliche Nebelbank den Flug von Stuttgart nach Hamburg mitunter fast zu einer Tagesreise werden lassen.

Obwohl schon 1919 in Deutschland die regelmäßige Linienflugbeförderung von Post und Fracht aufgenommen wurde, setzte die Entwicklung des Luftverkehrs zum Massenverkehr erst nach dem Zweiten Weltkrieg ein und konnte, mit Ausnahme der Jahre 1980 (weltweite Rezession), 1991 (nahezu Stagnation des Wachstums der Industrieländer, Auswirkungen des ersten Golfkrieges[1]) sowie 2001 und 2002 (Terroranschläge des 11. September 2001: Rückfall auf den Passagierstand von 1999), ein permanentes Wachstum bei allerdings rückläufigen Steigerungsraten verzeichnen. Eine Betrachtung der durchschnittlichen Veränderungen pro Dekade zeigt, dass die Zunahme des Personenflugverkehrs (Weltlinienluftverkehr/Passagiere) von durchschnittlich 15,3% in den Jahren 1950-1959 über 13,6% (1960-1969), 10% (1970-1979), 4,6% (1980-1989) und 3,6% (1990-2000) auf ca. 4,1% in den letzten fünf Jahren zurückging. Dieses enorme Wachstum hat vier Hauptgründe:

- die insbesondere durch technologische Entwicklungen (Flugzeug- und Antriebssysteme, Kommunikationstechnik) bedingte Produktivitätssteigerung, die zu einer Senkung der Flugpreise führte,
- die zunehmende internationale Vernetzung der nationalen Volkswirtschaften, die eine stärkere Nachfrage nach Geschäftsreisen und Frachttransport bewirkte,
- das steigende Realeinkommen der Bevölkerung der Industrie- und Schwellenländer,[2] das die Nachfrage nach Privatreisen ermöglichte, sowie
- die politische Liberalisierung des Luftverkehrs, die in vielen Verkehrsgebieten eine Verbesserung des Angebots (mehr Anbieter, Strecken sowie Frequenzen) und wettbewerbsorientierte Flugpreise zur Folge hatte.

---

[1] Nachdem der Irak im August 1990 in Kuwait einmarschiert und durch internationale Verhandlungen nicht zum Rückzug zu bewegen war, kam es zwischen dem 16.01. und 28.02.1991 zum Krieg zwischen dem Irak und alliierten Truppen (28 Nationen; die USA stellten ca. 80% der Einsatzkräfte und des Kriegsmaterials), der mit der Niederlage des Iraks endete.

[2] Beispielsweise die sog. Tigerstaaten in Südost-Asien (u. a. Singapur, Malaysia, Indonesien und Thailand), sowie Indien, China und Taiwan sowie für Südamerika Brasilien und Argentinien.

1 Einführung

Jahr	Beförderte Passagiere [Mio.]	Prozentuale Veränderung zum Vorjahr	Passagierkilometer (PKT) [Mrd.]	Prozentuale Veränderung zum Vorjahr
1929	0,5	-	■	-
1945	9	-	8	-
1950	31	-	28	-
1955	68	-	61	-
1960	106	-	109	-
1965	177	-	198	-
1970	307	-	387	-
1975[a]	534	-	697	-
1980	748	-	1.089	-
1985	899	-	1.367	-
1990	1.165	-	1.894	-
1991	1.135	-2,6	1.845	-2,6
1992	1.146	1,0	1.929	4,6
1993	1.142	-0,3	1.949	1,0
1994	1.233	8,0	2.100	7,7
1995	1.304	5,8	2.248	7,0
1996	1.391	6,7	2.432	8,2
1997	1.457	4,7	2.573	5,8
1998	1.471	1,0	2.628	2,1
1999	1.562	6,2	2.798	6,5
2000	1.672	5,4	3.038	7,9
2001	1.640	-2,1	2.950	-2,9
2002	1.639	-0,6	2.965	0,5
2003	1.691	1,1	3.019	1,8
2004	1.888	11,6	3.445	14,1
2005[b]	2,022	7,3	3.720	7,4

PKT=Passenger Kilometers Transported, beförderte Passagiere x Streckenentfernung
[a] Seit 1971 mit der UdSSR
[b] Provisorische Schätzung
− Zahlenangabe ergibt keinen Sinn
■ Zahl nicht zugänglich oder nicht erhoben

Quellen: ICAO: Development of Civil Air Transport, Civil Aviation Statistics of the World, Scheduled Air Traffic, ICAO Journal 1997-2006 (diverse Ausgaben), Development of World Scheduled Revenue Traffic 1991-2005.

Abb. 1.1. Entwicklung des Fluglinienverkehrs der ICAO-Staaten 1929 bis 2005

Jedoch führte zu Beginn dieses Jahrzehnts das Zusammenwirken mehrerer Faktoren zu einem teilweise starken vorübergehenden Nachfrageeinbruch im weltweiten Luftverkehr:

- 2001 verlangsamte und konsolidierte sich das Wachstum von Weltwirtschaft und Welthandel (2000: 4,8%, 2001: 2,6%, 2002: 3,1%, 2003: 4,7%, 2004:

5,6%, 2005: 4,8% sowie geschätzt für 2006: 4,9% und 2007: 4,7%) und damit die geschäftliche und private Nachfrage nach Luftverkehrsleistungen.[3]
- Die Terroranschläge vom 11. September 2001 auf das World Trade Center in New York und das Pentagon in Washington forderten über 3.000 zivile Opfer und führten zur zeitweisen Sperrung des nordamerikanischen Luftraums.
- Infolge der Terroranschläge wurden von den USA Militärschläge gegen das Taliban-Regime in Afghanistan geführt.
- 2002 zeichnete sich in der zweiten Jahreshälfte ein weiterer Krieg im Irak ab, der im März 2003 durch US-Luftangriffe begann.
- 2003 warnte die Weltgesundheitsorganisation (WHO) vor der sich rasch verbreitenden Lungenkrankheit SARS (Sudden Acute Respiration Syndrom), die vor allem im ostasiatischen Raum und Ostkanada auftrat.
- Seit Ende 2003 setzen starke Ölpreissteigerungen den Kostenstrukturen der Airlines zu. Der Ölpreisanstieg wird vor allem durch eine stark wachsende Nachfrage in China, einer latenten Versorgungsunsicherheit aufgrund politischer Instabilität in Produzentenländern (bspw. Irak, Nigeria, Venezuela) sowie durch Spekulationsgeschäfte an den Rohstoffbörsen getrieben.

Trotz einer latenten, globalen Terrorgefahr und steigenden Rohstoffpreisen haben die Verkehrsleistungen bereits im Jahr 2003 wieder den Stand vor der Krise 2001 erreicht und es kann angenommen werden, dass die langfristige Entwicklung nicht wie erwartet nachhaltig beeinflusst, sondern die Wachstumsentwicklung lediglich zeitlich versetzt, also verschoben wurde.

Im Jahre 2005 beförderten die **Linienfluggesellschaften** der 189 der Internationalen Zivilluftfahrtbehörde (International Civil Aviation Organization, ICAO) angeschlossenen Staaten über 2 Milliarden Passagiere und knapp 38 Mio. Tonnen Fracht (vgl. Abb. 1.1 und Abb. 1.3). Eine Betrachtung der **Verkehrsströme des Linienverkehrs** (vgl. Abb. 1.2) zeigt, dass Nordamerika mit einem Anteil von 25,0% an den Gesamt-PKT (IATA-Linienverkehr) das aufkommensstärkste Verkehrsgebiet ist, gefolgt von Europa (14,1%) und Asien (13,5%). Erst danach folgt die bedeutendste interkontinentale Region Nordatlantik (10,5%) vor Europa-Asien mit 7,5% und Asien-Nordamerika mit 5,6%.

Für den **Gelegenheitsverkehr,**[4] der zu ca. 93% internationaler Verkehr ist, liegen erst seit 1972 verlässliche statistische Daten vor. Der damalige Anteil von 30,9% am internationalen Luftverkehr reduzierte sich infolge der starken regionalen Konzentration auf den europäischen Touristikverkehr und durch die Verbreitung der Sondertarife im interkontinentalen Linienverkehr auf ca. 12% (2004; gemessen in PKT) seit den 1990er Jahren. In Europa entwickelte sich der Charterverkehr jedoch vom „Verkehr auf Anforderung bei Gelegenheitsbedarf" zu einer Verkehrskategorie, die sich qualitativ und quantitativ dem Linienverkehr anglich, so dass hier seit Mitte der neunziger Jahre etwa 50% aller Flugreisenden einen Charterflug benutzten. Mit einem Anteil von fast 60% (gemessen in PKT) aller in-

---
[3] Vgl. INTERNATIONAL MONETARY FUND: World Economic Outlook, Table 1, S. 177. Werte beziehen sich auf das Bruttoinlandsprodukt Welt gesamt.
[4] Vgl. ICAO Journal, No. 6, 2000, S. 7-12.

ternationalen Charterflüge repräsentierte der Charterverkehr zwischen den europäischen Staaten den größten Einzelanteil des Weltchartermarktes, gefolgt vom Nordatlantikverkehr zwischen Europa und Nordamerika.

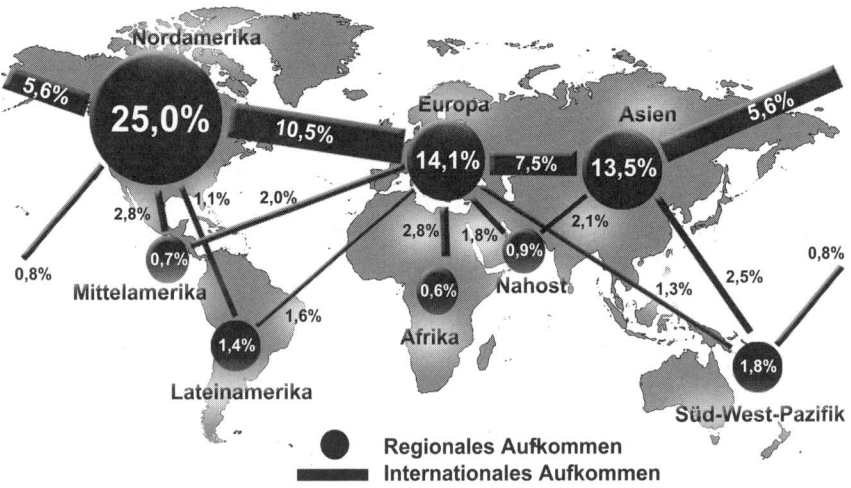

Abb. 1.2. Die wichtigsten Verkehrsströme des Linienverkehrs 2005

Auf Grund luftverkehrsrechtlicher Entwicklungen im Zusammenhang mit der Vollendung des gemeinsamen Marktes wird seit 1995 bei Flügen innerhalb der Europäischen Union nicht mehr zwischen Linien- und Gelegenheitsverkehr unterschieden, so dass dazu auch keine Zahlen mehr erhoben werden.[5] Da zuerst aber keine Gründe für eine signifikante Verschiebung zwischen den beiden Verkehrsarten erkennbar waren, kann angenommen werden, dass sich der Anteil des im Chartermodus durchgeführten Ferienflugverkehrs am Gesamtverkehr bis 2001 nicht wesentlich verändert hat. Seitdem sehen sich die traditionellen „Ferienflieger" aber zunehmend mit der Konkurrenz durch Low Cost-Airlines konfrontiert, die zunächst nur Verbindungen zwischen Sekundärflughäfen anboten, nun aber auch auf touristischen Strecken vertreten sind. Hierdurch geraten die im Chartermodus operierenden Ferienfluggesellschaften zunehmend unter Druck und werden zu einer Anpassung ihres Geschäftsmodells gezwungen.[6]

Zum ersten Mal in der Geschichte des Personenluftverkehrs war 1989 das gesamte Verkehrsaufkommen (in PKT) auf **Inlandsflügen** mit 49% geringer als auf internationalen Strecken mit 51%. Diese Entwicklung setzte sich fort, so dass 2005 bereits 59% der verkauften PKT auf internationalen Flügen erbracht wurden.[7] Nimmt man allerdings die Zahl der beförderten Passagiere als Maßstab, so ändert sich infolge der unterschiedlichen Streckenlängen von In- und Auslands-

---

[5] Vgl. Kap. 9.4.
[6] Vgl. Kap. 4.2.2.
[7] Berechnet nach ICAO Journal, No. 5, 2005, S. 8-11.

flügen dieses Verhältnis mit 80% zugunsten der Inlandsflüge. Hier fallen insbesondere die großen Flächenstaaten ins Gewicht. Anfang 2005 waren die Fluggesellschaften der USA mit 33,8% am gesamten Verkehrsaufkommen (PKT) beteiligt, jedoch erbrachten sie nur 15,2% aller PKT im internationalen Verkehr.

Jahr	Fracht TKT in Mio.	Zuwachs in %	Post TKT in Mio.	Zuwachs in %
1930	4	-	■	-
1960	2.000	-	■	-
1970	12.000	-	■	-
1980	29.000	-	■	-
1990	58.820	-	5.330	-
1991	58.560	- 0,4	5.070	- 4,9
1992	62.640	7,0	5.130	1,2
1993	68.450	9,3	5.230	1,9
1994	77.220	12,8	5.410	3,4
1995	83.130	7,7	5.630	5,6
1996	89.200	7,3	5.800	3,0
1997	102.880	15,3	5.990	3,3
1998	101.820	- 1,0	5.760	- 3,8
1999	108.660	6,7	5.720	- 0,7
2000	118.080	8,2	6.050	5,4
2001	110.800	-6,2	5.310	-12,7
2002	119.840	5,4	4.570	-14,6
2003	125.760	4,5	4.530	0,9
2004	139.404	11,5	4.580	1,1
2005[1]	142.580	2,2	4.660	1,7

TKT=Tonne Kilometers Transported, Zahl der beförderten Tonnen x Streckenentfernung
[1] provisorische Schätzung
■ Zahl nicht zugänglich oder nicht erhoben
- Zahlenangabe ergibt keinen Sinn

Quellen: Bis 1980 ICAO, zitiert nach THIER, F.: Zivile Luftfahrt, S. 92; ICAO Journal 1997-2006 (diverse Ausgaben); Development of World Scheduled Revenue Traffic 1991-2005.

Abb. 1.3. Entwicklung der Fracht- und Postbeförderung 1930-2005

Während die US-Fluggesellschaften 73,7% der PKT im Inland erstellten, waren es für die Fluggesellschaften der BRD lediglich 4,8%.[8] Dennoch ist in Deutschland eine Zunahme des Regionalflugverkehrs zu verzeichnen, da einerseits verstärkt auch kleinere Flughäfen wie Augsburg oder Münster im Zubringerverkehr an die internationalen Flughäfen angebunden werden und andererseits mehr Direktverbindungen zwischen Regionalflughäfen angeboten werden. Durch die Umwandlung von ehemaligen Militärflughäfen in zivile Verkehrsflughäfen wird das Flugangebot in der Fläche weiter verdichtet. Auf diesen so genannten Sekundär- oder

---

[8] Berechnet nach ICAO Journal, No. 5, 2005, S. 11.

Tertiär-Flughäfen siedeln sich überwiegend Low Cost-Gesellschaften und ehemalige Chartergesellschaften an.[9]

Die Beförderung von **Fracht** und **Post** stellen sowohl für die gesamtwirtschaftliche Bedeutung des Luftverkehrs als auch für den finanziellen Erfolg einzelner Fluggesellschaften wichtige Produktionszweige dar. Während weltweit der Anteil der Fracht an den Beförderungsleistungen, gemessen in TKT (Tonnenkilometer transportiert, d. h. verkauft), ständig zunimmt und 2005 ca. 29,2% (1965: 21,1%) ausmachte, ging die Bedeutung des Postverkehrs auf 0,95% im Jahre 2005 (1965: 4,7%) zurück (vgl. Abb. 1.3).[10] Der Rückgang der Postbeförderung dürfte auch zukünftig anhalten, da Informations- und Kommunikationstechnologien wie E-Mail, Internet und deren mobile Anwendungsformen schnellere und kostengünstigere Lösungen bieten. Fracht und Post machen zwar ca. ein Drittel der Produktionsleistung der Linienfluggesellschaften, aber nur ca. ein Sechstel der Einnahmen aus. Damit sind sie wesentlich ertragsschwächer als der Passagebereich. Da aber bei der Produktion von Personenbeförderungsleistungen Transportkapazität auf den Flugzeugen als Komplementärgut anfällt und ein Teil der Fracht auf Linienflügen des Personenverkehrs als Beifracht (Restnutzlast) transportiert wird, kann dadurch das Betriebsergebnis wesentlich verbessert werden.

In der **Bundesrepublik Deutschland** wurde der Luftverkehr bis zur Wiederzulassung der Lufthansa 1955 ausschließlich von ausländischen Fluggesellschaften abgewickelt. Nach einer dynamischen Wachstumsphase, die sowohl im Linien- als auch im Charterverkehr von 1960 bis in die zweite Hälfte der 1970er Jahre reichte, kam der deutsche Luftverkehrsmarkt zu Beginn der 1980er Jahre in eine Stagnationsphase, die spätestens 1985 als überwunden angesehen werden konnte (vgl. Abb. 1.4). Nach der Vereinigung der beiden deutschen Staaten 1989 erweiterte sich das statistische Einzugsgebiet „Deutschland", so dass die Zahlenreihen nicht mehr vergleichbar sind. Bei der Betrachtung Gesamtdeutschlands zeigt sich, dass das Wachstum besonders in der ersten Hälfte der 1990er Jahre durch die starke Zunahme von Flugreisen aus Ostdeutschland wesentlich mitbestimmt wurde, da dort ein zusätzlicher Bedarf an Geschäftsreisen bestand. Dieser Nachholbedarf an privaten Auslandsreisen und die gestiegene Nachfrage konnten durch den Ausbau der Infrastruktur und das größere Angebot an Flugreisen (Strecken, Frequenzen) abgedeckt werden.

Die Nutzung des Flugzeugs als Beförderungsmittel bei der Urlaubsreise begann in größerem Ausmaß Mitte der 1960er Jahre mit Charterketten für Pauschalreisen, im Jahr 2000 betrug der Anteil der Flugreisen an den Hauptulaubsreisen 35,8% (bei Auslandsreisen 51,3%).[11] Von dieser Entwicklung profitierten sowohl der Ferienflugverkehr als auch – insbesondere auf den interkontinentalen Strecken – der Linienverkehr, der durch Sondertarife und Verbindungen zu touristischen Zielorten neue Nachfragergruppen erschließen konnte.

---

[9] Vgl. Kapitel 4.3.
[10] Vgl. ICAO: World Airlines, S. 3.
[11] Vgl. F. U. R: Reiseanalyse 2005, Erste Ergebnisse, S. 5.

Jahr	Linienverkehr [Tausend]	Gelegenheitsverkehr [Tausend]	Linien- und Gelegenheitsverkehr insgesamt [Tausend]
1955	2.021	40	2.061
1960	3.423	412	3.835
1965	9.214	1.664	10.878
1970	15.972	5.368	21.340
1975	18.405	9.306	27.711
1980	24.752	11.128	35.880
1985	28.920	12.788	41.708
1990	45.380	17.196	62.576
1991	45.239	17.231	62.470
1992[a]	50.138	20.897	71.031
1993	54.324	22.456	76.780
1994	60.696	22.319	83.015
1995[b]	80.581	9.466	90.047
1996	83.266	9.896	93.163
1997	87.623	11.661	99.284
1998	93.616	10.266	103.883
1999	101.134	10.278	111.413
2000	110.688	12.035	122.716
2001	107.780	12.565	120.345
2002	104.663	12.186	116.849
2003	113.560	9.748	123.308
2004	125.763	10.084	136.538
2005[c]	136.531	9.658	146.190

[a] Ab 1992 einschließlich Neue Bundesländer.
[b] Ab 1995 wird der innereuropäische Ferienflugverkehr gänzlich als Linienverkehr gezählt.
[c] Vorläufige Zahlen, Stand März 2006.

Quelle: STATISTISCHES BUNDESAMT: Fachserie 8, Reihe 6, Luftverkehr, Jahrgänge 1986 bis 2001 sowie Fachserie 8, Reihe 6.2, Luftverkehr, Jahrgänge 2002 bis 2006.

Abb. 1.4. Entwicklung der Passagierzahlen im Linien- und Gelegenheitsverkehr der Bundesrepublik Deutschland 1955-2005

Trotz aller Wachstumseuphorien und technologischer Revolutionen aber war der Luftverkehr bisher ein Industriezweig mit bescheidener **finanzieller Rentabilität**. In der Vergangenheit gelang es nur wenigen Fluggesellschaften, dauerhaft Gewinne zu erwirtschaften. Die Luftverkehrsbranche insgesamt konnte in den 50 Jahren zwischen 1955 und 2005 nur in 34 Jahren, also gut zwei Dritteln der Zeit, jeweils Nettogewinne (nach Steuern und Kapitaldiensten) erzielen; selbst in erfolgreichen Jahren lag die Umsatzrendite immer unter sechs Prozent (vgl. Abb. 1.5). Dieser wechselhafte und unbefriedigende Verlauf resultiert einerseits aus mangelndem resp. verzerrtem Wettbewerb, Nachfrageeinbrüchen durch weltwirtschaftliche Rezessionen, Terrorismus und militärischen Ereignissen, aus unerwarteten Preisteigerungen oder aus Auslastungsproblemen, die durch technisch bedingte Kapazitätssprünge (Großraumflugzeuge) entstehen.

Jahr	ICAO	IATA
1985	2,1	0,5
1986	1,5	0,2
1987	2,5	0,9
1988	5,0	2,5
1989	3,5	0,6
1990	-4,5	-5,1
1991	-3,5	-3,3
1992	-7,9	-8,1
1993	-4,4	-3,8
1994	-0,2	1,1
1995	4,5	4,0
1996	5,3	4,2
1997	8,6	8,7
1998	8,2	7,2
1999	8,5	6,2
2000	3,7	3,8
2001	-13,0	-10,3
2002	-11,3	-10,3
2003	-7,5	-5,7
2004	-4,2	-3,9
2005	-3,2[a]	-3,2[b]

Die Zahlen der ICAO stellen die Verkehrserlöse/-aufwendungen aller Luftverkehrsgesellschaften der ICAO-Mitgliedsstaaten (ohne GUS) dar und erfassen auch Non-IATA-Gesellschaften; ca. 14% der Ergebniswerte beruhen auf Schätzungen. Die Zahlen der IATA stellen die Gesamtergebnisse der IATA-Gesellschaften dar und beziehen sich auf den Linienverkehr der 265 Mitgliedgesellschaften.

[a] Schätzung ICAO
[b] Schätzung IATA

Quellen: ICAO: Annual Reports of the Council 1985-2006 und IATA: World Air Transport Statistics 1985-2006.

Abb. 1.5. Unternehmensergebnisse (netto) im Linienflugverkehr 1985-2005 (in Mrd. US$)

Zudem muss berücksichtigt werden, dass für Fluggesellschaften vieler Staaten die Gewinnorientierung immer noch nur ein Unternehmensziel unter anderen und häufig nicht einmal das wichtigste ist. Wenn aus volkswirtschaftlichen oder politischen Gründen die Aufrechterhaltung eines extern bestimmten Streckennetzes verlangt wird, dann sind dadurch auch die betriebswirtschaftlichen Entscheidungsmöglichkeiten der Unternehmen begrenzt, mitunter um den Preis negativer Betriebsergebnisse.

Seit den 1970er Jahren sind allerdings für diese Rentabilitätsprobleme zunehmend auch von der Branche selbst geschaffene Ursachen festzustellen: Auf der einen Seite entstand eine Überkapazität, hervorgerufen durch eine Marketingstrategie der Ausdehnung der Streckennetze und der Erhöhung der Flugfrequenzen; auf der anderen Seite wurde durch die Zunahme der Sondertarife und Tarifumgehungen eine Ertragserosion verursacht, auf die nicht rechtzeitig mit Kostensenkungsprogrammen reagiert wurde. So war die erste Hälfte der 1990er Jahre eine Periode anhaltender Verluste, bevor sich ab 1995 die Situation der Branche verbesserte und dann durch die Krise 2001 wieder für Jahre in die Verlustzone abrutschte. Die aggregierten Gesamtgewinne verdecken aber, dass viele Fluggesellschaften weiterhin nachhaltig Verluste erwirtschaften.

Durch technische Entwicklungen bei Flugzeugen, Flughäfen und Flugsicherungseinrichtungen konnte der **Sicherheitsstandard** im Luftverkehr wesentlich verbessert werden (vgl. Abb. 1.6). Trotz zunehmender Verkehrsverdichtung im zivilen wie im militärischen Bereich sind die Zahl der Flugzeugunfälle mit tödlichen Personenschäden und/oder Flugzeugverlust pro Million Abflüge rückläufig. Für die jährlich stark schwankende Zahl der Toten ist seit 1970 kein Trend zu erkennen, die Mortalitätsrate, gemessen in Todesopfern pro 100 Mio. Personenkilometer, ist dagegen rückläufig.

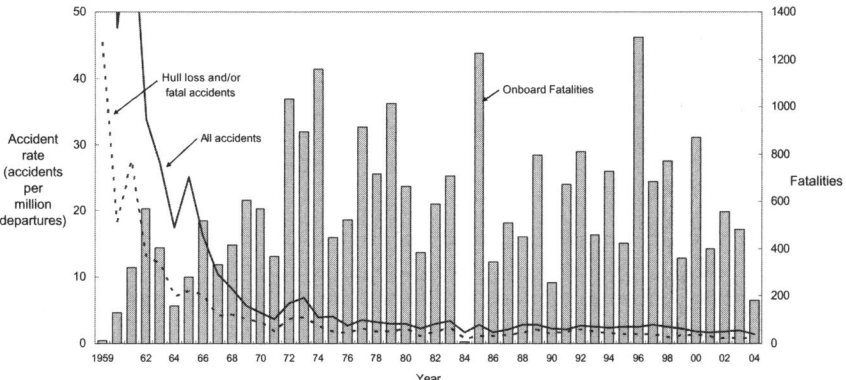

Quelle: BOEING: Statistical Summary of Airplane Accidents, S. 10.

Abb. 1.6. Entwicklung der Sicherheit im Weltluftverkehr 1959-2004

Die den wirtschaftlichen Handlungsrahmen der Fluggesellschaften mitbestimmenden engen Beziehungen zwischen **Politik und Luftverkehr** ergeben sich nicht zuletzt aus der Tatsache, dass den technischen Errungenschaften der zivilen Luftfahrt, ihrer Flotte und ihrer Infrastruktur eine enorme militärische Bedeutung sowohl für die Forschung und Entwicklung als auch als strategische Einsatzreserve zukommt. Die Luftverkehrsbehörden aller Länder bestanden daher seit Beginn des Luftverkehrs auf dem Souveränitätsdogma, den Luftraum über dem eigenen Territorium als staatliches Hoheitsgebiet anzusehen und zu kontrollieren.

Zu dieser staatsrechtlichen Philosophie und den militärischen Interessen kam mit dem Einsetzen des kommerziellen Luftverkehrs die Erkenntnis, dass mit dem Besitz von Verkehrsrechten im Luftraum ein wirtschaftlicher Nutzen erzielt werden könne, an dem den Fluggesellschaften des eigenen Landes ein gerechter Anteil zu sichern sei. So konnte auch auf der Konferenz von Chicago, die 1944 den Neuaufbau des zivilen Luftverkehrs weltweit regeln sollte, keine Einigung über eine universelle Freizügigkeit bei der Nutzung des Luftraumes erreicht werden. Die „Freiheit der Luft" wurde in abgestufte Teilfreiheiten aufgespalten, die die einzelnen Staaten seither gegenseitig auf der Grundlage der Reziprozität austauschen oder gegen Bezahlung verkaufen. Andererseits aber wurde auch deutlich, dass weltweite Absprachen etwa hinsichtlich technischer Standards oder Regulierungen des Wettbewerbs die Entwicklung des Luftverkehrs fördern konnten, so dass es zur Gründung internationaler staatlicher Organisationen (wie der ICAO) und Interessenverbänden (wie der IATA) kam.

Der internationale Luftverkehr unterlag bis in die jüngere Zeit einer intensiven Regulierung auf vier verschiedenen Ebenen:[12]

- Die einzelnen Staaten verfolgten für den nationalen wie für den internationalen Verkehr eine Politik der strengen Marktordnung, die sich auf den Marktzugang, die Angebotskapazität, die Tariffestsetzung und den Vertrieb bezog.
- Die Vereinheitlichung von Verfahrensabläufen, technischen Normen und Sicherheitsstandards wird im Rahmen der ICAO multilateral geregelt.
- Wirtschaftliche Belange wie Tarifkoordination, Vertriebsregelung oder einheitliche Beförderungsbedingungen wurden der IATA übertragen.
- Die Genehmigung operativer Absprachen zwischen den Fluggesellschaften über Flugpläne, Wartung von Fluggerät oder Verkaufsvertretungen erfordert in der Regel Ausnahmen im Wettbewerbsrecht und ergänzt den regulativen Ordnungsrahmen.

Eine wirtschaftliche Konsequenz dieser intensiven Marktregulierung war die Ausschaltung wichtiger Wettbewerbsparameter wie Preise, Angebotsmengen, Vertriebspolitik und teilweise auch der Produktgestaltung. Die internationale Regulierung der Luftfahrt bildete einen gesicherten Handlungsrahmen für die Fluggesellschaften und damit Schutz vor einem möglicherweise ruinösen Wettbewerb. Mit zunehmender Reife der Luftverkehrsindustrie aber geriet diese im Prinzip protektionistische Luftverkehrspolitik zunehmend in die Kritik derjenigen Fluggesellschaften und Staaten, die sich von einer wettbewerbsorientierten Marktordnung Vorteile erhofften. Sie waren davon überzeugt, dass nach ausschließlich betriebswirtschaftlichen Grundsätzen geführte Fluggesellschaften auch in einem harten Konkurrenzkampf ohne regulative administrative Eingriffe nicht nur überlebensfähig seien, sondern sogar positivere wirtschaftliche Ergebnisse bei gleichzeitiger qualitativer und quantitativer Verbesserung des Verkehrsangebots erzielen könnten. Während der siebziger Jahre begannen die USA mit einer Politik der nationalen und internationalen Deregulierung, die EU-Gremien arbeiteten an einer Integration der zentral- und osteuropäischen Länder in ihren gemeinsamen Verkehrsmarkt, Australien und Neuseeland entwickelten einen „single aviation market" und in einer Reihe weiterer Verkehrsgebiete (z. B. Südamerika, mittlerer Osten,

---

[12] Vgl. hierzu weiterführend: YERGIN, D., VIETOR, R., EVANS, P.: Fettered Flight, S. 37 ff.

südliches Afrika) wird auf regionaler Ebene über den Abbau von Marktzugangsschranken verhandelt. Zudem versuchte eine zunehmend größere Zahl internationaler Fluggesellschaften erfolgreich, das staatlich reglementierte Tarifsystem zu unterlaufen. Im Zuge der Liberalisierung der wettbewerbsrechtlichen Rahmenbedingungen wurden im internationalen Luftverkehr Veränderungen eingeführt, die den wirtschaftlichen Handlungsspielraum der Fluggesellschaften in den wichtigsten Verkehrsgebieten vergrößerten. Sie verstärkten aber auch in anderen Staaten die Neigung zu protektionistischen Maßnahmen zugunsten der eigenen Fluggesellschaften. Dies zeigt sich selbst innerhalb des liberalisierten EU-Marktes, wo eine Reihe von Staaten wie etwa Frankreich, Italien, Spanien und Griechenland den Wettbewerb durch Subventionen an die landeseigenen Fluggesellschaften verzerrten.[13] So stellt WASSENBERGH fest: „The real problem for civil aviation to arrive at a liberal framework for their worldwide operations, is the 'right' of States, and their desire to exercise that right, i.e. the need felt by States, to have at least one 'own' airline and their 'legitimate' share of the international traffic market."[14] Die IATA als Interessensvertreterin der Luftverkehrsgesellschaften sieht die Gefahr einer Re-Regulierung (back-door re-regulation) durch:

- zunehmende Infrastruktur-Engpässe, die zu einer de facto-Rationierung der Kapazitäten führen,
- Restriktionen bei der Nutzung der Flugzeuge aus Umweltschutz- oder Sicherheitsgründen sowie
- Kundenschutzprogramme der Regierungen, die in das Vertragsverhältnis zwischen Luftverkehrsgesellschaft und Passagier eingreifen.[15]

Die Bundesrepublik Deutschland liegt bei diesen Entwicklungen nicht nur geographisch im Schnittpunkt unterschiedlicher verkehrspolitischer Interessen. Ihre Luftverkehrspolitik stand und steht weiterhin auch zwischen den Interessen, einerseits gesamteuropäisch handelnd den Abbau von Wettbewerbsbeschränkungen zu vollziehen und andererseits die wirtschaftlichen und politischen Belange der nationalen Luftfahrtindustrie, der Passagiere und, insbesondere unter Umweltgesichtspunkten, der Allgemeinheit zu vertreten.

> **Exkurs: Die Terroranschläge vom 11. September 2001**
>
> Am frühen Vormittag des 11. September 2001 wurden vier US-amerikanische Zivilflugzeuge auf US-Inlandsflügen von fundamental-islamistischen Terroristen entführt und in einem bis dahin ungekanntem Ausmaß als Waffe eingesetzt. Zwei der Flugzeuge wurden in die Gebäude des World Trade Centers (New York) und eines in das US-Verteidigungsministerium (Pentagon in Washington D. C.) gelenkt. Die vierte Maschine geriet außer Kontrolle und stürzte über unbewohntem Gebiet ab, nachdem couragierte Passagiere versucht hatten die Entführer zu überwältigen. Als direkte Folge der Anschläge kamen ca. 3.000 Menschen zu Tode, der materielle Schaden wird auf ca. 600 Mrd. US$ geschätzt.[16] Als unmittelbare Reaktion auf die Anschläge wurde in

---

[13] Vgl. Kap. 9.5.2.1. und 9.4.3.
[14] WASSENBERGH, H.: The globalization of international air transport, S. 5.
[15] Vgl. IATA, Annual Report 2000, S. 6.
[16] Vgl. CHOMSKY, N.: 9-11.

den USA der Luftraum für den zivilen Luftverkehr gesperrt und der private wie auch der kommerzielle Luftverkehr für vier Tage eingestellt. Überdies wurden alle Flüge in die USA umgeleitet oder gestrichen.

Auswirkungen:
Als direkte Folge der Terroranschläge brach die Nachfrage nach Luftverkehrsleistungen insbesondere auf dem nordamerikanischen Kontinent und über dem Nordatlantik empfindlich ein (vgl. Abb. 1.7) und die weltweite Luftverkehrswirtschaft geriet in eine weitere wirtschaftliche Krise.

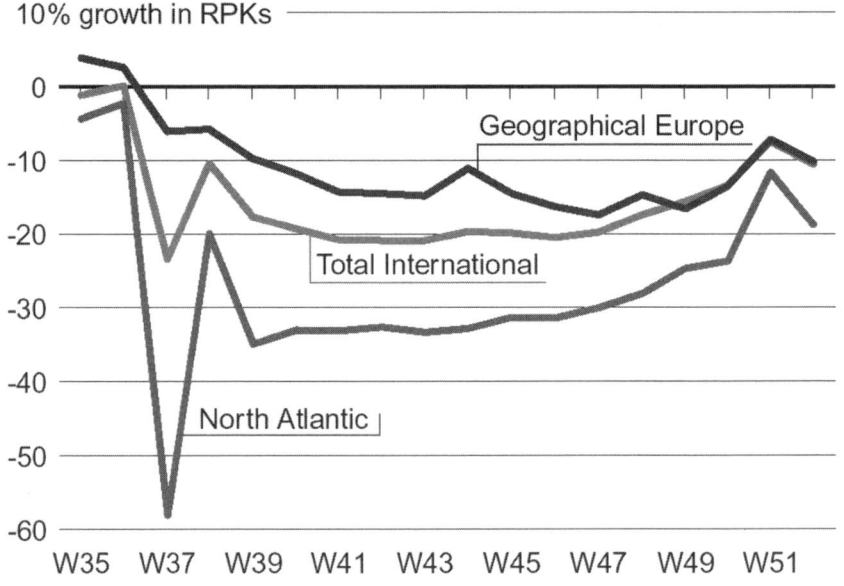

Quelle: AEA: Yearbook 2002, S. I-3

Abb. 1.7. Nachfragerückgang in den Wochen nach 9/11

Innerhalb der USA fiel das Luftverkehrsaufkommen um Jahre zurück. Erst im Jahr 2003 erreichten die im Inland geflogenen RPK wieder den Stand des Jahres 2000, international erst 2005.[17] Auf den Strecken über den Nordatlantik verzeichnete die AEA[18] für Januar bis August 2001 einen Rückgang von 3,5%. Durch die Ereignisse des 11. Septembers reduzierte sich die Verkehrsleistung unmittelbar erheblich um 30-35%, konnte sich in der Folge jedoch soweit erholen, dass mit Jahresende 2001 ein Rückgang um „nur" 10,6% im Vergleich zum Vorjahreszeitraum festgestellt wurde. Innerhalb Europas wuchs der Luftverkehr von Januar bis August 2001 um 4-5% (in PKT) und musste dann in den letzten vier Monaten des Jahres ebenfalls einen Rückgang von 11,6% gegenüber dem Vorjahreszeitraum verzeichnen, wobei auch im innereuropäischen Verkehr ein negatives Gesamtergebnis von -0,5% realisiert wurde. Der Grossteil des Nachfragerückgangs traf die international vernetzten Linienfluggesell-

---

[17] Vgl. FAA, zitiert in SHIFRIN, C.: FAA's cost conundrum, S. 31.
[18] Vgl. AEA: Yearbook 2002, S. I-6 ff, VI-2 ff.

schaften. Allein durch die viertägige Sperrung des amerikanischen Luftraums musste Lufthansa 223 Flüge streichen, wovon 56.000 Fluggäste betroffen waren. Die Zahl der No-Shows[19] lag zu dieser Zeit um über 50% über der normalen Rate; die Erlösausfälle und Zusatzkosten für die Betreuung der Passagiere summierten sich auf ca. 46 Mio. Euro.[20] Die nach dem Low Cost-Geschäftsmodell operierenden europäischen Fluggesellschaften konnten im Gegensatz dazu die Passagierzahlen weiterhin kontinuierlich steigern. Die AEA schätzt, dass "the available capacity in terms of weekly seats offered by the six main no-frills carriers (…) increased by 48.3% between Summer 2001 and Summer 2002".[21] Die Low Cost-Gesellschaften waren von den Folgen insofern weitestgehend ausgenommen, da sie zum eine keine interkontinentalen Flüge mit den dazugehörigen Zubringerflügen anboten und damit auf den besonders betroffenen Nordatlantikrouten nicht vertreten waren, zum anderen aber auch, weil sich die Nachfrage auf ihrem innereuropäischen Streckennetz aufgrund einer anderen Zusammensetzung der Kundensegmente unabhängig von der Gesamtnachfrage entwickelte.

Reaktionen der Fluggesellschaften:
Da die zweite Jahreshälfte im allgemeinen und der September im speziellen traditionell als die verkehrs- und einnahmenstärksten Zeiträume der Fluggesellschaften gelten, haben die Einnahmeausfälle aus dem Verkehrsrückgang die Ertragsstrukturen der Luftverkehrsgesellschaften empfindlich getroffen. Einige schon vor dem September 2001 wirtschaftlich angeschlagene Gesellschaften mussten durch die verschärften wirtschaftlichen Bedingungen Insolvenz anmelden, darunter nationale Fluggesellschaften wie die belgische SABENA (Herbst 2001) und die Swissair (Frühjahr 2002).[22] Vor allem die traditionellen Luftverkehrsgesellschaften wurden gezwungen, sich kurz- und mittelfristig auf Umsatzrückgänge und eine veränderte Sicherheitslage einzustellen sowie darauf zu reagieren.[23] Die Fluggesellschaften leiteten Kostensenkungsprogramme ein, die weite Teile der Leistungskette betrafen:[24]

- Kostensenkungen im Personalbereich durch Einstellungs- und Beförderungsstopps, Entlassungen, Kurz- und Teilzeitarbeit, Urlaubs- und Überstundenabbau, Gehaltskürzungen sowie die Abschaffung von freiwilligen Sonderleistungen und Verlängerung der Arbeitszeiten;
- Reduzierung der Angebotskapazitäten durch Streckeneinstellungen,[25] Ausdünnung der Frequenzen sowie Einsatz kleinerer Flugzeugmuster mit der Folge von Flugzeugstilllegungen,[26]
- zeitliche Verschiebung von Neu- und Ersatzinvestitionen sowie Expansionsplänen und anderen kostenintensiven Projekten,

---

[19] Als „No Show" wird das Nichterscheinen eines gebuchten Passagiers ohne Benachrichtigung der Fluggesellschaft bezeichnet.
[20] Vgl. LUFTHANSA: Geschäftsbericht 2001, S. 28.
[21] AEA: Yearbook 2002, S. I-5.
[22] AEA: Yearbook 2002, S. I-4.
[23] Vgl. HÄTTY, H.: Airline strategy , S. 8 ff.
[24] Vgl. ALDERIGHI, M., CENTO, A.: European Airlines Conduct after September 11.
[25] Aufgabe von Strecken, die bspw. in den USA von Regionalcarriern übernommen wurden (Zuwachs der RPK von 2000 bis 2004 um 124%). Vgl. FAA, zitiert in SHIFRIN, C.: FAA's cost conundrum, S. 31.
[26] Beispielsweise legte die Deutsche Lufthansa kurzfristig 43 Flugzeuge still. Vgl. HÄTTY, H.: Airline straegy, S. 17.

- kurzfristige Realisierung von Kosteneinsparpotentialen durch Unternehmens- und Prozessanalysen verbunden mit Organisations- und Prozessrestrukturierungen.

Nach IATA-Schätzungen konnten die Mitgliedsgesellschaften kurzfristig ca. 2-3% Einsparungen bei den Kosten (ohne Treibstoff) realisieren, denen jedoch erhebliche Rückgänge auf der Einnahmenseite gegenüberstanden, da die „yields collapsed by 20% after the terror attacs and are not expected to materially recover any time soon."[27] Durch die veränderte Sicherheitslage hatten die Fluggesellschaften überdies mit Kostensteigerungen zu kämpfen, die durch eine wesentliche Erhöhung der Versicherungsprämien, den Einbau schusssicherer Cockpittüren und Überwachungseinrichtungen an Bord, Anti-Terror-Trainings der Crews sowie verstärkten Sicherheitsmaßnahmen am Boden (intensivere und zusätzliche Personen- und Gepäckkontrollen an Flughäfen, insbesondere bei Flügen via und in die USA) bedingt wurden. Beispielsweise rüstete die israelische Fluggesellschaft EL-AL ihre Jets mit Raketenabwehrsystem aus.[28]

Reaktionen der Versicherungsunternehmen:
Bis zu den Anschlägen vom 11. September 2001 war die Deckung von Kriegs- und kriegsähnlichen Risiken in der Luftfahrtversicherung (sog. „all risk"-Versicherung) eingeschlossen.[29] Mit den Anschlägen und dem bis dahin nicht gekannten und vermuteten Schadensausmaß haben „sämtliche Luftfahrtversicherer ihren Kunden, nicht nur den Luftfahrtunternehmen, sondern auch den Erbringern luftfahrtbezogener Dienstleistungen, wie Flughäfen, Abfertigungs-, Betankungs- und Cateringgesellschaften, nach dem 11. September die Dritthaftpflichtversicherung für Kriegs- und Terrorismusschäden weltweit gekündigt".[30] Des Weiteren limitierten die Versicherer nach einer Übergangsfrist den Versicherungsschutz auf 50 Mio. US$. Da aufgrund des fehlenden Versicherungsschutzes für die Luftfahrtindustrie der weltweite Luftverkehr von der Einstellung bedroht war, wurden die fehlenden Deckungssummen durch zeitliche befristete Staatsgarantien abgesichert.[31] Beispielsweise bürgte die US-Regierung mit über 100 Mio. US$ für ihre eigenen Fluggesellschaften.

Staatliche Reaktionen:
Die aufgrund des fehlenden Versicherungsschutzes gegebenen Staatsgarantien waren in Europa bis Oktober 2002 begrenzt. Die danach durch den Versicherungsmarkt angebotenen Lösungen (excess war risk cover) führten zu einer erheblichen Verteuerung.[32] Während die europäischen Fluggesellschaften diese Aufwendungen alleine tragen mussten, wurden die Fluggesellschaften in den USA durch den Air Transport Safety and System Stabilization Act[33] für die finanziellen Verluste durch die temporäre Schließung des US-Luftraumes entschädigt und erhielten Unterstützung für die erhöhten Versicherungskosten. Die EU-Kommission erlaubte zwar staatliche Unterstützungen, die jedoch von den Regierungen der Mitgliedstaaten nur teilweise geleistet wurden.

Die Neubewertung der terroristischen Bedrohung führte in Europa zu einer Überprüfung und Harmonisierung gemeinsamer Vorschriften für die Sicherheit hinsichtlich des

---

[27] Airline Business, No. 7/2005, S. 7.
[28] Vgl. TAZ vom 29.10.2003.
[29] Vgl. OELSSNER, R.: Luftfahrtversicherungen, S. 47.
[30] OELSSNER, R.: Luftfahrtversicherungen, S. 49.
[31] Vgl. a. a. O.
[32] Vgl. CONWAY, P.: An uneasy calm, S. 71.
[33] United States Department on Treasury: Air Transportation Safety and Stabilization Act: Public Law 107-42.

Zugangs zu den Sicherheitsbereichen, der Sicherung der Flugzeuge und der Kontrolle der Fluggäste an Flughäfen. Die USA verschärften überdies die Sicherheitsbestimmungen drastisch und passten die Transit- und Einreisebestimmungen der veränderten Lage an. Durch Abkommen mit den USA bezüglich der Übermittlung personenbezogener Daten (PNR) werden inzwischen qualitativ und quantitativ mehr Passagierdaten ausgetauscht als vor dem 11 September 2001.[34] Überdies führten die USA eine veränderte Kontrolle von Personen bei der Ein- und Ausreise ein, welche auf der Erfassung und Verarbeitung von biometrischen Daten beruht und durch maschinenlesbare Reise- und Identitätsdokumente unterstützt wird.

---

[34] Entscheidung der Kommission vom 14. Mai 2004 über die Angemessenheit des Schutzes der personenbezogenen Daten, die in den Passenger Name Records (PNR) enthalten sind, welche dem United States Bureau of Customer and Border Protection übermittelt werden.

2 Grundlagen des Luftverkehrs

2.1 Das System Luftverkehrswirtschaft

2.1.1 Zum Begriff Luftverkehr

Betrachtet man Luftverkehr nicht als ein bloß technisches Problem des Transportes von Personen und Gütern zwischen zwei Orten, sondern als Gesamtheit der damit verbundenen Organisationen und Beziehungen, dann stellt sich dieser Verkehrszweig als ein dichtes Geflecht aus zwischenstaatlichen Verträgen, Unternehmensstrategien, Preis- und Produktionskartellen, nationalen Interessen sowie öffentlichen Aufgaben dar. Um die Analyse der komplexen Realität von Wirtschaftsbereichen, Märkten oder Tätigkeitsfeldern von Unternehmen übersichtlicher zu gestalten und die beteiligten Wirtschaftssubjekte, ihre Funktionen und Verbindungen leichter erkennen und präziser feststellen zu können, bedient sich die Wissenschaft häufig des analytischen Instruments der **Systembildung**.[1] Dabei wird gedanklich der zu untersuchende Ausschnitt der Realität als ein offenes (d. h. mit der sonstigen Umwelt verbundenes) System begriffen, das aus verschiedenen Komponenten besteht, die untereinander in Beziehung stehen. Auf den Luftverkehr angewendet, werden nach dem Leitkriterium „Gliederung nach Institutionen" die in diesem Bereich tätigen Organisationen, Unternehmen und Konsumentengruppen als die wichtigsten Systemkomponenten dargestellt und deren Tätigkeit im Rahmen des Systems sowie ihre Bedeutung für die Umwelt beschrieben.

Die **Luftverkehrswirtschaft als Oberbegriff** umfasst:

- den **Luftverkehr** als die „Gesamtheit aller Vorgänge, die der Ortsveränderung von Personen, Fracht und Post auf den Luftwegen dienen (...) und alle damit unmittelbar oder mittelbar verbundenen sonstigen Dienstleistungen."[2]
- die **Luftfahrtindustrie** als die Gesamtheit der ökonomischen, organisatorischen und technischen Einrichtungen des Lufttransportes zur Produktion und Bereitstellung von Luftfahrzeugen und Infrastruktureinrichtungen wie Flughäfen oder Flugsicherungsanlagen.
- die **Luftfahrtorganisation** als Gesamtheit aller Institutionen, die die rechtlichen und abwicklungstechnischen Rahmenbedingungen für die Durchführung des Luftverkehrs und die Produktion der Luftfahrtindustrie vorgeben.

Bei **systemtheoretischer Betrachtung** der Luftverkehrswirtschaft (vgl. Abb. 2.1) stellen die Fluggesellschaften als Anbieter, die Verbraucher und Unternehmen als Kunden sowie die Consolidators (Großhändler), Agenturen und Speditionen als

---

[1] LUHMANN, N.: Systemrationalität, S. 176 f., spricht in diesem Zusammenhang von einer Reduktion von Komplexität durch Systembildung. Vgl. auch NARR, W.: Theoriebegriffe und Systemtheorie, S. 89-130.
[2] RÖSSGER, E., HÜNERMANN, K.: Luftverkehrspolitik, S. 3.

Distributionsorgane die zentralen Komponenten dar; sie werden in den folgenden Kapiteln separat behandelt. Daneben besteht eine Fülle von staatlichen Institutionen und privaten Organisationen, die als weitere Systemelemente zur Abwicklung des Luftverkehrs notwendig sind und sein Erscheinungsbild in unterschiedlichem Ausmaße prägen.

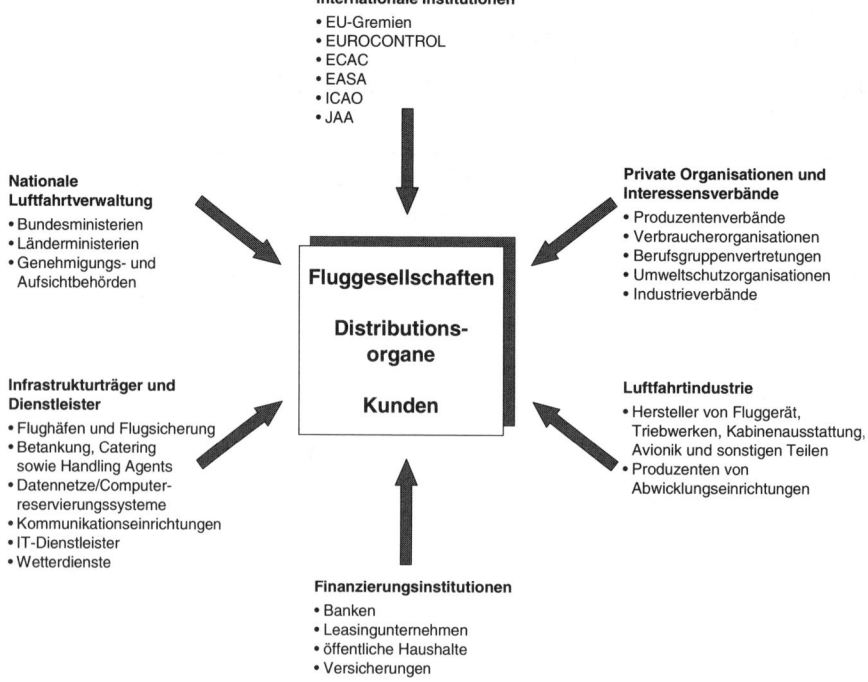

Abb. 2.1. Das System Luftverkehrswirtschaft

2.1.2 Staatliche Komponenten des Systems

2.1.2.1 Nationale Organe

Nationale staatliche Organe der Luftverkehrsverwaltung regeln Zulassung und Abwicklung des Luftverkehrs.[3]

Das **Bundesministerium für Verkehr** ist die oberste Bundesbehörde für zivile Luftfahrtangelegenheiten.[4] Zu seinen wichtigsten Aufgabenbereichen gehören:

---

[3] Eine zusammenfassende Darstellung der Luftverkehrsverwaltung in der Bundesrepublik Deutschland findet sich bei SCHWENK, W.: Luftverkehrsrecht, S. 49-69.

[4] Vgl. § 31 LuftVG. Durch Umstrukturierungen in der Ressortverteilung der Bundesregierungen änderte sich mitunter die Bezeichnung; seit 2005 Bundesministerium für Verkehr, Bau und Stadtentwicklung.

2.1 Das System Luftverkehrswirtschaft

- Betriebsgenehmigung und Zulassung deutscher Fluggesellschaften mit regionalem und überregionalem Linienluftverkehr sowie auch der Charterfluggesellschaften mit Flugzeugen, die nicht ausschließlich nach Sichtflugregeln betrieben werden einschließlich der Genehmigung der Flugpläne, Tarife und Beförderungsbedingungen;
- Genehmigung des internationalen Linien- und Gelegenheitsverkehrs im Rahmen der mit ausländischen Staaten getroffenen Vereinbarungen sowie der Abschluss und Vollzug internationaler Luftfahrtabkommen;
- Genehmigung von Bau und Betrieb von Flugplätzen, Flugplatzentgelte und Flugplatzbenutzungsordnung;
- Vertretung der Bundesrepublik Deutschland in internationalen staatlichen Institutionen des Luftverkehrs und in den Gremien der Europäischen Union;
- Erlass von Rechtsverordnungen über die Durchführung des Luftverkehrs (Verhalten im Luftraum, Ausbildung des Luftfahrtpersonals, Schutz vor Fluglärm und Luftverunreinigung etc.);
- Dienst- und Fachaufsicht der nachgeordneten Bundesbehörden wie Luftfahrt-Bundesamt oder Deutsche Flugsicherung GmbH.

Das **Luftfahrt-Bundesamt (LBA)**[5] mit Sitz in Braunschweig befasst sich als Zulassungs- und Kontrolleinrichtung mit folgenden Tätigkeitsbereichen:

- Zulassung und Überprüfung der Lufttüchtigkeit von Luftfahrtgerät,
- Erlaubniserteilung für Luftfahrtpersonal,
- Prüfung des technischen, betrieblichen und finanziellen Zustandes von Luftfahrtunternehmen,
- Mitwirkung an Verbesserungen der Sicherheit des Luftverkehrs auf nationaler und internationaler Ebene.

Der **Flugplankoordinator** der Bundesrepublik Deutschland ist eine seit 1971 bestehende, direkt dem Bundesminister für Verkehr unterstellte Bundesbehörde. Sie erfüllt im Vorfeld der Flugsicherung die Aufgabe der zeitlichen Abstimmung der An- und Abflüge auf sämtlichen deutschen Verkehrsflughäfen wie auch der Überflüge über das Gebiet der Bundesrepublik Deutschland. Die Hauptaufgabe des Flugplankoordinators ist die Verwaltung und Verteilung der häufig knappen Start- und Landezeiten (Slots) auf den bundesdeutschen Verkehrsflughäfen. Slots sind damit ein begehrtes Wirtschaftsgut, dessen Zuteilung eine verstärkte verkehrs- und wettbewerbspolitische Bedeutung gewinnt.

Folgende **Bundesministerien** sind direkt oder indirekt an der Regelung und Abwicklung des Luftverkehrs beteiligt (Stand 2006): das Bundesministerium des Inneren (Sicherheit, Ein- und Ausreisekontrolle), das Auswärtige Amt (Luftverkehrs- und Handelsabkommen), das Bundesministerium für Gesundheit und soziale Sicherung (Bekämpfung der Verbreitung übertragbarer Krankheiten), das Bundesministerium für Verteidigung (Einrichtung militärischer Sperrzonen), das Bundesministerium für Finanzen (Zollkontrolle; Beteiligung des Bundes an Flughäfen,

---

[5] Vgl. Gesetz über das Luftfahrt-Bundesamt in der Fassung vom 18.9.1980.

Finanzierung von Lärmschutzmaßnahmen), das Bundesministerium für Umwelt, Naturschutz und Reaktorsicherheit (Überwachung von Lärm- und Abgasemissionen), das Bundesministerium für Justiz (Reiserecht, Haftungsfragen, rechtlicher Rahmen des Luftverkehrs) sowie das Bundesministerium für Bildung und Forschung (Projekte im Rahmen des Deutschen Zentrums für Luft- und Raumfahrt e. V.)[6].

Den **Bundesländern** wurden im Rahmen der Luftverkehrsverwaltung Aufgaben und Zuständigkeiten übertragen, die vorwiegend die allgemeine Luftfahrt, den Bautenschutzbereich sowie den Schutz vor Angriffen auf die Sicherheit des Luftverkehrs betreffen.[7] Darüber hinaus kommt ihnen als Träger und Besitzer von Verkehrsflughäfen und im Rahmen der Förderung des Regionalluftverkehrs eine wichtige Rolle zu.

2.1.2.2 Internationale Institutionen

Noch vor Beendigung des Zweiten Weltkrieges, der insbesondere in Europa zu einem weitgehenden Zusammenbruch der zivilen Flugverbindungen geführt hatte, lud die US-Regierung 1944 alle verbündeten und neutralen Staaten zu einer Konferenz nach Chicago ein, um die Neuorganisation des internationalen Luftverkehrs vorzubereiten. Zu den wichtigsten Ergebnissen dieser Zusammenkunft zählte neben der Verabschiedung des „Abkommens von Chicago" (Convention on International Civil Aviation) die Gründung der **International Civil Aviation Organization (ICAO)** mit Sitz in Montreal als öffentlich-rechtlicher Vertretung aller am zivilen internationalen Luftverkehr beteiligten und als UNO-Mitglied zugelassenen Staaten. Die ICAO ist eine Sonderorganisation der Vereinigten Nationen mit 189 Mitgliedsstaaten (Stand: 2006); die Bundesrepublik Deutschland ist seit 1956 daran beteiligt. Grundsätzliche Ziele sind die:

- Gewährleistung eines sicheren und geordneten Wachstums der internationalen Zivilluftfahrt;
- Förderung des Baus und des Betriebes von Flugzeugen zu friedlichen Zwecken sowie die Entwicklung von Luftverkehrsstrassen, Flughäfen und Flugsicherungsanlagen;
- Verhütung wirtschaftlicher Verschwendung infolge übermäßigen Wettbewerbs;
- Sicherung der Rechte der Vertragsstaaten und deren Möglichkeiten zum Betrieb internationaler Fluggesellschaften;
- Vermeidung von Diskriminierung zwischen den Vertragsstaaten;
- Verbesserung der Flugsicherheit in der internationalen Luftfahrt.[8]

---

[6] Das DLR ist das privatrechtlich als Verein organisierte Forschungszentrum der Bundesrepublik Deutschland für Luft- und Raumfahrt, Energie und Verkehr; es setzt Forschungsprojekte verschiedener Ministerien, insbesondere des Bundesministeriums für Bildung und Forschung (BMBF) und des Bundesministeriums für Wirtschaft und Technologie (BMWi), fachlich und organisatorisch um.

[7] Vgl. dazu den Aufgabenkatalog in § 31 Abs. 2 LuftVG.

[8] Vgl. ICAO: Convention on International Civil Aviation, Chap. VII, Art. 44.

Das oberste legislative Organ der ICAO ist die im dreijährigen Turnus zusammentretende Generalversammlung aller Mitgliedsstaaten. Dem ständigen Exekutivorgan, dem Rat, gehören 36 Staaten an; er bestimmt und überwacht die Tätigkeit der folgenden Ausschüsse:

- Luftfahrtkommission (Air Navigation Commission),
- Luftverkehrsausschuss (Air Transport Committee),
- Finanzausschuss (Finance Committee),
- Ausschuss für die gemeinsame Unterhaltung von Luftfahrteinrichtungen (Committee on Joint Support of Air Navigation Services).

Ergebnisse der Tätigkeit sind die als Annexe (Anhänge) zum ICAO-Abkommen veröffentlichten Richtlinien (standards), die für alle Mitgliedsstaaten verbindlich sind, sowie die Empfehlungen (recommended practices), deren Anwendung von der ICAO als wünschenswert angesehen wird. Da die meisten Staaten diese Regelungen in ihr nationales Recht übergeführt haben, kann der internationale Luftverkehr nach überwiegend einheitlichen Kriterien abgewickelt werden. Weiterhin veröffentlicht die ICAO eine Reihe wichtiger Statistiken und ist im Bereich der Entwicklungshilfe für Länder der Dritten Welt tätig. „Neben der technischen Zusammenarbeit ist als wichtiger Faktor für die Förderung der internationalen Zivilluftfahrt auf die Rechtsvereinheitlichung durch die unter der Schirmherrschaft der ICAO entstandenen internationalen Luftfahrtabkommen hinzuweisen."[9]

Regionale Zusammenschlüsse staatlicher Luftfahrtbehörden finden sich in vielen geographisch aneinander grenzenden Gebieten der Erde. So wurde in Europa 1954 die **Europäische Zivilluftfahrtkonferenz (European Civil Aviation Conference, ECAC)** mit Sitz in Straßburg gegründet, der gegenwärtig 42 Staaten angehören (vgl. Abb. 2.2, Stand: 2006). Sie hat die Aufgabe, die Entwicklung des innereuropäischen Luftverkehrs zu überwachen und zu koordinieren; allerdings haben die dort gefassten Beschlüsse nur empfehlenden Charakter und bedürfen zu ihrer Inkraftsetzung der Genehmigung durch die Regierungen der Mitgliedstaaten. Zu den wichtigsten im Rahmen der ECAC getroffenen Entscheidungen zählen das „Mehrseitige Abkommen über gewerbliche Rechte im nichtplanmäßigen Luftverkehr in Europa" (1956), das „Übereinkommen über die Festlegung von Tarifen" (1967), die „Vereinbarung über Nordatlantikflüge" (1975), das „Memorandum of Understanding" mit den USA (1982) und die „Abkommen über Tarifzonen und Kapazitätsregelungen" (1987 und 1990), sowie das „Abkommen über Haftungsuntergrenzen gegenüber Passagieren und Dritten" (1994 und 2002).[10]

Die **Joint Aviation Authorities (JAA, Vereinigte Luftfahrtbehörden)** ist eine 1990 von zehn Zivilluftfahrtbehörden als Nachfolgerin der Joint Airworthiness Authority gegründete Arbeitsgemeinschaft der ECAC mit dem Ziel der Durchsetzung eines hohen Sicherheitsstandards in den Mitgliedsländern (Mitgliederzahl 2006: 40).

---

[9] SCHWENK, W.: Luftverkehrsrecht, S. 72.
[10] Vgl. SCHWENK, W.: Luftverkehrsrecht, S. 93.

22   2 Grundlagen des Luftverkehrs

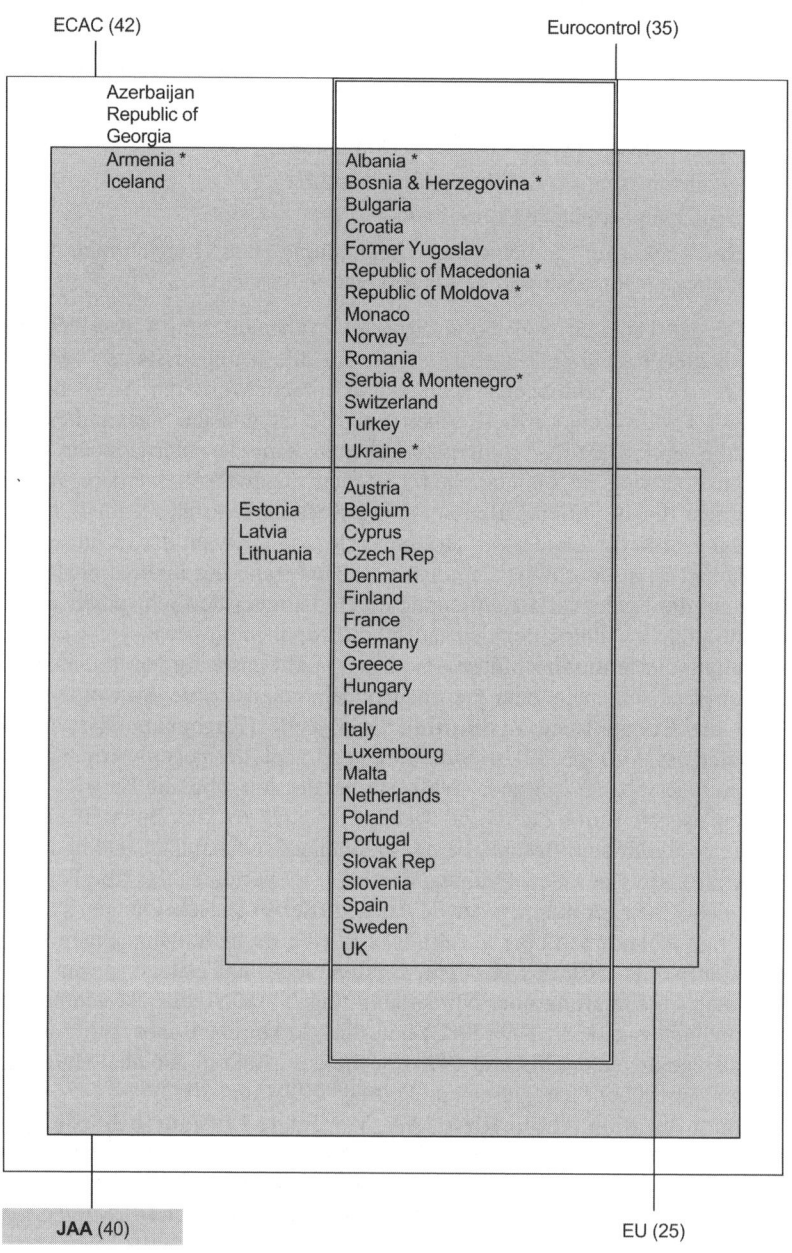

* = Candidate Members, Stand: Dezember 2005

   Quelle: JAA: Member-States, o. S.

Abb. 2.2.   Europäische Institutionen des Luftverkehrs

Die Aufgabe der Organisation besteht darin, in Zusammenarbeit mit den nationalen Behörden Vorschriften (Joint Aviation Requirements, JAR) hinsichtlich Konstruktion, Bau, Wartung und Betrieb von Flugzeugen sowie der Zulassung von Luftfahrtpersonal zu erarbeiten und die Europäische Kommission in technischen Fragen zu beraten. Die JAA wird Ende 2006 aufgelöst und deren Aufgaben schrittweise an die EASA übertragen.

Im September 2002 wurde die Gründung der **European Aviation Safety Agency (EASA, Europäische Agentur für Luftsicherheit)** beschlossen, die als eine eigene, unabhängige europäische Sicherheits- und Aufsichtsbehörde für die Zivilluftfahrt mit Sitz in Köln seit 2003 die weitere Harmonisierung europäischer Flugsicherheitsvorschriften übernimmt.[11] Bisher wurde diese Harmonisierung auf der Basis der Arbeitsgemeinschaft JAA verfolgt und über die nationalen Flugsicherheitsbehörden umgesetzt. Neben der Vereinheitlichung europäischer Flugsicherheitsvorschriften werden als weitere zentrale Aufgaben der EASA die Zulassung von Luftfahrtpersonal und Luftfahrterzeugnissen (Flugzeuge, Triebwerke und Fluginstrumente), die Feststellung und Überprüfung der Lufttüchtigkeit von Luftfahrzeugen (airworthiness) und die Beratung von Gremien der Europäischen Union in Bezug auf technische Fragen der Luftfahrt gesehen.

Die **Europäische Organisation zur Sicherung der Luftfahrt – EUROCONTROL** wurde 1960 von der Bundesrepublik Deutschland, Frankreich, Großbritannien, Luxemburg und den Niederlanden mit dem Ziel der gemeinsamen Durchführung der Luftverkehrs-Sicherheitsdienste im oberen Luftraum (7.650 m bis 15.000 m) gegründet. Weitere Tätigkeitsbereiche sind die Zusammenarbeit mit nationalen Flugsicherungsdiensten für die Überwachung des unteren Luftraumes, die Standardisierung von Geräten zur Luftraumüberwachung, die gemeinsame Fortbildung des Luftsicherungspersonals sowie seit 1970 auch die Berechnung und Einziehung der Flugsicherungs-Streckengebühren im Auftrag der Mitgliedstaaten. EUROCONTROL hat gegenwärtig 35 Mitglieder (Stand: 2006) (vgl. Abb. 2.2). Das Ziel einer gemeinsamen europäischen Luftverkehrssicherungsorganisation konnte bisher nur zum Teil erreicht werden, obwohl mit der 1995 neu geschaffenen Central Flow Management Unit (CFMU) in Brüssel eine europäische Institution für die Verkehrsflussregelung geschaffen wurde und seit 1991 mit dem European Air Traffic Control Harmonisation and Integration Programm (EATCHIP) die Vielzahl der verschiedenen Flugsicherungssysteme in Europa (49 Flugsicherungsstellen benutzen 31 verschiedene Computersysteme mit 22 verschiedenen Bedienungssystemen und 30 Programmiersprachen) harmonisiert und untereinander kompatibel gemacht werden. Im Hinblick auf die wachsenden Anforderungen an das Luftverkehrssicherungssystem über das Jahr 2000 hinaus wurde im Rahmen einer Gesamtstrategie (ATM 2000+ Strategy) das „Performance Enhancement Programme for European Air Traffic Management in Europe" (EATMP) begonnen. Hierbei soll die Zusammenarbeit zwischen den bestehenden unterschiedlichen Kontroll- und Navigationssystemen mit dem Ziel einer nach außen hin einheitlichen Abwicklung des Luftverkehrs harmonisiert werden.

---

[11] Verordnung (EG) Nr. 1592/2002 zur Festlegung gemeinsamer Vorschriften für die Zivilluftfahrt und zur Errichtung einer Europäischen Agentur für Flugsicherheit.

Weitere **regionale staatliche Luftfahrtinstitutionen** sind: die African Civil Aviation Commission (AFCAC), der Arab Civil Aviation Council (ACAC) und die Latin American Civil Aviation Commission (LACAC).

2.1.3 Privatrechtliche Komponenten des Systems

2.1.3.1 Interessenverbände

Die **International Air Transport Association**[12] **(IATA)**, 1945 gegründet, Hauptbüros in Montreal und Genf, ist der Weltverband der Unternehmen des kommerziellen Luftverkehrs. Während bis 1974 nur Linienfluggesellschaften Mitglied werden konnten, steht die Vereinigung nun jeder Luftverkehrsgesellschaft offen, die in einem Staat zugelassen ist, der der ICAO angehört oder dort aufgenommen werden kann. Die IATA-Mitgliedschaft ist mehrseitig: Aktive Mitglieder sind Fluggesellschaften, die internationale Luftverkehrsdienste durchführen, während reine Inlandsfluggesellschaften nur eine assoziierte Mitgliedschaft ohne Stimmrecht erhalten. Die aktive IATA-Zugehörigkeit umfasst die obligatorische Mitgliedschaft in der „Handelsorganisation" (trade association); die Beteiligung an den „Tarifkonferenzen" (tariff conferences) ist freiwillig. 2006 waren der IATA insgesamt 265 Fluggesellschaften angeschlossen. Davon waren 250 aktive Mitglieder (davon 131 nur in der trade association, also ohne Beteiligung an den Tarifkonferenzen) und 15 assoziierte Mitglieder.

Die grundsätzlichen Ziele der IATA sind:

a) "to promote safe, regular and economical air transport for the benefit of peoples of the world, to foster air commerce, and to study the problems connected therewith,
b) to provide means for collaboration among the air transport enterprises engaged directly or indirectly in international air transport services,
c) to cooperate with the International Civil Aviation Organization and other international organizations."[13]

Da das oberste Führungsorgan der IATA, die Generalversammlung, nur einmal jährlich zusammentritt, ist das Executive Committee mit dem Generaldirektor als Vorsitzendem das permanente Leitungsgremium. Ihm unterstehen fünf Hauptabteilungen (Divisions):

- **Member and Government Relations**: Vertritt die Interessen der Mitglieder nach außen (Lobbying) gegenüber Politik, Behörden, anderen Anbietern (Flughäfen, Herstellern, Gewerkschaften) und Konsumentenverbänden; steuert und unterstützt die Verkehrskonferenzen bei der Tariffindung; behandelt wirtschaftliche

---

[12] Ausführliche Darstellungen der Organisationsstruktur und der Tätigkeitsbereiche finden sich bei CHUANG, R.: International Air Transport Association; HAANAPPEL, P.: Pricing and Capacity Determination, S. 61-116. Über die aktuelle Entwicklung informiert die IATA durch die Zeitschrift Airlines International und durch die Annual Reports.
[13] IATA: Act of Incorporation, Art. III.

und politische Angelegenheiten die Mitglieder betreffend; vertritt die Luftverkehrsindustrie bei der ICAO.
- Safety, Operations and Infrastructure: Koordiniert die Zusammenarbeit der Luftverkehrsgesellschaften in der technischen und organisatorischen Abwicklung des Flugbetriebes; befasst sich mit meteorologischen, sicherheits- und umwelttechnischen Fragen und flugmedizinischen Problemen;
- Marketing and Commercial Services: Berät und unterstützt die Mitglieder in Fragen des Marketings, Verkaufs und Vertriebs; liefert Informationen und Analysen über Markt-, Industrie- und Verkehrsentwicklung; steuert Kooperationen und bietet Trainings- und Lehrveranstaltungen an.
- Industry Distribution and Financial Services: Entwickelt und harmonisiert Industriestandards, Infrastruktur, Produkte und Programme für Fluggesellschaften und die Distributionsorganisationen, welche die Erstellung von Beförderungsleistungen, ihren Verkauf sowie die ihre Abrechnung erleichtern und die Qualität gewährleisten sollen; betreibt und überwacht das Clearing House, den Billing and Settlement Plan (BSP) sowie die IATA Regionalbüros.
- Corporate Services: Dieser Abteilung sind Stabsfunktionen wie Planung, Controlling, Corporate Finance sowie die Administration der IATA zugeordnet.

Darüber hinaus beraten und unterstützen folgende Ausschüsse die Generalversammlung und das Generaldirektorium in entsprechenden Fragen:

- Luftfracht-Abwicklung und Organisation (Cargo Committee);
- Steuern, Abgaben, Gebühren und Kostenentwicklung (Financial Committee);
- Flugpläne, Tarife, Preise, Kundenservice sowie Wettbewerbssituation (Industry Affairs Committe);
- Flugbetrieb, Technik, Sicherheit und Infrastruktur (Operations Committee)
- Umwelt (Environment Committee);
- Rechtsfragen, Beratung und Interessensvertretung (Legal Committee).

Die Bedeutung der IATA ergibt sich schon allein aus der Verkehrsleistung der Mitgliedsgesellschaften: 2006 betrug der IATA-Anteil (einschließlich Aeroflot) am gesamten Weltluftverkehr (Personen und Fracht im Linienverkehr) ca. 94%.[14] Darüber hinaus leistet die IATA wichtige Dienstleistungen für die gesamte Luftverkehrsbranche. So arbeiten insgesamt 323 (auch Non-IATA-) Fluggesellschaften im Rahmen der Interline Agreements, des Clearing Houses und des Billing and Settlement Plan (BSP) mit der IATA zusammen. Obwohl die IATA eine privatrechtliche Körperschaft ist, kommt ihr aufgrund der Zusammensetzung ihrer Mitgliedschaft ein „quasi-öffentlicher" Status zu: Etwa die Hälfte der IATA-Gesellschaften sind gänzlich oder überwiegend in staatlichem Besitz. Zudem wurde in den meisten bilateralen Luftverkehrsabkommen die Tariffindung im Linienverkehr an die IATA delegiert und in vielen Staaten ist sie auch für die Organisation des Vertriebes (Agenturzulassung, Provisionsfestlegung, Festsetzung der Währungskurse) zuständig.

---

[14] IATA: Aufkommen Weltluftverkehr, o. S.

Zu Beginn der siebziger Jahre kam es durch Neuentwicklungen im Bereich der Flugtarife zu einem Bedeutungsverlust der IATA. Die bis dahin in den bilateralen Verträgen verbindlich festgelegte Tarifkoordination durch die IATA-Tarifkonferenzen wurde in mehreren neuen Luftverkehrsabkommen aus Wettbewerbsgründen verboten; gleichzeitig unterliefen in anderen Verkehrsgebieten zunehmend mehr Fluggesellschaften durch die Duldung von Graumarktflugpreisen das IATA-Tarifgefüge. Dieser Verlust der ordnungspolitischen Funktion führte 1978, 1988 und 1994 zu Reorganisationen und zu einer Neudefinition der Organisationsziele. Die Aufgabenschwerpunkte wurden modifiziert und die Funktion eines Dienstleistungsverbandes in den Vordergrund gerückt. Beispielsweise wurden neue Dienstleistungen („industry services") für die Mitgliedsgesellschaften eingeführt. Dazu zählen Beratungs- und Finanzdienstleistungen wie Yield Management-Programme, Marktuntersuchungen und -analysen, Seminare und Symposien, Versicherungsdienstleistungen und ein erweitertes Ausbildungsangebot für Airline- und Agenturmitarbeiter, die gegen Entgelt in Anspruch genommen werden können.[15]

Die **International Air Carrier Association (IACA)** ist der Dachverband der Chartergesellschaften, die mit Hilfe dieser Organisation versuchen, die Rahmenbedingungen für den Gelegenheitsverkehr zu verbessern, die Zusammenarbeit untereinander zu fördern und ihre gemeinsamen Interessen gegenüber den für Luftverkehr und Tourismus zuständigen Behörden und Verbänden zu vertreten. Die europäischen Mitgliedsgesellschaften haben sich in der Unterorganisation European Air Carrier Assembly (EURA-CA) zusammengeschlossen.

Die **Association of European Airlines (AEA)** repräsentiert (2006) 30 europäische Linienfluggesellschaften. Wie schon bei ihrem Vorgänger, dem European Airlines Research Bureau, liegt ein Schwerpunkt der Tätigkeit in der Bereitstellung von Daten und Analysen über die Entwicklung des europäischen Luftverkehrs. Neben der Kooperationsförderung im flugbetrieblichen Bereich hat die AEA vor allem die Funktion einer politischen Interessenvertretung gegenüber den EU-Gremien, der ECAC und der IATA.

Weitere Zusammenschlüsse von Luftverkehrsgesellschaften auf europäischer Ebene sind die **Association des Compagnies Aériennes de la Communauté Européenne (ACE)**[16] mit 17 unabhängigen Fluggesellschaften, die meisten von ihnen Chartercarrier, die **European Low Fare Airline Association (ELFAA)**, als Interessensverband von zehn Low Cost-Fluggesellschaften sowie die **European Regions Airlines Organization (ERA)**, eine Organisation von 67 europäischen Regionalfluggesellschaften, 40 Flughäfen und über 115 Unternehmen der Luftfahrtindustrie. Die Verbände der Regionalfluggesellschaften sind weltweit in der **International Federation of Regional Airline Associations** zusammengeschlossen. Auch in den anderen Verkehrsgebieten existieren ähnliche regionale Vereinigungen der internationalen Luftverkehrsgesellschaften; die wichtigsten davon sind: Arab Air Carriers Organization (AACO), African Airlines Association (AFRAA), Air Transport Association of America (ATA), Association of South

---

[15] Vgl. IATA: Annual Report 2005, S. 38-47.
[16] Eine weitere Organisation mit der Abkürzung ACE ist Associated Couriers of Europe, der Zusammenschluss der europäischen Kurierdienstunternehmen.

Pacific Airlines (ASPA), International Association of Latin American Air Transport (AITAL) sowie Orient Airlines Association (OAA).

Die **Arbeitsgemeinschaft Deutscher Verkehrsflughäfen e. V. (ADV)** hat als Interessenvertretung von 61 deutschen Flughäfen die Aufgabe, die gemeinsamen Belange der Flughäfen wahrzunehmen und die Behörden des Bundes und der Länder bei der Vorbereitung und Durchführung aller Gesetze und sonstigen Bestimmungen zu beraten, die die gemeinsamen Belange ihrer Mitglieder betreffen.[17] Sie gibt im Auftrag des Statistischen Bundesamtes jährlich die „Statistik der deutschen Verkehrsflughäfen" heraus.

Die internationalen Flughäfen sind weltweit im **Airports Council International (ACI)** organisiert, einem Verband mit 569 Mitgliedern aus 177 Ländern.[18] Deren europäische Niederlassung (ACI Europe mit Sitz in Brüssel) vertritt rund 400 europäische Flughäfen gegenüber Behörden, Fluggesellschaften und nationalen wie internationalen Organisationen und berät die EU-Kommission.

Weitere wichtige Verbände von Luftverkehrsunternehmen sind der **Bundesverband der Deutschen Fluggesellschaften (BDF)** mit zehn Mitgliedern, der 2006 aus der Arbeitsgemeinschaft Deutscher Luftfahrt-Unternehmen (ADL)[19] hervorgegangen ist sowie der **Verband Deutscher Luftfahrt-Unternehmen (VDLU)**, der auf breiter Basis die Förderung der gesamten gewerblichen Luftfahrt betreiben soll. Der **Verband der Allgemeinen Luftfahrt e. V. (AOPA)** versteht sich als Interessenvertretung der Sport- und Geschäftsflieger.

Verbraucherorganisationen versuchen auf unterschiedlichen Ebenen, die Interessen der Passagiere zu vertreten. Die nationalen Verbraucherschutzverbände betreiben vor allem durch eigene Publikationen und Pressemitteilungen die Information der Öffentlichkeit über Tarife, Qualitätstests und aktuelle Rechtsprechung. Daneben werden sie in einigen Ländern auch zu Gesetzgebungshearings eingeladen, ebenso wie die Industrie- und Handelskammern als Vertreter des Geschäftsreiseverkehrs.

Auf europäischer Ebene gehören die Federation of Air Transport User Representatives in the European Community (FATUREC), das Bureau Européen des Unions des Consommateurs (BEUC) und die International Chamber of Commerce (ICC) zu den beratenden Institutionen der EU-Kommission.

Private Vereinigungen wie etwa die International Airline Passengers Association (IAPA) bieten neben ihren Bemühungen um passagierfreundliche Maßnahmen auch Vergünstigungen bei Hotels, Mietwagenunternehmen und Reiseversicherungen an. Eine stärkere Wirkung auf das Verbraucherbewusstsein dürfte aber den Reiserubriken der Tages- und Wochenzeitungen, den speziellen Reisezeitschriften und den Reise- und Wirtschaftssendungen des Fernsehens zukommen.

---

[17] Die Arbeitsgemeinschaft Österreichischer Verkehrsflughäfen (AÖV) mit ihren Mitgliedsflughäfen und die schweizerischen Flughäfen Basel-Mulhouse und Zürich sind der ADV als korrespondierende Mitglieder beigetreten.

[18] Da zu den Mitgliedern auch zahlreiche Flughafen-Betreibergesellschaften gehören, vertritt das ACI rund 1.640 Flughäfen (Stand Januar 2006).

[19] Die ADL wurde 1976 als Verband von vier deutschen Charterfluggesellschaften gegründet. Heute gehören der Nachfolgeorganisation BDF auch Liniengesellschaften und Low Cost-Carrier an.

Die Tätigkeit der **Umweltschutzorganisationen** und lokalen Interessensgruppen kommt vor allem in ihren vielfältigen Protestaktionen gegen Aus- und Neubauten von Flughäfen zum Ausdruck, die häufig nicht nur zu einer stärkeren Berücksichtigung ökologischer Belange führen, sondern auch die Planungs- und Bauzeiten erheblich verzögern. Eine spezielle Umweltschutzorganisation ist die Bundesvereinigung gegen Fluglärm e.V.

Branchenverbände wie der Deutsche ReiseVerband e. V. (DRV),[20] der Bundesverband mittelständischer Reiseunternehmen e. V. (asr)[21] und der Bundesverband der Deutschen Tourismuswirtschaft (BTW) in der Bundesrepublik Deutschland sowie die European Commission of Travel Agents' Associations (ECTAA) als Vereinigung der nationalen Reisebüroverbände in der EU verstehen sich als Interessenvertretungen ihrer Mitglieder gegenüber den Fluggesellschaften. Die Universal Federation of Travel Agents' Associations (UFTAA) verhandelt als Weltverband der nationalen Reisebüroorganisationen mit den Fluggesellschaften über Provisionen, Sondertarife, Reservierungssysteme und Mustercharterverträge. Die World Tourism Organisation (WTO) repräsentiert unter anderen ca. 100 nationale Fremdenverkehrsverbände, Luftverkehrsgesellschaften sowie andere touristische Transportunternehmen und setzt sich für eine Förderung des freien Reiseverkehrs (z. B. Reduzierung der Einreiseformalitäten) ein. Im Frachtbereich vertritt die Fédération Internationale des Associations de Transitaires et Assimilés (FIATA) als Organisation die Speditionsunternehmen. Im Bundesverband der Deutschen Luft-, Raumfahrt- und Ausrüstungsindustrie (BDLI) sind vor allem Unternehmen der zivilen und militärischen Zulieferindustrie zusammengeschlossen.

Die wichtigsten **Berufsgruppenvertretungen** des Luftfahrt- und Flughafenpersonals sind in der Bundesrepublik zunächst die zuständige Gewerkschaft Ver.di, die auf europäischer Ebene in der International Transport Workers Federation (ITF) organisiert ist. Berufsständische Organisationen für spezifische Berufsgruppen sind die Vereinigung Cockpit (VC) für Flugzeugführer und Flugingenieure, die Mitglied in der International Federation of Airline Pilots Associations (IFALPA) ist, der Bundesverband Luftfahrtpersonal in Deutschland sowie mehrere Vereinigungen für Flugdienstberater (beispielsweise: UFO – Unabhängige Flugbegleiter Organisation e. V.) und Angestellte der Flugsicherung. Die Ziele dieser Organisationen wie etwa Verbesserung der Arbeitszeiten und Arbeitsmethoden haben Auswirkungen auf die Kosten der Unternehmen, sind aber auch auf eine bessere, d. h. sicherere und schnellere Abwicklung des Luftverkehrs ausgerichtet.

Im **Board of Airline Representatives in Germany (BARIG)** sind die Vertreter der die Bundesrepublik Deutschland anfliegenden Luftverkehrsgesellschaften zusammengeschlossen. BARIG ist eine privatrechtliche Koordinationsstelle von gemeinsamen Interessen (Auslegung von IATA-Resolutionen, monatliche Festlegung der Devisenverrechnungskurse: BARIG-Rate sowie Tarifeinhaltung) ohne

---

[20] Vor der Umbenennung in Deutscher ReiseVerband 2006 erst Deutscher Reisebüro Verband, dann Deutscher Reisebüro und Reiseveranstalter Verband.

[21] Die Abkürzung asr geht zurück auf die frühere Bezeichnung „Arbeitskreis selbständiger Reisebüros".

Exekutivbefugnisse. Die Foreign Airlines Management Association (FAMA), eine Spitzenvertretung der in Deutschland vertretenen ausländischen Luftverkehrsgesellschaften, ist seit 1993 mit BARIG assoziiert.

2.1.3.2 Infrastrukturträger und Dienstleister

Flugplätze sind als Ausgangs- und Endpunkte des gesamten Luftverkehrs ein unabdingbarer Teil der zur Flugzeug- und Passagierabfertigung nötigen Infrastruktur. Die in der Bundesrepublik ca. 690 Flugplätze[22] werden nach dem Luftverkehrsgesetz (§ 6 Abs. 1) eingeteilt in Flughäfen, Landeplätze und Segelflugplätze. Von den 27 Flughäfen sind 17 vom Bundesministerium für Verkehr, Bau und Stadtentwicklung als internationale Verkehrsflughäfen anerkannt, die restlichen zehn dienen als Verkehrsflughäfen vorwiegend dem Regionalverkehr und privaten Zwecken, etwa als Werksflughäfen. Die ca. 340 Landeplätze werden zum Teil ebenfalls im Regionalverkehr angeflogen, ansonsten aber nur von der Allgemeinen Luftfahrt[23] genutzt. Dazu kommen noch ca. 60 Hubschrauberlandeplätze und rund 290 Segelflugplätze.

Die **Deutsche Flugsicherung GmbH (DFS)**,[24] ein sich in der Privatisierung befindliches, bundeseigenes Unternehmen mit Sitz in Offenbach und Außenstellen auf allen Verkehrsflughäfen der Bundesrepublik Deutschland ist vorwiegend für die Verkehrslenkung im Luftraum zuständig. Die wesentlichen Aufgaben der Flugsicherung (FS) sind:

- Flugverkehrskontrolldienst: Bewegungslenkung von Luftfahrzeugen innerhalb des kontrollierten Luftraums (FS-Kontrolldienst, FS-Anflugkontrolldienst) sowie auf den Start- und Landebahnen, Taxiways und dem Rollfeld (FS-Flughafenkontrolldienst);
- Fluginformationsdienst: Beratung der Flugzeugführer bezüglich der sicheren und ordnungsgemäßen Durchführung von Flügen;
- Flugsicherungstechnischer Dienst: Errichtung, Betrieb und Wartung der Radar- und Funknavigationsanlagen, Instrumentenlandesysteme, Fernmeldeeinrichtungen, Sprechfunkgeräte und Datenverarbeitungsanlagen;
- Flugnavigationsdienst: Unterstützung der Piloten mit Hilfe von Navigations-, Radar- und sonstigen Systemen;
- Flugfernmeldedienst: Übermittlung von Luftverkehrsnachrichten über Funk-, Fernsprech- und Fernschreibverbindungen;

---

22 Berechnet nach Angaben der ADV und DFS: Luftfahrthandbuch AIP, AGA 1-33.
23 Der Ausdruck „Allgemeine Luftfahrt" umfasst alle Formen der Luftfahrt mit Ausnahme des Linienverkehrs, des gewerblichen Charterverkehrs und der Militärluftfahrt.
24 Vgl. Verordnung zur Beauftragung eines Flugsicherungsunternehmens vom 11. November 1992.

- Flugberatungsdienst: Veröffentlichung von Luftfahrtkarten, des Luftfahrthandbuchs Deutschland (AIP)[25] der Luftfahrtinformationsrundschreiben (AIC) und der Nachrichten für Luftfahrer (NOTAM);
- Zusammenarbeit mit der Flugsicherung auf internationaler Ebene (EUROCONTROL).

Die **Bodenabfertigungsdienste** von Flugzeugen, Fluggästen und Fracht werden von eigenen Stationen der Luftverkehrsgesellschaften oder von so genannten Handling Agents, die die Flughafengesellschaften selbst, deren Tochterunternehmen oder unabhängige Dienstleister sein können, vorgenommen. Im weiteren Umfeld der Bodenabfertigung sind spezialisierte Betankungs-, Catering- (Bordverpflegungs-) sowie Sicherheitsunternehmen zu nennen.

Einen anderen wichtigen Teil der Infrastruktur stellen die **Kommunikationseinrichtungen** zur Abwicklung des Nachrichtenverkehrs zwischen den Fluggesellschaften dar. Schon 1949 haben internationale Linienverkehrsgesellschaften die **Société Internationale de Télécommunications Aéronautiques (SITA)** gegründet, da die öffentlichen Netze des Telefon- und Fernschreibverkehrs den steigenden Kommunikationsbedürfnissen des Luftverkehrs nicht mehr genügten. Die SITA (2006 ca. 640 Mitglieder) betreibt ein weltweites, standardisiertes Nachrichtensystem (SITAMAIL), hat ein System für die Luft-Boden-Kommunikation (SATELLITE AIRCOM) und stellt ihre über 220 Länder verbindenden Datennetze (Mega Transport Network, Managed Data Network Services) für die CRS zur Verfügung. Weitere Tätigkeitsbereiche sind die Bereitstellung von Flughafendienstleistungen (elektronische Terminalausstattung), der Betrieb des Gepäcksuchdienstes WorldTracer, eines CRS (GABRIEL resp. SITA Reservations) und das Angebot umfassender luftfahrtbezogener IT-Dienstleistungen.[26]

Dem **Deutschen Wetterdienst**[27] mit Sitz in Offenbach obliegt im Bereich der Luftfahrt der Flugwetterdienst, das heißt die meteorologische Information und Beratung von Privatpiloten, Fluggesellschaften, Flughäfen sowie der Deutschen Flugsicherung.

2.1.3.3 Luftfahrtindustrie

Die Entwicklungen der Luftfahrtindustrie, also der Hersteller von Fluggerät, Triebwerken, Kabinenausstattung, Navigationsgeräten (Avionik) und sonstigen Komponenten, beeinflussen direkt die qualitative und quantitative Entwicklung des Flugverkehrs (vgl. etwa die mit der Einführung der Düsenflugzeuge verbundene höhere Fluggeschwindigkeit oder die erhöhte Massenleistungsfähigkeit der

---

[25] Das Luftfahrthandbuch Deutschland (AIP) ist eine dreibändige Loseblattsammlung, die alle für die Luftfahrt in der Bundesrepublik Deutschland wichtigen Bestimmungen und Informationen enthält und durch monatlich erscheinende Nachträge aktualisiert wird. AIP Teil I: Allgemeines/Flugplätze; AIP Teil II: Flugfernmelde-, Flugwetter-, Such- und Rettungsdienst, Luftverkehrsvorschriften und Flugsicherungsverfahren; AIP Teil III: Luftfahrt-, Strecken-, Anflug- und Abflugkarten.
[26] Vgl. SITA: About SITA, o. S.
[27] Vgl. Gesetz über den Deutschen Wetterdienst vom 11.11.1952.

Großraumflugzeuge). Weiterhin hat die Berücksichtigung der Interessen der nationalen Luftfahrtindustrie Auswirkungen auf die Luftverkehrs- und Außenhandelspolitik eines Landes. Im Gegensatz zu den Fluggesellschaften kann die **Marktstruktur** nach Konzentrationsprozessen auf der Herstellerseite als duopolistisch bezeichnet werden. Der europäische Airbus-Konzern sowie die US-amerikanische Boeing Company beherrschen inzwischen zu etwa gleichen Teilen (Airbus ca. 53%, Boeing ca. 47% Marktanteil nach Auslieferungen) den Weltmarkt für zivile Luftfahrzeuge. Der Bereich der Anbieter von Regionalflugzeugen sowie die Zulieferindustrie sind bisher von vergleichbaren Prozessen ausgenommen gewesen und noch nicht so stark konzentriert.

2.1.3.4 Finanzierungsinstitutionen

Die Finanzierungsinstitutionen erhalten zunehmende Bedeutung, da die fallende Innenfinanzierungsquote der Fluggesellschaften und Subventionsverbote der EU eine steigende Beschaffung von Fremdkapital notwendig machen. Neben den Banken und dem freien Kapitalmarkt als traditionelle Finanzierungsinstitutionen für Investitionen bieten auch die Flugzeughersteller eigene Finanzierungspläne an.

Als Alternative zum Kauf von Luftfahrtgerät bekommt Leasing eine zunehmende Bedeutung: 2005 waren ca. 40% aller eingesetzten Jetflugzeuge im Besitz von Leasinggesellschaften.[28]

2.2 Erscheinungsformen des Luftverkehrs

Die unterschiedlichen Erscheinungsformen des Luftverkehrs können, abgeleitet vom jeweiligen Erkenntnisinteresse, nach den in Abb. 2.3 dargestellten Kriterien unterteilt werden:[29] Da der Untersuchungsbereich dieses Buches auf den gewerblichen, öffentlichen und zivilen Personenluftverkehr begrenzt ist, werden nur die Verkehrsarten Linien-, Bedarfs-, und Gelegenheitsverkehr sowie die Abgrenzung nach Entfernungsgebieten dargestellt.

2.2.1 Linienflugverkehr

Im „Abkommen von Chicago" der ICAO vom 7.12.1944 umfasst der Ausdruck Linienflugverkehr "any scheduled air service performed by aircraft for the public transport of passengers, mail or cargo."[30] Daran orientiert sich auch die Festlegung des Luftverkehrsgesetzes der Bundesrepublik Deutschland, das Fluglinienverkehr

---

[28] Eigene Berechnungen auf Basis AIR TRANSPORT WORLD: World Fleet Summary, S. 102 und WILEMAN, A., JOYCE, I., WILDING, J.: Top 50 leasing survey, S. 49. Siehe auch Kap. 4.4.3.
[29] Zur umfangreichen Diskussion der Gliederung der Verkehrsarten und des Luftverkehrs vgl. ILLETSCHKO, L.: Transportwirtschaftslehre, S. 3 ff; DIEDERICH, H.: Verkehrsbetriebslehre, S. 29-46.
[30] ICAO: Convention, Kap. XXII, Artikel 96 a.

als eine „gewerbsmäßig durch Luftfahrzeuge öffentlich und regelmäßig"[31] durchgeführte Beförderung definiert. Dazu benötigt das Luftfahrtunternehmen für jede Fluglinie eine besondere Genehmigung, die sich auf die Flugpläne, Beförderungsentgelte und Beförderungsbedingungen bezieht. „Luftfahrtunternehmen, die Fluglinienverkehr betreiben, sind verpflichtet, den Betrieb ordnungsgemäß einzurichten, aufzunehmen und während der Dauer der Genehmigung aufrechtzuerhalten. Sie sind zur Beförderung von Personen und Sachen verpflichtet."[32]

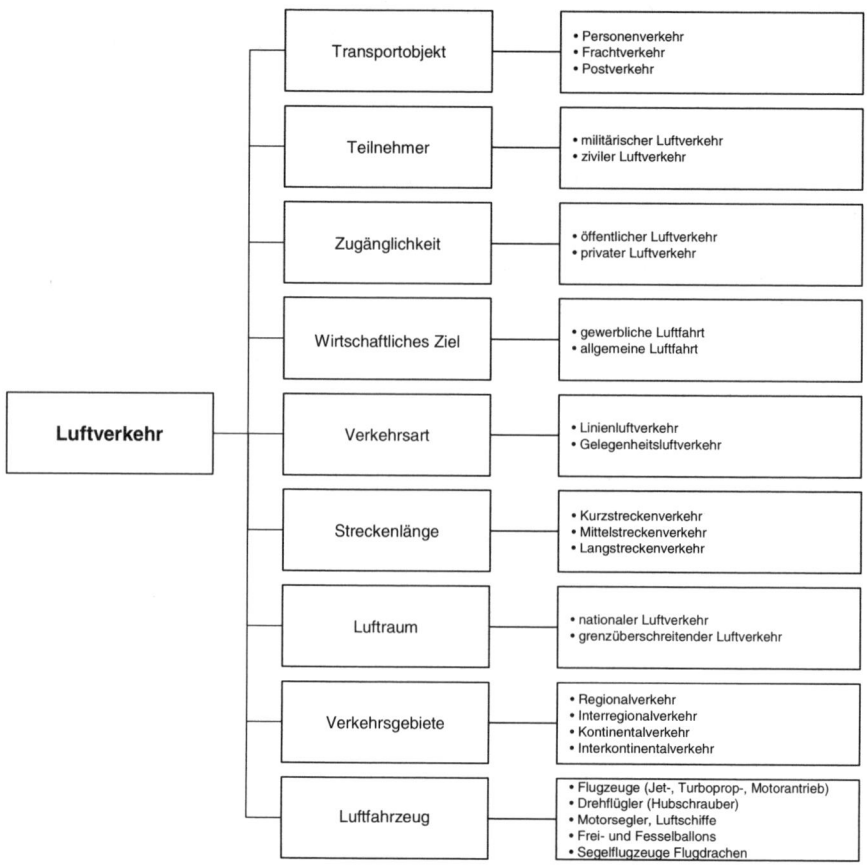

Abb. 2.3. Erscheinungsformen des Luftverkehrs

Linienflugverkehr ist nach dem deutschen Luftverkehrsgesetz durch folgende Merkmale gekennzeichnet:

- Gewerbsmäßigkeit,
- Öffentlichkeit,

---

[31] LuftVG: § 21 Abs. 1.
[32] LuftVG: § 21 Abs. 2.

- Regelmäßigkeit,
- Linienbindung,
- Betriebspflicht,
- Beförderungspflicht,
- Tarifpflicht.[33]

a) Gewerbsmäßigkeit

Der gewerbsmäßige Betrieb von Fluglinienverkehr bedeutet nach STUKENBERG[34], dass dieser „auf die entgeltliche oder geschäftsmäßige Beförderung von Personen oder Sachen gerichtet ist. Damit hat sich der Gesetzgeber zu einer privatwirtschaftlichen Unternehmensform für den Fluglinienverkehr und gegen einen Staatsbetrieb bekannt."

b) Öffentlichkeit

Fluglinienverkehr muss der Allgemeinheit zur Verfügung stehen. Er darf nicht auf einen subjektiven Benutzerkreis beschränkt sein, jedermann muss zu jedem Beförderungszweck daran teilnehmen können. In dem Merkmal Öffentlichkeit sehen die meisten Autoren das entscheidende Abgrenzungskriterium zum Gelegenheitsflugverkehr, der je nach Kategorie entweder nur einem bestimmten Personenkreis (etwa Studenten oder Gastarbeitern) oder zu einem bestimmten Reisezweck (etwa Urlaubspauschalreisen) angeboten wird.[35]

c) Regelmäßigkeit

Während das deutsche Luftverkehrsgesetz in Anlehnung an andere nationale Verkehrsgesetze die Anforderung der „Regelmäßigkeit" an den Linienverkehr stellt, wird im internationalen Luftverkehrsrecht der in Artikel 96 des ICAO-Abkommens von Chicago benutzte Ausdruck „planmäßig" (scheduled) verwendet. Beide Begriffe beinhalten die Tatsache, dass in einem vorher veröffentlichten Flugplan die Abflugs- und Ankunftszeiten für periodische Flüge über einen längeren Zeitraum festgelegt sind und der Flugbetrieb ohne Rücksicht auf die Zahl der gebuchten Passagiere aufrechterhalten wird. Weder das ICAO-Abkommen noch das Luftverkehrsgesetz regeln die geforderte Häufigkeit der Flüge oder die Dauer des Zeitraumes; daraus ergibt sich die Notwendigkeit einer juristischen Interpretation. Die Rechtsprechung in der Bundesrepublik Deutschland bezieht sich dabei auf die schriftliche Begründung zum Personenbeförderungsgesetz; dort setzt die Regelmäßigkeit die Wiederholung der Fahrten in einer erkennbaren zeitlichen Ordnung voraus, so dass sich die Fahrgäste auf das Vorhandensein einer Verkehrsverbindung einrichten können.[36]

---

[33] Zur Abgrenzung des Linienflugverkehrs siehe SCHWENK, W.: Luftverkehrsrecht, S. 457-469; BACHMANN, K.: Charterflugverkehr, S. 21-33.
[34] STUKENBERG, D.: Fluglinienverkehr, S. 5.
[35] Vgl. ABRAHAM, H.: Luftfahrt Bd. II, § 22, Anm. 4; HOFMANN, M.: Luftverkehrsgesetz, S. 8 ff.
[36] Siehe SCHWENK, W.: Luftverkehrsrecht, S. 460.

d) Linienbindung
Der Linienverkehr wird auf einer von der Fluggesellschaft im Voraus festgelegten Strecke zwischen Ausgangspunkt, Zwischenlandeorten und Endpunkt des Fluges abgewickelt. Nicht verlangt wird die Einhaltung einer bestimmten Streckenführung, und die Luftverkehrsgesellschaften behalten sich in ihren Beförderungsbedingungen jeweils auch Reisewegänderungen vor.[37]

e) Betriebspflicht
Nach § 21, Abs. 2 LuftVG sind die Linienflugunternehmen verpflichtet, den Flugbetrieb auf einer Linie während der Dauer der Genehmigung aufrechtzuerhalten. Allerdings kann die Genehmigungsbehörde ein Unternehmen ganz oder teilweise von der Betriebspflicht entbinden, wenn die Weiterführung des Betriebes oder die Durchführung des Fluges nicht zugemutet werden können. Die Gründe der Unzumutbarkeit können unternehmensinterner Natur (durch längerfristigen Ausfall von Flugzeugen oder unvorhersehbaren Nachfragerückgang) oder externer Art (Naturkatastrophen, kriegerische oder politische Unruhen in einem durch die Fluglinie berührten Land) sein.

f) Beförderungspflicht
Die Beförderungspflicht ergibt sich aus der Öffentlichkeit des Fluglinienverkehrs.[38] Sie stellt einen grundsätzlichen Kontrahierungszwang für die Fluggesellschaft gegenüber dem Kunden dar, nämlich die Pflicht zum Abschluss jedes beantragten zivilrechtlichen Beförderungsvertrages zu den festgelegten Beförderungsbedingungen, Tarifen und Flugplänen. Diese Beförderungspflicht steht allerdings unter dem Vorbehalt, dass mit der Erfüllung nicht Gefahren für die öffentliche Sicherheit und Ordnung heraufbeschworen werden. Das kann beispielsweise der Fall sein, wenn von den zu befördernden Personen oder Gütern Gefahren für Mitreisende oder Dritte zu befürchten sind.[39]

g) Tarifpflicht
Die Genehmigung einer Fluglinie erstreckt sich auch auf die Beförderungsbedingungen und Beförderungsentgelte, das heißt auf die formalen und materiellen Tarife. Die von Fluggesellschaften veröffentlichten Flugpreise und Beförderungsbedingungen bedürfen für ihre Gültigkeit also jeweils der Zustimmung der Erlaubnisbehörde, in der Bundesrepublik des Bundesministers für Verkehr. Dieser Zwang zu bindenden und über längere Zeit geltenden Tarifen soll gewährleisten, dass jeder Verkehrsteilnehmer zu den gleichen Konditionen Beförderungsverträge abschließen kann; zudem sollen die Tarifeinhaltung gesichert und die Markttransparenz gesteigert werden.[40]

---

[37] Vgl. LUFTHANSA: Allgemeine Beförderungsbedingungen, Art. 4.1, o. S. (Stand Oktober 2005).
[38] Vgl. GRAUMANN, H.: Luftfahrtunternehmen, S. 8-13; HOFMANN, M.: Luftverkehrsgesetz, § 21, Anm. 24.
[39] SCHWENK, W.: Luftverkehrsrecht, S. 465.
[40] Siehe LINDEN, W.: Verkehrspolitik, S. 151 f.

2.2.2 Gelegenheitsverkehr

2.2.2.1 Abgrenzung des Gelegenheitsverkehrs

In der Literatur ebenso wie in den Verwaltungsvorschriften werden die Begriffe Gelegenheitsverkehr, Charterverkehr, Bedarfsflugverkehr, Orderverkehr oder Anforderungsverkehr oft synonym verwendet, in der Praxis ist fast ausschließlich der Ausdruck Charterverkehr gebräuchlich. Dies ist insofern ungenau, als die Bezeichnung Charterverkehr weder im deutschen noch im internationalen Luftrecht (dort: non-scheduled traffic) verwendet wird. Der dem Privatrecht entstammende Begriff setzt den Abschluss eines echten Chartervertrags voraus, „bei dem neben dem Vercharterer und dem Charterer als dem eigentlichen Vertragspartner Dritte, nämlich die beförderten Fluggäste, beteiligt sind."[41] Daher handelt es sich beim gewerblichen Gelegenheitsverkehr zur Durchführung von Pauschalreisen um Charterverkehr, bei der entgeltlichen Überlassung des Gebrauchs am Luftfahrzeug (mit oder ohne Besatzung) um einen Miet- oder Leasingvertrag und bei der Anmietung eines Flugzeugs durch eine Personengruppe um einen Sammelbeförderungsvertrag.[42]

Die Bezeichnung Gelegenheitsverkehr ist für die gegenwärtige Erscheinungsform dieser Verkehrsart in der Bundesrepublik Deutschland nicht mehr zutreffend. Vom quantitativen Ausmaß (2005 ca. 10 Mio. Reisende im reinen Gelegenheitsverkehr)[43] wie von der Regelmäßigkeit der ganzjährigen Bedienung der Hauptreisestrecken her handelt es sich bei dieser Verkehrsart also nicht mehr um gelegentliche Flüge auf besondere Anforderung hin, sondern um eine Angleichung an das Angebot des Linienflugverkehrs. Die zahlreichen Verkehrsformen innerhalb des Gelegenheitsverkehrs (siehe Abb. 2.4) und deren Unterschiedlichkeit erschweren es jedoch, „die wesentlichen Abgrenzungsmerkmale eindeutig herauszustellen und damit zu einer allgemeingültigen Definition des Charterverkehrs zu gelangen, die den tatsächlichen Erscheinungsformen dieser Verkehrsart in der Praxis entspricht."[44]

Weder im ICAO-Abkommen von Chicago noch im deutschen Luftverkehrsgesetz wird der Begriff des Gelegenheitsverkehrs positiv geregelt. Letzteres bestimmt ihn als den „gewerblichen Luftverkehr, der nicht Fluglinienverkehr ist" (§ 22 LuftVG). Trotz mehrerer internationaler Versuche konnte bis heute keine eindeutige und der Realität gerecht werdende Abgrenzung zwischen Linien- und Gelegenheitsverkehr gefunden werden. Es gilt daher, die für den Fluglinienverkehr relevanten Merkmale daraufhin zu untersuchen, inwieweit sie für den Gelegenheitsverkehr Gültigkeit haben.

---

[41] SCHWENK, W.: Luftverkehrsrecht, S. 622.
[42] Vgl. SCHWENK, W.: Luftverkehrsrecht, S. 620-634.
[43] Vgl. Statistisches Bundesamt, Fachserie 8 Reihe 6.1 Luftverkehr 2005, Abschnitt 3.1.3.1 und 3.1.3.2; eigene Berechnungen auf der Basis der Passergierzahlen im Linien- und Gesamtluftverkehr.
[44] ROSENFIELD, S.: Regulation, S. XXII f. Siehe zum Geschäftsystem Chartermodus Kap. 4.2.2.4.

a) Gewerbsmäßigkeit

Die Unternehmen des Gelegenheitsverkehrs betätigen sich ohne Zweifel gewerbsmäßig; sie wollen Gewinne erzielen und ihre Betriebe auf Dauer aufrechterhalten.

b) Öffentlichkeit

Die öffentliche Zugänglichkeit eines Fluges wird davon abhängig gemacht, dass ein unbegrenzter Personenkreis daran teilnehmen kann. An den Flügen der meisten Charterkategorien aber kann nur teilnehmen, wer entweder einer bestimmten Personengruppe (z. B. bei Gastarbeiter-Charter) angehört oder sich festgelegten Nebenbedingungen unterwirft (z. B. Buchung zusätzlicher Leistungen beim Pauschalreisecharter).

Vom tatsächlichen Erscheinungsbild her gesehen bildet das Kriterium „Öffentlichkeit" aber keine klaren Abgrenzungsmöglichkeiten, da die genannten Einschränkungen auch im Linienverkehr anzutreffen sind. Auch dort sind ermäßigte Tarife nur einem bestimmten Personenkreis (z. B. Studenten, Senioren, Gastarbeitern) zugänglich; Anwendungsbestimmungen begrenzen den Benutzerkreis von Sondertarifen (z. B. Umbuchungs- und Stornierungskosten, Mindestaufenthaltsdauer); Flüge zu IT-Tarifen (Inclusive Tours) dürfen nur im Zusammenhang mit weiteren Reiseleistungen verkauft werden.

Im Charterverkehr ist zudem anzuzweifeln, ob die Auflagen faktisch große Teile der Öffentlichkeit überhaupt berühren. Die größte Nachfragegruppe sind dort die Pauschalreisenden, also Urlauber, die am Reiseziel die obligatorische Unterkunftsleistung in den meisten Fällen auch tatsächlich benötigen. Reisenden, die nur an der Nutzung des Charterfluges interessiert sind (z. B. Ferienhausbesitzer, Verwandtenbesucher, Geschäftsreisende), stehen im Rahmen der gesetzlichen Regelungen sogenannte „Wegwerfangebote" mit Unterkunft in Billigsthotels oder auf Campingplätzen zur Verfügung, die den reinen Flugpreis nur unwesentlich verteuern.

c) Regelmäßigkeit

Auch wenn das Kriterium „Regelmäßigkeit" in der Luftverkehrsgesetzgebung nicht quantitativ bestimmt wurde, erfüllen jene Flugketten von Charterfluggesellschaften, die während einer ganzen Saison oder ganzjährig planmäßig durchgeführt werden, dieses Kriterium.[45] Diese Regelmäßigkeit schlägt sich auch darin nieder, dass die Luftverkehrsgesellschaften und Reiseveranstalter schon Monate vor Beginn der Flugketten Flugpläne mit genauen Flugdaten veröffentlichen. „Es gibt nicht nur des Verkehrsbedarfs wegen, sondern auch aus betrieblichen Gründen nur noch feste Sommer- und Winterflugpläne."[46]

---

[45] Vgl. RUDOLF, A.: Pauschalreisecharter, S. 116 f. So hat z. B. Air Berlin schon ab Sommer 1998 einen täglichen „Mallorca Shuttle" zwischen Berlin und Palma de Mallorca eingerichtet. Zwischenzeitlich wird die Insel von mehreren Fluggesellschaften und vielen deutschen Flughäfen täglich angeflogen.

[46] KRAUSS, W.: Charterluftverkehrsleistungen, S. 142.

d) Linienbindung
Der Gelegenheitsverkehr weist naturgemäß keine Bindung an eine Fluglinie und bestimmte Streckenführung auf.

e) Betriebs- und Beförderungspflicht
Zwar besteht nach dem Luftverkehrsgesetz weder eine Betriebs- noch eine Beförderungspflicht für Charterfluggesellschaften,[47] tatsächlich aber ist der Passagier, der einen Pauschalreiseflug gebucht hat, durch das „Reisevertragsgesetz" (§ 651 a-l BGB) vor einer Nichterbringung der gebuchten Leistung geschützt: „Durch den Reisevertrag wird der Reiseveranstalter verpflichtet, dem Reisenden eine Gesamtheit von Reiseleistungen (Reise) zu erbringen."[48] Bei einer Flugpauschalreise ist der Reiseveranstalter somit auch für die ordnungsgemäße Erbringung der Transportleistung Flug verantwortlich. Die Ablehnung der Beförderung eines Fluggastes (keine Beförderungspflicht) trotz vorhandenen Platzes ist bisher nicht bekannt geworden, sie widerspräche auch dem ökonomischen Rationalverhalten der Reiseveranstalter. Nach BACHMANN zeigt sich in der Praxis, „daß auch ohne eine gesetzliche Verpflichtung die Charterfluggesellschaften aus wirtschaftlichen Überlegungen heraus einer selbst auferlegten und damit anders zu verstehenden Betriebs- und Beförderungspflicht nachkommen müssen, um im Wettbewerb bestehen zu können."[49] Da diese Pflichten aus der Marktsituation heraus freiwillig eingegangen werden, können sie im Bedarfsfalle aufgegeben werden (beispielsweise durch Zusammenlegung von Flügen); diese Möglichkeit steht den Linienfluggesellschaften nicht offen. Dennoch kann man davon ausgehen, dass für mehr als 90% der Charterflüge Betriebs- und Beförderungspflicht de facto existieren.

f) Tarifpflicht
Der Gelegenheitsverkehr unterliegt im Allgemeinen keiner Tarifpflicht. Allerdings erlaubt § 22 LuftVG auch Auflagen tariflicher Art, „soweit durch diesen Luftverkehr die öffentlichen Verkehrsinteressen nachhaltig beeinträchtigt werden." So galten von 1973 bis in die 1990er Jahre für den Nordatlantik-Charterverkehr (früher Advanced Booking Charter; ABC-Verkehr) Mindestpreise für den Endverbraucher, um den Linienverkehr vor den preisgünstigen Charterflügen zu schützen.

Für **Flüge innerhalb des Europäischen Wirtschaftsraums (EWR)** wurde 1993 die verkehrsrechtliche Trennung zwischen Linien- und Gelegenheitsverkehr aufgehoben. Durch den freien Zugang zu allen Strecken ist es den Fluggesellschaften freigestellt, ihre Flüge als Linien- oder Charterflüge zu deklarieren (vgl. Kap. 9.4). Operativ und vertriebsmäßig bestehen aber die bisherigen Unterschiede weiterhin fort. Der Linienverkehr ist netzorientiert und wird vorwiegend direkt an Endverbraucher verkauft, der Charterverkehr ist Punkt-zu-Punkt-Verkehr und wird bis zu ca. 80% im Rahmen von Pauschalreisepaketen über Reiseveranstalter vertrieben. Für diesen als Linienverkehr angemeldeten und im Chartermodus

---
[47] Vgl. HOFMANN, M.: Luftverkehrsgesetz, § 22, Anm. 4 und 5.
[48] § 651 a, Abs. 1 BGB.
[49] BACHMANN, K.: Charterluftverkehr, S. 27.

durchgeführten Verkehr hat sich in der Fachpraxis der in offiziellen Dokumenten nicht existierende Begriff **Ferienflugverkehr** etabliert.

2.2.2.2 Kategorien des Gelegenheitsverkehrs

Für Flüge von und nach Zielen in Nichtmitgliedstaaten des Europäischen Wirtschaftsraums werden die in Abb. 2.4 aufgeführten Kategorien des Gelegenheitsverkehrs unterschieden:[50]

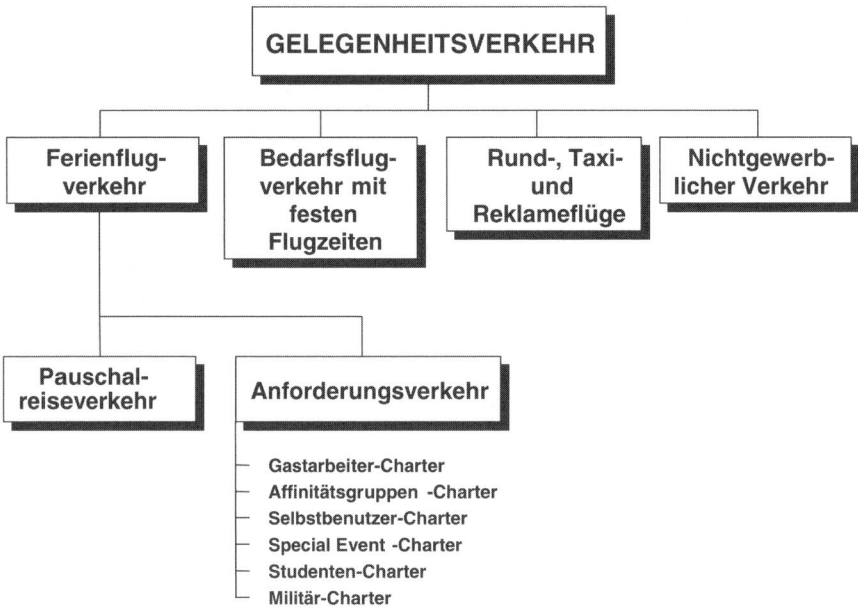

Abb. 2.4. Verkehrskategorien des Gelegenheitsverkehrs

a) Pauschalreisecharterverkehr
Der Pauschalreise- oder Inclusive Tour-Charterverkehr (ITC) kann als Einzelflugverkehr, als Ketten- oder Pendelverkehr durchgeführt werden. Der Ketten- oder Pendelverkehr (Charterkette) stellt eine Serie von regelmäßigen Flügen am gleichen Verkehrstag vom gleichen Abflughafen zum gleichen Zielflughafen innerhalb eines bestimmten Zeitraumes und mit in der Regel festen Abflugzeiten dar. Für die beiden Organisationsformen gelten folgende Bestimmungen:[51]

1. Verkehrserlaubnisse werden nur erteilt, wenn ein Beförderungsvertrag (Chartervertrag) zwischen der Luftverkehrsgesellschaft und einem Reiseveranstalter abgeschlossen wurde.

---

[50] Vgl. DEUTSCHE FLUGSICHERUNG: Luftfahrthandbuch, FAL 1-13 f.
[51] Vgl. a. a. O.

2. Eine Pauschalflugreise darf nur von einem Reiseveranstalter, der sein Gewerbe nach § 14 der Gewerbeordnung angemeldet hat, durchgeführt werden; sie ist also insofern veranstaltergebunden, als solche Flüge von den Luftverkehrsgesellschaften nicht direkt an den Reisenden verkauft werden dürfen.
3. Eine Pauschalflugreise muss als Rundreise angeboten werden; es muss jedoch nicht der gesamte Reiseweg mit dem Flugzeug zurückgelegt werden (z. B. Rückreise mit der Bahn ist zulässig).
4. Es darf nur ein Gesamtpreis für das Pauschalpaket angegeben werden; die Nennung eines reinen Flugpreises ist nicht erlaubt.
5. Das Pauschalpaket muss neben dem Flug zumindest auch eine Unterkunft für die gesamte Reisedauer enthalten. Diese Unterkunft muss vor dem Abflug beim Reiseveranstalter gebucht werden und eindeutig bestimmbar sein. Als Unterkunft gelten gewerblich betriebene Räume (Hotels, Ferienwohnungen, Wohnmobile, Schiffe) sowie gewerblich betriebene Campingplätze.
6. Der Reiseveranstalter hat über die Unterkunft einen Leistungsgutschein auszustellen, der dem Fluggast in zweifacher Ausfertigung auszuhändigen ist.
7. Jede Werbung für Pauschalflugreisen muss den Hinweis „Flug mit Pauschalarrangement" enthalten.
8. Der Bundesverkehrsminister kann hinsichtlich der Pauschalreisen mit Campingunterkunft saisonale Einschränkungen (z. B. „nicht zulässig in der Wintersaison") erlassen oder eine Mindestaufenthaltsdauer festlegen. Außerdem kann die Zahl der Passagiere eines Flugzeuges, die ein Campingarrangement gebucht haben, beschränkt werden.

Diese Bestimmungen und Einschränkungen wurden zum Schutz des Linienverkehrs erlassen, um zu verhindern, dass Geschäftsreisende und beispielsweise Besitzer von Ferienwohnungen in großem Maße vom Linienverkehr zum preisgünstigeren Charterverkehr als reiner Beförderungskategorie abwandern.

b) Charterflugreisen ohne Arrangement
Für Charterflugreisen ohne Pauschalreisearrangement werden Verkehrserlaubnisse nur erteilt, wenn ein Luftfahrtunternehmen oder eine einzige Person (natürliche Person, Firma, Gesellschaft oder Anstalt) die gesamte Sitzplatzkapazität zur Beförderung zur Verfügung stellen oder mieten. Anbietung oder Weitergabe der Beförderungsleistung an Dritte gegen Entgelt ist nicht gestattet, d. h. die Kosten dürfen weder ganz noch teilweise auf die Fluggäste umgelegt werden. Die jeweils gültige Sicherheitsgebühr ist in den Gesamtpreis der Reise einzubeziehen. Diese Verkehrsart wird als Selbstbenutzer-Charterflug (auch Own Use- oder Single Entity-Charter genannt) bezeichnet.

c) Ausnahmeregelungen
In Einzelfällen kann die Genehmigungsbehörde auf Antrag auch Ausnahmen von den in a) und b) genannten Erfordernissen zulassen. Dies trifft insbesondere zu auf:

- Gastarbeiter-Charterflüge, die von Reiseveranstaltern angeboten werden. In dem jeweiligen Flugzeug dürfen nur Gastarbeiter derselben Nationalität, die in der Bundesrepublik Deutschland beschäftigt sind und in ihr Heimatland reisen oder von dort aus zurückkehren, deren Ehegatten und Eltern sowie deren Kinder bis zum Alter von 21 Jahren befördert werden. Eine Einwegbeförderung zum Zwecke der Arbeitsaufnahme oder nach Beendigung der Beschäftigung in der Bundesrepublik Deutschland ist zulässig. Eine weitere Voraussetzung ist eine erteilte Aufenthaltserlaubnis für den Fluggast.

- Affinitätscharterflüge, die von Vereinigungen, deren Hauptzweck nicht unmittelbar mit der Durchführung von Flügen zusammenhängt, durchgeführt werden. Die durch diesen Hauptzweck gegebene Bindung (Affinität) der Mitglieder muss so eng sein, dass der Charterer sich dadurch deutlich von der Allgemeinheit unterscheidet (z. B. Buchklub, Sportverein, Firmenveranstaltung).
- Selbstbenutzer-Charterflüge die von Unternehmen und Organisationen für interne Zwecke durchgeführt werden. Die Flüge dürfen nicht an zahlende Gäste weiterverkauft werden.
- Special-Event-Charterflüge, bei denen die gemeinsamen Teilnahme aller Fluggäste an einem besonderen Ereignis (special event) erfolgt, das sportlichen, kulturellen, religiösen, sozialen oder beruflichen Charakter hat, nicht regelmäßig am gleichen Ort stattfindet und eine Veranstaltungsdauer von zwei Wochen nicht überschreitet, gefordert wird.
- Studenten-Charterflüge, an denen nur Personen, die an einer Universität oder Hochschule immatrikuliert sind oder als Schüler eine Bildungsanstalt besuchen, deren Ehegatten und Kinder bis zum 18. Lebensjahr sowie Angehörige des Lehrkörpers teilnehmen dürfen.
- zivile Charterflüge für Militärpersonal.

Für diese Flüge wird in der Regel das so genannte Commingling-Verbot erteilt, nach dem in einem Flugzeug jeweils nur Reisende einer einzigen der vorgenannten Gruppen befördert werden dürfen. Es dürfen also auf einem Flug z. B. nicht zugleich Gastarbeiter und Studenten befördert werden.

2.2.3 Bedarfsflugverkehr mit festen Flugzeiten

Der – gegenwärtig nicht relevante – Bedarfsflugverkehr mit festen Flugzeiten lässt sich, obwohl nach § 22 LuftVG Gelegenheitsverkehr, von der tatsächlichen Abwicklung her mit dem Linienverkehr vergleichen, da bestimmte Strecken regelmäßig, öffentlich und nach einem veröffentlichten Flugplan bedient werden. Da das Transportunternehmen aber keiner Betriebspflicht unterliegt, „wird der Flug nur durchgeführt, wenn auch ein echter Bedarf, d. h. mindestens eine Buchung, vorliegt."[52] Ebenso entfallen Tarif- und Beförderungspflicht. Als Gründe für die Entscheidung, regelmäßig bediente Strecken als Bedarfs- und nicht als Linienflugverkehr einzustufen, werden genannt:[53]

- erleichterte Anpassung an die jeweilige Nachfrage durch Wegfall der Betriebspflicht;

---

[52] RÖSSGER, E., HÜNERMANN, K.: Luftverkehrspolitik, S. 22.
[53] Vgl. DEISEROTH, K.: Genehmigungen, S. 36.

- Besitzstandswahrung der etablierten Linienfluggesellschaften, die in neu zugelassenen Linienfluggesellschaften eine unerwünschte Konkurrenz sehen;
- vereinfachter Zugang zu Verkehrsrechten im internationalen Bereich, wo die Luftfahrtabkommen z. T. nur jeweils eine Fluggesellschaft eines Staats vorsehen oder eine genaue Kapazitätsaufteilung im Verhältnis 50:50 für jede nationale Linienfluggesellschaft verlangen. Bedarfsluftverkehr zu festen Zeiten ermöglicht eine leichtere Überwindung dieser administrativen Hindernisse.[54]

2.2.4 Sonstige Luftverkehrsarten

Zu den in Abb. 2.4 aufgeführten Formen des gewerblichen Gelegenheitsverkehrs zählen weiterhin Taxiflüge auf Einzelanforderung des Bestellers, die mit Flugzeugen bis einschließlich 5,7 Tonnen höchstzulässigem Startgewicht durchgeführt werden, sowie alle sonstigen Flugarten wie Überführungs-,[55] Rund-, Bild-, Vermessungs-, Reklame- oder gewerbliche Schulflüge sowie Krankentransporte. Der nichtgewerbliche Verkehr unterscheidet sich vom gewerblichen Verkehr dadurch, dass er nicht im Auftrag Dritter gegen Bezahlung durchgeführt wird.[56]
Zu ihm gehören der Werkverkehr (Transport mit werkseigenen Flugzeugen im eigenen Geschäftsinteresse), der Flugsport, Trainings- und Testflüge der Luftfahrtindustrie, Rettungs- und Bergungsflüge sowie der Verkehr von zivilen Luftfahrzeugen (Staatsluftfahrzeugen) mit hoheitlichem Auftrag (z. B. Verkehrsüberwachung, Polizei, Grenzschutz).

2.2.5 Abgrenzung nach Entfernungsgebieten

a) Streckenlänge
Nach dem Kriterium Länge der Flugstrecke wird zwischen Kurz-, Mittel- und Langstreckenverkehr unterschieden. Allerdings haben schon RÖSSGER/ HÜNERMANN[57] darauf hingewiesen, dass eine Kilometerzuordnung stark vom jeweiligen geographischen Ausgangspunkt abhängt, so dass eine Kurzverkehrsstrecke im weiträumigen China in Westeuropa entfernungsmäßig einer Mittelstrecke oder Langstrecke entsprechen könnte. Insofern sind die in der Literatur anzutreffenden Klassifikationen (so z. B. etwa folgende Einteilung von PORGER: Nahstrecken 400 bis 1000 km, Mittelstrecken 1000 bis 2000 km, Fernstrecken mehr als 2000 km[58]) nur als subjektive und unverbindliche Abgrenzungen zu verstehen.

---

54 Vgl. NIESTER, W.: Regionalverkehr, S. 30.
55 Überführungsflüge sind Flüge ohne Passagiere zur Bereitstellung des Flugzeugs an einem anderen Flughafen für einen kommerziellen Flug (Positionierungsflüge) oder zu Wartungsmaßnahmen (Ferry-Flüge).
56 STATISTISCHES BUNDESAMT: Erläuterungen, S. 14 f.
57 RÖSSGER, E., HÜNERMAN, K.: Luftverkehrspolitik, S. 20.
58 Vgl. PORGER, V.: Europäischer Flugtourismus, S. 107. Vgl. dazu auch BUCHWALD, P.: Hauptprobleme, S. 8.

b) Verkehrsregion

Eine Abgrenzung des Luftverkehrs nach den durch eine Flugstrecke verbundenen Regionen führt zu der Einteilung:[59]

- Interkontinentalluftverkehr
- Kontinentalluftverkehr
- Interregionalluftverkehr
- Regionalluftverkehr

Während die Klassifikation Interkontinentalluftverkehr in der Regel eindeutig ist, führt die Abgrenzung zwischen Regional-, Kontinental- und Interregionalluftverkehr insofern zu begrifflichen Überschneidungen, als der Regionalverkehr auch zwei Staaten eines Kontinents oder zwischen Kontinenten berühren kann und somit zum Interregionalluftverkehr wird. Die Definition der ADV „Luftverkehr mit kleinen Verkehrsflugzeugen zwischen verschiedenen Regionalflugplätzen sowie zwischen Regionalflugplätzen und Verkehrsflughäfen" ist nicht mehr zutreffend. Als eher geographisch verstandene Bezeichnung für den in einer Region oder zwischen den Regionen eines Landes abgewickelten Luftverkehr ist der Begriff überholt, da zunehmend auch Ziele in Nachbarstaaten angeflogen werden (z. B. Leipzig – Brüssel). Auch das Kriterium „kleine Verkehrsflugzeuge" besitzt kaum noch Gültigkeit, da die als Regionalflugverkehr bezeichneten Strecken sowohl von Turbopropellerflugzeugen mit 12 bis 60 Sitzen als auch von Jets mit 50 bis 100 Sitzen bedient werden. Nach operativen Kriterien können im Regionalluftverkehr folgende Erscheinungsformen unterschieden werden:

- Verbindungen zwischen Regionalzentren und den internationalen Verkehrsflughäfen als Zubringerverkehr (Feeder/Defeeder-Dienste, Anschlussdienste), z. B. Flüge zwischen Augsburg und Frankfurt/Main;
- Eigenständiger Verkehr zwischen den Regionalflughäfen als Ergänzungsverkehr, in der Regel als Punkt-zu-Punkt-Verkehr ohne Anschlussverbindungen (z. B. Mönchengladbach – Westerland/Sylt);
- Eigenständiger Verkehr auf Strecken mit geringem Passagieraufkommen zwischen Verkehrsflughäfen als Ergänzungsverkehr (Punkt-zu-Punkt), in der Regel ohne Anschlussverbindungen wie bspw. zwischen Stuttgart und Leipzig;
- Taxiflüge im Gelegenheitsverkehr mit Flugzeugen bis zu 5,7 t höchstzulässigem Startgewicht auf Einzelanforderung durch den Besteller;
- Flüge im Rahmen des Pauschalreiseverkehrs von Regionalflughäfen zu Flughäfen mit touristischer Bedeutung (z. B. Hof – Bastia/Korsika), die von Regionalfluggesellschaften durchgeführt werden.

c) Ebenen

Eine ebenfalls gebräuchliche Einteilung ordnet den Luftverkehr nach folgenden „Ebenen": Die erste Ebene bezeichnet die internationalen Flüge sowie die internationalen Strecken zwischen Flughäfen mit hohem Verkehrsaufkommen, die zweite

---

[59] Vgl. RÖSSGER, E., HÜNERMANN, K.: Luftverkehrspolitik, S. 21.

Ebene umfasst den Ergänzungsluftverkehr auf Strecken mit geringerem Verkehrsaufkommen zwischen im wesentlichen inländischen Verkehrsflughäfen, zur dritten Ebene zählen die restlichen Verbindungen, also der Regionalluftverkehr im engeren Sinne.

2.3 Spezifische Charakteristika des Luftverkehrs

Der Verkehrswirtschaft und damit auch der kommerziellen Luftfahrt werden in der Literatur Besonderheiten zugeordnet, die sie von anderen Wirtschaftssektoren und vor allem von der Fertigungswirtschaft und dem Güterbereich unterscheiden; sie beziehen sich auf das Produkt selbst, auf die Struktur der Nachfrage sowie auf die Produktions- und Angebotsbedingungen.[60] Die Auswirkungen dieser spezifischen Charakteristiken zeigen sich in den Marketing- und Kooperationsstrategien der Fluggesellschaften sowie in der intensiven staatlichen Regulierung des Luftverkehrssystems.

2.3.1 Eigenschaften des Produktes

Das Produkt Flugreise ist abstrakt, d. h. eine nicht stoffliche **Dienstleistung**. Daraus ergibt sich für den Passagier, dass er dieses Produkt vor dem Kauf weder in Augenschein nehmen noch ausprobieren kann, er den Flug also auf den Verdacht einer ordnungsgemäßen Leistung hin bucht und bei eventuellen Produktmängeln keine Rückgabe- oder Umtauschmöglichkeiten bestehen. Der Hersteller hat, anders als bei materiellen Gütern, keine dingliche Sicherheit am Produkt für den Fall, dass der Kunde die Bezahlung des Kaufpreises verweigert; er besteht daher auf einer Vorauszahlungspflicht. Für den Kunden ergibt sich aus der Immaterialität der Dienstleistung, dass er beim Kauf lediglich ein Dienstleistungsversprechen erwirbt. Daher ist es für die Fluggesellschaft wichtig, den Kunden zu überzeugen, dass die versprochene Leistung auch tatsächlich und in der versprochenen Qualität erbracht werden wird. Sie kann dies durch die Demonstration ihres Leistungspotentials (z. B. Darstellung einer modernen Flotte in der Werbung), durch eine Vertrauen schaffende Markenbildung und eine die Qualität der Leistung in den Vordergrund stellende Werbung erreichen.

Da Erstellung und Konsum der Dienstleistung Flugreise zeitlich wie räumlich zusammenfallen, ist eine Produktion auf Vorrat oder die Speicherung nicht verkaufter Leistungen unmöglich. Ein auf einem Flug leer gebliebener Sitzplatz ist unwiederbringlich eine verlorene, zu einem späteren Zeitpunkt nicht mehr nutzbare Produktionseinheit. Die Erreichung eines kostendeckenden durchschnittlichen Sitzladefaktors wird daher zum entscheidenden Kriterium eines wirtschaftlichen Streckenergebnisses.

---

[60] So schon 1918 SAX, E.: Verkehrsmittel, Bd. 1, S. 52-112. Vgl. dazu ebenfalls RÖSSGER, E., HÜNERMANN, K.: Luftverkehrspolitik, S. 89; WEBER, L.: Zivilluftfahrt, S. 106; O'CONNOR, W.: Airline Economics, S. 5-9; HOLLLOWAY, S.: Practical Airline Economics, S. 186-208.

Die **Grundleistung** des Produktes Flugreise ist die Beförderung einer Person vom Ausgangspunkt zum Zielort. Diese Grundleistung wird in der Regel durch Serviceleistungen vor Beginn, während und nach Beendigung des Fluges ergänzt. Innerhalb dieses Leistungspaketes kommt der reinen Beförderung allerdings ein dominanter Stellenwert zu, während die anderen Bestandteile wie Verpflegung oder Unterbringung an Bord nur eine untergeordnete Rolle spielen. Im Bereich dieser Grundleistung bestehen für die Fluggesellschaften zumindest auf den Massenmärkten nur eingeschränkte Möglichkeiten, sich durch eine Produktdifferenzierung stark von den Konkurrenten zu unterscheiden, da zudem Produktionsbedingungen durch den Einsatz der gleichen Flugzeugtypen weitgehend identisch sind.

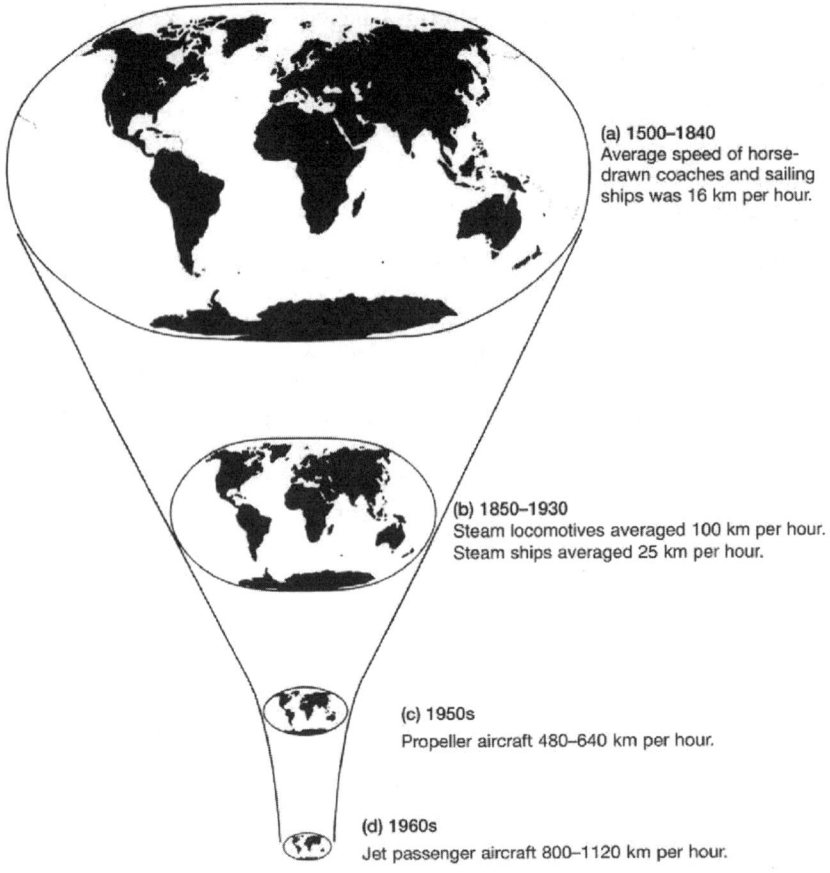

Quelle: PAGE, S.: Transport, S. 6.

Abb. 2.5. Technologiesprünge im Transport und deren Auswirkungen auf die Reisezeiten

WHEATCROFT[61] spricht in diesem Zusammenhang von einer „originären Homogenität" der Luftverkehrsleistungen. Da außerdem infolge der staatlichen Tarifregulierung der Verkaufspreis eines bestimmten Fluges häufig bei allen Anbietern gleich ist, werden neben dem Flugplan (Abflugzeiten, Route, Bedienungshäufigkeit) die Serviceleistungen zum wichtigsten Wettbewerbsparameter. Die besondere **Verkehrswertigkeit**[62] des Luftverkehrs macht neben der Schnelligkeit der Beförderung (vgl. Abb. 2.5) auch die internationale Netzbildung aus. Die einzelnen Linienflugverbindungen sind vom zeitlichen Anschluss, von den Buchungsmöglichkeiten wie von der organisatorischen und tariflichen Abwicklung her in ein weltweites Gesamtsystem der Fluggesellschaften eingebunden, um den Reisenden ein zeitlich und geographisch enges Netz an Flugverbindungen anbieten zu können. Im Gelegenheitsverkehr, der vorwiegend von Privatreisenden nachgefragt wird, spielt die Netzbildung keine Rolle, da der Verbraucher hier den direkten Verbindungen zum Zielort den Vorzug gibt.

Der **Sicherheit** kommt im Luftverkehr höchste Priorität zu. Das Prinzip „safety first" ergibt sich sowohl aus einer existentiellen Gefährdung während des Fluges, wo schon geringe technische Defekte oder menschliches Fehlverhalten eine Absturzgefahr bedeuten können, als auch aus den hohen Mortalitätsraten und Sachschäden im Falle eines Unfalls. Die staatlichen Zulassungs- und Aufsichtsbehörden üben daher eine strenge Kontrolle über technische Zuverlässigkeit und wirtschaftliche Leistungsfähigkeit der am Luftverkehr beteiligten Unternehmen aus. Es liegt natürlich auch im Eigeninteresse der Fluggesellschaften und der Flugzeughersteller, einen hohen Sicherheitsstandard aufrechtzuerhalten, da ein negatives Image im Bereich der Verkehrssicherheit zu einem erheblichen Nachfragerückgang bei der betroffenen Luftverkehrsgesellschaft führt.

2.3.2 Besonderheiten der Nachfrage

Die Nachfrage nach Luftverkehrsleistungen unterliegt erheblichen **zeitlichen Schwankungen**, die eine hohe durchschnittliche Auslastung der angebotenen Kapazität verhindern. Daraus erfolgen im Linienverkehr relativ niedrige Sitzladefaktoren (z. B. 2005: ICAO 75,0%, IATA-Mitgliedsgesellschaften 75,1%, AEA-Gesellschaften 76,0%; Lufthansa 75,0%),[63] im Charterverkehr Einsatzzeiten des Fluggerätes, die weit unter der technisch möglichen Betriebsdauer liegen. Im Linien- wie im Gelegenheitsverkehr verhält sich die langfristige Nachfrage zyklisch,

---

[61] Vgl. WHEATCROFT, S.: Air Transport Policy, S. 87; IATA: Comments on EEC Memorandum Nr. 2, S. 9.

[62] Die Verkehrswertigkeit misst die Qualität des Leistungsangebotes beim Vergleich verschiedener Verkehrsmittel. Als Qualitätsmerkmale gelten Massenleistungsfähigkeit, Schnelligkeit, Fähigkeit zur Netzbildung, Berechenbarkeit, Häufigkeit der Verkehrsbedienung, Sicherheit und Bequemlichkeit. Siehe dazu VOIGT, F.: Verkehr, 1. Band, S. 71 ff.

[63] Vgl. IATA: Air Traffic Rebounds in 2005, Pressemitteilung vom 31.01.2006; ICAO: Pressemitteilung vom 30.05.2006, S. 2; AEA: ‚Normal' Traffic Growth in 2005, Pressemitteilung vom 06.02.2006, S. 2; LUFTHANSA: Lufthansa-Rekord, Pressemitteilung vom 10.01.2006.

da sie den Wachstumsraten der Wirtschaft folgt. Im jahreszeitlichen Verlauf verteilt sich die Nachfrage unterschiedlich auf die einzelnen Kalendermonate. Begründet durch das Reiseverhalten der Urlauber sind die Monate Juli, August und September die aufkommensstärkste Zeit.

Auch die einzelnen Wochentage werden unterschiedlich stark nachgefragt. Im Geschäftsreiseverkehr der Liniengesellschaften sind Montag und Freitag die aufkommensstärksten, Samstag und Sonntag die aufkommensschwächsten Tage. Die Urlaubsreisenden bevorzugen dagegen das Wochenende als Reisetag. Die tageszeitlichen Nachfrageschwankungen erklären sich im Kurz- und Mittelstreckenbereich des Linienverkehrs aus der Möglichkeit zu Eintagesreisen, die „Tagesrandverbindungen" morgens und abends sind daher besonders beliebt. Da sich aber im interkontinentalen Verkehr die Abflüge an den erwünschten Ankunftszeiten im Zielland orientieren, werden Zubringerflüge zu den internationalen Gateway-Flughäfen[64] (in Deutschland hauptsächlich nach Frankfurt/Main und München) zu Zeiten notwendig, die im reinen Inlandsverkehr u. U. nur wenig nachgefragt werden. Dies führt zu einer unbefriedigenden Auslastung solcher Flüge und auf den Hauptflughäfen zu einer Konzentration der Ankünfte und Abflüge mit der weiteren Folge, dass diese Flughäfen vor allem luftseitig (Slots) häufig an ihre Kapazitätsgrenzen stoßen.

Im Charterverkehr sind die Reisenden an einer möglichst langen Aufenthaltsdauer am Zielort interessiert. Daraus ergeben sich der Vormittag für die Hinreise und der späte Nachmittag für die Rückkehr als bevorzugte Flugzeiten. Ein umgekehrter Ablauf – Hinreise abends, Rückreise morgens – führt zum Verlust von einem halben bis ganzen Urlaubstag; solche Reiseangebote sind daher nur mit einem Preisabschlag verkaufbar.

Hinsichtlich der Kriterien der Preisreagibilität und der qualitativen Ansprüche an das Produkt kann der Gesamtmarkt in mehrere **Nachfragesegmente** unterteilt werden. Die dadurch mögliche Produkt- und Preisdifferenzierung ist für die Fluggesellschaften ein wichtiges Marketinginstrument zur Ertragssteigerung und zur zeitlichen Entzerrung der Nachfrage.

Aus Kundensicht wird von den Fluggesellschaften nicht nur die reine Beförderung zwischen zwei Flughäfen, sondern ein zusätzliches Angebot an ergänzenden Dienstleistungen erwartet. Diese **Servicekette** erfasst Leistungen vor Antritt, während und nach Abschluss des Fluges, die entweder von der Fluggesellschaft selbst erbracht oder über sie reserviert werden können.

2.3.3 Charakteristika des Angebotes

Das mengenmäßige Angebot an Beförderungsplätzen ist bei den meisten Luftverkehrsgesellschaften auf die **Nachfragespitzen** ausgerichtet. Zusammen mit einer relativ unelastischen quantitativen Angebotsgestaltung ergibt sich daraus zu den anderen Zeiten eine Überkapazität, die eine Senkung des durchschnittlichen Sitz-

---

[64] Internationaler Flughafen, der als hauptsächliches Eingangstor (erstes Ziel; „port of first entry") für ausländische Besucher dient.

ladefaktors zur Folge hat. Eine solche, die Wirtschaftlichkeit verringernde Mengenpolitik hat folgende Gründe:

- Da das öffentliche Interesse auch zu Zeiten der Spitzennachfrage eine angemessene Bedienung fordert, drängen die die Linienflugkonzessionen erteilenden staatlichen Stellen vor allem in noch nicht deregulierten Märkten auf ein entsprechendes Verkehrsangebot; als Gegenleistung genehmigen sie Flugtarife in einer die strukturelle Überkapazität ausgleichenden Höhe.[65]
- Die Sitzverfügbarkeit, das heißt die Fähigkeit einer Fluggesellschaft, einem Passagier zu jedem von ihm gewünschten Termin einen freien Sitz anbieten zu können, ist ein wichtiger Wettbewerbsparameter; ein aus Platzmangel abgewiesener Nachfrager kann zum Kunden einer konkurrierenden Fluggesellschaft werden und dies bei seinen weiteren Flügen vielleicht auch bleiben. Die Nachfrage kann nur bedingt auf andere Flugtermine umgeleitet werden, da sie eine von den Reisegründen abgeleitete Nachfrage darstellt. Dies gilt für den Geschäftsreisenden ebenso wie für die nachfragenden Unternehmen der Reiseveranstalterbranche.

Die Gestaltung der **Angebotsmenge** durch die Fluggesellschaften ist relativ unelastisch. Sie können auf die Unpaarigkeit der Verkehrsströme und die zeitlichen Unterschiede der Nachfrage, die zudem noch hinsichtlich der Beförderungsklassen variiert, nur in einem beschränkten Umfang mit einer Anpassung der Zahl der angebotenen Flugsitze reagieren, da die Kabinenkonfiguration und die Sitzkapazität des Flugzeuges kurzfristig starr sind. Eine Erhöhung der Zahl der Sitze ist zwar technisch möglich, wegen des damit verbundenen Zeitaufwandes aber meist wirtschaftlich unrentabel; eine Verringerung der Zahl der Sitzplätze bringt zudem kaum Kosteneinsparungen.[66] Die quantitative Anpassung an die Nachfrage kann nur durch den Einsatz eines anderen Flugzeugtyps, also in Kapazitätssprüngen (sog. Batch-Produktion oder Losfertigung), erfolgen.

Bei einer bestehenden Flottenstruktur (Flugzeugpark) ist eine Kapazitätsanpassung durch den Wechsel des Flugzeugtyps nur teilweise möglich, da die Flugzeuge wegen ihrer unterschiedlichen Kabinenkonfiguration und Reichweiten nicht beliebig austauschbar sind. Zudem treten in den entfernungsmäßig ähnlichen Verkehrsregionen die Nachfrageschwankungen häufig gleichzeitig auf, wie etwa die Nachfrage nach Tagesrandverbindungen im innerdeutschen Verkehr. Die mit der Flugplangenehmigung verbundene Betriebspflicht einer Strecke lässt auch nicht zu, schlecht gebuchte Flüge zu streichen und nicht durchzuführen oder mit anderen zusammenzulegen. Weiterhin stellt das insbesondere in Europa aus Lärmgründen weit verbreitete nächtliche Start- und Landeverbot eine gesetzliche Schranke

---

[65] Vgl. MEINECKE, H.: Tarife der IATA, S. 36 f.; VAN SUNTUM, U.: Verkehrspolitik, S. 7.
[66] Eine Ausnahme bilden spezielle Sitztypen und Kabinenelemente, durch welche die Anzahl der Sitzplätze in den einzelnen Serviceklassen variiert werden können. Sind punktuell bspw. mehr Business Class Sitze nachgefragt, so können sechs Economy Sitze pro Reihe in vier Business Class Sitze umgewandelt werden und umgekehrt. Entsprechend lassen sich die Elemente der Kabinenunterteilung anpassen.

der Angebotsanpassung durch Bedienungshäufigkeit dar.[67] Infolge der beschränkten Anpassungsmöglichkeiten der Angebotsmenge kommt der Absatzpolitik, und hier insbesondere der Preispolitik, eine besondere Bedeutung zu.

Die **Kostenstruktur** einer Fluggesellschaft ist durch hohe Fixkosten und geringe Grenzkosten gekennzeichnet (vgl. Abb. 2.6 und Abb. 2.7). Im Rahmen eines für eine Periode geltenden Flugplanes sind nicht nur die indirekten (Stations-, Verkaufsorganisations-, Verwaltungskosten) und direkten Kosten (Technik, Besatzung, Abschreibung) konstant, sondern infolge der Betriebspflicht auch die flugabhängigen Kosten für Treibstoff, Strecken- und Flughafengebühren sowie Reisekosten der Besatzung.[68] Der verbleibende Kostenblock ist variabel, das heißt abhängig von der Zahl der beförderten Passagiere. Die Grenzkosten für die Beförderung eines zusätzlichen Passagiers für Bordverpflegung, obligatorische Passagierunfallversicherung, personenbezogene Abfertigungsgebühren und gegebenenfalls Agenturprovision machen nur einen Bruchteil der Gesamtkosten aus. Das eröffnet den Fluggesellschaften ein weites Spektrum für Preisdifferenzierungen, da jeder Flugpreis, der oberhalb der Grenzkosten liegt, einen Deckungsbeitrag für Fixkosten und Gewinn liefert. Da gerade in Branchen mit geringen Grenzkosten eine Tendenz zu ruinösem Wettbewerb besteht, wollen viele Regierungen ihre nationalen Fluggesellschaften vor der Gefahr des eventuellen Ausscheidens am Markt schützen und greifen daher regulierend in die Preisbildung ein.[69]

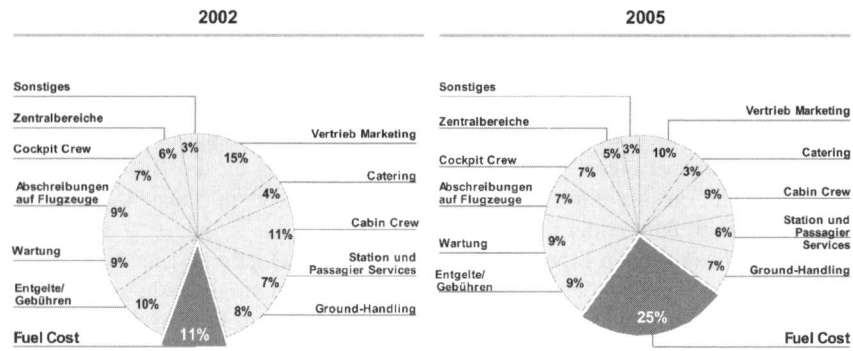

Quelle: BEISEL, R.: Airline Strategies, S. 4.

Abb. 2.6. Kostenstruktur einer Fluggesellschaft

Im Luftverkehr erfolgt, mit Ausnahme der Verkehrsgebiete USA und EU, eine intensive **staatliche Angebotsregulierung**. Der Marktzugang ist beschränkt, da die Aufnahme des Flugbetriebes von der Erteilung der Betriebs- und Strecken-

---

[67] Vgl. dazu HÖLZER, F., BIERMANN, T.: Leistungserstellung, S. 50-54. Zu leistungserstellenden Anpassungsmaßnahmen vgl. STERZENBACH, R., CONRADY, R.: Luftverkehr, S. 246-266.

[68] Vgl. dazu LUFTHANSA: Begriffe und Definitionen, S. 182 f.; VELLAS, F.: Transport aérien, S. 50-55.

[69] Vgl. VAN SUNTUM, U.: Verkehrspolitik, S. 61-67.

genehmigungen abhängig ist. „Charakteristisch für den Linienverkehr ist demnach die vornehmlich oligopolistische Organisation des Angebotes (geringe, organisierte Zahl der Anbieter), dem eine ausgesprochen polypolistische Nachfrage (große, unorganisierte Zahl der Nachfrager) gegenübersteht."[70]

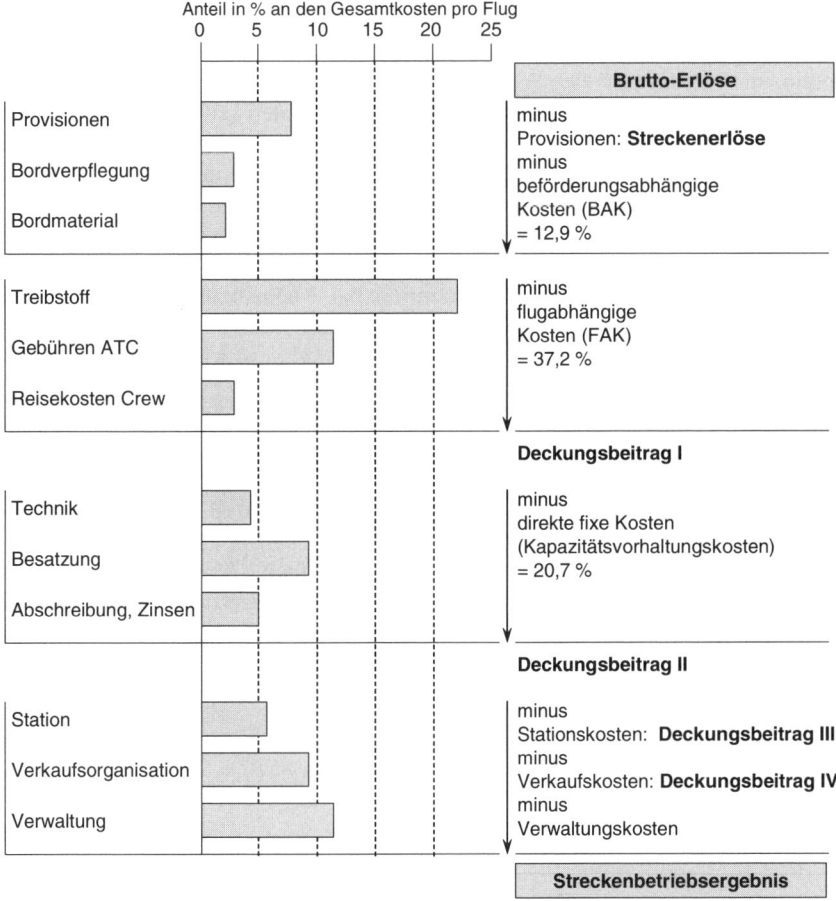

Quelle: in Anlehnung an HÖLZER, F., BIERMANN, T.: Die Leistungserstellung der Lufthansa, S. 56.

Abb. 2.7. Beispiel einer Streckenergebnisrechnung

Während im Charterflugverkehr meist keine Kapazitätsregulierung stattfindet, ist im Linienverkehr die Angebotsmenge (Zahl der wöchentlich angebotenen Fluggastsitze auf einer bestimmten Verbindung) durch bilaterale Verträge zwischen den beiden beteiligten Staaten festgelegt. Auch die Angebotspreise unterliegen im Linienverkehr fast immer einer staatlichen Kontrolle; die Flugpreise werden zwar

---

[70] MEINECKE, H.: Tarife der IATA, S. 28.

zunächst unternehmensintern gebildet, die Tarifkoordination im internationalen Bereich erfolgt jedoch durch zweiseitige Abkommen oder multilaterale Festlegung im Rahmen der IATA. Mit Ausnahme wiederum der USA und der EU aber erhalten die so gefundenen Flugpreise erst nach einer staatlichen Tarifgenehmigung Gültigkeit. Auch die Absatzwege über die Agenturen und die Verkaufsprovisionen, die beide über die IATA festgelegt werden, unterliegen einer quasistaatlichen Regulierung. Im Ergebnis sind daher immer noch weite Teile des Luftverkehrsmarktes einem freien Wettbewerb entzogen.

Die **Wettbewerbsbedingungen** der am internationalen Luftverkehr beteiligten Fluggesellschaften sind höchst unterschiedlich. Eine staatliche Beteiligung am Unternehmen – die Kapitalbeteiligung variiert zwischen 0% und 100% – bedeutet in der Realität praktisch die Unmöglichkeit eines Konkurses, da die Betriebsverluste durch Subventionszahlungen ausgeglichen werden; zudem wird der Zugang zu Investitionskapital in der Form von Beteiligungen oder Krediten erleichtert. Die unterschiedliche Rigidität protektionistischer Maßnahmen bei der Tarifgenehmigung, Erteilung von Verkehrsrechten oder der Zulassung von Verkaufsorganisationen verzerrt die Wettbewerbsbedingungen ebenso wie die unterschiedlichen Marktpotentiale der Heimatstaaten.[71]

Im internationalen Verkehr konkurrieren Fluggesellschaften, die wegen der jeweiligen wirtschaftlichen und sozialen Situation im Heimatstaat zu unterschiedlichen Kosten (Lohn- und Lohnnebenkosten, Steuern, Treibstoffpreise, Flughafengebühren, indirekte Subventionen) produzieren. Einen Vorteil haben jene Fluggesellschaften, die bei der Gestaltung ihres Routennetzes nicht an gemeinwirtschaftliche Verpflichtungen gebunden sind, sondern nur rentable Strecken bedienen. Eine Angleichung der unterschiedlichen Wettbewerbsvoraussetzungen stellt daher in der Argumentation vieler Staaten die Voraussetzung für einen Abbau der intensiven Regulierung des Luftverkehrsmarktes dar.

---

[71] Vgl. GIDWITZ, B.: International Air Transport, S. 28-33, 150-152.

3 Funktionen des Luftverkehrs

3.1 Luftverkehr als „öffentliches Interesse"

Wie für andere Verkehrsarten wird auch für den Luftverkehr postuliert, dass ein angemessenes Transportangebot zu möglichst niedrigen Preisen im **„öffentlichen Interesse"** liegt.[1] Theorie ebenso wie Rechtsprechung unterstellen, dass nicht nur einzelne gesellschaftliche Teilgruppen wie Flugzeughersteller oder Luftverkehrsgesellschaften ein Partialinteresse, sondern auch alle Bürger, wenn nicht schon als potentielle Nutzer (Geschäfts-, Urlaubs-, Privatreisende) ein direktes, dann zumindest insofern ein indirektes Allgemeininteresse an einem funktionierenden Luftverkehr haben, als dieser eine Voraussetzung für wirtschaftliche Entwicklung darstellt. „Die Allgemeinheit hat einen berechtigten Anspruch auf regelmäßige und öffentliche Verkehrsverbindungen. Sie ist auf das verläßliche und dauerhafte Funktionieren des Linienverkehrs angewiesen."[2] KAPP spricht in diesem Zusammenhang vom „sozialen Charakter" der Verkehrsleistungen, da sich ein erheblicher Teil des Nutzens der Transportleistungen auf die gesamte Gesellschaft verteile und weder der einzelne Unternehmer noch der Konsument ihn sich direkt aneignen können.[3] Je nach wirtschaftspolitischem Konzept soll dieses Verkehrsangebot entweder von staatlichen, teilstaatlichen, privaten oder von verschiedenen Unternehmensarten gemeinsam erbracht werden. Aufgrund regional und zeitlich unterschiedlicher Nachfragestrukturen birgt besonders eine privatwirtschaftliche Lösung die Gefahr, dass auf bestimmten Strecken und/oder zu bestimmten Verkehrszeiten ein adäquates Angebot fehlt, weil es betriebswirtschaftlich nur mit Verlusten zu erstellen wäre. Die für den Luftverkehr zuständigen staatlichen Instanzen versuchen daher in aller Regel, mit Hilfe der ihnen zur Verfügung stehenden investitions-, finanz- und ordnungspolitischen Instrumentarien den Aufbau und die Aufrechterhaltung eines solchen Streckensystems sicherzustellen.

Die dem Allgemeininteresse entwachsende **„gemeinwirtschaftliche Pflicht"**[4] verlangt, „dass aus gesellschaftspolitischen Zielvorstellungen heraus auch dort ein angemessenes Verkehrsangebot vorhanden sein soll, wo eigenwirtschaftliche Er-

---

[1] Der auch im Luftverkehrsgesetz (§ 21 Abs. 1) verwendete Begriff des „öffentlichen Interesses" ist dort nicht definiert. Schon J. St. MILL sprach 1848 in seinen Principles of Political Economy (S. 150) von der „public utility" bestimmter Wirtschaftsgüter. Dazu auch PREDÖHL, A.: Verkehrspolitik, S. 238 f.; LINDEN, W.: Verkehrspolitik, S. 21. Für den Luftverkehr vgl. SCHWENK, W.: Luftverkehrsrecht, S. 530 ff; GIEMULLA, E.: Slotvergabe, S. 251.
[2] VG Köln: Urteil vom 14.01.1972; abgedruckt in ZLW 1975, S. 235.
[3] KAPP, K. W.: Soziale Kosten, S. 151.
[4] Zu dieser bis in die Anfänge der Verkehrswissenschaft zurückreichenden Diskussion vgl. SAX, E.:Verkehrsmittel (1878), Bd. 1, S. 113-155; NAPP-ZINN, A.: Gemeinwirtschaftliche Verkehrsbedienung (1954), S. 90-109.

wägungen dies ausschließen würden."⁵ Die dem Luftverkehr zugeordneten wirtschaftlichen, politischen und gesellschaftlichen Funktionen machen ihn zu einem Bereich der öffentlichen Daseinsvorsorge durch den Staat, der daraus wiederum die Legitimationskriterien seiner Luftverkehrspolitik ableitet. Gleichzeitig belastet der Luftverkehr die Umwelt, so dass eine ökologisch vertretbare Gestaltung dieses Wirtschaftsbereichs ebenfalls zu den Aufgaben der Luftverkehrspolitik zählt.

3.2 Wirtschaftliche Funktionen

3.2.1 Grundvoraussetzung einer Volkswirtschaft

Die Mobilität von Personen und Gütern „ist ein Allgemeingut und ein gesellschaftliches Element, in dem Wirtschaftskraft und Transportleistung gekoppelte Wachstumsfaktoren sind. Die Wirtschaftskraft ist die Grundlage für die Entwicklung des Sozialstaates, für Bildung, Sozialleistungen und Lebensqualität."⁶ Ein funktionierendes Luftverkehrssystem ist ein strategischer Erfolgsfaktor und gilt daher als eine der Grundvoraussetzungen sowohl von entwickelten als auch sich entwickelnden Volkswirtschaften, die gekennzeichnet sind durch eine Arbeitsteilung, die zur räumlichen Trennung von Produktionsfaktoren, von Produktion und Verbrauch sowie von Wohnort und Urlaubsort führt.⁷ Aus den räumlichen Trennungen innerhalb des Produktions- und Freizeitsektors ergibt sich ein Transporterfordernis für Produktionsfaktoren, Vorleistungen, Güter und Personen, das mit steigender Arbeitsteilung, der globalen Ausweitung von Absatz- und Bezugsmärkten sowie mit verstärkten Urlaubsmobilitätswünschen zunimmt. So werden inzwischen ca. 40% (wertmäßig; volumenmäßig: 2%)⁸ des internationalen Güterverkehrs und 40% des internationalen Geschäfts- und Urlaubstourismus⁹ mit dem Flugzeug abgewickelt. Luftverkehr ist damit eine der wesentlichsten Determinanten der Globalisierung des letzten Jahrzehnts geworden.¹⁰

Der Luftverkehr besitzt aufgrund seiner Verkehrswertigkeit im Vergleich zu anderen Transportarten nur bedingt eine hohe Massenleistungsfähigkeit. Daher erlangt er im Gütertransport nur dort eine große Bedeutung, wo hochwertige und leichte Produkte schnell befördert werden müssen. Dies ist entweder erforderlich, weil ein dringender Bedarf an diesen Gütern besteht (Ersatzteile, Arzneimittel, Dokumente) oder wegen der Verderblichkeit der Güter auf einem langen Transportweg (Blumen, lebende Tiere, Zeitungen).

Auch im Personenverkehr wird die Wichtigkeit des Lufttransportes durch die Schnelligkeit (hohe Transportgeschwindigkeit, kürzeste Verbindungen zwischen zwei Orten, unabhängig von Gegebenheiten der Landschaftsoberfläche) begründet. Weit entfernte Ziele werden ökonomisch erreicht, da die Zeitersparnis höher

---

[5] SEIDENFUS, H.: Verkehrspolitik, S. 129.
[6] BMWT: Luftfahrt 2020, S. 5.
[7] Vgl. VOIGT, F.: Verkehr, 2. Band, S. 790 f.
[8] Vgl. WORLD TRADE ORGANIZATION: World Trade Report 2005, S. 220.
[9] Vgl. ATAG: Economic benefits, S. 18.
[10] Vgl. YERGIN, D., VIETOR, R., EVANS, P.: Globalization, S. 33 ff.

bewertet wird als eine mögliche Kostendifferenz zur Land-/Seereise. Der Flugverkehr ermöglicht im Inland und innerhalb Europas Eintagesreisen, die mit alternativen Beförderungsmitteln eine mehrtägige Abwesenheit vom eigentlichen Arbeitsplatz beanspruchen würden. Der Vorteil der Luftbeförderung steigt mit zunehmender Entfernung. So wäre bei einer Geschäftsreise Bundesrepublik Deutschland – USA bei Benutzung des Flugzeuges mit 2 Reisetagen, bei einer Schiffsreise mit 12 Reisetagen zu rechnen, sofern im gewünschten Zeitraum überhaupt noch eine Transatlantikpassage angeboten wird. Auch der Urlaubsverkehr profitiert von der Transportgeschwindigkeit des Flugzeuges. Von Deutschland aus sind die Massenzielgebiete in wenigen Stunden bequem und ohne Verkehrsstaus zu erreichen. Bei der gegenwärtigen Urlaubsdauer der Mehrheit der Bevölkerung rücken Ferienziele auf anderen Kontinenten so überhaupt erst in zeitlich erreichbare Nähe. Nur das Flugzeug als Beförderungsmittel hat es ermöglicht, dass 2005 nahezu 4 Mio. Bundesbürger (entspricht 6,1% aller Urlaubsreisenden) eine Fernreise unternehmen konnten.[11]

Die Notwendigkeit des Luftverkehrs ergibt sich also überall dort, wo die Schnelligkeit des Transportes von Personen und Gütern gefordert wird, denn dadurch werden Informationen rasch ausgetauscht, Kosten gespart, bestimmte Waren erst export-/importfähig und Verhandlungspartner und Reiseziele ökonomisch wie faktisch erreichbar. Luftverkehr ermöglicht damit nicht nur ein höheres Niveau der Versorgung mit Gütern und Dienstleistungen, er ist vielmehr ein Grunderfordernis arbeitsteiliger Industriegesellschaften und internationaler Volkswirtschaften.[12] Für eine globale Anbindung auch kleinerer Wirtschaftsräume ist ein weltweites Netz von Flugverbindungen, das von den nationalen und internationalen Linienfluggesellschaften entwickelt wurde, von besonderer Bedeutung.

3.2.2 Beitrag zur Bruttowertschöpfung

Die wirtschaftliche Bedeutung des Luftverkehrs ist quantitativ nicht eindeutig bestimmbar. Bruttowertschöpfung,[13] Beschäftigtenzahlen oder Transportkilometer geben nur die Leistungen der Fluggesellschaften wieder, nicht aber die durch die Personenbeförderung und den Gütertransport ausgelösten Wirkungen. Der Gesamtbeitrag des Luftverkehrs zu Bruttowertschöpfung, Einkommen und Beschäftigung setzt sich aus direkten, indirekten, induzierten und katalysierten Effekten zusammen, hinzu kommen eventuelle endogene Wachstumseffekte. Die **direkten Effekte** umfassen:

- die Leistungen der Luftverkehrswirtschaft, d. h. der Flugdienste (Passagiere, Fracht, Post), Flughäfen (Bau, Betrieb, Warenverkauf, Dienstleistungen für

---

[11] Vgl. F. U. R: Reiseanalyse 2006, S. 4.
[12] Vgl. O'CONNOR, W.: Economic Regulation, S. 101.
[13] Die Bruttowertschöpfung misst den Wert der von einem Wirtschaftssektor oder der gesamten Volkswirtschaft während einer bestimmten Periode erbrachten Sachgüter und Dienstleistungen nach Abzug der dazu benötigten Vorleistungen. Zur empirischen Erfassung des volkswirtschaftlichen Nutzens des Verkehrs vgl. ECKEY, H., STOCK, F.: Verkehrsökonomie, Wiesbaden 2000, S. 67-142.

Fluggäste und Besucher) und Öffentlichen Dienste (Flugsicherung, Sicherheits- und Kontrolldienste),
- die Leistungen der Luftfahrtindustrie (Flugzeughersteller, Triebwerke, Ausrüstung, Werkstoffe, Wartung und Reparatur).

Indirekte Effekte[14] entstehen durch:

- die Auftragsvergabe der Luftverkehrs- und Luftfahrtunternehmen an Lieferanten,
- die Anbieter von mit dem Luftverkehr in Zusammenhang stehenden Leistungen wie z. B. Reisebüros und -veranstalter, Spediteure oder IT-Dienstleister.

Induzierte Effekte resultieren aus:

- der Konsumnachfrage aus den Erwerbseinkommen der direkt oder indirekt mit dem Luftverkehr in Zusammenhang stehenden Beschäftigten,
- der Nachfrage nach Gütern und Dienstleistungen durch indirekt mit dem Luftverkehr verbundenen Unternehmen und Behörden.

Katalysierte Effekte ergeben sich „aus der Anziehungskraft, die Flughäfen insbesondere als Luftverkehrsknotenpunkte auf eine Vielzahl von Unternehmen unterschiedlichster wirtschaftlicher Ausrichtung annehmen"[15] und dort zu Ansiedlungen oder Unternehmenserweiterungen führen. Die durch die Flughafennähe sich ergebenden günstigen Reise-, Liefer-, Import- und Exportmöglichkeiten beeinflussen insbesondere die Standortwahl von Hochtechnologieunternehmen, Konzernzentralen und Niederlassungen ausländischer Unternehmen. Katalysierte Effekte steigern nur dann die gesamtwirtschaftliche Wertschöpfung, wenn die betroffenen Unternehmen sich im Inland statt im Ausland ansiedeln; ausländische Direktinvestitionen, die an die Stelle inländischer Investitionen treten, führen zumindest bedingt zu kontraktiven Ergebnissen.[16] Im Tourismus sind Flugreisen direkt von Luftverkehrsverbindungen abhängig, so dass hier die katalysierten Effekte weit über die engere Flughafenregion hinausreichen können. Der Nachfrage der einreisenden Gäste (Incoming-Tourismus) ist hier der Nachfrageausfall bei den ausreisenden Bewohnern der Region (Outgoing-Tourismus) gegenüberzustellen.

Endogene Wachstumseffekte (perpetuity effects) beziehen sich nach BUTTON darauf, dass „economic growth, once started in a region, becomes self-sustaining and may accelerate."[17] Danach kann durch die Einrichtung von Luftverkehrsverbindungen in einer Region zusätzlich zu den katalytischen Effekten ein allgemeines, langfristiges und sich selbst tragendes Wirtschaftswachstum ausgelöst werden. Der Gesamtbeitrag des Luftverkehrs zur Bruttowertschöpfung der Weltwirt-

---

[14] Zur theoretischen Ableitung der durch indirekte und induzierte Effekte erzielten Multiplikatorwirkungen vgl. SAMUELSON, P., NORDHAUS, W.: Volkswirtschaftslehre, S. 686-704.
[15] BMVBW: Flughafenkonzept, S. 14.
[16] Zur Wirkung von Direktinvestitionen im Ausland vgl. DIECKHEUER, G.: Internationale Wirtschaftsbeziehungen, S. 516-533.
[17] Vgl. BUTTON, K., TAYLOR, S.: International air transportation, S. 214.

schaft im Jahre 2004 betrug US$ 2.960 Mrd. und entspricht nahezu 8% des Weltinlandsprodukts.[18] Er setzt sich zusammen aus:

	Mrd. US$
Luftverkehr (direkt)	257
Luftfahrtindustrie (direkt)	55
Indirekte Effekte	370
Induzierte Effekte	80
Katalysierte Effekte im Tourismus	300
Sonstige katalysierte Effekte	1.780

Da über die gesamtwirtschaftlichen Auswirkungen des Luftverkehrs für Deutschland kaum empirische Forschungsergebnisse vorliegen, kann noch nicht einmal ein lückenhaftes Bild davon gezeichnet werden. Dazu einige Zahlen:

- Bereits 1989 bewirkte der Luftverkehr in der Bundesrepublik Deutschland und in der damaligen DDR zusammen eine Wirtschaftsleistung von DM 150,9 Mrd.[19] Dieses Ergebnis setzt sich aus drei Komponenten zusammen:
  - direkte Auswirkungen (Fluggesellschaften, Flughäfen, Flugsicherung) mit DM 20,7 Mrd.,
  - indirekte Auswirkungen durch luftverkehrsbedingte Ausgaben der Passagiere und Luftfrachtkunden mit DM 35,2 Mrd.,
  - induzierte Auswirkungen direkter und indirekter Ausgaben (Multiplikatoreffekt von 1,7) mit DM 95,0 Mrd. Dieser Wert dürfte sich bis 2005 mehr als verdoppelt haben.[20]
- Für 2003 errechnete das Statistische Bundesamt[21] anhand von 303 Unternehmen mit Tätigkeitsschwerpunkten im Luftverkehr einen Umsatz von € 18,2 Mrd. Dabei wurden allerdings nur die direkten Effekte berücksichtigt.
- Vom Gesamtumsatz der Luftfahrt-, Raumfahrt- und Ausrüstungsindustrie entfallen ca. 20% auf zivile Verkehrsflugzeuge (zum Vergleich: Dies entspricht ca. 10% des Straßenfahrzeugbaus und des dazugehörenden Reparaturgewerbes).[22]
- In eine gesamtwirtschaftliche Betrachtung der Bedeutung des Luftverkehrs müsste auch die Zeitersparnis der Reisenden, die durch die Benutzung des Flugzeuges gegenüber alternativen Verkehrsmitteln entsteht, einbezogen werden. Allein für den innerdeutschen Geschäftsreiseverkehr errechnete die ADV „bei produktivitätsorientiertem Wertansatz der gewonnenen Arbeitsstunden ein Nutzen zwischen 3 und 4 Mrd. DM im Jahr."[23]

---

[18] Vgl. ATAG: Economic benefits, S. 7.
[19] Vgl. WILMER, CUTLER, PICKERING: Flughafen-Kapazitätskrise, S. 26.
[20] Eigene Berechnung unter der Berücksichtigung der Wachstumsraten der Passagierzahlen, Flugbewegungen, und Streckenentfernungen.
[21] STATISTISCHES BUNDESAMT: Statistisches Jahrbuch 2005, S. 432.
[22] Vgl. SEELER, H.: Luftfahrtindustrie, S. 68.
[23] Vgl. ADV: Innerdeutscher Luftverkehr, S. 10.

Diese Zahlen scheinen zunächst darauf hinzuweisen, dass der **quantitative** Beitrag des Luftverkehrs zum Bruttoinlandsprodukt isoliert betrachtet als eher gering einzuschätzen ist. Das STATISTISCHE BUNDESAMT ermittelte für 2003 eine Bruttowertschöpfung von € 5,2 Mrd.;[24] bei einem BIP von € 2.163 Mrd.[25] ist dies weniger als ein Prozent. Allerdings wäre es, so VAN SUNTUM, für den Verkehrssektor „abwegig, seine Bedeutung an der Bruttowertschöpfung ablesen zu wollen, denn Verkehrsleistungen sind zum größten Teil kein Selbstzweck, sondern unabdingbare Komplementärleistungen für nahezu alle anderen Güter und Dienstleistungen, deren Erstellung bzw. Konsum ohne ein funktionierendes Verkehrsnetz gar nicht denkbar wären."[26]

Der wirtschaftliche Wert eines schnell per Luftfracht angelieferten Ersatzteiles, das eine Produktionskette wieder in Gang bringt, ist mit der bloßen Berücksichtigung der Transportwertschöpfung nur unzureichend erfasst und müsste infolge dessen um den durch die schnelle Reparatur eingesparten Verlust ergänzt werden. Ähnlich lässt sich der Wert einer Luftbeförderung zu einem Urlaubsziel auf einem anderen Kontinent nicht nur daran messen, wie viel der Tourist für den Flug bezahlt hat. Vielmehr ist die Verkehrsleistung auch hier Auslöser für Folgewirkungen wie Urlaubsfreude, Erlebnisse und Erfahrungen, deren monetäre Bewertung gegenwärtig noch nicht adäquat gelöst ist.[27]

Die Bedeutung des Luftverkehrs für die Wirtschaft eines Landes ist auch von seiner geographischen Lage abhängig. Mehr als 90% der ausländischen Besucher von Australien, Japan, Neuseeland oder den Philippinen benutzen das Flugzeug, über 50% sind es bei Ländern wie Großbritannien, Israel, Griechenland oder Tunesien.[28] Dabei ist es ganz unerheblich, ob es sich um Geschäftsreisende oder Urlauber handelt: Ohne Luftverkehr würde ein Großteil der Besucher ausbleiben. Im Güterbereich ist der Luftverkehr mitunter die Voraussetzung für die Entwicklung bestimmter Wirtschaftssektoren, deren Abnehmer in weit entfernten Regionen leben; so steht z. B. in Kenia der Export von Schnittblumen und Gemüse bei den Deviseneinnahmen an zweiter Stelle.[29] Bei Betrachtung des Weltluftverkehrs kommt die World Trade Organization zu dem Ergebnis: „(…) the role of small developing countries, such as the 50 countries classified by the United Nations as Least-Developed, may seem limited. In reality, however, air transport is extremely important to them as a means by which they can export their tourism services and their products."[30]

---

[24] Vgl. STATISTISCHES BUNDESAMT: Statistisches Jahrbuch 2005, S. 631.
[25] Vgl. DEUTSCHE BUNDESBANK: Monatsbericht März 2006, S. 60.
[26] VAN SUNTUM, U.: Verkehrspolitik, S. 2.
[27] BACHMANN, K.: Charterflugverkehr, S. 21; ebenso KASPAR, C.: Verkehrswirtschaftslehre, S. 36.
[28] Vgl. WTO: Aviation and Tourism Policies, S. 13.
[29] Vgl. ATAG: Economic benefits, S. 15. Für weitere länderspezifische Untersuchungen vgl. z. B. für Österreich KUMMER, S., MEDENBACH, S.: Wirtschaftliche Bedeutung der österreichischen Luftverkehrswirtschaft; für USA BUTTON, K., TAYLOR, S.: International air transportation.
[30] WORLD TRADE ORGANIZATION: World Trade Report 2005, S. 219.

Der **qualitative** Beitrag des Luftverkehrs zur wirtschaftlichen Entwicklung besteht darin, dass es sich um einen technologisch hoch entwickelten Industriezweig mit Grundlagenforschung im wissenschaftlichen Bereich und der Entwicklung von Schrittmachertechnologien, die in andere Industriezweige transferiert werden können, handelt. So erschließt insbesondere die Luftfahrtindustrie zukunftsträchtige Bereiche mit hohem Wertschöpfungspotential, „weil sie über nahezu alle Schlüsseltechnologien des anbrechenden Informationszeitalters, der Mikro- und Optoelektronik, der Softwaretechnologien, der modernen Werkstoffe und der Energietechnik verfügt und darüber hinaus komplexe Produktionsverfahren und internationales Marketing schon aufgrund ihrer globalen Verflechtung beherrscht."[31] Die Ausweitung des interregionalen und internationalen Handels führt zudem zu stärkerem Wettbewerb und damit zu einer kostengünstigeren und qualitativ besseren Güterversorgung für die Konsumenten.

3.2.3 Arbeitsplätze

Nach einer Untersuchung von Oxford Economic Forecasting (OEF)[32] generierte der Luftverkehr im Jahre 2004 weltweit 29 Mio. Arbeitsplätze durch direkte, indirekte, induzierte und katalytische Wirkungen. Von den 5 Mio. direkt Beschäftigten waren 4,7 Mio. bei Fluggesellschaften und auf Flughäfen und 730.000 in der zivilen Luftfahrtindustrie (Flugzeughersteller) tätig. 5,8 Mio. indirekte Arbeitsplätze sind auf Kauf von Waren und Dienstleistungen (Beschaffung) durch die Luftverkehrswirtschaft zurückzuführen. Die Ausgaben der im Luftverkehr Beschäftigten führten zu 2,7 Mio. induzierten Arbeitsplätzen. Die katalytischen Effekte ergaben 15,5 Mio. Arbeitsplätze im Tourismus (vgl. Abb. 3.1).

In der Bundesrepublik waren 2004 ca. 270.000 direkte Arbeitsplätze im Luftverkehr zu verzeichnen, über indirekte und induzierte Wirkungen wurden knapp 500.000 weitere Arbeitsplätze, insgesamt also 770.000 Arbeitsplätze geschaffen.[33] Über zusätzliche katalysierte Effekte liegen keine Untersuchungen auf Bundesebene sondern lediglich Fallstudien für Flughäfen vor (vgl. Beispiel). Unter der Annahme, dass auch zukünftig durch eine Million zusätzlicher Fluggäste 1.000 direkte und 2.000 indirekte Arbeitsplätze entstehen, können angesichts der prognostizierten Nachfrage in den nächsten 10 Jahren (2005-2014) rund 330.000 neue Arbeitsplätze geschaffen werden.[34] Die Arbeitsplätze sind durch eine hohe Wertschöpfung pro Beschäftigen gekennzeichnet. So beträgt in Europa der Beitrag eines Beschäftigten zum Bruttoinlandsprodukt im Luftverkehr mehr als das Doppelte im Vergleich zum Produktions- oder allgemeinen Dienstleistungsbereich und das Dreifache der in der Bauwirtschaft Beschäftigten.[35]

---

[31] PILLER, W.: Die strategische Bedeutung der deutschen Luft- und Raumfahrtindustrie für den Standort Deutschland, S. 3.
[32] OXFORD ECONOMIC FORECASTING: Measuring Airline Network Benefits; unveröffentlichte Studie im Auftrag der IATA, 2005; zitiert nach ATAG: Economic benefits, S. 6 ff.
[33] INITIATIVE LUFTVERKEHR FÜR DEUTSCHLAND: Masterplan, S. 9.
[34] Zur Kritik an diesen Zahlen vgl. BUND: Stellungnahme, S. 10 f.
[35] Vgl. AIR TRANSPORT ACTION GROUP: Economic and social benefits, S. 7.

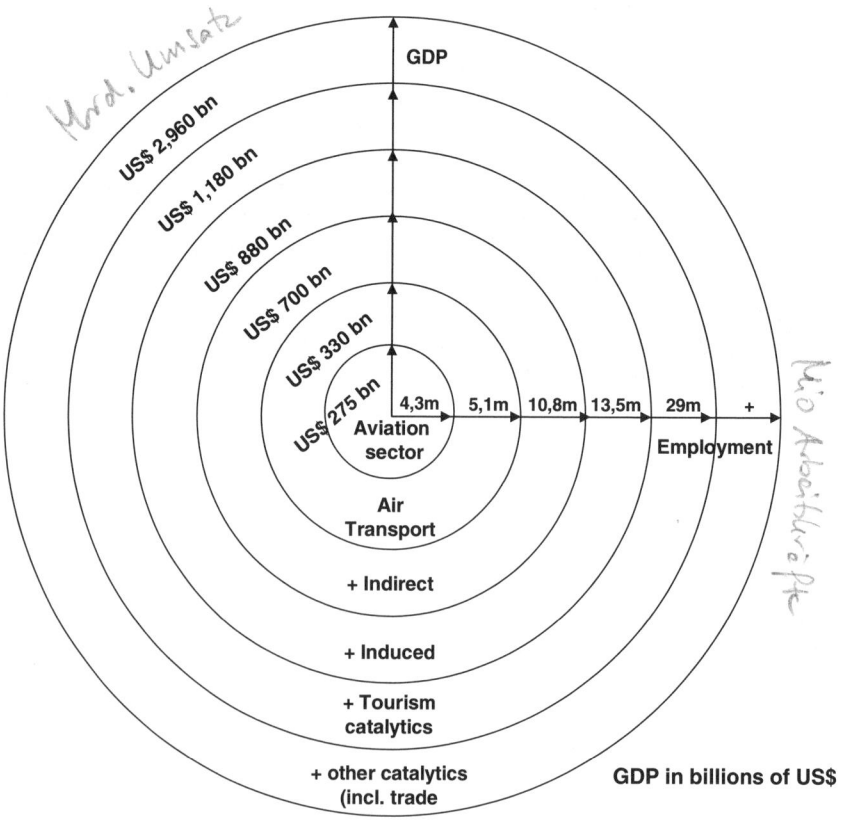

Quelle: ATAG: Economic and social benefits, S. 7.

Abb. 3.1. Weltluftverkehr: Beitrag zum Bruttoinlandsprodukt und Arbeitsplätze

3.2.4 Regionale Wachstumsimpulse

Regionale Wachstumsimpulse werden durch die wirtschaftlichen Aktivitäten der Luftfahrtunternehmen und durch Standorteffekte ausgelöst. **Positive Standorteffekte**[36] ergeben sich durch Vorteile bei:

---

[36] Empirische Untersuchungen zur wirtschaftlichen Bedeutung von Flughäfen vgl. BAUM, H., SCHNEIDER, J.: Regionalwirtschaftliche Auswirkungen (Flughafen Köln), ZENTRUM FÜR RECHT UND WIRTSCHAFT DES LUFTVERKEHRS: Flugplatz Zweibrücken; FRAPORT: Frankfurt/Hahn; FLUGHAFEN BERLIN-SCHÖNEFELD: Berlin Brandenburg International; HEUER, K., KLOPPHAUS, R., SCHARPER, T.: Flughafen Hahn; AIRPORTS COUNCIL INTERNATIONAL: Social and economic impacts.

Geschäftsbeziehungen

- luftverkehrsbedingte bessere Verkehrsverbindungen erleichtern die Markterweiterung durch Intensivierung bestehender und Aufbau neuer Kundenkontakte und führen nicht nur zu Umsatzerhöhungen, sondern zusätzlich zu Produktivitätsgewinnen durch Größenvorteile und Spezialisierung auf Produkte mit den größten Wettbewerbsvorteilen.
- Kosteneinsparungen durch Zeitgewinne und geringere Reisekosten (Beförderung, Wegfall von Übernachtungen am Zielort).
- Begünstigung des Aus- bzw. Aufbaus von Forschungs- und Entwicklungsaktivitäten am Unternehmensstandort u. a. durch erleichterte Einbindung in internationale Forschungsnetzwerke.

Marktzugang

- Erschließung neuer Absatzmärkte durch schnellen Transport von z. B. verderblichen Agrargütern oder Reparaturgütern.
- Erschließung neuer Quellgebiete für Tourismus durch Einrichtung von Flugverbindungen.

Beschaffungsvorteile

- Weltweiter, zuverlässiger und schneller Bezug von Vorleistungen, Investitionsgütern und Ersatzteilen, Verringerung der Lagerhaltungskosten.

Die sich aus den direkten Effekten ableitenden indirekten und induzierten Multiplikatorwirkungen konzentrieren sich in den Flughafenregionen. HEUER/KLOPPHAUS/SCHAPER kommen bei einer Auswertung der vorliegenden deutschen Flughafenstudien zu dem Ergebnis: „Die regionalen Beschäftigungsmultiplikatoren bewegen sich zwischen 1,2 und 1,4 (...) die regionalen Einkommensmultiplikatoren liegen zwischen 1,0 und 1,3."[37]

In geographisch ausgedehnten Ländern ist der Luftverkehr mitunter sogar die Voraussetzung für die wirtschaftliche Integration bestimmter Teilgebiete. Ohne ihn würden beispielsweise die Erschließung Sibiriens, die Erdölförderung im Offshore-Bereich oder in Wüstengebieten nur mit großen verkehrsbedingten Schwierigkeiten und Verzögerungen erfolgen können. In der Bundesrepublik Deutschland dagegen waren Anschlüsse an das Flugnetz „nicht Voraussetzung der Bildung von Wirtschafts- und Bevölkerungsagglomerationen, sondern ihre Folge. Entsprechend der vorhandenen bzw. erwachten Nachfrage wurden die Flughäfen dimensioniert und gebaut."[38] Hier besteht also keine eindeutige Kausalbeziehung, sondern eine Wechselwirkung. Auch im regionalen Bereich kommt es durch die

---

[37] HEUER, K., KLOPPHAUS, R., SCHAPER, T.: Frankfurt Hahn, S. 74.
[38] BERATERGRUPPE VERKEHR UND UMWELT: Regionale Entwicklung, S. 32.

wirtschaftlichen Aktivitäten der Luftfahrtunternehmen zu den bereits beschriebenen Einkommens- und Beschäftigungseffekten.[39]

Beispiel: Regionalwirtschaftliche Auswirkungen des Low Cost-Marktes im Raum Köln-Bonn

Der Köln-Bonn Airport hat sich seit 2002 zu einem der Schwerpunkte des Low Cost-Marktes in Deutschland entwickelt. Im Jahr 2003 nutzten 51% der Flugreisenden am Köln-Bonn Airport ein Low Cost-Angebot, das Passagieraufkommen stieg gegenüber dem Vorjahr um mehr als 40% auf 7,8 Mio. Passagiere, 2005 wurden 9,4 Mio. Passagiere gezählt. Für das Jahr 2003 ergaben sich folgende wirtschaftliche Effekte:

- Das durch das Low Cost-Angebot induzierte Passagierwachstum führte über direkte und indirekte Effekte zu einer Wertschöpfung von € 239 Mio. und zu 4.420 zusätzlichen Beschäftigten.
- Bei den regionalen Unternehmen wurden Kosteneinsparungen und Produktivitätsvorteile in Höhe von € 145 Mio., regionale Wertschöpfung von € 539 Mio. und ein Beschäftigungszuwachs von etwa 10.000 Beschäftigten ermittelt.
- Die Kaufkraftwirkung war negativ: Den zusätzlichen Einnahmen aus den Ausgaben der Besucher von € 21,7 Mio. steht ein Kaufkraftabfluss von € 33, 3 Mio. (Ausgaben der abfliegenden Low Cost-Passagiere am jeweiligen Zielort) gegenüber.
- Die gestiegene Wertschöpfung in der Region führte zu einem Anstieg der Steuereinnahmen von € 174 Mio., von denen € 76 Mio. an den Bund, € 70 Mio. an das Land und € 21 Mio. an die Kommunen gingen.

Quelle: BAUM, H., SCHNEIDER, J.: Regionalwirtschaftliche Auswirkungen des Low cost- Marktes im Raum Köln-Bonn.

Beispiel: Regionalwirtschaftliche Auswirkungen des Flughafens Frankfurt-Hahn

Der frühere Militärflughafen Frankfurt-Hahn wurde 1993 nach dem Abzug der US-amerikanischen Streitkräfte als Zivilflughafen in Betrieb genommen. Hauptanteilseigner ist die Fraport AG mit 65,0%, die Länder Rheinland-Pfalz und Hessen sind mit je 17,5% beteiligt. 2005 wurden 3,1 Mio. Passagiere gezählt, die zu mehr als 90% mit dem irischen Low Cost-Carrier Ryanair flogen. Der Flughafen hat bisher keine Gewinne erwirtschaften können. Das operative Ergebnis (EBITAD = Betriebsergebnis vor Zinsen, Steuern und Abschreibungen) lag 2003 bei einem Verlust von € 7,6 Mio., 2004 bei einem Verlust von € 4,7 Mio. Für das Jahr 2004 (2.760.379 Passagiere) ergaben sich folgende wirtschaftliche Effekte:

- Die Bruttowertschöpfung direkt auf dem Flughafen betrug im Untersuchungsjahr € 109,0 Mio., die indirekte Wertschöpfung € 118,9 Mio., die induzierte Wertschöpfung € 46,0 Mio.
- Als katalysierte Effekte durch den Incoming-Tourismus wurden € 54,1 Mio. ermittelt (Kaufkraftverluste durch den Outgoing-Tourismus wurden in der Studie nicht berücksichtigt).
- Der Flughafen hat 2.315 Beschäftigte mit ca. 2.000 vollzeitäquivalenten Arbeitsplätzen. In den letzten Jahren wurden durchschnittlich jährlich mehr als 200 Arbeitsplätze neu geschaffen. Das entstandene Einkommen (Bruttolohn- und Gehalts-

---

[39] Vgl. dazu die Untersuchungen von MARX, J.: Regionaler Luftverkehr; KASPAR, C.: Flughafen Stuttgart; JADEN, E.: Regionalflughäfen; SORGENFREI, J.: Regionalflughäfen.

summe) betrug € 47, 2 Mio. (= € 20.389 je Erwerbstätigen). Katalytische Beschäftigungseffekte durch den Tourismus in der Region (Rheinland-Pfalz) brachten 2.596 Arbeitsplätze.
- Die insgesamt von der Leistungserstellung am Flughafen Frankfurt-Hahn abhängigen Steuern in Höhe von € 34,8 Mrd. ergeben sich aus Lohn- und Einkommensteuer inkl. Solidaritätszuschlag € 20,1 Mrd., Umsatzsteuer € 7,7 Mrd., Mineralölsteuer € 2,5 Mrd., Gewerbe- und Körperschaftssteuer € 4,5 Mrd., sonstige Steuern € 12,3 Mrd.

Quelle: HEUER, K., KLOPPHAUS, R., SCHAPER, T.: Regionalökonomische Auswirkungen des Flughafens Frankfurt-Hahn für den Betrachtungszeitraum 2003-2015.

3.2.5 Beitrag zum Außenhandel

Ein wesentliches Kennzeichen der Weltwirtschaft des vergangenen Jahrzehnts ist die zunehmende Globalisierung, also die seit Beginn der 1990er Jahre stark wachsende Zahl (Menge), Intensität (Tiefe) und Reichweite (Breite) grenzüberschreitender Interaktionsprozesse. Die nationalen Volkswirtschaften werden in steigendem Maße international integriert und der weltweite Außenhandel nimmt stärker zu als das Wirtschaftswachstum (vgl. Abb. 3.2).

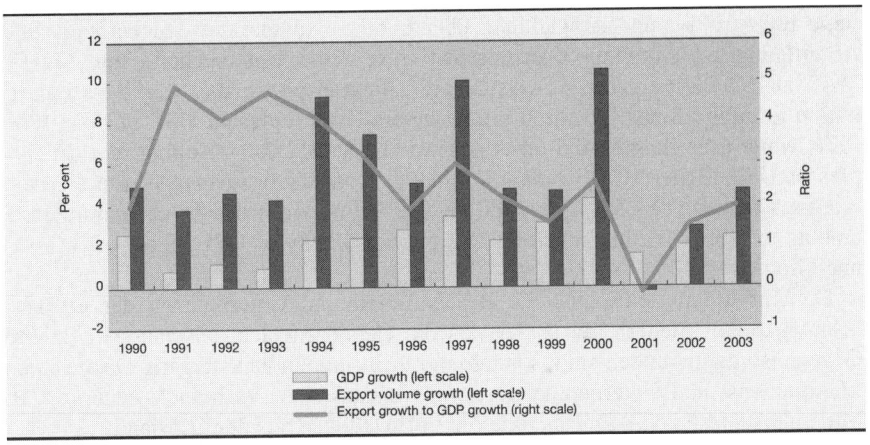

Quelle: UNCTAD: Trade and Development Report 2004, S. 44.

Abb. 3.2. Weltwirtschaft und Welthandel

Der Luftverkehr fördert den Außenhandel durch zeit- und kostengünstige Reisen zur Anbahnung und Abwicklung von internationalen Geschäften sowie den Ex- und Import von Gütern und Dienstleistungen, die mit anderen Verkehrsmitteln nicht oder nur mit erheblichem Mehraufwand befördert werden können. Diese verstärkte außenwirtschaftliche Verflechtung kann anhand des Offenheitsgrades (Summe der Importe und Exporte bezogen auf das BIP) gemessen werden. In den letzten 30 Jahren ist diese Kennziffer z. B. in Deutschland von 37% auf 70%, in

Frankreich von 25% auf 45% und in den USA von 9% auf 22% gestiegen.[40] „Die deutsche Volkswirtschaft ist mit ihrer starken Exportorientierung zunehmend abhängig vom Luftverkehr. 40 Prozent aller ein- bzw. ausgeführten Güter werden dem Wert nach per Flugzeug transportiert."[41] Jährlich kommen ca. 15-20 Mio. Urlauber über den Luftweg nach Deutschland. Damit fördert die Luftverkehrsbranche in erheblichem Maße den Tourismus in Deutschland. Durch die hohe Auslandsreiseintensität der deutschen Urlauber (2005 verbrachten 69,6% der Bevölkerung ihre Urlaubsreise im Ausland)[42] ist die Tourismusbilanz der BRD jedoch negativ: Die Ausgaben der deutschen Reisenden im Ausland waren um € 35,5 Mrd. höher als die Einnahmen von ausländischen Touristen im Inland.[43]

Die durch Luftverkehrsexporte erzielbaren Deviseneinnahmen ergeben sich einerseits aus dem Verkauf von Flugleistungen im Ausland, aus Abfertigungs- und Flugsicherungsgebühren sowie aus der Lieferung von Luftfahrtgerät, Betriebsmitteln und Serviceleistungen. Andererseits führt die Aufrechterhaltung eines eigenen internationalen Luftverkehrs durch den Bezug der genannten Leistungen zu Devisenabflüssen.

3.2.6 Staatseinnahmen

Der Luftverkehr ist in Deutschland der einzige Verkehrszweig, der die Kosten für seine Infrastruktur und Abwicklung über Lande-, Navigations-, Sicherheits- und Abfertigungsgebühren zur Gänze selbst trägt. Eine Untersuchung von MOTT MAC DONALD[44] ergab für Deutschland: „Air transport makes (...) a net contribution to public funds. Aviation infrastructure costs represent US$ 112 per 1000 PKT, while user charges and taxes generate US$ 125, thus resulting in a net surplus of US$ 13 per 1000 revenue-kilometre. Conversely revenues from German rail users represent US$ 41 per 1000 revenue-kilometre, while infrastructure costs amount to US$ 107, thus resulting in a public subsidy of US$ 66 per 1000 revenue-kilometre."

Darüber hinaus entrichten die Beschäftigten und Unternehmen der Luftverkehrswirtschaft Steuern, die anders als die Gebühren nicht an eine spezifizierte Gegenleistung gebunden sind, sondern die Staatseinnahmen steigern. Dazu zählen Einkommens- und Unternehmenssteuern, Umsatzsteuer, Verbrauchssteuern (z. B. Mineralölsteuer) sowie Einfuhrzölle für Vorleistungen aus dem Ausland.

---

[40] Vgl. DORN, D., FISCHBACH, R.: Volkswirtschaftslehre II, S. 312.
[41] INITIATIVE LUFTVERKEHR FÜR DEUTSCHLAND: Masterplan, S. 11.
[42] Vgl. F. U. R: Erste Ergebnisse der Reiseanalyse 2006, S. 3.
[43] Vgl. DEUTSCHE BUNDESBANK: Monatsbericht März 2006, S. 70.
[44] MOTT MAC DONALD: Comparison of Taxation and Subsidy, zitiert nach ATAG: Economic benefits, S. 20.

3.3 Politische Funktionen

3.3.1 Transportautarkie

Bis in die 1990er Jahre war das Streben einzelner Staaten nach Unabhängigkeit, insbesondere auch im Verkehrssektor, politisch weitgehend vom Kalten Krieg und der Feindschaft zwischen den Blöcken bzw. den unterschiedlichen ideologischen Systemen bestimmt. Die politischen Demokratisierungsprozesse und die wirtschaftlichen Systemveränderungen in den kommunistisch/sozialistisch regierten osteuropäischen Nachbarstaaten sorgten ebenso wie Liberalisierungs- und Deregulierungsbewegungen in den westlichen Staaten zu einem Rückgang der nationalen politischen Bedeutung des Luftverkehrs. Dennoch aber besteht in vielen Staaten weiterhin ein ausgeprägtes nationales Autarkiedenken.

Infolge der Bedeutung des Luftverkehrs versuchten in der Vergangenheit viele Staaten, durch Aufbau bzw. Subventionierung nationaler Fluggesellschaften sicherzustellen, dass sie selbst über ihre internationalen Lufttransportmöglichkeiten entscheiden können. So galt auch in der Bundesrepublik noch 1985 folgende Leitvorstellung: „Eine Nation, die auf ausländische Verkehrsträger angewiesen ist, kann [daher – W. P.] eigene Interessen nicht angemessen wahrnehmen. Im Luftverkehr schützt sie nur das eigene Luftverkehrs-Instrumentarium ernsthaft davor, zum Objekt fremder Interessen zu werden."[45] 20 Jahre später hat der Gemeinsame Markt in der EU solche politischen Leitlinien erheblich verändert, aber nicht gänzlich beseitigt. Zunehmende Privatisierung und die Tendenz, die internationalen Märkte zu liberalisieren und damit die Märkte für mehr ausländische Fluggesellschaften zu öffnen, verschoben den Schwerpunkt staatlicher Luftverkehrspolitik in Richtung Konsumenten- und Umweltschutz. Trotz Niederlassungs- und Dienstleistungsfreiheit halten manche Mitgliedstaaten weiterhin an einer protektionistischen Politik und am Konzept eines nationalen Flag Carriers fest.

In den Beziehungen zu Drittstaaten werden, von wenigen Ausnahmen abgesehen, Verkehrsrechte weiterhin nach dem Prinzip der Reziprozität erteilt und nur Minderheitsbeteiligungen an privaten Fluggesellschaften zugelassen. Zumindest die großen Nationen haben außerdem das Ziel, durch die Existenz einer eigenen Luftfahrtindustrie weder technologisch noch beschaffungsmäßig vom Ausland abhängig zu sein. Für kleinere Staaten ist die multinationale Zusammenarbeit ein Weg, sich hier zumindest einen Teil ihrer Transportautarkie zu erhalten. Ein Beispiel dafür bildet etwa das europäische Airbus-Konsortium.[46]

3.3.2 Unterstützung der Außenpolitik

Die Linienfluggesellschaft eines Landes kann dessen politische Präsenz in anderen Staaten sicherstellen und effizienter gestalten. Der Transport von Botschaftspersonal, Dokumenten und Geräten auf eigenen Flugzeugen ist im geheimdienstlichen Sinne sicherer gegenüber unerwünschten Störungen und es kann mehr Einfluss auf

---

[45] CESARZ, F.: Deutsche Lufthansa, S. 74.
[46] Vgl. Kap. 4.4.1.

die organisatorische Abwicklung ausgeübt werden. Auf einzelnen Strecken stammt ein nicht unwesentlicher Teil der Nachfrage von Regierungsstellen. Die unabhängig gewordenen Staaten der Dritten Welt „saw their airlines as the instruments for their self-determination and their lifeline to the world."[47]

Die Gewährung von Überflug- und Landerechten kann darüber hinaus zur Demonstration des Standes der politischen Beziehungen zwischen den Staaten genutzt werden.[48] So war der Entzug der Aeroflot-Landerechte in den USA (1981) ein Mittel der amerikanischen Regierung, ihren Protest gegen die sowjetische Unterdrückung der polnischen Arbeiterbewegung und die andauernde Besetzung Afghanistans zu unterstützen. Auch die Weigerung (bis 1994) afrikanischer Staaten und der USA, den Luftverkehrsgesellschaften Südafrikas Verkehrsrechte einzuräumen, ist als ein außenpolitisches Mittel gegen die Apartheidpolitik zu verstehen. Die Ablehnung der Mitwirkung in internationalen Luftfahrtorganisationen wie IATA, ICAO oder ECAC hat häufig außenpolitisch motivierte Gründe.

Entwickelte wie unterentwickelte Länder sprechen ihren Fluggesellschaften mitunter auch die Funktion zu, durch ihre internationale Präsenz das eigene Prestige positiv zu beeinflussen und damit eine nationale Aufgabe zu erfüllen.

3.3.3 Militärische Bedeutung

Die militärische Bedeutung der zivilen Luftfahrt liegt in der Funktion einer so genannten „strategischen Einsatzreserve". Das Produktionspotential der Hersteller, die materielle Infrastruktur, die Flugzeuge und das Personal können im Kriegsfalle auch für militärische Zwecke genutzt werden. In zentralistisch regierten Staaten Osteuropas oder in südamerikanischen Militärdiktaturen unterstanden die Linienfluggesellschaften und Flughäfen häufig der Militärverwaltung.[49] Die USA setzten bei ihren militärischen Auseinandersetzungen (während des Korea- und des Vietnamkrieges) in großem Umfang Bedarfsfluggesellschaften (supplemental carriers) für den Transport von Truppen und Kriegsgerät ein;[50] dort besteht ein Civil Reserve Air Fleet Programme, nach dem die Fluggesellschaften die freiwillige Verpflichtung eingehen, in militärischen Notfällen Flugzeuge und Flugpersonal gegen Entgelt bereitzustellen.[51]

Für die Bundesrepublik Deutschland ist diese strategische Funktion im Verkehrsbericht 1984 wie folgt begründet: „Die Gesamtverteidigung der Bundesrepublik Deutschland, auch im Rahmen ihrer Bündnisverpflichtungen, und Krisensituationen erfordern ebenfalls leistungsfähige Verkehrssysteme, die im nationalen, im grenzüberschreitenden und im überseeischen Verkehr die Versorgung und den

---

[47] GIDWITZ, B.: International Air Transport, S. 165.
[48] Vgl. SAMPSON, A.: Empires of the Sky, S. 117-120.
[49] Vgl. GIDWITZ, B.: International Air Transport, S. 26-35, die auch darauf hinweist, dass in der Vergangenheit bestimmte Staaten immer wieder versuchten, Linienflüge zu Spionagezwecken zu missbrauchen.
[50] Vgl. BRENNER, M., LEET, H., SCHOTT, E.: Airline Deregulation, S. 6.
[51] Vgl. WALKER, K.: US DoD, S. 11.

Schutz der Zivilbevölkerung, die Unterstützung der Streitkräfte und die Aufrechterhaltung der Wirtschaft sicherstellen."[52]

Wenn Hersteller ihre Produkte sowohl auf den militärischen als auch auf den zivilen Luftverkehrsmärkten anbieten können, dann ermöglicht dies eine Aufteilung der hohen Kosten für Forschung und Entwicklung auf mehrere Kostenträger sowie zusätzliche Erträge durch Verwendung militärischer Geräte, Triebwerke, Konstruktionsprinzipien und Werkstoffe im zivilen Luftverkehr (und umgekehrt).[53] Neue Technologien können so leichter finanziert und intensiver genutzt werden. GIDWITZ sieht denn auch einen engen Zusammenhang zwischen zivilem und militärischem Luftverkehr:

> "The evolution of international air transport is less a function of aviation technology or conventional commercial traffic than an expression of political forces in specific historical periods. It has been the politics of expansionism, war preparation, diplomacy, economic doctrine, or other conditions not intrinsically related to air transport itself that have defined the development of international civil aviation."[54]

3.4 Gesellschaftliche Funktionen

3.4.1 Sicherstellung der freien Mobilität

Die Sicherstellung der freien Mobilität des Bürgers im geschäftlichen und privaten Bereich setzt neben dem bei freier Wahl der Verkehrsmittel unbeschränkten Zugang auch das Vorhandensein eines ausreichenden Verkehrsangebotes voraus. Diese freie Mobilität ist für demokratische Staaten ein gesellschaftspolitisches Ziel: Der Einzelne soll entscheiden und realisieren können, wann er sich mit Hilfe welchen Verkehrsmittels wohin bewegen will.[55] Insofern ist auch das Luftverkehrsangebot ein Ausdruck dieser Gesellschaftsordnung. Ein entwickelter Charterverkehr und Sonderflugtarife im Linienverkehr schaffen die Voraussetzungen für den Urlaubsreiseverkehr in entfernte Gebiete. Das Flugzeug als ein auch den Massen zugängliches, schnelles Transportmittel leistete somit einen gesellschaftspolitischen Beitrag zur Demokratisierung des Reisens: Die Urlaubsreise – hier die Flugpauschalreise – wurde vom Luxusgut Privilegierter zu einem breiten Gesellschaftsschichten zugänglichen Massengut.[56] In der Bundesrepublik wurden im Jahre 2005 mehr als ein Drittel (36,8% = 23,6 Mio.) aller Urlaubsreisen (mit mehr als vier Übernachtungen) mit dem Flugzeug durchgeführt.[57]

---

[52] BMV: Verkehrsbericht 1984, S. 5; vgl. dazu auch die Verordnung zur Sicherstellung des Luftverkehrs vom 28.12.1979; in: BGBl I, S. 2389.
[53] Vgl. WHEATCROFT, S.: Air Transport Policy, S. 34 f., 50.
[54] GIDWITZ, B.: International Air Transport, S. 73.
[55] Vgl. BMV: Leitlinien, S. 1.
[56] Vgl. POMPL, W.: Internationaler Tourismus, S. 76-105.
[57] Vgl. F. U. R.: Reiseanalyse 2006, S. 5.

3.4.2 Integration von Staat und Gesellschaft

Dem Verkehr allgemein und damit auch dem Luftverkehr wird eine grundlegende politische und soziale Funktion für die Existenz eines Staates zugesprochen. Dies wird von WALCHER zusammenfassend begründet: „Art und räumliche Ausdehnung der gesellschaftlichen und staatlichen Integration werden weitgehend von der Güte des Verkehrs- und Nachrichtennetzes bestimmt. Das Verkehrssystem ist ein Element der Existenzfähigkeit eines Staates. Die Herrschaftsausübung muß das gesamte Staatsgebiet bis in seine äußersten Winkel durchdringen. Die Omnipräsenz des Staates ist ohne ein entsprechendes Verkehrssystem nicht denkbar."[58] Für das Gebiet der Bundesrepublik Deutschland ist die politische und gesellschaftliche Integrationsfunktion des Luftverkehrs jedoch von untergeordneter Bedeutung. Die Kleinräumigkeit des Territoriums, das gut entwickelte System der Bodenverkehrsmittel sowie flächendeckende öffentliche und private Kommunikationseinrichtungen weisen dem Luftverkehr in diesem Zusammenhang nur eine ergänzende Rolle zu. Er behält hingegen seine Integrationswirkung weiterhin in Staaten mit großer Flächenausdehnung bei gleichzeitig unterentwickelter Telekommunikation (Brasilien, Russland) oder in solchen mit mehreren getrennten Territorien (z. B. Inselstaaten wie Malaysia, Philippinen oder Indonesien).

Aber auch in der EU kommt dem Luftverkehr nicht nur die Aufgabe der wirtschaftlichen Integration von Waren- und Dienstleistungsmärkten zu. Sollen die Bürger der einzelnen Mitgliedstaaten eine europäische Identität entwickeln, dann können direkte Erfahrungen mit der Lebensrealität der Nachbarländer und persönliche Begegnungen mit den Menschen der anderen Staaten die Kenntnisse erweitern und positive Einstellungen zueinander verstärken helfen. Der zunehmende Ausbau des Luftverkehrs zu einem innereuropäischen Massenverkehrsmittel fördert somit auch das politische und soziale Zusammenwachsen der Europäischen Gemeinschaft und spielt auch bei der Integration der neuen Mitgliedstaaten der EU eine wichtige Rolle.

3.4.3 Hilfs- und Rettungsfunktionen

Im Rahmen von humanitären Aktionen bei Naturkatastrophen, kriegerischen Auseinandersetzungen oder Epidemien können auf dem Luftwege Hilfsgüter, Nahrungsmittel, Medikamente, Bergungsgeräte und Einsatzpersonal schnell in die betroffenen Regionen gebracht werden. Flugrettungsdienste sorgen für schnelle Krankentransporte (so z. B. Rückbeförderung schwer verunglückter Urlauber aus dem Ausland).

---

[58] WALCHER, F.: Verkehrspolitik, S. 84.

3.5 Ökologische Dysfunktionen

3.5.1 Einführung

Wie jeder andere motorisierte Verkehr verbraucht auch der Luftverkehr nicht regenerierbare Energie und belastet die Umwelt:

- Auf globaler Ebene trägt er zum Abbau der Ozonschicht und zum Treibhauseffekt bei.
- Regional betrachtet haben die Schadstoffemissionen Auswirkungen auf die Versauerung und Eutrophierung (Zunahme an unerwünschten Nährstoffen) der Luft sowie auf die troposphärische Ozonbildung.
- Die lokalen Folgen im Umfeld der Flughäfen liegen in der Lärmbelästigung und in der Luftverschmutzung.

Angesichts der zunehmenden ökologischen Gefährdung einerseits und des prognostizierten Wachstums des Luftverkehrs andererseits besteht daher ein Handlungsbedarf für einen aktiven Umweltschutz in Politik, Wirtschaft und Gesellschaft. „Die Entwicklung des Luftverkehrs insgesamt hat zu Dimensionen geführt, welche die unternehmerische Verantwortung über die spezifischen Aufgaben des Managements eines Flughafens oder einer Luftverkehrsgesellschaft hinaus auf gesamtwirtschaftliche und ökologische Bereiche ausdehnt."[59] Die Suche nach sinnvollen Lösungen wird dadurch erschwert, dass nur in Teilbereichen gesicherte Erkenntnisse über Ausmaß und Wirkungen der durch den Luftverkehr verursachten Emissionen vorliegen.[60] Dementsprechend wird sie in der politischen Entscheidungsfindung oft durch die Verabsolutierung ideologischer Positionen ersetzt. Die Problematik der Auseinandersetzung wird noch dadurch verschärft, dass sie nicht ohne eine Wertediskussion auskommt, bei der es um das Grundrecht „Mobilität als Ausdruck frei gewählter Daseinsgestaltung" (SEIDENFUS)[61] geht.

Der Luftverkehr dient mit steigender Tendenz privaten und touristischen Zwecken, für die keine unmittelbare Notwendigkeit besteht. Es stellt sich daher die Frage, ob hier alleine das Individuum entscheiden oder der Staat Produktionsbeschränkungen einführen soll. Ähnliches gilt für die Beförderung jenes Teils der Luftfracht, der zwar die Lebensqualität mancher Nachfrager steigern mag, unter Umweltschutzgründen aber abzulehnen ist (z. B. exotische Früchte oder Blumen). Und obwohl nur ein geringer Anteil der Weltbevölkerung am Luftverkehr teilnimmt, ist die gesamte Bevölkerung von seinen negativen Auswirkungen betroffen: „Nur 7% der Weltbevölkerung beanspruchen 3% aller Brennstoffe allein für ihre Fliegerei. Einerseits ist es deswegen unwahrscheinlich, dass der Flugverkehr

---

[59] PRO LUFTAHRT (HRSG.): Flughafen Frankfurt a. M., S. 51.
[60] Der aktuelle Forschungsstand wird dokumentiert in IPCC: Aviation and the Global Atmosphere; über den Zwischenstand des im Auftrag des Bundesforschungsministeriums durchgeführten Untersuchungsprogramms „Schadstoffe in der Luftfahrt" informiert DEUTSCHE FORSCHUNGSANSTALT FÜR LUFT- UND RAUMFAHRT: Hintergrundinformationen Nr. 28/1.96.
[61] SEIDENFUS, H.: „Sustainable Mobility", S. 290.

auch mit stärkerer Höhenwirkung seiner Emissionen alleine das globale Klima deutlich ändert. Andererseits tragen diejenigen, die fliegen, damit überdurchschnittlich zur Klimaveränderung bei."[62]

Umweltmedium Lebenszyklusabschnitt	Luft Schadstoffe	Lärm	Boden	Wasser
Herstellung von				
- Fahrzeugen	Fabrikabgase	Triebwerksprobeläufe	Enteisen von Piste/Flugzeug	Enteisen von Piste/Flugzeug
- Infrastruktur	Emissionen von Baufahrzeugen	Baulärm	Bodenversiegelung bei Flughafenbau	
- Betriebsmitteln	CO_2 bei Treibstoffherstellung			
Nutzung der Verkehrsmittel				
- regulär	CO_2, NO_x, Wasserdampf	Fluglärm	Reifenabrieb	
- Ausnahmefälle	fuel-dumping, Abstürze		fuel-dumping, Abstürze	fuel-dumping, Abstürze
Entsorgung von				
- Fahrzeugen			Deponiebelastung	
- Infrastruktur			Deponiebelastung	
Induzierte Verkehrsströme	CO2, NOx, z. B. durch Kfz-Verkehr	Lärm, z. B. durch Kfz-Verkehr		
Nebenleistungen			Deponiebelastungen, z. B. durch Verpackungen	

Quelle: FICHERT, F.: Umweltschutz im zivilen Luftverkehr, S. 20.

Abb. 3.3. Übersicht über wesentliche luftverkehrsbedingte Umweltbelastungen

Generell lassen sich fünf Bereiche abgrenzen, die im Zusammenhang mit Luftverkehr zu Umweltbelastungen führen:

- Herstellung von Flug- und Fahrzeugen, Infrastruktur, Treib- und Schmierstoffen;
- Nutzung der Verkehrsmittel inklusive Wartung und Reparatur;
- Entsorgung von Fahrzeugen und Infrastruktur;

---

[62] Vgl. GREENPEACE: Klimaschädlichkeit des Flugverkehrs, Einleitung, o. S.

- Induzierte Verkehrsströme durch Zu- und Abbringerverkehr sowie Arbeitsplatzverkehr;
- Erbringung von Nebenleistungen zur Beförderung wie z. B. Bordverpflegung.

Analog zur Umweltpolitik generell folgen auch im Luftverkehr die anzustrebenden Ziele der Hierarchie „Vermeiden – vermindern – wiederverwenden – entsorgen". Wesentliche Bereiche sind hier Schadstoffemissionen in Luft, Boden und Wasser, Lärmbelästigung sowie Energie- und Landschaftsverbrauch (vgl. Abb. 3.3).

3.5.2 Schadstoffemissionen

Die Schadstoffemissionen des Luftverkehrs wirken sich eher langfristig und mittelbar aus. Ihre Folgen zeigen sich nicht nur am Ort ihrer Entstehung sondern verteilen sich weitflächig, dabei kommt im Luftverkehr die vertikale Emissionsverteilung als weitere Komponente hinzu. Die Komplexität der Reaktionszusammenhänge wird noch zusätzlich dadurch erschwert, dass die einzelnen Emissionen in den verschiedenen Schichten der Atmosphäre eine unterschiedliche Wirkung haben. Die Verbrennung von Kerosin in den Triebwerken führt zur Emission folgender Schadstoffe (vgl. hierzu auch Abb. 3.4):

- **CO (Kohlenmonoxid)**: Ergebnis unvollständiger Verbrennung. Verursacht gesundheitliche Schäden durch Sauerstoffmangel wie z. B. Herz-, Kreislauf- und Atemwegserkrankungen.
- **CO_2 (Kohlendioxid)**: Hauptprodukt jeder Verbrennung von Pflanzen und den aus ihnen gewonnenen fossilen Energieträgern sowie bei der Atmung von Menschen und Tieren. Wichtigster Faktor für zusätzliche Treibhauseffekte.
- **H_2O (Wasser)**: Produkt jeder Verbrennung, das in hohen Luftschichten möglicherweise ein Faktor für den zusätzlichen Treibhauseffekt ist.
- **NO_X (Stickoxide)**: Entstehen bei Verbrennungsprozessen, insbesondere bei hohen Temperaturen. Mitverursacher von sauren Niederschlägen und Waldschäden; Vorläufer der Ozonbildung in Bodennähe, die Sommersmog und Atemwegserkrankung mit verursacht.
- **O_3 (Ozon)**: Entsteht unter Einwirkung von Sonnenlicht aus Sauerstoff und ist in Bodennähe ein Schadstoff. Das in Höhen von 20 bis 30 km vorkommende natürliche Ozon schirmt schädliche Ultraviolettanteile des Sonnenlichts ab, Löcher in der Ozonschicht mindern diese Wirkung.
- **SO_2 (Schwefeldioxid)**: Entsteht vorwiegend bei der Verbrennung fossiler Energieträger. Wird in der Atmosphäre zu Schwefelsäure und schwefliger Säure umgewandelt und ist Mitverursacher des sauren Regens.
- **Staub**: Enthält neben Schwebstoffen, die Allergien hervorrufen können, auch giftige Schwermetalle und Ruß.
- **UHC (Unverbrannte Kohlenwasserstoffe)**: Gemisch von Kohlenwasserstoffen, das bei einer unvollständigen Verbrennung übrig bleibt und in Bodennähe zur Entstehung von Sommersmog beiträgt.

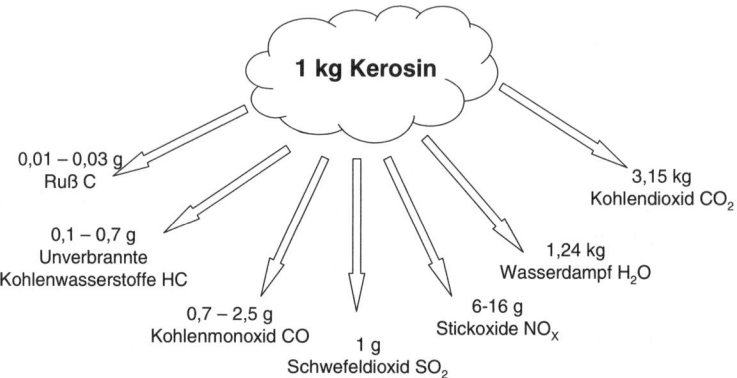

Quelle: ARMBRUSTER, J.: Flugverkehr und Umwelt, S. 126.

Abb. 3.4. Verbrennung von 1 kg Kerosin

Der Düsenflugverkehr ist der hauptsächliche Verursacher der kontinuierlichen Verschmutzung der Tropopause, der Schicht der Erdatmosphäre also, die als dünne Grenzschicht in einer Höhe von etwa 8 Kilometern über den Polregionen und von 16 Kilometern in subtropischen Gebieten (Äquator) die Troposphäre von der Stratosphäre trennt (vgl. Abb. 3.5).

Die durchschnittliche Verweildauer der Schadstoffe liegt bei einem Jahr, bevor sie in die Troposphäre absinken und ausgewaschen werden.[63] Sämtliche anderen Emissionen der Industrie, des Straßenverkehrs, usw. gelangen mit wenigen Ausnahmen lediglich in die planetarische Grenzschicht, die im Winter ca. 200 Meter und im Sommer bis zu drei Kilometer hoch liegen kann. Die ökologischen Folgen des Luftverkehrs liegen vor allem in einer Verstärkung des „künstlichen Treibhauseffekts", der zusätzlich zum „natürlichen Treibhauseffekt" auftritt und zur Erderwärmung und zur Zerstörung der Ozonschicht beiträgt (vgl. Abb. 3.6). Beide Effekte beschreibt BROCKHAGEN:

> „Die von der Sonne auf die Erde einfallende Strahlung überträgt die meiste Energie an klimatische Systeme im sichtbaren Teil des Wellenlängenspektrums (solare Strahlung). Die Strahlung wird in der Atmosphäre gestreut, reflektiert und absorbiert. Damit die Erde im Temperaturgleichgewicht bleibt und sich nicht ständig erwärmt, muss sie die aufgenommene Energiemenge auch wieder abstrahlen. Da sie weitaus kälter als die Sonne ist, strahlt sie ihrerseits im infraroten Wellenbereich ab (terrestrische Strahlung). Etwa zwei Drittel dieser Strahlung werden aber in der Atmosphäre von Gasen wie H_2O und CO_2 absorbiert und wieder zur Erde zurückgestrahlt (Gegenstrahlung). Erst durch diesen so genannten natürlichen Treibhauseffekt wird das Leben auf der Erde möglich, ohne ihn wäre es etwa 30° C kälter. Der zusätzliche Treibhauseffekt ist „eine Aufheizung der Troposphäre durch die Absorption terrestrischer Strahlungen durch anthropogen (von den Menschen verursacht, W. P.) emittierte Treibhausgase. Sie sind umso wirksamer, je mehr sich ihre Absorptionseigenschaften von denen der natürlichen

---

[63] Vgl. ARMBRUSTER, J.: Flugverkehr und Umwelt, S. 105 f.

Treibhausgase unterscheiden. So lassen die Hauptabsorber CO_2 und H_2O in der wolkenfreien Atmosphäre das sog. Infrarotfenster offen, in dem dann die dort liegenden Absorptionsbanden des Ozons besonders stark wirken."[64]

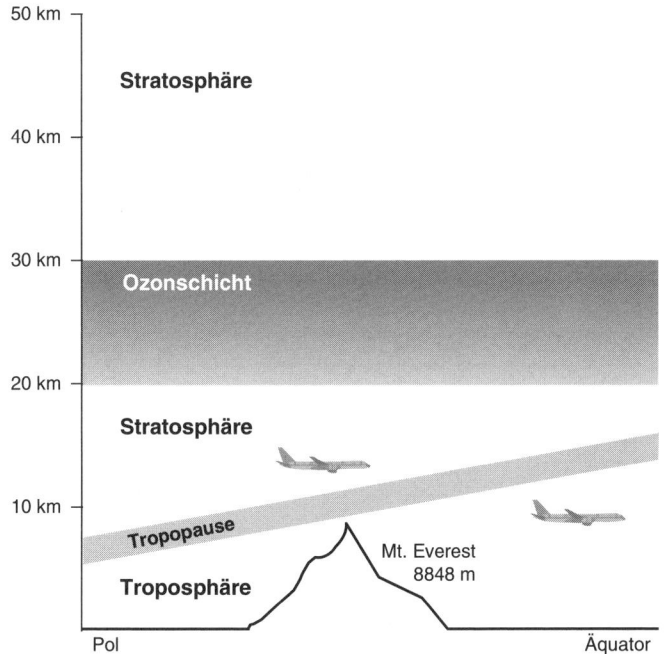

Quelle: In Anlehnung an LUFTHANSA: Balance, Umweltbericht 1999/2000, S. 86.

Abb. 3.5. Atmosphäreschichten der Erde

Der vom INTERGOVERNMENTAL PANEL ON CLIMATE CHANGE (IPCC), einer 1990 von UNO und Weltwetter-Organisation gegründeten Forschungsinstitution, im Frühjahr 2001 veröffentlichte Forschungsbericht[65] kommt zu dem Ergebnis, dass es im Laufe dieses Jahrhunderts zu einer Erhöhung der Erdtemperatur um 1,4 bis 5,6 Grad Celsius kommen wird. Die möglichen Folgen sind:

- ein Anstieg des Meeresspiegels um 11 bis 88 Zentimeter, der Lebensräume von Menschen in tiefliegenden Küstenregionen, Flussdeltas und auf flachen Inseln vernichtet;
- eine Zunahme zerstörerischer Hurrikane und Taifune, die zur Überschwemmung und Erodierung küstennaher Regionen führen;

---

[64] BROCKHAGEN, D. in: GREENPEACE: Klimaschädlichkeit des Flugverkehrs, S. 64.
[65] IPCC: Climate Change 2001: Impacts, Adaption and Vulnerability.

- eine beschleunigte Versteppung landwirtschaftlicher Nutzflächen und damit eine Verschärfung der Hungersnot;
- eine Ausweitung der Regionen mit Trinkwasserknappheit, wodurch die Zahl der davon betroffenen Menschen in den nächsten 25 Jahren von 1,7 auf 5 Mrd. steigen wird;
- das Verschwinden der Hälfte aller Alpengletscher in Europa in den nächsten 100 Jahren mit der Folge von mehr und häufigeren Überschwemmungen von Flusslandschaften und mehr Dürren in Südeuropa.

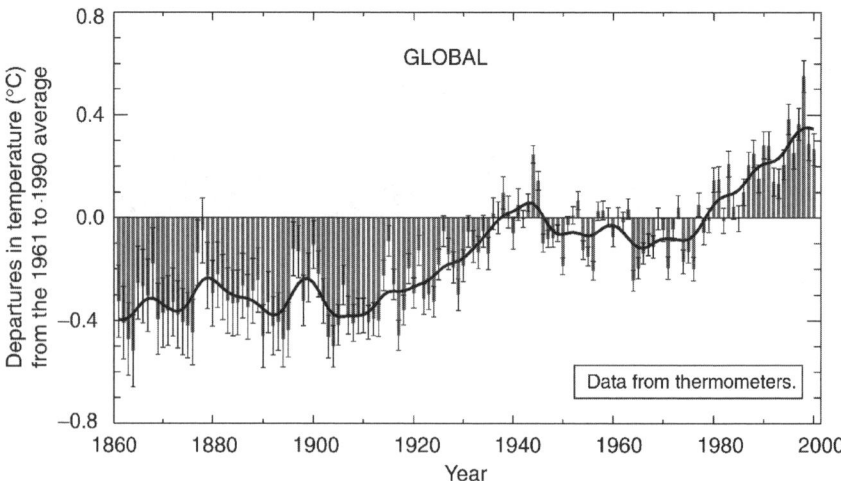

Quelle: IPCC: Report of Working Group I, S. 3.

Abb. 3.6. Erderwärmung 1860-2000

Auf Rückkoppelungen, die in den bisherigen Klimamodellen nicht enthalten sind und den Treibhauseffekt beschleunigen können, weist TEUFEL[66] hin:

- Der Rückgang der Vereisung der Pole, Schneegrenzen und Gletscher verhindert die Rückstrahlung von Sonnenenergie ins Weltall und verstärkt die Erwärmung der Atmosphäre.
- Die Verschiebung von Klimazonen könnte zu einem Absterben großer Teile der Wälder und damit zur Umwandlung der in der Biomasse der Bäume gespeicherten Kohlenstoffe in CO_2 führen.
- Die Zunahme der Überschwemmungen und der Rückgang der Vegetation wird die Erosion von Böden beschleunigen.
- Es zeichnet sich ab, dass die Vernichtung der Lebensgrundlagen für Hunderte Millionen Menschen zu einer gewaltigen Vermehrung der Zahl von Umweltflüchtlingen führen wird.

---

[66] Vgl. TEUFEL, D.: Treibhauseffekt, S. 184 ff.

3.5 Ökologische Dysfunktionen   73

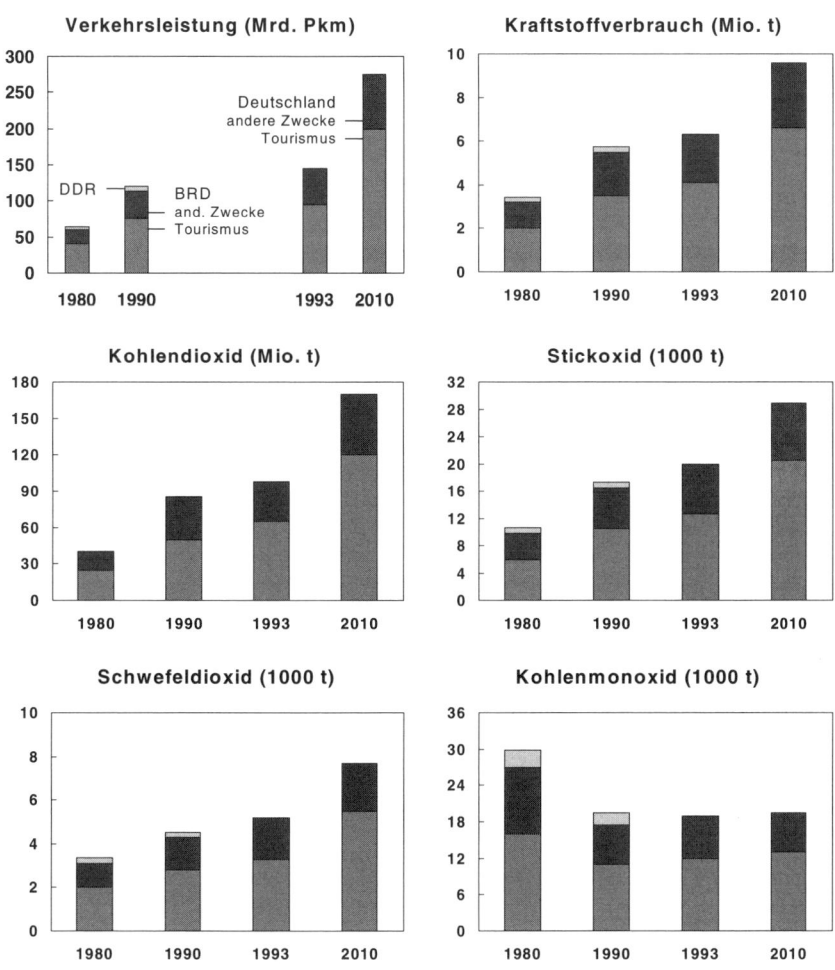

Quelle: UMWELTBUNDESAMT: Verkehrsleistung und Luftschadstoffemissionen, S. 61.

Abb. 3.7. Energieverbrauch und direkte Schadstoffemissionen des Luftverkehrs der Bewohner Deutschlands

Obwohl die bisherigen Forschungsergebnisse zu unterschiedlichen quantitativen Ergebnissen hinsichtlich des Anteils des Luftverkehrs an den Schadstoffemissionen kommen, ist seine Mitverantwortung für die ökologische Fehlentwicklung unbestritten. Unter der Annahme, dass die Wachstumsprognosen (jährliches Wachstum der Verkehrsleistungen von 4,6%) eintreten und keine besonderen kraftstoffverbrauchs- und emissionsmindernden Maßnahmen ergriffen werden, kommt die

Studie des UMWELTBUNDESAMTS[67] für den Flugverkehr der Bewohner Deutschlands zu folgendem Ergebnis: Der Flugverkehr hat hohe Steigerungsraten bei den Emissionen klimarelevanter Schadstoffe. Während Kohlenmonoxidemissionen konstant bleiben und der Ausstoß von Kohlenwasserstoffen rückläufig ist, nehmen Kohlendioxid, Stickoxide, Schwefeldioxid und Wasserdampf erheblich zu (vgl. Abb. 3.7). Im Rahmen des Forschungsprojektes „Schadstoffe in der Luftfahrt" stellt die DLR fest:

> „Nach heutigem Kenntnisstand (...) zeigt sich, dass der Weltluftverkehr jährlich etwa 130 Megatonnen Treibstoff (130 Mio. Tonnen) verbraucht – dies entspricht ca. 5 Prozent der gesamten Erdölproduktion pro Jahr. (Luftverkehr in Deutschland: 5,4 Mio. Tonnen). (...) Damit verursacht der weltweite Luftverkehr etwa 2,4 Prozent der Emissionen von Kohlendioxid aus der Verbrennung fossiler Brennstoffe. Am gesamten Anstieg der Kohlendioxid-Emissionen in der Atmosphäre seit 1860 war der Luftverkehr nur zu 1,2 bis 1,5 Prozent beteiligt. (...) Bei den Stickoxiden beträgt der Anteil des Luftverkehrs nur etwa 2 bis 3 Prozent aller Quellen."[68]

In einer 1999 veröffentlichten Studie über Flugverkehr und die globale Atmosphäre[69] kommt das IPCC zu dem Ergebnis, dass der Luftverkehr schon 1992 ca. 2% der von Menschen verursachten **CO_2-Emissionen** emittierte, aus denen sich ein Anteil am Treibhauseffekt von 3,5% ergibt. Unter der konservativen Annahme eines jährlichen Wachstums des Luftverkehrs von 3% würde dies für 2050 einen Anteil von 5% an der Verursachung des anthropogenen Treibhauseffekts bedeuten; bei ungünstigeren Annahmen kann dieser Wert auf bis zu 15% ansteigen.

Hinsichtlich des **Ozonabbaus** kam die DEUTSCHE FORSCHUNGSANSTALT FÜR LUFT- UND RAUMFAHRT (DLR) im Rahmen des Forschungsprojekts „Schadstoffe in der Luftfahrt" zu dem bisherigen Zwischenergebnis, dass „der heutige Unterschall-Luftverkehr und die wenigen vorhandenen Überschallflugzeuge nicht erkennbar am gemessenen Ozonabbau beteiligt" sind.[70] Für eine Zerstörung des stratosphärischen Ozons wurden keine Anzeichen gefunden.[71]

Die **Wasserdampf-Emissionen** der Triebwerke tragen in Tropopausennähe zur Bildung von Kondensstreifen bei. Da in diesen Höhen eine Temperatur von etwa minus 40°C oder weniger herrscht, verwandelt sich der bei der Verbrennung von Kerosin entstehende Wasserdampf zu Eiskristallen, wodurch unter bestimmten meteorologischen Bedingungen länger anhaltende Kondensstreifen entstehen. Die bisherigen Vermutungen, dass diese durch den Flugverkehr verursachten Eiswol-

---

[67] Vgl. UMWELTBUNDESAMT: Verkehrsleistung und Schadstoffemissionen, S. 60.
[68] Vgl. DEUTSCHE FORSCHUNGSANSTALT FÜR LUFT- UND RAUMFAHRT: Hintergrundinformationen Nr. 28/1.96, S. 2.
[69] Vgl. IPCC: Aviation and the Global Atmosphere, o. S.
[70] DAMERIS, M., SCHUMANN, U.: Ergebnisse aus 10 Jahren Ozonforschung, S. 35.
[71] Vgl. DEUTSCHE FORSCHUNGSANSTALT FÜR LUFT- UND RAUMFAHRT: Hintergrundinformationen Nr. 28/1.96, S. 2. Vgl. dazu auch FRIEDRICH, A., HEINEN, F.: Örtliche und globale Luftverunreinigung.

ken auf Dauer einen Einfluss auf die globalen Temperaturen der Erde haben, scheinen sich nicht zu bestätigen.[72]

Nur geringe Umweltbelastungen entstehen durch das **Fuel Dumping**. Treten bei einem voll beladenen und betankten Flugzeug nach dem Start Probleme auf (technische Gründe, Erkrankung eines Passagiers), die aus Sicherheitsgründen eine sofortige Landung erfordern, dann kann diese bei Langstreckenflugzeugen nur erfolgen, wenn vorher im Flug Treibstoff abgelassen wird. Fahrwerk und Bremsen sind auf ein höchstzulässiges Landegewicht ausgelegt, das wegen des Treibstoffverbrauchs während des Flugs niedriger ist als das höchstzulässige Startgewicht. Die leichtere Bauweise bedeutet auch eine Kerosineinsparung, so dass die durch Fuel Dumping verursachte Umweltbelastung geringer ist als durch den sonst erforderlichen höheren Treibstoffverbrauch. Der in 1.500 m Höhe über unbebautem Gebiet versprühte Treibstoff wird durch die Turbulenzen hinter dem Flugzeug zu Kraftstoffnebel verwirbelt und zu Kohlendioxid und Wasser abgebaut, so dass nur eine geringe Bodenbelastung eintritt.[73] Andere wichtige meteorologische und klimatologische Folgen des Luftverkehrs sind noch ungeklärt. Offen ist z. B. nach wie vor die Klimawirksamkeit von Ruß-Aerosolen und den im Abgasstrahl enthaltenen Schwefeltröpfchen auf Klima und Luftchemie.

3.5.3 Lärm

Lärm wird nach DIN 1320 definiert als „Hörschall, der die Stille oder eine gewollte Schallaufnahme stört oder zu Belästigungen oder Gesundheitsstörungen führt." Damit ist Lärm ein eher subjektiver und psychologischer Begriff, da Lautstärke und Dauer von Geräuschen zwar einigermaßen zuverlässig physikalisch gemessen werden können, ob und ab welcher Lautstärke Belästigungen oder Gesundheitsstörungen eintreten, jedoch von persönlichen Faktoren abhängig ist. Die Maßeinheit für Schalldruckpegel ist Dezibel (dB) mit Angabe des verwendeten „Filters". Er bewertet die frequenzabhängige Ohrempfindlichkeit – tiefe und hohe Töne klingen bei gleicher Schallintensität unterschiedlich laut – wobei der Typ A am gebräuchlichsten ist. Infolge der logarithmischen Darstellung bedeutet eine Verdoppelung des Schalldrucks eine Erhöhung um 4 dB. Der Schallpegel eines Gesprächs liegt bei ca. 50 dB(A), der eines mit 100 km/h vorbeifahrenden Pkws bei ca. 85 dB(A); der Start einer Boeing B 747-400 verursacht in 300 Meter seitlicher Entfernung ca. 10 dB(A).

Zur Bewertung längerfristiger Geräusche dient nach DIN 45643 der Äquivalente Dauerschallpegel Leq (4), der den Spitzenpegel des Geräusches, die Geräuscheinwirkungsdauer und die Häufigkeit des Geräuschereignisses während der sechs verkehrsreichsten Monate des Jahres berücksichtigt. Der Index 4 bezieht sich auf den dabei verwendeten Parameter als ein Maß für den Einfluss der Geräuschdauer auf die Störwirkung.

---

[72] Vgl. DEUTSCHE FORSCHUNGSANSTALT FÜR LUFT- UND RAUMFAHRT: a. a. O.
[73] Vgl. LUFTHANSA: Umweltbericht 1994, S. 17.

Die Entstehungsquellen von Fluglärm sind in erster Linie die Triebwerke. Darüber hinaus entsteht aerodynamischer Lärm durch Luftwirbel des ausgefahrenen Fahrwerks und durch das Klappensystem. Die Lärmauswirkungen des Luftverkehrs sind auf die unmittelbare Umgebung der Flughäfen und der An- und Abflugstrecken begrenzt. Durch die Zunahme der Flugbewegungen, die Ausdehnung der Wohngebiete bis in Flughafennähe und die gewachsene Neigung, Fluglärm nicht zu akzeptieren, fühlen sich, trotz technischer Fortschritte in der Flugzeugtechnik (leisere Flugzeuge, Reduzierung der vom Lärmteppich betroffenen Gebiete), immer mehr Menschen höheren Lärmbelästigungen ausgesetzt.

Die medizinischen Wirkungen von Schall beschreibt GRIEFAHN[74] wie folgt:

- **aural:** Eine bleibende Verminderung der Hörschärfe ist zu erwarten, wenn ein äquivalenter Dauerschallpegel von 85 dB(A) oder mehr langfristig auf das Gehör einwirkt.
- **psychosozial:** Kommunikationsstörungen, Störungen der Ruhe und Entspannung und ein reduzierter Freizeitwert werden als unmittelbare Beeinträchtigung empfunden.
- **vegetativ:** Im Wachzustand führen Geräuschpegel von 65 bis 75 dB(A), im Schlaf von 50 bis 60 dB(A) zu komplexen unspezifischen Veränderungen im Gesamtorganismus, wobei Lärm als Stress identifiziert wird. Dauerhaft krankhafte Reaktionen werden ab einer Obergrenze von 99 dB(A) erwartet.

Die in der Umgebung deutscher Flughäfen gemessenen Äquivalenten Dauerschallpegel von z. B. 55-60 Leq (4) für Frankfurt 1988-1997[75] oder 55-64 Leq (4) für Hamburg (1994)[76] würden demnach also nicht zu Erkrankungen führen, vor allem wenn berücksichtigt wird, dass Leq (4) im Freien gemessen wird und in Wohnungen selbst bei geöffneten Fenstern wesentlich niedriger ist. Die Bundesvereinigung gegen Fluglärm e.V. legt dagegen wesentlich strengere Maßstäbe an. Danach ist „spätestens bei 2 mal 60 dB(A) bzw. 6 mal 53 dB(A) mit schlafstörungsbedingten Gesundheitsgefährdungen, (...) oberhalb von 60 dB(A) mit akuten körperlichen Reaktionen unabhängig von der Affektlage zu rechnen".[77]

Fluglärm kann also sowohl als ein Problem der Gesundheitsgefährdung als auch als eines der bloßen Belästigung eingestuft werden. Die monetäre Nebenwirkung von Fluglärm liegt in der Verminderung der Wohnqualität der davon betroffenen Gebiete; dies schlägt sich in einer Verminderung des Wertes von Grundstücken, Häusern und Wohnungen nieder.

---

[74] Vgl. GRIEFAHN, B.: Fluglärm, S. 108 f.
[75] Vgl. PRO LUFTFAHRT (HRSG.): Flughafen Frankfurt a. M., S. 52.
[76] Vgl. FICHERT, F.: Umweltschutz, S. 141.
[77] BUNDESVEREINIGUNG GEGEN FLUGLÄRM E. V.: Merkblatt LT006, Lärmwirkungen und Anhaltswerte, S. 4.

3.5.4 Energieverbrauch

Der Energieverbrauch der Luftfahrt ist infolge der Zunahme der Flugbewegungen über die Jahrzehnte hinweg fast kontinuierlich angewachsen. Die Fortschritte bei der Reduzierung des spezifischen Kraftstoffverbrauchs (Energiemenge pro beförderter Person und Kilometer, z. B. g/PKM) um jährlich ca. 1,9%, die zwischen 1967 und 1997 in etwa eine Halbierung bewirkten, wurden durch das steigende Verkehrsaufkommen mehr als kompensiert. Für den von Deutschland ausgehenden Luftverkehr bedeutet das einen Zuwachs des Anteils der Luftfahrt (1980: 1,4%, 1990: 1,4%, 2000: 2,1%) am Gesamtenergieverbrauch, da der Energieverbrauch der Volkswirtschaft im letzten Jahrzehnt weitgehend konstant blieb.[78]

Luftraumüberlastungen und mangelhafte Koordination der Flugsicherung führen zu zusätzlichem Energieverbrauch und Emissionsausstoß durch Warteschleifen in der Luft und Wartezeiten am Boden. Dadurch werden jährlich zusätzlich 350.000 Flugstunden von Verkehrsflugzeugen verursacht; dies entspricht ca. 1 Mio. Tonnen Treibstoff.[79] Nach Schätzungen im IPCC-Bericht[80] über Luftfahrt könnte der Treibstoffverbrauch durch ein besseres Flugverkehrsmanagement in den nächsten 20 Jahren um 6-12% verringert werden. So verbrauchten z. B. im Jahr 2004 die Flugzeuge der Lufthansa 39.300 Tonnen Kerosin in Warteschleifen und produzierten dabei 124.000 Tonnen Kohlendioxid-Emissionen. „Beinahe noch einmal so viel beträgt der Mehrverbrauch, der entsteht, wenn durch die Überfüllung des Luftraums oder Mängel der Infrastruktur entstandenen Verspätungen durch schnelleres Fliegen aufgeholt werden müssen."[81] Die Swissair bezifferte schon 1995 den Mehrverbrauch auf ca. 1% des Gesamtverbrauchs.[82]

3.5.5 Landschaftsverbrauch

Flughafenerweiterungen oder der Bau eines neuen Flughafens führen in verschiedener Hinsicht zu einer Landschaftsbeeinträchtigung. Der Flächenbedarf bedingt zum einen die Rodung oder ökologische Vernichtung von ehemals bewaldeten oder landwirtschaftlich genutzten Gebieten. Dieser Eingriff in den Naturhaushalt kann zum anderen das Ökosystem der Tier- und Pflanzenwelt zerstören, zu einer beim Bau von Startbahnen aus bauphysikalischen Notwendigkeiten entstehenden Grundwasserabsenkung führen und den Naherholungswert des Gebietes beeinträchtigen. Ein Vergleich der Bodennutzung durch die verschiedenen Verkehrsträger zeigt, dass der Anteil des Luftverkehrs hinsichtlich des Flächenverbrauchs im Gegensatz zur Schiene und Straße minimal ist (vgl. Abb. 3.8).

---

[78] Vgl. UMWELTBUNDESAMT: Verkehrsleistung, S. 39; STATISTISCHES BUNDESAMT: Energy consumption, S. XXII; Energieverbrauch.
[79] Vgl. KOMMISSION DER EUROPÄISCHEN GEMEINSCHAFTEN: KOM (1999) 640 endg., S. 10.
[80] IPCC: Aviation and the Global Atmosphere, o. S.
[81] LUFTHANSA: Balance 2004, S. 23.
[82] Vgl. FVW INTERNATIONAL: Nr. 4/1995, S. 40.

Nach IATA-Angaben beträgt in Europa der Anteil der Flughafeninfrastruktur ca. 1% des insgesamt durch den Verkehr bewirkten Landschaftsverbrauchs (Straße 83%, Bahn 4%).[83]

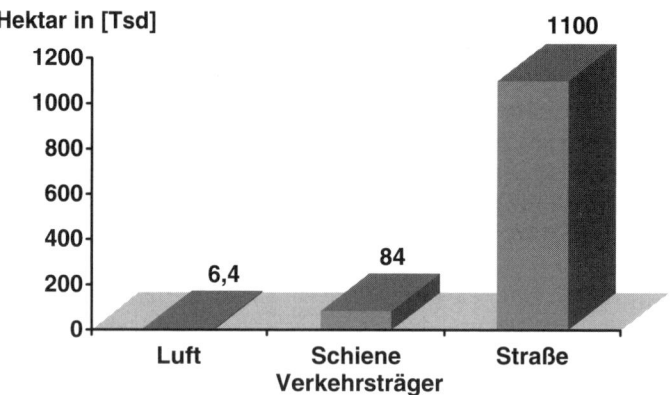

Quelle: Wilmer, Cutler & Pickering: Flughafen-Kapazitätskrise, S. 40.

Abb. 3.8. Landschaftsverbrauch und Verkehrsleistung unterschiedlicher Verkehrsträger in Deutschland

Da nur ca. 25% der Gesamtfläche eines Flughafens befestigt sind, stehen die restlichen drei Viertel zudem Flora und Fauna als Grünflächen (Magerwiesen) zur Verfügung, die einer großen Zahl von Arten Lebensraum bieten.[84] Stellt man dem Landschaftsverbrauch die Verkehrsleistung der drei Verkehrsträger gegenüber, so lässt sich feststellen, dass Flughäfen im Vergleich zu Schiene und Straße eine bedeutend höhere Verkehrsleistung pro genutzten Hektar erbringen. Dennoch stellt zumindest in Europa der Landschaftsverbrauch den bedeutendsten Engpassfaktor für das weitere Wachstum des Luftverkehrs dar. Der Ausbau der Flughäfen oder die Einrichtung neuer Landebahnen auf bestehendem Flughafengelände führt regelmäßig zu Konflikten mit Umweltschutzorganisationen. Das zusätzliche Verkehrswachstum hat steigende Umweltbelastungen durch Emissionen und Lärm zur Folge, die der entscheidende Ansatzpunkt für genehmigungsrechtliche Widersprüche und publikumswirksame Protestaktionen sind.

---

[83] Vgl. IATA: Environmental Review 2004, S. 3.
[84] Vgl. ARMBRUSTER, J.: Flug und Umwelt, S. 72 f.

4 Die Angebotsseite des Luftverkehrsmarktes

4.1 Produkte

4.1.1 Passage

4.1.1.1 Produkt Flugbeförderung

Das Produkt Flugbeförderung besteht aus einer Dienstleistungssequenz. Es setzt sich aus mehreren, zeitlich aufeinander folgenden Leistungen zusammen, die den Zeitraum vom ersten bis zum letzten Kontakt des Kunden mit der Fluggesellschaft bzw. ihren Absatzhelfern umfassen, z. B. vom Anruf in der Verkaufsagentur oder der Buchung über die airlineeigene Internetseite bis zur Aushändigung des Gepäcks. Dies bedeutet, dass sich die Qualität eines Fluges als Summe der Qualität der Teilleistungen und ihrer zeitlichen Abfolge im Erstellungsprozess ergibt.

Grundsätzlich kann Qualität nach der DIN ISO Norm 8402[1] definiert werden als „die Gesamtheit von Merkmalen einer Einheit bezüglich ihrer Eignung, festgelegte und vorausgesetzte Erfordernisse zu erfüllen". Bezüglich der Leistungsbewertung hat sich im Luftverkehr eine Wandlung von der ingenieurmäßigen, d. h. produzentenorientierten, zur nachfrageorientierten Qualitätsdefinition vollzogen: Die bei einer Leistung vorausgesetzten Erfordernisse werden von den Kunden bestimmt. Im Rahmen einer marketingorientierten Analyse ist also zu klären, welche Kundenprobleme durch die Angebote einer Fluggesellschaft gelöst werden sollen. Die Frage nach dem Kernprodukt[2] lautet daher: „Was will der Kunde wirklich, wenn er einen Flug bucht?" Infolge der Heterogenität der Nachfrager stellen unterschiedliche Kundengruppen unterschiedliche Anforderungen an das Kernprodukt. Die Bandbreite reicht von einer sicheren, zuverlässigen und kostengünstigen Beförderung bis zum umfassenden Service einer Dienstleistungskette auf hohem Niveau. Die Fluggesellschaften reagierten darauf mit Produktdifferenzierungen durch Variation des Leistungsniveaus (Beförderungsklassen) und des Leistungsumfangs (z. B. Sitzplatzreservierung oder Bordverpflegung). Dementsprechend erfolgt eine strategische Positionierung zwischen den Extrempunkten Low Cost-Carrier einerseits und Premium Service (Executive Service) andererseits. Im Rahmen einer **zeitlichen Betrachtung** ergeben sich kundenseitig drei unterschied-

---

[1] DEUTSCHES INSTITUT FÜR NORMUNG (HRSG.): DIN ISO 8402, Qualitätsmanagement, o. S.
[2] Der Begriff Kernprodukt wird hier nach KOTLER, P., BLIEMEL, F.: Marketing-Management, S. 620 f. verwendet. Andere Autoren wie MEFFERT, H., BRUHN, M. (Dienstleistungsmarketing, S. 618) oder FREYER, W. (Tourismus-Marketing, S. 89) bezeichnen damit die Grundleistung (z. B. den Flug) ohne sonstige Zusatzleistungen (z. B. die Reservierung).

liche Situationen der Qualitätsbeurteilung, die die Fluggesellschaft bei der Produktgestaltung zu berücksichtigen hat:[3]

- Bei der Buchungsentscheidung wird die Potentialqualität der Fluggesellschaft beurteilt, also die vermutete Fähigkeit und Bereitschaft, den Flug in einer bestimmten Qualität durchzuführen. Einflussfaktoren für die Bewertung sind hier die materiellen Produktionsfaktoren wie Fluggerät, Reservierungssystem oder Büroausstattung, das Produktionsprogramm (Flugplan), das Erscheinungsbild des Personals sowie das Image des Unternehmens.
- In der Prozessphase wird die Beförderungsleistung erbracht. Aspekte der Prozessqualität sind stressfreier Check-in, Betreuung an Bord, Pünktlichkeit und Zuverlässigkeit, aber auch die Freundlichkeit des Personals.
- Nach Abschluss des Fluges bewertet der Passagier das Produkt als Ganzes mit seinen vorab vorhandenen und im Laufe der Erstellung veränderten Erwartungen. Die Ergebnisqualität resultiert also aus einem Vergleich von erwarteter und wahrgenommener Produktqualität.

Die Qualität der einzelnen Leistungen einer Dienstleistungssequenz hat modularen Charakter und ergibt sich aus der Summe ihrer jeweiligen Teilqualitäten, die nach GRÖNROOS technische, funktionelle und institutionelle **Dimensionen** aufweisen.[4]

- Die **technische Qualität** erfasst die funktional-nutzungsbezogenen Eigenschaften einer Dienstleistung, also das, *was* der Kunde erhält, und wird vorwiegend durch materielle Kriterien bestimmt. Bei der Flugbeförderung sind dies der eingesetzte Flugzeugtyp, die Kabinenausstattung, Umfang und Qualität der Bordverpflegung, ergänzt um die Kriterien des Flugplans.
- Die **funktionale Qualität** (auch als Verrichtungsqualität bezeichnet) bezieht sich darauf, *wie* die einzelnen Leistungen erbracht werden, also auf den Prozess der Leistungserstellung. Dazu zählen die Kundenbetreuung bei der Buchung, die Servicequalität vor, während und nach Abschluss des Fluges, der zeitliche Ablauf des Beförderungsprozesses sowie die Atmosphäre an Bord und an den Stationen (Check-in, Warteräume, Lounges). Damit wird die funktionale Qualität in hohem Maße von der Fach- und Interaktionskompetenz der Mitarbeiter mit Kundenkontakt bestimmt.
- Die institutionelle Qualität berücksichtigt, dass in die Qualitätsbeurteilung einer Dienstleistung auch das Image eines Unternehmens oder einer Marke eingeht; sie bezieht sich also darauf, wer die Leistung erstellt.[5] Hier kommt bei der Personenbeförderung im Allgemeinen und beim Luftverkehr im Speziellen dem

---

[3] Vgl. dazu ausführlich POMPL, W.: Qualität touristischer Dienstleistungen, S. 14-20; ders.: Touristikmanagement 2, S. 56-75; DREYER, A.: Qualität durch Kundenintegration, S. 103-112; FREYER, W.: Tourismus-Marketing, S. 68-78; HAUG, A.: Qualitätsmanagement im Ferienflugverkehr, S. 303-310.
[4] Vgl. GRÖNROOS, C.: Service Management, S. 37 f.
[5] Vgl. FREYER, W.: Qualität durch Markenbildung, S. 155 ff.

Faktor Sicherheit eine wesentliche Rolle zu, welcher stark mit dem Image im Zusammenhang steht.

Die kundenbezogene Definition der Qualität ist lediglich aus Marketingsicht der bedeutsamste Ansatz. Eine aus Sicht des Qualitätsmanagements ganzheitliche Betrachtung aber muss davon ausgehen, dass es neben den Käufern noch die Anspruchsgruppen Unternehmenseigentümer (shareholder), Mitarbeiter sowie die Gesellschaft gibt, von denen ebenfalls „Erfordernisse festgelegt und vorausgesetzt" (DIN ISO 8402) werden.[6] Die Integration der Qualitätsanforderungen aller Anspruchsgruppen wird als **Total Quality Service** bezeichnet. Daher besteht aus Sicht des ganzheitlichen Qualitätsmanagements ein aus vier Komponenten bestehendes Zielsystem, das neben der Kundenzufriedenheit auch die Wertschöpfung für das Unternehmen, die Qualität aus Sicht der Mitarbeiter und die Gesellschaft berücksichtigt (vgl. Abb. 4.1).

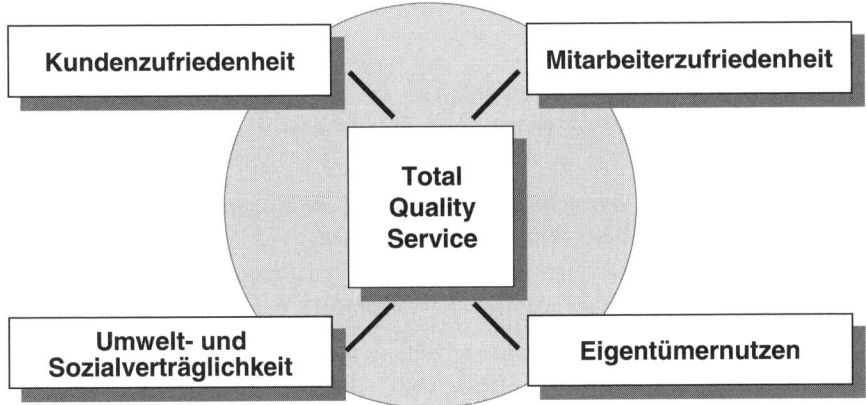

Quelle: POMPL, W.: Qualität touristischer Dienstleistungen, S. 5.

Abb. 4.1. Total Service Quality

Die Qualität für die Mitarbeiter des Unternehmens zeigt sich in der Mitarbeiterzufriedenheit, die von Faktoren wie der Ausgestaltung des Arbeitsplatzes, der Entlohnung, des Führungsverhaltens oder des Prestiges des Unternehmens bestimmt wird. Diese Qualität der Arbeit hat für die im Dienstleistungsbereich Tätigen eine besondere Bedeutung, denn sie beeinflusst über die Mitarbeiterzufriedenheit direkt die Leistungsqualität und damit die Kundenzufriedenheit. Infolge der Gleichzeitigkeit von Erstellung und Konsum einer Dienstleistung ist die Aussonderung mangelhafter Leistungen vor der Lieferung an den Kunden nicht möglich; daher muss jede einzelne Dienstleistung sofort mängelfrei erstellt werden (Erfordernis des Null-Fehler-Ergebnisses). Zudem haben Mitarbeiter von Dienstleistungsunternehmen, die in direkten Kontakt mit den Kunden treten, eine doppelte Funktion: Sie erbringen Leistungen und repräsentieren gleichzeitig das Unternehmen gegen-

---

[6] DEUTSCHES INSTITUT FÜR NORMUNG (HRSG.): DIN ISO 8402, Qualitätsmanagement, o. S.

über den Kunden. Sie sind in der Regel auch die einzigen Personen des Unternehmens, mit denen der Kunde Kontakt hat.

Der gesellschaftlich positive oder negative Nutzen von Dienstleistungen bezieht sich auf ihre Umwelt- und Sozialverträglichkeit. Die Umweltverträglichkeit beinhaltet die Auswirkungen von Produktion und Konsum der Dienstleistungen auf die natürlichen Lebensgrundlagen und kann durch den Verbrauch von Ressourcen (Energie, Landschaft), das Ausmaß der verursachten Schadstoffimmissionen (Einwirkung von Schadstoffen auf Wasser, Luft, Boden, Bewohner, Flora und Fauna) und Lärmbelästigungen gemessen werden. Die Sozialverträglichkeit bezieht sich darauf, inwieweit Produktion und Konsum von Dienstleistungen die Lebensqualität der direkt oder indirekt betroffenen Menschen zu deren Vor- oder Nachteil verändern (bei Beförderungsleistungen z. B. negative Qualitätswirkungen durch zusätzliches Verkehrsaufkommen oder Veränderung des Landschaftsbildes).

4.1.1.2 Produktkomponenten

Der Begriff Produktkomponenten soll hier die verschiedenen Erwartungen des Kunden an das Produkt bezeichnen. Nach MEFFERT/BRUHN[7] kann unterschieden werden nach:

- Musskomponenten: die technische und fliegerische Kompetenz, um eine sichere und zuverlässige Beförderung zu gewährleisten;
- Sollkomponenten: der Flugplan, d. h. Abflugzeiten, Frequenzen, Streckennetz;
- Kannkomponenten: kundengerechte Serviceabläufe, persönliche Betreuung.

Wendet man diese analytische Unterscheidung auf reale Luftverkehrsmärkte an, dann zeigt sich, dass bspw. das Streckennetz oder der Service an Bord für Low Cost-Carrier und Monopolgesellschaften Soll- oder Kannkomponenten sein können; für die in Konkurrenz stehenden Fluggesellschaften sind sie jedoch schon längst bedeutende Wettbewerbsparameter geworden, die ständig ausgebaut werden. Da Qualität kein statischer Zustand sondern ein „running target" ist, versuchen die Unternehmen, durch Qualitätsvorsprünge Wettbewerbsvorteile zu erreichen oder durch Anpassung der eigenen Produktqualität an die der Qualitätsführer Wettbewerbsnachteile auszugleichen.

Das Produkt Flugbeförderung enthält generell die Komponenten Sicherheit, Flugplan, Flexibilität, Zuverlässigkeit und Beförderungsprozess, deren konkrete Ausgestaltung im Rahmen der Produktpolitik der jeweiligen Luftverkehrsgesellschaft erfolgt.

Sicherheit

Die Sicherheit der Beförderung, d. h. die Vermeidung von materiellen und körperlichen Schäden, ist eine unabdingbare Produktkomponente. Die von der Publikumspresse mitunter veröffentlichten Daten zur Unfallhäufigkeit einzelner Flug-

---

[7] Vgl. MEFFERT, H., BRUHN, M.: Dienstleistungsmanagement, S. 616. Zur Bedeutung dieser Komponente vgl. OSTROWSKI, P., O'BRIEN, T., GORDON, G.: Service Quality and Customer Loyality, S. 16 ff.

gesellschaften weisen zwar auf deutliche Unterschiede hin, sie haben aber nur eine beschränkte Aussagekraft, da sie die Unfallursache nicht berücksichtigen. So werden Todesfälle auch dann der befördernden Fluggesellschaft zugerechnet, wenn die Unfallursache außerhalb des Einflussbereichs des Unternehmens liegt (z. B. Fehler der Flugsicherung, terroristische Anschläge, unverschuldete Kollisionen).

Flugplan
Der Flugplan[8] einer Luftverkehrsgesellschaft beinhaltet:

- das beflogene Streckennetz einschließlich der Zwischenlandungen und Anschluss-Verbindungen;
- die Bedienungsfrequenz pro Tag/Woche jeder Strecke;
- die Abflug- und Ankunftszeiten und damit auch die Reisezeit.

Ein aus Kundensicht optimaler Flugplan ermöglicht häufige und gleichmäßig über den Tag verteilte, möglichst direkte Verbindungen zwischen dem Abflugs- und dem Zielort, die sowohl den Bedürfnissen nach Eintagesreisen (Tagesrandverbindungen) als auch nach günstigen Ankunftszeiten insbesondere bei interkontinentalen Flügen in Länder mit mehreren Stunden Zeitverschiebung entsprechen. Im Falle von Umsteigeverbindungen kommt die Anforderung der Anschlussorientierung an Weiterflüge hinzu, um unnötige Warte- und Transferzeiten zu vermeiden.

Im Inlandsverkehr können diese Erwartungen wegen der tageszeitlich unterschiedlich starken Nachfrage meist nur auf den Hauptstrecken erfüllt werden. Allerdings übernehmen Regionalfluggesellschaften und Bodenverkehrsmittel (z. B. Bahn und Bus) zunehmend sowohl auf den Haupt- als auch auf Nebenstrecken Zubringerdienste und ergänzen so den Flugplan einer Fluggesellschaft.

Im internationalen Verkehr sind es neben wirtschaftlichen Gründen vor allem die fehlenden Verkehrsrechte, die die Flugplangestaltung einer Luftverkehrsgesellschaft einschränken. Die in bilateralen Regierungsabkommen ausgehandelten Angebotsmöglichkeiten setzen (mit Ausnahme der liberalisierten Abkommen mit den USA) Obergrenzen hinsichtlich der Zahl der Flüge und der Beförderungskapazität; letzteres hat mitunter Auswirkungen auf die Größe der einsetzbaren Flugzeuge. Auch die Abflugs- und Ankunftszeiten sind häufig nicht frei wählbar, etwa wenn bei Überlastung eines Flughafens die Start- und Landezeiten (Slots) koordiniert werden oder die nationale Regierung der eigenen Fluggesellschaft Wettbewerbsvorteile dadurch verschaffen will, dass sie den konkurrierenden ausländischen Gesellschaften ungünstige Flugzeiten zuweist. So ist letztendlich jeder Flugplan ein Kompromiss aus Kundenorientierung, betriebswirtschaftlichen Notwendigkeiten und verkehrspolitischen Möglichkeiten. Durch Kooperationen und Strategische Allianzen versuchen die Fluggesellschaften, ihre Streckennetze anschlussorientiert zu verknüpfen, um so dem Kunden eine möglichst nahtlose Reise (seamless travel) zu ermöglichen.

---

[8] Siehe dazu RICHMOND, S. B.: Regulation and Competition, S. 59 f.; UMLAUFT, H.: Marketing-System des Linienflugverkehrs, S. 78 f.

Flexibilität
Mit dem Begriff Flexibilität werden die Produktelemente Reservierung, Sitzverfügbarkeit und restriktionsfreie Nutzung eines Tarifes zusammengefasst. Da diese Einzelkriterien für verschiedene Nachfragergruppen von unterschiedlicher Bedeutung sind, können sie im Rahmen von Preisdifferenzierungsmaßnahmen zur Trennung der spezifischen Marktsegmente Verwendung finden.

Bei der Reservierung sind die qualitativen Aspekte aus Kundensicht neben der sofortigen Buchbarkeit des gewünschten Fluges und gegebenenfalls die des Sitzplatzes im Flugzeug auch die Informationsmöglichkeiten über Flugpreise, Abflug- und Ankunftszeiten, Beförderungsbedingungen, Ein- und Ausreisebestimmungen (vorgeschriebene Impfungen, Passagiersteuern, Zoll- und Visabestimmungen), notwendige Übergangszeiten bei Umsteigeverbindungen sowie über Transportmöglichkeiten zwischen Flughafen und Stadtzentrum. Der Verbreitungsgrad und die Leistungsfähigkeit des Reservierungssystems einer Fluggesellschaft bestimmen folglich die Buchungsentscheidung mit. Sitzverfügbarkeit bedeutet, dass eine Fluggesellschaft jede auch noch so kurzfristige Buchungsanfrage für einen bestimmten Flug akzeptieren kann. Sie hält damit bis zum Abflug freie Plätze zur Verfügung, die dann eventuell unbesetzt bleiben können. Eine hohe Sitzverfügbarkeit stellt für die Luftverkehrsgesellschaft ein wichtiges Wettbewerbsinstrument dar, führt aber auch zur permanenten Vorhaltung einer Kapazität, die über der Zahl der durchschnittlich verkauften Plätze liegt und nur zu Zeiten der Spitzennachfrage belegt werden kann. Diese Überkapazität aber senkt den erreichbaren Sitzladefaktor und erhöht die Durchschnittskosten pro befördertem Passagier.

Da Geschäftsreisende ihre Flüge oft kurzfristig disponieren und auch noch nach Reiseantritt Flugzeiten und Routen ändern müssen, erwarten sie die Möglichkeit zu kostenlosen Umbuchungen und Stornierungen sowie die Gültigkeit des Flugscheines bei jeder diese Strecke bedienenden Luftverkehrsgesellschaft (Interlinefähigkeit); dies ist bei den Normaltarifen gegeben. Um den Geschäftsreisenden davon abzuhalten, preisgünstigere Sondertarife zu buchen, werden diese im Rahmen ihrer Anwendungsbedingungen mit Restriktionen ausgestattet, die einen solchen Sondertarif einerseits für Geschäftsreisende nicht nutzbar machen, andererseits aber für Privatreisende als eigentliche Zielgruppe der Sondertarife unschädlich sind. Solche Restriktionen können sein: Vorausbuchungsfrist, Mindestaufenthaltsdauer, kostenpflichtige Umbuchung und Stornierung.

Eine absolute Erfüllung der Kundenanforderung Sitzverfügbarkeit stellt die Beförderungsgarantie dar. Hier garantiert die Fluggesellschaft einer ausgewählten Zielgruppe (Vielflieger der höchsten Statuskategorie) eine feste Reservierung in der gebuchten oder einer niedrigeren Beförderungsklasse, sofern der Flug eine bestimmte Zahl von Tagen vorher gebucht wurde; in letzterem Falle wird also das Risiko einer Überbuchung mit Nichtbeförderung von Fluggästen mit Sondertarifen in Kauf genommen, um die Sitzverfügbarkeit für ertragsstarke Nachfrager zu ermöglichen. Andererseits werden aus Gründen der Auslastungssteigerung Flüge zunehmend systematisch um die erwartete Zahl der No Shows (Kunden, die einen reservierten Flug nicht antreten) überbucht, so dass sich die Beförderungsgewissheit zu einer neuen Produktkomponente entwickelt.

Zuverlässigkeit

Unter Zuverlässigkeit wird die tatsächliche Einhaltung des Flugplanes hinsichtlich Regelmäßigkeit und Pünktlichkeit verstanden. Die Durchführung angekündigter Flüge wird dabei im Linienverkehr von der Genehmigungsbehörde, im Gelegenheitsverkehr vom Markt und der Rechtsprechung gefordert, so dass nur noch flugtechnische Probleme zu Flugausfällen führen. Die erreichte hohe technische Zuverlässigkeit des Fluggerätes und der zunehmende Ausbau der Landehilfen bei Schlechtwetter (Nebel) ergeben beispielsweise bei Fluggesellschaften der AEA eine Regelmäßigkeit der Passagierflüge (Verhältnis der geplanten zu den tatsächlich durchgeführten Flügen) von über 99,0%.[9]

Die Pünktlichkeit der Flüge, gemessen als Verzögerungen von nicht mehr als 15 Minuten Verspätung bei Abflug, wird durch zunehmende Kapazitätsengpässe bei der Infrastruktur am Boden und im Luftraum ebenso gefährdet wie durch das Wetter oder Streiks. Einmal entstandene Verspätungen pflanzen sich als Umlaufverspätungen im gesamten Streckennetz fort und vergrößern die Gesamtverspätung (rotation delay).

Beförderungsprozess

Der Begriff Beförderungsprozess[10] bezieht sich auf die Beförderungsdauer und den Beförderungsablauf. Die Beförderungsdauer umfasst die Zu- und Abgangszeit zum/vom Flughafen, die Abfertigungszeit am Counter und bei den Sicherheitskontrollen, Wartezeit, Flugzeit und ev. Umsteigezeiten sowie die Abfertigungszeit nach dem Flug (Einreise- und Zollformalitäten, Gepäckausgabe). Eine Verkürzung der Beförderungsdauer wird insbesondere durch Verkürzung der Abfertigungszeiten des Passagiers am Boden angestrebt. Der Beförderungsablauf wird durch die Prozessqualität der Beförderung bestimmt und hier insbesondere durch das Klassenkonzept, die Kabinengestaltung und die angebotenen Serviceleistungen. Eine kundenorientierte Ausweitung der Betrachtung des Beförderungsprozesses führt zur Servicekette. Während das Produktelement Service in traditioneller Sichtweise die Betreuung der Passagiere vor Antritt, während der Durchführung und nach Beendigung des Fluges umfasst, bezieht sich das Konzept der „Servicekette als Problemlösungsangebot" auf alle im Zusammenhang mit einer Flugreise möglichen Kontakte zwischen dem Kunden und der Fluggesellschaft und umfasst auch die Nutzung der Vor- und Nachkaufphase zur Kundenbindung.

4.1.1.3 Servicekette

Aus rein fertigungsbetriebswirtschaftlicher Sicht ist ein Produkt das Ergebnis einer Kombination von Produktionsfaktoren, das einer vorgegebenen Qualität entspricht und kostengünstigst sowie termingerecht hergestellt wird. Aus der kundenorientierten Sicht des Marketing aber ist ein Produkt als Problemlösungsinstrument zu verstehen: Die erworbenen Produkte haben für die Bedürfnisbefriedigung des Kunden lediglich instrumentellen Charakter und keinen Nutzen per se. Nur

---

[9] Vgl. AEA: Consumer Report 2005, S. 5.
[10] Vgl. dazu die bei STERZENBACH, R., CONRADY, R.: Luftverkehr, S. 224-229 dargestellte Literatur.

wenige Personen buchen einen Flug, um zu fliegen, der Kundennutzen liegt also in der Ortsveränderung und der Kunde wählt das Flugzeug, wenn es dieses „Problem" in der für ihn nutzenbringendsten Weise (kurze Beförderungsdauer) lösen kann. Da mit der beabsichtigten Ortsveränderung neben dem Flug von A nach B weitere „Probleme" verbunden sind (z. B. Auswahl der geeigneten Abflugzeit, Anreise zum Flughafen oder Verpflegung während des Fluges) haben Fluggesellschaften die Möglichkeit, ihr Produkt um zusätzliche Serviceleistungen bis hin zur „Problemlösung von A bis Z" zu erweitern. Die wesentlichsten Glieder der Servicekette einer Fluggesellschaft sind: Kundenansprache, Reservierung und Buchung, Zusatzleistungen vor dem Flug, Check-in, Aufenthalt am Flughafen, Boarding, In Flight-Service, Leistungen nach Abschluss des Fluges (vgl. Abb. 4.2).

Kundenansprache: Neben der Werbung vor allem Hilfen bei der Reiseplanung durch Flugplan (gedruckt als Taschenflugplan, elektronisch in den Online-Diensten); Transparenz des Angebots; Beratung in den Agenturen, Kundenbindungsprogramme.

Reservierung und Buchung: Erreichbarkeit, Schnelligkeit und Zuverlässigkeit des Reservierungssystems; Information, Buchung und Sitzplatzreservierung über verschiedene Distributionskanäle (Agentur, Stadtbüro, Flughafen, Airline-Call Center, Consolidator oder Airline-Website); Ticketzustellung, ggf. Ausdrucken der Reisedokumente zu Hause; Berücksichtigung von Sonderwünschen (z. B. Beförderung von Haustieren oder Sportgeräten sowie spezielle Essenswünsche); Reservierung, Vermittlung oder Verkauf von Zusatzleistungen (wie bspw. Hotels, Mietwagen, Reiseversicherungen oder Veranstaltungstickets).

Zusatzleistungen vor dem Flug: Bodenbeförderung durch Bahn- und Busverbindungen zum Flughafen; im Flugpreis enthaltene Beförderung mit öffentlichen Verkehrsmitteln für die Anreise zum Flughafen; Park-Service; Hotelreservierung zu ermäßigten Preisen; Gepäckträger-Service; Vorabend Check-in.

Check-in: Check-in per SMS, Telefon oder im Hotel und am Bahnhof; dezentraler Check-in an jedem Schalter der Fluggesellschaft; nach Beförderungsklassen getrennte Schalter; Automaten Check-in für Reisende vor allem mit Handgepäck; Sonderschalter für Reisegruppen; Warteschlangen-Management durch Leitsysteme und mehrsprachige Check-in Guides (Mitarbeiter der Fluggesellschaft, die den Passagieren freie Schalter zuweisen); Check-in des Gepäcks; sog. „Durchchecken", d.h. nahtlose Beförderung des Gepäcks zum Zielort bei Umsteigeverbindungen; Sonderschalter für Sperrgepäck (Sportgeräte, Kinderwägen, Souvenirs) sowie Transport von mitreisenden Haustieren.

Aufenthalt am Flughafen: Service-Mitarbeiter am Schalter oder Telefon für Informationen und schnelle Hilfe; Sicherheitskontrolle, ggf. mit Vorrang für First- und Business Class-Passagiere; Warteräume und Lounges mit Betreuungsservice, Getränken, Zeitungen und Snacks; Büroinfrastruktur für Geschäftsreisende inklusive Telefon, Fax und (drahtlosem) Internetzgang; Unterhaltungs-, Entspannungs- und Waschmöglichkeiten; Spielecke für Kinder sowie Zurverfügungstellung von Buggies (faltbare Kinderwägen); Betreuung von behinderten Fluggästen und alleinreisenden Kindern. Bei Umsteigeverbindungen Verkürzung der Fußwege durch Belegung benachbarter Flugsteige oder motorisiertem Umsteigeshuttle zwischen Außenpositionen oder zwischen Terminals (direct transfer).

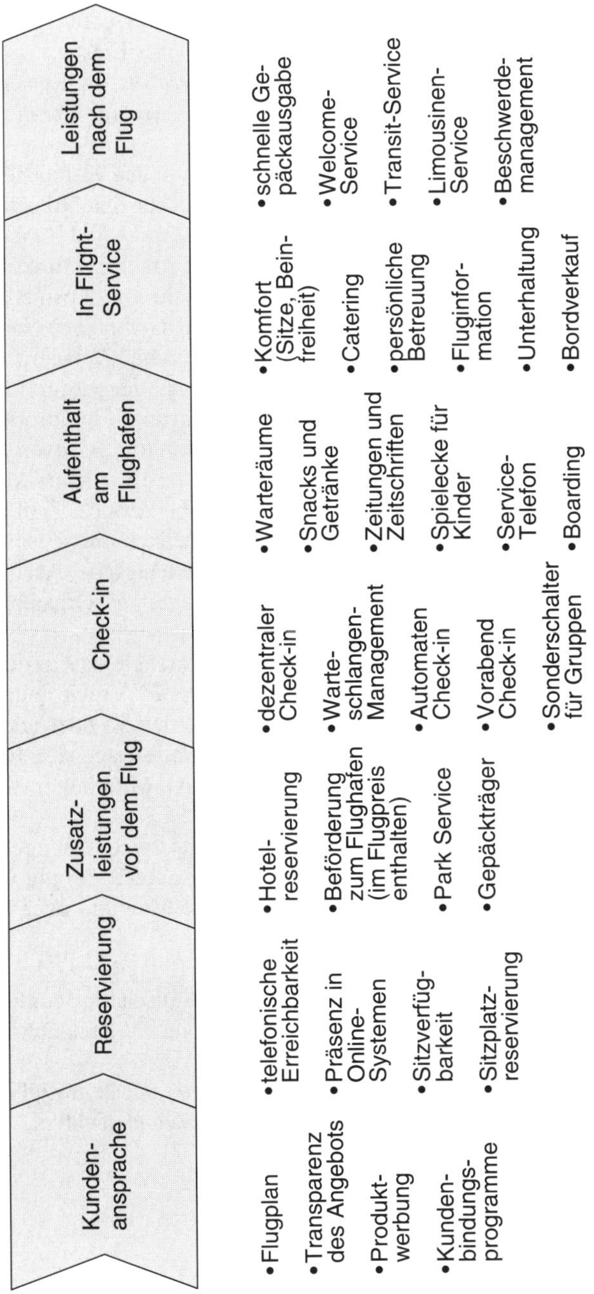

Kunden-ansprache	Reservierung	Zusatz-leistungen vor dem Flug	Check-in	Aufenthalt am Flughafen	In Flight-Service	Leistungen nach dem Flug
• Flugplan	• telefonische Erreichbarkeit	• Hotel-reservierung	• dezentraler Check-in	• Warteräume	• Komfort (Sitze, Bein-freiheit)	• schnelle Ge-päckausgabe
• Transparenz des Angebots	• Präsenz in Online-Systemen	• Beförderung zum Flughafen (im Flugpreis enthalten)	• Warte-schlangen-Management	• Snacks und Getränke	• Catering	• Welcome-Service
• Produkt-werbung	• Sitzverfüg-barkeit	• Park Service	• Automaten Check-in	• Zeitungen und Zeitschriften	• persönliche Betreuung	• Transit-Service
• Kunden-bindungs-programme	• Sitzplatz-reservierung	• Gepäckträger	• Vorabend Check-in	• Spielecke für Kinder	• Fluginfor-mation	• Limousinen-Service
			• Sonderschalter für Gruppen	• Service-Telefon	• Unterhaltung	• Beschwerde-management
				• Boarding	• Bordverkauf	

Quelle: In Anlehnung an SCHÖRCHER, U.: Qualitätsmanagement, S. 841.

Abb. 4.2. Servicekette

Boarding: Ausreichende und rechtzeitige Informationen bei Verspätungen und Flugsteigänderungen (gate change); ungeregelter oder blockweiser Einstieg in das Flugzeug nach Sitzreihen, Kabinenabschnitt oder Zonen;[11] Vortritt für Reisende mit Kindern sowie hilfsbedürftige Personen; Limousinen-Service für Premium-Passagiere direkt zum Flugzeug (bei Außenpositionen).

In Flight-Service: Sauberkeit und Funktionalität von Kabine und Kabineneinrichtung; Ablage für Kleidung und Gepäck; Trennung in Raucher-/Nichtraucherzonen; Luftqualität; Sitzbequemlichkeit durch Sitzabstand, Sitzbreite und Zahl der Sitze pro Reihe; Verstellbarkeit der Rückenlehne oder Sitze mit Liegefunktion; Zahl, Größe und Ausstattung der Toiletten mit Hygieneartikeln und Kosmetika; Qualität, Umfang und Auswahlmöglichkeiten an Speisen und Getränken; Unterhaltungsangebot (In Flight-Entertainment) durch Zeitungen und Zeitschriften, durch Filmvorführung oder individuell auswählbare Audio- und Videoprogramme sowie (gebührenpflichtigen) Telefon-, Telefax- und Internetzugang; Fluginformationen durch Ansage oder visualisiert und in Echtzeit auf Monitor; Bordverkauf von Zigaretten, Alkoholika, Modeartikel, Uhren, Kinderspielzeug, Airline-Merchandise etc.; Betreuung durch das Kabinenpersonal: Garderobenservice, Zahl der Flugbegleiter/innen, deren kultureller Hintergrund und Sprachkenntnisse sowie Serviceorientierung; Give Aways (Werbegeschenke wie Toilettentasche, Aschenbecher oder Blumengesteck); Informationen über Anschlussflüge, ggf. Organisation des Umsteigeservices.

Gepäckausgabe: Vorrang für First- und Business Class-Passagiere; Aus- und Übergabe von Sperrgepäck (Sportgeräte, Kinderwägen, Souvenirs) sowie mitreisenden Haustieren; Gepäckträger; Maßnahmen bei nicht befördertem oder verloren gegangenem Gepäck sowie transportbedingten Schäden am Reisegepäck (lost and found); Zustellung von verspätetem Gepäck durch Airline-Mitarbeiter oder Kurier.

Zusatzleistungen nach dem Flug: Welcome- und Transitservice; Loungebenutzung zum Waschen und Frischmachen, Essen oder Arbeiten; Reservierung von Hotels, Mietwägen und anderen Anschlussarrangements sowie Meeting- oder Tagungsmöglichkeiten; Bodenbeförderung in die Stadt.

After Sales: On- oder offline-Zusendung von Neuigkeiten, Flugplänen oder Informationen zum Kundenbindungsprogramm der Luftfahrtgesellschaft; Möglichkeiten zur Eröffnung und/oder Aktualisierung des „Meilenkontos"; Kundenkommunikation, Prämien und Incentives.

Beschwerdemanagement:[12] Behandlung von Reklamationen mit dem Ziel der Wiederherstellung der Kundenzufriedenheit; Regulierung von Schadensfällen.

---

[11] Z. B. nach in Zonen zusammengefassten Sitzreihen und in der Reihenfolge Fensterplätze, Mittelplätze, Gangplätze.
[12] Zu Zielen und Methoden des Beschwerdemanagements vgl. POMPL, W.: Beschwerdemanagement, S. 184-206.

4.1.1.4 Kundenbindungsprogramme

Mit Hilfe von Kundenbindungsprogrammen sollen einer Fluggesellschaft die einmal gewonnenen Passagiere erhalten bleiben. Als Instrumente werden Service Cards, Kundenstatus, Kundenclubs, Kundendialog und Vielfliegerprogramme eingesetzt.

Service Cards: Service Cards sind in der Regel unternehmensspezifische Kreditkarten, die in Zusammenarbeit mit Kreditkartenunternehmen im Co-Branding herausgegeben werden.[13] Neben der normalen Zahlungsmittelfunktion bieten die Service Cards der Fluggesellschaften weitere Vorteile wie Priorität auf der Warteliste, Unfallversicherung, Telefonieren an Kartentelefonen, Zugang zu Flughafenlounges oder Sonderkonditionen bei Kooperationspartnern (z. B. Autovermietungen). Aufgrund der Verbindung von Zahlungsmittel und Statuskarte werden die Service Cards bei Geschäftsreisenden sowie bei Firmen im Travelmanagement bevorzugt eingesetzt.

Kundenstatus: Vielfliegenden Kunden wird ein nach der Zahl der geflogenen Meilen (Statusmeilen) oder der Höhe des Jahresumsatzes gestaffelter besonderer Status (bei der Lufthansa z. B. Senator und Honorable) zuerkannt, der mit Privilegien wie Zugang zu besonderen Lounges, exklusiven Werbegeschenken und besonderen Service Cards verbunden ist.

Kundenclubs: Kundenclubs werden vor allem als Kundenbindungsprogramme für Kinder eingesetzt.

Kundendialog: Im Rahmen der Nachkaufkommunikation werden die Kunden durch Direct Mailings, d. h. individuelle Kundenbriefe mit zielgruppenadäquaten Angeboten, angesprochen. Weitere Instrumente sind die Zusendung von Kundenzeitschriften, telefonische oder schriftliche Kundenbefragungen sowie die Teilnahme an Publikumsmessen.

Vielfliegerprogramme: Ein Vielfliegerprogramm (Frequent Flyer-Program; Frequent Traveller-Program) ist ein Bonussystem einer Fluggesellschaft, bei dem der Fluggast für einen mit dieser Fluggesellschaft durchgeführten Flug eine bestimmte Zahl von Bonuspunkten erhält, die gesammelt und gegen Prämien eingetauscht werden können. Damit soll die Entscheidung des Kunden für die Wahl der Fluggesellschaft für eine Flugreise mit vorhergehenden und zukünftigen Entscheidungen verknüpft und die Bindung des Kunden an das Unternehmen gestärkt werden. Ein zusätzlicher Vorteil besteht in der Gewinnung von Marketinginformationen über die Programmteilnehmer. Da die Kunden namentlich mit Adresse, Kontaktdaten sowie persönlichen Präferenzen bekannt sind, können personenbezogene Kundenprofile und deren Entwicklung im Zeitverlauf erstellt und z. B. für zielgruppengerechte Marketingmaßnahmen (z. B. Direct Mailing-Aktionen) genutzt werden.

Vielfliegerprogramme wurden zuerst 1981 von American Airlines in den USA eingeführt und sehr schnell von anderen Fluggesellschaften imitiert und weiterentwickelt. Ziel war dort zunächst, die eigenen Kunden trotz der Preiskonkurrenz anderer Full-Service- und Low Cost-Carrier an sich zu binden.[14] In Europa wurden

---

[13] Zu Service Cards vgl. POMPL, W.: Touristikmanagement 1, S. 330 ff.
[14] Vgl. KRAHN, H.: Markteintrittsbarrieren, S. 61.

Vielfliegerprogramme erst ab 1990 eingeführt, das Programm Miles & More der Lufthansa besteht seit 1993.

Die Vielfliegerprogramme der einzelnen Fluggesellschaften sind von der Grundstruktur her gleich, weisen aber erhebliche Unterschiede bei der Ausgestaltung auf (vgl. Abb. 4.3). Die wesentlichen Merkmale sind:

- Teilnahmevoraussetzungen: Mitglied beim Programm kann nur eine natürliche Person, aber kein Unternehmen werden. Damit erfolgt die Bonusgutschrift für den Fluggast und – bei Geschäftsreisen – nicht für das den Flug zahlende Unternehmen. Zunehmend aber verpflichten die Unternehmen ihre Mitarbeiter, die erreichten Freiflüge für Dienstreisen zu nutzen. Ein weiteres Problem entsteht durch die Gefahr, dass die private Nutzung der Prämienpunkte zu einer Auswahl der Fluggesellschaften und Flüge führt, die sich eher an den persönlichen Interessen des Mitarbeiters als an den Interessen des Unternehmens orientiert.[15]
- Punktevergabe: Die Bonus- und Statuspunkte werden auf der Basis geflogener Meilen berechnet; sie sind nach Beförderungsklassen gestaffelt und mitunter mit einem zeitlich begrenzten Multiplikator für bestimmte Strecken (Überkapazität, Konkurrenz) ausgestattet. Im Rahmen von Kooperationsvereinbarungen kann ein Kunde zudem durch den Kauf von Leistungen anderer Fluggesellschaften, touristischer und anderer Unternehmen (Hotels, Autovermietungen, Telekommunikations- und Konsumgüterproduzenten) Bonuspunkte erwerben.
- Prämien: Als Prämien werden Freiflüge, Upgradings (Beförderung in einer höheren als der bezahlten Beförderungsklasse), Reise-, Sach- und Erlebnisprämien wie z. B. Flug im Flugsimulator, Ballonfahrt etc. gewährt. Da die Fluggesellschaften für Freiflüge im Prinzip lediglich ihre freien Kapazitäten zur Verfügung stellen, muss der Termin dafür vom Kunden beantragt werden. Der Wert der Prämien steigt im Verhältnis zum Punktezuwachs überproportional, um die Bindungswirkung zusätzlicher Flüge zu verstärken.
- Gültigkeitsdauer der Bonus- und Statuspunkte: Die erworbenen Bonuspunkte verfallen nach einem bestimmten Zeitraum (zwischen 12 und 60 Monaten), sofern sie nicht genutzt werden. Dadurch reduziert sich die Zahl der tatsächlich in Anspruch genommenen Prämien, da nicht alle erworbenen Bonuspunkte auch eingetauscht werden. Die beschränkte Gültigkeitsdauer der Bonuspunkte zielt zudem auf Reisende, die auch an Vielfliegerprogrammen anderer Fluggesellschaften teilnehmen: Ein Flug mit der Konkurrenz kann zur Folge haben, dass der Passagier die für eine Prämie oder Statusstufe notwendigen Punkte innerhalb der Verfallsfrist nicht erreicht.
- Übertragbarkeit: Die Bonuspunkte sind entweder nur auf Familienangehörige oder frei übertragbar; letzteres führte in den USA und in Asien zu einem Sekundärmarkt für den Handel mit Bonuspunkten.[16] Die auf diese Weise erworbenen Tickets führen bei Reisebüros und Fluggesellschaften zu Ertragsverlusten.

---

[15] Vgl. BEYHOFF, S.: Vielfliegerprogramme, S. 336 f.
[16] Vgl. MAK, B., GO, F.: Matching global competition, S. 64.

	Miles and More (Lufthansa)	Executive Club (British Airways)
Anzahl Mitglieder	~ 10 Mio.	~ 2 Mio.
Verfall der Meilen	3 Jahre ab Transaktion	3 Jahre ohne Kontobewegung
Freiflug ab	25.000 Meilen	12.000 Meilen
Vervielfachungsfaktor verschiedener Beförderungsklassen	Economy Class: 0,5-1,5 Business Class: 2 First Class: 3	World-Traveller Plus: 1,25 Business Class: 1,5 First Class: 2 (Silver-/Gold Card-Besitzer zusätzlich 1,25 bzw. 1,5)
Nötige Aktivität: (pro Jahr/Meilen)	Basis Mitglied: Keine Frequent Traveller: 35.000 Senator: 130.000 HON-Circle: 600.000	Blue: 20 Statuspunkte Silver: 600 Statuspunkte Gold: 1.500 Statuspunkte
Übertragbarkeit der Prämien	Prämien frei übertragbar	Prämien frei übertragbar
Partnerfluggesellschaften	Adria Airways, Aegean Airlines, Air Canada, Air China, Air Dolomiti, Air India, Air New Zealand, Air One, ANA, Asiana Airlines, Austrian Airlines Group, Blue 1, bmi, Cimber Air, Cirrus Airlines, Condor, Croatia Airlines, Jat Airways, LOT Polish Airlines, Lufthansa, Lufthansa Private Jet, Lufthansa Regional, Luxair, Mexicana, Qatar Airways, SAS, Shanghai Airlines, Singapore Airlines, South African Airways, Spanair, Swiss International Air Lines, TAP Air Portugal, Thai, United Airlines, US Airways, VARIG	Aer Lingus, Alaska Airlines, American Airlines, BMED, British Airways CitiExpress, Cathay Pacific, Comair, Finnair, GB Airways, Iberia, JAL Japan Airlines, LAN, Loganair, QANTAS, SN Brussels Airlines, Sun-Air of Scandinavia
Partnerhotels (Auswahl)	Best Western Hotels, Golden Hotels Inns & Resorts, Hilton, Hyatt Hotels & Resorts, Intercontinental Hotels Group (Crowne Plaza, Candlewood Suites, Express by Holiday Inn, Holiday Inn, Hotel Indigo, Intercontinental Hotels & Resorts, Staybridge Suites), Jumeirah Hotels, Kempinski Hotels, Le Méridien, Marriott, Mövenpick	Hyatt Hotels & Resorts, Hilton, Intercontinental Hotels Group (Candlewood Suites, Crowne Plaza, Express by Holiday Inn, Holiday Inn, Holiday Inn Express, Hotel Indigo, Staybridge Suites), Jumeirah Hotels, Mandarin Oriental, Maritim Hotels, Marriott, Millenium & Copthorne Hotels, Shangri-La Hotels and Resorts, Starwood Ho-

	Hotels & Resorts, NH Hoteles, Raffles International (Swissôtel), Ramada Hotels, Rezidor SAS (Radisson SAS, Park Inn, Regent), Shangri-La Hotels and Resorts, Sofitel, Starwood Hotels & Resorts (Sheraton, Westin Hotels), The Leading Hotels of the World, WORLDHOTELS	tels & Resorts (Four Points, Le Meridien, Sheraton, St. Regis, The Luxury Collection, W Hotels, Westin), Taj Hotels Resorts & Palaces
Mietwagen	Avis, Europcar, Hertz, Sixt	Avis, Hertz
Sonstige Partner (Auswahl)	ADAC, Alice, AvD, Bang & Olufsen, bol.de, Brigitte, buch.de, Christ, Cortal Consors, Deka Investmentfonds, Deutsche Bank, Die Welt, Douglas, Focus, Handelsblatt, Mercedes-Benz, Payback, Peek&Cloppenburg, Premiere, Rosenthal, Sparkassen-Finanzgruppe, Stern, Travel Value & Duty Free Shops, Visa, Vodafone, Vogue	Barclaycard, BCP, British Airways Express Parking, Business Traveller Magazin, Diners Club International, Foreningssparbanken, Highlife Shop!, Travelex

Quellen: LUFTHANSA: Miles & More Teilnahmebedingungen, Stand: 01.04.2006 sowie Miles-and-More.com, BRITISH AIRWAYS: Broschüre Executive Club sowie www.britishairways.com.

Abb. 4.3. Vielfliegerprogramme von Lufthansa und British Airways

Die gewährten Prämien stellen ein indirektes Einkommen in Form sog. geldwerter Vorteile dar und unterliegen damit eventuell der Einkommenssteuer. In Deutschland werden seit 2004 die Prämien der Vielfliegerprogramme pauschal mit 15% besteuert, sofern nicht die Fluggesellschaften als Service an der Eigenbesteuerung festhalten. Bei privater Nutzung bleiben jedoch dienstlich erflogene Meilen davon ausgenommen.[17] Der allgemeine Prämienfreibetrag bis € 1.224,- wurde abgeschafft.[18] Zur Erhaltung der Attraktivität ihres Vielfliegerprogramms trägt die Lufthansa diese Prämiensteuer und hat zudem die Steuerschuld rückwirkend ab 1993 übernommen.[19]

Da zwischenzeitlich alle internationalen Fluggesellschaften Vielfliegerprogramme anbieten, liegt der Wettbewerbsvorteil eines Programms nach BEYHOFF im Wesentlichen nur noch darin,

---

[17] Nach einem Urteil des Bundesarbeitsgerichtes (AZ: 9 AZR 500/05) vom 11. April 2006 stehen die Sondervorteile aus dem Miles & More-Programm „nach § 667 2. Alt. BGB dem Arbeitgeber als Auftraggeber zu". Vgl. BUNDESARBEITSGERICHT: Pressemitteilung Nr. 23/06, o. S.
[18] Vgl. § 3 Nr. 38 EStG und § 37a EStG.
[19] Vgl. LUFTHANSA: Geschäftsbericht 1996, S. 22.

„dass Nachfrager jeweils diejenige Luftverkehrsgesellschaft wählen, deren Benutzung ihnen mit hoher Wahrscheinlichkeit auch bei ihren zukünftigen Reisen möglich ist. Das ist im allgemeinen diejenige Airline mit dem größten Angebot an Flugzielen und der größten Zahl von direkten Flügen vom Herkunftsort des einzelnen Nachfragers. (...) Sie ermöglicht vor allem auch eine größere Auswahl und Vielfalt an Reisezielen bei der Einlösung der Punkte."[20]

Wettbewerbsnachteile ergeben sich für neu auf den Markt kommende Fluggesellschaften. Die geringe Zahl der angebotenen Strecken erschwert das Sammeln von Bonuspunkten und reduziert die Attraktivität der Freiflüge bei der Einlösung der Bonuspunkte.

Firmenförderungsprogramme: Unternehmen mit einem hohen Flugreiseaufkommen sollen durch Firmenförderungsprogramme stärker an eine Fluggesellschaft gebunden werden. Dies geschieht durch besondere Betreuung der jeweiligen Firmenreisestellen durch airlineseitiges sog. „Key Account-Management" sowie durch den Einsatz des differenzierten Preisinstrumentariums. Die Unternehmen erhalten nach Umsatz abgestufte Nachlässe auf die veröffentlichten Flugpreise und/oder Rückvergütungen am Jahresende.

4.1.2 Fracht

Die Luftfrachtbeförderung hat sich in den letzten drei Jahrzehnten als Wachstumsmarkt mit höheren Zuwachsraten als die Personenbeförderung erwiesen (vgl. Abb. 1.1, 1.3 in Kapitel 1). Auf Nachfragerseite liegen die Gründe in der internationalen Ausdehnung der Absatzmärkte, den abnehmenden Fertigungstiefen in der Produktion und den damit verbundenen Zulieferungen aus dem Ausland (global sourcing), Just-in-time-Anlieferungen ohne Lagerhaltung sowie in der Zunahme des Anteils höherwertiger Güter im Außenhandel. Auf Anbieterseite förderten ein tendenzieller Rückgang der Luftfrachttarife, die Erhöhung der Beiladekapazitäten im Passagierverkehr durch Großraumflugzeuge, technische Entwicklungen im Bereich der Umschlags- und Lademittel sowie die durch Deregulierung und Liberalisierung der Frachtmärkte ermöglichten neuen Produkte, insbesondere die neuen Logistikkonzepte der verkehrsträgerübergreifenden integrierten Transportketten, das Wachstum des Luftfrachtverkehrs.[21] „Die oben genannten Entwicklungen haben dazu geführt, dass die Luftfracht nicht mehr nur ein Kuppelprodukt (byproduct) der Passagier-Luftfahrt ist, sondern zunehmend als Hauptprodukt (jointproduct) vermarktet wird, welches heute ein bedeutendes Geschäftsfeld im Dienstleistungsbereich Luftverkehr darstellt."[22] Obwohl der weltweite Luftfrachtverkehr mengenmäßig lediglich einen Anteil von 2% am gesamten weltweiten Frachtverkehr hat, zieht er bis zu 40% des gesamten Frachtwertes auf sich.[23] „In Deutschland betrug der wertmäßige Anteil der exportierten Luftfracht 1998 ca. 15% der

---

[20] BEYHOFF, S.: Vielfliegerprogramme, S. 338.
[21] Vgl. GRANDJOT, H.-H.: Luftfracht, S. 653.
[22] GRANDJOT, H.-H.: Leitfaden, S. 1.
[23] Vgl. WORLD TRADE ORGANIZATION: World Trade Report 2005, S. 220.

gesamten Ausfuhren, bei einem mengenmäßigen Anteil von nur 0,4%."[24] Inzwischen hat sich der wertmäßige Anteil der exportierten Luftfracht auf ca. 30% der gesamten Ausfuhren 2005 erhöht; der mengenmäßige Anteil blieb dabei in etwa gleich.[25] Ohne entsprechende luftverkehrliche Anbindung wäre dieser hochwertige Exportbereich international nicht wettbewerbsfähig, da eine Substitution des schnellen Luftverkehrs nur durch deutlich langsamere Verkehrsträger erfolgen könnte. Die spezifische Verkehrswertigkeit des Lufttransports gegenüber dem Land- und Seetransport liegt in folgenden Leistungsmerkmalen:

- die Schnelligkeit der Beförderung; daraus resultieren kurze Transportzeiten, die besonders im interkontinentalen Verkehr bedeutsam sind, wo die Güter innerhalb von 24 bis 48 Stunden statt mehreren Wochen ihren Bestimmungsort erreichen;
- die Sicherheit der Beförderung sowohl hinsichtlich Beschädigung als auch Beraubung;
- die Reduzierung der Kapitalbindung während der Transportdauer und der verkürzten Lagerhaltung;
- die hohe Qualität, Zuverlässigkeit und Pünktlichkeit.

Für luftfrachtaffine Güter spielen die vergleichsweise hohen Luftfrachtraten nur eine untergeordnete Rolle. Denn, so IHDE:[26] „Die für optimale Logistikkonzepte geforderte Gesamtkostenminimierung gibt bei der Wahl des Verkehrsmittels häufig den letzten Ausschlag für die Luftfracht, wenn die Kosten für Verpackung und Umschlag, Fehlmengenkosten, der Versicherungsaufwand sowie die Kosten für Lagerhaltung, insbesondere die Kapitalbindungskosten, miteinbezogen werden." Die Grenzen der Luftfrachtfähigkeit aus Kostengründen liegen bei Massengütern mit niedrigem Wert pro Gewichtseinheit. Aus Sicherheitsgründen sind bestimmte Güter überhaupt nicht (z. B. Sprengminen) oder nur in Frachtflugzeugen (z. B. entflammbare Gase) zum Transport im zivilen Luftverkehr zugelassen. Im Luftfrachtverkehr können folgende Güterklassen unterschieden werden:[27]

- Standardfracht, die nicht verderblich ist und planmäßig einzeln als Stückgut oder in genormten Ladeeinheiten wie Paletten (Ladeplattformen) und Luftfrachtcontainern[28] gebündelt befördert werden kann;
- verderbliche Güter, die als Routinefracht befördert werden, wie agrarische Frischprodukte oder Zeitungen, ebenso besonders transportempfindliche Waren wie elektronische Bauteile oder optische und medizinische Apparate;

---

[24] BMVBW: Flughafenkonzept der Bundesregierung, S. 11.
[25] STATISTISCHES BUNDESAMT: Fachserie 7 Reihe 1, S. 98 ff.
[26] IHDE, G.: Transport, S. 86.
[27] Vgl. DOGANIS, R.: Flying Off Course, S. 322 ff; SCHNEIDER, D.: Systemanbieter, S. 27 f.; O'CONNOR, W.: Air Transportation, S. 107.
[28] Siehe für Transportmittel sowie Umschlag- und Ladeeinrichtungen im Luftfrachtverkehr weiterführend GRANDJOT, H.-H.: Leitfaden, S. 62-97.

- Expressgüter mit hoher zeitlicher Priorität als Eil- und Notsendungen von dringend benötigten Medikamenten, Ersatzteilen, Dokumenten oder EDV-Datenträgern;
- Wertgüter mit einer hohen Gewicht-/Wertrelation, die eine besonders sorgfältige Transportbehandlung erfordern, wie Kunstwerke, Edelmetalle, Rennautos oder Schmuck; die Transportnachfrage ist hier ebenso wie bei Eil- und Notsendungen unregelmäßig und nicht vorhersehbar;
- Tiere wie z. B. Rennpferde, Zier- oder Speisefische;
- Spezialgüter, die als Gefahrgüter (z. B. entzündbare Feststoffe, radioaktive Materialien, verdichtete Gase) besonderen Abfertigungs- und Verpackungsvorschriften unterliegen.

Luftfracht wird entweder als Beiladung in den Passagierflugzeugen (Kuppelproduktion) oder als Hauptprodukt in Nur-Frachtflugzeugen im Gelegenheits- oder Linienverkehr transportiert. Die Beförderung erfolgt vorwiegend in standardisierten Unit Load Devices (ULD). Die Entwicklung dieser in ihrer Größe standardisierten Paletten und Container führte zu erheblichen Produktivitätsfortschritten, da sie die räumliche Zusammenfassung von Einzelsendungen zu kompletten Ladeeinheiten, höhere Durchlaufgeschwindigkeiten und größere Transportsicherheit ermöglichen. Der Einsatz von kombinierten Passagier-/Frachtflugzeugen, bei denen ein Teil des Passagierdecks als Frachtraum dient, nimmt immer weiter ab, da sich zum einen die Passergier- und Frachtströme zunehmend zeitlich wie auch geografisch entkoppeln und die weltweite Nachfrage nach Frachtkapazitäten weiter steigt. In beiden Fällen bietet sich zunehmend der Einsatz von Vollfrachtern an.

Luftfracht wird auch mit Oberflächenverkehrsmitteln transportiert. Der Luftfracht-Bodenverkehr mit Lastkraftwagen kann komplementäre oder substitutive Funktion haben. Der ergänzende Vor- und Nachlaufverkehr von und zu den Knotenpunkten der Luftfrachtabfertigung ermöglicht die Flächenbedienung außerhalb der Großflughäfen und unterstützt den Sammelladungsverkehr der Spediteure (consolidation). Der substitutive Luftfrachtersatzverkehr (Trucking, Road-Feeder-Services) ist dann Teil des Luftfrachttransports, wenn er mit Luftfrachtbrief erfolgt und in den Tarif integriert ist.[29] Dabei werden Güter zwischen zwei Flughäfen auf der Strasse befördert. Dieser Ersatz für den Frachttransport per Flugzeug wurde notwendig, weil auf vielen Strecken einerseits die Beiladekapazität der im innereuropäischen Verkehr eingesetzten Flugzeuge nicht mehr ausreicht und andererseits der Einsatz von Nur-Frachtflugzeugen vor allem auf Kurzstrecken nicht rentabel ist; zudem führen Nachtflugverbote und fehlende freie Start- und Landezeiten (Slots) zu erheblichen Verlängerungen der Transportzeiten.

Der Luftfracht-Bodentransport mit der Bahn ist insbesondere wegen fehlender Gleisanschlüsse und Abfertigungsanlagen noch wenig entwickelt und erfolgt vorwiegend als Mitläuferverkehr im Netz des kombinierten Verkehrs in Europa. Der Vor- und Nachlauf zu den Bahnhöfen erfolgt aber auch hier durch Road-Feeder-Services.

---

[29] Vgl. TERHORST, R.: Frachtflughafen, S. 59-64; DAUTEL, H.: Trucking, S. 1111 ff.

Die Luft-See-Beförderung von Fracht kombiniert die Vorteile beider Verkehrsträger, den billigen Transport mit Schiffen und die schnelle Weiterbeförderung mit Flugzeugen.[30] Zwischen der Personenbeförderung und dem Frachttransport bestehen erhebliche Unterschiede, die insbesondere die Optimierung der Beiladung von im Personenverkehr eingesetzten Flugzeugen erschweren:[31]

- Frachttransport ist häufig richtungsgebundener One Way-Transport, während im Personenverkehr fast ausschließlich Return-Flüge gebucht werden;
- Frachtsendungen sind in Größe, Gewicht, Empfindlichkeit und Wert sehr heterogen;
- die Zahl der Nachfrager ist gering, da nicht, wie im Personenverkehr einzelne Personen, sondern Speditionsunternehmen mit meist regelmäßiger Nachfrage als Kunden auftreten;
- im Frachtverkehr besteht auf allen Strecken eine Konkurrenz der Transportmittel, im Personenverkehr nimmt sie mit steigender Streckenlänge ab;
- die Bereitstellung von Luftverkehrsdienstleistungen erfordert die Inanspruchnahme einer Vielzahl von Unternehmen im Rahmen der Transportkette (z. B. Spedition, Luftfrachtagenten, Verlader, Lagerei).

Im traditionellen Luftfrachtgeschäft erbringt die Fluggesellschaft die Transportleistung Flughafen – Flughafen, Vor- und Nachlauf werden von unterschiedlichen Einzelanbietern – Spediteure, Frachtführer, Luftfrachtagenten, Verzollungsbüros – übernommen. Daneben haben sich seit Ende der siebziger Jahre die Integrators (Marktführer sind United Parcel Service, Federal Express, DHL und TNT) als private Transportdienstleister mit logistischen Problemlösungen insbesondere im Bereich der weltweiten Kurier-, Express- und Paketdienste (KEP-Dienste) etabliert. Kurierdienste bieten die individuelle Abholung und Zustellung sowie den begleiteten Transport von Sendungen mit niedrigem Gewicht; der Direkttransport von Ort zu Ort erfolgt mit dem schnellsten verfügbaren Verkehrsmittel. Expressdienste befördern Einzelsendungen, die aber nicht im Direktverkehr sondern systemgeführt im Sammelverkehr transportiert werden. Paketdienste befördern Kleingut bis 31,5 kg; ihr Angebot ist nicht an Einzelsendungen ausgerichtet, sondern mengenorientiert mit hohem Systematisierungsgrad.

Die Vorteile der Integrators gegenüber den traditionellen Fluggesellschaften liegen in verkehrsträgerübergreifenden, durchgehenden Dienstleistungsketten von Haus zu Haus mit garantierten Laufzeiten; sie offerieren zudem eine umfangreiche Palette von Serviceleistungen wie Auftragsannahme, Abholung, Weiterleitung, Sortierung, Verzollung und Auslieferung aus einer Hand (vgl. Abb. 4.4).[32]

---

[30] Zu Sea/Air-Verkehren siehe GRANDJOT, H.-H.: Leitfaden, S. 189-193.
[31] Vgl. TANEJA, N.: Introduction, S. 182 f.
[32] Vgl. SCHNEIDER, D.: Systemanbieter, S. 103 f.; GEBHARD, T., JÄGER, F., SCHLICHTING, T.: Dienstleistungsmarketing, S. 231 ff.

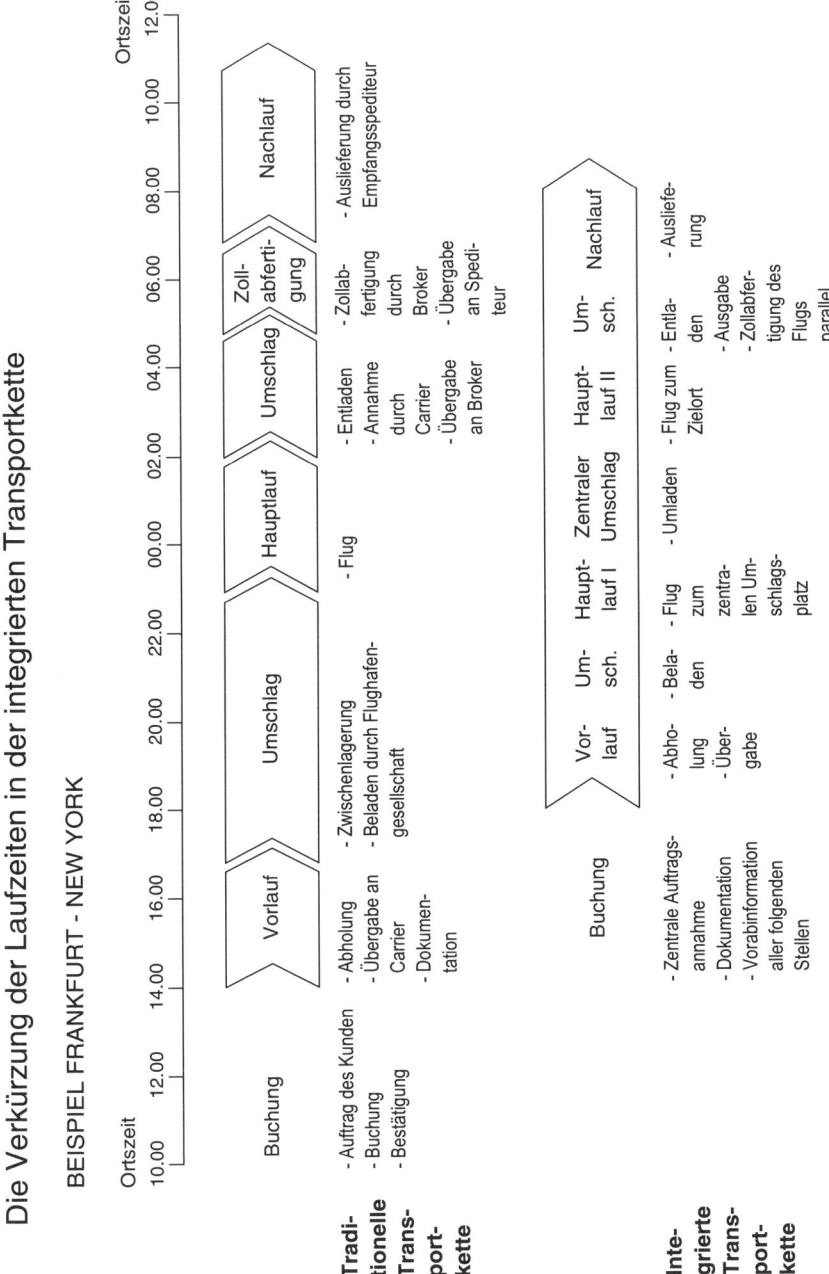

Quelle: SCHNEIDER, D.: Wettbewerbsvorteile, S. 97.

Abb. 4.4. Traditionelle und integrierte Transportkette im Luftfrachtverkehr

Integrators verfügen über eigene Transportmittel für den Flug- und Oberflächenverkehr und haben mit der Einrichtung von Drehscheiben auf Flughäfen, die auch einen nächtlichen Betrieb ermöglichen, ihre Flugpläne auf die Bedürfnisse der Versender ausgerichtet. Sie halten die Güter während des gesamten Transports durch eigene Datenverbundsysteme unter ihrer Kontrolle und reduzieren so Reibungsverluste an den Schnittstellen des Güterflusses. Die Integrators haben neue Standards hinsichtlich Schnelligkeit, Zuverlässigkeit und Service gesetzt und transportieren seit 1994 bereits mehr als die Hälfte des Luftfrachtaufkommens.[33]

4.1.3 Post

Der Luftpostverkehr war die erste Form des Fluglinienverkehrs. Noch vor der Aufnahme der regelmäßigen Beförderung von Passagieren und Fracht kam es zum Betrieb von Luftpostlinien. In Deutschland wurde 1919 der erste regelmäßige Luftpostdienst zwischen Berlin und Weimar eingerichtet.[34] Die Beförderung von Post wird aus historischen Gründen nicht als Fracht behandelt und sie hat weiterhin Vorrang vor der Beförderung von Fluggästen. Nach dem deutschen Luftverkehrsrecht (§ 21 Abs. 4 LuftVG) gilt: „Luftfahrtunternehmen, die Fluglinien betreiben haben auf Verlangen der Deutschen Bundespost mit jedem planmäßigen Flug Postsendungen gegen angemessene Vergütung zu befördern, welche die im Weltpostvertrag festgelegten Vergütungshöchstsätze nicht übersteigen dürfen." Die Konditionen für den internationalen Posttransport wurden schon lange vor dem kommerziellen Einsatz von Flugzeugen für den Gütertransport durch den Weltpostverein (Union Postale Universelle = UPU, seit 1874, ca. 190 Mitglieder) festgelegt und die Fluggesellschaften waren gezwungen, diese Beförderungsbedingungen und Preise zu akzeptieren.[35] Gegenwärtig werden die Luftpostentgelte (Obergrenzen) alle fünf Jahre neu festgelegt.

National schließt jede Postverwaltung mit den Fluggesellschaften eigene Verträge ab. Die in Deutschland beispielsweise durch die Lufthansa durchgeführte Luftpostbeförderung erfolgt seit 1961 vorwiegend auf einem deutschen und europäischen Nachtflugnetz, im internationalen Verkehr als Beiladung zu den Linienflügen. 1997 wurde das Internationale Postzentrum (IPZ) der Deutschen Post AG am Flughafen Frankfurt/Main als zentraler Umschlagplatz („Nachtluftpoststern") in Betrieb genommen.

---

[33] Vgl. MARUHN, E.: Integrators, S. 149 f.
[34] Anlass war die Tagung der Nationalversammlung des Deutschen Reiches zum Entwurf einer neuen Verfassung im Februar 1919 in Weimar. Vgl. MARUHN, E.: Nachtluftpost, S. 168 ff.
[35] Vgl. THIER, F.: Zivile Luftfahrt, S. 103.

4.2 Fluggesellschaften

4.2.1 Unternehmenstypen

Fluggesellschaften unterscheiden sich nicht nur durch die von ihnen hauptsächlich angebotenen Verkehrsarten, sondern auch durch ihre spezifischen Unternehmensziele. Die über die Hauptfunktion Personenbeförderung und Frachttransport hinausreichenden zusätzlichen Aufgaben des Luftverkehrs im wirtschaftlichen, politischen und militärischen Bereich sowie die national divergierende Intensität staatlicher Eingriffe beeinflussen in starkem Maße die unternehmenspolitische Zielsetzung der Fluggesellschaften. Mit Ausnahme der rein kommerziellen Unternehmen werden ihnen Aufgaben zugewiesen, die außerhalb ihrer eigentlichen Tätigkeitsfelder Personenverkehr und/oder Gütertransport und in ihrer Priorität häufig vor den betriebswirtschaftlichen Zielen liegen. Damit ist auch zu erklären, dass sich trotz der geringen Rentabilität des Luftverkehrs weiterhin eine so große Zahl von Staaten und Fluggesellschaften daran beteiligen. Nimmt man die jeweils dominierende Nebenfunktion als Zuordnungskriterium, dann können folgende Typen von Luftverkehrsgesellschaften unterschieden werden:

- Nationale Flag Carrier, Liniengesellschaften mit staatlicher Mehrheitsbeteiligung, die als Monopolist oder Marktführer im jeweiligen Heimatland das wichtigste Instrument zur Durchsetzung der staatlichen Luftverkehrspolitik sind, in bilateralen Luftverkehrsabkommen bevorzugt als Beförderungsunternehmen (designated carrier) bezeichnet und gegenüber heimischen und ausländischen Konkurrenten protektioniert werden. Als Symbol nationaler Unabhängigkeit und technischer Leistungsfähigkeit zeigen sie die Flagge des Herkunftslandes im Ausland. Sie dienen der nationalen Selbstdarstellung und werden bei Bedarf subventioniert.
- Luftverkehrsgesellschaften mit vorwiegend gemeinwirtschaftlichen Zielen, die mit einem politisch vorgegebenen Streckennetz Luftverkehrsleistungen als öffentliche Dienstleistung vorhalten und dafür staatlich subventioniert werden.
- Devisen-Carrier, die mit ihren Einnahmen aus dem internationalen Luftverkehr das nationale Defizit an ausländischer Währung mindern sollen.
- Touristenzubringer, deren wirtschaftliches Ergebnis sich aus den Einnahmen aus der Verkehrsleistung und den Ausgaben der ausländischen Touristen im Inland ergibt.
- Kommerzielle Fluggesellschaften, deren Angebot ausschließlich unter dem Kriterium der langfristigen Gewinnmaximierung gestaltet wird.

In der Realität treten solche reinen Typen von Fluggesellschaften selten auf, da jede Luftverkehrsgesellschaft in der Regel mehrere Aufgaben zu erfüllen hat. Dennoch hat die dominierende Nebenfunktion entscheidende Auswirkungen auf die unternehmenspolitische Strategie der Angebotsgestaltung bezüglich Streckengestaltung, Kapazitäten und Preise.

	Passagiere	in Tausend	Passagierkilometer	in Mio. Fracht		in Mio. verk. TKM
	Gesamt-Linienluftverkehr der IATA 2005					
1	American Airlines	98.038	American Airlines	222.449	Federal Express	14.408
2	Delta Air Lines	86.007	United Airlines	183.296	UPS	9.075
3	United Airlines	66.717	Delta Air Lines	166.664	Korean Air Lines	8.072
4	Northwest Airlines	57.547	Northwest Airlines	122.017	Deutsche Lufthansa	7.680
5	Japan Airlines	50.884	Air France	116.241	Singapore Airlines	7.603
6	Deutsche Lufthansa	48.958	Deutsche Lufthansa	112.794	Cathay Pacific	6.458
7	All Nippon Airways	48.315	British Airways	110.960	China Airlines	6.037
8	Air France	47.787	Continental Airlines	109.320	Air France	5.532
9	China Southern	43.228	Japan Airlines	94.397	Eva Airways	5.285
10	Continental Airlines	42.777	Singapore Airlines	80.988	Cargolux Airlines	5.149
11	US Airways	41.861	Qantas Airways	74.434	Japan Airlines	4.817
12	British Airways	35.511	Air Canada	70.972	British Airways	4.767
13	China Eastern	28.941	KLM	68.322	KLM	4.646
14	Air China	27.533	Cathay Pacific	65.058	Emirates	4.192
15	Iberia	27.434	US Airways	64.625	Northwest A.	3.210
	Europäischer Linienluftverkehr der AEA-Gesellschaften 2005[a]					
1	Deutsche Lufthansa	48.947	Air France	116.208	Deutsche Lufthansa	7.680
2	Air France	47.766	Deutsche Lufthansa	112.794	Air France	5.523
3	British Airways	35.511	British Airways	110.960	Cargolux Airlines	5.102
4	Iberia	27.013	KLM	68.322	KLM	4.855
5	SAS	25.015	Iberia	49.019	British Airways	4.767
6	Alitalia	24.033	Alitalia	37.245	Alitalia	1.365
7	KLM	21.511	Virgin Atlantic	32.103	Virgin Atlantic	1.157
8	Turkish Airlines	13.632	SAS	27.724	Swiss	1.110
9	BMI British Midland	9.994	Swiss	20.473	Iberia	951
10	Swiss	9.654	Turkish Airlines	19.629	SAS	633
11	Austrian Airlines	8.024	Austrian Airlines	18.842	Austrian Airlines	551
12	Spanair	6.850	TAP Air Portugal	14.394	Turkish Airlines	404
13	TAP Air Portugal	6.560	Finnair	11.174	Finnair	359
14	Finnair	6.015	BMI British Midland	8.832	TAP Air Portugal	224
15	Olympic Airways	5.779	Olympic Airways	7.340	BMI British Midland	106

Anmerkung: Kleinere Abweichungen zwischen den Zahlen Gesamtverkehr IATA (Abb. 4.5) und Europäischer Verkehr AEA sind in der Verwendung unterschiedlicher Erfassungsmethoden begründet.

[a] Aufstellung ohne Aer Lingus: Aer Lingus ist Mitglied der AEA, jedoch übermittelt Aer Lingus keine Verkehrs- und Unternehmensdaten mehr an den Verband.

Quellen: IATA World Statistics zitiert nach: LUFTHANSA: IATA-Rangfolge, S. 32; AEA: S.T.A.R. Report 2005, o. S. (vorläufige Zahlen Stand Juli 2006).

Abb. 4.5. Die größten Fluggesellschaften 2005

Die meisten Linienfluggesellschaften – mit Ausnahme der US-amerikanischen – wurden als Flag Carrier gegründet und entwickelten ihr Streckennetz mit dem

Ziel, die Verkehrsbedürfnisse vorwiegend des Geschäftsreiseverkehrs des Heimatstaates zu befriedigen.[36] Ein Teil von ihnen engagierte sich mit der zunehmenden Nachfrage aus dem Touristikreisesektor auch im Charterverkehr, vorwiegend durch Gründung von Tochterunternehmen. So entstand in Europa eine klare Trennung zwischen Linien- und Gelegenheitsverkehr. Durch die Liberalisierung im Gemeinsamen Markt und die Open Sky-Abkommen für den Nordatlantikverkehr kam es zur Aufhebung der luftverkehrsrechtlichen Trennung der beiden Verkehrsarten, nicht aber zum Verschwinden des Charterverkehrs nach operativen Gesichtspunkten. Dies führt, zusammen mit der zunehmenden Globalisierung des Wettbewerbs und der fortschreitenden Privatisierung von Flag Carriern, zu einer strategischen Neupositionierung vieler Fluggesellschaften und zur allmählichen Herausbildung neuer Unternehmenstypen in Europa. Nach dem Kriterium des Streckenangebots können hier folgende Erscheinungsformen unterschieden werden:[37]

- **Netzwerk-Carrier** (Full Service Network Carrier): Eine internationale Fluggesellschaft betreibt ein netzorientiertes System (Strecken, Flugzeiten, Tarife) mit breiter geografischer Abdeckung, bietet mehrere Beförderungsklassen an, nutzt einen differenzierten Pre-, In- und Post Flight-Service als Instrument der Positionierung durch Produktdifferenzierung und erschließt mehrere Nachfragesegmente durch eine starke Preisdifferenzierung. Als dominierende Fluggesellschaft im Heimatmarkt mit dem Betrieb von einem oder mehreren Hubs, kooperieren diese im Zu- und Abbringerverkehr mit Regionalgesellschaften und entwickeln durch Strategische Allianzen und/oder Beteiligungen ein globales Strecken- und Verkaufsnetz. Zu dieser Gruppe der Full Service Network Carrier zählen:
  - **Megacarrier (Major):** Fast ausschließlich rein kommerziell orientierte, private Liniengesellschaft mit interkontinentalem Streckennetz aus Ländern mit großen Heimatmärkten oder zentraler Lage zu Absaugemärkten. SERPEN/-O'TOOL legen für die Kategorisierung als Major einen Umsatz von mindestens US$ 2 Mrd. zugrunde.[38]
  - **Continental Carrier:** Unabhängige Liniengesellschaft mit fast ausschließlich kontinentalem Streckennetz, die größenmäßig nach dem Mega-/Flag Carrier postiert ist. Auf Sekundärhubs beheimatet, bedient diese ihr eingeschränktes Streckennetz selektiv und versucht, in den Primärhubverkehr vorzudringen. Der Touristik-Charterverkehr stellt für sie ein zunehmend wichtigeres Geschäftsfeld dar. Durch Mitgliedschaft in einer globalen strategischen Allianz sowie durch zahlreiche bilaterale Kooperationen wird der Anschluss an internationale Streckennetze gewährleistet.
  - **Flag Carrier:** Liniengesellschaft mit staatlicher Mehrheitsbeteiligung, die als Monopolist oder Marktführer im jeweiligen Heimatland das wichtigste Instrument zur Durchsetzung der nationalen Luftverkehrspolitik ist und in

---

[36] Vgl. SIMPSON, A.: Empires, S. 40-91.
[37] Vgl. dazu auch WIEZOREK, B.: Strategien europäischer Fluggesellschaften, S. 349 f.
[38] Vgl. SERPEN, E., O'TOOL, K.: Flag bearers, S. 77.

ihrer Unternehmenspolitik zudem durch staatliche Bevormundung (z. B. bezüglich Strecken, Arbeitsplätzen, Besetzung von Führungspositionen durch Karrierebürokraten) beeinflusst wird. Die Überlebensfähigkeit wird oft eher durch verkehrsrechtliche Protektion und Subventionen als durch Wettbewerbsfähigkeit gesichert.

- **Streckenspezialist (Selected Point-to-Point-Carrier):** Eine nationale oder internationale Fluggesellschaft betreibt ein System (Strecken, Flugzeiten, Tarife) mit einer spezialisierten geografischen Abdeckung, bietet meist nur eine Beförderungsklasse an, nutzt vornehmlich den Preis oder die direkte Streckenführung als Instrument der Positionierung (weniger die Produktdifferenzierung), wobei das Produkt sowie die Preise meist auf bestimmte Nachfragesegmente konzentriert sind. Anders als die Netzwerkgesellschaft dominiert der Selected Point-to-Point-Carrier einzelne Märkte im Sinne von Streckenpaaren, unterhält neben einer Heimatbasis auch kleinere, dezentrale Flottenstützpunkte und bietet Anschlussflüge an, welche nicht über einen synchronisierten Hub abgewickelt werden. Teilweise kooperiert er im Zu- und Abbringerverkehr mit Netzwerkgesellschaften oder mit ausgewählten Partnern; viele Gesellschaften dieses Typs verfolgen jedoch ein autarkes Wachstum ohne jegliche horizontale Kooperationen. Zu dieser Gruppe zählen:
  - **Regionalfluggesellschaft:** Eigenständige Liniengesellschaft, die mit „kleineren Verkehrsflugzeugen" (meist unter 100 Sitzplätzen) selektive Verbindungen zwischen Regionalzentren und internationalen Verkehrsflughäfen im Zubringerverkehr, zwischen Regionalflughäfen als Ergänzungsverkehr oder im Interregionalverkehr Strecken zwischen Sekundärflughäfen befliegt. Die Dienste können unter eigener Marke, als Franchise-Nehmer oder in Kooperation mit anderen Gesellschaften angeboten werden.
  - **Ferienfluggesellschaft:** Unternehmen des Linien- und/oder Gelegenheitsverkehrs, das im Chartermodus operiert und im Punkt-zu-Punkt-Verkehr auf von Urlaubern frequentierten Verbindungen mit streckenbezogenem Mindestaufkommen fliegt. Der Vertrieb erfolgt vorwiegend über Pauschalreiseveranstalter, die Bedeutung der früher aus Restkapazitäten bedienten Einzelplatzbuchungen nimmt jedoch zu. Auf nicht liberalisierten Märkten besteht Pauschalreisepaketpflicht, d. h. der Verkauf von Flugsitzen an Reisende ist nur in Verbindung mit weiteren Reiseleistungen wie z. B. Hotelübernachtungen in einem Pauschalpaket erlaubt.
  - **Low Cost-Gesellschaft:** Unternehmen, das sich auf die reine Beförderung von Passagieren im Punkt-zu-Punkt-Verkehr im Liniendienst konzentriert. Neben der Spezialisierung auf einen hocheffizienten Flugbetrieb werden dezentral Flugzeuge stationiert, Regionalflughäfen oder zweit- bzw. drittrangige Airports in der Nähe von Ballungszentren bedient sowie das Streckennetz zeitnah an die sich verändernde Nachfrage angepasst. Es wird kaum bis gar kein kostenloser, zusätzlicher Passagierservice entlang der Leistungskette angeboten und die Flugscheine sind zu günstigsten Preisen, dem hauptsächlichen Wettbewerbsinstrument, im direkten Vertrieb über das Internet zu buchen.

- **Ad hoc-Charterfluggesellschaft:** Das Unternehmen ist auf Gelegenheitsverkehr auf Anforderung spezialisiert, also z. B. als Executive-Charter für die Beförderung von Managern, Sportlern, Künstlern oder Politikern, als Own Use-Charter für Unternehmen, als Pauschalreisecharter für Events und Tagesflüge oder als Air Ambulance für Krankentransporte (Verlegung, Rückholung) per Luft im In- und Ausland.
- **Corporate Aviation:** Unternehmen aus allen Branchen nutzen zu individuellen Beförderungszwecken eigene Flugzeuge (sog. Corporate oder Business-Jets). Die Beförderung ist nicht öffentlich, Ausgangs- und Zieldestinationen werden sowohl regelmäßig als auch auf Anforderung (Gelegenheitsverkehr) direkt bedient und das Streckennetz nach den Bedürfnissen des Unternehmens konfiguriert. Aus Kostengründen nutzen viele Unternehmen und Geschäftsleute die Möglichkeiten des Fractional Jet Ownership, d. h. ein teilzeitliches Nutzungseigentum in Flugstunden pro Jahr an einem oder mehreren Flugzeugen.[39]

4.2.2 Geschäftssysteme

4.2.2.1 Überblick

Im gewerblichen Personenluftverkehr können die Geschäftssysteme Linienverkehr, Chartermodus, Low Cost-System und Executive Charter unterschieden werden. Diese Einteilung orientiert sich nicht am verkehrsrechtlichen Status, sondern am operativen Modus, nach dem ein Unternehmen den Flugverkehr abwickelt.

Der **Linienflugverkehr** ist auf die Anforderungen des Geschäftsreiseverkehrs ausgerichtet, auch wenn der Anteil der Privatreisenden zunehmend steigt. Herausragendes Kennzeichen ist die Netz- und Serviceorientierung, d. h. die Fluggesellschaften versuchen, ein – so weit nach den gegebenen Nachfragestrukturen wirtschaftliches – Streckennetz anzubieten, das möglichst viele Abflug- und Zielorte miteinander verknüpft. Da nicht alle Orte direkt miteinander verbunden werden können, ergibt sich daraus die Anforderung der streckenmäßigen und zeitlichen Anschlussorientierung. Ein Großteil der Geschäftsreisenden plant und bucht die Flüge kurzfristig und ändert sie mitunter auch noch während der Reise, daher werden flexible Tarife ohne Restriktionen (z. B. keine Umbuchungs- oder Stornogebühren) und die Gültigkeit des Flugscheins auch bei einer anderen als der gebuchten Fluggesellschaft (Interlinefähigkeit) erwartet. Da Linienfluggesellschaften auch Privatreisende entweder als eigenständige Zielgruppe für touristische Destinationen oder zur Auslastung freier Kapazitäten als Kunden ansprechen, ergibt sich als Folge der unterschiedlichen Preiselastizitäten der vielfältigen Nachfragergruppen ein differenziertes Tarifsystem. Angepasst an die Nachfragebedürfnisse wird das Produkt in mehreren Qualitätsversionen, d. h. Beförderungsklassen, an-

---

[39] Nach COSTA/HARNED/LUNDQUIST wird diese für 10% der First Class-Reisenden zunehmend bedeutsam, zumal diese bei den Linienfluggesellschaften zu Ertragsverlusten durch das Wegbleiben von ertragsstarken First und Business Class-Passagieren führen. Vgl. COSTA, P., HARNED, D., LUNDQUIST, J.: Rethinking, o. S.

geboten. Der Vertrieb von Linienflügen erfolgt traditionell über Agenturen (Reisebüros) sowie zunehmend über den Direktvertrieb on- und offline.

Der **Chartermodus** wurde für das Marktsegment Privatreisende entwickelt und ist auf den eher preissensiblen Pauschalreisenden ausgerichtet. In Zusammenarbeit mit Reiseveranstaltern werden regelmäßige Flugketten nach einem vorher festgelegten Flugplan abgewickelt. Es handelt sich dabei in der Regel um einen Punkt-zu-Punkt-Verkehr ohne Vernetzung der einzelnen Strecken. Die Flüge werden in einer Einheitsklasse, lediglich auf den interkontinentalen Strecken einiger Fluggesellschaften auch mit einer höherwertigen „Comfort Class", durchgeführt. Der Vertrieb erfolgt primär über Reiseveranstalter; der zunehmende Einzelplatzverkauf (Flug ohne Pauschalreisearrangement) wird fast ausschließlich über Reisebüros oder das Internet abgewickelt. Die Nachfragelenkung erfolgt über eine starke saisonale Preisdifferenzierung der Pauschalreisen und Einzelflüge.

Das **Low Cost-System** wurde in Europa erst Mitte der neunziger Jahre eingeführt. Das Nachfragesegment besteht aus Privatreisenden und preissensiblen Geschäftsreisenden. Die Kernidee des Geschäftssystems liegt in einer konsequenten Kostenreduzierung beim Produkt (z. B. keine Getränke oder Mahlzeiten im Preis inbegriffen), bei der Streckenwahl (nur Strecken mit hoher Auslastung, kostengünstige Flughäfen), bei der Produktion (Konzentration auf Kernkompetenz „fliegen" und weitgehendes Outsourcing) und dem Vertrieb (Direktvertrieb).

Der **Executive Charter** ist Ad-hoc-Gelegenheitsverkehr durch Anmietung eines meist kleineren Flugzeugs im Ganzen („Lufttaxi"). Die Nachfrager sind Geschäftsleute, prominente Künstler und Sportler sowie Politiker, für die Unabhängigkeit und Zeitersparnis wichtiger sind als die Kosten. Weitere Einsatzbereiche sind die Flugambulanz zur Rückholung kranker Urlauber sowie die Frachtbeförderung (dringend benötigte Ersatzteile, menschliche Organe zur Transplantation). Da der Flug im Auftrag des Kunden durchgeführt wird, entfällt die Abhängigkeit von den Flugplänen der Liniengesellschaften, Flugzeiten und -strecken können nach Bedarf geändert werden und das Flugzeug wartet auf den Passagier und nicht umgekehrt. Zeitersparnisse ergeben sich durch die individuelle Festlegung und Änderung der Abflugzeiten durch den Fluggast. Ziele, die per Linie nur bei mehrmaligem Umsteigen zu erreichen sind, werden direkt angeflogen. Die An- und Abfahrtswege zu den regionalen Flugplätzen sind kurz, die Abfertigung am Flughafen (General Aviation Terminal) erfolgt ohne systembedingte Wartezeiten. Der höhere Preis wird zum Teil durch die Zeitersparnis, die im Geschäftsreiseverkehr auch eine Kostenersparnis darstellt, und den Wegfall von Übernachtungs- und Tagesspesen kompensiert. Ein weiterer Vorteil besteht darin, dass die Passagiere an Bord ungestört arbeiten können; eine Konferenzanordnung der Sitze ermöglicht Besprechungen ohne fremde Mithörer.

4.2.2.2 Full Service Network Carrier

Als Full Service Network Carrier (FSNC) werden Linienfluggesellschaften bezeichnet, die das traditionelle Geschäftsmodell des Passagierluftverkehrs praktizieren, wie es seit Beginn der kommerziellen Luftfahrt besteht. Unter diesem Modell operieren die traditionsreichsten Gesellschaften der Branche mit der längsten

Industrieerfahrung wie bspw. die KLM (gegründet 1919) Qantas (1920), Deutsche Lufthansa (1926), United Airlines (1928), Air France (1933) oder American Airlines (1934). Das Geschäftsmodell der FSNC lässt sich wie folgt charakterisieren:

Produkt: Die Produktpolitik dieser Luftverkehrsgesellschaften ist auf ein differenzierendes und umfassendes Leistungsangebot hin ausgerichtet. Hierbei ist ein Mehrklassensystem, das traditionellerweise in drei Beförderungsklassen unterschieden werden kann, Basis der Servicedifferenzierung, mit der die gesamte Bandbreite der Nachfrager angesprochen werden soll. Gleichzeitig gehört über alle Beförderungsklassen hinweg ein vollständiger Service entlang der gesamten Leistungskette zum Grundangebot: statt Beförderung von A nach B bieten die Full Service Network Carrier eine Problemlösung von A bis Z.

Streckennetz: Bei der Analyse des Streckennetzes fällt auf, dass in den meisten Fällen entweder die FSNC mit Flag Carriern identisch sind oder, in liberalisierten Luftverkehrsmärkten, mit denjenigen Fluggesellschaften, die aus den Privatisierungsprozessen hervorgegangen sind.[40] Diese Gesellschaften verfügen somit primär noch über eine dominante Marktposition sowohl auf ihren angestammten Inlandsstrecken als auch auf Hauptrouten in das Ausland. Zudem beherrschen sie die Slot-Situation auf den wichtigsten inländischen Flughäfen. Das dichte Inlandsnetzwerk wird dabei für den Auslandsverkehr über einen oder mehrere Umsteigeflughäfen (Hubs) gebündelt, aufkommensstarke Strecken werden direkt im Punkt-zu-Punkt-Verkehr bedient.

Preis- und Ertragsstruktur: Die Preisstrukturen sind der Produktqualität angepasst und innerhalb der Beförderungsklassen sehr stark differenziert. Je nach Aufenthaltsdauer, Buchungszeitpunkt und Buchungsort sind neben Normaltarifen unterschiedlichste Sondertarife möglich. Hochentwickelte Management- und Monitoringsysteme (Ertragsmanagement, Netzmanagement, Yield Management, Preisdifferenzierung) kontrollieren und steuern die Ertragssituation innerhalb des gesamten Streckennetzes.

Flugbetrieb: Die unterschiedlichen Relationen im Kurz-, Mittel- und Langstreckenbereich innerhalb des Streckennetzes dieser Luftgesellschaften bedingen einen heterogenen Flottenaufbau. Obwohl im Zuge einer gewissen Bandbreite auf Seiten der Flugzeughersteller die Typenvielfalt in Teilbereichen homogenisiert werden kann, bleibt doch die Komplexität der Flotte aufgrund der unterschiedlichen Anforderungen an die Streckenlänge, den Einsatzzweck und den Einsatzort bestehen. Daher ist im Wartungsbereich eine ausgeprägte unternehmenseigene technische Infrastruktur für Netzwerk-Carrier charakteristisch.

Vertrieb: „Die Präsenz auf vielen geographischen Märkten mit einem differenzierten Produktportfolio für möglichst viele Nachfragergruppen erfordert komplexe Marketing- und Vertriebsaktivitäten. Hierzu betreiben die traditionellen Fluggesellschaften ein weit verzweigtes Vertriebsnetz."[41] Die airline-eigene „Salesforce" mit Stützpunkten im In- und Ausland wickelt die direkten Verkaufsaktivitäten vor Ort sowie über den eigenen Onlinevertriebskanal ab. Global Distribution Sys-

---

[40] Vgl. POMPL, W., SCHUCKERT, M., MÖLLER, C.: Geschäftsmodelldifferenzierung, S. 459 ff.
[41] POMPL, W., SCHUCKERT, M., MÖLLER, C.: Netzwerk-Carrier, S. 22.

tems (wie Amadeus, Galileo oder Sabre), Consolidators, Reisebüros oder Reiseveranstalter stellen den indirekten Absatz der Beförderungsleistung sicher. Umfangreiche Kundenbindungssysteme wie Bonus- oder Vielfliegerprogramme versuchen die Nachfrager langfristig an die Fluggesellschaft zu binden und sollen vor allem für Geschäftsreisende die Wechselbarrieren erhöhen.

Personal: Das Produkt resp. die vollständige Abdeckung der Servicekette hat für die FSNC in allen Bereichen eine hohe Personaldichte zur Folge. Am Boden werden aus Qualitätsgründen viele Schritte der Fluggastbetreuung, der Passagier- und Flugzeugabfertigung sowie die Wartung in der Regel von eigenem Personal durchgeführt, das auch auf den meisten angeflogenen Flughäfen zur Verfügung stehen muss. In der Luft reicht die Größe der Kabinenbesatzung aus Servicegründen über die sicherheitstechnisch festgelegten Normen hinaus. Globale Streckennetze bedingen aufgrund längerer Flugzeiten und internationaler Bestimmungen (maximale Einsatzzeiten der Crews) zudem mehr fliegerisches Personal.

Unternehmensstruktur: Für die FSN-Gesellschaften ist eine komplexe Unternehmensarchitektur charakteristisch. Zur Sicherung einer größtmöglichen Unabhängigkeit wurden in der Zeit als nationale Fluggesellschaft neben dem fliegerischen Kerngeschäft (Flugbetrieb, Handling, Wartung) auch zuliefernde Funktionen im Unternehmen verankert, wie z. B. Catering, Luftfracht oder Versicherungen. Der Unternehmenstyp Full Service Network Carrier kann so als internationaler Mischkonzern mit entsprechend stark vernetzten Strukturen bezeichnet werden. Zur Steuerung, Koordination und Kontrolle wird ein hoch entwickelter und spezialisierter Verwaltungsapparat unterhalten. Da die meisten Fluggesellschaften aus Wettbewerbs- und Kostengründen umfangreiche Kooperationen eingegangen sind, wird dadurch die Komplexität noch verstärkt.[42] Die Unternehmensaktivitäten der Netzwerk-Carrier bauen also auf einem differenzierten Geschäftsmodell auf, das an der Strategie der Qualitätsführerschaft orientiert und stark an die Prinzipien von Autarkie, direkter Kontrolle und Ressourcenunabhängigkeit angelehnt ist.

4.2.2.3 Low Cost-Carrier

Die Strategie, mit niedrigen Tarifen in das Hochpreiskartell der etablierten Fluggesellschaften einzudringen, wurde schon zu Beginn der siebziger Jahre entwickelt, als das britische Unternehmen Laker Airways 1972 die Betriebsgenehmigung für einen „Sky Train" (keine Reservierungsmöglichkeit, reduzierter Service) zwischen London und New York erhielt. Der Flugbetrieb konnte aber erst 1977 mit Erlangung der Verkehrsrechte in den USA aufgenommen werden. Später betätigten sich Braniff (ab 1979), Virgin Atlantic und People Express (ab 1983) als Niedrigpreisanbieter über den Nordatlantik. Obwohl das Konzept wirtschaftlich nicht erfolgreich war – Laker, Braniff und People Express schieden 1986 aus, Virgin Atlantic entwickelte sich zum Qualitätscarrier – hat es dennoch den Markt erheblich verändert.[43] Die Linienfluggesellschaften hatten auf die Aktivitäten der Preisbrecher mit stark reduzierten Sondertarifen (Apex, Stand-By-Tarife) reagiert,

---

[42] Vgl. aktueller Überblick über Airline-Kooperationen und Beteiligungen in: KEMP, R., MOUNTFORD, T., TACOUN, F.: Airline alliance survey 2005, S. 49-91.

[43] Vgl. BALDWIN, R.: Regulating the Airlines, S. 108-116.

so dass der durchschnittliche Apex-Tarif zwischen den USA und Großbritannien 1985 auf 67% des Niveaus von 1975 sank. Dies hatte zur Folge, dass die Preise der Charterfluggesellschaften immer weniger konkurrenzfähig wurden: Ihr Anteil an den Nordatlantik-Passagieren fiel vom bisherigen Höchstwert von 42% im Jahre 1977 auf unter 10% Mitte der achtziger Jahre[44] und hat seitdem weiter abgenommen.

In den USA kam es nach der Deregulierung auch im Niedrigpreissegment zu einer Welle von Neugründungen, aber auch hier konnten sich langfristig nur wenige Unternehmen wie Southwest oder AirTran behaupten.[45] In Europa gab es, anders als in den USA, bis Mitte der neunziger Jahre nur wenige Gründungen von Low Cost-Airlines. Im innerdeutschen Linienverkehr scheiterten die 1988 gestarteten Versuche von Aero-Lloyd und Germanair, mit Hilfe ihrer günstigeren Kostenstrukturen in Ergänzung zum Charterverkehr auch Liniendienste anzubieten, schon nach einem Jahr. Ebenso erfolglos blieb 1989 das Konzept von German Wings, der Lufthansa mit niedrigeren Preisen bei hohem Serviceniveau Konkurrenz zu machen.

Erst die konsequente Entwicklung der Low Cost-Strategie durch Ryanair, easyJet (beide England) und Virgin Express (Belgien) brachte für dieses Geschäftssystem den Durchbruch. Dessen positive Entwicklung führte bei mehreren etablierten großen Fluggesellschaften zu Überlegungen, mit der Gründung von Low Cost-Tochterunternehmen in diesen Markt einzusteigen, so z. B. zuerst British Airways mit Go und KLM mit Buzz und Basiq Air sowie später Lufthansa mit germanwings oder TUI mit Hapag Lloyd Express.[46] Durch die anhaltend hohen Wachstumsraten der Unternehmen hält der Low Cost-Bereich im Jahr 2005 inzwischen einen Kapazitätsanteil von 18,4% der wöchentlich angebotenen Sitze in Europa.[47]

Low Cost-Carrier unterbieten die vergleichbaren Flugpreise der etablierten Fluggesellschaften um bis zu 70%. Es gibt jedoch keine Low Cost-Strategie schlechthin, vielmehr verfolgt jedes Unternehmen ein eigenes Konzept, so dass die Bandbreite der in diesem Marktsegment tätigen Fluggesellschaften von der No Frills-Airline mit Verzicht auf nahezu alle zusätzlichen Serviceleistungen wie Bordverpflegung oder Zeitungen bis hin zum „Full-Service fliegen, wenig zahlen" (Air Berlin, Juli 2006) reicht. Grundsätzliche Hauptmerkmale des Low Cost-Geschäftssystems sind:

---

[44] Vgl. HOFTON, A.: Trans-Atlantic Air Travel, S. 13; POMPL, W.: Nordatlantik-Flugverkehr, S. 14.
[45] Vgl. BLEEKE, J. A.: Strategic Choices, S. 84; KRAHN, H.: Markteintrittsbarrieren, S. 54.
[46] Vgl. CONRADY, R., POMPL, W.: Low-Cost als strategische Option, S. 565. Go wurde 2001 an die Investmentgruppe 3i verkauft und 2002 von Easyjet übernommen (vgl. FLOTTAU, J.: British Airways stößt Billigfluglinie „Go" ab, S. 9 sowie FIELD, D.: Pain relief, S. 27). Buzz wurde vor dem Air France-KLM Merger 2003 an Ryanair verkauft (FIELD, D.: Pain relief, S. 27). Basiq Air ging 2005 in der KLM Tochter Transavia auf (TRANSAVIA: Basiq Air, o. S.).
[47] Vgl. AEA: Yearbook 2006, S. 10.

- die mit Linienfluggesellschaften vergleichbaren Destinationen,
- eine mit Charterfluggesellschaften vergleichbare Kostenstruktur,
- ein neuartiges Produkt- und Servicekonzept,
- die konsequente Konzentration auf den Aktionsparameter „Preis".

Um diese strategischen Erfolgsfaktoren zu realisieren, sind eine Reihe konkreter geschäftspolitischer Maßnahmen in den Bereichen Streckenmanagement, Operations, Vertrieb und Service umzusetzen. Die sich daraus ergebenden möglichen Kostenvorteile führen nach einer Kaskade-Studie von DOGANIS,[48] die auf einem modifizierten Vergleich von British Midland als Full Service-Liniengesellschaft und easyJet als Low Cost-Carrier basiert, gegenüber dem Geschäftssystem Linienverkehr zu einem Kostenniveau von ca. 40-45% (vgl. Abb. 4.6).

Carrier type	Cost reduction (%)	Cost per Seat
Conventional scheduled carrier		100
Low-cost carrier		
Operating advantages:		
Higher seating density	- 16	84
Higher aircraft utilisation	- 3	81
Lower flight and cabin crew salaries/expenses	- 3	78
Use cheaper secondary airports	- 6	72
Outsourcing maintenance/single aircraft type	- 2	70
Product/service features:		
Minimal station costs and outsourced handling	- 10	60
No free in-flight catering	- 6	54
Marketing differences:		
No agents' commissions*	- 8	46
Reduced sales/reservation costs	- 3	43
Other advantages:		
Smaller administration costs	- 2	41

Note: * assumes 100 per cent direct sales and none through agents.

Quelle: DOGANIS, R.: Airline Business, S. 150.

Abb. 4.6 Cost advantages of low-cost carriers on short-haul routes

Flugplan: Das Streckennetz verbindet vorzugsweise aufkommensstarke europäische Wirtschaftszentren im sog. „Point-to-Point-Verkehr" miteinander. Das eigenständige Verkehrsaufkommen (Verkehr ohne vor- oder nachgelagerte Anschluss-

---

[48] DOGANIS, R.: Airline Business, S. 150. Bei der Kaskade-Methode werden die Kosten des verglichenen Unternehmens mit 100% angesetzt und schrittweise die Einsparungen bei den einzelnen Kostenblöcken abgezogen.

flüge) zwischen diesen Destinationen ist entweder bereits sehr hoch oder kann erheblich gesteigert werden, so dass ein für eine Low Cost-Strategie ausreichend großes Nachfragesegment existiert. Von wenigen Ausnahmen abgesehen wird keine direkte Streckenkonkurrenz mit starken Wettbewerbern gesucht, da damit zu rechnen ist, dass diese den Niedrigpreisen mit Sondertarifen (bei geringer Angebotskapazität und mit starken Restriktionen) und Frequenzausweitung begegnen. Vielmehr werden auf Parallelmärkten (bei Städten mit mehreren Flughäfen) Flughäfen bedient, auf denen die Konkurrenz nicht vertreten ist (z. B. Luton statt London-Heathrow). Darüber hinaus sind in erreichbarer Nähe großer Wirtschaftszentren häufig kleinere Flughäfen vorhanden, die zu geringeren Kosten angeflogen werden können (siehe z. B. Stansted bei London, Hahn in der Nähe des Flughafens Rhein/Main und Berlin-Schönefeld statt Berlin-Tegel) und für die Flugreisenden die Vorteile geringerer Parkgebühren, kürzerer Wege am Airport und geringerer Passagierdichte bieten. Auf diesen Flughäfen sind deutliche Kosteneinsparungen durch geringere Start- und Landegebühren und geringere Kosten für die Bodenabfertigung zu erreichen. Ein weiterer Vorteil dieser Sekundärflughäfen besteht darin, dass zumeist auch zu attraktiven Tageszeiten, also zu den für Geschäftsreisende günstigen Morgen- und Abendstunden, Slots für Starts und Landungen zur Verfügung stehen.

Da Low Cost-Operations primär auf das Marktsegment des eigenständigen Verkehrs zielen, ist die für globale Carrier so bedeutsame Netzbildung für Low Cost-Carrier irrelevant. Zudem wird im Gegensatz zu globalen Netzcarriern auf Interlinefähigkeit verzichtet. Die fehlende Hubanbindung stellt somit keinen Nachteil dar.

Flugzeuge: Für eine kostengünstige Produktion im Luftverkehr ist ein hoher Nutzungsgrad des kapitalintensiven Produktionsfaktors „Flugzeug" von großer Bedeutung. Die Flugzeugumläufe sind daher so zu optimieren, dass eine maximale Einsatzdauer der Flugzeuge erreicht wird. Bei der Entwicklung des Flugplans sind somit operationelle Einflussfaktoren in sehr starkem Maße zu berücksichtigen. Eine Optimierung der Kostenstruktur wird in aller Regel durch eine Reihe von Maßnahmen angestrebt. Die Flugzeugproduktivität wird durch die fixen Punkt-zu-Punkt-Umläufe, kurze Umschlagzeiten (schnelleres Boarding durch Verzicht auf eine Sitzplatzzuteilung, keine Zeitverluste durch Laden von Fracht und Catering) und dichte Bestuhlung mit nur einer Beförderungsklasse gesteigert. Durch eine einheitliche Flugzeugflotte werden Komplexitätskosten insbesondere in den Bereichen Personalqualifikationen (im fliegerischen und im Technik-Bereich) und Wartungs- und Instandhaltungsdienste (Ersatzteilbevorratung) vermieden. Die Finanzierung der Flugzeuge und des für den Flugbetrieb erforderlichen technischen Geräts erfolgt aus Kostengründen weitgehend über Leasing. Lediglich in den Fällen, in denen ausreichendes Eigenkapital zur Verfügung steht, findet der Kauf von Flugzeugen statt.

Wartung: Flugzeugwartung ist nur in großbetrieblichen Organisationsformen kostengünstig darstellbar, es ist ein typisches Economies of Scale-Geschäft. Da Low Cost-Carrier in aller Regel die kritische Masse für eine kostengünstige Technik alleine nicht aufweisen, werden Technikdienstleistungen konsequent an spezialisierte Werftbetriebe vergeben (Outsourcing). Gleichzeitig wird damit der Aufbau von Fixkosten vermieden.

Besatzung: Da ein erheblicher Anteil der Personalkosten auf den fliegerischen Bereich entfällt, sind an dieser Stelle alle Möglichkeiten zur Kostensenkung auszuschöpfen:

- geringeres Gehaltsniveau bei längerer Arbeitszeit,
- Einsatz junger Crews mit niedrigen Einstiegsgehältern,
- Einsatz von Personal aus Ländern mit niedrigem Lohnniveau,
- Vermeidung gewerkschaftlicher Organisation des fliegerischen Personals,
- Ausschöpfung der Crewarbeitszeiten bis an die Grenze der gesetzlichen Möglichkeiten,
- Vermeidung freiwilliger sozialer Leistungen,
- Fliegen mit Minimum-Crew, d. h. mit möglichst geringer, lediglich den gesetzlichen Sicherheitsanforderungen entsprechender Anzahl von Flugbegleitern,
- Reduktion der Crew-Reisekosten durch dezentrale Einsatzstellen.[49]

Verkauf/Vertrieb: Die Vertriebskosten werden durch Direktvertrieb über Internet und Call Center niedrig gehalten. Damit werden insbesondere die Kosten für den Anschluss an Computerreservierungssysteme sowie Kosten für eigene Verkaufsstellen und Provisionen bei Fremdvertrieb gespart, die für die Anforderungen der Low Cost-Carrier überfunktional und damit zu kostenaufwendig sind. Deren interne Reservierungssysteme basieren auf gekaufter oder geleaster PC-Branchen-Software, die für Reservierung, Flug- und Crewplanung sowie Abrechnung ausreichend ist. Fluggesellschaften, die Flugscheine erst beim Check-in zusammen mit der Bordkarte (nur ein Dokument) ausstellen oder die mit elektronischen Tickets arbeiten, können durch den Verzicht auf vorherige Ausstellung und Zusendung der Flugscheine zusätzlich Kosten reduzieren. Die Bezahlung mittels Kreditkarten oder Lastschriftverfahren hat eine positive Liquiditätswirkung, da hier die Einnahmen schneller verfügbar sind als bei der konventionellen monatlichen Abrechnung über den BSP.

Verwaltung: Die Verwaltung von Low Cost-Carriern ist durch sehr schlanke Strukturen gekennzeichnet. Lean Management wird ebenso realisiert wie das Outsourcing aller nicht strategisch relevanten Bereiche. In der eigenen Organisation werden daher nur unmittelbar mit dem Kerngeschäft zusammenhängende Leistungen erbracht, alle anderen Vorleistungen und Tätigkeiten werden extern zugekauft.

Servicekonzept: Erhebliche Kosteneinsparungsmöglichkeiten ergeben sich durch einen weitgehenden Verzicht auf Bordmaterialien, Bordverpflegung und sonstigen Kundenservice. So verzichten Low Cost-Carrier meist auf die Bereitstellung von Zeitung und Zeitschriften, bieten keine Mahlzeiten (allenfalls ein alkoholfreies Getränk) und vermeiden kostenintensive Kundenservices wie Kinder-

---

[49] Falls es gelingt, nur jene Crews auf den einzelnen Routen zu beschäftigen, die ihren Wohnort am Übernachtungsflughafen des Flugzeuges haben, entfallen Hotelkosten und Spesen bzw. Crewreisezeiten zu den jeweiligen Heimatflughäfen.

betreuung, Wheelchair-Dienste oder Lounges. Zu den ergänzenden Services globaler Netzwerkcarrier gehören in aller Regel Vielflieger- bzw. Bonusprogramme. Low Cost-Carrier verzichten aus zweierlei Gründen auf derartige Kundenbindungsprogramme. Zum einen verursacht die Administration der Programme nicht unerhebliche Kosten, zum anderen geht man davon aus, dass ein niedriges Preisniveau ausreichende Kundenbindung erzeugt.

Preiskonzept: Der Preis ist bei Low Cost-Carriern das mit weitem Abstand wichtigste Marketinginstrument. Die Preise sind im Vergleich zu den etablierten Konkurrenten erheblich niedriger (vgl. Abb. 4.7). Zudem sind die Preisstrukturen für Kunden sehr einfach durchschaubar, da nur zwei oder drei unterschiedliche Tarife und häufig Preise gewählt werden, an die sich der Kunde leicht erinnern kann (z. B. € 19,- oder € 49,99). Die Kommunikation der Preise erfolgt in Form intensiver Endverbraucherwerbung, die den attraktiven Preis als einzige Botschaft in den Mittelpunkt der Werbung stellt.

Trotz des hohen Entwicklungspotentials ist dieses Geschäftsfeld ein schwieriger Markt: bspw. sind Debonair 1999, Go 2002, Buzz 2003, V-Bird, Air Polonia, Volareweb und JetGreen 2004 sowie Germania Express (gexx) 2005 ausgeschieden.

Airline	Strecke	Preis inkl. Steuern
Low Cost-Carrier		
Ryanair	Frankfurt/Hahn – London/Stansted – Frankfurt/Hahn	€ 116,76
easyJet	Köln/Bonn – London/Stansted – Köln/Bonn	€ 126,19
germanwings	Köln/Bonn – London/Stansted – Köln/Bonn	€ 136,96
Vergleichswerte Netzwerk-Carrier		
Lufthansa	Frankfurt/Main – London/Heathrow – Frankfurt/Main	€ 219,47
British Airways	Frankfurt/Main – London/Heathrow – Frankfurt/Main	€ 277,47

Quellen: Alle Preise per online-Abfrage Anfang Juli 2006 für Abflug Anfang August 2006 unter: www.ryanair.com, www.easyjet.com, www.germanwings.com, www.lufthansa.com und www.britishairways.com.

Abb. 4.7. Preisvergleich Low Cost-Airlines

Die zukünftigen Herausforderungen an das Management von Low Cost-Airlines sind:

- Die wachsende Konkurrenz von Low Cost-Airlines untereinander, da sie zunehmend gleiche Strecken bedienen (2006 waren ab London auf 15 Strecken mehr als eine Low Cost-Airline tätig).

- Die Gefahr der Überkapazität durch schnelles unternehmensinternes Wachstum mit geplanten jährlichen Kapazitätssteigerungen von mehr als 20%. Hier können schon kleine Nachfrageeinbrüche ein Erreichen des break-even-load-factors verhindern oder ertragsmindernde Preissenkungen einleiten. Die bisherige Entwicklung der Low Cost-Airlines fand in einem von Wachstum geprägten wirtschaftlichen Umfeld statt (durchschnittliche Wachstumsrate des BIP in der Eurozone von 1998 bis 2007: 2,0%[50]) und wurde noch nicht durch erhebliche Konjunkturabschwünge geprüft.
- Überdurchschnittliche Kostenerhöhungen sind wahrscheinlich, da die Low Cost-Airlines als Start-Ups zunächst günstige Verträge mit Flughäfen, Abfertigungsgesellschaften und Personal schließen konnten. Mit zunehmender Etablierung werden Vertragserneuerungen nicht mehr unter solchen Ausnahmebedingungen stattfinden. Der zyklisch auftretende Mangel an Piloten bei den großen Fluggesellschaften lässt auch bei den Low Cost-Carriern erhebliche Gehaltsanhebungen erwarten[51]. Zum längerfristigen Rückgang von anfänglichen Kostenvorteilen stellt FRENCH fest: „A new entrance carrier is likely to enjoy a 50% unit labour cost advantage over an unrationalised major, but this advantage will be steadily eroded as seniority accrues and the major carriers continue to restructure themselves."[52]
- Bei zunehmendem Wachstum steigen die Verwaltungskosten überproportional.
- Die Ausweitung des Streckennetzes ist dort begrenzt, wo es zur Konkurrenz mit den Ferienfluggesellschaften kommt.[53] Diese erscheinen selbst bei ähnlichen Strecken wettbewerbsfähiger, da sie mit der Vercharterung des Hauptkontingents an Reiseveranstalter eine hohe Grundauslastung haben und durch den Einsatz größerer Flugzeuge mit längerer Einsatzdauer (Nachtflüge, Wochenende) Kostenvorteile erzielen.[54] Linienmäßige Bedienung (z. B. täglicher Shuttle-Verkehr), Einzelplatzbuchungen, dualer Vertrieb über Reisebüros und Online-Medien sowie ein Ertragsmanagement, bei dem Last-Minute-Angebote mit stufenweiser Preisreduzierungen je nach Auslastungssituation auf den Markt gebracht werden, sichern ihnen eine hohe Akzeptanz bei den Verbrauchern.

4.2.2.4 Der Chartermodus

Dieses Geschäftsmodell ist ab den 1960er und 1970er Jahren vor allem aus einer starken touristischen Nachfrage nach Flugbeförderung entstanden. Schwerpunkte des Verkehrs im Chartermodus sind vor allem in Europa zu finden, der hier schematisch als Nord-Süd-Verkehr zu touristischen Zielen im Mittelmeerraum zu se-

---

[50] BIP = Bruttoinlandsprodukt; INTERNATIONAL MONETARY FUND: World Economic Outlook 2006, S. 177.
[51] So schloss beispielsweise Ryanair Ende 2000 nach Streikdrohungen der Piloten Verträge mit jährlichen Gehaltssteigerungen von 3% bis 2005 bei gleichzeitiger Reduzierung der Arbeitszeit. Vgl. o. V.: Frieden für kurze Zeit, S. 33.
[52] FRENCH, T.: No-Frills Airlines, S. 5.
[53] Vgl. GALLACHER, J.: New challenge, S. 68.
[54] Vgl. BAKER, C.: War of independents, S. 78.

hen ist; traditionelle Quellländer sind somit vor allem nordeuropäische Länder wie Skandinavien, Großbritannien, Deutschland oder die Benelux-Staaten. In supranationalen Märkten (Open Skies) verschwimmen die Grenzen zwischen Charter- und Linienverkehr immer mehr. Beispielsweise ist innerhalb der Europäischen Union die verkehrsrechtliche Trennung seit 1993 aufgehoben und ein Grossteil der Ferienflüge wird als planmäßiger Linienverkehr durchgeführt.

Fluggesellschaften im Chartermodus passen im Gegensatz zu den Full Service Network Carriern das Beförderungsprodukt an das Angebot der Reiseveranstalter und deren Nachfragesegmente an. Je nach Integrationsgrad in die Wertschöpfungskette des Reiseveranstalters bestimmt dieser über die Produkteigenschaften. Entsprechend wirkt sich dies auf die angebotenen Serviceleistungen der Ferienfluggesellschaft am Boden und in der Luft aus. Da der Stellenwert des Produktelementes Beförderung mit seinen Serviceleistungen innerhalb des Gesamtproduktes nur eine untergeordnete Rolle einnimmt, ist das Serviceangebot am Boden meist auf das Notwendigste reduziert und fallweise fast auf das Niveau von Low Cost-Airlines gesenkt.[55] Auf den europäischen Strecken wird auch im Charterbereich nur eine „Einheitsklasse" angeboten. Jedoch sind Unterhaltungs- und Verpflegungsmöglichkeiten im Flugpreis enthalten und können zum Teil mit den Standards der Full Service-Carrier durchaus konkurrieren.

„Für den Charter-Modus ist ebenso charakteristisch, dass die Beförderungsleistung nicht über die Fluggesellschaft selbst, sondern als Leistungsbündel (Pauschal-)Reise über die Vertriebsstrukturen der Reiseveranstalter (oder Intermediäre wie beispielsweise Reisebüros) vertrieben wird. Da somit die Chartergesellschaften praktisch die Funktion eines reinen Kapazitätsbereitstellers für die Reiseveranstalter übernehmen, sind kaum eigene Vertriebsstrukturen notwendig. Somit kann auf den Unterhalt eines aufwendigen Verkaufs- und Verwaltungsapparates verzichtet werden."[56] Abteilungen für bestimmte betriebswirtschaftliche Funktionen wie beispielsweise das Ticketing, die Buchhaltung, die Abrechnung oder das Yield-Management sind im Charterbereich, verglichen mit dem Linienverkehr nur in eingeschränktem Maße notwendig. Die Zahl der Management- und Steuerungsebenen ist reduziert und die Hierarchiestruktur kann flach gehalten werden. Diese Komplexitätsreduzierung ist auch im Netzmanagement und Flugbetrieb festzustellen. Die Ferienfluggesellschaften betreiben das Fluggerät innerhalb Europas im Einheitsklassenkonzept mit hoher Bestuhlungsdichte im „Punkt-zu-Punkt"-Verkehr. In Zusammenarbeit mit den Reiseveranstaltern werden regelmäßige Flugketten nach einem vorher festgelegten Flugplan abgewickelt. Da Rahmendaten der Reiseveranstalter wie Destinationsanzahl, Frequenzen, Maximalkapazitäten sowie bestätigte Frühbuchszahlen schon weit vor Beginn der Flugplanperiode feststehen, können der Flotteneinsatz und der Personalbedarf früher und exakter als im Linienbereich geplant werden.[57]

In den letzen Jahren wurden vor allem deutsche und britische Chartergesellschaften (bspw. Condor, Hapag-Lloyd Flug, LTU, Britannia und JMC) durch Ka-

---

[55] Vgl. POMPL, W.: Tourismusdienstleistungen, S. 402 ff.
[56] SCHUCKERT, M., MÖLLER, C.: Grundprinzipien und Geschäftsmodelle, S. 474.
[57] Vgl. a. a. O.

pitalbeteiligungen und Akquisitionen eng an große Reiseveranstalter (TUI, Thomas Cook, Rewe-Gruppe) gebunden. Durch diese vertikale Integration haben die Reiseveranstalter versucht, über die gesamte touristische Wertschöpfungskette hinweg den Einfluss auf die Produkterstellung zu verstärken, Schlüsselressourcen direkt zu kontrollieren und Skaleneffekte zu realisieren.[58] Um die Auslastung der Kapazitäten zu erhöhen, verstärken die Ferienflieger – abhängig vom Integrationsgrad – in den letzten Jahren den Einzelplatzverkauf und wenden sich einer Flexibilisierung des Flugplanes zu. Jedoch sind durch Überschneidungen in Teilen der Zielgebiete und Nachfragesegmente alle Chartergesellschaften gleichermaßen einem zunehmenden Wettbewerb durch Low Cost-Gesellschaften ausgesetzt.[59]

4.2.2.5 Gegenüberstellung der Geschäftssysteme

Lange bevor in Europa Mitte der 1990er Jahre die Entwicklung der Low Cost-Gesellschaften begann, operierte dieser Typ von Luftfahrtgesellschaft bereits erfolgreich in den USA. Im Gegensatz zu den traditionellen Liniengesellschaften (Full Service Network-Carrier), die ein Qualitätskonzept mit einem umfangreichen Serviceangebot und einer stark differenzierten Produktpalette verfolgen, ist das Geschäftssystem der Low Cost-Carrier als Preiskonzept auf einer konsequenten Kostenreduzierung aufgebaut. Wesentliche Vorteile sichern sich die Low Cost-Gesellschaften vor allem durch die Konzentration auf eine schlanke und effiziente Organisation im Flugbetrieb. Unter dem Stichwort „light assets" sind operative und vor allem kapitalintensive Unternehmensaktivitäten zusammengefasst, welche bei traditionellen Liniengesellschaften meist noch in den eigenen Wertschöpfungsstrukturen integriert, bei den Low Cost-Airlines aber von vornherein ausgelagert sind.[60]

Die strategischen Erfolgspositionen des Low Cost-Geschäftssystems gegenüber dem traditionellen Ansatz der Liniengesellschaften lassen sich wie folgt subsumieren: Durch die konsequente Konzentration auf die Kernleistung und die Reduktion der Produktions- und Prozessstrukturen entlang der Wertschöpfungskette versetzt das Low Cost-Geschäftsmodell auf der Anbieterseite in die Lage, die Transportleistung mit flexiblen Unternehmensstrukturen zu vergleichsweise niedrigen Kosten zu produzieren. Dies ermöglicht den Gesellschaften nachfrageseitig, die eigentliche Transportleistung wesentlich günstiger als die Mitbewerber anzubieten, wodurch der Preis als das wichtigste Marketinginstrument einen starken Nachfragesog bewirkt. Diesem kann das Angebot durch die flexiblen Unternehmensstrukturen dann optimal angepasst werden. Gegenüber den traditionellen Mitbewerbern sichern Kostenstruktur, Unternehmensarchitektur und das Preissystem den Erfolg ab. Somit operiert das Geschäftssystem „Low Cost" mit veränderten Parametern in einem bekannten Marktumfeld. Wie aus Abbildung 4.9 hervorgeht, sind im Gegensatz zu den FSNC und den Low Cost-Gesellschaften zwischen Chartermodus und den Low Cost-Airlines in weiten Bereichen dieser Gesellschaftstypen konzeptionelle und strukturelle Übereinstimmungen festzustellen.

---

[58] Vgl. BIEGER, T., DÖRING, T., LAESSER, C.: Transformation, S. 72.
[59] Vgl. WILLIAMS, G.: Airline Competition, S. 119 f.
[60] Vgl. OTT, J., NEIDL, R.: Turbulent Flight, S. 197 ff.

	Full Service Network-Carrier (FSNC)	Low Cost-Airline (LCC)
Leistungskonzept	Globales Streckennetz, hohe Frequenzen, schnelle Umsteigeverbindungen, zentrale Airports, Hub-and-Spoke-Konzept. Starke Differenzierung der Kundengruppen, des Produktes (Mehrklassensystem) und des Serviceangebots.	Punkt-zu-Punkt-Verbindungen, selektives Streckenangebot, wenige Verbindungen, dezentrale Flughäfen. Einheitliche Transportklasse für Leisure- und Business-Verkehr. Keine Lounges, Sitzplatzreservierung, Inflight-Catering.
Kommunikationskonzept	Komplexe Markensysteme, Loyalitätsprogramm (Frequent Flyer Programm).	Bekanntheitswerbung selektiv in relevanten geographischen und virtuellen Märkten. Aggressive Preiskommunikation. Kaum Kundenbindungsmaßnahmen
Vertriebskonzept	Ausschöpfung aller direkten und indirekten Vertriebskanäle, komplexe Vertriebs- und Preisstruktur, Präsenz in Computerreservierungssystemen.	Eigenvertrieb vornehmlich über virtuelle Kanäle (Internet, Call Center). Airlinespezifisch auch Fremdvertrieb über Intermediäre (Reisebüros).
Ertragskonzept	Aufwendiges Revenue-Management. Grosse Abhängigkeit von Nebengeschäften im Service-Bereich.	Einfache Pricing-Systeme, konsequente Kostenoptimierung auch im Marketing, Transport oft einzige und ausreichende Einnahmequelle.
Wachstumskonzept	Teurer Kampf um Marktanteile über Grenzkostenpreise, verstärkte Merger & Acquisition-Aktivitäten, Einkauf in Allianzsysteme, Diversifikation etc.	Sequentieller Ausbau des Streckennetzes: Wird eine Route erfolgreich betrieben, wird nächste Route eröffnet. Ggf. Gründung einer Tochtergesellschaft.
Schlüsselkompetenz	Netzwerk- und Flottenmanagement, Marketingkompetenz, Steuerung der Holdingstrukturen.	Marktpräsenz und Kostenkompetenz.
Organisationsform	Strukturierung um die zentralen Kompetenzen Netzwerkmanagement und Marketing, Holdingstruktur. Grosse Zahl von Kooperationspartnern (Fluggesellschaften, Serviceprovider wie z. B. Ground Handling und Wartung), Allianzmanagement, komplexe Kapitalverflechtungen und Franchiseverträge, komplexe Technologie (Flotte, IT).	Einfacher, integrierter Flugbetrieb mit schlanken Führungsstrukturen, keine Kooperationen, reine Leistungsbezüge (virtuelles Wertschöpfungsnetz).

Quelle: In Anlehnung an BIEGER, T., LIEBRICH, A.: Neue Geschäftsmodelle, S. 14.

Abb. 4.8. Gegenüberstellung von Full Service- und Low Cost-Konzept

Elemente	Charter-Carrier	Low Cost-Airline
Flugbetrieb und Netzwerk:		
Hohe Produktivität Fluggerät/Crew	✈	✈
Einheitsflotte		✈
Dichtere Bestuhlung	✈	✈
Höherer Ladefaktor	✈	
Outsourcing Station und Wartung	✈	✈
Reduzierter Personalbestand (Crew)/günstige Lohnstruktur	✈	✈
Sekundär/tertiär Airports		✈
Kurze Turnaround-Zeiten		✈
Off Peak-Zeiten/ u. U. 24 Stunden Betrieb	✈	
Längere Streckensektoren	✈	
Punkt-zu-Punkt-Verkehr	✈	✈
Produkt:		
Im Preis inbegriffenes Inflight-Catering	✈	
Outsourcing von Passenger Handling und Catering	✈	✈
Lounges, Mehr-Klassen-System		
Vielfliegerprogramm	✈	
Vertrieb:		
Provisionen	✈	
Reduzierte Kosten für Ticketing und Verkauf	✈	✈
Intensive Werbung und Promotion-Aktivitäten		✈
Sonstiges:		
Günstige Verwaltungsstrukturen	✈	✈
Günstige Personalstrukturen (Alter, Verträge, Lohnniveau)	✈	✈
Angebot von Luftfrachtleistungen		

Abb. 4.9. Gegenüberstellung von Chartermodus und Low Cost-Airline

Beim Vergleich wichtiger betriebswirtschaftlicher Parameter wie den direkten und indirekten Betriebskosten sowie von Produktivitätskriterien wie der Nutzungsdauer, der Sitzdichte und den Ladefaktoren zeigen sich für Chartermodus und Low Cost-Airlines nur geringe Unterschiede:[61]

- **Direkte Betriebskosten:** Bei Kostenpositionen wie bspw. Streckengebühren, Versicherungsprämien und vor allem Treibstoffkosten bestehen keine Differenzierungsmöglichkeiten, da diese exogen gegeben und für alle Luftverkehrsgesellschaften vergleichbar sind. Geschäftsmodell-spezifisch reduziert der stärkere Einsatz der Produktionsfaktoren (Crew/Fluggerät) die Abschreibungskosten im Charter- und Low Cost-Bereich. Der ausgelagerte Wartungsbereich entwi-

---

[61] Vgl. hierzu SCHUCKERT, M., MÖLLER, C.: Grundprinzipien und Geschäftsmodelle, S. 476.

ckelt sich für Low Cost-Gesellschaften tendenziell günstiger, da diese streckennetzbedingt eine homogenere Flottenstruktur halten können als Airlines im Charter-Modus. Durch die Nutzung von günstigeren Airports realisieren die Low Cost-Airlines deutliche Kostenvorteile.

- **Indirekte Betriebskosten:** Beide Geschäftsmodelle beeinflussen diese günstig durch niedrigere Aufwendungen für Verwaltung, Crews und Bodenpersonal. Obwohl in beiden Airlinekonzepten ein umfangreiches Outsourcing im Abfertigungsbereich vorgesehen ist, realisieren Low Cost-Gesellschaften doch mehr Einsparungspotenziale gegenüber dem Chartersektor. Dagegen unterhalten Low Cost-Airlines eine eigene Vertriebsinfrastruktur und betreiben umfassende Werbeaktivitäten, Chartergesellschaften leisten wiederum beim Einzelplatzverkauf Provisionszahlungen an Reisemittler und reduzieren Kosten durch Abwälzung von Vertriebsaktivitäten auf Reiseveranstalter.

- **Produktivität:** Chartergesellschaften können die großen Kostenvorteile der Low Cost-Gesellschaften durch eine hohe Sitzdichte in Kombination mit höheren Sitzladefaktoren (über 80%) und einer längeren täglichen Nutzungsdauer kompensieren, welche sich aus den zum Teil erheblich längeren Streckensektoren, aus einem ausgedehnten Flugbetrieb, einem angepassten Yield-Management durch die Vergabe der Sitzplatzkontingente an Reiseveranstalter sowie dem Einzelplatzverkauf ergeben.

Im direkten Vergleich dieser beiden Geschäftsmodelle ist festzustellen, dass sowohl im Charter- als auch im Low Cost-Bereich im Gegensatz zu den traditionellen Liniengesellschaften ähnliche Kostenvorteile erwirtschaftet werden. Dies liegt vor allem in den verwandten Produktionsstrukturen, die sich aus der Konzentration auf Kernleistungen einerseits und dem Outsourcing von Nebenleistungen andererseits zusammensetzen. Somit weisen beide Geschäftsmodelle virtuelle Strukturen auf. Dadurch können Synergiepotentiale im Bereich der Kernleistung ausgeschöpft und zugleich durch die Eliminierung redundanter Prozesse und Kapazitäten wesentliche Kosteneinsparungen realisiert werden. In der Praxis sehen beide Geschäftsmodelle den Flugbetrieb unter Berücksichtigung der Kostenstruktur und Marktpräsenz als Kernleistung an. Durch den Fremdbezug von Nebenleistungen wird damit eine optimierte Leistungserstellung erreicht. Somit zeichnen sich diese Geschäftsmodelle durch ein hohes Maß an Anpassungsfähigkeit und Flexibilität aus. Die Geschäftsmodelle Charter und Low Cost haben eine breite gemeinsame Basis und die gezeigten Kostenunterschiede bleiben in der Gesamtwirkung neutral. Jedoch sind auch eine Reihe wesentlicher Unterschiede zu erkennen:[62]

- Bisher haben sich die Geschäftsmodelle auf die Bearbeitung unterschiedlicher **Marktsegmente** konzentriert. Die Chartergesellschaften stellen in einem symbiotischen Leistungsverhältnis mit Reiseveranstaltern Beförderungskapazitäten für Pauschaltouristen zur Verfügung und bedienen vornehmlich touristische Destinationen. Die Low Cost-Gesellschaften haben sich auf individuell Reisende und vor allem preissensible Segmente auf City-zu-City-Verbindungen kon-

---

[62] Siehe auch SCHUCKERT, M., MÖLLER, C.: Grundprinzipien und Geschäftsmodelle, S. 477 f. sowie MÖLLER, C., SCHUCKERT, M.: Innovationskatalysator, S. 431 ff.

zentriert. Diese unterschiedlichen Marktsegmente sind jedoch prinzipiell nicht gegen das andere Geschäftsmodell abgrenzbar.

- Die Unterschiede im Vertriebsbereich beruhen darauf, dass im Charterverkehr der aufwandsintensive Vertrieb von den Reiseveranstaltern übernommen wird, während die Low Cost-Gesellschaften ein eigenes, meist virtuelles Direktvertriebssystem unterhalten. Jedoch resultiert daraus für die Charter-Gesellschaften eine eindeutige Abhängigkeit von den Veranstaltern.
- Im Bereich der **Angebotsstruktur** lässt sich ein wesentliches Differenzierungsmerkmal erkennen, welches als Nachteil zu Lasten der Charter-Carrier darzustellen ist. Das Charterprodukt ist im Vergleich zum Low Cost-Produkt in der Verfügbarkeit wesentlich unflexibler, da die Transportleistung der Chartergesellschaft meist fest in Pauschalreiseprodukte eingebunden und zum Teil nur saisonal verfügbar ist (so bieten die Chartergesellschaften meist wöchentliche und Low Cost-Airlines tägliche Verbindungen an). Die steigende Nachfrage nach individualisierten Reiseleistungen kommt den Low Cost-Gesellschaften deutlich entgegen, da deren Produkt in den meisten Fällen flexibel verfügbar ist.

Quelle: SCHUCKERT, M., MÖLLER, C.: Grundprinzipien und Geschäftsmodelle, S. 477.

Abb. 4.10. Überschneidung von Marktsegmenten

4.2.2.6 Stärken- und Schwächenanalyse des FSNC-Geschäftssystems

Die Gegenüberstellung und Analyse des Full Service Network Carriers im Vergleich zu anderen Geschäftssystemen lässt die folgenden Nachteile erkennen:[63]

Kapazität: Besonders die traditionellen Luftverkehrsgesellschaften weisen strukturelle Überkapazitäten auf, die sich aus dem Charakteristikum der schwankenden Nachfrage bei relativ starrer Beförderungskapazität, den verkehrsrechtlichen Anforderungen sowie der vorherrschenden quantitativen Wachstumsstrategie ergeben. Grundsätzliche Anreize zur Angebotsausweitung liegen in der generellen

---

[63] Vgl. Hierzu ausführlich: POMPL, W., SCHUCKERT, M., MÖLLER, C.: Netzwerk-Carrier, S. 22-26.

Wachstumsorientierung der Unternehmung, der Realisierung von Kostendegressionseffekten (Economies of scale, scope and size), der Schaffung von Wettbewerbsvorteilen durch Marktabsicherung und Marktanteilswachstum sowie der Möglichkeit zur strategischen Demonstration von Marktmacht durch Erhöhung von Markteintrittsbarrieren für Mitbewerber.[64] Besonders die sprungfixen Kapazitäten der FSNC lassen sich nur näherungsweise und mit großem Aufwand an tägliche, wöchentliche, monatliche und saisonale Nachfrageschwankungen sowie an unpaarige Verkehrsströme anpassen, da auch die Nachfragespitzen bedient werden sollen, wofür Reserven bereit zu halten sind. Eine Konsolidierung (Zusammenlegung) von Flügen ähnlich wie beim Ferienflugverkehr ist nicht möglich. Aus diesen volumen- und netzwerkgetriebenen Strukturen ergeben sich darüber hinaus wesentliche Nachteile:

- Das dichte Streckennetz bestehend aus unterschiedlichen Relationen und Einzugsgebieten stellt differenzierte Anforderungen an das Fluggerät, woraus eine komplexe und inhomogene Flottenstruktur resultiert.[65]
- Die Bedienung des kundenorientierten Produktanspruches eines ‚nahtlosen Reisens' (seamless travel) bedingt synchronisierte Flugpläne, die jedoch zu einer unsteten Auslastung von Personal, Transport- und Infrastrukturkapazitäten führen.[66]
- Die umsteigebedingenden Hub and Spoke-Systeme erfordern jedoch im Gegensatz zu reinen Point to Point-Verbindungen eigene und fremde Zu- und Abbringerverkehre, die bei Vollkostenrechnung oft nicht rentabel sind.[67]
- Die niedrigen Prorate-Erträge (passagierbezogener Anteil eines Anschlussfluges am Gesamtertrag des Fluges) werden durch den Beitrag der Flüge zur Gesamtstrecke legitimiert, ein Kostenrechnungsverfahren, das besonders bei Sondertarifen nur bedingt der ökonomischen Vernunft folgt.[68]

Legacy: Die FSN-Gesellschaften weisen die allgemeinen Probleme von ‚alten' Unternehmen auf, ein Erbe (legacy), das Airline-Start-Ups nicht haben. Aus diesem Erbe resultieren die Probleme vieler Luftfahrtgesellschaften, die ‚Staatscarrier-Mentalität' abzulegen und die neuen Wettbewerbsregeln zu akzeptieren oder gar zu antizipieren.[69] Die Remanenz einer gewissen Trägheit, eingefahrener Prozesse, formeller wie auch informeller Normen und Unternehmenskulturen sowie einer alten Denkweise zeigen sich in einem ausgeprägten Prestige- und Hierarchiedenken, einer hohen Anspruchshaltung, dem Festhalten am Senioritäts- und Statusprinzip sowie auch der ‚Vetternwirtschaft' und wirken sich negativ auf den Innovationsgrad, die Produktivität und die Kostenstruktur aus.[70] Die Unter-

---

64 HOLLOWAY, C.: Changing Planes, S. 5.
65 SHAW, S.: Airline Marketing, S. 97.
66 FRANKIE, M.: Competition, S. 15 f.
67 Vgl. a. a. O.
68 TRETHEWAY, M. W.: Distortion of airline revenues, S. 9 ff sowie TANEJA, N.: Airline Survival Kit, S. 48.
69 Vgl. THOMAS, G.: Identity Crisis, S. 38.
70 Vgl. DOGANIS, R.: Flying Off Course, S. 188-193.

nehmensarchitektur ist durch die Integration nahezu aller betrieblichen Funktionen in die Fluggesellschaft gekennzeichnet, es wurden interdependente Strukturen (wie Kooperationsverträge und Beteiligungsverhältnisse) aufgebaut und Prozesse bzw. Verfahrensweisen entwickelt, bei denen jede Änderung zu weit reichenden Nebenwirkungen führt.

Die Arbeitnehmervertretung konnte in der Vergangenheit nicht zuletzt durch den hohen gewerkschaftlichen Organisationsgrad eine für den Dienstleistungssektor überdurchschnittliche Vergütung, eine arbeitnehmerfreundliche Arbeitszeitregelung, komfortable Krankheits- und Ruhestandsregelungen sowie eine Vielzahl an weiteren Vergünstigungen durchsetzen. Zudem führt die Altersstruktur wegen der an Dienstaltersstufen gekoppelten Entlohnung zu Kostennachteilen gegenüber den jungen Low Cost-Mitbewerbern.[71]

Produktpolitik: Die detaillierte Produktdifferenzierung, die zu einer komplexen und aufwendigen Servicekette mit umfangreichen Leistungen führte und pauschal im Flugpreis enthalten ist, stellt die eigentliche Kernproblematik der FSNC dar. Da dieses Leistungsversprechen fest in der Kundenerwartung verankert ist, wird beides als Selbstverständlichkeit vorausgesetzt. Im Falle des Vollzahlertarifs stimmt das Preis-Leistungsverhältnis aus Anbietersicht, jedoch wird für die Anbieter auf Basis der Sondertarife (Minderzahler) die Kalkulation ausgehebelt, da der Minderzahler ein kostenintensives und gegenüber dem Economy-Normaltarif materiell gleichwertiges Produkt erhält. Fliegt der Minderzahler über eine Umsteigeverbindung, liefert der Zubringerflug per se nur einen reduzierten Deckungsbeitrag (Prorate) und verursacht zusätzliche Kosten (Passagier- und Gepäcktransfer, Boarding, Gebühren). Die FSNC sitzen somit in einer **Servicefalle**:

Operativ sind Serviceeinschränkungen vor, während und nach Abschluss des Fluges kaum möglich, da das Produkt nach Beförderungsklassen differenziert ist und nicht nach Tarifklassen. Eine ertragsorientierte und kostensenkende Produktdifferenzierung kann hier nur bedingt umgesetzt werden. Da Serviceeinschränkungen einer einzelnen Fluggesellschaft deren Wettbewerbsposition gegenüber allen anderen Gesellschaften verschlechtern, muss an einem Produktkonzept festgehalten werden, mit dem in der Vergangenheit versucht wurde, durch Leistungsausweitungen Vorteile gegenüber den Wettbewerbern zu erzielen. Da nahezu jede Serviceverbesserung und jede Innovation aber umgehend von den anderen Fluggesellschaften übernommen wurde, konnten damit keine nachhaltigen Wettbewerbsvorteile erzielt werden. Somit gerieten die Gesellschaften mit dem tradierten Full Service Network Modell immer weiter in die Servicefalle, da sich vor allem dieser als entscheidender Kostentreiber des Geschäftsmodells darstellt.

Kosten: FSNC weisen zum Teil sehr ungünstige Kostenstrukturen auf, die zum einen auf Friktionskosten und Kostenremanenzen beruhen (Anpassungskosten der Kapazitäten an die Nachfragebedingungen) und zum anderen auf Komplexitätskosten durch die schon beschriebene Produktpolitik und ihre Diversifizierungsstrategie (**Produktkomplexität**) zurückzuführen sind. Die Strategie „All things to all people" – alles für jeden auf der gleichen Produktionsplattform – führt zu einer **Prozesskomplexität** mit zusätzlichen Kosten in den Kernbereichen (wie z. B.

---

[71] Vgl. SCHUCKERT, M., MÖLLER, C.: Grundprinzipien und Geschäftsmodelle, S. 471.

Flugbetrieb, Streckennetz, Produkt, Vertrieb und Kundenbindungsprogrammen).[72] Zudem kommen durch die auf Autarkie ausgelegten Unternehmensstrukturen neben den Koordinationskosten zwischen dem Kernbereich und den Support-Funktionen die hohen Produktionskosten hinzu, die der Fluggesellschaft durch das Fehlen der kritischen Masse resp. der mangelnden Skaleneffekte bei den Support-Funktionen entstehen (**Strukturkomplexität**).

Bedingt durch ein ungünstiges Kosten- und Ertragsverhältnis weisen die FSNC zum Teil eine desolate Finanzstruktur auf und sehen sich traditionell hohen Finanzierungskosten gegenüber. Diese erwachsen zum einen aus den langfristigen Verbindlichkeiten der Flottenfinanzierung (Kauf), zum anderen aus dem hohen Kapitalbedarf durch Zinszahlungen und Abschreibungen von Betriebsanlagen. Ein hoher Verschuldungsgrad, eine dünne Kapitaldecke sowie eine negative Eigenkapitalrendite zählen zum Erbe vieler Legacy-Carrier.

Erträge: Die Rahmenbedingungen des Luftverkehrs lassen es oft nicht zu, den hohen Gesamtkosten der Full Service Anbieter ausreichende Erträge gegenüber stellen zu können. Hierbei spielen die fortschreitende Yielderosion als direkte Folge der Liberalisierung der Flugpreise sowie die chronischen Überkapazitäten die wesentliche Rolle. Durch immer mehr Sondertarife bis hin zu Last-Minute-Angeboten wird versucht, die Überkapazitäten besser im Markt abzusetzen. Dabei sind die grenzkosten- (und nicht vollkostenorientierten) Sondertarife wettbewerbsorientiert und richten sich nach der jeweiligen Hub-Konkurrenz, dem Ferienflugverkehr und den Low Cost-Mitbewerbern. FELDMANN diagnostiziert hier einen „Systemfehler": Preisdifferenzierung und der Wettbewerb über den Preis sind lediglich taktische Instrumente und führen nur zu einer kurzfristigen Ertragsoptimierung im kleineren Umfang, bspw. bei einem bestimmten Flug.[73] Somit ist der Strukturwandel der Nachfrage von ertragsrelevanter Bedeutung. Passagiere, die zum Normaltarif fliegen, werden zunehmend preissensibel und wandern entweder in niedrigere Beförderungsklassen der eigenen Gesellschaft, zu Low Cost-Carriern oder zu Business Charter-Anbietern ab. Zudem verhandeln Großkunden spezielle Rabatte (Corporate Deals resp. Corporate Negos) und unterhalten entweder ein eigenes Travel Management oder lagern dies an spezialisierte Reisebüros aus, die die jeweils günstigsten Tarife gegen Gebühr suchen. Viele Unternehmen beklagen das als unfair empfundene Preis-Leistungsverhältnis im Unterschied zwischen Voll- und Sondertarifen und sind nicht mehr bereit, den Aufpreis für das Premium-Produkt zu bezahlen, so dass eine Quersubventionierung der Sondertarife durch die Airline immer problematischer wird.[74]

In der Zusammenfassung führen diese Kostenprobleme insbesondere im vom wachsenden Low Cost-Angebot direkt (Strecken) und indirekt (Preisdruck) geprägten Kontinentalverkehr zu Ergebniseinbußen, die Kostenreduzierungen in allen Bereichen, Angebotsveränderungen (z. B. Einschränkung der Serviceleistungen bei Sondertarifen) und operative Umstrukturierungen (z. B. teilweise Rücknahme der Anschlussorientierung durch depeaking) erfordern.

---

[72] Vgl. LINDSTÄDT, H., FAUSER, B.: Separation or integration?, S. 3.
[73] FELDMAN, J. M.: No more hiding places, S. 27.
[74] Vgl. MASON, K. J.: Observations, S. 19 ff.

Als **verbliebene Stärken** sind zu erkennen, dass trotz der Kapazitäts-, Ertrags-, Legacy- und Kostenprobleme die FSNC Charakteristiken aufweisen, die – bei einer Modifizierung des Geschäftsmodells – ihre Wettbewerbsposition auch auf liberalisierten Märkten wirkungsvoll stützen können:[75]

- Durch die jahrzehntelange Marktpräsenz als nationale Fluggesellschaften verfügen sie im Allgemeinen über eine starke Marke und durch die Stellung als nationales Statussymbol über ein entsprechendes **positives Image**.
- Netzstruktur, Servicequalität und „seamless travel" sichern einen wenngleich auch kleiner gewordenen Anteil von Stammkunden, für die durch attraktive Bonus- und Vielfliegerprogramme die **Wechselbarrieren** weiter erhöht sind.
- Durch eine dominante Position auf angestammten Heimatmärkten, durch die Kontrolle von Hubs durch Slotbesitz sowie durch ein weit verzweigtes internationales Kooperations- und Vertriebsnetzwerk resultieren eine verbleibende **Marktmacht** sowie Markteintrittsbarrieren für die Konkurrenten auf nationalen und internationalen Strecken.
- Dank ihrer Rolle als nationaler Fluggesellschaft haben sich die FSNC bis heute eine gute **Lobby** und einen gewichtigen Einfluss auf die nationale Verkehrs- und Steuerpolitik erhalten können.
- Bei der **Leistungserstellung** können die FSNC auf eine langjährige Erfahrung und entsprechendes Know-how im fliegerischen (z. B. Hub-, Netz- und Flottenmanagement) und technischen Bereich (z. B. Technik und Wartung) zurückgreifen, das ein hohes Qualitäts- und Sicherheitsniveau der Produkte gewährleistet. Durch das Vorhandensein von Slots zu entsprechenden Spitzen- und Tageszeiten (Tagesrandverbindungen) können attraktive Verbindungen besonders für die weniger preissensiblen Kunden angeboten werden.
- Der **Interkontinentalverkehr** bildet weiterhin den Kern der Geschäftstätigkeit. So generieren etwa British Airways, Lufthansa oder Air France KLM mehr als die Hälfte ihrer Einnahmen aus diesem ertragsstarken Verkehrsbereich. Bisher haben die FSNC auf diesem Markt keine relevante Konkurrenz, da Low Cost-Gesellschaften in dieses Marktsegment noch nicht vorgedrungen sind und die im Chartermodus operierenden Ferienfluggesellschaften sich vornehmlich auf „touristische Rennstrecken" (Karibik, USA, Südost-Asien, Südafrika) konzentrieren.
- Durch die Bildung von **Strategischen Allianzen** wird den Anforderungen insbesondere der voll zahlenden Geschäftsreisenden nach einem gleichzeitig dichten und weit reichenden Streckennetz und den infolge der Globalisierung weiter wachsenden Beförderungsansprüchen durch eine steigende Zahl der Destinationen entsprochen. Der kundenseitige Vorteil ergibt sich aus dem erweiterten Streckenangebot und einem verbesserten Service durch zeitliche Anschlussorientierung, Durchgängigkeit der Vielfliegerprogramme sowie Preisvorteilen (Durchtarifierung statt Konstruktionsflugpreise).[76] Überdies schöpfen die Ge-

---

[75] Vgl. POMPL, W., SCHUCKERT, M., MÖLLER, C.: Netzwerk-Carrier, S. 26.
[76] Vgl. hierzu ausführlich EHMER, H., BERSTER, P.: Globale Allianzen, S. 69-79.

sellschaften neben den Marketingvorteilen durch Netzwerkgröße und Serviceverbesserungen zunehmend die dadurch entstehenden Kostensynergien aus.

Daraus kann gefolgert werden, dass in der Problematik zwischen steigender Komplexität, schwindender Produktivität und wachsenden Finanzierungsanforderungen bei ständig fallenden Durchschnittserlösen dem Geschäftsmodell des Full Service-Anbieters in seiner jetzigen Form eine geringe Überlebenschance eingeräumt werden kann. Selbst wenn eine globale Liberalisierung derzeit nicht abzusehen ist und weiterhin regulativ geschützte Märkte (z. B. China, Afrika, Südamerika) den dortigen Luftverkehrsgesellschaften künstliche Wettbewerbsvorteile verschaffen, so weiten sich die liberalisierten Märkte dennoch aus.

Damit steht für zunehmend mehr FSNC langfristig ein Wechsel der Produktpolitik und des Differenzierungsmusters, also eine Repositionierung des Geschäftsmodells FSNC und mitunter auch der Eigentumsverhältnisse an.

4.2.3 Unternehmensstrategien

4.2.3.1 Business-Modelle

Eine grundsätzliche Entscheidung der Unternehmenspolitik liegt mit der Festlegung der Geschäftsfelder zunächst darin, ob eine Konzentration auf die Kernkompetenz oder eine Diversifikation in benachbarte und/oder branchenfremde Bereiche angestrebt werden soll. Nach DOGANIS[77] (vgl. Abb. 4.12) können für die Bedienung eines Geschäftsfeldes drei unterschiedliche Businessmodelle (im Sinne der Unternehmensarchitektur) differenziert werden:

- die **traditionelle Fluggesellschaft**: Ein nach diesem Modell geführtes Unternehmen erstellt die meisten Leistungskomponenten selbst und verfügt daher über eigene Abteilungen für Flugbetrieb, Verkauf und Reservierung, Bodenabfertigung, Wartung, Catering, EDV etc. „The overall aim has been self-sufficiency in most areas with only limited contracting out. (...) This was, and for most airlines still is, what the airline business is all about."[78]
- der **Aviation Konzern**: Die Unternehmensaktivitäten konzentrieren sich nicht nur auf den eigenen Flugbetrieb, sondern werden auf airlinenahe Bereiche ausgedehnt. Anders als beim traditionellen Airline-Modell aber werden die einzelnen Geschäftsfelder nicht mehr als Abteilungen, sondern als selbständige Konzerngesellschaften mit eigener Ergebnisverantwortung geführt, die für die eigene Fluggesellschaft als Lieferanten fungieren,[79] den überwiegenden Teil ihrer Umsätze aber mit externen Kunden erzielen. Eine erfolgreiche Besetzung dieser Geschäftsfelder bringt durch eine Erweiterung der Wertschöpfungskette und eine verstärkte Kundenorientierung zusätzliche Ertragspotentiale. Beispiele für

---

[77] Vgl. DOGANIS, R.: Airline Business, S. 212-218.
[78] a. a. O., S. 214.
[79] Werden diese Liefer- und Leistungsbeziehungen nach dem System des internen Kunden nach Markt- statt nach Verrechnungspreisen abgerechnet, ergibt sich für beide Seiten ein erhöhtes Kostenbewusstsein.

Aviation Konzerne sind Singapore Airlines oder die Lufthansa mit den Konzernsäulen Passage, Logistik/Cargo, Technik, Catering, Bodenverkehrsdienste und Informationstechnologie.
- die **virtuelle Fluggesellschaft**: Die strategische Leitlinie ist hier die Konzentration auf das Kerngeschäft, nämlich den Betrieb des Streckennetzes. Alle anderen Funktionen werden durch Outsourcing an andere Unternehmen erfüllt. Dadurch sind erhebliche Kostenreduzierungen zu erzielen, weil die Vergabe der Aufträge an den jeweils leistungsstärksten Anbieter erfolgt. Diese Strategie wird von den Low Cost-Carriern konsequent verfolgt. British Airways (seit 1995) oder Aer Lingus (seit 2002) bewegen sich im Rahmen eines unternehmenspolitischen Relaunch in diese Richtung, allerdings gegen den erheblichen Widerstand der Gewerkschaften, da Outsourcing mit Personalabbau verbunden ist.

Bei einer Analyse der aktuellen Industriestruktur fällt auf, dass nicht jede Business Modell-Struktur auf alle Geschäftsfelder angewendet wird. Flag-Carrier und Netzwerkgesellschaften sind meist nach dem traditionellen Airline Modell oder dem Modell des Aviation Konzerns strukturiert, während Ansätze zu virtuellen Strukturen vor allem bei Regionalgesellschaften, den sog. Ferienfliegern und Low Cost-Airlines zu beobachten sind.

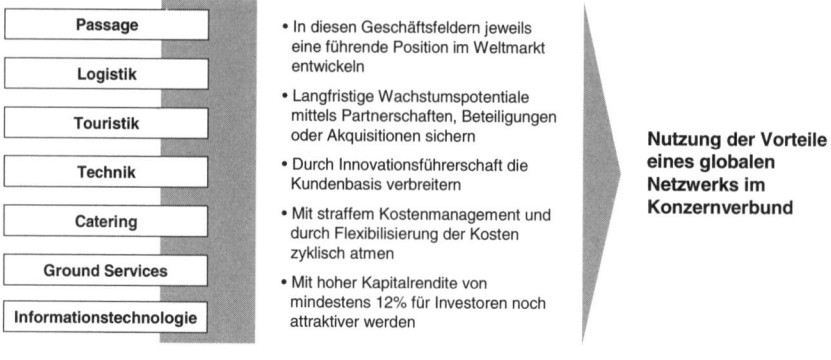

Quelle: LUFTHANSA: Lufthanseat Nr. 782, S. 7.

Abb. 4.11. Konzernziele Lufthansa

Der Umbau der Geschäftsstrukturen vom traditionellen Modell hin zur Aviation Business Struktur oder gar bis zur Virtualisierung der Firmenarchitektur scheint nur in einem langwierigen und zeitaufwendigen Prozess erfolgen zu können. Eine weitgehende Virtualisierung der Strukturen bei gleichzeitiger strenger Konzentration auf die Kernkompetenzen kann bisher nicht festgestellt werden. Selbst schlanke Ferienflieger und Low Cost-Start-Ups haben bisher noch viele Funktionen und Prozesse inhouse integriert.

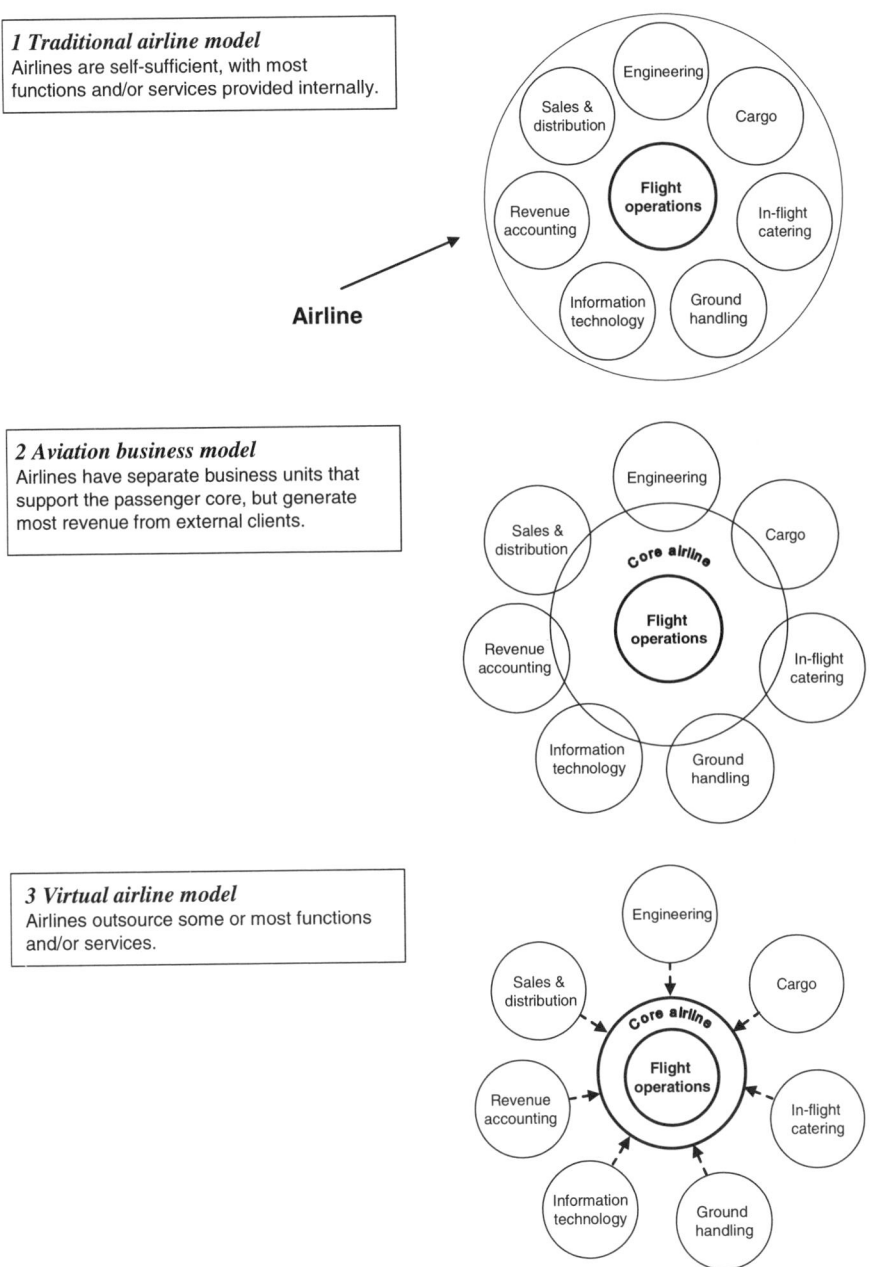

Quelle: In Anlehnung an DOGANIS, R.: Airline Business, S. 216.

Abb. 4.12. Alternative airline business models

4.2.3.2 Optionen für neue Business-Modelle

In der Vergangenheit versuchten die Netzwerkcarrier nach der „one fits all-Strategie" mit nur einem dieser Business Models („shared factory") Kundengruppen mit unterschiedlichsten Ansprüchen zu befriedigen.[80] Der geänderte Wettbewerbsrahmen macht diese Business Model-Strategie aber zunehmend angreifbar und obsolet. Neue Konkurrenten gefährden mit innovativen Geschäftsmodellen (Low Cost, Regionalfluggesellschaften mit Jetflugzeugen, Einzelplatzverkauf Charter) immer mehr Teilmärkte. Im internationalen Kerngeschäft bringt nur ein dichtes internationales Streckennetz mit vielen Frequenzen Wettbewerbsvorteile. Markterweiterungen im Ausland sind infolge der sog. „National Ownership Rules" durch Minderheitsbeteiligungen nur bedingt und durch Neugründungen überhaupt nicht zu erreichen. Ertragsstarke Nischen wie z. B. aufkommensstarke interkontinentale Geschäftsreisestrecken erfordern ein eigenständiges Produkt (All Business Class-Flugzeug). Aber selbst Majors können kein globales Streckennetz realisieren, da sie im regionalen Verkehr anderen Geschäftsmodellen (Low Cost, Regionalgesellschaften) unterlegen sind; im interkontinentalen Verkehr ist nicht nur das eigenständige Verkehrsaufkommen dafür zu gering, es fehlen dazu auch die notwendigen Verkehrsrechte. Soll das erwünschte Angebot realisiert werden, bedarf es dazu der Kooperation mit anderen Fluggesellschaften. Daher ergeben sich für die Netzwerkcarrier folgende Optionen:[81]

- Redimensionierung mit Kompetenz in einer verkehrsregionalen oder zielgruppenspezifischen regionalen, kontinentalen oder interkontinentalen Nische;
- virtueller Carrier mit interkontinentaler Kernkompetenz;
- Megacarrier mit breitem Produkt/Markt-Portfolio und damit der Notwendigkeit, mehrere Geschäftsmodelle parallel zu verfolgen und ein neues Business Model zu entwickeln.

Die Megacarrier-Strategie erfordert Ressourcen, insbesondere Know-how, Verkehrsrechte, Human Ressources und Kapital, über die ein Unternehmen alleine nicht verfügt. Daraus ergibt sich die Notwendigkeit einer Ausdifferenzierung der Unternehmensarchitektur, d. h. für jedes Marktsegment innerhalb eines Geschäftsfeldes ein eigenes Geschäftsmodell; dies führt zu einem **multi-modularen Business Model.** Das Ziel einer sowohl regionalen als auch preislichen breiten und tiefen Marktabdeckung erfordert eine modular aufgebaute Unternehmensarchitektur. Dieses Modular Business Model

- enthält hinsichtlich der vertikalen Integration von Geschäftsfeldern sowohl virtuelle Aspekte der Desintegration durch Outsourcing von Funktionen mit unterdurchschnittlicher Wertschöpfung (Datenverarbeitung, Catering, Wartung, Besitz von Flugzeugen/Leasing) als auch Aspekte des Aviation Industry Models durch den Ausbau/Erwerb ertragsstarker Funktionen durch Tochtergesell-

---

[80] Ausnahme Charterverkehr für Reiseveranstalter, der entweder nicht oder durch Tochtergesellschaften bedient wird.
[81] Vgl POMPL, W., SCHUCKERT, M., MÖLLER, C.: Differenzierung der Geschäftsmodelle, S. 462 f.

schaften. Die Strategie des wettbewerbsvorteilorientierten Portfolios heißt: „Aus der Wertschöpfungskette wird ein Portfolio wertschöpfender Aktivitäten".[82]
- strebt hinsichtlich der Produkt/Markt-Strategie eine Abdeckung aller relevanten Geschäftsfelder an, wobei für jedes Geschäftsfeld ein eigenes Geschäftsmodell erfolgsnotwendig ist und die Gesamtstrategie daher modular aufgebaut ist.

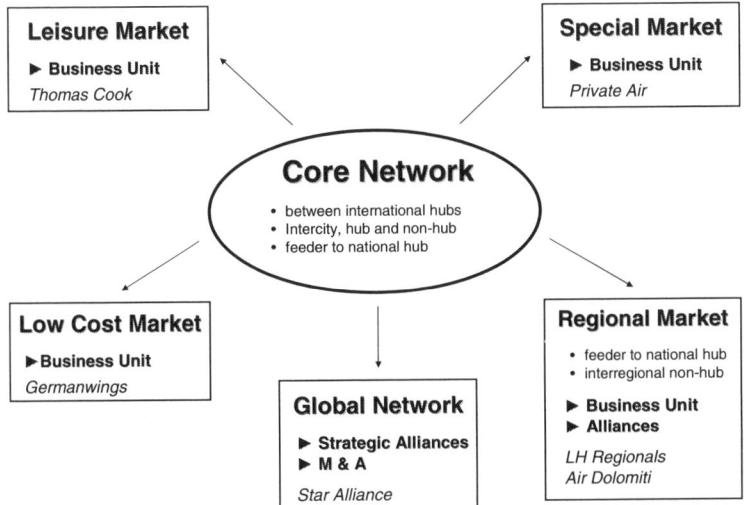

Quelle: POMPL, W., SCHUCKERT, M., MÖLLER, C.: Differenzierung der Geschäftsmodelle, S. 463.

Abb. 4.13. Modulare Strategie am Beispiel der Lufthansa

Das in Abb. 4.13 dargestellte Beispiel zeigt – exemplarisch für den Flugbetrieb – ein Modular Business Model, bei dem:[83]

- das Core Network (ertragsgesteuerte Fokussierung auf Hauptstrecken) vom Unternehmen selbst bedient wird,
- das Global Network durch Code Sharing im Rahmen Strategischer Allianzen entsteht,
- der Regionalverkehr (Zubringer- und eigenständiger Verkehr) durch Tochtergesellschaften und bilaterale Kooperationen (Franchise-Geber) realisiert wird,
- der Urlaubsreiseverkehr durch eine Tochtergesellschaft im Charter Modus abgedeckt wird,
- das Low Cost-Segment durch eine Tochtergesellschaft mit Low Cost-System erschlossen und

---

82 HEUSKEL, D.: Wettbewerb, S. 56.
83 Siehe hierzu POMPL, W., SCHUCKERT, M., MÖLLER, C.: Differenzierung der Geschäftsmodelle, S. 463.

- der Spezialmarkt Business Class-Service auf ausgewählten Strecken durch eine fremde Fluggesellschaft im Wet Lease[84] abgedeckt wird.

Ähnlich werden andere Unternehmensfunktionen wie Beschaffung oder Absatz mit Hilfe unterschiedlicher Kooperationen optimiert.[85] Schon in der Vergangenheit waren bi- oder multilaterale Unternehmensverbindungen bei Flugzeugwartung, Treibstoffeinkauf oder Passagierabfertigung ein Teil der Unternehmenspolitik, allerdings mit vorwiegend operativer Zielsetzung. Die neuen Allianzen haben dagegen die strategische Bedeutung der Schaffung von wettbewerblichen Erfolgspositionen. Dazu zählen im Vertrieb Joint Ventures wie Opodo (Internetportal von europäischen Fluggesellschaften) oder die Global Distribution Systems Amadeus und Galileo, bei der Beschaffung der Betrieb von Internetmarktplätzen wie Aeroexchange. Unter dem Aspekt der Unternehmensarchitektur sind diese strategischen Allianzen durch eine Überlagerung gekennzeichnet. Das bedeutet, dass eine Fluggesellschaft je nach Funktionsbereich mit unterschiedlichen Partnern kooperiert; so sind etwa an Aeroexchange oder Opodo Mitglieder der großen Strategischen Allianzen Oneworld, Star Alliance und Skyteam beteiligt. Das Modular Business Model führt im Ergebnis also zu einem Wertschöpfungsnetzwerk.

Obwohl das Konzept der Netzwerkcarrier auf den Leistungsanforderungen des Geschäftsreiseverkehrs basiert, ist diese Verkehrsart auch für den Urlaubstourismus von Bedeutung.[86] Dieser Teil des Tourismus hat bisher von der Entwicklung der Netzwerkcarrier – dichteres Streckennetz, häufigere Frequenzen, Sondertarife, Blockcharter – profitiert, denn die Pauschalreiseveranstalter können bei Nutzung des Linienverkehrs ganzjährig Destinationen anbieten, für die sich ein Charterbetrieb nicht rentiert, die aber durch Sondertarife eine größere Nachfrageschicht erreichen. Dies betrifft insbesondere die Wachstumssegmente Fernreisen, Städtereisen und Events. Der Individualtourismus profitiert von der zunehmenden Zahl der Sondertarife, den Preissenkungen, Last Minute-Angeboten sowie von Last Minute-Reisen (Online-Verkauf der Flugtickets in Kombination mit der Vermittlung von Hotels und Zusatzleistungen). Andererseits werden viele Liniendestinationen erst durch die touristische Nachfrage rentabel, weil nur so gewinnbringende Sitzladefaktoren erreicht werden.

4.2.3.3 Produkt-/Marktstrategien

Die von PORTER[87] dargestellten Alternativen der Wettbewerbsstrategien unterscheiden zwischen Preisführerschaft, Differenzierung und selektiver Spezialisierung durch Konzentration auf Schwerpunkte. Im Luftverkehr erwies sich allerdings, dass für die meisten etablierten Fluggesellschaften, die mehrere Marktsegmente gleichzeitig bedienen (z. B. durch die unterschiedlichen Beförderungsklas-

---

[84] Wet lease: Leasing eines Flugzeugs inkl. Personal, Treibstoff und Versicherung.
[85] Vgl. POMPL, W.: Structural changes in the airline industry, S. 95 ff.
[86] Unveröffentlichten Schätzungen der ADV (Arbeitsgemeinschaft Deutscher Verkehrsflughäfen) zufolge waren 2002 von ca. 50 Mio. Passagieren im traditionellen Linienbereich im Europaverkehr ca. 60% Privatreisende und nur ca. 40% Geschäftsreisende.
[87] Vgl. PORTER, M.: Wettbewerbsstrategie, S. 62-70.

sen und Tarife) und auf der Basis eines vernetzten Streckennetzes operieren, solche reinen Fokussierungsstrategien keine akzeptablen Lösungen für eine Positionierung der Unternehmen sein konnten.

Die Realisierung der Option **Preisführerschaft** als Gesamtstrategie ist für europäische Fluggesellschaften nur auf wenigen regionalen Märkten möglich, da sie im interkontinentalen Verkehr auf erhebliche Kosten- und Produktivitätsnachteile stoßen. OUM/YU kamen bei einem Produktivitätsvergleich 1986-1993 zu dem Ergebnis: „Overall, the major European carriers are about 5-20% less efficient than the mega carriers in the US, but they are catching up. The major Asian Carriers were much more efficient than the major European carriers, the gap is becoming very small now. Major US carriers generally perform better than the major carriers in Asia."[88] Die europäischen Fluggesellschaften konnten allerdings im betrachteten Zeitraum mit einer durchschnittlichen Wachstumsrate von 2,9% wesentlich höhere Produktivitätsfortschritte verzeichnen als die US-Airlines (0,7%). In Asien zeigen sich erhebliche Unterschiede zwischen den einzelnen Fluggesellschaften, wobei insbesondere die japanischen Airlines durch rückläufige Produktivitätsentwicklung auffallen.

Die Strategie einer aggressiven Preisführerschaft führt in der Regel zu Preiskampfrunden mit immer niedrigerem Preisniveau, insbesondere dann, wenn die beteiligten Fluggesellschaften die Preise „matchen", also jede Preissenkung eines Konkurrenten ohne Rücksicht auf die Ertragswirkungen nachvollziehen. Eine wirtschaftlich erfolgreiche Preisführerschaft setzt daher entweder die Position der Kostenführerschaft voraus, die qua Definitionem immer nur von einem Unternehmen eingenommen werden kann, oder sie wird aus übergeordneten Gründen wie Streckenpräsenz oder Marktdurchdringung durch Gewinne auf anderen Streckenteilen oder durch staatliche Subventionen finanziert.

Daher waren in der Vergangenheit zwar immer wieder Preiskämpfe auf bestimmten Strecken zu beobachten, nicht aber die Preisführerschaft einer Fluggesellschaft über einen längeren Zeitraum. Eine Ausnahme davon bilden lediglich die von den Low Cost-Airlines betriebenen Strecken.

Die Strategie der **selektiven Spezialisierung** durch Konzentration auf Schwerpunkte ist für die etablierten Linienfluggesellschaften ebenfalls nicht realisierbar. Die Spezialisierung durch Qualität zielt zwar im Prinzip auf den vom Heimatmarkt ausgehenden, anspruchsvollen und eher preisunelastischen Geschäftsreiseverkehr und umfasst damit das Basisgeschäft der früheren Flag Carrier. Aber schon längst sind der Privat- und Urlaubsreiseverkehr ebenso wie ein Anteil am Quellaufkommen in den Zielländern unverzichtbare Nachfragebereiche zur Aufrechterhaltung des Streckennetzes und zur Erzielung kostendeckender Sitzladefaktoren geworden. Zudem erweisen sich Teilsegmente der Geschäftsreisenachfrage zunehmend preiselastischer und werden daher auch durch Sondertarife oder Graumarktpreise (auch in der Business Class) angesprochen. Eine Aufgabe dieser wichtigen Geschäftsfelder zugunsten einer Spezialisierung nur auf das Qualitätssegment hätte eine erhebliche Reduzierung der Unternehmensgröße zur Folge. Für

---

[88] Vgl. OUM, T., YU, C.: Productivity comparison; S. 194; vgl. auch die dort dargestellten früheren Untersuchungen, die zu ähnlichen Ergebnissen kamen.

die Mehrheit der Fluggesellschaften erschien daher eine Schrumpfungsstrategie auf einem wachsenden Markt nicht akzeptabel. Auch die in den ersten Jahren der Deregulierung in den USA erfolgten Neugründungen von sog. „De Luxe-Carriern" konnten sich auf Dauer nicht im Markt behaupten. Die 1989 angestrebte und inzwischen beendete „European Quality Alliance" (zwischen Swissair, Austrian Airlines, SAS und Finnair) und die Allianz „Global Excellence" (1990 zwischen Delta Airlines, Singapore Airlines und Swissair) können nicht als reine Qualitätsstrategien angesehen werden. Es handelt sich dabei lediglich um Verbindungen von Fluggesellschaften mit ähnlich hohen Qualitätsstandards, die aber keine Alleinstellung hatten oder erreichen konnten.

Die Spezialisierung über das Marketinginstrument Preis als Focusstrategie erfolgte zuerst durch die Charterfluggesellschaften des Urlaubsreiseverkehrs. Dieses Marktsegment wurde von den europäischen Linienfluggesellschaften entweder durch die Gründung eigener Tochterunternehmen für den Gelegenheitsverkehr bzw. durch Beteiligung an bestehenden Unternehmen (z. B. Lufthansa/Condor, KLM/Martinair oder Austrian Airlines/Lauda Air) bedient oder wird als ein den Linienverkehr ergänzendes Geschäftsfeld (wie z. B. Eurowings) ausgebaut. Einige Linienfluggesellschaften gaben jedoch im Zuge einer Konzentration auf das Kerngeschäft diese Verkehrskategorie wieder auf und verkauften ihre Charterflugbeteiligungen (z. B. British Airways, SAS). Die vom Charterverkehr angesprochenen Nachfragergruppen der preiselastisch reagierenden Urlaubs- und Privatreisenden können zudem mit niedrigen Sondertarifen (Auffülltarifen) erfolgreich angesprochen werden: Bereits im Jahr 2000 flogen nahezu drei Viertel der europäischen Linienflugpassagiere zu reduzierten Sondertarifen. Das Konzept der Low Cost-Airline mit Konzentration auf ein servicearmes Produkt ist inzwischen nicht mehr auf wenige Strecken im Punkt-zu-Punkt Verkehr beschränkt, sondern dringt auf ausgewählten kontinentalen Strecken in die Kerngeschäftsfelder der etablierten Linienfluggesellschaften vor.

Die Strategie der **Differenzierung** zur Erzielung eines einzigartigen Produktvorteils setzt dessen Produktionsmöglichkeit voraus. Trotz Liberalisierung und Open Skies bestehen in vielen Verkehrsgebieten weiterhin Wettbewerbsbeschränkungen, die es einer ausländischen Fluggesellschaft unmöglich machen, in allen Bereichen qualitativ mit einer einheimischen Fluggesellschaft (vor allem wenn sie den Status eines Flag Carriers besitzt) zu konkurrieren. Die Heimatfluggesellschaft ist infolge ihres Inlandsverkehrs auf dem nationalen Hub meist die größte Airline und hat dadurch Vorteile hinsichtlich der Slots (bevorzugte Abflug- und Ankunftszeiten), der inländischen Anschlussflüge und der Lage der Gates. Dazu kommt der Image-Bonus der eigenen Nationalität. Dort, wo Fluggesellschaften eine Differenzierungsstrategie verfolgen, bezieht diese sich in der Regel nicht auf den Gesamtmarkt, sondern erfolgt eher in Bezug auf ein großes Marksegment und geht daher in Richtung selektiver Konzentration. So legt etwa die SAS den Schwerpunkt auf den Geschäftsreisesektor oder konzentriert sich die Austrian Airlines auf ein regionales Netz mit Schwerpunkt Mittel- und Osteuropa.

Für die alle Segmente eines Gesamtmarkts bedienenden großen Fluggesellschaften mit internationaler Konkurrenz ergab sich daher die Notwendigkeit, durch eine simultane Verfolgung des Zielbündels Steigerung der Produktqualität bei gleichzeitiger Kostenreduzierung die Wettbewerbsfähigkeit zu erhalten und am Wachstum des Gesamtmarktes zu partizipieren. Dies kann durch Wachstum aus eigener Kraft (internes Wachstum), durch Unternehmensverbindungen, insbesondere durch über die traditionellen Kooperationen in den Bereichen Technik und Verkauf hinausgehenden Strategischen Allianzen (Wachstum durch Unternehmenskooperation) oder durch Unternehmenszusammenschlüsse (externes Wachstum) erfolgen.

4.2.3.4 Konkurrenzstrategien

In Bezug auf das Verhalten gegenüber der Konkurrenz stehen einem Unternehmen die strategischen Alternativen Alleingang, Kooperation und Konzentration (Beteiligung, Übernahme, Fusion) zur Verfügung. Seit Beginn des kommerziellen Luftverkehrs besteht ein weitmaschiges Netz der Zusammenarbeit von Fluggesellschaften, um technische Probleme zu lösen, Flugverbindungen zu entwickeln, Flugpersonal zu schulen, Fluggerät zu warten sowie Abfertigungsprozeduren zu vereinheitlichen.

Dieser operative Bereich wird ergänzt durch Branchenverbände wie die IATA, AEA oder ADL, die die Interessen dieses Industriezweiges gegenüber politischen Instanzen vertreten. Zudem wurde die Zusammenarbeit der internationalen Fluggesellschaften von staatlicher Seite gefordert, um die mit den Interessen der jeweiligen nationalen Fluggesellschaft weitgehend identischen staatlichen Interessen abzusichern. So verlangten etwa die Bestimmungen in bilateralen Luftverkehrsabkommen von den Fluggesellschaften Absprachen über Tarife, Slots, Strecken, Frequenzen und Kapazitäten.

Durch Ausdehnung der US-amerikanischen Deregulierung auf interkontinentale Strecken ab 1978 und die schrittweise Liberalisierung des Gemeinsamen Marktes in Europa ab 1983 wurden diese wettbewerbsbeschränkenden Rahmenbedingungen in vielen Verkehrsgebieten aufgehoben. Die verstärkte Internationalisierung des Wettbewerbs durch eine Ausweitung der Verkehrsrechte und eine zunehmende Zahl von Anbietern (vor allem aus Entwicklungsländern und den damaligen sozialistischen Staaten) zwang die europäischen Fluggesellschaften, von der Position des Flag Carriers abzurücken und neue Wettbewerbsstrategien, insbesondere durch Kooperation und Konzentration, zu entwickeln. In Europa setzen nur noch wenige Fluggesellschaften auf die Strategie des Alleingangs. Dies sind entweder Low Cost-Carrier oder Fluggesellschaften, die aufgrund ihrer Größe und vom Aufkommen und der Lage des Heimatmarktes her keine besondere strategische Bedeutung für den internationalen Wettbewerb haben.[89] Für die großen Fluggesellschaften aber zeigt sich nach JAECKEL, „dass ein isoliertes Vorgehen im Markt auf Grund der fehlenden Substanz der Fluggesellschaften und angesichts der Herausforderungen im freien Markt eine zu risikoreiche Variante darstellt, der

---

[89] Von den 30 AEA-Mitgliedsgesellschaften sind 2006 Air Malta, Cyprus Airways, Icelandair, Jat Airways, Luxair, Olympic Airways, SN Brussels Airlines, Turkish Airlines sowie Virgin Atlantic Airways ohne „major partnerships" (vgl. AEA: Yearbook 2006, S. 21-51).

im europäischen Linienluftverkehr kaum praktische Relevanz zukommt."[90] Der Wettbewerb im Luftverkehr spielt sich daher gegenwärtig nicht mehr so sehr zwischen Einzelunternehmen, sondern in zunehmendem Maße zwischen Allianzen von Fluggesellschaften ab. Die neuen Kooperationen dienen nicht mehr wie früher der Durchsetzung pauschaler Brancheninteressen, sie sind gegenwärtig das bevorzugte Instrument unternehmensindividueller Wachstumsstrategien.

Schon seit Anfang der neunziger Jahre zeigt sich verstärkt die neue Strategie der Bildung von Unternehmensverbindungen auf den verschiedenen Ebenen der Verkehrsgebiete (regional, kontinental, interkontinental) und in unterschiedlichen Kooperationsbereichen. Da keine Fluggesellschaft groß genug ist, um auf allen bedeutenden Luftverkehrsmärkten der Welt präsent sein zu können, entstanden einerseits Allianzen zwischen Unternehmen aus verschiedenen Kontinenten, andererseits Kooperationen zwischen regionalen, nationalen und interkontinentalen Fluggesellschaften. Die Entwicklung verlief für die großen internationalen Fluggesellschaften dabei von zunächst bilateralen Verbindungen in Richtung von „Mega-Allianzen", d. h. es erfolgte ein Ausbau der bilateralen Marketingallianzen zu globalen strategischen Netzen. Aber auch viele kleine Fluggesellschaften können von dieser Entwicklung profitieren, wenn sie von den großen Fluggesellschaften als Zubringer beschäftigt werden oder in deren Auftrag aufkommensschwache Direktverbindungen bedienen.

Die Option ‚Zusammenschluss' wird von den sich beteiligenden Unternehmen vorwiegend gewählt, um:

- durch Übernahme einer Konkurrenzgesellschaft die Marktposition (Marktzugang, Marktanteil, Sloterwerb, Vermeidung von Preiskonkurrenz) zu verbessern,
- durch Minderheits- oder Mehrheitsbeteiligungen einen Einfluss auf die Unternehmenspolitik zu erhalten oder
- bestehende Kooperationen durch einseitige oder gegenseitige Beteiligungen zu festigen.

Der Strategie der internationalen Konzernbildung durch Aufkauf fremder Unternehmen (externes Wachstum) sind bisher durch die ‚national ownership rule' Grenzen gesetzt. Diese in fast allen Staaten geltende Regelung sieht vor, dass eine Fluggesellschaft nur dann als nationale Fluggesellschaft behandelt wird, wenn sie im Mehrheitsbesitz von Inländern ist. Der Verlust dieser Eigenschaft bedeutet, dass ein solches Unternehmen bestehende internationale Verkehrsrechte verliert, weil es aufgrund der in den bilateralen Verträgen zwischen den Staaten verankerten Bestimmungen nicht mehr als ausführende Fluggesellschaft designiert werden kann.[91] Dies gilt jedoch nicht für den Binnenverkehr innerhalb des Europäischen Wirtschaftsraums (EWR). Ein zusätzliches Hindernis stellt die Wettbewerbsgesetzgebung dar, die durch Zusammenschlusskontrolle die Entstehung von wettbewerbsbeherrschenden Stellungen oder Monopolen verhindern will.

---

[90] JÄCKEL, K.: Kooperationsstrategien, S. 284.
[91] Vgl. Kap. 8.

4.2.4 Unternehmensverbindungen

4.2.4.1 Überblick

Die Vielzahl möglicher Unternehmensverbindungen kann zunächst in Kooperationen und Zusammenschlüsse eingeteilt werden. Die in Abb. 4.14 dargestellte Systematisierung ist daher lediglich eine analytische Einteilung; in der Realität sind vielfältige Mischformen anzutreffen. Terminologisch ist zu bemerken, dass hier der Begriff Kooperation nicht, wie häufig üblich, in einem sehr weiten Sinne für jede irgendwie geartete Zusammenarbeit zwischen Unternehmen verwendet wird; er beschreibt spezielle Formen unternehmerischer Zusammenarbeit, also Kooperationen im engeren Sinne.[92]

Unternehmensverbindungen

Kooperation
- Interessengemeinschaften
- Arbeitsgemeinschaften
- Kartelle
- Operative Beziehungen *(Code share, Pool abkommen)*
- Strategische Allianz
  - Leistungstausch *franchising*
  - Managementvertrag
  - Hand-in-Hand-Abwicklung
  - Strategische Netze
  - Joint Ventures

Konzentration
- Beteiligung
- Aufkauf
- Fusion

Abb. 4.14. Arten von Unternehmensverbindungen

Kooperationen

Kooperationen im engeren Sinne sind durch die freiwillige, überbetriebliche und zwischenbetriebliche Zusammenarbeit rechtlich selbständiger Unternehmen gekennzeichnet. Die wirtschaftliche Selbständigkeit und Dispositionsgewalt wird in den Bereichen, die vertraglich nicht der Zusammenarbeit unterworfen sind, ebenfalls gewahrt. Die Zusammenlegung einzelner betrieblicher Funktionen soll die Leistungskraft der beteiligten Unternehmen steigern und dadurch deren Wettbewerbsfähigkeit verbessern.

---

[92] Zur Willkürlichkeit dieser Begiffsdefinitionen vgl. JÄCKEL, K.: Kooperationsstrategien, S. 22-36.

Konzentration oder **Unternehmenszusammenschluss**
umfasst sowohl eine Mehrheitsbeteiligung an einem anderen Unternehmen oder dessen Übernahme (Konzernbildung) als auch die Verschmelzung zweier oder mehrerer Unternehmen (Fusion). Nach der Art der verbundenen Wirtschaftsstufen werden **horizontale, vertikale** und **diagonale** Unternehmensverbindungen unterschieden.

- Horizontale Verbindungen sind solche von Unternehmen der gleichen Produktions- oder Handelsstufe (z. B. die Zusammenarbeit zwischen zwei Linienfluggesellschaften).
- Vertikale Verbindungen sind solche zwischen Unternehmen aufeinanderfolgender Produktions- oder Handelsstufen. Rückwärtsgerichtete vertikale Verbindungen beziehen sich auf die der betrieblichen Endproduktion vorgelagerten Stufen (z. B. eine Fluggesellschaft überträgt die Flugzeugbetankung an eine Abfertigungsgesellschaft).
- Vorwärtsgerichtete vertikale Verbindungen beziehen sich auf die der betrieblichen Endproduktion nachgelagerten Produktions- oder Handelsstufen (z. B. eine Fluggesellschaft schließt einen Vertrag mit einer Verkaufsagentur).
- Diagonale (oder branchenfremde) Unternehmensverbindungen bestehen zwischen Unternehmen verschiedener Branchen (z. B. eine Fluggesellschaft arbeitet mit einer Kreditkartenorganisation zusammen, um im Co-Branding eine Kreditkarte herauszugeben[93]).

Bei den **Kooperationen** werden nach dem Kriterium ‚Intensität der Zusammenarbeit' folgende Formen unterschieden:

Interessengemeinschaften sind lose Zusammenschlüsse zur Vertretung gemeinsamer Brancheninteressen gegenüber politischen Instanzen, anderen Unternehmen oder der Öffentlichkeit (z. B. Fachverbände wie BARIG – Board of Airline Representatives in Germany).

Arbeitsgemeinschaften sind Unternehmensverbindungen auf vertraglicher Basis zur Durchführung einer bestimmten, auf eine gewisse Dauer festgelegten Aufgabe, die betriebswirtschaftlicher oder branchenpolitischer Natur sein kann (z. B. Gemeinschaftswerbung von Ferienfluggesellschaften).

Kartelle sind Vereinbarungen durch Vertrag oder Beschluss über den Ausschluss eines oder mehrerer Wettbewerbsparameter. Kartelle sind nach dem deutschen Wettbewerbsrecht grundsätzlich verboten, können aber durch Anmeldung oder Erlaubnis zugelassen werden; zudem bestehen viele Ausnahmebereiche (z. B. Preisabsprachen, die für Flugstrecken außerhalb der EU gelten).

Operative Beziehungen ergeben sich aus der Notwendigkeit, für die Leistungserstellung Produktionsfaktoren und Vorleistungen von anderen Unternehmen zu beziehen und beim Absatz die Hilfe anderer Unternehmen (Absatzhelfer) in Anspruch nehmen zu müssen (z. B. eine Fluggesellschaft kauft Treibstoff, Wartungs- oder Cateringdienstleistungen ein, beauftragt Werbeagenturen und kooperiert mit

---

[93] Vgl. POMPL, W.: Touristikmanagement 1, Kap. 10.4.

Versicherungsgesellschaften. Darüber hinaus bestehen operative Beziehungen mit dem Ziel der Markterschließung und Marktbearbeitung (z. B. Vertrieb eines Fluges durch zwei Fluggesellschaften im Rahmen von Code Share-Abkommen).

Strategische Allianzen stellen Unternehmensverbindungen zur Verknüpfung komplementärer Fähigkeiten oder Kapazitäten dar. Gegenüber anderen Formen der Kooperation sind sie nicht nur auf Kosteneinsparungen oder Erlössteigerungen ausgerichtet, sondern darüber hinaus auf die strategische Absicherung von Gewinn-, Wachstums- und Marktanteilszielen sowie auf die Differenzierung gegenüber den Hauptwettbewerbern, um langfristige Wettbewerbsvorteile zu sichern. Bei Strategischen Allianzen bleibt die wirtschaftliche und rechtliche Selbständigkeit der Partner erhalten, es kommt aber zu einer partiellen Einschränkung der Dispositionsgewalt im Rahmen der gemeinsamen Tätigkeit. Bei der Art der Zusammenarbeit im Rahmen Strategischer Allianzen wird unterschieden zwischen:

- Leistungstausch: Ein Unternehmen erstellt Leistungen, die es dem anderen gegen eine monetäre Gegenleistung zur Verfügung stellt. So z. B. beim Franchising: Bei Franchise-Abkommen werden Flüge im Auftrag des Franchisegebers durchgeführt und von ihm unter seinem Namen vermarktet. Der Franchisenehmer trägt jedoch das wirtschaftliche Risiko der Flüge, die er mit eigenem Personal und Gerät durchführt. Sein Marktauftritt erfolgt oft auch im Company Design (Flugzeugfarben, Kabinenausstattung, Check-in-Schalter, Uniformen, Logos) des Franchisegebers, so dass er nicht mehr als eigenständiges Unternehmen am Markt in Erscheinung tritt.
- Managementvertrag: Ein Unternehmen übernimmt die Betriebsführung für die im Besitz eines anderen Unternehmens befindliche Firma (z. B. eine Flughafengesellschaft führt den im Besitz einer Betreibergesellschaft stehenden Flughafen in einer anderen Stadt).
- „Hand-in-Hand-Abwicklung": Die unmittelbare gemeinsame Erfüllung von Teilaufgaben durch die verbundenen Unternehmen (z. B. wenn zwei Fluggesellschaften auf einem Flughafen gemeinsam ihre Abfertigungsschalter betreiben).
- Joint Venture: Gründung eines gemeinschaftlichen neuen Unternehmens zur Durchführung einer besonderen Aufgabe; im Unterschied zu einer bloßen Portfolio-Investition übernehmen die beteiligten Unternehmen sowohl eine führungsmäßige als auch eine finanzielle Verantwortung (z. B. Gründung der Charterfluggesellschaft Sun Express[94] durch Lufthansa und Turkish Airlines).
- Strategische Netze: Die strategischen Allianzen einzelner Unternehmen können durch multilaterale Verknüpfungen zusätzliche Wettbewerbsvorteile erreichen (so wurden z. B. durch die Star Alliance 1997 die zunächst bilateralen Allianzen von Lufthansa, SAS, Thai International, United Airlines, Varig und South African Airways zu einem strategischen Netz verknüpft).

---

[94] Nach der Gründung von Sun Express 1989 gingen die Lufthansa-Anteile 1995 an Condor über.

Seit Mitte der 1990er Jahre ist die Allianzbildung für viele Fluggesellschaften ein bedeutsames strategisches Instrument geworden. 1994 bestanden 280 Allianzen zwischen 136 Fluggesellschaften, 2000 waren es bereits 580 Allianzen zwischen 220 Fluggesellschaften und Ende 2005 bestanden über 890 Allianzen zwischen 320 Airlines.[95] Die Mehrheit dieser Art von Unternehmensverbindungen kann als Marketingallianzen bezeichnet werden, da sie kaum über ein Code Sharing hinausgehen.[96]

4.2.4.2 Operative Beziehungen

Die im Folgenden nach Aufgaben geordneten Unternehmensverbindungen können im Prinzip in allen oben genannten Kooperationsformen durchgeführt werden. Ihre konkrete Ausgestaltung ist abhängig von rechtlichen Rahmenbedingungen, der jeweiligen Unternehmenspolitik, der Art der durchzuführenden Aufgaben und den jeweils verfolgten Zielen.

Technische Zusammenarbeit
Die technische Zusammenarbeit der Luftverkehrsgesellschaften erfolgt durch Branchenkooperationen vorwiegend im Rahmen der IATA, der regionalen/kontinentalen Verbände und – beratend – der ICAO. Darüber hinaus haben einzelne oder mehrere Fluggesellschaften auch zusätzliche zwischenbetriebliche Kooperationsvereinbarungen getroffen, die der Rationalisierung des Betriebes gemeinsamer Flugzeugtypen oder Reservierungssysteme dienen, den Austausch von Flugzeugen und Besatzungen regeln oder die Übertragung von Wartungs- und Abfertigungsaufgaben beinhalten. So sahen etwa die von den jeweiligen Luftverkehrsbehörden mit unterzeichneten Rationalisierungsverträge von 1969, das ATLAS-Abkommen zwischen Air France, Alitalia, Iberia, Lufthansa und Sabena sowie das KSSU-Abkommen zwischen KLM, SAS, Swissair, UTA und Finnair die gemeinsame Wartung, Ersatzteillagerhaltung und Ausbildung der Besatzungen vor.[97] Diese Abkommen haben heute keine Bedeutung mehr und wurden durch jüngere Modelle der technischen Zusammenarbeit wie bspw. Joint Ventures abgelöst.

> **Beispiel:** Lufthansa betreibt zusammen mit anderen Fluggesellschaften ein Ausbildungszentrum für die Pilotenschulung und ein Wartungszentrum für Flugzeuge als Joint Ventures.

Im Rahmen von „Traffic Handling Agreements" schließen Luftverkehrsgesellschaften für ausländische Flughäfen, auf denen sie selbst nicht mit einer eigenen Station vertreten sind, mit einer anderen Fluggesellschaft einen Vertrag über die Bodenabfertigung von Flugzeugen, Passagieren, Fracht und Gepäck.

---

[95] Vgl. ALAMDARI, F.: Airline alliances, o. S. sowie KEMP, R., MOUNTFORD, T., TACOUN, F.: Airline alliance survey 2005, S. 91.
[96] Vgl. DOGANIS, R.: Airline Business, S. 88 f. und KEMP, R., MOUNTFORD, T., TACOUN, F.: Airline alliance survey 2005, S. 91.
[97] Vgl. dazu SCHWENK, W.: Luftverkehrsrecht, S. 300 ff.

Vertriebsabkommen
Vertriebsabkommen zwischen Fluggesellschaften bestehen in der Form von General Sales Agency Agreements und Interline-Vereinbarungen.

General Sales Agency Agreements: Bei General Sales Agency Agreements vertritt eine Fluggesellschaft die Verkaufsinteressen ihres Vertragspartners für ein regional begrenztes Gebiet. Neben dem eigentlichen Flugscheinverkauf (darüber hinaus kann ein solches Abkommen auch die Bereiche Fracht und Post umfassen) gehören auch Werbung und Verkaufsförderung, Reservierung, Ticketumschreibung und eventuell Organisation der Passagier- und Flugzeugabfertigung zu den Aufgaben eines General Sales Agenten. Er erhält dafür für alle im Vertretungsgebiet durch ihn selbst und durch die Reisebüros erzielten Verkäufe eine Provision oder kann den Kunden eine Beratungsgebühr/Service Charge berechnen.[98] Die Generalvertretung kann einseitig oder bilateral (gegenseitig im jeweiligen Land) erfolgen und ist häufig mit einem Pool-Abkommen verbunden.

Interline-System: Das Interline-System ist eine im Rahmen der IATA aufgebaute und organisierte Kooperation über die gegenseitige Anerkennung von Beförderungsdokumenten, Verkaufs- und Beförderungsbedingungen sowie Abrechnungsmodalitäten für den Transport von Passagieren und Fracht, an der sich gegenwärtig ca. 300 Fluggesellschaften, die nicht Mitglied der IATA sein müssen, beteiligen.[99] Durch die Interline-Vereinbarungen kann ein Flug der eigenen Gesellschaft durch die Buchungsstellen anderer Airlines verkauft werden. Für den Passagier einer am Interline-System teilnehmenden Fluggesellschaft ermöglicht diese Zusammenarbeit einen direkten Zugang zum weltweiten Luftverkehrsnetz und eine hohe Flexibilität bei Flügen, die über mehrere Sektoren führen und von verschiedenen Fluggesellschaften durchgeführt werden. Trotz der Inanspruchnahme mehrerer internationaler Luftverkehrsgesellschaften wird nur ein einziger Flugschein oder ein einziges Flugscheinheft benötigt. Sowohl streckenmäßig (ein kostenloser Wechsel der Fluggesellschaft ist möglich) als auch wertmäßig (nachträgliche Streckenänderungen bei gleichzeitigem Carrierwechsel sowie Erstattungen für nicht benutzte Flüge anderer Gesellschaften sind möglich) wird dieses Beförderungsdokument von allen beteiligten Fluggesellschaften anerkannt. Zudem gelten für alle Flüge annähernd gleiche Beförderungsbedingungen.

Das Interline-System erlaubt die Konstruktion von Durchgangsflugpreisen; d. h. der Kunde erhält trotz Flugunterbrechungen den Vorteil der entfernungsabhängigen Preisdegression. Ein interlinefähiger Flugschein kann weltweit bei jeder Mitgliedsgesellschaft und bei jeder IATA-Agentur gekauft und in der jeweiligen Landeswährung bezahlt werden. Die Verkaufsstellen sind in der Lage, jeden gewünschten Flug einer Mitgliedsgesellschaft zu reservieren. Interline-Vereinbarungen beziehen auch den Transfer des Reisegepäcks bei Wechsel der Fluggesellschaft mit ein. Im Falle von Verlust oder Beschädigung des Gepäcks braucht sich der Passagier nur mit einer der Gesellschaften in Verbindung zu setzen.

---

[98] Ein Muster eines General Sales Agreements ist abgedruckt in BRUNEDER, M.: Flugverkehr, Anhang, S. 1-13.
[99] Vgl. IATA: Cost/Benefit, S. 2.

Für die Fluggesellschaften hat das Interline-System den Vorteil, das eigene Streckennetz durch Eingliederung in das Verkehrsnetz der anderen Airlines zu erweitern, da dem Passagier eine gesamte Reise auch zu den Reisezielen angeboten werden kann, die man selbst nicht anfliegt. Über die IATA-Verkaufsagenturen ist man an Orten als Anbieter präsent, an denen keine eigenen Verkaufsstellen unterhalten werden. Interline-Vereinbarungen werden zwar zwischen den einzelnen Fluggesellschaften abgeschlossen, aber über die IATA abgewickelt; sie organisiert sowohl die Vertragsverhältnisse wie auch die sich daraus ergebenden notwendigen einheitlichen Beförderungsdokumente sowie die Abrechnung der Fluggesellschaften untereinander.

Allerdings ist die Beteiligung am Interline-System rückläufig, da die Fluggesellschaften durch die Liberalisierungsbestrebungen zunehmend unterschiedliche Tarife für die gleiche Strecke als Wettbewerbsparameter einsetzen können und häufig sogar die Anerkennung von Flugscheinen konkurrierender Gesellschaften ablehnen. Verweigert eine Fluggesellschaft die Interline-Kooperation mit einem neu auf den Markt kommenden Wettbewerber, dann stellt dies für ihn einen Wettbewerbsnachteil dar. Ein mit der neuen Fluggesellschaft reisender Passagier kann mit seinem Flugschein keinen Flug der Konkurrenzairline buchen, bei Flügen über mehrere Sektoren wird nicht der Durchgangsflugpreis sondern ein (höherer) Konstruktionsflugpreis berechnet.

Mit der Umstellung auf elektronische Flugscheine und der gleichzeitigen Abschaffung des traditionellen Papiertickets innerhalb der IATA-Abläufe zum Jahr 2008 wird auch das Interline-System digitalisiert. Bisher beteiligen sich über 200 Fluggesellschaften am neuen Interline electronic ticketing (IET) der IATA.[100]

Royalty Agreements zwischen den Luftfahrtbehörden oder Fluggesellschaften regeln den kommerziellen Erwerb von Verkehrsrechten. Royalties sind Zahlungen, die ein Luftverkehrsunternehmen an ein Land oder eine Fluggesellschaft (meist der Flag-Carrier eines Landes) leistet, um im Heimatstaat dieser Fluggesellschaft Verkehrsrechte zu erhalten, die sie nach den bestehenden bilateralen Luftverkehrsabkommen nicht ausüben kann. Meist handelt es sich dabei um Rechte der Fünften Freiheit, also um die Erlaubnis, Passagiere zwischen diesem und einem dritten Staat befördern zu dürfen. Wenn beispielsweise ein asiatischer Carrier auf seinem Flug nach London in Rom eine Zwischenlandung einlegt, dann könnte er auch daran interessiert sein, Passagiere von Rom nach London zu transportieren; damit aber würde er zu der britischen und der italienischen Fluggesellschaft, die diese Strecken bedienen, in Konkurrenz treten. Hat das asiatische Unternehmen nach dem bilateralen Abkommen nur Rechte der Fünften Freiheit mit Großbritannien, dann kann es versuchen, durch Zahlung von „Royalties" an die italienische Gesellschaft dieses Recht auch in Italien zu erwerben. Die italienische Gesellschaft erhält damit eine Kompensationsleistung für die entstehenden Umsatzverluste (revenue compensation). Royalties werden als Prozentanteil der auf dieser Strecke erzielten Erträge oder als fester Betrag pro Passagier berechnet.[101]

---

[100] IATA: Annual Report 2006, S. 14.
[101] Weitere Arten von Royalty-Agreements finden sich bei DOGANIS, R.: Flying Off Course, S. 33 f.

Poolabkommen
Als operative Beziehungen werden hier Unternehmenskooperationen verstanden, die nicht nur zum Zwecke des Leistungsbezuges (Zulieferverträge) oder der Kosteneinsparung (z. B. gemeinsame Wartung) eingegangen werden, sondern insofern strategische Bedeutung haben, als damit Markterschließungs- und -bearbeitungsfunktionen verbunden sind. Dazu zählen Pool-, Franchising- und Code Share-Abkommen. Poolabkommen sind Vereinbarungen zwischen zwei oder mehr Luftverkehrsgesellschaften über den gemeinsamen Betrieb von Fluglinien. Dabei werden die Flugzeiten (Tageszeiten, Wochentage), die anzubietenden Kapazitäten und die Aufteilung der Erträge abgesprochen. Bei „offenen Pools" werden die Erträge nach Angebot (Flüge, Sitzplätze) ohne Zahlungslimitierung geteilt, bei „limitierten Pools" werden diese Zahlungen durch finanzielle Mindestgarantien oder Obergrenzen für Ausgleichszahlungen modifiziert. Eine Sonderform der Poolabkommen besteht in der Aufteilung der Strecken zwischen zwei Staaten in der Art, dass jede Verbindung jeweils nur von einer Luftverkehrsgesellschaft beflogen wird. Nachdem Poolabkommen für Flüge innerhalb der EU seit 1988 untersagt sind, treten hier zunehmend Franchise- und Code Share-Abkommen an ihre Stelle.

4.2.4.3 Code Sharing

Eine Code Share-Vereinbarung ist ein Marketingabkommen zwischen zwei Fluggesellschaften, nach der eine Fluggesellschaft einen Flug unter einer eigenen Flugnummer (code) zum Verkauf anbietet, obwohl er teilweise oder ganz von der anderen Fluggesellschaft durchgeführt wird.[102] Beide Gesellschaften treten dabei am Markt selbständig auf. Ein Code ist eine aus zwei Buchstaben bestehende Abkürzung für eine Fluggesellschaft (z. B. LH für Lufthansa) und Bestandteil der Flugnummer, die einen Flug in den Reservierungssystemen und Flugplänen, auf Anzeigetafeln auf den Flugplätzen und auf dem Ticket kennzeichnet. Ein Flug wird hier also nicht nur unter der operativen Flugnummer, sondern gleichzeitig auch noch über eine oder mehrere Marketing-Flugnummern verkauft.[103] Dabei können folgende Arten unterschieden werden:

Point-to-point Code Sharing, bei dem ein Ein-Segment-Flug von mehreren Fluggesellschaften vermarktet wird.

> **Beispiel:**
> Ein Flug Frankfurt/Main – Bangkok wird von Thai International durchgeführt wird; er wird von Thai als Flug TG 921, von Lufthansa als Flug LH 9714(♦) veröffentlicht. Umgekehrt bietet Thai International einen von der Lufthansa auf dieser Strecke durchgeführten Flug LH 782 unter der Flugnummer TG 7821 an.[104]

---

[102] Die korrekte Bezeichnung wäre Flight Designator, die sich aus Airline Designator und Flight Number zusammensetzt.
[103] Vgl. OUM, T., PARK, J., ZHANG, A.: Codesharing Agreements, S. 190.
[104] Vgl. LUFTHANSA: Flugplan (Stand Juni 2006), S. 12; THAI AIRWAYS: Flight Timetable (Stand April 2006), S. 126; Lufthansa verweist durch das Symbol (♦) auf Flüge, die durch Partnerfluggesellschaften durchgeführt werden, Thai Airways durch den Hinweis auf die vierstellige Flugnummer.

Feeder Code Sharing, bei dem Ab- und Zubringerflüge zu den Städte-Direktverbindungen (city pairs) die Passagiere aus der Fläche zu den jeweiligen Hubs einer Fluggesellschaft bringen. Das wesentliche Ziel ist hier das regionale Einzugsgebiet zu vergrößern, mitunter auch ein Absaugeverkehr, d. h. Kunden aus dem Nachbarland abzuwerben.

> **Beispiele:**
>
> Nationale Anschlussverbindungen: Lufthansa bietet ab deutschen Flughäfen Zu- und Abbringerdienste zu ihren Hubs an, wo die Kunden dann auf Direktverbindungen umsteigen (z. B. Flug ab Berlin via Frankfurt/Main nach Chicago/O'Hare).
>
> Absaugeverkehr: Air France KLM richtet ex Deutschland ein Netz von Zubringerdiensten nach Amsterdam und Paris/Charles de Gaulle ein, wo die Kunden auf die Interkontinentalverbindungen der Air France KLM, z. B. nach Chicago oder Buenos Aires, umsteigen. Sie tritt damit auf diesem Flug in direkte Konkurrenz zur Lufthansa, die ab deutschen Flughäfen dieselbe Strecke als Umsteigeverbindung über Frankfurt anbietet.

Connection Code Sharing, bei dem zwei oder mehr Hauptflüge gemeinsam vermarktet werden. Damit wird a) entweder der Gesamtmarkt eines Landes erschlossen oder b) das Streckennetz um Ziele erweitert, die eine Fluggesellschaft alleine nicht (wegen fehlender Verkehrsrechte) oder nicht wirtschaftlich (wegen zu geringem Passagieraufkommen) bedienen könnte (Third Country Code Sharing).

> **Beispiele:**
>
> Durch das Code Share-Abkommen mit bspw. mit Spanair kann Lufthansa alle innerspanischen Flugverbindungen dieser Fluggesellschaft auch unter einer LH-Flugnummer anbieten.
>
> Interkontinentale Anschlussverbindungen: Der Flug Frankfurt/Main – Auckland (Neuseeland) wird als Connection Code Share-Flug von Lufthansa und Thai Airways International angeboten; die Strecke Frankfurt/Main – Bangkok fliegt Lufthansa, die Strecke Bangkok – Auckland Thai Airways International.
>
> Verbindung von Hubs: Die Code Share-Partner verbinden ihre jeweiligen Drehkreuze, so dass jeder Fluggesellschaft die vom jeweiligen Hub der anderen Fluggesellschaft ausgehenden Netze unter eigener Flugnummer zugänglich sind.

Nach dem **Grad der Zusammenarbeit** hinsichtlich Kapazitätsnutzung und Preisfindung können folgende Code Share-Typen unterschieden werden:[105]

- Free Sale: Da keine der beteiligten Fluggesellschaften ein festes Platzkontingent hat, kann jede bis zur Kapazitätsgrenze frei verkaufen. Jedes Unternehmen setzt die Preise nach eigenem Ermessen fest. Die durchführende Gesellschaft erhält einen vorher festgelegten Verrechnungspreis. Das Verkaufsrisiko liegt beim Operating Carrier.
- Blocked Space: Jede Gesellschaft erhält ein festes Sitzkontingent, das es bei freier Preisbildung auf eigenes Risiko übernimmt.

---

[105] Vgl.: WIEZOREK, B.: Strategien europäischer Fluggesellschaften, S. 251 ff.

- Revenue Sharing: Es erfolgt keine Sitzkontingentierung, die Flugpreise werden gemeinsam festgelegt, die Einnahmen werden nach einem vorher festgelegten Schlüssel aufgeteilt. Das Verkaufsrisiko liegt bei beiden Partnern.
- Profit Sharing: Es erfolgt keine Sitzkontingentierung, die Preise werden gemeinsam festgelegt. Da neben den Erlösen auch die Kosten geteilt werden, kommt es zu einer Gewinnteilung nach einem vorher festgelegten Schlüssel.

Code Share-Abkommen bieten für die Fluggesellschaften folgende wirtschaftlichen Vorteile:[106]

a) Jeder Code Share-Partner kann jeweils eine höhere Frequenz für eine Strecke anbieten und dadurch Marktanteile gewinnen, weil mehr Flüge mit den zeitlichen Reiseplänen der Passagiere korrespondieren.[107] Da die meisten Passagiere zudem einen Code Share-Flug eher wie eine Durchgangsverbindung einer einzigen Fluggesellschaft (online connection) bewerten, ziehen sie ihn einem Umsteigeflug mit Wechsel der Fluggesellschaft vor; eine Koordination der Anschlussflüge verstärkt diesen Vorteil noch.

b) Code Sharing ermöglicht eine Ausweitung des Streckennetzes und der Marktpräsenz, ohne dass dabei die Kosten der Angebotsausweitung durch neue Strecken getragen werden müssen. Durch die Vernetzung der nationalen Hubs wird der Weg zum „global player" mit Präsenz in allen wichtigen Verkehrsgebieten ermöglicht; einem einzelnen Unternehmen würden die Mittel und Kenntnisse zur Erschließung der sehr unterschiedlichen Märkte fehlen. Es können zudem auch solche Strecken beflogen werden, die erst durch gemeinsame Vermarktung rentabel werden.

c) Diese Art von Kooperation erlaubt es, die Schranken des Systems der bilateralen Verkehrsrechte zu durchbrechen, um Markterweiterungen zu schaffen. Die Code Share-Partner führen sich gegenseitig Passagiere für jene Anschlussflüge zu, die sie aufgrund fehlender Verkehrsrechte (Kabotage; Fünfte Freiheit) oder unterschiedlicher geographischer Marketingschwerpunkte nicht selbst bedienen.

d) Code Share-Flüge führen zu einer vorteilhaften Darstellung in den Reservierungssystemen:[108]
  - Es werden Verbindungen angezeigt, die ansonsten nicht auf dem Bildschirm erscheinen würden, da nicht alle möglichen Umsteigeverbindungen aufgelistet werden.
  - Die Rangstelle, an der ein Flug auf dem Bildschirm des Reservierungssystems erscheint, spielt für die Buchungshäufigkeit eine entscheidende Rolle. „Da CRS-Nutzer regelmäßig den Blick zunächst auf die erste Seite einer CRS-Flugplan-Darstellung, und hier wiederum natürlich auf die zuoberst genannten Flüge werfen, ist es Ziel der Fluggesellschaften, möglichst auf

---

[106] Vgl. dazu die empirische Analyse der Code Share-Abkommen von Northwest – KLM, USAir – British Airways, United Airlines – Ansett Australia bei HANNEGAN, T., MULVEY, F.: Code-sharing's impact, S. 131 ff.
[107] Vgl. OUM, T., PARK, J., ZHANG, A.: Codesharing Agreements, S. 188.
[108] Vgl. ausführlich dazu SCHULZ, C.: Vertriebskoordination, S. 197-204.

der ersten Seite, und hier möglichst weit oben zu erscheinen."[109] Während in amerikanischen Reservierungssystemen durch die Reihenfolge 'Code Share-Flüge (insbesondere bei block-spacing) vor Interline-Flügen' ein Darstellungsvorteil erzielt werden kann,[110] verstößt eine solche Abfolge innerhalb der EU gegen den CRS-Kodex, nach dem die Reihenfolge Nonstop-Flüge vor Direktverbindungen (ohne Flugzeugwechsel) vor Umsteigeverbindungen einzuhalten ist.

- Es wird eine höhere Zahl von Nonstop-Verbindungen angezeigt, da die Flüge des Code Share-Partners als eigene Flüge dargestellt werden. Dies führt dazu, dass Flüge der Konkurrenz von der ersten Seite der Flugplandarstellung verdrängt werden („screen padding").
- Ein Darstellungsvorteil kann zudem durch Abstimmung der Flugpläne und durch kürzere Übergangszeiten erreicht werden, die zu einer geringeren Reisedauer führen und daher einen Flug an einer der vorderen Stellen der Umsteigeverbindungen platzieren.

e) Code Share-Vereinbarungen verringern die Wettbewerbsintensität im Innenverhältnis der Partner. Dies führt zu höheren Sitzladefaktoren, da Strecken und Frequenzen nicht mehr gegeneinander, sondern kooperativ geplant werden.[111]

f) Marketingvorteile können durch einen erhöhten Kundennutzen erreicht werden. Dazu zählen Reiseerleichterungen durch Single Check-In, Sitzplatzvergabe für den Anschlussflug bei Umsteigeverbindungen schon beim Check-In (der Kunde braucht also bei Umsteigeflügen nicht nochmals einzuchecken) und eine durchgehende Gepäckbeförderung. Preisvorteile ergeben sich durch die Anwendung von veröffentlichten Durchgangsflugpreisen anstelle von höheren Konstruktionsflugpreisen, die sich bei Carrierwechsel aus der Addition der Teilstreckentarife ergeben.

Aus Sicht des Verbraucherschutzes werden Code Share-Flüge hinsichtlich der Produktwahrheit kritisiert. Solange nicht hinreichend sichergestellt ist, dass der Kunde über den Verlauf eines Umsteigefluges und die durchführende Fluggesellschaft informiert wird, ist der Vorwurf der Kundentäuschung berechtigt. Er fliegt bei Code Share-Verbindungen mit einer anderen als durch die Flugnummer angegebenen Airline (evtl. anderes Fluggerät, nur fremdsprachiges Personal, anderer Service- und Sicherheitsstandard) und muss trotz einheitlicher Flugnummer umsteigen. Die Fluggesellschaften stellen aber zunehmend Code Share-Flüge deutlich als solche dar, so z. B. die Lufthansa durch Zuordnung von speziellen Flugnummern bspw. im 9000er Bereich, Nennung des operierenden Carriers nach der Flugnummer, z. B. LH 9714 (TG) und den zusätzlichen Hinweis „operated by Lufthansa Partner" auf dem Flugschein. Die Fluggesellschaften bemühen sich zudem um eine Angleichung der Produktqualität auf dem jeweils höheren Niveau; so wechselte z. B. Thai International auf der Strecke Frankfurt/Main – Bangkok den Flugzeugtyp und setzte mit der B 747 das gleiche Typenmuster wie der Code Share-Partner Lufthansa ein.

---

[109] WILKEN, D.: Code-Sharing, S. 28.
[110] Vgl. WOERZ, C.: Deregulierungsfolgen, S. 162 f.
[111] Vgl. HANLON, P.: Global Airlines, S. 105.

4.2.5 Strategische Allianzen

4.2.5.1 Einführung

Strategische Allianzen haben langfristigen Charakter, denn sie sollen gegenwärtige Wettbewerbsvorteile ausbauen und zukünftige Erfolgspositionen sichern. Dies erfordert im Gegensatz zu operativen Kooperationen nicht nur eine Abgabe von Teilen der Entscheidungsautonomie an die Kooperationsinstanz, sondern auch erhebliche Investitionen, da statt einer partiellen Zusammenarbeit auf einigen Strecken eine Anpassung der Produkte und Produktionsprozesse ganzer Verkehrsgebiete erfolgt. Nach BECKER ist für Strategische Allianzen typisch, „dass sie sich nicht auf ein Unternehmen als Ganzes, sondern auf bestimmte Geschäftsfelder beziehen. Sie sind in diesem Sinne also ausschließlich Kooperationen zwischen aktuellen oder potentiellen Konkurrenten eines strategischen Geschäftsfeldes".[112] Strategische Allianzen umfassen in der Regel viele der unter Kooperation genannten Unternehmensverbindungen, gehen aber durch ihre strategisch angelegte Stoßrichtung darüber hinaus. Obwohl sie in der Regel nicht mit (Minderheits-) Beteiligungen verbunden sind, kommt es mitunter zu einem geringen Kapitalaustausch, der aber eher symbolisch die Bedeutung der Partnerschaft unterstreichen und das gegenseitige langfristige Interesse daran demonstrieren soll; in Einzelfällen erfolgt eine Kapitalbeteiligung auch, um die Übernahme eines Partners durch eine nicht zur Allianz gehörenden Fluggesellschaft zu verhindern.

Das allgemeine Ziel Strategischer Allianzen liegt in der Sicherung und/oder Verbesserung der Wettbewerbsposition durch ein gegenüber den Alternativen Alleingang oder Konzentration kostengünstigeres und risikoärmeres Wachstum, das die Gewinnsituation verbessert und die Stellung auf dem Kapitalmarkt begünstigt. Mitgliedschaften in einer Allianz werden als „profit driver" gesehen und führen zu einer Erhöhung des Shareholder Value. Allianzziele wurden bisher primär durch absatzmarktgerichtete Aktivitäten verfolgt.[113] Nach Aussage von WEBER (als damaliger Vorstandsvorsitzender der Lufthansa) ergeben sich bisher 90% der Wertschöpfung durch Umsatzsteigerungen auf der Ertragsseite und 10% auf der Kostenseite durch Ausnutzung von Synergien mit den Allianzpartnern.[114] Absatzmarktgerichtete Unterziele sind:

- Marktdurchdringung: Durch Code Sharing und Produktverbesserungen soll eine Erhöhung der Passagierzahlen für ein mengenmäßiges Wachstum und eine Steigerung des Sitzladefaktors erreicht werden.
- Markterschließung: Das Angebot bisher wegen zu geringer Nachfrage nicht beflogener Strecken durch Zusammenführung der Teilaufkommen der Allianzpartner eröffnet ebenso den Zugang zu neuen Märkten wie das Umgehen verkehrsrechtlicher (Verkehrsrechte, Slots) oder operativer (Infrastrukturkapazitäten und/oder Abfertigungskapazitäten) Schranken.

---

[112] BECKER, J.: Marketing-Konzeption, S. 629.
[113] Vgl. dazu auch: NETZER, F.: Strategische Allianzen, S. 51-60.
[114] WEBER, J., zitiert in Internationales Verkehrswesen, Nr. 11/2000, S. 512.

- Marktbearbeitung: Durch gemeinsame Marketingaktivitäten werden eine Erhöhung des Bekanntheitsgrads und eine verstärkte Präsenz auf fremden Märkten angestrebt.
- Image: Der Status eines „Global Players" in einem weltweiten Verbund verbessert das Ansehen eines Unternehmens. Diese Wirkung kann allerdings auch negative Komponenten enthalten, wenn das Image der Partnergesellschaften schlechter ist als das eigene.

Die Bedeutung der absatzgerichteten Potentiale für Strategische Allianzen im Luftverkehr verlangt eine Konzentration auf die Schaffung von zusätzlichem Nutzen für die Nachfrager. Kundenerwartungen an Airline-Allianzen sind:

- Nahtloses Reisen (seamless travel), um Reisezeiten zu verkürzen und Umsteigestress zu reduzieren; dies erfolgt zum einen durch ein erhöhtes Angebot an Non-Stop- und Direktflügen. Zum anderen wird bei Umsteigeverbindungen versucht, durch koordinierte Flugpläne die Wartezeiten auf Anschlussflüge zu verringern und geringe Laufwege vom Ankunfts- zum Abfluggate, insbesondere keinen Terminalwechsel, zu erreichen. Die Vorteile des elektronischen Tickets sollen auch bei Interline-Verbindungen bestehen bleiben.
- Weltweite Verbindungen durch Netzerweiterung der heimischen Fluggesellschaft.
- Weltweite Anerkennung von Vielfliegerprogrammen, d. h. dass die mit einer Allianzgesellschaft geflogenen Meilen von der Fluggesellschaft, an deren Vielfliegerprogramm der Passagier beteiligt ist, anerkannt werden; der bei einer Fluggesellschaft erworbene Status (z. B. Vielflieger, Zugang zu Lounges) soll auch bei den Allianzgesellschaften honoriert werden.
- Einheitliche Standards bezüglich Sicherheit, Komfort, Pünktlichkeit und Gepäckrichtlinien.
- Im Geschäftsreiseverkehr das Angebot globaler Kooperationsverträge, die mit nur einer Fluggesellschaft abgeschlossen werden, aber hinsichtlich der Flugpreise, Leistungen und Konditionen für alle Allianzmitglieder gelten.

Unternehmensgerichtete Kostenreduzierungen durch Synergieeffekte ergeben sich durch:

- Gemeinsame Beschaffung von Produktionsmitteln, die von Catering über EDV-Hardware und Treibstoff bis zu Flugzeugen reichen kann.
- optimierte Nutzung der Infrastruktur durch Leistungstausch oder gemeinsame Leistungserbringung, z. B. bei den Flughafenstationen (Ticketschalter, Check In-Counter, Lounges, Fahrzeuge und Abfertigungsgeräte) oder der Verkaufsorganisation (Repräsentanzen, Stadtbüros und Callcenter).
- abgestimmte Marketing- und Verkaufsaktivitäten (Marketingkommunikation, Betreuung von Agenturen und Key Customers im Firmengeschäft, Preise, Provisionen, Rabatte und Incentives).
- technische Zusammenarbeit bei Wartung und Ersatzteilvorhaltung sowie der Aus- und Weiterbildung von Personal.

- gemeinsame Produktentwicklung wie bspw. Kabinenausstattung, Check-In-Automaten, Buchungssoftware, interlinefähige elektronische Tickets oder Techniken des Netzmanagements.
- Produktstandardisierung, ohne die Identität der einzelnen Fluggesellschaft zu beeinträchtigen (z. B. gleiche Anwendungsbedingungen für Tarife, aber keine identische Kabinenausstattung).
- gegenseitige Bevorzugung als Beschaffungsquelle für Wartungsleistungen, Informationstechnologie, Catering, Kauf oder Verkauf von Fluggerät sowie Austausch von Personal (allianzinterner Absatzmarkt).

Der Kostenreduzierung stehen durch die Allianz zusätzlich verursachte Kosten gegenüber. Sie entstehen einmalig zu Beginn der Kooperation und bei der Aufnahme neuer Mitglieder durch Prüf-, Verhandlungs- und Integrationskosten (z. B. Integration der unterschiedlichen Informationstechnologien) und dauerhaft durch die Notwendigkeit der Koordination, Führung und Verwaltung der Allianz. Die zu Beginn einer Allianz höheren Kommunikationskosten zur Steigerung des Bekanntheitsgrades der neuen Marke können später durch Gemeinschaftswerbung erheblich reduziert werden. Weisen die Partnergesellschaften unterschiedliche Qualitätsstandards auf, dann ergeben sich für die qualitativ bessere Gesellschaft monetär nur schwierig zu bewertende Kosten durch Imageeinbussen und mögliche Kundenabwanderungen.

Zentrales Element von strategischen Kooperationen im Luftverkehr ist das Code Sharing nicht nur bei bestimmten Einzelverbindungen, sondern auch durch Verknüpfung und Optimierung der jeweiligen Streckennetze der Partner. Damit werden die Voraussetzungen für die Nutzung folgender Größenvorteile geschaffen:

- Economies of scale: Stückkostendegression durch höhere Produktionsmenge bei konstanten Faktorpreisen wegen zunehmender Skalenerträge, z. B. durch den Einsatz größerer Flugzeuge mit niedrigeren Koste pro PKT.
- Economies of size: Stückkostendegression durch Faktorpreiseffekte wie z. B. Mengenrabatte beim Einkauf von Vorleistungen und Material.
- Economies of scope: Stückkostendegression durch Verbundproduktion, z. B. bei der Zusammenführung von Strecken an einem Hub oder durch Netzwerkeffekte Strategischer Allianzen.
- Economies of density: Stückkostendegression durch höhere Auslastung eines Fluges; so führen z. B. Strecken- und Frequenzrationalisierungen ebenso wie Feeder- und Connection Code Sharing über ein höheres Aufkommen zu höheren Sitzladefaktoren.[115]

Grundvoraussetzung für den Erfolg einer Strategischen Allianz ist zunächst, dass die Entscheidung dafür die tatsächlich erfolgversprechendste Lösung für die intendierte Zielsetzung ist. Hinsichtlich der Partnerwahl ist nach BRONDER/

---

[115] Vgl. WEIMANN, L.: Markteintrittsbarrieren, S. 80-93; DOGANIS, R.: Flying Off Course, S. 153 ff.

PRITZL ein dreifacher „Fit" von zentraler Bedeutung: Der fundamentale Fit bezieht sich auf „das Gegebensein einer geeigneten Situation – zum Beispiel derart, dass der erstrebte Wettbewerbsvorteil am Markt tatsächlich realisierbar erscheint".[116] Das setzt wirkungsvolle Synergiepotentiale und ausgeglichene Macht- und Vorteilspositionen voraus. Der strategische Fit liegt in der Übereinstimmung der strategischen Zielsetzungen der Partner, d. h. der Harmonie der Geschäftspläne, der strategischen Zielsetzungen und Verhandlungspositionen sowie des Planungshorizontes. Der kulturelle Fit besteht in einem kompatiblen System von gemeinsamen Werten und Führungsstilen im Hinblick auf unternehmensspezifische und nationale Besonderheiten.

Das Management Strategischer Allianzen erfordert eindeutige Festlegungen der Partner hinsichtlich der beabsichtigten Aktivitäten, des Zeithorizonts, der Ressourcenzuordnung, des Formalisierungsgrades, der Limitierung der Partner für weitere Allianzen sowie der Risikoeinschränkung für den Fall einer Auflösung. Zudem sind Managementautoritäten, Kommunikationskanäle und Entscheidungsmechanismen festzulegen. Wie jede Form des Managements ist auch die Führung Strategischer Allianzen ein fortlaufender Prozess, der nur bedingt planbar und exante beeinflussbar ist. Auftretende Diskrepanzen, Lernprozesse oder veränderte rechtliche und wirtschaftliche Rahmenbedingungen lassen Verhandlungen über Strategieanpassungen und Konflikthandhabung zu einer kontinuierlichen Aufgabe des Managements Strategischer Allianzen werden. Kooperationen in der Form Strategischer Allianzen sind mit besonderen Risiken verbunden:[117]

- Durch die Verringerung der unternehmerischen Autonomie wird die Reaktionsfähigkeit auf veränderte Marktsituationen behindert.
- Individuell aufgebaute Marktbeziehungen werden eingeschränkt oder gehen gänzlich verloren.
- Durch intensiven Informationsaustausch besteht die Gefahr, dass Informationen zu Lasten des Partners verwendet werden.
- Unterschiedliche Größenklassen der beteiligten Unternehmen können zu Abhängigkeitsverhältnissen innerhalb der Allianz führen.
- Ein Scheitern der Kooperation kann die bis dahin erzielten Vorteile zunichte machen und stellt die beteiligten Unternehmen vor die Aufgabe, Ersatzlösungen zu finden.

Die von MEFFERT getroffene Feststellung, dass „der Misserfolg strategischer Allianzen im internationalen Wettbewerb während der letzten Jahre in erheblichem Maße auf unterschiedliche Wertvorstellungen und Verhaltensweisen der beteiligten Firmen zurückzuführen"[118] ist, verweist auf den dualen Charakter des Managements von weit reichenden Kooperationsformen: Neben dem auf Sachziele ausgerichteten Aufgabenmanagement tritt das interaktionsorientierte Management in-

---

[116] Vgl. BRONDER, C., PRITZL, R.: Strategische Allianzen, S. 49 ff; vgl. ebenfalls zusammenfassend SCHERTLER, W.: Management von Unternehmenskooperationen, S. 21-51; FONTANARI, M. L.: Kooperationserfolg, S. 115-188.
[117] Vgl. KÜTING, K.: Entscheidungsrahmen, S. 7 ff.
[118] MEFFERT, H.: Marketing-Management, S. 295.

terkultureller Probleme auf verschiedenen Stufen der Hierarchie und Bereichen der operativen Zusammenarbeit[119] ein. So werden insbesondere die Beziehungen zwischen den Führungskräften innerhalb der gemeinsamen Kooperationsinstanzen zum kritischen Erfolgsfaktor dieser Unternehmensverbindungen.

4.2.5.2 Formen Strategischer Allianzen

Unter dem Aspekt der einbezogenen Verkehrsgebiete sind drei Arten von Strategischen Allianzen zu unterscheiden:

- Streckenspezifische Allianzen zwischen zwei Fluggesellschaften, die über das bloße Code Sharing hinausgehen,
- Verkehrsgebietsspezifische regionale/kontinentale Allianzen entweder mit Feeder-Funktion zu den Hubs oder mit dem Ziel der Erschließung von Auslandsmärkten,
- Globale Allianzen von mehreren Fluggesellschaften im Sinne von Strategischen Netzen, die durch die Kooperation von Unternehmen aus mehreren Kontinenten ein gemeinsames, weltumspannendes Strecken- und Vertriebsnetz ergeben.

Streckenspezifische Allianzen
Internationale bilaterale Kooperationen mit verschiedenen Arten des Code Sharings und gemeinsamen Marketingaktivitäten waren der Ausgang für globale Allianzbildungen. Heute dienen sie den Allianzcarriern dazu, das Streckennetz in wichtigen Wachstumsmärkten zu erweitern. Kleine ehemalige Flag-Carrier ohne Allianzzugehörigkeit versuchen, ihre Wettbewerbsposition durch Kooperationsabkommen mit größeren Fluggesellschaften zu sichern.

> **Beispiel:**
> Lufthansa hat mit „Lufthansa Partner Airlines" ein System bilateraler Allianzen entwickelt, das nicht nur Zubringerdienste aus anderen europäischen Ländern leistet, sondern auch die Heimatmärkte der Partner besser erschließen soll: In Europa sind dies 2006 Aegean Airlines (Griechenland), Air One (Italien), Cimber Air (Dänemark), Cirrus Airlines (Deutschland), JatAirways (Serbien und Montenegro), Luxair (Luxemburg) sowie außerhalb Europas Air China (VR China), Air India (Indien), Shanghai Airlines (VR China), Mexicana (Mexiko) und Qatar Airways (Qatar).[120]

Die Kooperation Lufthansa – Air China ist ein Beispiel für langfristige strategische Planung. Seit 1990 besteht das Joint Venture Ameco, das sich zum größten Unternehmen für Flugzeugwartung in Asien entwickelte. Weitere Zusammenarbeit gibt es im Frachtverkehr und beim Catering. 2000 wurde ein Code Share-Abkommen geschlossen, das schrittweise ausgebaut werden soll. Lufthansa trat dabei in Vorleistung, da Air China über Frankfurt hinaus Lufthansa-Flüge nach Hamburg, Berlin und München mit eigenen Codes belegen kann, Lufthansa aber keine solchen Rechte für den chinesischen Markt erhielt. Zudem fehlt es in Peking

---

[119] Vgl. TRÖNDLE, D.: Kooperationsmanagement, S. 5 f.
[120] Vgl.: LUFTHANSA: Partner Airlines, o. S., Stand: Juni 2006.

an sinnvollen Umsteigeverbindungen ins Inland, da die Anschlussflüge bisher zeitlich unkoordiniert erfolgen. Die Entwicklung eines Hub and Spoke-Verkehrs in Peking ist daher ebenso ein langfristiges Ziel wie die Angleichung des Inflight-Services. Da der chinesische Markt ein gewaltiges Wachstumspotential aufweist und China bisher ein ‚weißer Fleck' auf der Star Alliance-Landkarte ist, soll Air China langfristig dort eingebunden werden. Air China kooperiert bisher u. a. mit Austrian Airlines, Lufthansa, SAS und United.

Verkehrsgebietsspezifische Allianzen
Feeder-Funktion: Regionale Partnerschaften werden vor allem zwischen Fluggesellschaften mit interkontinentalem Streckennetz und Regionalcarriern für Netzzubringerdienste von kleineren Flughäfen zu den Hubs geschlossen. Die großen Fluggesellschaften verfolgen eine Strategie der Konzentration auf das internationale Kerngeschäft und verzichten darauf, Streckenbereiche, die nicht in ihre Unternehmensstruktur (Organisation, Flotte) passen, selbst zu befliegen. Viele dieser Zubringerstrecken könnten im Eigenbetrieb nur mit Verlusten angeboten werden und kleinere Unternehmen sind auch besser dafür geeignet, neue Strecken im Regionalverkehr zu entwickeln. Die Kooperationen sichern aber dennoch eine flächendeckende Präsenz in den jeweiligen Teilmärkten und führen zu erhöhten Frequenzen. Sie dienen zudem dazu, gegen den Absaugeverkehr der Konkurrenz anzukämpfen und die Einrichtung von Sekundärhubs zu fördern (z. B. Zubringer von Paderborn nach München für einen Flug nach San Francisco als Kundenalternative für einen Flug der Konkurrenz ab Amsterdam). Regionale Partnerschaften werden sowohl im Heimatmarkt als auch in wichtigen Zielländern gesucht.

Für die Regionalfluggesellschaften bedeutet die Kooperation mit einer internationalen Fluggesellschaft durch die damit generierte größere Nachfrage Bestandssicherung und Wachstum. Der Vorteil ergibt sich aus der Integration der eigenen Strecken in das Streckennetz der Partnerfluggesellschaft. Dadurch werden ein Anschluss an deren internationale Verbindungen (in den CRS als Code Share-Flüge dargestellt) und eine Partizipation an deren Vertriebsmacht erreicht. Weitere Vorteile können in der Integration in das Vielfliegerprogramm des großen Partners und im verbesserten Ressourcenzugang (Abfertigung an den Hauptflughäfen, Wartung, Anbindung an Buchungssysteme, Treibstoff, etc.) liegen. Zunehmend kommt es auch zu Kooperationen zwischen Regionalcarriern, die damit ihre Streckennetze verknüpfen und Anschlussverbindungen zwischen kleineren Flughäfen, zwischen denen keine Direktflüge bestehen, schaffen. Organisatorisch erfolgt die Zusammenarbeit in vielfältigen Formen, von losen Kooperationsverträgen bis zum Franchising, wie folgende Beispiele zeigen:[121]

Beispiele:
British Airways kooperiert im Jahr 2006 mit BMED (British Mediterranean Airways), Comair, GB Airways, Loganair und Sun-Air of Scandinavia. Diese Franchise-Carrier

---

[121] Einen Überblick über Franchisepraktiken europäischer Fluggesellschaften geben JONES, L.: Keeping up appearances, S. 38 ff sowie STERZENBACH, R., CONRADY, R. über Kooperationsformen zwischen Flag-Carriern und Regionalgesellschaften in: Luftverkehr, S. 215 f.

bieten täglich rund 400 Flüge zu ca. 100 Zielen an, auf denen sie Zuwachsraten bis zu 50% erzielten und bauen kontinuierlich neue Strecken auf. British Airways nimmt damit mehr als £ 200 Mio. Franchisegebühren ein.[122]

Bis Anfang 2004 vereinigte Lufthansa unter dem Markennamen „Team Lufthansa" – vorwiegend als Franchisenehmer – Augsburg Airways, Cimber Air, Cirrus Airlines, Contact Air und Rheintalflug, die in eigener wirtschaftlicher Verantwortung, aber unter Lufthansa-Flugnummer und nach Vorgabe der Qualitäts- und Sicherheitsstandards durch den Franchisegeber fliegen und Passagiere aus kleinen Märkten mit den Drehkreuzen Frankfurt/Main und München verbinden sowie Direktflüge zwischen den Regionen durchführen. Seit 2004 arbeiten in der aktuellen Kooperation „Lufthansa Regional" Air Dolomiti, Augsburg Airways, CityLine, Contact Air und Eurowings zusammen.[123]

Markterschließungsfunktion: Neben der gemeinsamen Bedienung von Strecken im Point-to-Point Code Sharing besteht das Hauptziel dieses Allianztyps darin, Auslandsmärkte über die Hubs einer dortigen Inlandsfluggesellschaft an den eigenen Verkehr anzuschließen und Inlandsflüge unter einer eigenen Flugnummer zu vermarkten. Auf Grund der Kabotagefreiheit ist es den EU-Fluggesellschaften zwar erlaubt, Inlandsbeförderungen im Ausland durchzuführen, wegen der hohen Kosten für die Off-Line-Stationierung des Flugzeugs und der Crew im Ausland wird dies aus Rentabilitätsgründen aber kaum praktiziert.[124]

Beispiel:

Die 2000 mit Spanair eingegangene Allianz öffnete Lufthansa den Zugang zu einem strategisch wichtigen Markt, der bis dahin weitgehend von der Oneworld-Airline Iberia kontrolliert wurde. Über den Zugang zum Hub der Spanair in Madrid sind deren innerspanische Flüge mit dem globalen Netz der LH verbunden. Weitere Kooperationsmöglichkeiten wurden für die Bereiche Luftfracht, Flugzeugwartung und Catering abgeschlossen. Da Spanair auch im Ferienflugverkehr und in der Touristik tätig ist, ergeben sich Möglichkeiten für eine operative Zusammenarbeit mit der LH-Touristikbeteiligung Thomas Cook (Fluggesellschaft Condor, Reiseveranstalter Neckermann, Bucher etc.).[125]

Globale Allianzen

Im Jahr 2005 wurden knapp 55% des Weltluftverkehrs durch die fünf globalen Strategischen Allianzen abgewickelt, unter Einbeziehung der regionalen Partnerschaften der Allianzmitglieder sind es nach DOGANIS sogar mehr als zwei Drittel.[126] Die wichtigsten strategischen Allianzen sind (vgl. Abb. 4.15):

---

[122] Vgl. RIEMANN, J.: Franchising, S. 62; JEGMINAT, G., BAUMANN, R.: Marktpositionen, S. 69.
[123] Air Dolomiti, CityLine und Eurowings sind hierbei konsolidierte Lufthansa Konzerngesellschaften; mit Augsburg Airways und Contact Air bestehen sog. „Wet Charter"-Verträge, d. h. Lufthansa chartert das Fluggerät inklusive Cockpit- und Kabinencrew. Vgl. LUFTHANSA: Geschäftsbericht 2005, S. 58 ff.
[124] Im Flugplan der Lufthansa (März-Juni 2001) wird der Flug Venedig – Rom unter der LH-Flugnummer 6358 (AP) als Code Share Flug mit Air One veröffentlicht.
[125] Vgl.: JEGMINAT, G.: Spanair, S. 94 f.
[126] Vgl. DOGANIS, R.: Airline business, S. 71.

Star Alliance
ist mit einem Marktanteil von geschätzten 20,8% (2005) am Weltlinienluftverkehr die größte Strategische Allianz. Sie entstand 1997 durch die Zusammenfassung bestehender bilateraler Verbindungen. So hatte Lufthansa Code Share-Abkommen mit United Airlines (USA, 1993), Varig (Brasilien, 1993), Thai International (1995), SAS (Skandinavien, 1995), South African Airways (1996) und Air Canada (1996), die schon 1996 einen Beitrag von DM 200 Mio. zum Gesamtgewinn von DM 686 Mio. lieferten.[127]

Die zunächst aus sechs Gründungsmitgliedern (Air Canada, Lufthansa, SAS, Thai Airways International, United Airlines, VARIG) bestehende „Star Alliance – The Airline Network for Earth" hat 2006 bereits 18 Mitglieder mit über 21 Fluggesellschaften (neben den Gründungsmitgliedern noch Air China, Air New Zealand, All Nippon Airways ANA, Asiana Airlines, AUA-Gruppe mit Austrian Airlines, bmi British Midland, LOT Polish Airlines, Singapore Airlines, South African Airways, Spanair, SWISS, TAP Air Portugal, US Airways sowie Adria, Blue1 und Croatia Airlines als regionale Allianzpartner), die 842 Zielflughäfen in 152 Ländern anbieten (Stand April 2006). Die Star Alliance hat damit von der Mitgliederzahl her eine Größe erreicht, die an die Grenze der Überschaubarkeit geht und die nur noch dann ausgeweitet werden soll, wenn es der geographischen Marktabdeckung (China, Indien) dienlich ist. Ein indirekte Erweiterung kann durch das Engagement einzelner Carrier bei der Privatisierung dritter Airlines erfolgen.

Oneworld
wurde 1999 als Allianz von British Airways, American Airlines und Iberia gegründet. Weitere Mitglieder sind Aer Lingus (bis Ende 2006), Cathay Pacific, Finnair, Lan Chile und QANTAS. Zum Jahr 2007 treten voraussichtlich JAL Japan Airlines, Malév Hungarian Airlines und Royal Jordanian der Allianz bei. Canadian Airlines schied 1999 aus, da sie von Air Canada (Star Alliance) übernommen wurde. Die Entwicklung von Oneworld wurde durch luftverkehrspolitische Entscheidungen erheblich beeinträchtigt. Auf Grund unterschiedlicher Positionen über die Ausgestaltung eines neuen Luftverkehrsabkommens zwischen den USA und Großbritannien wurde für die Zusammenarbeit von British Airways und American Airlines keine Anti-Trust-Immunität erteilt, so dass diese Unternehmen gegenüber der Konkurrenz Lufthansa/United Airlines, SAS/United Airlines (Star), Air France/Alitalia/Delta (SkyTeam) sowie KLM/Northwest (ex Wings) benachteiligt sind. Das hat nach ALAMDARI zur Folge „(...) while there are a large number of carriers in the group there is not much depth in their relationship. Their partnership comes across as a commercial partnership as opposed to a strategic one."[128]

---

[127] Vgl. FVW INTERNATIONAL, Nr. 11/1997, S. 61.
[128] ALAMDARI, F.: Airline Alliances, o. S.

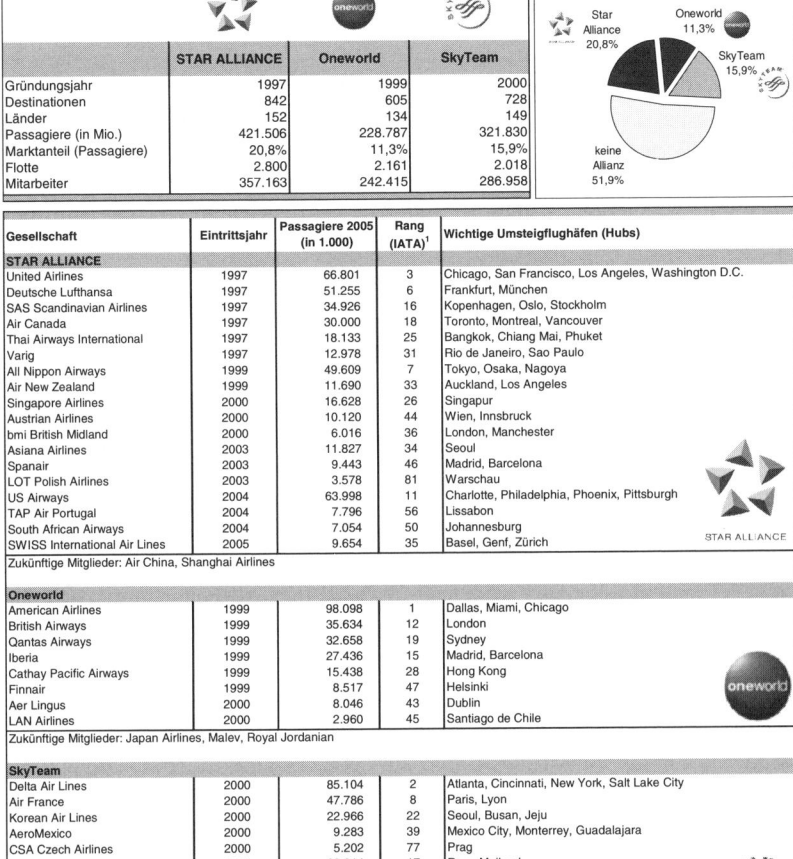

	STAR ALLIANCE	Oneworld	SkyTeam
Gründungsjahr	1997	1999	2000
Destinationen	842	605	728
Länder	152	134	149
Passagiere (in Mio.)	421.506	228.787	321.830
Marktanteil (Passagiere)	20,8%	11,3%	15,9%
Flotte	2.800	2.161	2.018
Mitarbeiter	357.163	242.415	286.958

Gesellschaft	Eintrittsjahr	Passagiere 2005 (in 1.000)	Rang (IATA)[1]	Wichtige Umsteigflughäfen (Hubs)
STAR ALLIANCE				
United Airlines	1997	66.801	3	Chicago, San Francisco, Los Angeles, Washington D.C.
Deutsche Lufthansa	1997	51.255	6	Frankfurt, München
SAS Scandinavian Airlines	1997	34.926	16	Kopenhagen, Oslo, Stockholm
Air Canada	1997	30.000	18	Toronto, Montreal, Vancouver
Thai Airways International	1997	18.133	25	Bangkok, Chiang Mai, Phuket
Varig	1997	12.978	31	Rio de Janeiro, Sao Paulo
All Nippon Airways	1999	49.609	7	Tokyo, Osaka, Nagoya
Air New Zealand	1999	11.690	33	Auckland, Los Angeles
Singapore Airlines	2000	16.628	26	Singapur
Austrian Airlines	2000	10.120	44	Wien, Innsbruck
bmi British Midland	2000	6.016	36	London, Manchester
Asiana Airlines	2003	11.827	34	Seoul
Spanair	2003	9.443	46	Madrid, Barcelona
LOT Polish Airlines	2003	3.578	81	Warschau
US Airways	2004	63.998	11	Charlotte, Philadelphia, Phoenix, Pittsburgh
TAP Air Portugal	2004	7.796	56	Lissabon
South African Airways	2004	7.054	50	Johannesburg
SWISS International Air Lines	2005	9.654	35	Basel, Genf, Zürich
Zukünftige Mitglieder: Air China, Shanghai Airlines				
Oneworld				
American Airlines	1999	98.098	1	Dallas, Miami, Chicago
British Airways	1999	35.634	12	London
Qantas Airways	1999	32.658	19	Sydney
Iberia	1999	27.436	15	Madrid, Barcelona
Cathay Pacific Airways	1999	15.438	28	Hong Kong
Finnair	1999	8.517	47	Helsinki
Aer Lingus	2000	8.046	43	Dublin
LAN Airlines	2000	2.960	45	Santiago de Chile
Zukünftige Mitglieder: Japan Airlines, Malev, Royal Jordanian				
SkyTeam				
Delta Air Lines	2000	85.104	2	Atlanta, Cincinnati, New York, Salt Lake City
Air France	2000	47.786	8	Paris, Lyon
Korean Air Lines	2000	22.966	22	Seoul, Busan, Jeju
AeroMexico	2000	9.283	39	Mexico City, Monterrey, Guadalajara
CSA Czech Airlines	2000	5.202	77	Prag
Alitalia	2001	23.914	17	Rom, Mailand
Northwest Airlines	2004	56.536	3	Detroit, Minneapolis/St. Paul, Amsterdam, Tokyo
Continental Airlines	2004	42.822	10	Houston, Newark, Cleveland, Guam
KLM	2004	21.510	21	Amsterdam
Aeroflot	2006	6.707	64	Moskau
Zukünftiges Mitglied: China Southern				

[1] Rang nach Anzahl beförderter Passagiere im Linienverkehr

Quelle: Darstellung und Berechnung auf Basis von Flint, P.: Fact file, S. 32 f.; ICAO: World Airlines, S. 3; IATA World Statistics zitiert nach: LUFTHANSA: IATA-Rangfolge, S. 32; sowie www.staralliance.com, www.oneworld.com und www.skyteam.com.

Abb. 4.15. Übersicht Allianzen

SkyTeam

mit Air France als Nukleus ist mit Gründungsjahr 2000 die jüngste Allianz, an der sich Aeromexico, Delta (USA), und Korean Air als konstituierende Mitglieder beteiligten. Zuletzt erhielt SkyTeam 2004 einen Wachstumsschub durch den Zusammenschluss von Air France und KLM, wodurch auch die Allianz Wings unter der Führung von KLM endgültig in SkyTeam aufging. Derzeit sind weitere Mitglieder: Aeroflot, Alitalia, Continental Airlines, CSA Czech Airlines und Northwest Airlines (Juni 2006).

Die Qualiflyer-Group
ging aus der Global Excellence Alliance zwischen Swissair, Austrian Airlines, Sabena, Delta Air Lines (USA) und Singapore Airlines hervor, die 1989 gegründet wurde. Durch den Wechsel von Airlinepartnern in andere Allianzsysteme (Austrian Airlines und Singapore Airlines zu Star Alliance und Delta zu SkyTeam) bestand die Qualiflyer-Group Mitte 2001 nur noch aus europäischen Mitgliedsairlines und der SAirGroup (Swissair) als Anker der ganzen Gruppierung. Ausgelöst durch die wirtschaftlichen Probleme und dem Bankrott der SAirGroup wurde die Allianz im Sommer 2002 aufgelöst.

Wings
entstand als eine Gruppierung um KLM/Northwest, zu der 1999 Alitalia stieß. Der Versuch, KLM und Alitalia zu einer einheitlich geführten Unternehmenseinheit zu verschmelzen, misslang, so dass Alitalia 2000 aus der Allianz ausschied. Wings hielt eine Reihe streckenspezifischer Code Share-Abkommen, verfügte aber in Asien und Südamerika über zu wenige Kooperationen, so dass keine globale Marktabdeckung erreicht werden konnte. Mit dem Zusammenschluss von Air France und KLM und dem folgenden Eintritt der Wings-Mitlieder in die von Air France geführte Allianz SkyTeam wurde Wings im September 2004 aufgelöst.

Fracht
Allianzen sind auch Bestandteil des Luftfrachtmarktes. Unter dem Signet „New Global Cargo" haben im Jahr 2000 die Star Alliance Carrier Lufthansa Cargo, SAS Cargo und Singapore Airlines Cargo eine gemeinsame Luftfrachtallianz mit einer vergleichbaren Zielsetzung wie die Passageairlines gegründet. Inzwischen beteiligt sich auch Japan Airlines Cargo an dieser 2002 in **WOW** umbenannten Frachtallianz. Fast deckungsgleich zur Allianz SkyTeam auf der Passageseite verläuft seit dem Jahr 2000 die Entwicklung der Luftfrachtallianz „**SkyTeam Cargo**", welche z. Zt. die Gesellschaften Aeromexico, Air France, Alitalia, CSA Czech Airlines, Delta, KLM und Korean Air verbindet.

4.2.5.3 Beschaffungsallianzen

Kostenreduzierung durch gemeinsame Beschaffung ist ein Ziel aller Strategischen Allianzen. Dies hat sich allerdings bisher auf Grund der unterschiedlichen Einkaufspraktiken und der heterogenen Nachfragegüter als schwierig erwiesen. Als Folge davon und in engem Zusammenhang mit dem unterschiedlichen Einsatzgrad der Informationstechnologie für innerbetriebliche Prozesse bilden sich gegenwärtig Beschaffungsallianzen, die auf die Nutzung elektronischer Marktplätze für Luftverkehrsbedarf zielen. Da hierfür andere Erfolgskriterien als auf den Absatzmärkten gelten, gehen die Mitgliedschaften in diesen Kooperationen quer durch die der Strategischen Allianzen, z. B. bei Aeroxchange mit Air Canada (Star Alliance), Air New Zealand (Star Alliance), All Nippon Airways (Star Alliance), America West Airlines (keine Allianz), Austrian Airlines Group (Star Alliance), Cathay Pacific Airways (Oneworld), FedEx Express (keine Allianz), Japan Airlines (zukünftig Oneworld), KLM Royal Dutch Airlines (SkyTeam), Lufthansa (Star Alliance), Northwest Airlines (SkyTeam), SAS (Star Alliance) und Singapore Airlines (Star Alliance).[129]

Ziel dieser Beschaffungsallianzen ist Electronic Procurement, den Einkauf von Gütern und Leistungen über von ihnen selbst betriebene Internetmarktplätze[130] unter konsequenter Nutzung der Vorteile der Informationstechnologie. Der Nutzen dieser Allianzen liegt in:

- der Reduzierung der Einkaufspreise durch allianzweite Nachfragebündelung und erhöhter Markttransparenz, da die Anbieter notwendigerweise hier vertreten sein müssen;
- standardisierten elektronischen Beschaffungsprozessen über nur einen zentralen Einkaufspunkt und in der Schnelligkeit der Transaktionen;
- der Rationalisierung der Ersatzteilbeschaffung: Bspw. haben im Jahr 2000 die Luftverkehrsgesellschaften für US$ 55 Mrd. Ersatzteile vorgehalten, aber nur US$ 15 Mrd. wirklich davon in Anspruch genommen;[131]
- der Optimierung von Lagerhaltung und Warenwirtschaftsprozessen. Durch eine gemeinsame Verwaltung über ein elektronisches Inventory Management (jeder Teilnehmer weiß, welche Gesellschaft welche Ersatzteile vorhält), kann die Höhe des insgesamt vorgehaltenen Volumens reduziert werden;
- der Generierung zusätzlicher Erträge durch Dienstleistungen für allianzfremde Unternehmen (Vermittlungsprovisionen, Auftragsabwicklung, Organisation von Versteigerungen).

4.2.6 Unternehmensbeteiligung und Fusion

Bei einer Unternehmensbeteiligung werden Kapitalanteile an einem anderen Unternehmen mehrheitlich oder vollständig erworben (Konzernbildung). Das übernommene Unternehmen bleibt bestehen, unterliegt aber der einheitlichen Leitung durch das herrschende Unternehmen. Minderheitsbeteiligungen können zwar definitorisch der Konzentration zugeordnet werden, führen aber auf Grund der geringen Zahl der erworbenen Stimmrechte zu keinem weitreichenden Einfluss auf die Geschäftspolitik des Unternehmens. Sie sind im Luftverkehr eher als Ausdruck des festen Willens zu einer langjährigen Kooperation zu sehen.

---

[129] Die damalige AirNewCo mit British Airways (Oneworld), United Airlines (Star Alliance), Air France (SkyTeam) und Swissair (Qualiflyer) ging durch die Fusion mit MyAircraft.com im März 2001 in Cordiem.com auf. Der B2B-Marktplatz Cordiem.com stellte im Februar 2003 den Betrieb ein. Vgl. ZIMMERLICH, A., DAVID, D., VEDDERN, M.: B2B-Marktplätze, S. 19 f.

[130] Weitere Betreiber von elektronischen Luftverkehrsmärkten sind Zulieferer (z. B. MyAircraft von United Technologies, Honeywell und BFGoodrich) und Infomediäre wie SITA (Aerospan).

[131] Vgl. HULLEY, M.: Impact of e-marketplaces, o. S.

Eine **Fusion** bezeichnet die Verschmelzung zweier oder mehrerer Unternehmen zu einer einzigen Gesellschaft. Dabei sind folgende Fusionsarten zu unterscheiden:

- zwei oder mehr Fluggesellschaften geben ihre Selbständigkeit auf und bilden zusammen ein neues Unternehmen,
- Eingliederung einer Fluggesellschaft in die Muttergesellschaft, so dass das eingegliederte Unternehmen nicht mehr existiert,
- eine Fluggesellschaft erwirbt eine andere Fluggesellschaft, beide Unternehmen bestehen als eigenständige Einheiten weiter.

Die schon bei der Kooperation genannten Vorteile hinsichtlich Erhöhung von Wirtschaftlichkeit und Wettbewerbsfähigkeit und der Stärkung der Marktmacht können bei der Konzentration maximal genutzt werden. Zusätzliche Vorteile ergeben sich durch:

- die Reduzierung des Wettbewerbs, wenn durch die Ein- oder Angliederung ein Konkurrent faktisch vom Markt verschwindet, auch wenn er als Unternehmen weiter besteht;
- den Erwerb von Potentialen, die bisher als Engpassfaktoren eine Expansion erschwerten (z. B. Slots, Streckenrechte);
- den Wachstumssprung in eine Unternehmensgröße, die durch internes Wachstum nicht erreichbar ist. Diese kann, neben den Nutzungsmöglichkeiten von Größenvorteilen, auch gesucht werden, um gegenüber Megacarrieren ein Gegengewicht zu bilden;
- die größere Unabhängigkeit von anderen Unternehmen und die Vermeidung der mit einer Kooperation verbundenen Risiken.

Potentielle Nachteile von Akquisitionen und Fusionen[132] liegen vor allem im großen Kapitalbedarf zur Finanzierung einer solchen Transaktion. So betrug der Preis, den Air France 1990 für einen 50%-Anteil an der UTA bezahlte, DM 1 Mrd.; British Airways erwarb 1988 für DM 750 Mio. den Konkurrenten British Caledonian.[133] Für die Übernahme der Swiss International Airlines durch die Lufthansa im Jahr 2005 wurde ein Kaufpreis von bis zu 300 Mio. Euro angesetzt sowie mit Integrationskosten von 45 Mio. Euro gerechnet.[134] Beträge dieser Größenordnung können im Luftverkehr nur von wenigen Unternehmen durch Eigenkapital (Rücklagen, Erhöhung des Aktienkapitals) finanziert werden.

Insbesondere für Fluggesellschaften in Staatseigentum sind hier Grenzen gesetzt, da dies zu einer Erhöhung der Staatsausgaben führt, die angesichts bestehender Defizite der öffentlichen Haushalte und einer Tendenz zur Reduzierung

---

[132] Vgl. zusammenfassend JÄCKEL, K.: Kooperationsstrategien, S. 289-299.
[133] Vgl. JÄCKEL, K.: Kooperationsstrategien, S. 290.
[134] Vgl. LUFTHANSA: Geschäftsbericht 2005, S. 15 f. Der Kaufpreis kann zwischen 47 Mio. und 300 Mio. Euro betragen und ist von der Entwicklung der Aktienkurse ausgewählter Mitbewerber zwischen März 2005 und März 2008 abhängig. Die Lufthansa schätzt die Synergieeffekte durch die Integration bis 2007 auf 174 Mio. Euro.

staatlicher Beteiligungen politisch nicht gewollt oder durchsetzbar ist. Eine Kreditfinanzierung aber kann zu einer hohen Überschuldung führen, zumal dann, wenn die Tilgung dem Unternehmen liquide Mittel entzieht und die angestrebten Rentabilitätseffekte erst mit zeitlicher Verzögerung eintreten. Ein weiteres Hauptproblem stellt nach JÄCKEL „die Integration der betreffenden Unternehmen in die bestehenden oder neu zu schaffenden Organisationsstrukturen dar. Es resultiert aus der Tatsache, dass im Gegensatz zur Kooperation nicht einzelne, vorteilhafte Teilbereiche koordiniert, sondern ganze Unternehmen mit allen Stärken und Schwächen übernommen werden." [135]

Akquisitionen und Unternehmenszusammenschlüsse im Luftverkehr waren in der Vergangenheit in höchst unterschiedlichem Maße erfolgreich. Es scheint, dass sich zumindest hinsichtlich der damit verfolgten Kostensenkungs- und Marktausweitungsziele mit strategischen Allianzen die gleichen Ergebnisse wie bei einem Unternehmenszusammenschluss erzielen lassen, allerdings ohne den erheblichen Kapitalaufwand.

Der als Liberalisierungsfolge häufig für Europa vorausgesagte Konzentrationsprozess durch Übernahmen und Unternehmenszusammenschlüsse analog zur Entwicklung nach der Deregulierung in den USA ist bisher nicht aufgetreten.[136] Zu einer grenzüberschreitenden Übernahme von Flag-Carriern, deren Hauptproblem im Verlust der Verkehrsrechte des übernommenen Unternehmens liegen, und die auch auf nationale Vorbehalte und Wettbewerbskontrollen stoßen würde, kam es bisher nicht. Zumindest einige große Fluggesellschaften begannen aber, ihre **nationalen Heimatmärkte** durch Aufkauf anderer Unternehmen abzusichern:[137]

- In Großbritannien erwarb British Airways bereits 1988 die Konkurrenten British Caledonian, 1992 die Chartergesellschaft Dan Air, 1993 die Regionalfluggesellschaft Brymon Airways, 1999 City Flyer und 2001 wurde die Übernahme von British Regional Airlines[138] durch die britische Wettbewerbsbehörde genehmigt.
- In Frankreich erwarb Air France 1989 eine Beteiligung von 35% an TAT, 1990 von 55% an UTA und damit auch die größte Inlandsfluggesellschaft Air Inter sowie 2000 Regional Airlines.
- In der BRD verhinderte eine vergleichsweise strenge Fusionskontrolle eine Beteiligung der Lufthansa an Südavia (1989) und Interflug (1990). Lufthansa erwarb bereits 1978 Anteile an der Regionalfluggesellschaft DLT, die seit 1996 als 100%ige Tochter unter der Marke Lufthansa CityLine tätig ist; einer Betei-

---

[135] JÄCKEL, K.: Kooperationsstrategien, S. 292.
[136] Vgl. stellvertretend JÄCKEL, K.: Kooperationsstrategien, S. 299; die dort als Übernahmekandidaten genannten nationalen Airlines aus Mittelmeerländern und anderen Randregionen Europas sind nach massiven staatlichen Beihilfen zumindest z. T. auf dem Wege, den Turnaround zu schaffen; so Alitalia, Iberia, Olympic Airways und TAP.
[137] Diese Beteiligungen wurden teilweise wieder verkauft, zum aktuellen Stand vgl. Abb. 4.16 und 4.17.
[138] Vgl. FLOTTAU, J.: British Airways stößt Billigfluglinie „Go" ab, in: Financial Times Deutschland, 22. Mai 2001, S. 9.

ligung an Eurowings wurde 2005 die kartellrechtliche Freigabe durch die Europäische Kommission erteilt.[139]

Der Weg der Expansion in **europäische Fremdmärkte** erfolgte über:

a) vorwiegend im Interregionalverkehr tätige kleine Unternehmen: die ehemalige Swissair (SAirGroup) erwarb in Frankreich Beteiligungen an Air Littoral und Air Liberté; British Airways kaufte in Deutschland Delta Air und baute sie zur Deutschen BA aus, in Frankreich TAT und Air Liberté (zunächst fusioniert und 2000 an Swissair (SAirGroup) verkauft); SAS baute mit Air Botnia (Finnland), Wideroes (Norwegen), Grönlandsfly (Grönland), Cimber Air (Dänemark) und Air Baltic (Litauen) ein Netz nordeuropäischer Fluggesellschaften auf; KLM übernahm schrittweise Air UK.

b) Beteiligung an zweitgrößten Unternehmen, die ihr Haupttätigkeitsfeld in Europa haben und bei der Mehrfachdesignierung in Drittländer berücksichtigt werden; so z. B. Lufthansa an Lauda Air (Österreich, später verkauft an Austrian Airlines), British Midland und Spanair.

c) Minderheitsbeteiligungen an früheren Flag Carriern: ehemalige Swissair an Sabena, LOT und TAP, British Airways an Iberia.

Bei den im Vergleich zu anderen Industriezweigen geringen **interkontinentalen Beteiligungen** sind noch keine klaren Strategien zu erkennen. Die Versuche, in den USA durch Minderheitsbeteiligungen (KLM 19% an Northwest 1997, British Airways 24,9% an USAir 1993-1997, SAS 19,9% an Continental bis 1997) Fuß zu fassen, wurden ebenso aufgegeben wie die Intention von Iberia, durch den Erwerb mittel- und südamerikanischer Fluggesellschaften zum Marktführer über den Südatlantik zu werden. Auch Beteiligungen wie etwa die von British Airways an QANTAS oder der ehemaligen Swissair an South African Airways können rückblickend ebenso wenig als Teil einer Globalisierungsstrategie eingestuft werden wie die 2000 erfolgte Gründung der Low Cost-Airline Virgin Blue durch Virgin (GB) in Australien.

Von den großen internationalen Fluggesellschaften scheint lediglich Singapore Airlines eine systematische Zukaufsstrategie zu verfolgen. Das Fehlen benötigter Verkehrsrechte und Slots auf den bestehenden Märkten führte zu abnehmenden Wachstumsraten (die Umsatzsteigerung fiel von 25% im Jahr 1985 auf 7% im Jahr 1999), so dass neben der Allianzbildung Beteiligungen zur Wachstumssicherung notwendig erschienen. Daher wurden 2000 25% an Air New Zealand und 49% an Virgin Atlantic erworben sowie im Rahmen der Privatisierung von Air India und Thai International Kaufabsichten geäußert. Die Fluggesellschaft ist auf Grund hoher Rücklagen und konstant hoher Gewinne (Umsatzrenditen von 10-20%, 2005 US$ 13,3 Mrd. Umsatz, Gewinn vor Steuer US$ 1,21 Mrd.) auch finanziell in einer geeigneten Ausgangsposition.[140]

---

[139] Vgl. LUFTHANSA: Geschäftsbericht 2005, S. 19.
[140] Vgl. SINGAPORE AIRLINES: Equity Partners, o. S.

Fluggesellschaft	Beteiligungen	Land	Anteil (%)
Air France	Société d'Exploitation Aeropostale	Frankreich	100,00
	Brit Air	Großbritannien	100,00
	CityJet	Großbritannien	100,00
	Régional	Frankreich	100,00
	Air Austral	Frankreich	30,36
	CCM Airlines	Frankreich	11,95
	Air Tahiti	Tahiti	7,48
	Tunisair	Tunesien	5,60
British Airways	British Airways CitiExpress	Großbritannien	100,00
	Manx Airlines	Großbritannien	100,00
	Cityflyer Express	Großbritannien	100,00
	Comair	Südafrika	18,00
	Iberia	Spanien	9,00
LOT Polish Airlines	Centralwings	Polen	100,00
	EuroLOT	Polen	100,00
Lufthansa	Lufthansa CityLine	Deutschland	100,00
	Air Dolomiti	Italien	100,00
	Eurowings	Deutschland	49,00
	bmi British Midland	Großbritannien	30,00
	Luxair	Luxemburg	13,00
	Condor Flugdienst	Deutschland	10,00
SAS	SAS Cargo	Schweden	100,00
	Snowflake	Schweden	100,00
SWISS	Crossair Europe	Schweiz	99,90
TAP Air Portugal	White	Portugal	75,00
	Yes Charter Airlines	Portugal	51,00
	Air Sao Tomé e Principe	Sao Tomé e Principe	40,00
	Air Macau	Macau	15,00

Quelle: KEMP, R., MOUNTFORD, T., TACOUN, F.: Airline alliance survey 2005, S. 49-91.

Abb. 4.16. Beteiligungsverhältnisse (<5%) bei ausgewählten Fluggesellschaften

Die Unternehmensstrategie **Wachstum durch Konzentration** wurde in Europa zuerst durch die SAirGroup (Swissair) verfolgt. Einerseits sollte Swissair nicht zum Juniorpartner einer in Europa von Lufthansa dominierten Star Alliance werden, andererseits versprach sich das Management größere Chancen davon, den Hauptakzent der Entwicklung auf regionale Märkte mit Non-Stop-Verbindungen zu setzen um damit die absehbaren Überlastungen der Hauptflughäfen durch Flüge mit kleinerem Fluggerät zwischen Sekundärflughäfen zu umgehen.[141] Die Hubs in Zürich und Brüssel wurden in ein starkes regionales Zubringernetz eingegliedert, das von fusionierten Airlines bedient wurde (die SAirGroup hielt bis 2001 bis zu 17 Finanzbeteiligungen an Fluggesellschaften). Bedeutsame Interkontinentalverbindungen wurden durch Code Sharing gesichert (so z. B. in die USA mit American Airlines).

---

[141] Vgl.: BERINGER, H.: Fusionen finden regional statt, S. 52.

Jahr	Monat	Initiator	Ziel	Verfahren	Region
2001	Januar	Avianca	ACES	Fusion (fehlgeschlagen)	Südamerika
	März	American Airlines	TWA	Übernahme	Nordamerika
	März	Hainan Airlines	China Xinhua Airlines	Übernahme	Asien/Pazifik
	April	China Southern	China Northern, Xinjang	Übernahme	Asien/Pazifik
	April	Air China	CNAC, China Southwest	Übernahme	Asien/Pazifik
	April	China Eastern	Yunnan, China Northwest	Übernahme	Asien/Pazifik
	Juni	SAS	Braathens	Übernahme	Europa
	Juli	Hainan Airlines	Shanxi Airlines	Übernahme	Asien/Pazifik
	November	JAL	Japan Air System	Übernahme	Asien/Pazifik
	Dezember	Aloha	Hawaiian	Fusion (fehlgeschlagen)	Nordamerika
2002	Mai	Easyjet	Go	Übernahme	Europa
	August	Sichuan Airlines	CNAC	Beteiligung	Asien/Pazifik
2003	Januar	Ryanair	buzz	Übernahme	Europa
	Oktober	Air France	KLM	Fusion	Europa
2004	Juli	Shanghai Airlines	China United Airlines	Übernahme	Asien/Pazifik
	Dezember	Southwest	ATA Airlines	Beteiligung	Nordamerika
2005	März	Lufthansa	Swiss	Übernahme	Europa
	März	Germania	dba	Übernahme (fehlgeschl.)	Europa
	April	Virgin Express	SN Brussels	Fusion	Europa
	Mai	America West	US Airways	Fusion	Nordamerika
	September	Sterling	Maersk Air	Fusion	Europa
2006	Juni	Jet Airways	Air Sahara	Übernahme (fehlgeschl.)	Asien/Pazifik
	Juni	Cathay Pacific	Dragonair	Übernahme	Asien/Pazifik
2007	Januar	Air India	Indian Airlines	Fusion (geplant)	Asien/Pazifik

Quelle: FIELD, D.: Pain relief, S. 27.

Abb. 4.17. Ausgewählte Beteiligungen, Fusionen und Übernahmen seit 2001

Während andere Airlines den Ferienflugverkehr durch Tochterunternehmen bedienen (Lufthansa: Condor, Joint Venture Sun Express; KLM: Martinair, Austrian Airlines: Lauda Air sowie die ehemalige Sabena: Sobelair), wollte die SAirGroup in diesem Geschäftsfeld mit dem Kauf ausländischer Charterfluggesellschaften (Air Europe, AOM, Balair, LTU, Volare) durch den Aufbau eines Leisure-Aviation-Konzerns eine Führungsrolle übernehmen.

Der strategische Ansatz **Wachstum durch Übernahme** erwies sich für die SAirGroup letztlich nicht als erfolgreich. Im Jahr 2000 hatte der Konzern, nach einem Gewinn von Schweizer Franken (SFR) 273 Mio. im Vorjahr, trotz einer Umsatzsteigerung um 25% auf SFR 16,3 Mrd. mit SFR 2,9 Mrd. den höchsten Verlust in seiner Unternehmensgeschichte eingefahren.[142] Das Konzernergebnis war, neben den operativen Verlusten der eigenen Fluggesellschaften (Swissair SFR 190 Mio., Crossair SFR 20 Mio., Balair SFR 133 Mio.), vor allem auf die Airline-Beteiligungen zurückzuführen, ohne die der Konzern einen Gewinn von 603 Mio. SFR erreicht hätte, da die anderen Konzerntöchter SAir-Relations, SAir-Logistics und SAir-Services profitabel arbeiteten. Wertminderungen bei Vermögenswerten und Wertberichtigungen bei Darlehen ergaben sich, weil mit Ausnahme der mit Gewinn arbeitenden LOT Polish Airlines und South African Airways alle anderen Beteiligungen an Fluggesellschaften auf null abgeschrieben werden mussten. Die von der SAirGroup zu tragenden operativen Verluste der Sabena betrugen SFR 510 Mio., die der drei französischen Gesellschaften AOM, Air Liberté und Air Littoral SFR 940 Mio. und die der deutschen LTU SFR 352 Mio. Die im Frühjahr 2001 eingeleiteten Sanierungsmaßnahmen führten zu einem Wechsel der gesamten Unternehmensführung und zu einem Strategiewechsel in Richtung Konzentration auf die eigene Kernkompetenz, der Durchführung eines qualitativ hochwertigen Linienflugverkehrs. Ausländische Tochtergesellschaften sollten verkauft oder liquidiert werden, die mit der belgischen Regierung vertraglich vereinbarte Erhöhung des Anteils an der Sabena auf 85% gegen eine Kompensationssumme nicht realisiert werden.[143] Die nachhaltige Reduktion des Eigenkapitals durch die massiven Verluste über das gesamte Beteiligungsnetzwerk hinweg führten Ende 2001 zum Grounding der Swissair-Flotte sowie nachfolgend zum Konkurs und Zerfall der SAirGroup.

4.2.7 Probleme strategischer Unternehmensverbindungen

Die noch junge Geschichte strategischer Unternehmensverbindungen größeren Umfangs weist bereits eine ganze Reihe von Fehlschlägen auf. Als Gründe hierfür können gelten:

- Fehlender fundamentaler Fit: Die nach 2000 gescheiterten Fusionsverhandlungen zwischen KLM und British Airways und später mit Alitalia sind im Wesentlichen auf das Nichtvorhandensein einer „geeigneten Situation" zurückzuführen. Bei dem von British Airways geforderten stimmberechtigten Anteil von

---

[142] Vgl. FLOTTAU, J.: SAir-Group, S 19.
[143] Vgl. FLOTTAU, J.: Swissair besinnt sich aufs Fliegen, S. 7.

mehr als 75% befürchtete KLM einen Verlust ihres Fortbestands als eigenständige Fluggesellschaft. Zudem konnten keine überzeugenden Lösungen für den Erhalt der interkontinentalen Verkehrsrechte der KLM erarbeitet werden. In anderen Fällen führte eine Falscheinschätzung der Wettbewerbssituation dazu, dass die erhofften Wettbewerbsvorteile nicht zu realisieren waren. Beispiele für Fehlschläge dieser Art sind die inzwischen beendeten Allianzen zwischen TWA und Gulf Air sowie zwischen Northwest und Ansett Australia, die für die beteiligten Unternehmen kaum zusätzliche Passagiere generierten.

- Fehlender strategischer Fit: Austrian Airlines verließ 2000 die Qualiflyer-Allianz, da nach der Gründung von SkyTeam (durch Air France und Delta, die damit die Qualiflyer-Allianz ebenfalls verließ) eine Neuorientierung der Allianzpolitik erfolgte. Als Gründe für den Wechsel zur Star Alliance wurden bessere zukünftige Expansionsmöglichkeiten, die generelle Stärkung der Wettbewerbsposition sowie die Beibehaltung der Eigenständigkeit genannt.[144]
- Finanzielle Verluste der Partnergesellschaft: Bei einigen Allianzen und Beteiligungen erwirtschaftete ein Partnerunternehmen so hohe Verluste, dass ein Verkauf der Beteiligung oder die Betriebseinstellung die bessere Alternative waren. Beispiele dafür sind: British Airways/BA Carib Express; Iberia verkaufte 1997 ihre Anteile an Ladeco (Chile) und reduzierte die Beteiligung an Aerolineas Argentinas von 80% auf 10%, VIASA (Venezuela) wurde liquidiert.
- Fehlender kultureller Fit: Es gelang nicht, ein kompatibles System von gemeinsamen Werten, Führungsstilen und Unternehmenskulturen zu entwickeln. Beispiele: Lufthansa beendete die Beteiligung an der indischen Lufthansa-Modiluft; der Fusionsversuch (1993) von SAS, Swissair, Austrian Airlines und KLM zur European Quality Alliance scheiterte u. a. wegen Unstimmigkeiten über den Verlust der nationalen Identität der einzelnen Fluggesellschaften und über die gerechte Aufteilung der Anteile an der neu zu gründenden Holding;[145] Alitalia und KLM beschlossen Ende 1998, beide Fluggesellschaften als ein einziges virtuelles Unternehmen zu führen, gaben den Versuch aber bereits im Frühjahr 2000 wegen nicht überbrückbarer Differenzen in den Unternehmenskulturen wieder auf.
- Übernahmeversuche von Konkurrenten: Die Verbindung zwischen Lufthansa und Canadian Airlines (1989-1996) wurde aufgelöst, da diese durch eine 33%ige Beteiligung von American Airlines nicht mehr in das Allianzgefüge der Lufthansa (mit United Airlines) passte. Der kanadische Onex-Konzern versuchte 2000, Air Canada zu übernehmen, aus der Star Alliance zu lösen, mit Canadian Airlines zu verschmelzen und in Oneworld einzubringen. Die Star Alliance Partner Lufthansa und United schnürten daraufhin ein Maßnahmenpaket von CAN 730 Mio. (ca. € 500 Mio.), um Air Canada den Kauf einer Sperrminorität ihrer Aktien zu ermöglichen. Air Canada übernahm daraufhin die wirtschaftlich

---

[144] Vgl. AUSTRIAN AIRLINES: News, o. S.
[145] Ein weiterer Grund waren die aus den vorhandenen Verbindungen mit amerikanischen Fluggesellschaften entstehenden strategischen Probleme: KLM war an Northwest, Swissair an Delta und SAS an Continental beteiligt.

angeschlagene Canadian Airlines (€ 1,2 Mrd. Verbindlichkeiten) und erreichte auf zahlreichen innerkanadischen Strecken eine Monopolstellung.

Ein weiteres Problem der Strategischen Allianzen liegt in ihrer Auswirkung auf den Wettbewerb. Zunächst ist es das Ziel von Kooperationen, den Wettbewerb im Innenverhältnis zu reduzieren oder auszuschalten. Dies führt auf Strecken, die bisher nur von den Kooperationspartnern angeboten wurden, zu quasimonopolistischen Angebotsverhältnissen. Auf Strecken, die von mehreren Allianzen bedient werden, findet der Wettbewerb nicht mehr so sehr zwischen den einzelnen Fluggesellschaften als vielmehr zwischen den Allianzen statt. Zudem kann schon die mit der Größe der Allianzen verbundene Marktmacht als Markteintrittsbarriere für potentielle Konkurrenten wirken. Die an einem funktionierenden Wettbewerb interessierten Regulierungsbehörden können Strategischen Allianzen die Genehmigung verweigern oder sie mit Auflagen versehen und so die von den Unternehmen intendierten Funktionen solcher Kooperationen erheblich beeinträchtigen.

Allerdings ist bisher nicht eindeutig festzustellen, ob Strategische Allianzen die Nachfrager infolge abgestimmten Verhaltens und höherer Preise benachteiligen oder durch Weitergabe der Kosteneinsparungen begünstigen. Die bisher vorliegenden Untersuchungen, die sich jeweils nur auf bestimmte Strecken/Verkehrsgebiete beziehen, ergeben ein sehr heterogenes Bild:

- BRUECKNER/WHALEN fanden für den von den USA ausgehenden internationalen Verkehr „that overlapping alliance service did not have a statistical significant impact on gateway fares".[146]
- BRUECKNER verglich für den US-amerikanischen Markt internationale Umsteigeverbindungen und kam zu dem Ergebnis, dass die Preise von Allianzcarriern um 27% günstiger waren als die Interline-Verbindungen von Nicht-Allianz-Fluggesellschaften.[147]
- Das Institut für Weltwirtschaft (Kiel) stellte fest, dass die Allianz zwischen LH und SAS auf gemeinsam beflogenen Strecken „contributed to some lessening of price competition, in comparison to many of the other routes analyzed. However, the route-by-route analysis suggests that overall competition and demand conditions on a route are as much important as the existence of an alliance."[148]

Vor diesem Hintergrund stellt sich die Frage, ob das interventionistische Vorgehen der EU-Kommission, den Wettbewerb durch Auflagen bei der Genehmigungen von Allianzen (z. B. durch Abgabe von Slots an neue Marktteilnehmer oder Öffnung von Vielfliegerprogrammen) sichern zu wollen, zum gewünschten Erfolg führt. DOGANIS kommt nach einer Untersuchung der Wirkungen solcher Aufla-

---

[146] BRUECKNER, J., WHALEN, W.: Price Effects, zitiert nach BRUECKNER, J.: Benefits of Code-sharing, S. 12.
[147] BRUECKNER, J.: Benefits of Codesharing, S. 1.
[148] LAASER, C.-F., et al.: Global Strategic Alliances, S. 33.

gen zu dem Ergebnis: „The (...) strategy does not appear to have been very successful in generating greater competiton on routes where it has been applied."[149]

4.3 Flugplätze

4.3.1 Definition

Der Begriff Flughafen kann nach juristischen oder operativen Kriterien definiert werden. Während das deutsche Luftverkehrsgesetz den Ausdruck voraussetzt, ohne ihn zu erklären, beschreibt die ICAO in Annex 14 zum Abkommen von Chicago einen Flughafen als „festgelegtes Gebiet auf dem Lande oder Wasser (einschließlich Gebäude, Anlagen und Ausrüstung), das ganz oder teilweise für Ankunft, Abflug und Bewegungen von Luftfahrzeugen am Boden bestimmt ist."[150]

Rang	Welt		Deutschland	
	Stadt (Flughafen)	Passagiere	Stadt (Flughafen)	Passagiere
1	Atlanta (ATL)	85.907.423	Frankfurt/Main (FRA)	51.791.030
2	Chicago (ORD)	76.510.003	München (MUC)	28.451.022
3	London (LHR)	67.915.389	Düsseldorf (DUS)	15.392.702
4	Tokio (HND)	63.282.219	Berlin (TXL)	11.474.687
5	Los Angeles (LAX)	61.485.269	Hamburg (HAM)	10.574.554
6	Dallas/Fort Worth (DFW)	59.064.360	Köln/Bonn (CGN)	9.387.356
7	Paris (CDG)	53.756.200	Stuttgart (STR)	9.248.485
8	Frankfurt/Main (FRA)	52.219.412	Hannover (HAJ)	5.534.510
9	Las Vegas (LAS)	44.280.190	Berlin (SXF)	5.002.998
10	Amsterdam (AMS)	44.163.098	Nürnberg (NUE)	3.882.739

Quelle: ACI: Passenger Traffic 2005, o. S. (Welt), STATISTISCHES BUNDESAMT: Fachserie 8 Reihe 6.1 Luftverkehr 2005, S. 13 f. (Deutschland). Stand März 2006.

Abb. 4.18. Die größten Flughäfen nach Passagieranzahl

Nach der Einteilung des Luftverkehrsgesetzes (§ 6 Abs. 1 LuftVG) steht der Begriff Flugplatz als Oberbegriff für Flughäfen, Landeplätze und Segelfluggelände. Flughäfen können als Flughäfen des allgemeinen Verkehrs (Verkehrsflughäfen) oder als Flughäfen für besondere Zwecke (Sonderflughäfen) genehmigt werden (§ 38 Abs. 2 LuftVZO). Flughäfen sind Flugplätze, die für die Abfertigung eines regelmäßigen Luftverkehrs mit umfangreichen Flugsicherungs- und Abfertigungsanlagen ausgestattet sind und für die nach dem Luftverkehrsgesetz (§ 12) ein Bau-

---

[149] DOGANIS, R.: Airline Business, S. 98.
[150] ICAO: Flugplätze – Annex 14 zum Abkommen über die internationale Zivilluftfahrt, S. 11.

schutzbereich ausgewiesen ist. Eine Einteilung nach operativen Kriterien nimmt die Arbeitsgemeinschaft Deutscher Verkehrsflughäfen (ADV) vor und unterscheidet Internationale Verkehrsflughäfen, Regionale Verkehrsflughäfen, Sonderflughäfen, Verkehrslandeplätze und Sonderlandeplätze.[151]

In der Bundesrepublik werden 19 Flughäfen als **internationale Verkehrsflughäfen** eingeordnet: Berlin-Tegel, Berlin-Tempelhof, Berlin-Schönefeld, Bremen, Dortmund, Dresden, Düsseldorf, Erfurt, Frankfurt/Main, Hahn, Hamburg, Hannover, Köln/Bonn, Leipzig/Halle, München, Münster/Osnabrück, Nürnberg, Saarbrücken und Stuttgart.

Der in der Praxis häufig verwendete Begriff **regionaler Verkehrsflughafen** (Regionalflughafen ist rechtlich nicht bestimmt. In der verkehrstechnischen Diskussion wird er als „Arbeitsbegriff für diejenigen Flugplätze genutzt, für die ein Bedarf von Flugsicherungsbetriebsdiensten und flugsicherungstechnischen Einrichtungen vom Bundesministerium für Verkehr nicht anerkannt wird, an denen jedoch mit der Einrichtung der Flugplatzkontrolle und der sonstigen technischen Einrichtungen auf Kosten und zu Lasten des Flugplatzunternehmers ein Flugbetrieb nach Instrumentenflugregeln aufgenommen wurde."[152]

Klasse	Startbahngrundlänge	Startbahn-Mindestbreite	Klasse	Druckbelastung pro Radeinheit
A	mindestens 2550 m	60 m	1	45.000 kg
B	2150 bis 2550	60 m	2	35.000 kg
C	1800 bis 2150	45 m	3	27.000 kg
D	1500 bis 1800	45 m	4	20.000 kg
E	1280 bis 1500	45 m	5	13.000 kg
F	1080 bis 1280	30 m	6	7.000 kg
G	900 bis 1080	30 m		

Quelle: ICAO-Convention, Annex 14.

Abb. 4.19. Flughafen-Klassifizierung

Unter Berücksichtigung der verkehrsbetrieblichen Funktionen kommt SORGENFREI zu folgender Definition: „Als Regionalflughafen kann ein als Regionaler Verkehrsflughafen oder Verkehrslandeplatz zugelassener Flughafen bezeichnet werden, der neben der Erfüllung weiterer Funktionen schwerpunktmäßig dem Regionalluftverkehr als Station dient und zudem als relevanter Standortfaktor für die regionale Wirtschaft gilt."[153]

Konkretisiert man diese recht vage Definition, dann ist ein Regionalflughafen ein Flughafen mit planmäßigem gewerblichen Flugverkehr im Linien- oder Ferienflugverkehr, der vorwiegend mit kleineren Flugzeugen (max. 120 Sitzplätze, Starthöchstgewicht 60 t) zwischen Regionalflughäfen oder zwischen Regionalflughäfen und internationalen Verkehrsflughäfen durchgeführt wird. Zu den weite-

---

[151] Vgl. ADV: Verkehrsleistungen der deutschen Verkehrsflughäfen, S. 5.
[152] Vgl. DEUTSCHER BUNDESTAG: Drucksache 13/1995 vom 17.03.1997, S. 3.
[153] SORGENFREI, J.: Regionalflughäfen, S. 13.

ren Funktionen eines Regionalflughafens können zählen: Station für Flugtouristikverkehr, regionaler Schwerpunkt des Luftsports, Station für Werk-, Taxi- und sonstigen gewerblichen Nichtlinienverkehr.

Flughafen	Eigentum	Leitung und Betrieb	Risikoübernahme	
Budapest, Prag, Moskau, Stockholm	Öffentliche Hand (Bund, Länder)	Regierungsbehörde mit gemeinwirtschaftlicher Zielsetzung bzw. „Ziele des öffentlichen Interesses"	direkt durch staatliche Subventionen	öffentlich
Aéroports de Paris	dezentrale öffentliche Gebietskörperschaften (Länder, Städte, Kommunen) mit gemeinwirtschaftlicher Zielsetzung		indirekt öffentlich	
Flughafen München GmbH	Öffentliche Hand	privates Management; privatrechtlich organisierter Betrieb mit öffentlichen Arbeitsvertragsstrukturen; wettbewerbswirtschaftliche Zielsetzung mit gemeinwirtschaftlichen Nebenbedingungen	durch Verlustübernahme, staatliche Garantien etc.	
Anteilveräußerung: Birmingham, Hamburg; **Build-Own-Operate-Transfer:** Athen/ Sparta; **Initial Public Offering:** Wien, Fraport AG	Öffentliche Hand und privat	privates Management bzw. private Betreiber, wettbewerbswirtschaftliches Verhalten unter gemeinwirtschaftlichen Nebenbedingungen	durch staatliche Garantien	öffentlich und privat
Build-Own-Operate: London-City; **Build-Own-Operate-Transfer:** Oslo; **Management-Buy-Out:** Belfast; **Initial Public Offering:** British Airport Authority	privat	privat, wettbewerbswirtschaftliche Zielsetzung, meist in Verbindung mit einem Regulierungsrahmen	durch Leasing, Build-Own-Operate-Transfer, Anteilsveräußerung oder Kapitalerhöhungen	privat

Quelle: In Anlehnung an KUMMER, S., SCHMIDT, S.: Flughafenunternehmen, S. 5 ff.

Abb. 4.20. Organisationsformen europäischer Flughäfen

4.3 Flugplätze

Flughafen	Flughafenunternehmer	Gesellschafter	Beteiligungsanteil in %
Berlin (Tegel, Tempelhof, Schönefeld)	Flughafen Berlin Schönefeld GmbH Berliner Flughafen GmbH	Land Berlin	37,0
		Land Brandenburg	37,0
		Bundesrepublik Deutschland	26,0
Bremen	Flughafen Bremen GmbH	Hansestadt Bremen	100,0
Dortmund	Flughafen Dortmund GmbH	Dortmunder Stadtwerke AG	74,0
		Stadt Dortmund	26,0
Dresden	Flughafen Dresden GmbH	Mitteldeutsche Flughafen AG[a]	94,0
		Freistaat Sachsen	4,3
		Landkreis Kamenz	0,8
		Landkreis Meissen	0,8
Düsseldorf	Flughafen Düsseldorf GmbH	Airport Partners GmbH[b]	50,0
		Stadtwerke Düsseldorf	50,0
Erfurt	Flughafen Erfurt GmbH	Land Thüringen	95,0
		Stadt Erfurt	5,0
Frankfurt	Fraport AG	Land Hessen	31,7
		Stadt Frankfurt am Main	20,3
		Deutsche Lufthansa AG	9,1
		Julius Bär Gruppe	5,1
		Streubesitz	27,2
		Umtauschanleihe Bundesrepublik Deutschland[c]	6,6
Hahn	Flughafen Frankfurt-Hahn GmbH	Land Rheinland-Pfalz	17,5
		Land Hessen	17,5
		Fraport AG	65,0
Hamburg	Flughafen Hamburg GmbH	Freie und Hansestadt Hamburg	51,0
		HAP Hamburg Airport Partners GmbH[d]	49,0
Hannover	Flughafen Hannover-Langenhagen GmbH	Hannoversche Beteiligungs GmbH[d]	35,0
		Stadt Hannover	35,0
		Fraport AG und Nord LB	30,0
Köln/Bonn	Flughafen Köln/Bonn GmbH	Bundesrepublik Deutschland	30,9
		Land Nordrhein-Westfalen	30,9
		Stadt Köln	31,1
		Stadt Bonn	6,1
		Rhein-Sieg-Kreis	0,6
		Rheinisch Bergischer Kreis	0,4
Leipzig/Halle	Flughafen Leipzig/Halle GmbH	Mitteldeutsche Flughafen AG[a]	94,0
		Freistaat Sachsen	4,6
		Landkreis Delitzsch	0,5
		Landkreis Leipziger Land	0,5
		Stadt Schkeuditz	0,4
München	Flughafen München GmbH	Bundesrepublik Deutschland	26,0
		Freistaat Bayern	51,0
		Stadt München	23,0
Münster/Osnabrück	Flughafen Münster/Osnabrück GmbH	Stadtwerke Münster GmbH	35,2
		Kreis Steinfurt	30,4
		Stadtwerke Osnabrück GmbH	17,3
		Verkehrsgesellschaft. Landkrs. Osnabrück	7,2
		Verkehrsgesellschaft Stadt Greven	5,9
		Sonstige[e]	4,0
Nürnberg	Flughafen Nürnberg GmbH	Freistaat Bayern	50,0
		Stadt Nürnberg	50,0
Saarbrücken	Flughafen Saarbrücken Betriebs GmbH	Fraport AG	51,0
		Flughafen Saarbrücken Besitzgesellschaft mbH	48,0
		Stadt Saarbrücken	1,0
Stuttgart	Flughafen Stuttgart GmbH	Land Baden-Württemberg	50,0
		Stadt Stuttgart	50,0

[a] Gesellschafter: Freistaat Sachsen (67,1%), Land Sachsen-Anhalt (13,6%), Stadt Leipzig (8,0%), Stadt Dresden (6,2%), Stadt Halle (5,2%).
[b] Gesellschafter: Hochtief Airport GmbH / Aer Rianta Plc.
[c] ab März 2007 im Streubesitz
[d] Alleingesellschafter Land Niedersachsen
[e] Gesellschafter u. a.: Stadtwerke Münster GmbH (35,1%), Beteiligungs GmbH Kreis Steinfurt (30,3%), Stadtwerke Osnabrück AG (17,2%), Beteiligungs- u. Vermögensverwaltungs GmbH Landkreis Osnabrück (7,1%), Grevener Verkehrs GmbH (5,9%), Kreis Warendorf (2,4%), Kreis Borken (0,5%), Kreis Coesfeld (0,5%), Landkreis Grafschaft Bentheim (0,5%), Landkreis Emsland (0,5%).
[f] Gesellschafter: Verkehrsholding Saarland GmbH 99,9 %

Quelle: ADV: Gesellschafter und Beteiligungsverhältnisse – internationale Verkehrsflughäfen, S. 1. (Stand Juni 2006).

Abb. 4.21. Beteiligungen an ausgewählten Flughäfen in Deutschland

Zu den aufkommensstärksten Regionalflughäfen mit mehr als 50.000 Einsteigern im Jahr 2005 zählen: Altenburg-Nobitz, Friedrichshafen, Karlsruhe/Baden-Baden, Lübeck-Blankensee, Niederrhein (Weeze), Paderborn-Lippstadt, und Rostock-Laage. Im Seebäderverkehr sind Wangerooge, Harle (Wittmund), Norden-

Norddeich, Juist, Westerland/Sylt, Helgoland-Düne, Borkum, Emden, Heide-Büsum und Heringsdorf (Usedom) von Bedeutung.[154]

Sonderflughäfen und -landeplätze stehen nur einem bestimmten Nutzerkreis offen, z. B. Firmen im Falle eines Werkflughafens wie etwa die Sonderflughäfen Lemwerder und Oberpfaffenhofen oder der Sonderlandeplatz von Airbus Deutschland in Hamburg-Finkenwerder bzw. der Firma GROB-Flugzeugbau in Mindelheim-Mattsies.

Landeplätze sind Flugplätze mit beschränkter Flugsicherungskapazität und ohne Bauschutzbereich. Sie dienen vorwiegend der Allgemeinen Luftfahrt.

Flughäfen werden nach einer Empfehlung der ICAO hinsichtlich ihrer Leistungsfähigkeit anhand von:

a) Startbahnlänge und -breite sowie der Tragfähigkeit pro Einzelrad des Flugzeugfahrwerks,
b) Leistungsmerkmalen der Instrumenten-Landeanlagen (ILS) für den Allwetterflugbetrieb (bspw. ICAO CAT. I, II, IIIa-c) klassifiziert (vgl. Abb. 4.19).

Flughäfen werden in unterschiedlichen Organisationsformen als staatliche oder private Unternehmen betrieben (vgl. Abb. 4.20). Ziel der staatlichen Flughafenpolitik in der Bundesrepublik Deutschland ist die Vorhaltung eines bedarfsgerechten multizentralen Flughafensystems mit mehreren Schwerpunkten (Frankfurt/Main, Düsseldorf, Köln/Bonn, München, Hamburg und Berlin), ergänzt um ein Netz internationaler und regionaler Verkehrsflughäfen.

Da der Betrieb der Flughäfen selbst nicht mehr als Aufgabe des Bundes angesehen wird, werden die bestehenden Bundesbeteiligungen sukzessive aufgegeben.

4.3.2 Aufgaben

Flughäfen sind die Stützpunkte des Luftverkehrs und haben als Verkehrsstationen die Hauptfunktionen der Wegsicherung, der Abfertigung von Passagieren, Fracht und Flugzeugen sowie der Bedürfnisbefriedigung der Flughafennutzer zu erfüllen. Daneben sind Flughäfen auch eigenständige Wirtschaftsunternehmen und stellen einen bedeutenden Standortfaktor für die Wettbewerbsfähigkeit einer Region dar.

4.3.2.1 Verkehrsstation Flughafen

Die **Wegsicherungsfunktion** besteht in der Ermöglichung von Starts und Landungen sowie des Verkehrsablaufs auf den Flughafenbetriebsflächen durch Bereitstellung der Start- und Landebahnen, Rollwege, Wartepositionen und Sicherheitsflächen, der Befeuerungs- und Bodennavigationsanlagen in der Umgebung des Flughafens und auf dem Flughafen selbst sowie in der Lenkung und Überwachung des Verkehrs auf den Flughafenbetriebsflächen.

Die **Abfertigungsfunktion** umfasst land- und luftseitige Bereiche der Bodenabfertigung sowie die Gewährleistung der Sicherheit für Passagiere, Flugzeuge

---

[154] Vgl. STATISTISCHES BUNDESAMT: Fachserie 8, Reihe 6.2 Verkehr 2006, S. 35 ff.

und Fracht. Landseitig besteht sie in der Abfertigung von Passagieren und Gepäck an den Schaltern der Fluggastterminals sowie von Fracht und Post in den Frachtgebäuden. Luftseitig zählen dazu folgende Aufgaben:

- Vorfeldabfertigung der Flugzeuge: Ent- und beladen, Transport von Passagieren, Crew, Gepäck, Fracht und Post zwischen Flugzeug und Abfertigungsgebäuden sowie das Enteisen und Schleppen von Flugzeugen;
- Versorgungsdienste: Treibstoff, Strom, Frisch- und Abwasser, Reinigung der Flugzeuge, Catering;
- Vorfeldkontrolle: Leitung und Einweisung von Flugzeugen im Rollverkehr sowie der Versorgungs- und Transportfahrzeuge, Überwachung der Abfertigungspositionen.

Aus der Abfertigungsfunktion ergibt sich die **Transitfunktion**, d. h. die regionalen Zubringer- und Verteilerdienste für Personen, Fracht und Post sowie die Verknüpfung der grenzüberschreitenden Flüge im internationalen Verkehr. Die Transitfunktion ist eng mit der Herausbildung von Hubs (Drehscheiben) verbunden. Unter dem Gesichtspunkt des Gesamtverkehrs ist nach der Definition der AEA ein Hub „a single airport at which one or several airlines offer an integrated network of connecting services to a wide range of destinations at a high frequency."[155] Für eine einzelne Fluggesellschaft ist ein Hub in seiner einfachsten Form der als Heimatbasis dienende Flughafen und damit das Zentrum des Streckennetzes. Das Streckennetz kann aber auch nach dem Hub and Spoke-System (Nabe und Speichen-System) angelegt werden. Hierbei wird versucht, an Stelle von Direktflügen möglichst viele Verbindungen über einen Hub zu führen, um sowohl die ankommenden als auch die abfliegenden Passagierströme zu bündeln und über die Drehscheibe neu zu verteilen. Große Fluggesellschaften mit einem weiten Streckennetz verfügen über mehrere Hubs sowohl im Heimatland als auch – durch Kooperationen im Rahmen Strategischer Allianzen – auf anderen Kontinenten.[156]

Die Hub-Bildung führt zu einer Konzentration der Flüge auf die ausgewählten Flughäfen: Von den 534 Flughäfen in Europa vereinigten bereits 1995 die 16 größten genauso viel Flugsitzplätze pro Woche wie die restlichen 518 Flughäfen.[157] Weltweit entfallen inzwischen 77% Prozent des Passagiervolumens auf 32 Airports.[158] Sie erhöhen dort die Verkehrsspitzen und verstärken so latent vorhandene Kapazitätsprobleme. Hubs leben davon, dass kleine Flugzeuge Passagiere in die Knotensysteme an den großen Flughäfen zubringen und von dort die großen Langstreckenflugzeuge die Kunden weiterbefördern. „Um dieses ‚Zufüttern' zu ermöglichen, benötigt man eine Ballung von Ankünften und ca. 1 Std. später die Häufung von Abflügen. Knotensysteme führen zwangsläufig zu Verkehrsspitzen und verhindern per se die gleichmäßige Auslastung von Flughäfen."[159]

---

[155] AEA: European Airports, S. 23.
[156] Zur Drehscheibenfunktion von Flughäfen vgl. WENDLIK, H.: Infrastrukturpolitik, S. 8-14; WEINGARTEN, F.: Entlastung des Luftverkehrs, S. 77-93.
[157] Vgl. ADV: Pressemitteilung, S.1.
[158] GORDON, A.: Five things, S. 7.
[159] SANDVOSS, J.: Slots, S. 85.

Die Funktion der **Bedürfnisbefriedigung der Verkehrskunden und Besucher** hat in den letzten Jahren insofern einen erheblichen Funktionswandel erfahren, als sich Flughäfen zunehmend von reinen Verkehrsstationen mit einem Minimum an Serviceleistungen zu umfassenden Dienstleistungszentren entwickeln. So sind etwa in Frankfurt/Main folgende Unternehmen zu finden: Banken, Supermärkte, Buchhandlungen, Geschäfte für Textilien, Schuhe, Schmuck, Lederwaren, Unterhaltungselektronik, Süßwaren und Sexartikel, Chemische Reinigung, Friseur, Reisebüros, ca. 40 Restaurants und Bars der unterschiedlichsten Kategorien, Spielhallen, Spielkasino, Bowling-Bahn, Diskothek, Kinos, Flughafenklinik, Kapelle und Gebetsräume zur Nutzung durch mehrere Religionsgemeinschaften, Parkhäuser und Hundepension; dazu in unmittelbarer Nähe Hotels, mehrere Bürozentren, Gebäude für Cateringunternehmen sowie Abfertigungs- und Lagerhallen für Fracht. Als **Hilfsfunktionen** werden die Aufgaben bezeichnet, die notwendige Vorleistungen zur Erfüllung der Hauptfunktionen leisten, also insbesondere:

- die Bereitstellung von Räumen und Flächen für die Flugsicherungskontrolle und für staatliche Stellen wie Zoll-, Einreise-, Polizei, Sicherheits- und Gesundheitsdienste;
- Bereitstellung einer Flughafenfeuerwehr;
- die Bereitstellung von Räumen und Flächen für nicht unmittelbar flugbezogene Aktivitäten der Fluggesellschaften wie Lounges, Catering, Wartung, Verwaltung;
- die Gewährleistung der Sicherheit am Flughafen, soweit sie nicht den Aufgabenbereich von Polizei und Grenzschutz betrifft, z. B. die Überwachung des Zugangs zu den nichtöffentlichen Bereichen, Einhaltung der Verkehrsordnung auf dem Vorfeld oder die Diebstahlssicherung im Fracht-, Gepäck- und Postbereich.

4.3.2.2. Hub and Spoke-Systeme

Ein Hub and Spoke-System ist ein nach dem Nabe und Speiche-System operierendes Streckennetz. Die einzelnen Fluglinien (spokes) sind speichenartig um einen als Drehscheibe fungierenden zentralen Flughafen (hub) angeordnet, der die Passagierströme bündelt und sie für Anschlussflüge neu verteilt. An die Stelle von Non-Stop-Verbindungen treten Umsteigeverbindungen. Dabei können verschiedene Hub-Arten unterschieden werden:

- **Hourglass-Hub:**[160] Flüge aus einer Richtung (z. B. Westen) werden am Hub gebündelt und auf Anschlussflüge in entgegen gesetzte Richtung (z. B. Osten) neu verteilt.
- **Hinterland-Hub**: Am Hub werden die Kurzstreckenflüge gebündelt und auf Langstreckenflüge verteilt.
- **Multi-Hub**: Eine Fluggesellschaft verfügt über mehrere, miteinander verbundene Hub-Flughäfen.

---

[160] Vgl. HANLON, P.: Global Airlines, S. 71 f.

- **Sekundär-Hub**: Zusätzlich zum zentralen Hub wird ein weiterer Hub in der Region eingerichtet (z. B. München als Sekundärhub zusätzlich zum Hub Frankfurt/Main).
- **Mega-Hub**: Flughafen, der von mehreren Fluggesellschaften als zentraler oder Multi-Hub eines Kontinents eingerichtet wurde; in Europa zählen dazu Amsterdam, Frankfurt/Main, London-Heathrow und Paris-Charles de Gaulle.
- Mini-Hub: Mehrere Kurzstrecken-Anschlussflüge werden auf ein oder zwei Langstreckenflüge der gleichen Fluggesellschaft verteilt (bspw. Iberia in Miami).
- **Rolling Hub:** Der Flughafen bleibt zentraler Umsteigepunkt, jedoch werden die Flüge nicht mehr aufeinander abgestimmt, d. h. An- und Abflugswellen nicht synchronisiert, um Spitzenbelastungen, Kapazitätsengpässe und Verspätungsübertragungen zu vermeiden.

Die Flugabwicklung nach dem Hub and Spoke-System bietet folgende **Vorteile**:

- **Verbundvorteile** bei den Kosten, darunter werden nach WERNER[161] „Kosteneinsparungen in der Produktion aufgrund der Anzahl der Produktlinien in einem Unternehmen bei anteiliger, sich nicht ausschließender Nutzung von gemeinsamen Produktionsverfahren" verstanden. Wird jede Fluglinie als eine Produktlinie angesehen, dann liegen die Verbundvorteile in Synergieeffekten durch die gemeinsame Nutzung von Produktionsfaktoren (z. B. bei Wartung, Flug- und Flugzeugabwicklung etc.) und im zusätzlichen Passagieraufkommen durch Zubringung von Anschlussfluggästen, das in höheren Sitzladefaktoren und häufigeren Frequenzen, die dem Passagier größere Freiheiten bei der Wahl von Ankunfts- und Abflugzeiten einräumen, resultiert.
- **Angebotserweiterung**, da mit der gleichen Anzahl von Flügen eine größere Zahl von Flugmärkten bedient werden kann (vgl. Abb. 4.22 und 4.23). Dies erhöht zudem die Attraktivität von Frequent Flyer-Programmen, da die Passagiere auf mehr Flügen derselben Airline Bonuspunkte sammeln und Freiflüge einlösen können. Die theoretisch maximale Zahl von Flügen ist in der Praxis nicht zu realisieren, da bei einigen dieser Verbindungen der Umweg über den Hub zu von den Passagieren nicht akzeptierten Umwegverbindungen führen würde und bei stark nachgefragten Verbindungen Non-Stop-Flüge die wirtschaftlichere Alternative sind.
- Größere Marktausschöpfung, da durch die Bündelung der Nachfrage auch Verbindungen zwischen Städten mit niedrigerem Aufkommen bedient werden können.
- **Fortress-Effect:** Hat eine Fluggesellschaft die Dominanz eines Hub-Flughafens erreicht, dann wird sie für die Mitbewerber schwer angreifbar, da die Entwicklung eines hinsichtlich Streckenzahl und Frequenzen konkurrenzfähigen Angebots hohe Anlaufkosten verursacht und die Verfügbarkeit von Slots voraussetzt. Meist wurde daher die Heimatbasis einer Fluggesellschaft zum Ausgangspunkt der Hub-Bildung, da dort die bereits verfügbaren Slots ent-

---

[161] WERNER, M.: Regulierung und Deregulierung, S. 136.

scheidende Wettbewerbsvorteile darstellten. Zudem können neue Wettbewerber auf einer Strecke durch eine gezielte Preispolitik (Preisdumping) und Produktpolitik (Erhöhung der Frequenzen) abgewehrt werden.

Quelle: LUFHANSA: Lufthansa Report, S. 4.
Abb. 4.22. Vorteile eines Netzwerkes

Als **Nachteile** des Hub and Spoke-Systems können angesehen werden:

- Umsteigeverbindungen erhöhen die Reisezeit und vermindern den Reisekomfort.
- Die zeitliche Konzentration der Verkehrswellen kann zu einer Überbelastung der Flughäfen zu diesen Tageszeiten (Personenkontrolle, Abfertigung von Passagieren und Gepäck, überfüllte Warteräume) führen und erfordert eine Ausrichtung von Infrastruktur und Personal auf wenige Verkehrsspitzen täglich. Dies erfordert eine hohe Kapazitätsvorhaltung und resultiert in einer unausgeglichenen Kapazitätsauslastung.
- Die Dominanz einer Hub-Airline bedeutet verminderten Wettbewerb und kann zu einer Erhöhung der Flugpreise führen.
- Die zeitweilige Überlastung der Flughafenkapazität erhöht die Störanfälligkeit der Beförderung. Problematisch sind insbesondere Verspätungen, die sich durch die Anschlussorientierung des Systems auf das gesamte Streckennetz fortpflanzen.

Die Streckenkosten von Umsteigeverbindungen sind höher als bei Non-Stop-Verbindungen. Zusätzliche Kosten entstehen durch die Start- und Landegebühren am Zwischenlandeplatz, durch die größere Gesamtstreckenlänge bei Umwegen und die geringere Streckenlänge der einzelnen Flugsegmente, die zu einer überproportionalen Belastung durch den Treibstoffverbrauch in der zusätzlichen Start- und Landephase führen.[162]

---

[162] Siehe zum Konzept des Hub and Spoke-Systems weiterführend DOGANIS, R.: Flying Off Course, S. 254-263; zur Planung, Koordination und Optimierung von Hubs sowie deren Integration in die Streckennetze von Luftverkehrsgesellschaften HANLON, P.: Global Airlines, S. 133-182.

Anzahl der Verbindungen (spokes) zu/von einem Hub	Anzahl der Punkte, die über den Hub miteinander verbunden werden können	Anzahl der Punkte, welche über Direktflüge mit dem Hub verbunden werden können	Summe der Verbindungen (city pairs), die angeboten werden können
n	$n(n-1)/2$	n	$n(n+1)/2$
2	1	2	3
6	15	6	21
10	45	10	55
50	1225	50	1275
75	2775	75	2850
100	4950	100	5050

Quelle: DOGANIS, R.: Flying Off Course, S. 255.

Abb. 4.23. Auswirkungen des Hubbings auf die Anzahl möglicher Flugverbindungen

4.3.2.2 Wirtschaftsunternehmen Flughafen

Bei den Flughäfen ist in den letzten Jahrzehnten ein Entwicklungstrend „from being a branch of government into a dynamic and commercially oriented business"[163] zu verzeichnen. Die Hauptaufgabe der Unternehmen besteht natürlich weiterhin darin, die Durchführung und Sicherstellung des Flugbetriebs zu gewährleisten mit dem Ziel, die Standortqualität einer Region zu verbessern. Dies soll aber nicht mehr nur kostendeckend sondern vielmehr gewinnerzielend erreicht werden. Daher wird versucht, durch Marketingmaßnahmen (Flughafenmarketing) sowohl die direkt flugbezogenen Verkehrseinnahmen als auch die indirekt flugbezogenen kommerziellen Einnahmen zu steigern.

Die **Verkehrseinnahmen,** die zwischen 25% und 70% der Einnahmen eines Flughafens ausmachen,[164] bestehen aus den Lande- und Abstellgebühren, Entgelten für Bodenverkehrsdienste und Handling sowie Passagiergebühren.[165] Die Landegebühr besteht aus einem fixen Betrag, der sich nach dem höchsten in den Zulassungsunterlagen verzeichneten Abfluggewicht des Luftfahrzeugs bemisst und einer zusätzlichen variablen Gebühr pro Fluggast. Erhöhte Gebührensätze werden für Flugzeuge mit lauten Triebwerken (festgelegt nach ICAO-Annex 16 Chapter 2) und für Landungen während der Nacht erhoben. Inzwischen fließt auch an verschiedenen Flughäfen – gestaffelt nach Schadstoffausstoß, Flugzeugtyp und Triebwerksart – die Art und Menge an verbrennungsbedingten Luftschadstoffen (Abgasen) in die Berechnung der Landegebühren ein (emissionsabhängige Landeentgelte). Die Abstellgebühren richten sich nach dem zugelassenen Höchstabfluggewicht des Flugzeugs und werden nach Überschreiten einer Mindestdauer zwischen Landung und Start fällig. Lande- und Abstellgebühren trugen 2005 bei den internationalen Verkehrsflughäfen der ADV 10,8% zu den Umsatzerlösen bei

---

[163] DOGANIS, R.: Airport Business, S. xii.
[164] Eigene Berechnung.
[165] Vgl. GRAHAM, A.: Managing Airports, S. 55 ff oder auch DOGANIS, R.: Airport Business, S. 54 ff.

(vgl. Abb. 4.24).[166] Der Flughafen hat keinen Einfluss auf die Höhe der Luftsicherheitsgebühren der Behörden für Personen- und Gepäckkontrollen, die pro Fluggast berechnet werden.

Ertragsart	Betrag in Mio. €	Anteil an den Umsatzerlösen in v. H.	Veränderung gegenüber Vorjahr in v. H.
Erlöse aus variablen Landeentgelten*	843	21,3%	19,1%
Erlöse aus Abstellentgelten	64	1,6%	-2,4%
Erlöse aus Lande- (fix und variabel) und Abstellentgelten	1.376	34,8%	10,8%
Erlöse aus zentraler Infrastruktur	412	10,4%	-2,8%
Erlöse aus Bodenverkehrsdienstleistung	673	17,0%	-2,1%
Erlöse aus Passagierabfertigung	38	1,0%	18,1%
Erlöse aus Frachtabfertigung	42	1,1%	10,0%
Sonstige Aviation-Erlöse	23	0,6%	25,0%
Summe Aviation-Erlöse	2.565	64,9%	4,1%
Erlöse aus Mieten und Pachten	428	10,8%	1,5%
Erlöse aus Konzessions- und Gestattungsentgelten (inkl. Bodenverkehrsdienst-Gestattungen)	207	5,2%	-4,9%
Erlöse aus Versorgungsleistungen im Zusammenhang mit Vermietung und Verpachtung	132	3,3%	49,9%
Erlöse aus eigenem Retail- und Gastronomiegeschäft (land- und luftseitig)	9	0,2%	93,7%
Erlöse aus Parkplatzbewirtschaftung (nur Fluggastparkplätze)	236	6,0%	12,5%
Sonstige Non-Aviation-Erlöse	378	9,6%	19,4%
Summe Non-Aviation-Erlöse	1.390	35,2%	-0,9%
Gesamtumsatzerlöse	3.954	100,0%	2,30%

* inklusive Sicherheitsentgelte

Quelle: ADV: Gesamtumsatzerlöse, o. S. (Vorläufige Werte, Stand Juni 2006).

Abb. 4.24. Gesamtertrag der internationalen Verkehrsflughäfen in Deutschland 2005

Die betriebliche Abfertigung von Flugzeugen und die verkehrliche Abfertigung von Passagieren und Fracht (Bodenverkehrsdienste) ermöglichen den Flughafenbetreibern weitere Einnahmemöglichkeiten, die 2005 bei den internationalen deutschen Verkehrsflughäfen einen Anteil von 19,1% an den Umsatzerlösen hatten.[167]

---

[166] Vgl. ADV: Gesamtumsatzerlöse der internationalen Verkehrsflughäfen in Deutschland 2005, o. S.
[167] a. a .O.

Die durch die EU 1996 verordnete Liberalisierung der Bodenverkehrsdienste führte hier teilweise zu erheblichen Ertragseinbußen.

Die **kommerziellen Einnahmen** entstehen durch Vermietung von Gebäuden, Räumen und Flächen, Konzessionsvergabe an die Betreiber von Flugbetriebsdiensten (z. B. Betankung, Bodenabfertigung) und anderen, nicht luftfahrtbezogenen Dienstleistungen wie Geschäften, Restaurants, Hotels sowie durch Einnahmen aus eigenen Verkaufsaktivitäten, Catering, Parkgebühren und Werbeflächen. Durch die zunehmende Bedeutung der kommerziellen Einnahmen wandeln sich vor allem die großen (und privatisierten) Flughäfen von Infrastruktur-Anbietern zu luftverkehrsaffinen Dienstleistungsunternehmen, die ihre Geschäftstätigkeiten über den eigenen Standort hinaus ausdehnen. Neue Geschäftsfelder sind:

- der Betrieb von Flughäfen (Flughafenmanagement);
- das Consulting in den Bereichen konzeptionelle Planung, Projektentwicklung und Personaltraining bei Flughafenmodernisierungen und –neubauten;
- das Management von Beteiligungen an anderen Flughäfen;
- die Vermarktung spezieller Kompetenzen wie Terminal- und Sicherheitsdienstleistungen oder Ground Handling;
- die Entwicklung und der Vertrieb von IT-Dienstleistungen;
- das Marketing und Management von Immobilien an (eigenen) Flughäfen.

Eine **Standortexpansion** ergibt sich durch Kapitalbeteiligungen an Flughafenbetriebs-, Terminalbetriebs- und Bodenverkehrsdienstleistungsgesellschaften. So ist etwa die Fraport AG bspw. national an der Besitz- und Betreibergesellschaft des Flughafen Frankfurt-Hahn, der Flughafen Saarbrücken Betriebsgesellschaft, der Flughafen Hannover-Langenhagen GmbH und international an der Betriebsgesellschaft des Flughafens Lima und zukünftig Delhi beteiligt, betreibt eigene Terminalinfrastruktur auf den Flughäfen von Antalya und Manila und hat das Flughafenmanagement für den International Airport Kairo übernommen.[168] Insgesamt umfasste im Jahr 2005 das Beteiligungsnetzwerk der Fraport AG „rund 100 Gesellschaften".[169] Der Funktionswandel der Flughäfen von Infrastrukturträgern zu Wirtschaftsunternehmen und Standortfaktoren führt zu einem Wettbewerb der Flughäfen untereinander, der in Europa internationale Dimensionen annimmt. Es entwickeln sich mit Amsterdam, Frankfurt (Rhein-Main), London (Heathrow) und Paris (Charles de Gaulle) vier Großflughäfen (europäische Hubs für den Interkontinentalverkehr) in Ballungszentren und eine Reihe von Sekundär-Hubs, die entweder die primäre oder sekundäre Heimatbasis des jeweiligen National Carriers sind (z. B. München, Madrid, Kopenhagen oder Wien) oder aufgrund ihrer besonderen Marktausrichtung (z. B. Ferienflugverkehr in Düsseldorf, Low Cost-Verkehr in Köln/Bonn, Frachtzentren in Brüssel oder Leipzig) ein spezielles Verkehrsaufkommen entwickeln.[170] Durch die in den einzelnen Ländern unterschiedliche staatliche Behandlung hinsichtlich Investitionen, Finanzierung der Verkehrs-

---

[168] Vgl. FRAPORT: Geschäftsbericht 2005, S. 52 ff.
[169] A. a. O., S. 52.
[170] Vgl. BENDER, W.: Flughafenwettbewerb, S. 299.

anschlüsse, Überlassung von Baugrund zu Vorzugspreisen und steuerlicher Bewertungen kommt es dabei zu Wettbewerbsverzerrungen zwischen den Flughäfen.

Eine weitere Veränderung der Wettbewerbsposition einzelner Flughäfen ergibt sich aus der Fremdbestimmung durch die Allianzsysteme der Fluggesellschaften, die neue Hub and Spoke-Systeme aufbauen. So stellt SCHÖLCH fest: „Wenn z. B. das inzwischen machtvolle LH-Allianz-System in Deutschland den Flughäfen Frankfurt und München eine Hubfunktion zuweist, werden damit gleichzeitig die anderen deutschen Verkehrsflughäfen mehr oder minder auf Zulieferfunktionen verwiesen, ihr Streben danach, sich ebenfalls zu Hubs zu entwickeln, muß ins Leere laufen."[171] Die Entwicklung von **Kooperationen** zwischen Flughafengesellschaften (Airport-Allianzen)[172] zeichnet sich sowohl auf nationaler als auch auf internationaler Ebene ab. Ziel ist hierbei vor allem die Erschließung von Erlös- und Kostensenkungspotenzialen sowie die Verbesserung der strategischen Wettbewerbsposition. Für eine horizontale Kooperation bieten sich vor allem die Bereiche Bodenverkehrsdienste und Handling, Gebäude- und Immobilienmanagement, Marktforschung und Marketing sowie Einkauf, Personalentwicklung und IT an. Beispielsweise dient die Strategische Allianz Pantares von Fraport und Schiphol Group (Amsterdam), die auch anderen Flughäfen offen stehen soll, sowohl der gemeinsamen Entwicklung von elektronischen Abwicklungsprozessen und Humanressourcen als auch der Förderung des gemeinsamen Auftritts auf Drittmärkten. Als Beispiel für vertikale Kooperationen zum Bau und Betrieb neuer Abfertigungsinfrastruktur kann die Terminal 2 Betriebsgesellschaft am Flughafen München angeführt werden, an der die Deutsche Lufthansa (40%) und der Flughafen München (60%) beteiligt sind. Für die Flughafengesellschaft reduziert sich hieraus das Investitionsvolumen und -risiko; beide Kooperationspartner stärken ihre lokale Wettbewerbsposition.

4.3.2.3 Flughafenmarketing

Als Wirtschaftsunternehmen haben die Flughafenbetreiber neben der Gewinnmaximierung auch die Sicherung der Marktposition gegenüber konkurrierenden Flughäfen zum Ziel. Dies wird qualitativ durch eine Verbesserung der kundengerechten Leistungsgestaltung und quantitativ durch eine Erhöhung des Verkehrsaufkommens angestrebt. Selbst Flughäfen, die ihre luftseitigen Kapazitätsgrenzen weitgehend erreicht haben, sind an einem weiteren Wachstum der Passagierzahlen interessiert, um ihre Einnahmen zu erhöhen. Sie versuchen daher zu Verkehrsspitzenzeiten bevorzugt solche Flugverbindungen an sich zu binden, bei denen möglichst großes Fluggerät zum Einsatz kommt.[173] Beim Ausbau der Kapazitäten und der Infrastruktur bestehen immer größere Rechtfertigungszwänge gegenüber politischen und ökologischen Anspruchsgruppen, vor allem in den durch den Flugverkehr unmittelbar belasteten Anrainergemeinden. Das unternehmenspolitische Instrument des Flughafenmarketings zielt auf eigene Leistungsgestaltung, Beschaffung, Absatz der Leistungen sowie Öffentlichkeitsarbeit.

---

[171] SCHÖLCH, W.: Partner der Airlines, S. 15.
[172] GRAHAM, A: Managing Airports, S. 47.
[173] Vgl. TEUSCHER, W.: Liberalisierung, S. 153.

Eigene Leistungsgestaltung
Die Anstrengungen der Flughafenbetreiber, die Qualität der den Fluggesellschaften, Passagieren und Frachtabfertigern angebotenen Dienstleistungen zu steigern, bestehen in der:

- Verbesserung der technischen Einrichtungen wie z. B. Präzisionsanflug- und Bodenkontrollsysteme, die wetterbedingte Flugverspätungen, -umleitungen und -ausfälle minimieren;
- Vorhaltung der benötigten Kapazitäten für die Abwicklung von Flugbetrieb, Passagieren, Fracht und Post;
- Verkürzung der Abfertigungs- und Umsteigezeiten von Passagieren sowie Umlaufzeiten von Flugzeugen;
- Gewährleistung von Pünktlichkeit und Sicherheit (z. B. Gepäcktransport);
- Optimierung des Umsteigeverkehrs (z. B. Zoll- und Passkontrolle);
- Erleichterung der Verkehrsanbindungen für den Zubringer- und Abbringerverkehr;
- Verbesserung der Attraktivität des Aufenthalts am Flughafen (z. B. Dienstleistungsangebot, Orientierungshilfen, architektonische und atmosphärische Gestaltung, Sauberkeit);
- Reduzierung der Umweltbelastungen.

Beschaffung
Um bedürfnis- und marktgerechte Leistungen anbieten zu können, befasst sich das Beschaffungsmarketing eines Flughafens mit den Kernzielgruppen Fluggesellschaften, Konzessionsbetriebe und Behörden. Das Grundprodukt eines Flughafens besteht im angebotenen Flugplan. Er umfasst die Zahl der Zielflughäfen, Direktverbindungen und Flugfrequenzen pro Tag/Woche, die Tageszeit der Flugverbindungen, die zeitliche Abstimmung von Umsteigeverbindungen sowie die Bedeutung der Zielflughäfen für die Nachfrager.

Der Flughafenbetreiber hat allerdings auf das Flugplanangebot nur beschränkte Einflussmöglichkeiten, da die Flüge von den Fluggesellschaften und im Ferienflug von den Reiseveranstaltern nach deren eigenen Kriterien durchgeführt werden und zudem die Rahmenbedingungen (z. B. Nachtflugverbot, Verkehrsanbindung, Kapazitätserweiterung) von den politischen Entscheidungsträgern vorgegeben werden. Die Flughafenbetreiber versuchen dennoch, möglichst viele Fluggesellschaften zur Nutzung ihres Flughafens zu gewinnen, um damit die Attraktivität eines Flughafens aus Sicht der Reisenden, Reiseveranstalter und Versender zu erhöhen. Ein mögliches Marketinginstrument ist der Preis, d. h. die Höhe der Lande- und Abstellgebühren sowie die Entgelte für vom Flughafenbetreiber erbrachte sonstige Abfertigungsleistungen, Schaltermieten etc. Die Qualität der angebotenen Leistungen ist sowohl in Bezug auf die Passagier- und Frachtabfertigung als auch auf die technischen Standards und Prozeduren ein weiterer Wettbewerbsparameter. Auf einen wichtigen Wettbewerbsparameter, die Vergabe der Slots, haben die Flughafenbetreiber bisher keinen Einfluss. Manche Flughäfen versuchen auch, durch sog. Streckenmarketing Fluggesellschaften zur Aufnahme neuer Verbindungen zu gewinnen, indem sie dafür Aufkommensprognosen erarbeiten, finanzielle Anreize für neue Strecken und Vermarktungshilfen anbieten.

Im Rahmen des Beschaffungsmarketings spielen die Unternehmen, die den Flughafen im Rahmen ihrer Verbundleistungen nutzen (z. B. Spediteure und Reisebüros) oder dort als Konzessionäre Geschäftsbetriebe unterhalten, eine wichtige Rolle, da ihr Angebot auch die Gesamtattraktivität des Flughafens erhöht. Eine weitere Zielgruppe stellen die zuständigen Behörden und Kommunen dar, um entsprechende Ressourcen wie technische Einrichtungen, Flugbetriebsrechte oder Verkehrsanbindung als Voraussetzung für die Leistungserbringung eines Flughafens zur Verfügung zu stellen.

Absatzförderung
Zur Absatzförderung zählen alle Maßnahmen, die der Erhöhung der Vermittlungsbereitschaft der Absatzmittler, der besseren verkehrsmäßigen Erreichbarkeit und der Attraktivität des Flughafens durch potentielle Nutzer dienen.[174]

Absatzmittler sind Reisebüros, die Linienflugscheine und Flugpauschalreisen verkaufen sowie Spediteure. Sie können dort, wo der Kunde die Wahl zwischen mehreren Abflugorten hat, die besonderen Leistungen eines Flughafens herausheben (z. B. Erreichbarkeit mit öffentlichen Verkehrsmitteln oder kostengünstige Parkplätze) und damit dort das Passagier- bzw. Frachtaufkommen steigern. Die verkehrstechnische Erreichbarkeit eines Flughafens ergibt sich durch seine Anbindung an das Bahn- und Straßennetz sowie durch seine Integration in den öffentlichen Personen-Nahverkehr.[175] Die Zubringerdienste per Bus aus der Stadt und dem Einzugsgebiet wurden von den Flughafengesellschaften bisher vernachlässigt und werden entweder von Fluggesellschaften (z. B. Lufthansa Airport Busse von Saarbrücken, Mannheim, Heidelberg) oder von örtlichen Busunternehmen durchgeführt. Dort, wo Verkehrsanbindungen mit der Bahn eingerichtet werden, ist es in der Bundesrepublik so, dass der Bahnhof am Flughafen in der Regel vom Flughafen und damit vom Flugpassagier bezahlt wird. Häufig gilt das auch für den Fahrweg (Schienenstrang).

Die Erhöhung der Attraktivität eines Flughafens erfolgt vorwiegend im Hinblick auf die Bedürfnisse der Passagiere. Daneben aber gibt es eine Reihe weiterer Zielgruppen, die für das Flughafenmarketing wichtig sind, weil sie als Nachfrager für die am Flughafen ansässigen Konzessionsunternehmen auftreten. Dazu zählen:

- Begleit- und Abholpersonal;
- Besucher, die den Flughafen als Ausflugziel und Besichtigungsattraktion sehen;
- Anwohner und Erwerbstätige aus dem Umkreis, die die längeren Öffnungszeiten der Geschäfte sowie das z. T. umfangreiche Dienstleistungsangebot nutzen;
- am Flughafen Beschäftigte sowie Airline-Crews, die bspw. Einkäufe tätigen;
- Unternehmen und Organisationen, die Büro-, Konferenz-, Tagungs- und Veranstaltungsräume sowie Werbeflächen anmieten.

---

[174] Vgl. BIRKELBACH, R., TERHORST, H.: Marketingkonzeption, S. 658.
[175] Vgl. dazu die bei STERZENBACH, R.: Luftverkehr, S. 113-121 sowie STERZENBACH, R., CONRADY, R.: Luftverkehr, S. 136-139 referierte Literatur.

Es handelt sich hier zwar um kleine, in ihrer Summe aber bedeutsame Marktsegmente. So verteilen sich etwa die Konzessionseinnahmen am Flughafen Frankfurt/Main zu ca. drei Vierteln auf Passagiere und ca. einem Viertel auf Flughafenangestellte und Besucher.

Öffentlichkeitsarbeit
Die kommunikationspolitischen Ziele des Flughafenmarketings dienen der Imageverbesserung, der Vermittlung von Informationen über angebotene Leistungen und Attraktionen sowie der Aufklärung über die wirtschaftliche Bedeutung und der Darstellung der Umweltschutzmaßnahmen des Flughafens zur Verbesserung seiner Akzeptanz. Als Instrumente werden eingesetzt: Veröffentlichung des Flugplanangebots, Flughafenprospekte (mit Angabe von Parkplätzen, Treffpunkten etc.), Fax-Abruf-Service für Informationen über Parkmöglichkeiten und besondere Aktionen, Service-Hotlines, Flughafenzeitung, Besichtigungsprogramme für Gruppen und besondere Flughafenveranstaltungen.

> **Beispiele für Flughafenmarketing:**[176]
>
> **Flughafen Stuttgart:** Der Flughafen steht in einem Radius von 250 km mit sechs Flughäfen (Frankfurt/Main, München, Nürnberg, Basel, Straßburg, Saarbrücken) in Konkurrenz. Unter anderem soll der Flughafen als „Erlebniswelt" ausgebaut werden, hierzu werden unter anderem Flughafenführungen, Airport-Festivals, luftverkehrsbezogene Ausstellungen, Jazz-Brunch am Sonntag oder Kinderfeste angeboten. Über Gemeinschaftsanzeigen mit Fluggesellschaften, Präsentationen bei Reisebüros und Direct Mailings werden neue Flugverbindungen vor allem in Einzugsgebieten, die sich mit anderen Flughäfen überschneiden, bekannt gemacht.
>
> **Flughafen Köln:** Um die Marktnische des Flughafens zu promoten, werden vor allem Reisebüros durch wöchentliche Mailings angesprochen. Die Reisebüromitarbeiter können Mitglied im 'Airport-Club' werden und erhalten zusätzliche Informationen; sie können darüber hinaus an Gewinnspielen mit Lernfragen zu Vorteilen und Zielen des Flughafens sowie an besonderen Clubreisen teilnehmen. Potentielle Passagiere werden durch wöchentliche Anzeigen in Tageszeitungen mit Reisen angesprochen, die unter dem Slogan „Das gibt es nur ab Köln" stehen.

4.3.3 Wirtschaftsfaktor Flughafen

Ein Flughafen wird als Unternehmen, das Arbeitsplätze zur Verfügung stellt und als Nachfrager von Waren und Dienstleistungen auftritt, zum Wirtschaftsfaktor. Weiterhin werden durch das Einkommen der am Flughafen Beschäftigten indirekte Wachstumseffekte erzielt, weil ein Großteil davon in die Kassen von Unternehmen fließt, deren Geschäftstätigkeit nicht mit dem Flughafen in Zusammenhang steht.

Flughäfen tragen als Verkehrsstationen zur Standortverbesserung einer Region bei. Sie haben volkswirtschaftliche Kapazitätseffekte, die zu einer Vergrößerung der Produktionsausrüstung und damit der Produktionsmöglichkeiten führen. Zeit- und Kostenvorteile ermöglichen eine günstigere Produktion der Personen- und

---

[176] Vgl. KRAUSE, R.: Marketingaktivitäten deutscher Verkehrsflughäfen, S. 164.

Güterverkehrsleistungen; dies führt betriebswirtschaftlich zu mehr Kapital für alternative Zwecke und volkswirtschaftlich zu einer besseren Allokation der Produktionsfaktoren. Der Aufbau neuer und die Intensivierung bestehender Geschäftsbeziehungen wird durch die bessere Verkehrsanbindung erleichtert; die dadurch ermöglichte Marktausdehnung führt zu steigender Produktion und damit zu regionalem Wachstum.[177]

Im Flughafenumland siedeln sich verstärkt solche Unternehmen an, für die die angebotenen Luftverkehrsverbindungen komplementäre Leistungs- und damit wesentliche Standortfaktoren sind. Dies trifft vor allem auf flugverkehrsaffine Branchen wie Metallbearbeitung, Elektrotechnik, Elektronik, EDV, Feinmechanik und Optik sowie den Großhandel im Dienstleistungssektor (z. B. Speditionszentren für Luftfrachtabfertigung) zu. Unter wirtschaftsstrukturellen Gesichtspunkten sind es hauptsächlich die mittelständischen Unternehmen, die von den Standortvorteilen der Luftverkehrsinfrastruktur direkten Nutzen haben.[178]

4.3.4 Kapazitätsprobleme

Schon die gegenwärtig auf Flughäfen bestehenden Kapazitätsengpässe verursachen durch Warteschleifen und Warten auf die Startfreigabe zusätzliche Kosten für die Fluggesellschaften, führen zu Verspätungen und längeren Reisezeiten für die Passagiere, erhöhen die Umweltbelastungen und verringern den volkswirtschaftlichen Nutzen des Luftverkehrs. Zukünftig ist das Problem zu lösen, wie das prognostizierte Wachstum des Luftverkehrs angesichts der gesellschaftlichen und politischen Widerstände gegen eine Erweiterung der Flughafen-Infrastrukturen abgewickelt werden kann. In der Bundesrepublik vergingen für den neuen Flughafen München zwischen den ersten Planungen und der Inbetriebnahme 1992 mehr als 20 Jahre. Als einziges größeres Projekt ist gegenwärtig der Flughafen Berlin-Brandenburg International in Planung.

Im Zusammenhang mit der Kapazitätsproblematik von Flughäfen wird häufig eine Untersuchung des Stanford Research Institute International[179] zitiert, die u. a. zu dem Ergebnis kam, dass 16 der untersuchten 27 Flughäfen den zukünftig erwarteten Verkehr ohne Ausbau nicht mehr bewältigen können; daraus werden generelle Wachstumsgrenzen für den europäischen Luftverkehr abgeleitet.

Eine kritische Betrachtung des dort gezeichneten Szenarios führt allerdings zu differenzierenden Bewertungen. Einige der kapazitätsgefährdeten Flughäfen liegen in der Nachbarschaft von Flughäfen mit ausreichenden Kapazitätsreserven, die als Alternativen innerhalb der jeweiligen Zielregion angesehen werden können. Dies gilt für London (Heathrow – Gatwick, Luton, Stansted), Paris (Orly – Charles de Gaulle), Mailand (Linate – Malpensa) und Düsseldorf (Köln/Bonn,

---

[177] Vgl. GRAHAM, A.: Managing Airports, S. 192 ff sowie SORGENFREI, J.: Regionalflughäfen, S. 123 ff.
[178] Vgl. GRAHAM, A.: Managing Airports, S. 183 ff sowie SORGENFREI, J.: Regionalflughäfen, S. 116 f.
[179] STANFORD RESEARCH INSTITUTE INTERNATIONAL (SRI): A European Planning Strategy for Air Traffic to the Year 2010.

Mönchengladbach, Niederrhein/Weeze). Dagegen wird Frankfurt/Main wegen der begrenzten Ausbaumöglichkeiten langfristig Wachstumsverzögerungen und Einbußen als europäische Drehscheibe hinnehmen müssen.

Eine Reihe weiterer Flughäfen operiert lediglich zu Spitzenzeiten an der Kapazitätsgrenze, so dass noch weitere Flüge zu – weniger attraktiven Zeiten – abgewickelt werden können.[180] Unter Berücksichtigung zweier weiterer Aspekte, nämlich einer verbesserten Ausschöpfung vorhandener Kapazitäten sowie einer Steigerung der Kapazitäten kam WENDLIK[181] für die deutschen Flughäfen zu dem Ergebnis, dass lediglich Frankfurt/Main um das Jahr 2000 an die absolute Kapazitätsgrenze gelangt, die anderen internationalen Verkehrsflughäfen aber über das Jahr 2025 hinaus die zu erwartenden Flugbewegungen bewältigen können. Auch WEINGARTEN kam zu der Schlussfolgerung, dass für die Bundesrepublik Deutschland ein engpassfreies Luftverkehrssystem geschaffen werden kann: „Selbst bei einer Steigerung der Fluggastzahlen auf 130 Mio. (+50%) im Jahr 2000 und auf 160-175 Mio. (+ 80 bis 100%) im Jahr 2010 (ausgehend von 87 Mio. Passagieren im Jahr 1992) lassen sich durch die Maßnahmen zur Rationalisierung und zur Verkehrsverlagerung die Kapazitäten ausreichend ausweiten."[182]

Eine Erhöhung der der luftseitigen Kapazität kann sowohl durch die quantitative Anpassung der Infrastruktur (Aus- und Neubau) als auch durch die qualitative Anpassung der bestehenden Infrastruktur (intensivere Nutzung) erreicht werden, wobei die Gesamtkapazität des Systems durch den Systemteil mit der geringsten Kapazität bestimmt wird (Engpassfaktor).[183] Die quantitative Anpassung, d. h. Aus- und Neubau der Infrastruktur, bedeutet:[184]

- Modernisierung, Aus- oder Neubau von Start- und Landebahnen, Rollwegen, Abstellflächen, Abfertigungspositionen und Terminals;
- Bauliche Veränderungen zur Sicherstellung eines unabhängigen Betriebs von Start- und Landebahnen;
- Bau von weiteren Abrollwegen insbesondere Schnellabrollwegen;
- Verlängerung von Start- und Landebahnen.

Um an kapazitätskritischen Flughäfen den Verkehr zu steigern, bestehen folgende Möglichkeiten zur intensiveren Nutzung der Infrastruktur:

- Der Einsatz größerer Flugzeuge kann bis zum Jahre 2010 ca. 30% der Verkehrssteigerung auffangen.
- Die Erhöhung der Sitzladefaktoren im Europaverkehr bringt langfristig eine Entlastung um maximal 2% der Flugbewegungen.
- Eine Erhöhung der Zahl der Flugbewegungen ist auch ohne den Bau neuer Landebahnen erreichbar, wenn konsequent neue Technologien genutzt werden,

---

[180] Siehe zur Problematik von Kapazitätsengpässen an deutschen Flughäfen: FOCKE, H., WILKEN, D.: Szenarios of Air Transport.
[181] Vgl. WENDLIK, H.: Infrastrukturpolitik, S. 168-186.
[182] WEINGARTEN, F.: Entlastung des Luftverkehrs, S. 296.
[183] Vgl. HÜSCHELRATH, K.: Infrastrukturengpässe, S. 11.
[184] Vgl. WENDLIK, H.: Infrastrukturpolitik, S. 178.

wie z. B. Versetzung der Aufsetzpunkte, Navigationshilfen zur Verdichtung der Staffelungen und Verkürzung des Flugabstandes beim Landeanflug, Wirbelschleppen Warn-Systeme, schnellere Abrollwege oder unabhängiger Anflug bei engen Parallelbahnen. Die möglichen Steigerungsraten liegen für die deutschen Flughäfen bis zum Jahr 2010 zwischen 18% (Frankfurt/Main) und 53% (Hamburg).[185]

- Die Zusammenlegung von Flügen ist nur in geringem Umfang möglich und bringt nur wenig Entlastung.

Zusätzlich können die Flughäfen durch eine Verkehrsverlagerung entlastet werden:

- Die Verdrängung des privaten Verkehrs der Allgemeinen Luftfahrt geschieht zunehmend durch die bevorzugte Slotvergabe an gewerbliche Flüge.
- Für die Verlagerung des Kurz- und Mittelstreckenluftverkehrs auf die Schiene besteht im innerdeutschen Verkehr ein Potential von 22-30% bis zum Jahr 2010. Die Realisierung des europäischen Hochgeschwindigkeitsnetzes der Bahnen ergibt für Reisen unter fünf Bahnstunden ein Verlagerungspotential zwischen 7% und 11%.[186]
- Gebührenpolitische Maßnahmen wie z. B. eine tageszeitliche oder wochentägliche Staffelung sind für die Verkehrslenkung kaum geeignet. Die Preiselastizität der Fluggesellschaften ist hier insofern gering, als sie bei der Festlegung ihrer Flugzeiten von den Prioritäten der Nachfrager ausgehen. Die Kostenwirkung reduzierter Start- und Landegebühren ist im Linienverkehr in der Regel wesentlich geringer als der Ertragsausfall durch den Nachfragerückgang bei der Verlegung eines Fluges auf für den potentiellen Fluggast unattraktive Flugzeiten. Zudem sind die negativen Auswirkungen der geänderten Flugumläufe auf die Einsatzdauer des Fluggerätes zu berücksichtigen.

4.4 Luftfahrtindustrie

4.4.1 Flugzeughersteller

Der Markt für zivile Verkehrsflugzeuge ist sowohl auf Seiten der Anbieter wie auf Seiten der Nachfrager zweigeteilt. Auf der Produzentenseite stehen einerseits die Hersteller von Flugzeugen bis zu ca. 100 Sitzplätzen, die vorwiegend von Regionalfluggesellschaften gekauft werden, andererseits die Hersteller von Jetflugzeugen ab ca. 100 Sitzplätzen, deren Kundschaft die internationalen Fluggesellschaften darstellen.

Im Segment der Verkehrsflugzeuge bis zu 100 Sitzplätzen hat sich in den letzten zehn Jahren die Anbieterstruktur stark verändert. Existierte früher eine Vielzahl an Herstellern vor allem von propeller- und turbopropgetriebenen Regionalflugzeugen, so hat sich der heutige Markt im Wesentlichen auf drei Anbie-

---

[185] Vgl. WENDLIK, H.: Infrastrukturpolitik, S. 180.
[186] Vgl. WEINGARTEN, F.: Entlastung des Luftverkehrs, S. 293.

ter (Avions de Transport Régional, Bombardier Aerospace und Embraer) konzentriert. Diese Hersteller bieten Flugzeuge eines Typs mit unterschiedlicher Kabinengröße (Flugzeugfamilie) an, da die Fluggesellschaften auch bei Regionalflugzeugen aus Kostengründen großen Wert auf eine homogene Flottenstruktur legen. Antriebstechnisch wurde es in den letzten zehn Jahren wirtschaftlich, auch kleine Flugzeuge unter 100 Sitzen mit Jettriebwerken auszustatten. Dies nicht zuletzt auf Wunsch der Fluggesellschaften und ihrer Passagiere, da die jetgetriebenen Regionalflugzeuge einen höheren Reisekomfort aufweisen, bspw. in Bezug auf Reisegeschwindigkeit und -flughöhe, den Lärm und die Vibrationen in der Kabine sowie im Hinblick auf das subjektive Sicherheitsgefühl der Passagiere.

Verschiedene Anbieter, welche die für die Regionalflugzeuge neuen Technologien (Jettechnik) zu spät adaptiert (Fairchild Dornier, de Havilland) oder verspätet bzw. gar keine Produktdifferenzierung (Typenfamilie) betrieben haben (BAe British Aerospace, de Havilland, Fokker), sind entweder in Konkurs gegangen oder haben sich aus dem Markt für Regionalflugzeuge zurückgezogen.

Der Einsatz von sparsamen Turbopropmaschinen im Regionalverkehr wird jedoch angesichts steigender Kerosinpreise seitens der Fluggesellschaften inzwischen wieder überdacht.

Eine Bedrohung der Marktstellung der großen Hersteller (Boeing, Airbus) aus dem Segment der Regionalflugzeughersteller gilt als nicht wahrscheinlich; jedoch wird sich der Wettbewerb bei der inzwischen beginnenden Überschneidung der Programme von Airbus, Boeing und der Regionalflugzeughersteller im unteren Flottensegment zwischen 120 bis 150 Sitzen in den nächsten Jahren deutlich verschärfen.

Während auf dem Markt für kleinere Verkehrsflugzeuge ein knappes Dutzend Anbieter aus verschiedenen Kontinenten vertreten sind, ist der Markt für die größeren Flugzeugtypen hoch konzentriert. Er wird seit 1997 von nur noch zwei Unternehmen, Boeing Commercial Airplane Company (Seattle, Washington, USA) und Airbus Industries (Toulouse, Frankreich), beherrscht. Das Unternehmen McDonnell Douglas, das nur noch einen Anteil von 3,3% bei den in 1996 verkauften Flugzeugen erreichen konnte, wurde 1997 mit Boeing fusioniert. Die Flugzeughersteller der ehemaligen Sowjetunion, Tupolev und Ilyushin, sind seit Beginn der 1990er Jahre ohne Bedeutung, da ihre früheren Abnehmer, die Fluggesellschaften der ehemals sozialistischen Staaten sowie der durch Entwicklungs- und Militärhilfe mit der damaligen Sowjetunion verbundenen Staaten wie Kuba oder Vietnam, bei der Neubeschaffung westliches Fluggerät vorziehen (vgl. Abb. 4.25).

Die Boeing Commercial Airplane Company ist der weltweit größte Hersteller von Verkehrsflugzeugen und in erheblichem Umfang auch im militärischen Bereich tätig. Die Baureihen von Boeing umfassen Flugzeuge mit einer Beförderungskapazität zwischen 90 (B717) und 450 (B747) Sitzen. Mit der 1997 vollzogenen Übernahme von McDonnell Douglas konnte Boeing den damals drittgrößten Flugzeughersteller und einzig verbliebenen amerikanischen Konkurrenten aufkaufen. Boeing hat bis einschließlich 2005 mehr als 22.000 Düsenverkehrsflugzeuge ausgeliefert, der Marktanteil des Unternehmens bei Flugzeugen mit mehr als 100 Sitzen lag Ende 2005, gemessen an den in diesem Jahr ausgelieferten Flugzeugen, bei ca. 43%.

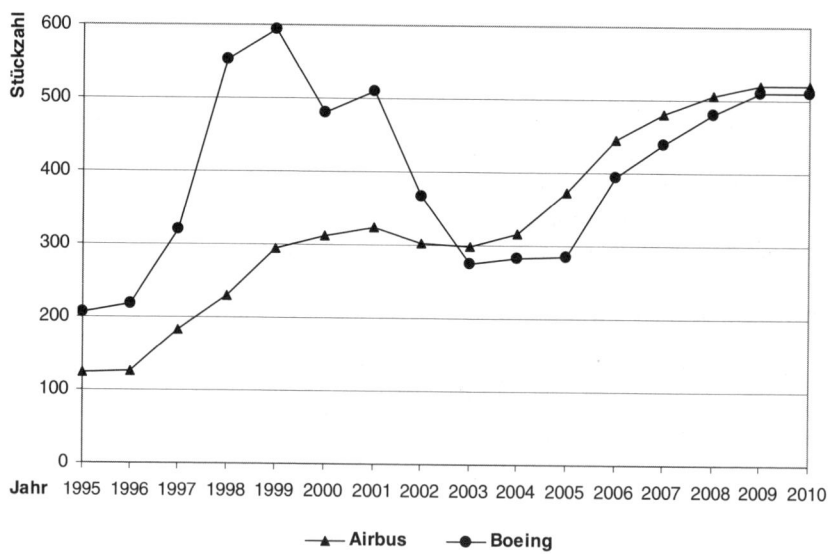

Anmerkung: Ab 1998 Anzahl der Auslieferungen Boeing und McDonnell Douglas zusammen (Boeing Group). Werte für die Jahre 2006-2010 geschätzt.

Quelle: O. V.: Mainline aircraft orders, S. 59.

Abb. 4.25. Übersicht Auslieferungen Airbus und Boeing 1995-2010

Airbus Industries wurde 1970 als Konsortium europäischer Luft- und Raumfahrtunternehmen gegründet. Partner der Airbus Industries sind European Aeronautics Defence and Space Company (EADS, 2000 aus Matra/Frankreich, Aerospace/DaimlerChrysler Deutschland und CASA/Spanien entstanden) sowie British Aerospace Systems. Als erstes Flugzeug wurde 1974 der Airbus A300 ausgeliefert. Die Komponenten der Airbus-Flugzeuge werden in den Produktionsstätten der Partnerunternehmen in den jeweiligen Ländern hergestellt und zur Endmontage nach Toulouse bzw. Hamburg transportiert. Die Airbus-Familie umfasst bisher Flugzeugtypen mit einer Beförderungskapazität zwischen 107 (A318) und 380 (A340) Sitzplätzen; ein Großraumflugzeug für bis zu 555 Passagiere (A380) befindet sich aktuell in der Endphase der Entwicklung (Erprobung und technische Abnahme) und soll 2007 in Dienst gestellt werden. Der Marktanteil von Airbus Industries bei Flugzeugen mit mehr als 100 Sitzen lag Ende 2005 bei 57%, gemessen in ausgelieferten Flugzeugen.

Die Gründung von Airbus Industries erfolgte mit erheblicher finanzieller Unterstützung durch die beteiligten Staaten. Ziele waren, eine Beherrschung des Marktes für zivile Verkehrsflugzeuge durch amerikanische Unternehmen zu verhindern, die Zukunft der nationalen Luftfahrtindustrien zu sichern und in der Entwicklung neuer Technologien Anschluss an den Weltstandard zu halten. Tatsächlich würde heute nach dem Rückzug von Lockheed aus dem Zivilluftverkehr und dem Zusammenschluss von Boeing und McDonnell Douglas ohne Airbus Industries ein weltweites amerikanisches Monopol für Verkehrsflugzeuge ab ca. 100 Plätzen bestehen.

Aus europäischer Sicht waren Finanzierungshilfen für Airbus Industries in Form günstiger staatlicher Darlehen notwendig, da ein neu gegründetes Unternehmen sonst keine Chancen gegenüber den etablierten amerikanischen Herstellern, die große Stückzahlen in Serienfertigung produzierten, gehabt hätte. Seit dem Markteintritt von Airbus Industries kam es zwischen den USA und den Europäischen Ländern immer wieder zu gegenseitigen Anschuldigungen wettbewerbsverzerrender staatlicher Subventionen, des Preisdumpings und unfairer Verkaufspraktiken.[187]

Die US-Flugzeughersteller erhoben den Vorwurf, europäische Regierungen würden durch hohe und andauernde Finanzhilfen ein Airbus-Programm fördern, das rein ökonomisch betrachtet keinen finanziellen Erfolg haben könne. Umstritten waren insbesondere die Verpflichtung früherer Bundesregierungen gegenüber der Daimler-Benz AG (heute DaimlerChrysler AG), bei einer Übernahme der Aktienmehrheit an Messerschmitt-Bölkow-Blohm (MBB) alle bisherigen im Zusammenhang mit Airbus bestehenden Schulden zu übernehmen sowie die Zusage, für die laufenden Airbus-Programme alle Verluste aus Wechselkursentwicklungen zu tragen. Diese Praktiken seien eindeutige Verstöße gegen die Vereinbarungen des General Agreements on Tariffs and Trade (GATT), einem weltweiten Zoll- und Handelsabkommen, dem alle beteiligten Parteien angehören. Von europäischer Seite wurde argumentiert, dass die amerikanischen Flugzeughersteller auf mehreren Wegen staatliche Förderungen erhielten. Das US-Verteidigungsministerium subventioniert bis heute die US-Hersteller direkt und indirekt durch die Vergabe von Forschungs- und Entwicklungsaufgaben für den militärischen Bereich, die auch für den Bau von zivilen Flugzeugen genutzt werden können. So wurden im Rahmen dieser „Dual Use"-Strategie z. B. die Flugzeuge B 707, B 747, DC-10 und MD-11 zunächst als Militäraufträge entwickelt, dann aber für den zivilen Bereich genutzt. Ebenso vergibt die National Aeronautics and Space Administration (NASA) weiterhin in großem Maße Forschungsaufträge, die der kommerziellen Nutzung durch die Flugzeughersteller zugeführt werden. Weiterhin bestehen für die Flugzeughersteller erhebliche Steuererleichterungen.[188]

Die unter Einschaltung der US-Regierung und der Europäischen Kommission ausgetragenen Auseinandersetzungen wurden auch vom GATT Subsidies Committee verhandelt.[189] Dort wurde mit dem sog. July Agreement von 1992 ein Ab-

---

[187] Vgl. SHEARMAN, P.: Air Transport, S. 185-190.
[188] Vgl. dazu ausführlich die bei THORNTON, D. W.: Airbus Industries, S. 135-145 dargestellten Untersuchungen.
[189] GATT (General Agreement on Tariffs and Trade), GATS (General Agreement on Trade and Services, 1994) und TRIPS (Agreement on Trade-Related Aspects of Intellectual Property Rights, 1994) sind keine Institutionen sondern Bezeichnungen für internationale Verhandlungsrunden im Rahmen der Vereinten Nationen, die seit 1995 in der WTO (World Trade Organization) zusammengeschlossen sind. Vgl. allgemein: DEUTSCHE BUNDESBANK: Internationale Organisationen; für den Luftverkehr vgl. DE CONINK, F.: European Air Law, S. 127 f.; BAUMANN, J.: Luftverkehrspolitik, S. 70 ff, SMITHIES, R.: Air Transport, S. 123 f.

kommen zwischen der Europäischen Gemeinschaft und den USA geschlossen. Dieses ‚Agreement Concerning the Application of the GATT Agreement on Trade in Civil Aircraft' sieht vor, zukünftig die Höhe der direkten staatlichen Subventionen auf 33% der Kosten der Entwicklung von Flugzeugen (rückzahlbar innerhalb von 17 Jahren) und die Höhe der indirekten Subventionen auf 3% des Umsatzes der Luftfahrtindustrie eines Landes bzw. 4% des Umsatzes eines einzelnen Unternehmens zu beschränken.[190]

Dennoch sind die gegenseitigen Beschuldigungen der Nichteinhaltung dieser Regelung ein beständiger Teil der europäisch-amerikanischen Handelskonflikte, so etwa seit 2001 die Finanzierung der Entwicklung des neuen Airbus A380 oder aktuell die Entwicklung des A350.[191]

Die Vertreter der europäischen Luft- und Raumfahrtindustrie beklagen hinsichtlich ihrer Wettbewerbsbedingungen ein Strukturproblem. Da es in Europa keine gemeinsame Forschungs- und Technologiepolitik gibt, existieren vielfach redundante Kapazitäten und Fähigkeiten, die es zusammenzuschließen gilt, um konkurrenzfähige Unternehmensgrößen zu erreichen: „Die Wettbewerbsfähigkeit verlangt nach Größenordnungen, die durch ‚nationale Champions' nicht herzustellen sind, denn die zunehmende Komplexität der Produkte erfordert ein Maß an Know-how, eine Breite des Marktzugangs und einen finanziellen Ressourcenaufwand, wie sie nur noch in europäischer Bündelung zu organisieren sind."[192]

Daher wird eine Harmonisierung der europäischen Technologie-, Forschungs- und Rüstungspolitik gefordert. Zudem müsse ähnlich wie in den USA, wo ein striktes „Buy American"-Prinzip eingehalten wird, ein konsequentes „Buy European"-Prinzip verfolgt werden, das bei militärischen Beschaffungsaufträgen europäische Unternehmen bevorzugt und diese dadurch für den Produktionszweig zivile Luftfahrzeuge stärkt. Auch hier zeigt sich der enge Zusammenhang zwischen militärischer und ziviler Luftfahrt sowie Raumfahrt, der nicht nur wegen inhaltlicher Gemeinsamkeiten besteht, sondern auch in der gleichzeitigen Tätigkeit der Unternehmen in beiden Bereichen. So ist z. B. der Airbus-Mutterkonzern EADS auch im militärischen Bereich an der Entwicklung und dem Bau von Hubschraubern, Kampf-, Transport- und Tankflugzeugen sowie für die europäische Weltraumfahrt am Bau der Ariane Trägerrakete, Teilen für die internationale Raumstation ISS und am Bau und Betrieb von Telekommunikations-Satelliten beteiligt.

Generell wird auch auf dem Markt für zivile Verkehrsflugzeuge deutlich, dass die USA nach dem Zusammenbruch der UdSSR ihre Sicherheitspolitik neu definiert haben. Sie enthält nicht mehr ausschließlich außen- und militärpolitische Elemente, sondern folgt der Überzeugung, dass zunehmend auch Wirtschafts- und Technologiepolitik ein Teil der Sicherheitspolitik sind. Vor diesem Hintergrund sind die politischen Verkaufshilfen für amerikanische Flugzeughersteller durch staatliche Stellen zu erklären, denen auf europäischer Seite keine adäquaten Aktionen entsprechen.

---

[190] Vgl. Agreement Concerning the Application of the GATT Agreement on Trade in Civil Aircraft, Art. 4 und 5, zitiert nach THORNTON, D. W.: Airbus Industries, S. 146.
[191] Vgl. FINANCIAL TIMES DEUTSCHLAND, 16.05.2001, S. 15.
[192] BISCHOFF, M.: Luft- und Raumfahrtindustrie, S. 2.

Aktuell wird der Zukunftsmarkt für zivile Verkehrsflugzeuge für den Zeitraum bis 2023 von AIRBUS mit 16.601 Passagier- und 727 Frachtflugzeugen, von BOEING unter Einbeziehung der Regionaljets (unter 100 Sitzen) bis 2025 mit 27.210 neuen Flugzeugen prognostiziert, die sich zu ca. 35% aus Ersatzbeschaffungen und ca. 65% aus Luftverkehrswachstum zusammensetzen.[193] AIRBUS schätzt den Gesamtwert der 17.328 Flugzeuge auf US$ 2,6 Trill.; dazu kommen weitere Umsätze aus der Ersatzteilvorhaltung für die gesamte Einsatzzeit dieser Flugzeuge, die bis zu 30 Jahren betragen kann. Nach AIRBUS verteilt sich die Nachfrage nach Verkehrsflugzeugen über 100 Sitzen auf die Verkehrsregionen wie folgt: Europa (32%), Nordamerika (28%), Asien-Pazifik (27%), Mittel- und Südamerika (6%), Mittlerer Osten (4%) und Afrika (3%). Als größte Abnehmer entfallen hierbei auf die G7 Staaten 9.448 Flugzeuge (56,9%) und 1.790 (10,8%) auf die VR China.[194]

4.4.2 Triebwerkhersteller

Flugzeughersteller greifen bei den Triebwerken auf Zulieferer zurück. Dadurch können die meisten Flugzeuge mit unterschiedlichen Triebwerken angeboten werden und so für das zukünftige Einsatzspektrum und/oder die Wartungsinfrastruktur der jeweiligen Fluggesellschaft optimiert werden.

Hersteller	In Betrieb	Bestellung	Gesamt	Marktanteil
CFM International	3.130	1.148	4.278	33,0%
GE Aircraft Engines	2.535	705	3.240	25,0%
Rolls-Royce	2.033	418	2.451	18,9%
International Aero Engines (IAE)	955	540	1.495	11,5%
Pratt & Whitney	1.281	158	1.439	11,1%
Engine Alliance	0	67	67	0,5%

Quelle: O. V.: Jet engine market statistics, S. 61.

Abb. 4.26. Übersicht Triebwerkshersteller Jahr 2005

Der oligopolistische Markt wird von den Unternehmen General Electric Aircraft Engines (GE Aircraft Engines; Cincinnati, Ohio, USA), Pratt & Whitney (Hartford, Connecticut, USA) und Rolls-Royce (Derby, UK) beherrscht, die ihrerseits wiederum Gemeinschaftsunternehmen gegründet haben: International Aero Engines (IAE; Hartford, Connecticut, USA), eine Tochtergesellschaft von Pratt & Whitney, MTU Aero Engines (München, Deutschland) und Rolls-Royce; CFM International (Paris, Frankreich), eine Tochtergesellschaft von GE Aircraft Engines und Snecma. Für die Entwicklung und Produktion der Großtriebwerke für den A

---

[193] Vgl. AIRBUS: Global Market Forecast 2004, S. 3 ff; BASELER, R.: Boeing Market Overview 2006-2025, S. 6 ff.

[194] Die G7-Staatengruppe besteht aus den sieben führenden Industrienationen USA, Kanada, Deutschland, Frankreich, Großbritannien, Italien und Japan. Vgl. AIRBUS: Global Market Forecast 2004, S. 5 sowie eigene Berechnungen.

380 oder einer vergrößerten Version der B 747 haben General Electric und Pratt & Whitney ebenfalls eine Joint Venture (Engine Alliance) gegründet.

4.4.3 Finanzierungsinstitutionen

Bei den Fluggesellschaften bestand und besteht ein enormer Kapitalbedarf für die Beschaffung neuer Flugzeuge.[195] Diese sind einerseits notwendig, um das anhaltende Nachfragewachstum bewältigen zu können, andererseits auch, um mit neuen Maschinen die Betriebskosten zu senken und darüber hinaus als Ersatz von Flugzeugen, die wegen der gestiegenen Anforderungen an einen umweltfreundlichen Betrieb zukünftig nicht mehr einsetzbar sein werden. Da eine Eigenfinanzierung für viele Fluggesellschaften wegen der geringen Rentabilität nicht mehr zu leisten war, wurden vor allem jene Fluggesellschaften, die nicht auf staatliche Hilfen oder Kapitalerhöhungen über Aktienausgabe zurückgreifen konnten, zu neuen Finanzierungsformen vor allem in der Form des Leasings gezwungen.[196] Neben Finanzierungsgründen bedienen sich Fluggesellschaften auch deswegen des Leasings, weil sie damit kurzfristiger (neue Flugzeuge werden auf Bestellung geliefert, die Hersteller betreiben keine Lagerhaltung) und risikoärmer (variable Laufzeiten der Leasing-Verträge) auf Marktveränderungen reagieren können als beim Ankauf eigener Maschinen. Zum Jahresende 2005 waren ca. 5.700 geleaste Flugzeuge (= ca. 40% der weltweiten Flugzeugflotte über 70 Sitzen) im Einsatz.[197]

Die Grundidee des Leasings besteht in der Trennung von rechtlichem Eigentum und wirtschaftlicher Nutzung eines Gutes. Wirtschaftlich betrachtet liegt dieser Aufteilung das Interesse der Fluggesellschaft zugrunde, eine Investition zu tätigen, ohne das mit einem Kauf verbundene Kapital aufbringen zu müssen. Im Luftverkehr wird zwischen **Operate Leasing** und **Finanzierungsleasing** unterschieden.

Operate Lease-Verträge haben eine kürzere Dauer und dienen der Überbrückung von temporären Kapazitätsengpässen; die Wartung der Flugzeuge erfolgt durch den Leasing-Geber, der auch der Flugzeughersteller sein kann. Nach dem Umfang des Leasing-Vertrages wird hier zwischen Dry und Wet Leasing unterschieden. Dry Lease-Vereinbarungen beziehen sich auf die Gebrauchsüberlassung eines betriebstüchtigen Flugzeugs ohne Besatzung; die betriebliche Kontrolle der Flüge liegt beim Leasingnehmer (Mieter). Wet Lease-Vereinbarungen beziehen sich auf die Vermietung eines Flugzeugs einschließlich Crew, Wartung, Versicherung und je nach Vertrag auch Treibstoff, Flugsicherungs- und Landegebühren. Der kommerzielle Betrieb liegt auch hier beim Leasing-Nehmer, der über den Ein-

---

[195] Beispiele für den durchschnittlichen Listenpreis neuer Flugzeuge (mittlere Sitzkapazität in Klammern), Stand Ende 2005: Boeing B717-200: 40 Mio. US$ (100), B737-800: 68 Mio. US$ (160), B787-8: 146 Mio. US$ (223), B777-200: 180 Mio. US$ (300), B747-8: 258 Mio. US$ (450); Airbus: A318: 50 Mio. US$ (110), A320: 64 Mio. US$ (150), A310-200/300: 77 Mio. US$ (220), A340-500: 206 Mio. US$ (310), A380-800: 292 Mio. US$ (550). Vgl. TACOUN, F.: Mainline aircraft orders, S. 58 f.
[196] Vgl. WELLS, A.T.: Air Transportation, S. 453-456; SHAW, S.: Airline Marketing, S. 184 ff.
[197] Vgl. WILEMAN, A., JOYCE, I., WILDING, J.: Top 50 leasing survey 2006, S. 50.

satz des Flugzeugs bestimmen kann, die fliegerisch-operationelle Kontrolle verbleibt beim Leasing-Geber.

Hersteller	Rang	Flugzeuge	Wert (Mio. US$)	Marktanteil
GECAS (USA)	1	1301	23.986	18,3%
ILFC (USA)	2	911	27.176	12,8%
Boeing Capital Corp (USA)	3	349	4.446	4,9%
CIT Group (USA)	4	291	4.948	4,1%
BAE Systems Asset Management (GB)	5	267	618	3,8%
...	...	...	...	...
Bavaria International Aircraft Leasing (D)	32	26	326	0,4%
Deutsche Structured Finance DSFL (D)	36	19	281	0,3%

Quelle: WILEMAN, A., JOYCE, I., WILDING, J.: Top 50 leasing survey, S. 49.

Abb. 4.27. Übersicht Leasingunternehmen Jahr 2005

Das Finanzierungs-Leasing ist langfristig angelegt und sieht während der Grundmietzeit keine Kündigungsmöglichkeiten vor. Im Gegensatz zum Operate-Leasing trägt der Leasing-Nehmer hier das vollständige Investitionsrisiko, da er auch bei Wegfall der Verwendungsmöglichkeit des Flugzeugs oder bei dessen Verlust (durch Absturz oder Zerstörung am Boden) zur Zahlung der fälligen Leasing-Raten verpflichtet ist. Für das finanzierende Unternehmen bietet das Leasing im Gegensatz zur reinen Kreditvergabe den Vorteil, durch den Besitz des Flugzeugs eine höhere Sicherheit für das eingesetzte Kapital zu erhalten und Steuervorteile nutzen zu können.[198] Als Leasing-Geber treten Banken, Versicherungsunternehmen, Flugzeughersteller oder spezielle Leasing-Unternehmen wie bspw. GECAS, ILFC (beide USA), Bavaria International Aircraft Leasing oder Deutsche Structured Finance DSFL (beide Deutschland) auf.[199]

Eine besondere Form des Finanzierungs-Leasings sind „Sale and lease back-Vereinbarungen". Hier verkauft eine Fluggesellschaft ein neues oder gebrauchtes Flugzeug an ein Leasingunternehmen, um es gleich wieder zurückzuleasen. Der dahinter liegende Zweck ist die Versorgung der Fluggesellschaft mit Kapital bei gleichzeitiger (Weiter-) Nutzung eines nach den eigenen Bedürfnissen ausgestatteten Flugzeugs (Typ, Triebwerke, Innenausstattung).

---

[198] Vgl. dazu DÄUMLER, K.-D.: Betriebliche Finanzwirtschaft, S. 275-284; PFAFF, M. J.: Beschaffung von Verkehrsflugzeugen, S. 105-114.
[199] Vgl. WILEMAN, A., JOYCE, I., WILDING, J.: Top 50 leasing survey 2006, S. 47 ff.

4.5 Umweltmanagement der Unternehmen

4.5.1 Umweltschutz als Unternehmensziel

Die am Luftverkehr beteiligen Unternehmen haben zunächst auf der Ebene des **normativen Managements** über ihre ökologische Grundposition zu entscheiden. Als Optionen stehen zur Verfügung:

- Indifferenz: Der Umweltorientierung wird weder eine Relevanz für den Unternehmenserfolg noch eine normative Bedeutung beigemessen. Veränderungen erfolgen nur im Rahmen der gesetzlichen Bestimmungen.
- Defensive: Umweltauflagen werden als Beeinträchtigung der Wirtschaftlichkeit angesehen und es wird versucht, allein oder in Zusammenarbeit mit Interessengruppen die Einführung solcher Auflagen abzuwehren.
- Offensive: Die ökologische Umorientierung wird als Wachstumspotential eingestuft, das Unternehmen nutzt alle zur Verfügung stehenden Maßnahmen.
- Innovation: Das Unternehmen fühlt sich aus wirtschaftlichen und/oder ethischen Gründen verpflichtet, durch eigene Forschung und Kooperation mit Forschungsinstituten Beiträge zur Entwicklung ökologischer Produktionsverfahren zu leisten. Diese neue Orientierung wird in das Unternehmensleitbild[200] übernommen und führt zur Suche nach neuen strategischen Schlüsselfaktoren.

In der Praxis sind Unternehmensressourcen, Markteinschätzung und der Grad der in der Unternehmenskultur verankerten sozialen Verantwortung die Entscheidungsparameter für die zu wählende Option.

Auf der Ebene des **strategischen Managements** sind langfristige Umweltziele festzulegen und in konkrete Handlungsstrategien für die Managementaufgaben Planung, Organisation, Führung und Kontrolle umzusetzen. Ausgehend von einer Situationsanalyse (Umweltbilanz) gilt es, Ziele für die einzelnen betrieblichen Funktionsbereiche zu formulieren (vgl. Abb. 4.27), benötigte Ressourcen zuzuordnen, Umweltaufgaben in die Organisationsentwicklung zu integrieren und Kontrollmechanismen zu installieren. Leitlinien und Organisationshilfen bietet das EG-System für das Umweltmanagement und die Umweltbetriebsführung (EMAS), ein freiwilliges Zertifizierungsprogramm.[201]

Im Bereich des **operativen Managements** erfolgt die Umsetzung der strategischen Ziele in konkrete Handlungsanweisungen für den Alltagsbetrieb.

---

[200] Das Unternehmensleitbild formuliert die unternehmenspolitischen Ziel- und Grundsatzentscheidungen der obersten Unternehmensleitung und damit eine allgemeine Orientierungsfunktion für alle Mitarbeiter, vgl. BLEICHER, K.: Normatives Management, S. 69.

[201] EMAS = Eco Management and Audit Scheme, vgl. hierzu: EUROPÄISCHE KOMMISSION DG ENVIRONMENT: EMAS, o. S.

4.5 Umweltmanagement der Unternehmen

Die wichtigsten Umweltziele	Zielerreichung	Maßnahmen	Umsetzungsgrad
Der spezifische Treibstoffverbrauch der Passagierflotte soll von 1991 bis 2008 um 33% und bis 2012 um 38% sinken.	Ziel gilt weiter	Flottenverjüngung durch Einsatz von Flugzeugen neuester Generation; Optimierung des Reservekraftstoffverfahrens sowie der Flugroutenführung; Veränderung (Abflachung) der An- und Abflugwellen (Hubknoten) in Frankfurt/Main; Nutzung von Bodenstrom statt Hilfsturbine soweit möglich.	Mit Ende 2004 konnte der spezifische Treibstoffverbrauch um 3,17% verringert werden.
Senkung des spezifischen Treibstoffverbrauchs der Luftfrachtflotte um 3% (Basis 2000).	Neues Ziel	Erhöhung der Auslastung.	Geplantes Ende: 2005 (Ergebnis noch nicht veröffentlicht).
Gewichtsreduzierung der Bordbeladung.	Ziel gilt weiter	Reduzierung des Gewichts der von Lufthansa CityLine beeinflussten Bordbeladung um 5%.	Seit Sommer 2004: Einführung eines neuen Bordküchenkonzeptes mit Einsparung von rund 40 kg p. Flug.
Reduktion der (Lärm-) Emissionen.	Ziel gilt weiter	Konzept zum Einsatz von Bodenstrom statt Bordstrom unter Umwelt- und Wirtschaftlichkeitsaspekten.	Entwicklung und Erprobung von Software, die Empfehlung für Nutzung von Boden- oder Bordstrom abgibt.
Verminderung der Lärmbelastung im Nahbereich der Flughäfen.	Ziel gilt weiter	Entwicklung und Anwendung optimierter Sinkflugverfahren zur Lärmminderung v. a. in der Nachtzeit	Verfahren wird in Frankfurt 2005 eingeführt.
Forschungs- und Entwicklungsprojekte zur Erarbeitung von Lärmminderungsoptionen am Flugzeug und bei Flugverfahren.	Ziel gilt weiter	Projekt (FREQUENZ): Erarbeitung und Prüfung von Konzepten für Nachrüstmaßnahmen zur Lärmminderung bei Flugzeugen. Projekt „Lärmoptimierte An- und Abflugverfahren" (LAnAb): Verbesserung der Beurteilung von Flugverfahren unter Lärmgesichtspunkten.	Laufzeit 2004 bis Ende 2007. Laufzeit 2004 bis Ende 2006. Erste Meilensteine u. a.: Durchführung von Lärmmessflügen (A 319: 2001 und 2004).
Ausweitung des Kombi-Verkehrs Straße – Schiene.	Ziel gilt weiter	Aufnahme von weiteren Strecken.	Beginn 2003: Nutzung von Fracht-Liniendiensten auf der Schiene.
Schaffung von Verkehrskonzepten um Kurzstreckenverkehr auf die Schiene zu verlagern.	Ziel gilt weiter	Einführung von AIRail-Verbindungen auf bestimmten Kurzstrecken.	03/2001: Aufnahme AIRail-Verbindung Frankfurt Flughafen – Stuttgart Hbf. 05/2003: Frankfurt Flughafen – Köln Hbf.; geplant: Strecke Frankfurt Flughafen – Düsseldorf Hbf.

Entwicklung von Verkehrskonzepten für den mobilen Individualverkehr in Zusammenarbeit mit dem Flughafenbetreiber Fraport.	Neues Ziel	Entwicklung und Aufbau einer IT-gestützten Vermittlung von dynamischen Fahrgemeinschaften per Mobiltelefon.	-
Reduzierung des Trinkwasserverbrauch bei Condor und Cargo.	Ziel gilt weiter, teils nicht erfüllt.	Erprobung der Trockenwäsche für Flugzeuge.	Für Boeing 757 und 767 Projekt eingestellt, da Verfahren nicht die gewünschten Ziele erfüllte. Für MD-11 Frachter werden weitere Versuche unternommen.
Verbesserung des konzernweiten Energiemanagements.	Ziel gilt weiter	Einrichtung eines konzernweiten Energieforums im Facility Management.	Installierung eines Informationsportals rund um das Thema Energie, verursachergerechte Erfassung und Verarbeitung von Daten für 2005/2006 auf Basis Frankfurt/Main (softwaregestützte Fernauslesung und Verarbeitung).
Reduzierung des Energieverbrauchs beim neuen Verwaltungsgebäude auf bis zu ein Drittel gegenüber „konventionellen" Gebäuden.	Ziel gilt weiter	Bau des Lufthansa Aviation Center als „Low Energy Building", u. a. durch Verwendung eines thermoaktiven Bauteilsystems, hochdämmender Fassadenelemente und einer Wärmerückgewinnungsanlage.	Das neue Gebäude wird 2006 bezogen.
Der spezifische Energieverbrauch pro Mahlzeit soll im Catering durchschnittlich von 1,47 kWh auf 1,42 kWh gesenkt werden.	Neues Ziel	Erhöhung der Betriebsauslastung sowie detailliertes Monitoring des Energieverbrauchs in den einzelnen Betrieben.	Laufzeit bis Ende 2007.
Der spezifische Wasserverbrauch pro Mahlzeit soll im Catering von 8,6 Liter auf 7,8 Liter bis Ende 2007 gesenkt werden.	Neues Ziel	Erhöhung der Betriebsauslastung sowie detailliertes Monitoring des Wasserverbrauchs in den einzelnen Betrieben sowie Entwicklung und Einsatz neuer, ressourceneffizienter Spülverfahren.	Laufzeit bis Ende 2007: Neue Spülstraße (LSG-Standort Brüssel) in Betrieb, Einsatz an weiteren Standorten geplant.

Quelle: LUFTHANSA: Balance Daten und Fakten 2004/2005, S. 10 ff.

Abb. 4.28. Ausgewählte Umweltziele des Lufthansa Konzerns

4.5.2 Fluggesellschaften

Ansatzpunkte des Umweltmanagements von Fluggesellschaften liegen im Flugbetrieb, im technischen Betrieb und in der ökologischen Betriebsführung, da aus wirtschaftlichen und verkehrlichen Gründen generell nicht davon ausgegangen werden kann, dass eine freiwillige Verkehrsverminderung aus Umweltgründen als Unternehmensstrategie in Frage kommt.

Flugbetrieb
Die Umrüstung auf treibstoffsparende und lärmarme Triebwerke setzt nicht nur den unternehmerischen Willen, sondern auch die Finanzierbarkeit voraus. Eine verbrauchsoptimierende Fluggeschwindigkeit reduziert die tägliche Einsatzdauer der Flugzeuge und kann häufig auch aus flugplantechnischen Gründen nicht realisiert werden. Das Zusammenlegen von Flügen im Rahmen des Code Sharings steigert die Auslastung und führt durch den Einsatz größengeeigneter Flugzeuge zu einem geringeren Treibstoffverbrauch pro PKT. Bei An- und Abflugflug wird etwa die Hälfte des Lärms durch Windgeräusche (Auftriebsklappen, Fahrwerk) verursacht. Durch konstruktionstechnische Umgestaltung der Lärmquellen und flugbetriebliche Verfahren kann hier eine Lärmminderung erreicht werden. Zur Vermeidung und Entsorgung von Bordabfall (Speisereste und Verpackungen) erfolgt eine Mülltrennung soweit zulässig (aus seuchenhygienischen Gründen müssen Speisereste verbrannt werden) schon an Bord, es wird auf Einweggeschirr und Portionsflaschen verzichtet.

Technischer Betrieb
Bei Wartung und Überholung der Flugzeuge ergibt sich eine Reihe von ökologischen Verbesserungen, die für sich genommen jeweils eher geringe Auswirkungen haben, aber in ihrer Summe bewertet werden müssen. Dazu zählen:

- die Verwendung umweltschädlicher Chemikalien in der Technik, z. B. beim Lackieren, Entlacken und Reinigen von Flugzeugen und Bauteilen,
- Wassersparen und die Verwendung von Regenwasser für Flugzeugwäsche,
- Vermeidung von Spitzenbelastungen bei Heizungsanlagen und Anlagen zur Erzeugung von Druckluft,
- Erhöhung der Recyclingquote,
- Verringerung der Lärmbelästigung für die Flughafenanwohner durch Standläufe der Triebwerke im Rahmen von Wartungsarbeiten (die im allgemeinen nachts durchgeführt werden) durch den Bau von Lärmschutzhallen,
- Einsatz von Simulatoren bei der Pilotenausbildung,
- Einsatz von Elektrofahrzeugen.

Ökologische Betriebsführung
Zu den Maßnahmen in den nicht luftverkehrsspezifischen Bereichen wie Verwaltung, Strom- und Heizölverbrauch, Abwasseraufbereitung, Kantinenangebot aus ökologischem Landbau, etc. zählt auch die umweltfreundlichere Gestaltung des

Bodenverkehrs der Mitarbeiter.[202] WYSS berichtet: „Im Raum Zürich-Kloten (Umkreis ca. 60 km) sind mit einem Anteil von 30% nicht primär die Flugzeuge die größten Verursacher (NO_X, bis 900 m Höhe), sondern mit einem Anteil von 70% der induzierte Bodenverkehr der Passagiere und Mitarbeiter(innen)."[203] Ansatzpunkte sind hier z. B. Car Sharing-Systeme,[204] bei denen sich mehrere Mitarbeiter einen Leihwagen teilen, oder Job-Tickets, also verbilligte, betrieblich bezuschusste Monatskarten für Mitarbeiter, die Großkunden eines lokalen Verkehrsverbunds im Abonnement erhalten. Der An- und Abreiseverkehr der Passagiere kann durch finanzielle Anreize auf öffentliche Verkehrsmittel umgeleitet werden, z. B. durch vergünstigte Rail&Fly-Angebote oder die Gültigkeit des Flugscheins für Fahrten mit den öffentlichen Verkehrsmitteln. Weiterhin kann Ökosponsoring in der Form der Unterstützung von Umwelt- und Naturschutzprojekten betrieben werden.

4.5.3 Flughäfen

Für Flughäfen ist eine ökologische Betriebsführung der wichtigste Bestandteil des Umweltmanagements. Darüber hinaus bestehen verkehrsspezifische Ansatzpunkte:

- Die Versorgung der Flugzeuge während der Standzeiten an den Docks mit Energie und Druckluft für die Klimatisierung kann statt durch Hilfsgasturbinen (APU Auxiliary Power Units) durch stationäre Versorgungsanlagen erfolgen.
- Die bei der Enteisung der Flugzeuge anfallende glykolhaltige Flüssigkeit wird nicht in die Kanalisation geleitet sondern entweder in Auffangbehältern gesammelt und entsorgt oder in einem mit Schilf bepflanzten Becken (Wurzelraumanlage) abgebaut.
- Die Enteisung der Pisten ohne schädliche Chemikalien.
- Die Entwicklung eines Active Noise Control Systems, bei dem Lärm mit Lärm bekämpft wird, indem ein Schallfeld durch ein künstlich erzeugtes gegenphasiges Schallfeld kompensiert wird. Größtes Hindernis ist der beim heutigen Stand der Technik noch nicht zu leistende Rechenaufwand pro Zeiteinheit.
- Lärmabhängige Staffelung der Landegebühren sanktionieren den Einsatz lauter Triebwerke und schaffen einen Anreiz für Fluggesellschaften, umweltverträglichere Technologie einzusetzen.

---

[202] Zu ökologieorientierter Betriebsführung vgl. UMWELTBUNDESAMT: Umweltfreundliche Beschaffung; BUNDESMINISTERIUM FÜR WIRTSCHAFT: Energie sparen; VERKEHRSCLUB DEUTSCHLAND: Mobilitätsmanagement.
[203] WYSS, F.: Herausforderung Luftverkehr, S. 167.
[204] Durch die Einführung von CarPools konnte die Lufthansa allein am Flughafen Frankfurt auf den Bau von 1.500 Parkplätzen verzichten; vgl. LUFTHANSA: Umweltbericht 1994, S. 39; weitere CarPools bestehen in Hamburg und München.

1. Nutzung anderer Standorte, z. B. Flughafen Hahn.
2. Förderung der Nutzung anderer Verkehrsträger, insbesondere der Bahn.
3. Selbstbeschränkung der Fluggesellschaften in der Nachtzeit.
4. Verlagerung des „Nachtpoststerns" zum Flughafen Hahn prüfen.
5. Verbindliche Einführung und Nutzung besonders lärmarmer An- und Abflugverfahren in der Nacht.
6. Bereitstellung von Mitteln für ein Lärmschutzprogramm für besonders belastete Gebiete.
7. Koppelung der Landegebühren an den tatsächlich gemessenen Lärm.
8. Noch stärkere finanzielle Belastung nächtlicher Flugbewegungen.
9. Weitere Verbesserung der FAG-Fluglärmüberwachung.
10. Einrichtung eines „Infofons" rund um die Uhr für alle Bürgeranfragen zu Fluglärm und Ausbau.

Quelle: FRAPORT AG: Zehn-Punkte-Programm, o. S.

Abb. 4.29. Zehn-Punkte-Programm des Flughafens Frankfurt/Main

Als Beispiel für eine umfassende Umweltpolitik kann das Zehn-Punkte-Programm des Flughafens Frankfurt/Main in Abb. 4.28 dienen.

5 Die Nachfrageseite des Luftverkehrsmarktes

5.1 Marktsegmente

5.1.1 Einteilung nach Reiseanlass

Die Nachfrager von Luftverkehrsleistungen im Personenverkehr können nach dem Kriterium ‚Anlass der Reise' zunächst sehr grob in zwei Gruppen eingeteilt werden, nämlich in die der beruflich Reisenden und in die der Privatreisenden (vgl. Abb. 5.1).

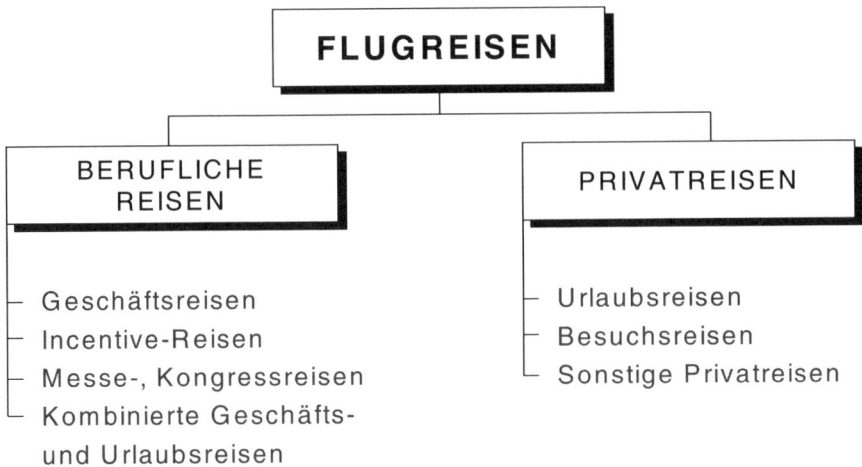

Abb. 5.1. Marktsegmentierung nach Reiseanlass

Zu den **beruflichen Reisen**, die betrieblich veranlasst sind und deren Kosten vom Arbeitgeber getragen werden, zählen neben den Geschäftsreisen im engeren Sinne (Reisen zu Besprechungen, Konferenzen, Verkaufsverhandlungen, temporären Arbeitsstellen etc.) auch Incentive-, Messe- und Kongressreisen sowie kombinierte Geschäfts- und Urlaubsreisen. Diese Marktsegmente innerhalb des Geschäftsreisesektors ermöglichen den Fluggesellschaften den Einsatz des preispolitischen Instrumentariums zur Ertragssteigerung.

Incentive-Reisen sind Reisen, die ein Unternehmen im Rahmen eines Leistungswettbewerbes als Anreiz und Prämie für eigene Mitarbeiter oder selbständige Händler aussetzt. Da es sich dabei in der Regel um qualitativ hochwertige Reisen handelt, ist das Flugzeug das bevorzugte Beförderungsmittel. Die Luftverkehrsgesellschaften bieten für Incentive-Reisen Sondertarife an und betätigen sich in diesem Rahmen teilweise selbst als Reiseveranstalter. Flüge zu Messen und Kongressen sind zumindest für einen Teil der Besucher nicht unbedingt notwendig, so dass hier für die Unternehmen das Kostenelement eine Rolle spielt und Sondertarife die

Nachfrage steigern können. Die Kombination einer Geschäftsreise mit einem vorhergehenden oder nachfolgenden privaten Aufenthalt am Zielort ist dann für die Fluggesellschaft vorteilhaft, wenn der Passagier deshalb seinen Flug auf einen ansonsten weniger stark frequentierten Wochentag (z. B. Wochenende) legt oder er die Reise zusammen mit seinem Partner unternimmt; ermäßigte Wochenend- oder Partnertarife können dies fördern.

Die **Privatreisen** teilen sich in Urlaubsreisen, Besuchsreisen und sonstige Privatreisen auf. Bei den Besuchsreisen, auch VFR-Reisen (Visiting Friends and Relatives) genannt, bilden die Reisen in dringenden Familienangelegenheiten, etwa bei Todesfällen, eine Untergruppe neben den sonstigen Besuchsreisen zu Verwandten und Freunden. Die Residualkategorie ‚sonstige Privatreisen' umfasst alle Reisen, die den bisher aufgeführten Marktsegmenten nicht zugeordnet werden können, wie etwa die Reisen von Pilgern oder Studenten.

5.1.2 Berufliche Reisen

In der Anfangsphase des kommerziellen Luftverkehrs setzten sich die Passagiere nahezu ausschließlich aus Geschäftsreisenden zusammen. Streckennetz, Flugpreise und Beförderungsbedingungen wurden auf sie zugeschnitten. Mit dem Anwachsen des privaten Reiseverkehrs sank die zahlenmäßige Bedeutung der Geschäftsreisen, wobei 2003 für Inlandsreisen ca. 10% der Geschäftsreisenden und für Reisen ins Europäische Ausland ca. 62% der Geschäftsreisenden das Flugzeug nutzten (vgl. Abb. 5.2).[1]

Die Nachfrage der Geschäftsreisenden unterscheidet sich von der der Privatreisenden durch eine höhere Ausgabebereitschaft[2] bei gleichzeitig geringerer Reaktion auf Preisänderungen, durch eine starke personelle Konzentration und eine verminderte saisonale Abhängigkeit. Der Grund für die hohe Ausgabebereitschaft der Geschäftsreisenden liegt in der spezifischen Verkehrswertigkeit des Luftverkehrs, der hohen Reisegeschwindigkeit. Dadurch wird im Vergleich zu anderen Transportmitteln die Reisezeit erheblich verkürzt und das Verhältnis Kosten zu Zeitaufwand trotz höherer Preise zugunsten des Flugzeuges verschoben. Dieser Kostenvorteil nimmt mit steigender Entfernung zu.

Häufig spricht zusätzlich die Relation Reisekosten zu Zweck der Reise für die schnellstmögliche Beförderung, etwa bei der Entsendung von Monteuren zur Behebung eines Maschinenausfalls mit hohen Folgekosten für das betroffene Unternehmen, bei kurzfristig notwendigen Verhandlungen oder Kundenbesuchen. Da der durch den Geschäftstermin vorgesehene Ort möglichst schnell, ohne Umsteigen und pünktlich erreicht werden soll und die Reisen oft kurzfristig angetreten oder geändert werden müssen, stellen Flexibilität, Dichte des Streckennetzes und Bedienungshäufigkeit die wichtigsten Anforderungsmerkmale dar. Der Geschäftsreisende zahlt zudem als Angestellter, Politiker oder Beamter den Flugpreis nicht aus seiner Privatkasse; er reist auf Kosten des Unternehmens oder seiner Dienst-

---

[1] Vgl. FOCUS: Der Markt für Urlaubs- und Geschäftsreisen, S. 28.
[2] So betrugen z. B. 2004 die Ausgaben pro Tag bei Urlaubsreisen 63 EUR, bei Geschäftsreisen 104 EUR, vgl. VDR: Geschäftsreiseanalyse, S. 3.

stelle. Die Unternehmen wiederum können diese Kosten als Betriebsausgaben bzw. Werbungskosten steuerlich geltend machen. Das bedeutet eine Reduzierung der effektiven Reisekosten mit der Folge, dass die absolute Höhe des Flugpreises ebenso wie Preiserhöhungen bei Geschäftsreisen geringere Auswirkungen auf die Nachfrage haben als bei Privatreisen.

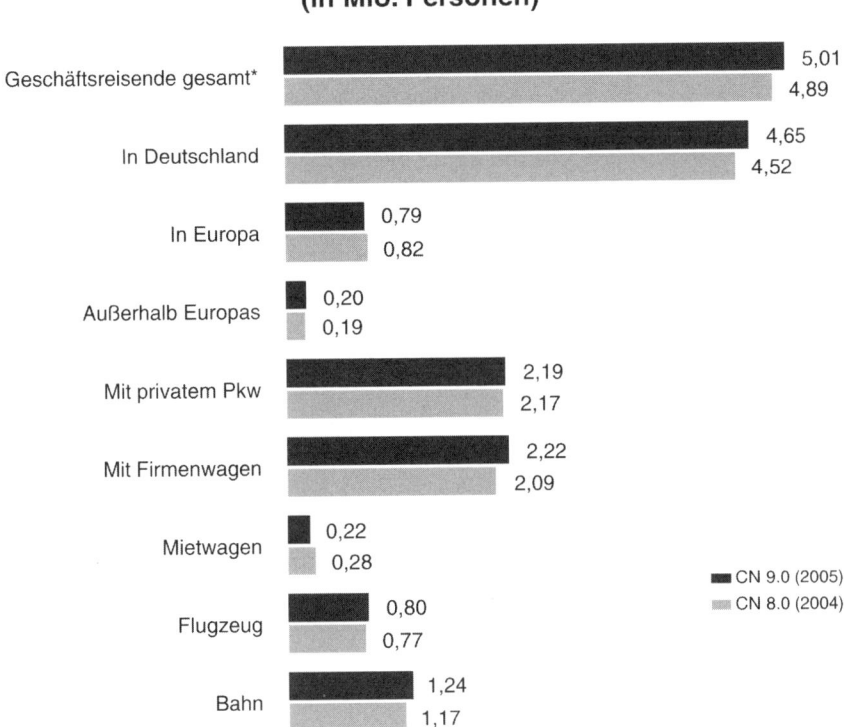

*Basis: Geschäftsreisen in den letzten sechs Monaten unternommen

Quelle: Communication Networks, zitiert nach FOCUS: Der Markt für Urlaub und Geschäftsreisen, S. 38.

Abb. 5.2. Geschäftsreiseaktivität 2004/2005

Zudem haben Reisen mit dem Flugzeug oft auch eine Prestigefunktion: Die Reisebestimmungen vieler Firmen und auch des öffentlichen Dienstes sehen meist abgestufte ‚Flugerlaubnisse' vor. Dieser unterschiedliche Zugang zu Flugreisen (und den benutzbaren Beförderungsklassen) lässt sich nicht allein mit wirtschaftlichen Erwägungen begründen, er stellt vielmehr ein Element der sozialen Entlohnung dar. Eine psychologische Komponente ist auch für die Buchung der First Class entscheidend: „In seinem Selbstverständnis ist der First Class-Reisende ein vielfliegender Geschäftsmann der oberen beruflichen Hierarchiestufen, für den die Möglichkeit oder Berechtigung, First Class zu fliegen, mehr oder weniger bewusst zum Symbol des eigenen beruflichen Erfolges, also zu einem Statussymbol für die persönliche Leistung geworden ist. Gleichzeitig gehört der First Class-Flug zu den Belohnungen, die man sich aufgrund hoher beruflicher Belastungen und des Verzichtes auf Freiheit verdient zu haben glaubt."[3]

Das bedeutet allerdings nicht, dass das betriebswirtschaftliche Ziel der Kostenminimierung bei Geschäftsreisen gänzlich außer Kraft gesetzt ist. Viele Unternehmen nutzen dort, wo es möglich ist, die eigentlich für den Privatreiseverkehr konzipierten Sondertarife oder die Angebote von Low Cost-Carriern. Denn wenn Reiseroute und Flugtermine längerfristig definitiv vorausgeplant werden können und die Reisedauer den in den Sonderflugpreisen festgesetzten Mindestaufenthalt überschreitet, dann liegt es aus Kostengründen nahe, einen Low Cost-Flug, Sondertarif oder sogar einen Charterflug zu buchen.[4] Der Geschäftsreisemarkt setzt sich daher aus einer Vielzahl unterschiedlicher Marktsegmente zusammen. So unterscheidet z. B. die IATA verschiedene Typen (vgl. Abb. 5.2).

Business Traveller

- **Hard Money Traveller**
  Independent business man travelling at his own expense

- **Soft Money Traveller**
  Corporate business man travelling on an expense account

- **Medium Money Traveller**
  Conference or incentive business traveller within a group

- **Interim Traveller**
  Combining personal travel with a business trip

- **Frequent Short Traveller**
  Business traveller who constantly flies a short-haul route

- **Periodic Traveller**
  Sales person who makes a round of stops on a steady itinery

---

Quelle: IATA: Airline Marketing, S. 73 f.

Abb. 5.3. Marktsegmente Geschäftsreisemarkt

Insbesondere große Unternehmen versuchen zunehmend, Reisekosten einzusparen, indem sie sich detaillierte und transparente Informationen über ihre Reiseausgaben beschaffen oder eigene Reisestellen bzw. Travel-Manager beschäftigen, um so beispielsweise bei den Reisebüros oder direkt bei den Fluggesellschaften bessere Konditionen aushandeln zu können. Damit die Reisebüros den Firmenkunden die Erstellung von Statistiken und Analysen ihrer Reiseausgaben als Zusatzdienstleistung (Travel Management) anbieten können, nutzen sie die von den Computerreservierungssystemen zur Verfügung gestellte Branchensoftware der Back-

---

[3] LUFTHANSA: Flightcrew Info 1/87, S. 51.
[4] Vgl. SHAW, S.: Airline Marketing, S. 26.

Office-Programme oder es werden Daten anderer Anbieter wie z. B. des Kreditkartenunternehmens Lufthansa AirPlus genutzt.[5]

Geschäftsreisende sind als Vielflieger potentielle Dauerkunden: Fast zwei Drittel von ihnen reisen mindestens einmal im Jahr, ein Drittel reist mindestens einmal im Monat,[6] sie bevorzugen auch bei privaten Urlaubs- und Besuchsreisen eher den Linien- als den Charterverkehr. „Diese hohe Flugreiseintensität und die hohen Durchschnittserträge führen dazu, dass nur 8% der Lufthansa-Kunden mehr als 20% der Passageerträge erbringen."[7] Für die Fluggesellschaften ist es daher wichtig, diese vielfliegenden Vollzahler an das eigene Unternehmen zu binden.

5.1.3 Privatreisen

Die Nachfrage der **Urlaubsreisenden** nach Flugbeförderung reagiert auf Preisänderungen elastischer als die Nachfrage der Geschäftsreisenden. Sie ist von der Höhe des verfügbaren Haushaltseinkommens abhängig, wodurch der Ausgabebereitschaft individuelle und absolute Grenzen gesetzt sind. Urlaubsausgaben werden als Privatausgaben aus dem laufenden Einkommen und aus Ersparnissen finanziert, sie gehen also direkt zu Lasten des eigenen Budgets und werden auch steuerlich nicht begünstigt. Das daraus erwachsende Kostenbewusstsein wird verstärkt, wenn die Reise zusammen mit Ehepartnern und Kindern unternommen wird. Die Kosten für den Flug vervielfachen sich und damit auch die Auswirkungen von Flugpreisänderungen. Bei einem Teil der Urlaubsziele besteht die Möglichkeit, das Flugzeug als Verkehrsmittel durch die preisgünstigeren Verkehrsträger PKW, Bus oder Bahn oder weiter entfernte Urlaubsgebiete durch näher gelegene zu ersetzen. Im Gegensatz zum Geschäftsreiseverkehr besteht beim Urlaubsreiseverkehr also kein unmittelbarer wirtschaftlicher oder zeitlicher Zwang zur Benutzung des Flugzeuges.

Die Produktansprüche der Urlaubsreisenden unterscheiden sich, mit Ausnahme der gleichermaßen wichtigen Sicherheit, von denen der Geschäftsreisenden. Die meisten Haushalte unternehmen nur eine Flugreise pro Jahr, deren Termin längerfristig geplant und selten geändert wird (allerdings lässt sich durch die wachsende Zahl der 1- und 2-Personenhaushalte ohne Kinder in Verbindung mit einer Steigerung des frei verfügbaren Einkommens ein Trend zu Zweit- und Drittflugreisen erkennen). Sitzverfügbarkeit, Flexibilität oder Flugfrequenz sind jedoch von nur geringer Bedeutung, ein günstiger Flugpreis hat Priorität. Der Urlaubsreisende wird also bei der Verkehrsmittelwahl verstärkt Preisüberlegungen in die Entscheidung einbeziehen. Flugpreise, die oberhalb der Ausgabebereitschaft eines Haushaltes liegen, führen zu einer Verlagerung der Nachfrage nach günstigeren Sondertarifen, Low Cost- oder Charterflügen. Dagegen ist die Folge von Flugpreisen, die oberhalb der absoluten Ausgabegrenze eines Haushaltes liegen, ein gänzlicher

---

[5] Vgl.: FREYER, W., NAUMANN, M., SCHRÖDER, A.: Geschäftsreise-Tourismus, S. 86-99.
[6] SPIEGEL: Geschäftsreisende, S. 7.
[7] GRANDE, M.: Luftverkehrsmarkt, S. 40.

Nachfrageausfall. Die Nachfrage der Urlaubsreisenden reagiert also elastisch auf Veränderungen von Flugpreisen und Haushaltseinkommen.

Besuchsreisen zu Verwandten oder Freunden sind meist nicht kurzfristig an feste Reisetermine gebunden, die Nachfragereaktionen gleichen daher denen der Urlaubsreisenden. Dieser auf internationalen Strecken auch ‚ethnischer Verkehr' genannte Reisestrom findet sich insbesondere zwischen früheren Aus- und Einwanderungsländern (z. B. Frankreich-Kanada, Polen-USA oder Großbritannien-Australien), zwischen ehemaligen Kolonien und deren ‚Mutterländern' (z. B. Niederlande-Südafrika, Belgien-Zaire) sowie zwischen den Herkunfts- und Aufenthaltsländern der Gastarbeiter (z. B. Deutschland-Türkei). Die Gruppe der in wichtigen und dringenden Familienangelegenheiten reisenden Fluggäste dagegen zeigt hinsichtlich der Preiselastizität und der Produktanforderungen ein Nachfrageverhalten, das dem der Geschäftsreisenden nahe kommt.

Cluster I: Die Preisorientierten (75 Prozent der Privatreisenden)
- sehen den Ticketpreis als wichtigste Dimension an (70 Prozent Merkmalswichtigkeit),
- betrachten Flexibilität als notwendige Nebenbedingung (20 Prozent Wichtigkeit).

Cluster II: Die Serviceorientierten (15 Prozent der Privatreisenden)
- legen Wert auf bequeme Sitze (20 Prozent Merkmalswichtigkeit)
- beachten den Preis als Maßgröße (18 Prozent Merkmalswichtigkeit)
- erwarten ein Mahlzeiten- und Zeitschriftenangebot an den Flugsteigen (15 Prozent Merkmalswichtigkeit)

Cluster III: Die Flexibilitätsorientierten (10 Prozent der Privatreisenden)
- verlangen angemessene Umsteige- und Stornierungsmöglichkeiten (60 Prozent Wichtigkeit)
- messen dem Preis gewisse Bedeutung zu (25 Prozent Wichtigkeit)

Quelle: Nach MEFFERT, H., BRUHN, M.: Dienstleistungsmarketing, S. 108.

Abb. 5.4. Marktsegmente Privatreisemarkt

Die Sammelkategorie **sonstige Privatreisen** umfasst vorwiegend arbeitsplatzbedingte Reisen, die aus der räumlichen Trennung von Wohnort und Arbeitsstelle resultieren, im Gegensatz zu Geschäftsreisen allerdings vom Reisenden selbst bezahlt werden müssen (z. B. An- oder Rückreise von ausländischen Arbeitnehmern). Weiterhin zählen dazu Auslandsstudenten, Auswanderer, Pilger und Reisende aus Gesundheitsgründen (z. B. Anreise zur Kur). In Bezug auf die Produktanforderungen haben auch hier in aller Regel Preiskriterien vor qualitativen Ansprüchen Vorrang. Bei Privatreisen kann außerdem generell davon ausgegangen werden, dass die Dominanz des Preisfaktors bei der Wahl des Verkehrsmittels mit der Zahl der mitreisenden Familienangehörigen steigt.[8]

---

[8] Vgl. HOCHREITER, R., ARNDT, U.: Die Tourismusindustrie, S. 65.

Das Marktsegment Privatreisen weist ebenfalls eine hohe Binnendifferenzierung auf. Bei einer empirischen Untersuchung des deutschen Marktes kam das Institut für Marketing an der Universität Münster zu den in Abb. 5.4 dargestellten Nutzenclustern.[9]

5.1.4 Anforderungen an das Produkt Flugreise

Die Ansprüche unterschiedlicher Nachfragergruppen an das Produkt Flugreise werden in Abb. 5.5 modellhaft und sehr verallgemeinert dargestellt. Geschäftsreisenden, die in dringenden Angelegenheiten unterwegs sind, kommt es besonders auf Flexibilität (Sitzverfügbarkeit, viele Frequenzen, kostenfreie Umbuchungsmöglichkeit), kurze Reisezeiten (Non-Stop-Flüge, zeitsparende Abfertigung) und hohen Komfort an (vgl. Abb. 5.6). Der Preis spielt eine untergeordnete Rolle.

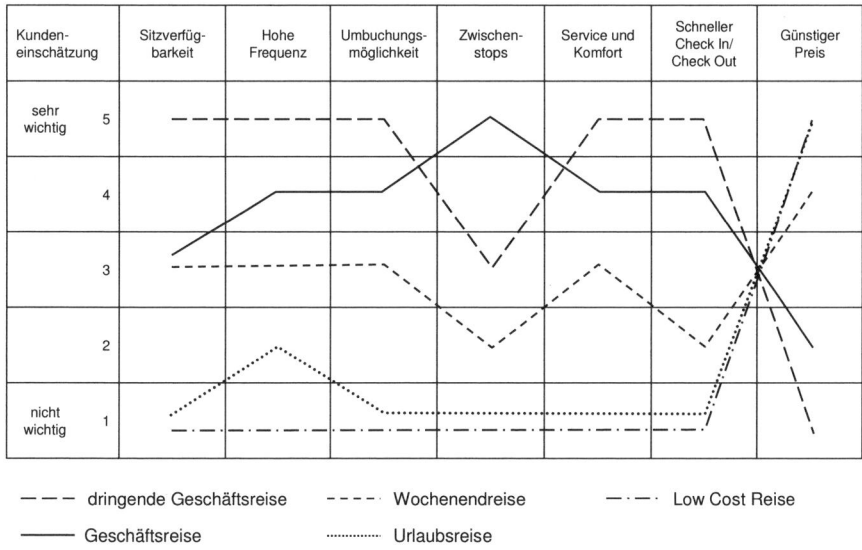

Quelle: Nach DOGANIS, R.: Flying Off Course, S. 189.

Abb. 5.5. Produktanforderungen der unterschiedlichen Nachfragergruppen

Routinemäßig anfallende Geschäftsreisen dagegen können längerfristig geplant werden, die Ansprüche an Flexibilität und schnelle Abfertigung sind geringer. Um Kosten zu sparen, werden oft preisgünstigere Flüge gewählt, auch wenn dabei auf Komfort und Interlinemöglichkeiten verzichtet werden muss. Häufig wird auch größerer Wert auf Zwischenstopps gelegt, um auf mehrtägigen Reisen Geschäftspartner in verschiedenen Orten besuchen zu können.

---

[9] Zitiert nach MEFFERT, H., BRUHN, M.: Dienstleistungsmarketing, S. 108 f. Cluster sind Gruppierungen innerhalb einer Gesamtheit, die nach innen homogen sind und sich nach außen von anderen Clustern stark unterscheiden.

202 5 Die Nachfrageseite des Luftverkehrsmarktes

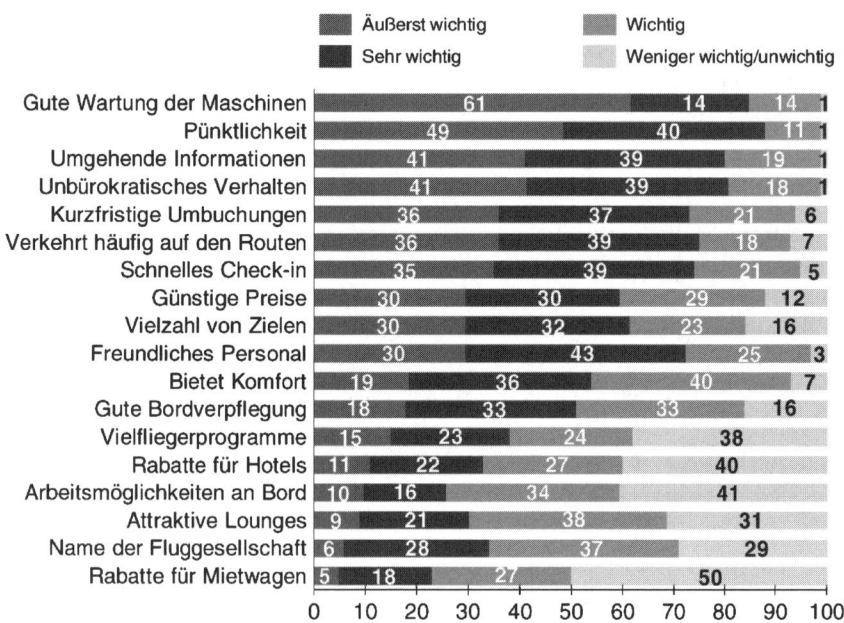

Basis: Geschäftsreisende, Verkehrsmittel: Flugzeug
(Potenzial: 900 Tsd./1.421 Befragte)

Quelle: Communication Networks 7.0 zitiert nach FOCUS, Markt für Urlaubs- und Geschäftsreisen, S. 29.

Abb. 5.6. Anforderungen von Geschäftsreisenden an Fluggesellschaften (in %)

Urlaubsreisen werden meist längerfristiger geplant, daher bestehen hinsichtlich der Flexibilität geringere Ansprüche. Der Kunde möchte sein Ziel ohne zeitaufwendige Zwischenstopps direkt erreichen, um die begrenzte Urlaubszeit optimal nutzen zu können. Häufig werden Einschränkungen bei Service und Komfort akzeptiert, wenn dadurch ein günstigerer Reisepreis erzielt werden kann. Etwas anders ist die Gewichtung der Produktanforderungen bei Kurzreisen, die als Zweit- oder Mehrfachreisen zusätzlich zur Haupturlaubsreise unternommen werden. Die Reisezeiten sollen eine möglichst lange Aufenthaltsdauer am Zielort erlauben. Im Marktsegment der Kurzreisen können insgesamt eine höhere Ausgabebereitschaft und größere Serviceansprüche als im Segment Haupturlaub festgestellt werden, diese müssen sich jedoch z. B. bei Reisen mit Low Cost-Carriern nicht zwangsweise auf den Flug (sondern z. B. auf die Unterbringung oder das Programm vor Ort) beziehen.

Das Produktkriterium Vielfliegerprogramme wurde in der Abb. 5.5, deren Reisetypen sich aus der Hauptursache der Reise ergeben, nicht berücksichtigt. Die Bedeutung von Vielfliegerprogrammen ist insofern personenbezogen, als sie von der Reisehäufigkeit abhängt. Für einen nur selten fliegenden Geschäftsreisenden spielen Vielfliegerprogramme keine Rolle, da er die für eine Prämie oder einen gewissen Status notwendige Mindestanzahl an Flugmeilen nicht erreichen wird. Dagegen kann bei einem beruflich häufig reisenden Kunden auch bei einer Urlaubsreise die Wahl der Fluggesellschaft durch ein Vielfliegerprogramm beeinflusst werden.

Das Produkt Flugreise besteht aus einer Servicekette und damit aus einer Vielzahl von einzelnen Teilleistungen. Für die Produktgestaltung der Fluggesellschaften ist es aus Kosten- und Absatzgründen daher wichtig, herauszufinden, welche Kombination von Produktelementen auf welchem Qualitätsniveau für die einzelnen Marktsegmente angeboten werden soll. Dies erfordert eine umfangreiche Marktforschung, bei der folgende Methoden eingesetzt werden:

- kontinuierliche und/oder regelmäßige Fluggastbefragungen;
- Auswertung der schriftlich eingegangenen Kundenmeinungen im Rahmen des Beschwerdemanagements;
- Berichte der Außendienstmitarbeiter über die den Agenturen mitgeteilten Rückmeldungen der Reisenden;
- Conjoint-Analysen, bei denen Kunden aus mehreren Produktalternativen eine Reihenfolge und Gewichtung der einzelnen Merkmalsausprägungen bilden;[10]
- Produktkliniken, das sind Verfahren, bei denen ausgewählte Kundengruppen in einer Flugzeugattrappe simulierte neue oder veränderte Produktkonzepte (z. B. Sitze oder Mahlzeiten) bewerten;
- Customer Advisory Boards oder Fokusgruppen, d. h. Diskussion mit Kundengruppen über deren Erwartungen, Erfahrungen und Verbesserungsvorschläge;
- Konkurrenzanalysen mit Hilfe des Benchmarkings, bei dem Erfahrungen und Beobachtungen bei Flügen mit anderen Luftverkehrsgesellschaften strukturiert festgehalten und ausgewertet werden.[11]

Die Tatsache, dass hinsichtlich der qualitativen Anforderungen an das Produkt und der Preiselastizität grundsätzlich verschiedene Nachfragergruppen bestehen, ermöglicht den Fluggesellschaften im Rahmen ihrer Marketingstrategien aber auch eine breite Palette von Einsatzmöglichkeiten des produkt- und preispolitischen Instrumentariums.
Dies führte zu:

- der Entwicklung der beiden Verkehrsarten Linienflug und Charterflug (sowie später der Low Cost-Carrier) mit zunächst sehr unterschiedlichen Angeboten, später aber zu einer tendenziellen Angleichung zwischen Charterverkehr und den Sondertarifen der Linie;
- der Einrichtung unterschiedlicher Beförderungsklassen im Linienverkehr;

---

[10] Vgl. MENGEN, A.: Konzeptgestaltung von Dienstleistungsprodukten, S. 70-102.
[11] Benchmark = Vergleichsobjekt; Benchmarking = Vergleich der eigenen Produkte oder Produktionsprozesse mit denen der „Besten" der direkten Konkurrenz (competitive benchmarks) oder, branchenübergreifend, mit denen von Nichtkonkurrenten (industry benchmarks).

- einer Preisdifferenzierung im Linienverkehr, bei der das zunächst gleiche Produkt ‚Flugtransport einer Person zwischen zwei Orten' zu unterschiedlichen Preisen verkauft wird. Aus Marketing- und Kostenüberlegungen wurden dann aber Preisdifferenzierungen mit eher marginalen Produktdifferenzierungen kombiniert.

5.2 Determinanten der Nachfrage

5.2.1 Überblick

Der Versuch, die Bestimmungsgründe der Nachfrage nach Luftverkehrsleistungen darzustellen, kann nur modellhaft unternommen werden, da die einzelnen Determinanten sich gegenseitig beeinflussen und das vorhandene Datenmaterial eine Quantifizierung der Einzeleinflüsse und Interdependenzen nicht zulässt. Im Mittelpunkt der verschiedenen Globalmodelle etwa von WHEATCROFT, BACHMANN oder ODENTHAL[12] oder der Prognosemodelle der ICAO, der Deutschen Forschungs- und Versuchsanstalt für Luft- und Raumfahrt oder der IATA[13] stehen jeweils auf der

- **Nachfrageseite** die wirtschaftliche Entwicklung, die über den Binnen- und Außenhandel und die internationale institutionelle Zusammenarbeit die Geschäftsreisetätigkeit beeinflusst, und die über das Haushaltseinkommen und die arbeitsfreie Urlaubszeit die materielle Basis für Privatreisen bestimmt. Insbesondere im Urlaubsreiseverkehr kommen die Einstellung zu Flugreisen, Einkommensverteilung und soziodemographische Strukturen der Bevölkerung als intervenierende Variablen dazu. Auf der

- **Angebotsseite** gilt der Preis als wichtigste Determinante. Preisentwicklungen ihrerseits sind wiederum abhängig von den Kostenentwicklungen bei den eingesetzten Produktionsfaktoren, Produktionssteigerungen durch technische Innovationen, verbessertes Managementwissen oder innovative Geschäftsmodelle sowie von der je nach Marktregulierung möglichen Preisbildung. Daneben können zumindest auf Teilmärkten aus wirtschaftlichen, umweltschützerischen oder politischen Gründen verfügte Angebotsbeschränkungen und Kapazitätsengpässe (auf Flughäfen oder im Luftraum) die Entwicklung des Luftverkehrs ebenso beeinflussen wie das Vorhandensein oder der Ausbau konkurrierender Verkehrsmittel und Kommunikationstechniken.

Diese Grundzusammenhänge zwischen den Determinanten des Luftverkehrs stellt Abb. 5.7 modellhaft vereinfacht dar.

---

[12] Vgl. dazu WHEATCROFT, S.: Size and Shape of Air Traffic, S. 102-105; BACHMANN, K.: Charterluftverkehr, S. 62-71; ODENTHAL, F.: Nachfrage nach Personenlinienverkehr, S. 57-91.
[13] Siehe dazu ICAO: Economic Situation 1986, S. 74; IATA: Traffic Forecasts, S. 7; DFVLR: Luftverkehr 2000, S. 25-36 (Die DFVLR firmiert heute unter der Abkürzung DLR).

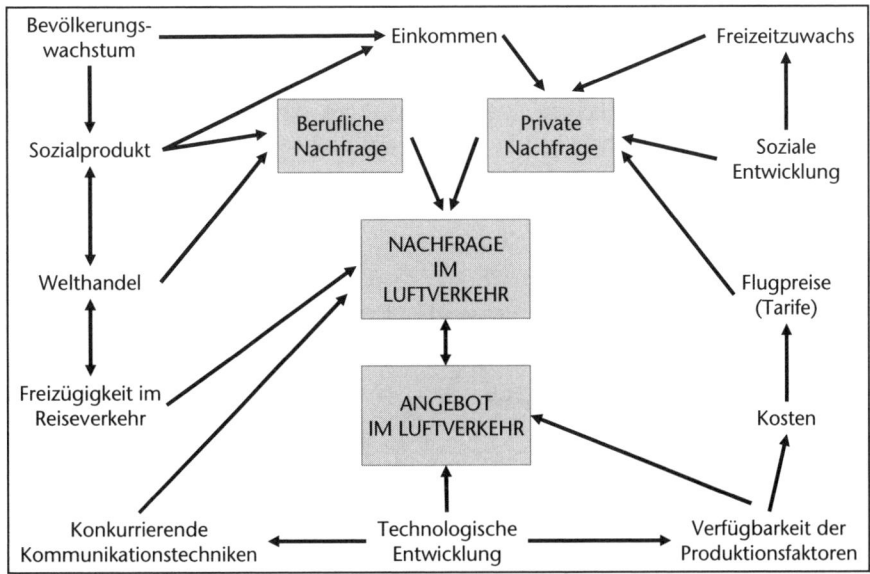

Quelle: Nach WHEATCROFT, S.: Size and Shape of Future Air Traffic, S. 104.

Abb. 5.7. Determinanten der Nachfrage im Luftverkehr

5.2.2 Wirtschaftliche Entwicklung

5.2.2.1 Wirtschaftswachstum

Die langfristige Nachfrage nach Luftverkehrsleistungen wird primär durch die Entwicklung der Volkswirtschaften bestimmt; sie ist zugleich deren Folge und Ursache. Wirtschaftswachstum führt zu mehr geschäftlichen und privaten Reisen, der verstärkte Reiseverkehr ermöglicht intensivere Wirtschaftsbeziehungen mit dem Ausland und sorgt dort – wie z. B. bei touristischen Leistungen – für eine stärkere Nachfrage. Die Weltwirtschaft ist seit dem Ende des Zweiten Weltkriegs permanent gewachsen (die durchschnittliche Wachstumsrate der letzten 30 Jahre lag bei knapp 4%) und durch einen zunehmenden Trend zur Globalisierung gekennzeichnet.[14]

Zwischen 1960 und 1973 wuchs die Weltwirtschaft mit einer durchschnittlichen jährlichen Steigerungsrate des realen Bruttosozialproduktes von 5%, der Luftverkehr mit jährlich durchschnittlich 13% (gemessen in verkauften TKM). Das verlangsamte Wirtschaftswachstum in der Zeit von 1973 bis 1985 von nur noch 2,5% jährlich führte zu ebenfalls reduzierten Steigerungsraten des Luftver-

---

[14] Unter Globalisierung werden die Zunahme internationaler Wirtschaftsbeziehungen und Wirtschaftsverflechtungen sowie das Zusammenwachsen von Beschaffungs- und von Absatzmärkten verstanden.

kehrs von im Durchschnitt 7% pro Jahr. Von 1986 bis 1996 wuchs die Weltwirtschaft um 3,5%, der Weltluftverkehr um 4%,[15] seitdem liegen die Wachstumsraten der Weltwirtschaft durchschnittlich etwa zwischen 2% bis 6%, die des Luftverkehrs schwankten zwischen ca. 3% und 15% (vgl. Abb. 5.8). Nach SCHÖLCH „nimmt in Deutschland bei einer Steigerung des Bruttosozialproduktes um 1% das Luftverkehrsaufkommen um 2,5% zu".[16]

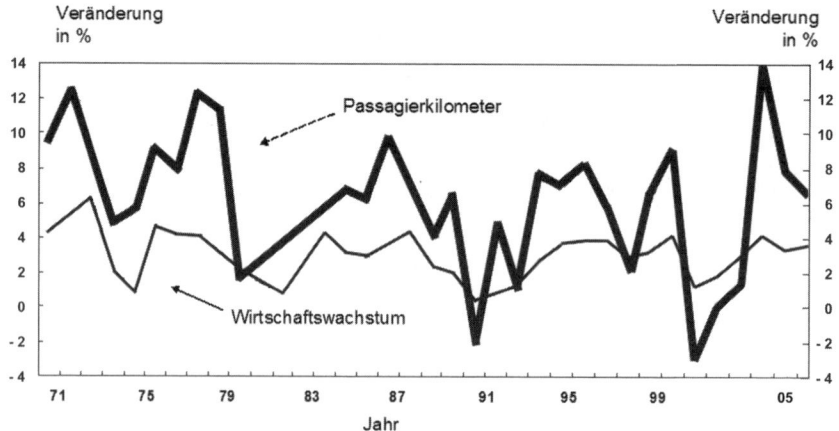

Quelle: OECD: Aviation and Tourism Policies, S. 10; INTERNATIONAL MONETARY FUND: World Economic Outlook, S. 2; ICAO: Development of Civil Air Transport, S. 3; Civil Aviation Statistics of the World, S. 19; Development of World Scheduled Revenue Traffic 1991-2000, o. S.; Worldbank: World Development Indicators, o. S; IATA: Fact Sheet.

Abb. 5.8. Wachstumsraten des Weltbruttosozialprodukts und des Luftverkehrs

Wirtschaftswachstum geht einher mit einer Zunahme des Außenhandels der einzelnen Staaten. Wachsender Außenhandel aber erfordert zusätzliche persönliche Geschäftskontakte, also Auslandsreisen zur Verkaufs- und Auftragsabwicklung, zum Einkauf bei Zulieferbetrieben, zu Finanzierungsverhandlungen und zur Erbringung von Reparatur- und Serviceleistungen.[17] Wirtschaftswachstum führt auch zu einer verstärkten internationalen Verflechtung durch Gründung von Auslandsniederlassungen und multinationalen Unternehmen, aus der wiederum ein verstärkter Reisebedarf resultiert. Ebenso nimmt die internationale Kooperation von staatlichen Institutionen wie OECD, EU oder Weltwährungsfonds und nichtstaatlichen Vereinigungen (NGOs),[18] von Unternehmen, Gewerkschaften, Parteien und Berufsverbänden zu. Nicht zuletzt ist wirtschaftliches Wachstum auch eine

---

[15] Vgl. ICAO: Economic Situation 1986, S. 38.
[16] SCHÖLCH, M.: Verkehrsintegration, S. 66.
[17] Siehe DFVLR: Luftverkehr 2000, S. 89-96; INVEST: Personenfernverkehr, S. II-7.
[18] NGO = Non Governmental Organizations, z. B. Hilfsorganisationen wie Rotes Kreuz oder Amnesty International.

Voraussetzung für eine steigende Messe- und Ausstellungstätigkeit, für mehr internationale Kongresse und eine zunehmende Fortbildung im Ausland.[19]

Wegen des komparativen Kostenvorteils des Flugzeuges als Beförderungsmittel führt daher eine steigende Wirtschaftstätigkeit zu einer wachsenden Nachfrage nach geschäftlich bedingten Flugreisen. Wirtschaftswachstum führte in der Vergangenheit zu höherem Volkseinkommen[20] und ermöglichte Arbeitszeitverkürzungen; beides sind Voraussetzungen für mehr private Reisen.

5.2.2.2 Konjunkturelle Entwicklung

Konjunkturelle Schwankungen als kurzfristige Veränderungen der wirtschaftlichen Aktivitäten erhöhen oder senken gesamtwirtschaftlich auf der Unternehmensseite den Auslastungsgrad des technischen Produktionsapparates und des Personals und damit auch das verfügbare Einkommen auf der Nachfragerseite. Die Luftverkehrsnachfrage reagiert auf konjunkturelle Schwankungen zeitlich kurzfristig und mengenmäßig elastisch.

Vor dem Hintergrund des bisherigen ständigen Wirtschaftswachstums sind vor allem die Reaktionen auf kurzfristige Wachstumsschwächen von Interesse. Eine konjunkturell bedingte Verschlechterung der Ertragslage der Unternehmen zwingt zu kostensenkenden Maßnahmen, die bezüglich des Geschäftsreiseverkehrs durch eine gezieltere Wahl der Verkehrsmittel und Beförderungsklassen, zu einer besseren Koordination der Reisetermine und zu einer Verringerung sowohl der Zahl der Reisenden als auch der Zahl der unternommenen Geschäftsreisen führt.[21] Nach einer Untersuchung der Invest-Industrie-Marktforschung trifft dieses Verhalten auf 32% der befragten Betriebe zu, während bei 38% der Betriebe der Reiseumfang gleich bleibt.[22] Dabei verhalten sich Großbetriebe (ab 1.000 Beschäftigte) prozyklisch, während sich vor allem die mittleren Industriebetriebe (zwischen 100 und 1.000 Beschäftigten) eher antizyklisch verhalten und bei schlechter Konjunkturlage durch vermehrte Reisetätigkeit von Mitarbeitern des Verkaufsbereiches einen Absatzrückgang zu vermeiden versuchen.

Für die privaten Nachfrager schlagen sich konjunkturelle Schwankungen in einem veränderten Haushaltseinkommen (zu- oder abnehmende Steigerungsraten, eventuell sogar reale Einkommensverluste) sowie in der Einschätzung der zukünftigen Wirtschaftsentwicklung nieder. So fand SCHULMEISTER[23] für die Bundesrepublik Deutschland heraus, dass eine Veränderung des Nettoeinkommens mit einer zeitlichen Verzögerung von etwa einem Jahr eine gleichlaufende Veränderung der touristischen Auslandsnachfrage zur Folge hat. Er konnte ebenfalls einen

---

[19] Vgl. dazu zusammenfassend TIETZ, B.: Tourismuswirtschaft, S. 262 f.; ebenfalls CAPITAL: Geschäftsreisen 86, S. 23-81.
[20] Das Volkseinkommen ergibt sich durch Abzug der Abschreibungen und indirekten Steuern vom Bruttoinlandsprodukt.
[21] HILLE, R.: Entwicklung und Bestimmungsfaktoren des Luftverkehrs im Konjunkturverlauf, S. 51.
[22] Vgl. INVEST, Personenfernverkehr, S. II-19. Vgl. dazu auch HILLE, R.: Entwicklung und Bestimmungsfaktoren des Luftverkehrs im Konjunkturverlauf, S. 51 ff.
[23] Vgl. SCHULMEISTER, S.: Reiseverkehr und Konjunktur, S. 32-37.

deutlichen Zusammenhang zwischen der Arbeitslosenquote als Indikator der Wirtschaftsentwicklung und den Urlaubsreiseaktivitäten feststellen.

5.2.2.3 Haushaltseinkommen

Urlaubs- und Besuchsreisen werden aus jenem Einkommensteil der privaten Haushalte finanziert, der sich nach Deckung des lebensnotwendigen Bedarfs an Gütern und Dienstleistungen als frei verfügbare Restgröße ergibt. Damit wird das Nachfragepotential nach privaten Flugreisen umso größer, je höher das verbleibende Einkommen ist (vgl. Abb. 5.9). Die je nach Haushaltseinkommen unterschiedliche Reiseintensität der bundesdeutschen Bevölkerung zeigt dies deutlich: Während 2005 Haushalte mit einem Nettoeinkommen von unter € 999 nur zu 37,0% Urlaubsreisen von 5 Tagen und länger unternahmen, reisten Haushalte mit einem Haushaltseinkommen von € 1.000 bis € 1.749 bereits zu 55,2%, Haushalte mit einem Einkommen von € 1.750 bis € 2.499 zu 64,1% und Haushalte mit einem Einkommen von über € 2.500 zu 78,5%.[24]

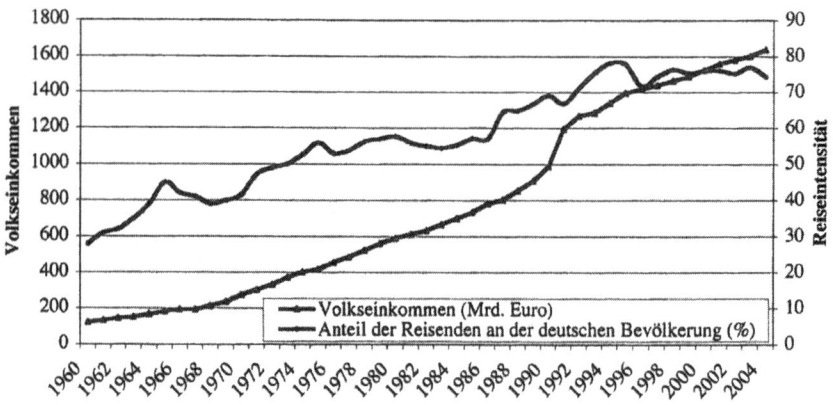

Quelle: FREYER, W.: Tourismus, S. 24.

Abb. 5.9. Einkommen und Reiseintensität

Zur Reaktion der touristischen Nachfrage auf Einkommensänderungen stellt FREYER folgende Hypothesen dar:[25]

- Absolute Höhe des Einkommens: Diese geht auf KEYNES als Hauptvertreter zurück und besagt im Wesentlichen, dass sich der private Konsum ab einem bestimmten Einkommen (Existenzminimum) verändert; vermehrte Konsumausgaben nehmen jedoch mit steigendem Einkommen ab, da anteilig mehr gespart wird.
- Relative Höhe des Einkommens: Konsumeffekte werden weniger durch das absolute Einkommen, sondern eher durch die Stellung des Konsumenten in der

---

[24] Opaschowski, H.: Tourismusanalyse 2006, S. 22.
[25] FREYER, W.: Tourismus, S. 84 f.

Einkommenspyramide beeinflusst. So bestehen langfristig konstante Reisegewohnheiten, die von kurzfristigen, außergewöhnlichen Einkommensänderungen beeinflusst werden. Dabei wirken sich unerwartete zusätzliche Einkommen stärker auf das Reiseverhalten aus, da diese vermehrt für zusätzliche Reiseausgaben verwendet werden, während geplante Reisen bei kurzfristigen Einkommensrückgängen oft durch Rückgriffe auf Ersparnisse finanziert werden. (Ähnlich auch die permanente Einkommenshypothese von FRIEDMAN, die davon ausgeht, dass ich die Konsumausgaben an einem langfristigen Durchschnitt des Einkommens orientieren und auf kurzfristige Änderungen nur geringfügig reagieren).

- Zukünftige Einkommenserwartung: Die Konsumausgaben sind hier weniger vom vergangenen oder aktuellen Einkommen abhängig, sondern orientieren sich stärker am zukünftig erwarteten Einkommen und der zukünftig erwarteten wirtschaftlichen Entwicklung. Hierbei wird zwischen Konsumwillen und Konsumfähigkeit unterschieden, entsprechend spielen psychologische und soziologische Einflussgrößen eine Rolle.

Zusammenfassend wird deutlich, dass Reisen – und im speziellen Flugreisen – in den letzten Jahrzehnten von einem „Privileg der Besserverdienenden" zu einem für breite Bevölkerungsschichten normalen und alltäglichen Konsumgut geworden sind. Diese Entwicklung wurde z. B. durch die relative Verbilligung der Flüge, die Popularität von Last-Minute-Reisen und das Wachstum der Low Cost-Carrier begünstigt.[26]

5.2.2.4 Urlaubsdauer

Ferienreisen haben eine Periode arbeitsfreier Tage zur Voraussetzung. Damit steigt mit zunehmender Urlaubsdauer und mit der Zahl der Personen, die als Arbeitnehmer Urlaub erhalten oder als Selbständige ihn sich selbst einräumen, das Potential an Urlaubsreisenden.

ODENTHAL[27] formulierte in diesem Zusammenhang folgende These: Die nur einmal im Jahr verreisende Bevölkerungsgruppe wird „durch eine Erhöhung der Urlaubszeit in die Lage versetzt, bei gleicher Urlaubsaufenthaltsdauer am Urlaubsort längere An- und Abfahrtszeiten in Kauf zu nehmen. Dies ist der Nachfrage nach Luftverkehr abträglich, da das Flugzeug unter anderem wegen seiner komparativen Vorteile der Transportgeschwindigkeit gewählt wird, die bei fehlenden oder abnehmenden Zeitrestriktionen an Gewicht verlieren". Diese Aussage wird durch empirische Belege widerlegt. In der Bundesrepublik Deutschland ging die steigende Urlaubsdauer (1973 durchschnittlich 22 Tage pro Arbeitnehmer, seit Anfang der neunziger Jahre ca. 30 Tage pro Arbeitnehmer)[28] mit einer zunehmenden Benutzung des Flugzeuges auch bei der Haupturlaubsreise (1973: 12%, 2005:

---

[26] Vgl. MÖLLER, C., SCHUCKERT, M.: Auswirkungen der Low Cost-Carrier auf die Tourismusindustrie.
[27] ODENTHAL, F.: Personenlinienluftverkehr, S. 65.
[28] Vgl. BUNDESVEREINIGUNG DER DEUTSCHEN ARBEITGEBERVERBÄNDE, zitiert nach HARENBERG: Lexikon der Gegenwart, S. 499.

37%)[29] einher. Mehr Urlaubszeit hat in der Vergangenheit ebenfalls zu einer Zunahme der mehrfach pro Jahr Verreisenden geführt: Von 1990 bis 2004 stieg die Zahl der zusätzlichen Urlaubsreisen von 10,2 Mio. auf 17,2 Mio.; auch diese Nachfragergruppe benutzt immer häufiger das Flugzeug als Beförderungsmittel.[30]

5.2.3 Soziale Entwicklungen

Da die einzelnen Lebensaltersgruppen unterschiedliche Reiseintensitäten aufweisen, hat auch die **Altersstruktur** der Bevölkerung eines Landes und insbesondere deren Veränderung langfristige Auswirkungen auf die Nachfrage nach Flugreisen. Die bisherige Entwicklung zeigte, dass die meisten Reisen von jüngeren Altersgruppen unternommen werden, während der Anteil der Reisenden in der älteren Bevölkerung deutlich geringer ist (1972 lag die Urlaubsreiseintensität der Altersgruppe 70+ bei nur 33%, bei den unter 29-Jährigen mit 57% nahezu doppelt so hoch),[31] die Gruppe der 20 bis 49-Jährigen nutzte (1995) sowohl bei der Linie (10,7%) als auch beim Charter (17,1%) das Flugzeug überdurchschnittlich häufig.[32] Wächst nun der Anteil der älteren Bevölkerung (70 Jahre und mehr), dann kann dies infolge der gesundheitlich und psychisch bedingten geringeren Mobilität sowie der geringeren finanziellen Möglichkeiten dieser Bevölkerungsgruppe zu einem Rückgang von Flugreisen führen.

Allerdings ist in den letzten Jahren ein deutlicher Anstieg der Reiseintensität besonders der Senioren zu verzeichnen, da zunehmend reiseerfahrenere Geburtskohorten in diese Altersklassen eintreten, die auch im Alter nicht auf als „Grundbedürfnis" betrachtete Reisen verzichten möchten.[33] Im Jahr 2003 lag die Urlaubsreiseintensität der Bevölkerungsgruppe bis 59 Jahre bei 80% (bis 29 Jahre: 80%, 30-39 Jahre: 79%, 40-59 Jahre: 81%), die der 60-69-jährigen bei 76% und die der über 70-jährigen bei 63%.[34] Zusammen mit einer ebenfalls überdurchschnittlich hohen Auslandsreiseerfahrung der jüngeren Bevölkerungsschichten lässt dies – unter der Annahme der Beibehaltung einer positiven Einstellung zum Auslandsurlaub – eine zukünftig weiter ansteigende Nachfrage nach Flugreisen erwarten.

In den Industrieländern entwickelte sich die **Familienstruktur** tendenziell von der Mehrgenerationen-Großfamilie zur Zweigenerationen-Kleinfamilie bei einer gleichzeitigen Zunahme der Einpersonenhaushalte; weiterhin sank die Zahl der Kinder pro Familie. Diese Veränderungen begünstigen die Nachfrage nach Ur-

---

[29] Vgl. F.U.R: Reiseanalyse RA 2000, S. 96 sowie F.U.R: Reiseanalyse RA 2006 erste Ergebnisse, S. 5.
[30] Vgl. F.U.R: Reiseanalyse RA 2000, S. 24 sowie F.U.R: Reiseanalyse RA 2005, S. 14.
[31] F.U.R: Urlaubsreisetrends 2015, S. 108.
[32] Vgl. ALLENSBACHER WERBETRÄGER ANALYSE 1996, zitiert nach GRUNER + JAHR: Branchenbild Luftverkehr, S. 6.
[33] Vgl. hierzu weiterführend detaillierte Untersuchungen z. B. von SAKAI, M., BROWN, J., MAK, J.: Population Aging; YOU, X., O'LEARY, J. T.: Age and Cohort Effects; BOJANIC, D. C.: A Look at the Modernized Family Life Cycles; OPPERMANN, M.: Family Life Cycle and Cohort Effects oder PENNINGTON-GRAY, L., KERSTETTER, D. L., WARNICK, R.: Forecasting Travel Patterns.
[34] F. U. R: Urlaubsreisetrends 2015, S. 108.

laubsreisen generell, da Hinderungsgründe für das Verreisen entfallen (z. B. Pflege älterer Familienangehöriger, immobile Kleinkinder, Aufteilung des Haushaltseinkommens auf eine größere Zahl von Personen). 1995 unternahmen ca. 19% der unverheirateten jüngeren Bevölkerung, über 27% der jungen Verheirateten oder Paare ohne Kinder, aber nur etwa 14% der Familien mit Kindern eine Urlaubsreise mit dem Flugzeug.[35] 2005 nutzten 40% der Bevölkerung das Flugzeug für ihre Haupturlaubsreise, während dies nur auf 29% der Familien mit Kindern unter 14 Jahren zutraf.[36] Auch hinsichtlich der Nachfrage nach Flugreisen gilt, dass sie von der Haushaltsgröße abhängt: je kleiner der Haushalt, desto höher die Flugintensität.

Flugreisen aus privaten Gründen werden von den einzelnen **Berufsgruppen** unterschiedlich stark nachgefragt. Selbständige und Leitende Angestellte/Beamte sind die Berufsgruppen, die das Flugzeug am häufigsten nutzen; in wesentlich geringerem Umfang ist dies bei Facharbeitern, Rentnern und Landwirten der Fall. Insofern sind langfristige Veränderungen in der Bildungs- und Erwerbsstruktur für die Nachfrage nach Flugleistungen von Bedeutung. Da eine hohe Korrelation zwischen Schul-/Hochschulabschluss, Beruf und Einkommen besteht, führt eine Zunahme des gesamtgesellschaftlichen Ausbildungsniveaus zu einer verstärkten Flugintensität. Durch die zunehmende Bevölkerungsagglomeration in den Ballungsräumen der Großstädte steigt infolge der wachsenden Reiseintensität auch die Nachfrage nach Urlaubsflugreisen. Zu den Determinanten Kaufkraft, Berufsstruktur und Ausbildungsniveau kommt hier eine zusätzliche Motivation zu Urlaubsreisen, die sich aus den spezifischen städtischen Wohn- und Lebensformen ergibt und ergänzt wird durch eine regionale Konzentration der absatzorientierten Marketinginstrumente der Reiseveranstalter und Fluggesellschaften.

Die **Einstellung der Bevölkerung zur Urlaubs- und Flugreise** ist eine entscheidende Determinante der Nachfrage. Die historische Entwicklung der Urlaubsreise vom Luxusgut einer elitären Minderheit zum alljährlichen Konsumgut für die Mehrheit der Bevölkerung ist auch darauf zurückzuführen, dass sich Reisen als sozialer Wert im Bewusstsein der Bevölkerung institutionalisierte. Je mehr also die Wertedynamik die Urlaubsreise zu einem gesellschaftlich erwünschten und wertvollen Gut werden lässt, desto größer wird die Nachfrage. So sind in der Bundesrepublik Deutschland Ferien zuhause unter Ausnutzung des Freizeit- und Sportangebotes der Wohnumgebung, als private Arbeitszeit für Hausbau oder Erhaltungs- und Verschönerungsarbeiten in der Wohnung oder gar der gänzliche Verzicht auf den Jahresurlaub eher in familiären (Kleinstkinder), privaten (Krankheit) oder finanziellen Umständen begründet als in einer reiseverneinenden Einstellung; 2005 unternahmen 26,4% der bundesdeutschen Bevölkerung keine Urlaubsreise.[37]

Ein zunehmender Trend, das Flugzeug als Beförderungsmittel für die Urlaubsreise zu benutzen, wird durch die **positive Einschätzung** des Fliegens gefördert. Dazu zählen als Imagekomponenten nicht nur objektive Kriterien wie Schnellig-

---

[35] a. a. O.
[36] F. U. R. Reiseanalyse 2005, S. 64.
[37] Vgl. F. U. R: Erste Ergebnisse der Reiseanalyse 2006, S. 2.

keit und Bequemlichkeit, sondern auch subjektive Bewertungen wie modern, schick und dynamisch.[38]

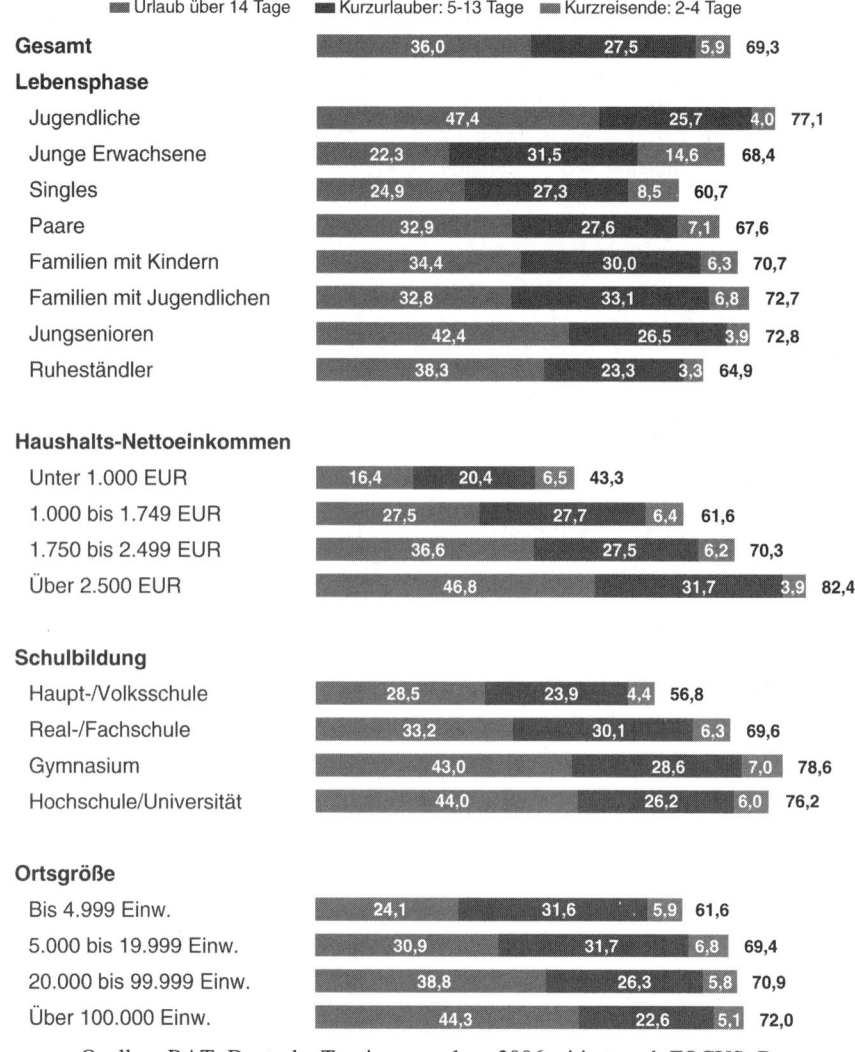

Quelle: BAT: Deutsche Tourismusanalyse 2006, zitiert nach FOCUS: Der Markt für Urlaub und Geschäftsreisen 2006, S. 8.

Abb. 5.10. Reiseintensität 2005 nach Soziodemographie

Andererseits können bestehende Vorurteile gegenüber einem vermeintlich uniformen Massentourismus mit möglichen Einschränkungen bei der Urlaubsgestal-

---

[38] Siehe TILLMANN, K.: Urlaubsverkehrsmittel, S. 56 f.

tung, pauschaler Abfertigung statt individuellem Service durch die touristischen Leistungsträger und unvermeidliches Beisammensein mit unsympathischen Mitreisenden ein Hemmfaktor bei der Buchung einer Flugpauschalreise sein. Durch Einzelreisen per Linie oder durch einen Charterflug mit freier Wahl des Hotels sowie durch imagefördernde Informationskampagnen kann dieses Problem umgangen werden.

Flugangst in unterschiedlichen Erscheinungsformen von der diffusen Abneigung gegen ein unbekanntes Verkehrsmittel bis zur konkreten Befürchtung eines Unfalls oder Terroranschlags kann als intervenierende Variable die individuelle Nachfrage beeinflussen. Der Kreis der betroffenen Personen wird sich zumindest kurzfristig erhöhen, wenn durch aktuelle Ereignisse wie Flugzeugabstürze oder Terrorakte die Sicherheitsdimension eine größere Bedeutung erhält. Zur individuellen Bekämpfung der Flugangst werden von den Luftverkehrsgesellschaften „Seminare für entspanntes Fliegen" angeboten.

5.2.4 Reisebeschränkungen und Ausnahmeereignisse

Da nicht alle Regierungen einen unbeschränkten Reiseverkehr als politisch erwünschtes Ziel anstreben, existieren im internationalen Verkehr vielfältige Regulierungen zur Eindämmung der Reiseströme. Sie reichen von der für die einreisenden Passagiere zeitlich aufwendigen und Kosten verursachenden Visumspflicht über obligatorische Vorausbuchung der Hotelübernachtungen, Devisenzwangsumtausch und restriktiven Gesundheitsbestimmungen bis hin zur schikanösen Behandlung durch Grenz- und Zollstellen. Der ausreisende Verkehr kann durch Verweigerung der Passausstellung und Ausreisegenehmigung, durch hohe Ausreisesteuern und Devisenzuteilung quantitativ gesteuert werden. Insofern können außenpolitische Einstellungen einer Regierung die Höhe der Nachfrage nach Luftverkehrsleistungen beeinflussen. Ein Beispiel dafür war bis zur deutschen Wiedervereinigung der fehlende Linienverkehr zwischen der Bundesrepublik Deutschland und der DDR. Der Linienverkehr nach West-Berlin wurde hingegen von der Bundesregierung durch direkte Bezuschussung des Flugpreises gefördert. Mit dem Abschluss des Transitabkommens im Juli 1972 konnte eine Erleichterung bei der Bahn- und PKW-Benutzung durch das Gebiet der ehemaligen DDR erzielt werden. Dies führte bei weiter wachsendem Gesamtverkehr zu einem Rückgang der Flugpassagiere, erst ab 1978 war ein neuer Anstieg zu verzeichnen.[39] Mit dem Zusammenwachsen der beiden deutschen Staaten konnte die Lufthansa im Oktober 1990 erstmals seit dem Zweiten Weltkrieg den bis dahin von Air France, British Airways und Pan American durchgeführten Verkehr mit Berlin aufnehmen und die ostdeutschen Flughäfen Dresden und Leipzig-Halle in ihr Streckennetz integrieren.

In der Vergangenheit wurde der Luftverkehr häufig durch unvorhersehbare und kurzfristig eintretende Ereignisse beeinflusst. Dazu zählten:

---

[39] Vgl. DVFLR: Luftverkehr 2000, S. 78.

- **Streiks** und streikähnliche Aktionen (Dienst nach Vorschrift) von Flug- und Bodenpersonal, Mitarbeitern der Flugsicherung oder – im Urlaubsreiseverkehr – Hotelangestellten. Solche Vorfälle führen zu Unsicherheiten und Mängeln bei der Erbringung der Reiseleistungen und in der Folge zu einem Rückgang der Nachfrage.
- **Politische und militärische Krisen**, verbunden mit der Einschränkung oder Einstellung des Luftverkehrs wegen möglicher Gefährdung der Passagiere und mangelnder Nachfrage.
- **Naturkatastrophen** wie Erdbeben oder Krankheitsepidemien, die Zielgebiete des Urlaubstourismus treffen und Reisen dorthin unmöglich machen, oder anhaltend schlechtes Wetter in den Quellgebieten des Ferientourismus, das die Nachfrage nach Flügen in klimatisch günstigere Zonen erhöht.
- Tatsächliche oder vermeintliche **persönliche Risiken** durch Häufung von Terroranschlägen auf Flugzeuge oder Flughafeneinrichtungen.

Als Beispiel für die Folgen solcher Ausnahmeereignisse kann die Entwicklung des internationalen Linienverkehrs in Zusammenhang mit den Golfkriegen angeführt werden. Bereits während der sechswöchigen militärischen Auseinandersetzung im ersten Golfkrieg 1991 kam der zivile Luftverkehr im und in den Nahen Osten fast vollständig zum Erliegen. Trotz rascher Wiederaufnahme des Verkehrs nach Beendigung der Kampfhandlungen bedurfte es einer längeren Anlaufzeit, um auf das frühere Beförderungsniveau zurückzukehren. Für die Lufthansa führte dies zu einem Rückgang der Nachfrage (PKM) um mehr als 10%.[40] In der Folge der Attentate vom 11.09.2001 sank das Passageaufkommen der Lufthansa im Gesamtjahr weltweit um 4% und in der Fracht um 8%, bei den AEA-Gesellschaften war der Nordatlantik-Verkehr um 30% rückläufig. Ende 2001 waren weltweit rund 2.100 Verkehrsflugzeuge geparkt und 400.000 Menschen verloren ihren Arbeitsplatz in der Luftfahrtindustrie.[41] Auch der zweite Golfkrieg in Verbindung mit der SARS-Epidemie beeinträchtigte die Nachfrage nach Luftverkehrsleistungen wesentlich und zwang z. B. Lufthansa dazu, zeitweise bis zu 70 Flugzeuge aus dem Markt zu nehmen und darüber hinaus die Regelung für Krisenzeiten anzuwenden, die u. a. Arbeitszeitverkürzung ohne Lohnausgleich und Kurzarbeit vorsieht.[42]

5.2.5 Preiselastizität der Nachfrage

Die Reaktion der Nachfrage auf Preisänderungen kann mit dem analytischen Instrument der Preiselastizität ermittelt werden.[43]

Der Elastizitätskoeffizient $E_{x/p}$ gibt an, um wie viel Prozent sich die Nachfrage nach Flugleistungen *(X)* verändert, wenn der dafür ursächliche Preis *(P)* um 1% steigt oder fällt.

---

[40] Vgl. LUFTHANSA: Geschäftsbericht 1991, S. 9.
[41] Vgl. LUFTHANSA: Geschäftsbericht 2001, S. 28.
[42] Vgl. LUFTHANSA: Geschäftsbericht 2003, S. 8.
[43] Zum Begriff der Elastizität vgl. WOLL, A.: Volkswirtschaftslehre, S. 106-114.

Er ist definiert als:

$$E_{x/p} = \frac{dx}{x} \div \frac{dp}{p}$$

Da hier der so genannte „Normalfall" eines Nachfragerückganges bei Preissteigerung (und umgekehrt) unterstellt werden kann, ist das Vorzeichen des Elastizitätskoeffizienten negativ. Ist der absolute Wert von $E > 1$, spricht man von einer elastischen Nachfrage, da die relative Mengenänderung größer ist als die relative Preisänderung; ist der absolute Wert von $E < 1$, wird die Nachfrage als unelastisch bezeichnet, da die Mengenänderung in diesem Falle geringer ist als die Preisänderung. Als Sonderfälle gelten:

$|E| \rightarrow \infty$ bedeutet vollkommen elastisch

$|E| = 0$ bedeutet vollkommen unelastisch

Beispiel: Führt eine Tarifanhebung um 4% zu einem Nachfragerückgang von 6%, ergibt sich eine Preiselastizität von -1,5. Die Nachfrage reagiert also elastisch.

Eine Analyse der bisherigen empirischen Untersuchungen ergibt allerdings, dass die Ergebnisse generell wenig präzise und oft inkohärent sind.[44] Die empirisch ermittelten numerischen Werte differieren aufgrund der Auswahl der für repräsentativ gehaltenen Strecken (Länge, Tarifniveau, Passagierzusammensetzung), der einbezogenen Tarifarten und der unterschiedlichen Untersuchungszeiträume. Eine Disaggregation in einzelne Nachfragesegmente bestätigt zwar die Hypothese der unterschiedlichen Preiselastizität, die Bandbreite der Elastizitätswerte aber ist so groß, dass diese zwar für die langfristige Gesamtentwicklung wichtige Preis-Nachfragereaktionen aufzeigen, für die Praxis der Luftverkehrsgesellschaften jedoch nur vage Orientierungshilfen darstellen. Dennoch lassen sich daraus folgende verallgemeinernde Schlussfolgerungen ziehen:

Die Preiselastizität für **Geschäftsreisen** ist jeweils signifikant geringer als die Preiselastizität für Urlaubs- und Besuchsreisen. Auch HILLE beschreibt den Markt der Geschäftsreisenden als nahezu preisunelastisch.[45] Die numerischen Werte bewegen sich in einer **Bandbreite** zwischen unelastisch für First Class-Reisen und elastisch für Reisen in der Economy Class. Dies bedeutet, dass zumindest ein Teil der Geschäftsreisenden sich preissensibel verhält und bei Tariferhöhungen auf niedrigere Beförderungsklassen, Sondertarife, Low Cost-Carrier oder Charterflüge umsteigt. Darüber hinaus ist auch bei den Geschäftsreisenden eine säkulare Änderung des Nachfrageverhaltens zu beobachten, die zu einem stetigen

---

[44] Vgl. dazu die Ausführungen in der zweiten Auflage dieses Buches, Tab. 12, S. 101; da die dort referierten empirischen Ergebnisse zwischenzeitlich nur noch historischen Wert haben, wurde auf eine erneute Darstellung verzichtet. Zusammenfassende Übersichten dazu bei PAVAUX, J.: Transport aérien, S. 25-43, 65-70; WHEATCROFT, S.: Price elasticity, S. 9-12. Ein neues Instrument zur Messung von Preiselastizitäten stellen die Ticketauktionen im Internet dar; vgl. RITTWEGER, A., LAREW, J.: Revenue Management, S. 66.

[45] Vgl. HILLE, R.: Entwicklung und Bestimmungsfaktoren des Luftverkehrs, S. 52.

Rückgang von Premium-Kunden und allgemein der Bereitschaft führt, zu nicht reduzierten Normaltarifen („Vollzahler") zu reisen.

Die Preiselastizität fällt mit der Zunahme der **Reisestrecke**. Je geringer die Entfernung, desto eher kann auf die dann kostengünstigeren Konkurrenzverkehrsmittel Bahn oder PKW ausgewichen werden, desto geringer wird auch der durch die Benutzung des Flugzeuges erzielte Zeitgewinn.

Auch für die **Urlaubsreise** legt die breite Streuung der Ergebnisse eine Differenzierung nahe, da die Preiselastizität auf einer bestimmten Flugverbindung nicht nur vom Zweck der Reise abhängt: Die in verschiedenen Untersuchungen[46] festgestellten Werte liegen zwischen 0,8 und 2,3; sie konzentrieren sich in der Mehrzahl aber stark um 2,0 und weisen damit bei einer Gesamtbetrachtung aller Haushalte der jeweiligen Verkehrsregion auf elastische Nachfragereaktionen hin. Bei einer Aufspaltung der Haushalte in Einkommensklassen ergibt sich jedoch, dass am unteren und am oberen Ende der Einkommensskala die Nachfrageveränderungen bei Einkommenserhöhungen oder -senkungen relativ gering sind.[47] Eine Einkommenserhöhung der niedrigverdienenden Bevölkerungsschichten reicht also in der Regel nicht aus, um mehr Reisen finanzieren zu können; bei den einkommensstärksten Haushalten dagegen ist die finanzielle Situation so günstig, dass die gewünschten Reisen unabhängig von Einkommensveränderungen durchgeführt werden. Es sind also vorwiegend die Haushalte der dazwischen liegenden mittleren Einkommensgruppen, die eine höhere Nachfrageelastizität aufweisen. So zeigte die Reiseanalyse 1997, die erstmals in diesem Jahrzehnt einen Rückgang der Urlaubsreiseintensität feststellte, dass fast nur die Personengruppen mit geringem Einkommen (Haushaltsnettoeinkommen unter DM 3.000) in deutlich erkennbarem Maße auf kostengünstigere Verkehrsmittel, insbesondere den PKW, ausweichen oder auf eine Urlaubsreise ganz verzichten.[48] Insofern ist bei einer gesamtwirtschaftlichen Betrachtung neben der Höhe des Volkseinkommens auch dessen Verteilung in der Bevölkerung eine Determinante der Nachfrage nach Flugreisen.

Die Nachfrage nach Charterflugreisen der unteren **Preiskategorien** reagiert auf Preisveränderungen stärker, wenn bestimmte Ausgabeschwellen der Haushalte überschritten werden, als die Nachfrage nach Flugreisen mit hohem Preisniveau durch jene Haushalte, in denen die jährliche Flugreise zum selbstverständlichen Urlaubsverhalten gehört.

Die Preiselastizität der Nachfrage ist bei der **Haupturlaubsreise** geringer als bei Kurzreisen. Wenn es aus finanziellen Gründen zu einer Einschränkung der Reisetätigkeit kommt, so wird zunächst die Reisedauer verkürzt und auf zusätzliche Reisen verzichtet, nicht auf die jährliche Haupturlaubsreise.

Die **Entfernung** zum geplanten Urlaubsort beeinflusst die Substitutionsfähigkeit des Flugzeuges durch kostengünstigere Verkehrsmittel. Beim Inlandsurlaub ist die Preiselastizität für Urlaubsreisen mit dem Flugzeug gering, da vor allem

---

[46] Vgl. STRASZHEIM, M.: Airline Demand Function; DEPARTMENT OF TRADE: Air Traffic Forecasting; WHEATCROFT, S.: Future Air Traffic; BRITISH AIRPORTS AUTHORITY: Traffic Forecasts; GREEN, J.: Income Elasticity.
[47] Vgl. PAVAUX, J.: Transport aérien, S. 52.
[48] Vgl. F. U. R.: Reiseanalyse 1997, zitiert nach FVW International, Nr. 17/1997, S. 24.

wegen des dünnen Streckennetzes den anderen Verkehrsmitteln der Vorzug gegeben wird. Reisen im Mittelstreckenbereich weisen eine höhere Elastizität auf, im Fernreisebereich fällt die Preiselastizität wieder.[49]

Die Nachfrage reagiert in der **Hochsaison** unelastischer als in der Nebensaison.[50] Ein Teil der Reisenden ist bei der jährlichen Haupturlaubsreise wegen der Schulferien der Kinder und/oder des Betriebsurlaubes an Termine in der Hauptsaison gebunden, andere bevorzugen traditionellerweise diese Monate.

In Anlehnung an Elastizitätsermittlungen im Konsumgüterbereich kann als Hypothese formuliert werden, dass die Preiselastizität auf Strecken in **neue Zielgebiete** geringer ist als auf traditionellen Urlaubsstrecken (Lebenszyklus-Hypothese).[51] Bei der Betrachtung der Preiselastizität bei Urlaubsflugreisen ist allerdings auch die Tatsache von Bedeutung, dass für die Nachfrager die Gesamtkosten des Urlaubs entscheidungsrelevant sind. Neben der Höhe des Flugpreises ist also auch die Entwicklung der Preise für Übernachtung, Verpflegung und sonstiger Urlaubsausgaben ein wichtiges Kriterium. Diese Preisentwicklung ist im Wesentlichen abhängig von der Preissteigerungsrate im Zielgebiet und – bei Auslandsreisen – vom Außenwert der heimischen Währung. Zudem ist dem Urlauber bei Pauschalreisen der Anteil des Flugpreises am Gesamtpreis nicht bekannt, er darf weder bei Linien-IT-Reisen noch bei Pauschalcharterflugreisen veröffentlicht werden. Für das Marktsegment Besuchsreisende kann keine Gesamtpreiselastizität unterstellt werden. Es ist anzunehmen, dass für Reisen aus dringenden Familienangelegenheiten die Preiselastizität nahe an der für Geschäftsreisen liegt, während Besucher von Verwandten und Freunden sich dagegen vorwiegend wie Urlaubsreisende verhalten.

Obwohl die Kenntnis der Preiselastizitäten der Nachfrage für tarifpolitische Maßnahmen ebenso von Interesse ist wie für die langfristige Investitions- und Streckenplanung, gibt es gegenwärtig sowohl in der wissenschaftlichen Literatur als auch bei Fluggesellschaften und Regierungsstellen nur wenig gesichertes Datenmaterial.[52]

5.3 Substitutionswettbewerb

5.3.1 Konkurrierende Verkehrsmittel

Das Flugzeug als Transportmittel steht in Substitutionskonkurrenz zu den Verkehrsträgern PKW, Bahn, Bus und Schiff (vgl. Abb. 5.11): Sie können sich gegenseitig ersetzen (intermodaler Wettbewerb). Wegen des unterschiedlich dichten Angebotsnetzes – das Straßennetz des PKW bietet eine vollkommene Flächenerschließung; durch das Flugnetz der Luftverkehrsgesellschaften werden hingegen nur die Städte erfasst, die regelmäßig im Linienverkehr bedient werden – bestehen jedoch nur bedingte Substitutionsmöglichkeiten. Jeder nicht im unmittelbaren

---

[49] Vgl. CONDOR: Jahresbericht 1979, S. 8.
[50] Vgl. WHEATCROFT, S.: Price Elasticity, S. 12.
[51] Siehe SIMON, H.: Preismanagement, S. 250 f.
[52] Vgl. WHEATCROFT, S.: Price Elasticity, S. 12-15.

Einzugsbereich eines Flughafens wohnende Passagier wird zur Anreise ein zusätzliches Verkehrsmittel benötigen; ein solches ist auch dann notwendig, wenn das Reiseziel nicht direkt am Flughafen liegt.

Die entscheidenden Wettbewerbsfaktoren sind die Gesamtreisezeit, die Häufigkeit des Leistungsangebotes und die Reisekosten.[53] Das relevante Vergleichskriterium ist jedoch die Gesamtreisezeit. Sie umfasst die reine Flug- oder Fahrzeit, die Zu- und Abgangszeiten zum/vom Flughafen oder Bahnhof sowie die Systemzeit, d. h. die notwendige Aufenthaltszeit des Reisenden innerhalb des Flughafengebäudes oder Bahnhofes vor der Abreise und nach der Ankunft.[54]

Der Kernbereich des zeitlichen Wettbewerbs zwischen Flugzeug und **Bahn** liegt zwischen 200 km und 800 km. Da nur ca. 12,6% der Gesamtverkehrsleistungen im Personenverkehr im Entfernungsbereich zwischen 300 km und 800 km liegen, bezieht sich der für Schiene und Luftverkehr wettbewerbsrelevante Anteil auf 2,8%.[55]

Der Zeitgewinn des Luftverkehrs auf Kurzstrecken ist vor allem dann bedeutend, wenn es sich um Zubringerdienste handelt, weil durch die Nutzung nur eines Verkehrsmittels der Umsteigevorgang erleichtert und verkürzt wird. Die Bahn besitzt jedoch in diesem Entfernungsbereich den Vorteil einer häufigeren Bedienungsfrequenz.[56] Zudem hat hier die individuelle An- und Abreisedauer zum Flughafen/Bahnhof noch ein hohes Gewicht. Die Möglichkeiten, durch den Neu- und Ausbau von Bahnstrecken Substitutionseffekte zu erzielen, werden auf maximal 15% des innerdeutschen Luftverkehrsaufkommens geschätzt;[57] die Verkehrsrelationen insbesondere auf Strecken mit größerer Entfernung verschieben sich nur dort, wo eine direkte ICE-Verbindung genutzt werden kann. Denn unter Berücksichtigung sämtlicher Eincheck- und Wartezeiten (z. B. auf das Reisegepäck) sowie des Transfers vom Flughafen zur Stadtmitte kann eine ICE-Bahnreise damit durchaus mit einer vergleichbaren Flugreise konkurrieren.[58] Dies führte etwa auf der Strecke Hamburg-Berlin (ICE-Fahrzeit: 1Std. 30 Minuten) 2002 zu einer Einstellung der Bedienung durch die Lufthansa. Der Preisvorteil der Bahn gegenüber den Normalflugtarifen reduziert sich bei Betrachtung der Gesamtreisekosten.

---

[53] Siehe hierzu auch FRISCHKORN, G.: Der Wettbewerb zwischen der Deutschen Bundesbahn und den Luftverkehrsgesellschaften, S. 30 ff.

[54] Vgl. ADV: Innerdeutscher Luftverkehr, S. 6.

[55] Vgl. RAUSCH, K.: Schiene toppt Luft, S. 150. Empirische Untersuchungen zur Substitutionskonkurrenz Bahn/Flugzeug vgl. WEBTOURISMUS: Folgestudie zum Verkehrs-Wettbewerbsvergleich; DEUTSCHE BAHN AG: Reisezeit-Preis-Vergleich; PROGNOS AG (Hrsg.): Bedeutung und Umwelteinwirkungen.

[56] Vgl. ADV: Innerdeutscher Luftverkehr, S. 6.

[57] Vgl. HAUPT, R., WILKEN, D.: Luftverkehrsnachfrage und Neubaupläne der Bundesbahn, S. 408 f.

[58] Dies zeigte sich etwa in Frankreich, wo auf den vom Hochgeschwindigkeitszug TGV bedienten Städteverbindungen nach Paris z. T. mehr als 50% der Flugpassagiere auf die Bahn umstiegen. Seit der Eröffnung des Tunnels unter dem Ärmelkanal 1994 besteht insbesondere auf den Strecken London – Paris (Passagierrückgang bei den Fluggesellschaften: ca. 17%) und London – Brüssel (ca. 5%) eine Substitutionskonkurrenz zwischen Bahn und Flugzeug. Vgl. AEA: Yearbook 1996, S. 7.

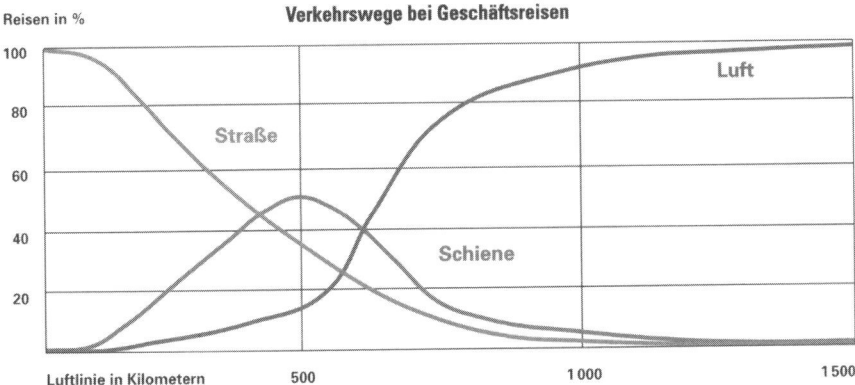

Quelle: FLUGHAFEN MÜNCHEN GMBH: Zukunft der Airport- und Airline-Industrie, S. 13

Abb. 5.11. Verkehrswege bei Geschäftsreisen

Vor allem aber die wachsende Anzahl von neuen Strecken in Kombination mit Niedrigtarifen der Low Cost-Airlines sowie Flugpreisreduzierungen der etablierten Linienfluggesellschaften (Preisreduzierungen und Angebot von kombinierbaren One Way-Tarifen) verschieben momentan das Preis-Leistungsverhältnis zu Gunsten des Luftverkehrs. Da die Bahn mit Sondertarifen auf die Preisreduzierungen der Mitbewerber reagiert, ist eine weitere Verschärfung der Wettbewerbsintensität im Entfernungsbereich zwischen 200 km und 800 km zu erwarten.[59]

Der größere Reisekomfort der Bahn hinsichtlich Raumangebot, Bewegungsmöglichkeit und Speisewagen muss trotz der schnelleren ICE-Verbindungen auch weiterhin in Relation zur Reisezeit gesehen werden und wird bei der Verkehrsmittelwahl auch in absehbarer Zukunft auf den meisten Strecken kaum ins Gewicht fallen.

Die Benutzung des **PKWs** nimmt bei Geschäftsreisen mit steigender Entfernung zugunsten des Flugzeugs ab. Gegenüber dem Flugzeug hat er den grundsätzlichen Vorteil, dass jeder Ort direkt erreichbar ist, allerdings ist eine parallele Nutzung der Reisezeit z. B. durch Arbeiten unterwegs am Laptop zumindest für den Fahrer nicht möglich. Vergleiche hinsichtlich der Kosten und Reisezeiten sind insofern schwierig anzustellen, als Kosten abhängig sind vom Fahrzeugtyp, Fahrverhalten und von der Zahl der Mitreisenden, und die Reisezeiten von Verkehrssituation und Fahrstil beeinflusst werden. Besonders bei Privatreisen mit mehreren Personen ist der PKW das preisgünstigste und sowohl bei Inlands- wie bei Auslandsreisen das meistbenutzte Verkehrsmittel.[60]

Omnibus und Schiff sind im Geschäftsreisemarkt der Bundesrepublik für das Flugzeug keine konkurrierenden Verkehrsmittel, da das entsprechende Angebot äußerst gering ist. Die Bedeutung des Schiffes im Überseeverkehr sank seit der Nachkriegszeit beständig (noch 1957 benutzten 50% der Nordatlantikpassagiere

---

[59] Vgl. FRIEBEL, G., NIFFKA, M.: Intermodal Competition, S. 7 f.
[60] Vgl. WILKEN, D.: Verkehrsmittelwahl, S. 3 f.

den Seeweg), heute wird es nur noch für den Kreuzfahrtbereich und im Fährbetrieb eingesetzt.

Hinsichtlich der Substituierbarkeit des Hauptverkehrsmittels kommt die Marktanalyse Personenverkehr zu dem Ergebnis, dass bei 94% der Bahnreisen, bei 65% der PKW-Reisen und bei 48% der Flugreisen ein Wechsel zu anderen Verkehrsmitteln grundsätzlich möglich ist.[61] Bei einem hypothetisch unterstellten Kosten-Szenario eines einseitigen Anstiegs der Flugpreise um 30% würden allerdings nur 31% der befragten Personen das Flugzeug weniger häufig benutzen. Da vor allem die Vielflieger ihre Verkehrsmittelwahl nicht ändern würden, würde dies zu einer Abnahme des Gesamtvolumens der Flugreisen von lediglich 12% führen. Dass die Substituierbarkeit mit zunehmender Reiseentfernung abnimmt, zeigt auch die Verteilung des Flugreiseanteils bei Geschäftsreisenden: Während innerhalb Deutschlands nur etwa 10% der Geschäftsreisenden das Flugzeug nutzen, sind es bei Reisen ins Europäische Ausland ca. 62%.[62]

5.3.2 Neue Kommunikationstechniken

Neue Kommunikationstechniken wie Konferenzschaltungen, Bildtelefonie oder Fernseh- bzw. Videokonferenzen über Telefon- oder Internetverbindungen sowie Voice- und Videochats via Internet (auch mit mehreren Teilnehmern gleichzeitig) könnten zukünftig einen Teil der Geschäftsreisen wie der Privatreisen (VFR) überflüssig machen. Die meisten Analysen und Einschätzungen kommen jedoch zu dem Ergebnis, dass diese neuen Technologien trotz der seit einigen Jahren rasant fallenden Kosten zumindest mittelfristig keine gravierenden Auswirkungen auf die Entwicklung des Luftverkehrs haben werden.[63] Obwohl technisch bis zu 25% der Geschäftsreisen durch die neuen Medien ersetzt werden könnten, sprechen vor allem psychologische Gründe für die weiterhin bestehende Notwendigkeit des persönlichen Kontaktes. Dazu gehören die Verhandlungsatmosphäre, die informellen Gespräche am Rande und die Vertrauen schaffenden persönlichen Bekanntschaften.[64] Nicht zuletzt ist auch die mit einer Reise verbundene Abwechslung (neue Umgebung, weg vom Büro) ein Motiv für Geschäftsreisen. Bei einer Untersuchung der Deutschen Lufthansa über Videokonferenzen gaben „90% der Befragten an, dass die jetzige Reise durch Telefonkonferenzfacilitäten nicht beeinflusst worden wäre. Nur 2% glaubten, ein Ersatz der Reise wäre möglich gewesen, und 8% hätten eine Verkürzung für erreichbar gehalten."[65] Während die Lufthansa allenfalls langfristig eine Verminderung der Geschäftsreisen um 10% erwartet, gehen andere Autoren von der Hypothese aus, dass zwischen den neuen Kommunikationstechnologien und Reisen kein Substitutionsverhältnis, sondern eher eine

---

[61] Vgl. INVEST: Personenfernverkehr, S. II-32; S. II-45.
[62] Vgl. FOCUS: Der Markt für Urlaubs- und Geschäftsreisen, S. 28.
[63] Vgl. dazu: WHEATCROFT, S.: Future Air Traffic, S. 102; INVEST-INDUSTRIE-MARKT-FORSCHUNG: Personenfernverkehr, S. II-48; PETERSEN, H.: Telekommunikation und Verkehr, S. 224-228; O'CONNOR, W.: Airline Economics, S. 107.
[64] Vgl. OECD: Future of International Air Transport, S. 45 f.; vgl. dazu auch BUTTON, K., MAGGI, R.: Video Conferencing, S. 59-75.
[65] KOERVER-STÜMPER, H.: Nationaler Luftverkehr, S. 182 f.

hohe Korrelation besteht. So etwa CERWENKA: „Telekommunikation insgesamt dürfte weit weniger ein Substitut als vielmehr ein sehr hilfreiches Komplement der physischen Kommunikation sein."[66]

5.4 Struktur der Nachfrage der Bundesrepublik Deutschland

Auch im Gebiet der Bundesrepublik ist langfristig ein beständiges Wachstum der Nachfrage nach Luftverkehrsleistungen zu verzeichnen.[67] Auf den deutschen Verkehrsflughäfen wurden 2005 von in- und ausländischen Fluggesellschaften rund 146,1 Mio. Passagiere befördert. Die Bereinigung dieser Zahl hinsichtlich der Doppelzählungen des innerdeutschen Umsteigeverkehrs[68] ergibt 114,7 Mio., von denen ca. 86% Auslandsreisen waren.[69]

Im **Inlandsverkehr** 2005 weist Frankfurt/Main 3,5 Mio. Einsteiger auf, von denen ca. die Hälfte Umsteiger aus einem anderen deutschen Flughafen oder aus dem Ausland waren. Im gleichen Zeitraum wurden in München 4,5 Mio., in Düsseldorf 1,8 Mio. und auf den drei Berliner Flughäfen (Tegel, Schönefeld und Tempelhof) 3,4 Mio. Inlandseinsteiger registriert. Die wichtigsten innerdeutschen Streckenpaare zeigt Abb. 5.12, einen Überblick über die deutschen Flughäfen gibt Abb. 5.14.

Nach **Verkehrsregionen** geordnet zeigt sich, dass ca. drei Viertel (77,1%) des von Deutschland ausgehenden internationalen Personenluftverkehrs zu Zielen in Europa, davon wiederum 77,2% zu Zielen innerhalb der EU führen. Darauf folgten Amerika mit 9,9%, Asien mit 8,6%, Afrika mit 4,3% und Australien und Ozeanien mit 0,1%. (vgl. Abb. 5.13).

Unter den **Zielländern** im Linienverkehr liegt die Urlaubsdestination Spanien an vorderster Stelle. Von den 10,3 Mio. Spanienreisenden flogen allein 4,04 Mio. auf die Balearen und 2,5 Mio. auf die Kanarischen Inseln (vgl. Abb. 5.15) Die nächstwichtigsten europäischen Strecken wie Großbritannien (5,43 Mio.), Türkei (5,32 Mio.), Italien (4,57 Mio.), Frankreich (2,99 Mio.) und Griechenland (2,35 Mio.) dienen sowohl dem Geschäfts- als auch dem Ferienverkehr.

---

[66] CERWENKA, P.: Telekommunikation, S. 37; ähnlich auch ELTON, M.: Substitution for Transportation, S. 257; SKAMEDAL, J.: Telecommuting's implications on travel and travel patterns.
[67] Vgl. Kap. 1, Abb. 1.4.
[68] Die amtliche Statistik erfasst durch die Zählung der Ein- und Aussteiger zunächst das Verkehrsvolumen auf den deutschen Flughäfen; daher wird ein innerdeutscher Passagier sowohl als Ein- als auch als Aussteiger doppelt erfasst.
[69] Die in diesem Abschnitt referierten Zahlen stammen, soweit nicht anderweitig belegt, aus STATISTISCHES BUNDESAMT: Fachserie 8, Reihe 6.1 Luftverkehr 2005. Die Zahlen beziehen sich auf die 24 größten deutschen Flughäfen, die über 99% des gewerblichen Personenluftverkehrs abwickeln.

Streckenpaar			Passagiere/Mio.
Frankfurt/Main	-	Berlin-Tegel	1,55
Hamburg	-	München	1,46
München	-	Berlin-Tegel	1,43
München	-	Düsseldorf	1,41
München	-	Frankfurt/Main	1,34
Frankfurt/Main	-	Hamburg	1,29
Streckenpaar			Fracht/ t in 1000
München	-	Frankfurt/Main	17,9
Köln/Bonn	-	München	12,5
Hamburg	-	Köln/Bonn	8,3
Frankfurt/Main	-	Hamburg	6,9
Köln/Bonn	-	Frankfurt/Main	5,2
Berlin-Tegel	-	Frankfurt/Main	3,5
Streckenpaar			Post/ t in 1000
Hamburg	-	Frankfurt/Main	7,5
Hannover	-	Stuttgart	5,5
München	-	Köln/Bonn	5,5
Frankfurt/Main	-	Berlin-Tegel	5,3
Hannover	-	München	4,7
Stuttgart	-	Berlin-Schönefeld	3,1

Quelle: STATISTISCHES BUNDESAMT: Fachserie 8, Reihe 6.1, Luftverkehr auf ausgewählten Flugplätzen 2005.

Abb. 5.12. Passagiere, Fracht und Post auf den wichtigsten innerdeutschen Streckenpaaren

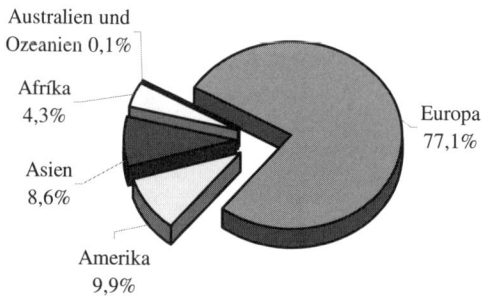

Quelle: STATISTISCHES BUNDESAMT: Fachserie 8, Reihe 6.1, Luftverkehr auf ausgewählten Flugplätzen 2005.

Abb. 5.13. Verkehrsregionen des Auslandsflugverkehrs 2005

Flugplatz	Starts und Landungen		Passagiere Ein- und Aussteiger[a]		Fracht Ein- und Ausladung[b]	
	2005	2005 gegenüber 2004	2005	2005 gegenüber 2004	2005	2005 gegenüber 2004
	in 1.000	in %	in 1.000	in %	t in 1.000	in %
Hamburg	134,6	3,2	10.574,6	8,3	25,4	1,4
Hannover	80,2	3,4	5.534,5	8,0	6,1	13,9
Bremen	33,7	- 0,4	1.710,0	4,4	0,8	-10,9
Düsseldorf	189,2	0,7	15.392,7	2,0	56,3	0,8
Köln/Bonn	140,5	3,7	9.387,4	13,8	640,1	4,7
Frankfurt	476,2	2,9	51.791,0	2,1	1.853,4	8,2
Stuttgart	140,2	2,7	9.248,5	6,9	16,7	- 3,7
Nürnberg	59,8	4,5	3.882,7	9,4	10,2	- 6,2
München	385,9	4,6	28.451,0	6,9	203,0	18,6
Berlin (Tegel)	137,3	4,1	11.474,7	4,5	11,2	- 6,4
Berlin (Schönefeld)	52,0	34,2	5.003,0	51,9	8,8	- 29,5
Berlin (Tempelhof)	25,1	- 2,6	543,7	23,4	0,3	- 26,5
Saarbrücken	10,5	1,5	442,6	8,9	0,1	45,5
Münster/Osnabrück	28,6	10,9	1.479,7	6,0	0,1	- 86,9
Leipzig	30,4	- 2,7	2.033,9	5,8	11,4	106,7
Dresden	28,8	3,6	1.739,9	10,9	0,4	2,0
Erfurt	12,3	- 10,1	424,4	- 10,9	4,3	14,9
Hahn	25,7	14,5	2.998,2	9,5	100,9	52,8
Dortmund	23,1	34,2	1.688,0	53,0	0,1	61,3
Paderborn/Lippstadt	15,7	- 2,7	1.282,8	2,0	0,0	- 79,3
Friedrichshafen	11,4	18,9	575,0	14,6	-	-
Karlsruhe/B.-Baden	25,7	16,8	686,1	9,7	0,1	26,2
Lübeck	7,3	16,4	699,7	22,5	-	-
Niederrhein	5,5	-	584,1	-	0,0	-
Zusammen	2.079,7	4,5	167.628,1	7,0	2.949,7	8,8
Sonstige Flugplätze	38,3	- 11,5	250,5	- 57,0	0,2	37,2
Insgesamt	2.118,0	4,2	167.878,6	6,8	2.949,9	8,8

[a] Passagiere auf jedem Ein- und Aussteigeflughafen gezählt.
[b] Einschl. Beförderungen in Fracht/Postflugzeugen.

Quelle: STATISTISCHES BUNDESAMT: Fachserie 8, Reihe 6.1, Luftverkehr auf ausgewählten Flugplätzen 2005.

Abb. 5.14. Gewerblicher Luftverkehr auf ausgewählten Flugplätzen

Zielland	Passagiere in Mio.	Zielland	Passagiere in Mio.
Europa	**47,87**	**Asien**	**5,30**
Spanien	10,26	China (ohne Taiwan)	0,61
Großbritannien	5,43	Ver. Arab. Emirate	0,56
Türkei	5,32	Indien	0,55
Italien	4,57	Japan	0,52
Frankreich	2,99	Thailand	0,51
Griechenland	2,35	Singapur	0,36
Österreich	2,25	Israel	0,31
Schweiz	2,03	Hongkong	0,29
Übriges Europa	**12,07**	**Übriges Asien**	**1,60**
Afrika	**2,69**	**Amerika**	**6,18**
Ägypten	1,11	USA	4,24
Tunesien	0,65	Kanada	0,76
Südafrika	0,36	Brasilien	0,29
Marokko	0,16	Dominikanische Republik	0,27
Kenia	0,07	Argentinien	0,06
Übriges Afrika	**0,34**	**Übriges Amerika**	**0,55**

Quelle: STATISTISCHES BUNDESAMT: Fachserie 8, Reihe 6.1, Luftverkehr auf ausgewählten Flugplätzen 2005.

Abb. 5.15. Aufkommensstärkste Zielländer des Auslandsflugverkehrs 2005

6 Flugpreise

6.1 Begriffserläuterungen

6.1.1 Tarife

In der Verkehrswirtschaft versteht man unter Tarifen „für einzelne Anbieter oder den Verkehrsträger bindende, nach Leistungsarten geordnete und über längere Zeit gültige Verzeichnisse der Preise und Beförderungsbedingungen."[1] Sie regeln die allgemeinen Geschäftsbedingungen, unter denen die Verkehrsunternehmen bereit sind, mit den Nachfragern Beförderungsverträge abzuschließen. Häufig wird das Aufstellen von Tarifen von den staatlichen Aufsichtsbehörden gefordert, so auch im Linienverkehr vieler Staaten.[2] Nach der im ECAC-Abkommen von 1967 getroffenen Definition bedeutet im Luftverkehr der „Ausdruck Tarif die Preise, die für die Beförderung von Fluggästen und Fracht zu zahlen sind und die Bedingungen, nach denen sie berechnet werden, einschließlich der Preise und Bedingungen für Agentur- und Vermittlerdienste, aber nicht einschließlich der Preise oder Bedingungen für die Beförderung von Post".[3] Die gleiche Definition wird in der Verordnung (EWG) Nr. 2409/92 des Rates (Artikel 2 a) für den Begriff Flugpreise verwendet. Der im folgenden in diesem Sinne synonym gebrauchte Begriff für Tarife und Flugpreise umfasst also auch Beförderungspreise und Anwendungsbedingungen, die nicht von staatlichen Stellen genehmigt werden (wie etwa die Flugpreise für Flüge innerhalb der EU oder inneramerikanische Tarife) oder die außerhalb der IATA-Verkehrskonferenzen vereinbart wurden.

Die gegenwärtige Situation ist gekennzeichnet von einer teilweisen Auflösung des einst weltweit geltenden IATA-Tarifsystems. Einerseits sind in vielen Verkehrsgebieten (z. B. USA, EU) Tarifabsprachen der Fluggesellschaften im Rahmen der Verkehrskonferenzen und damit gemeinsam geltende Tarife aus wettbewerbsrechtlichen Gründen nicht mehr oder nur noch bedingt erlaubt. Andererseits entwickeln die Fluggesellschaften selbst eigene Tarifmodelle, die sich von den Anwendungskriterien her zwar am IATA-System orientieren, aber meist nur für eine einzige Fluggesellschaft und deren Code Share-Partner gelten, also nicht interlinefähig sind.

Für das Aufstellen von Tarifen ist eine Entscheidung darüber notwendig, welche Preisgruppen gebildet werden, die **formelle Tarifgestaltung.**[4] Im Linienflug-

---

[1] VOIGT, F., TRETZEL, M.: Verkehrspolitik, S. 1347.
[2] Der Begriff Tarif wird aber auch für Preisverzeichnisse von Leistungen verwendet, die keiner staatlichen Genehmigung unterliegen; so nennen etwa Autovermietungsunternehmen ihre Preise Tarife. Vgl. dazu DIEDERICH, H.: Preisforderungen in Form von Tarifen, S. 139-152; BÖTTGER, W.: Kostenrechung und Preisbildung, S. 53.
[3] ICAO: Establishment of Tariffs, Art. 2, Abs. 1.
[4] Zur Unterscheidung formaler und materieller Tarife vgl. KLOTEN, N.: Eisenbahntarife, S. 63 f.

verkehr bestehen neben dem so genannten Normaltarif die Gruppe der „ermäßigten Flugpreise" für besondere Personengruppen, die „Sonderflugpreise" für bestimmte Reisearten, die „Gruppentarife" für zusammengehörende Reiseteilnehmer sowie Tarife für unterschiedliche Beförderungsklassen. Daneben gibt es noch so genannte „Kombinationstarife" etwa für Luft/See-Reisen sowie Zuschläge für besondere Leistungen wie Schlafsessel, die Beförderung von Übergepäck oder Treibstoffzuschläge.

Die **materielle Tarifgestaltung** umfasst die Zuordnung von Beförderungspreisen zu jeder Tarifgruppe, wobei die Preisgestaltung nach unterschiedlichen Leitkriterien erfolgen kann. Im Linienflugverkehr handelt es sich um Festtarife, d. h. es gilt ein bestimmter Beförderungspreis je Transportweg, unabhängig von eventuell unterschiedlichen Streckenlängen (die sich etwa durch das Umfliegen von Schlechtwettergebieten oder die jeweils benutzten Luftstraßen ergeben können). Die Flugpreise korrelieren in der Regel mit der Entfernung, folgen jedoch nicht den Kriterien eines reinen Entfernungstarifes in dem Sinne, dass ein einheitlicher Tarif je Streckenkilometer verlangt wird.[5] Bei Betrachtung des Gesamtstreckennetzes kann dies so genannte Tarifanomalitäten (z. B. einen höheren Flugpreis für eine kürzere Strecke als für eine längere) zur Folge haben. Darüber hinaus sind auch Zonentarife gebräuchlich, die gleiche Preise zwischen einem oder mehreren Orten und einer Gruppe von Orten innerhalb einer bestimmten Zone vorsehen.[6] Die tarifgenehmigende Institution (staatliche Aufsichtsbehörde, IATA) kann neben konkreten Einzeltarifen auch Margen- und Referenztarife zulassen. Ein Margentarif legt sowohl den Höchst- als auch den Mindestpreis fest; innerhalb dieser Spanne sind die einzelnen Beförderungsentgelte zu gestalten. Ein Referenztarif ist ein bestimmter Preis, auf den sich die Einzeltarife beziehen. Im Rahmen der Entstehung von Flugtarifen sind folgende Stufen zu unterscheiden:

1. Tarifbildung: Die Festlegung der formellen und materiellen Tarife durch die einzelnen Fluggesellschaften.
2. Tarifkoordination: Die Diskussion und soweit erlaubt auch die Festsetzung der Einzeltarife durch die Fluggesellschaften, die eine bestimmte Strecke bedienen (etwa bilateral durch die Fluggesellschaften zweier Länder oder multilateral im Rahmen der IATA-Verkehrskonferenzen).
3. Tarifgenehmigung: Die Bewilligung durch die Luftverkehrsbehörden der jeweils beteiligten Länder.

6.1.2 Tarifpositionen

Im Rahmen der formellen Tarifbildung wird festgelegt, welche Tarifgruppen gebildet und zu welchen Bedingungen die einzelnen Tarife angewendet werden. Im Luftverkehr ist jede Tarifgruppe mit einer Reihe von Anwendungsbestimmungen

---

[5] Zur Diskussion der in der Verkehrswissenschaft gebräuchlichen Tarifarten vgl. PIRATH, C.: Verkehrswirtschaft, S. 250-254; PREDÖHL, A.: Verkehrspolitik, S. 234-257.
[6] Vgl. ILLETSCHKO, L.: Betriebswirtschaftliche Probleme, S. 78 f.

(Positionen) versehen. Die folgende Darstellung erklärt zunächst die bei jeder Tarifgruppe zu regelnden Tarifpositionen.[7]

1. Anwendung
Diese Position regelt Anwendungsbereich, Beförderungsklasse und Art des Reiseweges:

- Anwendungsbereich: Bezogen auf den Flugscheinverkauf in Deutschland kann die geographische Anwendbarkeit eines Flugpreises insofern eingeschränkt sein, als er nur in einer Richtung der Reise gilt.
- Beförderungsklasse: Ein Tarif kann für alle Beförderungsklassen angeboten werden oder nur für die Beförderung in einer bestimmten Beförderungsklasse.
- Art des Reiseweges: Es wird festgelegt, für welche Reisearten, z. B. Einfachreise, Hin- und Rückreise, Rundreise, der Tarif gültig ist.

2. Ermäßigungsberechtigung
Bei personengebundenen Sondertarifen ist eine eindeutige Abgrenzung des ermäßigungsberechtigten Personenkreises (z. B. Altersabgrenzung für Senioren ab 60 Jahren oder Abgrenzung von Gastarbeitergruppen) notwendig. Für Affinitäts-, „Own use"- und „Incentive"-Gruppen können Ausnahmen gelten.

3. Flugpreis
Die Darstellung des materiellen Tarifes kann durch Angabe der direkten Preise (spezifizierter Flugpreis) oder durch Angabe einer prozentualen Ermäßigung erfolgen. Diese Position kann ein zusätzliches Kriterium für die Anwendung eines Tarifes enthalten (z. B. nicht anwendbar für IT-Reisen).

4. Jugendliche/Kinder/Kleinkinder-Flugpreise
Die Anwendungsbedingungen für Kinderermäßigungen bezüglich der Flugpreise, Zuschläge und Stornogebühren können bei Sondertarifen entweder überhaupt nicht bzw. nur modifiziert angewendet werden.

5. Mindestgruppengröße
Für Gruppentarife wird die Mindestzahl der Gruppenmitglieder vorgeschrieben. Dabei kann festgelegt werden, dass z. B. zwei Kinder, die einen um 50% ermäßigten Flugpreis bezahlen, als ein Gruppenmitglied gezählt werden.

6. Anwendungsperiode
Tarife können in ihrer Anwendung zeitlich eingeschränkt (d. h. zu bestimmten Zeiten nicht anwendbar) und je nach Saisonzeit unterschiedlich hoch sein. Bei internationalen Reisen ist das Datum des Reiseantritts für den anwendbaren Flugpreis auf allen Strecken der Reise maßgeblich.

7. Mindestaufenthalt
Das frühestmögliche Rückreisedatum wird durch die nach Tagen oder Monaten berechnete Mindestaufenthaltsdauer oder z. B. nach der Regel: „Rückreise frühes-

---

[7] Die Darstellung erfolgt anhand der Standard-Bedingungen für internationale Sondertarife (Note S999) in den Tarifwerken der Lufthansa (vgl. PT 102, Flugpreise Ausgabe Deutschland, B4-6) bzw. im CRS-Fare Quote System.

tens an dem Sonntag, der dem Tag des Reiseantritts folgt" (sog. Sunday-Rule) bestimmt.

8. Änderung des Mindestaufenthalts
Eine Vorverlegung des frühestmöglichen Rückreisedatums ist i. d. R. nur bei Tod eines unmittelbaren Familienangehörigen des Passagiers möglich.

9. Maximaldauer
Die Maximaldauer, gerechnet in Tagen oder Monaten, regelt den Zeitpunkt, zu dem die Rückreise spätestens angetreten werden muss.

10. Verlängerung der Gültigkeit
Ob und zu welchen Bedingungen eine Verlängerung der Höchstaufenthaltsdauer möglich ist, wird unter dieser Position veröffentlicht. So kann bei Überbuchungen, die durch die betreffende Fluggesellschaft verschuldet sind, bei Buchungsfehlern oder auf Grund einer Krankheit des Passagiers die Gültigkeit des Flugscheins verlängert werden.

11. Flugunterbrechungen
Je nach gewähltem Tarif sind Flugunterbrechungen frei wählbar, ganz oder teilweise eingeschränkt oder mit Zuzahlung (Stopover charges) möglich. Eine Flugunterbrechung ist entweder eine vom Fluggast selbst gewünschte Unterbrechung der Reise (Stopover), eine Zwischenlandung ohne Reiseunterbrechung (Transit) oder eine planmäßige Unterbrechung der Reise (Transfer).

12. Leitwege
Leitwege legen die Flugroute zwischen zwei Orten fest und regeln, an welchen Zwischenorten der Flug unterbrochen werden darf. Sie werden veröffentlicht als:

- Richtungscode (EH: über östliche Hemisphäre – PO: über Nordpolarroute – AP: über Atlantik- und Pazifikroute – TS: über Transsibirienroute)
- Leitwegnummern, die auf den für den betreffenden Flugpreis zulässigen Leitweg verweisen und entweder zeichnerisch dargestellte Streckenkarten oder numerische Verzeichnisse sind.

13. Transfers
Für Sonderflugpreise werden unter dieser Position Umsteigemöglichkeiten während einer Flugstrecke und zwischen Hin- und Rückreise festgelegt. Es werden zwei Arten von Transfers unterschieden:

- Online-Transfer: Wechsel von einem Dienst zu einem anderen Dienst derselben Fluggesellschaft
- Interline-Transfer: Wechsel von einer Fluggesellschaft zu einer anderen.

14. Konstruktionen/Kombinationen von/mit Flugpreisen
Ist ein Tarif für eine Flugstrecke nicht veröffentlicht, kann er mit Anstoßflugpreisen konstruiert werden. Da Sonderflugpreise nur zum Teil mit Anstoßflugpreisen, Inlands- und Normaltarifen kombiniert werden dürfen, wird jeweils ausdrücklich darauf hingewiesen.

15. Werbung und Verkauf
Für bestimmte Sondertarife gilt, dass Werbung und Verkauf nur in Deutschland und im Umkehrland oder in bestimmten Ländern überhaupt nicht stattfinden dürfen.

16. Reservierung
Eine Reihe von Einschränkungen bezüglich der Buchungsfrist vor Reiseantritt können insbesondere für Sonder- und Gruppentarife sowie für IT-Tarife (Pauschalreisen) gelten.

17. Bezahlung
Die Bezahlung kann mit einer Fristsetzung vor Reiseantritt oder mit der Reservierung und gleichzeitigen Flugscheinausstellung verbunden werden.

18. Flugscheinausstellung
Unter dieser Position werden Fristen und Bedingungen für die Flugscheinausstellung vor Reiseantritt geregelt sowie Vorgehensweisen für die Kombination von Tarifen und Kriterien für Eintragungen und die Kenntlichmachung des Sondertarifes auf dem Flugschein (z. B. Fare Basis, Ticket Designator, Gültigkeitsdaten) festgelegt.

19. Abbestellung und Erstattung
Die Freizügigkeit der Benutzung von Sonder- und IT-Tarifen kann hinsichtlich der Gebühren für Stornierung vor und nach Reiseantritt eingeschränkt werden. Auch Regelungen für Änderungen des Flugplanes nach der Ausstellung des Flugscheines werden hier veröffentlicht.

20. Reservierungs- und Reisewegänderung
Hier wird bestimmt, ob und zu welchen Bedingungen ein Sonderflugpreis auf einen anderen Tarif umgeschrieben werden kann und welche Gebühren für Reservierungs- bzw. Reisewegänderungen vor und nach Reiseantritt anfallen.

21. Ermäßigung für Agenten
Inhaber einer IATA-Agentur erhalten pro Jahr eine bestimmte Anzahl von Flugscheinen zu ermäßigten Preisen. Diese Preisermäßigung kann für bestimmte Sondertarife ausgesetzt werden.

22. Ermäßigung für Reiseleiter
Die Ermäßigung für Reiseleiter kann bei Sonderflugpreisen eingeschränkt bzw. nur zu zusätzlichen besonderen Bedingungen gewährt werden.

23. Gemeinsame Reise
Der Reisegruppe werden Auflagen hinsichtlich der gemeinsamen Durchführung der Reise gemacht (z. B. Hinflug der gemeinsamen Gruppe, Rückflug individuell).

24. Reisedokumente
Die Gewährung von Ermäßigungen kann abhängig gemacht werden von der rechtzeitigen Vorlage bestimmter Dokumente (z. B. Reisepass zum Nachweis des Geburtsdatums oder der tatsächlichen Familienzusammengehörigkeit), Bescheini-

gungen (Immatrikulationsbescheinigung bei Studententarifen) oder Ausweis für Schwerbehinderte.

25. Transitkosten

Die generellen Bestimmungen der IATA lassen die Übernahme von Fluggastauslagen für Unterkunft, Mahlzeiten, Beförderung vom/zum Flughafen, Flughafengebühren und Transitsteuern durch die Fluggesellschaft nicht zu. In genau geregelten Ausnahmefällen können Fluggesellschaften bei flugplanbedingten Aufenthalten die Auslagen übernehmen.

26. Touristische Leistungen

Der Sonderflugpreis für IT-Reisen ist an den gemeinsamen Verkauf von Flug und zwei zusätzlichen touristischen Leistungen gebunden, die unter dieser Position festgelegt werden.

27. Zusätze

Die Anwendbarkeit von bestimmten Sondertarifen kann außerdem von einer schriftlichen Beantragung abhängen (z. B. Antrag auf Ermäßigung für Schulgruppen durch eine Ausbildungsanstalt). Unter dieser Position können auch nähere Erläuterungen zu Reisedokumenten stehen (z. B. Anerkennung von EDV-Ausdrucken als Immatrikulationsbescheinigung).

Jede Tarifgruppe unterliegt den Anwendungsbestimmungen, die jeweils unter den oben genannten Positionen veröffentlicht werden.

6.2 Preisbildung

6.2.1 Kriterien der Preisbildung

Die **Preisbildung** für Luftverkehrsleistungen umfasst die Rahmenbedingungen und Preisstrategien einer Fluggesellschaft bei der Ermittlung des Flugpreises für eine bestimmte Strecke. Dieser Flugpreis bildet auf nicht deregulierten Märkten die Ausgangsposition für die Verhandlungen mit anderen Luftverkehrsgesellschaften (**Tarifkoordination**), deren Ergebnis dann jeweils noch der staatlichen **Tarifgenehmigung** unterliegt.

Für das wirtschaftliche Streckenergebnis sind die auf einer Linie erhobenen Tarife in ihrer Höhe und Zusammensetzung über den erzielten Durchschnittsertrag (gemessen in Euro pro verkauftem Passagierkilometer) und die erreichte Auslastung maßgebend. Die Preisbildung wird jedoch nicht nur durch die Gewinnvorstellungen der Fluggesellschaften determiniert. Auch die bilateralen Luftverkehrsabkommen enthalten in der Regel Vorgaben für die Tarifbildung. So legt etwa das deutsche Musterabkommen, Art. 9, Abs. 1, fest:

> „Die Tarife, die auf den nach Art. 2, Abs. 2 (Fluglinienplan) festgelegten Linien für Fluggäste und Fracht anzuwenden sind, werden unter Berücksichtigung aller Faktoren wie der Kosten des Betriebes, eines angemessenen Gewinns, der besonderen Gegebenheiten der verschiedenen Linien und der

von anderen Unternehmen, welche die gleiche Linie ganz oder teilweise betreiben, angewendeten Tarife festgesetzt."[8]

Neben den Kosten sollen also die Einbindung in das Strecken- und Tarifgefüge genauso berücksichtigt werden wie die spezifischen Besonderheiten der Linie selbst. In den seit 1986 abgeschlossenen Luftverkehrsabkommen wird zudem auf die Berücksichtigung der Interessen der Nutzer (d. h. der Fluggäste) hingewiesen.[9] Die Festsetzung des Flugpreises für eine bestimmte Strecke wird von folgenden Faktoren determiniert (vgl. Abb. 6.1):[10]

Die **Unternehmensziele** bestimmen grundsätzlich die Preisziele.[11] Alternativ oder in Kombination können folgende Unternehmensziele Priorität besitzen:

- kurz- oder langfristige Gewinnmaximierung;
- Erhöhung des Marktanteils;
- Steigerung der Passagierzahlen (touristische oder devisenpolitische Gründe);
- Erhöhung der Bekanntheit bzw. Kommunikation eines erwünschten Images (z. B. „günstigste Airline"), um sich in umkämpften Märkten langfristig gegen Mitbewerber durchzusetzen;
- Belebung einer bestimmten Verkehrskategorie und bestimmter Verkehrszeiten;
- Angebot von Sozialtarifen;
- Förderung des Zubringerverkehrs.

Die **Kosten** pro angebotenem Passagierkilometer sind abhängig von:

- der Länge der Flugstrecke,
- der Flugzeuggröße,
- der qualitativen Ausstattung des Produktes,
- regionalen Kostenunterschieden,
- der Produktivität der jeweiligen Fluggesellschaft bzw. ihrem Geschäftsmodell (Low Cost, Full Service).

Dabei erweist sich die Zuordnung der Kosten für eine bestimmte Flugstrecke als problematisch. So gelten z. B. folgende Fragen als nicht eindeutig lösbar: Nach welchen Kriterien sollen die Gemeinkosten aufgeteilt werden; nach Passagieren, nach angebotenen Sitzkilometern oder nach der Zahl der Flüge? Inwieweit ist eine exakte Aufteilung der Betriebskosten bei der Verbundproduktion (gleichzeitige Beförderung von Passagieren, Fracht und Post auf einem Flug) möglich? Nach

---

[8] Abgedruckt in KLOSTER-HARZ, D.: Luftverkehrsabkommen, S. 200-210. Die gleiche Formulierung enthält das ICAO Agreement on the Procedure for the Establishment of Tariffs, Abs. 2, Art. 2.

[9] Vgl. stellvertretend Gesetz zu dem Abkommen vom 2.11.1987 zwischen der Bundesrepublik Deutschland und Neuseeland über den Luftverkehr vom 22.4.1992 (BGBl. II 322).

[10] Vgl. dazu DOGANIS, R.: Flying off Course, S. 206-208; TANEJA, N.: Airlines in Transition, S. 158. Zur allgemeinen theoretischen Diskussion der Preisbildung im Verkehr vgl. ZACHIAL, M., FITTER, J., SOLZBACHER, F.: Preisbildungstheorie, 1975.

[11] Vgl. HAX, A. C., MAJLUF, N. S.: Strategisches Management, S. 30 ff.

welchem Schlüssel werden Kosten bei Flügen zugeordnet, wenn eine Wegstrecke aus mehreren Teilstrecken (Sektoren) besteht?

Das **Marktpotential** als besonderes Charakteristikum beeinflusst über die Kosten und das Ertragspotential die Tarifstruktur und die Tarifhöhe.[12] Die Höhe des erreichbaren Gesamtpassagieraufkommens an beiden Enden der Strecke, abhängig von Bevölkerungszahl, Pro-Kopf-Einkommen und Industrialisierungsstand, bestimmt den einsetzbaren Flugzeugtyp, die Häufigkeit der Flüge und damit auch die Kosten pro Passagierkilometer. Der Umfang eines möglichen Unterwegsverkehrs auf Teilstrecken der Route, wenn beispielsweise Rechte der fünften Freiheit bestehen, wirkt sich auf den Ertrag aus. Die Kaufkraft in den Abflugländern geht in die Preisbildung ein, indem sie Preisschwellen festlegt, die den Beginn der Nachfrage nach Luftverkehrsleistungen darstellen. Außerdem bestimmt sie die Preiselastizität der Nachfrage.

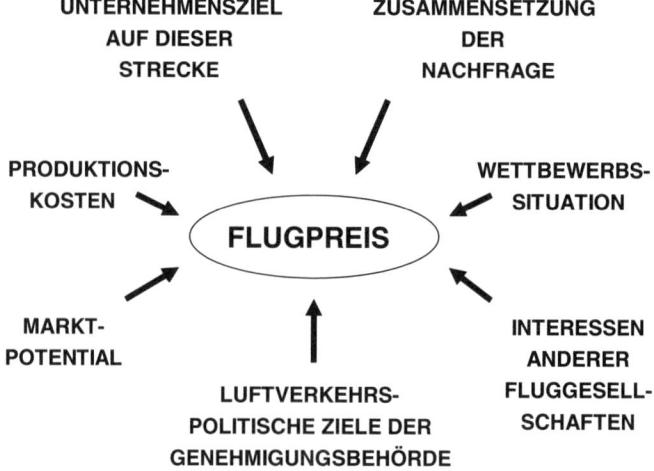

Abb. 6.1. Determinanten der Flugpreisfestsetzung

Die **Zusammensetzung der Nachfrager** aus Geschäfts- und Privatreisenden hat vor allem Auswirkungen auf die Zahl und Höhe der Sondertarife, die durch zusätzliche Erträge den Durchschnittspreis senken können. Je nach touristischer Attraktivität der Strecke und den ethnischen Verbindungen zwischen den angeflogenen Ländern ist dies in unterschiedlichem Ausmaß möglich. Unterliegt die Nachfrage starken zeitlichen Schwankungen, dann besteht durch Einführung von Sondertarifen zu nachfrageschwachen Zeiten ebenfalls die Möglichkeit zu Ertragssteigerungen.

Das **Ausmaß des Wettbewerbs** auf einer Strecke wird von der Zahl der Anbieter und deren Wettbewerbsverhalten bestimmt. Konkurrieren auf einer Strecke die Linienfluggesellschaften nicht nur untereinander, sondern auch mit Charterfluggesellschaften, dann hat dies besonders Auswirkungen auf die Höhe der Sondertari-

---

[12] Vgl. dazu SHAW, S.: Air Transport, S. 26-28; GIDWITZ, B.: Politics, S. 150.

fe, die in einer angemessenen Relation zu den Charterflugpreisen stehen müssen, um in dem gemeinsamen Marktsegment Privatreisende erfolgreich sein zu können. Die Zahl der eine Linienstrecke befliegenden Luftverkehrsgesellschaften kann für den Preiswettbewerb Bedeutung erlangen, wenn es dadurch zu einem Überangebot an Kapazitäten kommt und die Fluggesellschaften versuchen, durch Sonderflugpreise ihre Auslastung zu erhöhen oder sogar durch Unterbieten der Preise von Wettbewerbern versuchen, diese aus dem Markt zu drängen („predatory behaviour").

Das Wettbewerbsverhalten kann in nicht liberalisierten Märkten oder z. B. innerhalb Strategischer Allianzen auch durch Absprachen zwischen den Luftverkehrsgesellschaften geregelt werden, so z. B. durch Poolabkommen und durch Beantragung von Tarifen, die nur von den Fluggesellschaften zweier Länder im Rahmen des Nachbarschaftsverkehrs angewendet werden dürfen und die den anderen Carriern nicht zugänglich sind. Der Wettbewerb mit anderen Verkehrsträgern im Kurz- und Mittelstreckenverkehr kann ein zusätzliches Kriterium für die Preisbildung sein.

Die **luftverkehrspolitischen Ziele** der staatlichen Genehmigungsbehörden haben – je nach Liberalisierungsgrad in unterschiedlichem Ausmaß – insofern Auswirkungen auf die Preisbildung der Fluggesellschaften, als dadurch schon im Vorfeld der eigentlichen Tarifgenehmigung der Rahmen für Tarifstrukturen und Tarifniveaus festgelegt wird. Dabei lassen sich ganz unterschiedliche Positionen feststellen:

a) Staaten, die aus gemeinwirtschaftlichen oder handelspolitischen Gründen möglichst niedrige Flugpreise befürworten, subventionieren die Luftverkehrsgesellschaften und ermöglichen damit auch nicht kostendeckende Tarife. Sie können aus ihrer Sicht überhöhten Tarifen die Genehmigung verweigern oder deren Anwendung durch Duldung von Tarifunterschreitungen unterlaufen.

b) Staaten, die den Luftverkehr lediglich als einen Wirtschaftszweig unter anderen sehen, greifen nicht in die Preisbildung ein, sondern überlassen diese dem marktwirtschaftlichen Wettbewerb. Sie erwarten sich davon Tarife, die den Interessen sowohl der Verbraucher als auch der Fluggesellschaften am besten entsprechen.

c) Staaten, die dem Luftverkehr die Funktion einer öffentlichen Dienstleistung zuweisen, sehen ihre Aufgabe bei der Tarifbildung auch darin, durch angemessene Preise die Wirtschaftlichkeit der Fluggesellschaften zu sichern, um die Sicherheit und Leistungsfähigkeit des Luftverkehrs nicht zu gefährden.

d) Staaten, die hohe Tarife unterstützen, wollen damit die Einnahmen der eigenen Fluggesellschaft erhöhen. Zudem wird die Devisenbilanz durch den Verkauf von teuren Flugscheinen an Ausländer verbessert sowie eine Erschwerung von Auslandsreisen für Inländer erreicht. Auch die tourismuspolitische Strategie, mit Hilfe von Flugpreisen und der Nichtzulassung von Charterverkehr nur eine beschränkte Anzahl zahlungskräftiger Urlauber ins Land einreisen zu lassen, führt zu einem hohen Tarifniveau.

Die **Interessen anderer Fluggesellschaften** auf der gleichen Linie wirken sich auf Niveau und Struktur der Preise aus, indem sie entweder zu einem abgestimmten Verhalten oder zu Preiskonkurrenz führen.

Die Vielzahl der in den Flugpreis einer Linie eingehenden Determinanten sowie deren, auf eine Strecke bezogen, unterschiedliches Gewicht, ergeben, dass es für die Flugpreisbildung keine festen Regeln gibt. „Eine allgemeingültige Erläuterung auf die Frage, wie Flugtarife entstehen, etwa nach der Regel: Gestehungskosten plus Gewinn gleich Verkaufspreis, kann nicht gegeben werden."[13] Das Ergebnis dieser streckenindividuellen Preisfestlegung, die zudem noch modifiziert wird durch die Tariffindungsmechanismen der beteiligten Fluggesellschaften und durch die staatliche Tarifgenehmigung, ist eine durch laufende Änderungen gekennzeichnete vielfältige Tarifstruktur.

6.2.2 Preisbildungsstrategien

Die Preisfestlegung (Tarifbildung) für einen Flug unterliegt den oben beschriebenen Rahmenbedingungen der Preisbildung und den Preiszielen. Je wettbewerbsorientierter ein Markt ist, desto wichtiger werden die preispolitischen Entscheidungen eines Unternehmens. Dabei wird theoretisch zwischen kostenorientierten, nachfrageorientierten und konkurrenzorientierten Preisbildungsstrategien unterschieden.[14]

Die **kostenorientierte** Preisbildung setzt die Preise entsprechend der Produktionskosten der Produkte fest, wobei die Ausgabebereitschaft der Nachfrager die Preisgrenzen setzt. Für den Fall, dass das gleiche Produkt in unterschiedlichen Ausführungen angeboten wird, bestimmen die Kostenunterschiede die Preisunterschiede. Die sich aus der Nichtlagerfähigkeit der Dienstleistung ergebende Folge, dass ein nicht besetzter Platz im Flugzeug unwiederbringlich verloren ist, führt dazu, dass auch ein nicht kostendeckender Preis den Gesamtertrag eines Fluges steigert; Tarife werden daher sowohl auf der Basis der Vollkosten- als auch auf der der Teilkostendeckung kalkuliert.

Die **nachfrageorientierte** Preisbildung versucht, die Preise der Ausgabebereitschaft der Abnehmer anzupassen. Können für ein Produkt innerhalb der Gesamtnachfrager Gruppen mit unterschiedlicher Ausgabebereitschaft und/oder unterschiedlicher Reaktion der Nachfrage auf Preisänderungen festgestellt werden, besteht die Möglichkeit, von den unterschiedlichen Nachfragergruppen unterschiedliche Preise für das gleiche Produkt zu verlangen, also Preisdifferenzierung zu betreiben.

Bei der **konkurrenzorientierten** Preisbildung erfolgt die Preisfestlegung als Reaktion auf die Preisstellung der Mitbewerber, entweder als Orientierung am Branchenpreis/Preisführer, oder als konsequente Über- oder Unterbietung des

---

[13] Vgl. HOLSTEIN, G.: Tarifbildung, S. 3.
[14] Zur Theorie der Preisbildung vgl. GUTENBERG, E.: Absatz; GABOR, A.: Pricing; SIMON, H.: Preismanagement; MONROE, K.: Pricing. Zur Preisbildung im Luftverkehr vgl. SHAW, S.: Air Transport, S. 159-162; DIRLEWANGER, G.: Preisdifferenzierung, S. 12 ff.

Konkurrenzpreises. Gerade hier aber werden langfristig die Preisuntergrenzen von den Kosten bestimmt. Bei Flugpreisen spielt die Zusammensetzung des Tarifmixes auf einer Strecke eine entscheidende Rolle. Die teilkostenorientierten Sondertarife leisten zwar einen Beitrag zur Deckung der Fixkosten, zu viele Minderzahler auf einem Flug aber führen dazu, dass eine Vollkostendeckung nicht erreicht wird.

Bei der Preisbildungsstrategie von Fluggesellschaften lässt sich daher feststellen, dass kosten-, nachfrage- und konkurrenzorientierte Preisbildungsstrategien keine sich gegenseitig ausschließenden Alternativen sind. Zudem vollzieht sich in der Realität die Preisbildung im Luftverkehr ähnlich pragmatisch wie in der gesamten Wirtschaft. „Ausgangslage sind in der Regel die auf Grund der bisherigen Marktdaten geltenden Preise. Diese werden nach anfangs noch wenig bewussten Kosten-, Nachfrage- und Wettbewerbsgesichtspunkten weitergeführt und mit der Zeit immer systematischer variiert. Die Erfahrungen über die Auswirkungen der verschiedenen Preise lassen die hinter Angebot und Nachfrage wirkenden Kräfte besser erkennen."[15] Diese Erfahrungen werden zunehmend durch Analyseprogramme der elektronischen Reservierungssysteme[16] ersetzt, die für jeden einzelnen Flug die für die Preisvariation relevanten Daten aktuell liefern und auch die notwendige schnelle Kommunikation der Preisänderungen an die Verkaufsagenturen ermöglichen.

Mit der Preisbildungsstrategie eng verbunden sind die produktpolitischen Entscheidungen einer Fluggesellschaft. Zum einen erlauben hinsichtlich Service, Sitzkomfort und Flexibilität qualitativ unterschiedlich ausgestattete Produkte die Bildung von Beförderungsklassen, zum anderen fordern unterschiedliche Preise für die gleiche Grundleistung eine Produktvariation, weil der den Normaltarif nutzende Vollzahler eine sichtbare Mehrleistung gegenüber den minderzahlenden Passagieren verlangt. Die originäre Homogenität von Luftverkehrsleistungen setzt der Produktionsvariation aber bestimmte Grenzen. Die Grundleistung, der Transport einer Person auf dem Luftwege von einem Ort zum anderen, ist dominant; qualitätsmäßige Veränderungen sind nur in eher marginalen Bereichen wie Beförderungskomfort oder Service möglich.

Die überwiegende Mehrheit der Fluggesellschaften betreibt bisher Produktvariation in der Form, dass innerhalb des gleichen Flugzeuges unterschiedliche Beförderungsklassen angeboten werden. Damit kann aus organisatorischen und technischen Gründen (insbesondere Umrüstungsmöglichkeiten der Kabinen bei unterschiedlichen Anteilen der Beförderungsklassen auf den verschiedenen Strecken) nur eine beschränkte Zahl unterschiedlicher Produkte realisiert werden. Sollen also auf einer Strecke mehr Preisvariationen angeboten werden als Produktvariationen darstellbar sind, dann ist dies nur durch die Anwendungsbedingungen im Rahmen der formalen Tarifgestaltung möglich. Beförderungsklassen stellen zunächst eine kostenorientierte Preisbildung durch Produktvariation dar. Der im Vergleich zur Economy Class um ca. 50-70% höhere Flugpreis (Normaltarif) der First Class ergibt sich aus den höheren Kosten durch mehr Komfort (größerer Platzbedarf pro Flugsitz), höhere Freigepäckgrenze, aufwendigerer Service und

---

[15] DIRLEWANGER, G.: Preisdifferenzierung, S. 13.
[16] Etwa das „Forecasting Information Facility"-System der Lufthansa.

höhere Sitzverfügbarkeit (aus der eine niedrigere Auslastung resultiert).[17] Gleichzeitig aber gehen auch die hohe Ausgabebereitschaft und die geringe Preiselastizität dieser Nachfragegruppe in die Kalkulation ein. Die niedrigeren Preise der Sondertarife lassen sich nur noch zum geringen Teil durch Kostenunterschiede erklären; sie werden schwerpunktmäßig nach marktorientierten Kriterien der Preisdifferenzierung gebildet.

6.2.3 Preisdifferenzierung

6.2.3.1 Theorie der Preisdifferenzierung

In der theoretischen Betrachtung bedeutet Preisdifferenzierung, ein im Wesentlichen einheitliches Gut verschiedenen Nachfragern oder Nachfragergruppen zu unterschiedlichen Preisen anzubieten.[18] Notwendige Voraussetzungen für eine effektive Anwendung der Preisdifferenzierung sind, dass:

a) der Absatzmarkt Teilnehmer mit unterschiedlicher Nachfrageelastizität in Bezug auf den Preis aufweist, also eine Aufspaltung in Teilmärkte (Marktsegmentierung) erlaubt;
b) die Teilnehmer in möglichst gut voneinander isolierbare Gruppen zusammengefasst werden können, um zu verhindern, dass Käufer mit einer hohen Ausgabebereitschaft das Gut auf Teilmärkten mit niedrigeren Preisen erwerben können;
c) die Kriterien der Marktspaltung von den Nachfragern akzeptiert werden, so dass sich die den höheren Preis zahlenden Kunden nicht oder nicht zu sehr diskriminiert fühlen;
d) die mit der Marktspaltung verbundenen Kosten nicht höher sind als die durch sie erzielten zusätzlichen Erlöse;
e) die zu einem niedrigeren Preis erworbenen Leistungen von den Käufern nicht weiterveräußert werden können;
f) die gewählte Form der Preisdifferenzierung nicht gegen geltendes Recht verstößt.

Die Wirksamkeit der Preisdifferenzierung ist immer dann gefährdet, wenn Konkurrenzunternehmen in der Lage sind, die auf dem Teilmarkt mit hoher Ausgabebereitschaft verlangten Preise zu unterbieten.Bei Verkehrsbetrieben kann nach LECHNER[19] zwischen erwerbswirtschaftlichen und gemeinwirtschaftlichen Zielen der Preisdifferenzierung unterschieden werden. Unter **erwerbswirtschaftlichen** Gesichtspunkten erlauben die an Stelle eines Einheitspreises verlangten unterschiedlichen Preise die Ausnutzung der Ausgabebereitschaft der Nachfrager: Von Kunden mit hohem Zahlungswillen kann ein hoher Preis verlangt werden, ohne dass Nachfrager mit geringerem Zahlungswillen als Abnehmer ausfallen,

---

[17] Siehe dazu DOGANIS, R.: Flying Off Course, S. 214-219.
[18] Die Theorie der Preisdifferenzierung geht zurück auf ROBINSON, J.: Economics, S. 179 ff. Vgl. auch GUTENBERG, E.: Betriebswirtschaftslehre, S. 335 f.; NIESCHLAG, R., DICHTL, E., HÖRSCHGEN, H.: Marketing, S. 334-341.
[19] Vgl. LECHNER, K.: Verkehrsbetriebswirtschaftslehre, S. 52.

denn diesen wird ein niedriger Preis angeboten. Für die **gemeinwirtschaftliche** Preisdifferenzierung sprechen soziale Gründe. Benachteiligte oder einkommensschwache Bevölkerungsgruppen wie etwa Schwerbehinderte oder Jugendliche sollen durch die Preisreduktion einen finanziellen Ausgleich erhalten, um das Gut erwerben zu können. Teilweise reflektiert diese Art der Preisdifferenzierung aber auch nur einen gesellschaftlichen Konsens darüber, bestimmten Personengruppen unabhängig von ihrer materiellen Situation Preisermäßigungen zu gewähren. Die auch bei Verkehrsbetrieben übliche Kinderermäßigung wird ungeachtet des Einkommens der Eltern angewendet; sie ist zumindest für die Kinder, die einen Sitzplatz beanspruchen, nicht mit geringeren Produktionskosten zu begründen. Zur besseren Abgrenzung der Teilmärkte voneinander kann die Preisdifferenzierung noch dadurch unterstützt werden, dass das Produkt in verschiedenen Ausführungen angeboten, die Preisdifferenzierung somit durch eine marginale Produktvariation ergänzt wird. Nach GUTENBERG wird man hierbei

> „solange noch von einer echten Preisdifferenzierung sprechen können, als das Anbieten unterschiedlicher Ausführungen und Qualitätsstufen eines bestimmten Gutes in der Hauptsache dem Zwecke dient, eine Aufspaltung des Gesamtmarktes in mehr oder weniger gut voneinander isolierte Teilmärkte zu ermöglichen und die Qualitäts- bzw. die Kostenunterschiede geringer sind als die Preisunterschiede. Dagegen liegt eine Preisdifferenzierung in dem hier gemeinten Sinne nicht mehr vor, wenn die Kosten- und Preisunterschiede der verschiedenen Qualitätsstufen einander entsprechen."[20]

Nach der Gutenberg'schen Terminologie handelt es sich also immer dann um Preisdifferenzierungen, wenn für einen bestimmten Flug innerhalb der gleichen Beförderungsklasse unterschiedliche Preise verlangt werden.[21] Eventuell damit verbundene Qualitätsunterschiede treten dabei nur noch bei den Anwendungsbedingungen (wie etwa Mindestaufenthaltsdauer oder Vorausbuchungspflicht) auf; sie können kostenwirksam sein, dienen aber vorwiegend der Abgrenzung der Nachfragergruppen.

6.2.3.2 Ziele der Preisdifferenzierung

Das **betriebswirtschaftliche** Ziel der Preisdifferenzierung besteht darin, das Nachfragepotential mengen- und preisbezogen optimal auszuschöpfen. Im Luftverkehr werden durch Sondertarife und Ermäßigungen Kunden gewonnen, deren Ausgabebereitschaft unterhalb des Normaltarifes liegt. Durch Einführung immer niedrigerer Tarife können solange neue Nachfragergruppen erschlossen werden, bis entweder die Grenzkosten mit dem Flugpreis identisch werden oder die gewünschte Auslastung des Fluges erreicht ist. Die durch das höhere Aufkommen erzielten Mehrerträge können entweder ganz als Deckungsbeiträge verbucht oder zum Teil auch dazu verwendet werden, die Höhe der Normaltarife zu senken bzw.

---

[20] GUTENBERG, E.: Betriebswirtschaftslehre, S. 235.
[21] Im Gegensatz dazu vertritt DIRLEWANGER, G.: (Preisdifferenzierung, S. 1) die Ansicht, dass auch Produkt- oder Leistungsdifferenzierungen Formen der Preisdifferenzierung sind.

die Tariferhöhungen geringer ausfallen zu lassen. Insofern profitieren auch die Zahler von Normaltarifen von den Minderzahlern: Gegenüber der Nachfragemenge zum Einheitspreis steigt durch die Preisdifferenzierung die Zahl der verkauften Einheiten, wodurch die Produktionsanlagen besser ausgelastet werden und die durchschnittlichen Kosten pro Produktionseinheit sinken. Bei zeitlich ungleichmäßig anfallendem Absatz kann versucht werden, die Nachfrage zu entzerren: Preiszuschläge zu Zeiten überhöhter Nachfrage sollen Kunden auf andere Termine verlagern, Preisabschläge zu Zeiten geringer Nachfrage sollen Kunden anziehen. Damit kann erreicht werden, dass die für die Spitzennachfrage vorgehaltene Kapazität reduziert und die zu Zeiten geringer Nachfrage vorhandene Überkapazität besser ausgelastet wird.

Der Preisdifferenzierung kommt wegen ihrer Wohlfahrts-, Verteilungs- und Wettbewerbswirkung auch eine **volkswirtschaftliche** Bedeutung zu.[22] Die Wohlfahrtseffekte einer faktisch größeren Güterversorgung ergeben sich, weil durch die preisliche Erschließung neuer Nachfragergruppen mehr Güter produziert und verkauft werden. Bei nicht lagerfähigen Dienstleistungen, wie etwa der Flugbeförderung, werden schon produzierte Güter, die ansonsten unwiederbringlich verfallen, auch tatsächlich verbraucht. Unter dem Aspekt der Einkommensverteilung kann die Preisdifferenzierung sowohl zu höheren Gewinneinkommen auf Seiten der Unternehmer führen als auch die Situation der Nachfrager insofern verbessern, als jede Preissenkung die gleiche Funktion hat wie eine Einkommenserhöhung: Es können mehr Güter gekauft werden. Infolge der zusätzlichen Nachfrage können Frequenzen und Strecken aufrechterhalten werden, die bei bloßer Anwendung der Normaltarife aus Rentabilitätsgründen nicht bedient würden. Unter dem Aspekt gesamtwirtschaftlicher Produktivität bedeutet die durch die Preisdifferenzierung erzielte höhere Auslastung eine bessere Nutzung der Produktionsfaktoren, beispielsweise der knappen Treibstoffressourcen. Gegenüber dem Einheitspreis für ein Gut erlaubt die Preisdifferenzierung einen stärkeren Einsatz des Wettbewerbsparameters Preis und hat damit eine wettbewerbsfördernde Wirkung.

6.2.3.3 Formen der Preisdifferenzierung

Voraussetzung für eine erfolgreiche Anwendung der Preisdifferenzierung ist eine Marktspaltung in dem Sinne, dass jede Nachfragergruppe nur den Tarif wählen kann, den sie gerade noch zu zahlen bereit ist, und nicht einen preisgünstigeren. Auf dem Luftverkehrsmarkt erfolgt die Abgrenzung der Teilmärkte nach:

- räumlichen,
- zeitlichen,
- mengenmäßigen,
- personellen oder
- sachlichen Kriterien und nach der
- Konkretisierung des Angebotes.[23]

---

[22] Vgl. dazu BUCHWALD, P.: Hauptprobleme, S. 160 f.
[23] Unterteilung in Anlehnung an LOHMANN, M.: Betriebswirtschaftslehre, S. 115.

Da in der Realität häufig mehrere Differenzierungskriterien gleichzeitig angewandt werden, spricht man auch von einer multidimensionalen Preisdifferenzierungsstrategie.

Räumliche Preisdifferenzierung
Flugpreise sind vom Grundsatz her Entfernungstarife, der Flugpreis steigt degressiv mit zunehmender Entfernung. Allerdings existiert kein einheitliches Tarifsystem in dem Sinne, dass auf allen Strecken der gleiche Preis pro Flugkilometer berechnet wird. Es besteht also eine räumliche Preisdifferenzierung, die durch die Unterschiede in der Ausgabebereitschaft bezüglich der Flugstrecke oder der Nachfrager in der jeweiligen Angebotsregion begründet wird. Betrachtet man die (in einer bestimmten Beförderungsklasse) zurückgelegten Flugkilometer, so kann festgestellt werden, dass je nach Flugstrecke unterschiedliche Kilometerpreise innerhalb des Streckennetzes verlangt werden: Es wird also eine routenbezogene, zum Teil sogar flugrichtungsbezogene räumliche Preisdifferenzierung angewendet (vgl. Abb. 6.2).

Flugstrecke	Entfernung in MPM [a]	Tarif [b]	Flugpreis (RT) in Euro	Preis pro Meile in Euro	Differenz in % des teureren Tarifs
Frankfurt – Brüssel	228	C	687	1,51	17,9
Frankfurt – München	186 (TPM)	C	462	1,24	
Frankfurt – Nizza	534	C	1.115	1,04	24,0
Frankfurt – Zagreb	548	C	862	0,79	
Frankfurt – Jonkoping	1.071	C	1.589	0,74	20,4
Frankfurt – Bordeaux	700	C	1.297	0,93	
Frankfurt – Asunción	8.142	C	6.540	0,40	30,0
Frankfurt – Singapur	8.097	C	4.496	0,28	

[a] MPM = Maximum Permitted Mileages: Flugstrecke, die bei Umsteigeverbindungen zu diesem Tarif maximal zurückgelegt werden darf.
[b] C-Klasse ist die z. B. in den Reservierungssystemen verwendete Bezeichnung für die Business Class.

Quelle: Preise und MPM laut AMADEUS-Abfrage Juli 2006
Abb. 6.2. Beispiele räumlicher Preisdifferenzierung

Zonentarife sind eine weitere Form räumlicher Preisdifferenzierung. Der „Zonentarif" so DIRLEWANGER, „hebt innerhalb größerer Gebiete oder Entfernungen jeden Unterschied der Preisfestsetzung auf. Er ist ein Entfernungstarif, der jedoch nicht für jeden Kilometer innerhalb einer Entfernungsstufe den gleichen Einheitssatz ansetzt, sondern einen einzigen Satz für die Gesamtentfernung jeder folgenden Stufe. Beim Zonentarif wird nicht nach der Wegeinheit des Kilometers, sondern nach größeren Entfernungsabschnitten (sog. Zonen) gerechnet."[24]

---

[24] DIRLEWANGER, G.: Preisdifferenzierung, S. 62.

Zonentarife werden im Luftverkehr für Punkte zwischen zwei Wirtschaftsgebieten angewandt, die innerhalb bestimmter Grenzen um die Hauptorte oder die von einem Punkt aus auf derselben Querachse liegen. Das Beispiel eines Zonentarifes für Strecken unterschiedlicher Länge bietet die von der Lufthansa eingeführte Regelung für Holiday-Tarife in die USA: Für deutsche Abflugorte der gleichen Tarifzonen gilt der gleiche Flugpreis und zwar sowohl für Direktflüge als auch für Umsteigeverbindungen ohne Flugunterbrechung.[25]

Zeitliche Preisdifferenzierung
Die Preisdifferenzierung nach dem Reisezeitpunkt hat das doppelte Ziel der Abschöpfung der höheren Ausgabebereitschaft in der Hochsaison und der Entzerrung der Nachfrage zur gleichmäßigeren Auslastung der Produktionskapazitäten. Folgende Formen zeitlicher Preisdifferenzierung sind anzutreffen:

- Preisdifferenzierung nach **Saisonzeiten**: Sie ist beispielsweise auf den Flugstrecken über den Nordatlantik üblich. Da diese Saisonzeiten auf der gleichen Strecke je nach Abflugland unterschiedlich sind, ist hier die zeitliche Preisdifferenzierung mit der regionalen gekoppelt. Auch werden Sondertarife auf manchen Strecken nur zu bestimmten Jahreszeiten angeboten.
- Preisdifferenzierung nach **Wochentagen**: Da die Nachfrage nach Flugleistungen unterschiedlich auf die Wochentage verteilt ist, wird versucht, durch niedrigere Tarife in der Wochenmitte oder am Wochenende neue Kundenschichten anzusprechen.
- Preisdifferenzierung nach **Tageszeit**: Werden auf einer Strecke täglich mehrere Frequenzen angeboten, die unterschiedlich stark ausgelastet sind, können differenzierte Preise als Anreiz gelten, die Nachfrage zu bisher weniger gebuchten Abflugzeiten zu erhöhen. Um einen höheren Auslastungsgrad der Flugzeuge zu erreichen, können – soweit möglich – Nachtflüge angeboten werden, die durch Tarifreduktionen zusätzliche Nachfrage wecken.
- Preisdifferenzierung nach **Buchungszeitpunkt/Reservierungszeitpunkt:** Da Geschäftsreisen eher kurzfristig, Urlaubsreisen dagegen meist schon mehrere Wochen vor der Abreise geplant werden, stellt die Vorausbuchungspflicht eine weitere Möglichkeit der Marktabgrenzung dar, die die Nutzung eines Sondertarifes durch Geschäftsreisende behindert, durch Urlaubsreisende jedoch nicht einschränkt. Die Wirkung kann je nach Höhe der Stornierungs- oder Umbuchungsgebühren graduell dosiert werden. Im Chartermodus haben sich seit Mitte der 1990er Jahre die Last Minute-Flüge stark verbreitet. Die Fluggesellschaften bieten über Einzelplatzeinbuchungen nicht verkaufte oder von den Veranstaltern stornierte Kapazitäten einige Wochen vor Abflug zu stark reduzierten Preisen direkt, über Reisebüros und Internet an.

Mengenmäßige Preisdifferenzierung
Die Preisdifferenzierung je nach nachgefragter Menge tritt in den Formen der Rückflugermäßigungen, der Sondertarife für Gruppen und der Ermäßigungen für (Ehe-)Partner und Familienangehörige auf. Der Grund für die Einführung von

---

[25] Vgl. LUFTHANSA: Flugpreise Deutschland, Note 2502, S. B 13 ff.

Rückflugermäßigungen auf bestimmten Strecken liegt in den unterschiedlichen Preisen je nach Flugrichtung. Der Passagier könnte also durch den Kauf von zwei One Way-Tickets einen günstigeren Flugpreis als beim Kauf eines Return-Tickets erzielen. Die Ermäßigung für (Ehe-)Partner oder Familienangehörige bedeutet, dass ein Familienmitglied den vollen Normaltarif bezahlt und mitreisende Angehörige eine Preisermäßigung erhalten. Dieser Anreiz soll ein zusätzliches Nachfragepotential erschließen und erklärt sich auch aus der Tatsache, dass Geschäftsreisen mitunter um einen privaten Aufenthalt verlängert werden (z. B. Kurzurlaub), bei dem der (Ehe-)Partner oder die Kinder dabei sein sollen. Sondertarife für Gruppen stellen eine Form des verkaufsfördernden Mengenrabattes dar und dienen ebenfalls der Gewinnung neuer Nachfrageschichten. Eine weitere Form der Preisdifferenzierung nach nachgefragter Menge stellen die Sondertarife für Rundreisen (z. B. Airpässe, die eine bestimmte Menge frei wählbarer Strecken innerhalb eines Zeitraumes/Gebiets erlauben) dar.

Personelle Preisdifferenzierung
Wird die Inanspruchnahme eines ermäßigten Flugpreises an personenbezogene Merkmale des Passagiers gebunden, dann können die einzelnen Marktsegmente relativ leicht getrennt werden. Ein Flugschein zu einem Studententarif kann eben nur gekauft werden, wenn der Reisende nachweist, dass er Student ist. Allerdings sind die Möglichkeiten dieser Art der Preisdifferenzierung beschränkt, weil große Gruppen der Nachfrager keine personengebundenen Attribute aufweisen, die sich bei einer personellen Differenzierung unmittelbar diskriminierend auswirken würden.

Sachliche Preisdifferenzierung
Die sachliche Preisdifferenzierung nach dem Verwendungszweck des Fluges orientiert sich an der unterschiedlichen Preiselastizität der Nachfrage von Geschäftsreisenden und Urlaubsreisenden. Ein Grundproblem bei der Gestaltung dieser Art der Preisdifferenzierung liegt darin, zu verhindern, dass Geschäftsreisende die für Urlaubsreisende gedachten Tarife buchen, dabei aber gleichzeitig die Anwendungsbestimmungen dieser Tarife so auszulegen, dass die Privatreisenden sie möglichst ohne Einschränkungen benutzen können.

Am Beispiel der IT-Bestimmungen kann das Vorgehen der Fluggesellschaften erklärt werden. Ein Passagier, der den IT-Tarif (Inclusive-Tours-Tarif) in Anspruch nehmen will, muss gleichzeitig für die Dauer des Aufenthaltes eine Unterkunft sowie eine weitere touristische Leistung buchen und eine Mindestaufenthaltsdauer einhalten. Diese Regelungen stellen für Urlauber, die eine Pauschalreise unternehmen wollen, kein Hindernis dar. Sie machen aber den Tarif für all die Geschäftsreisenden unbrauchbar, deren Aufenthalt am Zielort kürzer ist als die Mindestaufenthaltsdauer. Diese umfasst in der Regel mindestens 6 Übernachtungen und damit auch einen Großteil des arbeitsfreien Wochenendes. Der Geschäftsreisende (oder dessen Unternehmen) würde sich in diesem Falle den günstigeren Tarif durch finanzielle oder zeitliche Mehrkosten für den Aufenthalt des Reisenden am Zielort erkaufen. Der „Verwendungszweck" eines Fluges kann auch dadurch begrenzt werden, dass die Zahl der Flugunterbrechungen eingeschränkt wird oder für Zwischenlandungen zusätzliche Zahlungen verlangt werden.

Preisdifferenzierung nach Angebotskonkretisierung
Bei Standby-Tarifen besteht ein konditionierter Beförderungsanspruch, d. h. eine Beförderung erfolgt nur dann, wenn bei Abflug noch Plätze zur Verfügung stehen. Diese Tarife ohne jegliche Gewissheit auf Beförderung können als ein wenig konkretes Beförderungsangebot bezeichnet werden. Aus abwicklungstechnischen Gründen können sie nur am Tage des Abflugs gebucht werden, eine Reservierung ist nicht möglich. Diese so genannten Standby-Tarife wenden sich an Kunden, die hinsichtlich der verfügbaren Zeit und des Reisetermins sehr flexibel sind; potentielle Zielgruppen dafür sind etwa Rentner oder Studenten.

6.3 Tarifkoordination

6.3.1 Historische Entwicklung

Bis zum Ende des Zweiten Weltkrieges kam es im internationalen Luftverkehr zu keinerlei offiziellen Vereinbarungen über Flugpreise und Frachtraten. Die 1935 von der International Air Traffic Association[26] (IATA) unternommenen Versuche einer internationalen Preiskoordination konnten in der Praxis nur die Funktion informeller Preisempfehlungen erreichen.[27]

Das Ziel der internationalen Luftfahrtkonferenz von Chicago im Jahre 1944, auf der das „Abkommen über die internationale Zivilluftfahrt" verabschiedet wurde, war die Festlegung von einheitlichen und weltweit gültigen Regelungen für den internationalen Zivilluftverkehr. Aufgrund seiner globalen Verflechtung wurde von den 54 teilnehmenden Staaten eine multilaterale Tarifregelung als notwendig und wünschenswert erachtet. Obwohl man für die Vergabe der Verkehrsrechte die Regelung durch bilaterale Verträge jeweils zweier Partnerstaaten verabschiedet hatte, bestand weitgehende Einigung darüber, dass die Aufgabe der Tarifkoordination nicht auf der Basis der bilateral vereinbarten, gemeinsam beflogenen Strecken zu lösen wäre, sondern nur in weltweitem Zusammenhang. „Der internationale Flugverkehr", so KLOSTER-HARZ[28], „hatte schon ein Stadium erreicht, in dem es unsinnig gewesen wäre, allein die Tarife auf Teilstrecken aufeinander abzustimmen und den Versuch zu machen, die Tarife gleichsam in einem Vakuum zu vereinbaren. Es war klar, dass ein angemessenes Preisniveau unvermeidlich die Einbeziehung und Beachtung der auf anderen Routen erhobenen Beförderungsentgelte nach sich ziehen würde." Man empfahl daher die Einrichtung einer internationalen Organisation zum Zwecke der Tarifkoordination durch die Fluggesellschaften. 1947 wurde daraufhin erstmalig ein standardisiertes Verfahren zur Festlegung von einheitlichen Flugpreisen im Rahmen von Tarifkonferenzen durch die IATA eingeführt.

---

[26] Die International Air Traffic Organisation wurde 1919 gegründet, aufgrund der Kriegswirren im Jahr 1942 aufgelöst und 1945 als International Air Transport Association wieder gegründet.
[27] Vgl. CULMANN, H.: Preisbildung, S. 87.
[28] KLOSTER-HARZ, D.: Luftverkehrsabkommen, S. 107.

6.3 Tarifkoordination

Richtungsweisend für die Übertragung der Tarifkoordination auf die IATA war das erste bilaterale Luftverkehrsabkommen nach dem Zweiten Weltkrieg, das so genannte **„Bermuda I-Abkommen"** von 1946 zwischen den Vereinigten Staaten und Großbritannien.[29] Die dort vereinbarte Regelung wurde mit geringen Abwandlungen in viele bilaterale Verträge aufgenommen, so auch in das von der ECAC 1967 erarbeitete Übereinkommen über die Festlegung von Tarifen[30] und in den Mustervertrag für Luftverkehrsabkommen der Bundesrepublik Deutschland. Dort legte Art. 9/II fest:

> „Die Tarife werden, wenn möglich, für jede Linie zwischen den beteiligten bezeichneten Unternehmen vereinbart. Hierbei richten sich die bezeichneten Unternehmen nach den Beschlüssen, die aufgrund des Tariffestsetzungsverfahrens des Internationalen Luftverkehrsverbandes (IATA) angewendet werden können, oder die bezeichneten Unternehmen vereinbaren nach einer Beratung mit den Luftfahrtunternehmen dritter Staaten, welche die gleiche Linie ganz oder teilweise betreiben, die Tarife wenn möglich unmittelbar."[31]

In den seit 1986 neu abgeschlossenen Luftverkehrsabkommen wurde nicht mehr ausdrücklich auf das IATA-Tariffestsetzungsverfahren hingewiesen.[32] Obwohl die Aufgabe der Tarifkoordination durch die einzelnen Staaten an die IATA übertragen wurde, konnte sich eine weltweite multilaterale Festsetzung der Flugpreise nicht durchsetzen, da nicht alle Luftverkehrsgesellschaften Mitglied der IATA waren oder werden wollten. Bilaterale Verhandlungen waren daher von Anfang an eine zweite Form der Tariffindung. Dennoch wurde immer wieder versucht, für bestimmte Verkehrsgebiete wie etwa den Nordatlantik oder Europa multilaterale Lösungen zu finden, insbesondere als durch luftverkehrspolitische Entwicklungen in den USA und Europa der Einfluss der IATA als Preiskartell zurückging. Aus wettbewerbsrechtlichen Überlegungen heraus setzten diese Vereinbarungen aber meist nur einen gemeinsamen Rahmen für die dann unilateral erfolgende Preisbildung der einzelnen Fluggesellschaften.

Abhängig von den bestehenden zwischenstaatlichen Abkommen kann die Entscheidung der Fluggesellschaften über Struktur und Höhe der Flugpreise grundsätzlich durch multilaterale, bilaterale oder unilaterale Festlegung erfolgen. Die multilaterale Tarifkoordination im Rahmen der IATA hat vor allem in den achtziger Jahren auf wichtigen Gebieten des Weltluftverkehrs an Bedeutung verloren. Das für den Aufbau eines weltumspannenden Luftverkehrssystems ursprünglich wichtige Instrument der Entscheidungskoordination und -findung erwies sich aufgrund der immer stärker divergierenden Interessen der einzelnen Luftverkehrsgesellschaften als zunehmend weniger geeignet. Absprachen über Tarife wurden in

---

[29] Bermuda I-Abkommen in: MEYER, A.: Internationale Luftfahrtabkommen, Band III, S. 284 ff.
[30] Vgl. ECAC: Establishment of Tariffs, Art. 2, Abs. 3.
[31] Zitiert nach KLOSTER-HARZ, D.: Luftverkehrsabkommen, S. 206.
[32] Vgl. stellvertretend Art. 10/1, Gesetz zu dem Abkommen vom 2.11.1987 zwischen der Bundesrepublik Deutschland und Neuseeland über den Luftverkehr vom 22.4.1992 (BGBl. II 322).

der fortschreitend wettbewerbsorientierten Marktstruktur immer schwieriger und waren mit den veränderten wirtschaftlichen Rahmenbedingungen immer weniger vereinbar. Bereits 1978, als in den USA der Airline Deregulation Act in Kraft trat, reagierte die IATA mit der Aufhebung der Teilnahmepflicht ihrer Mitglieder an Tarifkonsultationen.[33] Eine Reihe anderer Staaten verzichteten bei der Revidierung bestehender und beim Abschluss neuer bilateraler Abkommen auf eine obligatorische Tarifkoordination durch die IATA-Konferenzen. So verlangt das neue deutsche Musterabkommen lediglich eine Berücksichtigung der bestehenden Wettbewerbs- und Marktbedingungen.[34] Den IATA-Tarifkonferenzen kommt aber in den nicht liberalisierten Verkehrsgebieten weiterhin eine wichtige Bedeutung zu.

6.3.2 Multilaterale Tarifkoordination

6.3.2.1 IATA-Konferenzsystem

Das organisatorische Instrument der IATA zur Festlegung der formalen und materiellen Tarife ist ein System von Verkehrskonferenzen (Traffic Conferences), das nach Verfahrenskonferenzen (Procedures Conferences) und Tarifkoordinierungskonferenzen (Tariff Coordinating Conferences) aufgeteilt ist. Den Mitgliedsgesellschaften wird von Seiten der IATA freigestellt, an welchen der Konferenzen sie teilnehmen.[35] Die **Verfahrenskonferenzen** sind aufgeteilt in:

- die Passagierservicekonferenz: Sie regelt weltweit die Passagier- und Gepäckabfertigung, die Reservierung, die Ausstellung der Beförderungsdokumente, die Buchungsverfahren, Flugpläne und Automatisierungsstandards;
- die Passagieragenturkonferenz: Sie befasst sich mit der Regelung der Beziehungen zwischen den Fluggesellschaften und den Vertriebs- und Verkaufsagenturen (ausgenommen sind Provisionsfestsetzungen).

Die **Tarifkoordinierungskonferenzen** sind in geographische Konferenzgebiete unterteilt:[36]

a) Gebietskonferenzen (Traffic Conferences; TC)
    TC 1: Nord-, Mittel- und Südamerika, Grönland, Karibik und Hawaii
    TC 2: Europa, Afrika, westlicher Teil Asiens/Mittlerer Osten (ohne Iran)
    TC 3: Asien, Australien, Neuseeland, pazifische Inseln

b) Verbindungskonferenzen für die Preisbildung zwischen den Konferenzgebieten
    TC 1/2: Nord-, Mittel- und Südatlantikstrecken

---

[33] Zur Deregulierung in den USA vgl. Kapitel 9.2 und zur Liberalisierung in Europa vgl. Kapitel 9.3 bis 9.5.
[34] Vgl. Art. 10 Abs. 2 des deutschen Musterabkommens.
[35] Für den Fracht- und Personenverkehr bestehen jeweils parallele Konferenzen; hier wird lediglich auf die Passagetarife eingegangen. Den EU-Fluggesellschaften ist durch die Verordnungen (EWG) Nr. 3976/87, Nr. 2344/90, Nr. 2411/92, Nr. 1617/93 die Teilnahme an Tarifkonsultationen erlaubt.
[36] Siehe IATA: Traffic Conferences, Art. I.

TC 2/3: Strecken zwischen Europa/Afrika/Mittlerer Osten und Asien/Südwest Pazifik
TC 3/1: Nord-, Zentral- und Südpazifikstrecken
TC 1/2/3: weltweit

c) Regionalkonferenzen
Die sieben Gebiets- und Verbindungskonferenzen sind in Regionalkonferenzen aufgeteilt, um die Entscheidungsfindung durch einen besseren Bezug zu den Besonderheiten der regionalen Verkehrsmärkte und eine geringere Zahl der teilnehmenden Fluggesellschaften zu erleichtern.

Nimmt eine Fluggesellschaft an der Tarifkoordination teil, wird sie stimmberechtigtes Mitglied bei allen Konferenzen, die die Strecken in oder zwischen Gebieten betreffen, auf denen sie Linienverkehr aus ihrem Heimatland oder in ihr Heimatland betreibt. Vor der IATA-Reorganisation im Oktober 1979 wurden auf den Gebiets- und Verbindungskonferenzen Entscheidungen getroffen, die für das gesamte Konferenzgebiet galten, die vollständige Tarifstruktur (Tarifarten, Flugpreise, Anwendungsbedingungen) umfassten und von den beteiligten Fluggesellschaften nur einstimmig verabschiedet werden konnten. Da die Einstimmigkeitsregeln jedoch immer seltener zu schnellen Konferenzergebnissen führten, wurden sie im Zuge der Neuordnung der IATA gelockert und die Möglichkeit von regionalen Vereinbarungen und limitierten Abkommen geschaffen.[37]

- Regionale Vereinbarungen (Sub-Area Agreements): Bezogen auf eine der sub areas kommen regionale Vereinbarungen auch ohne Stimmeneinheit zustande, sofern nicht 20% oder mindestens fünf der anwesenden Mitglieder der Gebietskonferenz dagegen stimmen.
- Limitierte Abkommen (Limited Agreements): Kann kein Sub-Area Agreement erreicht werden, besteht die Möglichkeit, wenigstens für Einzelstrecken Limited Agreements zu vereinbaren, sofern sich nicht die Mehrheit der Gesamtkonferenz dagegen ausspricht.

Außerdem kann eine Fluggesellschaft „Innovative Fares and Rates" (verkehrsfördernde Tarife) für Flüge aus und nach dem Heimatland beantragen, auch wenn bereits ein Tarifkoordinierungsabkommen vorliegt. Innovative Fares and Rates dürfen von allen Mitgliedsgesellschaften des entsprechenden Konferenzgebietes angewendet werden.

6.3.2.2 Kritische Würdigung der IATA-Tarifkoordination

Funktionsfähigkeit
Ausgangspunkt bei den Verhandlungen der Tarifkoordinierungskonferenzen bilden die jeweils gültigen Flugpreise und die durchschnittlichen Stückkosten auf den einzelnen Strecken. Diese Kostenberechnungen des IATA Cost-Committees beruhen auf den von den einzelnen Fluggesellschaften zur Verfügung gestellten Daten, die schon wegen der unterschiedlichen Produktivität, der verschiedenen

---

[37] Vgl. IATA: Traffic Conferences, Art. III, Abs. 11-15.

Kostenniveaus und des unterschiedlichen Aufkommens stark variieren. Zudem kann über die unternehmensinterne Kostenzuordnung ein für die Verhandlungsführung günstiges Kostenniveau erreicht werden. Da nicht ganz auszuschließen ist, wie BONGERS[38] schon 1967 feststellt, „daß einzelne Gesellschaften ihre Kostenergebnisse nach tariftaktischen Überlegungen manipulieren, begegnen die Mitglieder der Cost-Committees und die Konferenzteilnehmer diesen Zahlen mit Vorsicht." Da diese Preisbildung also nicht „als mathematische Funktion der Kostenanalyse"[39] erfolgen kann, kommt der Verhandlung umso größere Bedeutung zu.

Die grundsätzliche Aufgabe der multilateralen Tariffindung im Rahmen der IATA besteht darin, aus Absatzerwägungen diejenigen niedrigsten Flugpreise auszuhandeln, die mit der langfristigen Wirtschaftlichkeit der Mitgliedsgesellschaften in Einklang zu bringen sind. Problematisch wirken dabei neben den unterschiedlichen Streckenkosten der beteiligten Fluggesellschaften auch deren häufig divergierende Preisstrategien und die Schwierigkeiten, Konferenzergebnisse zu verabschieden, so dass jeder beschlossene Flugpreis das Ergebnis eines ausgehandelten Kompromisses ist. Außerdem ist die Marktstellung einer Gesellschaft sowohl auf der zur Diskussion stehenden Strecke als auch insgesamt für die Verhandlungsmacht maßgebend. Je protektionistischer zudem die politische Strategie des Heimatlandes einer Fluggesellschaft ist, desto stärker wird auch diese Tatsache Einfluss auf die Verhandlungsposition ausüben.

Die multilaterale Tarifkoordination durch die IATA soll Vorteile für die Fluggesellschaften, für die Regierungen und für die Verbraucher bringen. Tarife entstehen nicht für einzelne Strecken isoliert, sondern unter Berücksichtigung des Gesamttarifgefüges und dessen Einfluss auf die Nachfrage in oder aus Nachbarländern. Die Tariffindung auf den Verkehrskonferenzen ist kostengünstiger und weniger zeitaufwendig als die Alternative einer Reihe von bilateralen Verhandlungen. Es werden dabei nicht alle Flugpreise zwischen den von IATA-Luftverkehrsgesellschaften angeflogenen Orten einzeln ausgehandelt, sondern nur die Tarife zwischen den wichtigsten Flughäfen (Specified Fares). Die ausgehandelten Tarife sind interlinefähig, unterliegen den gleichen Anwendungsbedingungen und sichern bei Transport des Passagiers durch mehrere Fluggesellschaften jeweils einen ausgewogenen Prorate-Anteil.[40]

Die Interline-Vorzüge der IATA-Tarife liegen im Interesse der Passagiere, da sie eine hohe Flexibilität hinsichtlich der Routenauswahl und der Reisewegänderungen sowie eine größere Auswahl an benutzbaren Fluggesellschaften ermöglichen. Der durch interlinefähige (gleiche) Tarife nicht mehr mögliche und auch nicht gewollte Preiswettbewerb führt stattdessen zu einem Qualitätswettbewerb hinsichtlich des angebotenen Service und der Auswahl der Abflugzeiten. Gegenüber einer sonst unüberschaubaren Vielzahl von Einzeltarifen wird die Markttransparenz verbessert. Allerdings führt die fortschreitende Differenzierung

---

[38] BONGERS, H.: Deutscher Luftverkehr, S. 180.
[39] CULMANN, H.: Preisbildung und Wettbewerb, S. 91.
[40] Siehe dazu Kap. 7.5.2.

von Tarifen und Produkten dazu, dass das Interlining zukünftig an Bedeutung verlieren wird.[41]

Schon seit Anfang der siebziger Jahre wurde zunehmend Kritik an der Funktionsfähigkeit des IATA-Konferenzsystems geübt.[42] Der rückläufige Stellenwert der IATA-Tarifkoordination im Weltluftverkehr verstärkte die Vorwürfe eines überholten Verhandlungsverfahrens, einer durch Tarifumgehungen wirkungslos werdenden Preisfestsetzung und eines durch Kartellpreisbildung überhöhten Tarifniveaus. Dieser Bedeutungsverlust ist auf die zunehmende Zahl der nicht an den Tarifkonferenzen teilnehmenden Luftverkehrsgesellschaften zurückzuführen. Neben den neu auch auf internationale Märkte kommenden Non IATA-Fluggesellschaften aus dem Ostblock und aus Ländern der Dritten Welt schieden vorübergehend die US-amerikanischen Unternehmen aus dem Konferenzsystem aus. Zudem erreichte der Charterverkehr auf wichtigen Verbindungen (Nordatlantik; innerhalb Europas) von den Passagierzahlen her ein Gewicht, das Auswirkungen auch auf die Gestaltung der Flugpreise im Linienverkehr zeigte.

Kartellpreisbildung
Ein anhaltender Kritikpunkt an der durch die bilateralen Luftverkehrsabkommen vorgeschriebenen Tarifkoordination durch die IATA ist die Kartellpreisbildung. Der Vorwurf der Kartellpreisbildung besagt, dass der Preis als Wettbewerbsparameter zwischen den Fluggesellschaften ausgeschaltet wird, weil der vereinbarte Flugpreis als Mindestpreis für alle Mitglieder verbindlich ist und Preise oberhalb dieser Mindestpreise sich auf dem Markt nicht durchsetzen lassen. Dabei wird unterstellt, dass während der Tarifkonferenzen selbst kein Wettbewerb um den zu vereinbarenden Flugpreis herrscht, sondern die Kosten der Fluggesellschaft mit der niedrigsten Produktivität den Ausschlag geben. Als Folgen der IATA-Kartellpreisbildung werden genannt:

- ein überhöhtes Tarifniveau,[43]
- eine auf vielen Strecken zu geringe Auswahl an Niedrigflugpreisen für den Privatreisenden,[44]
- ein Vergeudungswettbewerb bezüglich Service, Verkaufsförderung und Kapazitätsvorhaltung. Da die Fluggesellschaften trotz aller Regelungen untereinander in Konkurrenz stehen, habe sich der Wettbewerb auf Nebenschauplätze verlagert, zu einer von vielen Kunden gar nicht gewünschten Produktausstattung geführt und so jene hohen Produktionskosten erzeugt, die unangemessen teure Flugtarife notwendig machen.

Nach der Wettbewerbstheorie[45] ist es das Ziel eines Preiskartells, sich auf Verkaufspreise in einer Höhe zu einigen, die selbst dem Unternehmen mit den höchs-

---

[41] Vgl. RÖDIG, F.: IATA-Bedeutungswandel, S. 55.
[42] Vgl. SHAW, S.: Air Transport. S. 105-112; TANEJA, N.: Airlines in Transition, S. 84 f.
[43] Vgl. EG Memorandum I, S. 8.
[44] Vgl. EG: Scheduled Air Fares, S. 54.
[45] Vgl. AHRNS, H. J., FESER, H. D.: Wirtschaftspolitik, S. 52 f.

ten Produktionskosten noch einen zufrieden stellenden Gewinn bringen. Dass dies die IATA zumindest nicht durchgehend erreichen konnte, zeigte die Darstellung der Betriebsergebnisse, die im Vergleich mit anderen Industriezweigen unbefriedigend ausfielen. Inwieweit sich jeweils die Fluggesellschaft mit den höchsten Kosten als Preisführer durchsetzen konnte, war sicherlich von Strecke zu Strecke unterschiedlich und von außen her nicht zu überprüfen. Man kann aber nicht grundsätzlich davon ausgehen, dass auf den Tarifkonferenzen kein Wettbewerb zwischen den Fluggesellschaften herrschte. Denn wenn sich beispielsweise ein kostengünstig produzierendes Unternehmen durch Tarifsenkungen eine höhere Nachfrage und daraus resultierend höhere Gewinne verspricht, dann wird es versuchen, niedrigere Tarife durchzusetzen.[46]

Zu einer grundsätzlich ambivalenten Bewertung kam eine Untersuchung der ECAC. Orientiert sich der Flugpreis an den kostenaufwendigen Fluggesellschaften, dann könnten diese genügend Erträge erwirtschaften, um auf Märkten existent zu bleiben, von denen sie sonst von den produktivitätsstarken Luftverkehrsunternehmen verdrängt würden. Die Zahl der Anbieter verringert sich damit nicht. Allerdings reduziere dies den Anreiz zur Produktivitätssteigerung. Die mit niedrigeren Kosten produzierenden Unternehmen erzielen vergleichsweise höhere Erträge, „was sie wiederum davon abhalten kann, ihren Leistungsvorteil voll auszunutzen, um Tarife zu reduzieren und neue Verbraucherschichten anzusprechen oder weniger effiziente Wettbewerber zu verdrängen."[47] Der IATA-Preisbildung wurde auch zum Vorwurf gemacht, sie führe zu einem insgesamt überhöhten Tarifniveau. Dabei verwiesen die Kritiker häufig auf die Unterschiede in den Flugpreisen im regulierten Europa und den deregulierten USA.[48] Unter Berücksichtigung methodischer Probleme[49] wie beispielsweise der Bewertung von Währungsentwicklungen oder der Vergleichbarkeit der Produkte kamen Untersuchungen[50] zu dem Ergebnis, dass sowohl die Normaltarife als auch die Sondertarife in den USA in der Regel billiger waren. Eine Bewertung muss aber berücksichtigen, dass die kostengünstigen Charterflüge in Europa etwa 50%, in den USA nur ca. 10% des Gesamtaufkommens ausmachten. Damit aber waren die von den meisten Privatreisenden bezahlten Flugpreise in Europa zumindest gleich, in manchen Fällen sogar niedriger als in den USA. Weiterhin sind die Produktionskosten in beiden Verkehrsgebieten zu berücksichtigen, die in Europa bei Treibstoff, Personal sowie den Strecken- und Landegebühren wesentlich höher sind; kostensteigernd wirken sich auch die in Europa kürzeren Streckenlängen und das geringere Verkehrsaufkommen aus. Insgesamt betrachtet konnte die unterschiedliche Tarifbildung nur bedingt für Differenzen im Tarifniveau verantwortlich gemacht werden.

---

[46] Vgl. dazu BUCHWALD, H.: Hauptprobleme, S. 110; DOGANIS, R.: Flying Off Course, S. 35-38.
[47] ECAC: COMPAS-REPORT, S. 31.
[48] Diese in der Vergangenheit meist am Tarifvergleich zwischen USA und Europa geführte Diskussion kann heute auf alle nicht liberalisierten Verkehrsgebiete übertragen werden.
[49] Vgl. POMPL, W.: Tarifniveau, S. 122.
[50] Siehe CAA: European and United States Fares; EG: Scheduled Passenger Air Fares.

6.3 Tarifkoordination

Unter der Annahme, dass die Normaltarife vorwiegend kostenorientiert gebildet werden, konnte ein Kostenvergleich zwischen Linien- und Charterfluggesellschaften des gleichen Landes (also bei gleichen kostenrelevanten Rahmenbedingungen) Aufschluss über eine eventuell geringere Produktivität der Linienfluggesellschaften geben, die sich in höheren Flugpreisen niederschlug. Da der Chartermarkt bezüglich der Flugpreise und der angebotenen Kapazitäten nur in Ausnahmefällen geregelt war, konnte unterstellt werden, dass der bestehende starke Wettbewerb die Chartergesellschaften zu hohem Kostenbewusstsein zwang. Sollten sich die vergleichbaren Kosten der Linienfluggesellschaften als höher herausstellen, war dies dem unterschiedlichen Wettbewerbsdruck zuzuschreiben. Bei der Methode der sog. „cascade study" wurden schrittweise jene Kosten eliminiert, die auf verkehrsabhängige Unterschiede zwischen Linien- und Charterbetrieb zurückzuführen waren; das Endergebnis stellten die abgeleiteten Charterkosten dar.[51] Ein Vergleich zwischen diesen abgeleiteten und den tatsächlichen Kosten einer Charterfluggesellschaft zeigte hypothetische Kostenunterschiede auf, die bei der Erstellung des gleichen Produktes entstünden. In einer zusammenfassenden Bewertung der vorliegenden cascade studies kam die EG-Kommission nicht zu dem Ergebnis überhöhter Kosten bei den Linienfluggesellschaften, da die abgeleiteten Charterkosten nur 6-12% unter denen der Linie lagen.

> "The studies seem to indicate that for the airlines investigated the difference in cost levels between the charter and scheduled mode are much smaller than one is inclined to assume at the first sight when looking at the differences in fares (...). They seem to provide global evidence that a normal economy tariff should be more than double a normal charter tariff."[52]

Die dargestellten Versuche, die These des aufgrund der Kartellpreisbildung überhöhten Tarifniveaus zu überprüfen, ließen nicht den Schluss zu, dass eine freie Preisbildung zu einer erheblichen Senkung der Tarife, insbesondere der Normaltarife, führen würde. Sie lassen aber auch die vorsichtige Behauptung zu, dass bei einer Reihe von Linienfluggesellschaften Produktivität und Kostenbewusstsein noch zu steigern wären.

Ein weiterer Kritikpunkt am „IATA-Tarifkartell" ist die Behauptung, es würden Sonderflugpreise nur auf solchen Strecken eingeführt, die den Fluggesellschaften im Rahmen ihrer Preisdifferenzierung eine hohe Ausschöpfung der unterschiedlichen Preiselastizität der Nachfrage ermöglichen. Dies sind in der Regel Märkte mit einem hohen Aufkommen an Privatreisenden, auf denen infolge der Tätigkeit der Charterfluggesellschaften auch ein höherer Wettbewerbsdruck herrscht.[53] Dazu stellte eine ECAC-Studie[54] für Europa auf der Basis von 550 untersuchten Strecken fest, dass auf vielen Verbindungen die Flugpreisauswahl zu beschränkt war oder überhaupt keine Niedrigtarife angeboten wurden. Auf 7% der Strecken war nur der Normaltarif, auf weiteren 19% nur der Excursion-Tarif zu

---

[51] Eine Darstellung dieser Methode findet sich in EG: Scheduled Passenger Air Fares, Annex 6.
[52] EG: Scheduled Passenger Air Fares, S. 47.
[53] So etwa die EG-Kommission im Memorandum I, S. 8 und Anhang, S. 16.
[54] Vgl. ECAC: COMPAS-REPORT, S. 18-25.

finden. 47% der Strecken wiesen keine Sondertarife auf, die günstiger als 50% des Normaltarifs waren. Die ECAC-Studie kam zu dem Schluss, dass auch auf Strecken ohne Charterkonkurrenz die Einführung von Niedrigtarifen wirtschaftlich tragbar sei.

Gegenüber diesen mannigfaltigen Kritikpunkten ist grundsätzlich festzuhalten, dass sich das System der multilateralen Tariffindung durch die IATA über vier Jahrzehnte als wirksam erwiesen hat, um das komplizierte, von sehr unterschiedlichen politischen und unternehmerischen Interessen geprägte Problem einer weltweiten Tarifkoordination zu lösen und damit entscheidend zum Auf- und Ausbau des internationalen Luftverkehrs beigetragen hat. „The agreements which result from this multilateral action permit coherent inter-related fares and rates structures and standardized tariff-related rules and regulations."[55] In dieser Zeit hat die IATA einen vielleicht ruinösen Wettbewerb verhindert und damit auch vielen Fluggesellschaften, besonders aus den Entwicklungsländern, das Bestehen am Markt ermöglicht.

6.3.2.3 Sonstige multilaterale Ansätze

Da die meisten Regierungen der multilateralen Tarifkoordination den Vorzug gaben und die internationalen Organisationen wie ICAO, IATA oder ECAC einen Teil ihrer Aufgaben in der Standardisierung der im Luftverkehr zur Anwendung kommenden Verfahren sehen, kam es immer wieder zu Versuchen, die multilaterale Tariffindung zu vereinheitlichen. So wurde 1967 im Rahmen der ECAC das **International Agreement on the Procedure for Establishment of Tariffs for Scheduled Air Services**[56] abgeschlossen. Ziel dieses Abkommens war es, die mitunter stark divergierenden Tarifartikel der bilateralen Luftverkehrsabkommen zu vereinheitlichen. Die neuen Klauseln sollten in die bestehenden und zukünftig zu schließenden Verträge übernommen werden. Sie sollten auch für diejenigen bilateralen Vertragspartner gelten, die bisher keine Luftverkehrsabkommen miteinander abgeschlossen hatten, oder deren Abkommen keine Tarifartikel enthielten. Obwohl dieses Abkommen von der ECAC ausgearbeitet wurde, steht es allen Staaten, die Mitglied der UNO oder einer ihrer Sonderorganisationen sind, zum Beitritt offen. Diese Möglichkeit zu einer weltweiten Harmonisierung der Tarifklauseln von Luftverkehrsabkommen wurde bisher allerdings kaum wahrgenommen; selbst ein Teil der ECAC-Mitgliedstaaten ist dem Abkommen noch nicht beigetreten. Daher verabschiedete 1978 die ICAO eine **Standard Bilateral Tariff Clause**[57] als Empfehlung zur Regelung der Tariffindung in bilateralen Luftverkehrsabkommen. Diese Tarifklauseln lehnen sich stark an das ECAC-Abkommen an, allerdings mit einem wichtigen Unterschied: Es wird nicht mehr explizit auf die IATA als Koordinierungsinstitution verwiesen, sondern ganz allgemein auf den „appropriate rate fixing mechanism".[58]

---

[55] IATA: IATA's involvement in fares and rates, S. 2.
[56] Veröffentlicht als ICAO Document 8681; abgedruckt in REIFARTH, J.: Internationale Regelung, S. 213-218.
[57] ICAO: Document 9228-C/1036.
[58] ICAO: Document 9228-C/1036, Art. 2, Abs. 4.

Nachdem Ende der siebziger Jahre auf den Nordatlantikstrecken über längere Zeit keine IATA-Tarifabkommen mehr erzielt werden konnten, hatte sich dort infolge verstärkten Wettbewerbs eine Vielzahl von unterschiedlichen Tarifen herausgebildet, die zudem verschiedenen Arten staatlicher Genehmigung unterlagen. Folgen dieser ungeordneten Liberalisierung waren eine unübersichtliche Tarifsituation, ein teilweise sehr hart geführter Verdrängungswettbewerb sowie ein hoher Zeitaufwand für die notwendigen Tarifkoordinations- und Tarifgenehmigungsverhandlungen. Dies führte bei den Luftfahrtbehörden auf beiden Seiten des Atlantiks trotz unterschiedlichster luftverkehrspolitischer Vorstellungen zu der Bereitschaft, ein neues multilaterales Preisfindungssystem einzurichten.[59] Im Dezember 1980 wurde zwischen den USA und der ECAC ein **Memorandum of Understanding (MoU)**[60] unterzeichnet, dessen Gültigkeit zuletzt bis Ende 1990 verlängert wurde. Dabei sicherten die Vereinigten Staaten die weitere Zulässigkeit von Tarifkoordinationskonferenzen innerhalb der IATA zu und konnten damit von den ECAC-Staaten das Zugeständnis der Einführung eines Referenzpreissystems erreichen. Die Vereinbarung legte fünf Tarifklassen (Deep Discount, Discount, Economy, Business und First Class) mit jeweils einer Preiszone in Bezug auf einen Referenzpreis fest. Die darauf aufbauenden Tarife wurden für jede Einzelstrecke nach Flugrichtung, Saison und Einfach- bzw. Rückflug gesondert in bilateralen Verhandlungen festgelegt. Befanden sich die von den Linienfluggesellschaften vorgelegten Flugpreise innerhalb der jeweiligen Tarifzone, galten sie als von den Unterzeichnerstaaten genehmigt. Lagen die vorgelegten Flugpreise außerhalb der Tarifzonen, traten die in dem zutreffenden bilateralen Abkommen vorgesehenen Genehmigungsverfahren in Kraft. Mit den zwischen den USA und einer Reihe von europäischen Staaten in den 1990er Jahren abgeschlossenen liberalen Luftverkehrsabkommen wurde das Memorandum überflüssig, so dass es 1990 nicht mehr verlängert wurde. Es hat aber insofern für den innereuropäischen Verkehrsmarkt weitreichende Bedeutung erlangt, als das dort vereinbarte Tarifzonenkonzept für das 1987 von der ECAC den Mitgliedstaaten zur Unterzeichnung vorgelegte Abkommen über die Einrichtung von Linienflugtarifen und für die EU-Richtlinien[61] richtungsweisend wurde.

6.3.3 Bilaterale Tarifkoordination

Formen der bilateralen Tariffindung finden sich grundsätzlich im Verkehr mit all den Ländern, deren Fluggesellschaften nicht Mitglied der IATA sind. Nach dem deutschen Musterabkommen ist allerdings auch hier vorgesehen, dass sich die beteiligten Unternehmen an den Beschlüssen des IATA-Tariffestsetzungsverfahrens orientieren. Auf die Notwendigkeit bilateraler Absprachen beim Scheitern der Ta-

---

[59] Vgl. dazu HUDSON, E.: Regulatory Chance, S. 72.
[60] Abgedruckt in REIFARTH, J.: Internationale Regelung, S. 233-239. Die Unterzeichnerstaaten auf Seiten der ECAC: Belgien, Dänemark, Bundesrepublik Deutschland, Frankreich, Griechenland, Großbritannien, Irland, Jugoslawien, Niederlande, Portugal, Schweiz und Spanien.
[61] Vgl. Richtlinien (EWG) Nr. 87/601, 2342/90 und 1617/93 des Rates.

rifkonferenzen wurde bereits hingewiesen. Die USA hatten darüber hinaus im Rahmen ihrer Deregulationspolitik im internationalen Bereich über zwanzig Luftverkehrsabkommen neu abgeschlossen oder ergänzt, die bilaterale Verhandlungen der Fluggesellschaften an die Stelle der IATA-Tarifkoordination setzten.[62]

Für den Fall, dass Fluggesellschaften sich nicht an der Tarifkoordination (insgesamt oder für bestimmte Strecken) beteiligen oder dass auf einer Tarifkoordinierungskonferenz für eine bestimmte Strecke kein verbindlicher Beschluss erreicht werden kann, sehen die Luftverkehrsabkommen bilaterale Preisfestsetzungen vor. Das deutsche Musterabkommen regelt, dass die für diese Linienverbindung designierten Luftverkehrsgesellschaften nach einer Beratung mit den Luftfahrtunternehmen dritter Staaten, welche die gleiche Linie ganz oder teilweise betreiben, die Tarife unmittelbar vereinbaren. Auch hier wird die Tarifkoordination also an die Fluggesellschaften delegiert. Die Auflage der Konsultation der anderen Konkurrenten auf der Strecke soll sicherstellen, dass auch diese Flugpreise nicht isoliert festgesetzt, sondern soweit wie nach den Umständen möglich, in die Gesamttarifstruktur integriert werden.

Scheitern auch die Verhandlungen zwischen den Fluggesellschaften, führt dies zu einem direkten Eingreifen der staatlichen Luftfahrtbehörden: „Kommt zwischen den bezeichneten Unternehmen eine Vereinbarung (...) nicht zustande oder erklärt sich eine Vertragspartei mit den ihr zur Genehmigung vorgelegten Tarifen nicht einverstanden, so setzen die Luftfahrtbehörden der Vertragsparteien die Tarife derjenigen Linien und Linienteile, für die eine Übereinstimmung nicht zustandegekommen ist, im Einvernehmen fest."[63] Diese von den Fluggesellschaften in der Regel nicht erwünschte staatliche Tariffestsetzung soll zudem ein Druckmittel zu Kompromisslösungen darstellen. Sollten auch die Luftfahrtbehörden zu keiner einvernehmlichen Einigung gelangen, dann droht die Gefahr einer „Open Rate"-Situation (offene Tarifsituation), in der die vereinbarte Gültigkeit der bisherigen Tarife abgelaufen und noch keine neue Preisfestsetzung zustande gekommen ist.

Sowohl das deutsche Musterabkommen als auch das ECAC-Übereinkommen über die Festlegung von Tarifen im internationalen Fluglinienverkehr legen fest, dass auf eine Erklärung einer Vertragspartei hin die bisherigen Tarife in Kraft bleiben sollen, bis ein Schiedsgericht einen neuen Tarif festgelegt hat. Diese Regelung ist notwendig, da bis zu drei Monate vergehen können, bis die Vertragsparteien die Mitglieder des Schiedsgerichtes benannt haben.

6.4 IATA-Tarifsystem

6.4.1 Die Entwicklung von Tarif- und Beförderungsklassen

In der Anfangsphase des Neuaufbaus des internationalen Luftverkehrs nach dem Zweiten Weltkrieg wurde aus produktionstechnischen Gründen zunächst nur ein Einheitsklassensystem angeboten; der einen Beförderungsklasse entsprach auch

---

[62] Vgl. HAANAPPEL, P.: Pricing and Capacity Determination, S. 139-153.
[63] Deutsches Musterabkommen, Art. 9, Abs. 4.

nur eine einzige Tarifart. Nachdem zunächst Air France auf innerafrikanischen und Pan Am auf innceramerikanischen Strecken eine zweite Beförderungsklasse erprobt hatten, beschloss die IATA 1951 die Einführung einer Touristenklasse für den Nordatlantik, die bis 1957 auf alle Verkehrsgebiete ausgedehnt wurde. Eine weitere Differenzierung der Beförderungsklassen wurde ebenfalls auf dem Nordatlantik versucht: 1957 mit dem Angebot der Luxusklasse, die qualitätsmäßig über der First Class lag, 1958 mit der Economy Class als Beförderungskategorie unterhalb der Touristenklasse. Während die Luxusklasse nicht die notwendige Nachfrage fand, war die Economy Class so erfolgreich, dass sie die Touristenklasse verdrängte, deren Anteil von über 76% im Jahre 1957 auf unter 1% im Jahre 1960 sank. Nachdem sich ab 1960 das Zweiklassensystem durchgesetzt hatte, kam es Ende der siebziger Jahre erneut zur Einführung neuer Beförderungsklassen, die als Business Class zwischen First und Economy Class lagen. Dabei konnte bis heute kein einheitliches System erreicht werden. Im internationalen Linienverkehr werden je nach Fluggesellschaft zwischen einer und fünf Beförderungsklassen angeboten, bei deren qualitätsmäßiger Auslegung erhebliche Unterschiede zwischen den Fluggesellschaften bestehen. So operiert z. B. die Lufthansa im interkontinentalen Verkehr mit einem Drei-Klassen-System (First, Business, Economy Class), im innereuropäischen Verkehr mit einem Zwei-Klassen-System (Business Class und Economy Class).

Die Entwicklung unterschiedlicher Beförderungsklassen stand in engem Zusammenhang mit der Einführung von Sondertarifen. Schon zur Zeit des Einklassensystems wurde auf die aus der Vorkriegszeit bekannten Möglichkeiten zurückgegriffen, durch Tarifermäßigungen schwach gebuchte Flüge besser auszulasten, so dass bereits 1949 Nachttarife und ein Gruppentarif angeboten wurden. Im Jahre 1950 folgten der Excursion- und der IT-Tarif. Die bis heute anhaltende kontinuierliche Ausdifferenzierung der Flugtarife in immer neue Sonderflugpreise und Ermäßigungen ist im Wesentlichen auf folgende Ursachen zurückzuführen:

1. Infolge der Einführung der Düsenflugzeuge (ab 1958), dann der Großraumflugzeuge (ab 1970) und der für das wichtigste Verkehrsgebiet, dem Nordatlantik, liberalisierten amerikanische Luftverkehrspolitik der „open skies" (ab 1978) kam es zu periodisch auftretenden Überkapazitäten, zu deren Abbau eine Verkehrsbelebung durch niedrigere Tarife beitragen sollte.
2. Die zunehmende Reiseintensität in den Industrieländern führte zum Ausbau des früheren Ad hoc-Bedarfsflugverkehrs zum Kettencharterverkehr mit einer Angleichung des Verkehrsangebotes an das des Linienverkehrs. An diesem preissensiblen Urlaubsreiseverkehr konnten die Linienfluggesellschaften nur partizipieren, wenn sie Sonderflugpreise anbieten konnten, die gegenüber denen des Charterverkehrs konkurrenzfähig waren.
3. Die an Zahl und Wettbewerbsfähigkeit zunehmenden Non-IATA-Carrier drängten in den bilateralen Verhandlungen insbesondere dann auf niedrigere Tarife, wenn sie gegenüber den IATA-Gesellschaften Kostenvorteile hatten. Wo ihnen dies nicht gelang, versuchten sie teilweise, durch Tarifumgehungen eine faktische Tarifsenkung zu erreichen. Die Praxis der Tarifumgehung wurde von vielen Fluggesellschaften übernommen.

4. In Perioden verringerten Wachstums (Konjunkturabschwung) versuchten die Fluggesellschaften, die Nachfrage durch Sondertarife zu beleben.
5. Der durch Zunahme der Verkehrsrechte der fünften Freiheit, Mehrfachdesignierung, Liberalisierung wichtiger Märkte und Privatisierung verstärkte Wettbewerb führte auch in den Beförderungsklassen First und Business zu Sondertarifen.

Gegenüber einer allgemeinen Tarifsenkung kommt es bei der Einführung von Sondertarifen nicht zu einem Ertragsverlust bei den Normaltarifen, sofern eine Abwanderung dieser Passagiere zu den billigeren Tarifen durch die Anwendungsbedingungen der Sondertarife unterbunden werden kann, sondern zur Erschließung neuer Nachfragergruppen. Die einzelnen Beförderungsklassen unterscheiden sich in der Regel hinsichtlich:

- des Sitzkomforts (Sitzbreite, Sitzabstand, Verstellung der Rückenlehne, Zahl der nebeneinander liegenden Sitzplätze pro Sitzreihe). Ausnahmen davon bestehen z. B. im innereuropäischen Verkehr, wo Flugzeuge mit einer einheitlichen Kabinenkonfiguration eingesetzt und die Beförderungsklassen lediglich durch einen Vorhang getrennt werden. Durch diesen Movable Class Devider kann die Zahl der Plätze in der Business bzw. Economy Class der jeweiligen Nachfrage angepasst werden;
- der angebotenen Service-Leistungen, z. B. separate Check In-Schalter und Warteräume (Lounges), Verpflegungs- und Unterhaltungsangebot sowie eine Reihe weiterer Leistungen wie z. B. Service Set (Zahnpasta, Zahnbürste, Toilettenartikel), Schlafmaske, Saunatuch oder bevorzugtes Duty Free-Angebot.

Die Tarifklassen beziehen sich sowohl auf die Beförderungsklasse als auch auf die Anwendungsbedingungen eines Tarifs. Dabei sind Tarifklasse und Beförderungsklasse nicht immer identisch. So gibt es inzwischen in der First und in der Business Class neben dem Normaltarif auch Sondertarife. In der Beförderungsklasse Economy werden Passagiere unterschiedlicher Tarifklassen – Economy Normaltarif und alle Sondertarife – befördert. So wird etwa auf dem Flug Frankfurt – Los Angeles einer 22-jährigen Studentin, die einen Jugend-/Studententarif gebucht hat, die gleiche Beförderungsqualität in der Economy Class angeboten wie dem den Normaltarif zahlenden Passagier. Es wird also unterschieden nach:

- der Tarifklasse oder Fare class, also der Preiskategorie, die durch einen Fare Basis Code gekennzeichnet ist.
- der Buchungsklasse, also der ertragsorientierten Einteilung der Tarifklassen für das Yield Management oder für die Vergabe von Prämienpunkten.
- der Beförderungsklasse, also der Serviceklasse, deren Einteilung auf materiellen und immateriellen Serviceleistungen vor, während und nach Abschluss des Fluges beruht.

Die Entwicklung der Tarif- und Beförderungsklassen bei den Non IATA-Fluggesellschaften folgte auf den internationalen Strecken weitgehend der Tarifpolitik der IATA. Ausnahmen bildeten in der Vergangenheit lediglich die isländische Fluggesellschaft Loftleidir, die durch systematische Unterbietung der IATA-Tarife über den Nordatlantik einen Marktanteil von nahezu 5% erreichen konnte,[64] sowie die sowjetische Luftverkehrsgesellschaft Aeroflot, deren Preispolitik sich bei den Normaltarifen am IATA-Niveau orientierte, bei den Sondertarifen aber deutlich darunter lag.[65]

6.4.2 Der IATA-Normaltarif

Der IATA-Normaltarif ist der Flugpreis für eine reguläre Beförderung ohne irgendwelche besonderen Umstände. Er ist auf die Bedürfnisse des Geschäftsreiseverkehrs zugeschnitten und gewährt dem Passagier größtmögliche Flexibilität hinsichtlich der Wahl der Flugstrecke und der Fluggesellschaft, der Stornierung und Umschreibung sowie der Gültigkeitsdauer.

a) Wahl der Flugstrecke
Der zum Normaltarif fliegende Passagier muss den Bestimmungsort nicht auf dem direkten Wege anfliegen, sondern hat die Wahl zwischen verschiedenen, von der Fluggesellschaft festgelegten Flugstrecken zwischen Abflug- und Bestimmungsflughafen. Führt ein von der Fluggesellschaft vorgegebener Leitweg über eine Anzahl verschiedener Orte, hat ein Passagier die Möglichkeit, die Reise auch über weniger Orte als im Leitweg eingezeichnet durchzuführen, wenn dies für ihn sinnvoller ist. Sofern nicht ausdrücklich auf Einschränkungen hingewiesen wird, sind beim Normaltarif an jedem Zwischenort des betreffenden Leitweges Flugunterbrechungen gestattet; am gleichen Zwischenort innerhalb eines Einfach- oder halben RT-Durchgangstarifes[66] ist grundsätzlich nur eine Flugunterbrechung erlaubt. Wird ein Zwischenort, an dem der Passagier bereits eine erlaubte Flugunterbrechung vornahm, nochmals angeflogen, muss es sich dabei um ausschließlich flugplanbedingtes Umsteigen (Transit) handeln. Bei RT-Reisen ist hingegen jeweils eine Flugunterbrechung auf dem Hin- und Rückweg am gleichen Zwischenort möglich.

b) Gültigkeitsdauer
Ein zum normalen Flugpreis ausgegebener Flugschein ist für ein Jahr vom Datum des Flugbeginns an oder, falls kein Teil des Flugscheins benutzt worden ist, vom Datum der Ausgabe des Flugscheins an gültig. Darüber hinaus bestehen keine weiteren Vorschriften bezüglich Mindest- oder Höchstaufenthaltsdauer. Eine Verlängerung der Gültigkeitsdauer ist möglich, wenn die Fluggesellschaft innerhalb der normalen Gültigkeitsdauer eine Beförderung nicht anbieten kann oder der Fluggast nach Antritt der Reise erkrankt.

---

[64] Siehe dazu HAANAPPEL, P.: Ratemaking, S. 106 f.
[65] Vgl. HAANAPPEL, P.: Pricing and Capacity Determination, S. 119; DIRLE-WANGER, G.: Preisdifferenzierung, S. 227-229.
[66] RT = Return Trip (Hin- und Rückflug); ein Durchgangstarif ist ein in den Tarifwerken veröffentlichter Flugpreis zwischen zwei Orten.

c) Stornierung/Umschreibung

Eine zum Normaltarif gebuchte Reise kann ohne Gebühr storniert oder auf ein anderes Datum oder eine andere Route umgeschrieben werden. Im Falle des Nichtantritts einer Reise ohne Benachrichtigung durch den Fluggast hat die Fluggesellschaft zwar die Möglichkeit, so genannte „No Show"-Gebühren zu erheben, in der Praxis wird jedoch meist darauf verzichtet.

d) Wechsel der Fluggesellschaft

Fluggesellschaften, die im Rahmen von „Interline-Agreements" zusammenarbeiten, akzeptieren von anderen Fluggesellschaften ausgestellte Flugscheine. Der Fluggast hat hier die Möglichkeit, die Fluggesellschaft frei zu wählen und zu wechseln.

e) Preisdifferenzierung beim Normaltarif

Für den Regelfall gilt, dass ein Flugpreis für eine Strecke in beiden Flugrichtungen gleich ist und der Preis für den Hin- und Rückflug das Doppelte des einfachen Flugpreises beträgt. Auf bestimmten Strecken bestehen jedoch auch so genannte „richtungsgebundene Tarife", die jeweils nur in einer Flugrichtung, also vom Ausgangs- zum Bestimmungsort anwendbar sind. Für den Flug in entgegen gesetzter Richtung gilt ein anderer Flugpreis. Dadurch wurde es möglich, dass auf diesen Strecken durch den Kauf von zwei Einfachflugreisen Ersparnisse erzielt werden konnten, denn der Gesamtflugpreis für den Passagier lag niedriger als beim Kauf eines Rückflugtickets. Die Fluggesellschaften in den höher tarifierten Ländern erlitten dadurch Ertragseinbussen und sahen sich zur Einführung von Rückflugermäßigungen gezwungen. Eine saisonale Preisdifferenzierung wurde ebenfalls nicht generell, sondern nur in bestimmten Verkehrsgebieten (z. B. innerhalb Europas) eingeführt.

f) Produktvariationen bei Normaltarifen

Im Rahmen der Normaltarife gibt es Produktvariationen durch die schon beschriebenen Beförderungsklassen und durch den Einsatz unterschiedlicher Flugzeugtypen. Letzteres schlägt sich nur noch dann in der Tarifhöhe nieder, wenn es sich z. B. um Propeller- oder Überschallflugzeuge handelt. Da ansonsten die eingesetzten Flugzeuge auf vergleichbaren Flugstrecken weitgehend ähnliche Leistungsmerkmale hinsichtlich Sicherheit, Schnelligkeit und Komfort aufweisen, die Bindung des Flugpreises an den Flugzeugtyp die Einsatzmöglichkeiten der Flotte beschränken würde und zudem die Bequemlichkeit an Bord weniger vom Flugzeugtyp als von der Konfiguration in der Kabine (z. B. Bestuhlung in den einzelnen Beförderungsklassen) abhängt, wird der so genannte „passenger appeal" zwar im Rahmen der Werbung, nicht jedoch in der Preisgestaltung benutzt. Selbst der Einsatz von Turboprop-Maschinen führt nur noch in Ausnahmefällen zu einer Preisvariation. Für die in der First Class von einigen Fluggesellschaften angebotenen Schlafsessel oder Liegeplätze bestehen keine tariflichen Übereinkünfte. Es ist der einzelnen Luftverkehrsgesellschaft freigestellt, ob und in welcher Höhe sie einen Zuschlag verlangt.

6.4.3 Ermäßigungen auf den IATA-Normaltarif

Eine Darstellung der gegenwärtig im Luftverkehr zur Anwendung kommenden Ermäßigungen und Sonderflugpreise bereitet insofern grundsätzliche Schwierigkeiten, als durch ihre große Zahl und ihre differenziert gestalteten Anwendungsbedingungen eine umfassende Abhandlung kaum möglich erscheint, es sei denn, man würde die Tarifwerke aller Fluggesellschaften bis in die Details kopieren. Mit einer Auswahl aber ist zwangsläufig eine mit Informationsverlusten behaftete Wiedergabe verbunden. Die Darstellung in diesem Kapitel zielt daher nur auf die für den Flugscheinverkauf in Deutschland wesentlichen Tarife ab und beschränkt sich darauf, die charakteristischen Merkmale der Sondertarife und Ermäßigungen hervorzuheben. Daher ist es besonders wichtig, sich jeweils zu vergegenwärtigen, dass:

- ein bestimmter Sondertarif oder eine bestimmte Ermäßigung nicht auf allen Flugstrecken angeboten wird,
- ein auf einer bestimmten Strecke angebotener Sondertarif bzw. eine Ermäßigung nicht von allen diese Route befliegenden Luftverkehrsgesellschaften gewährt wird,
- die zeitliche Anwendungsperiode beschränkt sein kann,
- die Anwendungsbedingungen häufigen, mitunter auch kurzfristigen Änderungen unterworfen sind.

Die folgende Beschreibung der Tarifarten kann also **lediglich exemplarischen Charakter** haben, um die Tarifstruktur insgesamt verständlich zu machen. Dies gilt insbesondere für die prozentualen Werte der einzelnen Ermäßigungen. Über die jeweils aktuell gültigen Tarife und Konditionen geben nur die Tarifwerke bzw. die elektronischen Informations- und Reservierungssysteme der Fluggesellschaften Auskunft.

Ermäßigungen auf den Normaltarif sind eine Form personeller Preisdifferenzierung. Ihre Inanspruchnahme ist an besondere persönliche Voraussetzungen gebunden und sie werden aus unterschiedlichen Gründen gewährt. Die absatzorientierte Strategie, durch Erschließung zusätzlicher Nachfrager die Passagierzahlen zu erhöhen, tritt dabei häufig in Kombination mit anderen Gründen auf. So sind etwa Preisvergünstigungen für Kinder, Schüler, Studenten, Senioren oder Gastarbeiter „Sozialtarife im weiteren Sinne, die aber betriebswirtschaftlich oder wettbewerbspolitisch begründet sind."[67] Um einen echten Sozialtarif handelt es sich dagegen bei der Ermäßigung für Schwerbehinderte. Geschäftspolitische Überlegungen stehen hinter den Ermäßigungen für Journalisten, Agenturmitarbeiter, eigenes Personal und Angestellte fremder Fluggesellschaften.[68] Ermäßigte Flugpreise für Regierungsangestellte, Militärpersonal und Zivilangestellte von militärischen Dienststellen werden auf mehr oder minder starke Regierungsempfehlung hin gewährt, ebenso Ermäßigungen aus politischen Gründen wie etwa die Förde-

---

[67] DIRLEWANGER, G.: Preisdifferenzierung, S. 116.
[68] Da diese Tarife der Allgemeinheit nicht zugänglich sind, werden sie auch nicht veröffentlicht.

rung des internationalen Jugendaustausches. Für Flüge ab Deutschland werden im Allgemeinen folgende Ermäßigungsarten angeboten:

a) Kinder (IATA-Resolution 201)

Kinderermäßigungen werden auf alle Normal- und Sonderflugpreise gewährt, sofern einzelne Bestimmungen dies nicht einschränken. Ein von einem Erwachsenen begleitetes Kleinkind (Infant) unter zwei Jahren, das keinen eigenen Sitzplatz beansprucht, wird innerhalb Deutschlands kostenlos befördert und erhält auf anderen Strecken 90% Ermäßigung auf den Flugpreis (Steuern, Gebühren und sonstige Zuschläge müssen z. T. voll bezahlt werden). Kinder im Alter von zwei bis einschließlich elf Jahren erhalten in der Regel 50% Ermäßigung auf den Erwachsenentarif. Für ein Kind unter acht Jahren gilt diese Bestimmung jedoch nur, wenn es in Begleitung eines Passagiers fliegt, der den vollen Erwachsenentarif zahlt; ohne Begleitung wird der volle Erwachsenentarif erhoben. Auf Lufthansa-Diensten dürfen Kinder ab fünf Jahren unbegleitet fliegen; der Flugpreis beträgt 50% des Erwachsenentarifs plus einer Gebühr.[69] Wird von der Fluggesellschaft eine Begleitperson gestellt, muss zusätzlich eine Gebühr in Höhe des einfachen Normalflugpreises entrichtet werden. Maßgebend für die Flugpreisberechnung ist das Alter des Kindes am Reiseantrittstag.

b) Jugendliche innerhalb Europas (IATA-Resolution 092c)

Bei Flügen innerhalb Europas erhalten Jugendliche zwischen 12 und einschließlich 21 Jahren 25% Ermäßigung auf den Erwachsenentarif. Diese Ermäßigung wird auch auf Sonderflugpreise gewährt, vorausgesetzt dass der Jugendtarif nicht niedriger ist als der höchste direkte Economy-OW-Normaltarif.

c) Schüler/Studenten (IATA-Resolution 092)

Für Schüler und Studenten zwischen 15 und 25 Jahren wird weltweit für Reisen zwischen dem Wohnsitz und dem Ausland eine Ermäßigung auf den Economy-Normaltarif gewährt, wenn der Reisende für mindestens ein Schuljahr (mindestens sechs aufeinander folgende Monate) an einer Ausbildungsanstalt immatrikuliert ist. Auf einigen Strecken (innerhalb Deutschlands, zwischen Deutschland und Griechenland/Türkei) bestehen zusätzlich ermäßigte Flugpreise für Schüler und Studenten im Alter von 12/17 bis einschließlich 25/27/30 Jahren, der Ermäßigungssatz liegt zwischen 45% und 75% des Normaltarifs. Gruppen von mindestens zehn Schülern unter 20 Jahren, die täglich den vollen Unterricht an derselben Schule besuchen und als geschlossene Gruppe reisen, erhalten nach schriftlicher Beantragung bei der Luftverkehrsgesellschaft auf innereuropäischen Strecken Ermäßigungen von 45% auf den Economy-Normaltarif. Begleitende Lehrer oder Aufsichtspersonen erhalten je Gruppe von zehn Schülern die gleiche Ermäßigung.

---

[69] Zum Beispiel auf innerdeutschen bzw. internationalen Direkt- und Nonstopflügen EUR 35, internationalen Transitflügen oder Flügen nach USA, Kanada oder Mexiko EUR 60, Stand Sommer 2006.

d) Auswanderer[70]
Die zunehmend unbedeutender werdenden Auswanderertarife stammen aus der Zeit, als viele Länder eine aktive Einwanderungspolitik betrieben. Die damals nur während der Winterperiode angebotenen Sonderflugpreise „bezweckten nicht nur eine bessere Kapazitätsausnutzung, sondern waren direkt gegen die Seeschifffahrt gerichtet."[71] Gegenwärtig werden in Deutschland Ermäßigungen von bis zu 60% auf den anwendbaren Normaltarif für Reisen nach Australien, Neuseeland und Südamerika gewährt. Der Passagier muss ein gültiges Einwanderungsvisum vorlegen.

e) Seeleute und Schiffsbesatzungen (IATA-Resolutionen 087, 090)
Alle Seeleute der deutschen Handelsmarine und das seemännische Personal von Fischereibooten und Forschungsschiffen erhalten zwischen 25% und 40% Ermäßigung auf den Normaltarif, wenn die Reise im Zusammenhang mit ihrem Arbeitsaufenthalt im Ausland steht. Um dies sicherzustellen, darf die Bezahlung des Flugscheins nur über die Reederei, den Kapitän des Schiffs, einen deutschen Konsul, ein nationales Schifffahrtsbüro oder über eine Regierungsstelle erfolgen.

f) Gastarbeiter
Ausländische Arbeitnehmer in Deutschland sowie deren unmittelbare Familienangehörige (Ehegatten und abhängige Kinder unter 22 Jahre) erhalten für Flüge in ihre Heimatländer Ermäßigungen. Diese Preisreduktionen gelten nur für bestimmte Länder (z. B. Griechenland, Marokko, Türkei) und werden meist in der Form von Sondertarifen veröffentlicht.

g) Militärangehörige
Militärpersonen der deutschen Streitkräfte, der US-Streitkräfte sowie Zivilangehörige des US Department of Defense sowie jeweils deren Familienangehörige erhalten Ermäßigungen in unterschiedlicher Höhe.

h) Schwerbehinderte
Nur für Flüge innerhalb Deutschlands sowie zwischen Deutschland und USA erhalten Schwerbehinderte mit einer Minderung ihrer Erwerbsfähigkeit als Folge von Wehr- oder Kriegsdienst oder von rassistisch-politischer Verfolgung eine Ermäßigung von mindestens 30%. Sofern die Notwendigkeit der ständigen Begleitung eines Schwerbehinderten durch einen Ausweis amtlich belegt ist, kann die Begleitperson unentgeltlich befördert werden.

i) Senioren
Senioren ab 60 Jahren erhalten innerhalb Deutschlands 25% Ermäßigung auf den anwendbaren Economy Class-Sondertarif.

---

[70] Da bei Auswanderern, Schwerbehinderten, Senioren, Familien und Ehegatten IATA-Resolutionen nicht bestehen oder nicht mehr anwendbar sind, erfolgt die Darstellung anhand der Tarifregelungen der Lufthansa.
[71] DIRLEWANGER, G.: Preisdifferenzierung, S. 118.

j) Ehegatten (IATA-Resolution 091k)
Reisen innerhalb Europas Ehegatten zusammen, dann zahlt das Familienoberhaupt den Normalflugpreis, der/die begleitende Ehegatte/gattin den halben Normalflugpreis (nur für RT-Reisen).[72]

k) Familien
Auf bestimmten Strecken innerhalb des Verkehrsgebietes Europa werden Ehepartnern und deren Kindern bis 25 Jahren Ermäßigungen gewährt. Das Familienoberhaupt erhält keine Ermäßigung auf den Normalflugpreis bzw. den Economy-Tarif. Ehepartner und Kinder, die als ermäßigungsberechtigte Familienmitglieder gelten, zahlen jeweils 50% des anwendbaren Tarifs des Familienoberhaupts. Je nach Anwendungsgebiet muss die Familie auf der gesamten Route oder nur auf dem Hinflug gemeinsam reisen.

6.4.4 Sonderflugpreise im IATA-Tarifsystem

Während bis Anfang der 1990er Jahre die Strukturen und Bezeichnungen der Sondertarife der einzelnen Fluggesellschaften weitgehend den von der IATA vorgegebenen Regeln folgten, sind seitdem unternehmensspezifische Individualisierungen festzustellen. Diese beziehen sich vor allem auf preislich niedrige Sondertarife und auf Aktionstarife, die von jeder Fluggesellschaft bezüglich Höhe und Anwendungsbedingungen individuell festgelegt werden, eine zeitlich begrenzte Gültigkeitsdauer haben und kapazitätsmäßig stark reguliert sind.

Die Low Cost-Carrier arbeiten mit nur einer Beförderungsklasse und einem sehr einfachen Tarifsystem, das meist die Vorausbuchungsfrist als einziges Preisdifferenzierungskriterium einsetzt, zunehmend wird auch die Umbuchbarkeit eines Tarifs zum Kriterium. Zudem treten an die Stelle einheitlicher Bezeichnungen „Haustarife"; so nennt z. B. Lufthansa den PEX-Tarif nun Holiday-Tarif, Holiday-Special-Tarif oder Flieg und Spar-Tarif; daneben existieren dort Begriffe wie Budget-, Special Super Pex- und Super Saver-Tarife mit nahezu identischen Anwendungsbedingungen. Obwohl viele der angewendeten Sondertarife nicht mehr den früher eindeutig klassifizierten Tarifgruppen folgen, erscheint es zum besseren Verständnis des Tarifsystems insgesamt aber dennoch hilfreich, sich an der traditionellen Systematik zu orientieren (vgl. Abb. 6.3).

6.4.4.1 Sonderflugpreise für Einzelpersonen

a) Excursion-Tarife
Dieser internationale Sondertarif wird von Deutschland aus nach allen Verkehrsgebieten (jedoch nicht auf allen Verbindungen) angeboten. Er ist der Sondertarif mit den am wenigsten restriktiven Anwendungsbedingungen und in der Regel der preislich höchste Sondertarif. Einschränkungen bestehen meist hinsichtlich der

---

[72] Bei vielen Fluggesellschaften wurden die Ehegattentarife inzwischen durch sog. Companion-Fares (Partnertarife) ersetzt, die meist als zeitlich begrenzte Specials angeboten werden. Hierbei ist ein Verwandtschaftsverhältnis zwischen den Reisenden in der Regel nicht mehr erforderlich.

Anwendungsperiode und der Leitwege. Die Kombination von Flugpreisen ist entweder überhaupt nicht oder nur begrenzt möglich. Mindest- und Höchstaufenthaltsdauer sind vorgeschrieben, in jedem Falle ist mindestens ein Wochenende eingeschlossen. Es gilt also die Sunday-Return-Regel: „Die Rückreise vom letzten Tarifkonstruktionspunkt außerhalb des Ausgangslandes (in der Regel der Umkehrpunkt der Reise, W. P.) darf nicht vor 00.01 Uhr an dem Sonntag beginnen, der dem Datum der Ankunft am ersten Tarifkonstruktionspunkt außerhalb des Ausgangslandes (in der Regel der erste Zielort, W. P.) folgt."[73] Teilweise werden für den Excursion-Tarif Stornogebühren erhoben, die von einem festen Betrag bis zur Nichterstattbarkeit des Tickets reichen können.

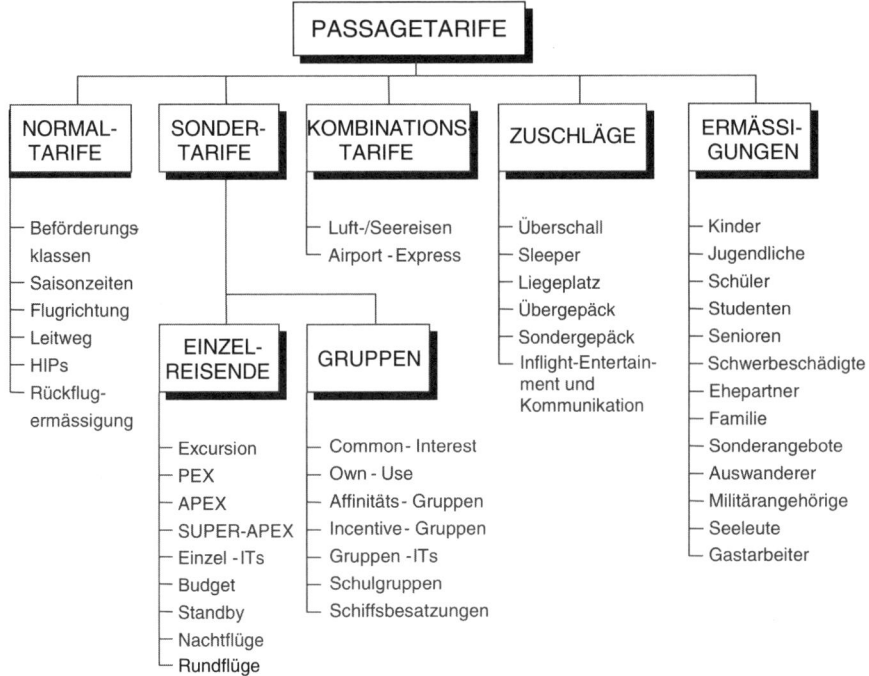

Anmerkung: Diese Ermäßigungen und Sonderflugpreise sind nicht auf allen Strecken und für alle Fluggesellschaften anwendbar; die Liste ist unvollständig und vorwiegend auf den Verkauf ab Deutschland abgestellt. Da die Sonderflugpreise häufigen Änderungen unterworfen sind, ist der aktuelle Stand nur in den Tarifwerken der Fluggesellschaften bzw. den elektronischen Medien zu finden.

Abb. 6.3. Struktur der Passagetarife (IATA-Tarifsystem)

---

[73] Vgl. LUFTHANSA: PT 102 – Flugpreise Deutschland, Standardbedingungen für internationale Sondertarife (Note S999), Abs. 7, S. B-4.

b) Purchase Excursion-Tarife (PEX)
Gegenüber den Anwendungsbedingungen der Excursion-Tarife bestehen bei der Buchung eines PEX-Tarifes zusätzliche Restriktionen. Reservierungen für Hin- und Rückflug, Flugscheinausstellung und Bezahlung müssen zum gleichen Zeitpunkt bzw. innerhalb von 24 Stunden nach der Reservierung erfolgen. Reservierungs- oder Reisewegänderungen vor Reiseantritt sind nur gegen Gebühr möglich. Bei Stornierungen vor Reiseantritt wird der PEX-Tarif abzüglich einer Stornogebühr erstattet, nach Reiseantritt entfällt die Erstattung.

c) Advance Purchase Excursion-Tarife (APEX)
Auch der APEX-Tarif ist eine besondere Form des Excursion-Tarifs. Er liegt preislich unterhalb des PEX-Tarifs und ist mit weiteren Restriktionen verbunden. Reservierung, Flugscheinausstellung und Bezahlung für die gesamte Reise müssen je nach Gebiet zwischen sieben Tagen und drei Wochen vor Reiseantritt abgeschlossen sein. Reservierungsänderungen sind meist nur bis zu diesem Termin und gegen Bezahlung einer Gebühr möglich. Die Kinderermäßigungen sind gegenüber dem Normaltarif geringer.

d) SUPER APEX-Tarife
Diese Tarife stellen die preisgünstigste und restriktionsreichste Tarifklasse dar. Sie werden oft nicht allen eine Strecke befliegenden Fluggesellschaften, sondern nur je einer Airline des Abflug- und des Ziellandes genehmigt. Bei Umsteigeverbindungen (nur im Inland erlaubt) ist ein Wechsel von Flug und/oder Fluggesellschaft nicht zulässig. Flugunterbrechungen und eine Kombination mit Anstoßflugpreisen sind nicht gestattet.

e) Zeitlich gebundene Sondertarife
Eine Reihe weiterer Sondertarife ist dadurch gekennzeichnet, dass sie besonderen Einschränkungen hinsichtlich des Flugtages oder der Abflugzeit unterliegen. Da mit diesen Angeboten besonders auslastungsschwachen Flügen mehr Passagiere zugeführt werden sollen, die Auslastung aber große streckenspezifische Unterschiede aufweist, sind diese Tarife stark auf die einzelnen Fluggesellschaften zugeschnitten. Daraus ergibt sich eine Fülle von Einzeltarifen, deren Angebotsdauer der zeitlichen Nachfrage angepasst wird.

f) Standby-Tarife
Bei diesen Sondertarifen ist eine längerfristige Reservierung nicht möglich, da sie nur kurzfristig (am Abflugtag selbst oder einen Tag vorher) gebucht werden können. Standby-Tarife werden gegenwärtig ab Deutschland nicht angeboten.

g) Rundreise-Sondertarife (Airpässe)
Mit einem Rundreise-Sondertarif kann entweder eine bestimmte Anzahl von Flügen oder unbegrenzt das gesamte Streckennetz einer Fluggesellschaft zu einem Einheitspreis beflogen werden (z. B. wird allen Personen, die außerhalb Indiens wohnen, ein „Discover India"-Tarif angeboten, bei dem innerhalb von 3 Wochen alle inländischen Flüge einer Airline in der Economy Class benutzt werden können).

h) Budget-Tarife
Der Ausdruck Budget-Tarif kann jeweils unterschiedliche Bedeutungen haben, insbesondere im Zusammenhang mit stark ermäßigten Sonderflugpreisen. Das ursprüngliche Konzept sah vor, die Reservierung für einen Flug nicht für eine bestimmte Abflugzeit, sondern nur für eine bestimmte Abflugwoche zu ermöglichen, wobei die Fluggesellschaft dem Passagier eine Woche vorher den genauen Flugtermin mitteilt.

i) Sondertarife für Pauschalreisen (IT-Tarife)
IT-Tarife sind Sonderflugpreise für von Reiseveranstaltern zusammengestellte Einzel- oder Gruppenpauschalreisen (Inclusive Tours), die der Öffentlichkeit mittels Werbeliteratur zugänglich gemacht werden. Der Begriff IT-Flugreise umfasst Ferienreisen als reine Aufenthalts-, Rundreisen oder kombinierte Reisen mit anderen Verkehrsmitteln (z. B. Kreuzfahrten) sowie Fly & Drive-Reisen, Reisen für Sondergruppen zu Kongressen, Sportveranstaltungen und Tagungen und Incentive-Reisen.[74] IT-Flugreisen müssen mindestens vier Wochen vor der Veröffentlichung von einer IATA-Luftverkehrsgesellschaft zum Verkauf genehmigt werden. Non IATA-Reiseveranstalter benötigen für den Genehmigungsantrag zusätzlich die Unterschrift eines IATA-Agenten; nur dieser ist zur Ausstellung von Flugscheinen für das genehmigte Programm berechtigt.

> **Beispiel: Auszug aus den Standardbedingungen für IT-Tarife:**[75]
>
> **Anwendung**
> IT-Tarife dienen ausschließlich der Kalkulation von Flugpauschalreisen, die in Deutschland beginnen.
>
> **Mindestaufenthalt**
> Außer bei Sondergruppen oder Wochenendreisen sind grundsätzlich mindestens sechs Übernachtungen pro Reise vorgeschrieben.
>
> **Mindestpreis**
> Mindestpreise für IT-Tarife existieren nicht mehr.
>
> **IT-Referenz-Nummer**
> Der Reisepreis und die IT-Referenz-Nummer werden veröffentlicht. Die IT-Referenz-Nummer besteht aus einem Code von zwölf Zeichen, die sich aus den Buchstaben „IT", der Endziffer des Genehmigungsjahres, dem zweistelligen IATA-Code der genehmigten Luftverkehrsgesellschaft, der Ziffer des IATA-Konferenzgebiets, dem dreistelligen Code für die Abkürzung des Reiseveranstalters sowie der dreistelligen Zahl des Zielflughafens ergeben (z. B. IT8BA2HL022).
>
> **Touristische Leistungen**
> Der Flug, das Hotelarrangement oder eine andere Unterbringungsmöglichkeit und eine weitere Leistung wie Transfer, Stadtrundfahrt oder die Buchung eines Mietwagens sind Voraussetzungen für eine Pauschalreise.

---

[74] Incentive-Reisen sind Pauschalreisen, die ein Unternehmen im Rahmen eines Leistungswettbewerbs für Betriebsangehörige und Handelspartner als Gewinn (Anreiz) aussetzt.
[75] Vgl. IATA: Travel Agent's Handbook, IATA-Resolution 870, S. 83 f.

> **Reisedokumente**
> Die Reiseveranstalter müssen den Reisenden Gutscheine mit dem Namen des Reiseveranstalters, des Fluggastes, der bezahlten Unterkunft, der Dauer des Aufenthalts, der Art und des Umfangs weiterer touristischer Leistungen und der IT-Referenz-Nummer übergeben.

Nach den Vorstellungen der EU-Kommission sollten aus Gründen der Markttransparenz IT-Tarife veröffentlicht und der Flugpreis auf dem Ticket eingetragen werden. Aufgrund der wettbewerbsmindernden Wirkung von Preisabsprachen trat sie außerdem für ein Verbot von IT-Tarifabsprachen zwischen den Luftverkehrsgesellschaften auch für Flüge nach Zielen außerhalb der EU ein, wodurch IT-Tarife ihre Interlinefähigkeit verlieren würden. Auf längere Sicht werden die IT-Tarife auch in nicht-liberalisierten Märkten ihre Bedeutung verlieren, weil sie zunehmend häufiger von Sondertarifen ohne die Verpflichtung zu touristischen Leistungen, insbesondere von Aktionstarifen, unterboten werden.[76]

6.4.4.2 Sonderflugpreise für Gruppen

Die Bedeutung von Sondertarifen für Gruppen hat in den letzten Jahren vor allem in den liberalisierten Verkehrsgebieten stark abgenommen. Auch in Deutschland werden die nachfolgend dargestellten Flugpreise immer häufiger direkt zwischen den Fluggesellschaften und den die Gruppen buchenden Agenturen ausgehandelt.[77]

a) „Common Interest"-Gruppen
Unter „Common Interest"-Gruppen werden Nachfragegruppen verstanden, die ein gemeinsames Interesse an der Durchführung einer Reise haben (z. B. Studienreise), das allerdings nicht nur darin bestehen darf, durch Gruppenbildung Vergünstigungen zu erhalten. Der Tarif wird auf Antrag der Interessengruppe hin (der Antragsteller darf kein IATA-Agent sein) auf „bona fide"-Basis, das heißt ohne Nachweis des gemeinsamen Interesses, gewährt. Eine Mindestgruppengröße ist vorgeschrieben. Alle Gruppenmitglieder müssen die Reise mit demselben Flugzeug antreten und gemeinsam reisen (bei OW-Reisen bis zum Bestimmungsort, bei RT-Reisen bis zum Umkehrort).

b) Affinitäts-Gruppen
Endverbrauchergruppen, die schon vor Reiseantritt eine ausreichende Affinität (Zusammengehörigkeit) aufweisen, können diesen Tarif beantragen. Ermäßigungsberechtigt sind Mitglieder und Angestellte sowie deren unmittelbare Familienangehörige derselben Vereinigung, Körperschaft oder Firma, deren Hauptzweck nicht die Veranstaltung von Reisen ist. Die Teilnehmer müssen am Reisean-

---

[76] Von Lufthansa werden inzwischen keine IT-Tarife mehr angeboten.
[77] In der Tarifveröffentlichung der Lufthansa PT – Flugpreise Deutschland, Anwendungsbestimmungen vom November 1996, werden nur noch Gruppentarife als Ermäßigungen für Schulgruppen innerhalb Europas, Familien und Schiffsbesatzungen aufgeführt. Die Gruppen-IT-Tarife wurden bis 1996 in einer separaten Broschüre (Preise für IT ab Deutschland) gedruckt veröffentlicht und sind seither nur noch über das Fare Quote System der CRS abrufbar.

trittstag mindestens sechs Monate der Organisation angehören. Es besteht eine Vorausbuchungsfrist. Die Reisegruppe darf weder direkt noch indirekt von einer Person zusammengestellt werden, die sich mit Angebot, Werbung und Verkauf von Beförderungsleistungen befasst. In öffentlichen Medien darf nicht geworben werden.

c) Pauschalreisegruppen
Für Gruppenpauschalreisen (GIT) gelten die unter IT-Reisen bereits beschriebenen Anwendungsbedingungen, ergänzt um Regelungen bezüglich der Mindestgruppengröße.

d) Incentive-Gruppen
Incentive-Reisegruppen müssen sich aus Gruppen von Angestellten, Verkäufern und/oder Vertretern (einschließlich Ehepartner) derselben Firma, Körperschaft oder Unternehmung mit Ausnahme von Organisationen, die nicht gewinnorientiert arbeiten, zusammensetzen. Die Kosten für die Incentive-Pauschalreise sind gänzlich von der Organisation zu tragen und dürfen weder direkt noch indirekt auf die Belegschaft abgewälzt werden.

e) „Own Use"-Gruppen
Bei diesem Tarif für den „Eigenbedarf" (own use) einer Gesellschaft, Vereinigung oder Firma darf das Käufer-Unternehmen die Reisekosten nicht auf die an der Reise teilnehmenden Personen aufteilen. Freiwillige Beiträge der Gruppenmitglieder sind jedoch gestattet (z. B. Freiwillige Eigenleistungen zur Finanzierung eines Betriebsausfluges).

6.4.5 Kombinationstarife

Für Rundreisen, bei denen neben dem Flugzeug noch ein weiteres Transportmittel benutzt wird, besteht die Möglichkeit, die jeweiligen Tarife zu kombinieren, um entweder den Reisenden eine Ermäßigung einzuräumen oder aber den Agenturen den Verkauf einer gesamten Reise zu ermöglichen.

a) Luft-/Seereisen
Durch Interline-Abkommen der Luftverkehrsunternehmen mit Schifffahrtsgesellschaften wird die gegenseitige Anerkennung von Beförderungsdokumenten sichergestellt. Für die geflogenen Teilstrecken muss der normale anwendbare OW-Flugpreis berechnet werden. Eine Rückflugermäßigung ist nicht gestattet. Dieser Kombinationstarif kann nicht für IT-Reisen angewendet werden.

b) Flugreisen mit Bodenbeförderung
Fluggesellschaften können den Flugscheinverkauf auch mit der Option versehen, dass für bestimmte Strecken eine Bodenbeförderung im Preis inbegriffen ist. Um aufkommensstarke Regionen an das eigene Streckennetz anzubinden greifen Fluggesellschaften bei Bedarf auf die Bodenbeförderung zurück und bieten – meist in Kooperation – Busverbindungen oder Bahnanbindungen an.

c) Rail & Fly-Tarife

Der Rail & Fly-Tarif der Bahn ermöglicht bei Auslandsflügen die Anreise von jedem Bahnhof zu den deutschen Flughäfen zu einem Festpreis. Fluggesellschaften können mit der Bahn Kooperationsverträge schließen und den Rail & Fly-Tarif entweder zu einem ermäßigten Preis anbieten oder in den Gesamtflugpreis integrieren.

6.4.6 Sondergebühren

Für bestimmte Sonder- oder Zusatzleistungen können Zuschläge auf den Normaltarif angewendet werden. Die Regelungen bleiben jedoch den einzelnen Fluggesellschaften vorbehalten und sind daher auch recht unterschiedlich gestaltet.

a) Zuschläge für Überschallverkehr

Ursprünglich waren es nicht Kosten- sondern Wettbewerbsüberlegungen, die zur Einführung von Zuschlägen im Überschallverkehr führten. Um den Wettbewerbsvorsprung jener Gesellschaften, die ab 1976 Überschallflugzeuge einsetzten, zu begrenzen, drängten die anderen IATA-Gesellschaften auf höhere Flugpreise für die Überschallbeförderung. Nach Einstellung des Überschallverkehrs 2003 kommen diese Zuschläge nicht mehr zur Anwendung.

b) Zuschläge für Bett-/ Liegeplätze

Fluggesellschaften, die auf bestimmten Strecken in der First Class Bettplätze oder Liegesitze („Sleeper Seats") zur Verfügung stellen, können Zuschläge von 5% bis 25% des First Class-Tarifs oder einen Festbetrag von bis zu mehreren hundert Euro erheben.

c) Zuschläge für Inflight-Entertainment und Kommunikation

Unabhängig von der Beförderungsklasse kann für die Benutzung von Kommunikationseinrichtungen an Bord oder die Benutzung von Kopfhörern in Verbindung mit Radio-, Film und Fernsehunterhaltung ein Zuschlag erhoben werden. Dieser ist jedoch nicht obligatorisch.

d) Gebühren für Sonderfälle: Als Sonderfälle gelten:

- Passagiere mit dem Wunsch nach einem zusätzlichen Sitzplatz, die insgesamt den zweifachen Flugpreis zu bezahlen haben;
- die Beförderung eines Passagiers auf einer Krankenliege, die mit 400% des höchsten anwendbaren Business-Normaltarifs für Erwachsene berechnet wird,
- die zusätzliche oder permanente Sauerstoff-Versorgung eines Passagiers, für die ein Stundensatz erhoben wird.

6.4.7 Reisegepäck-Bestimmungen

Mit dem Kauf des Flugscheines erwirbt der Passagier das Anrecht auf die kostenlose Beförderung einer bestimmten Menge Handgepäck (Kabinengepäck) und Freigepäck (aufgegebenes Gepäck). Als **Handgepäck** darf aus Platz- und Sicherheitsgründen nur ein Gepäckstück mit den maximalen Ausmaßen von

56x45x25 cm mit in die Kabine genommen werden. Manche Fluggesellschaften setzen zudem eine Gewichtsgrenze (z. B. Lufthansa: 5 kg). Zusätzlich kann der Passagier eine Reihe weiterer Artikel – Handtasche, Mantel, Regenschirm, Reiselektüre, Fotoapparat, Fernglas (Behinderte außerdem einen zusammenklappbaren Rollstuhl, Krücken und Prothesen) – mit an Bord nehmen, die nicht auf die Freigepäckmenge angerechnet werden. Das Handgepäck darf keine Gegenstände enthalten, die das Flugzeug oder die Passagiere gefährden könnten (z. B. Waffen oder als solche nutzbare Gegenstände, leicht entzündliche Stoffe oder Behälter unter Druck).

Die Höchstmenge des **aufgegebenen Gepäcks** richtet sich nach der Beförderungsklasse und der Reiseroute, wobei die Freigepäck-Bestimmungen für verschiedene Länder unterschiedlich sind. Dabei kommen zwei unterschiedliche Konzepte zur Anwendung. Im Verkehr nach U.S.A., Kanada, Mexiko, Karibik und Neuseeland sowie für innerdeutsche Reisen gilt das Stückkonzept (Piece Concept), bei dem sowohl die Außenmaße des Gepäcks als auch das Gewicht zählen. Wird eine Reise zwischen Gebieten durchgeführt, für die jeweils das Stück- und das Gewichtskonzept zur Anwendung kommen, gilt das Stückkonzept für die gesamte Reise.

> **Beispiel Stückkonzept für Reisen nach USA:**
>
> Auf diesen Strecken sind in allen Tarifklassen zwei Gepäckstücke mit einem Gesamthöchstgewicht von 32 kg, von denen keines größer als 158 cm in Länge + Breite + Höhe ist, erlaubt. Ungeachtet ihrer tatsächlichen Ausmaße werden eine Reihe von Artikeln als Gepäckstücke der Größenordnung 158 cm betrachtet, soweit sie nicht schwerer als 32 kg sind, wie etwa Golfbags, Skier oder eine Angelausrüstung.

Bei Anwendung des Gewichtskonzepts richtet sich die im Flugpreis enthaltene beförderte Höchstmenge nach der vom Passagier bezahlten Beförderungsklasse; sie beträgt in der First Class 40 kg, in der Business Class 30 kg, in der Economy Class 20 kg. Für den Transport von Gepäckstücken mit Sondermaßen wie z. B. Fahrräder oder Surfbretter werden zusätzliche Gebühren entweder als Pauschale oder als Übergepäck berechnet. Für das die Freigepäckgrenze überschreitende **Übergepäck** wird eine je nach Fluggesellschaft unterschiedliche Gebühr berechnet.

6.4.8 Steuern und Gebühren

Regierungen und Behörden fast aller Länder erheben Steuern auf den Flugpreis und/oder zusätzliche Gebühren, ebenso werden von Fluggesellschaften Gebühren (Buchungsgebühren, Service Charges, Gebühren für die Ausstellung von Papiertickets) oder Zuschläge (z. B. Kerosinzuschläge) berechnet. Diese werden entweder von den Fluggesellschaften schon in den Tarif einberechnet oder müssen vom Passagier bei Abreise am Flughafen bezahlt werden. Die jeweils aktuell geltenden Regelungen werden im *Travel Information Manual (TIM)* und in den CRS (z. B. über TIMATIC in AMADEUS) veröffentlicht. Die nachfolgende Auflistung stellt einen exemplarischen Ausschnitt aus der Vielfalt dieser Steuern und Gebühren dar:

- Ägypten: Beförderungssteuer, Ausstellungsgebühr für internationale Flugscheine, Dokumentengebühr, Abflugsteuer, Abfertigungsgebühr.
- Argentinien: Verkaufssteuer, Flughafensteuer, Einreisesteuer, Finanzsteuer.
- Australien: Abfluggebühr für internationale Flüge, Lärmsteuer für in Sydney ankommende Passagiere.
- Benin: Sicherheitssteuer, Finanzsteuer, Tourismussteuer.
- weiterhin werden angewendet: Mehrwertsteuer (weltweit unterschiedliche Regelungen), Treibstoffzuschlag (weltweit), Capital-value-Steuer (Pakistan), Regierungssteuer (Ecuador), Kommunalsteuer (Elfenbeinküste), Ausgleichssteuer (Frankreich), Luxussteuer (Venezuela), Einreise-Kontroll-Gebühr, Zollgebühr, Gesundheitsinspektionsgebühr (USA), Nationalhilfe und Schulbuch-Beitrag (Republik Jemen), Entwicklungsgebühr (Martinique), Hacienda-Steuer (Nicaragua), Versicherungsprämie (Russische Föderation).

In Deutschland werden für jeden Abflug eine Flughafen-Sicherheitsgebühr und für jede Landung eine „Passenger Service Charge (PSC)" zusätzlich zum Flugpreis angewendet; beide Beträge werden in die Tax-Spalte des Flugscheins eingetragen.

6.5 Flugpreisberechnung

Wegen der hohen Zahl der möglichen Flugverbindungen zu unterschiedlichsten Tarifarten können aus wirtschaftlichen und organisatorischen Gründen nicht sämtliche Flugpreise zwischen allen weltweit angeflogenen Flughäfen in den gedruckten Tarifwerken oder in den CRS veröffentlicht werden. Daher bestehen zur Ermittlung der nicht veröffentlichten Flugpreise im Rahmen der IATA Regeln zur Flugpreisberechnung.[78] Zur Berechnung nicht veröffentlichter Non IATA-Tarife werden meist die gleichen Konstruktionsprinzipien angewandt; darüber hinaus bestehende Ausnahmen müssen direkt den jeweils gültigen Tarifwerken der betreffenden Fluggesellschaften entnommen werden.

6.5.1 Begriffsbestimmungen

a) Reisearten:
Einfachreise (One Way Trip; OW): Jede Reise, die keine vollständig mit dem Flugzeug durchgeführte Hin- und Rückreise oder Rundreise darstellt, ist für die Flugpreisberechnung eine Einfachreise.

---

[78] Vgl. dazu IATA: Ticketing Handbook 1996; LUFTHANSA: Flugpreise Ausgabe Deutschland – Anwendungsbedingungen; LUFTHANSA: Passagehandbuch für Agenten; SABATHIL, S.: Lehrbuch des Linienflugverkehrs. Die in diesem Kapitel aufgeführten Beispiele haben lediglich erklärenden Charakter; die Angaben für Flugpreise und Entfernungen entstammen zwar den angegebenen Tarifwerken, stellen aber den Stand vom Januar 1998 dar.

Hin- und Rückreise (Return Trip; RT): Der Ausdruck Hin- und Rückreise bedeutet entweder

- eine Flugreise vom Ausgangsort zum Zielort und wieder zurück zum Ausgangsort, wobei jedes Mal die gleiche Route benutzt wird. Diese Definition gilt auch, wenn der Tarif des Hinfluges unterschiedlich von dem des Rückfluges ist oder
- eine Flugreise vom Ausgangsort zum Zielort und wieder zurück zum Ausgangsort, wobei beim Rückflug eine andere Route als beim Hinflug benutzt wird. Diese Definition gilt nur dann, wenn für die Hin- und Rückreise der gleiche einfache Flugpreis gilt.

Rundreise (Circle Trip; CT): Der Ausdruck Rundreise umfasst – mit Ausnahme der Hin- und Rückreise (RT) – jede Reise vom Ausgangsort und dorthin zurück auf einer geschlossenen Flugstrecke. Wenn zwischen zwei Reiseorten keine annehmbare Luftbeförderung angeboten wird, kann diese Stecke mit einem anderen Beförderungsmittel zurückgelegt werden, ohne dass tariflich die Einstufung als Rundreise geändert wird.

Gabelreise (Open Jaw Trip; OJ): Bei Gabelreisen wird zwischen einfachen und doppelten Gabelreisen unterschieden. Bei einer einfachen Gabelreise im Umkehrgebiet ist entweder

- der Endpunkt der Hinreise nicht identisch mit dem Ausgangspunkt der Rückreise im Umkehrgebiet (z. B. Hinreise: Frankfurt – London; Rückreise: Birmingham – Frankfurt) = Turnaround Open Jaw Trip (TOJ), oder
- der Ausgangspunkt der Hinreise nicht identisch mit dem Endpunkt der Rückreise (z. B. Hinreise: Frankfurt – London; Rückreise: London – Düsseldorf) = Origin Open Jaw Trip (OOJ).

Bei einer doppelten Gabelreise (Double Open Jaw Trip; DOJ) ist der Ausgangspunkt der Hinreise nicht identisch mit dem Endpunkt der Rückreise, und außerdem ist auch der Ausgangspunkt der Rückreise nicht identisch mit dem Endpunkt der Hinreise (z. B. Hinreise: Frankfurt – London; Rückreise: Birmingham – Düsseldorf).

Um-die-Welt-Reise (Round The World Trip; RTW): Rund um die Welt-Reisen sind Rundreisen, die zusammenhängend (entweder in östlicher oder westlicher Flugrichtung) vom Ausgangspunkt über den Pazifik oder den Atlantik wieder zum Ausgangspunkt zurückführen.

b) Flugunterbrechungen:
Eine Flugunterbrechung liegt vor, wenn ein Passagier an einem Zwischenort ankommt und planmäßig innerhalb von 24 Stunden nicht mehr weiterfliegt. Dabei kann es sich um einen

- Stopover, eine vom Fluggast selbst gewünschte Unterbrechung der Reise, oder um einen

- Transfer, eine planmäßige Unterbrechung der Reise und das Umsteigen auf den zeitlich nächsten Anschlussflug einer beliebigen Fluggesellschaft handeln. Die Flugunterbrechung ergibt sich hier aus den Flugplänen der Airlines. Bei einem Online-Transfer fliegt der Passagier mit derselben Fluggesellschaft weiter; bei einem Interline-Transfer wechselt er die Fluggesellschaft.

Ein Transit, d. h. eine aufgrund der Streckenführung notwendige Zwischenlandung ohne Reiseunterbrechung, nach welcher die Reise mit der gleichen Flugnummer fortgesetzt wird, zählt nicht als Flugunterbrechung.

c) Veröffentlichter Durchgangstarif

Ein in den Tarifwerken oder über elektronische Medien veröffentlichter Flugpreis zwischen zwei Orten (Durchgangstarif) stellt den anwendbaren Flugpreis zwischen Ausgangs- und Bestimmungsort dar und darf bei der Ermittlung des Flugpreises über Konstruktionsverfahren nicht unterboten werden, d. h. die veröffentlichten Tarife haben Vorrang. Wird die Reise nicht direkt durchgeführt, sondern an einem Zwischenort unterbrochen, dann ist zu beachten, dass:

- der zulässige Leitweg über diesen Ort führt,
- dieser Ort kein höher tarifierter Zwischenort ist,
- die erlaubte Maximum-Meilengrenze nicht überschritten wird,
- pro Durchgangsflugpreis nur ein Stopover am gleichen Ort erlaubt ist. Ein einmaliger oder mehrfacher Transit oder Transfer über den gleichen Ort ist gestattet, sofern der Leitweg und die Maximum-Meilen dies zulassen.

6.5.2 Berechnung auf Entfernungsbasis

6.5.2.1 Meilensystem

Mit Hilfe des Meilensystems wird festgestellt, inwieweit der Durchgangstarif gültig ist, wenn der Passagier die Route nicht nonstop fliegt, sondern eine Flugunterbrechung erfolgt. Dabei wird überprüft, ob die Strecke über die im Flugschein aufgeführten Zwischenorte (Ticketed Points) noch innerhalb der zulässigen Maximalmeilen liegt. Das Meilensystem findet immer dann Anwendung, wenn zusammen mit einem veröffentlichten Flugpreis nur die Maximalmeilen, aber keine Leitwege angegeben werden oder wenn sowohl Maximalmeilen als auch Leitwege veröffentlicht sind, aber der vom Passagier gewünschte Zielort nicht über den Leitweg erreichbar ist. Grundsätzlich gilt dabei, dass die Anwendung der Leitwege Vorrang gegenüber der Meilenberechnung hat. Für jeden internationalen Direktflugpreis wird eine **Maximalentfernung** (Maximum Permitted Mileage; **MPM**) in Meilen publiziert. Sie basiert auf der kürzesten, ganzjährig beflogenen Strecke zwischen zwei Orten (Shortest Operated Route; SOR)[79] plus einem Zuschlag von 20%. Die **tatsächliche Entfernung** zwischen zwei Orten (Ticketed Points Mileages; **TPM**) wird ebenfalls für jede Direktverbindung veröffentlicht. Zusätzlich zu der Maximalentfernung werden zwischen bestimmten Orten oder

---

[79] Die SOR wird von der IATA festgelegt.

Gebieten **Extrameilen** in unterschiedlicher Höhe gewährt. Der Passagier hat also die Möglichkeit, einen „Umweg" zu fliegen und in einer von ihm gewünschten Stadt eine Flugunterbrechung einzulegen. Übersteigt die tatsächliche Reisestrecke (Summe der TPM) die zum Direktflugpreis zulässigen Maximalmeilen (MPM), so werden dafür prozentuale Preisaufschläge erhoben:

Summe TPM:		Preisaufschlag:
bis 5%	über MPM	5%
bis 10%	über MPM	10%
bis 15%	über MPM	15%
bis 20%	über MPM	20%
bis 25%	über MPM	25%

Übersteigt die vom Passagier gewählte Reiseroute die erlaubten Maximalmeilen um mehr als 25%, dann ist der Flugpreis nach dem Verfahren der günstigsten Teilstreckenkombination (Kombination von Sektortarifen) zu errechnen. Die Maximalentfernung ist immer für den Einfachflugpreis oder den halben Hin- und Rückflugpreis vorgesehen. Eine Verdoppelung der Maximalmeilen im Falle eines Hin- und Rückfluges ist nicht gestattet. Vielmehr muss für die Meilenberechnung jede Reise mit einem halben Hin- oder Rückflugpreis separat behandelt werden.

6.5.2.2 Höher tarifierte Zwischenorte (Higher rated Intermediate Points)

Durch die Möglichkeit der Flugunterbrechung an einem dritten Ort bei Anwendung eines Durchgangsflugpreises könnte der Fall eintreten, dass dieser Flugpreis niedriger ist als der höchste Direkttarif einer dieser Flugsektoren. Nach den Tarifregeln aber darf ein einfacher oder ein halber Hin- und Rückflugtarif über eine bestimmte Strecke nicht billiger sein als ein einfacher oder halber Returntarif zwischen

a) dem Ausgangsort und irgendeinem Zwischenort,
b) einem Zwischenort und dem Endpunkt bzw. Umkehrort der Reise,
c) zwei Zwischenorten.

Ist eine Teilstrecke teurer als der Durchgangsflugpreis zwischen Ausgangs- und Endort der Tarifkomponente („fare component"), dann handelt es sich um einen „höher tarifierten Zwischenort" (HIP). Folglich muss der höhere Flugpreis angewendet werden.

6.5.2.3 Flugreisen mit Oberflächentransport (Surface Transportation Segments)

Falls ein Passagier auf einer Rundreise auch noch ein anderes Verkehrsmittel benutzen möchte, gibt es zwei Möglichkeiten, den Tarif zu berechnen:

a) Berechnung der tatsächlich geflogenen Strecke durch Addition der Teilstrecken
b) Anwendung des Durchgangstarifs unter Einschluss der nicht geflogenen Strecke.

Der günstigste Flugpreis wird angewendet.

6.5.2.4 Klassendifferenzen (Mixed Class Travel)

Fliegt ein Passagier auf einer Wegstrecke Teilstrecken in unterschiedlichen Beförderungsklassen, dann bestehen mehrere Möglichkeiten der Tarifberechnung. Dabei ist dem Reisenden der höchste sich ergebende Tarif in Rechnung zu stellen.

a) Der sich aus der Addition der Durchgangstarife ergebende Flugpreis der Teilstreckenkombinationen ist mit dem Flugpreis nach der Differenzkalkulation zu vergleichen. Bei der Differenzkalkulation wird vom Durchgangstarif für die Wegstrecke die Differenz zwischen den Durchgangstarifen zwischen den in einer unterschiedlichen Klasse geflogenen Teilstrecken abgezogen. Es gilt der teurere Tarif.

b) Der Tarif ergibt sich aus der Summe aus dem anwendbaren Durchgangstarif für die niedrigste benutzte Klasse und der Differenz zwischen den anwendbaren Tarifen der niedrigsten und der höchsten benutzten Klasse je Sektor.[80]

6.5.3 Kombination von Teilstreckentarifen

Sofern ein Tarif zwischen zwei Orten nicht veröffentlicht ist, kann der Flugpreis durch die Kombination von zwei oder mehr Teilstreckentarifen über die gewünschte Route errechnet werden. Unter Berücksichtigung des Meilensystems besteht die Möglichkeit, Tarife mit Anstoßflugpreisen zu konstruieren oder zur Berechnung das „Lowest Combination-Prinzip" anzuwenden.

Anstoßflugpreise (Add-On Amounts): Anstoßflugpreise sind Tarife für eine inländische Teilstrecke einer internationalen Verbindung über mehrere Sektoren. Mit ihnen werden Flugpreise konstruiert, die für die Gesamtstrecke nicht veröffentlicht sind; sie werden jedoch durch Hinzufügen der Anstoßflugpreise unter Beachtung des Meilensystems wie veröffentlichte Durchgangstarife behandelt. Die so ermittelten Flugpreise dürfen nicht unterboten werden. Anstoßflugpreise ermöglichen im Gegensatz zur einfachen Addition von veröffentlichten Durchgangstarifen die tarifliche Einbeziehung der Gesamtstrecke in die entfernungsabhängige Preisdegression und damit die Berechnung eines günstigeren Flugpreises. Sie können nur in Kombination mit internationalen Strecken und nicht für eine nur lokale Beförderung benutzt werden.

Lowest Combination-Prinzip: Wenn ein Tarif zwischen zwei im Flugschein eingetragenen Orten nicht veröffentlicht ist, wird als Flugpreis die niedrigste Kombination von Sektorentarifen über einen im Flugschein angezeigten Zwischenort berechnet. Das Hinzufügen von Orten, die nicht im Reiseweg des Passagiers enthalten sind, ist nicht gestattet.[81] Überschreitet eine Strecke die Maximummeilen um mehr als 25%, errechnet sich der Flugpreis aus der Addition von einzelnen

---

[80] Vgl. hierzu ausführlich: SABATHIL, S.: Lehrbuch des Linienflugverkehrs, S. 217 ff.
[81] Dadurch wird die früher bestehende Möglichkeit, durch einen fiktiven Konstruktionspunkt, der nur zur Tarifberechnung genutzt, vom Reisenden aber nicht angeflogen wird, eine niedrigeren Kombinationstarif zu erhalten, ausgeschlossen. Vgl. dazu 1. Auflage dieses Buches, S. 127.

Teilstreckentarifen.[82] Dabei ist die Kombination von Teilstrecken zu wählen, die den niedrigsten Flugpreis ergibt. Sollte sich jedoch bei einer der Kombinationen ein Flugpreis ergeben, der niedriger ist als der veröffentlichte Durchgangstarif, dann gilt letzterer, da ein Durchgangstarif nicht durch eine Kombination von Sektortarifen unterboten werden darf („Vorrang von publizierten Flugpreisen").

6.5.4 Mindestflugpreise

Mindestflugpreise für Einfachreisen (One Way Backhaul Rule): Mit der One Way Backhaul-Regel soll vermieden werden, dass ein Passagier beim Kauf von zwei separaten Einzelflugscheinen, die im Reiseantrittsland erworben und ausgestellt werden, für eine Rund- oder Gabelreise weniger bezahlt als den RT-Preis vom Ausgangsort zu irgendeinem Ort auf der Reiseroute. Diese Mindestpreisregel für Einfachflugpreise muss immer dann beachtet werden, wenn in dem betrachteten Berechnungsabschnitt ein so genannter geographischer Knick (Backhaul) enthalten ist. Nachdem der Tarif für eine einfache Flugreise nach den normalen Bestimmungen (einschließlich eventueller HIPs) berechnet worden ist, muss eine separate Mindestflugpreiskalkulation vorgenommen werden. Gibt es dabei zwischen dem Ausgangsort der Tarifkomponente und irgendeinem Stopover-Punkt einen Tarif, der höher ist als der Durchgangstarif zwischen Ausgangs- und Endort, so ist die Differenz zwischen diesen Preisen dem höheren Tarif zuzuschlagen.

Mindestflugpreise für Rundreisen (Circle Trip Minimum Fare): Ein Rundreise-Tarif (CT-Tarif) darf nicht niedriger sein als der höchste direkte RT-Normal- oder Sonderflugpreis vom Ausgangsort zu irgendeinem Flugunterbrechungsort auf der Reise. Der CT-Flugpreis muss daraufhin überprüft und gegebenenfalls auf den höchsten direkten RT-Tarif angehoben werden. Separat berechnete Abstechertarife (Sidetrips)[83] werden jedoch von der Tarifberechnung ausgeschlossen.

6.5.5 Währungssystem NUC (Neutral Unit of Construction)

Die Teilnahme nahezu aller Staaten am internationalen Luftverkehr hat zur Folge, dass Flugscheine in gegenwärtig über 150 verschiedenen Währungen bezahlt werden können. Daraus ergibt sich die Notwendigkeit, ein Umrechnungsverfahren zwischen diesen Währungen zu finden. Dieses Umrechnungsverfahren war solange unproblematisch, als ein System fester Wechselkurse bestand. Die in US-Dollar und britischen Pfund veröffentlichten Flugpreise konnten problemlos in die jeweiligen Landeswährungen umgerechnet werden. Anfang der siebziger Jahre begann die allmähliche Auflösung dieses Systems, sie endete 1973 mit dem „Floaten", d. h. der freien, auf Angebot und Nachfrage beruhenden Wechselkursbildung der

---

[82] Begriffsklärung: Wegstrecke: Weg zwischen Ausgangs- (Origin) und Endpunkt (Destination) der Reise eines Fluggastes auf einer durch *eine* Flugnummer gekennzeichneten Strecke. Teilstrecke (Sektor): Strecke zwischen Start und nächster Landung auf einer durch *eine* Flugnummer gekennzeichneten Strecke.

[83] Sidetrips sind Abstecher von einem Zwischenort der eigentlichen Flugroute und wieder dahin zurück.

wichtigsten Währungen. Bei den seither zum Teil erheblich schwankenden Wechselkursen ist daher ein weltweit anwendbares und neutrales System für die Umrechnung zwischen den einzelnen Währungen notwendig, um Tarife unkompliziert berechnen und veröffentlichen zu können.

Ein kontinuierlicher Ausgleich zwischen niedrigen Flugpreisen in Weichwährungsländern und hohen Flugpreisen in Ländern mit stabiler Währung würde voraussetzen, dass sich das Umrechnungssystem automatisch und immer sofort der Wechselkursentwicklung anpasst. Warum dies nicht geschieht, erklärt HANLON[84] wie folgt: Der Außenwert einer Währung entwickelt sich zunächst kurzfristig nicht immer parallel zur Kaufkraft im Inland. Denn während der Wechselkurs nicht nur von der Rate der nationalen Preisniveauentwicklung, sondern auch von Leistungsbilanzungleichgewichten, Zinshöhen im internationalen Vergleich, Umfang von Währungsspekulationen und staatlichen Eingriffen auf dem Devisenmarkt abhängig ist, gehen andererseits in den die Kaufkraft messenden nationalen Preisindex Güter und Dienstleistungen ein, die nur im Inland gehandelt werden. Der im Inland verlangte Flugpreis einer internationalen Flugstrecke aber steht auch in Bezug zu dieser nationalen Kaufkraft, weil aus Gründen der Preiselastizität der inländischen Nachfrage bei der Preisfestsetzung nicht nur die Wechselkursentwicklung von Bedeutung ist.

Bis 1989 wurde mit einem Umrechnungsverfahren auf der Basis von Leitwährungen[85] und Wechselkurs-Anpassungskoeffizienten (Währungskoeffizienten) gearbeitet. Letztere dienten zur Anpassung der auf den Leitwährungen basierenden Verrechnungseinheit FCU (Fare Construction Unit) an den aktuellen Kurs einer Landeswährung. Die Anpassung, die in unregelmäßigen Abständen durchgeführt wurde, orientierte sich zudem an der Tarifpolitik der Fluggesellschaften und der Regierungen.

Seit Juli 1989 werden Flugpreise mit dem Währungssystem NUC (Neutral Unit of Construction) berechnet. Unterschiedliche Flugpreise in verschiedenen Ländern für die gleiche Strecke und der Verkauf von so genannten Weichwährungstickets sollen damit verhindert bzw. eingeschränkt werden. Flugpreise werden also in der Währung des Verkaufslandes und in der NUC-Verrechnungseinheit veröffentlicht. Für die Konstruktion nicht veröffentlichter Flugpreise werden die NUC-Beträge der einzelnen Sektoren[86] addiert und mit einer spezifischen Währungsumrechnungsrate ROE (Rate of Exchange oder IATA-Rate) multipliziert, um den Betrag in der gewünschten Währung zu erhalten.

Die ROE, die durch das IATA-Clearing-House vorgegeben und mindestens viermal jährlich an die aktuelle Währungslage angeglichen wird, spiegelt das Kursverhältnis zwischen dem US$ und den einzelnen nationalen Währungen wider. Bei Kursschwankungen von über 3% innerhalb eines Zeitraums von zwanzig aufeinander folgenden Tagen kann die IATA-Rate auch in kürzeren Zeitabständen

---

[84] Vgl. HANLON, J.: Air Fares, S. 7-9.
[85] Die Leitwährungen US$ und britisches Pfund wurden auf dem Stand der Wechselkurse vom 18.12.1971 (US$ = 3,25 DM, Britisches Pfund = 8,47 DM) „eingefroren".
[86] Anstoßflugpreise und tarifgebundene Gebühren werden ebenfalls in NUC ausgewiesen.

(z. B. monatlich) festgelegt werden. Auch beim NUC-System erfolgt also keine automatische Anpassung an die Wechselkursentwicklung.

Die Umrechnung von Tarifen von der Währung, in der sie berechnet wurden, in eine andere Zahlungswährung sowie zum Tarif gehörenden Gebühren (z. B. Umbuchungsgebühren, Zuschläge für kostenpflichtige Stopover) und anderen Gebühren wie etwa Steuern oder Abgaben, die nicht in NUC veröffentlicht sind, erfolgt anhand von Bankraten. Für Deutschland werden folgende Bankraten benutzt: Die Bankverkaufsraten werden monatlich in der „BARIG-Liste" veröffentlicht, die Bankankaufsraten sind die entsprechenden im „Handelsblatt", Spalte Frankfurter Sortenkurse, für den Banktag vor Flugscheinausstellung veröffentlichten Raten.

6.5.6 Verkaufs- und Ausstellungsort

Die Tarifberechnung mit dem NUC-System wird aufgrund der Veröffentlichung von Flugpreisen in der jeweiligen Landeswährung außerdem vom Ort des Verkaufs und der Ausstellung (Verkaufsart) bestimmt. Dabei sind folgende Kriterien bei der Flugscheinausstellung zu beachten:

> **SITI** Sale Inside Ticketed Inside Country of Commencement of Travel
> Der Verkauf, die Bezahlung und Flugscheinausstellung erfolgen im Reiseantrittsland. Diese Verkaufsart stellt den Regelfall für den Flugscheinverkauf dar.
>
> **SOTI** Sale Outside Ticketed Inside Country of Commencement of Travel
> Nur die Ausstellung des Flugscheines erfolgt im Reiseantrittsland, nicht jedoch der Verkauf. Unter diese Verkaufsart fallen Flugscheine, die außerhalb des Reiseantrittslandes im Voraus bezahlt wurden.
>
> **SOTO** Sale Outside Ticketed Outside Country of Commencement of Travel
> Sowohl der Verkauf als auch die Ausstellung des Tickets erfolgen außerhalb des Reiseantrittslandes. Ein Beispiel hierfür sind Tickets, die für Sidetrips zusätzlich zum Flugschein für die Langstrecke ausgestellt werden.
>
> **SITO** Sale Inside Ticketed Outside Country of Commencement of Travel
> Der Flugschein wird im Reiseantrittsland verkauft und in einem anderen Land ausgestellt. Die Verkaufsart SITO ist eine rein theoretische Möglichkeit ohne praktische Bedeutung.

Bei den Verkaufsarten SITI und SOTI müssen lediglich Orte auf höhere Tarife überprüft werden, an denen eine Flugunterbrechung stattfindet. Fliegt ein Passagier also über einen höher tarifierten Zwischenort, an dem er lediglich umsteigt (Transfer) aber keine Flugunterbrechung vornimmt, kann dieser für die Flugpreisberechnung unberücksichtigt bleiben. Bei SITO und SOTO müssen alle im Flugschein genannten Orte überprüft werden, unabhängig davon, ob ein Stopover erfolgt. Die Verkaufsarten SOTI und SOTO werden auch als „Cross-Border Selling" bezeichnet, da der Flugscheinverkauf außerhalb des Reiseantrittslands erfolgt.

Obwohl sich das NUC-Währungssystem im Gegensatz zum alten FCU-System bedeutend stärker an der aktuellen Wechselkursentwicklung orientiert, ermöglicht das Cross-Border Selling nach wie vor den Verkauf von Tickets in „weichen" Währungen. Um diesen Graumarkt dennoch bedingt kontrollieren zu können, müssen die Luftverkehrsgesellschaften der betroffenen Länder mit unterschiedlichen Währungsstabilitäten untereinander einen Konsens finden. Dies bedeutet, dass entsprechende Preisabschläge auf Tarife in harter Währung bzw. der Verzicht auf Preiserhöhungen und Preisaufschläge auf Tarife in weicher Währung akzeptiert werden müssen.

6.5.7 Gültigkeit der Flugpreise

Nach den Beförderungsbedingungen der IATA und der Lufthansa gelten die von den Luftverkehrsgesellschaften ordnungsgemäß veröffentlichten Preise nur für die Beförderung vom Abflugs- zum Bestimmungsflughafen. Sie schließen keine Oberflächentransporte zwischen Flughäfen und den Stadtzentren ein. Die mitunter von den Fluggesellschaften angebotene Beförderung zwischen Flughäfen und City-Terminals mit Bussen oder Taxen (Limousinen-Service) ist also im Flugpreis nicht inbegriffen und muss extra berechnet werden. Zulässig ist dagegen ein Helikoptertransfer, wie er auf einigen Flughäfen gegenwärtig Passagieren der First und Business Class zur Verfügung steht.

Da Flugscheine häufig längere Zeit vor dem Abflug gekauft und bezahlt werden, muss auch die zeitliche Gültigkeit des Flugpreises geregelt werden. Bei Reisen mit saisonaler Preisdifferenzierung bestimmt der Zeitpunkt des Reiseantritts den anzuwendenden Saisonflugpreis (z. B. Hinflug Basissaison, Rückflug Hochsaison; es gilt der Preis der Basissaison für die gesamte Reise). Treten nach Antritt der Reise Tarifänderungen ein, so bleiben diese bis zu der auf dem Flugschein eingetragenen Beendigung der Reise ohne Einfluss.

6.6 Tarifeinhaltung

Obwohl sich im Linienverkehr aus der staatlichen Tarifgenehmigung die Pflicht zur Einhaltung dieser Tarife ergab und im Gelegenheitsverkehr die Beachtung der für die jeweilige Charterkategorie erlassenen Bestimmungen vorgeschrieben war, wurde in fast allen Ländern eine erhebliche Anzahl von Flugscheinen zu Preisen unterhalb der genehmigten Tarife oder unter Umgehung der Anwendungsbestimmungen auf dem „Grauen Markt" verkauft. An diesen Geschäftspraktiken waren sowohl Fluggesellschaften wie Agenturen als auch Reiseveranstalter aktiv beteiligt. Der Vertrieb von Graumarkttickets hatte sich so fest etabliert, dass ihm viele Fluggesellschaften die Bedeutung eines zweiten Distributionsweges einräumten.

Grundsätzlich sollten durch diese Art der Flugpreissenkung neue Nachfragerschichten erschlossen und Passagiere von konkurrierenden Luftverkehrsgesellschaften oder Agenturen abgeworben werden. Die Fluggesellschaften verfolgten damit das Ziel, durch einen höheren Sitzladefaktor das Streckenergebnis zu verbessern. Die beteiligten IATA-Agenturen reagierten mit den Graumarktgeschäften auf die Konkurrenz der freien, nicht IATA-gebundenen Reisebüros. Obwohl zunächst nur einzelne IATA-Büros Graumarkttickets verkauft hatten, kam es letztendlich zu einer marktabdeckenden Institutionalisierung dieser Geschäftstätigkeit.

Die Gründe für das Entstehen dieser systematischen Tarifunterschreitungen waren vielfältig. Sie lagen zunächst in den verschiedenen Formen der **Überkapazität**. Auf vielen Strecken bestand und besteht eine strukturelle Überkapazität, bedingt durch ein an den Nachfragespitzen ausgerichtetes Angebot. Auf anderen Verbindungen war die Zahl der mit Verkehrsrechten ausgestatteten Fluggesellschaften (auch Charterfluggesellschaften) gestiegen, so dass die angebotene Kapazität schneller wuchs als die Nachfrage. Der zunehmende Einsatz von Großraumflugzeugen brachte bei Aufrechterhaltung der Frequenzen Kapazitätssprünge mit sich, und neu in das Streckennetz einer Fluggesellschaft aufgenommene Routen wurden aus Gründen der Qualitätskonkurrenz mit Großraumflugzeugen bedient, so dass das Sitzplatzangebot die erwartete Nachfrage weit überstieg.

Durch die in den einzelnen Ländern unterschiedliche **Wechselkursentwicklung** ergab sich die Möglichkeit, im Ausland ausgestellte bzw. dort verkaufte Flugscheine zu einem niedrigeren Flugpreis zu erwerben (sog. Weichwährungstickets). Die Einführung des Währungssystems NUC konnte dieses Verfahren zwar beeinträchtigen, aber nicht gänzlich verhindern.

Die zunehmend weniger wirksame **Tarifkoordination**, begünstigt durch luftverkehrspolitische Entwicklungen und die steigende Zahl bilateral oder unilateral festgelegter Tarife führte zu Situationen, in denen der Flug zum gleichen Zielort von einem nahe gelegenen ausländischen Abflugort wesentlich preisgünstiger war als vom Inland aus. Manche inländischen Fluggesellschaften reagierten darauf mit inoffiziellen Tarifsenkungen.

Qualitätsunterschiede zwischen den die gleiche Strecke bedienenden Fluggesellschaften, etwa hinsichtlich Direktverbindungen, Frequenzen oder Service, veranlassten in dieser Hinsicht unterlegene Unternehmen, den qualitativen Nachteil durch preisliche Zugeständnisse auszugleichen.

Die **Unternehmensstrategie** einiger neu auf die internationalen Märkte gekommener, meist Non IATA-Gesellschaften basierte explizit auf dem Konzept, durch niedrigere Flugpreise das Verkehrsaufkommen zu erhöhen und diese Flugpreise auch auf streng regulierten Märkten mit gezielten Tarifunterschreitungen durchzusetzen. Auch die Bedeutung von Sekundärzielen wie die Erhöhung von Deviseneinnahmen oder der Zahl der einreisenden Touristen können eine solche Strategie fördern.

Nicht zuletzt war auch die geringe Effektivität der **Kontrolle** der Tarifeinhaltung ein Grund für die Ausdehnung des Grauen Marktes. Die Regierungsstellen waren für eine umfassende Kontrolle entweder personell nicht ausreichend ausgestattet oder aus luftverkehrspolitischen Überlegungen heraus erst gar nicht daran interessiert. Der Versuch einer freiwilligen Selbstkontrolle durch die Fluggesellschaften erwies sich als nicht realisierbar, da die meisten von ihnen in der einen oder anderen Form selbst auf dem Graumarkt tätig waren.

Die Vielzahl der praktizierten Formen der Tarifumgehung[87] reichte von **Rabatten** an Firmenkunden über die Umgehung der **Anwendungsbestimmungen** bei Sondertarifen (z. B. Verkauf an Nichtberechtigte oder von Nur-Flug-„Pauschal-

---

[87] Bereits 1977 stellte die ICAO 21 verschiedene Praktiken der Tarifumgehung fest; vgl. dazu auch TANEJA, N.: Airlines in Transition, S. 45-47.

reisen") bis zur Manipulation von **Fremdwährungsflugscheinen** (z. B. Verkauf eines Weichwährungstickets mit ausländischem Abflugort und Zwischenstopp in Deutschland, wo schließlich die Reise angetreten wurde). In der rechtlichen Einordnung stellte der Verkauf von Flugscheinen zu nicht genehmigten Tarifen oder zu Preisen, die die genehmigten Tarife durch unerlaubte Rabattierung oder durch Nichteinhaltung von Anwendungsbestimmungen unterschritten, das Betreiben eines ungenehmigten Fluglinienverkehrs dar. Gegebenenfalls lagen auch Verstöße gegen das Rabattgesetz und gegen das Gesetz gegen unlauteren Wettbewerb vor. Die Ermittlung und Verfolgung von Tarifumgehungen beschränkte sich in Deutschland jedoch nur auf wenige Einzelfälle.[88]

6.7 Alternative Flugpreissysteme

Neben den traditionellen Tarifen haben sich in den letzten Jahren oder Jahrzehnten weitere Flugpreissysteme entwickelt, die von den Fluggesellschaften auch parallel genutzt werden (vgl. Abb. 6.4). Diese können nach folgenden Kriterien differenziert werden:

- Koordination: mit anderen Fluggesellschaften oder im Rahmen der IATA-Tarifkonferenzen abgesprochene Tarife.
- Veröffentlichung: veröffentlichte Tarife (published, d. h. die Informationen sind allen Nachfragern zugänglich), oder Tarife, die nur für bestimmte Kundengruppen oder Vertriebswege zugänglich sind.
- Interlinefähigkeit: interlinefähige Tarife, die die Konstruktion von Flugreisen mit einem Wechsel der Fluggesellschaft zulassen oder die nur bei der jeweiligen Fluggesellschaft gültig sind.
- nach Gültigkeitsdauer: Tarife, die unbefristet, auf eine Flugplanperiode oder einen festgelegten Anwendungszeitraum angelegt sein können.

Nicht zu den Tarifen gehören die von manchen Verkaufsstellen erhobenen Servicezuschläge oder Buchungsgebühren sowie Entgelte für Leistungen, die an Bord optional erworben werden können (z. B. Verpflegung, Internetzugang).

IATA-Tarife
können von den Fluggesellschaften als Bruttotarife (also als Endpreise für den Kunden, die eine Vergütung für die vermittelnde Agentur bereits enthalten) oder als Nettotarife (auf die eine von dieser noch festzulegende Vergütung aufgeschlagen wird) definiert werden. IATA-Tarife sind interlinefähig, ihre Anwendungsbedingungen und ihre Gültigkeit werden entsprechend festgelegt und veröffentlicht. Das IATA-Tarifsystem enthält darüber hinaus zwischen den Fluggesellschaften bilateral vereinbarte Flugpreisermäßigungen für Reisen der eigenen Angestellten (Industry Discounts ID) und für Agenturmitarbeiter (Agency Discounts AD), hin-

---

[88] Siehe dazu auch KEHRBERGER, H.: Weichwährungstickets, S. 101-104; STUKENBERG, D.: Weichwährungsflugscheine, S. 3-6 sowie HÄBEL, G.: Fremdwährungsflugscheine, S. 226-234.

zu kommen Industry Personel Fares für Mitarbeiter des eigenen Unternehmens (Privatreisen; Verrechnungspreise für Dienstreisen).

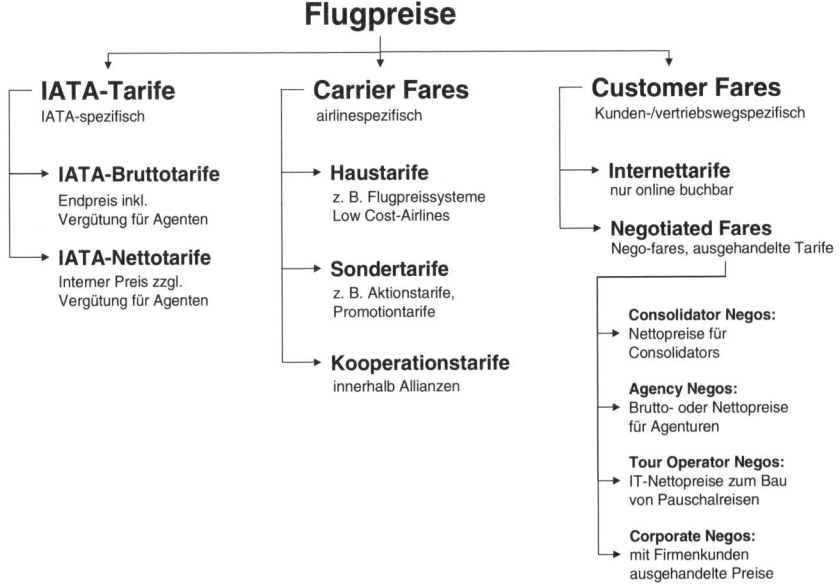

Abb. 6.4. Flugpreis-Systematik

Carrier Fares
sind von einer Fluggesellschaft individuell festgelegte und über verschiedene Kommunikationskanäle (CRS, Internet) veröffentlichte Flugpreise, die allen Nutzergruppen zugängig sind. Da sie nur für die entsprechende Fluggesellschaft gültig sind, sind sie in der Regel nicht interlinefähig, ihre Gültigkeit kann eine Flugplanperiode oder nur einen Tag betragen. Zu den Carrier Fares gehören:

- Haustarife, wie z. B. das Flugpreissystem einer Low Cost-Airline, das von dieser individuell festgelegt wird.
- Sondertarife einzelner Fluggesellschaften, z. B. Aktionstarife mit beschränkter Verkaufs- und Gültigkeitsdauer oder Promotiontarife, die z. B. nur in der Zeit vom 15.03. bis 01.05. verkauft werden können und nur für Flüge auf bestimmten Strecken in der Zeit vom 15.07 bis 15.09. gültig sind.
- „Kooperationstarife" im Rahmen von Code Sharing, die innerhalb von Allianzen zur Anwendung kommen.

Customer Fares
sind Preise und Tarife, die nicht allen Nachfragern zugänglich sind. Sie werden nur über bestimmte Vertriebswege verkauft und auch nur dort veröffentlicht oder sind auf bestimmte Kundengruppen begrenzt. Vertriebswegspezifische Tarife sind

vor allem Internettarife, die nur online (nur über die Webseite der Fluggesellschaft oder auch über Portale) buchbar sind.

Kundenspezifische Tarife sind Negotiated Fares (Nego Fares), also individuell ausgehandelte Tarife, die auf Vereinbarungen zwischen den Fluggesellschaften und verschiedenen Abnehmergruppen beruhen. Sie werden nicht allgemein, sondern nur über die entsprechenden (brancheninternen) Informationskanäle kommuniziert, da sie nur der entsprechenden Abnehmergruppe zugänglich sind. Dabei handelt es sich meist um Nettotarife, die nicht verprovisioniert werden; der Endverkaufspreis wird nicht von der Fluggesellschaft sondern vom Weiterverkäufer durch Hinzurechnung einer Marge bestimmt. Beispiele für Nego Fares sind im Einzelnen:

- Consolidator Negos: Mit Consolidators ausgehandelte Nettopreise, die von diesem mit entsprechendem Aufschlag an Reisemittler oder Endkunden weiterverkauft werden.
- Agency Negos: Mit Reisemittlern (z. B. Reisebüroketten oder Restplatzvermarktern) ausgehandelte Preise, die entweder als Endpreise eine Vergütung für die Agentur bereits enthalten oder meist als Nettopreise unter Aufschlag einer Provision oder Service Charge an Endkunden weiterverkauft werden.
- Tour Operator Negos: IT (Inclusive Tours)-Tarife, werden an Reiseveranstalter als Nettopreise verkauft. Sie dienen zur Konstruktion von Pauschalreisen, die dann als Paket zum Komplettpreis via Reisemittler (die dafür i. d. R. eine Provision erhalten) oder direkt an Endkunden verkauft werden.
- Corporate Negos: Sie kommen zustande, wenn Kunden mit entsprechendem Reisevolumen (staatliche Stellen, Organisationen oder große Unternehmen, sog. „Key Accounts") ihre Flugscheine nicht über Agenturen beziehen, sondern die Abnahme eines entsprechend großen Flugkontingents direkt mit der Fluggesellschaft aushandeln.[89]

Aufgrund der Bedeutung von Geschäftsreisenden für die Fluggesellschaften werden von diesen darüber hinaus spezielle Firmenförderungsprogramme aufgelegt.

Beispiel: Firmenbonusprogramm Lufthansa PartnerPlusBenefit[90]

Für geschäftlich genutzte Flüge können von angemeldeten Unternehmen neben Bonusmeilen zusätzlich „BenefitPunkte" gesammelt werden. Dies ist bei Kauf des Flugtickets in Deutschland auf Flügen mit Lufthansa Private Jet, Lufthansa und der Partner-Airlines All Nippon Airways, Austrian Airlines, LOT, Singapore Airlines, Spanair, Swiss Air Lines, TAP, United Airlines sowie auf gewissen Strecken von Lufthansa Regional (Air Dolomiti, Augsburg Airways, Contact Air, Eurowings und Lufthansa City Line) möglich. Die Höhe der Gutschrift ist von der geflogenen Strecke und der Beförderungsklasse abhängig, bestimmte Sondertarife sind davon jedoch ausgeschlossen. Die erworbenen Punkte dürfen ausschließlich für geschäftliche Zwecke genutzt werden und können gegen Sachprämien, Übergepäck, Upgrades und Freiflüge eingelöst werden oder auf eine Kreditkarte ausbezahlt werden.

---

[89] Ein Beispiel hierfür ist das Flugkontingent des Deutschen Fußball-Bundes DFB bei der Lufthansa, das für Flüge von Offiziellen, Spielern und Trainern etc. genutzt wird.
[90] Vgl. PartnerPlusBenefit, Teilnahmebedingungen.

7 Die Distribution

7.1 Begriff

Die Distributionspolitik umfasst alle Entscheidungen und Maßnahmen, die mit dem Weg der Dienstleistung Flug von der Fluggesellschaft zum Passagier in Zusammenhang stehen. Dies betrifft zunächst den Vertrieb der Produkte, d. h. Information und Beratung der Kunden, Verkauf, Erstellung und Übergabe des Tickets an den Kunden. Unternehmensintern schließen sich Bestandsverwaltung, Abrechnung und Erfassung marketingrelevanter Daten an. Aus der Diskrepanz zwischen den an vergleichsweise wenigen Orten vorhandenen Verkaufsstellen, die der Kunde persönlich aufsuchen kann, und den geographisch breit verteilten Nachfragern (bei internationalen Fluggesellschaften potentiell über den gesamten Erdball) ergibt sich die Notwendigkeit der Raumüberbrückung. Diese kann entweder durch die Nutzung von Kommunikationsmitteln wie Telefon, Telefax und Online-Diensten erfolgen oder durch die Einrichtung von möglichst kundennahen und damit möglichst vielen Vertriebsstellen. Den Fluggesellschaften stehen dabei grundsätzlich zwei unterschiedliche Distributionswege zur Verfügung: der direkte Vertrieb über eigene Verkaufseinrichtungen und der indirekte Vertrieb über unternehmensfremde Agenturen (vgl. Abb. 7.1).

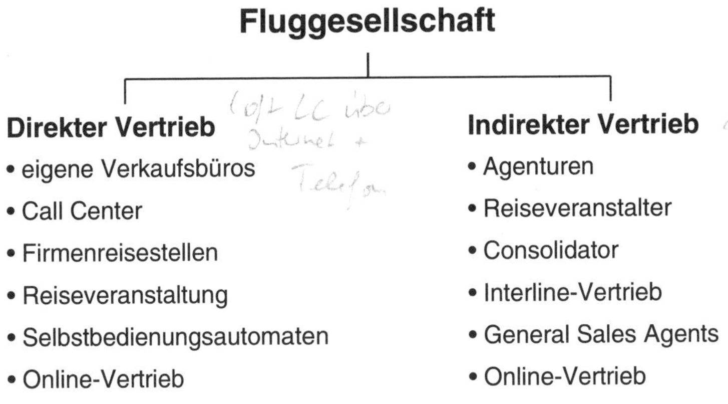

Fluggesellschaft

Direkter Vertrieb
- eigene Verkaufsbüros
- Call Center
- Firmenreisestellen
- Reiseveranstaltung
- Selbstbedienungsautomaten
- Online-Vertrieb

Indirekter Vertrieb
- Agenturen
- Reiseveranstalter
- Consolidator
- Interline-Vertrieb
- General Sales Agents
- Online-Vertrieb

Abb. 7.1. Distributionswege einer Fluggesellschaft

Die eigentliche Dienstleistung Personenbeförderung wird nicht wie etwa beim Hausbesuch eines Arztes beim Nachfrager, sondern an einem dritten Ort erstellt, an den sich der Fluggast begeben muss. Daher zählt auch die problemlose und kundengerechte Integration des externen Faktors Fluggast in den Dienstleistungserstellungsprozess, z. B. durch Beförderungsangebote zum und vom Flughafen, Warteräume und Ausgestaltung des Boardings zu den Aufgaben der Distribution.

Das Vertriebssystem einer Fluggesellschaft setzt sich aus den **Distributionswegen**, dem **Reservierungs-**, dem **Abrechnungs-** und dem **Provisionssystem** zusammen. Das Reservierungssystem kann dabei entweder auf ein eigenes Kommunikationsnetz oder auf bestehende Nachrichtenübermittlungseinrichtungen zurückgreifen. Für die am Interline-System beteiligten Luftverkehrsgesellschaften ergibt sich aus der gegenseitigen Anerkennung der Beförderungsdokumente die Notwendigkeit der internen Abrechnung als Ergänzung des Vertriebssystems. Zur Vereinfachung der externen Abrechnung mit den Agenturen wurde von der IATA der Billing and Settlement Plan (BSP) entwickelt; die Agenturen leisten ihre Zahlungen nicht mehr direkt an jede einzelne Fluggesellschaft, sondern an eine zentrale Clearing Bank.

Der Absatz von Flugleistungen erfolgte traditionell vorwiegend über den indirekten Vertriebsweg. Der Anteil der Agenturen ist bei einzelnen Fluggesellschaften unterschiedlich hoch; so dominiert beispielsweise bei den Low-Cost-Carriern in den USA und Großbritannien der Direktvertrieb über Telefon und eigene Internetpräsenzen. In Deutschland ist die Vertriebsstruktur insofern im Umbruch, als die Fluggesellschaften einerseits die Zahl ihrer eigenen Vertriebsstellen drastisch reduziert haben (so hat etwa die Lufthansa ihre Stadtbüros in Lufthansa City Centers umgewandelt, die im Franchisesystem mit umsatzstarken Reisebüros betrieben werden). Andererseits versuchen sie, die Umsätze von Großkunden mit Sondervereinbarungen an sich zu binden und durch die Einrichtung von Call Centers sowie durch eine kontinuierliche Steigerung der Online-Umsätze den Direktvertrieb auszubauen. In Deutschland wurden Ende der 1990er Jahre insgesamt ca. 95% und weltweit ca. 80% der Flugumsätze über unternehmensfremde Agenturen erzielt,[1] inzwischen liegt der Anteil der Online-Buchungen in Deutschland bei ca. 10%, in den USA bei ca. 40%.[2] Im Jahr 2005 lag der Anteil der Online-Ticketverkäufe an Privatkunden der Lufthansa bei 10% über die eigene Website, weitere 10% liefen über andere Internetportale oder die Internetseiten der Reisebüros.[3]

7.2 Distributionswege

7.2.1 Direkter Vertrieb

Im Rahmen des Direktvertriebes werden Flugpassagen ohne Einsatz eines unternehmensfremden Mittlers direkt an den Passagier bzw. an Unternehmenskunden verkauft. Im **Linienverkehr** unterliegt der Direktvertrieb in der Bundesrepublik Deutschland keinen staatlichen Regelungen. Die dafür notwendigen **Verkaufsbüros** der Fluggesellschaften werden aus Kostengründen meist nur noch in Ballungszentren der Nachfrage, also in Großstädten und auf Flughäfen unterhalten.

---

[1] Vgl. CONRADY, R., ORTH, M.: Der Lufthansa InfoFlyway, S. 30.
[2] Vgl. JEGMINAT, G.: Widerstand wächst, S. 56.
[3] Vgl. LUFTHANSA: Geschäftsbericht 2005, S. 67.

Neben der direkten Absatzfunktion kommt den Verkaufsbüros auch eine Servicefunktion für Passagiere, Agenturen und Firmenkunden (z. B. Tarifinformationen, Flugplanauskünfte, Reservierungsänderungen) und nicht zuletzt auch eine imagebildende Funktion zu.

Telefonische Direktbuchungen werden dem Kunden durch die Schaltung von kostengünstigen Servicenummern (Regionaltarif oder Anruf auf Kosten des Unternehmens) und durch die Einrichtung von nationalen Call Centers, die neben der ursprünglichen Aufgabe der Kundeninformation zunehmend als Direktbuchungsstellen ausgebaut wurden, ermöglicht. Call Center sind mehr als eine organisatorische Zusammenfassung von Telefonarbeitsplätzen, „sie sind der systematisierte und formalisierte Gebrauch von elektronischen Informations- und Kommunikationstechnologien, um Geschäftsfunktionen wie Kundenservice, Marketing oder Bestellannahme zu automatisieren".[4] So unterhält die Lufthansa neben den deutschen Call Centers in Berlin und Kassel 7 weitere in Brno, Dublin, Istanbul, Kapstadt, Melbourne, Shanghai und Peterborough/Kanada, in denen die mehr als 1.400 Mitarbeiter 20 Sprachen sprechen und täglich je zwischen 90 und 100 Anrufen beantworten.[5] Wurden die Kunden früher noch auf eine IATA-Agentur in ihrer Nähe verwiesen, bei der das Ticket abgeholt werden konnte und die dafür Provision erhielt, so wird inzwischen die Mehrheit der Buchungen papierlos über elektronische Tickets („ETix", vgl. Kapitel 7.4.5) abgewickelt.

Der Direktvertrieb über die **Firmenreisestellen** großer Unternehmen kann zwar einerseits das Reisevolumen dieser Firmen stärker an die eigene Fluggesellschaft binden, andererseits entgehen dann diese Umsätze den Reisemittlern, also den noch immer wichtigsten Vertriebspartnern. Aufgrund der nationalen Gewerberechte und wegen der Vereinbarungen zwischen den Fluggesellschaften und den Dachorganisationen der Reisemittler ist diese Form des Direktvertriebes in den einzelnen Ländern in unterschiedlichem Ausmaße möglich. Während etwa in den USA die Luftverkehrsgesellschaften in den Unternehmen eigene Verkaufsstellen (sog. „implants") unterhalten oder die Unternehmen mit einem eigenen Ticketstock versorgen können, ist es gegenwärtig in der Bundesrepublik Deutschland nur Firmenreisestellen mit einer eigenen IATA-Agenturzulassung möglich Tickets auszustellen, damit bleiben die Agenturen bisher noch in diesen Vertriebsweg eingeschaltet.[6] Allerdings wird zunehmend die Möglichkeit genutzt, die Zustellung der Reisedokumente zum Kunden (Tickets, Rechnungen, Buchungsbestätigungen etc.) insoweit zu vereinfachen, indem beispielsweise in der Firmenreisestelle eines großen Unternehmens ein so genannter Satelliten-Drucker („Satellite Ticket Printer") und ein Terminal aufgestellt werden, die nicht direkt, sondern über ein Reisebüro mit dem Reservierungssystem der Fluggesellschaften verbunden sind oder durch die Nutzung von elektronischen Reisedokumenten (ETix) ganz zu umgehen.

Die Betätigung von Luftverkehrsgesellschaften als **Reiseveranstalter** stieß zwar zuerst auf heftigen Widerstand der deutschen Reisebüroverbände, konnte jedoch aufgrund der wachsenden Bedeutung der Privatreisenden für die Fluggesell-

---

[4] Vgl. KRUSE, J.: Strategische Bedeutung der Call Center, S. 13.
[5] Vgl. LUFTHANSEAT: Welcome to Lufthansa 24/7 worldwide, S. 8.
[6] Vgl. IATA: Travel Agent's Handbook – Resolution 814 Edition, S. 25 ff.

schaften auf Dauer nicht gänzlich verhindert werden. Die Carrier entwickelten entweder in Zusammenarbeit mit einem etablierten Reiseveranstalter eigene Angebote oder übten durch eine Kapitalbeteiligung indirekten Einfluss auf die Veranstalteraktivitäten (Bevorzugung der eigenen Fluggesellschaft) aus. Zu den direkten Veranstaltungsaktivitäten der Fluggesellschaften zählen auch die „Stopover"-Programme, bei denen Langstrecken-Passagiere an einem Ort zwischen Abgangs- und Bestimmungsflughafen oder am Bestimmungsort eine vorgesehene, zum Teil auch mehrtägige Reiseunterbrechung einlegen und über die Fluggesellschaft (z. T. subventionierte) Leistungen wie Hotelübernachtungen, Mietwagen und Besichtigungstouren in Anspruch nehmen können. Der Flugscheinverkauf über **Selbstbedienungsautomaten** befindet sich gegenwärtig noch in der Entwicklungs- und Erprobungsphase.[7] Er soll zukünftig vor allem auf Flughäfen, aber auch an anderen an Stellen mit hohem Publikumsverkehr (z. B. in Banken, Kaufhäusern, Vorverkaufsstellen) den Direktvertrieb der Fluggesellschaften ergänzen.

Im **Gelegenheitsverkehr** ist der direkte Vertrieb von Flugscheinen nur bei Flügen innerhalb des Europäischen Wirtschaftsraums (EWR) zulässig. Bei Flügen zu Zielen außerhalb des EWR ist bei der Charterkategorie Pauschalreisecharter der Flugscheinverkauf durch die Paketpflicht an den Verkauf einer Unterkunftsleistung gebunden. Daher hatte dieser Vertriebsweg bis zur Liberalisierung in Europa lediglich beim Vollcharter eine Bedeutung, d. h. bei Ad hoc-Charterflügen, die aus einem einmaligen Reiseanlass von Vereinen, Verbänden oder Unternehmen gebucht werden. Aus Gründen der Absatzsicherung, d. h. der Reduzierung der Abhängigkeit von unternehmensfremden Buchungsstellen, wurden Pauschalreiseveranstalter von Charterfluggesellschaften gegründet oder durch sie erworben. In Deutschland erfolgte durch die vertikale Integration von Reiseveranstaltern und Ferienfluggesellschaften (z. B. TUI und Hapag-Lloyd unter dem Dach der damaligen Preussag AG,[8] Thomas Cook bzw. Condor als Gemeinschaftsunternehmen von KarstadtQuelle und Lufthansa; Übernahme von LTU und DER durch REWE) in den 1990er Jahren eine starke Konzentration, so dass 2001 nur noch ca. 31% der von deutschen Ferienfluggesellschaften angebotenen Kapazität auf konzernfreie Unternehmen entfielen.[9] Inzwischen hat sich der Einzelplatzverkauf für die europäischen Ferienfluggesellschaften zu einem wichtigen Segment entwickelt. Während bei Hapag Lloyd Flug (Hapagfly) durch konzerninterne Steuerung 85% der Kapazitäten auf TUI-Gäste entfielen,[10] konnte Condor beim Einzelplatzverkauf im Geschäftsjahr 2004/2005 einen Zuwachs von 58% verbuchen.[11] Air Berlin (als traditionell nicht konzerngebundener Ferienflieger, der auch im City- und Low Cost-Bereich tätig ist) erzielt ca. 65% des Umsatzes im Einzelplatzverkauf und ca. 35% im Charterverkehr für Reiseveranstalter.[12]

---

[7] Die „Ticketautomaten" auf den Flughäfen stellen keinen eigenen Vertriebsweg dar, da der Kunde den Flug bereits gebucht hat und dort lediglich auf der Basis eines elektronischen Tickets eincheckt.
[8] Im Juni 2002 änderte die Preussag AG ihren Namen in TUI AG.
[9] SCHMIDT, L.: Wer nimmt die Sitze, S. 86.
[10] Vgl. TUI AG: Geschäftsbericht 2005, S. 42.
[11] Vgl. THOMAS COOK: Geschäftsbericht 2004/2005, S. 5.
[12] Vgl. AIR BERLIN: Präsentation zum Quartalsbericht 1/2006, S. 10.

7.2.2 Indirekter Vertrieb

Für die **Liniengesellschaften** ist der indirekte Vertrieb durch die Zwischenschaltung eines Reisebüros oder Reiseveranstalters trotz steigender Online-Umsätze noch immer der wichtigste Absatzweg. Infolge des weltweiten Flugnetzes ist es den einzelnen Luftverkehrsgesellschaften nicht möglich, ein flächendeckendes Angebot an eigenen Verkaufsbüros zu unterhalten. Ein solches ist erforderlich, weil die Nachfrage dezentralisiert ist und Passagiere nicht nur auf dem heimatlichen Markt, sondern in jedem angeflogenen Land gewonnen werden müssen. Da sich dieses Problem für alle internationalen Fluggesellschaften gleichermaßen stellt, war der Aufbau eines gemeinsamen Agenturnetzes im Rahmen der IATA die wirtschaftlich notwendige Folge. Dabei boten sich die vorhandenen Reisebüros als naheliegende Vertriebspartner an. Ihre Angebotspalette, die neben dem Verkauf von Flugscheinen auch die Vermittlung von Veranstalterreisen, Bahnfahrscheinen, Schiffspassagen, Hotelübernachtungen, Mietwagen, Reiseversicherungen, Theaterkarten, die Besorgung von Visa und den Verkauf von reisenahen Produkten wie Reiseliteratur oder Fotozubehör umfassen kann, ist auf den Wunsch der Kunden, alle gewünschten Reiseleistungen aus einer Hand zu erhalten (one stopp shopping), zugeschnitten. Da ein IATA-Reisebüro die Flugscheine aller Mitgliedsgesellschaften verkaufen konnte und dementsprechend auch über deren Tarif- und Flugplaninformationen verfügte, brauchte der Kunde nur ein Büro aufzusuchen, um optimale Buchungsentscheidungen treffen zu können. Allerdings ergab sich durch den Anschluss der überwiegenden Zahl von Reisebüros an Computerreservierungssysteme hinsichtlich der Markttransparenz und der oft unüberschaubaren Angebotsvielfalt eine ambivalente Situation. Einerseits hat der Agenturmitarbeiter die Möglichkeit, sämtliche Informationen aller angeschlossenen Leistungsträger auf Wunsch darzustellen. Andererseits wird von dieser Möglichkeit im Sinne einer umfassenden Beratung des Kunden häufig aus Zeitmangel tatsächlich kein Gebrauch gemacht. Zudem kann eine Steuerung auf Fluggesellschaften, von denen die Mittler Provisionen oder andere Incentives erhalten, zu einer Auswahl unter den angebotenen Flügen führen, die nicht unbedingt im Interesse des Kunden liegt. Die Reisebüros erzielen mit der Flugticketvermittlung im Durchschnitt ein Drittel ihrer Gesamtumsätze.[13]

Reiseveranstalter bieten Linienflüge in Zusammenhang mit IT-Reisen an, also im Rahmen von Einzel- oder Gruppenpauschalreisen. Sie können zu einem einzelnen Reisetermin oder als Option fester Kontingente zu regelmäßigen Terminen während einer ganzen Saison gebucht werden. Für den Reiseveranstalter besteht hierbei kein Auslastungsrisiko, da er nur die jeweils tatsächlich gebuchten Flüge bezahlen muss. Zur Forcierung des Absatzes über diesen Vertriebsweg wurden Sonder- und Nettotarife geschaffen, die entweder für vom Reiseveranstalter direkt zusammengestellte Gruppen gelten oder für Gruppen von Endverbrauchern, die die organisatorische Hilfe eines Reiseveranstalters in Anspruch nehmen. Die Linienfluggesellschaften haben auch die Möglichkeit, Teilkapazitäten einer als Linie

---

[13] Die Sparte „Flug" erzielte 2005 7,46 Mrd. Euro von 20,69 Mrd. Euro Gesamtumsätzen des deutschen Reisevertriebs, vgl. FVW International: Schrumpfender Markt, S. 6.

beflogenen Strecke einem Reiseveranstalter mit Auslastungsrisiko zu überlassen. Verkehrsrechtlich handelt es sich dabei um Charterflüge (Part-Charter), wirtschaftlich um eine Auslastungssteigerung durch eine neue Angebotskategorie.

Die Fluggesellschaften schalten ebenso **Consolidators** als Zwischenhändler ein. Ähnlich wie im Konsumgüterbereich übernehmen diese die Funktion eines Großhändlers, sie kaufen ein bestimmtes Kontingent bei der Fluggesellschaft zu einem reduzierten Preis ein und verkaufen dieses an die Reisebüros oder auch direkt an Endkunden weiter. Die Consolidators trugen in starkem Maße zur Etablierung des Graumarktes bei, da die über sie vermittelten Tickets von den Reisebüros zu Preisen unterhalb der von den Fluggesellschaften veröffentlichten Tarife verkauft wurden. Nach einer Expansionswelle hatte sich der Konkurrenzdruck unter den Consolidators verstärkt, so dass sie nur noch mit stark sinkenden Margen arbeiten konnten. Der dadurch ausgelöste Konzentrationsprozess wurde durch die Notwendigkeit zu kostspieligen Investitionen in EDV-Software in zweistelliger Millionenhöhe noch verstärkt.

Die vertriebliche Zusammenarbeit mit anderen Fluggesellschaften erfolgt auf der Basis von Interline- und General Sales Agency Agreements. Durch die **Interline-Vereinbarungen** kann ein Flug der eigenen Gesellschaft durch die Buchungsstellen anderer Airlines verkauft werden. Bei **General Sales Agency Agreements** vertritt eine Fluggesellschaft die Verkaufsinteressen ihres Vertragspartners für ein regional begrenztes Gebiet. Neben dem eigentlichen Flugscheinverkauf (darüber hinaus kann ein solches Abkommen auch die Bereiche Fracht und Post umfassen) gehören auch Werbung und Verkaufsförderung, Reservierung, Ticketumschreibung und eventuell Organisation der Passagier- und Flugzeugabfertigung zu den Aufgaben eines General Sales Agenten. Er erhält für alle im Vertretungsgebiet durch ihn selbst und durch die Agenturen erzielten Verkäufe eine Provision.[14] Die Generalvertretung kann einseitig oder bilateral (gegenseitig im jeweiligen Land) ausgerichtet sein und ist häufig mit einem Code Sharing-Abkommen verbunden.

Im **Chartermodus** bzw. **Ferienflugverkehr** sind von **Reiseveranstaltern** zusammengestellte und angebotene Pauschalreisen ein wichtiges Marktsegment. Charterflüge dürfen darüber hinaus bei Flügen außerhalb der EU nicht direkt von der Fluggesellschaft, sondern nur von einem Reiseveranstalter, der sein Gewerbe nach § 14 der Gewerbeordnung angemeldet hat, an den Endverbraucher abgegeben werden. Beim Plane Load-Charter nimmt ein Reiseveranstalter die gesamte Kapazität in Anspruch und trägt damit auch das Auslastungsrisiko.

Ein anderer Abnehmerkreis von Charterflügen sind **Consolidators**, die ein Flugzeug (Einzelflug oder Flugkette) auf eigene Rechnung chartern und Teilkapazitäten an die Reiseveranstalter weiterverkaufen, wobei das Auslastungsrisiko entweder beim Reiseveranstalter oder beim Consolidator liegt. Consolidators waren in der Vergangenheit vor allem bei der Entwicklung neuer Strecken erfolgreich. Zunehmend werden sie aber von den Fluggesellschaften auch als Broker eingesetzt. In dieser Funktion vermarkten sie Kapazitäten, die von den Fluggesell-

---

[14] Vgl. IATA: Passenger General Sales Agency Agreement, ein Muster ist ebenfalls abgedruckt in BRUNEDER, M.: Flugverkehr, Anhang, S. 1-13.

schaften selbst nicht verkauft oder von den Reiseveranstaltern storniert wurden. Neben dem „klassischen Chartervertrieb" über Reiseveranstalter gibt es eine Mischform, bei der ein Teil der Kapazität als Split-Charter angeboten wird und die restlichen Plätze den Reiseveranstaltern, Reisebüros und Endkunden zur **Einzelplatzeinbuchung** zur Verfügung stehen. Consolidator ist in diesem Falle die Fluggesellschaft, die so auch kleinen und Ad hoc-Veranstaltern die Organisation von Pauschalreisen ermöglicht und darüber hinaus Restkapazitäten verwerten kann.

7.2.3 Agenturen

7.2.3.1 IATA-Agentur

Das Verhältnis zwischen der IATA und den Agenturen wird durch das „Passenger Sales Agency Agreement" (Resolution 824) begründet. Im Namen ihrer Mitgliedsgesellschaften regelt die IATA die Zusammenarbeit in den Bereichen Verkauf und Ticketausstellung und definiert in den „Passenger Sales Agency Rules" die Voraussetzungen und Bedingungen für den Verkauf von Transportleistungen im Namen der IATA-Mitglieder. Die Modalitäten der Zusammenarbeit zwischen den IATA-Mitgliedsgesellschaften und den Verkaufsagenturen finden sich in speziellen IATA-Resolutionen und wurden durch die von der Passenger Agency Conference erlassene Resolution 814, die in Deutschland am 3.10.1990 in Kraft trat, neu geregelt.[15] Aktuell definiert die Resolution 818[16] – die die europäischen Antitrust-Regelungen berücksichtigt – Details für das Gebiet der EU und der Schweiz. Im Wesentlichen sollen diese Regelungen sicherstellen, dass:[17]

- die Agenturen qualifiziert und fachkundig den Verkauf und die Reservierung von Leistungen der Mitgliedsgesellschaften vornehmen,
- dass diese zu korrekten Bedingungen und Preisen verkauft werden,
- die verkauften Tickets ohne Verzögerungen übermittelt werden, und
- die dafür kassierten Gelder ordentlich und rechtzeitig an die Mitgliedsgesellschaften weitergeleitet werden.

Die regional unterschiedlichen Einzelvorschriften (z. B. Ausgestaltung der Haftung) werden vom jeweiligen Agenturausschuss („Agency Programme Joint Council") erlassen. Dieser besteht aus Vertretern von Mitglieds- oder BSP-Fluggesellschaften sowie aus von nationalen Verbänden benannten akkreditierten IATA-Agenten je zur Hälfte. Da das IATA-Agentursystem kartellrechtliche Züge

---

[15] Vgl. IATA: Travel Agent's Handbook – Resolution 814 edition – Attachment 'A', Section 2. Durch die Neuregelung wurden der Mindestumsatz aufgehoben, die Mindestanforderungen an die Reiseberater reduziert, das Verbot von Reisebüros auf Flughäfen aufgehoben und die Anforderungen an das Geschäftslokal gesenkt. Die Konventionalstrafen bei Tarifverstößen wurden ebenso abgeschafft wie die Exklusivitätsklausel, so dass IATA-Agenturen für Non-IATA-Airlines arbeiten und bilaterale Verträge mit diesen Fluggesellschaften abschließen konnten.
[16] Vgl. IATA Resolution 818: Passenger Sales Agency Rules – Europe.
[17] Vgl. IATA: The Passenger Agency Programme 2005, S. 7.

aufweist, bedurfte es zu seiner Fortführung innerhalb der EG einer Freistellung vom Verbot von Vereinbarungen und aufeinander abgestimmter Verhaltensweisen nach § 85 Abs. 3 EWGV. Diese Freistellung wurde 1991 mit der Auflage erteilt, dass keine Mindestumsätze zur Lizenzerhaltung und keine einheitlichen Provisionen vorgeschrieben werden.

Die **Zulassung** als IATA-Agent erfolgt nach Antragstellung und Überprüfung auf die Erfüllung der Zulassungsvoraussetzungen innerhalb von 60 Tagen beim Agency Services Office (ASO) des jeweiligen Verkehrsgebietes. Nach der Zulassung wird das antragstellende Reisebüro durch den Agency Administrator in die Agenturliste aufgenommen, wobei eine IATA-Fluggesellschaft entweder eine Einzelernennung oder eine globale Ernennung, bei der alle anderen Mitgliedgesellschaften auf eine Einzelernennung verzichten, aussprechen kann. Die Zulassungsvoraussetzungen nach Resolution 818 umfassen für Deutschland im speziellen:[18]

- Allgemein: u. a. keine Tätigkeit als Generalagent für eine Fluggesellschaft, keine Verbindlichkeiten gegenüber Fluggesellschaften oder Zugriff auf ein Computerreservierungssystem entsprechend Resolution 854.
- Registrierung: gültige Gewerbeanmeldung als Reisebüro oder Reiseveranstalter sowie gegebenenfalls Handelsregistereintrag.
- Personelle Kriterien: Nachweis über kompetentes und qualifiziertes Personal, das Lufttransportleistungen korrekt verkaufen, automatische Verkehrsdokumente ausstellen und diese über den BSP abrechnen kann.
- Aufbewahrung von Standardverkehrsdokumenten: Einhaltung der Sicherheitsbestimmungen entsprechend Resolution 818, Abschnitt 5, im Wesentlichen Sicherung der Geschäftsräume gegen Einbruch und Diebstahl durch einen Tresor, der bestimmten Mindestanforderungen hinsichtlich des Gewichts und der Verankerung genügen muss. Für IATA-Reisebüros, die ausschließlich elektronische Tickets ausstellen, entfällt diese Voraussetzung.
- Finanzielle Kriterien: Eine Bankbürgschaft, eine Vertrauensschadensversicherung oder eine Abtretungserklärung auf ein Festgeldkonto oder Sparbuch, deren Betrag in Abhängigkeit von den geschätzten Barumsätzen und der Abbuchungshäufigkeit (monatlich oder wöchentlich) festgelegt wird. Diese dient als Sicherheitsleistung für Kundengelder, die Eigentum der Fluggesellschaften sind, aber in der Zeit zwischen Zahlung und Überweisung an die Fluggesellschaft/BSP-Agentur durch den Agenten treuhänderisch verwaltet werden.

Die Agenturen werden anhand ihrer Zahlungsfähigkeit in eine von fünf Liquiditätskategorien (unter 110% bis über 140% Liquiditätsquote[19]) eingestuft, die die Höhe der zu erbringenden Bürgschaft (ein Bonus auf die eigentlich erforderliche Bürgschaft von 0% bis 100% ist möglich) festlegt.

---

[18] Vgl. IATA Deutschland: Reisebüro Akkreditierung – lokale Kriterien.
[19] Diese errechnet sich nach der Formel: „Kurzfristige Vermögensgegenstände plus Wert der freien Kreditzusage mal 100 geteilt durch die kurzfristigen Schuldenwerte", vgl. a. a. O., S. 2.

Da insbesondere bei Agenturneugründungen das Eigenkapital bzw. die Rücklagen oft noch zu gering sind, um die benötigte Bankbürgschaft zu erhalten, haben die Reisebüroverbände DRV und ASR in Zusammenarbeit mit Versicherungsgesellschaften kostengünstigere Haftungsmodelle entwickelt. Bei der vom DRV 1983 gegründeten Haftungsgemeinschaft tritt an die Stelle der von der IATA geforderten Einzelbürgschaften eine gemeinsam getragene Gesamtbürgschaft. Beim ebenfalls 1983 eingeführten Versicherungsmodell des ASR wird die Gesamtbürgschaft von einer zwischengeschalteten Bank gestellt und durch ein Versicherungsunternehmen abgedeckt, das von den beteiligten IATA-Agenturen eine jährliche Versicherungsprämie verlangt.[20] Auch von der IATA wird eine (o. g.) Vertrauensschadensversicherung angeboten.

Mit den Internet-Buchungsstellen ist eine neue Agenturkategorie entstanden, die **Electronic Reservations Service Providers** (ERSP). Ein Electronic Reservations Service Provider ist nach der IATA-Definition „eine Person oder ein Unternehmen mit Anschluss an das Internet oder einen Online-Dienst, der Reservierungsinformationen im selben Format anbietet wie das System eines IATA-Mitglieds oder eines CRS. Der ERSP bietet den Nutzern Reservierungseinrichtungen und die für die Nutzungsbedürfnisse notwendigen Instrumente für das Ticketing durch das IATA-Mitglied oder dessen Agent." Da die IATA-Resolution 898a eine Gleichsetzung von Agenten und ERSP ausschließt, sorgt die IATA lediglich für die Identifizierbarkeit von Transaktionen zwischen Nutzer und Fluggesellschaft durch die Vergabe einer Identifikationsnummer. Diese Identifikationsnummer ist keine Agenturnummer, d. h. der ERSP darf sich nicht öffentlich als von der IATA akkreditiert ausweisen. Die Bezahlung erfolgt per Kreditkarte direkt an die Airline, die das Ticket elektronisch erstellt oder per Post zuschickt. Eine Abrechnung über BSP erfolgt nicht, Provisionen werden zwischen den Fluggesellschaften und den ERSP direkt ausgehandelt.

7.2.3.2 Non-IATA-Agentur

Die Agenturzulassung durch Non-IATA-Gesellschaften kommt durch Aushandlung von Einzelverträgen mit der jeweiligen Fluggesellschaft bzw. dem für das Verkaufsgebiet zuständigen General Sales Agent zustande, wobei insbesondere die Anforderungen an das Verkaufslokal und an die Fachkräfte meist unter den IATA-Anforderungen liegen. Da in der Bundesrepublik Deutschland keine staatliche Lizenzierung von Reisebüros erforderlich ist, genügt eine Anmeldung beim Gewerbeaufsichtsamt. Die Agentur erhält entweder einen Ticketstock zur Ausstellung von Flugscheinen oder bestellt die ausgestellten Flugscheine direkt beim General Sales Agent bzw. bei der Fluggesellschaft. Die von der Fluggesellschaft gegebenenfalls gewährten Provisionen oder Incentives unterliegen keiner grundsätzlichen Regelung. Die auf dem Graumarkt aktiv tätigen Airlines und General Sales Agents stellen oft nur einen Nettopreis in Rechnung und überlassen der Agentur die Festlegung des Endverkaufspreises. Non-IATA-Agenturen, die Flugscheine

---

[20] Zur detaillierten Beschreibung dieser Haftungsmodelle vgl. o. V.: Haftungsgemeinschaft der IATA-Agenturen, S. 97; TOURISTIK-ASSEKURANZ-SERVICE: Personenkautionsversicherung, S. 2 ff sowie DRV: Geschäftsbericht '96, S. 69 ff.

von IATA-Gesellschaften verkaufen wollen, arbeiten zur Flugscheinausstellung mit IATA-Agenturen zusammen. Dies können entweder normale Agenturen mit IATA-Lizenz, mit denen eine Kooperationsvereinbarung besteht, oder Consolidators sein.

7.2.3.3 Agenturprovisionen

Grundsätzlich erhielt der IATA-Agent für die von ihm verkauften und ausgestellten Beförderungsdokumente eine Provision. So legte Resolution 814, Abschnitt 9.2 fest: „Agents duly appointed by the Member shall be paid commission or other remuneration for the sale of international air passenger transportation."[21] Die durchschnittlichen Provisionssätze im Flugbereich lagen in den Jahren vor Beginn der Provisionssenkungen 1999 bei knapp 9%. Für Steuern und sonstige Gebühren wurde keine Provision bezahlt, da der IATA-Agenturvertrag zwischen provisionspflichtigem Entgelt und nicht provisionspflichtigen Steuern und Gebühren, die gesondert in Rechnung gestellt werden, unterscheidet.[22] 2000 wurde auch die Auseinandersetzungen um die Verprovisionierung der variablen Landegebühren vom Bundesgerichtshof (AZ: VIII ZR 338/98) zu Gunsten der Reisebüros entschieden.

Seit Mitte der neunziger Jahre erfolgte bei vielen Fluggesellschaften eine Umstellung von der für alle IATA-Gesellschaften geltenden undifferenziert-umsatzorientierten Standardprovision (9% auf den Flugpreis) auf airlinespezifische, differenzierte Provisionssysteme. Die Standardprovisionen wurden zumindest teilweise gesenkt und um variable Vergütungsbestandteile, d. h. Zusatzprovisionen je nach Beförderungsgebiet (z. B. Inlands-, Europa-, Interkontinentalstrecken), Beförderungsklasse oder Saisonzeit sowie durch Incentives auf Umsatzzuwächse ergänzt. Ziele waren hier eine Ertragssteuerung durch auslastungsorientierte Provisionen und eine verstärkte Agenturbindung (Umsatzsteigerung). Allerdings forderte eine Entscheidung der EU-Kommission 2000[23] bezüglich des Provisionsmodells von British Airways, dass Fluggesellschaften dort, wo sie ihre jeweiligen nationalen Märkte dominieren, den Agenturen keine Zusatzprovisionen (Incentives) für Umsatzzuwächse bezahlen dürfen. Begründet wurde die Entscheidung mit dem Argument, dass damit die marktbeherrschende Stellung gestärkt und der Wettbewerb verzerrt würde.

Die für das Gebiet der EU und der Schweiz seit 2004 aufgrund der Aufhebung der Antitrust-Immunität durch die EU[24] gültige IATA-Resolution 818 schreibt die Zahlung von Provisionen nicht mehr explizit vor, ebenso das Passenger Sales Agreement zur Zahlung von Provisionen von IATA-Fluggesellschaften an Agen-

---

[21] IATA: Resolution 814, Section 9: Conditions for payment of Commission and Other Remuneration.
[22] Vgl. nicht veröffentlichte Entscheidung des Landgerichts Köln über die Verprovisionierung der variablen Landegebühren, zitiert nach FVW INTERNATIONAL, Nr. 3/1997, S. 5.
[23] Vgl. EUROPÄISCHE KOMISSION: XXIX. Bericht über die Wettbewerbspolitik 1999, S. 39.
[24] Verordnung (EG) Nr. 1/2003 des Rates zur Durchführung der in den Artikeln 81 und 82 des Vertrags niedergelegten Wettbewerbsregeln vom 16. Dezember 2002.

turen: „Unless otherwise instructed by the Carrier the Agent shall be entitled to deduct from remittances the applicable commission to which it is entitled (…)".[25]

2001 versuchte Lufthansa, mit so genannten Flat Fees, also Stückprovisionen, die sich nicht am Flugpreis, sondern an der Zahl der verkauften Flugscheine orientieren, das traditionelle Provisionssystem zu modernisieren und damit eine Ertragssteuerung zu ermöglichen, gab jedoch dem anhaltenden Widerstand der deutschen Reisebüro-Verbände schließlich bis 2003 nach.

Im Dezember 2003 kündigte Lufthansa dann die Umstellung ihres Vertriebsmodells auf Nettopreise ab dem 1. September 2004 an. In Verbindung damit wurde auch die vertragliche Stellung der Reisebüros neu geregelt. Waren die Reisebüros vorher als Handelsvertreter entsprechend § 84 ff HGB im Namen der Lufthansa tätig und zur Wahrung ihrer Interessen verpflichtet, was diese im Gegenzug zur Zahlung von Provisionen verpflichtete, so wurden die neuen Agenturverträge auf der Basis des Status eines Handelsmaklers (§ 93 ff HGB) geschlossen.

Das neue Provisionsmodell hat laut LUFTHANSA zum Ziel, klar zwischen der Flug- und Produktleistung sowie der Beratungs- und Abwicklungsleistung zu trennen und „bietet dem Kunden damit ein hohes Maß an Transparenz. Der Endpreis für den Kauf eines Lufthansa-Tickets setzt sich dann aus zwei Bestandteilen zusammen: dem Nettopreis inklusive Steuern und Gebühren für den Lufthansa-Flug sowie gegebenenfalls einer Gebühr für die Beratung, Buchung und Ausstellung des Tickets. (…) Der Kunde honoriert den guten Service seines Reisebüros und bezahlt Lufthansa für die Transportleistung."[26] Damit bleibt den Reisebüros überlassen, in wie weit sie selbst gegenüber ihren Kunden Beratungs- und Serviceleistungen erbringen und dafür ein Entgelt verlangen. Nach Ansicht der LUFTHANSA werden die Reisebüros damit noch deutlicher als Interessensvertreter des Kunden wahrgenommen und können sich durch besonderen Service für diesen besser positionieren, dies eröffne „neue wirtschaftliche Perspektiven in einem schwierigen Umfeld."[27]

Obwohl die LUFTHANSA zur Zeit der Einführung der Nullprovision 92% der Erlöse über Reisebüros erzielte und die Wichtigkeit der Reisebüros und die Verbundenheit mit ihnen betonte, wurde der Online-Preisabschlag auf den Internetseiten der Lufthansa (oder teilnehmenden Internetportalen) beibehalten, um den günstigsten Flugpreis in der Regel online anzubieten; dies fördert den weiteren Ausbau des Direktvertriebs. Gleichzeitig wird von Lufthansa jedoch auch eine „Ticket Service Charge" abhängig vom Reiseziel erhoben, die für innerdeutsche und innereuropäische Tickets mit 30 Euro und für Interkontinentalflüge mit 45 Euro festgesetzt wurde.[28]

Die unmittelbare Reaktion der deutschen Reisebüroverbände auf die Ankündigung der Lufthansa fiel teilweise heftig aus, von den Vertriebspartnern wurden er-

---

[25] IATA: Resolution 824: Passenger Sales Agency Agreement, Abschnitt 7.2.
[26] LUFTHANSA: Lufthansa modernisiert Vertriebsmodell, Pressemitteilung vom 08. Dezember 2003.
[27] a. a. O.
[28] LUFTHANSA: Fliegen mit Lufthansa wird günstiger, Pressemitteilung vom 3. Januar 2005.

hebliche Auswirkungen der Nullprovision befürchtet. Eine vom DRV im Januar 2004 durchgeführte Umfrage ergab, dass 58% der befragten Agenten eine Gefährdung ihrer Existenz und 78% Umsatzrückgänge zwischen 2% und 90% durch das Nettopreismodell erwarteten. Darüber hinaus wurden 35% der Arbeitsplätze im Flugbereich als gefährdet angesehen und die Schließung von 14% der Betriebsstätten befürchtet.[29] Außerdem wurde bemängelt, dass die Nettopreise in Kombination mit den Serviceentgelten eine Preiserhöhung um 6,5% darstellten, da die Flugpreise nicht um die Höhe der bisher an die Agenturen gezahlten Provisionen gesenkt wurden.[30]

Langfristig versuchte der DRV, durch eine Prüfung des Nettopreismodells durch das Bundeskartellamt, durch weitere Gespräche mit der Lufthansa und durch eine Verbandsklage gegen das Vertragsangebot der Lufthansa gegen die geplanten Änderungen im Lufthansa-Vertriebsmodell vorzugehen.

Die Bedenken bei der Prüfung durch das Bundeskartellamt bezogen sich auf die Inanspruchnahme unentgeltlicher Dienstleistungen durch die Lufthansa (wie z. B. das Inkasso) und auf mögliche Flugticketverkäufe ohne Serviceaufschlag durch Lufthansa im Direktverkauf an Endverbraucher.[31] Nach mehrmonatiger Prüfung entschied das Bundeskartellamt im Juni 2004, kein Untersagungsverfahren gegen die Lufthansa einzuleiten. Begründet wurde dies damit, dass die Umstellung des Vertriebssystems zwecks Kosteneinsparungen keine unbillige Behinderung der Reisebüro-Partner darstelle. „Für diese Bewertung war entscheidend, dass Lufthansa den Reisebüros eine angemessene Umstellungsfrist eingeräumt hat und die Reisebüros die Chance haben, ihre Dienstleistungen künftig direkt mit den Kunden abzurechnen."[32] Eine Senkung der Service Charges der Lufthansa Anfang 2005 auf nur noch 10 Euro für innerdeutsche bzw. innereuropäische Flüge und 15 Euro für Interkontinentalflüge bei Online-Buchungen[33] führte zu einer erneuten Beschwerde des DRV beim Bundeskartellamt, da durch die Kombination des Online-Abschlags von 10 Euro und der auf 10 Euro gesenkten Service Charge die Lufthansa Tickets faktisch zum Nettopreis verkaufe.[34] Im Mai 2005 wurde von Lufthansa der Online-Preisabschlag von 10 Euro pro Flugschein gestrichen und damit aus Sicht des DRV gleiche Wettbewerbsbedingungen für alle Vertriebskanäle geschaffen.[35]

Die vom DRV im Juli 2004 eingereichte Verbandsklage beim Landgericht Köln (AZ: 2-2 O 387/04), bezog sich im Wesentlichen auf die Prüfung der Vereinbarkeit der Streichung der Provisionen unter gleichzeitiger Beibehaltung der Pflichten von IATA-Agenturen, darüber hinaus wurde bemängelt, dass der neue

---

[29] DRV: Reisebüros sehen Existenz gefährdet, Pressemitteilung vom 16. Januar 2004.
[30] DRV: Passagiere und Reisebüros sollen für verfehlte Lufthansa-Finanzpolitik bluten, Pressemitteilung vom 04. Februar 2004.
[31] DRV: DRV beim Bundeskartellamt, Pressemitteilung vom 24. Mai 2004.
[32] BUNDESKARTELLAMT: Tätigkeitsbericht 2003/2004, S. 28.
[33] LUFTHANSA: Fliegen mit Lufthansa wird günstiger, Pressemitteilung vom 3. Januar 2005.
[34] DRV: DRV schaltet Kartellamt ein, Pressemitteilung vom 5. Januar 2005.
[35] DRV: DRV begrüßt gleiche Preise in allen Vertriebskanälen, Pressemitteilung vom 06. April 2005.

Lufthansa-Vertrag Unklarheiten hinsichtlich der IATA-Resolutionen enthalte. Nach einem „Spitzengespräch" zwischen Lufthansa und dem DRV, in dem beide Seiten die Klärung der offenen Fragen im Dialog vereinbarten, wurde die Klage im März 2005 zurückgezogen, eine gerichtliche Klärung mit einer möglichen Dauer von bis zu 5 Jahren wurde vom DRV als nicht zielführend erachtet.[36] Im Wesentlichen hat sich bei der Nullprovision im Markt inzwischen ein zweiteiliges System etabliert:

- die Air-Ticket-Fee (Ticket-Entgelt), die die Kosten der Buchung abdeckt und auch bei Direktbuchungen von den Fluggesellschaften erhoben wird;
- die Agent-Fee (Reisebüro-Entgelt), die die Kosten für die Beratungsleistung des Vertriebs deckt und deren Preis je nach Service des Reisebüros variiert;
- beide zusammen ergeben die Vermittlungs-Fee bzw. das Vermittlungsentgelt, das der Kunde zusätzlich zu seinem Ticketpreis zu bezahlen hat.

Neben den Ticketentgelten und den Reisebüroentgelten erhält jeder IATA-Agent für sich und/oder seine Angestellten eine bestimmte Anzahl von um bis zu 75% ermäßigten Agentenflugscheinen. Die Fluggesellschaften bieten im Rahmen ihrer Agenturbetreuung zudem Fortbildungsreisen wie z. B. PEP (Personal Education Program/Produkt-Erfahrungs-Programm) mit reduzierten Preisen für die Agenturmitarbeiter an.

Die Zahl der Reisebüros in Deutschland ist insgesamt rückläufig, neben einem Rückgang bei den Touristik-Büros haben in den letzten fünf Jahren auch fast 600 Büros ihre IATA-Lizenz zurückgegeben, die Zahl der IATA-Agenten sank von 4.407 im Jahr 2004 auf 4.238 im Jahr 2005.[37] Die größten Umsatzzuwächse konnten die Reisebüros 2005 jedoch im Bereich „sonstige Reisebüro-Geschäfte" verbuchen. „Grund sind die Ticketgebühren, die seit der Nullprovision im Linienflug von den Kunden verlangt werden. Agenturen, die Service-Entgelte durchsetzen, verdienen damit mehr als zuvor mit der Provision."[38] Auch im Ferienflugverkehr werden die Veränderungen hinsichtlich der Provisionen ebenfalls schrittweise vollzogen. So hat z. B. Condor mit Wirkung zum 1. November 2005 ein neues Provisionsmodell für Reisebüros eingeführt. Statt einer prozentualen Provision auf den Verkaufspreis wird im Geschäftsjahr 2005/2006 eine nach Fluglänge differenzierte „Flatfee" gezahlt. Zum Geschäftsjahr 2006/2007, so die erklärte Absicht, sollen Reisebüros sich dann nicht mehr über Provisionen, sondern über Service-Entgelte finanzieren.[39]

---

[36] DRV: DRV zieht Klage gegen Lufthansa zurück, Pressemitteilung vom 9. März 2005.
[37] Vgl. FVW INTERNATIONAL: Schrumpfender Markt, S. 6.
[38] a. a. O.
[39] Vgl. Geschäftsbericht Thomas Cook 2004/2005, S. 5.

7.3 Computerreservierungssysteme

7.3.1 Bedeutung

Das globale Netz der Vertriebsagenturen und die besonders von den Geschäftsreisenden geforderte Flexibilität hinsichtlich schneller Buchungs- und Umbuchungsmöglichkeiten erfordert für die Linienfluggesellschaften ein effizientes Reservierungssystem, das wegen der interkontinentalen Zeitverschiebungen 24 Stunden täglich zugänglich sein muss. Weltweit muss jede einzelne Agentur in der Lage sein, sich bei einer Buchungsanfrage für einen beliebigen Flug auf einem anderen Kontinent schnell, kostengünstig und zuverlässig darüber informieren zu können, ob die gewünschte Zahl an Plätzen vorhanden ist.

Für die Luftverkehrsgesellschaften hat der Aufwand an Informationsbereitstellung und Datenverarbeitung nicht nur durch das stetige Wachstum der Passagierzahlen erheblich zugenommen. Die Liberalisierung wichtiger Märkte des Weltluftverkehrs hatte unter anderem auch zur Folge, dass der Preis als Wettbewerbsparameter an Bedeutung gewann, da die Fluggesellschaften die Möglichkeit erhielten, bei geänderten Marktverhältnissen schnelle preistaktische Maßnahmen zu ergreifen. Sie können ohne den zeitraubenden Umweg der Koordinierungs- und Genehmigungsprozeduren auf neue Wettbewerbssituationen reagieren und Tarifänderungen vornehmen, neue Tarifarten einführen und Produktänderungen hinsichtlich der Streckenpläne und Frequenzen durchführen. Die erfolgreiche Durchsetzung neuer Preis- und Produktstrategien verlangt, dass die neuen Angebote den Agenturen unverzüglich bekannt gemacht werden. Dies führte zu einer erhöhten Komplexität der Datenverarbeitung. Diesen Anforderungen an die Marktpräsenz konnte nur noch mit Computerreservierungssystemen (CRS) nachgekommen werden, die zudem eine Reihe weiterer Funktionen wie Vertriebsrationalisierung, Serviceverbesserungen, Datensammlung für das Marketing und das Yield Management erfüllen.

Rationalisierung des Vertriebs

Einer der wichtigsten Vorteile von CRS ist die Zeitersparnis durch die automatisierten Vorgänge. Dies trifft sowohl für die Fluggesellschaften als auch für die Agenturen zu.[40] Schon 1964 ermöglichte der Einsatz des ersten SABRE-Systems American Airlines Einsparungen von bis zu 30% im Personalbereich,[41] 1983 hat das U.S. Departement of Justice in einer Untersuchung der damals noch lediglich internen elektronischen Datenverarbeitung der Fluggesellschaften eine Reduzierung der Kosten einer Buchung von US$ 7,5 auf US$ 0,5 ermittelt.[42]

Bei den Reisebüros wurden durch den Einsatz von CRS erzielbare Zeit- und Kosteneinsparungen in Höhe von bis zu 50% berechnet.[43] Hier entfiel der größte Teil an zeitaufwendigen Arbeiten wie telefonische Anfragen und schriftliche Bu-

---

[40] Vgl. DRV: Elektronische Informations- und Buchungssysteme, S. 8 ff.
[41] Vgl. SABRE: Sabre History, o. S.
[42] U. S. Department of Justice: Comments and Proposed Rules for the CAB and Reply Comments, Washington, D. C., 1983.
[43] Vgl. die bei SCHULZ, A.: Vertriebskoordination, S. 81 zitierten Untersuchungen.

chungen bei den Airlines. Die Leistungsfähigkeit heutiger CRS geht über den bloßen Buchungsvorgang – Verfügbarkeitsabfrage, Reservierung, Dokumentenerstellung – weit hinaus. Durch den direkten Zugang zu den Buchungsrechnern der beteiligten Fluggesellschaften können Flugpreisberechnungen vorgenommen, Tickets und sonstige Dokumente wie Reiseverlaufsplan und Rechnungen automatisch ausgestellt und die Verkaufsdaten zur Abrechnung gespeichert werden.

Die früher teilweise sehr zeitaufwendigen Tarifberechnungen können mit dem Fare-Quotation-System durchgeführt werden. Auf der Basis von mehreren Millionen im Zentralrechner gespeicherten Tarifen werden internationale Flugpreisberechnungen für komplizierte und umfangreiche Streckenkombinationen (Einzel- und Mehrfachsegmente) auch in unterschiedlichen Beförderungsklassen vorgenommen. Bei einigen CRS besteht die Möglichkeit, mit einer „Best Buy"-Funktion auf einer Städteverbindung den günstigsten Tarif zu finden. Ein neutrales Verfügbarkeitssystem aller gespeicherten Flüge der angeschlossenen Unternehmen gewährleistet sowohl die Darstellung von Flugverbindungen nach objektiven Kriterien als auch eine schnelle Kundenberatung.

Serviceverbesserung für Kunden und Agenturen
Durch die Qualität der Informationen beim Einsatz von CRS werden Übermittlungs- und Kommunikationsfehler größtenteils vermieden. Beratungsgespräche konnten intensiver geführt und Kundenwünsche verstärkt berücksichtigt werden. Da praktisch alle wichtigen touristischen Leistungsträger in den Systemen vertreten sind, können komplette Leistungspakete gebucht werden. Dazu zählen wichtige Komplementärleistungen wie Hotels, Mietwagen, Transfers oder Eintrittskarten. Der Kunde erhält alle Reisedokumente (Ticket, Rechnung, Voucher,[44] Eintrittskarten, Reiseverlaufsplan) sofort ausgehändigt. Zudem besteht die Möglichkeit, Informationen über Einreisebestimmungen, klimatische Verhältnisse etc. abzurufen.

Mit der Ablösung der in den Reisebüros früher üblichen Datensichtgeräte durch Personalcomputer konnten diese nicht nur als Reservierungsterminals eingesetzt werden, sondern auch lokal Daten im Offline-Betrieb verarbeiten. Hierfür bieten die CRS-Betreiber und fremde Anbieter auf den PC abgestimmte Programmpakete (Reisebüro- bzw. Branchen-Software für Kundendatenpflege, Terminüberwachung, Kalkulation, Kostenrechnung, Lohn- und Gehaltsabrechnung, Buchhaltung und Textverarbeitung) an. Neben den eigentlichen Funktionen der CRS können mit den angeschlossenen PC-Arbeitsplatzsystemen auch allgemeine Verwaltungsaufgaben im Reisebüro erledigt und Managementinformationssysteme eingerichtet werden. Einen Vorteil vor allem für Vielflieger und Geschäftsreisende bieten Travelmanagement-Systeme, die die besonderen Belange von Firmen (z. B. Dienstreiseordnungen, detaillierte Abrechnung) erfüllen, sowie elektronische Kundenkarteien, die spezifische Kundenwünsche wie z. B. vegetarische Küche oder bestimmte Präferenzen bezüglich des Sitzplatzes im Flugzeug bei jeder Buchung automatisch berücksichtigen.

---

[44] Voucher = dem Käufer ausgehändigter Gutschein für die Inanspruchnahme von Reisedienstleistungen, z. B. Hotelübernachtung, Mietwagen.

Marketinginstrument
Obwohl die CRS in erster Linie Vertriebssysteme sind, erfüllen sie auch wichtige Marketingfunktionen. Für die Fluggesellschaften liefert die Auswertung der in den CRS gespeicherten Kundendaten eine Fülle von Informationen über das Nachfrageverhalten der Kunden, die eine wichtige Grundlage für Angebotsgestaltung, Absatzplanung und Preispolitik darstellen. Auch die Kundenbindungsprogramme wie Kundenkarten oder Vielfliegerprogramme werden über die CRS abgewickelt. Die über die Agenturdaten zugänglichen Informationen geben einen aktuellen Einblick in die Wettbewerbssituation und erlauben die Kontrolle der Verkaufstätigkeit der Reisebüros.

> **Beispiel:** Verkaufssteuerung mit Hilfe von CRS-Daten
>
> Das Verkaufssteuerungsprogramm der Lufthansa enthält ein Reportingmodul, das die monatlich aktualisierten LH-Verkaufsergebnisse jedes Reisebüros ermittelt. Mit dem Zugang zu den über den Billing and Settlement Plan (BSP) abgerechneten Daten der bei anderen Fluggesellschaften gebuchten Flüge erhält LH so einen Einblick in die Verkaufstätigkeit der Reisebüros und kann diese Informationen zusammen mit der Provisionsgestaltung zur Beeinflussung der Verkaufssteuerung jeder einzelnen Agentur nutzen.

Datenbasis für Yield Management
Im Luftverkehr setzt die Erbringung der Transportleistung ähnlich wie bei anderen touristischen Dienstleistungen die Kundenpräsenz voraus. Daher ist eine Vorratsproduktion, Lagerung oder Nachlieferung der Beförderungsleistung nicht möglich. Ein beim Abflug nicht verkaufter Sitzplatz ist ebenso unwiederbringlich verloren wie der wegen Nichterscheinen eines gebuchten Passagiers leer bleibende Platz. Deshalb versuchen die Fluggesellschaften mit Hilfe der Instrumente Preisdifferenzierung und Preispromotion möglichst die gesamte Beförderungskapazität eines Fluges zu nutzen, um so den maximalen Ertrag zu erzielen.

Da ein Linienflug aber von Kunden mit unterschiedlicher Ertragswertigkeit gebucht wird, kann eine Ertragsmaximierung erst dann erreicht werden, wenn bei Kapazitätsengpässen vermieden wird, hochwertige Buchungsanfragen ablehnen zu müssen, weil die Plätze schon durch niederwertigere Buchungen belegt sind. Im einfachsten Falle entsteht ein Kapazitätsengpass innerhalb einer Beförderungsklasse[45] bereits dann, wenn z. B. eine höherwertige Buchungsklasse ausgebucht ist, in einer niederwertigen aber noch Plätze frei sind. „Konkret stellt sich das Problem so dar, dass die Kunden, die hohe Deckungsbeiträge einbringen (Geschäftsreisende), erst relativ spät buchen, während die Niedrigpreiskunden (Touristen) eher früh reservieren. Werden nun im frühen Buchungsstadium zu viele Plätze zu Sondertarifen verkauft, so müssen später Vollzahler abgewiesen werden. Werden hingegen zu viele Plätze für die spät buchenden Vollzahler freigehalten, so entstehen u. U. Deckungsbeitragseinbußen durch nicht genutzte Kapazität."[46] Das hier zur Ertragsoptimierung durch eine computergestützte Preis-/Mengen-

---

[45] Beförderungsklassen sind z. B. First Class oder Economy Class; Buchungsklassen beziehen sich auf unterschiedliche Tarife in der gleichen Beförderungsklasse, z. B. Normal- oder Sondertarif in der Economy Class.
[46] KIRSTGES, T.: Management von Tourismusunternehmen, S. 177.

Steuerung eingesetzte Verfahren wird als Revenue Management oder Yield Management bezeichnet.[47]

Beim Yield Management werden mit Hilfe von Prognosetechniken auf der Grundlage der Daten aus den Vorjahren und des aktuellen Buchungsstandes im Rahmen des Inventory Managements (Inventarverwaltung) Hochrechnungen vorgenommen, auf deren Basis periodisch die flexible Kapazitätszuordnung zu den einzelnen Ertragsklassen erfolgt. Diese ergibt sich durch eine „Schachtelung" (nesting) der Ertragsklassen, bei der die für niedrigwertige Klassen vorgehaltenen Kontingente bei Bedarf für Buchungen aus höherwertigen Klassen zugänglich gemacht werden. Die Ertragswertigkeit einer Buchungsanfrage und damit die Zuordnung zu einer Ertragsklasse ist dabei nur bedingt durch den Preis (Buchungsklasse) bestimmt, da der Deckungsbeitrag des Passagiers das entscheidende Kriterium ist. Dieser variiert bei gleichen Kosten (gleiche Beförderungsklasse) mit dem Preis, so dass eine Standardisierung zunächst über die Buchungsklasse erfolgen kann. Allerdings ist dies ein noch grobes Verfahren, denn die Ertragswertigkeit wird zudem beeinflusst durch:

- Netznutzung: Deckungsbeiträge von Anschlussflügen des Passagiers;
- Verkaufsort: Erlösunterschiede durch Währungskurse bei Verkauf im Ausland;
- Vertriebskanal: Eigenverkauf oder provisionspflichtiger Fremdverkauf;
- Kundenwertigkeit: langfristiger Umsatz von Stammkunden oder Firmenkunden.

Fortgeschrittene Verfahren errechnen daher den erwarteten Grenzertrag (expected marginal seat revenue) und verteilen die Kapazität anhand der erwarteten Grenzerträge auf bis zu 15 Ertragsklassen (virtuelle Buchungsklassen). „Das Ergebnis ist", so REMMERS,[48] „eine ertragsoptimale Kontingentierung des physisch vorhandenen Angebotes an logisch vorhandene Buchungsklassen."

Der Einsatz von Yield Management-Programmen ermöglicht neben der Preis-/Mengen-Steuerung auch eine Optimierung der Überbuchungen. Ein im Zeitablauf gestaffeltes Überbuchungsverfahren unter Berücksichtigung der stornierenden, umbuchenden und nicht erscheinenden Kunden strebt eine 100%ige Auslastung der Sitzkapazität an, ohne gebuchte Kunden abweisen zu müssen. Denn als Folge der Überbuchungen entstehen nicht nur direkte zusätzliche Kosten für Ausgleichs-

---

[47] Die korrekte Bezeichnung ist Revenue Management. In der Praxis werden dagegen fast ausschließlich die Begriffe Yield- oder Umsatzmanagement verwendet; Yield bezeichnet nur den durchschnittlichen Ertrag pro verkaufter Einheit, hier geht es konkret aber darum, den Gesamtertrag eines bestimmten Fluges zu steigern. Vgl. zusammenfassend STERZENBACH, R.: Luftverkehr, S. 302-313. Detailliert REMMERS, J.: Yield Management; DAUDEL, S., VIALLE, G.: Yield Management; EUROPEAN COMMISSION: Yield Management. Neuere Entwicklungen: KIMES, S. E.: Yield Management; KRÜGER, K.: Yield Management; BELOBABA, P., WILSON, J.: Impacts of yield management; SMITH, B. C.: Yield Management at American Airlines, S. 8 ff; YEOMAN, I., INGOLD, A.: Yield Management – Strategies for the service industries.

[48] REMMERS, J.: Yield Management, S. 189.

zahlungen, alternative Beförderung und eventuell auch Verpflegungs- und Übernachtungsleistungen, sondern zusätzlich indirekte Kosten durch Kundenabwanderung und negative Mundwerbung.

Der Erfolg des Yield Managements ist in hohem Maße vom Zugriff auf aktuelle Informationen und Buchungszahlen abhängig. Dies bedingt auf Seiten der Distribution einerseits eine schnelle und zuverlässige Übermittlung aller relevanten Daten durch die Verkaufsstellen an die Fluggesellschaften. Andererseits muss für die Agenturen die baldmöglichste Abrufbarkeit der aktualisierten Verfügbarkeitsdaten gewährleistet sein. Beides wäre durch die herkömmlichen Verfahren wie Darstellung in Tarifverzeichnissen oder Preislisten und Buchungen per Telefon oder Telex nicht realisierbar, sondern setzt hochleistungsfähige CRS mit weltweit verzweigten Datennetzen und einem hohen Vertretungsgrad bei den Agenturen voraus.

7.3.2 Konzeption eines CRS

Im Luftverkehr setzen sich CRS aus zentralen Datenbanken eines Systembetreibers (Systemverkäufers) zusammen, die über ein Rechnerfernnetz (Wide Area Network/WAN) die angeschlossenen Systemteilnehmer (Informationsanbieter) und Systemabonnenten (Informationsnachfrager) verbinden.

Der Begriff **Systemverkäufer**[49] (Systembetreiber) bezeichnet ein Unternehmen oder sein Tochterunternehmen (Fluggesellschaften oder branchenunabhängige Dienstleistungsunternehmen), das für den Betrieb oder die Vermarktung eines CRS verantwortlich ist und das System auf kommerzieller Basis anderen Unternehmen (Systemteilnehmer und Systemabonnenten) zugänglich macht. Ist der Systemverkäufer eine Fluggesellschaft, dann ist für ihn die Bezeichnung „Host-Carrier" oder „Host" gebräuchlich.

Systemteilnehmer sind Unternehmen (Fluggesellschaften, Leistungsträger), die Serviceleistungen eines Systemverkäufers – Angebotsanzeige, Buchung, Dokumentenerstellung etc. – gegen Entgelt (Buchungsgebühr) in Anspruch nehmen. Sie werden auch als „Co-Hosts" bezeichnet.

Als **Systemabonnenten** werden Unternehmen bezeichnet, die keine am System teilnehmenden Luftverkehrsgesellschaften sind und die aufgrund einer vertraglichen Vereinbarung das CRS eines Systembetreibers für den Verkauf von Reiseleistungen (Front-Office-Funktionen) und für die innerbetriebliche Informationsverarbeitung (Back-Office-Funktionen) in Anspruch nehmen, z. B. Reisebüros. Die dafür notwendige Computerausstattung kann entweder gekauft oder geleast werden. Die Berechnung des Entgelts für die Systemnutzung erfolgt entweder auf der Basis der monatlichen Nutzung oder als Fixum. Da viele Systemteilnehmer für Buchungen über CRS eine Incentiveprämie bezahlen, können die Kosten der Systemabonnenten erheblich, z. T. sogar bis auf Null reduziert werden.

---

[49] Zur Definition dieser Begriffe vgl. U. S. DEPARTMENT OF TRANSPORTATION: Code of Federal Regulations, Part 255, § 255.3; Verordnung (EWG) der Kommission Nr. 3652/93, Art. 2; SCHMIDT, A.: Computerreservierungssysteme, S. 17 ff.

Neben der durch die Zahl der Systemteilnehmer bestimmten Informationsvielfalt unterscheiden sich die CRS hinsichtlich des Zugriffs auf diese Daten. Nach der technologischen Konzeption wird zwischen Single Access und Multi Access unterschieden.

Bei der Konfiguration als **Single Access** erfolgt der Zugriff nur auf die Datenbank des Systembetreibers, in der alle buchungsrelevanten und flugplanabhängigen Daten der Systemteilnehmer gespeichert sind. „Der Benutzer von Single-Access-Systemen hat den Vorteil, sämtliche Flugangebote und Tarife aller beteiligten Gesellschaften durch eine einzige Abfrage am Bildschirm angezeigt zu bekommen. Somit können einheitliche Eingabe- und Ausgabeformate benutzt werden, alle relevanten Daten werden zentral abgespeichert, und ein Passenger Name Record (PNR) muß für alle gebuchten Leistungen nur einmal aufgebaut werden. In den USA ist diese technische Realisierungsform vom Gesetzgeber zwingend vorgeschrieben."[50]

Bei einem **Multi Access-System** stellt der Systembetreiber keine zentrale Datenbank zur Verfügung, er fungiert nur als Schnittstelle zwischen den Reservierungssystemen der Systemteilnehmer und als Netzwerkbetreiber für die Systemabonnenten. Die Reisebüros können direkt auf die internen Reservierungssysteme der angeschlossenen Unternehmen zugreifen und dort Buchungen vornehmen.

Hinsichtlich des technischen Reservierungsvorgangs bestanden z. T. auch innerhalb eines CRS vier Zugriffsmöglichkeiten, die sich hinsichtlich Buchungssicherheit, -handhabung und -dauer unterschieden; so arbeitete z. B. AMADEUS mit AIRIMP Access, Direct Access, Complete Access und AMADEUS Access.[51] Im Rahmen der technischen Fortentwicklungen wurden die Access-Möglichkeiten stark erweitert: Die als Multi Access konzipierten Systeme bieten heute auch Single Access an; AMADEUS ersetzte die bisherigen internen Reservierungssysteme der Betreiberfluggesellschaften; alle CRS ermöglichen den Zugriff auf weitere Datenbanken (z. B. zur Kreditkartenüberprüfung), und die Nutzung als Intranet zur Kommunikation einer geschlossenen Gruppe von Systemteilnehmern untereinander wird ausgebaut. Anders als bei einem einzelnen Reservierungssystem, in dem sämtliche Verarbeitungsprozesse zentral durchgeführt werden, basieren die CRS auf verteilten Systemen, d. h. die Verarbeitungsprozesse finden sowohl zentral als auch dezentral statt, je nachdem, wo Anwendungen benötigt werden und Daten verfügbar sind. Dieses verteilte System besteht somit aus dem zentralen System (Core-System) und den Subsystemen (vgl. Abb. 7. 2).

Der zentrale Rechner (Core-System, Central System) ist für die Kommunikation zwischen den Subsystemen verantwortlich. Er bildet bei Single Access-Systemen zusammen mit den Datenbanken der Tarife, Flugpläne, Verfügbarkeitsdaten und Buchungsdaten sowie dem Tarifberechnungssystem (Fare-Quotation-System) das „Rechenzentrum", bei Multi Acess-Systemen die Vermittlungsstelle. Die Subsysteme werden in Nutzer- und Leistungsträger-Subsysteme unterteilt. Die Summe der Reservierungssysteme aller Leistungsanbieter des CRS bilden das Leistungsträger-Subsystem. Die Leistungsträger steuern ihre Kapazitäten und

---

[50] SCHULZ, A., FRANK, K., SEITZ, E.: Tourismus und EDV, S. 50.
[51] Vgl. SCHULZ, A.: Vertriebskoordination, S. 33-38.

verwalten ihr Angebot mit Hilfe eines „Inventory-Systems". Unter einem Inventory-System kann man eine computergestützte, laufende Inventur verstehen, durch die sowohl eine optimale Buchungs- als auch Umsatz- und Ertragssteuerung ermöglicht wird. Somit lässt sich kontinuierlich der aktuelle Buchungsstand ermitteln, da hier sämtliche Vertriebswege eines Leistungsträgers zusammenlaufen.

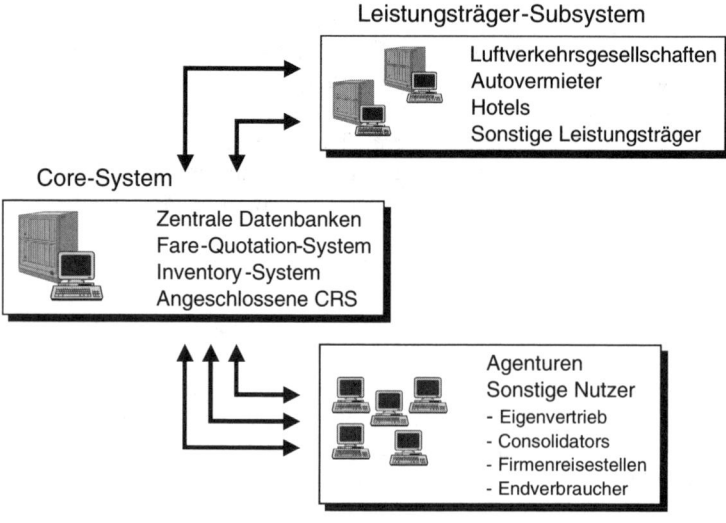

Abb. 7.2 Konzeption eines CRS

Die Summe aller angeschlossenen Nutzer bzw. die Summe aller Vertriebskanäle sämtlicher Leistungsträger bilden das Nutzer-Subsystem mit den Subgruppen Systemabonnenten/Agenturen, Eigenvertrieb, Consolidators, Firmenreisestellen und Endkunden. Die Agenturen, Reisebüros und die mit einem CRS-Zugang ausgestatteten Firmenreisestellen sind über Online-Verbindungen direkt an den zentralen Rechner angeschlossen, um Reservierungen vornehmen, Dokumente erstellen und Informationen abrufen zu können. Die Entwicklung von flexiblen Systemanschlüssen ermöglichte die ortsungebundene Einwahl in die Reservierungssysteme und damit die Entstehung von mobilen Agenturen, die eine Beratung direkt beim Kunden oder einen Teilzeit-Reiseverkauf von Zuhause aus möglich machten.

Privaten Endkunden blieb lange Zeit der Zugang zu den Reservierungssystemen versperrt, mit der Entwicklung des Internets aber versuchen die Fluggesellschaften zunehmend, sich auch diesen Vertriebsweg zu erschließen. Da sie damit aber zu Konkurrenten ihrer Systemabonnenten wurden, erfolgte der Ausbau dieses Vertriebsweges anfangs eher verhalten, wird aber inzwischen aufgrund der durch den Direktvertrieb möglichen Einsparungen forciert. Die Darstellung und die Abfrage- und Buchungsmöglichkeiten auf den Internet-Portalen der Fluggesellschaften sind jedoch gegenüber den Reservierungssystemen hinsichtlich Umfang und Detailgrad stark eingeschränkt und vereinfacht.

7.3.3 Wettbewerbswirkungen

Der Einsatz computergesteuerter Buchungssysteme erfordert hohe Investitions- und Entwicklungskosten. Die Anbieter waren meist große Fluggesellschaften bzw. die von ihnen gegründeten Betreibergesellschaften, die sich inzwischen zu eigenständigen Unternehmen entwickelten. In dem zunehmend vertriebstechnisch orientierten Konkurrenzkampf der Leistungsträger auf dem Luftverkehrsmarkt und anderen touristischen Märkten zählten die CRS bald zu den wichtigsten Marketinginstrumenten der Fluggesellschaften. Dies verdeutlicht auch die Notwendigkeit für die systemanbietenden Fluggesellschaften, nicht nur im eigenen CRS präsent zu sein, sondern ebenso in den konkurrierenden Systemen anderer Airlines.

Für finanzschwächere Luftverkehrsgesellschaften, die sich die Entwicklung eines eigenen globalen CRS nicht leisten konnten oder wollten, bestand die Möglichkeit, gegen Entrichtung von Nutzungsgebühren die Systemleistungen der CRS-Anbieter in Anspruch zu nehmen. Mit der Aufnahme von Konkurrenzgesellschaften stellte sich für die Systembetreiber jedoch die Frage, ob man durch eine bevorzugte Darstellung des eigenen Angebots den Ertrag maximieren oder durch neutrale Verfahren allen Beteiligten einen fairen Wettbewerb ermöglichen sollte. Mangels gesetzlicher Regelungen kam es in den ersten beiden Jahrzehnten nach Einführung der CRS durch „architectural bias" und „display bias" zu offensichtlichen Manipulationen zugunsten der eigenen Flüge des Systembetreibers und damit zu erheblichen Wettbewerbsverzerrungen.[52]

Unter einem **architectural bias** (bias = Tendenz, Nachteil) wird die informationsverzerrende physische oder logische Integration von Daten in ein CRS verstanden.[53] Der Systemanbieter kann die Software durch Programmierung so gestalten, dass der Zugriff auf seine Daten und Befehle einfacher, schneller und zuverlässiger erfolgen kann.

Ein **display bias** führt zu einer benachteiligenden Darstellung der Flüge der Konkurrenz. Im einfachsten Falle erscheinen bei der Abfrage der Bildschirmanzeige nur die Daten des Systemanbieters und erst bei gezielter Abfrage auch die der Konkurrenzgesellschaften. Dadurch verringert sich die Buchungswahrscheinlichkeit für partizipierende Airlines, denn nach den Ergebnissen amerikanischer Untersuchungen[54] erfolgen in den Reisebüros ca. 80% der Buchungen von der ersten Seite der Bildschirmdarstellung. Weitere Methoden waren die verspätete Aktualisierung der Flugpreise von Konkurrenten und die bewusste Falschdarstellung einzelner Flugverbindungen, ebenso die Vorenthaltung von günstigeren Flugverbindungen, die nach objektiven Kriterien dem Kundenwunsch besser entsprechen würden, weil sie näher bei der gewünschten Abflugzeit liegen oder insgesamt eine kürzere Reisezeit beanspruchen.

---

[52] Vgl. SHEPHERD, W. G.: Economics of Industrial Organization, S. 450 ff; GRABOWSKI, O.: Wettbewerbsbeschränkungen, S. 35-46; SCHULZ, A., FRANK, K., SEITZ, E.: Tourismus und EDV, S. 155-162.
[53] Vgl. WEINHOLD, M.: Computerreservierungssysteme, S. 107 f.
[54] Vgl. SLOANE, J.: Latest developments in aviation CRSs, S. 8; TRUITT, L., TEYE, V., FARRIS, M.: Computer Reservations Systems, S. 27.

Eine zusätzliche Wettbewerbswirkung ergibt sich durch den **Halo-Effect**,[55] bei dem tendenziell dem Angebot des Systembetreibers ein Vorteil gegenüber dem Angebot der Konkurrenzunternehmen eingeräumt wird. „Es wird vermutet, das Reisebüro habe unabhängig von den Präferenzen der Nachfrager eigene Präferenzen zugunsten der systemanbietenden Fluggesellschaft entwickelt."[56] Dieser auf Good-will (durch langjährige Zusammenarbeit), habituelles Verhalten oder Provisionsgestaltung zurückzuführende Vorteil führt für den Systemanbieter zu sog. incremental revenues (zusätzliche Erlöse). Die jeweiligen nationalen Systemanbieter haben zudem insofern einen „Heimvorteil", als bei ihnen die wichtigen nationalen Reservierungssysteme (z. B. AMADEUS in Deutschland, Travicom in England, Travi-Swiss in der Schweiz) und damit auch die regional und national bedeutenden Leistungsträger vertreten sind. So konnten etwa die US-Systeme SABRE und APOLLO in Deutschland erst ab 1997 auf die Angebote der Reiseveranstalter und der Deutschen Bahn zugreifen.

Die Systembetreiber versuchten weiterhin durch diskriminierende Preis- und Vertragsgestaltung, wie z. B. durch hohe Vertragsstrafen bei vorzeitiger Kündigung durch Reisebüros oder durch Mindestnutzungsklauseln (mindestens 50% aller über ein CRS getätigten Buchungen), durch Kopplungsgeschäfte (z. B. Verpflichtung zum Bezug einer bestimmten Hardware) und durch Missbrauch von Marketingdaten Wettbewerbsvorteile zu erzielen. Die systemanbietende Airline hatte weiterhin die Möglichkeit, die Reservierungsdaten (z. B. Rabatt- und Provisionsgewährung an große Firmenkunden) partizipierender Fluggesellschaften zu analysieren und dadurch deren innovative Vorstöße durch sofort wirksame Gegenstrategien zu verhindern, während andererseits den systemteilnehmenden Airlines Daten von Konkurrenten nicht in vergleichbarer Qualität und mit gleichberechtigtem Zugriff zur Verfügung stehen.[57] Die meisten dieser wettbewerbsverzerrenden Praktiken sind mittlerweile durch gesetzlich geregelte Verhaltenscodizes,[58] die einen gleichberechtigten Systemzugang, nichtdiskriminierende Gebühren und eine neutrale Bildschirmanzeige fordern, verboten. Trotzdem kommen SCHULZ/ FRANK/SEITZ[59] zu der Feststellung: „Die Möglichkeiten der Wettbewerbsbeeinflussungen werden weiterhin ausgenutzt, eine Offenlegung von Manipulationen ist heute nur erheblich schwieriger. Außerdem werden nun zumeist nicht mehr nur einzelne Gesellschaften benachteiligt, sondern gleich ganze Gruppen von Leistungsanbietern, so dass pro forma Neutralitätskriterien eingehalten werden."

Nachdem sich die Fluggesellschaften inzwischen jedoch großteils aus dem Betrieb von Computerreservierungssystemen zurückgezogen haben und der Vertrieb via Internet die Abhängigkeit von den CRS reduziert, wird 2006 von der EU die

---

[55] Der aus der Psychologie stammende Begriff beschreibt einen Beurteilungsfehler, bei der eine bestimmte Eigenschaft durch andere Merkmale des Beurteilungsgegenstandes beeinflusst wird.
[56] WEINHOLD, M.: Computerreservierungssysteme, S. 105. Vgl. dort auch die empirischen Untersuchungen zum Halo-Effect.
[57] Vgl. KATZ, R.: The impact of computer reservation systems, S. 93.
[58] Z. B. in den USA durch den Code of Federal Regulations, Part 255, in der EU durch Verordnung (EG) Nr. 3652/93 der Kommission; vgl. auch Kap. 9.5.2.3.
[59] SCHULZ, A., FRANK, K., SEITZ, E.: Tourismus und EDV, S. 156.

Abschaffung des „Code of Conduct" diskutiert. Gegner befürchten dadurch erneute Wettbewerbsverzerrungen, da die CRS bei einem Internet-Buchungsanteil von nur 10% in Europa und 40% in den USA nach wie vor den Großteil der Buchungen abwickeln und etliche Fluggesellschaften nach wie vor Anteile an Reservierungssystemen halten.[60]

7.3.4 Globale Distributionssysteme

7.3.4.1 Entwicklung

Ausgangspunkt der heutigen Globalen Distributionssysteme (GDS) waren die in den sechziger Jahren entwickelten internen Buchungssysteme der Fluggesellschaften zur automatisierten Sitzplatzverwaltung und Flugscheinausstellung.[61] Über das bestehende Leitungsnetz der SITA wurden zunächst die eigenen Außenstellen und Verkaufsbüros, später dann die unternehmensfremden Agenturen angeschlossen. Infolge ihrer Bedeutung entwickelten sich die computergestützen internen Reservierungssysteme zunächst zu eigenständigen strategischen Geschäftsfeldern, die dann als Unternehmen ausgegliedert oder als Gemeinschaftsunternehmen zu CRS weiterentwickelt wurden. Wegen der hohen Entwicklungs- und Erweiterungskosten[62] waren die CRS-Betreiber immer stärker daran interessiert, zusätzliche Leistungsanbieter – fremde Fluggesellschaften, Hotels, Mietwagenunternehmen oder Reiseveranstalter – in ihre Systeme aufzunehmen. Dadurch verteilten sich die Fixkosten des Systembetriebs auf eine größere Zahl von Kostenträgern, so dass die eigenen langfristigen Durchschnittskosten pro Buchung fielen. Zudem gewannen die Systeme durch das gesteigerte Angebot für die Agenturen an Attraktivität. Mit APOLLO von United Airlines (1976) und SABRE von American Airlines (1978) kamen die ersten CRS mit umfangreichen Leistungsangeboten auch externer Unternehmen auf den Markt.

Gleichzeitig wurden die internen Reservierungssysteme der Fluggesellschaften weiterentwickelt und übernahmen zusätzliche Aufgaben in der Passageabwicklung und der Verkaufssteuerung. So werden etwa im Rahmen des Departure Control Verfahrens beim Check-in auf der Basis der Reservierungsdaten die Passagier-Manifeste und Wartelisten erstellt, Bordkarten und Gepäckanhänger ausgedruckt und Informationen zur Erstellung der Ladepapiere an die Flugabfertigung weitergeleitet. Die erfassten Verkehrsdaten (Beförderungsklassen, Auslastung, Zahl der No Shows[63] etc.) sind Teil des Marketinginformations-Systems und bilden die

---

[60] Vgl. JEGMINAT, G.: Widerstand wächst, S. 56-57.
[61] Zur historischen Entwicklung der CRS vgl. SCHULZ, A., FRANK, K., SEITZ, E.: Tourismus, S. 52-56; SCHMIDT, A.: Computerreservierungssysteme, S. 41-80; CLAASEN, W.: Computer-Vertriebs-Systeme, S. 84 ff.
[62] Die Systementwicklungskosten von 1975 bis 1985 betrugen bei SABRE und APOLLO jeweils über US$ 1 Mrd.; vgl. dazu WEINHOLD, M.: Computerreservierungssysteme, S. 66 f.
[63] Der Ausdruck „No Show" bezeichnet einen Passagier, der einen reservierten Flug ohne Benachrichtigung der Fluggesellschaft nicht antritt.

Grundlage für die Optimierung der Kapazitätsplanung, Streckengestaltung und Tarifstruktur.[64]

In Europa entwickelten sich ab Mitte der siebziger Jahre die ersten länderspezifischen CRS: 1974 PARS von Swissair, 1977 TRAVICOM von British Airways, 1978 START als Gemeinschaftsprojekt von Lufthansa, Deutscher Bundesbahn und den Reiseveranstaltern TUI, DER, Hapag-Lloyd und ABR.

Das schnelle Wachstum der beiden großen amerikanischen CRS SABRE und APOLLO und deren Entwicklung zu wirtschaftlich selbständigen Unternehmen mit hohen Gewinnerwartungen signalisierte die zunehmende wettbewerbspolitische Bedeutung des computergestützten Vertriebs von Reiseleistungen. Nicht zuletzt um eine mögliche Abhängigkeit der europäischen Fluggesellschaften und Agenturen von den amerikanischen Großsystemen, die verstärkt auf den europäischen Markt drängten, zu vermeiden, war zunächst geplant, die bestehenden nationalen Reservierungssysteme im Rahmen der Association of European Airlines (AEA) zu einem gemeinsamen System zusammenzuführen. Nachdem dies nicht gelungen war, beschlossen 1987 zwei Gruppen von Fluggesellschaften den Aufbau zweier verschiedener Systeme, AMADEUS und GALILEO.

Die CRS-Unternehmen streben neben einer möglichst starken Durchdringung der Heimatmärkte, die in vielen Ländern schon erreicht ist, eine internationale Expansion an. In Regionen, in denen sie dabei den „Heimvorteil" der jeweiligen nationalen oder regionalen Systeme überwinden müssen, setzen sie auf die Strategie des externen Wachstums durch Kooperationen mit den Systemanbietern dieser Märkte. Durch diese Allianzen wurden die großen CRS zu Globalen Distributionssystemen (GDS).

Der Ende der 1990er Jahre einsetzende Vertrieb über die auf dem Internet basierenden Online-Portale schien zunächst die Position der GDS zu gefährden. Es stellte sich jedoch heraus, dass die GDS eine wichtige Systemkomponente im Online-Vertrieb darstellen, da sie:

- für die Suchmaschinen der meisten Anbieter die Verbindungen zu den Reservierungssystemen der Leistungsträger (Fluggesellschaften, Hotels, Autovermietungen, etc.) herstellen;[65]
- sich durch neue Applikationen wie z. B. Travel Management für die Reisebüros weiterhin als Systemabonnenten halten konnten;
- selbst Online-Portale eröffneten oder sich an solchen Unternehmen beteiligten;
- als Service Provider den Reisebüros Dienstleistungen für deren Internet-Auftritt anbieten.

Zudem entwickeln sich die GDS von Computerreservierungssystemen zu IT-Unternehmen für Reisedienstleistungen mit neuen Geschäftsfeldern wie funkbasierter Reisetechnologie oder Softwareentwicklung.

---

[64] Zu EDV-Systemen von Luftverkehrsgesellschaften vgl. SCHULZ, A., FRANK, K., SEITZ, E.: Tourismus und EDV, S. 133-137.
[65] Vgl. ROGL, D.: Neue Technologien, S. 56.

Gleichzeitig werden jedoch auch Veränderungen deutlich. Der CRS-Verhaltenskodex stellt sicher, dass Fluggesellschaften ihre Preise und Tarife – bei Veröffentlichung in einem der CRS – allen CRS gleichermaßen zur Verfügung stellen müssen. Dies führte lange Zeit dazu, dass in den einzelnen Systemen immer alle auf dem Markt verfügbaren Preise und Tarife abrufbar waren, da den Fluggesellschaften keine wirkungsvollen Alternativen zur Kommunikation via CRS zur Verfügung standen. Mit der Verbreitung des Internets und dem Ausbau des Direktvertriebs können die Fluggesellschaften nun in wesentlich größerem Ausmaß mit den Kunden direkt in Kontakt treten und fördern den Online-Vertrieb z. B. mit der Einführung von speziellen, nur online buchbaren Internettarifen. Damit geht jedoch das Informationsmonopol der CRS verloren und es ist zum wichtigen Ziel der Reservierungssysteme geworden, möglichst alle Preise und Verfügbarkeiten der jeweiligen Airlines darstellen zu können.[66]

Darüber hinaus sind in den letzten Jahren neue Softwareanbieter (GNE, Global New Entrants) in den Markt eingetreten. Die GNE bieten vergleichsweise einfache und schlanke Systeme zu günstigeren Preisen als die CRS an, die sich traditionell eher als Vollsortimenter (die Hotels, Mietwagen, zahlreiche Reiseveranstalter und weitere touristische Leistungen als Lösung aus einer Hand z. B. für Reisebüros bieten) verstehen. Vor allem für Low Cost-Carrier, die einen Großteil ihrer Tickets direkt über das Internet an die Endkunden verkaufen (und damit wenig Interesse am umfassenden Angebot der CRS und der Präsenz in den Reisebüros haben), sind diese Lösungen interessant.[67]

Die etablierten CRS-Betreiber reagierten auf diese geänderten Wettbewerbsbedingungen mit sog. „Full-Content-Verträgen" (die im Gegenzug für reduzierte Gebühren die Einstellung aller – auch der Internettarife – in die CRS beinhalten), seitdem werden Verträge mit den Fluggesellschaften zunehmend individuell ausgehandelt. Mit dem Auslaufen dieser auf einige Jahre abgeschlossenen Verträge zeichnen sich weitere Verhandlungsrunden und Veränderungen zwischen Fluggesellschaften und CRS ab.[68]

> **Beispiel: Flugangebot in den CRS**
>
> Ein Anfang 2006 von der Zeitschrift „Touristik Report" durchgeführter Vergleich der Angebote von AMADEUS, SABRE und GALILEO kam zu den Ergebnissen:[69]
>
> - Generelle Marktabdeckung: alle drei CRS arbeiten mit ca. 400 Fluggesellschaften und damit auf hohem Niveau;
> - Full-Content-Verträge: SABRE liegt mit 250 Fluggesellschaften deutlich vor AMADEUS mit etwas mehr als 100, GALILEO folgt mit nur 12;

---

[66] Vgl. FIELD, D.: Airlines and GDSs haggle over content, S. 13; Dies führte sogar zu einem „Content-Sharing-Agreement" zwischen den traditionellen CRS-Konkurrenten SABRE und AMADEUS mit dem Ziel, die Verfügbarkeit von Tarifen zu maximieren und die Abhängigkeit von den Fluggesellschaften zu reduzieren.
[67] Vgl. hierzu weiterführend ALAMDARI, F., MASON, K.: The future of airline distribution, S. 122-134.
[68] Vgl. PILLING, M.: Unfinished business, S. 34-35.
[69] TOURISTIKREPORT: Flugangebot in den CRS, o. S.

- Zahl buchbarer Low Cost-Carrier: AMADEUS und vor allem GALILEO sind führend;
- Buchbare Consolidators: Lücken vor allem bei GALILEO, AMADEUS und SABRE haben mit den Tools „Fare Wizard" und „Flight Express" bereits mehr als zwei Dutzend Consolidators angebunden, das GALILEO-Modul „Flight Shopper" ist für Sommer 2006 geplant;
- Zahl der Fluggesellschaften mit elektronischen Tickets: GALILEO mit mehr als einem Drittel der BSP-Fluggesellschaften führend, alle GDS sehen jedoch keine Probleme, bis Ende 2007 wie von der IATA geplant die Ausstellung der Tickets aller (wichtigen) Airlines elektronisch zu ermöglichen.

7.3.4.2 Die bedeutendsten GDS

Der Markt der Global Distribution Systems wird weltweit von den vier Unternehmen SABRE, GALILEO, AMADEUS und WORLDSPAN dominiert, AMADEUS hält mit weltweit 35% nach Buchungen den größten Marktanteil (vgl. Abb. 7.3)

GDS	Buchungen in Mio.	Marktanteil	Zahl der Vertriebsstellen[a]
Sabre	293	25%	ca. 50.000 Reisebüros
GALILEO	265	23%	ca. 43.500 Reisebüros
Worldspan	193	17%	k. A.
AMADEUS	403	35%	ca. 67.000 Reisebüros, ca. 10.000 Verkaufsbüros von Fluggesellschaften

[a] eigene Angaben der Unternehmen

Quelle: AIRLINE BUSINESS, March 2006, S. 51.

Abb. 7.3. Marktanteile Global Distribution Systems 2005

AMADEUS
AMADEUS geht zurück auf die „Studiengesellschaft zur Automatisierung für Reise und Touristik" (START), die 1971 von Vertretern der Lufthansa, Deutsche Bahn, TUI, Bayerisches Reisebüro, Deutsches Reisebüro (DER) und der Hapag-Lloyd Reisebüros gegründet wurde.[70] Da sich Ende der 1960er Jahre abzeichnete, dass die Reisebüros gezwungen sein würden, Terminals mehrerer Fluggesellschaften oder Reiseveranstalter zu installieren, war das Ziel von START, ein einheitliches Reservierungssystem für mehrere Leistungsanbieter zu schaffen, das alle mit dem Angebot und der Vermittlung von Reiseleistungen zusammenhängenden Vorgänge bewältigen konnte. START wurde 1976 in die „Start Datentechnik für Reise und Touristik GmbH" umgewandelt, an der die Deutsche Bahn, die Lufthansa und die TUI jeweils 25% hielten (die restlichen 25% verteilten sich auf die Reisebüroketten DER, Hapag-Lloyd und abr). Mitte 1979 wurde mit Reservierungsmöglichkeiten von Lufthansa und TUI-Angeboten der Betrieb aufgenommen, 1980 war das Komplettsystem verfügbar, das nun nicht nur Sitzplatzreservie-

---

[70] Vgl. AMADEUS: Die Geschichte von Amadeus Germany, o. S.

rungen und Fahrausweise der Bahn, TUI-Reisebestätigungen und Lufthansa-Flugscheinerstellung bot, sondern auch alle damit zusammenhängenden Tätigkeiten wie Datensammlung oder Fakturierung für die Buchhaltung. Ab 1987 konnten auch Kreditkartenzahlungen abgewickelt und mit KART Eintrittskarten ausgestellt werden, parallel wurde die Zahl der buchbaren Leistungsträger beständig erweitert. START wurde 1990 in die START Holding GmbH mit den Gesellschaftern Deutsche Bahn, Lufthansa und TUI überführt.

1987 gründeten die vier europäischen Fluggesellschaften Air France, Iberia, Lufthansa und SAS das Holding-Unternehmen AMADEUS Global Travel Distribution S. A. (heute AMADEUS IT Group S. A.) mit Hauptsitz in Madrid, wo die Bereiche Finanzen, Marketing, Personal und Unternehmensstrategie angesiedelt sind. Das Betriebszentrum, die AMADEUS Data Processing GmbH befindet sich in Erding bei München, dort werden über das Netzwerk „Amanet" die verschiedenen Nutzergruppen wie Fluggesellschaften, Reiseveranstalter oder Agenturen miteinander verbunden. Die Aufgaben der AMADEUS S. A. S. in Sophia Antipolis bei Nizza liegen in der Produktdefinition, Produktentwicklung und -marketing, daneben bestehen in mehr als 70 weiteren Ländern nationale Marketinggesellschaften. Der Marktanteil von AMADEUS (nach Anzahl der angeschlossenen Agenturen) beträgt heute in Deutschland ca. 85%[71], weltweit ca. 35% (vgl. Abb. 7.3).

Die Entwicklung der Software von AMADEUS erfolgte auf der Basis der Software des amerikanischen Systems SYSTEM ONE, dem gemeinsamen CRS von Eastern Airlines und Continental Airlines. Bereits seit 1988 hatten die über START angeschlossenen Reisebüros Zugang zu SYSTEM ONE, das in Deutschland als AMADEUS ONE vermarktet wurde. Diese Zusammenarbeit führte 1995 zu einer weitgehenden Kooperation (AMADEUS erwarb ein Drittel der Anteile an SYSTEM ONE, das zukünftig nur noch AMADEUS als nationale Marketinggesellschaft in den USA vertrat und dafür 12,4% der Anteile an AMADEUS erhielt) und schließlich zu einer Integration von SYSTEM ONE in AMADEUS, die im März 1998 mit dem Anschluss der bisherigen Nutzer an das Netz von AMADEUS und der Abschaltung von SYSTEM ONE abgeschlossen wurde.[72]

In Deutschland gründete AMADEUS zusammen mit START 1990 die START AMADEUS Vertrieb GmbH. Bis dahin hatte START mit dem Reservierungssystem der Lufthansa gearbeitet, der Übergang des Reservierungssystems der Lufthansa zu AMADEUS und damit die Aufschaltung der START-Betriebsstellen auf AMADEUS war 1992 abgeschlossen. Durch den Anschluss von AMADEUS an die nationalen Systeme konnte der Systemabonnent über nur ein Terminal die Produkte des AMADEUS Zentralsystems und die der nationalen Leistungsträger nutzen, 1996 kam es zum Abschluss eines Allianzvertrages zwischen den beiden Unternehmen, nach dem AMADEUS 50% der START Informatik GmbH sowie deren Auslandsbeteiligungen an den START Unternehmen in Österreich, Ungarn, Griechenland, der Türkei und den GUS-Staaten übernahm. Die Ziele der Allianz lagen in den Bereichen Marktdurchdringung, gemeinsamer Systembetrieb und

---

[71] Vgl. AMADEUS: Das Unternehmen, o. S.
[72] Vgl. AMADEUS: System One Amadeus announces End to Consolidation, o. S.

Produktentwicklung. Im gleichen Jahr übernahm Lufthansa die START-Anteile der TUI, 1997 die der Deutschen Bahn und wurde somit bis 1999 alleiniger Gesellschafter. 1998 wurden die START Holding, die START Informatik und die START AMADEUS Vertrieb GmbH in die START AMADEUS GmbH zusammengeführt, an der die AMADEUS Global Travel Distributions S. A. in Madrid 1999 34% der Anteile erwarb, die Beteiligungsverhältnisse im Jahr 2001 zeigt Abb. 7.4.

Im Dezember 2002 kaufte die AMADEUS Global Distribution S. A. Madrid die restlichen Anteile von Lufthansa und wurde alleiniger Gesellschafter der deutschen START AMADEUS GmbH, im Juli 2003 wurde diese in Amadeus Germany und der Leisure-Bereich in Amadeus Tours umbenannt.

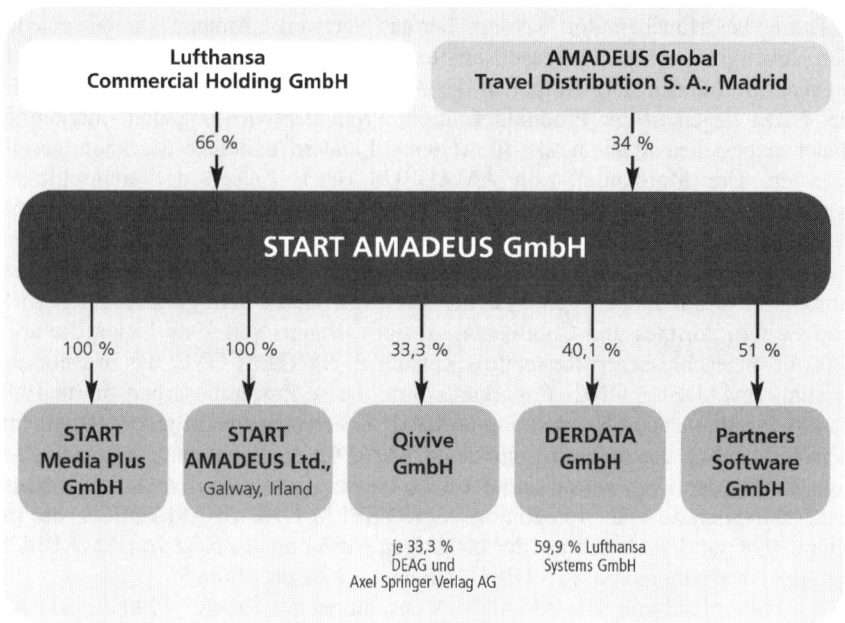

Quelle: START AMADEUS: Geschäftsbericht 2000, S. 7

Abb. 7.4. Beteiligungsverhältnisse START – AMADEUS 2001

GALILEO International
Galileo geht zurück auf APOLLO, das Reservierungssystem der United Airlines, wurde 1971 gegründet und seit 1976 unter dem Namen Apollo Travel Services auch bei Reisebüros vermarktet. 1986 wurde Apollo von United unabhängig und in COVIA umbenannt, 1987 gründeten COVIA und die europäischen Fluggesellschaften British Airways, KLM, Alitalia und Swissair die GALILEO Company Ltd. Eine Reihe weiterer europäischer Fluggesellschaften schloss sich kurze Zeit später dem System an. Dabei wurden die bestehenden nationalen Reservierungssysteme wie beispielsweise TRAVICOM von British Airways, SIGMA von Alita-

lia oder TRAVISWISS von Swissair in GALILEO integriert, um eine sinnvolle Einbindung der vorteilhaftesten Komponenten der einzelnen CRS-Software-Programme zu gewährleisten. Ähnlich wie bei AMADEUS übernahmen die Partner-Airlines die Funktion von Vertriebsgesellschaften, die für die Distribution der GALILEO-Produkte national verantwortlich waren. In der Bundesrepublik wurde 1989 GALILEO Deutschland gegründet. Im Jahre 1992 erfolgte der Zusammenschluss von COVIA und GALILEO zu GALILEO International mit Firmensitz in Chicago. GALILEO International ist in 140 Ländern vertreten; der Marktanteil weltweit beträgt 23% (2005). Im Rahmen einer globalen Vernetzung mit anderen CRS wurde 1994 das kanadische System GEMINI in GALILEO Canada umgewandelt; mit TIAS (Australien) besteht ein Kooperationsvertrag. Seit 1997 ist Galileo an der Börse notiert und wurde 2001 vom US-Unternehmen CENDANT (Franchisegeber unter anderem für Avis, Days Inn und Ramada) erworben.[73]

SABRE
SABRE geht auf eine Kooperation von American Airlines und IBM zurück, bereits 1953 entstand während eines Fluges von Los Angeles nach New York bei einem zufälligen Zusammentreffen des Präsidenten von American Airlines und einem Vertreter von IBM die Idee eines Datenverarbeitungssystems für Fluggesellschaften, das die bisherigen handgeschriebenen Reservierungen ersetzen sollte. 1959 wurde dann die Entwicklung eines „Semi-Automatic Business Research Enviroments" (SABRE) angekündigt und 1960 ein erstes System installiert. 1964 war das Netzwerk komplett und wichtiger Bestandteil von AMR, der Muttergesellschaft von American Airlines.

Seit 1976 wurde SABRE auch in Reisebüros installiert, 1978 konnte das System bereits eine Million Flugtarife darstellen und verwalten. Seit 1986 wird das System auch in Europa eingesetzt. SABRE entwickelte in Zusammenarbeit mit der französischen Bahngesellschaft SNCF ebenfalls ein Reservierungs- und Distributionssystem für den TGV, das später auf den Kanaltunnel ausgedehnt wurde. 1998 wurden 200 Einzelsysteme amerikanischer Fluggesellschaften durch SABRE ersetzt und ein Joint Venture mit ABACUS gegründet, 2000 wurde SABRE von AMR unabhängig und erwarb mit GetThere ein online-Geschäftsreisebuchungtool sowie mit Travelocity 2002 einen der großen Anbieter von Reiseprodukten im Internet.[74]

Durch die Übernahme[75] des von Dillon Communications Systems entwickelten touristischen Systems MERLIN war SABRE in der Lage, den Reisebüros ebenfalls Zugriff auf die Reservierungssysteme der Reiseveranstalter anzubieten und erreichte einen Marktanteil von 30% bei deutschen Reisebüros. Der Marktanteil von SABRE beträgt weltweit 25% (mehr als 200 Airlines). Kooperationsvereinbarungen bestehen mit AXESS (Japan, Korea) und ABACUS. Neben den touristi-

---

[73] Vgl. ROGL, D.: Cendant ergänzt sein Blatt, S. 32.
[74] Zu Travelocity gehören neben einem Online-Reiseportal unter anderem die Marken Holiday Autos, lastminute.com, ferrybooker.com, holidayhotels.com, onlinetravel.com und ShowTickets.com.
[75] SABRE erwarb 2000 51% und übernahm Dillon Communication Systems 2003 vollständig.

schen Systemen gliedern sich die Produkte von SABRE Airlines Solutions in die Bereiche:[76]

- „Market" mit Cargo Management, Fares Management, Inventory Management, Loyalty Management, Planning and Scheduling, Revenue Accounting, Revenue Integrity und Revenue Management;
- „Sell" mit Booking Engines, Channel Distribution, Customer Relationship Management, Market Data and Analysis, Reservations, Shopping Options und Ticketing;
- „Serve" mit Customer Check In, Customer Processing und Trip Organization;
- „Operate" mit Crew Management, Dining and Cabin Services, Flight Operations, Maintenance, Repair and Overhaul, Planning and Scheduling sowie Resource Management.

WORLDSPAN
Worldspan mit Hauptsitz in Atlanta/Georgia geht auf den Zusammenschluss der beiden amerikanischen Systeme PARS und DATAS II im Jahr 1990 zurück. PARS basierte auf dem internen Reservierungssystem der TWA und wurde seit 1976 auch in Reisebüros genutzt, 1986 erwarb Northwest einen 50%-igen Anteil. DATAS II wurde aus dem 1968 implementierten internen Reservierungssystem der Delta entwickelt, das von Reisebüros seit 1982 genutzt wurde.

Der Marktanteil von WORLDSPAN beträgt 17%. Mit dem asiatischen CRS ABACUS erfolgte 1989 ein Kapitalaustausch von jeweils 5%, darüber hinaus wurde mit INFINI (Japan) eine Kooperationsvereinbarung geschlossen. Seit 1993 bietet WORLDSPAN Lösungen für Fluggesellschaften und hat seitdem unter anderem auch Reise- und Internetlösungen für Expedia, Priceline, Motorola, Orbitz oder Hotwire entwickelt. 2003 gingen die Anteile von WOLDSPAN von den drei Eigentümern Delta Air Lines, Northwest Airlines und American Airlines auf die Worldspan Technologies Inc. über.

ABACUS
Dieses in Singapur beheimatete CRS ist ein Gemeinschaftssystem der asiatischen Fluggesellschaften All Nippon Airways, Cathay Pacific, China Airlines, Dragon Airlines, Eva Air, Garuda Indonesia, Malaysian Airlines System, Philippine Airlines, Royal Brunei Airlines, Silk Air und Singapore Airlines und eines der bedeutendsten asiatischen CRS. ABACUS schloss 1988 einen Kooperationsvertrag mit AMADEUS, wodurch die Nutzer von AMADEUS auch Zugriff auf dessen Reservierungssysteme hatten, 1989 erfolgte ein Kapitaltausch von 5% mit WOLDSPAN und es besteht eine 40%-ige Beteiligung am japanischen CRS INFINI. 1998 gingen SABRE und ABACUS eine Kooperation ein, inzwischen ist SABRE Technologieprovider für ABACUS und hält einen 35%-Anteil.

GABRIEL/GETS
Das von der SITA 1976 gegründete CRS Gabriel Extended Travel System (GETS) wird von mehr als 160 kleineren Fluggesellschaften genutzt und inzwischen unter

---

[76] SABRE: Products and Servies, o. S.

dem Namen SITA Reservations geführt. Es verfügt über weniger Systemteilnehmer und ist weniger leistungsstark als die GDS, wegen der niedrigeren Kosten und geringeren Komplexität aber gerade für diese Gesellschaften geeignet. Es ermöglicht Echtzeit-Zugriff zu und Vertrieb über alle großen GDS wie ABACUS, AMADEUS, SABRE und WORLDSPAN. Hinzu kommen weitere Lösungen wie SITA Airfare, SITA Departure Control Services und SITA Ticketing sowie für Internetbuchungen, Yield Management, Buchhaltung oder Customer Relationship Management.

Weitere kleinere CRS sind AXESS (ehemals Japan Airlines, inzwischen unabhängig und Partner von SABRE), SKYCALL (Japan Air System) und TIAS (Travel Industries Automated Systems, QANTAS, Air New Zealand Ansett Australia Group).

7.3.4.3 Leistungsangebot von AMADEUS

Während die AMADEUS-Terminals früher durch Standleitungen an die Großrechner angebunden waren, entstand mit der Entwicklung des Internets eine alternative Technologie und damit eine einfachere und kostengünstigere Möglichkeit zur Informationsübermittlung. AMADEUS reagierte darauf 2002 mit der Eröffnung des Serviceportals „Portevo", einer internetbasierten Anwendung für Reisebüros. Ebenfalls 2002 wurde in Zusammenarbeit mit der Deutschen Bahn die B2C-Plattform „www.start.de" errichtet, für die AMADEUS die Booking Engine und die technischen Dienstleistungen übernahm, mit der Einführung von „AMADEUS Vista" wurde dann 2004 auf internetbasierte Technologie umgestellt. Die Kundensegmente von AMADEUS sind Reiseanbieter, Fluggesellschaften und weitere Leistungsträger, Reisemittler sowie Corporate-Kunden, also Unternehmen für die Geschäftsreiselösungen angeboten werden.

AMADEUS bietet heute Applikationen für die gesamte Reisebranche (vgl. Abb. 7.5), so sind 2006 folgende Unternehmen angeschlossen und in Deutschland buchbar:[77]

- 500 Fluggesellschaften (von 777 ist der Flugplan verfügbar),
- rund 61.000 Hotels,
- 42 Mietwagenfirmen mit 30.798 Stationen,
- 190 touristische Anbieter und Reiseveranstalter,
- 66 Verkehrsverbünde,
- mehrere Busveranstalter,
- 40 Bahnen,
- 34 Fähranbieter,
- sechs Versicherungsanbieter,
- drei Event-Ticket-Anbietersysteme mit mehr als 1.000 Veranstaltern,
- sieben Kreuzfahrtlinien.

---

[77] Vgl. AMADEUS: Die Geschichte von Amadeus Germany, o. S.

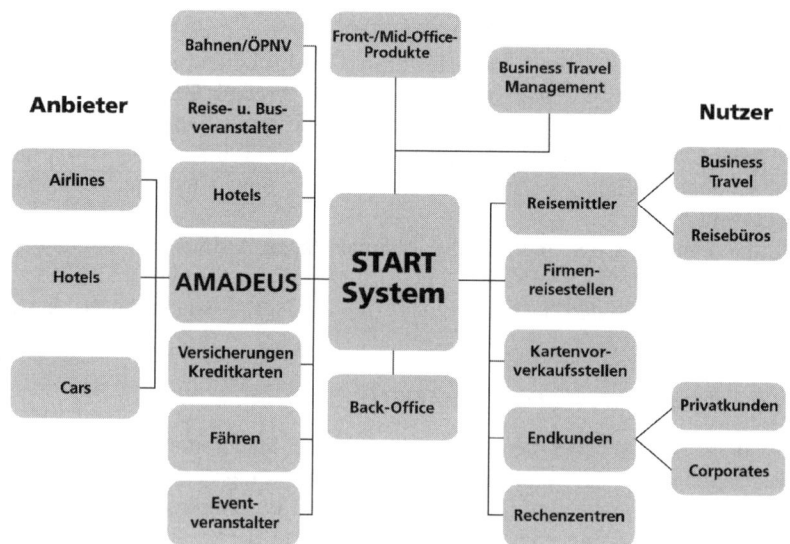

Quelle: START AMADEUS: Geschäftsbericht 2000, S. 14.

Abb. 7.5. Leistungspalette eines CRS am Beispiel des START Systems 2001

Die angebotenen Lösungen gliedern sich in die vier Hauptbereiche Distribution & Content, Sales & e-Commerce, Business Management und Services & Consulting.[78] Am Beispiel des Angebots für Netzwerk-Carrier umfassen diese auszugsweise:[79]

Distribution & Content:

- Global Sales Portfolio: Flugbuchung über Standard Access oder Direct Access, Flugpreiskommunikation oder Pflege von Flugplaninformationen;
- Cost Management Portfolio: Management der angebotenen Kapazitäten, Kontrolle von Namensänderungen oder Darstellung kompletter Passagierdatensätze;
- Servicing Portfolio: Vielfliegermanagement, Sitzplatzreservierungen, Erstellung elektronischer Tickets, Ausstellung von Sitzplänen und Boarding Pässen, Verwaltung von Essensbestellungen, Tickethinterlegungen oder die Kommunikation mit Allianzpartnern;
- Revenue Maximisation Portfolio: Darstellung Carrier-spezifischer Daten, Echtzeit-Antwort auf Verfügbarkeitsanfragen und Ertragsoptimierung durch die Zusammenführung von Informationen bei Langstrecken-Umsteigeverbindungen mit Married Segment Control.

---

[78] Vgl. AMADEUS: Our Customer Solutions, o. S.
[79] Vgl. AMADEUS: Network Airlines, o. S.

Sales & e-Commerce:

- Altéa Reservation für Partnerfluggesellschaften: Ermöglicht den Austausch von kompletten Buchungsinformationen, den Echtzeit-Zugang zu Sitzplänen, einen nahtlosen Service für Kunden und die gemeinsame Nutzung von Passagierdatensätzen (PNR);
- e-Merchandise Solution für Online-Services: Echtzeitmanagement von im Internet angebotenen Flugpreisen, Verwaltung von online angebotenen Kapazitäten oder Erstellung von e-Commerce-Seiten;
- e-Retail Solution zur Buchung via Internet: Buchungsmaschine, Überwachung von Unternehmens-Webseiten weltweit oder Gestaltung von Internetauftritten;
- Advertising & Communication zur Unternehmenskommunikation: Kommunikation mit den Vertriebskanälen oder Unterstützung von Werbekampagnen.

Business Management:

- Altéa Customer Management Solution: Integration von Verkauf und Reservierung, Kundenorientierte Darstellung von Prozessen oder Entscheidungsunterstützung durch dynamische Passagierdatensätze mit Unternehmensrichtlinien;
- Ticketing Management: Elektronische Ticketausstellung oder Änderungen bereits ausgestellter Flugscheine;
- Fares & Availability Management: weitweite Kommunikation und Bereitstellung von Preisinformationen sowie Suchroutinen um Reisebüros und Endkunden das Auffinden des jeweils günstigsten Preises zu ermöglichen;
- Revenue Integrity: Überprüfung von Passagierdatensätzen um sicher zu stellen, dass jede Buchung einem realen und zahlenden Passagier zugeordnet werden kann;
- Data & Reports: Zurverfügungstellung aller für Verkauf, Marketing oder Strategieplanung relevanten Unternehmensdaten (Ticketverkäufe, Kundendaten, etc.).

Services & Consulting:
In diesem Bereich sind alle Aktivitäten von AMADEUS in den Bereichen Beratung zu Geschäftsprozessen, IT-Infrastruktur, Hosting, Weiterbildung oder Projektmanagement zusammengefasst.

7.4 Online-Vertrieb

7.4.1 Einführung

Die Entwicklung des E-Commerce – darunter wird die digitale Anbahnung, Aushandlung und Abwicklung wirtschaftlicher Transaktionen zwischen Unternehmen und Kunden verstanden – hat seit 1996, als die ersten privaten Buchungen über verknüpfte Computersysteme (Online-Systeme) möglich wurden, die Vertriebslandschaft von Verkehrs- und Tourismusunternehmen nachhaltig beeinflusst. Neben dem generellen Zwang, als innovative Unternehmen auf den elektronischen

Marktplätzen vertreten zu sein, waren die sich abzeichnenden Möglichkeiten der Kostensenkung durch Direktvertrieb und einer optimierten Kundenbindung durch Direktkommunikation wesentliche Gründe für den Einstieg der Fluggesellschaften in dieses neue Geschäftsfeld. Erst allmählich wurde erkannt, dass über die Online-Medien durch den umfassenden Einsatz aller Marketinginstrumente Mehrwerte für den Kunden geschaffen und insbesondere durch die erweiterten Möglichkeiten des Customer Relationship Managements (CRM, Kundenbindungsmanagement)[80] neue Markt- und Ertragspotentiale erschlossen werden konnten. „Effective implementation of such a program can increase an airline's revenue by as much as 2.4 percent a year, representing a bottom-line annual impact of $ 100 million to $ 250 million for a large carrier."[81] Mit M-Commerce (Mobile Commerce), dem Handel über Mobilfunkapplikationen wie WAP- oder UMTS-Handys,[82] Laptops und Personal Digital Assistants (PDA, auch als Palmtops bezeichnet) mit drahtloser Internetverbindung sowie mit T-Commerce, dem TV-Vertrieb über onlinefähige Fernsehgeräte, entwickeln und differenzieren sich immer weitere Zugangs- und Nutzungsmöglichkeiten elektronischer Märkte.

Zum Geschäft mit dem privaten Endkunden (business to consumer, auch B2C) und dem Geschäft zwischen Unternehmen (business to business, B2B) zählen sowohl der Vertrieb (Unternehmen als Kunden, elektronische Distribution) als auch die Beschaffung (z. B. Einkauf über Beschaffungskooperationen, electronic procurement). Zudem werden je nach Benutzerkreis unternehmensintern oder unternehmensextern Benutzergruppen zusammengeschlossen und über ein internes Netzwerk (Intraweb) oder das Internet miteinander vernetzt. Eine weitere Funktion liegt in der Online-Marktforschung durch Befragung im Internet, der Analyse des Verhaltens der Internet-Nutzer, der Erstellung von Nutzerprofilen oder der Einrichtung von Testmärkten.[83] Der Online-Vertrieb umfasst folgende Systemkomponenten (vgl. Abb. 7.6):

- **Produzenten** einzelner Reiseleistungen (Fluggesellschaften, Hotels, Mietwagenfirmen etc.) oder von Reisepaketen (Reiseveranstalter).
- **CRS** als elektronischen Distributionssystemen, die die Daten für die Produzenten verwalten und die Anfragen bzw. Aufträge sowohl von Intermediären als auch von Endkunden über eigene oder zwischengeschaltete fremde Buchungstools abwickeln.
- **Netzprovider** stellen eine (physische) Verbindung zwischen Produzenten, Endkunden, CRS und Intermediären her. Die Endkunden werden über das Internet mit den Produzenten oder Intermediären verbunden. Produzenten, CRS und Intermediäre werden sowohl über das Internet als auch über eigene CRS-

---

[80] Customer Relationship Management (CRM) = Vernetzen von Kundendaten, Auswertung des Verhaltens und der Bedürfnisse der Kunden, Erstellung individueller Kommunikations-, Produkt- und Preisangebote.
[81] BINGGELI, U., GUPATA, S., DE POMMES, C.: CRM in the air, S. 1.
[82] WAP = Wireless Application Protocol, Standard zur interaktionsfähigen Übertragung speziell aufbereiteter Internet-Seiten auf mobile Telefone; wurde seit 2002 vom leistungsstärkeren Universal Mobile Telecommunications System (UMTS) abgelöst.
[83] Vgl. FRITZ, W.: Internet-Marketing, S. 87-95.

Netzwerkverbindungen miteinander vernetzt.[84] Netzprovider für den Endkunden sind alle Unternehmen, die die Infrastruktur eines Telekommunikationsnetzes zur Verfügung stellen (in Deutschland z. B. T-Com, Kabel Deutschland, etc.) oder als Access Provider nur den Netzzugang ermöglichen (T-Online, AOL, Arcor, Alice, etc.).

- **Buchungstools** (auch als Buchungsmaschinen bezeichnet) sind eine zwischen Produzent und Endkunde geschaltete Software, die dem Endkunden Zugriff auf die Produzentenangebote direkt beim Produzenten oder indirekt über die CRS ermöglicht. Buchungstools beschränken sich entweder auf eine Produktart, z. B. nur auf Last Minute-Angebote, oder bieten alternativ mehrere Module für mehrere Produktarten, z. B. Pauschalreisen, Flug/Hotel/Mietwagen, Schnäppchen-Flüge oder Eintrittskarten und damit für Pauschal- oder individuell veränderbare Angebote (dynamic packaging).
- **Portale** sind virtuelle Einkaufsstätten für Kunden, die (für den Verkauf von Produkten im Allgemeinen, von touristischen Produkten im Speziellen oder nur für den Verkauf von Flügen) von Produzenten, Netz- oder Access Providern, CRS, touristischen oder nicht-touristischen Unternehmen (Reiseveranstalter, Consolidator, Reisebüros, branchenfremde) betrieben werden.
- **Endkunden**, die stationär oder mobil über einen mit einem Browser ausgestatteten Computer (oder anderen Endgeräten wie Handy, PDA, TV) über das Internet und Buchungstools Zugang zu den Produkten der Anbieter haben.

Zum erweiterten System des Online-Vertriebs zählen Dienstleister als Kooperationspartner:

- **Suchmaschinen**, die Webadressen verwalten und den Endnutzern das Auffinden von Angeboten durch das Eingeben von Suchbegriffen ermöglichen.
- **Content-Provider**, welche die Inhalte für Websites liefern und die hierfür notwendige Recherche, Gestaltung und Redaktion selbstständig übernehmen (bspw. Giata, Travel Tainment AG).
- **Banken**, **Kreditkartenfirmen** und andere **Finanzdienstleister** (bspw. Paypal, Paybox, etc.), die den elektronischen Zahlungsverkehr sicherstellen.
- **Softwareentwickler** zur Einrichtung von Portalen und Bereitstellung von Anwendungen zur Produkt-, Preis- und Wettbewerbsanalyse.
- **Multimedia-Agenturen** für Webdesign.
- **Fullfilment-Center**, die für Online-Anbieter Teile der Buchungsabwicklung, Dokumentenerstellung und des Dokumentenversands ausführen.

---

[84] Vgl. WEITHÖHNER, U.: Informationssysteme, S. 339.

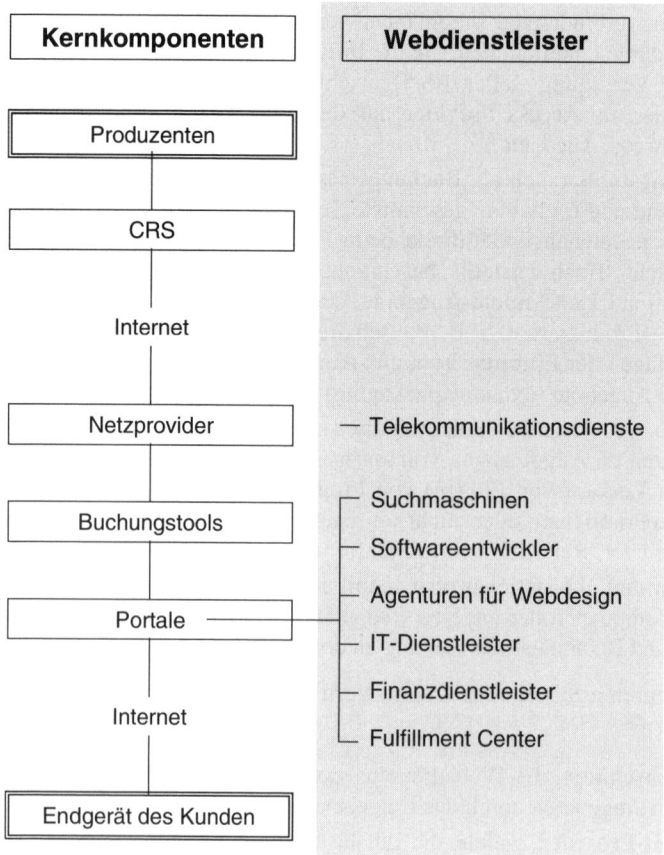

Abb. 7.6. Systemkomponenten des Online-Vertriebs

7.4.2 Aspekte des Online-Vertriebs

Der Direktvertrieb über Online-Medien bietet neben Kostenersparnissen zusätzliche Ertragspotentiale durch Nutzung marketingbezogener Erfolgsfaktoren im Rahmen der Kommunikations-, Distributions-, Preis- und Produktpolitik. Dabei ergeben sich folgende marketingrelevante Aspekte des Internet-Vertriebs:[85]

Kommunikationspolitik
Als Vorteile des Online-Vertriebs gegenüber dem eigenen stationären Vertrieb sowie dem fremden stationären (Agentur-)Vertrieb gelten im Rahmen der Kommunikationspolitik:

---

[85] WIRTZ, B.: Electronic Business, S. 35-52.

- Verfügbarkeit: Online-Medien sind international für jeden Anbieter und Nachfrager standortunabhängig zugänglich und zeitunabhängig an allen sieben Wochentagen 24 Stunden nutzbar.
- Multimedialität: Online-Medien erlauben eine umfassende Visualisierung des Angebots, da neben den Medien Schrift, Standbild und Grafik auch Sprache, Musik, Animationen, aufgezeichnete und Echtzeit-Videos eingesetzt werden können. Die persönliche Kommunikation wird über E-Mail, Instant Messenger (Chats) sowie Sprach- und Bildtelefonie ermöglicht.
- Aktualität: Die angebotenen Informationen können jederzeit aktualisiert und erweitert werden und stehen den Interessenten sofort zur Verfügung. Durch den Zugriff auf die Bestandsdatenbanken der Unternehmen (z. B. Vakanzdaten der Fluggesellschaften) erhält der Kunde die aktuelle Information in Echtzeit. Mobile Kommunikationstechnologie ermöglicht zeitnahe Informationen wie z. B. Mitteilungen über Flugplanänderungen mit Angebot und Reservierung alternativer Flüge oder Gateinformationen beim Abflug.
- Interaktivität: Der Nutzer kann frei über die Ablaufgestaltung sowie über die Tiefe und Breite der gewünschten Information entscheiden und tritt mit dem Unternehmen in einen Standarddialog. Überdies kann der Kunde dem Unternehmen von ihm selbst verfasste Mitteilungen zusenden oder durch Feedbackformulare, Online-Chat, Call back-Buttons oder Internettelefonie mit dem Unternehmen Kontakt aufnehmen.
- Individualität: Die Kommunikationsinhalte können mit Hilfe von Personalisierungs- und CRM-Software auf die spezifischen Informationswünsche und Informationszeitpunkte der einzelnen Kunden abgestimmt werden, so dass eine individuelle Kundenansprache bei elektronischer Massenproduktion auch kostenmäßig realisierbar ist. Ist der Kunde bei einem Anbieter registriert, kann ihm dieses Unternehmen individuell abgestimmte Informationen per E-Mail zusenden oder in einem eigenen Bereich bspw. Kundenpräferenzen, Reisepläne und andere individuelle Informationen hinterlegen.
- Kontrollierbarkeit: Da jeder Abruf einer Information vom Server des Anbieters registriert wird (Erstellung von Logfiles, Cookies, etc.), können zu Produktions-, Marktforschungs- und Sicherheitszwecken die Kundenbewegungen, Transaktionen und die Absatzentwicklung gemessen und nachverfolgt werden.[86]

Die Angebotsneutralität ist für den Kunden nicht überprüfbar. Da der für die CRS verpflichtende Code of Conduct für Online-Angebote nicht gilt, besteht für die Portalanbieter die Möglichkeit, die Angebote konkurrierender Fluggesellschaften gar nicht oder nur selektiv zu veröffentlichen. Sie stehen vor der Entscheidung, entweder ein Portal mit einem umfassenden Sortiment oder Verkaufssteuerung zu betreiben.

---

[86] Cookies: Digitale Kennungen, die auf der Festplatte eines Internet-Nutzers zur Erkennung gespeichert werden.

Distributionspolitik
Online-Medien weisen eine vollständige Transaktionsfähigkeit auf: Interaktive Kommunikation, Zugriff auf Unternehmensdaten und elektronischer Zahlungsverkehr ermöglichen die vollständige Abwicklung von Geschäftsprozessen, z. B. die Buchung eines Fluges. Hier entfällt bei Erstellung und Nutzung von elektronischen Flugscheinen (E-Tickets) das physische Ausstellen und der physische Transport des Flugscheins von der Fluggesellschaft zum Passagier. Ein weiterer Vorteil liegt in der Reduzierung der Abhängigkeit der Produzenten von den CRS und den Absatzmittlern, die im Luftverkehr bisher das dominante Distributionsorgan darstellten und z. B. in Deutschland bis zu 95% der Flugscheine verkauften.[87] Durch den neuen Direktvertriebsweg wird deren Quasi-Monopolstellung im Absatz abgebaut und ihr potentielles Druckmittel des Verkaufsboykotts (z. B. bei Provisionskürzungen) obsolet, insbesondere auch, weil alle Fluggesellschaften sich gleichförmig verhalten. Zudem wird die Steuerbarkeit des Vertriebs erhöht. Denn es werden nicht vom Händler sondern, so CONRADY,[88] beispielsweise die „(...) Auswahl der angebotenen Produkte, Art der Produktpräsentation, Endverbraucherpreise und Verkaufsförderungsmaßnahmen durch den Anbieter festgelegt. Aufgrund der hohen Aktualität des Mediums kann zudem auf Veränderungen der Marktgegebenheiten flexibler reagiert werden als dies in traditionellen Vertriebskanälen möglich wäre."

Die anfänglichen Probleme der Transaktionssicherheit sind weitestgehend abgebaut und durch standardisierte Verfahren in den letzten Jahren stark verbessert worden.[89] Unternehmensseitig besteht die Frage der Authentizität des buchenden Kunden, da teilweise nur dessen IP-Adresse[90] oder E-Mail-Adresse bekannt ist, aus denen jedoch nicht die Identität der den Vertrag schließenden Person hervorgeht. Dieses Problem wird inzwischen durchgängig über eine (temporäre) Registrierung des Kunden mit Postadresse sowie der Angabe einer Kreditkartennummer gelöst. Daraus ergibt sich jedoch für den Kunden die Frage nach einem eventuellen Missbrauch der persönlichen Daten, der Kreditkartennummer oder anderer Informationen durch den Anbieter oder durch Dritte (Sicherheitsproblem des Übertragungsweges). Ein weiterer Aspekt ist die Integrität des Kaufprozesses, d. h. für den Kunden muss sichergestellt sein, dass der Verkäufer keine Änderung an der Bestellung, z. B. eine Preiserhöhung vornimmt. Portalbetreiber mit hohem Bekanntheitsgrad der Marke und zuverlässigem Image, zu denen auch die Fluggesellschaften zählen, haben hier gegenüber neuen und unbekannten Unternehmen einen entscheidenden Wettbewerbsvorteil. Auch wenn durch die Anwendung von Verschlüsselungsverfahren, durch verschiedene Formen der elektronischen Bezahlung und durch die Möglichkeit der Zahlungsbestätigung mittels Treuhänder (Paypal) oder Handy (Paybox-Verfahren) die Transaktionssicherheit faktisch ge-

---

[87] Die Eliminierung des Zwischenhandels wird auch als Disintermediation bezeichnet.
[88] CONRADY, R.: Einsatz von Online-Medien, S. 31.
[89] Vgl. ausführlich KRAUSE, J.: Electronic Commerce, S. 167-211.
[90] IP = Internet Protocol, die tatsächliche numerische Netzwerk- oder Internet-Adresse eines PCs. Diese kann dem Endkunden vom Internetprovider dauerhaft oder (in den meisten Fällen) dynamisch für die Dauer einer Online-Session zugewiesen werden.

währleistet ist, bestehen bei manchen Kunden weiterhin Nutzungsdissonanzen und Misstrauen. Bei mobilen E-Commerce-Vorgängen kann das Problem durch Bezahlung via Handy gelöst werden.

Preispolitik
Anbieter im Internet setzen sich einem starken Preiswettbewerb aus, da hier eine sehr hohe Preistransparenz besteht. Der Kunde hat die Möglichkeit, die Preise der einzelnen Fluggesellschaften selber oder über Portale und Vergleichsdienste gegenüber zu stellen. Inzwischen werden die nachgefragten Flüge bei fast allen Anbietern nach Preisen sortiert. Mit Hilfe von Softwareprogrammen, sog. „Shopping Robots", können Internet-Recherchen durchgeführt und die Angebote mit den niedrigsten Preisen ermittelt werden. Zunehmend bieten auch die Unternehmen Suchfunktionen und Darstellungen an, die von sich aus das momentan günstigste Angebot identifizieren.

Höherpreisige Anbieter können in solchen Preislisten ihre Produktvorteile nicht oder nur bedingt darstellen und müssen mit Preisanpassungen reagieren, sofern nicht das akquisitorische Potential ihres Markenimages die Preisdifferenz aufwiegt.

Geringe variable Kosten und die hohe Flexibilität des Online-Vertriebs ermöglichen die effektive Kurzfristvermarktung auch kleiner Kontingente. Restplätze, die erst einige Tage vor Abflug als Spezialangebote ins Netz gestellt werden, erwirtschaften zusätzliche Deckungsbeiträge, ohne höher tarifierte Angebote zu kannibalisieren (z. B. Lufthansa Special Offers oder Schnäppchenflüge bei Hapag-Lloyd Express). Im Internet werden im Rahmen der Restplatzvermarktung neue Preisfindungsmodelle des „customer driven pricing" angewendet, bei denen nicht der Anbieter, sondern der Käufer den Preis bestimmt.

Beispiele für Preisangebote im Online-Vertrieb:
- Regelmäßig stattfindende Ticketversteigerungen (z. B. jeden ersten Donnerstag im Monat) laufen wie normale Auktionen ab. Die Fluggesellschaft stellt Angebote zu Niedrigstpreisen zur Auktion, die Interessenten geben ihre Gebote ab und die Nachfrager mit der höchsten Preisbereitschaft erhalten den Zuschlag. Extrem niedrige Mindestangebote von € 9,99 für zwei Flugscheine scheinen mit der Gefahr verbunden zu sein, Sitzplätze u. U. zu einem extrem niedrigen Preis verkaufen zu müssen; bei näherer Betrachtung hingegen wird deutlich, dass damit hohe Aufmerksamkeitswirkungen seitens Presse und Konsumenten verbunden sind. Hierdurch sind viele Auktionsteilnehmer zu erwarten, die dadurch die Gebote auf ein aus Airline-Sicht akzeptables Preisniveau treiben.[91]
- Bei den verschiedenen Systemen von Reverse Auctions übermittelt der Kunde entweder für einen bestimmten Flug ein verbindliches Preisangebot und der Wunschpreisvermittler (der die Fluggesellschaft selbst, ein Consolidator oder ein bloßer Mittler zwischen Kunde und Fluggesellschaft sein kann) entscheidet innerhalb einer vorgegebenen Zeitspanne über Annahme oder Ablehnung des Gebots, oder er bestellt einen bestimmten Flug und der Online-Vermittler gibt demjenigen Anbieter, der den günstigsten Preis offeriert, den Zuschlag.

---

[91] Vgl. CONRADY, R.: Einsatz von Online-Medien, S. 38.

- Das Instrument der Preisdifferenzierung nach Angebotskonkretisierung[92] findet bei sog. Surprise and Fly-Auktionen Anwendung. Hierbei bucht der Kunde unter Vorgabe der Reisetage verbindlich eine vorgegebene Zielregion (z. B. USA), für die ein maximaler Höchstpreis, der aber auch unterschritten werden kann, garantiert wird. Die Fluggesellschaft informiert den Kunden dann spätestens sieben Tage vor Abflug über das Reiseziel.

Eine zusätzliche Werbemöglichkeit bieten auch Event-Auktionen, z. B. bei der Eröffnung einer neuen Strecke. Zur Förderung des Online-Verkaufs werden für ausgewählte Strecken Sonderpreise oder zusätzliche Meilengutschriften für die Mitglieder der Vielfliegerprogramme angeboten, die nur für Internet-Buchungen gelten. Noch im Entwicklungsstadium befinden sich personenbezogene Preisdifferenzierungen nach dem Nutzungsstatus (z. B. erhalten Kunden, die sich zum ersten Mal bei einem Anbieter registrieren, spezielle Discounts) und nach dem bisherigen Kaufverhalten. Damit wird eine für jeden Kunden individuelle Preisfestsetzung möglich.

Produktpolitik
Informationstechnologien bieten im Rahmen der eigentlichen Produktpolitik für Fluggesellschaften auf Grund des immateriellen Charakters ihrer Dienstleistungsprodukte nur wenige Einsatzmöglichkeiten. Dazu zählen bisher das elektronische (papierlose) Ticket, die elektronische Sitzplatzreservierung, der Check-In per Telefon oder das Ausdrucken der Bordkarte zu Hause bzw. im Büro. Weitere Entwicklungen in Richtung customized product wie z. B. die Bestellung von Menüs, Zeitschriften oder Wunschfilmen für einen bestimmten Flug durch den Passagier sind bisher aus produktionslogistischen Gründen nur bedingt realisierbar.[93] Seit 2004 ist das Internet-Surfen während des Flugs möglich, zu dessen Nutzen neben dem Unterhaltungswert auch die Möglichkeit des Arbeitens während der Reise zählt.[94] Inzwischen ist das Telefonieren mit Mobiltelefonen während des Fluges in der Endphase der technischen Erprobung, jedoch ist für die Fluggesellschaften die Einführung einerseits aus Kostengründen, anderseits wegen ungelöster Fragen bezüglich der Ruhe an Bord, der „Telefonetikette" und dem Schutz der Privatsphäre noch offen.[95]

Für den Geschäftsreiseverkehr werden Online-Buchungstools und Business Travel Management-Systeme angeboten. Dies sind technologiegestützte Komplettlösungen für die Steuerung der Reisekosten eines Unternehmens durch Prozessoptimierung (Reiserichtlinien, Antrags- und Genehmigungsverfahren, Buchungsabwicklung, Abrechnung, Managementinformationssysteme, Reisekostencontrolling) und Einkaufspolitik (Bündelung der Einzelnachfrage, Corporate

---

[92] In der Pauschaltouristik als Vertrauens-, Joker- oder Glücksreisen bezeichnete Angebote weit verbreitet, vgl. POMPL, W.: Touristikmanagement 2, S. 260.
[93] Vgl. CONRADY, R.: Einsatz von Online-Medien, S. 40.
[94] SCHWEIGER, A.: Mobiler Internetzugang an Bord, S. 13.
[95] STREITZ, M.: Mobilfunk-Loch, S. 1 ff und KNOP, C., NOAK, H.-C.: Handy-Telefonate, S. 14.

Rates,[96] Management- oder Transaction fees statt Bruttopreisen). Eine Angebotserweiterung erfolgt durch das Cross Selling von reisenahen Produkten wie Koffer oder Freizeitkleidung sowie Merchandise-Artikeln (z. B. Sky Shop der Lufthansa, Lifestyle Portal von British Airways).

Kosten
Die Offenheit und Verbreitung des Systems, die technische Standardisierung und der Wettbewerb der Telekommunikationsdienstleister (Nutzungsentgelte der proprietären Online-Dienste, Telefongebühren) machen das Internet zu einem für Anbieter und Nachfrager kostengünstigen Medium. Aufbereitung und Verarbeitung von Informationen sowie Buchungen und Abrechnungen sind wesentlich günstiger als beim indirekten Vertrieb. Der Kostenverlauf des Online-Vertriebs weist zu Beginn hohe Fixkosten für die Bereitstellung von Hard- und Software sowie für die Einstiegswerbung auf. Die variablen Kosten (Grenzkosten) für die einzelnen Transaktionen fallen stark mit steigender Anzahl der Transaktionen.

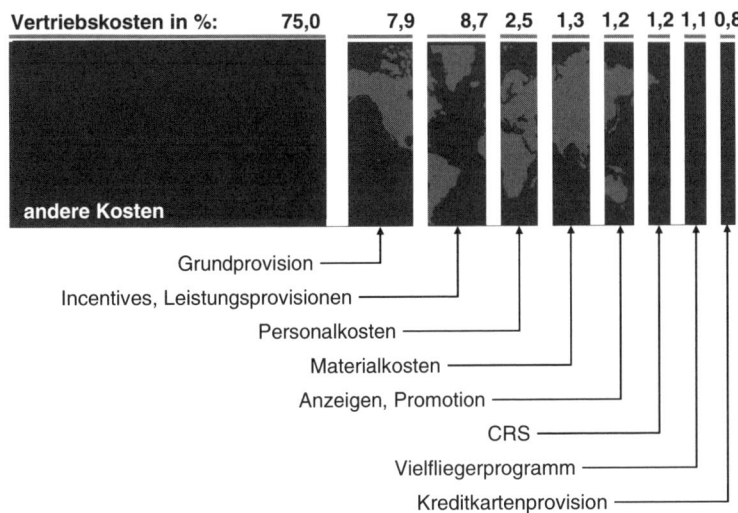

Quelle: TOURISTIK REPORT: o. T., S. 31.

Abb. 7.7. Zusammensetzung der Vertriebskosten eines Netzcarriers am Beispiel der Lufthansa

Voraussetzung für das Erreichen der Gewinnschwelle ist eine ausreichend große Zahl von ertragsgenerierenden Nutzungen, für die wiederum ein hoher Bekannt-

---

[96] Corporate Rate = Sonderpreise für Großabnehmer. Fees: Herkömmlicherweise stellen Reisebüros den Unternehmen Bruttopreise in Rechnung und erhalten für ihre Leistungen Provisionen von den Leistungsträgern. Eine Alternative stellen Nettopreise (Bruttopreise minus Provision) dar, bei denen das Reisebüro vom Unternehmen entweder eine bestimmte Vergütung pro Einzelleistung (Transaction fee) oder eine pauschale Vergütung (Management fee) erhält.

heitsgrad der Website bei den Zielgruppen notwendig ist. In der Regel musste bisher eine mehrjährige Anlaufperiode bis zur Erreichung der Rentabilitätsschwelle überwunden werden. Die Fluggesellschaften haben hier die Vorteile eines hohen Bekanntheitsgrades und technologisch eher progressiver Nachfrager (z. B. Geschäftsreisende oder junge, internet-affine Privatreisende).

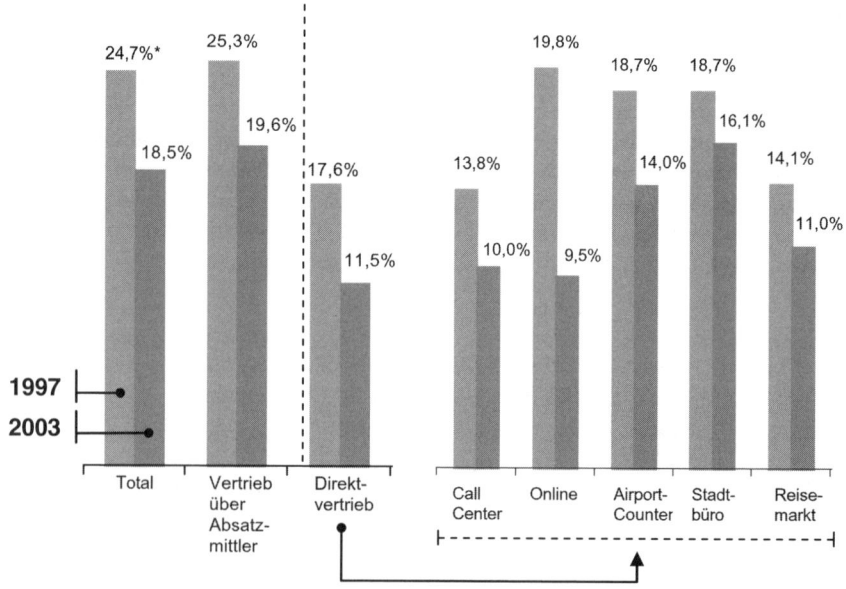

Quelle: CONRADY, R., ORTH, M.: Der Lufthansa InfoFlyway, S. 31.

Abb. 7.8. Kosten einzelner Vertriebswege eines Netzcarriers am Beispiel der Lufthansa

Die Vertriebskosten betragen bei Fluggesellschaften bis zu 25% der Erlöse (vgl. Abb. 7.7). Daher hat diese Kostenposition ein hohes Einsparpotential, das durch folgende Maßnahmen realisiert werden kann:

- Stückkostenreduzierung im Direktvertrieb insbesondere durch Mengenvorteile (economies of scale);
- Verlagerung der Buchungen vom indirekten zum direkten Vertrieb (Call Center, Online-Vertrieb);
- Provisionskürzungen resp. -streichungen im stationären Agenturvertrieb und im Online-Vertrieb;
- Bindung von Key Accounts des Geschäftsreiseverkehrs durch Business Travel Tools oder Business Travel Management.

Zur Kostendeckung können auch Einnahmen durch Bannerwerbung beitragen.[97]

---

[97] Werbebanner sind kleine Werbeflächen auf Websites, ein Anklicken führt auf die Website des Werbetreibenden.

> **Beispiel Kostenreduzierung durch Online-Vertrieb**
>
> Die Lufthansa plante, die Vertriebskosten von 24,7% des Bruttoerlöses im Jahre 1997 auf 18,5% im Jahre 2003 zu senken (vgl. Abb. 7.8). Von 2003 an sollen durch den Direktvertrieb jährlich Vertriebskosten in Höhe von € 100 Mio. eingespart werden.[98]

7.4.3 Anbieter im Online-Vertrieb

Das Anbieterspektrum stellt sich im Online-Vertrieb für Flugtickets wie folgt dar (vgl. Abb. 7.9):

- **Fluggesellschaften** sind zunächst mit eigenen Websites im Online-Vertrieb tätig. Während insbesondere Low Cost-Airlines ihre Flüge zum Teil ausschließlich (ohne Nutzung eines CRS) über die eigene Website absetzen, nutzen vor allem Netzwerk-Carrier neben ihrer Website eine große Anzahl anderer Online-Vertriebswege.
- Zusammen mit anderen Fluggesellschaften entwickeln Airlines Reiseportale oder Travel Malls[99] zum primären Absatz von Flugtickets, aber auch zum Vertrieb für andere, reisebezogene Produkte. Zudem werden Beteiligungen mit komplementären Anbietern eingegangen oder Reiseportale von sog. funktionalen Konsortien betrieben. So haben in den USA jeweils mehrere Fluggesellschaften die Gemeinschaftsunternehmen Orbitz und Hotwire, in Europa zehn Fluggesellschaften unter Führung von Air France, British Airways und Lufthansa das Online Travel-Portal OPODO („opportunity to do") gegründet.
- **CRS** sind mit eigenen Websites für Endkunden vertreten, bei denen die Reisebüros (bisher) nicht ausgeschlossen werden. Erscheinungsformen sind:
  - Travel Malls wie z. B. das Internet-Portal start.de: Leistungen werden mit Hilfe einer Internet-Benutzeroberfläche über das CRS AMADEUS abgewickelt,
  - Reisebüros können sich mit speziellen Angeboten in die Malls integrieren lassen oder haben Zugang zu besonderen Bereichen für Absatzmittler, oder
  - Reisebüros kaufen sich mit eigenen Websites in die CRS-Dienste ein; so können z. B. über start.de alle (START-)AMADEUS-Funktionen genutzt werden, der Start Web Client ist bei ca. 4.000 Reisemittlern im Einsatz.
- **Consolidators** verkaufen Ihre Tickets auf eigenen Websites.
- **Websites und Reiseportale von Branchenunternehmen** werden durch touristische Unternehmen, also Reiseveranstalter (z. B. TUI.de), Reisebüros (z. B. atlasreisen.de), Reisebürokooperationen (z. B. TSS mit onlineweg.de) und Consolidators (z. B. aeroplan.de) betrieben.

---

[98] Vgl. SCHAEFER, T.: Jahrhundert der Netze, S. 58.
[99] Travel Mall (**M**erchandise **Hall**, elektronischer Marktplatz) ist ein virtuelles Geschäftszentrum im Internet, in dem Anbieter ein Ladenlokal bzw. die Präsenz in der Mall mieten und ihre Website unter dem Dach der Mall betreiben.

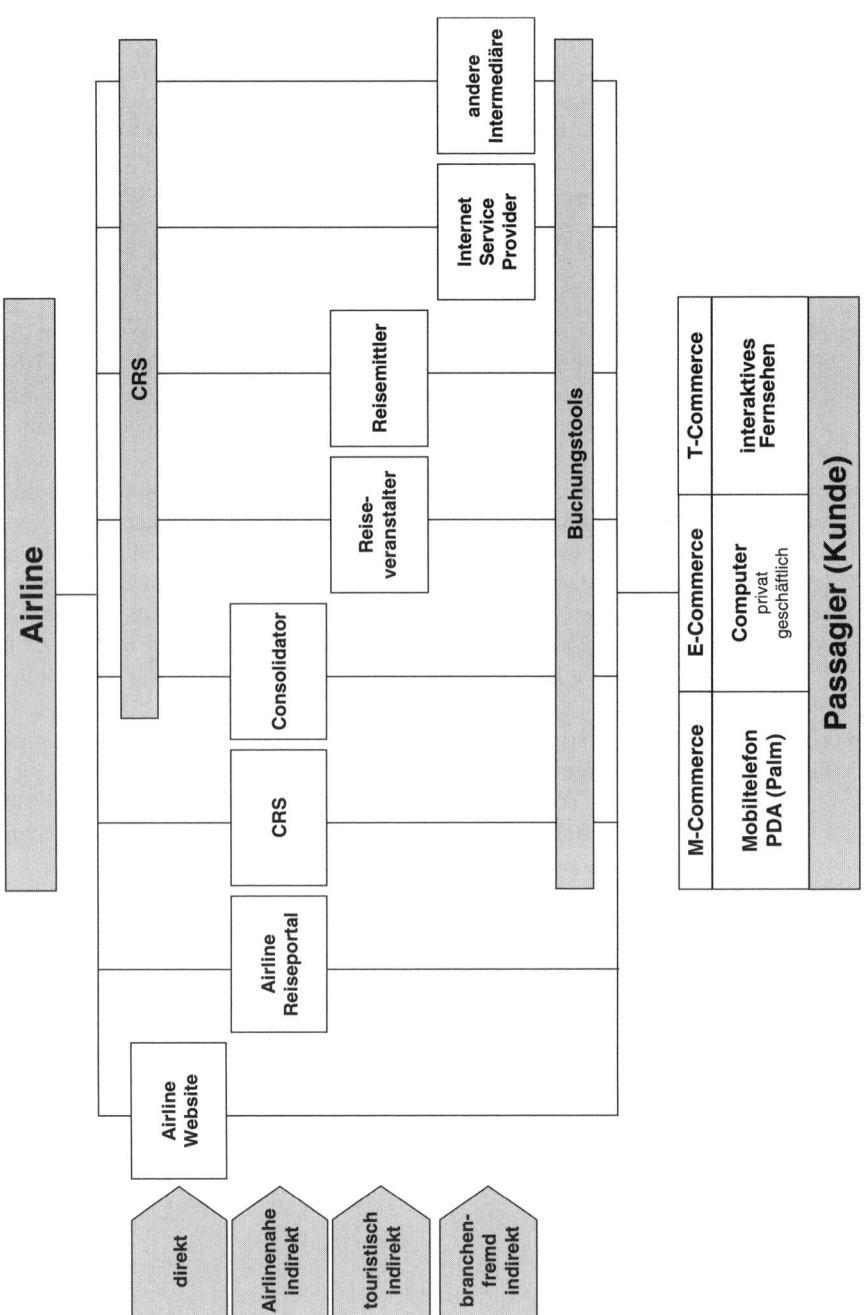

Abb. 7.9. Distributionswege im Online-Vertrieb von Fluggesellschaften

- **Proprietäre Online-Dienste** der Internet Service Provider verfügen in der Regel nicht über eigene Buchungsmaschinen, sondern sind über Links mit anderen Portalen, CRS oder Anbietern von sog. „Weißer Ware"[100] verbunden, der Verkauf von Flug- oder touristischen Leistungen wird also in der Regel outgesourct.
- **Branchenfremde Intermediäre** sind nicht-touristische Unternehmen, für die der Reisevertrieb – ähnlich wie bei den Online-Diensten der Internet Service Provider – wegen der Kundeninteressen eine Schlüsselapplikation darstellt. Sie agieren als bloße Händler und greifen, da sie selbst keine Reiseprodukte erstellen, auf die Angebote/Vermittlungsdienste von CRS, Reiseveranstaltern oder o. g. Weiße-Ware-Anbietern zurück.
- **Start-up-Unternehmen**, die als allgemeine Shopping Malls mit Reisen als weiterer Angebotskategorie gegründet wurden, diese werden zunehmend durch Angebote traditioneller Handelsunternehmen oder den Verkauf über Plattformen wie Ebay (sog. „Powerseller") verdrängt.
- **Traditionelle Handelsunternehmen:** z. B. Metro, Walmart, Otto-Versand.
- **Medienunternehmen** wie Axel Springer, Sat1Pro7 Media AG, oder
- **IT-Unternehmen** wie bspw. Expedia (ehemals Microsoft).[101]

7.4.4 Konzeption des Internetauftritts

Die Internetauftritte der Fluggesellschaften folgen alle einem ähnlichem Grundaufbau und enthalten am Beispiel des Lufthansa InfoFlyway (vgl. Abb. 7.10):

- Flugplandarstellung (Streckenangebot, Flugzeiten, Preise und Anwendungsbedingungen) der eigenen Flüge und der von bis zu 700 weiterer Fluggesellschaften, die über das CRS AMADEUS zugänglich sind; Darstellung von Sonderangeboten. Zum Beispiel kann der LH-Flugplan auf den PC/Laptop oder den Palmtop des Nutzers geladen werden.
- Flugbuchung, -bezahlung und -umbuchung; Funktion Probebuchung, um Erstkunden unverbindlich mit dem Prozedere vertraut zu machen.
- Sitzplatzwahl für First und Business Class-Passagiere.
- Möglichkeiten des Check-Ins, wobei die vorbereitete Bordkarte am Check-In-Schalter bereitgestellt wird oder zu Hause/im Büro selbst ausgedruckt werden kann.

---

[100] Hierbei werden von (darauf spezialisierten) Unternehmen Reiseangebote zusammengestellt, die dann unter dem Namen des jeweiligen Seitenbetreibers verkauft werden können. Der Vorteil liegt für den Anbieter der „weißen Ware" in der Steigerung der Umsätze, für den Seitenbetreiber in der Reduktion auf Kernkompetenzen, der Steigerung des Images und der Angebotsvielfalt sowie ggfs. einer Provision.

[101] Seit Juli 2001 hält der Kabelnetzbetreiber USA Networks die Mehrheitsbeteiligung an Expedia.

- Vielfliegerprogramm: Information, Registrierung mit Ausdruck einer vorläufigen Mitgliedskarte, Anmeldung und Verwaltung sowie Informationsdarstellung (Prämien, Prämienanforderung, Meilenrechner oder Kontostandsabfrage).

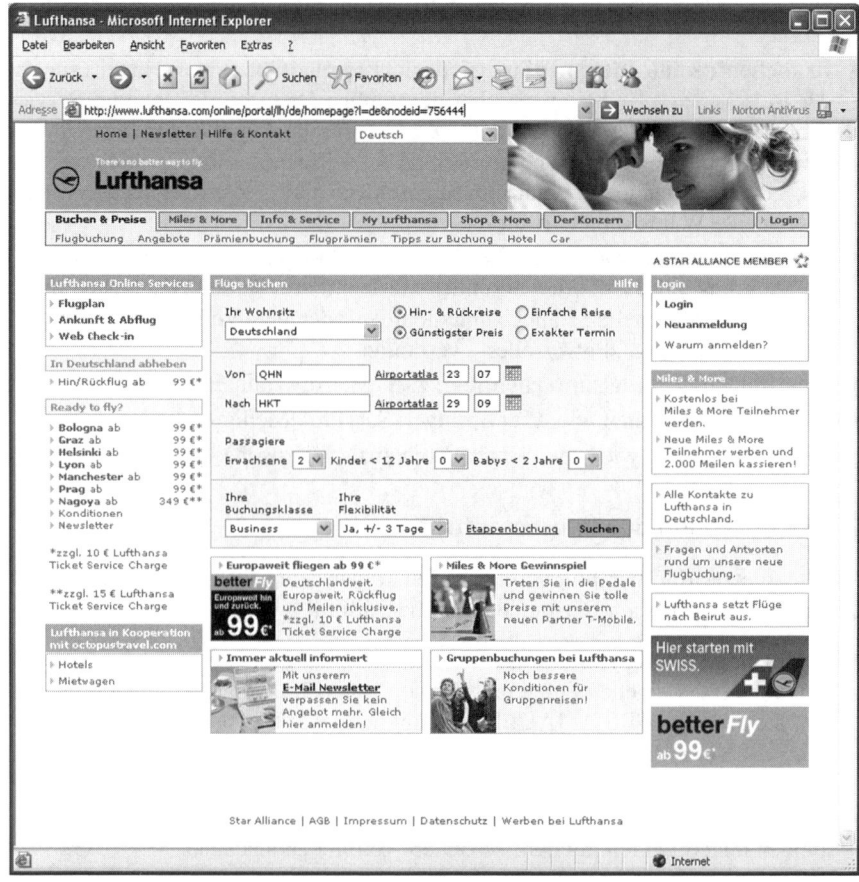

Quelle: LUFTHANSA unter www.lufthansa.com am 21. Juli 2006

Abb. 7.10. Lufthansa InfoFlyway

- Buchung zusätzlicher Reiseleistungen wie Hotel oder Mietwagen, also ein „virtuelles Reisebüro".
- Reiseinformationen: Informationen über Flughäfen, Länder, Städte, Reisebestimmungen, etc.
- Kommunikations-Funktionalitäten: bspw. aktuelle Ankunfts- und Abflugszeiten.
- E-Mail zur direkten Kommunikation, Suche von verloren gegangenem Reisegepäck.
- Unternehmensinformationen: neue Produkte, Aktien, Stellenangebote etc.

- Cross Selling von reisenahen Produkten sowie Airline-Merchandise (Lufthansa WorldShop)
- Intranet für unternehmensinterne Kommunikation und Business Travel Applikationen.

7.4.5 Elektronisches Ticketing

Nachdem die Lufthansa 1995 in Deutschland das „Fliegen ohne Ticket" d. h. den Verzicht auf die Ausstellung eines materiellen Flugscheins eingeführt hatte, gehörte dieses Verfahren bei Vielfliegern bald zum Standard. Bei diesem auch electronic oder virtual ticketing genanntem Verfahren wird die online, telefonisch oder im Reisebüro getätigte Buchung lediglich im Reservierungssystem gespeichert und beim Check-In abgerufen. Die Vorteile für den Kunden bestehen darin, dass

- der Fluggast nicht auf die Ausstellung bzw. Zusendung des Flugscheins warten muss,
- elektronische Tickets bei Änderungen des Reiseweges oder des Reisezeitpunktes einfacher geändert und umgeschrieben werden können,
- ein Verlieren, Vergessen oder Diebstahl des Flugscheins nicht möglich ist,
- das E-Ticket durch die Vorlage einer Kreditkarte oder Bonusprogramm-/Statuskarte aktiviert werden kann und dadurch keine zusätzlichen Identitätsdokumente (Ausweis, Reisepass) notwendig sind,
- das virtuelle Ticket für den Check-In-Automaten genutzt werden kann, und
- die im Rahmen von Vielfliegerprogrammen erworbenen Bonusmeilen automatisch gutgeschrieben werden.

Für die Fluggesellschaften bringt das elektronische Ticket Kosteneinsparungen bei der Flugscheinlogistik: Der Druck und Versand von Ticketvordrucken entfallen ebenso wie der Flugscheinausdruck und dessen Übergabe bzw. Zustellung an den Kunden; die Abfertigungszeit beim Einchecken am Schalter oder Automaten wird genauso verkürzt wie die post departure documentation (sortieren, zählen und Weiterbearbeitung für die Abrechnung), da alle benötigten Daten bereits in elektronischer Form vorliegen. Auch bei Buchungen über Reisebüros ist der Aufwand geringer als beim herkömmlichen Verfahren, da inzwischen eine niedrigere Provision gezahlt werden kann.[102] Nach IATA-Schätzungen fallen für einen herkömmlichen Flugschein in Papierform Prozess- und Materialkosten in Höhe von zehn US$ an, während ein elektronisches Ticket lediglich Kosten von ca. einem US$ verursacht.[103]

---

[102] Die Verkürzung des Reservierungs- und Buchungsprozesses durch die von den Fluggesellschaften entwickelten CRS war in der Vergangenheit ein generelles Argument für Provisionskürzungen. Gegenwärtig zahlen manche Fluggesellschaften allerdings eine Zusatzprovision für elektronische Tickets, um deren Einführung zu fördern.

[103] Zitiert nach: Entscheidung der EUROPÄISCHEN KOMMISSION vom 20. Juli 1999, I, 4a.

Bis zum Jahr 2000 war das elektronische Ticketing nur für Flüge ohne Carrierwechsel und bei manchen Fluggesellschaften auch nur für Inlandsflüge einsetzbar. Inzwischen kooperieren aber immer mehr Fluggesellschaften untereinander, um auch das elektronische Ticket interlinefähig zu machen. Die fehlende Interlinefähigkeit wird so für den Kunden nicht mehr zum Problem, wenn er aus Gründen wie bspw. wegen eines verspäteten oder ausgefallenen Fluges auf den Flug einer anderen Gesellschaft umbuchen will oder muss. Die Entwicklung eines einheitlichen Interline-Netzes für elektronische Tickets vollzieht sich derzeit auf zwei unterschiedlichen Wegen: Zum einen versuchen die Mitglieder von Strategischen Allianzen untereinander zu kooperieren, zum andern arbeiten IATA und SITA an einem für alle Fluggesellschaften offenen Interline-Service für das elektronische Ticketing.

> **Beispiel: ETIX® von Lufthansa**
>
> ETIX®, das elektronische Ticket der Lufthansa kann bei einer Buchung im Reisebüro, online über den Lufthansa InfoFlyway oder telefonisch bei der Lufthansa erstellt werden. Der Kunde gibt lediglich die Nummer seiner Kredit- oder Vielfliegerkarte an und das Lufthansa-System erstellt das Ticket elektronisch, dies ist bis 1 Stunde vor Abflug möglich. Die Abrechnung erfolgt über ein Reisebüro oder das Kreditkartenkonto. In letzterem Fall werden auf Wunsch ein Flugplan und eine Quittung zugestellt. Beim Einchecken am Counter oder durch einen Check-In-Automaten identifiziert sich der Kunde mit seiner Kredit- oder Vielfliegerkarte und erhält die Bordkarte ausgestellt.

Die IATA hat sich zum Ziel gesetzt, bis Anfang 2008 weltweit zu 100% elektronische Tickets einzuführen. Davon werden folgende Vorteile erwartet:[104]

- Einsparungen von ca. 3 Mrd. US$ aufgrund der Kostendifferenz von ca. neun US$ zugunsten des elektronischen Tickets;
- Einsparungen durch den Wegfall von Druckkosten, Versand, Transport, Lagerung und Abrechnung von Papiertickets sowie den Verzicht auf Begleitmaterial wie z. B. Umschlägen und Tickethüllen;
- Einsparungen durch die Reduktion benötigter Flächen (Check In-Counter) an Flughäfen, da verstärkt Check In-Automaten genutzt werden können;
- Einsparungen durch vereinfachtes und effizienteres Passagierhandling und Abrechung;
- einfachere Handhabung von Umbuchungen und Last-Minute-Buchungen;
- Steigerung der Nutzung der Internetkapazitäten;
- kein Verlust von Tickets mehr möglich, was neben den Unannehmlichkeiten für den Passagier auch einen erheblichen Verwaltungsaufwand für die Fluggesellschaft bedeutet;
- Schaffung einer Basis zur weiteren Virtualisierung von Abfertigungsprozessen, wie das Einchecken über Internet oder Telefon, das Selbst-Ausdrucken von Boardingpässen, die Bearbeitung von verloren gegangenem Gepäck sowie die vereinfachte Erfassung und Bearbeitung von Kundendaten zur Übermittlung an Einreisebehörden.

---

[104] Vgl. IATA: E-Ticketing, o. S.

Als Weiterentwicklung ist „pay as you fly" geplant. Damit soll dem Fluggast, der telefonisch gebucht hat, die Möglichkeit gegeben werden, erst dann per Kreditkarte zu bezahlen, wenn er den Flug auch tatsächlich angetreten hat. Dieses Verfahren erspart der Fluggesellschaft aufwendige Erstattungs- und Umschreibeprozeduren und ist für den Fluggast bequemer, da er seinerseits nicht auf eventuelle Rückzahlungen warten muss.

7.5 Abrechnungsverfahren

7.5.1 Abrechnung zwischen Agenturen und Fluggesellschaften

Nach dem IATA-Standardverfahren[105] erstellt die Agentur monatlich für jede Fluggesellschaft, für die sie Flugscheine verkauft hat, eine Einzelabrechnung. Um den damit verbundenen Kosten- und Arbeitsaufwand zu reduzieren, wurde von der IATA (Resolution 805) mit dem **Billing and Settlement Plan (BSP)** – früher Bank Settlement Plan – ein zentrales Abwicklungsverfahren eingeführt, das für jedes Land speziell modifiziert wird und dem auch Non-IATA-Fluggesellschaften beitreten können; die Beteiligung der IATA-Airlines ist freiwillig. In der Bundesrepublik Deutschland wurde der BSP 1983 eingeführt, inzwischen sind 205 IATA- und 172 Non-IATA-Fluggesellschaften Mitglied; es wird ein Umsatz von rund 154 Mrd. US$ bei ca. 337 Mio. Transaktionen (ca. 440 US$ pro Ticket) abgewickelt. Für die IATA-Agenturen ist eine BSP-Beteiligung obligatorisch. Das BSP-Verfahren in Deutschland ist durch folgende Elemente gekennzeichnet:[106]

- Der Verkauf von Beförderungsdokumenten für alle am BSP beteiligten Fluggesellschaften erfolgt mit neutralen Standardverkehrsdokumenten, die organisatorische Abwicklung mit Hilfe von Standardverwaltungsformularen wie Agenturabrechnungsliste, Abrechnungsvordruck für Kreditkartenverkäufe etc.
- Die Standardflugscheine können manuell oder automatisch erstellt werden. Letzteres erfolgt gegenwärtig z. B. im Reisebüro-Modus des AMADEUS-Systems, bei dem neben dem Ausdruck des Tickets auch die Datenspeicherung für die Abrechnung und die Verkaufsbelegerstellung erfolgt.
- Das Rechenzentrum des Unternehmens T-Systems als BSP-Verrechnungsstelle übernimmt das Abrechnungsverfahren zwischen den Agenturen und den BSP-Fluggesellschaften sowie die Flugscheinbestandsverwaltung (Versorgung der Agenturen mit Flugscheinen).
- Die Agenturen erstellen viermal pro Monat eine Abrechnungsliste, die von der BSP-Verrechnungsstelle überprüft wird. Die Gesamtabrechnung mit den Fluggesellschaften sowie die Zahlungen erfolgen wöchentlich[107] oder monatlich, nachdem die Abrechnungsläufe aus der Kreditkarten- und Agenturabrechnung abgeschlossen sind.

---

[105] Vgl. IATA: Benutzerhandbuch BSP Deutschland.
[106] Siehe IATA/AISP: BSP Germany, Handbuch für Agenten.
[107] Die wöchentliche Zahlung ermöglicht den Agenturen eine Reduzierung der durch eine Bankbürgschaft nachzuweisenden Sicherheiten für die eingenommenen Kundengelder.

- Die Zahlungen der Agenturen per Bankabbuchungsverfahren gehen zentral an eine Inkassobank und werden von dort an die einzelnen Fluggesellschaften weitergeleitet. Bei Nichteinhaltung von Abrechnungs- oder Zahlungsterminen wird eine Vertragsstrafe verhängt.

7.5.2 Abrechnung zwischen den Fluggesellschaften

Die Zusammenarbeit im Interline-System, die für den Passagier den Vorteil hat, mit einem bei einer Fluggesellschaft gekauften Ticket einen Flug einer anderen Airline benutzen zu können, hat für die beteiligten Luftverkehrsgesellschaften die Folge, Einnahmen und Leistungen untereinander ausgleichen zu müssen. Dieses Abrechnungsverfahren wird monatlich über das **IATA-Clearing House** vorgenommen und steht auch Non-IATA-Gesellschaften offen. 2005 wurden dabei von insgesamt 369 Fluggesellschaften rund 37 Mrd. US$ an Forderungen abgewickelt.[108] Das Clearing House-Abrechnungsverfahren bietet folgende Vorteile:[109]

- Vereinfachung: Statt einer Vielzahl zweiseitiger Abrechnungen in den unterschiedlichen Währungen hat jede Fluggesellschaft nur eine Abrechnung mit dem Clearing House vorzunehmen. Gleichzeitig wird der gesamte Abrechnungsprozess beschleunigt, da jede Fluggesellschaft innerhalb einer Woche ihre Ausgleichszahlungen leisten muss. Zahlungsverzögerungen werden vermieden, weil das Clearing House diese sofort allen beteiligten Fluggesellschaften bekannt macht und zudem hohe Geldstrafen verhängt werden können. Der mögliche Ausschluss aus dem Abrechnungsverfahren bedeutet für jede Fluggesellschaft auch den Verlust an internationaler Bonität.

- Kostenersparnis: Die Konzentration auf ein einziges Verfahren bei einer Zentralstelle bringt neben den Rationalisierungseffekten auch den Vorteil der gegenseitigen Aufrechnung. Die auf britische Pfund oder US$ bezogene Verrechnungsrate beträgt durchschnittlich knapp 90%, so dass nur für 10% der Gesamtforderungen tatsächliche Zahlungen erforderlich sind.

- Abwertungsschutz für Gläubiger: Fluggesellschaften, die Ansprüche an eine andere in deren Inlandswährung haben, sind durch die Regelung, dass Abwertungsgewinne für die Schuldner nicht möglich sind, vor möglichen Verlusten durch die Abwertung einer Währung geschützt.

- Devisentransfer: In Ländern mit Devisenbewirtschaftung braucht sich nicht jede einzelne internationale Fluggesellschaft um den Devisentransfer zu kümmern. Durch die Aufrechnung wird nur ein Ausfuhrgenehmigungsverfahren notwendig, das sogar ganz entfällt, wenn die Nettoposition der inländischen Fluggesellschaft positiv ist. Allerdings hat sich in der Zusammenarbeit mit einigen Ländern in den letzten Jahren zunehmend das Problem eingestellt, dass die dortigen Devisenbehörden die Überweisungen von Einnahmen aus dem Verkauf von Flugleistungen ausländischer Luftverkehrsgesellschaften an das Clearing House nur mit Verzögerung vornehmen oder gänzlich blockieren.

---

[108] Vgl. IATA: Annual Report 2006, S. 49.
[109] Vgl. o. V.: Interline System, S. 4-7.

Die Abrechnung ist dann unkompliziert, wenn es sich um einen Ein-Sektor-Flug handelt, für den beide Airlines den gleichen Tarif verlangen. Häufiger aber ist der Fall, dass mehrere Fluggesellschaften an der Beförderung beteiligt sind, der Flugschein also aus mehreren Coupons besteht, für die jeweils ein Ertragswert, ein „Prorate", ermittelt werden muss. In diesen Fällen ist der veröffentlichte Durchgangsflugpreis niedriger als die Summe der Teilstreckentarife. Die Fluggesellschaften können also nicht den Normalpreis der Teilstrecken verrechnen, sondern nur einen Teil davon. Zur Festlegung der Anteile der verschiedenen, an einer Beförderung beteiligten Fluggesellschaften werden zwei Verfahren angewendet.[110] Für Inlandsstrecken werden zwischen den Fluggesellschaften so genannte **Provisios** festgelegt, die einen bestimmten Prozentsatz vom normalen Inlandstarif darstellen, abgestuft nach den einzelnen Tarifarten.

Beispiel: Provisio-Berechnung und Prorating

Flugpreis	100%	€	500,00
./. Reisebüroprovision	5%	€	25,00
Nettoflugpreis	95%	€	475,00

Der transportierende Carrier bekommt von diesem Nettoflugpreis bei Normaltarifen 95% (= € 451,25), bei Sondertarifen 75% (= € 356,25). Bei internationalen Strecken kommt das **Prorating** zur Anwendung. Nach der Prorate-Formel:

$$\frac{\text{Durchgangstarif (NUC)}}{\text{Summe der Sektorentarife (NUC)}}$$

wird ein Multiplikator berechnet, auf die jeweiligen Sektorentarife bezogen und dann der Ertragsanteil pro Teilstrecke ermittelt.

Beispiel: Prorate-Berechnung

Durchgangsflugpreis	A - D	=	NUC	2.000,00
Sektorentarife	A - B	=	NUC	1.000,00
	B - C	=	NUC	800,00
	C - D	=	NUC	700,00
Summe der Sektorentarife		=	NUC	2.500,00

[Prorate - Formel   2.000 : 2.500 = 0,8 (Multiplikator)]

Ertragsanteil pro Strecke:	A - B	:	NUC	800,00
	B - C	:	NUC	640,00
	C - D	:	NUC	560,00
Durchgangsflugpreis			NUC	2.000,00

Zur weiteren Vereinfachung der Prorate-Abrechnung haben sich die größten Luftverkehrsgesellschaften auf ein „Sampling-Verfahren" geeinigt, bei dem nur noch ein geringer Prozentsatz der Flugscheine genau berechnet, der Rest hochgerechnet wird.

---

[110] Siehe BRUNEDER, H.: Flugverkehr, S. 39.

8 Luftverkehrspolitik

8.1 Einführung

8.1.1 Zum Begriff Luftverkehrspolitik

In Anlehnung an eine Begriffsbestimmung des Europäischen Parlamentes wird Luftverkehrspolitik von RÖSSGER/HÜNERMANN definiert als „die bewusste Gestaltung und Beeinflussung des Luftverkehrs durch den Staat, andere öffentlich-rechtliche Körperschaften, halböffentliche Körperschaften und private zur Erreichung gesamtwirtschaftlicher Ziele".[1] Diese Definition bedarf einer Aktualisierung und Erweiterung. Denn einerseits kommt es gegenwärtig in einigen Ländern im Rahmen von Deregulierungsmaßnahmen zu einem Rückzug des Staates aus der Luftverkehrspolitik, es wird also die Politik der bewussten Nichtgestaltung von Teilbereichen des Luftverkehrs verfolgt.[2] Zudem erscheint eine Erweiterung der gesamtwirtschaftlichen Ziele um die unternehmensspezifischen Ziele insofern notwendig, als die Gestaltung und Beeinflussung des Luftverkehrs infolge der hohen Konzentration der Branche in erheblichem Maße durch betriebswirtschaftliche Entscheidungen von Fluggesellschaften und sonstigen Unternehmen der Luftfahrtindustrie mitbestimmt wird. Daher gilt für die Luftverkehrspolitik folgende Definition:

> Luftverkehrspolitik umfasst sowohl die bewusste Gestaltung von Zielen und Instrumenten des Luftverkehrs als auch das bewusste Nichteingreifen in Teilbereiche des Luftverkehrs durch nationale und supranationale staatliche Institutionen, internationale Organisationen, Interessenverbände und Einzelunternehmen zur Erreichung gesamtwirtschaftlicher und unternehmensspezifischer Ziele.

Das in dieser Definition zum Ausdruck kommende Verständnis von Luftverkehrspolitik soll deutlich machen, dass:

- dieser politische Prozess nicht nur durch hoheitliche Beschlüsse staatlicher Stellen, sondern durch eine Vielfalt von Entscheidungs- und Einflussträgern mit unterschiedlicher Machtkompetenz bestimmt wird;[3]
- Luftverkehrspolitik sowohl die Zielformulierung (Art und Hierarchie der Ziele) als auch die Entscheidung über die einzusetzenden Mittel (Strategie) beinhaltet,
- die Realität des Luftverkehrs nicht nur durch Gesetze und Verordnungen gestaltet wird, sondern auch durch das tatsächliche Verhalten der Beteiligten (z. B. wird eine konkrete Tarifsituation durch Tarifgenehmigung und Tarifumgehung geprägt), insbesondere dort, wo der Staat den Luftverkehr dereguliert

---

[1] RÖSSGER, E., HÜNERMANN, K.: Luftverkehrspolitik, S. 3.
[2] Vgl. GULDIMANN, W.: Luftverkehrspolitik, S. 12.
[3] Eine Reduzierung der Verkehrspolitik auf bloße staatliche Aktivitäten findet sich beispielsweise bei VOIGT, F., TRETZEL, M.: Verkehrspolitik, S. 1343.

hat und auf einem freien Markt die Angebotsentwicklung (Preise, Strecken, Bedienungshäufigkeit) den Unternehmen überlässt. Dies schließt aber nicht aus, dass in bestimmten Ländern weiterhin der Staat die alleinige Entscheidungskompetenz besitzt und sonstige Einflussträger nicht vorhanden oder ohne Bedeutung sind.

Als **generelles Ziel** der Luftverkehrspolitik postuliert GULDIMANN von einer ethischen Position aus „die Gerechtigkeit der konkreten Lösungen, (...) so dass sie die Beziehungen der Beteiligten untereinander unter Berücksichtigung ihrer widerstreitenden Interessen optimal gestalten soll" und fordert konkret einen Beitrag der Luftverkehrspolitik „an die Förderung der Lebensqualität und des qualitativen Wachstums, an die nachhaltige Gewährleistung der Permanenz menschlichen Lebens auf dem ‚Raumschiff Erde', (...) an die Wahrung der Souveränität und Unabhängigkeit des Staates."[4]

Luftverkehrspolitik ist stets nur ein **Teil der allgemeinen Verkehrspolitik**, die sich wiederum einzuordnen hat in den größeren Rahmen der Außen-, Wirtschafts-, Finanz- und Umweltpolitik. So ergibt sich in der Bundesrepublik Deutschland der Gestaltungsrahmen der Luftverkehrspolitik hinsichtlich der Zielsetzungen wie auch hinsichtlich der ordnungs- und finanzpolitischen Instrumentarien aus der gesellschaftlichen und politischen Ordnung der Bundesrepublik Deutschland, aus den gesetzlich festgelegten Verpflichtungen und aus den langjährigen politischen Absichten. Im Zuge der Realisierung des europäischen Binnenmarktes unterliegen die nationalen politischen Gestaltungsmöglichkeiten allerdings zunehmend den Einschränkungen durch die Richtlinien und Verordnungen der Europäischen Union.

Die **Rahmenbedingungen** der jeweiligen Organisation und die Regelung des nationalen und internationalen Luftverkehrs stehen in engem Bezug zur wirtschaftspolitischen Konzeption eines Landes (vgl. Abb. 8.1). So vielfältig wie die einzelnen Wirtschaftssysteme der Staaten sind, so vielfältig ist auch die Ausgestaltung des Ordnungsrahmens des Luftverkehrs, wobei die Bandbreite von der totalen staatlichen Regulierung über Mischformen des geregelten Wettbewerbs bis hin zur weitgehenden marktwirtschaftlichen Organisation reicht.

In den meisten wirtschaftlichen Systemen wird dem Luftverkehr der Charakter eines Gutes im öffentlichen Interesse zugeschrieben. Ähnlich wie beim öffentlichen Personenverkehr, bei der Wasser- oder der Energieversorgung hat damit der Staat die Aufgabe, die regelmäßige Bereitstellung des Gutes zu einem für die Allgemeinheit vertretbaren Preis sicherzustellen. Dies geschieht entweder durch staatliche Unternehmen direkt oder durch private Unternehmen, die einer intensiven staatlichen Kontrolle unterliegen.

Die Einbindung des nationalen Luftverkehrs in den internationalen Luftverkehr erfolgt im Rahmen multinationaler staatlicher (ICAO, ECAC) und nichtstaatlicher (IATA, AEA) Organisationen, die die wirtschaftliche, sichere und regelmäßige Abwicklung fördern, gleichzeitig aber auch den Aktionsrahmen der nationalen Luftverkehrspolitik einschränken. Die multinationale Einigung auf technische

---

[4] GULDIMANN, W.: Luftverkehrspolitik, S. 18 f.

Standards, Verfahrensfragen und zum Teil auch auf Tarife erfordert Kompromissbereitschaft bei der Durchsetzung eigener Vorstellungen und bei der Durchführung der getroffenen Entscheidungen.

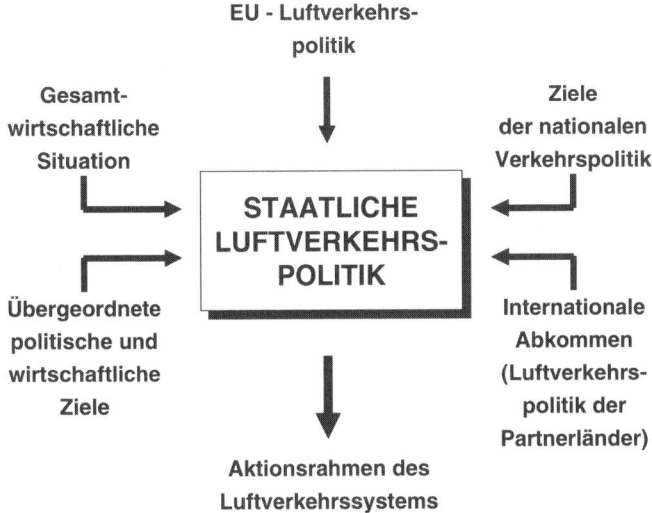

Abb. 8.1. Bezugsrahmen der nationalen Luftverkehrspolitik

Bei der Aushandlung der bi- und multilateralen Abkommen, die den grenzüberschreitenden Luftverkehr überhaupt erst ermöglichen, stehen sich die verkehrspolitischen Interessen von Staaten mit den oft unterschiedlichsten politischen, ideologischen und wirtschaftlichen Systemen gegenüber. Die Aktionsrahmen der nationalen Luftverkehrssysteme in Europa erhielten durch die Liberalisierungsbewegungen eine neue Dimension. Nicht zuletzt begrenzt die gesamtwirtschaftliche Situation der jeweils beteiligten Länder die Möglichkeiten der Luftverkehrspolitik, da die Entwicklung des Luftverkehrs und der dort tätigen Unternehmen auch unmittelbar von der aktivierbaren Inlandsnachfrage abhängt, deren Determinanten wiederum vorwiegend ökonomischer Art (z. B. Höhe des Bruttoinlandsproduktes und des privaten Konsums, Einkommensverteilung, Urlaubsanspruch) sind.

8.1.2 Die Begründung staatlicher Einflüsse

Der Luftverkehr ist durch eine Vielzahl staatlicher Eingriffe gekennzeichnet, die sich auf die Sicherheit der Abwicklung, die Vorhaltung der Infrastruktur und die Marktregulierung beziehen. Diese Regulierung des Luftverkehrsmarktes kann nach SHAW definiert werden als „the attempt by governments or their agents to ensure that certain objectives are met which might not be met under the operation of free market forces".[5] Der Umfang staatlicher Regulierung steht in engem Zu-

---

5   SHAW, S.: Airline Marketing, S. 12.

sammenhang mit der wirtschaftspolitischen Ideologie der jeweiligen Entscheidungsträger und deren Interpretation der Funktionen und der Bedeutung des Luftverkehrs insgesamt. Luftverkehr kann entweder als ein Wirtschaftszweig unter vielen angesehen und den Kräften des freien Wettbewerbs überlassen werden oder als ein so überragendes Gemeinschaftsgut, dass er der besonderen staatlichen Daseinsvorsorge bedarf. RÖSSGER/HÜNERMANN[6] stellen dazu fest:

> „Das freie Spiel der Kräfte führt aber nach den bisherigen Erfahrungen nicht automatisch zur Erreichung der gesamtwirtschaftlichen Ziele der Verkehrspolitik. Es kann zu einseitigen Kräfteverschiebungen kommen, wie z. B. beim Monopol, die sich negativ für die übrige Wirtschaft auswirken. Die Träger der Luftverkehrspolitik müssen daher durch den Einsatz ausgewählter Mittel die Entwicklung des Luftverkehrssystems auf die von ihnen gesetzten Ziele hin lenken."

Zur Begründung staatlicher Regulierung werden folgende Argumente vorgebracht:

- nationaler Nutzen,
- Leistungsfähigkeit des Luftverkehrssystems,
- funktionierender Wettbewerb,
- sinnvolle Aufgabenteilung der Verkehrsträger,
- Verbraucherschutz und
- Umweltschutz.[7]

Nationaler Nutzen

Auf der Pariser Konferenz von 1919 wurde beschlossen, dass der Luftraum über dem Gebiet eines Staates in dessen alleinige Souveränitätsrechte fällt. Damit wurde der Luftraum eine natürliche wirtschaftliche Ressource, für deren Nutzung Gegenleistungen gefordert werden können.[8] Die Nutzungsrechte wurden nach „Freiheiten" gestaffelt und zwischen den Staaten entweder auf der Basis der Reziprozität ausgetauscht oder gegen Entgelt (Überfluggebühren, Royalties) gehandelt. Fluggesellschaften wurde und wird, sei es als Flag-Carrier, Touristenzubringer, Devisenbringer oder militärstrategische Einsatzreserve, eine wichtige nationale Funktion eingeräumt. Sie sind daher vor der ausländischen Konkurrenz zu schützen. Der gleichwertige Tausch von Verkehrsrechten führt für die Fluggesellschaften der beteiligten Staaten nur theoretisch zu gleichen Chancen, da unterschiedliche Nachfragepotentiale, Kosten oder Produkte (z. B. nationale Anschlussverbindungen) die Luftverkehrsgesellschaften eines Landes bevorzugen können. Um den eigenen Fluggesellschaften Verdienstmöglichkeiten zu schaffen, wurden Schutzmauern durch staatlich zu genehmigende Tarife, Beschränkungen

---

[6] So schon bei RÖSSGER, E., HÜNERMANN, B.: Luftverkehrspolitik, S. 45. Zur neueren Diskussion vgl. WEIMANN, L.: Markteintrittsbarrieren, S. 119 ff.
[7] Vgl. dazu auch BEYEN, R., HERBERT, J.: Deregulierung, S. 7-14; TEUSCHER, W.: Liberalisierung, S. 60-90; zur kritischen Diskussion vgl. HÜSCHELRATH, K.: Liberalisierung, S. 130-196.
[8] Vgl. DOGANIS, R.: Flying Off Course, S. 26.

der Zahl der Anbieter, der anzufliegenden Orte und der angebotenen Kapazitäten errichtetet. Da alle Regierungen die eigenen Fluggesellschaften schützen wollten, führte dies zu einem Luftverkehrssystem mit weltweitem Protektionismus, das in mehr als 3.300 bilateralen Verträgen seinen Niederschlag fand.

Leistungsfähigkeit
Das luftverkehrspolitische Ziel der Optimierung der Verkehrsbedienung erfordert ein Streckennetz, das international die von Wirtschaft, Politik und Gesellschaft gewünschten Verbindungen ausreichend, regelmäßig und auf Dauer sicherstellt. Infolge des Strebens nach größtmöglicher Transportautarkie sollte dies primär durch die jeweilige(n) nationale(n) Fluggesellschaft(en) erfolgen; von ihr/ihnen selbst nicht angebotene Verbindungen sollen durch Kooperationen mit ausländischen Luftverkehrsgesellschaften zugänglich gemacht werden. Das Inlandsangebot hat sowohl die Aufgabe, die regionalen Wirtschaftszentren miteinander zu verbinden, als auch zeitlich vertretbare Anschlussflüge zu den internationalen Strecken zu ermöglichen. Diese politisch definierten Vorgaben der Leistungsfähigkeit des Luftverkehrssystems stellen das öffentliche Interesse an der Vorhaltung des Gesamtstreckennetzes über die Rentabilität von Einzelstrecken, die somit – gegebenenfalls mit Hilfe staatlicher Subventionen – auch dann bedient werden müssen, wenn eine Kostendeckung nicht möglich ist.

Die Leistungsfähigkeit des nationalen Luftverkehrssystems kann am sichersten gewährleistet werden, wenn der Staat selbst als Unternehmer auftritt und damit Umfang und Ausgestaltung der Luftverkehrsleistungen direkt bestimmt. In der Vergangenheit kam es häufig vor, dass der Staat als einziger bereit und in der Lage war, eine Fluggesellschaft zu betreiben. Auch die in den bilateralen Verträgen enthaltene Eigentümerklausel (national ownership rule), nach der nur Fluggesellschaften, deren Kapitalmehrheit im jeweiligen nationalen Besitz ist, gewährte Flugrechte nutzen dürfen, ist auf das Interesse an der nationalen Leistungsfähigkeit zurückzuführen.

Eine andere Möglichkeit staatlicher Sicherstellung der Leistungsfähigkeit des Luftverkehrs liegt in der Marktregulierung. Der Staat setzt die verkehrsrechtlichen Rahmenbedingungen und greift nur ein, wenn durch die privaten Unternehmen die intendierten Ziele nicht erreicht werden. Die Marktstruktur kann dann ein Monopol, ein Duopol oder ein begrenztes Oligopol sein. Dort, wo mehrere Fluggesellschaften zugelassen wurden, erfolgte in der Regel eine strikte Markttrennung. In den Aufbauphasen des nationalen Luftverkehrs (Europa nach dem Zweiten Weltkrieg, Entwicklungsländer heute) wird eine solche Marktzutrittsbeschränkung oft mit dem Argument der „infant industry" begründet, nach dem solche Wirtschaftszweige vor einer harten Konkurrenz im Wettbewerb geschützt werden müssen.[9]

Lässt ein Staat nur eine Fluggesellschaft zu, wird dies mitunter auch mit der These des **natürlichen Monopols** begründet. Danach gibt es Wirtschaftszweige, in denen die Nachfrage durch ein einziges Unternehmen besser befriedigt wird als durch mehrere Anbieter. Die mit steigender Ausbringung stark fallenden Stück-

---

[9] Vgl. SHEARMAN, P.: Air Transport, S. 62 f.

kosten führen dazu, dass der gesamtwirtschaftliche Nutzen am höchsten ist, wenn die Stückkosten am niedrigsten sind, d. h. wenn nur ein Unternehmen die gesamte Nachfrage bedient (exemplarisch werden in der Theorie dafür Stromversorgung oder Abwasserbeseitigung genannt). Würden mehrere Unternehmen zugelassen, entstünde ein oligopolistischer Preiskampf, aus dem letztendlich ein Monopolist hervorgehen würde. Daher sei es sinnvoller, gleich ein Monopol zu schaffen und dies einer staatlichen Missbrauchsaufsicht zu unterstellen. Die Gültigkeit dieser Argumentation ist von der Größe des Marktes abhängig, da die zu seiner Begründung herangezogene Degression der Durchschnittskosten nicht unbegrenzt ist. Zudem stellt sich die Frage nach dem relevanten Markt: Handelt es sich um den Gesamtmarkt der Luftverkehrsleistungen eines Staates oder sollen Teilmärkte (z. B. Inlands-, Auslandsmarkt; Geschäfts-, Urlaubsreisen) betrachtet werden? Die Rechtfertigung durch das natürliche Monopol wird sowohl für generelle (nur eine nationale Fluggesellschaft) als auch für partielle Marktzutrittsbeschränkungen (nur eine Fluggesellschaft pro Strecke) herangezogen.[10]

Funktionierender Wettbewerb
Die Wettbewerbsvoraussetzungen der Fluggesellschaften der einzelnen Länder sind nicht gleich. Differenzen in den Produktionskosten, bedingt durch Unterschiede bei den Personalkosten, Aufwendungen für Treibstoff, Steuerbelastungen und Ausgaben für den Unterhalt der Betriebseinrichtungen, führen zu unterschiedlichen Stückkosten. Fluggesellschaften mit hohem staatlichem Kapitalanteil haben leichteren Zugang zu den Finanzmärkten, die an sie gestellten Rentabilitätsforderungen sind niedriger und gegebenenfalls werden ihre Betriebsverluste durch den Staat ausgeglichen. Daneben treten auf den gleichen Märkten auch staatliche Luftverkehrsgesellschaften als Anbieter auf, deren wirtschaftliche Ziele nicht immer in der betriebswirtschaftlichen Rationalität liegen. Deren subventionierte Preise aber wären für privatwirtschaftliche Fluggesellschaften nicht tragbar. Der Staat soll daher solche Wettbewerbsnachteile u. a. dadurch vermeiden, dass nur Mindesttarife zugelassen werden, die bei funktionierendem Wettbewerb allen Fluggesellschaften positive Streckenergebnisse ermöglichen. Denn es wäre, so NIESTER 1983,[11] verhängnisvoll, „wenn der Wettbewerb zwischen Luftverkehrsgesellschaften durch einen Subventionswettbewerb der Staaten untereinander ersetzt würde. Eine völlige Freigabe der Tarife erscheint daher im internationalen Bereich wegen der unterschiedlichen nationalen Interessen weder realistisch noch wünschenswert."

Durch die Liberalisierungsprozesse der letzten beiden Jahrzehnte hat sich diese Ansicht erheblich geändert. So folgen die Luftverkehrspolitischen Leitlinien von 2000 dem „Wettbewerbsleitbild des sog. angreifbaren Marktes" (contestable market), nach dem die Ermöglichung des freien Marktein- und -austritts zu einem

---

[10] Siehe dazu HANLON, P.: Global Airlines, S. 28-35 und die dort angegebene weiterführende Literatur.
[11] NIESTER, W.: Verkehrspolitische Überlegungen, S. 107.

wohlfahrtsoptimalen Ergebnis führt und schon die potentielle Konkurrenz neuer Marktteilnehmer disziplinierend auf die etablierten Unternehmen wirkt.[12]

Im Verkehr zwischen zwei Staaten ist jene Fluggesellschaft begünstigt, die ein größeres Marktpotential aufweist. Insbesondere die Luftverkehrsgesellschaften kleinerer Länder und von Ländern mit geringer Reiseintensität und Ausgabebereitschaft der heimischen Bevölkerung haben hier Wettbewerbsnachteile, deren Auswirkungen durch Regulierung des Marktzugangs und staatliche Tariffestsetzung verringert werden sollen.

Dem Luftverkehr wird aufgrund seiner Kostenstruktur (hoher Fixkostenanteil bei langer Lebensdauer der Produktionsanlagen) eine besondere Tendenz zu **ruinöser Konkurrenz** unterstellt. Darunter ist nach VAN SUNTUM „eine besonders intensive Form des Vernichtungswettbewerbs (meist durch gegenseitige Preisunterbietung) zu verstehen, wobei der entscheidende Punkt ist, dass diesen Auswüchsen des Wettbewerbs auch gesamtwirtschaftlich schädliche Auswirkungen nachgesagt werden".[13] Wenn sich neue Anbieter auf einem unregulierten Markt mit niedrigen wirtschaftlichen Eintrittsbarrieren wie dem Luftverkehr (geringer Kapitalbedarf durch Flugzeug-Leasing, leicht imitierbare Produkte) nur auf wenige auslastungsstarke Strecken beschränken würden („Rosinenpickerei"), könnten sie dort erheblich niedrigere Preise bieten als eine etablierte Fluggesellschaft, die aus Gründen eines flächendeckenden Streckennetzes auch weniger rentable Verbindungen bedient und diese mit Gewinnen aus anderen Strecken subventioniert. Dies könnte zur Aufgabe unrentabler Strecken und damit zu einer schlechteren Versorgung der Bevölkerung mit Luftverkehrsleistungen führen.

Würden bei freiem Wettbewerb nur gewinnbringende Routen angeboten, folgt aus der Forderung der Aufrechterhaltung eines Gesamtstreckennetzes die Notwendigkeit staatlicher Interventionen im Interesse der mit dieser Auflage belasteten Luftverkehrsgesellschaften. Häufig verfolgen die Luftverkehrsgesellschaften jedoch eine Marktanteilsstrategie, die auch die Aufnahme von zunächst noch unrentablen Verbindungen in ihre Streckennetze vorsieht, um in den Besitz knapper Start- und Landezeiten (Slots) zu gelangen. Den Hintergrund für dieses Vorgehen bilden die zukünftigen Erwartungen der Fluggesellschaften, dass durch die Aufnahme der Strecke die wirtschaftliche Attraktivität der jeweiligen Region erhöht wird, dortige Investitionsaktivitäten dadurch zunehmen und so letztlich auch die Nachfrage nach Luftverkehrsleistungen steigt. Auch unter der Annahme freien Wettbewerbs würde also grundsätzlich nicht immer auf allen unrentablen Strecken die Notwendigkeit staatlicher Interventionen bestehen, um ein Gesamtstreckennetz aufrechtzuerhalten, da die Fluggesellschaften zur Erreichung ihrer betriebswirtschaftlichen Ziele häufig auch eine kurzfristige Kostenunterdeckung akzeptieren, wenn langfristig Marktanteile gewonnen werden können.

---

[12] Zur Theorie des angreifbaren Marktes (contestable market) vgl. BAUMOL, W., PANZAR, J., WLLIG, R.: Contestable Markets, zur Diskussion dieses Theorieansatzes vgl. WEIMANN, L.: Markteintrittsbarrieren, S. 19-62; SHEPHERD, W. G.: Economics of Industrial Organization; GRUNDMANN, S.: Marktöffnung im Luftverkehr, S. 37 ff.
[13] VAN SUNTUM, U.: Verkehrspolitik, S. 61; vgl. auch ABERLE, G.: Transportwirtschaft, S. 94 f.

Die sich aus der Nachfrageforderung der Sitzverfügbarkeit ergebende strukturelle Überkapazität ebenso wie die auf Erweiterungsinvestitionen (Einführung größerer Flugzeuge, Öffnung neuer Märkte) zurückzuführenden Kapazitätssprünge könnten in Verbindung mit den niedrigen Grenzkosten pro zusätzlichem Passagier die Fluggesellschaften zu gegenseitigen Preisunterbietungen verleiten, so dass letztendlich nur die Unternehmen überleben würden, die infolge ihrer Größe, staatlicher Subventionierung oder Konzernzugehörigkeit (Subventionierung durch Gewinne anderer Produktionszweige) eine längere Verlustperiode durchstehen können. Während bei funktionsfähigem Wettbewerb gesamtwirtschaftlich gesehen das Ausscheiden nicht wettbewerbsfähiger Anbieter zu einer verbesserten Nutzung der Produktionsfaktoren führt, werden durch die ruinöse Konkurrenz „auch solche Anbieter in den Ruin gestürzt, die eigentlich effizient arbeiten und kostenmäßig gesunde Anbieter in Liquiditätsschwierigkeiten getrieben".[14] Es überlebt danach nicht das verkehrswirtschaftlich leistungsfähigste, sondern das insgesamt finanzstärkste Unternehmen.

Im Luftverkehr könnte ruinöse Konkurrenz also zur Folge haben, dass die nationale Fluggesellschaft eines Landes ihren Betrieb einstellen müsste oder eben nur mit hohen Subventionen weiterführen könnte, sofern sie nicht über einen beträchtlichen finanziellen Rückhalt verfügt.[15] Soll dies aus Gründen der wirtschaftlichen Unabhängigkeit und des nationalen Prestiges verhindert werden, dann bieten sich wiederum staatliche Eingriffe wie z. B. die Festsetzung von Mindesttarifen und Beschränkung des Angebotes als Marktregulierungsinstrumente an. Zudem könnte ein Vernichtungswettbewerb zu Kosteneinsparungen im Sicherheitsbereich verleiten.[16] Auch eine solche Gefährdung der öffentlichen Sicherheit aus betriebswirtschaftlichen Gründen gilt es durch einen geregelten Wettbewerb zu vermeiden. Allerdings zeigt der Charterflugverkehr mit seinen erheblichen Marktanteilen vor allem im europäischen Urlaubsverkehr, dass Wettbewerb im Luftverkehr seit Jahrzehnten auch ohne staatliche Eingriffe durchaus funktionsfähig und sicher sein kann.

Aufgabenteilung zwischen den Verkehrsträgern
Zur Maximierung des volkswirtschaftlichen Nutzens soll jeweils der Verkehrsträger den Transport ausführen, der aufgrund seiner spezifischen Verkehrswertigkeit am besten dazu geeignet ist. Dabei sind die jeweiligen Angebotsvorteile beider Verkehrsträger – Schnelligkeit beim Luftverkehr ab Entfernungen von ca. 400 Kilometern; dichtes Verkehrsnetz, Massenleistungsfähigkeit und niedrigere Tarife bei der Bahn – zu berücksichtigen. Bei Aufrechterhaltung des Grundsatzes der freien Wahl des Verkehrsmittels durch den Kunden liegt in der Festsetzung der Beförderungspreise ein marktwirtschaftliches Steuerungsinstrument.

In der Vergangenheit wurde es als im öffentlichen Interesse liegend angesehen, der Bahn im Nah- und Regionalverkehr einen tariflichen Flankenschutz zu gewähren, es wurden also keine Flugpreise genehmigt, die zu einer preislich mitbeding-

---

[14] VAN SUNTUM, U.: Verkehrspolitik, S. 63; vgl. auch WILLEKE, R.: Liberalisierung und Harmonisierung, S. 80.
[15] Vgl. BARTLING, H.: Wettbewerbliche Ausnahmebereiche, S. 337.
[16] Vgl. EDWARDS, L.: British Air Transport, S. 1 f.

ten Abwanderung von Bahnkunden zum Flugzeug führen könnten. Auch eine politisch gewünschte Aufgabenteilung zwischen den Verkehrsarten Linien- und Gelegenheitsverkehr wurde über die Tarifbildung abgesichert.

Dem Gelegenheitsverkehr wurde eine eigenständige Aufgabe (Ad-hoc-Verkehr, Ferienflugverkehr) zugewiesen und dem Linienverkehr ein Schutz insoweit eingeräumt, als dessen eigentliche Kernzielgruppe Geschäftsreisende nicht massenhaft den Gelegenheitsverkehr in Anspruch nehmen sollten. Dies geschah vor allem durch die Bildung von so genannten Charterkategorien mit besonderen Auflagen (z. B. Pflicht zum Pauschalarrangement) oder aber durch die Vorschrift vorgegebener Mindestpreise. Die Entwicklungen der letzten Jahrzehnte – Aufhebung der Tarifgenehmigung und der Trennung zwischen Linien- und Gelegenheitsverkehr im Gemeinsamen Markt – haben allerdings dazu geführt, dass die Aufgabe der staatlichen Verkehrslenkung immer mehr an Bedeutung verlor.

Verbraucherschutz
Ein grundsätzliches Ziel staatlicher Regulierung ist der Schutz der Öffentlichkeit vor überhöhten Preisen und monopolistischen Praktiken, die sich aus der gesicherten Stellung vor allem der staatlichen Fluglinienunternehmen und der Begrenzung des Marktzuganges ergeben können. Damit kommt vor allem der Tarifgenehmigungspflicht die Funktion einer staatlichen Missbrauchsaufsicht zu. Die oligopolistische und im Inlandsverkehr zum Teil sogar monopolistische Marktstruktur könnte im Zusammenhang mit dem Gewinnmaximierungsprinzip der privatwirtschaftlich organisierten Fluggesellschaften zu einem überhöhten Tarifniveau führen. Dem kann mit dem Instrument der Genehmigungspflicht entgegengesteuert werden, indem als überhöht angesehene Flugpreise untersagt werden.

Tarife sind nach Leistungsklassen geordnete Preisverzeichnisse, die längere Zeit Gültigkeit haben; sie reduzieren die mögliche Vielzahl von Einzelpreisen und ordnen das Preis-Leistungs-Verhältnis. Damit schaffen sie die Voraussetzungen für mehr Markttransparenz für den Verbraucher. Dieser soll damit einen besseren Überblick darüber erhalten, wer welche Produkte zu welchen Preisen anbietet.

Allerdings wurde immer wieder der Vorwurf der politischen Nutzlosigkeit der staatlichen Tarifaufsichtspflicht erhoben, weil die staatlichen Stellen nur in Ausnahmefällen beantragte Tarife nicht genehmigten. Einerseits sei den Regierungen der wirtschaftliche Erfolg der Fluggesellschaften wichtiger als verbraucherfreundliche Flugpreise, andererseits lägen den Regierungsstellen nicht genügend Informationen vor, um die Tatsache überhöhter Tarife auch schlüssig belegen zu können. Die formale staatliche Tarifaufsichtspflicht hat zudem durch die Tatsache, dass sich der Graumarkt nicht nur in der Bundesrepublik Deutschland längst fest etabliert hatte, ihre Bedeutung weitestgehend verloren. Auch das Unterbieten der Tarife wird als ein Anzeichen für ein überhöhtes Preisniveau und damit für das Versagen der Tarifaufsicht gewertet.[17] Die durch die CRS und Online-Medien gegebene Markttransparenz ermöglicht es, den Kunden den jeweils preisgünstigsten Flug anzubieten und ist unter dem Gesichtspunkt des Verbraucherschutzes positiver zu beurteilen als eine staatliche Tarifaufsicht.

---

[17] Vgl. TANEJA, N.: Airlines in Transition, S. 47.

Umweltschutz
Die grundsätzlichen Ziele des Umweltschutzes, also die Erhaltung und Schonung knapper Ressourcen, die Begrenzung der Emission von Schadstoffen, Lärm und Abfällen sowie die Begrenzung von Gefahrenpotentialen und Störfällen können bisher nicht durch ausschließlich marktwirtschaftliche Instrumente erreicht werden. Das generelle Umweltbewusstsein der Verbraucher scheint bisher nicht soweit ausgeprägt zu sein, dass sie bereit sind, den ökologischen Mehrwert eines Produkts mit höheren Preisen zu honorieren oder durch Konsumverzicht die Umweltbelastung zu reduzieren.

Obwohl einige Fluggesellschaften die Umweltvorsorge als vorrangiges Unternehmensziel definieren und sich am Leitgedanken eines nachhaltigen Wirtschaftens orientieren, wird das Instrumentarium des Umweltschutzes primär durch Gebote und Verbote in der Form von Grenzwerten bestimmt. In ihren Bemühungen, ökologische und ökonomische Interessen in Einklang zu bringen, versuchen die Regierungen, tragfähige Kompromisse für alle am Luftverkehr Beteiligten bzw. davon Betroffenen zu finden.

Zudem zeigt sich, dass nationale Maßnahmen als Umweltschutzinstrumentarien nicht ausreichen, da sowohl der Luftverkehr als auch seine ökologischen Auswirkungen grenzüberschreitend sind. Daraus ergibt sich die Notwendigkeit einer weltweiten Abstimmung nationaler und regionaler Regelungen durch Zusammenarbeit in den internationalen Institutionen.

8.1.3 Instrumente der Luftverkehrspolitik

Zur Erreichung der luftverkehrspolitischen Ziele steht dem Staat eine Reihe von Eingriffsmöglichkeiten zur Verfügung, die entweder finanz-, ordnungs-, investitionspolitischer oder administrativer Art sein können (vgl. Abbildung 8.2).

Im Rahmen der **finanzpolitischen Instrumente** bieten Kapitalbeteiligungen an Luftfahrtunternehmen die direkteste Möglichkeit der Steuerung; darüber hinaus kann durch die Gewährung von Subventionen und die Erhebung von Abgaben versucht werden, nichtstaatliche Unternehmen im Sinne der gewünschten Politik zu beeinflussen oder im Rahmen einer protektionistischen Politik die eigene nationale Fluggesellschaft zu bevorzugen. Mit der Förderung von Forschungs- und Entwicklungsprogrammen kann gezielt auf erwünschte Verbesserungen (z. B. Umweltverträglichkeit) Einfluss genommen werden.

Ordnungspolitische Instrumente regeln die Wettbewerbsbedingungen auf den einzelnen Teilmärkten: die Zahl der Anbieter durch Konzessionierung des Marktzuganges, die Angebotsmengen durch Kapazitätsbegrenzungen, den Absatz durch Tarifgenehmigungspflicht und die Kooperation durch das Ausmaß der Anwendung der allgemeinen Wettbewerbsgesetze.

Die **Infrastrukturpolitik** bezieht sich auf:

- Die Ausgestaltung der Verkehrswege. Da Verkehrswege in der Luft lediglich durch eine Unterteilung des Luftraumes entstehen, besteht hier nur die Notwendigkeit der Zurverfügungstellung von Navigationseinrichtungen zur Lenkung und Überwachung des Verkehrs.

- Den Aus- und Neubau von Flughäfen. In der Bundesrepublik kommt hier als Sonderfall die Umwandlung von ehemaligen Militärflughäfen, die durch den Abzug der amerikanischen, englischen und französischen Truppen Anfang der 1990er Jahre frei wurden, in zivile Flughäfen (z. B. Baden-Baden, Hahn) hinzu.
- Die Anbindung der Flughäfen an die Verkehrsnetze von Bahn und Straße zur Schaffung integrierter Verkehrssysteme.

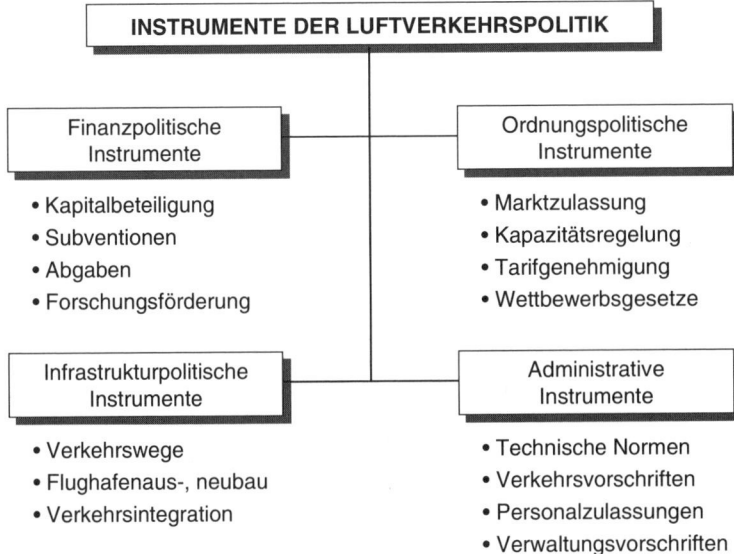

Abb. 8.2. Instrumente staatlicher Luftverkehrspolitik

Das nationale Luftrecht beinhaltet in der Regel ein umfangreiches **administratives Instrumentarium** zur Regelung des Luftverkehrs mit allerdings luftverkehrspolitisch oft nur sekundärer Bedeutung und wirtschaftlich nur indirekten Auswirkungen.[18] Es regelt den technischen Bereich (Zulassungs-, Bau-, Ausrüstungs- und Prüfvorschriften für Geräte und Anlagen), die Ausbildung und Zulassung des Luftfahrtpersonals, die organisatorische Abwicklung (Verkehrs- und Betriebsvorschriften, Flugsicherung) und den Verwaltungsbereich (Luftfahrtstatistik, Kostenordnungen).

Allerdings können bestimmte administrative Maßnahmen erhebliche Auswirkungen auf die Wettbewerbssituation haben, wenn sie in den einzelnen Staaten unterschiedlich gehandhabt werden. Dazu zählen am Beispiel des Umweltschutzes:

- Zeitlimits: Beschränkung der Benutzung der Flughäfen für An- und Abflüge;
- Raumlimits: Räumliche Gestaltung der An- und Abflugwege, Flughöhen;
- Bewegungslimits: Beschränkung der Zahl der zugelassenen An- und Abflüge auf Flughäfen;

---

[18] Für die Bundesrepublik Deutschland vgl. SCHWENK, W.: Luftverkehrsrecht, S. 6-60.

- Steuerliche Belastungen und Abgaben (Kerosin- und Mehrwertsteuer, Start- und Landegebühren, Sicherheitsgebühren);
- Betriebsnormen: Detailgestaltung von An- und Abflügen, z. B. Wechsel der Triebwerksleistung im Steigflug nach dem Start;
- Baunormen: Lärmschutz durch bauliche Normen auf Flughäfen und bei Gebäuden in Flughafennähe.[19]

8.2 Die Luftverkehrspolitik der Bundesrepublik Deutschland

8.2.1 Historischer Überblick

Die Verkehrspolitik der Bundesrepublik Deutschland hat die allgemeine und grundsätzliche Aufgabe, die Interessen der Verkehrsnutzer, der Verkehrsunternehmen und der von den Belastungen des Verkehrs Betroffenen mit denen des Staates als Vertreter öffentlicher Belange aufeinander abzustimmen.

Die unmittelbare Nachkriegszeit war bis etwa Mitte der fünfziger Jahre zunächst von der politischen Tendenz geprägt, auf den Wiederaufbau einer eigenen Luftfahrtindustrie zu verzichten.[20] Dennoch wurde schon im September 1951 im Bundesministerium für Verkehr eine Abteilung Luftfahrt eingerichtet, die sich auch mit den Vorbereitungen für den Aufbau einer neuen deutschen Fluggesellschaft befasste. 1953 wurde unter der Beteiligung des Bundes, der Deutschen Bundesbahn und des Landes Nordrhein-Westfalen die „Aktiengesellschaft für Luftverkehrsbedarf" (Luftag) gegründet, die am 6. August 1954 in die „Deutsche Lufthansa AG" umbenannt wurde. Nachdem die Bundesrepublik Deutschland mit dem Deutschlandvertrag von 1955 die Lufthoheit wiedererlangt hatte, nahm die Deutsche Lufthansa am 1. April 1955 ihren Flugbetrieb auf. Das von Anfang an politisch vorgegebene Ziel, die nationale Fluggesellschaft möglichst schnell wirtschaftlich, d. h. ohne staatliche Subventionen, zu betreiben, hatte zur Folge, dass zunächst das internationale Streckennetz vorrangig gegenüber dem innerdeutschen ausgebaut wurde. 1956, im zweiten Betriebsjahr der Lufthansa, standen den neun inländischen schon zwölf internationale, davon neun außereuropäische Zielflughäfen gegenüber. Der damals nur defizitär zu betreibende Regionalluftverkehr wurde von Seiten des Bundes wie der Lufthansa bewusst vernachlässigt und zunächst nur vom Land Nordrhein-Westfalen in Angriff genommen. Noch 1967 schreibt BONGERS: „Das Deutschlandstreckennetz erfüllt als Teil des Europanetzes vorwiegend Zubringerfunktion an Europa- und Interkontstrecken."[21] Die Deutsche Lufthansa hatte dabei in ihrer Anfangszeit mit zwei besonderen Schwierigkeiten zu kämpfen: Betriebswirtschaftlich war der Zeitpunkt des Markteintritts insofern ungünstig, als schon nach wenigen Jahren die kolbengetriebenen Langstreckenflugzeuge durch Düsenflugzeuge ersetzt werden mussten, die erhebliche Sonderab-

---

[19] Vgl. GULDIMANN, W.: Luftverkehrspolitik, S. 64.
[20] Zur Entwicklung der Verkehrspolitik nach 1945 unter besonderer Berücksichtigung der Luftfahrtindustrie vgl. SCHULTE-HILLEN, J.: Luft- und Raumfahrtpolitik.
[21] BONGERS, H.: Deutscher Luftverkehr, S. 83.

schreibungen zur Folge hatten. Verkehrspolitisch galt es, die während der Besatzungszeit großzügig an ausländische Fluggesellschaften erteilten Verkehrsrechte neu zu ordnen, um der Lufthansa ausgeglichene Marktzugangsmöglichkeiten zu sichern.

Die für die Luftverkehrspolitik der Bundesrepublik geltenden Zielvorstellungen wurden im Wesentlichen in den 1970er Jahren entwickelt und konzeptionell in den Leitlinien zur Luftfahrtpolitik des Bundes[22] 1981 veröffentlicht; in der Folgezeit wurden sie trotz der mehrfach stattgefundenen Regierungswechsel im Wesentlichen fortgeschrieben.[23] Dies deutet darauf hin, dass die **langfristigen Grundsätze** der deutschen Luftverkehrspolitik von den großen politischen Parteien **gemeinsam getragen** werden. Selbst wenn Parteien zu Zeiten, in denen sie die Opposition bildeten, grundlegende Änderungen anstrebten und Maximalforderungen stellten, konnte dies bei einem Wechsel in die Regierungsverantwortung im Rahmen der notwendigen Koalitionsvereinbarungen nicht durchgesetzt werden. In den parteipolitischen oder regierungsamtlichen Veröffentlichungen wurden die Ziele und Instrumente in der Regel auch nicht von wirtschaftspolitischen Ideologien abgeleitet oder durch empirische Untersuchungen begründet, sondern vor dem bis dahin selbstverständlichen Hintergrund eines regulierten Wettbewerbs innerhalb einer international offenen Marktwirtschaft als politische Postulate formuliert. Dementsprechend weist auch die tatsächlich realisierte Luftverkehrspolitik der letzten Jahrzehnte vorwiegend **pragmatische Züge** auf, indem sie unter Beibehaltung der stark interventionistischen Marktordnung nur auf von außen kommende Anstöße reagierte und selbst keine Anstrengungen zu grundsätzlichen Veränderungen des Status quo unternahm. ABERLE stellt dazu fest, dass „eine auffallende Interessenharmonie zwischen der verkehrspolitischen Administration und den regulierten Bereichen der Verkehrswirtschaft zur Abblockung von stufenweisen Deregulierungsschritten führten".[24]

Zur Aufstellung von neuen Leitlinien für ihre Verkehrspolitik, die den Anforderungen in den 1990er Jahren gerecht werden sollte, sah sich die damalige Bundesregierung (Koalition von CDU, CSU und FDP) erst veranlasst, als sich das Zusammenwachsen der europäischen Verkehrsmärkte zu einem gemeinsamen Binnenmarkt mit geöffneten Grenzen auch nach Osten immer stärker abzeichnete und Fragen des Umweltschutzes politisch relevanter wurden. Zudem wurde wegen den Auswirkungen der Wiedervereinigung Deutschlands vor allem im innerdeutschen Luftverkehr und im Berlin-Verkehr eine Neuorientierung notwendig, die 1994 im Luftfahrtkonzept 2000 veröffentlicht wurde.[25] Im Rahmen der Schaffung des 1993 verwirklichten Gemeinsamen Marktes erfolgte eine Verlagerung der Kompetenzen auf die Europäische Kommission und den Ministerrat, deren Entscheidungen EU-weit Gültigkeit haben und damit der nationalen Beeinflussung

---

22 BMV: Leitlinien der Luftfahrtpolitik des Bundes.
23 Vgl. BMV: Verkehrspolitik der 80er Jahre, S. 8; ders.: Verkehrspolitik in der X. Legislaturperiode, S. 22-25; Verkehrspolitik der 90er Jahre, CDU/CSU/SPD: Koalitionsvertrag vom 11.11.2005, S. 46 ff.
24 ABERLE, G.: Transportwirtschaft, S. 158.
25 BMV: Luftfahrtkonzept 2000, Bonn 1994.

entzogen sind. Die von 1998 bis 2005 amtierende Bundesregierung (Koalition SPD und Bündnis 90/Die Grünen) hatte mit Ausnahme des Luftsicherheitsgesetzes[26] zur Abwehr äußerer Gefahren für den Luftverkehr, der Vorlage eines Gesetzes zur Neuregelung der Mehrwertsteuer[27] und der Vorbereitung der Novellierung des Fluglärmgesetzes keine wesentlichen Neuerungen initiiert und auch die seit 2005 regierende Große Koalition (CDU/CSU/SPD) folgt in ihren nur in Ansätzen formulierten luftverkehrspolitischen Grundzügen der bisherigen Konzeption. Im Koalitionsvertrag wird unter der Überschrift „Wachstumsbranche Luftverkehr" auf die von der Vorgängerregierung mit eingerichtete Initiative Luftverkehr Bezug genommen: „Wir unterstützen die Initiative der Luftverkehrswirtschaft ‚Luftverkehr für Deutschland'. Der Masterplan zur Entwicklung der Flughafeninfrastruktur bleibt dabei Grundlage für die weitere Arbeit von Bund, Ländern und Luftverkehrswirtschaft."[28] Die Kontinuität der deutschen Luftverkehrspolitik ist auch darauf zurückzuführen, dass die großen Parteien CDU, CSU, SPD und FDP hier langfristig ähnliche Ziele verfolgen. Das zeigt sich etwa auch darin, dass die Verkehrspolitik unter anderem bei den Bundestagswahlen 2005 kein Wahlkampfthema war.[29] Ein weiterer Hauptgrund für die geringe Bedeutung der nationalen Luftverkehrspolitik liegt in der Verlagerung wichtiger Entscheidungen auf die EU-Gemeinschaftsebene.

8.2.2 Organisation der Luftverkehrsverwaltung

Die Luftverkehrsverwaltung wird in der BRD nach Artikel 87d Abs. 1 Grundgesetz in bundeseigener Verwaltung geführt. Nach Artikel 87d Abs. 2 Grundgesetz können Aufgaben der Luftverkehrsverwaltung an die Länder als Auftragsverwaltung durch Bundesgesetz mit Zustimmung des Bundesrates delegiert werden. So hat der Bund mit § 31 Abs. 2 LuftVG bestimmte Verwaltungsaufgaben den Bundesländern zur Ausführung übertragen. Dazu gehören insbesondere:

- Genehmigung von Flugplätzen mit Ausnahme der Prüfung und Entscheidung, inwieweit durch die Anlegung und den Betrieb eines Flughafens, der dem allgemeinen Luftverkehr dienen soll, die öffentlichen Interessen des Bundes berührt werden. Während die Länder als Genehmigungsbehörde für die Flughafenentwicklung im engeren Sinne tätig sind, koordiniert der Bund diese Planung aus überregionaler und intermodaler Sicht; er sorgt zudem für die not-

---

[26] Luftsicherheitsgesetz (LuftSiG), BGBl. I 2005, S. 78; geändert durch Urteil des Bundesverfassungsgerichts von 15.02.2006, 1 BvR 357/05 (Nichtigkeit der Abschussermächtigung).
[27] Entwurf eines Gesetzes zum Abbau von Steuervergünstigungen und Ausnahmeregelungen, BT-Drs. 15/119.
[28] CDU/CSU/SPD: Koalitionsvertrag vom 11.11.2005, S. 46.
[29] Ein vom Bundesverband der Deutschen Industrie (BDI) angestellter Vergleich der Wahlprogramme der Parteien SPD, CDU, CSU, FDP und Bündnis 90/Die Grünen ergab, dass der Luftverkehr lediglich bei Bündnis 90/Die Grünen angesprochen wird. Vgl. BDI: Wer tut mehr.

wendigen Fernverkehrsanbindungen durch Bahn, Bundesstrassen und Autobahnen.
- Lizenzierung von bestimmten Luftfahrern: Privatflugzeugführer, nichtberufsmäßige Führer von Drehflüglern, Motorseglerführer, Segelflugzeugführer, Freiballonführer, Steuerer von verkehrszulassungspflichtigen Flugmodellen und sonstigem verkehrszulassungspflichtigen Luftfahrtgerät.
- Genehmigung von Luftfahrtveranstaltungen.
- Ausübung der Luftaufsicht.

Zu den **Bundesbehörden** der Luftverkehrsverwaltung gehören das Bundesministerium für Verkehr, Bau- und Stadtentwicklung (BMVBS), das Luftfahrt-Bundesamt (LBA), die Bundesstelle für Flugunfalluntersuchung (BFU), die Deutsche Flugsicherung GmbH (DFS), der Flughafenkoordinator sowie der Deutsche Wetterdienst (DWD). Bei den **Landesbehörden** wird zwischen den Obersten Landesluftfahrtbehörden (Senate, Ministerien) und den Mittelbehörden (Regierungspräsidien, Bezirksregierungen, Luftämter) unterschieden.[30]

8.2.3 Ordnungspolitische Rahmenbedingungen

Die ordnungspolitischen Rahmenbedingungen zu Beginn dieses Jahrhunderts sind durch privatwirtschaftlichen Wettbewerb, liberale Wettbewerbspolitik, integrierte Verkehrspolitik und umweltpolitische Stagnation gekennzeichnet.

Privatwirtschaftlicher Wettbewerb
Im Gegensatz zur Aufbauphase des deutschen Luftverkehrs sieht die Bundesregierung heute den Betrieb von Fluggesellschaften und Flughäfen nicht mehr als ihre Aufgabe an. Diese beschränkt sich nunmehr lediglich auf die politische Verantwortung für die Sicherung einer bedarfs- und leistungsgerechten Einbindung Deutschlands in den internationalen Luftverkehr. Das ordnungspolitische Ziel besteht daher darin, den Luftverkehr dem privatwirtschaftlichen Wettbewerb zu überlassen und damit eine „weitgehende Ersetzung staatlicher durch unternehmerische Entscheidungen. Der Staat reguliert nicht im Detail, sondern schafft geeignete Rahmenbedingungen für den operationellen Bereich des Luftverkehrs (sog. hard rights: Designierung, Landepunkte, Frequenzen, Luftverkehrsfreiheiten, Tarife) und zur Harmonisierung wettbewerbsrelevanter Einflussfaktoren."[31] Dies führte in der Vergangenheit zur schrittweisen Privatisierung der Lufthansa und zum teilweisen Rückzug des Bundes als Mitbetreiber von Flughäfen. Im Hinblick auf den großen Investitionsbedarf und die Notwendigkeit der Entlastung der öffentlichen Haushalte sollen zukünftig bei den Flughäfen neben der Heranziehung privaten Risikokapitals alle Möglichkeiten genutzt werden, um Infrastruktureinrichtungen und mobile Anlagevermögen durch private Investoren finanzieren und betreiben zu lassen.

---

[30] Siehe dazu Kapitel 2. Eine ausführliche Darstellung findet sich bei SCHWENK, W., GIEMULLA, E.: Handbuch des Luftverkehrsrechts, S. 56-135.
[31] BMVBW: Luftverkehrspolitische Leitlinien, S. 1.

In Europa sollen gleiche Wettbewerbsbedingungen geschaffen werden. Dabei müssen die Regeln des Marktes in allen Bereichen Anwendung finden, also auch dort, wo staatliche Leistungen erbracht werden und die Anwendung des Vorsorge- und Verursacherprinzips geboten ist. So muss beispielsweise das Entgelt für die Benutzung der Infrastruktur (die Staat, Länder und Gemeinden bereitstellen) den Kosten und der Knappheit entsprechen.

Liberale Wettbewerbspolitik
Nach den Luftverkehrspolitischen Leitlinien des Bundesministeriums für Verkehr, Bau- und Wohnungswesen (BMVBW) von 2000 ist es Aufgabe des Staates, „durch die Öffnung der Luftverkehrsmärkte den Wettbewerb zu fördern und bei erreichter Liberalisierung funktionsfähig zu erhalten. Der Staat wird sich dabei an dem Wettbewerbsleitbild des sog. angreifbaren Marktes orientieren, d. h. Intensivierung des Wettbewerbs durch Förderung potenzieller Wettbewerber, indem Markteintrittsbarrieren administrativer und strategischer Art soweit wie möglich beseitigt werden."[32] Dieses ordnungspolitische Ziel gilt für in- und ausländische Märkte. Gemessen an den Passagierzahlen werden 80% des deutschen Luftverkehrs auf liberalisierten Märkten (insbesondere EU, Nordatlantik) abgewickelt. „Trotz dieses relativ hohen Liberalisierungsgrades des deutschen Luftverkehrs wird nicht verkannt, dass die restlichen 20% auf mehr oder weniger regulierte Märkte in anderen für den Weltluftverkehr wichtigen Regionen entfallen. Auch diese Märkte zu öffnen, bleibt das Ziel der deutschen Luftverkehrspolitik."[33] Diese wettbewerbsorientierte Luftverkehrspolitik erstreckt sich dabei auch auf die dem eigentlichen Luftverkehr vor- und nachgelagerten Märkte. „Noch vorhandene Eintrittsbarrieren wie beim Zugang zu Flughäfen und Luftstraßen, bei Bodenabfertigungsdiensten und bei Computerreservierungssystemen beeinflussen den Wettbewerb auf den eigentlichen Luftverkehrsmärkten und sind durch Schaffung oder Anwendung wettbewerbskonformer Regeln zu vermeiden."[34]

Integrierte Verkehrspolitik
Im Unterschied zur bisher eher separaten Betrachtung der einzelnen Verkehrsträger „sollen nun alle Verkehrsträger systematisch im Verbund betrachtet werden, um die künftigen Kapazitäts- und Umweltprobleme zu bewältigen. Die Bundesregierung wirkt deshalb hin auf die Verlagerung des Luftverkehrs auf die Schiene und auf die Verbesserung der Verknüpfung der Verkehrsträger. (...) Die Verlagerung soll dabei nicht dirigistisch, sondern durch attraktive Angebote erfolgen."[35] Da ein wesentlicher Teil der Infrastrukturentwicklung sich jedoch in regionaler Verantwortung der Länder und Kommunen befindet, hat der Bund hier nur begrenzte Einflussmöglichkeiten. Er übernimmt dabei die Koordinierung aus überregionaler Sicht und sorgt für die erforderlichen Fernverkehrsanbindungen auf Schiene und Strasse. Um lokalen Planungsträgern verlässliche übergreifende

---

[32] BMVBW: Luftverkehrspolitische Leitlinien, S. 2.
[33] BMVBW: Luftverkehrspolitische Leitlinien, S. 1.
[34] BMVBW: Luftverkehrspolitische Leitlinien, S. 2.
[35] IBRÜGGER, L.: Zukunft der deutschen Airline-Industrie, S. 6. Vgl. dazu auch: BMVBW: Integrierte Verkehrspolitik.

Plandaten zur Verfügung zu stellen und eine effiziente Vernetzung der Verkehrsträger im Gesamtverkehrssystem weiter verfolgen zu können, sollten Bedarfsfeststellung und Planung der Flughafeninfrastruktur in die Bundesverkehrswegeplanung einbezogen werden.[36]

8.2.4 Ziele der staatlichen Luftverkehrspolitik

Das bereits 1981 in den Leitlinien zur Luftfahrtpolitik des Bundes proklamierte allgemeine Ziel eines **effizienten Luftverkehrssystems** wurde auch für die Luftverkehrspolitik der 1990er Jahre weiterverfolgt und gilt auch für die gegenwärtige Legislaturperiode.[37] Als generelles verkehrspolitisches Ziel wurde von der Bundesregierung 2006 festgelegt: „Die Sicherung der Mobilität als Grundlage des wirtschaftlichen Erfolges Deutschlands ist deshalb das zentrale verkehrspolitische Ziel der Bundesregierung. Das stärkt die wachstumorientierte Wirtschaft, schafft und sichert Arbeitsplätze und sorgt für Freiheit und Flexibilität des Einzelnen. Der Bau und Erhalt von Infrastruktur ist jedoch kein Selbstzweck. Mobilität darf keinen Raubbau auf Kosten von Mensch und Natur verursachen. Wir haben uns deshalb zu einer integrierten Verkehrs-, Städtebau- und Raumordnungspolitik entschlossen. In diesen Zusammenhang gehört auch die sichere und umweltverträgliche Abwicklung des Verkehrs."[38] Die aus den vielfältigen regierungsamtlichen Veröffentlichungen abgeleiteten luftverkehrspolitischen Ziele der Bundesrepublik Deutschland sind:

- Sicherheit,
- Leistungsfähigkeit,
- Wettbewerbsfähigkeit,
- Umweltschutz,
- internationale Zusammenarbeit.

Diese Ziele der deutschen Luftverkehrspolitik sind jedoch nicht operational definiert und erlauben, ebenso wie die Zielsetzungen der allgemeinen Verkehrspolitik, „keine eindeutige Ableitung entsprechender Maßnahmen, und sie erlauben keine Erfolgs- oder Effizienzkontrolle der verkehrspolitischen Maßnahmen".[39]

Sicherheit
Sicherheit im Luftverkehr betrifft die beiden Dimensionen Betriebssicherheit (safety) und Schutz vor kriminellen Gewalttaten (security). Obwohl die deutsche Luftfahrt hinsichtlich ihrer Sicherheitsstandards im internationalen Vergleich in

---

[36] Vgl. Beschluss der Verkehrsministerkonferenz vom 16./17.04.1998, S. 1 f.
[37] Vgl. dazu: BMV: Leitlinien (1981); GEMADER, L.: Stellenwert des Luftverkehrs (1983); NIESTER, W.: Verkehrspolitische Überlegungen (1983); Grundzüge (1981); Verkehrsbericht (1984); Mitteilungen aus dem BMV (1984); Verkehrspolitik in der X. Legislaturperiode (1986); Verkehrspolitik der 90er Jahre (1990), CDU/CSU/SPD: Koalitionsvertrag.
[38] BMVBS: Verkehrspolitik, o. S.
[39] SEIDENFUS, H.: Neuorientierung, S. 7.

der Spitzengruppe liegt, ist die Sicherheit des Luftraumes, der Flughäfen und der Luftfahrtunternehmen weiter zu erhöhen, da die Flugsicherung zunehmend an die Grenzen ihrer personellen und technischen Leistungsfähigkeit stößt. Sie hat sich trotz organisatorischer Veränderungen und technischer Neuerungen zu einem Engpassfaktor im Luftverkehr entwickelt. Diese Tatsache muss vor allem im Zusammenhang mit der gesamten europäischen Flugsicherung gesehen werden.

Den Sicherheitsstandard aller am Luftverkehr beteiligten Personen und Unternehmen zu erhöhen ist die permanente Aufgabe der Verkehrssicherheitsarbeit. Schwerpunkte sind Ausbildung, sicherheitsbewusstes Verhalten im Flugbetrieb, Unternehmensüberwachung und Unfallverhütung. Seit dem Jahre 1996 rückte insbesondere die Sicherheit von so genannten Drittland-Carriern (Nicht-EU-Fluggesellschaften), in der Umgangssprache als „Billigflieger" bezeichnet, in den Mittelpunkt des Interesses von Politik und Öffentlichkeit. Nach mehreren Flugzeugabstürzen mit einer jeweils hohen Zahl von Todesopfern setzte das Bundesministerium für Verkehr eine Reihe von Kontrollmaßnahmen im Inland in Gang und initiierte auf EU-Ebene ein Ersuchen des Ministerrates an die Kommission zur Ausarbeitung eines Aktionsplanes,[40] der die Verbesserung der Sicherheit im Luftverkehr zum Ziel hatte und im Rahmen der ECAC/JAA zu einem EU-weiten Vorfeld-Kontrollverfahren SAFA (Safety Assessment of Foreign Aircraft) führte.[41]

Die in diesem Zusammenhang im Juli 1996 beim Luftfahrt-Bundesamt eingerichtete Task Force hat innerhalb des ersten Jahres 700 Vorfeldkontrollen von ausländischen Flugzeugen auf deutschen Flughäfen durchgeführt (2004: 1.426 Kontrollen) und dabei bei 634 der Maschinen Sicherheitsmängel festgestellt. Diese Zahl ist nicht repräsentativ für den gesamten Luftverkehr, da die überprüften Flugzeuge gezielt ausgewählt wurden. Die Mehrheit der Beanstandungen bezog sich auf fliegerisch unkritische Punkte wie etwa nicht mitgeführte Versicherungsbescheinigungen oder geringe Überschreitungen der zulässigen Dienstzeiten. In 59 Fällen wurden gravierende Sicherheitsmängel registriert, in fünf Fällen ein Startverbot ausgesprochen. Einer Fluggesellschaft wurde die Einfluggenehmigung entzogen. Nach Expertenmeinung haben sich die Kontrollen sehr schnell auf das Sicherheitsverständnis der betroffenen Fluggesellschaften ausgewirkt und auch dazu geführt, dass einige Fluggesellschaften des Gelegenheitsverkehrs nicht mehr zu deutschen Flughäfen fliegen. 1999 wurde in das Luftverkehrsgesetz mit § 23 b eine eindeutige Rechtsgrundlage eingefügt, nach der die Genehmigungsbehörde zur ständigen Kontrolle der Genehmigungsvoraussetzungen Ermittlungen anstellen und den Start von Luftfahrzeugen solange untersagen kann, bis die Kontrollen beendet sind.

Die in der Arbeitsgemeinschaft Deutscher Luftfahrtunternehmen (ADL) vertretenen deutschen Ferienflugunternehmen sind eine freiwillige Selbstverpflichtung eingegangen, bei einem kurzfristigen, unvorhersehbaren Austausch von Fluggerät folgenden Subcharter-Kodex einzuhalten:

---

[40] Vgl. RAT DER EUROPÄISCHEN UNION: Mitteilungen an die Presse 5515/96 (Presse 55), S. 11.
[41] Vgl. Kap. 9.

- „Die Luftfahrtunternehmen werden sich zunächst um einen Austausch von Flugzeugen unter deutschen Ferienfluggesellschaften bemühen.
- Ist dies nicht möglich, kommt der Einsatz von Luftfahrtunternehmen aus der EU mit einer Zertifizierung nach den Joint Aviation Requirements[42] in Frage.
- Falls dies ebenfalls ausscheidet, können die im Rahmen von bilateralen Luftverkehrsabkommen designierten Linienluftfahrtunternehmen eingesetzt werden, wenn sie für die Durchführung von Ersatzflügen von der deutschen Genehmigungsbehörde eine spezielle Betriebsgenehmigung erhalten haben."[43]

Eine Reihe von Reiseveranstaltern, insbesondere die Großveranstalter, haben ebenfalls reagiert und nennen in ihren Katalogen die Fluggesellschaften, mit denen sie im Hinblick auf den Abschluss langfristiger Verträge ausschließlich zusammenarbeiten. Die auf dieser 'Positivliste' stehenden Unternehmen sind fast ausnahmslos einer der drei oben genannten Kategorien zugehörig.

Die Verhinderung von Gewalttaten gegen den Luftverkehr am Boden oder während des Fluges ist ebenfalls als Daueraufgabe anzusehen. Dazu zählen präventive Maßnahmen, z. B. die Kontrolle von Passagieren und Gepäck ebenso wie die gerichtliche Verfolgung und Bestrafung bzw. Auslieferung von Straftätern.

Die Bundesrepublik ist den entsprechenden internationalen Abkommen[44] beigetreten und hat sich in einer Regierungserklärung zusammen mit Frankreich, Großbritannien, Italien, Japan, Kanada und den USA verpflichtet, in Fällen, in denen ein Land die Auslieferung oder gerichtliche Verfolgung von Flugzeugentführern verweigert, den Luftverkehr aus diesem und in dieses Land sowie durch Luftfahrtunternehmen dieses Landes einzustellen.[45] Ein trotz wechselnder Intensität immer wieder weltweit operierender Terrorismus verlangt eine ständige Perfektionierung der Sicherheitsmaßnahmen zur Abwehr von Gewaltakten. Notwendig sind dazu verbesserte technische Hilfsmittel, flächendeckende Kontrollsysteme, eine stärkere Einbeziehung der Fluggesellschaften und der Betreiber von Flughäfen sowie die Harmonisierung der Luftsicherheitsmaßnahmen im internationalen Luftverkehr mit dem Ziel eines einheitlichen hohen Luftsicherheitsstandards.

Leistungsfähigkeit
Ein leistungsfähiges, d. h. bedarfsdeckendes, zuverlässiges und wirtschaftlich arbeitendes Luftfahrtsystem wird auch weiterhin für den Erhalt der Stellung Deutschlands in einer arbeitsteiligen Weltwirtschaft und für die Sicherstellung des

---

[42] Joint Aviation Requirements (JAR) sind gemeinsame Standards für die Sicherheit im Luftverkehr, die von den Joint Aviation Authorities (JAA), einem Zusammenschluss europäischer Luftaufsichtsbehörden, erarbeitet werden.
[43] Zitiert nach DRV: Geschäftsbericht 1997, S. 67.
[44] Abkommen über strafbare und bestimmte andere an Bord von Luftfahrzeugen begangene Handlungen (Tokioter Abkommen vom 14.9.1963); Übereinkommen zur Bekämpfung der widerrechtlichen Inbesitznahme von Luftfahrzeugen (Haager Übereinkommen vom 16.12.1970); Übereinkommen zur Bekämpfung widerrechtlicher Handlungen gegen die Sicherheit der Zivilluftfahrt (Montrealer Übereinkommen vom 23.9.1971); vgl. SCHWENK, W.: Luftverkehrsrecht, S. 26, 342 f.
[45] Siehe Bulletin der BUNDESREGIERUNG Nr. 80 v. 19.7.1978.

Geschäfts- und Urlaubsreiseverkehrs benötigt.[46] Ein auf die Verkehrsbedürfnisse des Landes zugeschnittener Flugbetrieb hat im Linienverkehr ein regelmäßig bedientes, dichtes Streckennetz von nationalen und internationalen Verbindungen öffentlich anzubieten. Im Bedarfsflugverkehr ist die verlässliche Deckung der Nachfrage des Urlaubsverkehrs zu niedrigen Flugpreisen sicherzustellen. Damit wird dem Ferienflugverkehr bei Beibehaltung der Priorität des Linienverkehrs eine eigenständige Aufgabe zugewiesen, obwohl die Grenzen zwischen Linien- und Charterverkehr durch die Liberalisierung des Luftverkehrs immer mehr verwischen.

Die Leistungsfähigkeit des Luftverkehrs in Deutschland ist von einer nachfragegerechten Anpassung des Infrastruktursystems Flughäfen abhängig. „Aufgabe der Flughafenpolitik ist es, Stagnation zu vermeiden und die Dynamik der Nachfrage zu nutzen, um auch zukünftig die Bedeutung des Standorts Deutschland und die Beteiligung der Wirtschaft an den internationalen Märkten zu sichern sowie die Ansiedlung und Entwicklung von zukunftsträchtigen Technologien und Dienstleistungen zu fördern. (...) Die deutschen Regionen müssen über ausreichende Flughafenkapazitäten und gute Luftverkehrsangebote verfügen, um im Wettbewerb der Regionen in Europa bestehen zu können."[47] Um dies zu erreichen, hat die Bundesregierung 2001 ein Flughafenkonzept vorgestellt, zu dessen Maßnahmen der Ausbau und die Weiterentwicklung der Flughäfen, die Engpassbeseitigung bei der Flugsicherung sowie die Verlagerung von Kurzstreckenluftverkehr auf die Schiene zählen. Wegen der begrenzten räumlichen Erweiterungsmöglichkeiten der deutschen Flughäfen wird ein Ausbau der vorhandenen Anlagen und eine Verlagerung bestimmter Luftverkehre angestrebt, und zwar von überlasteten Verkehrsflughäfen auf benachbarte Flughäfen mit freien Kapazitäten sowie auf Regionalflughäfen, um so auf den internationalen Verkehrsflughäfen Kapazitäten für die internationale Luftfahrt zu schaffen. Im Koalitionsvertrag der gegenwärtigen Bundesregierung wurde vereinbart, dass der Bund das Flughafenkonzept 2000 in Abstimmung mit den Ländern weiterentwickeln wird, wobei ausdrücklich auf den Masterplan der Initiative „Luftverkehr für Deutschland" zur Entwicklung der Flughafeninfrastruktur Bezug genommen wird.[48]

Im Inland wird eine Aufgabenteilung zwischen Luftfahrt und Schienenverkehr angestrebt, wo dies wirtschaftlich und ökologisch sinnvoll ist. Aus diesem Grunde ist eine Verbesserung der Verkehrsanbindung der Flughäfen anzustreben: „Sollen die Möglichkeiten eines effizienten integrierten Gesamtverkehrssystems ausgeschöpft und zugleich möglichst weitgehend der Kurzstreckenflugverkehr auf die Schiene verlagert werden, so ist aus gesamtplanerischer Sicht besonderes Augenmerk auf diejenigen Vorhaben zu richten, die eine Vernetzung der Verkehrsträger Schiene und Luft verbessern. Das sind insbesondere die Anbindung und der Ausbau von Bahnhöfen an Flughäfen im Zusammenhang mit dem Ausbau des Fern-

---

[46] BMVBW: Flughafenkonzept, S. 10.
[47] BMVBW: Flughafenkonzept, S. 15.
[48] CDU/CSU/SPD: Koalitionsvertrag, S. 46.

bahn- und Hochgeschwindigkeitsnetzes der Bahn sowie der Ausbau der U- bzw. S-Bahnanschlüsse an Flughäfen."[49]

Wettbewerbsfähigkeit
Um den deutschen Fluggesellschaften und Flughäfen die Voraussetzungen für einen fairen Wettbewerb zu gleichen und gerechten Bedingungen zu gewähren ist es staatliche Aufgabe, einen Verkehrsrechtsrahmen zu schaffen, der den Unternehmen auch Planungssicherheit gewährt. Vorrangiges Ziel ist die Stärkung der Wettbewerbsfähigkeit deutscher Luftfahrtunternehmen (Fluggesellschaften, Flughäfen, Luftfahrtindustrie). Für den wichtigen Bereich der Verkehrsrechte gilt das Prinzip der Gegenseitigkeit: „Zur Sicherung eines fairen Wettbewerbs im bilateralen Verhältnis ist mit Drittstaaten möglichst eine Wettbewerbsklausel zu vereinbaren, die es den Vertragsparteien ermöglicht, bestehende bzw. auftretende Wettbewerbsverzerrungen im Markt innerhalb kürzester Zeit im Rahmen von Konsultationen zu beseitigen."[50] Durch den Gemeinsamen Markt kann seit 1993 nur noch auf die Verkehrsrechte in Drittländern Einfluss genommen werden. Für diese Drittlandbeziehungen gilt es, die Ausgewogenheit der beiderseitigen wirtschaftlichen Vorteile zu wahren.

Zur Sicherung und Förderung des Wirtschaftsstandortes Deutschland ist es notwendig, die Kapazitäten derjenigen Flughäfen zu erweitern, die von den Strategischen Allianzen der Fluggesellschaften als internationale Drehkreuze ausgebaut werden. Diese Flughäfen stehen besonders im Interkontinentalverkehr im Wettbewerb mit ausländischen Umsteigeflughäfen.

Umweltschutz
Das Flughafenkonzept der Bundesregierung legt als umweltpolitisches Ziel fest: Es wird angestrebt, „einen effizienten Umgang mit der Ressource Umwelt zu erreichen und die Belastungen für Umwelt und Anwohner weitest möglich zu mindern. Auch für die Wachstumsbranche Luftverkehr müssen daher Regelungen und wirtschaftliche Anreizmechanismen entwickelt werden, um die verkehrs- und umweltpolitischen Zielsetzungen der Bundesregierung umzusetzen."[51] Auch hier wird eine Prioritätensetzung, aus der sich ein eindeutiger politischer Wille für oder gegen den Umweltschutz ableiten ließe, zugunsten vager Kompromissformeln vermieden. Unter dem Gesichtspunkt des Umweltschutzes müssten insbesondere die Schadstoffemissionen von Flugzeugen in der Umgebung von Flughäfen, die Belastung der Erdatmosphäre durch das Fliegen in einer Reisehöhe zwischen sechs und zwölf Kilometern sowie die Auswirkungen des Fluglärms auf die Bevölkerung, der Landschaftsverbrauch durch die Erweiterung und den Ausbau von Verkehrsflughäfen und die Entstehung und Vermeidung von Müll berücksichtigt werden.

Trotz der Tatsache, dass die vom Luftverkehr verursachten ökologischen Beeinträchtigungen zunehmen und die langfristigen globalen Folgen die Lebensbedingungen zukünftiger Generationen erheblich verschlechtern, kam die Luftver-

---
[49] BMVBW: Flughafenkonzept, S. 20.
[50] BMVBW: Luftverkehrspolitische Leitlinien, S. 3.
[51] BMVBW: Flughafenkonzept, S. 22.

kehrspolitik bisher über die bloße Verkündung umweltpolitischer Ziele kaum hinaus. Vergleicht man die programmatischen Aussagen der Regierungen der letzten zwei Jahrzehnte mit den tatsächlichen verabschiedeten Gesetzen und Programmen, dann können zwar marginale Veränderungen wie etwa im Bereich des Lärmschutzes oder der Anbindung der Flughäfen an den öffentlichen Schienenverkehr konstatiert werden, eine umfassende Umweltschutzpolitik ist jedoch nicht zu erkennen.

Internationale Zusammenarbeit
Die notwendige internationale Abstimmung zur Wahrung der deutschen Luftverkehrsinteressen bedingt eine verantwortungsbewusste Mitarbeit in den internationalen Organisationen sowie die Zusammenarbeit mit den Regierungen anderer Länder. Es sind Verkehrsrechte zu erwerben und die Anerkennung der Zulassungen von Flugzeugen und Luftfahrtpersonal ebenso zu regeln wie die Rahmenbedingungen der Tätigkeiten der Luftverkehrsgesellschaften (Besteuerung, Verkaufstätigkeit, Devisentransfer etc.). Staatliche Lenkungsaufgaben wie operative Abwicklung können umso effizienter und reibungsloser erfolgen, je einheitlicher die Standards der Nominierung und Kontrolle in den beteiligten Ländern ausgestaltet sind. Daher haben für die Bundesrepublik Deutschland im weltweiten Luftverkehrssystem grundsätzlich multilaterale Lösungen Vorrang vor bilateralen Vereinbarungen.[52]

Die verantwortungsvolle Mitarbeit in internationalen Vereinigungen wie ICAO und ECAC, den Gremien der Europäischen Gemeinschaften (EU), der Joint Aviation Authorities (JAA), der Organisation EUROCONTROL und in der Weltorganisation für Meteorologie (WMO) ist daher ebenfalls ein Ziel der bundesdeutschen Luftverkehrspolitik.[53] Die bisherigen Formen völkerrechtlich unverbindlicher Zusammenarbeit bedürfen zumindest in der EU zukünftig einer formellen Neubestimmung. „Hierbei wird von der europäischen Luftfahrtindustrie und dem Europäischen Parlament eine stufenweise Entwicklung in Richtung auf eine oberste Europäische Zivilluftfahrtbehörde erwartet, wobei nationale Luftfahrtbehörden als Regionalbehörden fungieren sollen."[54]

8.3 Finanzpolitische Instrumente

8.3.1 Kapitalbeteiligungen

Eine grundlegende Entscheidung der Luftverkehrspolitik eines Landes betrifft die Frage nach der Staatsbeteiligung an Fluggesellschaften und Flughäfen. Entsprechend dem jeweiligen gesamtwirtschaftlichen System finden sich Länder, in denen die Fluggesellschaften ganz oder vorwiegend in staatlichem Besitz sind, der Staat nur einen Teil des Kapitals der Fluggesellschaft besitzt oder sich die Fluggesell-

---

[52] Vgl. NIESTER, W.: Verkehrspolitische Überlegungen, S. 108 f.
[53] Vgl. SCHMIDT, T.: Luftverkehrskonzepte der Bundesregierung, S. 63 f.
[54] BMV: Luftverkehrskonzept 2000, S. 17.

schaften überwiegend oder vollständig in privater Hand befinden.[55] Darüber hinaus gibt es staatliche Beteiligungen an multinationalen Fluggesellschaften wie der SAS (Norwegen, Schweden und Dänemark), Air Afrique (zehn westafrikanische Staaten) oder Gulf Air (Bahrain, Vereinigte Arabische Emirate und Oman). Der Staat als Kapitaleigner einer Luftverkehrsgesellschaft hat die Möglichkeit, die Geschäftspolitik des Unternehmens zu bestimmen und damit einen Einfluss auf z. B. den Umfang des Streckennetzes, die Häufigkeit der Bedienung und die Flugpreise auszuüben. Er kann im Bereich der Beschaffungspolitik, insbesondere bei den Flugzeugen, Auflagen erteilen, damit nationale Unternehmen bevorzugt werden.[56] Außerdem hat er direkten Einfluss darauf, dass die Fluggesellschaft seine außen-, wirtschafts- und umweltpolitischen Ziele unterstützt.

In der Bundesrepublik Deutschland hat sich der Gesetzgeber für eine weitgehend privatwirtschaftliche Organisation des Luftverkehrs entschieden, die jedoch bis in die jüngste Zeit durch die Beteiligung des Bundes an der Lufthansa unter staatlichem Einfluss stand. Anders als etwa beim Eisenbahn- oder Nachrichtenverkehr hatte sich der Staat keine ausschließliche Nutzung des Flugverkehrs vorbehalten. „Vielmehr kommt durch den in § 1 Abs. 1 LuftVG ausgesprochenen Grundsatz der Freiheit des Luftverkehrs zum Ausdruck, dass ein staatliches Nutzungsrecht nicht besteht, wenn der Betrieb von Fluglinien durch das Genehmigungserfordernis einer staatlichen Kontrolle unterworfen ist."[57]

Allerdings ging die Luftfahrtpolitik des Bundes ebenso wie die Rechtsprechung bisher davon aus, dass die öffentlichen Verkehrsinteressen und die Aufgabe der staatlichen Daseinsvorsorge durch das Luftverkehrsrecht allein nicht erfüllt werden könnten. Damit sei nur ein Rahmen geschaffen worden, innerhalb dessen sich die Linienunternehmen unter Beachtung ihrer wirtschaftlichen Interessen frei bewegen können. Ohne weitergehende Einflüsse des Bundes aber, so GIEMULLA/BRAUTLACHT,

> „bestünde die Gefahr, dass es nicht bei diesem Rahmen verbleibe, oder dass zumindest dessen Ausfüllung dem Zufall überlassen bzw. spekulativen Einflüssen ausgeliefert wäre (...). Die Zuverlässigkeit und Regelmäßigkeit von Luftverkehrsverbindungen ist mit dem Element des Zufalls oder der Spekulation nun einmal zu Einklang zu bringen. Der von Luftverkehrsrecht und -politik zur Verfügung gestellte Rahmen bedarf deshalb der Ausführung durch (mindestens) ein Unternehmen."[58]

Zur angemessenen Ausübung dieses Einflusses wurde bis Ende der 1980er Jahre eine Beteiligung an der Lufthansa, der bis dahin einzigen deutschen Linienfluggesellschaft, von mindestens 75% für geboten gehalten, um bei Erhöhungen des Grundkapitals oder bei Abschluss von Unternehmensverträgen (Beherrschungs-, Gewinnabführungsverträgen) die Interessen des Bundes durchsetzen zu können. Geänderte luftverkehrspolitische Vorstellungen ebenso wie die hohe Verschul-

---

[55] Vgl. dazu auch Kapitel 9, Abb. 9.11.
[56] Vgl. GIDWITZ, B.: International Air Transport, S. 112; SHAW, S.: Air Transport, S. 80 f.
[57] STUKENBERG, D.: Fluglinienverkehr, S. 11.
[58] GIEMULLA, W., BRAUTLACHT, A.: Öffentliche Verkehrsinteressen, S. 129.

dung des Bundes führten zur vollständigen Privatisierung[59] der Lufthansa im Jahre 1997. Zur Privatisierung der Lufthansa war es notwendig, die Nationalität des Unternehmens zu sichern, da die in den bilateralen Verträgen gewährten Verkehrsrechte sich auf Fluggesellschaften von Einzelstaaten beziehen und die EU-internen Verkehrsfreiheiten nur für Airlines in mehrheitlichem Besitz europäischer Aktionäre gelten. Daher wurde ein Luftverkehrsnachweissicherungsgesetz verabschiedet, das regelt, dass deutsche Fluggesellschaften, deren Aktien an Börsen gehandelt werden, vinkulierte Namensaktien herausgeben müssen, so dass Neuaktionäre sich bei der Lufthansa namentlich registrieren lassen müssen und zum Aktienkauf die Zustimmung des Unternehmens benötigen. 2005 waren ca. 25% der Lufthansa in ausländischem Besitz; sollte dieser Anteil auf über 45% steigen, ist die Ausgabe von Aktien ohne Bezugsrecht (Dividende) an Altaktionäre erlaubt, bei einem Anteil von über 50% sind die Anteile der ausländischen Aktionäre nach dem Prinzip „last in - first out" (d. h. die zuletzt erworbenen Aktien müssen als erste zurückgegeben werden) zurückzukaufen.

Der Rückzug der öffentlichen Eigentümer aus der luftverkehrspolitischen Finanz- und Infrastrukturpolitik zeigt sich auch bei den Flughäfen, die bis 1997 vollständig in öffentlicher Hand lagen. Im Luftfahrtkonzept 2000 aus dem Jahre 1994 wurde festgestellt, dass „die Bundesregierung die politische Verantwortung für eine bedarfs- und leistungsgerechte Einbindung Deutschlands in den internationalen Luftverkehr und die Sicherung der dazu notwendigen Infrastruktur im Rahmen eines integrierten Gesamtverkehrskonzeptes"[60] trägt, gleichzeitig aber alle Möglichkeiten auszuschöpfen sind, „Infrastruktureinrichtungen und mobiles Anlagevermögen durch private Investoren finanzieren und betreiben zu lassen".[61] Bei der notwendigen Konsolidierung der öffentlichen Haushalte von Bund, Ländern und Gemeinden sollen an einigen internationalen Flughäfen die wachstumsnotwendigen Investitionen mit Hilfe privater Investoren finanziert werden. So wurden zwischenzeitlich die Flughäfen Düsseldorf, Hamburg und Hannover teilprivatisiert und bei der Flughafenbetriebsgesellschaft Saarbrücken die Flughafen Frankfurt/Main AG (seit 2001 Fraport AG) als Gesellschafter aufgenommen.[62] Der Flughafen Frankfurt hat 2001 durch den Gang an die Börse den Gesellschafterkreis um private Investoren (Grundkapital von € 640 Mio. um € 290 Mio.) erweitert, die Aktienmehrheit liegt aber weiterhin beim Land Hessen mit 51%.

Die Berlin Brandenburg Flughafen Holding GmbH (BBF) mit den Gesellschaftern Land Brandenburg (37%), Land Berlin (37%) und Bund (26%) ist alleinige Eigentümerin der Flughäfen Tegel, Tempelhof und Schönefeld. Nach dem Privatisierungskonzept von 1997 sollen mindestens 74,9% der Anteile sowie die Verantwortung der unternehmerischen Führung an eine private Unternehmensgruppe

---

[59] Privatisierung bedeutet hier nicht nur die Überführung eines öffentlichen Betriebs in eine private Rechtsform wie z. B. Umwandlung der Deutsche Flugsicherung GmbH (DFS) 1993 in eine privatwirtschaftliche Organisationsform, sondern die Übertragung des Eigentums an private Investoren.
[60] BMV: Luftfahrtkonzept 2000, S. 22.
[61] A. a. O., S. 25.
[62] Vgl. hierzu auch Kapitel 4.3.1, Abb. 4.21.

übertragen werden, die zudem eine langfristige Konzession zur Planung, zum Bau und zum Betrieb des neuen Flughafens Berlin Brandenburg International erhalten sollte. Das seit September 1997 laufende Privatisierungsverfahren wurde 2003 erfolglos eingestellt, so dass die BBF Holding die Errichtung und den Betrieb des Flughafens (Inbetriebnahme 2011) übernehmen musste.

8.3.2 Finanzhilfen

Mit dem Begriff Subventionen werden allgemein sowohl Finanzhilfen, die als Geldleistungen des Bundes, der Länder oder sonstiger öffentlicher Haushalte erbracht werden, als auch Steuervergünstigungen, die als spezielle Ausnahmeregelungen zu Mindereinnahmen für die öffentliche Hand führen, bezeichnet.[63] Subventionen, also zweckgebundene Beihilfen an private oder öffentliche Unternehmen, stellen ein weiteres Instrument der Luftverkehrspolitik dar. Sie können den Fluggesellschaften als Zahlungen direkt zukommen oder als indirekte Subventionen zu Kosteneinsparungen oder Monopolgewinnen führen.[64]

Die **direkteste Form** einer Subvention besteht in der Übernahme des je Betriebsperiode anfallenden Verlustes einer Luftverkehrsgesellschaft durch den Staat. Ziel ist die Entwicklung oder Erhaltung dieses Unternehmens. So wurden beispielsweise die in der Aufbauphase der Lufthansa von 1952 bis 1965 entstandenen Verluste von insgesamt 787,2 Millionen DM voll durch den Bund finanziert.[65] Um die Bedienung einzelner Strecken sicherzustellen oder ihre Benutzung zu fördern, werden ebenfalls Subventionen eingesetzt. Dies war auf Bundesebene im innerdeutschen Berlin-Verkehr der Fall (hier leistete der Bund bis 1990 einen Zuschuss auf den Flugpreis). Auch im Regionalluftverkehr subventionieren die Länder oder Kommunen teilweise bestimmte Flugverbindungen.

Gegenwärtig zahlt der Bund keine Finanzhilfen an Fluggesellschaften. Schwerpunkt der bisherigen Förderung war das Airbus-Programm, daneben wird die Produktion von Hubschraubern und Flugzeugtriebwerken gefördert. Damit bei der Vermarktung von Airbus-Flugzeugen und Triebwerken international übliche Finanzierungsbedingungen angeboten werden können, gewährt der Bund seit 1986 im Rahmen des OECD-Sektorenabkommens Absatzfinanzierungshilfen für den Export von Flugzeugen und Triebwerken.[66] Die Absatzfinanzierung deckt die Differenz zwischen Kundenzins und den Finanzierungskosten einschließlich Kreditversicherungsgebühren ab. Da die gezahlten Zuschüsse bedingt, d. h. rückzahlbar sind, fällt die Höhe mit jährlich ca. € 1 Mio. (Gesamtsubventionen des Bundes 2006 ca. € 22,4 Mrd.) eher gering aus.[67]

---

[63] In Anlehnung an BUNDESMINISTERIUM DER FINANZEN: 20. Subventionsbericht, S. 5.
[64] Vgl. dazu Mitteilung der Kommission – Anwendung der Artikel 92 und 93 des EG-Vertrages, 94/C 350/07.
[65] Vgl. RÖSSGER, E., HÜNERMANN, K.: Luftverkehrspolitik, S. 137.
[66] Vgl. BUNDESMINISTERIUM DER FINANZEN: 20. Subventionsbericht, Beiheft, S. 39 f.
[67] Vgl. BUNDESMINISTERIUM DER FINANZEN: 20. Subventionsbericht, Anlagen, S. 14.

Indirekte Subventionen sind z. B. überhöhte Vergütungen für die Beförderung von Luftpost, die Vergabe nicht rückzahlbarer oder zinsvergünstigter Darlehen und staatlicher Kreditbürgschaften, die Gewährung finanzieller Vergünstigungen durch Verzicht auf Gewinnabgaben oder die Nichteinziehung von Schuldforderungen sowie Beihilfen zum Betrieb bestimmter Flugzeugtypen.[68] Zu den indirekten Subventionen zählen auch staatliche Leistungen, die anderen Unternehmen des Luftverkehrs zufließen, die damit ihre Einrichtungen und Leistungen kostenfrei oder zu nicht kostendeckenden Preisen zur Verfügung stellen (Beispiele: Vermietung von Räumen und Stellflächen auf Flughäfen, Lande-, Abfertigungs- und Flugsicherungsgebühren, Wetterdienste und sonstige staatliche Bodenorganisationen).[69] Die interne Subventionierung zwischen verschiedenen Strecken (crosssubsidization) kann dann als luftverkehrspolitisches Instrument angesehen werden, wenn sie „durch die staatliche Konzessionsvergabe und Tarifregulierung zugelassen und gezielt gesteuert wird".[70]

8.3.3 Steuervergünstigungen

Steuerliche Vergünstigungen bewirken durch ihre kostensenkende Funktion eine unmittelbare Verbesserung des wirtschaftlichen Unternehmensergebnisses. In der Bundesrepublik Deutschland werden/wurden sie gewährt in Form der:

- Sonderabschreibungen auf die Einkommens- und Körperschaftssteuer für Luftfahrzeuge, die in einer deutschen Luftfahrzeugrolle eingetragen sind (§ 82 f. EStDV);
- Umsatzsteuerbefreiung auf den Flugpreis bei grenzüberschreitender Beförderung und bei der Beförderung mit Luftfahrzeugen, die sich ausschließlich auf Gebiete außerhalb der EU erstreckt (§ 25 UStG);
- Befreiung von der Mineralölsteuer im innerdeutschen Linienluftverkehr (§ 8 MinöStG).[71]

Der Subventionsbericht der Bundesregierung beziffert den Steuerausfall mit € 409 Mio. Da dort bei internationalen Flügen aber nur der innerdeutsche Streckenanteil berücksichtigt wird, ist der tatsächliche Steuerausfall wesentlich höher und wurde von HOPF/LINK/STEWART-LADEWIG für 2001 mit ca. € 2,2 Mrd. berechnet.[72]

Die Richtlinie 2003/96/EG des Rates vom 27. Oktober 2003 zur Restrukturierung der gemeinschaftlichen Rahmenvorschriften zur Besteuerung von Energieer-

---

[68] Siehe WEBER, L.: Zivilluftfahrt, S. 222. Zur Zulässigkeit solcher Beihilfen vgl. Kap. 9.5.2.1.
[69] Zur Subventionierung der Luftfahrtindustrie vgl. ROSENTHAL, F.: Nationale Luft- und Raumfahrtindustrie, S. 93-101.
[70] HÄNSEL, W.: Personenluftverkehr, S. 160.
[71] Vgl. dazu FROBÖSE, H.: Ordnungspolitische Reformen, S. 67-83.
[72] Vgl. HOPF, R., LINK, H., STEWART-LADEWIG, L.: Subventionen, o. S.

zeugnissen[73] ermöglicht die Einführung einer Kerosinsteuer. Allerdings wird dort auch formuliert: „Bestehende internationale Verpflichtungen sowie der Erhalt der Wettbewerbsfähig von Unternehmen der Gemeinschaft machen es ratsam, für Lieferungen von Erzeugnissen zur Verwendung als Kraftstoff für die Luftfahrt mit Ausnahme der privaten nichtgewerblichen Luftfahrt"[74] bestehende Steuerbefreiungen beizubehalten. Die Mitgliedstaaten können diese Steuerbefreiung auf internationale oder innergemeinschaftliche Strecken beschränken. In der Bundesrepublik werden gegenwärtig die bestehenden Steuervergünstigungen intensiv diskutiert, eine Änderung ist jedoch nicht zu erwarten.

8.4 Ordnungspolitische Instrumente

Zu den ordnungspolitischen Instrumenten der Luftverkehrspolitik zählen die Marktzulassung, Kapazitätsregelung, Tarifgenehmigung und die Anwendung der allgemeinen Wettbewerbsgesetze auf die Gestaltung von Kooperationen und Beteiligungen.

8.4.1 Marktzulassung

8.4.1.1 Funktion der Marktzulassung

Die Regulierung des Marktzutritts mit Hilfe des ordnungspolitischen Instruments der Lizenzierung zielt auf das erwünschte Ausmaß des Wettbewerbs innerhalb eines bestimmten Marktes, indem die Zahl der anbietenden Unternehmen festgelegt wird. Für die Luftverkehrsgesellschaften bedeutet das eine Einschränkung ihrer Gewerbefreiheit, da ihnen das Ausmaß ihrer Geschäftstätigkeit vorgeschrieben wird, gleichzeitig aber auch einen möglichen Schutz vor einem Übermaß an Konkurrenz. Für den Gesamtmarkt kann ein suboptimales Marktergebnis hinsichtlich der angebotenen Produkte (Zahl, Vielfalt, Qualität) und der Preise die Folge sein, da die Funktionen des Wettbewerbs nicht voll zum Tragen kommen.[75]

Neben den ökonomischen Aspekten der Marktordnung bietet die Regulierung des Marktzutritts den Staaten auch einen Ansatzpunkt zur Durchsetzung ihrer nationalen Interessen, so dass wirtschaftliche Überlegungen häufig von politischen Zielsetzungen überlagert werden. Die Regelung des Marktzuganges umfasst die Zahl der zugelassenen Fluggesellschaften (Betriebsgenehmigungen), die Vertei-

---

[73] Richtlinie 2003/96/EG des Rates vom 27. Oktober 2003 zur Restrukturierung der gemeinschaftlichen Rahmenvorschriften zur Besteuerung von Energieerzeugnissen und elektrischem Strom, ABl. L 283 vom 31.10.2003, S. 51.
[74] A. a. O., Art. 14 (1).
[75] Hiermit sind die Allokationsleistungen, die die volkswirtschaftliche Theorie dem Wettbewerb zuordnet, gemeint: Lenkung der Produktionsfaktoren in die produktivste Verwendung; Güterangebot bestimmt durch Bedürfnisse der Nachfrage; bei Nachfrageänderung schnelle Änderung des Güterangebotes; Förderung und beschleunigte Durchsetzung von Innovationen; vgl. MÜLLER, U., PÖHLMANN, H.: Volkswirtschaftslehre, S. 142 f.

lung der Streckenrechte auf die Fluggesellschaften, den Umfang der gewährten Verkehrsfreiheiten sowie die auf einer Strecke zugelassenen Verkehrsarten. Dabei wird im nationalen Bereich der Marktzutritt durch die Genehmigung, eine bestimmte Art des gewerblichen Luftverkehrs durchzuführen und im Linienverkehr zusätzlich durch die Vergabe von Streckenrechten gesteuert. Im internationalen Bereich sind darüber hinaus jeweils noch die Verkehrsrechte bzw. im Charterverkehr die Ein- und Ausfluggenehmigungen des angeflogenen Staates einzuholen.

8.4.1.2 Nationale Betriebsgenehmigung

Die Zahl der in einem Staat zum gewerblichen Flugverkehr zugelassenen inländischen Luftverkehrsgesellschaften ist, entsprechend der jeweiligen Wirtschaftsordnung, sehr unterschiedlich. Die **Monopolstellung** einer Fluggesellschaft, die sowohl den Linien- als auch den Gelegenheitsverkehr abwickelt, bestand früher in den meisten zentralwirtschaftlich organisierten Staaten. Heute sind es vor allem Entwicklungsländer und kleinere Staaten, die sich vom Fluggastaufkommen, technischem Know-how und der Finanzkraft her den Betrieb zweier Gesellschaften nicht leisten können. Die im Linienverkehr am häufigsten anzutreffende Marktform ist die des **Oligopols**, wo entweder

- eine Fluggesellschaft den internationalen Verkehr abwickelt und für den nationalen Verkehr und den Gelegenheitsverkehr weitere Gesellschaften zugelassen werden;
- mehrere Liniengesellschaften zugelassen sind, die aber untereinander kaum im Wettbewerb stehen, da sie entweder gegenseitig Kapitalbeteiligungen besitzen, Kooperationsabkommen (Marketing, Kapazitätsaufteilung) geschlossen haben oder unterschiedliche Strecken bedienen, die zumindest keine unmittelbare Konkurrenz darstellen, oder
- mehrere Fluggesellschaften ohne Marktabgrenzung miteinander konkurrieren.

Eine **polypolistische Marktform** ohne Regulierung (nur technische Zutrittsschranken) war lange Zeit die Ausnahme und wurde in ihrer reinen Form nur in den USA praktiziert.

Ähnlich vielfältig ist auch die Regulierung des Marktzutritts für Unternehmen des Gelegenheitsverkehrs. Die Bandbreite reicht von der völligen Untersagung des internationalen Charterflugverkehrs über die Abwicklung dieser Verkehrskategorie durch die Linienfluggesellschaft(en) bis hin zur völligen Freigabe. Da durch die EU-Luftverkehrspolitik wesentliche Bereiche des nationalen Rechts, insbesondere des 3. Unterabschnitts des Luftverkehrsgesetzes (§§ 20-24 LuftVG, Luftverkehrsunternehmen und Luftverkehrsveranstaltungen) durch das höherrangige Recht der EU-Verordnungen geregelt werden, bezieht sich die dadurch notwendig gewordene Neufassung des Luftverkehrsgesetzes[76] nur noch auf Bereiche, die durch das EU-Recht nicht oder nur teilweise erfasst sind.

---

[76] 11. Änderungsgesetz in der Fassung der Bekanntmachung vom 27. März 1999, BGBl I S. 550.

Das deutsche Luftverkehrsgesetz regelt die Unternehmensgenehmigung (Betriebsgenehmigung) nach § 20 (1) und (4) LuftVG nur noch für:

- gewerbsmäßige Rundflüge in Luftfahrzeugen, mit denen eine Beförderung nicht zwischen verschiedenen Punkten verbunden ist;
- die gewerbsmäßige Beförderung von Personen und Sachen mit Ballonen;
- die nichtgewerbsmäßige Beförderung von Fluggästen, Post und/oder Fracht gegen Entgelt (Selbstkostenflüge), ausgenommen Beförderung mit Luftfahrzeugen, die für höchstens vier Personen zugelassen sind.

Der sonstige gewerbliche Flugverkehr für die Beförderung von Fluggästen, Post und/oder Fracht, also die Tätigkeit der „eigentlichen Luftfahrtunternehmen" (GANSFORT),[77] wird nach Maßgabe des Rechts der EU geregelt. Hier wird die Betriebsgenehmigung auf der Grundlage der EG-Rats Verordnung 2407/92 von dem Mitgliedstaat erteilt, in dem die Fluggesellschaft ihren Sitz hat.[78]

Das Genehmigungsverfahren ist hier nach §§ 61 ff der Luftverkehrszulassungsordnung geregelt, die Genehmigungsbehörde ist das Bundesministerium für Verkehr. Im Auftrag des Bundes sind die Bundesländer zuständig für „die Genehmigung von Luftfahrtunternehmen, die nur Gelegenheitsverkehr mit Drehflüglern oder Flugzeugen bis zu 5.700 Kilogramm höchstzulässigem Fluggewicht betreiben oder deren Linienverkehr mit derartigen Luftfahrzeugen nicht über das Land, in dem das Unternehmen seinen Sitz hat, hinausgeht".[79]

Genehmigungsfrei sind Unternehmen, die ausschließlich Werkverkehr, also die Beförderung von Firmenmitarbeitern, Kunden, Ersatzteilen oder anderen Gütern mit firmeneigenen Luftfahrzeugen durchführen sowie Unternehmen der sog. Arbeitsluftfahrt (Schädlingsbekämpfungs- und Düngeflüge der Agrarluftfahrt, Luftbildaufnahmeflüge, Reklameflüge etc.). Eine ausländische Linienfluggesellschaft, die ihren Hauptsitz außerhalb der EWR-Länder hat, benötigt zum Einflug die Unternehmenszulassung (Betriebsgenehmigung) gemäß dem nationalen Recht ihres Heimatstaates. Sie kann einen Fluglinienverkehr erst aufnehmen, nachdem sie vom Heimatstaat im Rahmen eines bi- oder multilateralen Abkommens mit der BRD bzw. der EU gegenüber als Luftverkehrsgesellschaft benannt (designiert) worden ist und daraufhin eine Betriebsgenehmigung des Bundesministers für Verkehr nach § 21 a LuftVG erhalten hat. Bei Besitz dieser Betriebsgenehmigung bedarf es keiner besonderen Einflugerlaubnis mehr. Besteht zwischen den beteiligten Staaten kein solches Luftverkehrsabkommen oder ist die betreffende Verkehrsart dort nicht geregelt, benötigt sie eine Einflugerlaubnis nach § 2 Abs. 7 und §§ 94-100 LuftZO; diese hat die gleiche Bedeutung wie eine Betriebsgenehmigung nach den bilateralen Luftverkehrsabkommen.

Fluggesellschaften, die Gelegenheitsverkehr innerhalb der Bundesrepublik Deutschland durchführen, benötigen ebenfalls eine Betriebsgenehmigung. Ansonsten ist dieser Verkehr solange von weiteren Beschränkungen befreit, als da-

---

[77] GANSFORT, G., in: GIEMULLA, E., SCHMID, R.: Luftverkehrsgesetz, Band 1.1, § 20, Rdnr. 5.
[78] Vgl. Kap. 9.4.2.1.
[79] § 31 Abs. 11 LuftVG.

durch die öffentlichen Verkehrsinteressen nicht nachhaltig, d. h. dauernd und erheblich, beeinträchtigt werden. Dieses öffentliche Verkehrsinteresse wird wiederum interpretiert als ein Interesse an der Aufrechterhaltung bestehender Verkehrsverbindungen von Linienfluggesellschaften und der Deutschen Bahn. Dazu kann die Genehmigungsbehörde Auflagen und Bedingungen festsetzen (z. B. zugelassene Charterkategorien) oder die Beförderung gänzlich untersagen. Nach der Genehmigungspraxis des Bundesministeriums für Verkehr wird ausländischen Unternehmen keine Erlaubnis zur Durchführung des gewerblichen Gelegenheitsverkehrs gewährt.

8.4.1.3 Nationale Flugliniengenehmigung

Das Luftverkehrsgesetz legt in § 21 Abs. 1 fest: „Luftfahrtunternehmen, die Personen oder Sachen gewerbsmäßig durch Luftfahrzeuge auf bestimmten Linien öffentlich und regelmäßig befördern (Fluglinienverkehr), bedürfen außer der Genehmigung nach § 20 für jede Fluglinie einer besonderen Genehmigung." Diese Genehmigung erstreckt sich auf Flugpläne, Beförderungsentgelte und Beförderungsbedingungen. Sie kann versagt werden, wenn der Flugbetrieb die öffentliche Sicherheit und Ordnung gefährden würde, das zur Verwendung vorgesehene Luftfahrzeug nicht in der deutschen Luftfahrzeugrolle eingetragen oder nicht ausschließliches Eigentum des Antragstellers ist, oder wenn dadurch öffentliche Interessen beeinträchtigt würden. Die Beeinträchtigung öffentlicher Interessen ist allerdings nicht gesetzlich definiert, sie liegt nach SCHWENK[80] immer dann vor, wenn:

- der beantragte Flugverkehr mit den vorhandenen Transportmitteln befriedigend bewältigt werden kann;
- dadurch keine wesentliche Verbesserung der Verkehrsbedienung eintritt;
- die auf dieser Linie tätigen Unternehmen bereit sind, den beantragten Verkehr zu gleichen Bedingungen durchzuführen, oder
- internationale Verpflichtungen der Bundesrepublik Deutschland gegenüber anderen Staaten dadurch beeinträchtigt werden könnten.

Diese Genehmigungsvoraussetzungen können den Wettbewerb erheblich einschränken, da sie einen Schutz der Marktstellung deutscher Fluggesellschaften vor der Konkurrenz anderer Fluggesellschaften bewirken. Die luftverkehrspolitischen Entwicklungen in Europa haben allerdings schon seit 1989 zu nationalen Veränderungen bei der Zulassung zum Linienverkehr bzw. zu einer großzügigeren Vergabe von Fluglinienrechten an neue oder etablierte Linien-, Charter- und Regionalfluggesellschaften geführt.

Mit der Flugliniengenehmigung ist auch die Flugplangenehmigung zu beantragen. Diese wird für jede Flugplanperiode (je nach Wochenanfang ca. 01.04. bis 31.10 und 01.11 bis 31.03 eines jeden Jahres) neu erteilt. Der Bundesminister für Verkehr praktiziert allerdings lediglich eine Flugplanmitteilungspflicht, nach der spätestens sechs Wochen vor Beginn jeder Flugplanperiode (d. h. halbjährig) die

---
[80] Siehe SCHWENK, W.: Luftverkehrsrecht, S. 530.

entsprechenden Flugpläne zur Genehmigung einzureichen und dem Flugplankoordinator zur Abstimmung der Abflug- und Ankunftszeiten (Slotzuteilung) vorzulegen sind.

8.4.1.4 Bilaterale Flugliniengenehmigung

Die Aufnahme eines Fluglinienverkehrs ins Ausland setzt die Zustimmung der auf dem Flug berührten Staaten voraus. Ausgangspunkt bildet Artikel 1 des ICAO-Abkommens über die internationale Zivilluftfahrt von 1944: „Die Vertragsstaaten erkennen an, dass jeder Staat über seinem Hoheitsgebiet volle und ausschließliche Lufthoheit besitzt." Da der Luftraum eines Staates in unterschiedlichem Ausmaße zu Überflug-, Start- und Landezwecken genutzt werden kann, wurde im Rahmen der ICAO ein System abgestufter Verkehrsrechte, auch Freiheiten der Luft genannt, entwickelt (vgl. Abb. 8.3). Verkehrsrechte haben einen wirtschaftlichen Wert; sie ermöglichen die Aufnahme internationaler Flugverbindungen, den Zugang zu fremden Verkehrsmärkten, zeit- und kostensparende Flugrouten und durch die Mitbedienung von Teilstrecken eine höhere Auslastung und den Einsatz größerer Flugzeuge. Durch diese Faktoren werden „die Attraktivität des Leistungsangebots, die Wirtschaftlichkeit und damit die Stärke der Wettbewerbsposition der eigenen und der zugangsberechtigten ausländischen Luftverkehrsgesellschaften entscheidend bestimmt."[81] Da jeder Staat versucht, die Marktposition seiner eigenen Fluggesellschaften zu schützen und zu begünstigen, werden die Verkehrsrechte in aller Regel so ausgetauscht, dass unter Berücksichtigung der angebotenen Beförderungskapazitäten die Marktwerte ausgeglichen sind.

Die Verkehrsrechte werden dabei nicht global erteilt (also kein allgemeiner Zugang zum gesamten Luftverkehrsmarkt), sondern einzeln und zusammen mit Kapazitätsregelungen für jede einzelne Flugstrecke und der (den) dafür designierten Fluggesellschaft(en). Unter dem Leitkriterium der Reziprozität, d. h. der Wechselseitigkeit von Bedingungen, werden im einfachsten Falle gleiche Rechte, beispielsweise der dritten und vierten Freiheit, ausgetauscht.

Da aber häufig die einzelnen Staaten oder ihre Fluggesellschaften nicht das gleiche Interesse an einer bestimmten Fluglinie haben oder unterschiedlich in der Lage sind, gleiche Streckenrechte zu nutzen (Aufkommen im Heimatstaat, Flugkapazität), werden Verhandlungslösungen auf der Basis der wirtschaftlichen Ertragskraft der einzelnen Strecken angestrebt oder Kompensationen in Form zusätzlicher Verkehrsrechte oder Kapazitäten, „non-aviation quid pro quos" (z. B. das Recht zur Errichtung eines Militärstützpunktes oder Importerleichterungen) oder finanzieller Zahlungen (Royalties) geleistet. Mitunter werden Luftverkehrsabkommen auch im Gesamtrahmen von Handelsabkommen geschlossen.[82] Ebenso werden Überflugrechte (erste Freiheit) kommerziell genutzt. So verlangte z. B. die Sowjetunion für die Gewährung der Überflugrechte für Flüge zwischen Europa und Japan auf der kürzesten Route über Sibirien, die die Flugzeit um über zwei Stunden verkürzt, Kompensationszahlungen.

---

[81] HÄNSEL, W.: Personenluftverkehr, S. 88.
[82] Zu den unterschiedlichen Verhandlungsstrategien vgl. GIDWITZ, B.: International Air Transport, S. 151 f.

Die Freiheiten der Luft

1. FREIHEIT: Die Fluggesellschaft eines Landes erhält das Recht, das Hoheitsgebiet eines fremden Staates ohne Landung zu überfliegen.

2. FREIHEIT: Die Fluggesellschaft eines Landes erhält das Recht zur nichtgewerblichen Zwischenlandung (Tanken, Wechsel des Flugpersonals) in einem fremden Staat; Fluggäste, Fracht und Post dürfen dabei weder abgesetzt noch aufgenommen werden.

3. FREIHEIT: Eine Fluggesellschaft erhält das Recht, Fluggäste, Fracht und Post aus dem Heimatstaat in einen fremden Staat zu transportieren.

4. FREIHEIT: Eine Fluggesellschaft erhält das Recht, Fluggäste, Fracht und Post im Vertragsstaat aufzunehmen und in den Heimatstaat zu befördern.

5. FREIHEIT: Eine Fluggesellschaft erhält das Recht, Fluggäste, Fracht und Post von und nach einem Drittstaat zu befördern, wobei der Flug entweder im Heimatstaat beginnen oder enden muss.

6. FREIHEIT: Eine Fluggesellschaft erhält das Recht, Fluggäste, Fracht und Post in einem Vertragsstaat aufzunehmen und nach einer Zwischenlandung im Heimatstaat in einen Drittstaat weiterzubefördern und umgekehrt.

7. FREIHEIT: Eine Fluggesellschaft erhält das Recht, Fluggäste, Fracht und Post zwischen zwei fremden Staaten zu transportieren, ohne dass auf diesem Flug der Heimatstaat berührt wird.

8. FREIHEIT: Eine Fluggesellschaft erhält das Recht, Fluggäste, Fracht und Post zwischen zwei Orten innerhalb eines fremden Staates zu befördern (Kabotagerecht).

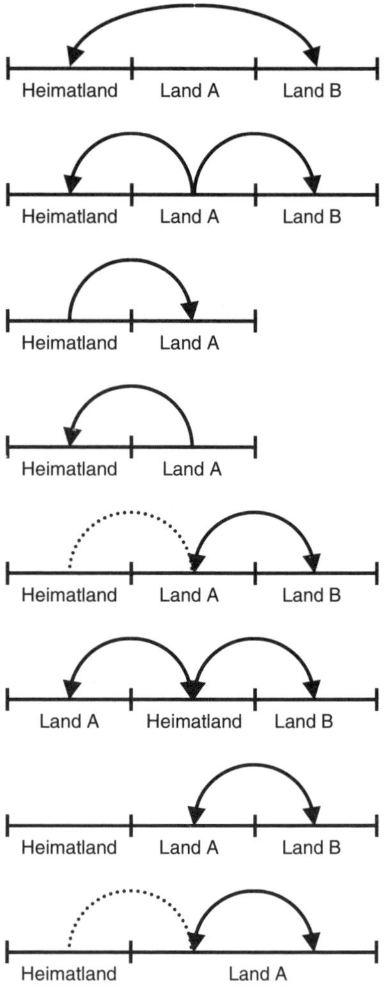

Abb. 8.3. Die Freiheiten der Luft

Die ersten beiden Freiheiten enthalten nur nichtgewerbliche Transitrechte und werden auch als „technische Freiheiten" bezeichnet. Die dritte und vierte Freiheit bilden die Grundlage des gewerblichen Verkehrs (Nachbarschaftsverkehr) zwischen zwei Staaten. Die fünfte Freiheit ermöglicht einer Fluggesellschaft, durch eine Zwischenlandung in einem dritten Vertragsstaat am Verkehrsaufkommen nach und aus diesem Staat zu partizipieren. Die sechste Freiheit ist eine Kombination von Rechten der dritten und vierten Freiheit mit zwei verschiedenen Ländern und kommt Rechten der fünften Freiheit in beiden Ländern nahe.[83]

Die siebte Freiheit wurde bisher nur in seltenen Fällen von Ländern erteilt, die entweder keine eigene Luftverkehrsgesellschaft besitzen oder für Verbindungen, die von der nationalen Fluggesellschaft nicht beflogen werden können. Die achte Freiheit der Kabotage ist multilateral im ICAO-Abkommen von Chicago (Artikel 7) explizit geregelt. Danach ist jeder Vertragsstaat berechtigt, Fluggesellschaften anderer Staaten den gewerblichen Verkehr innerhalb seines Hoheitsgebietes zu verweigern. Er ist verpflichtet, „keine Übereinkommen zu treffen, die auf der Grundlage einer Ausschließlichkeit einem anderen Staat oder einem Luftfahrtunternehmen eines anderen Staates ein solches Recht ausschließlich zusichern, und auch kein solches ausschließliches Recht von einem anderen Staat zu erwerben."[84] Aus diesem Grunde wurden Kabotagerechte bisher nur in Ausnahmefällen erteilt; innerhalb der EU haben die Fluggesellschaften der Mitgliedstaaten seit 1997 uneingeschränkte Kabotagerechte.

Insbesondere durch die mit dem Vordringen der Strategischen Allianzen verbundenen Code Share-Flüge wurde es notwendig, weitere Freiheiten zu definieren (vgl. Abb. 8.4), die in bilateralen Verhandlungen als Zusätze zu den bestehenden Luftverkehrsabkommen festgelegt werden.[85]

Die Vertragsstaaten haben nach den bilateralen Vereinbarungen regelmäßig auch das Recht, eines (oder mehrere) ihrer Luftfahrtunternehmen zur Ausübung der Verkehrsrechte zu bezeichnen (**Designation**). Unter Bezug auf die „recommended practices" der ICAO bestätigt der bezeichnende Staat, dass diese Fluggesellschaft nach nationalem Recht die Zulassung zum Fluglinienverkehr besitzt und der staatlichen Aufsicht unterliegt.[86]

Ein wesentliches Kriterium der Designation ist die nationale Eigentumsregel (national ownership rule). Danach darf ein Staat die von einem Vertragspartner gewährten Streckenrechte nur an solche Fluggesellschaften vergeben, die mehrheitlich im Besitz einer juristischen oder natürlichen Person dieses Staates sind. Zu den Gründen zählen die nationalen Interessen der Einsatzmöglichkeiten in Krisen- und Verteidigungsfällen sowie der Vorteilssicherung für die heimische Wirtschaft (Handel, Tourismus), aber auch dass Fluggesellschaften als ein „national asset, symbol of sovereignty and independence" angesehen werden.[87] Während im Verkehr zwischen den europäischen Staaten bis 1985 ausschließlich nur jeweils ein Unternehmen bezeichnet wurde, sind Länder mit mehreren Linienfluggesellschaften an der Bezeichnung mehrerer Unternehmen (**multiple designation**) interessiert; zur Herstellung der Reziprozität bieten sie dann als Ausgleich den Zugang zu mehreren inländischen Zielflughäfen an (Punkteverbindungen).

---

[83] Siehe dazu HAANAPPEL, P.: Pricing and Capacity Determination, S. 11-13; HANLON, J. P.: Sixth Freedom Operations, S. 177-191.
[84] ICAO-Abkommen Art. 7; § 23 LuftVG regelt diesen Vorbehalt für die Bundesrepublik Deutschland.
[85] Vgl. dazu: BVBW: Code-Sharing deutscher und ausländischer Fluglinienunternehmen.
[86] ICAO-Abkommen, Annex 6; vgl. dazu auch ROSENFIELD, S.: Regulation 8, S. 20-22.
[87] Vgl. dazu die empirische Untersuchung von VAN FENEMA, P.: National Ownership, S. 8.

Code Share-Rechte

Gateway to Gateway
Die Fluggesellschaft hat das Recht,
Code Share-Dienste nur bis zum Drehkreuz eines Partners anzubieten.

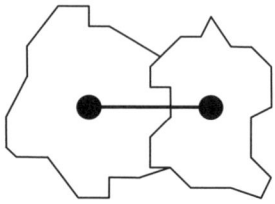

Interior Access
Die Fluggesellschaft hat das Recht,
Code Share-Dienste zum Drehkreuz
und anderen Zielen des Partners innerhalb des Ziellandes anzubieten.

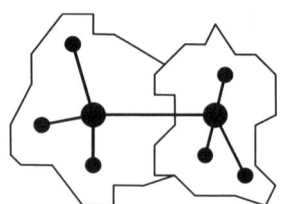

Beyond
Die Fluggesellschaft hat das Recht,
Code Share-Dienste zum Drehkreuz
und anderen Zielen des Partners außerhalb des Ziellandes anzubieten.
Außerdem gibt es das Recht, mit einem
anderen Partner vom Drehkreuz des
Vertragsstaates in einen Drittstaat zu fliegen.
(Third Country Beyond)

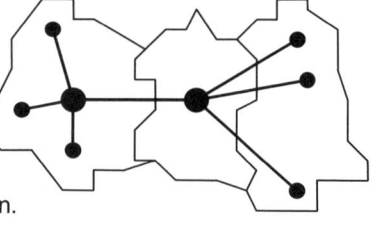

Drittstaat

Intermediate Country
Die Fluggesellschaft hat das Recht,
Code Share-Dienste mit einem Partner
in den Zielstaat via einem Drittstaat
anzubieten.
Außerdem gibt es das Recht,
mit einem Partner aus dem Drittland den
Vertragsstaat anzufliegen.
(Third Country Intermediate)

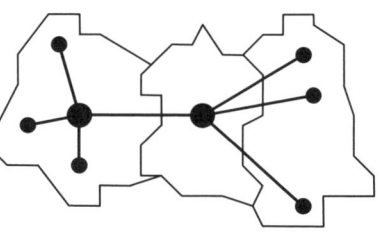

Drittstaat

Quelle: SCHULZ, A.: Vertriebskoordination, S. 234.

Abb. 8.4. Code Share-Rechte

Eine weitere Regelung des Wettbewerbs innerhalb bestehender Verkehrsfreiheiten erfolgt durch die **Festsetzung der Flughäfen**, die eine Fluggesellschaft in einem Vertragsstaat bedienen darf. So besitzen manche Staaten, wie z. B. die USA, Kanada oder die Bundesrepublik Deutschland mehrere internationale Flughäfen mit jeweils hohem Passagieraufkommen, das von ausländischen Fluggesellschaften besser erschlossen werden kann, wenn ihnen diese Märkte durch Direktflüge (kein Wechsel der Fluggesellschaft durch den Reisenden notwendig) zugänglich gemacht werden.[88] Die gegenseitig eingeräumten Rechte sind in einem Fluglinienplan festgehalten, der durch einen diplomatischen Notenwechsel zwischen den Regierungen der Vertragsstaaten vereinbart wird und folgende Festlegungen enthält: Abflugpunkte im Heimatstaat des Unternehmens, Zwischenlandepunkte in Drittstaaten, Punkte im anderen Vertragsstaat, Punkte jenseits des anderen Vertragsstaats und der auf den jeweiligen Streckenabschnitten ausgeübten Freiheiten.

Verkehrsrechte sind Hoheitsrechte der Staaten, die den Fluggesellschaften zur Ausübung überlassen werden. Für die Aufteilung der Verkehrsrechte an die Fluggesellschaften hat das Bundesverkehrsministerium 1995 Leitlinien erlassen; danach gelten als Kriterien:

- Achtung des Besitzstandes zugeteilter und ausgeübter Verkehrsrechte,
- Nachweis der streckenbezogenen Leistungsfähigkeit,
- Qualität der Dienstleistung für die Öffentlichkeit (Produkt, Preise, Bedienungsbild),
- Wettbewerbsfähigkeit auf dem jeweiligen Teilmarkt,
- Berücksichtigung von Umweltinteressen (Flugzeugtyp, An- und Abflugzeiten).[89]

Nach einer Entscheidung des Europäischen Gerichtshofs widerspricht die bilaterale Vergabe von Verkehrsrechten dem Gemeinschaftsrecht und ist an die geänderte Rechtslage anzupassen.

8.4.1.5 Multilaterale Fluglinengenehmigung

Die bisherigen Versuche, die Vergabe von internationalen Verkehrsrechten auf multinationaler Ebene zu regeln, waren wenig erfolgreich. Eine Ausnahme bilden lediglich die Regelungen im EU-Binnenmarkt. In der **Vereinbarung über den Durchflug im internationalen Fluglinienverkehr vom 7. Dezember 1944 (Transitvereinbarung)**[90] gewährten sich die Unterzeichnerstaaten gegenseitig die ersten und zweiten Freiheitsrechte. Da es sich bei diesen technischen Freiheiten des Überflugs und der nichtgewerbsmäßigen Zwischenlandung um wirtschaftlich sekundäre Bereiche handelt, hat die Transitvereinbarung lange Zeit keine übermäßig große Bedeutung erlangt. Bis zum Jahr 2000 haben mittlerweile 118 der 185 ICAO-Vertragsstaaten das Abkommen unterzeichnet und von den luftverkehrlich bedeutsamen Staaten fehlen lediglich China und die Russische Föderation.[91] Fehlgeschlagen ist der Versuch, mit der **Vereinbarung über internationale Luftbe-**

---

[88] Vgl. GIDWITZ, B.: International Air Transport, S. 138 f.
[89] Vgl. Bundesministerium für Verkehr: Aufteilung von Verkehrsrechten, S. 1 f.
[90] ICAO: International Air Services Transit Agreement, S. 67.
[91] Vgl. ICAO Journal No. 6, 2000, S. 7.

förderung vom 7. Dezember 1944 (Transportvereinbarung)[92] den Fluglinienverkehr durch die gegenseitige Einräumung der Freiheiten eins bis fünf multinational zu liberalisieren. Sie wurde nur von 13 Staaten unterzeichnet, von denen einige, darunter die USA, ihre Unterschrift wieder zurückzogen. Die Transportvereinbarung besitzt heute nur noch historischen Wert.

Erst mit Beginn der Liberalisierung in Europa kam es dort mit den **Richtlinien der EG zum Interregionalverkehr von 1983**[93] zu einer neuen Initiative zur multilateralen Regelung von Verkehrsrechten, die mit der Vollendung des Gemeinsamen Marktes dazu führte, dass für Flüge von Luftverkehrsunternehmen aus den Mitgliedstaaten (Gemeinschaftsunternehmen) für den innergemeinschaftlichen Flugverkehr neben der jeweils nationalen Betriebsgenehmigung lediglich eine Streckengenehmigung erforderlich ist. Diese wird durch die von der entsprechenden Strecke berührten Staaten erteilt und gilt auch für die Durchführung von Gelegenheitsverkehr. Eine neuere Entwicklung stellen plurilaterale Vereinbarungen dar, die zwischen mehreren Staaten einer Verkehrsregion geschlossen werden, die sich im gegenseitigen Verkehr mehr Flugrechte einräumen als im Verkehr mit Drittländern.

Der internationale Fluglinienverkehr ist also kaum durch weltweit geltende multilaterale Vereinbarungen geregelt, sie bilden vielmehr die Ausnahme. Auch wenn jetzt in Europa die Außenkompetenz bei der Kommission liegt, stellt das Netz bilateraler Verträge bis auf weiteres die Basis der Verkehrsabwicklung dar; die Bundesrepublik Deutschland hatte 1998 mit 127 Staaten solche bilateralen Luftverkehrsabkommen unterzeichnet.[94] Sie haben den Status völkerrechtlicher Verträge und sind daher trotz ihrer Kündigungsmöglichkeiten langfristig angelegt. Um Anpassungen an geänderte Verkehrsverhältnisse zu erleichtern, werden die einzelnen Strecken und Kapazitäten in besonderen Fluglinienplänen konkretisiert und auf diplomatischem Wege vereinbart.[95]

8.4.1.6 Ein- und Ausfluggenehmigung im Gelegenheitsverkehr

Deutsche Luftfahrzeuge im Gelegenheitsverkehr dürfen die Bundesrepublik nur mit Genehmigung verlassen (§§ 2 Abs. 6 und 22 LuftVG). Das Bundesverkehrsministerium kann diese Genehmigung für einzelne Flüge oder allgemein erteilen, sie kann mit Auflagen verbunden und befristet werden. „Alle in der Bundesrepublik Deutschland zugelassenen Luftfahrtunternehmen des gewerblichen Gelegenheitsverkehrs mit Fluggerät über 5,7 Tonnen und die Mehrzahl der übrigen Luftfahrtunternehmen haben allgemeine Ausflugerlaubnisse, die einen Zeitraum von mehreren Jahren umfassen."[96] Zwischenlandungen zum Zwecke des Aufnehmens

---

[92] ICAO: International Air Transport Agreement, S. 71. Die Bundesrepublik Deutschland ist diesem Abkommen nicht beigetreten.
[93] Richtlinie (EWG) Nr. 83/416 des Rates vom 25.7.1983 über die Zulassung des interregionalen Linienflugverkehrs, ABl. EG 1983 L 237/19.
[94] Eine Auflistung ist abgedruckt in ZLW 1998, S. 207-212.
[95] Vgl. KLOSTER-HARZ, D.: Luftverkehrsabkommen, S. 56 f.
[96] SCHWENK, W.: Luftverkehrsrecht, S. 593.

oder Absetzens von Passagieren in einem Drittland (fünfte Freiheit) sind unzulässig.

Soweit nicht durch multi- oder bilaterale Abkommen geregelt, bedürfen ausländische Luftfahrzeuge im Charterverkehr zum Zwecke der Landung oder des Überfluges einer Einfluggenehmigung, die entweder für einzelne Flüge oder allgemein beantragt werden kann. Für Flüge von EU-Unternehmen innerhalb der Gemeinschaft bestehen zwar keine verkehrsrechtlichen Beschränkungen mehr, diese „Zugangsfreiheit bewirkt aber nicht unmittelbar die Genehmigung zur Ausübung von Verkehrsrechten. Diese Genehmigung wird weiterhin von den betroffenen Mitgliedstaaten erteilt."[97] Sie kann, wie auch die Einfluggenehmigung für Fluggesellschaften aus Nichtmitgliedstaaten mit Auflagen – etwa hinsichtlich der Charterkategorien – versehen werden und steht unter dem Vorbehalt, dass Anträgen deutscher Luftfahrtunternehmen auf Durchführung von Charterflügen nach und aus dem Herkunftsland in gleicher Weise stattgegeben wird. In der Regel werden nur Flüge der dritten und vierten Freiheit mit nur einer gewerblichen Landung im Inland genehmigt.[98]

In den meisten bilateralen Luftverkehrsabkommen bleibt der gewerbliche Gelegenheitsverkehr unberücksichtigt; so hatte auch die Bundesrepublik Deutschland nur in die Abkommen mit Frankreich und den USA[99] eine solche Regelung aufgenommen, die durch zwischenzeitlich erfolgte Änderungen (EU, liberales Luftverkehrsabkommen mit den USA) aber nicht mehr gültig sind. Ansonsten werden die Einflugerlaubnisse von den ausländischen Regierungen fallweise und zeitlich befristet erteilt. Trotz allgemein liberaler Handhabung werden mitunter protektionistische Auflagen gemacht.[100] Verkehrsrechte der siebten Freiheit, mit denen eine Fluggesellschaft aus einem Drittland Charterverkehr zwischen zwei anderen Staaten betreiben kann, werden in der Regel nur dann erteilt, wenn das Unternehmen eine Nichtverfügbarkeitserklärung vorlegt, die belegt, dass weder die Fluggesellschaften des Abflug- noch die des Ziellandes die erforderlichen Kapazitäten anbieten können oder wollen.

Der Versuch, im Rahmen des ICAO-Abkommens zu einer multilateralen Regelung des gewerblichen Gelegenheitsluftverkehrs zu kommen, führte lediglich zu einer bedingten Liberalisierung hinsichtlich der beiden technischen Verkehrsfreiheiten (erste und zweite Freiheit). Danach erklärt sich jeder Vertragsstaat damit einverstanden, „dass alle im nicht planmäßigen internationalen Fluglinienverkehr eingesetzten Luftfahrzeuge der anderen Vertragsstaaten (...) berechtigt sind, ohne Einholung einer vorherigen Erlaubnis in sein Hoheitsgebiet einzufliegen oder es ohne Aufenthalt zu durchfliegen, um dort nichtgewerbliche Landungen vorzunehmen."[101] Der gleichzeitige Vorbehalt aber, für Flüge in unzugängliche Gebiete

---

[97] SCHWENK, W.: Luftverkehrsrecht, S. 587.
[98] Vgl. a. a. O., S. 590 f.
[99] Das deutsch-amerikanische Abkommen von 1996 behandelt den Gelegenheitsverkehr entsprechend dem liberalisierten Linienverkehr (vgl. Kapitel 9.2.3).
[100] So verweigerte 1985 Griechenland denjenigen ausländischen Fluggästen, die von Griechenland aus die Türkei besucht hatten, die Rückreise mit einem Charterflug.
[101] ICAO: Convention on International Civil Aviation, Art. 5 Abs. 1.

oder in solche ohne ausreichende Luftfahrteinrichtungen Sondererlaubnisse verlangen zu können, führte zu einer erheblichen Einschränkung der Nutzungsmöglichkeiten dieser Freiheiten. Ähnliches gilt auch für gewerbliche Landungen. Sie sind zwar grundsätzlich zugelassen, jedoch „vorbehaltlich des Rechts eines jeden Staates, die ihm wünschenswert erscheinenden Vorschriften und Beschränkungen aufzuerlegen."[102] Da nahezu alle Staaten von diesem Recht, das auch die Versagung gewerblicher Landungen umfassen kann, Gebrauch machen, kommt dieser multilateralen Regelung nur der Stellenwert einer historischen Absichtserklärung zu.

Das am 30. April 1956 in Paris unterzeichnete **Mehrseitige Abkommen über gewerbliche Rechte im nichtplanmäßigen Luftverkehr in Europa** führte auf regionaler Ebene zu einem multilateralen Austausch von Verkehrsrechten zwischen den Mitgliedstaaten der ECAC. Danach sind Flüge im Dienste der Menschlichkeit oder zur Behebung eines Notstandes, Taxiflüge mit Flugzeugen bis zu maximal sechs Sitzplätzen, Selbstnutzerflüge und Einzelflüge (höchstens ein Flug pro Luftfahrzeughalter pro Monat zwischen denselben Verkehrszentren) unbeschränkt zugelassen. Für die „Beförderung von Fluggästen zwischen Gebieten, die keine hinreichende unmittelbare Verbindung durch Fluglinienverkehr miteinander haben", gilt allerdings wieder der Vorbehalt, „dass jeder Vertragsstaat die Einstellung (...) verlangen kann, wenn er der Ansicht ist, dass sie die Interessen seines (...) Fluglinienverkehrs schädigt."[103] Die Verkehrsrechtgenehmigung bleibt also in diesem Falle im freien Ermessen des Einflugstaates, so dass für die wichtigste Charterkategorie, den Pauschalreiseverkehr, damit keine Liberalisierung erreicht wurde.

8.4.2 Kapazitätsregelung

8.4.2.1 Ziele der Kapazitätsregelung

Der Begriff Kapazität bedeutet im Rahmen bilateraler Luftverkehrsabkommen die Zahl der Sitzplätze eines auf einer bestimmten Fluglinie eingesetzten Flugzeuges, multipliziert mit der Anzahl der Flüge während eines bestimmten Zeitraumes. Ausgehend von dem Grundsatz, den Luftverkehrsgesellschaften beider Vertragsstaaten faire und gleiche Wettbewerbsmöglichkeiten einzuräumen, wird bei der Kapazitätsregulierung das Beförderungsangebot festgelegt.

Ziele sind dabei einerseits die Vermeidung von unwirtschaftlichen Überkapazitäten auf einer Strecke, andererseits aber auch die Sicherung von Verkehrsanteilen der eigenen Fluggesellschaft. Verkehrswirtschaftliche Überkapazitäten gelten deshalb als gesamtwirtschaftlich wenig sinnvoll, da sie knappe Ressourcen, insbesondere Energie, nutzlos verbrauchen und zudem die Umwelt belasten. Durch die insgesamt niedrigere Auslastung sinken die Unternehmensertäge; dies wiederum könnte ruinöse Preiskämpfe auslösen. Mit der Vermeidung von Überkapazitäten wird eine längerfristige Ausgeglichenheit von Angebot und Nachfrage angestrebt,

---

[102] ICAO: Convention on International Civil Aviation, Art. 5 Abs. 2.
[103] ECAC: Mehrseitiges Abkommen, Art. 2 Abs. 2.

nicht jedoch im Sinne eines zahlenmäßig summarischen Ausgleichens. Vielmehr muss die Zahl der angebotenen Sitzplätze die Nachfrage wesentlich überschreiten. Die Notwendigkeit des „Überhangs" bzw. der Entstehung von Überkapazitäten ergibt sich aus:

- den luftverkehrspolitischen Zielen im gesamtwirtschaftlichen Interesse, nämlich der Aufrechterhaltung eines bedarfsgerechten Streckennetzes und der Förderung von strukturschwachen Gebieten durch ihre Anbindung an das Luftverkehrsnetz trotz eines unzureichenden Verkehrsaufkommens.
- dem Zwang zur Vorhaltung von zusätzlichen Kapazitäten v. a. für kurzfristig buchende Geschäftsreisende in Verbindung mit der unelastischen Anpassung der Kapazitätseinheiten (Flugzeugwechsel) an die zeitlich schwankende Nachfrage.
- den neu auf den Markt tretenden Fluggesellschaften aus den Entwicklungsländern und den Übergangsstaaten (ehemalige sozialistische Staaten), die aus Prestige- und wirtschaftlichen Gründen ihren Anschluss an die westliche Welt demonstrieren wollen und sich durch bilaterale Luftverkehrsabkommen Kapazitätsanteile sichern, wobei im Gegenzug auch die Vertragsstaaten mit protektionistischen Maßnahmen reagieren.[104]
- der Verfolgung des Unternehmensziels, durch Präsenz auf Märkten, auf denen zukünftig ein Nachfragewachstum nach Flugverkehrsleistungen erwartet wird (z. B. dba, die vormalige Deutsche British Airways, im innerdeutschen Verkehr) zusätzliche Anteile zu gewinnen und dafür Überkapazitäten in Kauf zu nehmen (Marktanteilsstrategie).
- den richtungsgebundenen Ungleichgewichten der Passagierströme sowie
- der unterschiedlichen Nachfrage auf einzelnen Sektoren von Flügen mit mehreren Zwischenlandungen.

Die Höhe dieses Überhangs variiert nach Strecke, Fluggesellschaft und Beförderungskategorie; sie bewegt sich im Jahresdurchschnitt in einer Bandbreite zwischen 25% und 50% des Beförderungsangebotes.[105] Erreicht eine Fluggesellschaft langfristig innerhalb dieser Bandbreite keinen wirtschaftlichen Ladefaktor, kann von Überkapazität auf dieser Strecke gesprochen werden. Da aber der Break-Even-Ladefaktor seinerseits keine feste Größe darstellt, sondern u. a. abhängig ist von der Produktivität der Luftverkehrsgesellschaft, vom eingesetzten Flugzeugtyp und der Zusammensetzung des Tarif-Mix (insbesondere der Anteil der minderzahlenden Passagiere mit Sondertarifen), stellt die Festlegung einer Kapazitätsgrenze nicht nur ein empirisches, sondern auch ein Interpretationsproblem dar.

Letztendlich bedeutet die Kapazitätsregulierung eine Kontrolle des Wettbewerbs, der sich so tendenziell an der Leistungsfähigkeit der jeweils wirtschaftlich schwächeren oder unproduktiveren Fluggesellschaft orientiert.[106]

---

[104] Vgl. SHAW, S.: Air Transport, S. 95.
[105] Vgl. GIDWITZ, B.: International Air Transport, S. 139 f.
[106] Vgl. WASSENBERGH, H.: Aspects of Air Law, S. 38.

8.4.2.2 Kapazitätsregelung im Linienverkehr

Die Kapazitätsregelung kann nach den Prinzipien der „Predetermination", der „ex post facto-Kontrolle" und der „Free Determination" erfolgen. Mitunter wird auch versucht, die Nachfrage durch indirekte Behinderungen zu begrenzen.

Das restriktivste Instrument zur Kapazitätsregulierung besteht in der Anwendung des **Prädeterminationsprinzips**,[107] also in der Vorausbestimmung der einzusetzenden Kapazität entweder durch bilaterale Vereinbarungen der Regierungen oder durch direkte Absprachen der beteiligten Fluggesellschaften. Diese Festlegung kann sich entweder nur auf das Gesamtangebot an Beförderungsplätzen während einer Flugplanperiode beziehen oder, was häufiger der Fall ist, auch detailliert Frequenzen, einzusetzende Flugzeugtypen und Flugpläne regeln. Dabei folgt die Aufteilung auf die Fluggesellschaften der beiden Vertragsstaaten weitgehend den Regeln strikter Reziprozität, d. h. die anzubietenden Sitzplätze werden 50:50 aufgeteilt.

Das Prinzip der **ex post facto-Kontrolle** des Kapazitätsangebotes wurde erstmals in dem 1946 zwischen Großbritannien und den USA in Bermuda geschlossenen bilateralen Abkommen formuliert (und wird deswegen auch als „Bermuda-Klausel" bezeichnet).[108] Danach können die Luftverkehrsgesellschaften ihre Kapazitäten selbst festlegen und nach Ablauf jeder Flugplanperiode korrigieren, solange sie nicht gegen die Leitkriterien „Anpassung des Angebotes an die Nachfrage" und „keine ungebührliche Beeinträchtigung der Interessen der Luftverkehrsgesellschaften des Vertragsstaates" verstoßen. Jeder Vertragspartei wird das Recht auf Überprüfung der Zahl der beförderten Passagiere und der tatsächlich angebotenen Sitzplätze ex post facto, also im Nachhinein, eingeräumt; sie kann im Falle der nachgewiesenen Überkapazität eine Angebotsreduzierung verlangen.

Im Rahmen ihrer Deregulationsbemühungen versuchen die USA seit 1977, ihre nationale „Open Sky-Politik" auch auf den internationalen Luftverkehr auszudehnen und in Ergänzung bestehender Luftverkehrsabkommen hinsichtlich der Kapazitäten eine **„Free Determination-Klausel"** zu vereinbaren. Diese sieht vor, dass im Rahmen freier und gleicher Wettbewerbsmöglichkeiten die Fluggesellschaften ihr Beförderungsangebot selbständig bestimmen und kein Vertragsstaat einseitig den Verkehrsumfang, die Flugfrequenzen oder den Einsatz bestimmter Flugzeugtypen begrenzt.[109]

Einseitige Maßnahmen eines Staates, durch **administrative Behinderung** ausländischer Fluggesellschaften die Auslastung der vereinbarten Kapazitäten zu beeinflussen, sind durch bilaterale Abkommen nicht regelbar.[110] So war es etwa den ausländischen Fluggesellschaften in der Sowjetunion und in mehreren sozialistischen Ländern verboten, eigene Verkaufsagenturen zu unterhalten. In diesen Fällen übernahm die jeweilige nationale Fluggesellschaft als „General Sales Agent"

---

[107] Vgl. CHENG, B.: International Air Transport, S. 428; HAANAPPEL, P.: Pricing and Capacity Determination, S. 35 f.
[108] Der Text des Bermuda-Abkommens ist abgedruckt in MEYER, A.: Internationale Luftfahrtabkommen, Bd. III, S. 282 f.
[109] Vgl. TANEJA, N.: Airlines in Transition, S. 53-58, S. 74-77.
[110] Vgl. dazu GIDWITZ, B.: International Air Transport, S. 141.

den Vertrieb und hatte damit die Möglichkeit, den Ausreiseverkehr auf die eigene Gesellschaft umzuleiten. Werbeverbote für ausländische Fluggesellschaften sollen die gleiche Funktion erfüllen, ebenso die Zuweisung ungünstiger Abflugs- und Ankunftszeiten oder ungünstig gelegener Flughäfen und die Erhebung von höheren Flughafengebühren.

8.4.2.3 Regelungen im Gelegenheitsverkehr

Im gewerblichen Gelegenheitsverkehr gibt es im Normalfall keine Kapazitätsregulierungen. So verfolgt die Bundesregierung im so genannten Nachbarschaftsverkehr (dritte und vierte Freiheit) grundsätzlich eine liberale Politik, sofern die Regierung des Ziellandes in gleicher Weise handelt. Sie überlässt die Wahl der Fluggesellschaft also dem Reisenden bzw. bei der Zusammenstellung von Pauschalangeboten dem Reiseveranstalter. „Der Bundesminister für Verkehr hat sich jedoch stets eine restriktivere Verkehrsrechtvergabe für den Fall vorbehalten, dass die Beschäftigungsanteile deutscher Luftverkehrsunternehmen nicht mehr in einem vertretbaren Verhältnis zum eigenen Verkaufsaufkommen stehen würden."[111] Während die Bundesregierung also das Verkehrsaufkommen des eigenen Landes zum Maßstab eines angemessenen Verkehrsanteils macht, fordern die Regierungen einiger Zielländer einen gleichen Anteil an den grenzüberschreitenden Passagieren für ihre Fluggesellschaften. Die Kontingentierung von Einflugrechten stellt dazu das wirksamste Instrument dar. Indirekt kapazitätsregulierend zugunsten der nationalen Luftverkehrsgesellschaften wirken sich auch kurzfristig erlassene restriktive Charterbestimmungen der Zielländer aus.

Wenngleich solche Regelungen letztlich auch nicht in vollem Umfang durchgesetzt werden können und Kapazitätseinschränkungen der ausländischen Carrier bisher eher zu einem Rückgang der Besucherzahlen als zu einer verstärkten Benutzung heimischer Fluggesellschaften führten, so zeigen sie dennoch, auf welch risikoreicher Basis der Charterverkehr durchgeführt wird.

8.4.3 Tarifgenehmigung

In nahezu allen Ländern bedürfen die dort zur Anwendung kommenden Flugtarife der in- als auch der ausländischen Fluggesellschaften einer staatlichen Aufsicht.[112] In der Bundesrepublik Deutschland ergibt sich diese Verpflichtung aus dem Luftverkehrsgesetz (§ 21 Abs. 1) und aus den bilateralen Luftverkehrsabkommen. Genehmigungsbehörde ist das Bundesverkehrsministerium. Die beantragten Tarife sind mindestens 30 Tage vor dem geplanten Inkrafttreten dort einzureichen. Es besteht ein Rechtsanspruch auf die Genehmigung, sofern kein Versagungsgrund gegeben ist. Eine Tarifgenehmigung kann nach SCHWENK aus folgenden Gründen versagt werden:

---

[111] SCHWENK, W.: Luftverkehrsrecht, S. 590.
[112] Für die liberalen Regelungen des EU-Binnenmarktes vgl. Kap. 9.4.2.3.

- Gefährdung der öffentlichen Sicherheit oder Ordnung, die z. B. bei nicht kostendeckenden, existenzgefährdenden Tarifen wegen der Gefahr von Einsparungen im Sicherheitsbereich in Betracht kommen können;
- bei Verletzung der Bestimmungen der Luftverkehrsabkommen und
- insbesondere dann, wenn durch den beantragten Fluglinienverkehr öffentliche Interessen beeinträchtigt werden.[113]

Auf internationalen Linien setzt die Aufnahme des Verkehrs zusätzlich die Tarifgenehmigung des angeflogenen Staates voraus. Dafür gibt es vier unterschiedliche Vorgehensweisen:[114]

- **Double Approval:** Die Notwendigkeit der doppelten Zustimmung, also sowohl durch den Abflug- als auch durch den Zielstaat, ist die restriktivste Form der Tarifgenehmigung.
- **Country of origin-rule:** Danach genehmigt nur das Land, in dem der Verkehr beginnt, die Tarife sowohl für Einfach- als auch für Rückreisen. Ergebnis sind daher häufig je nach Flugrichtung unterschiedliche Flugpreise und Anwendungsbestimmungen (richtungsgebundene Tarife).
- **Double Disapproval:** Ein von der Fluggesellschaft den Behörden beider Länder eingereichter Tarif gilt als genehmigt, es sei denn, er wird von beiden Staaten abgelehnt.
- **Automatic Approval:** Die Tarife werden der Aufsichtsbehörde nur noch gemeldet (free pricing). Diese nimmt nur noch auf Antrag eines der Staaten eine Überprüfung hinsichtlich Missbrauchs einer marktbeherrschenden Stellung oder ruinöser Konkurrenz vor.

8.4.4 Kooperationen und Beteiligungen

Nach § 99 Abs. 1 und 2 GWB sind Verkehrsträger von der Anwendung des Gesetzes gegen Wettbewerbsbeschränkungen ausgenommen. Damit werden Vereinbarungen zwischen Fluggesellschaften erlaubt, die eine wettbewerbsbeschränkende Wirkung zur Folge haben.[115] Dazu zählen:

- Absprachen über Flugpläne, Frequenzen und Kapazitäten (Poolabkommen) und Benutzung einer gemeinsamen Flugnummer (Code Sharing);
- Gemeinsame Festsetzung von Tarifen, Tarifarten und Beförderungsbedingungen;
- Vereinbarungen über die technische Zusammenarbeit bei Flugzeugwartung, Personalschulung und Ersatzteilvorhaltung;
- Anwendung eines gemeinsamen Vertriebssystems (IATA-Agenturregelung, internationales Reservierungssystem);

---

[113] SCHWENK, W.: Luftverkehrsrecht, S. 535.
[114] Vgl. ECONOMIST INTELLIGENCE UNIT: European Market, S. 106 f.; REIFARTH, J.: Internationale Regelung, S. 74-77.
[115] Zu den Regelungen innerhalb des EU-Binnenmarktes vgl. Kap. 9.5.2.5.

- Gemeinsames Marketing zweier oder mehrerer Fluggesellschaften (Beispiele: Werbung, gemeinsame Terminalbenutzung, Austausch von Führungskräften).

Im Rahmen der kommerziellen Kooperation auf internationalen Strecken sind insbesondere Pool- und Code Share-Abkommen von wettbewerblicher Bedeutung. Obwohl es sich dabei meist um privatrechtliche Vereinbarungen zwischen Fluggesellschaften handelt, besteht häufig ein direkter Bezug zu den bilateralen Luftverkehrsabkommen. Sozialistische Staaten und Länder der Dritten Welt mach(t)en sie dann zur Voraussetzung der Erteilung von Verkehrsrechten, wenn sie sich davon eine Verbesserung der Wettbewerbssituation der eigenen Fluggesellschaft versprechen.[116] Da solche Abkommen aber sowohl Rationalisierungseffekte als auch Wettbewerbsbeschränkungen zur Folge haben, werden letztere durch die vom Rat und der Kommission der EU erlassenen Vorschriften über die Anwendung der Wettbewerbsregeln auf die europäische Luftfahrt strengen Maßstäben unterworfen.

8.5 Staatliche Umweltpolitik

8.5.1 Ökologie versus Ökonomie

Umweltpolitik beeinflusst über Gesetze, Verordnungen und Auflagen den Handlungsrahmen der Luftverkehrsindustrie und ist damit neben den Kosten- und Nachfrageänderungen eine wesentliche Determinante für die Entwicklung dieses Wirtschaftszweiges. Dabei ist die luftverkehrsbezogene Umweltpolitik stets Teil der nationalen und globalen Umweltschutzpolitik und aufgrund des anhaltenden Wachstums des Luftverkehrs von besonderer Bedeutung. Die EU-KOMMISSION stellt dazu fest: „Die Luftverkehrsbranche wächst (...) rascher, als derzeit technologische und operationelle Fortschritte erzielt und eingeführt werden können, die die Umweltauswirkungen an der Quelle reduzieren. Die Gesamtauswirkungen auf die Umwelt werden zunehmen, da Wachstumsrate und Verbesserung des Umweltzustandes in wichtigen Bereichen offensichtlich immer weiter auseinanderklaffen, z. B. bei Emissionen von Treibhausgasen. Dies ist eine auf Dauer nicht tragbare Tendenz, die wegen ihrer Folgen für das Klima, die Lebensqualität und die Gesundheit der Bürger umgekehrt werden muss."[117] Umweltpolitische Maßnahmen aber haben ökonomische Konsequenzen, da sie entweder:

- direkt auf Wachstumsbeschränkungen durch eine Reduzierung des Verkehrs zielen, wie etwa durch die Einführung neuer Steuern mit ökologischer Lenkungsfunktion oder durch Nachtflugverbote, oder
- indirekt das Wachstum beschränken, wenn sie zusätzliche Kosten verursachen, die auf die Flugpreise übergewälzt werden (z. B. Lärmschutzmaßnahmen) und somit nachfragedämpfend wirken.

---

[116] Vgl. GIDWITZ, B.: International Air Transport, S. 142 f.
[117] KOMMISSION DER EU: KOM (1999) 640 endg., S. 2.

Die ökonomischen Interessen an einer möglichst ungehinderten Entwicklung des Luftverkehrs kollidieren mit den ökologischen Interessen der davon Betroffenen. Die Anliegen der direkt geschädigten oder belästigten (z. B. durch Fluglärm) Personengruppen[118] und der durch die Emissionen betroffenen Allgemeinheit werden politisch relevant, wenn sie durch Interessengruppen auf lokaler, regionaler, nationaler oder globaler Ebene vertreten werden. Die Aktionen dieser Nichtregierungsorganisationen (NRO oder NGO/Non Governmental Organizations) bestehen in der Bewusstseinsbildung durch Protestaktionen und Veröffentlichung von Informationsmaterial, in Forderungen an politische Parteien, Lobbyarbeit und Eingaben an Behörden zur Verhinderung oder Modifizierung konkreter Projekte wie etwa den Flughafenausbau. Bei den politischen Parteien ist in nahezu allen Ländern ein breites Spektrum der unterschiedlichen Gewichtung von Wirtschaft und Umwelt zu beobachten. Die Entscheidungsgremien auf allen politischen Ebenen haben daher bei der Verfolgung des Zieles einer nachhaltigen Mobilität eine Güterabwägung zwischen den wirtschaftlichen und gesellschaftlichen Funktionen des Luftverkehrs und seiner emissionsbedingten ökologischen Dysfunktionen zu treffen. Konkret geht es dabei im Wesentlichen um Lärm- und Klimaschutzpolitik.[119] Während Lärm ein regionales Problem der Flughafenumgebung darstellt und damit zu dessen Regelung neben den ICAO-Vereinbarungen insbesondere nationale und/oder örtliche Maßnahmen erfordert, ist die Klimaschutzpolitik eine nur global zu lösende Aufgabe.

8.5.2 Lärmschutzpolitik

Die Verringerung der Zahl der von Fluglärm Betroffenen sowie die Geräuschreduzierung sind explizite umweltpolitische Zielsetzungen.[120] Maßnahmen des passiven Lärmschutzes zielen auf eine Immissionsreduzierung durch Siedlungsplanung und Bautenschutz, Maßnahmen des aktiven Lärmschutzes auf Verringerung der Lärmemissionen durch eine Reduzierung der Zahl der Flugbewegungen, Zulassungsbeschränkungen für lärmintensive Flugzeuge und flugbetriebliche Maßnahmen.[121]

Das 1971 vom Deutschen Bundestag erlassene Gesetz zum Schutz gegen Fluglärm („Fluglärmgesetz")[122] legt zwei **Lärmschutzzonen** um Verkehrsflughäfen fest. In der inneren Schutzzone 1 über 75 dB(A) darf keine Baugenehmigung von Wohnungen erteilt werden. In der äußeren Schutzzone 2, die im Bereich von Schallwerten zwischen 67 und 75 dB(A) liegt, kann hingegen nur Wohnraum angesiedelt werden, wenn Schallschutzvorrichtungen vorgesehen sind. Durch diese Lärmschutzbereiche soll die Siedlungsentwicklung um den Flughafen so gesteuert

---

[118] Vgl.: BECKERS, J.: Luftverkehrskonzepte; ders.: Zu wenig Schutz für Betroffene.
[119] Weitere Bereiche sind Entschädigungen und Umsiedlung bei Flughafenbauten.
[120] Vgl. BMV: Luftverkehrskonzept 2000, S. 26 f.; Konzept Luftverkehr und Umwelt, S. 3.
[121] Vgl. dazu ausführlich FICHERT, F.: Umweltschutz im zivilen Luftverkehr, S. 129-306; detaillierte Darstellung der Problematik bei STÖRMER, N.: Schutz vor Fluglärm.
[122] Durch das Gesetz zum Schutz gegen Fluglärm vom 30.3.1971 wurden die Vorschriften der §§ 32a und b LuftVG in das Luftverkehrsgesetz eingefügt.

werden, dass die Anzahl der vom Fluglärm betroffenen Personen von vornherein möglichst gering gehalten wird.

Die **Zahl der Flugbewegungen** kann durch eine Kontingentierung verringert werden, so sind z. B. auf dem Flughafen Düsseldorf weniger Flugbewegungen erlaubt als verkehrstechnisch möglich.[123] Eine Lärmminderung kann durch Nachtflugbeschränkungen erreicht werden, die auf fast allen deutschen Verkehrsflughäfen eingerichtet wurden. Insbesondere Nachtflugverbote führen zu einem Konflikt zwischen Umweltschutz und Wirtschaftlichkeit, da sie bei den Fluggesellschaften die Einsatzzeit der Flugzeuge und auf den Flughäfen die Zahl der Flugbewegungen und Passagiere reduzieren. Die weniger restriktive Handhabung von Flugverboten in den europäischen Nachbarländern führt daher zu Wettbewerbsnachteilen für deutsche Unternehmen. Dies zeigte sich z. B. am Flughafen Köln/Bonn, der wegen seines Nachtflugbetriebs von mehreren Fluggesellschaften als Drehscheibe für Frachtflüge eingerichtet wurde. Die zunächst geplanten drastischen Nachtflugbeschränkungen hätten zu einer Abwanderung der Frachtfluggesellschaften auf anliegende Flughäfen (z. B. Maastricht) geführt und damit im Raum Köln eine erhebliche Zahl von Arbeitsplätzen vernichtet. Andererseits konnte sich der Flughafen Leipzig/Halle infolge einer täglich 24-stündigen Betriebserlaubnis bei der Entscheidung der Deutschen Post World Net AG über die Einrichtung eines europäischen Hauptumschlagplatzes für das Expressgut- und Logistikgeschäft der Tochtergesellschaft DHL gegenüber dem bisher genutzten Flughafen Brüssel durchsetzen.

> **Beispiel:** Nachtflugbeschränkungen Flughafen Frankfurt/Main
> Linienverkehr und regelmäßiger Charterverkehr (Passagier, Fracht): Keine Landungen zwischen 00.00 und 05.00 Uhr; Fluggesellschaften, die in Frankfurt/Main ihre Heimatbasis haben: Keine Landungen zwischen 01.00 und 04.00 Uhr. Post: Keine Landungen zwischen 01.00 und 05.00 Uhr. Außerplanmäßiger Verkehr: Keine Starts und Landungen zwischen 23.00 und 06.00 Uhr. Nächtliche Starts sind erlaubt, weil die Abflugstrecken – im Gegensatz zu den Anflugstrecken – über dünn besiedeltes Gebiet führen.[124]

Die **Reduzierung** des durch die Triebwerke verursachten Lärms wird durch luftverkehrspolitische Auflagen angestrebt, die Fluggesellschaften verpflichten, ihre Flotten auf geräuscharme Flugzeuge umzurüsten, um so den jeweils neuesten Stand der Triebwerkstechnik größtmöglich zu nutzen. Die bereits 1979 von Mitgliedstaaten der ICAO weltweit vereinbarten Lärmrichtwerte teilen Flugzeuge in drei Kategorien ein:[125]

- **Nicht-zertifiziert:** Flugzeuge, die vor 1969 gebaut wurden; sie unterliegen keiner Lärmbeschränkung, dürfen aber in der EU nicht mehr eingesetzt werden.

---

[123] FLUGHAFEN DÜSSELDORF: Medieninformation 01.01.2006.
[124] Die Nachtflugbeschränkungen können sich je Flugplanperiode ändern. Zur aktuellen Situation vgl. FLUFHAFEN FRANKFURT: Ausbau unter http://www.ausbau.flughafen-frankfurt.de.
[125] Vgl. ICAO: Convention on International Civil Aviation, Vol. I, Chapter 2, 3 of Annex 16.

- **Kapitel 2:** Flugzeuge, die vor Oktober 1977 musterzugelassen wurden; sie entsprechen den Lärmbegrenzungsvorschriften des Kapitels 2 im Anhang 16 der ICAO-Konvention, aber nicht dem aktuellen Stand der Technik.
- **Kapitel 3:** Flugzeuge, die nach Oktober 1977 musterzugelassen wurden; sie entsprechen den erheblich strengeren Lärmbegrenzungsbestimmungen nach Kapitel 3 des Anhangs 16 der ICAO-Konvention. Um einen Anreiz zu Einsatz modernerer Triebwerke zuschaffen, führte das Bundesministerium für Verkehr eine sog. „Bonusliste" mit Flugzeugen, die gegenüber den herkömmlichen Kapitel-3-Flugzeugen erheblich niedrigere Schallemissionen erzeugen, ein, die auf vielen Flughäfen die Grundlage für eine differenzierte Entgeltregelung darstellt.
- **Kapitel 4:** Flugzeuge, deren Musterzulassung nach dem 01.01.2006 erfolgt. Die neue Lärmschutzkategorie sieht gegenüber Kapitel 3 mindestens ein Drittel niedrigere Grenzwerte vor.

Änderungen beim **Flugbetrieb** zielen auf Lärmreduzierung durch:

- neue Start- und Landeverfahren (schneller Steigflug, Starts ohne Triebwerkshöchstleistung, Anhebung des Anfluggleitwinkels),
- Verzicht auf Schubumkehr nach der Landung,
- Optimierung der An- und Abflugstrecken, Warteschleifen und Trainingsrunden über gering besiedeltem Gebiet (Einflugschneisen und Abflugwege möglichst nur über dünn besiedelten Gebieten, Schutz von Krankenhäusern und Kindergärten),
- lärmorientierte Gebührenpolitik (Staffelung von Start- und Landegebühren auf Flughäfen je nach Lärmverursachung des Flugzeugs).[126]

8.5.3 Klimaschutzpolitik

Den globalen Bezugsrahmen der Klimaschutzpolitik bildet das während des Weltklimagipfels in Kyoto 1997 von 184 Staaten verabschiedete Kyoto-Protokoll, das als verbindliches Ziel für 30 Industriestaaten im Durchschnitt der Jahre 2008 bis 2012 die Reduktion von Treibhausgasen um 5,2% gegenüber 1990 festschreibt; für Schwellen- und Entwicklungsländer gelten geringere Werte.[127] Diese Vereinbarung wurde bisher aber nur von einem Teil der Unterzeichnerstaaten ratifiziert, da über die Details der Umsetzung auf weiteren Weltklimakonferenzen (Bonn 1999, Den Haag 2000) keine Einigung erzielt werden konnte, insbesondere da die USA die Reduktionsziele nicht im eigenen Lande sondern durch Kauf von Emissionsrechten anderer Länder erreichen wollten. Der amerikanische Präsident Bush erklärte im Frühjahr 2001, dass sich die USA nicht an dieses Protokoll halten werden.[128] In Deutschland hat die Bundesregierung im Oktober 2000 ein nationales Klimaschutzprogramm verabschiedet, nach dem der CO_2-Ausstoß bis 2005 um bis

---

[126] Für Deutschland vgl. GEISLER, M.: Bonusliste des BMV, S. 307 f.
[127] Vgl.: UNFCCC-UNITED NATIONS FRAMEWORK CONVENTION FOR CLIMATIC CHANGE: Rahmenabkommen der Vereinten Nationen über Klimaänderungen.
[128] Vgl. o. V.: FINANCIAL TIMES DEUTSCHLAND: 30. März 2001, S. 17.

8.5 Staatliche Umweltpolitik 379

zu 70 Mio. Tonnen verringert werden sollte, im Verkehr insgesamt um 15 bis 20 Mio. Tonnen.[129] Das Kyoto-Protokoll trat schließlich am 16.02.2005 in Kraft, 90 Tage nach dem mehr als 54 Staaten mit zusammen mindestens 55% des gesamten Kohlendioxid-Ausstoßes des Jahres 1990 das Protokoll ratifiziert hatten.[130]

Als politische **Instrumente** der Klimaschutzpolitik können Umweltauflagen (Gebote und Verbote), Umweltabgaben (Steuern und Gebühren), Umweltzertifikate (Nutzungskontingente) sowie Aufklärung, moralische Appelle und Belobigung umweltfreundlicher Verfahren eingesetzt werden. Zudem erfolgt eine Förderung der Forschung und Entwicklung durch verschiedene Programme auf europäischer Ebene.[131] Maßnahmen zur Emissionsreduktion sind:

- Durchsetzung der Anwendung neuer Technologien,
- Senkung des Treibstoffverbrauchs durch Luftverkehrsreduzierung,
- verbesserte Treibstoffeffizienz,
- Verkehrsverlagerung.

Neue Technologien

In der Vergangenheit wurden die bedeutsamsten spezifischen Emissionsreduzierungen durch den Einsatz verbrauchsärmerer Triebwerke erreicht: Weniger Liter Kerosin pro PKT bedeuten weniger Schadstoffausstoß pro PKT. Während etwa ein Flugzeug des Typs 737-200 einen spezifischen Verbrauch von 4,8 Liter pro 100 PKT hat, liegt der Verbrauch der treibstoffeffizientesten Flugzeuge bei ca. 3 Liter pro 100 PKT. So konnten die IATA-Mitgliedsgesellschaften in der Dekade 1994-2003 den Treibstoffverbrauch um 15,7% (RTK, verkaufte Tonnenkilometer) bzw. 17,9% (ATK, angebotene Tonnenkilometer) senken (vgl. Abb. 8. 5)

Zukünftige Verbesserungen werden vor allem durch Flottenmodernisierungen erreicht werden, da die absehbaren Innovationen mittelfristig nur noch geringe Effizienzgewinne bringen werden. Das technische Verbesserungspotential wird auf 5% bis 10% eingeschätzt.[132] Während Triebwerke mit Brennkammersystemen (Low-NO_X-Brennkammern), die auf einer unterschiedlichen Zusammensetzung des Luft-Kerosin-Gemisches beruhen, in der Version Magerverbrennung ohne Vormischung bereits bei einigen Flugzeugtypen (B 777, A 320, A 321) zum Einsatz kommen, werden noch emissionsärmere Entwicklungen (Fett-Mager-Stufung bei der Verbrennung mit bis zu 70%iger Reduzierung des NO_x-Ausstoßes) nicht vor dem Jahre 2007 zum Einsatz kommen.[133]

Die sich in der Entwicklung befindlichen Propfans (Propellergebläse, d. h. die bei der Verbrennung in der Düse erzeugte Rückstoßwirkung treibt einen Propeller an) können zusammen mit einer Geschwindigkeitsreduktion von 825 auf 600 km/h bis zu 30% Kerosin einsparen. Ähnliche Leistungsverbesserungen werden von ei-

---

[129] Vgl. BMUNR: Fünfter Bericht der Interministeriellen Arbeitsgruppe „CO_2-Reduktion".
[130] Vgl. UNFCCC: Status of Ratification.
[131] Vgl. KOMMISSION DER EU: KOM (1999) 640 endg., S. 27-29.
[132] Vgl.: HEMKER, H.: Antrieb für übermorgen, in: LUFTHANSA: Balance 2005, S. 28.
[133] Vgl. ARMBRUSTER, J.: Flugverkehr und Umwelt, S. 177-180. Die Bezeichnungen fett bzw. mager beziehen sich auf das Mischungsverhältnis von Kerosin und Luft; bei magerem Gemisch überwiegt der Luftanteil, es ist emissionsärmer.

nem neuen Triebwerkskonzept, dem Unduced Fan (mantelloses Düsentriebwerk, bei dem gegenläufige Propeller direkt, d. h. ohne Getriebe, angetrieben werden), erwartet.[134]

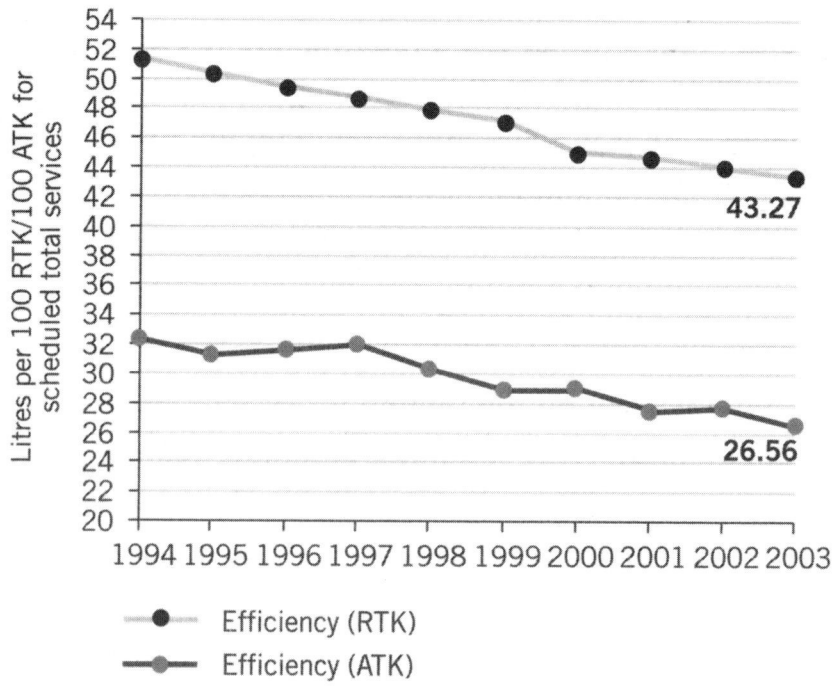

Quelle: IATA: Environmental Review 2004, S. 29.

Abb. 8.5. Entwicklung der Treibstoffeffizienz

Die Verwendung alternativer Flugkraftstoffe mit geringerer Schadstoffemission, wie Methan und Flüssig-Wasserstoff, setzt wegen der notwendigen größeren Tanks erhebliche Modifikationen an den bisherigen Flugzeugmustern voraus, so dass mit einem möglichen Einsatz nicht vor dem Jahr 2015 gerechnet wird.

In der Flugzeugkonstruktion können Verbesserungen der Aerodynamik und Gewichtseinsparungen durch neue Werkstoffe den Treibstoffverbrauch senken. Da diese neuen Technologien erst von 2020 an zum Tragen kommen werden, sind mittelfristig die technischen Potentiale für eine deutlich verringerte Emission der Verkehrsflugzeuge als eher gering einzuschätzen. Zur Erreichung dieses Ziels bedarf es daher wirksamer flankierender Maßnahmen. Die Forderungen nach einer Flughöhenbegrenzung ausschließlich auf Höhen unterhalb der Tropopause und einem absoluten Flugverbot in der Stratosphäre erscheinen zwar aus luftchemischen Überlegungen heraus plausibel. Durch den höheren Luftwiderstand der Flugzeuge in geringeren Höhen würden jedoch einerseits der Treibstoffverbrauch und die

---

[134] Vgl.: HEMKER, H.: Antrieb für übermorgen, in: LUFTHANSA: Balance 2005, S. 29.

Emissionswerte insbesondere bei den Stickoxiden wieder ansteigen. Andererseits würde sich bei zunehmenden Flugbewegungen die Kollisionsgefahr in den dann noch dichter beflogenen unteren Lufträumen erhöhen.

Luftverkehrsreduzierung
Weniger Luftverkehr bedeutet geringere Umweltauswirkungen. Dieses Ziel kann dirigistisch durch Verbote, z. B. von Flügen unterhalb einer Entfernung von 600 km, oder marktwirtschaftlich durch eine Erhöhung der Flugpreise erreicht werden. Höhere Preise würden vor allem zu einem Rückgang der preiselastisch reagierenden Nachfrage nach Privat- und Urlaubsflugreisen führen. Daher werden von den Umweltschutzorganisationen die Aufhebung der Steuerfreiheit für Kerosin und der Befreiung von der Mehrwertsteuer (Umsatzsteuer) für Auslandsflüge gefordert. Ein weiterer Vorschlag ist die Einführung einer distanzabhängigen Treibstoffsteuer (Kerosinsteuer). Dies würde allerdings zu Wettbewerbsverzerrungen bei den Fluggesellschaften der betroffenen Länder führen, wenn nicht eine weltweit gültige Regelung geschaffen wird.

Der volle **Mehrwertsteuersatz** für Inlandsflüge wird innerhalb des EWR nur von Deutschland, Italien und Spanien erhoben, in Dänemark, Irland und England besteht eine Umsatzsteuerbefreiung, in den anderen Ländern gelten ermäßigte Sätze. Für den grenzüberschreitenden Verkehr besteht eine Umsatzsteuerbefreiung.

Die Einführung einer **Kerosinsteuer** stößt auf erhebliche politische Probleme. Nach dem ICAO-Abkommen von 1944 (Art. 24 a) sind Treib- und andere Verbrauchsstoffe bei Einflug zollfrei. In den bilateralen Verträgen wird in der Regel eine Steuerbefreiung des im Inland getankten und bei internationalen Flügen verbrauchten Treibstoffs[135] vereinbart, in der EU besteht eine generelle Freistellung des von der gewerblichen Luftfahrt verbrauchten Kerosins.[136] Generell besteht bei einer Steuererhöhung, die so fühlbar ist, dass sie eine Reduzierung der Verkehrsmittelnutzung bewirken kann, das Problem der politischen Durchsetzbarkeit sowohl gegenüber den Reisenden, die auch Wähler sind, als auch gegenüber der Luftfahrtindustrie, die wiederum enge Verflechtungen zu anderen Wirtschafts- und Politikbereichen aufweist. Dass die Erhebung von Kerosinsteuern sich aber zumindest für Inlandsflüge durchsetzen lässt, zeigen die Beispiele Niederlande und Schweden.[137]

> **Beispiel:** Einführung einer Kerosinsteuer[138]
> Eine von der EU-Kommission in Auftrag gegebene Studie über die Besteuerung von Flugkraftstoff kam für das Jahr 2005 bei einem Steuersatz von € 245 pro 1.000 Liter auf alle innerhalb der EU von EU-Fluggesellschaften geflogenen Strecken zu folgenden Ergebnissen: Rückgang TKT (verkaufte Tonnenkilometer) um 6,8%; Rückgang des Betriebsergebnisses der EU-Fluggesellschaften um 1,7%, der Beschäftigung um 2,7%; Reduzierung des Treibstoffverbrauchs um 0,5%, der durch Umgehung durch

---

[135] Vgl. KLOSTER-HARZ, D.: Luftverkehrsabkommen der BRD, S. 81 ff.
[136] Vgl. Richtlinie (EWG) 92/81 des Rates vom 19.10.1992 zur Harmonisierung der Struktur der Verbrauchsteuern auf Mineralöle, Art. 8, Abs. 1b.
[137] Vgl. BUNDESAMT FÜR UMWELT, WALD UND LANDWIRTSCHAFT: Umweltabgaben in Europa, S. 26 f.
[138] Vgl. KOMMISSION DER EU: KOM (1999) 640 endg., S. 13 f.

> Auftanken in steuerfreien Ländern um 10%-20% geschmälert werden könnte. Da der damit verbundene ökologische Nutzen einer Reduktion der CO_2-Emission um 0,26% und der NO_X-Emissionen um 0,12% eine erhebliche Gefährdung der Wettbewerbsfähigkeit der EU-Fluggesellschaften gegenüber Konkurrenten aus Drittländern nicht rechtfertigen würde, plädiert die Kommission für eine Besteuerung aller von der EU ausgehenden Flüge.

Umweltgebühren könnten als a) Aufschlag auf den Flugpreis, b) Gebühr in Abhängigkeit von der zurückgelegten Flugstrecke und den Triebwerkseigenschaften oder c) als Abgabe in Verbindung mit den Start- und Landegebühren des Flughafens erhoben werden. Ein weiterer Ansatz der Verkehrsvermeidung zielt auf den „vermehrte(n) Einsatz physischer Raumüberwindung durch elektronische Kommunikation".[139] Der Ausbau der Infrastrukturen für **Teleconferencing** in Wirtschaft und Verwaltung kann zu einer Reduzierung von geschäftlich bedingten Flugreisen führen.

Treibstoffeffizienz
Ansätze zur Verbesserung der Treibstoffeffizienz liegen in der Lizenzierung der Emissionsmengen und in der Optimierung der Verkehrsflusssteuerung. Die Grundidee einer **Lizenzierung** der Umweltnutzung besteht darin, die Gesamtbelastung nicht über ein festgelegtes Maß hin ansteigen zu lassen. Ein Unternehmen erhält ein bestimmtes Emissionskontingent, gegebenenfalls sogar gegen Entgelt, zugeteilt, das nicht überschritten werden darf. Dabei werden nur so viele Lizenzen ausgegeben, wie die festgelegte Menge der Gesamtemissionen zulässt. Dieses in Einzelfällen[140] praktizierte Verfahren stößt auf die bisher nicht gelösten Probleme der Abgrenzung des relevanten Luftraums und der Festlegung ökologisch sinnvoller Immissionshöchstwerte.[141] Das Konzept des Emissionshandels soll zukünftig auch im EU-Luftverkehr zur Anwendung kommen. Es beruht auf der Vergabe von Emissionsrechten, die zwischen Staaten/Branchen/Unternehmen gehandelt werden dürfen. So könnten z. B. Unternehmen, die überdurchschnittliche Erfolge in der Emissionsreduktion erzielen, die nicht in Anspruch genommenen Emissionsmengen an andere Unternehmen verkaufen. Wenn die Emission von klimaschädlichen Gasen mit Kosten verbunden ist und die begrenzten Verschmutzungsrechte handelbar sind, dann entsteht hierfür ein Markt. Steigende Nachfrage infolge von Verkehrssteigerung oder politischer Verknappung der Emissionsrechte führt zu steigenden Preisen, die Investitionen in Emissionsvermeidung unternehmerisch sinnvoll machen. Ziel ist, damit die Bemühungen um Emissionsreduktionen finanziell zu belohnen und über eine schrittweise Verringerung der Gesamtnutzungsrechte den Emissionsausstoß zu reduzieren. Ein hohes Einsparpotenzial liegt in der **Neuordnung** der staatlichen Luftverkehrssicherung. Die Vermeidung von Flugstrecken, die nur auf Umwegen zum Ziel führen, von Warteschleifen vor der

---

[139] BUND: Stellungnahme zum Flughafenkonzept, S. 3.
[140] So z. B. im Abkommen zwischen der EG und Österreich über den Transitgüterverkehr auf Schiene und Strasse von 1992.
[141] Immission = Einwirkungen auf Natur und Lebewesen; vgl. dazu auch WOERZ, C.: Deregulierungsfolgen, S. 191 ff und S. 204 f. Ausführlich SCHMIDT, A.: Umweltökonomische Lizenzlösung, S. 107-186.

Landung und von Wartezeiten mit laufenden Triebwerken vor dem Start resultieren in einer vermeidbaren Umweltbelastung.

Verkehrsverlagerung

Nach Angabe von EUROCONTROL haben 47% der innereuropäischen Flüge eine Flugstrecke von weniger als 500 km Länge.[142] Selbst wenn nur ein Teil dieser Flüge durch alternative Beförderung ersetzt werden können, ergibt sich daraus theoretisch ein erhebliches Verlagerungspotential. Unter Umweltschutzaspekten ist eine Verlagerung des Luftverkehrs auf die verbrauchs- und emissionsgünstigeren Verkehrsmittel Bahn und Bus vorteilhaft (vgl. Abb. 8.6).[143] Bahn und Bus liegen beim Primärenergieverbrauch und den betrachteten Schadstoffen bezogen auf einen Personenkilometer am günstigsten. Flugzeug und PKW weisen deutlich schlechtere Werte auf.

	Pkw o. Kat	Pkw G-Kat	Pkw Diesel	Bahnreise	Busreise	Flugreise
je Person und Reise (1.000 km)						
Primärenergieverbrauch (in MJ)	1.050	1.100	1.000	730	410	1.500
Kohlendioxid (in kg)	75	79	73	33	30	110
Schwefeldioxid (in g)	14	15	61	30	25	42
Stickoxide (in g)	1.020	260	230	61	340	520
Kohlenmonoxid (in g)	6.240	1.450	110	14	67	100
Methan (in g)	24	13	5,5	0,62	3,1	9,8
Dieselpartikel (in g)	0	0	47	2,6	14	2,0

Anmerkungen: G-Kat = geregelter Katalysator; Gesamtemissionen = direkte Emissionen plus die anteiligen in Kraftwerken und Raffinerien entstehenden Emissionen

Beim Pkw wurde von einer Besetzung mit drei Personen ausgegangen, für die übrigen öffentlichen Verkehrsmittel wurde mit durchschnittlichen, in Westdeutschland gültigen Auslastungsgraden gerechnet. Bezugsjahr ist 1993. Die Emissionen der verschiedenen Verkehrsmittel sind außer bei CO_2 nicht vollständig miteinander vergleichbar, da sie z. T. ein unterschiedliches Schädigungspotential beinhalten.

Werte für die Darstellung gerundet; die z. T. mehrstelligen Zahlenangaben dienen nur der Verdeutlichung – sie entsprechen nicht den in den Angaben in Wirklichkeit enthaltenen Ungenauigkeiten.

Quelle: UMWELTBUNDESAMT: Verkehrsleistung und Luftschadstoffemissionen, S. 52.

Abb. 8.6. Primärenergieverbrauch und Gesamtemissionen verschiedener Verkehrsmittel bei einer Reise von einer Person über 1.000 km Entfernung

---

[142] Ohne weitere Quellenangabe zitiert in JOHNSON, T.: Aviation, S. 3.
[143] Zur Verkehrsverlagerung zwischen Flughäfen aus Gründen der besseren Kapazitätsnutzung vgl. ZEIKE, O.: Nachfrageveränderungen im Rahmen von Flughafenkooperationen, S. 100-182.

Beim Vergleich PKW/Flugzeug ist zu berücksichtigen, dass bei obigen Berechnungen von einer Besetzung des Pkws mit drei Personen ausgegangen wird. Eine Besetzung mit mehr oder weniger Personen ergibt dementsprechend drastische Veränderungen. Dies zeigt sich bei einem Vergleich innerdeutscher Geschäftsreisen:

> „Weil (aber) der Geschäftsreiseverkehr auf der Straße überwiegend mit Fahrzeugen hoher Motorleistung abgewickelt wird und der durchschnittliche Besetzungsgrad im Geschäftsreiseverkehr nur 1,1 Personen/Fahrzeug beträgt, liegt der spezifische Primärenergieverbrauch des Geschäftsreise-Pkws doppelt so hoch wie der des innerdeutschen Luftverkehrs. (...) Der spezifische Primärenergiebedarf des Luftverkehrs liegt heute selbst auf innerdeutschen Strecken nur noch um einen Faktor 3 über dem des Schienenverkehrs."[144]

Eine Verkehrsverlagerung auf den Bus kommt infolge fehlender Liniendienste außerhalb des Nahverkehrs als alternatives Verkehrsmittel nur für Urlaubsreisen im Gelegenheitsverkehr in Frage und stößt dort bei Entfernungen über 1.000 km hinsichtlich der Reisedauer auf erhebliche Nutzungsprobleme. Da in der Bustouristik bereits jetzt genügend Angebote zur Verfügung stehen (im Busreisesektor besteht Überkapazität), wäre eine bedeutsame Steigerung der Nachfrage nach Busreisen wohl nur durch Subventionierung der Reisepreise zu erreichen. Die bisher bestehenden Buslinien zu den Flughäfen (z. B. Lufthansa Airport Bus zwischen Frankfurt/Main und Mannheim/Heidelberg, Saarbrücken, Strassburg) stellen keinen Ersatz für Kurzstreckenflüge, sondern für die Anreise im PKW dar.

Bei der Betrachtung einer Verkehrsverlagerung auf die Bahn ist zwischen eigenständigen Flügen und Zubringerflügen zu internationalen Knotenflughäfen (Hubs) zu unterscheiden. Bei eigenständigen Flügen sind Hochgeschwindigkeitszüge auf mittleren Strecken mit äquivalenten Bodenreisezeiten konkurrenzfähig. Zubringerflüge sind dagegen anschlussorientiert geplant. Das bedeutet für den Passagier, dass er bei Umsteigeverbindungen zwar das Flugzeug, nicht aber das Verkehrsmittel wechseln muss; das Gepäck wird zum Endflughafen durchgecheckt, die Anschlusszeiten sind gering und die Umsteigewege kurz. Soll die Bahn das Flugzeug ersetzen, dann müsste sie einen ebenso einfachen Reiseablauf ermöglichen. Davon ist die Realität noch weit entfernt, da die meisten Flughäfen noch nicht einmal über einen Fernbahnanschluss verfügen. Eine Ausnahme bildet der Flughafen Frankfurt/Main. Hier besteht seit 2001 für Lufthansa-Passagiere durch die AIRail-Kooperation von Lufthansa, Bahn AG und Fraport AG die Möglichkeit, innerdeutsche Flüge von Stuttgart und Köln nach und von Frankfurt durch Zugfahrten ersetzen. Bis 20 Minuten vor Abfahrt können sie am Check-In-Schalter der Lufthansa im Hauptbahnhof der jeweiligen Stadt ihr Gepäck abgeben und erhalten dort ihre Bordkarten für alle Anschlussflüge ab Frankfurt. Für das Umsteigen in Frankfurt gilt, genau wie beim Wechsel von Flug zu Flug, eine Mindestumsteigezeit von 45 Minuten. Bei der Rückreise kann das Gepäck erst im Hauptbahnhof des Zielorts in Empfang genommen werden.

---

[144] ADV: Jahresbericht 1994, S. 22 f.

Seitens der Fluggesellschaften haben die Anschlussflüge eine so wichtige Funktion, dass sie selbst bei andauernden Streckenverlusten aufrechterhalten werden. WENDLIK stellt auf der Basis der Lufthansa-Betriebsergebnisse dazu fest: „Die Zu- und Abbringerflüge von und nach Frankfurt mit kurzer Streckenlänge (...) sind verlustbringend. (...) Diesen Werten stehen interkontinentale Zusatzerträge gegenüber, die weit über dem Zehnfachen des Verlustes der Zubringerstrecken liegen."[145] Da die Auflistung der konkurrierenden Angebote verschiedener Fluggesellschaften in den elektronischen Vertriebssystemen wie AMADEUS, GALILEO oder SABRE nach Reisezeiten für die Gesamtstrecke, z. B. von Hamburg über Frankfurt nach Detroit, erfolgt, kann die Lufthansa auf die Zubringerflüge zum Transatlantikverkehr nicht zugunsten der Bahn verzichten, da die geringfügige Reisezeiterhöhung für die innerdeutsche Beförderung (die für den Kunden eventuell unbedeutend ist) ein Abrutschen vom Spitzenplatz um mehrere Ränge und damit eine wesentlich schlechtere Verkaufbarkeit zur Folge hätte. Die Lufthansa schätzt das Verlagerungspotential wie folgt ein: „Unter optimalen Bedingungen rechnen Experten mit 20.000 Kurzstreckenflügen, die langfristig in Frankfurt pro Jahr durch innerdeutsche Bahnfahrten nach dem intermodalen Modell AIRail ersetzt werden könnten. Dies entspricht rund vier Prozent der gesamten Flugbewegungen in Frankfurt."[146] Zu einem ähnlichen Ergebnis kommt BERNHARD in Bezug auf den Flughafen Frankfurt: „Die Entlastungswirkung für den Flughafen Frankfurt darf (...) jedoch auf keinen Fall überschätzt werden. Selbst unter günstigen Voraussetzungen liegt die Anzahl der auf den Start- und Landebahnen eingesparten Flugzeugbewegungen durch Verkehrsverlagerung auf die Schiene höchstens in der Größenordnung des Nachfragezuwachses von zwei Jahren."[147]

Das Verlagerungspotential für eigenständige Flüge (Punkt zu Punkt-Verbindungen) ist dagegen wesentlich höher. Unter der Voraussetzung einer optimalen Kooperation der beiden Verkehrsträger und des abgeschlossenen Ausbaus der Hochgeschwindigkeitsstrecken mit den größten deutschen Flughäfen ergeben sich bis zum Jahre 2010 die in Abb. 8.7 dargestellten Verlagerungspotentiale. Hier zeigt sich, dass nur bei Strecken, auf denen der Zeitvorsprung der Flugreisen kleiner als eine Stunde ist, mit Verkehrsverlagerungen gerechnet werden kann.

Selbst wenn die prognostizierten Verkehrsverlagerungen eintreten würden (die Realisierung der optimalen Kooperation bis zum Jahr 2010 erscheint eher unwahrscheinlich), würde sich der ökologische Gewinn in Grenzen halten:

> „Da nur etwa 20% des Aufkommens an deutschen Flughäfen innerdeutsch ist, kann man davon ausgehen, dass nur etwa 5% des gesamten in der BRD vertankten Treibstoffverbrauchs auf innerdeutschen Strecken verflogen werden. Entsprechend gering ist hier das Einsparpotential. Dieses vergrößert sich erst bei Übertragung auf innereuropäische Flüge deutlich, allerdings werden bei längeren Strecken die Geschwindigkeitsvorteile selbst ge-

---

[145] WENDLIK, H.: Infrastrukturpolitik, S. 101.
[146] LUFTHANSA: Erst vernetzen, dann verlagern, o. S.
[147] BERNHARD, H.: Schienenanbindung der deutschen Flughäfen, S. 8.

genüber dem zukünftigen europäischen Hochgeschwindigkeitssystem der Bahn größer."[148]

Das Angebot Rail&Fly, bei dem die Bahnanreise zum Flughafen entweder zu einem Pauschalpreis erworben werden kann oder schon im Flugpreis/Pauschalreisepreis inbegriffen ist, richtet sich in erster Linie an Kunden, die mit dem PKW anreisen und führt nur sehr beschränkt zu einer Verlagerung von Zubringerflügen auf die Bahn.

Flugrelation	Gesamtreise Zeitvorsprung der Flugzeuge	Verlagerungspotential vom Flug zur Bahn
Frankfurt – Köln		
Frankfurt – Stuttgart	negativ	70-100%
Köln – Stuttgart		
Frankfurt – Nürnberg	bis 30 Min.	30-40%
Frankfurt – Hannover		
Frankfurt – München		
Köln – Nürnberg	45-70 Min.	15-20%
Frankfurt – Bremen		
Frankfurt – Hamburg		
Düsseldorf – Hamburg	75-85 Min.	12-15%
Hannover – Stuttgart		
Köln – Hamburg		
Bremen – Stuttgart	95-115 Min.	8-12%
Düsseldorf – München		
Bremen – München		
Hamburg – Stuttgart	über 2 Stunden	4-8%
Hamburg – München		

Quelle: BAUM, H., /WEINGARTEN, F.: Kooperation zwischen Schienen- und Luftverkehr, S. 42 f.

Abb. 8.7. Verlagerungspotential zwischen Flugzeug und Bahn im innerdeutschen Verkehr

Die **verkehrspolitischen Instrumente** zur Verbesserung der Intermodalität liegen in einem Ausbau des Hochgeschwindigkeitsnetzes der Bahn und in einem verbesserten Bahnanschluss der Flughäfen. Die Zollabfertigung schon am Ausgangsbahnhof ist eine weitere Voraussetzung für die Akzeptanz der Bahnanreise. Um preisliche Anreize für eine Verkehrsverlagerung zu schaffen, fordert der BUND eine Verteuerung der Flugpreise durch Kerosinabgaben und Abschaffung von Steuervergünstigungen bei gleichzeitiger Preissenkung für Bahnreisen.[149] Auf Grund der Privatisierung der Bundesbahn hat der Bund aber, abgesehen von der Subventionierung von Bahntrassen, nur bedingt Lenkungsmöglichkeiten.

---

[148] GREENPEACE: Klimaschädlichkeit des Flugverkehrs, S. 55.
[149] Vgl. BUND: Stellungnahme zum Luftverkehrskonzept, S. 3.

8.6 Aktuelle Aspekte der Deutschen Luftverkehrspolitik

8.6.1 Luftverkehrspolitik des Bundes

Die nationale Luftverkehrspolitik der EU-Mitgliedsstaaten hat in den letzten beiden Jahrzehnten zunehmend an Bedeutung verloren, da die Verkehrspolitik der Europäischen Gemeinschaft inzwischen nahezu alle Bereiche, die auch Gegenstand der nationalen Verkehrspolitik sind, umfasst, insbesondere das Wettbewerbsrecht und die Sozialgesetzgebung für den Verkehr, die Verkehrssicherheit sowie den Umweltschutz, zunehmend aber auch die Verkehrswege, den Verbraucherschutz, die Forschungsförderung und die Beziehungen zu Drittländern. Insofern sind die Felder, auf denen die Staaten in der Luftverkehrspolitik eigenständig gestalterisch tätig sein können, zunehmend geringer geworden. Faktisch bedeutet das für die Luftverkehrspolitik der Bundesregierung, dass die Vertretung der deutschen Interessen in den EU-Gremien sowie die Umsetzung und Durchsetzung der Verordnungen und Regelungen einen Schwerpunkt darstellen.[150] Die deutschen Forderungen an die europäische Verkehrspolitik[151] sind:

- Effizientes und integriertes Verkehrssystem, das den europäischen Bürgern und Unternehmen die notwendige Mobilität sichert,
- Vernetzung der Verkehrsträger,
- Fairer Wettbewerb,
- Wahrung der sozialen Dimension im Verkehr,
- Hohe Sicherheits- und Umweltstandards,
- Förderung sicherer, umweltfreundlicher und europaweit interoperabler Verkehrsmittel,
- Europäischer Beitrag zur zivilen Satellitennavigation im Rahmen des transeuropäischen Verkehrsnetzes.

Weitere aktuelle Aktionsfelder der Luftverkehrspolitik des Bundes sind die Besteuerung des Luftverkehrs, Flughafenplanung und -beteiligung, die Novellierung des Lärmschutzgesetzes, die Privatisierung der Flugsicherung sowie die Sicherheit auf Flughäfen.

Besteuerung/Abgaben
Die steuerrechtliche Sonderbehandlung des Luftverkehrs gegenüber anderen Verkehrsträgern liegt in der Steuerbefreiung der Flugtreibstoffe und der Befreiung internationaler Flüge von der Mehrwertsteuer.

Treibstoffe für den gewerblichen Luftverkehr sind von der **Mineralölsteuer** (§ 4 I Nr. 3 MinöStG) befreit, während die Bahn lediglich beim Verbrauch elektrischen Stroms eine Steuerermäßigung erhält, bei Dieseltreibstoff aber dem gleichen Steuersatz unterliegt wie der Straßenverkehr; der Busreiseverkehr ist mineral-

---

[150] Zur Bedeutung von Lobbying vgl. KYROU, D.: Lobbying the European Commission: the case of air transport; POMPL, W.: Internationale Strategien, S. 203-205.
[151] Vgl.: BUNDESMINISTERIUM FÜR VERKEHR, BAU UND STADTENTWICKLUNG: Europäische Verkehrspolitik, o. S.

ölsteuerpflichtig. Der dem Bund dadurch entstehende Steuerausfall beträgt jährlich ca. € 400 Mio. (2003-2006).[152] Im Subventionsbericht 2006 des Bundesministeriums der Finanzen wird formuliert: „Die Begünstigung des gewerblichen inländischen Flugverkehrs ist abzubauen. Wegen des erreichten Entwicklungsstandes ist diese gegenüber dem mit Mineralölsteuer belasteten Straßenverkehr und Schienenverkehr mit Diesellokomotiven nicht mehr gerechtfertigt."[153] Nach Ansicht der Bundesregierung wäre eine Kerosinbesteuerung keine Benachteiligung des Luftverkehrs, sondern ein Schritt in Richtung Steuergerechtigkeit im Verkehr. Ein weiteres Ziel besteht in der Reduzierung des Zuwachses der luftverkehrsbedingten Emissionen, da die erreichbaren Reduzierungen der Emissionen pro PKM durch das prognostizierte Wachstum mehr als aufgehoben werden. Nach einer Prognose des TÜV RHEINLAND ist für das Jahr 2020 eine Verdoppelung der Kohlendioxid- und Stickstoffoxid-Emissionen gegenüber dem Basisjahr 1995 zu erwarten.[154]

Bei einer einseitigen Besteuerung des Treibstoffs besteht die Gefahr von Ausweichstrategien beim Tanken. Luftverkehrsgesellschaften könnten ihre Maschinen nach einem Flugplan einsetzen, nach dem ein Flugzeug im steuerbegünstigten Ausland tankt, Treibstoff an Bord nach Deutschland einführt, hier innerstaatliche Flüge durchführt und zum erneuten Auftanken wieder eine entsprechende Auslandsstrecke befliegt. Das würde zu einer Verminderung der in Deutschland getankten Kerosinmenge führen, ohne dass dadurch insgesamt der Treibstoffverbrauch sinken würde. Einnahmeausfälle des Staates und eine reduzierte ökologische Lenkungswirkung wären die Folge. Allerdings hat PACHE in einem im Auftrag des Bundesumweltamts erstellten Gutachten Vorschläge für eine Ausgestaltung der Kerosinsteuer unterbreitet, die eine Tankering-Strategie verhindern könnten. Er schlägt dazu eine Kombination von Bezugs- und Nachweispflicht vor: „Dabei würde bei der Entnahme von Kerosin aus einem in Deutschland gelegenen Steuerlager zur Verwendung auf innerstaatliche Flüge ein Steueranspruch entstehen. (…) Soweit Kerosin in den Hauptbehältern von Luftfahrzeugen eingeführt wird und eine Anknüpfung an die Entnahme aus dem Steuerlager daher nicht möglich ist, müssten die Luftfahrtgesellschaften die Verbrauchsdaten an die Finanzverwaltung melden."[155]

Allerdings machte das Ministerium in Presseinterviews deutlich, dass es sich bei der Abschaffung der Steuerbegünstigung lediglich um eine anzustrebende politische Zielmarke handle und keine unmittelbaren Initiativen geplant seien, da nur durch eine einheitliche Lösung für die Gemeinschaft eine Benachteiligung deutscher Fluggesellschaften zu vermeiden sei.[156]

---

[152] Vgl. BUNDESMINISTERIUM DER FINANZEN: 20. Subventionsbericht, Beiheft, S. 22.
[153] BUNDESMINISTERIUM DER FINANZEN: 20. Subventionsbericht, Beiheft, S. 73.
[154] Vgl. TÜV RHEINLAND: Maßnahmen zur Schadstoffreduzierung, S. 82 ff.
[155] PACHE, E.: Kerosinsteuer, S. 101. Vgl. auch BIELITZ, J.: Rechtsfragen einer Kerosinbesteuerung, S. 57 ff.
[156] Vgl. o. V.: Kerosinsteuer.

Eine Klage der Deutschen Bahn beim Europäischen Gerichtshof gegen die steuerliche Ungleichbehandlung von Bahn- und Fluggesellschaften (Rechtssache T-351/02, Urteil vom 05.04.2006)[157] wurde abgewiesen. Nach Ansicht des Gerichts sei die Klage unbegründet, da die Mineralölsteuerbefreiung nicht eine nationale deutsche Entscheidung betreffe, sondern die Umsetzung einer Richtlinie des Ministerrates aus dem Jahre 1992 sei; daher handle es sich nicht um eine nationale Beihilfe (RN 120). Ebenfalls zurückgewiesen wurde das Argument der Ungleichbehandlung. Flug- und Bahnverkehrsdienste unterschieden sich in Bezug auf ihre charakteristischen Merkmale der jeweiligen Tätigkeit, ihrer Kostenstrukturen und den sie betreffenden Rechtsvorschriften so stark voneinander, dass sie im Sinne des Gleichbehandlungsgrundsatzes nicht vergleichbar seien (RN 138).

Für den Luftverkehr besteht eine Befreiung von der **Mehrwertsteuer** für grenzüberschreitende Flüge (§ 4 II UStG), während für Bahnreisen bei einer Entfernung über 50 km der volle Mehrwertsteuer gilt und auch Busreisen mehrwertsteuerpflichtig sind. Die Bundesregierung der Legislaturperiode 1998-2002 (Koalition SPD, Bündnis 90/Die Grünen) hatte 2002 im Rahmen eines Steuervergünstigungsabbaugesetzes geplant, die Mehrwertsteuerbefreiung für grenzüberschreitende Flüge aufzuheben.[158] Dieses Gesetz unterlag der Zustimmungspflicht des Bundesrates und wurde dort von der Unionsmehrheit (CDU/CSU) abgelehnt. Daher ist in der Legislaturperiode 2005-2009 nicht mit einem erneuten Aufgreifen der Problematik durch die Große Koalition (CDU/CSU/SPD) zu rechnen.

Eine **Abgabe auf Flugtickets** zur Finanzierung von Aufgaben im Rahmen der Entwicklungshilfe zu erheben, wie sie eine Initiative des Europäischen Rates vorschlägt, wird von der Bundesregierung abgelehnt, da sie nur dann sinnvoll sei, wenn sich eine große Zahl von Ländern anschließe. Dies erscheint aber eher unwahrscheinlich.

Privatisierung der Deutschen Flugsicherung
Nach der Organisationsprivatisierung der Bundesanstalt für Flugsicherung in eine GmbH im Jahre 1993 ist die Kapitalprivatisierung für 2006 geplant. Die Beteiligung privater Investoren soll der DFS mehr unternehmerische Handlungsfreiheit ermöglichen, um bei der bevorstehenden Liberalisierung der europäischen Luftraumüberwachung als konkurrenzfähiger Wettbewerber agieren zu können.[159]

Fluglärmgesetz
Das aus dem Jahre 1971 stammende und bisher kaum veränderte Fluglärmgesetz gilt sowohl aus fachlicher als auch aus politischer Sicht als veraltet und soll novelliert werden. Es trägt der veränderten Belastungssituation (trotz geringerer Maximalpegel Erhöhung des Lärms durch Zunahme der Zahl der Flüge und des Tagesrandflugbetriebs) nicht mehr in ausreichendem Maße Rechnung und bezieht sich

---

[157] EUROPÄISCHER GERICHTSHOF: Deutsche Bahn v Commission.
[158] Entwurf eines Gesetzes zum Abbau der Steuervergünstigungen und Ausnahmeregelungen (Steuervergünstigungsgesetz – StVergAbG), BT-Drs. 15/119.
[159] Vgl. zu allgemeinen Aspekten HARTWIG, K.-H., SASS, U.: Privatisierung der Flugsicherung.

auf überholte Ergebnisse der Lärmwirkungsforschung.[160] Kernbereiche der Neufassung sind eine deutliche Absenkung der Grenzwerte für Lärmschutzzonen, der Anspruch auf durch die Flughäfen finanzierten baulichen Schallschutz für Wohnungen sowie Einschränkung für den Bau von Wohnungen und schutzbedürftigen Einrichtungen (z. B. Krankenhäuser, Kindergärten, Schulen) in den lärmbelasteten Bereichen.[161]

Forschungsförderung
Die Forschungsförderung im Bereich Luftfahrt erfolgt weitgehend durch die EU. Für die Bundesrepublik fordert der Beirat Luftfahrtforschung, „für ein mittelfristiges ziviles Luftfahrtforschungsprogramm als komplementären Beitrag der Bundesregierung zu den EU-Rahmenprogrammen (…) mindestens € 50 Mio. jährlich an öffentlichen Mitteln einzuplanen".[162]

8.6.2 Luftverkehrspolitik der Länder

Die Luftverkehrspolitik der Länder ist vor allem hinsichtlich der Flughäfen von Bedeutung. Bundesländer und regionale Gebietskörperschaften (Landkreise, Kommunen) betreiben Flughäfen unterschiedlicher Größe, die als Teil der Regionalpolitik eine Förderung der heimischen Wirtschaft und des Privatverkehrs zum Ziel haben (vgl. Abb. 8.8). „Viele strukturschwache Regionen hoffen, den lokalen Aufschwung im Hunsrück, der durch das Wachstum des Flughafens Hahn generiert wurde, wiederholen zu können. (…) Außerdem ist die Vorstellung, einen eigenen Flughafen zu haben, auch aus Prestigegründen für viele regionale Politiker verlockend."[163] Daneben wird die Entlastung der Knotenflughäfen als Argument angeführt.

> **Beispiele umstrittener Flughafenprojekte**
>
> **Beispiel 1:**
> Die Länder Sachsen-Anhalt, Sachsen und Thüringen mit ca. neun Mio. Einwohnern verfügen über die drei internationalen Flughäfen Leipzig/Halle, Dresden und Erfurt, deren Ausbau mit fast zwei Mrd. staatlicher Subvention finanziert wurde. Zudem wurde der Regionalflughafen Magdeburg für € 14 Mio. erweitert. Fast jeder Einwohner der Region kann innerhalb von 90 Minuten einen dieser Flughäfen erreichen. Alle drei Flughäfen sind schlecht ausgelastet: Statt der möglichen 10 Mio. Fluggäste wurden 2005 nur 4,2 Mio. Fluggäste abgefertigt. Die Zahl der Flugbewegungen ging von 92.716 im Jahre 1995 auf 70.295 im Jahre 2004 zurück. Trotzdem wird in neue Flughafenprojekte investiert:
>
> **Altenburg** (50 km vom Flughafen Leipzig entfernt), ein ehemaliger sowjetischer Militärflughafen, wurde für € 15 Mio. ausgebaut, eine Sanierung der Rollbahn für € 2 Mio. ist geplant. Betreiber des defizitären Flughafens sind Landkreis und Stadt.

---

[160] Vgl. SCHMIDT, T.: Luftverkehrskonzepte der Bundesregierung, S. 65.
[161] Vgl. BUNDESMINISTERIUM FÜR UMWELT, NATURSCHUTZ UND REAKTORSICHERHEIT: Pressemitteilung 018/06.
[162] Vgl. BUNDESMINISTERIUM FÜR WIRTSCHAFT UND TECHNOLOGIE: Luftfahrt 2020, S. 12.
[163] DEUTSCHE BANK RESEARCH: Ausbau von Regionalflughäfen, S. 2.

Cochstedt wurde seit 1997 für € 45 Mio. ausgebaut; eine vom Landkreis getragene Betreiberfirma meldete noch vor Beginn des regulären Flugbetriebs Insolvenz an, worauf eine landeseigene Betreiberfirma den Flughafen für € 5 Mio. übernahm und bis 2006 nochmals ca. € 3 Mio. investierte, um das Unternehmen für einen möglichen privaten Investor interessant zu machen.

Beispiel 2:
In Schwaben sollen die Flughäfen Augsburg, Lagerlechfeld und Memmingen, deren Einzugsgebiete sich weitgehend überschneiden, ausgebaut werden.

Beispiel 3:
Der geplante Ausbau von Kassel-Calden (€ 150 Mio.) führt zur Konkurrenz mit dem 75 km entfernten Flughafen Paderborn-Lippstadt, der gerade kostendeckend arbeitet. Prognosen gehen davon aus, dass beide Flughäfen nicht kostendeckend arbeiten können. Zudem liegt der im weiteren Einzugsbereich (ca. 150 km) der Flughäfen Frankfurt/Main, Hannover und Erfurt.

Quellen: MÜLLER, U.: Mitteldeutsche Luftnummern, DEUTSCHE BANK RESEARCH: Ausbau von Regionalflughäfen, LUFTHANSA: Politikbriefe.

8.6.3 Kritik an der gegenwärtigen Luftverkehrspolitik

Die Luftverkehrspolitik des Bundes wird vor allem von umweltschutzorientierten Nichtregierungs-Organisationen und der Oppositionspartei Bündnis 90/Die Grünen[164] kritisiert. Stellvertretend kann die Argumentation des Bundes für Umwelt und Naturschutz (BUND),[165] des größten deutschen Naturschutzbundes angeführt werden; ähnliche Positionen vertreten andere Nicht-Regierungs-Organisationen wie GERMANWATCH, Verkehrsclub Deutschland, Naturschutzjugend oder TourismWatch.

Bezüglich des Ausbaus von Flughäfen wird vor allem beanstandet, dass keine verbindlichen Festlegung von Umweltzielen erfolgt, die wirtschaftlichen Impulse, insbesondere Arbeitsplätze in Zusammenhang mit Flughäfen, überschätzt würden und ein langfristiges Gestaltungsszenario, das die Auswirkung von Verkehrsverlagerung auf die Bahn, Effizienzsteigerungen und Verkehrsvermeidungsmaßnahmen berücksichtigt, fehlt. Der BUND fordert daher von der Bundespolitik folgende Aktivitäten:

- Festlegung von verbindlichen Zielen einer langfristig umweltverträglichen Mobilität;
- Ausweitung der Nachtflugverbote, Festlegung von Lärmschutzstandards und Kompensationsregeln, die die Gesundheit der Flughafenanwohner wirksam schützen;
- Festlegung von Maßstäben und Obergrenzen der Umweltkapazität (Abgase, Natur- und Landschaftsverbrauch) von Flughafenregionen;

---

[164] BÜNDNIS 90/DIE GRÜNEN: Wahlprogramm 2005, o. S.
[165] Vgl. BUND: Bund-Position zur Luftverkehrspolitik; Stellungnahme zum Flughafenkonzept.

- Verlagerung von Kurzstreckenflügen auf die Bahn statt Expansion des Luftverkehrs und Flughafenausbau;
- Kooperation der Flughäfen untereinander sowie Kooperation von Bahn und Flugzeug („Hub-Plus-Konzept");
- Flugverkehrsvermeidung durch Abbau von Subventionen des Luftverkehrs, Einführung einer Kerosinsteuer[166] und von emissionsbezogenen Landegebühren;
- Finanzierung von Schallschutzmaßnahmen nach dem Verursacherprinzip durch die Flughäfen.

Die **Luftverkehrsgesellschaften** befürworten bezüglich der Flughafenentwicklung die Unterstützung der Initiative Luftverkehr und fordern insbesondere den Verzicht des Ausbaus von Kleinstflughäfen und ehemaligen Militärflughäfen, da in Deutschland bereits 39 Regionalflughäfen bestehen, von denen lediglich fünf mehr als 500.000 Fluggäste (die kritische Grenze für einen rentablen Betrieb liegt bei 500.000 bis 2 Mio. Passagieren) abfertigen.[167] Infolge dieser Überkapazität sei ein Neu- oder Ausbau von Regionalflughäfen durch Gebietskörperschaften aus verkehrspolitischer Sicht nicht erforderlich.

Die großen Fluggesellschaften und die Verkehrsflughäfen sehen im Ausbau der Regionalflughäfen eine Konkurrenz durch innereuropäische Direktflüge dorthin und eine Bedrohung des Zubringerverkehrs zu den Hubs. Zudem seien die meisten Regionalflughäfen nicht für eine Entlastung der Knotenflughäfen geeignet. Eine Zersplitterung des Luftverkehrs gehe zu Lasten aller Flughafenstandorte, da ein ruinöser Wettbewerb zwischen den Flughäfen durch niedrige Gebühren für die Fluggesellschaften, insbesondere Low Cost-Carrier, entstehen könne. Da solche Flughäfen nicht dauerhaft rentabel zu betreiben sind, käme es zur Verschwendung von Steuermitteln für Bau und laufenden Betrieb. Mit Steuergeldern finanzierte Nachfrage stelle eine Verschwendung gesamtwirtschaftlicher Ressourcen dar, die sinnvoller in den Ausbau der großen Flughäfen investiert werden sollten. Daher fordert BARIG: „Flughäfen, die auf Dauer die Rentabilitätsschwelle nicht erreichen, sollten geschlossen werden oder geschlossen bleiben."[168]

Die Fluggesellschaften lehnen, zusammen mit den Flughäfen und Vertretern der Wirtschaft, eine **Kerosinsteuer** auf nationaler und europäischer Ebene ab.[169] Der Luftverkehr ist der einzige Verkehrsträger, der seine Infrastrukturkosten (Bau und Betrieb von Terminals, Start- und Landebahnen, Nutzung der Luftstrassen, Wetterdienst) über Gebühren und Entgelte selbst zahlt. Durch dieses System der Nutzerfinanzierung bestehe also kein zusätzlicher Finanzierungsbedarf durch

---

[166] So wird die Einführung einer Kerosinsteuer in Höhe von in Höhe von 65,45 Cent/Liter (Regelsteuersatz) gefordert, wodurch sich z. B. die Kosten eines Hin- und Rückfluges von Hamburg nach München durchschnittlich um 39 Euro erhöhen würden (vgl. BUND: Steuergerechtigkeit, S. 4).
[167] Vgl. DEUTSCHE BANK RESEARCH: Regionalflughäfen, S. 1.
[168] Vgl. BUNDESVERBAND DER DEUTSCHEN INDUSTRIE: Positionspapier, S. 21; BARIG: Positionspapier, S. 3.
[169] Vgl. stellvertretend: LUFTHANSA: Politikbrief, Mai 2005, S. 1.; ähnlich BARIG: Positionspapier, S. 2.

Steuerfinanzierung. Das ökologische Ziel der Emissionsreduzierung hat nur ein geringes Entlastungspotential (z. B. weniger als 1% bei Kohlendioxid) und könne durch ein europäisches Flugsicherungssystem und mehr Kapazität an Flughäfen (weniger Warteschleifen) effektiver erreicht werden. Wirtschaftlich führte eine Kerosinsteuer zur Benachteiligung deutscher Fluggesellschaften gegenüber Konkurrenten aus Staaten ohne Kerosinsteuer. Wer die Mineralölsteuer im Luftverkehr einführen will, müsste zuvor die Nutzergebühren abschaffen, um eine Doppelbelastung zu vermeiden.

Die Luftverkehrswirtschaft sieht Sicherheit (security) als hoheitliche Aufgabe an, die durch den Staat zu gewährleisten sei. Der erhöhte Standard für die Sicherheit im Luftverkehr, insbesondere die Personen-, Gepäck- und Frachtkontrollen an den Flughäfen wird in Deutschland fast ausschließlich über Luftsicherheitsgebühren und -entgelte von den Fluggesellschaften und deren Passagieren finanziert. „Diese Maßnahmen und ihre Finanzierung führen zu direkten Wettbewerbsnachteilen der Airlines und des Luftverkehrsstandortes im europäischen und internationalen Umfeld. Sicherheit der Bürger zu gewährleisten ist und bleibt eine hoheitliche Aufgabe des Staates. BARIG erwartet, das (…) diese Ungleichheit beendet und der Staat künftig auch die finanzielle Verantwortung für die hoheitlichen Aufgaben übernimmt."[170]

---

[170] BARIG: Positionspapier, S. 2.

9 Neue Entwicklungen in der Luftverkehrspolitik

9.1 Änderung der luftverkehrspolitischen Ordnungsvorstellungen

Seit Anfang der siebziger Jahre zeigten sich in mehreren wichtigen Verkehrsgebieten zunehmende Tendenzen zu Veränderungen des bisher festen Ordnungsrahmens des Weltluftverkehrs, ausgelöst durch einen langfristigen Strukturwandel dieses Wirtschaftszweiges und durch wirtschaftspolitische Neuorientierungen in einzelnen Staaten und in der EG. Im Kern ging es dabei um eine Verbesserung der Wettbewerbsmöglichkeiten durch erleichterten Marktzugang, um Reduzierung von Kapazitätsbeschränkungen und um ein flexibleres Tarifsystem.

Aus der Sicht der ordnungspolitischen Reformer hatte der Luftverkehr nach einer dreißigjährigen Phase ununterbrochenen Wachstums und technologischer Innovationen ein Entwicklungsstadium erreicht, in dem die früher als notwendig angesehenen Schutzzäune der Regulierung Produktivitätsfortschritte eher behinderten als förderten und sich zuungunsten der Verbraucher und der leistungsfähigen Fluggesellschaften auswirkten. Auf der Anbieterseite standen zwischenzeitlich genügend Fluggesellschaften bereit, den Luftverkehr effizient, sicher und zuverlässig abzuwickeln. Die Nachfrage – obwohl konjunkturempfindlich – hatte eine feste Basis auf hohem Niveau erreicht. Nicht zuletzt durch das in Bezug auf das Einkommen real sinkende Preisniveau entwickelte sich das Produkt Flugreise damit vom Luxusgut zu einem für immer breitere Bevölkerungsschichten erschwinglichen „commodity product" (Gebrauchsartikel). Zunehmend mehrten sich daher die Forderungen, die Luftfahrt als eine nunmehr „mature industry" in den freien Wettbewerb zu entlassen.

Konnte die IATA bis dahin durch ihre Verkehrskonferenzen als Ordnungsinstanz für die wirtschaftlichen Belange der Luftverkehrsgesellschaften gelten, so verlor sie zunehmend an Einfluss, da ihr in den Grundzügen auf die Nachkriegssituation zugeschnittenes Tarifkoordinationssystem den veränderten Anforderungen immer weniger gerecht wurde. „Open rate-Situationen", „limited agreements" und „innovative fares" führten zumindest zu einer teilweisen Auflösung des einheitlichen Tarifsystems, verstärkt durch die wachsende Zahl und Bedeutung der nicht der IATA angehörenden Fluggesellschaften. Durch neu auf die Auslandsmärkte drängende Luftverkehrsgesellschaften aus Ländern der Dritten Welt und des Ostblocks kam es auf vielen internationalen Strecken zu Verkehrsverdichtungen. Insgesamt wuchs das Angebot u. a. auch durch den Kapazitätsschub der neuen Großraumflugzeuge stärker als die Nachfrage; die Folge davon war eine zunehmende Überkapazität. Der Nutzladefaktor war von 60% Mitte der fünfziger Jahre auf 46% im Jahre 1970 gesunken.

Die Fluggesellschaften versuchten daher, mit verkaufsfördernden Sondertarifen und durch den Verkauf von Flugscheinen zu Preisen unterhalb der genehmigten Tarife auf dem „Graumarkt" ihre Auslastung zu steigern, so dass auch dadurch die bestehende Tarifordnung unter Druck geriet. Die Einbeziehung des Luftverkehrs in eine verstärkt wettbewerbsorientierte Wirtschaftspolitik führte zunächst zu einer Deregulierung des amerikanischen Binnenmarktes, wurde in der Folge dann von Staaten wie Kanada, Japan, Australien und Neuseeland teilweise übernommen und beeinflusste über die internationalen Strecken dieser Länder auch andere Verkehrsgebiete.

In Westeuropa ist die seit Anfang der 1980er Jahre in Gang gekommene Liberalisierung des Luftverkehrs in ihren wesentlichen Punkten auf die zunehmenden Aktivitäten der verschiedenen EG-Gremien zurückzuführen. Die amerikanische Deregulierungspolitik, neue bilaterale Luftverkehrsabkommen einzelner, an einer Marktöffnung interessierter Staaten und die wettbewerbsorientierten Marketingstrategien verschiedener außereuropäischer Fluggesellschaften hatten zwar in Einzelbereichen liberalisierende Folgewirkungen, die letztlich aber erreichten Umstrukturierungen des luftverkehrspolitischen Ordnungsrahmens wären ohne die EG-Initiativen zur Schaffung eines gemeinsamen Marktes für den Luftverkehr nicht möglich gewesen. Deren Strategien und Maßnahmen zwangen auch die vorwiegend an einer Aufrechterhaltung des bisherigen Zustandes interessierten internationalen Verbände wie IATA, ECAC oder AEA zu präventiven Liberalisierungsvorschlägen.

Die verkehrspolitische Idee der nationalen Transportautarkie innerhalb international verflochtener Märkte wurde durch diese Entwicklungen immer obsoleter und damit auch das System der Flag Carrier als Instrument zur Durchsetzung dieser Politik. Die Veränderungen im wirtschaftlichen Umfeld der europäischen Luftverkehrsgesellschaften, vor allem aber die abnehmende Konkurrenzfähigkeit gegenüber nichtstaatlichen Unternehmen aus liberalisierten Märkten, erforderten aus wirtschaftlichen Gründen Produktivitätssteigerungen, die nur durch eine stärkere Wettbewerbsorientierung der Fluggesellschaften zu erreichen waren. Zudem wirkte sich der damit verbundene Preis- und Qualitätswettbewerb zugunsten der Verbraucher aus, so dass sich die Marktmechanismen zunehmend gegenüber Protektionismus, Dirigismus und staatlichem Unternehmertum durchsetzen konnten. Deutlich wird dies vor allem daran, dass sich die Flugpreise trotz der vielen Verordnungen, Richtlinien und Gerichtsentscheide faktisch längst nach den Gesetzen von Angebot und Nachfrage am Markt bilden. Denn zwischenzeitlich hatte sich auch der als „Graumarkt" bezeichnete Vertriebsweg auf Anbieter- und Abnehmerseite gleichermaßen etabliert. Heute ist die „Non-IATA-Agentur" eine sowohl von Fluggesellschaften wie auch von Kunden anerkannte, übliche Vertriebsstelle für Flugscheine. Die nur zögernd gelockerten rechtlichen Bestimmungen hinkten damit faktisch der tatsächlichen Entwicklung immer hinterher.

Die Entwicklung eines liberalisierten Luftverkehrsmarktes wurde auf der politischen Ebene durch die inhaltlich verbindlichen Vorgaben des EWG-Vertrags, die wegbereitenden Urteile des Europäischen Gerichtshofes und schließlich entscheidend durch die Einheitliche Europäische Akte (EEA) ermöglicht. Obwohl im Ministerrat der EG die Befürworter einer weitgehenden Entregulierung in der Minderheit waren, konnten dort immer wieder Kompromisslösungen erzielt werden, die die Liberalisierung schrittweise voranbrachten.[1] Von den betroffenen Interessengruppen wurden keine wirksamen Widerstände entgegengesetzt: Auf Seiten der Fluggesellschaften befanden sich sowohl Gegner wie Befürworter einer Liberalisierung, die Gewerkschaften wurden durch die Entscheidungen auf supranationaler EG-Ebene „ausgehebelt" und die Verbraucherverbände erwarteten Vorteile für die Konsumenten.

9.2 Die Luftverkehrspolitik der USA

9.2.1 Die Deregulierung des Inlandsmarktes

Der Luftverkehrsmarkt der USA war bis Mitte der siebziger Jahre streng reguliert.[2] Die gesetzlichen Grundlagen dafür bildeten der Civil Aeronautics Act von 1938 und der Federal Aviation Act von 1958. Danach war die dem Verkehrsministerium zugeordnete Federal Aviation Administration (FAA) für die Sicherheitsbelange (Zulassung und Kontrolle der Flughäfen, Personal, Fluggerät und Flugnavigationseinrichtungen) zuständig, während das Civil Aeronautics Board (CAB) bis Dezember 1984 als oberste Zivilluftfahrtbehörde im Sinne einer „independent regulatory commission" marktregulierende Aufgaben hatte. Die Politik des CAB wurde dabei von der Vorstellung geleitet, der Luftverkehr sei als „public utility"[3] zu betrachten und bedürfe einer umfassenden staatlichen Regelung.

Da der Staat sich in den USA, im Gegensatz zu anderen Ländern, selbst nicht an Luftverkehrsgesellschaften beteiligte, sondern diese grundsätzlich Privatunternehmen sind, galt es, ruinöse Konkurrenz ebenso zu verhindern wie den Missbrauch monopolistischer oder oligopolistischer Macht. Zu den Aufgabenbereichen des CAB gehörten: die Lizenzierung von in- und ausländischen Fluggesellschaften, die Genehmigung zur Aufnahme und Aufgabe von Flugverbindungen, die Festlegung und Überwachung von Tarifen, die Entscheidung über Subventionen im Rahmen des „Small Community Air Service", die Überwachung von Unternehmenszusammenschlüssen, die Kontrolle der Wettbewerbspraktiken gegenüber Verbänden und Agenturen sowie die gesamte Regelung der internationalen Luftverkehrspolitik der USA.

Obwohl die wettbewerbsbeschränkende Politik der US-Luftfahrtbehörden seit ihrem Bestehen Ansatzpunkt für Kritik war, zeigten sich erst Anfang der 1970er Jahre reale Auswirkungen. Die verstärkte Relevanz dieser Deregulations-Bewegung kann auf mehrere Faktoren zurückgeführt werden. Im akademischen Bereich war die Auseinandersetzung über Notwendigkeit und Folgen von Marktregulierung seit den sechziger Jahren ein Dauerthema. Mehr und mehr wurde auch der

---

[1] Vgl. WITTMANN, M.: Liberalisierung, S. 53, 102.
[2] Vgl. CAVES, R.: Air Transport and its Regulators; DOUGLAS, G. W., MILLER, J.: Economic Regulations.
[3] Der Ausdruck „public utilities" wird für Industriezweige gebraucht, deren Leistungen nicht nur im Interesse einzelner Gruppen, sondern der Gesamtbevölkerung liegen. Dazu zählen u. a. der öffentliche Verkehr, die Energieversorgung sowie Kommunikationseinrichtungen. Vgl. dazu HAANAPPEL, P.: Pricing and Capacity Determination, S. 47-50.

Luftverkehr mit in die Diskussion einbezogen, insbesondere als empirische Untersuchungen auf den CAB-regulierten Strecken bis zu 50% höhere Preise gegenüber denen der wettbewerbsintensiveren innerstaatlichen Strecken in Texas und Kalifornien feststellten.[4] Da das CAB zur Berechnung der Tarife die Streckenlänge als Bemessungsgrundlage heranzog, waren in der Folge die Tarife im Verhältnis zu den Gesamtkosten für Langstrecken zu hoch und für Kurzstrecken zu niedrig.[5]

Aus Wirtschaftskreisen kam verstärkte Kritik an innovationshemmenden und ineffektiven Regulierungssystemen. Die Luftfahrt wurde dabei oft als Beispiel für die negativen Auswirkungen genannt. Vor allem waren es die Luftfrachtunternehmen, die auf eine Lockerung der Marktbeschränkungen drängten.[6]

Politisch bedeutsam wurde die Deregulations-Bewegung, als 1974 der Oppositionspolitiker E. KENNEDY als Vorsitzender eines Senatskomitees eine Untersuchung der Regulierungspraxis des CAB durchführte, deren Ergebnisse für weitreichende Änderungen der bisherigen Praxis sprachen.[7] Nachdem auch eine CAB-interne Studie[8] zu ähnlichen Vorschlägen kam, wurde die Deregulierung des Luftverkehrs zu einem auch von der Regierungspartei unterstützten Wahlkampfthema. Die wirtschaftliche Situation der Fluggesellschaften hatte sich seit 1970 drastisch verschlechtert. Die Probleme der Überkapazität und der rückläufigen Verkehrsnachfrage wurden durch Kostensteigerungen, vor allem für Treibstoff, noch verstärkt. Allerdings glaubte nur ein Teil der Linienfluggesellschaften, durch mehr Wettbewerb bessere Betriebsergebnisse erzielen zu können.[9] In der Diskussion[10] wurden als **Vorteile** der Deregulierung genannt:

- **Flugpreise:** Eine wettbewerbsorientierte Preisbildung führt zu einer Senkung des Tarifniveaus; dies ist eher im Interesse der Verbraucher als ein kostenintensiver Servicewettbewerb. Eine flexible, innovative Preisgestaltung ermöglicht eine Preisstruktur, die die unterschiedlichen Ansprüche der Nachfrager befriedigt.
- **Leistungsangebot:** Die Zahl der angebotenen Flüge steigt und die Beförderungskategorien werden differenzierter, wenn mehr Fluggesellschaften untereinander im Leistungswettbewerb stehen.
- **Produktivität:** Es kommt zu Produktivitätssteigerungen durch eine Rationalisierung und Optimierung des Streckennetzes, einen effizienteren Einsatz der Flugzeuge und einen durch die Konkurrenzsituation verursachten Kostensenkungsdruck. Insgesamt verbessert sich dadurch trotz sinkender Preise die wirtschaftliche Lage der Fluggesellschaften.

---

[4] Vgl. KAHN, A.: Economics of Regulation (1970); STRASZHEIM, M.: Airline Industry (1969); JORDAN, A.: Airline Regulation (1970); FRUHAN, W.: Competitive Advantage (1972).
[5] Vgl. KNIEPS, G.: Regulierung und Deregulierung im Luftverkehr der USA, S. 265.
[6] Vgl. TANEJA, N.: US-International Aviation, S. 30 f.
[7] Vgl. BREYER, S., STEIN, L.: Airline Deregulation, S. 3-8.
[8] Vgl. CAB: Regulatory Reforms, 1975.
[9] Vgl. TANEJA, N.: Airlines in Transition, S. 175-190.
[10] Zusammengefasst in American Enterprise Institute: Regulatory Reform, S. 13-24; GENERAL ACCOUNTING OFFICE: Deregulation, S. 4-7.

- **Marktstruktur:** Die Gefahr der Ausnutzung von Monopolstellungen ist nicht gegeben, da überhöhte Preise infolge des freien Marktzutritts neue Konkurrenten anlocken würden.
- **Sicherheit:** Der hohe Sicherheitsstandard wird nicht gefährdet, da die technischen Normen unverändert bleiben und sich keine Fluggesellschaft ein negatives Image hinsichtlich der Sicherheit leisten kann.

Die Argumente der **Gegner** der Deregulierung:

- **Flugpreise:** Freie Preisbildung, die insbesondere durch neu auf den Markt kommende Fluggesellschaften ausgelöst wird, führt zu einem ruinösen Preiswettbewerb und nach einer Phase der Marktbereinigung zu Preiserhöhungen.
- **Leistungsangebot:** Das Leistungsangebot sinkt durch den Abbau des Interline-Systems und die Ausdünnung des Verkehrs zu kleineren Orten und auf wenig rentablen Strecken.
- **Produktivität:** Der Zwang zur Produktivitätssteigerung geht bei Kosteneinsparungen zu Lasten des Personals, das mit Lohnkürzungen und Entlassungen zu rechnen hat; es kommt dennoch zu betrieblichen und finanziellen Instabilitäten der Fluggesellschaften.
- **Marktstruktur:** Freier Wettbewerb führt langfristig zur Konzentration, da nur die kapitalstärksten Unternehmen die ruinösen Preiskämpfe überstehen.
- **Sicherheit:** Der verstärkte Wettbewerb zwingt die Fluggesellschaften zu Kosteneinsparungen, die auch die Bereiche Wartung, Ausbildung und Arbeitszeit des Personals sowie den Flugbetrieb bei risikoreichen Wetterbedingungen tangieren. Dies führt dazu, dass das geforderte Höchstmaß an Sicherheit nicht mehr gewährleistet werden kann.

Die ersten Ansätze zur wirtschaftlichen Deregulierung erfolgten schon 1972, als das CAB begann, zunehmend wettbewerbsorientierte Tarife zu genehmigen; 1975 wurden die restriktiven Charterflugbedingungen gelockert und die Aufnahme neuer Strecken erleichtert.[11] Die entscheidenden rechtlichen Veränderungen für den nationalen Bereich aber wurden mit dem **Airline Deregulation Act of 1978** (ADA)[12] gesetzt. Der Versuch der Ausweitung dieser liberalen Politik auf den internationalen Luftverkehr wurde mit der Veränderung des Luftverkehrsabkommens mit den Niederlanden am 31. März 1978 begonnen. Die im Airline Deregulation Act vorgesehene Aufhebung von Restriktionen und Regulierungen wurde bis Ende 1984 abgeschlossen, das CAB als marktregulierende Instanz aufgelöst und dessen verbleibende Funktionen auf verschiedene Fachministerien, besonders das Department of Transport (DOT), übertragen.

Zusammengefasst stellt sich die neue inneramerikanische Marktordnung wie folgt dar:

---

[11] Vgl. BREYER, S., STEIN, L.: Airline Deregulation, S. 23-29.
[12] Airline Deregulation Act of 1978, October 24, 1978, Pub. L. No. 95-504, 92 Stat. 1705; vgl. CAB: Summary of the Airline Deregulation Act of 1978, S. 2; LEE, S., NEGRETTE, A.: Deregulation of Air Transportation, S. 470 ff.

- **Tarifgestaltung:** Nach einer stufenweisen Freigabe der Tarife liegt seit 1983 die Preisfestsetzung im Inlandsflugverkehr allein im Entscheidungsbereich der jeweiligen Fluggesellschaft.
- **Marktaustritt:** Jede Fluggesellschaft kann über die Aufgabe einer Strecke entscheiden. Um sicherzustellen, dass die Verkehrsbedienung insbesondere kleinerer Städte aufrechterhalten bleibt (alle Orte, die 1978 von einer Fluggesellschaft bedient wurden, hatten zehn Jahre lang Anspruch auf eine ausreichende Anbindung an das nationale Luftverkehrsnetz), konnte das Verkehrsministerium die Fortführung einer Route anordnen; im Bedarfsfalle erhielt die Fluggesellschaft dafür Subventionszahlungen.
- **Marktstruktur:** Da auch liberale Märkte durch Absprachen und Zusammenschlüsse Wettbewerbsverzerrungen ausgesetzt sein können, unterliegen solche Vorgänge den Anti-Trust-Gesetzen. Diese Wettbewerbsaufsicht wurde vom Justizministerium übernommen.
- **Sicherheit:** Die FAA bleibt weiterhin Kontrollinstanz und hat für die „Commuter Airlines" neue Sicherheitsbestimmungen erlassen.
- **Vertrieb:** Als Ergebnis einer im Airline Deregulation Act vorgeschriebenen „Competitive Marketing Investigation" wurde es den Fluggesellschaften erlaubt, den Flugscheinverkauf auch durch nicht von der ATC[13] lizenzierte Verkaufsstellen zu betreiben; die Höhe der Provision wurde 1980 freigestellt.

9.2.2 Bilanz der Deregulierung

Eine Beurteilung der Auswirkungen der Deregulierung auf die verschiedenen Bereiche des amerikanischen Luftverkehrs ist trotz der Vielzahl der zwischenzeitlich vorgelegten Untersuchungen[14] nur mit einer Reihe von Einschränkungen möglich. Ein Problembereich liegt darin, dass sich nicht nur der wettbewerbsrechtliche Rahmen, sondern auch das wirtschaftliche Umfeld geändert hat. Wichtige Nachfragedeterminanten wie die Wachstumsraten des Sozialproduktes und des verfügbaren Einkommens oder die internationale Kaufkraft des US-Dollars unterliegen heftigen Schwankungen. Von den Luftverkehrsunternehmen kaum zu beeinflussende Kosten, etwa für Treibstoff, stiegen stark an. Auch ohne Änderung der Wettbewerbsbedingungen wären eine Reihe von neuen Managementtechniken übernommen, technologische Innovationen eingeführt und Unternehmensverkäufe vorgenommen worden, vielleicht jedoch mit anderen Auswirkungen. Zusätzlich ergaben sich mit dem „außergewöhnlichen Ereignis" des Golfkrieges 1990 zwei intervenierende Variablen – Nachfragerückgang und Erhöhung des Treibstoffpreises – die zu einem Bruch der „normalen" Entwicklung des Luftverkehrs führten.

---

[13] ATC = Air Traffic Conference ist eine Abteilung der Air Transport Association (ATA), dem Dachverband der US-Liniengesellschaften.
[14] Eine umfassende Zusammenstellung der über 800 Untersuchungen, die bis 1986 erschienen sind, ist veröffentlicht in ITA-Magazine, 36/1986, Special Supplement.

Des Weiteren stellt sich die Frage nach dem „richtigen" Jahr als Zeitpunkt „nach der Deregulierung". Denn je länger der betrachtete Zeitraum ist, desto mehr werden die Auswirkungen der Deregulierung von anderen Veränderungen überlagert, desto stärker werden andererseits aber auch die langfristigen, grundlegenden Auswirkungen deutlich. Die ersten fünf bis sechs Jahre nach der Deregulierung werden als „dynamische Phase" mit unternehmenspolitischen Experimenten, preislichem Verdrängungswettbewerb und vielen Marktein- und -austritten bezeichnet.[15] Ab 1985 ist eine Periode der Konsolidierung zu beobachten, nachdem der harte Wettbewerb zu Marktaustritten geführt hatte; die etablierten Carrier hatten gelernt, ihre Kosten zu kürzen, aggressive Preiskämpfe im großen Stil zu vermeiden und sich im Wettbewerb zu behaupten, sie konnten sich wirtschaftlich erholen. Anfang der 1990er Jahre führten Überkapazitäten und Nachfragerückgänge bei vielen Fluggesellschaften zunächst zu erheblichen Verlusten; Marktaustritte und Unternehmensübernahmen führten zu einer Verstärkung der Konzentration, so dass in dieser Phase die Oligopolisierung des Marktes verstärkt wurde. Um eine Bilanz zu ziehen, scheint daher ein Zeitraum von zehn Jahren nach dem Inkrafttreten des Airline Deregulation Act angebracht.[16] Daher werden im folgenden die trendmäßigen Auswirkungen auf die verschiedenen Bereiche und Teilmärkte vorwiegend für das „**Bilanzjahr**" **1989** dargestellt und durch Untersuchungsergebnisse für das Jahr 1993 ergänzt.

Flugpreise
Die Untersuchungen zur Veränderung der Flugpreise seit 1978 bestätigen die in die Deregulierung gesetzten Erwartungen. Das allgemeine Flugpreisniveau, gemessen als Quotient aus Gesamtpassageumsatz und verkauften Passagiermeilen, ist zwischen 1978 und 1983 zwar um 41% gestiegen, jedoch wesentlich geringer als das allgemeine Preisniveau (Consumer Price Index); es kam zu realen Flugpreissenkungen um ca. 12%.[17] Auch von 1985 bis 1989 ist das Flugpreisniveau im Vergleich zum allgemeinen Preisniveau langsamer gestiegen. Nimmt man 1985 als Basisjahr, hat sich der Consumer Price Index um 16% erhöht, während das Flugpreisniveau nur um etwa 7% angestiegen ist.[18] Die Air Transport Association (ATA) beziffert im Juni 1989 die durchschnittliche Senkung der inneramerikanischen Flugpreise seit der Deregulierung auf real 20% (preisbereinigt), wobei nach Berechnungen des Economic Policy Institute allerdings eine Verringerung der realen Senkungsraten des Flugpreisniveaus festzustellen ist.[19] PICKRELL kam 1991 zu dem Ergebnis, dass die Flugpreise durchschnittlich um 15% niedriger waren als sie es unter den Bedingungen der Regulierung gewesen wären.[20] Das U.S. De-

---

[15] Zur Kurzcharakteristik dieser Wirkungsphasen vgl. WOERZ, C.: Deregulierungsfolgen, S. 36-42.
[16] Ähnlich BEYEN, R. K., HERBERT, J.: Deregulierung, S. 37; SHEARMAN, P.: Air Transport, S. 89.
[17] Vgl. BRENNER, M., LEET, H., SCHOTT, E.: Airline Deregulation, S. 25, 35.
[18] Vgl. ATA: Air Transport 1990, S. 9.
[19] Vgl. o.V.: One Sure Result Of Airline Deregulation.
[20] Vgl. PICKRELL, D.: The Deregulation and Deregulation, S. 17 ff.

partment of Transportation errechnete, dass Ende 1992 preisbereinigt das Flugpreisniveau um 25% niedriger lag als im Jahre 1984.[21]

In einer längerfristigen Betrachtung zeigt sich allerdings, dass die Flugpreise auch schon vor der Deregulierung einen sinkenden Trend aufwiesen (vgl. Abb. 9.1). MORRISON/WINSTON haben in einer Simulationsrechnung (durch Anpassung des vom Department of Transportation weiterhin festgelegten Standard Industry Fare Level, der vor der Deregulierung das Ausmaß der genehmigten Flugpreisänderungen festlegte) ermittelt, dass 1993 die Flugpreise um 19% niedriger waren als sie es unter den Bedingungen der Regulierung gewesen wären; im Durchschnitt der 15 Jahre zwischen 1978 und 1993 waren es sogar 22%.[22] Daraus ergibt sich, dass der Trend zu sinkenden Flugpreisen durch die Deregulierung erheblich verstärkt wurde.[23]

Die Deregulierung führte durch die Zunahme von Sondertarifen zu einem weiteren Vorteil für die Nachfrager. Noch ein Jahr vor Inkrafttreten des Airline Deregulation Act im Jahr 1977 flogen lediglich 38% der Passagiere zu einem Sondertarif. Nach dem Wegfall der Preisregulierung 1983 hatte sich deren Anteil bereits mehr als verdoppelt und sich seit 1986 bis heute bei etwa 90% eingependelt. 1989 flogen 89% aller Passagiere mit einem durchschnittlichen Ermäßigungssatz von knapp 64%.[24] Die wettbewerbsbedingt verstärkte Anwendung der Preisdifferenzierung brachte eine Neustrukturierung des gesamten Tarifgefüges mit einer hohen Bandbreite der Flugpreise.

Die Passagiere haben ganz unterschiedlich von der Deregulierung profitiert. Bei der Kalkulation und der Berechnung der Flugpreise orientieren sich die Airlines auch bei einer konkurrenzorientierten Preisbildung unter Berücksichtigung der „economies of scale"[25] zunehmend an den tatsächlich auf den Einzelstrecken entstehenden Produktionskosten. Das führte dazu, dass auf Strecken bis zu 800 Meilen die Flugpreise real stiegen. Da aber fast 90% des Verkehrsaufkommens auf den insgesamt kostengünstigeren und meist von intensivem Wettbewerb geprägten Langstrecken abgewickelt werden, ist davon lediglich die Minderheit der Passagiere auf einigen Kurzstrecken, die beispielsweise mit kleineren Maschinen und

---

[21] Vgl. U. S. Department of Transportation, Background Materials, zitiert nach WOERZ, C.: Deregulierungsfolgen, S. 53.
[22] Vgl. MORRISON, S. A., WINSTON, C.: Evolution, S. 13 f.
[23] Eine Vielzahl weiterer Untersuchungen, die diese These weitgehend bestätigen, ist dargestellt in HÖFER, B.: Strukturwandel, S. 137-143.
[24] Vgl. ATA: Air Transport 1990, S. 9.
[25] Die „economies of scale" basieren auf einer Betrachtung der langfristigen Durchschnittskosten eines Unternehmens. Sie entstehen, wenn diese Durchschnittskosten bei wachsendem Produktionsvolumen abnehmen. Economies of scale können sinngemäß allerdings nur unvollkommen zutreffend als zunehmende Skalenerträge oder Kostendegression bezeichnet werden. Eine exakte Interpretation ist vor allem wegen den vielfältigen und nicht genau definierten Ermittlungsmöglichkeiten der Durchschnittskosten, die je nach Streckennetz (Streckenlänge und -struktur), Verkehrsaufkommen und eingesetztem Fluggerät einer Fluggesellschaft variieren, problematisch.

einem geringerem Auslastungsgrad beflogen werden, von um etwa 10% gestiegenen Normaltarifen betroffen.[26]

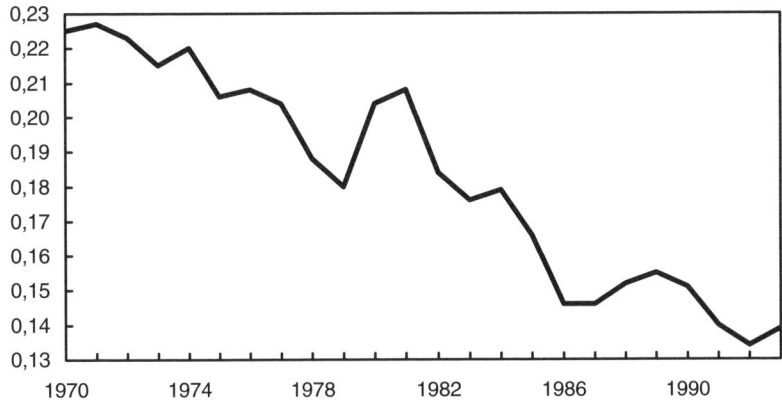

(pro RPM = Revenue Passenger Mile = verkaufte Passagiermeile, real in Preisen von 1993)

Quelle: MORRISON, S. A., WINSTON, C.: Evolution of the Airline Industry, S. 11.

Abb. 9.1. Entwicklung inneramerikanischer Flugpreise 1970-1993

Wenig eindeutig sind die Untersuchungsergebnisse bezüglich höherer Preise auf Strecken von und zu Hub-Flughäfen. Das General Accounting Office stellte außerdem in einer 1989 erstellten Studie für 15 Flughäfen, auf denen eine oder zwei Fluggesellschaften den Markt dominieren, fest, dass ein Flug von einem solchen Hub-Airport durchschnittlich 27% mehr kostet als von einem Flughafen, auf dem mehrere Carrier miteinander konkurrieren;[27] für 1993 wurde ein um 19,8% höheres Flugpreisniveau ermittelt.

MORRISON/WINSTON dagegen ermittelten lediglich Werte von maximal 10%.[28] Überdurchschnittliche Preissteigerungen wurden auf jenen Strecken festgestellt, auf denen ein Unternehmen nach einer Übernahme eine marktbeherrschende Stellung einnehmen konnte.[29]

Zusammenfassend kann nochmals auf die Simulationsstudie von MORRISON/WINSTON verwiesen werden, die zu dem Ergebnis kam, dass 1993 (4. Quartal) 70% der Flugreisenden (mit 78% der Passagiermeilen) weniger, dass aber auch 14% der Passagiere (mit 10% der Passagiermeilen) mehr als das Dop-

---

[26] Vgl. JOSKOW, A.: Deregulation and Competition Policy, S. 109; MORRISON, S. A., WINSTON, C.: The Economic Effects of Airline Deregulation, S. 22.
[27] Vgl. o. V.: One Sure Result Of Airline Deregulation.
[28] Vgl. MORRISON, S. A., WINSTON, C.: Evolution, S. 48.
[29] Eine zusammenfassende Darstellung findet sich bei HÖFER, B.: Strukturwandel, S. 142 f.

pelte bezahlten, als sie bei Fortbestand der Regulierung hätten entrichten müssen.[30]

Die freie Preisbildung hatte neben verbraucherfreundlichen Flugpreisen auch den Verlust an Markttransparenz für den Passagier zur Folge. Die Vielzahl der Sondertarife mit unterschiedlichen Restriktionen ebenso wie ihre häufige Änderung lassen die Tarifsituation zunehmend unübersichtlich erscheinen. Der schnelle Durchbruch der CRS sorgte aber für einen hohen und aktuellen Informationsstand bei den Reisebüros, deren Umsatzanteil am Gesamtmarkt zunächst von 65% auf über 80% stieg. Daher kann allgemein für die Mehrzahl der Flugreisenden der Schluss gezogen werden, dass sie von der Deregulierung preislich profitiert haben, weil vor allem die Langstrecken mit hohem Verkehrsaufkommen einem starken Wettbewerb unterliegen und ein günstigeres Tarifniveau aufweisen als vor der Deregulierung.

Leistungsangebot
Die Zahl der von den amerikanischen Luftverkehrsgesellschaften angebotenen Strecken und Frequenzen hat sich infolge der Deregulierung enorm vergrößert: Die Zahl der durchgeführten Flüge stieg von 4,9 Millionen im Jahre 1977 auf 6,6 Millionen im Jahre 1989.[31] Damit standen den Passagieren erheblich mehr Flugverbindungen von mehr Abflug- zu mehr Zielorten zur Verfügung als noch vor der Deregulierung. Die großen Fluggesellschaften haben ihre Verkehrsnetze weiter ausgebaut und betreiben heute weit verzweigte integrierte Streckennetze, in denen Direktverbindungen nur dann aufrechterhalten werden, wenn sie sich entweder selbst wirtschaftlich tragen oder innerhalb des Gesamtkonzeptes mit anderen Strecken wirtschaftlich sinnvoll zu verknüpfen sind. In den neuen Routensystemen (Hub and Spoke-Konzept) sind die einzelnen Fluglinien (spokes) speichenartig um einen zentralen Flughafen (hub) angeordnet, der die Passagierströme bündelt und sie für Anschlussflüge neu verteilt.

Die Drehscheibenfunktion bedingt sowohl eine größere Zahl von Ankünften als auch eine zeitlich dicht gedrängte Abflugfolge zu den täglichen Stoßzeiten, da sich die Verkehrsströme auf diese Hubs konzentrieren. Diese Entwicklung hat zu einer hohen regionalen Marktmacht geführt, da sich meist nur zwei Airlines in einem Hub den Großteil der Nachfrage teilen. Beispiele für marktführende bzw. monopolartige Stellungen auf Hub-Flughäfen im Jahre 1993 waren Charlotte (Eastern 94,6% aller abfliegenden Passagiere), Cincinnati (Delta 89,8%), Pittsburgh (US-Air 88,9%), Atlanta (Delta 83,5%) oder Minneapolis (Northwest 80,6%).[32]

Marktstruktur
Eines der bedeutsamsten Ergebnisse der Deregulierung ist der hohe Konzentrationsgrad der Branche, in der heute ein Oligopol herrscht. Zum Zeitpunkt der Deregulierung im Jahre 1978 gab es 36 zertifizierte Fluggesellschaften (sog. Trunk Carriers, Fluggesellschaften, die nach Sektion 401 des Federal Aviation Acts zum zwischenstaatlichen Linienverkehr mit „large airplanes" zugelassen waren). In den

---
[30] Vgl. MORRISON, S. A., WINSTON, C.: Evolution, S. 19.
[31] Vgl. ATA: Air Transport 1987, S. 4; ATA: Air Transport 1990, S. 4.
[32] Vgl. MORRISON, S. A., WINSTON, C.: Evolution, S. 45.

Jahren unmittelbar danach kam es zu einer hohen Zahl von Markteintritten, so dass bis 1993 mehr als 200 Fluggesellschaften neu zum Liniendienst zugelassen wurden. Diese neuen Wettbewerber setzten ganz unterschiedliche Strategiekonzepte ein:

- Positionierung durch innovative Produkte, von sog. „no frills flights" (ohne oder mit nur geringen Serviceleistungen, z. B. People Express, AirCal oder Air Florida) bis hin zu „All first-class luxury-flights";
- Preiskonkurrenz aufgrund günstigerer Kostenstruktur;
- Nischenstrategien durch Betätigung vorwiegend auf neuen und wenig frequentierten Strecken, besonders auf solchen, die von den großen Carriern aufgegeben wurden, weil diese ihre Flugzeuge auf neu zugänglich gewordenen Strecken wirtschaftlicher einsetzen konnten; diese Strategie wählten vor allem jene Fluggesellschaften, deren Streckennetz bisher auf interstate routes beschränkt war und die nun als Trunk Carrier zugelassen wurden.

Langfristig aber konnte sich nur ein Teil der neuen Trunk Carrier als eigenständige Unternehmen behaupten. Konkurse, Zusammenschlüsse und Übernahmen führten dazu, dass 1993 die Zahl der Fluggesellschaften auf 76 gesunken war. Aber auch von den 36 Linienfluggesellschaften des Jahres 1978 operierten 1993 nur noch 14 Unternehmen, nachdem es Ende der achtziger Jahre auch zum Ausscheiden von Fluggesellschaften kam, die zu den großen Unternehmen gezählt werden konnten (Braniff 1989, Eastern 1989, Pan Am 1991, Midway 1991).

Insgesamt hat sich die Zahl der Trunk Carrier seit 1978 mehr als verdoppelt. Dies sagt allerdings noch wenig darüber aus, ob sich seither auch der Wettbewerb zwischen den Fluggesellschaften verstärkt hat, da dafür auch die Marktstellung der einzelnen Fluggesellschaften zu berücksichtigen ist. Daher haben MORRISON/WINSTON[33] versucht, mit der Zahl der tatsächlichen Wettbewerber („effective competitors") auf der Basis der inneramerikanischen Marktanteile einen Indikator für die Wettbewerbssituation zu entwickeln. Diese Zahl stieg von neun im Jahre 1978 auf zwölf im Jahre 1985 an und sank durch Übernahmen und Konkurse auf acht im Jahre 1993, so dass sich als Ergebnis der Deregulierung ein Markt mit weniger tatsächlichen Wettbewerbern ergibt. Da aber auch diese Zahl, weil sie sich auf den Gesamtmarkt bezieht, noch keine Auskunft über die reale Wettbewerbssituation gibt, ermittelten MORRISON/WINSTON zudem die Zahl der tatsächlichen Wettbewerber pro Strecke bei gleichzeitiger Gewichtung der Strecke mit der Zahl der beförderten Passagiere. Hier zeigt sich, dass der Wettbewerb bis 1986 stetig zunahm, dann infolge der Marktbereinigung rückläufig war und sich seit 1988 auf einem wesentlich höheren Niveau als 1978 einpendelte: Während insgesamt die Zahl der tatsächlichen Wettbewerber auf Strecken unter 500 Meilen nur geringfügig stieg, nahm sie auf Strecken über 2000 Meilen um 70% zu. Zusammengefasst ergibt sich als Ergebnis dieser Studie, dass es nach der Deregulierung (national) weniger effektive Wettbewerber gibt, die aber auf den einzelnen Strecken stärker miteinander konkurrieren.

---

[33] Vgl. MORRISON, S. A., WINSTON, C.: Evolution, S. 7-11.

Allerdings stellte das US General Accounting Office 1991[34] auch eine Reihe restriktiver Praktiken fest, die die Wettbewerbschancen für Fluggesellschaften, die Strecken neu oder häufiger bedienen wollten, einschränkten und die Position der etablierten Carrier stärkten. Dazu zählen:

- Mangel an Slots (Zeitnischen für Starts oder Landungen) zu nachfragestarken Zeiten auf wichtigen Flughäfen;
- beschränkter Zugang zu Gates auf jenen Flughäfen, die von ein oder zwei Carriern dominiert werden;
- Frequent Flyer-Programme, die die Kunden erfolgreich an etablierte Airlines binden können und die neu auf den Markt kommende Fluggesellschaften mit einem sich erst im Aufbau befindlichen Streckenprogramm benachteiligen;
- Wettbewerbsvorteile durch den Besitz von Computerreservierungssystemen;
- über die normale Provision hinausgehende Incentivezahlungen der großen Fluggesellschaften zur Buchungssteuerung durch die Reisebüros;
- Firmenrabatte für landesweit und international tätige Großunternehmen.

Der Konzentrationsgrad der Branche (K4 = Marktanteil der vier größten Fluggesellschaften; Inlandsverkehr, Passagiere) ging von 56,4% (1978) in den ersten Jahren nach der Deregulierung stark zurück, stieg ab Mitte der 1980er Jahre wieder an, erreichte einen Höhepunkt Anfang der 1990er Jahre und fiel bis 2000 wieder auf 56,6%, nur 0,2% höher als 1978. K8 (Marktanteil der acht größten Fluggesellschaften) hatte einen ähnlichen Verlauf (vgl. Abb. 9.2). Gemessen in verkauften Passagierkilometern (PKT) ist im selben Zeitraum sogar ein Rückgang der Konzentrationsrate K4 von 56,2% auf 54,9% zu verzeichnen.

Die Commuter Airlines verloren durch die Kooperation mit den Trunk Carriers zwar teilweise ihre wirtschaftliche Selbständigkeit, profitierten jedoch letztlich genauso von dem Ausbau der Hub and Spoke-Strukturen, weil sie ohnehin auch schon vor der Deregulierung größtenteils Zubringerdienste flogen, durch deren Integration in die Streckennetze der international operierenden Fluggesellschaften nun häufig sogar bessere Auslastungen erzielt werden konnten: „The smaller carriers already dominated feed traffic in many regions of the US (...) thus, the local carriers were significant winners, in terms of profitability, from deregulation".[35]

Die Vermutung, dass von einer oligopolistischen Interdependenz der marktbeherrschenden Airlines wettbewerbsbeschränkende Wirkungen ausgehen, trifft zumindest für die vielbeflogenen Hauptstrecken nicht zu. Hier stehen die etablierten Fluggesellschaften in einem fortdauernden Konkurrenzkampf. Die Hub and Spoke-Routensysteme der einzelnen Fluggesellschaften konkurrieren auf der Basis des gesamten Streckennetzes zwar nur unwesentlich miteinander. Der eigentliche Wettbewerb findet dagegen zwischen Städtepaaren („city-pair"-Wettbewerb), d. h. auf ganz bestimmten einzelnen Strecken mit hohem Verkehrsaufkommen, auf denen zwei oder mehrere Anbieter in einem harten Wettbewerb um Marktanteile kämpfen, statt.

---

[34] Zitiert nach SHEARMAN, P.: Air Transport, S. 92 f.
[35] JOSKOW, A.: Deregulation and Competition Policy, S. 108.

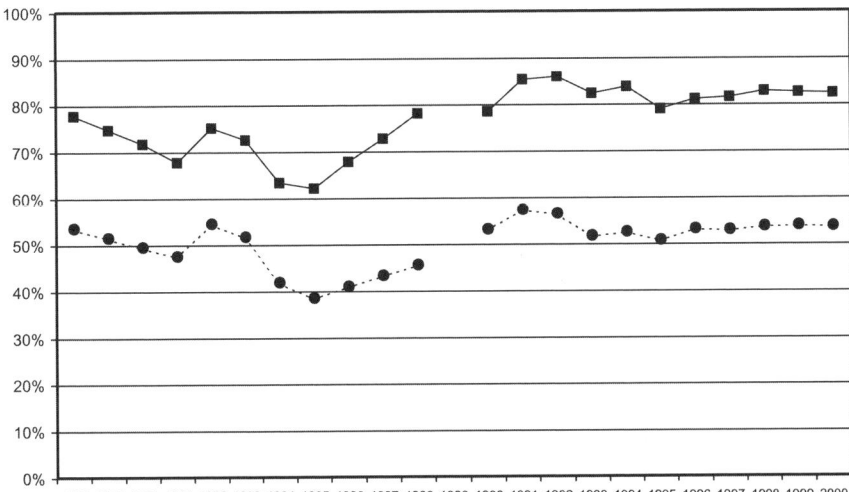

Quelle: LEE, D.: Concentration and price trends in the US domestic airline Industry: 1990-2000, S. 92.

Abb. 9.2. Konzentrationsraten im US-Luftverkehr 1978-2000.

Sicherheit

Nach der offiziellen Unfallstatistik des US National Transportation Safety Boards ist seit der Deregulierung trotz der erheblichen Zunahme der Flugbewegungen und der Flüge der unfallträchtigeren Regionalfluggesellschaften keine Verschlechterung der Sicherheit im amerikanischen Luftverkehr nachzuweisen (siehe Abb. 9.3). Erheblich gestiegen ist allerdings sowohl die Zahl der Zwischenfälle auf den Start- und Landebahnen sowie die der „Beinahe-Zusammenstöße" (Näherkommen zweier Flugzeuge auf weniger als 300 Meter in der Senkrechten oder 8.000 Meter in der Waagrechten).[36] Außerdem kann auf Defizite in der Flugsicherheit verwiesen werden, für die einzelne Airlines verantwortlich sind.[37] Das zunehmende Alter von Flugzeugen bedingt einerseits kürzere Wartungsintervalle, andererseits steigen durch den höheren Wartungsumfang die Personal- und Ersatzteilkosten. Kostensenkungsmaßnahmen infolge des Wettbewerbsdrucks betreffen meist auch die Flugzeugwartung. Ersatzinvestitionen für eine Flottenerneuerung wurden oft wegen Liquiditätsengpässen nicht rechtzeitig vorgenommen, stattdessen flogen die Fluggesellschaften mit dem alten Fluggerät weiter. So verhängte beispielsweise die oberste US-Bundesluftfahrtbehörde FAA 1986 wegen insgesamt 75.000 Ver-

---

[36] Vgl. BEYEN, R. K., HERBERT, J.: Deregulierung, S. 59.
[37] Vgl. TINARD, Y.: La déréglementation aérienne, S. 5-14.

stößen gegen die von ihr erlassenen Wartungsvorschriften Strafgelder in Höhe von insgesamt 9,5 Millionen US$.[38]

Jahr	Abflüge (Mio.)	Unfälle mit Todesfolge	Tote	Tödliche Unfälle pro 100.000 Abflüge
1979	5,4	4	351	0,074
1980	5,4	0	0	0,000
1981	5,2	4	4	0,077
1982	5,0	4	234	0,060
1983	5,0	4	15	0,079
1984	5,4	1	4	0,018
1985	5,8	4	197	0,069
1986	6,4	2	5	0,016[a]
1987	6,6	4	231	0,049[a]
1988	6,7	3	285[b]	0,030[a]
1989	6,6	8	131	0,121
1990	6,9	6	39	0,087
1991	6,8	4	62	0,059
1992	7,1	4	33	0,057
1993	7,2	1	1	0,014
1994	7,5	4	239	0,053
1995	8,1	2	166	0,025
1996	8,2	3	342	0,036
1997	8,2	3	3	0,037
1998	8,3	1	1[c]	0,012
1999	8,6	2	12	0,023

a Zahlen in dieser Spalte ohne Unfälle, die durch Terroranschläge verursacht wurden.
b 270 Todesopfer allein bei dem PanAm-Attentat in Schottland.
c Onground employee fatality.

Quelle: ATA: Air Transport 1990, S. 10; 1997, S. 16, Annual Reports.

Abb. 9.3. Unfallstatistik im US-Luftverkehr von 1979 bis 1999

Für die Sicherheit im amerikanischen Luftraum tragen jedoch nicht nur die Fluggesellschaften die alleinige Verantwortung. Auch die Flugsicherung und die Flughäfen sind wesentlich an der sicheren, schnellen und zuverlässigen Abwicklung des Luftverkehrs beteiligt. Vor allem die knappen Kapazitäten in der Luft und am Boden können wesentliche Faktoren für ein erhöhtes Unfallrisiko darstellen.

Kritisiert wurde die sowohl technisch als auch personell oft mangelhafte Ausstattung der Luftverkehrskontrollzentralen. Nach der Massenentlassung infolge eines unerlaubten Fluglotsenstreiks im Jahre 1981, bei der 11.500 Fluglotsen durch unerfahrenes Personal ersetzt wurden, hat die US-Flugsicherung trotz des von

---

[38] Vgl. o. V.: Äußerste Grenze, S. 118.

1979 bis 1989 um über 40% gestiegenen Passagieraufkommens erst 1990 wieder die damalige Personalstärke erreicht. Außerdem galt die technische Ausrüstung in den Kontrollstellen als veraltet. Der Anstieg der Flugbewegungen vor allem auf den Zentralflughäfen (Hubs) führte immer häufiger zu einer Überlastung ihrer luft- und landseitigen Kapazitäten. Für den Absturz eines kolumbianischen Verkehrsflugzeuges im Bundesstaat New York im Januar 1990, bei dem 73 Menschen ums Leben kamen und der sich infolge einer zweistündigen Landeverzögerung schließlich wegen Treibstoffmangels ereignete, waren nicht zuletzt völlig überforderte Flugsicherungsstellen verantwortlich.

Auch der Zusammenstoß zweier Flugzeuge auf dem Flughafen von Los Angeles Anfang 1991, bei dem insgesamt 34 Menschen starben, wurde durch defekte und veraltete Bodenradaranlagen und überlastete Fluglotsen verursacht.[39]

Das US-Department of Transportation trat daher für eine Erhöhung der Flughafenkapazitäten ein und forderte eine neue Generation von Luftverkehrskontrollmethoden mit entsprechender technischer Ausstattung sowie alternative Technologien auf den überlasteten Flughäfen.[40] Daher wurde 1988 von der Federal Aviation Administration ein Acht-Punkte-Programm aufgestellt, das mit einem Aufwand von US$ 12 Mrd. die Flugsicherheit verbessern sollte. Da seit 1974 in den USA kein neuer größerer Flughafen mehr gebaut worden ist, hat sich auch eine Privatinitiative („Partnership for Improved Air Travel") zum Ziel gesetzt, die Öffentlichkeit von der notwendigen Ausweitung der Flughafenkapazitäten zu überzeugen.

Produktivität
Die amerikanischen Luftverkehrsgesellschaften konnten die neuen Freiheiten in der Unternehmenspolitik zu Produktivitätssteigerungen nutzen und mit Preisdifferenzierung, Umstrukturierung des Routennetzes und Kostensenkungsmaßnahmen flexibler auf Marktveränderungen reagieren. Die intensivere, d. h. produktivere Nutzung des Fluggerätes zeigte sich in einer durch Qualitätsdifferenzierung gestiegenen Sitzplatzdichte, in einer längeren Einsatzzeit der Flugzeuge und in einem höheren Sitzladefaktor.

Waren die Flugzeuge vor der Deregulierung durchschnittlich zu 55% ausgelastet, so konnte dieser Wert trotz des erheblich gestiegenen Angebotes (gemessen in verfügbaren Sitzmeilen) bis 1989 auf rund 63% erhöht werden und erreichte im Jahr 1996 69,3%. Da die Aufwendungen aber dennoch stärker stiegen als die Erträge, ergab sich ein starker Zwang zu Kostensenkungen, vor allem durch den Anstieg der Ölpreise im Jahre 1980, als es wegen des intensiven Wettbewerbsdrucks nicht möglich war, diese Kosten auf die Preise überzuwälzen und viele Unternehmen zudem in eine Zone hoher Verluste geraten waren.

Fluggesellschaften, die neu auf den Markt kamen, konnten Kostensenkungspotentiale wie die Beschäftigung von nicht-gewerkschaftlich organisiertem Personal zu flexiblen Arbeitsbedingungen und mit einem niedrigeren Lohnniveau oder neue

---

[39] Vgl. o. V.: 1990 World Airline Safety, S. 32 f.; RADEMACHER, H.: Flugzeugzusammenstoß, S. 9.
[40] Vgl. DOT: National Transport Policy Statement, 1990; IATA: Annual Report 1990, S. 18.

Management-Techniken stärker nutzen als die etablierten Airlines. Hohe Kostenunterschiede zwischen den Fluggesellschaften lassen allerdings keinen eindeutigen Zusammenhang zur Ertragslage erkennen, die auch von der Qualität des angebotenen Produktes, vom Streckennetz und von den erzielbaren Durchschnittseinnahmen abhängt. Während einige Airlines trotz hoher Stückkosten Gewinne erzielen konnten, mussten andererseits Low Cost-Carrier Verluste hinnehmen.[41]

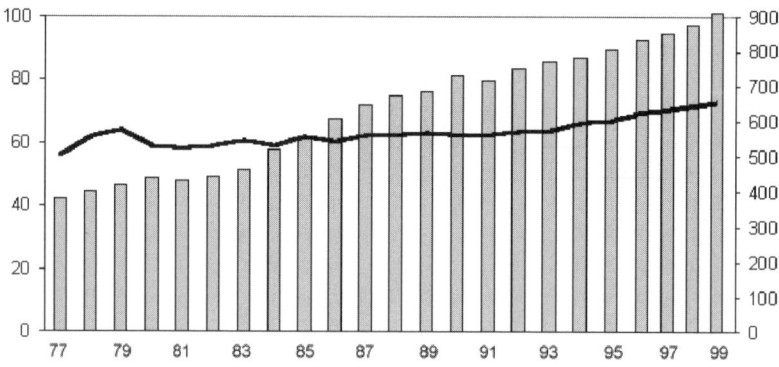

Quellen: ATA: Air Transport 1987, S. 2; 1990, S. 4; 1997, S. 2 f.; Annual Reports.

Abb. 9.4. Entwicklung von Angebot und Auslastung im US-Linienflugverkehr

Wirtschaftliche Situation der Fluggesellschaften
Die ersten fünf Jahre nach der Deregulierung brachten den amerikanischen Fluggesellschaften die schlechteste wirtschaftliche Ertragslage ihrer Geschichte. Sie erwirtschafteten in diesem Zeitraum einen Verlust von über 900 Millionen US$ (Abb. 9.5). Die Luftverkehrsgesellschaften waren in ganz unterschiedlichem Maße in der Lage, ein gewinnoptimales Verhältnis zwischen Kosten, Sitzladefaktor und Flugpreisen herzustellen.[42] Die Gewinnentwicklung der IATA-Gesellschaften weltweit weist allerdings deutlich darauf hin, dass dieser Zeitraum wegen der wirtschaftlichen Rahmenbedingungen – Rezession und zweite Ölpreiskrise – für den gesamten Weltluftverkehr eine schwierige Periode darstellte (auch die IATA-Gesellschaften erwirtschafteten in dieser Zeit Verluste von 1,75 Milliarden US$) und die Verluste der amerikanischen Fluggesellschaften nur bedingt auf die geänderte Marktordnung zurückzuführen sind.

MORRISON/WINSTON[43] kommen in ihrem Simulationsmodell sogar zu dem Ergebnis, dass in dieser Situation der wirtschaftliche Erfolg für die amerikani-

---

[41] Siehe BRENNER, M., LEET, H., SCHOTT, E.: Airline Deregulation, S. 30 f.
[42] Vgl. dazu GENERAL ACCOUNTING OFFICE: Deregulation, S. 40-46; SCHATZ, K.: Deregulierung, S. 82-85.
[43] MORRISON, S. A., WINSTON, C.: Economic Effects, S. 40. Ähnlich auch BREYER, S.: Airline Deregulation, S. 4.

schen Luftverkehrsunternehmen ohne die produktivitätssteigernde Wirkung der Deregulierung noch schlechter ausgesehen hätte.

Jahr	Passagiere [Mio.]	Flüge [Mio.]	Sitzladefaktor [%]	Beschäftigte [Tsd]	Betriebsergebnisse der US-Airlines [Mio. US$]
1977	240,3	4,9	55,9	308,1	908
1978	274,7	5,0	61,5	329,3	1.364
1979	316,9	5,4	63,0	340,7	199
1980	296,9	5,4	59,0	360,5	- 222
1981	286,0	5,2	58,6	349,9	- 455
1982	294,1	5,0	59,0	330,5	- 733
1983	318,6	5,0	60,7	328,6	310
1984	344,7	5,4	59,2	345,1	2.152
1985	382,0	5,8	61,4	355,1	1.426
1986	418,9	6,4	60,3	421,7	1.323
1987	447,7	6,6	62,3	457,3	2.469
1988	454,6	6,7	62,5	480,5	3.436
1989	453,7	6,6	63,2	506,7	1.811
1990	465,6	6,9	62,4	545,8	- 1.912
1991	452,3	6,8	62,6	533,6	- 1.784
1992	475,1	7,1	63,6	540,4	- 2.444
1993	488,5	7,2	63,5	537,1	1.438
1994	528,8	7,5	66,2	539,8	2.713
1995	547,7	8,1	67,0	547,0	5.860
1996	581,2	8,2	69,3	564,4	6.244
1997	598,9	8,2	70,4	586,5	8.611
1998	614,2	8,3	70,9	621,1	9.312
1999	635,4	8,6	71,0	646,4	7.903

Quellen: ATA: Air Transport 1987, S. 2, 1990, S. 4; 1997, S. 2; Annual Reports.

Abb. 9.5. Die Entwicklung des US-Luftverkehrs von 1977 bis 1999

Nach MOORE[44] haben sich die Luftverkehrsgesellschaften besser behauptet als die Gesamtheit der amerikanischen Großunternehmen.

In einer Phase der Konsolidierung in der Zeit zwischen 1983 und 1989 konnten die Fluggesellschaften wirtschaftliche Ergebnisse erzielen, die denen in der Zeit vor der Deregulierung ähnelten. Die Jahre 1990, 1991 und 1992 waren durch eine weltweite Rezession der Airlinebranche gekennzeichnet, die auch die amerikanischen Fluggesellschaften betraf und dort zu Verlusten in Höhe von ca. 6,14 Mrd. US$ führte. Infolgedessen kam es durch das Ausscheiden einiger großer Fluggesellschaften wie Eastern, Pan American und Midway Airlines zu einer weiteren Konzentration. 1992 befand sich ca. ein Viertel der Gesamtkapazität des amerikanischen Luftverkehrs inmitten eines Reorganisationsverfahrens nach Chapter 11 U.S.C. Diese Regelung im amerikanischen Konkursrecht ermöglicht überschuldeten Unternehmen die Durchführung einer umfassenden Umstrukturierung; sie müssen in der Reorganisationsphase weder Zinsen noch Tilgungen leisten und können von Beiträgen zu Pensionsfonds oder Zahlung von Leasingraten befreit werden. Allerdings konnten einige Fluggesellschaften selbst in dieser Phase gute Gewinne erzielen; so erwirtschaftete etwa der Low Cost-Carrier Southwest zwischen 1990 und 1993 einen operativen Gewinn von durchschnittlich 9%.[45]

Auswirkungen auf den Vertriebsbereich

Die Marktstellung der amerikanischen Reisebüros verbesserte sich seit der Deregulierung zwar erheblich, gleichzeitig entwickelten sich aber neue Abhängigkeitsstrukturen zwischen Agenturen und Fluggesellschaften einerseits und zwischen Agenturen und ihren Kunden andererseits. Der Vertriebsanteil von Reisebüros am Gesamtflugumsatz der US-Fluggesellschaften erhöhte sich seit der Deregulierung von ca. 50% auf über 80%. Die Verarbeitung bzw. Veröffentlichung von mehreren Millionen Tarifen pro Jahr mit oft stündlichen Änderungen je nach Tageszeit, Wochentag und Saison war ohne hochleistungsfähige CRS nicht mehr möglich. Über 90% der Flugscheinverkäufe wurden über CRS abgewickelt, wobei ca. 95% der US-Agenturen an ein CRS angeschlossen waren.[46] Die Systemanbieter versuchten, aus der nichtneutralen Darstellung, der Gestaltung der Nutzerverträge und der Gewinnung von Marketinginformationen zusätzlichen Nutzen zu ziehen. Die systembetreibenden Fluggesellschaften räumten ihren eigenen Flügen insofern Priorität ein, als diese bevorzugt auf der ersten Bildschirmseite auftauchten, auch wenn sie den Kundenwünschen weniger entsprachen als beispielsweise zeitlich günstiger gelegene Flüge von Mitbewerbern. Die Flüge der konkurrierenden Airlines wurden damit auf die folgenden Bildschirmseiten „verbannt", auf denen die Buchungswahrscheinlichkeit wesentlich geringer ist. Bereits 1984 versuchte deshalb das CAB, die daraus resultierenden gravierenden Wettbewerbsnachteile für Nicht-Vendors zu beseitigen, indem Darstellungspräferenzen auf der ersten Bild-

---

[44] Vgl. MOORE, T.: Airline Deregulation, S. 25 f.
[45] Chapter 11 United States Code, insbesondere §§ 1101-1174, Bancruptcy Reform Act of November 6, 1978 (§ 1129a); vgl. dazu WOERZ, C.: Deregulierungsfolgen, S. 71 f.; KRAHN, H.: Markteintrittsbarrieren, S. 100 ff und die dort angegebene weiterführende Literatur.
[46] Vgl. KATZ, R.: The impact of computer reservation systems, S. 88.

schirmseite verboten wurden.[47] Die Nutzerverträge zwischen Systemanbietern und Agenturen wurden oft nur in Verbindung mit hohen Vertragsstrafen[48] für den Fall eines vorzeitigen Ausstieges aus dem Vertragsverhältnis abgeschlossen, um einen Systemwechsel der Agentur erheblich zu erschweren. Gleichzeitig gab es Systemanbieter, die hohe Abwerbeprämien und sämtliche anfallenden Vertragsstrafen bezahlten, um eine Agentur zu einem Systemwechsel zu bewegen. Für die Agentur bedeutete dies, sich von einem Abhängigkeitsverhältnis in ein anderes zu begeben.[49]

Der Anteil der Agenturen am Verkauf von Flugscheinen ist seit 1995 stark rückläufig, bedingt durch die zunehmende Akzeptanz der über die Online-Dienste gebuchten elektronischen Tickets, durch die Forcierung des Telefonverkaufs, durch die Einrichtung von Call Centers und durch den nahezu ausschließlichen Direktvertrieb der Low Cost-Airlines.

9.2.3 Deregulierung des internationalen Luftverkehrs

Gleichzeitig mit der Deregulierung des Inlandsmarktes begannen die USA auch mit einer Neuorientierung ihrer internationalen Luftverkehrspolitik. Es lag nahe und seit dem Bermuda I-Abkommen auch in der Tradition, dass die bedeutendste Luftfahrtnation der Welt versuchen würde, ihren in der nationalen Luftverkehrspolitik entwickelten Vorstellungen auch auf den internationalen Märkten Geltung zu verschaffen. Dies umso mehr, als die ersten Ergebnisse der Deregulierung besonders von der Regierung und den Behörden positiv eingestuft wurden. Die amerikanischen Fluggesellschaften hatten zudem in den siebziger Jahren international, vor allem aber auf dem wichtigen Nordatlantikmarkt, Marktanteile verloren und fürchteten durch den Eintritt neuer europäischer Carrier weitere Einbußen.[50] Da im internationalen Verkehr eine einseitige Liberalisierung nicht möglich ist, bediente sich das CAB zur Durchsetzung der Politik der zweifachen Strategie sowohl der bilateralen Verhandlungen als auch der Aufhebung der multilateralen Preisabsprachen im Rahmen der IATA.

Im Rahmen von bilateralen Verhandlungen sollten die Bedingungen für den größtmöglichen Wettbewerb, der mit einem funktionierenden internationalen Luftverkehrssystem vereinbar ist, hergestellt werden, um den Verbrauchern ein dichtes Verkehrsangebot zu niedrigen Preisen anzubieten und gleichzeitig die Wettbewerbsstellung der US-Fluggesellschaften so zu stärken, dass sie im Vergleich mit den Luftverkehrsgesellschaften anderer Staaten zumindest gleiche Beförderungsanteile im grenzüberschreitenden Verkehr erzielen können. Der Interna-

---

[47] Vgl. auch Kapitel 7.3.3; eine Liste der Beispiele für diskriminierende Verhaltensweisen in der Bildschirmdarstellung („CRS Display Bias") ist in Annex C des ICAO Documents FRP/9, Appendices 3 and 4 dargestellt.
[48] Dabei handelt es sich um sogenannte „liquidated damage clauses", die bis zu 80% der Gebühren, die für die Restlaufzeit des Vertrags an den Systemanbieter hätten bezahlt werden müssen, betragen können.
[49] Siehe auch WARDELL, D.: Airline Reservation Systems, S. 53-56.
[50] Zu den damaligen Hintergrundsituationen vgl. TANEJA, N.: U.S. International Aviation, S. 55 f.; HAANAPPEL, P.: Pricing and Capacity Determination, S. 46, 141 f.

tional Air Transport Competition Act von 1979[51] bot die neue gesetzliche Grundlage für die in den Abkommen zu erreichenden Regelungen. Die ab 1978 geschlossenen Abkommen sind im Allgemeinen gekennzeichnet durch:

- eine großzügigere Erteilung von Verkehrsrechten an beliebig viele Fluggesellschaften (multiple designation). Amerikanische Fluggesellschaften können von jedem Ort der USA aus internationale Dienste anbieten, die Zahl der von ausländischen Fluggesellschaften angeflogenen Orte in den USA ist jedoch begrenzt;
- Aufhebung der bestehenden Auflagen hinsichtlich der Kapazität;
- Einbeziehung und Liberalisierung der Charterbestimmungen;
- Möglichkeiten zu individueller Preisgestaltung durch die einzelnen Fluggesellschaften auch unabhängig von den IATA-Tarifkonferenzen und durch die Reduzierung des zwischenstaatlichen Einflusses auf die Tarifgenehmigung.

Im Rahmen dieser neuen Zielsetzungen wurden von 1978 bis 1982 zunächst 24 liberale bilaterale Abkommen neu geschlossen oder ergänzt.[52] Seither aber hat der amerikanische Druck auf den Abschluss solcher Luftverkehrsabkommen abgenommen, nachdem der Kongress schon 1980 zu der Einsicht gelangte, das sich seine Vorstellungen eines freien und international offenen Marktes nur begrenzt durchsetzen ließen, da sie nur von den Staaten unterstützt wurden, die sich davon wirtschaftliche Vorteile für ihre eigenen Fluggesellschaften versprachen.[53] Dies war für die Fluggesellschaften vieler Staaten nicht der Fall, da die amerikanischen Airlines erhebliche Produktivitätsvorteile und zudem Managementerfahrung auf deregulierten Märkten hatten. Die amerikanische Strategie verstärkte zudem den Widerstand vieler Länder, die sich dem dahinterliegenden „divide et impera"-Prinzip entziehen wollten. Denn die US-Behörden beabsichtigten, zunächst nur mit einigen geographisch günstig gelegenen Staaten zu liberalisierten Abkommen zu gelangen, vor allem mit denjenigen, die sich schon seit längerer Zeit um eine Erweiterung der Landerechte in den USA bemühten. Die zugestandenen neuen Verkehrsrechte sollten gegen eine Übernahme der amerikanischen Tarifpolitik eingetauscht werden und das höhere Verkehrsaufkommen einschließlich des erwarteten Absaugeverkehrs aus den Nachbarländern diese schließlich auch zu einer liberalen Haltung bewegen.[54]

Die Internationalisierung der Open Sky-Politik erfuhr auch von Seiten der amerikanischen Fluggesellschaften nur bedingt Unterstützung, da man im Verkehr mit Staaten, die ihre Flag Carrier mit hohen Subventionen ausstatten, Wettbewerbs-

---

[51] Vgl. HAWK, B. E.: United States Regulation Of Air Transport, S. 256, 266.
[52] Vgl. HAANAPPEL, P.: Pricing and Capacity Determination, S. 139-157. In Europa wurden liberale Abkommen geschlossen mit Belgien, den Niederlanden, der Bundesrepublik Deutschland, Luxemburg und Großbritannien sowie mit Israel, in Fernost mit Südkorea, Taiwan und Singapur. Völlig erfolglos blieben Verhandlungen mit den südamerikanischen Staaten. Liberale Elemente finden sich in den Verträgen mit Australien, Neuseeland und der VR China.
[53] Vgl. NAVEAU, J.: International Air Transport, S. 142 ff.
[54] TANEJA, N.: U.S. International Aviation, S. 64.

nachteile habe und zudem das Zugeständnis neuer Zielflughäfen in den USA vielen Fluggesellschaften den Zugang zu mehr potentiellen Passagieren bieten könnte als umgekehrt den US-Fluggesellschaften in den jeweiligen Ländern. Erst vor dem Hintergrund einer zunehmenden Globalisierung des Luftverkehrs in den 1990er Jahren verfolgten die USA wieder stärker den Abschluss liberaler bilateraler Verträge. So wurden seit 1992 mit einer Reihe von EU-Mitgliedstaaten und mit Kanada Luftverkehrsabkommen vereinbart, die die bisher noch bestehenden Tarif- und Streckenrestriktionen weitgehend aufhoben. So sieht das bilaterale Luftverkehrsabkommen mit der Bundesrepublik 1996[55] folgende Regelungen vor:

- freier Zugang zu allen Flughäfen im jeweiligen Partnerland mit eigenen Diensten und im Code-Sharing-Verfahren sowie freie Flugroutenwahl;
- Aufhebung aller Beschränkungen hinsichtlich Frequenzen und Kapazitäten;
- Aufhebung aller Beschränkungen im bilateralen und Drittland-Code Sharing (z. B. LTU mit Air New Zealand zwischen Frankfurt und Los Angeles);
- völlig liberale Gestaltung des Charterverkehrs;
- Anwendung des double disapproval-Prinzips (doppelte Ablehnung) bei den Flugpreisen;
- Einräumung von Rechten für Kabotage und Investitionen im andern Land, wenn solche Rechte dritten Ländern eingeräumt werden und dies die nationale Gesetzgebung zulässt (Meistbegünstigtenklausel).

Unabhängig von den politischen Abmachungen aber bereiteten sich die großen internationalen US-Carrier auf einen zukünftig immer weniger regulierten internationalen Wettbewerb in Europa und Asien vor. So erwarben sie wichtige Streckenrechte einschließlich der knappen Slots, z. B. Delta die meisten europäischen Strecken von Pan American, United die asiatischen Strecken und die Strecken nach London von Pan American, American die TWA-Strecken nach London. Strategische Allianzen und internationale Beteiligungen stellen weitere Schritte dieser Strategie dar.

Der zweite Teil der internationalen Liberalisierungsstrategien zielte auf die Abschaffung der IATA-Tarifkonferenzen. Nach der amerikanischen Wettbewerbsgesetzgebung sind Absprachen und Verträge, die den freien Handel beschränken, illegal. Allerdings gehört der gewerbliche Luftverkehr zu den Ausnahmebereichen, soweit die betreffenden Vorgänge vom CAB genehmigt wurden.[56] Diese auch die Tarifabsprache zulassende Antitrust-Immunität gilt auch nach dem Erlass des Airline Deregulation Act weiter. Da das CAB jedoch der Meinung war, einheitliche IATA-Tarife seien nicht mehr länger als im öffentlichen Interesse liegend anzusehen, erließ es 1978 die so genannte „Order To Show Cause"[57] und forderte die IATA gleichzeitig auf, notwendige Gründe für das Weiterbestehen der bisherigen multilateralen Tarifkoordination aufzuzeigen, da ihr ansonsten die Ausnahme von

---

[55] Vgl. Pressedienst des Bundesministers für Verkehr Nr. 114/1996.
[56] CAB Order E 9305 von 1955; Federal Aviation Act (FAA) von 1958, Section 414.
[57] Order To Show Cause 78-6-78 vom 10.6.1978; siehe dazu auch BÖCKSTIEGEL, K.: CAB versus IATA, S. 3-20.

den Antitrust-Rechten nicht mehr zugestanden werden würde. Nach heftigen Proteten vor allem von europäischen Fluggesellschaften traf das CAB 1980 die Entscheidung, den IATA-Tarifabsprachen die Genehmigung für zwei weitere Jahre zu erteilen unter der Bedingung, dass die amerikanischen Fluggesellschaften sich nicht an Konferenzen über Nordatlantiktarife beteiligten. Diese Entscheidung wurde 1983 durch ein Memorandum of Understanding weitgehend abgelöst. Die Flugpreisgestaltung für Nordatlantiktarife konnte folglich innerhalb einer „zone of reasonableness" erfolgen. Durch ein zweites Memorandum of Understanding, das im Februar 1987 verabschiedet wurde, einigten sich die Unterzeichnerstaaten auf eine Verlängerung des ersten Memorandums um zwei weitere Jahre.[58] Außerdem wurden weitere liberale Regelungen hinsichtlich der Discount-Tarife (Reduzierung der Mindesthöhe und Restriktionen für Billigflugpreise) und der Flugpreisfestsetzung nach einem Referenzpreissystem vereinbart.

Obwohl von Seiten der USA die Zulässigkeit der Tarifkoordinationskonferenzen im Rahmen der IATA auch weiterhin akzeptiert wird, hat die „Order To Show Cause" das IATA-Tariffindungssystem nachhaltig beeinflusst, da einige US-Fluggesellschaften aus der IATA austraten und auch die Reformbemühungen innerhalb der IATA dadurch beschleunigt wurden. So ist heute die Teilnahme an den regionalen IATA-Verkehrskonferenzen nur noch fakultativ und die Einstimmigkeit von Beschlüssen auf den Konferenzen nicht mehr notwendig.[59]

9.2.4 Zusammenfassende Beurteilung der Deregulierung

Grundsätzlich kann festgestellt werden, dass die mit der Deregulierung intendierten Ziele weitgehend, wenngleich auch unterschiedlich erfolgreich, erreicht worden sind. Infolge des verstärkten Wettbewerbs ist das Flugpreisniveau gesunken und die Produktivität der Fluggesellschaften gestiegen. Das Leistungsangebot verbesserte sich durch mehr und häufigere Flugverbindungen, der befürchtete Verlust von Verbindungen zu kleineren Städten trat nicht ein, wenngleich sie jetzt häufiger mit Turboprop- als mit Jetflugzeugen bedient werden. Der Trend zu weniger tödlichen Unfällen setzte sich fort, die Zahl der Beinahe-Zusammenstöße stieg jedoch beträchtlich an.

Der Qualitätsstandard der Flüge wurde nicht gesteigert. Dies liegt zum einen an den Verbrauchern, die eher niedrige Preise als Beförderungskomfort und Nebenleistungen bevorzugen. Zum anderen konnte die Infrastruktur der Flughäfen nicht schnell genug an die enorm wachsende Nachfrage angepasst werden, so dass Überlastungen von Landebahnen, Abfertigungseinrichtungen und Passagierterminals zu häufigen Verspätungen führten.

Die anhaltende Konzentrationsbewegung in Richtung eines oligopolistischen Marktes mit nur wenigen Konkurrenten führt zu geringeren Auswahlmöglichkeiten für den Kunden; ob damit zukünftig ein geringerer Wettbewerb zwischen den Fluggesellschaften verbunden sein wird, liegt allerdings im Bereich der Spekulati-

---

[58] Vgl. o. V.: ECAC, U.S. Renew North Atlantic Pact, S. 32.
[59] Vgl. auch KARK, A.: Die Liberalisierung der europäischen Zivilluftfahrt, S. 93 f.

on. JOSKOW fasst die Auswirkungen der Deregulierung in den USA nach 10 Jahren wie folgt zusammen:[60]

1. Der von Wettbewerb geprägte Marktmechanismus sorgt für eine effektivere Ressourcenallokation im Luftverkehr und für eine Zunahme der Preis- und Qualitäts-Optionen.
2. Da die Flugpreise auf Kurzstrecken zwar gestiegen, auf Langstrecken jedoch gefallen sind und die Mehrzahl der Passagiere auf Langstrecken fliegt, ist das durchschnittliche Tarifniveau gesunken. Gleichzeitig ist die gestiegene Bedienungshäufigkeit vor allem ein Vorteil für Geschäftsreisende.
3. Die Anteilseigner der Fluggesellschaften haben von der Deregulierung allgemein profitiert, wobei jedoch neue Beschäftigte der Fluggesellschaften niedrigere Löhne und Gehälter erhalten als vor der Deregulierung. Die Beschäftigung hat dennoch zugenommen.
4. Die Marktmacht der etablierten Carrier scheint durch die Möglichkeit des Markteintritts neuer Fluggesellschaften begrenzt bzw. unter Kontrolle gehalten zu werden.

Auch KNIEPS kam zu ähnlichen Ergebnissen und hielt den Wettbewerb im amerikanischen Luftverkehr für funktionsfähig, vorausgesetzt der freie Zugang zu Start- und Landezeiten (Slots) sowie den Reservierungssystemen ist gewährleistet.[61] Außerdem führte die auf den Nebenstrecken teilweise reduzierte Flughäufigkeit durch das vermehrte Auftreten von Commuter-Airlines nicht zu einer schlechteren Versorgung von dünn besiedelten Gebieten mit Flugverkehrsleistungen.

Der amerikanische Luftverkehr überstand die Anpassungsphase an die neue Wettbewerbsordnung trotz einer gesamtwirtschaftlich schwierigen Situation weitgehend erfolgreich. Realen Tarifsenkungen, Produktivitätsverbesserungen, qualitativen und quantitativen Angebotsausweitungen und Wertsteigerungen des gesamten Unternehmenssektors standen ein möglicherweise niedrigeres Sicherheitsniveau, weniger komfortable Reisen, geringere Markttransparenz im Vertrieb durch CRS wegen diskriminierender Verhaltensweisen der Systemanbieter und für einen Teil der Beschäftigten eine Verschlechterung der Lohn- und Arbeitsbedingungen gegenüber. Letzteres ist in einer gesamtwirtschaftlichen Betrachtung aber auch unter dem Ergebnis einer gestiegenen Zahl von Arbeitsplätzen im Luftverkehr zu sehen.

Zumindest bisher aber sind die Nachfrager die von der Deregulierung am stärksten profitierende Gruppe: Der für sie aus der Preisentwicklung und dem verbesserten Angebot entstandene Nutzen („social welfare") wurde von MORRISON/WINSTON[62] mit mindestens 18 Mrd. US$ (in Werten von 1993) errechnet. Die sich seit 1984 anschließende Konsolidierungsphase brachte einen

---

[60] Vgl. JOSKOW, A.: Deregulation and Competition Policy, S. 116; auch FORTIER-DUGUAY, T.: La déréglementation aérienne, kommt zu ganz ähnlichen Schlussfolgerungen.
[61] KNIEPS, G.: Regulierung und Deregulierung im Luftverkehr der USA, S. 272.
[62] Vgl. MORRISON, S. A., WINSTON, C.: Evolution, S. 82. Ähnlich auch CAB: Deregulating, S. 258-290.

verstärkten Einsatz der neuen Absatzinstrumente, eine weitere Optimierung des Streckennetzes der einzelnen Fluggesellschaften durch den Ausbau der Hub and Spoke-Systeme, insbesondere durch die Integration des Zubringerverkehrs zu kleineren Städten, und eine durch sinkende Treibstoffpreise begünstigte Periode des wirtschaftlichen Erfolges. Seit 1986 führte eine Fusionswelle zu „Mega-Carriern", deren Marktposition als weitgehend gesichert gilt und auf den kontinentalen Langstrecken neue Markteintritte unwahrscheinlich macht. Vor diesem Hintergrund versuchten die großen Fluggesellschaften zunehmend, durch Nutzung ihrer Reservierungssysteme und der neuen bilateralen Abkommen, ihre Wachstumsstrategien auf internationale Märkte auszudehnen. Damit beeinflussten sie auch in steigendem Maße die Marktordnungen in Asien und Europa.

9.3 Liberalisierung in Europa

9.3.1 Grundlagen der EG-Verkehrspolitik

Die heutige Europäische Union geht auf den Vertrag über die Europäische Wirtschaftsgemeinschaft (EWGV) vom 25.03.1957[63] zurück, der 1958 in Kraft trat. Durch Zusammenfassung der Organe der Europäischen Gemeinschaft für Kohle und Stahl (EGKS), der Europäischen Atomgemeinschaft (Euratom) und der Europäischen Wirtschaftsgemeinschaft (EWG) entstand 1967 die Europäische Gemeinschaft (EG). Als Folge des Inkrafttretens des Vertrages über die Europäische Union vom 7. Februar 1992 (Maastricht),[64] nennt sich die Gemeinschaft seit 1993 Europäische Union (EU). Sie hat derzeit 25 Mitgliedstaaten: Belgien, Bundesrepublik Deutschland, Dänemark, Estland, Finnland, Frankreich, Griechenland, Großbritannien, Irland, Italien, Lettland, Litauen, Luxemburg, Malta, Niederlande, Österreich, Polen, Portugal, Schweden, Spanien, Slowakei, Slowenien, Tschechische Republik, Ungarn und Zypern. Folgende Staaten haben die Mitgliedschaft beantragt: Bulgarien (1995), Kroatien (2003) Mazedonien (2004) Rumänien (1995) Schweiz (1992, Beitrittsgesuch ruht), Türkei (1987).

Zur Erweiterung des Binnenmarktes um die Staaten, die nicht Mitglied der EU werden wollten, wurde 1994 der Europäische Wirtschaftsraum (EWR) geschaffen.[65] Er umfasste zu diesem Zeitpunkt die zwölf EU-Staaten und sechs der sieben Staaten der European Free Trade Association (EFTA), nämlich Island, Liechtenstein, Norwegen sowie die späteren EU-Mitglieder Finnland, Österreich und Schweden. Das EFTA-Mitglied Schweiz sprach sich in einem Referendum gegen die Teilnahme am EWR aus, baut aber ihre Beziehungen mit der EU durch bilaterale Abkommen aus. Die EFTA-Staaten übernehmen die für den Gemeinsamen Markt geltenden Regelungen bezüglich des freien Verkehrs von Waren, Personen,

---

[63] Vertrag über die Gründung der Europäischen Wirtschaftsgemeinschaft vom 25.3.1957, BGBl. 1957 II, S. 766.
[64] Vertrag zur Gründung der Europäischen Union in der Fassung des Vertrages über die Europäische Union vom 7.2.1992, BGBl. 1992 II, S. 1253.
[65] Abkommen über den Europäischen Wirtschaftsraum – Schlussakte – Gemeinsame Erklärungen der Vertragsparteien.

Dienstleistungen und Kapital sowie weitgehend auch die Bestimmungen des EU-Wettbewerbsrechts. Spezielle Ausnahmeregeln beschränken sich auf sehr wenige Sektoren. Die EFTA-Mitglieder haben lediglich Mitsprache- und Anhörungsrechte, aber keine Entscheidungsbefugnisse. Zur Regelung spezieller Fragen des Luftverkehrs wurden 1992 separate Abkommen mit Norwegen und Schweden[66] getroffen. Die Schweiz hat in einem Abkommen 2002[67] die wesentlichen in der Gemeinschaft geltenden Rechtsvorschriften übernommen.

Die Verkehrspolitik der EU ist als Teil der allgemeinen Politik eingebunden in die von der Gemeinschaft langfristig angestrebten wirtschaftlichen Ziele, die in Art. 2 des EWG-Vertrages festgelegt wurden:

„Aufgabe der Gemeinschaft ist es, durch die Errichtung eines gemeinsamen Marktes und die schrittweise Annäherung der Wirtschaftspolitik der Mitgliedstaaten eine harmonische Entwicklung des Wirtschaftslebens innerhalb der Gemeinschaft, eine beständige und ausgewogene Wirtschaftsausweitung, eine größere Stabilität, eine beschleunigte Hebung der Lebenshaltung und engere Beziehungen zwischen den Staaten zu finden, die in dieser Gemeinschaft zusammengeschlossen sind."

Die positiven Auswirkungen durch die Errichtung des EG-Binnenmarktes 1992 bzw. die Nachteile oder Kosten seiner Nichtverwirklichung auf die Wirtschaft, ihre Träger und die etwa 320 Millionen in der EG lebenden Menschen werden im CECCHINI-Bericht von 1988[68] analysiert. Die Zuwachsraten des Bruttoinlandsproduktes (BIP) der EG werden sich mittelfristig in einer Bandbreite von etwa 4,3% bis 6,4% (Mittelwert: 5,3%) der Werte von 1988 bewegen. Der Zuwachs des BIP für alle 12 EG-Staaten beträgt demnach ca. DM 432 Mrd. Zwischen DM 254 und 374 Mrd. (in Preisen von 1985) entfallen dabei unter der Berücksichtigung, dass allein die Bundesrepublik Deutschland, Frankreich, Italien, Großbritannien und die Beneluxstaaten 88% des BIP der EG erwirtschaften, auf diese sieben EG-Mitgliedstaaten. Der so genannte makroökonomische „welfare gain" soll erreicht werden, wenn die Handelsschranken (Zollformalitäten und damit zusammenhängende Verzögerungen) und Produktionshindernisse (z. B. unterschiedliche nationale Richtlinien und Normen oder Marktzutrittsschranken für ausländische Mitbewerber) beseitigt werden. Bei zunehmendem Wettbewerbsdruck sowohl innerhalb des Binnenmarktes als auch von außen sinken gleichzeitig die Chancen auf die Abschöpfung von Monopolrenten. Außerdem wird der Zwang zur Vermeidung von Fehlallokationen der Produktionsmittel sowie zur Kostenreduzierung durch

---

[66] Beschluss des Rates vom 22. 06. 1992 über den Abschluss eines Abkommens zwischen der Europäischen Wirtschaftsgemeinschaft, dem Königreich Norwegen und dem Königreich Schweden über die Zivilluftfahrt.

[67] Abkommen zwischen der Europäischen Gemeinschaft und der Schweizerischen Eidgenossenschaft über den Luftverkehr – Schlussakte – vom 21.6.1999, ABl. L 114 vom 30.4.2002, S. 73.

[68] Der CECCHINI-Bericht ist das Ergebnis einer von der EG-Kommission im Jahre 1986 in Auftrag gegebenen Untersuchung durch das „Cost of Non-Europe"-Steering Committee über die Kosten der Marktzersplitterung eines „Nicht-Europa" und dem aus der Vollendung des europäischen Binnenmarktes resultierenden Nutzen bzw. Gewinn; vgl. CECCHINI, P.: The European Challenge 1992; S. 83 ff, 103.

Ausnutzung potentieller „economies of scale" größer. Aufgrund der Binnenmarktintegration in Verbindung mit der zunehmenden Wettbewerbsintensität rechneten die Autoren der Studie schließlich mit einem Preisdruck, der eine durchschnittliche Deflation von 6,1% bewirken wird, mit neuen Arbeitsplätzen in der Größenordnung von etwa 1,8 Mio. und mit einer Reduzierung der Arbeitslosenquote von etwa 1,5%.[69]

Als ein Mittel zur Erreichung der im EWG-Vertrag festgelegten Ziele wird unter anderem ein gemeinsamer Verkehrsmarkt angesehen, da die national und bilateral eingeführten Angebots- und Wettbewerbsbeschränkungen eine Fortentwicklung der internationalen Arbeitsteilung bei der Produktion von Verkehrsleistungen behindern würden, so dass die komparativen Leistungs- und Kostenvorteile der Wirtschaftsraumvergrößerung im Transportsektor nur bedingt genutzt werden könnten. Auf diesem **gemeinsamen Verkehrsmarkt** gelten die **fünf Grundfreiheiten**, nämlich:

- die Freiheit des Warenverkehrs (Art. 9 ff),
- die Freizügigkeit der Arbeitnehmer (Art. 48-51),
- die Niederlassungsfreiheit Selbständiger (Art. 52-58),
- die Freiheit des Dienstleistungsverkehrs (Art. 59-66) und
- die Freiheit des Kapital- und Zahlungsverkehrs (Art. 67-73),

die durch Wettbewerbsvorschriften (Subventions- und Kartellverbot, Missbrauch marktbeherrschender Stellung) abgesichert werden.[70]

Ähnlich wie für die Landwirtschaft wurden bei der Gründung der EWG für den Verkehrssektor Sonderregelungen (Art. 74-84 EWGV) geschaffen, ohne dabei jedoch spezielle Ziele konkret zu formulieren, so dass dort eine gemeinsame Verkehrspolitik nur in ihren Grundzügen festgelegt ist. Der Grund für diese Sonderregelung lag in der starken staatlichen Reglementierung des Verkehrs in allen Mitgliedstaaten, die damit bestimmte öffentliche Interessen (Entwicklung einzelner Regionen, militärstrategische Zwecke) verfolgten und ihren nationalen Verkehrsunternehmen daher einen besonderen Schutz zukommen lassen wollten. So stellten die Regelungen für den Verkehr einen politischen Kompromiss zwischen ganz verschiedenartigen verkehrspolitischen Konzeptionen der Mitgliedstaaten dar. Zudem wurden die Seeschifffahrt und der Luftverkehr zunächst aus dem Anwendungsbereich dieser gemeinsamen Verkehrspolitik ausgenommen, und es wurde dem Ministerrat überlassen zu entscheiden, „ob, inwieweit und nach welchem Verfahren geeignete Vorschriften für die Luftfahrt zu erlassen sind" (Art. 84 Abs. 2 EWGV). Der Beweggrund für die Ausklammerung dieser beiden Verkehrsträger lag „in deren wirtschaftlicher Verflechtung im außereuropäischen Verkehr und in der rechtlichen Bindung an weltweite Abkommen".[71]

---

[69] Siehe auch EG-Kommission: Efficiency, Stability and Equity, 1987.
[70] Vgl. dazu BLECKMANN, A.: Europarecht, S. 305-362; WEBER, L.: Zivilluftfahrt, S. 153-184.
[71] FROHNMEYER, A.: Verkehrspolitik, S. 146.

Die Gremien der Europäischen Union

Der **Rat der Europäischen Union** (Ministerrat) ist das oberste rechtsetzende Organ der EU und besteht aus je einem Minister der 25 nationalen Regierungen. Er erlässt Rechtsvorschriften für die Union, setzt ihre politischen Ziele, koordiniert die nationalen Interessen der Mitgliedstaaten und regelt Konflikte sowohl untereinander als auch mit anderen Institutionen.

Die **Europäische Kommission** ist ein überstaatliches Organ mit 25 Mitgliedern aus den EU-Staaten; sie sorgt für die Durchführung der Europäischen Verträge, hat gewisse Gesetzgebungs- und Aufsichtsbefugnisse und das alleinige Vorschlagsrecht für Beschlüsse des Ministerrates, deren Anwendung sie überwacht (Art. 155 EWGV).

Die **Versammlung (Europäisches Parlament)** hat keine gesetzgebenden Befugnisse, sondern nur beschränkte Kontrollrechte gegenüber dem Rat (Art. 137 ff EWGV).

Der **Europäische Gerichtshof** ist die rechtsprechende Gewalt der EU. Er soll die Einhaltung der Verträge sicherstellen und die Fortbildung des Gemeinschaftsrechts im Sinne der vertraglichen Ziele fördern (Art. 164 EWGV).

Der **Europäische Rat** ist ein seit 1975 mehrmals jährlich tagendes Gremium, dem die Staats- und Regierungschefs, die Außenminister und der Präsident der Kommission angehören; er bespricht aktuelle Fragen der politischen Zusammenarbeit und legt die Zielrichtung der Gemeinschaftspolitik fest. Der Europäische Rat wurde erst 1985 durch die „Einheitliche Europäische Akte" als Gemeinschaftsgremium in die EG-Verträge aufgenommen.

Weiterhin zählen **der Wirtschafts- und Sozialausschuss**, der **Europäische Rechnungshof**, die **Europäische Investitionsbank** sowie der **Ausschuss der Regionen** zu den Gremien der Gemeinschaft.

Die bisherige Entwicklung der Luftverkehrspolitik der Europäischen Gemeinschaft stellt sich als ein langwieriger Prozess intensiver Diskussionen und rechtlicher Auseinandersetzungen dar, dessen konkrete Ergebnisse jeweils aber nur kleine Schritte in Richtung auf eine gemeinsame Politik waren.[72] Denn in den EG/EU-Gremien entwickelte sich nur allmählich ein Bewusstsein für die Möglichkeit einer gemeinsamen Luftverkehrspolitik, ausgelöst nicht zuletzt durch die auch die Luftfahrt betreffenden Entscheidungen des Europäischen Gerichtshofes von 1974[73] sowie durch die Deregulierungsbemühungen der USA im nationalen und internationalen Rahmen.

Den entscheidenden Ausschlag für die Durchsetzung der Liberalisierungspakete und der sie flankierenden Richtlinien/Verordnungen aber brachte die Einheitliche Europäische Akte (EEA),[74] die die Schaffung einer Europäischen Union mit gemeinsamem Binnenmarkt, Währungsunion, Unionsbürgerschaft und gemeinsamer Außen- und Sicherheitspolitik zum Ziel hatte. Sie trat am 1. Juli 1987 in Kraft, sieht in Art. 16 EEA auch die Verwirklichung des Binnenmarktes im Luftverkehr vor und legte mit der Einfügung des Art. 8a EWGV und der dortigen Erwähnung des Art. 84 Abs. 2 EWGV auch die rechtlichen Grundlagen dafür. Den

---

[72] Siehe dazu FOLLIOT, M.: Transport aérien, S. 185-239.
[73] EuGH: Rs. 167/73, Urteil vom 4.4.1974, (Seeleute-Fall).
[74] Einheitliche Europäische Akte vom 17./28.2.1986, BGBl. 1986, S. 1102.

EU-Gremien stehen nach Art. 189 EWGV, Abs. 2 bis 5, folgende Rechtsentscheidungen und Einflussinstrumente zur Verfügung:

- **Verordnungen** des Ministerrates oder der Kommission sind allgemein verbindlich und gelten in jedem Mitgliedsstaat.
- **Richtlinien** des Ministerrates oder der Kommission sind hinsichtlich des zu erreichenden Ziels für jeden Mitgliedstaat verbindlich, überlassen ihm jedoch die Wahl der Form und Mittel zur Verwirklichung.
- **Entscheidungen** von Ministerrat oder Kommission sind für einen Mitgliedstaat in allen Teilen verbindlich.
- **Empfehlungen**, **Mitteilungen** und **Stellungnahmen** sind nicht verbindlich.

Standen zunächst, wie etwa bei der „Richtlinie zur Verringerung der Schallemissionen von Unterschallluftfahrzeugen"[75] und der „Richtlinie über die zukünftige Zusammenarbeit und gegenseitige Unterstützung bei der Flugunfalluntersuchung"[76] eher technisch-organisatorische Aspekte der Zusammenarbeit im Mittelpunkt, so wurden 1979 von der EG-Kommission mit dem Memorandum Nr. 1, Luftverkehr: Ein Vorgehen der Gemeinschaft, die langfristigen wirtschaftlichen Entwicklungsziele vorgestellt und 1982 in einem überarbeiteten Memorandum Nr. 2, Fortschritte auf dem Weg zu einer gemeinschaftlichen Luftverkehrspolitik die programmatische Grundlage dafür geschaffen (vgl. Abb. 9.6). Im Wesentlichen sind dies:

- Die **Marktstruktur:** Ein von nationalen Schranken freier Gesamtmarkt soll innerhalb der EG die Zahl der Flugverbindungen erhöhen und zu Tarifsenkungen führen. Dies erfordere einerseits eine Liberalisierung der Verkehrs- und Niederlassungsrechte sowie der Tarifkoordinationsverfahren und andererseits eine Reduzierung staatlicher Subventionspolitik sowie eine Lockerung der noch bestehenden Charterflugbestimmungen.
- Die **finanzielle Ausgewogenheit der Fluggesellschaften:** Nach Meinung der Kommission können die Kosten der Luftverkehrsgesellschaften durch Vereinheitlichung technischer Normen für Fluggerät, Vereinfachung von Formalitäten und Senkung der Flughafengebühren reduziert werden; ein verstärkter Wettbewerb würde sie zudem zu einer Steigerung der Produktivität zwingen.
- Die **Luftfahrtbediensteten:** Die Anwendung der Freizügigkeitsregelungen für Arbeitskräfte, die Verbesserung ihrer Arbeitsbedingungen und die gegenseitige Anerkennung von Befähigungsnachweisen sollen die Interessen der Arbeitnehmer in Bezug auf den sozialen Fortschritt wahren.
- Das **internationale Luftverkehrssystem:** Durch eine Verstärkung der Außenbeziehungen zu Nicht-EG-Staaten sowie zur ICAO und zur ECAC soll die Integration in das internationale Luftverkehrssystem aufrechterhalten werden.

---

[75] Richtlinie 80/51/EWG des Rates vom 20.12.1979 zur Verringerung der Schallemissionen von Unterschallluftfahrzeugen.
[76] Richtlinie 80/1266/EWG des Rates vom 16.12.1980 über die künftige Zusammenarbeit und gegenseitige Unterstützung der Mitgliedstaaten auf dem Gebiet der Flugunfalluntersuchung.

1957	Unterzeichnung EWG Vertrag; ab 01.01.1958 in Kraft getreten
1967	Vertrag zur Fusion der Exekutiven von EWG, GKS und Euratom (EG)
1974	Seeleute-Urteil des EuGH
1979	1. Memorandum der Kommission
1980	Richtlinie zur Verringerung der Schallemissionen
	Richtlinie zur Zusammenarbeit bei der Flugunfalluntersuchung
1983	Richtlinie zum Interregionalverkehr
1984	2. Memorandum der Kommission
1985	Untätigkeitsurteil des EuGH
1986	Nouvelles Frontières-Urteil des EuGH
	Verabschiedung der Einheitlichen Europäischen Akte
1987	1. Liberalisierungspaket
	ECAC-Agreements zur Tariffindung u. Kapazitätsaufteilung
1989	Ahmed Saeed/Silver Line-Urteil des EuGH
	Verhaltenskodex CRS
1990	2. Liberalisierungspaket
1991	Überbuchungsverordnung
1992	3. Liberalisierungspaket
	Vertrag über den Europäischen Wirtschaftsraum (EWR)
1993	Europäischer Binnenmarkt
	Verordnung Slotzuteilung; Freistellungsverordnung, CRS-Verhaltenskodex
1996	Bodenverkehrsrichtline
1997	Uneingeschränkte Kabotage
	Vertrag von Amsterdam
1999	Auslaufen der Duty Free-Übergangsregelung
2002	Urteil des EuGH zur Außenkompetenz der EU im Luftverkehr

Abb. 9.6. Überblick: Entwicklungen in der Europäischen Union

Insgesamt sollten die Mitgliedstaaten auf diese Weise gezwungen werden, ihre Luftverkehrspolitik nicht mehr ausschließlich an eigenstaatlichen Interessen auszurichten und sie damit zur Verfolgung nur nationaler handels-, außen- oder beschäftigungspolitischer Ziele einzusetzen. Vielmehr sollten sie sie auch zur Förderung übergeordneter Ziele der politischen Integration sowie der unbeschränkten und harmonischen Wirtschaftsentwicklung in den Regionen nutzen.

Die Kommission[77] konstatierte als Hauptmangel des bisherigen Systems eine Tendenz zu hohen Flugpreisen für Linienflüge, vor allem im internationalen Vergleich. Da ein Preiswettbewerb weitgehend ausgeschaltet sei, komme es zu einem Servicewettbewerb, der zu einer Erhöhung des Kostenniveaus und zu Teilleistungen führe, an denen ein größerer Teil der Passagiere nicht unbedingt interessiert sei.[78] Zudem konzentriere sich der Verkehr zu sehr auf Strecken zwischen den Hauptflughäfen. Bestimmte Routen in die und zwischen den Regionen würden trotz eines ausreichenden Passagierpotentials nicht beflogen, da sie nicht in das Rentabilitätskonzept (Sitzkapazität der Flugzeuge, Abwanderung von den Haupt-

---

[77] Vgl. EG: Memorandum Nr. 1, S. 8-12.
[78] Zur Kritik dieser These vgl. CAA: European Fares, S. 23 f.; POMPL, W.: Tarifniveau, S. 122 f.; KUHNE, M.: Luftverkehrstarife, S. 26-31.

strecken) der etablierten Fluggesellschaften passten, wobei die nationalen Regierungen diese Politik durch Nichtgenehmigung neuer Streckenrechte fördern würden. Verbesserungsfähig sei auch die geringe Innovationsbereitschaft der Fluggesellschaften, vor allem im Hinblick auf Flugpreise und Produktdifferenzierung. Staatliche Schutzmaßnahmen bezüglich Kapazitäten, Preisen und Subventionen würden betriebswirtschaftliche Misserfolge korrigieren und hätten „für die Luftverkehrsunternehmen seit langem den Anreiz verringert, jene kritische Einstellung, zu der die einem stärkeren Wettbewerb ausgesetzten Unternehmen gezwungen sind, auf ihren eigenen Betrieb anzuwenden."[79]

Die wichtigsten Etappen, die im Folgenden ausführlich dargestellt werden, waren:

- die Richtlinie über die Zulassung des interregionalen Linienflugverkehrs 1983,
- das erste Liberalisierungspaket 1987,
- das zweite Liberalisierungspaket 1990,
- das dritte Liberalisierungspaket 1992,
- die Freistellungsverordnungen 1993.

Als flankierende Maßnahmen wurden folgende Rechtsakte erlassen:

- der Verhaltenskodex im Zusammenhang mit computergesteuerten Buchungssystemen 1989,
- die Überbuchungsverordnung 1991,
- die Verordnung über die Zuweisung von Zeitnischen auf Flughäfen 1993,
- die Verordnung bezüglich Vereinbarungen über computergesteuerte Buchungssysteme 1993.

9.3.2 Die Anwendbarkeit des EWG-Vertrages auf den Luftverkehr

Die Frage der Anwendbarkeit des EWG-Vertrages auch auf den Luftverkehr war lange Zeit höchst umstritten. Die besonders von der Kommission vertretene so genannte „maximalistische Rechtsauffassung" folgerte aus dem Grundsatz der Universalität des Vertrages die Zulässigkeit seiner Anwendung auf alle Wirtschaftszweige; für den Luftverkehr seien zwar Ausnahmen möglich, die allerdings vorher einer Konkretisierung bedürften. Die von den Fluggesellschaften befürwortete „minimalistische Auffassung" beinhaltete die These, dass die Vorschriften des Vertrages auf die Luftfahrt nicht anwendbar seien, da die Artikel 74-84 EWGV den Verkehr abschließend regelten und dabei den Luftverkehr ausdrücklich ausschlössen.[80]

Eine Klärung wurde infolge der Untätigkeit des Ministerrates nicht nach Artikel 84 (2) EWGV durch den Erlass von Richtlinien erreicht, sondern schrittweise durch die Rechtsprechung des Europäischen Gerichtshofes. Bezogen auf einen

---

[79] EG-KOMMISSION: Memorandum Nr. 2, S. 23.
[80] Vgl. dazu WEBER, L.: Zivilluftfahrt, S. 128-132.

gemeinsamen Luftverkehrsmarkt waren dabei die Bereiche Freizügigkeit der Arbeitnehmer, Niederlassungsfreiheit, Freiheit des Dienstleistungsverkehrs und Wettbewerb betroffen.

Hinsichtlich der **Freizügigkeit der Arbeitnehmer** (keine Diskriminierung von Angehörigen der Mitgliedstaaten in Bezug auf Beschäftigung, Entlohnung und sonstige Arbeitsbedingungen) stellte der Europäische Gerichtshof in zwei Urteilen[81] klar, dass sie auch im Verkehrssektor Gültigkeit hat.

Der das **Niederlassungsrecht** der selbständigen Gewerbetreibenden regelnde Artikel 52 des EWG-Vertrages ist – wiederum nach einer Entscheidung des Europäischen Gerichtshofes[82] – unmittelbar anzuwenden. Damit haben gewerbliche Luftfahrtgesellschaften aus EG-Ländern einen Anspruch darauf, dass ihre Niederlassungen oder Tochtergesellschaften in anderen Mitgliedstaaten die gleiche Behandlung erfahren wie inländische Unternehmen.

Ein weiteres Urteil des Europäischen Gerichtshofes vom 22.5.1985,[83] das sich von der Klage her zwar nicht auf den Luftverkehr bezog, ihn aber auch nicht ausschloss, verpflichtete den Ministerrat, das Recht auf **freien Dienstleistungsverkehr** auch auf dem Verkehrssektor durchzusetzen. Der von den nationalen Regierungen vorgebrachte Grund, dass es zuvor einer Harmonisierung der Wettbewerbsbedingungen (beispielsweise Angleichung der unterschiedlichen Besteuerung) bedürfe, wurde zwar als Randbedingung, nicht aber als Voraussetzung anerkannt.

Über die materiell bedeutsame Frage der Anwendung der **Wettbewerbsbestimmungen** wurde 1986 im so genannten Fall „Nouvelles Frontières"[84] entschieden. Der Gerichtshof hatte zu klären, inwieweit die Artikel über die Genehmigungspflicht für Flugtarife und die Ahndung von Verstößen gegen die Tarifeinhaltungspflicht des französischen „Code de l'aviation civile" den Bestimmungen des EWG-Vertrages entsprechen; er stellte dazu fest, „dass die Luftfahrt aus den gleichen Gründen wie die übrigen Verkehrsarten den allgemeinen Vorschriften des EWG-Vertrages einschließlich derer über den Wettbewerb" unterliegt.[85] Dies trifft sowohl auf das Verhalten von Unternehmen als auch auf die getroffenen oder beibehaltenen Maßnahmen zu, die die praktische Wirksamkeit dieser Bestimmungen ausschalten könnten.

Der Gerichtshof stellte weiterhin fest, dass es den Verpflichtungen der Mitgliedstaaten (nach Artikel 5 in Verbindung mit den Artikeln 3 f. und 85 Absatz 1 EWG-Vertrag) widerspricht, „Flugtarife zu genehmigen und damit ihre Wirkungen zu verstärken, (wenn) diese Tarife das Ergebnis von Vereinbarungen, Beschlüssen von Unternehmensvereinigungen oder abgestimmten Verhaltensweisen sind".[86]

---

[81] EuGH: Rs. 167/73, Urteil vom 4.4.1974 (Seeleute-Fall); Rs. 43/75, Urteil vom 8.4.1976 (Defrenne-Fall).
[82] EuGH: Rs. 2/74, Urteil vom 8.4.1976 (Fall Royer).
[83] EuGH: Rs. 13/83, Urteil vom 22.5.1985 (Untätigkeits-Urteil).
[84] EuGH: Rs. 209-213/84, Urteil vom 30.4.1986.
[85] EuGH: Rs. 209-213/84, Urteil vom 30.4.1986, S. 16.
[86] EuGH: Rs. 209-213/84, Urteil vom 30.4.1986, S. 27.

Unter Aufrechterhaltung des Grundsatzes der Rechtssicherheit ergab sich daraus allerdings noch keine unmittelbare Wirkung, da es andernfalls zum Verbot oder zur Nichtigkeit von Vereinbarungen gekommen wäre, bevor individuelle Kriterien zur Überprüfung solcher Absprachen festgelegt worden sind. Solche Kriterien existierten bisher nicht, da es der Ministerrat unter Verletzung des EWG-Vertrages unterlassen hatte, eine Durchführungsrichtlinie oder -verordnung zu verabschieden. Bis zum Inkrafttreten einer solchen Regelung waren nur solche Absprachen oder Verhaltensweisen wettbewerbswidrig, bei denen dies entweder eine zuständige nationale Behörde oder die Kommission festgestellt hatte. Da auch die Kommission keine Zuwiderhandlungen festgestellt hatte, weil sie diese Befugnis gar nicht wahrnahm, blieben die im europäischen Luftverkehr vereinbarten und genehmigten Flugtarife wirksam und Tarifverstöße verfolgungsunfähig, auch wenn sie faktisch den Wettbewerbsvorschriften des EWG-Vertrages widersprachen. Es galt also weiterhin nach Artikel 88 EWG-Vertrag: „Bis zum Inkrafttreten der gemäß Artikel 87 erlassenen Vorschriften entscheiden die Behörden der Mitgliedstaaten im Einklang mit ihren eigenen Rechtsvorschriften und den Bestimmungen der Artikel 85, insbesondere Absatz 3, und 86 über die Zulässigkeit von Vereinbarungen, Beschlüssen und aufeinander abgestimmten Verhaltensweisen sowie über die missbräuchliche Ausnutzung einer beherrschenden Stellung auf dem Gemeinsamen Markt."

Damit waren die unmittelbaren Konsequenzen dieses Urteils nur als gering einzustufen, da die faktische Gültigkeit des bestehenden Regulierungssystems des europäischen Luftverkehrs zunächst unberührt blieb.[87] Wichtiger hingegen war der sich daraus ergebende politische Druck auf die Umsetzung des Urteils durch die Kommission und den Ministerrat, die mit dem ersten Liberalisierungspaket von 1987 erfolgte.

Zusätzliche Klärung über die Gültigkeit von Tarifen brachte 1989 das „Ahmed Saeed/Silver Line"-Urteil des Europäischen Gerichtshofes.[88] Unter Bezugnahme auf die Richtlinien des ersten Liberalisierungspakets vom 14.12.1987 wurde festgestellt, dass bei internationalen Flügen innerhalb der Gemeinschaft Tarife, die auf Absprachen zwischen den Fluggesellschaften beruhen, nichtig sind; es sei denn, sie unterliegen einer Gruppenfreistellung. Für Flüge nach Drittstaaten und für inländische Flüge behalten Tarifabsprachen ihre Gültigkeit, solange sie nicht nach Artikel 88 oder 89 EWGV untersagt werden.

Handlungsbedarf sah der Ministerrat bezüglich der benachteiligten Stellung des Handelsvertreters (Reisemittler, Agentur) gegenüber seinen oftmals wirtschaftlich überlegenen Auftraggebern. Dazu zählen in erster Linie die Fluggesellschaften, mit deren vermittelten Leistungen bundesdeutsche Reisebüros 1989 ihren Hauptumsatz mit einem Anteil von fast 42% erzielten.[89] Die vom EG-Rat erlassene EG-Handelsvertreter-Richtlinie[90], aufgrund derer am 1.1.1990 Änderungen des bun-

---

[87] Vgl. ADENAUER-FROWEIN, B.: EWG-Vertrag, S. 195.
[88] EuGH: Rs. 66/86, Urteil vom 11.4.1989 (Silver Line-Urteil).
[89] Vgl. DRV: Geschäftsbericht 1990, S. 97.
[90] Vgl. EG-Rat: Richtlinie Nr. 86/653/EWG vom 18.12.1986 zur Koordinierung der Rechtsvorschriften der Mitgliedstaaten betreffend die selbständigen Handelsvertreter.

desdeutschen Handelsvertreterrechts in Kraft traten, sollte eine Stärkung der Position des Handelsvertreters in der EG als selbständiger und gleichberechtigter Vertragspartner der Leistungsträger bewirken. Im Wesentlichen beruhen die Änderungen auf:

- einer erweiterten Informationspflicht des Leistungsträgers bei der Nichtausführung eines vom Vertreter vermittelten oder abgeschlossenen Geschäfts zur besseren Beurteilung von Provisionsansprüchen (§ 86 a Abs. 2 HGB);
- einem erweiterten Provisionsanspruch für ein nach Beendigung des Vertragsverhältnisses (z. B. Agenturvertrag zwischen Reisebüro und Fluggesellschaft) geschlossenes Geschäft (§ 87 Abs. 3 HGB) sowie
- neuen Kündigungsfristen für Agenturverträge (§ 89 HGB).

9.3.3 Interessenkonflikte

Die Förderung eines gemeinsamen Marktes für die europäische Luftfahrt durch die EG wurde zwar von allen Beteiligten im Grundsatz befürwortet, die konkreten Realisierungsschritte aber stießen auf mannigfaltige Interessenkonflikte.

Von den **Mitgliedstaaten** hatten sich nur Großbritannien, Luxemburg und die Niederlande für eine weitestgehende Liberalisierung eingesetzt.[91] Die Mehrzahl der anderen Regierungen aber zögerte, mit der Übertragung luftverkehrspolitischer Kompetenzen an die EG auch einen wichtigen Bereich nationaler Souveränität mit vielleicht weitreichenden wirtschafts- und sicherheitspolitischen Folgen abzugeben. Es waren dies vor allem jene Länder, die mit gemeinwirtschaftlicher Begründung Fluggesellschaften in Staatsbesitz unterhalten und deren wirtschaftlichen Tätigkeitsbereich sie mit protektionistischen Maßnahmen weiterhin schützen wollten; hier zeigte sich eine weitgehende Interessenidentität der nationalen Fluglinien und der Luftverkehrspolitik der Regierungen.[92] Ihr Vorgehen auf europäischer Ebene war und ist geprägt von Verzögerungstaktiken und einer Tendenz zu Minimallösungen. Die Regierung der Bundesrepublik Deutschland war bereit, dort eine stärker wettbewerbsorientierte europäische Luftverkehrspolitik mitzutragen, „wo immer die Voraussetzungen für einen funktionsfähigen Wettbewerb gegeben sind."[93] Sie trat für eine „kontrollierte Liberalisierung" im Sinne einer langsamen und stufenweisen Annäherung der unterschiedlichen luftverkehrspolitischen Ordnungsvorstellungen einzelner EG-Staaten und eines Wettbewerbs unter harmonisierten Bedingungen ein. Hiervon sind die Bereiche Steuern, Subventionen und Arbeitsbedingungen betroffen. Die Tatsache, dass im Ministerrat zur Beschlussfassung grundsätzlich eine qualifizierte Mehrheit (bei 25 Mitgliedstaaten gegenwärtig 232 von 321 Stimmen) notwendig ist und nach der Ausnahmeregelung des Art. 75 III EWG-Vertrag für „Vorschriften über die Grundsätze der Verkehrsord-

---

Die Handelsvertreter-Richtlinie wurde in der Bundesrepublik mit dem Durchführungsgesetz vom 23.10.1989 in nationales Recht umgesetzt.
[91] Vgl. dazu ECONOMIST INTELLIGENCE UNIT: European Market, S. 65-69.
[92] Vgl. TEGELBERG-ABERSON, E.: Freedom in European Air Transport, S. 282.
[93] BMV: Verkehrspolitik der X. Legislaturperiode, S. 22.

nung" bei Vorliegen einiger zusätzlicher Voraussetzungen der Rat einstimmig entscheiden muss, führte dazu, dass keine ausreichenden Mehrheiten zur Durchsetzung einer extremen Liberalisierungs- oder Deregulierungspolitik zustande kommen konnten. WITTMANN stellte fest, „dass die überwiegende Zahl der Ministerratsbeschlüsse zum Luftverkehr unter Anwendung der Einstimmigkeitsregel getroffen wurden, die grundlegenden Positionen aber in die Ausgestaltung der Kompromisslösungen einfließen"[94]

Bei den Luftverkehrsgesellschaften[95] wurde die Liberalisierungspolitik von den in der ACE zusammengeschlossenen unabhängigen Charterfluggesellschaften und den in der ERA organisierten Regionalfluggesellschaften befürwortet, die sich von einer Marktöffnung den Zugang zu neuen Routen und die Zulassung zum Linienverkehr erhofften. Sie wurden von einigen Linienfluggesellschaften (wie British Caledonian oder UTA) unterstützt, die sich als ehemalige „Nicht-Flag-Carrier" in ihren Ländern bei der Vergabe von Streckenrechten benachteiligt fühlten. Aufgrund der mehrheitlichen Übernahmen durch die jeweiligen Flag-Carrier (British Airways und Air France) stehen sie heute nicht mehr im Wettbewerb mit ihren Hauptkonkurrenten. Vielmehr sind sie in den neuen Unternehmensstrukturen nunmehr in der Lage, ihre Streckennetze und Slots durch ein gemeinsames Auftreten am Markt effektiv zu kombinieren bzw. zu rationalisieren.

Die Gruppe der etablierten Linienfluggesellschaften argumentierte gegenüber den eigenen Regierungen und international über ihre Interessenverbände AEA und IATA für eine weitgehende Beibehaltung des Status quo.[96] Sie befürchteten, dass innerhalb der EG ein luftverkehrspolitisches Regelungssystem entstehen würde, das die Zusammenarbeit mit den übrigen europäischen Staaten ebenso erschwert wie die innerhalb des internationalen Luftverkehrssystems. Zudem sahen sie ihre Eigenwirtschaftlichkeit gefährdet, da zumindest auf den Hauptstrecken eine Tendenz zu ruinösem Wettbewerb abzusehen sei: Die Erleichterung des Marktzuganges führe zu Kapazitätsschüben, aus denen eine geringere durchschnittliche Auslastung resultiere, der Absaugverkehr zu ausländischen Flughäfen mit geringerem Tarifniveau würde gefördert und die unterschiedlichen Produktionskosten in den einzelnen Ländern schlügen sich verstärkt in einer weiteren Verzerrung der Wettbewerbsbedingungen nieder. Dagegen sollten nach der Meinung dieser Gesellschaften Probleme der Luftverkehrskontrolle, der Höhe der staatlichen Strecken- und Landegebühren, der Verkehrsballungen und der Infrastrukturverbesserung vorrangige Themen der EG-Luftverkehrspolitik sein.

Die Interessen der **Konsumenten** werden von Wirtschaftsverbänden und Verbraucherschutzorganisationen vertreten. Auf nationaler Ebene unterstützte der Deutsche Industrie- und Handelstag (DIHT)[97] die Vorschläge der Kommission, da sie insbesondere den Wünschen des Geschäftsreiseverkehrs entgegenkamen, die regionale Wirtschaftsentwicklung förderten und neue Möglichkeiten für unternehmerische Aktivitäten im Luftverkehr eröffnen könnten. Diese Position wurde

---

[94] WITTMANN, M.: Liberalisierung, S. 77.
[95] Vgl. BRUSCH, R.: Interregionaler Linienluftverkehr, S. 69-87.
[96] Vgl. AEA: EEC Air Transport Policy; IATA: Comments on Memorandum Nr. 2.
[97] Vgl. DIHT: Regionalluftverkehr, S. 1-6.

auch von der International Chamber of Commerce (ICC) vertreten. Die in der „Federation of Air Transport User Representatives in the European Community" (FATUREC), im „Bureau of European Consumers Union" (BEUC) und in der „International Foundation of Airline Passengers Associations" (IFAPA) zusammengeschlossenen Verbraucherschutzverbände begrüßten ebenfalls die Liberalisierungsbestrebungen und forderten die Kommission auf, die Politik konsequenter als bisher zu verfolgen.[98]

9.4 Liberalisierungsschritte der europäischen Luftverkehrspolitik

9.4.1 Der Weg zur Liberalisierung

Zu den konkreten Maßnahmen zur Förderung des Wettbewerbs im westeuropäischen Luftverkehr zählen neben den Aktionen der EG-Gremien auch die seit Anfang der achtziger Jahre zwischen einer Reihe von Staaten geschlossenen liberalen Abkommen und die Agreements der ECAC von 1987.

9.4.1.1 Neue bilaterale Abkommen seit 1984

Vor allem Großbritannien versuchte seit 1984, mit wichtigen europäischen Ländern marktöffnende bilaterale Luftverkehrsabkommen zu schließen, um damit faktisch eine Liberalisierungsbewegung einzuleiten und die EG-Gremien unter Handlungsdruck zu setzen.

Hauptziel war dabei, neben der Auflockerung der strengen Kapazitätsaufteilung auch die Zahl der designierten Fluggesellschaften zu erhöhen.[99] So sah das Abkommen mit der Bundesrepublik Deutschland einen freien Zugang zu allen Flughäfen des Partnerlandes, den Wegfall der Kapazitätsregelung und die Zulassung mehrerer Fluggesellschaften pro Land vor. Dieses Liberalisierungsexperiment stieß aber bald an seine Grenzen, da nur wenige Länder zu einer solchen Maßnahme bereit waren und das britische Beispiel auch kaum Nachahmer fand.[100]

Darüber hinaus kam es im Rahmen bestehender Abkommen vor allem innerhalb Europas zu einer weniger strengen Handhabung der Kapazitätsregelungen und zur Einführung einer größeren Zahl von Sondertarifen mit bis zu 65% Ermäßigungen auf den Normaltarif. In diesem Zusammenhang ist nochmals auf die Abkommen der USA hinzuweisen, die einen stärkeren Wettbewerb favorisierten und nach der Leitlinie „routes for rates" neue Streckenrechte gegen liberalere Tarifgenehmigung verhandelten.

---

[98] Siehe ECONOMIST INTELLIGENCE UNIT: European Market, S. 70-78.
[99] Vgl. ECONOMIST INTELLIGENCE UNIT: European Market, S. 70-78.
[100] Solche neuen Abkommen wurden von Großbritannien mit den Niederlanden, Belgien, Luxemburg, Frankreich und der Schweiz, von der Bundesrepublik mit Großbritannien und Frankreich abgeschlossen.

9.4.1.2 ECAC-Agreements von 1987

Nachdem die IATA-Tarifkonferenzen für das Verkehrsgebiet Europa seit mehreren Jahren nur noch einige „limited agreements" für eher unbedeutende Nebenstrecken[101] abschließen konnten und die Fluggesellschaften sich gegenüber der EG-Kommission verpflichteten, keine bindenden Tarifvereinbarungen mehr zu treffen, kam dem **„ECAC Agreement on the procedure for the establishment of tariffs for intra-European scheduled air services"** eine wichtige Bedeutung für die zukünftige innereuropäische Tarifgestaltung zu. Dieses Abkommen, nach dem einige Staaten schon seit dem 1.1.1987 ihre Flugpreisregelung durchführten, wurde am 29.6.1987 zur Unterzeichnung vorgelegt und von 12 der damals 22 ECAC-Mitgliedstaaten, darunter auch der Bundesrepublik, ratifiziert. Die Bedeutung dieses Agreements lag in der Tatsache, dass die dort entwickelte Tarifzonenregelung vom EG-Ministerrat weitgehend übernommen wurde. Ähnliches gilt für das gleichzeitig vorgelegte **„ECAC Agreement on the sharing of capacity on intra-European scheduled air services"**, das eine Kapazitätsaufteilung von 45% zu 55% beinhaltete.

9.4.1.3 Richtlinie Interregionalverkehr

Die Richtlinie des Rates über die Zulassung des interregionalen Linienflugverkehrs vom 25.7.1983[102] war wegen ihres eingeschränkten Anwendungsbereiches in ihrer unmittelbaren Wirkung wenig bedeutsam, aber für den weiteren Prozess der Liberalisierung wegweisend und charakteristisch. Ursprünglich als eine in ihrer Wirkung eng begrenzte Maßnahme konzipiert (und nur aufgrund dieser Beschränkungen im Ministerrat durchsetzbar), „setzte sie einen Automatismus in Bewegung, der in der Folge eine von einigen Mitgliedstaaten nicht beabsichtigte Eigendynamik in Form einer ersten zaghaften, aber nicht mehr umkehrbaren Liberalisierungswirkung entfaltete."[103]

Diese Richtlinie stellte seitens der EG die erste konkrete Maßnahme in Richtung auf die Entwicklung eines gemeinsamen Luftverkehrsmarktes dar. Ihre Entstehungsgeschichte zeigt aber auch den langen und schwierigen Weg der politischen Kompromissfindung im Ministerrat auf, der letztendlich nur zu einer Teilliberalisierung des Interregionalverkehrs führte, da die unterschiedlichsten nationalen Interessen hinsichtlich des Schutzes des bestehenden Linienverkehrs und der Bodenverkehrsträger berücksichtigt werden mussten.[104] Die bestehenden Einschränkungen wie der Ausschluss der internationalen Hauptflughäfen oder eine Mindeststreckenlänge von 400 km wurden aber zwischenzeitlich ausgeräumt.

---

[101] Vgl. KATZ, R.: Liberalisation, S. 7.
[102] Richtlinie Nr. 83/416/EWG des Rates vom 25.7.1983 über die Zulassung des interregionalen Linienflugverkehrs zur Beförderung von Personen, Post und Fracht zwischen den Mitgliedstaaten (Regionalflugrichtlinie).
[103] WITTMANN, M.: Liberalisierung, S. 37.
[104] Vgl. dazu BRUSCH, R.: Interregionaler Linienluftverkehr, S. 36-42; POMPL, W.: Neuere Entwicklungen, S. 317-321.

Hierzu hatte die Kommission weitere Vorschläge[105] für eine Richtlinie zur Änderung der Richtlinie des Rates von 1983 erarbeitet. Danach wurde der Langstreckenflugverkehr einbezogen sowie der Marktzugang im interregionalen Flugverkehr erleichtert. Als Ziel wurde die Weiterentwicklung des Linienflugverkehrs zwischen regionalen Flugplätzen sowie zwischen Regionalflugplätzen und großen Flughäfen angestrebt. Diese Vorschläge wurden dann im ersten Liberalisierungspaket 1987 berücksichtigt.

9.4.1.4 Erstes Liberalisierungspaket 1987

Die 1987 vom Ministerrat verabschiedeten Verordnungen, Richtlinien und Entscheidungen waren ein weiterer Schritt auf dem Weg zur Verwirklichung des Binnenmarktes im europäischen Luftverkehr. Dieses Liberalisierungspaket umfasste folgende Maßnahmen:

- Verordnung des Rates zur Anwendung von Artikel 85 Absatz 3 des EWG-Vertrags auf bestimmte Gruppen von Vereinbarungen und aufeinander abgestimmte Verhaltensweisen im Luftverkehr;
- Verordnung des Rates über die Einzelheiten der Anwendung der Wettbewerbsregeln auf Luftfahrtunternehmen;
- Richtlinie des Rates über Tarife im Fluglinienverkehr zwischen Mitgliedstaaten;
- Entscheidung des Rates über die Aufteilung der Kapazitäten für die Personenbeförderung zwischen Luftfahrtunternehmen im Fluglinienverkehr zwischen Mitgliedstaaten und über den Zugang von Luftfahrtunternehmen zu Strecken des Fluglinienverkehrs zwischen Mitgliedstaaten.

Kapazitätsaufteilung
Die Genehmigung für Kapazitätserhöhungen wurde auf sämtlichen Strecken im bilateralen Linienflugverkehr erstmalig automatisch erteilt, sofern bei den Kapazitätsverhältnissen bestimmte Höchstgrenzen (55%:45% in den ersten beiden Jahren, dann 60%:40%) eingehalten wurden.[106]

Marktzugang
Durch die erlaubte **Mehrfachdesignierung** können die Mitgliedstaaten zukünftig zwei oder mehr Fluggesellschaften ihres Landes dazu benennen, Linienflugverkehr auf bestimmten Einzelstrecken mit jedem der anderen Mitgliedstaaten zu betreiben.[107]

Im **Regionalluftverkehr** wurde der Marktzugang für neue Anbieter verbessert, da neue Routen zwischen den Flughäfen der Kategorie I und Regionalflughäfen in anderen Mitgliedstaaten eröffnet werden dürfen.[108] Da kleinere Flugzeuge (bis zu

---

[105] Vgl. ABl. Nr. C 240 vom 24.9.1986, ABl. Nr. C 78 vom 25.3.1989 sowie Pressemitteilung des Rates der Europäischen Gemeinschaften Nr. 7086/89 vom 5.6.1989.
[106] Vgl. Entscheidung des Rates Nr. 87/602/EWG, Art. 3 vom 14.12.1987.
[107] Vgl. Entscheidung des Rates Nr. 87/602/EWG, Art. 5, 7 vom 14.12.1987.
[108] Damalige Flughäfen der Kategorie I in Deutschland: Frankfurt/Rhein-Main, Düsseldorf-Lohausen, München-Riem.

70 Sitze) bei der Kapazitätsaufteilung nicht angerechnet wurden, ergab sich hierfür sogar ein freier Marktzugang. Der Ministerratsbeschluss bildete einen Einstieg in die Fünfte Freiheit, die es einer Fluggesellschaft erlaubt, zwischen zwei Flughäfen außerhalb der Grenzen ihres Landes Passagiere zu befördern.

Tarife
Die Richtlinie des Rates vom 14.12.1987 über Tarife im Fluglinienverkehr bezog sich ausschließlich auf Sonderflugpreise, für die zwei Tarifzonen eingerichtet wurden: Discount-Tarife mit einer Ermäßigung von 10% bis 35% und Deep Discount-Tarife mit einer Ermäßigung von 35% bis 55% auf den Normaltarif.

Diese Richtlinie war allerdings weder von der Tarifstruktur noch vom Preisniveau her neu. Das evolutionäre Potential lag vielmehr darin, dass sich, anknüpfend an vorhandene Tarifstrukturen, die Zahl der Relationen, auf denen Billigtarife angeboten wurden, erhöhte. Denn diese Tarife konnten auch unilateral von nur einer Airline gebildet werden und waren von den beteiligten Regierungen „stillschweigend", d. h. ohne Genehmigungsprozedur und eventuelle Nichtzulassung, zu billigen. Damit verbesserten sich die Chancen für einen verstärkten Wettbewerb ebenso wie die Möglichkeiten der Fluggesellschaften der beiden jeweils beteiligten Länder im Rahmen des Nachbarschaftsverkehrs. Nicht davon berührt waren die Normaltarife für die Gruppe der Geschäftsreisenden, die hinsichtlich der Aufenthaltsdauer, des Buchungszeitpunktes und der Umbuchungsmöglichkeiten volle Flexibilität verlangen. Sie sollten aus Sicht der Fluggesellschaften zunächst noch aus den zu erwartenden Tarifsenkungsrunden möglichst herausgehalten werden, um größere Ertragsverluste zu vermeiden.

Vereinbarungen und abgestimmte Verhaltensweisen
Nach der Verordnung des Rates vom 14.12.1987 (3976/87) hat die Kommission die Möglichkeit erhalten, folgende Vereinbarungen und abgestimmte Verhaltensweisen von der Anwendung der Wettbewerbsbestimmungen nach Art. 85 Abs. 1 EWGV freizustellen:

- gemeinsame Planung und Koordinierung der auf den einzelnen Strecken bereitzustellenden Kapazität, sofern dies dazu beiträgt, die Flugdienste auf verkehrsschwächere Zeiten und Strecken zu verteilen und sich jedes beteiligte Unternehmen ohne Vertragsstrafe von solchen Vereinbarungen zurückziehen kann.
- Konsultationen für die gemeinsame Erstellung von Vorschlägen für Tarife und Beförderungsbedingungen, sofern die Teilnahme freiwillig und die Beratungsergebnisse unverbindlich sind; Beobachter der EG-Kommission und der Mitgliedstaaten sind zugelassen.
- Teilung von Einnahmen aus dem gemeinsamen Betrieb einer Strecke, sofern die Übertragung 1% der Einnahmen des übertragenden Partners nicht übersteigt, und die Übertragung als Ausgleich für den Nachteil des empfangenden Unternehmens aus der Durchführung von Flügen zu verkehrsschwächeren Zeiten erfolgt.
- die gemeinsame Entwicklung und den gemeinsamen Betrieb von computergesteuerten Buchungssystemen durch die Fluggesellschaften unter der Vorausset-

zung, dass die Luftfahrtunternehmen der Mitgliedstaaten gleichberechtigten Zugang zu solchen Systemen haben.
- technische und betriebliche Tätigkeiten am Boden wie Abfertigung der Flugzeuge, Passagiere und Fracht oder Bordverpflegungsdienst.

Gleichzeitig wurde mit der Verordnung Nr. 3975/87 des Rates[109] die Anwendung der Wettbewerbsbestimmungen für technische Vereinbarungen geregelt. Erlaubt sind danach:

- die Einführung oder einheitliche Anwendung technischer Normen für Luftfahrzeuge und ortsfeste Luftfahrzeugeinrichtungen;
- der Austausch, die Vermietung oder die Wartung von Flugzeugen und Ausrüstungsteilen sowie die gemeinsame Anschaffung von Luftfahrzeugteilen;
- der Austausch, die gemeinsame Verwendung oder die Ausbildung von Personal für technische oder betriebliche Zwecke;
- Vereinbarungen über den Verkauf und die Anerkennung von Flugscheinen zwischen Luftverkehrsunternehmen (Interlining) sowie die Verrechnung von Leistungen durch ein zentralisiertes Ausgleichsverfahren.

Da die Verordnungen für zum Zeitpunkt ihres Inkrafttretens bereits bestehende Vereinbarungen und abgestimmte Verhaltensweisen rückwirkend gelten, konnten die bisherigen Kooperationen der Fluggesellschaften nahezu ohne Einschränkung weitergeführt werden.

9.4.1.5 Zweites Liberalisierungspaket 1990

Das so genannte zweite Liberalisierungspaket umfasst:

- Verordnung des Rates über den Zugang von Luftverkehrsunternehmen zu Strecken des innergemeinschaftlichen Linienflugverkehrs und über die Aufteilung der Kapazitäten für die Personenbeförderung zwischen Luftverkehrsunternehmen im Linienflugverkehr zwischen Mitgliedstaaten;
- Verordnung des Rates über Tarife im Linienflugverkehr;
- Verordnung des Rates zur Änderung der Verordnung zur Anwendung von Artikel 85 Absatz 3 des Vertrages auf bestimmte Gruppen von Vereinbarungen und aufeinander abgestimmte Verhaltensweisen im Luftverkehr.

Kapazitätsaufteilung
Ab 1.11.1990 wird die bisherige Höchstgrenze des Verhältnisses der automatisch genehmigten Kapazitäten von 60%:40% auf 67,5%:32,5% erhöht. In der folgenden Flugplanperiode muss ein Mitgliedstaat dem anderen eine weitere Kapazitätserhöhung um 7,5% genehmigen, wodurch sich ein Verhältnis von 75%:25% ergeben kann. Bis Ende 1991 muss die Kommission dem Rat einen Vorschlag unterbreiten, nach dem ab 1993 Beschränkungen der Kapazitätsaufteilung ganz aufgehoben werden sollen. Die Verordnung hindert Mitgliedstaaten jedoch nicht daran,

---
[109] Vgl. Verordnung (EWG) Nr. 3975/87 des Rates vom 14.12.1987 über die Einzelheiten der Anwendung der Wettbewerbsregeln auf Luftfahrtunternehmen, Art. 2.

bereits früher flexiblere Vereinbarungen zu treffen oder aufrechtzuerhalten. Jedoch dürfen keine restriktiveren Vereinbarungen getroffen werden.[110] Die Regelungen der Kapazitätsaufteilung gelten unabhängig vom Sitzplatzangebot nicht für Strecken zwischen Regionalflughäfen.

Marktzugang
Einzelstrecken (Städtepaare) dürfen ab dem 1.1.1991 von mehreren Fluggesellschaften eines Mitgliedstaates beflogen werden, wenn 1990 mindestens 140.000 Passagiere auf dieser Strecke befördert bzw. mindestens 800 Hin- und Rückflüge durchgeführt wurden. Ab 1.1.1992 genügen bereits 100.000 Fluggäste, bzw. 600 Hin- und Rückflüge, die 1991 gezählt wurden, um eine Mehrfachdesignierung für ein Städtepaar vornehmen zu können.[111] Luftverkehrsunternehmen der Gemeinschaft können Rechte der Fünften Freiheit auf Punktverbindungen zwischen zwei fremden Mitgliedstaaten ausüben, sofern es sich dabei um die Erweiterung eines Flugdienstes von oder die Vorstufe eines Flugdienstes nach dem Mitgliedstaat, in dem die Fluggesellschaft registriert ist, handelt. Außerdem darf auf der Strecke, auf der mit Rechten der Fünften Freiheit geflogen wird, nicht mehr als 50% der Sitzplatzkapazität eingesetzt werden, die auf deren Vorstufe oder Erweiterung pro Flugplanperiode angeboten wird.[112]

> **Beispiel**: Eine bestehende Flugverbindung von München nach Brüssel wird nach Amsterdam verlängert. Im Rahmen der nun möglichen Fünften Freiheitsrechte können Passagiere von Brüssel nach Amsterdam (und umgekehrt) befördert werden; hierfür dürfen aber höchstens 50% der in dieser Flugplanperiode zwischen München und Brüssel angebotenen Sitzplatzkapazität eingesetzt werden.

Im **Regionalluftverkehr** wurde die Höchstgrenze für Flugzeuge, die bei der Kapazitätsaufteilung nicht angerechnet werden und damit einen freien Marktzugang haben, ab 1.11.1990 auf 80 Sitzplätze pro Flugzeug festgelegt.[113] Außerdem dürfen Luftverkehrsgesellschaften auf Punktverbindungen innerhalb eines Mitgliedstaates **Kabotagedienste** (Achte Freiheit) erbringen. Voraussetzung ist allerdings, dass einer der beiden Flughäfen ein Regionalflughafen ist.

---

[110] Vgl. Verordnung (EWG) Nr. 2343/90 des Rates vom 24.7.1990 über den Zugang von Luftverkehrsunternehmen zu Strecken des innergemeinschaftlichen Luftverkehrs und über die Aufteilung der Kapazitäten für die Personenbeförderung im Linienflugverkehr zwischen Mitgliedstaaten, Art. 11 Abs. 1, 2 und Art. 13.
[111] Vgl. Verordnung (EWG) Nr. 2343/90 des Rates vom 24.7.1990 über den Zugang von Luftverkehrsunternehmen zu Strecken des innergemeinschaftlichen Luftverkehrs und über die Aufteilung der Kapazitäten für die Personenbeförderung im Linienflugverkehr zwischen Mitgliedstaaten, Art. 6.
[112] Vgl. Verordnung (EWG) Nr. 2343/90 des Rates vom 24.7.1990 über den Zugang von Luftverkehrsunternehmen zu Strecken des innergemeinschaftlichen Luftverkehrs und über die Aufteilung der Kapazitäten für die Personenbeförderung im Linienflugverkehr zwischen Mitgliedstaaten, Art. 7, 8 Abs. 1.
[113] Vgl. Verordnung (EWG) Nr. 2343/90 des Rates vom 24.7.1990, Art. 5 Abs. 4.

Tarife
Die Verordnung des Rates vom 24.7.1990 über Tarife im Fluglinienverkehr[114] bezieht sich im Gegensatz zu der Richtlinie des Rates von 1987 (erstes Liberalisierungspaket) auf alle Flugpreise, d. h. auf Normaltarife und Sondertarife. Dafür wurden drei Tarifzonen eingerichtet:[115]

- Zone der normalen Economy-Tarife: 95% bis 105% des Normaltarifs (Bezugstarif)
  - keine Anwendungsbedingungen;
- Discount-Tarife: Ermäßigung: 6% bis 20% auf den Normaltarif, Anwendungsbedingungen:
  - Buchung, Flugscheinausstellung und Bezahlung zur gleichen Zeit; 20% Stornogebühr;
- Deep Discount-Tarife: Ermäßigung: 21% bis 70% auf den Normaltarif, Anwendungsbedingungen (zwei der folgenden Bedingungen müssen zutreffen):
  - Mindestaufenthalt: 6 Nächte oder Samstagnacht eingeschlossen;
  - Buchung, Flugscheinausstellung und Bezahlung zur gleichen Zeit, 20% Stornogebühr, Vorausbuchungsfrist 14 Tage
    oder
    Kauf des Hinflug-Tickets und Reservierung des Rückflugs erst am Tag vor der Abreise;
  - Fluggast bis 25 oder über 60 Jahre
    oder
    mindestens dreiköpfige Familie;
  - Reise liegt außerhalb der Hauptverkehrszeiten (Abflug zwischen 10.00-16.00 Uhr und 21.00-6.00 Uhr).

Die Zahl der Strecken, auf denen Billigtarife angeboten wurden, hat sich damit weiter erhöht. Denn durch die Einführung der ersten Flexibilitätszone ohne Anwendungsbedingungen können erstmalig auch Geschäftsreisende von den Tarifsenkungsrunden profitieren. Außerdem gilt ein normaler Linienflugtarif, der oberhalb der Flexibilitätszonen liegt, also über 105% des Normaltarifs beträgt, automatisch („stillschweigend") als genehmigt, sofern er nicht von beiden beteiligten Luftfahrtbehörden innerhalb von 30 Tagen abgelehnt wird („double disapproval"). Dagegen müssen Tarife, die unterhalb der Deep Discount-Zone liegen, also 30% und weniger des Normaltarifs betragen, von beiden beteiligten Staaten genehmigt, bzw. innerhalb von 3 Wochen abgelehnt werden.[116] Das System der doppelten Ablehnung von Flugtarifen sollte bis 1993 generell, d. h. für alle Tarife verwirklicht werden.

---

[114] Richtlinie (EWG) 87/601 des Rates vom 14. Dezember 1987 über Tarife im Fluglinienverkehr zwischen Mitgliedstaaten, Abl. EG Nr. L 374 vom 31.12.1987.
[115] Vgl. Verordnung (EWG) Nr. 2342/90 des Rates vom 24.7.1990 über Tarife im Linienflugverkehr, Art. 4 Abs. 3.
[116] Vgl. Verordnung (EWG) Nr. 2342/90 des Rates vom 24.7.1990 über Tarife im Linienflugverkehr, Art. 4 Abs. 4, 5.

Vereinbarungen und abgestimmte Verhaltensweisen
Die Gültigkeit der Verordnung des Rates vom 14.12.1987, nach der die Kommission bestimmte Vereinbarungen und abgestimmte Verhaltensweisen von der Anwendung der Wettbewerbsbestimmungen nach Art. 85 Abs. 1 EWGV freistellen kann, wurde mit der Verordnung des Rates vom 24.7.1990 auf den 31.12.1992 verlängert.[117]

Die Gruppenfreistellungen und die für eine Freistellung von Art. 85 Abs. 1 EWGV notwendigen besonderen Voraussetzungen hinsichtlich der gemeinsamen Planung und Koordinierung der Kapazität, der Aufteilung der Einnahmen, der Tarifkonsultationen im Fluglinienverkehr sowie der Zuweisung von Zeitnischen auf Flughäfen sind in der Verordnung der Kommission Nr. 2671/88 vom 26.7.1988[118] spezifiziert. Die Konsultationen zur gemeinsamen Erarbeitung von Tarifvorschlägen dürfen hierbei allerdings nicht zu Tarifvereinbarungen führen. Die sich eventuell ergebenden Tarifvorschläge müssen unverbindlich sein. Der Europäische Gerichtshof stellt in seinem Urteil von 1989[119] eindeutig fest, dass bilaterale oder multilaterale Vereinbarungen über Fluglinientarife bzw. Vereinbarungen über Tarife für internationale Flüge innerhalb der Gemeinschaft nach Art. 85 Abs. 2 EWGV nichtig sind.

Durch die Verordnung des Rates über die Einzelheiten der Anwendung der Wettbewerbsregeln auf Luftfahrtunternehmen von 1987 (erstes Liberalisierungspaket) wird die Kommission nach Artikel 5 jedoch ermächtigt, auf Antrag eine Freistellung vom Verbot des Art. 85 Abs. 1 EWGV zu gewähren.[120] Die Kommission kann zur Untersuchung von Fällen, in denen ein Verstoß gegen die Artikel 85 und 86 EWGV vermutet wird, Zwangsmaßnahmen erlassen, um die von ihr festgestellten Verstöße zu unterbinden. Allerdings ist die Wirksamkeit dieser Maßnahmen fragwürdig, da bis zum Inkrafttreten der Sanktionen häufig zuviel Zeit vergeht. Die durch das zweite Liberalisierungspaket erhöhte Flexibilität bezüglich des Tarifsystems macht daher nach Ansicht des EG-Rates strengere Schutzklauseln notwendig, um Verdrängungspraktiken und anderen wettbewerbsbeschränkenden Vorgehensweisen der Fluggesellschaften („Schleudertarife") schneller entgegentreten zu können. Die Kommission soll deshalb ermächtigt werden, kurzfristiger als bisher Maßnahmen gegen Verdrängungspraktiken im Luftverkehr ergreifen zu können.[121]

---

[117] Vgl. Verordnung (EWG) Nr. 2344/90 des Rates vom 24.7.1990 zur Änderung der Verordnung (EWG) Nr. 3976/87 zur Anwendung von Artikel 85 Absatz 3 des Vertrages auf bestimmte Gruppen von Vereinbarungen und aufeinander abgestimmten Verhaltensweisen im Luftverkehr.
[118] Vgl. ABl. Nr. L 239 vom 30.8.1988, S. 9 ff.
[119] EuGH: Rs. 66/86, Urteil vom 11.4.1989 (Silver Line-Urteil).
[120] Vgl. Verordnung (EWG) des Rates Nr. 3975/87 vom 14.12.1987 über die Einzelheiten der Anwendung der Wettbewerbsregeln auf Luftfahrtunternehmen; dies war beispielsweise im Januar 1991 während des ersten Golfkrieges der Fall (Treibstoffzuschläge).
[121] Vgl. Pressemitteilungen des Rates der Europäischen Gemeinschaften Nr. 7170/90 vom 18./19.6.1990, Nr. 10872/90 vom 17./18.12.1990, Nr. 5395/91 vom 27.3.1991.

9.4.2 Drittes Liberalisierungspaket 1992

Das dritte Liberalisierungspaket vom 23. Juli 1992 bezieht sich hauptsächlich auf Betriebsgenehmigungen, innergemeinschaftlichen Streckenzugang, Flugpreise und Gruppenfreistellungen.

9.4.2.1 Betriebsgenehmigung

Luftfahrtunternehmen der Gemeinschaft („EU-Carrier") benötigen nach der Verordnung (EWG) 2407/92 des Rates vom 23. Juli 1992[122] zur Aufnahme des Flugverkehrs zwischen den Staaten der Gemeinschaft eine Betriebsgenehmigung (auch als Unternehmensgenehmigung bezeichnet). „Unter einer Betriebsgenehmigung ist eine Genehmigung zu verstehen, die einem Unternehmen vom zuständigen Mitgliedstaat erteilt wird und das Unternehmen je nach den Angaben in der Genehmigung berechtigt, Fluggäste, Post und/oder Fracht im gewerblichen Luftverkehr zu befördern" (Art. 2, Abs. c). Sie wird von dem Mitgliedstaat erteilt, in dem das Luftfahrtunternehmen seinen Sitz hat und ist ohne Diskriminierung hinsichtlich Sitz und Kontrolle von Gemeinschaftsunternehmen auszustellen; jedes Unternehmen, das die Voraussetzungen der Verordnung erfüllt, hat einen Rechtsanspruch darauf. Mit der Betriebsgenehmigung sind noch keinerlei Rechte auf den Zugang zu bestimmten Strecken oder Märkten verbunden.

Die wesentlichsten **Voraussetzungen** zur Erlangung einer Betriebsgenehmigung sind:

- Die Haupttätigkeit des Unternehmens ist der Luftverkehr, sei es allein oder in Verbindung mit jeder sonstigen Form des gewerblichen Betriebs von Luftfahrzeugen oder der Instandsetzung und Wartung von Luftfahrzeugen.
- Die Hauptniederlassung und, soweit vorhanden, der eingetragene Sitz des Unternehmens muss sich in dem Mitgliedstaat befinden, in dem die Genehmigung beantragt wird. Das Unternehmen muss sich nicht im Eigentum dieses Staates oder von Staatsangehörigen dieses Mitgliedstaates befinden, es muss lediglich unmittelbar oder über Mehrheitsbeteiligungen Eigentum von Mitgliedstaaten und/oder von Staatsangehörigen der Mitgliedstaaten sein (z. B. die BRD muss einem Unternehmen, das sich zur Gänze im Eigentum von französischen Staatsbürgern befindet, eine Betriebsgenehmigung erteilen).
- Der Antragsteller muss ein gültiges Luftverkehrsbetreiberzeugnis (Aircraft Operating Certificate, AOC) besitzen, das dem Unternehmen bescheinigt, dass es über die fachliche Eignung und Organisation verfügt, um den sicheren Betrieb von Luftfahrzeugen für die im Zeugnis genannten Luftverkehrstätigkeiten zu gewährleisten. Da der Rat bisher keine Verordnung bezüglich des AOC erlassen hatte, gelten die einzelstaatlichen Regelungen für das Luftverkehrsbetreiberzeugnis.

---

[122] Verordnung (EWG) 2407/92 des Rates vom 23. Juli 1992 über die Erteilung von Betriebsgenehmigungen an Luftfahrtunternehmen zur Aufnahme des Flugverkehrs zwischen den Staaten der Gemeinschaft.

- Die wirtschaftliche Leistungsfähigkeit, um den Luftverkehr auf einer finanziell soliden Grundlage und auf einem hohen Sicherheitsniveau betreiben zu können, muss belegt sein. Dazu muss ein Unternehmen, das erstmals eine Betriebserlaubnis beantragt, durch die Vorlage eines Wirtschaftsplans für die ersten beiden Jahre nach Aufnahme der Tätigkeit den Nachweis erbringen, dass die finanzielle Ausstattung ausreicht, um den Verpflichtungen während dieses Zeitraums jederzeit nachkommen zu können und dass der beabsichtigte Luftverkehr während eines Zeitraums von 3 Monaten nach Aufnahme der Tätigkeit ohne Berücksichtigung von Betriebseinnahmen durchgeführt werden kann.

Nach dieser Verordnung wird innerhalb der EU hinsichtlich der Unternehmenszulassung nicht mehr zwischen Unternehmen des Linienflug- und des Gelegenheitsverkehrs unterschieden. Dahinter steht die Intention zu verhindern, dass eine für die einzelnen Unternehmenstypen unterschiedliche Betriebszulassung zu einer Fragmentierung der sich häufig überschneidenden Märkte führt und damit die Unternehmen in einer flexiblen Reaktion auf sich wandelnde Marktgegebenheiten behindert. Jedes Unternehmen kann damit frei entscheiden, ob es einen innergemeinschaftlichen Flug als Linien- oder als Gelegenheitsverkehr durchführen will.

9.4.2.2 Streckengenehmigung

Der Zugang zum Linien- wie zum Gelegenheitsverkehr auf innergemeinschaftlichen Strecken erfordert nach der Verordnung (EWG) Nr. 2408/92 des Rates vom 23. Juli 1992[123] eine Streckengenehmigung, auf die jedes Gemeinschaftsunternehmen einen grundsätzlichen Anspruch hat. Damit wurden alle im EU-Verkehr noch bestehenden Beschränkungen hinsichtlich Streckenzugang und Kapazitäten aufgehoben: Alle Fluggesellschaften der Gemeinschaft haben, von nachfolgenden Ausnahmen abgesehen, einen freien und unbeschränkten Zugang zu Flügen zwischen allen Flughäfen des Gemeinsamen Marktes. Die betroffenen Mitgliedstaaten erteilen Fluggesellschaften der Gemeinschaft zudem die Erlaubnis, Flugdienste betrieblich zu verbinden und dafür die gleiche Flugnummer zu verwenden.

Grundlage für die Abwicklung des **Genehmigungsverfahrens** sind die jeweils nationalen Rechtsvorschriften, in Deutschland das Luftverkehrsgesetz. So hat ein EU-Carrier, der innergemeinschaftliche Flugdienste von und nach Flughäfen der Bundesrepublik durchführen will, die Streckengenehmigung 30 Tage vorher beim Bundesministerium für Verkehr zu beantragen (§ 21 LuftVG). „Mit dieser Streckengenehmigung erkennt der betreffende Mitgliedstaat seine ihm durch die EG-Vorschriften auferlegte Verpflichtung zur Hinnahme seiner Hoheitsrechte im Luftraum gegenüber den Gemeinschaftsunternehmen an."[124]

Der **Geltungsbereich** der Streckengenehmigung erstreckt sich bei Linienflügen auf den als Anhang beigefügten Flugplan, der alle genehmigten Fluglinien enthält. Die Fluggesellschaft hat den Flugplan jeweils spätestens 30 Tage vor Aufnahme

---

[123] Verordnung (EWG) Nr. 2408/92 des Rates vom 23.7.1992 über den Zugang von Luftfahrtunternehmen der Gemeinschaft zu Strecken des innergemeinschaftlichen Flugverkehrs.
[124] Vgl. SCHWENK, W.: Luftverkehrsrecht, S. 559.

eines neuen Flugdienstes und vor Ablauf jeder (halbjährigen) Flugplanperiode beim Bundesministerium für Verkehr einzureichen. Erfolgt von dort nicht innerhalb von 14 Tagen nach Eingang ein Widerspruch, gilt der Flugplan als genehmigt. Für den Gelegenheitsverkehr entfällt die Vorlage eines Flugplanes. Die Ausübung von Verkehrsrechten unterliegt den veröffentlichten gemeinschaftlichen, einzelstaatlichen, regionalen oder örtlichen Vorschriften in den Bereichen Sicherheit, Umweltschutz und Zuweisung von Start- und Landezeiten.

Der grundsätzlich freie Streckenzugangs kann bei folgenden **Ausnahmen** eingeschränkt werden:

- Streckengenehmigungen zu einem Flughafen in einem Rand- oder Entwicklungsgebiet oder auf einer wenig frequentierten Strecke zu einem Regionalflughafen können mit der Auferlegung gemeinwirtschaftlicher Pflichten verbunden werden, um die Aufrechterhaltung einer angemessenen Flugverkehrsanbindung dieser Gebiete zu sichern. Solche gemeinwirtschaftlichen Verpflichtungen erstrecken sich auf Standards bezüglich Kontinuität, Regelmäßigkeit, Kapazität und Preis, die Fluggesellschaften unter rein wirtschaftlichen Gesichtspunkten nicht einhalten würden; Ausgleichszahlungen für den Betrieb dieser Strecke sind möglich.
- Die Verweigerung der Durchführung des Linienverkehrs für die Dauer von zwei Jahren ist dann zulässig, wenn ein Mitgliedstaat bereits einem anderen Unternehmen eine Betriebsgenehmigung für eine neue Strecke zwischen Regionalflughäfen erteilt hat, es sei denn, das neu beantragende Unternehmen bietet je Flug höchstens 80 Sitze zum Verkauf an.
- Ein Mitgliedstaat hat das Recht, ohne Diskriminierung den Verkehr auf einzelne Flughäfen eines Flughafensystems aufzuteilen; als Flughafensysteme gelten zwei oder mehr Flughäfen, die dieselbe Stadt oder dasselbe Ballungsgebiet bedienen, z. B. Berlin-Tegel/Schönefeld/Tempelhof.
- Im Falle ernsthafter Überlastung und/oder von Umweltproblemen kann die Ausübung von Verkehrsrechten von bestimmten Bedingungen abhängig gemacht, eingeschränkt oder verweigert werden.
- Das Luftverkehrssystem auf den griechischen Inseln und den Atlantikinseln, die die autonome Region Azoren bilden, ist gegenwärtig nicht ausreichend entwickelt. Daher sind Flughäfen auf diesen Inseln vorübergehend von dieser Verordnung ausgenommen.

Im Falle der Nichtgenehmigung eines Flugdienstes überprüfen die Kommission und ggf. der Rat diese Entscheidungen.

Bis 01.04.97 bestand ein eingeschränktes **Kabotagerecht**. Die Beförderung von Passagieren zwischen zwei Flughäfen eines anderen Mitgliedstaates war nicht erlaubt, sofern es sich nicht um eine Erweiterung oder eine Vorstufe eines Flugdienstes (Anschlusskabotage) handelte und die Fluggesellschaft für diesen Kabotagedienst pro Flugplanperiode höchstens 50% der Gesamtkapazität dieses Flugdienstes einsetzte. Der Zugang zur Kabotage ist zumindest für die großen Fluggesellschaften relativ unbedeutend, da Inlandsverbindungen nur auf einigen längeren Strecken mit hohem Verkehrsaufkommen rentabel sind.

9.4.2.3 Flugpreise und Tarife

In der Verordnung (EWG) Nr. 2409/92 des Rates vom 23. Juli 1992 über Flugpreise und Luftfrachtraten[125] wird bezüglich der Personenbeförderung zwischen Flugpreisen, Sitztarifen und Charterpreisen unterschieden.

- **„Flugpreise"** sind die in ECU oder in Landeswährung ausgedrückten Preise, die von Fluggästen für ihre Beförderung und die Beförderung ihres Gepäcks an Luftfahrtunternehmen zu zahlen sind, sowie etwaige Bedingungen, unter denen diese Preise gelten, einschließlich des Entgelts und der Bedingungen, die Agenturen und anderen Hilfsdiensten geboten werden. Dazu zählen die Tarife im Linienverkehr und die Preise im Gelegenheitsverkehr, soweit es sich um im Einzelplatzverkauf angebotene Flüge handelt.

- **„Sitztarife"** sind die in ECU oder Landeswährung ausgedrückten Preise, die von Charterern für die eigene Beförderung oder für die ihrer Kunden einschließlich des Gepäcks an Luftfahrtunternehmen zu zahlen sind und außerdem etwaige Bedingungen, unter denen diese Preise gelten. Sie werden frei vereinbart und brauchen weder beim Bundesministerium für Verkehr hinterlegt noch veröffentlicht zu werden.

- **„Charterpreise"** sind die in ECU oder Landeswährung ausgedrückten Preise, die von Fluggästen für Dienstleistungen bezüglich ihrer Beförderung und ihres Gepäcks an den Charterer zu zahlen sind und darüber hinaus etwaige Bedingungen, unter denen diese Preise gelten. Auch für sie gilt, dass sie frei vereinbart werden und weder beim Bundesministerium für Verkehr zu hinterlegen noch zu veröffentlichen sind.

Auch die Flugpreise für Linienflüge und Einzelplatzverkäufe im Charterverkehr können grundsätzlich frei vereinbart werden, unterliegen aber den nachfolgend dargestellten Ausnahmebestimmungen der Verordnung. Eine Genehmigungspflicht besteht nicht, die Mitgliedstaaten können aber verlangen, dass die Flugpreise bis spätestens 24 Stunden vor ihrem Inkrafttreten bei ihnen hinterlegt werden. Die betroffenen Mitgliedstaaten können aber einen **Tarif nachträglich außer Kraft** setzen oder bestimmte **Preissenkungen untersagen**.

- Im Fall übermäßig hoher Preise kann ein Grundpreis (niedrigster voll flexibler Flugpreis für einfache Flüge und für Hin- und Rückflüge) außer Kraft gesetzt werden, „der unter Berücksichtigung der gesamten Preisstruktur für die gesamte Strecke sowie anderer einschlägiger Faktoren, einschließlich der Wettbewerbslage, im Verhältnis zu den langfristig voll zugewiesenen einschlägigen Kosten des Luftfahrtunternehmens einschließlich einer angemessenen Kapitalverzinsung zum Nachteil der Benutzer übermäßig hoch ist".[126]

- Bei ruinösen Preissenkungen haben die betroffenen Mitgliedstaaten das Recht, „unter Beachtung des Diskriminierungsverbots weitere Preissenkungen auf ei-

---

[125] Verordnung (EWG) Nr. 2409/92 des Rates vom 23.7.1992 über Flugpreise und Luftfrachtraten.
[126] Verordnung (EWG) Nr. 2409/92 des Rates, Art. 6 Abs. 1 a.

nem Markt (sowohl für eine Strecke als auch für ein Streckenbündel) zu untersagen, wenn die Marktkräfte zu einem anhaltenden Verfall der Flugpreise, der sich deutlich von gewöhnlichen jahreszeitlichen Schwankungen abhebt, und damit für alle betroffenen Luftfahrtunternehmen bei den betreffenden Flugdiensten zu umfangreichen Verlusten geführt haben, wobei die langfristig voll zugewiesenen einschlägigen Kosten der Luftfahrtunternehmen zu berücksichtigen sind".[127]

Die Kommission überprüft auf Ersuchen eines Mitgliedstaates oder einer Partei, die ein berechtigtes Interesse geltend machen kann (z. B. eine Verbraucherschutzorganisation), in einem aufwendigen Verfahren die Vereinbarkeit der Tarifintervention mit den zutreffenden Verordnungen. Ihre Entscheidung kann dem Rat zur Prüfung vorgelegt werden, der darüber mit qualifizierter Mehrheit anders entscheiden kann.

Für die **Tarifgestaltung von Drittländercarriern** auf Strecken innerhalb der EU gelten die bestehenden binationalen Abkommen weiter. Allerdings gilt: „Nur Luftfahrtunternehmen der Gemeinschaft dürfen neuartige Leistungen oder Flugpreise, die niedriger sind als die für identische Leistungen, anbieten".[128] Fluggesellschaften aus dem Nicht-EU-Ausland dürfen also weder die Preisführerschaft auf innergemeinschaftlichen Strecken übernehmen noch in einen innovativen Leistungswettbewerb mit EU-Carriern treten. Der Begriff der „neuartigen Leistungen" ist in der Verordnung nicht definiert; nach SCHMID[129] könnten darunter „bestimmte Marketingstrategien der Luftfahrtunternehmen wie Frequent-Flyer-Programme fallen."

Gruppenfreistellungen
Um die Aufrechterhaltung schwach bedienter Strecken, den Ausbau von Anschlussverbindungen und die Koordination von Teilstreckentarifen zu ermöglichen, wurden bestimmte Verhaltensweisen der Fluggesellschaften von den ansonsten geltenden Wettbewerbsregeln freigestellt. Dies wurde im Grundsatz schon 1987 durch die Verordnung des Rates (EWG) Nr. 3975/87[130] festgelegt. Weitere Detailregelungen erfolgten durch die Verordnungen des Rates (EWG) Nr. 2410/92 über Einzelheiten zur Anwendung der Wettbewerbsregeln im Luftverkehr[131] und (EWG) Nr. 2411/92 des Rates zur Anwendung von Artikel 85 Absatz 3 EWG-Vertrag auf bestimmte Gruppen von Vereinbarungen und aufeinander abgestimmte Verhaltensweisen im Luftverkehr[132] sowie die durch die Verordnungen (EWG)

---

[127] a. a. O., Art. 6 Abs. 1 b.
[128] Verordnung (EWG) Nr. 2409/92 des Rates vom 23.7.1992 über Flugpreise und Luftfrachtraten, Art. 1 Abs. 3.
[129] SCHMID, R.: Drittes Maßnahmenbündel, S. 89.
[130] Verordnung (EWG) Nr. 3975/87 des Rates vom 14.12.1987 über die Einzelheiten der Anwendung der Wettbewerbsregeln auf Luftfahrtunternehmen.
[131] Verordnungen des Rates (EWG) Nr. 2410/92 über Einzelheiten zur Anwendung der Wettbewerbsregeln im Luftverkehr.
[132] (EWG) Nr. 2411/92 des Rates zur Anwendung von Artikel 85 Absatz 3 EWG-Vertrag auf bestimmte Gruppen von Vereinbarungen und aufeinander abgestimmte Verhaltensweisen im Luftverkehr.

Nr. 1617/93 der Kommission zur Anwendung von Artikel 85 Absatz 3 EWG-Vertrag. Diese zunächst bis zum 30. Juni 1998 geltenden Gruppenfreistellungen wurden bisher mehrmals verlängert. Diese Freistellungen beziehen sich auf:

- die Zuweisung von Zeitnischen und Planung von Flugzeiten; durch die Gruppenfreistellung sind Absprachen auf den IATA Schedule Coordinating Conferences erlaubt;
- Konsultationen über Tarife im Linienflugverkehr, um interlinefähige Tarife zu erhalten. Es muss dem Passagier möglich sein, „auf einem einheitlichen Beförderungsdokument einen Flugdienst, der Gegenstand der Konsultation war, mit Flugdiensten anderer Luftfahrtunternehmen auf derselben Strecke oder auf Anschlussstrecken zu verbinden".[133] Wendet eine Fluggesellschaft einen durch eine Tarifkonsultation zustande gekommenen Flugpreis an, dann ist sie verpflichtet, allen Unternehmen, die diesen Tarif auf der betreffenden Strecke anbieten, Interline-Rechte zu gewähren, auch wenn das betreffende andere Unternehmen nicht an der Konsultation teilgenommen hat. Eine Ablehnung des Interlining kann ausnahmsweise gerechtfertigt sein, z. B. wegen der fehlenden Kreditwürdigkeit des Partnerunternehmens. Die getroffenen Tarifabsprachen müssen freiwillig und unverbindlich sein und dürfen nicht unter Ausschluss der Mitbewerber getroffen werden. Die Kommission ist ausführlich darüber zu unterrichten und zur Teilnahme als Beobachterin einzuladen. „Damit bleibt die bisherige Praxis der Zusammenarbeit auf der Grundlage von bilateralen oder multilateralen Interline-Abkommen unangetastet, wenn sie sowohl zum Vorteil der Luftfahrtunternehmen als auch der Luftverkehrsnutzer beiträgt."[134]
- den Erwerb und Betrieb, die Entwicklung und Vermarktung computergesteuerter Buchungssysteme nach der Verordnung (EWG) Nr. 3652/93 der Kommission bezüglich Vereinbarungen zwischen Unternehmen über computergesteuerte Buchungssysteme[135] und der entsprechenden Verordnung (EWG) Nr. 3089/93 des Rates über einen Verhaltenskodex.[136]

Die bis 1999 geltenden und nicht verlängerten Gruppenfreistellungen betreffen:

- die **Planung und Koordinierung eines Flugdienstes**, um mittels einer Absprache ein befriedigendes Angebot an Flügen für verkehrsschwächere Zeiten oder Strecken zu sichern oder auf Teilstrecken den Verkehr zu erleichtern. Die an der Absprache beteiligten Unternehmen dürfen jedoch nicht daran gehindert werden, zusätzliche Flugdienste einzuführen oder sich in zukünftigen Flugplanperioden aus der Übereinkunft zurückzuziehen, und die Vereinbarungen

---

[133] Verordnung (EWG) Nr. 1617/93 der Kommission zur Anwendung von Artikel 85 Absatz 3, Art. 4b.
[134] EISERMANN, K. S.: Grundlagen, S. 246.
[135] Verordnung (EG) Nr. 3652/93 der Kommission zur Anwendung von Artikel 85 Absatz 3 des Vertrages auf bestimmte Gruppen von Vereinbarungen zwischen Unternehmen über computergesteuerte Buchungssysteme für den Luftverkehr.
[136] Verordnung (EWG) Nr. 3089/93 des Rates vom 29.10.1993 zur Änderung der Verordnung (EWG) Nr. 2299/89 über den Verhaltenskodex im Zusammenhang mit computergesteuerten Buchungssystemen.

dürfen nicht darauf abzielen, die Flugpläne nicht beteiligter Unternehmen zu beeinflussen;
- Vereinbarungen über den **gemeinsamen Betrieb neuerrichteter Linienflugdienste** mit dem Ziel, kleineren Unternehmen (Geschäftsvolumen nicht mehr als ECU 400 Mio., Kapazität zusätzlich zu der gemeinsam betriebenen Strecke nicht mehr als 90.000 Sitze pro Jahr) mit der Finanz- und Marketinghilfe eines größeren Unternehmens die Aufnahme dieses Liniendienstes zu ermöglichen. Der gemeinsame Betrieb besteht darin, dass eine Fluggesellschaft an den Kosten und Einnahmen beteiligt wird, die einer anderen aus einem von ihr betriebenen Liniendienst entstehen. Er muss sich auf eine Linie beziehen, die bisher nicht oder nur schwach bedient wurde und darf für höchstens zwei Jahre vereinbart werden.

Davon sind insbesondere Code Share-Vereinbarungen von Allianzen betroffen. Allerdings besteht die Möglichkeit, „dass die Unternehmen in solchen Fällen eine individuelle Freistellung nach Artikel 81 Absatz 3 vom Kartellverbot beantragen können".[137] Solche individuellen Freistellungen wurden in der Regel mit Auflagen genehmigt.

Beispiel: Die EU-Kommission für Wettbewerb hat im Juni 2001 eine Kooperation der Star Alliance-Mitglieder British Midland, Lufthansa und SAS genehmigt. Die drei Partner dürfen ihr Flugpläne miteinander absprechen, gemeinsame Preise festlegen und die Strecken als Joint Ventures (Kosten- und Ertragsteilung) durchführen.[138]

9.4.3 Zwischenbilanz 1996

Den Gremien der EG/EU ist es gelungen, den Gemeinsamen Europäischen Markt auch im Luftverkehr in den wichtigsten Bereichen weitgehend zu realisieren. Die grundsätzliche Ausrichtung der gemeinsamen Verkehrspolitik verfolgt ein liberales Gesamtkonzept marktwirtschaftlicher Prägung in Kombination mit staatlichen Interventionen in einzelnen Bereichen. Um die notwendigen Zustimmungen der nationalen Regierungen im Ministerrat zu erreichen, mussten eine Reihe von Kompromiss- und Übergangsmaßnahmen zugestanden werden, die den Veränderungsprozess verzögerten, aber nicht grundsätzlich in Frage stellten. Der Übergang von einem streng regulierten zu einem liberalisierten luftverkehrspolitischen Ordnungssystem erfolgte schrittweise über eine Zeitdauer von zwei Jahrzehnten und ohne spektakuläre Ereignisse. Zusammenbrüche von Flag-Carriern blieben zunächst ebenso aus wie die Eroberung von Auslandsmärkten.

Trotz der Einbindung in das supranationale europäische Regelungsgefüge unterstehen die nationalen Luftverkehrsmärkte jedoch weiterhin in erheblichem Ausmaße der nationalen Gesetzgebung. Besonders betroffen davon sind die Bereiche bilaterale Verträge mit Drittstaaten, Fusionsregelung bei Verbindungen mit

---

[137] Kommission der Europäischen Gemeinschaften, Verordnung (EG) Nr. 1083/99, Abs. (4).
[138] Vgl. JEGMINAT, G.: Gegenwind für British Airways, S. 8.

Unternehmen außerhalb der EU und die Ausstellung von Luftfahrtbetreiberzeugnissen.[139] Bei den CRS kontrollieren die nationalen Reservierungssysteme der Partnerländer aufgrund ihrer marktbeherrschenden Stellung den Systemzugang.

Hinsichtlich der Liberalisierungsergebnisse liegt keine aktuelle Bestandsaufnahme sondern nur eine erste Zwischenbilanz für den Zeitraum bis 1996 vor, die nur bedingt Aufschluss darüber geben kann, welche Veränderungen in den Bereichen Wettbewerbsstruktur, Marktzugang, Flugpreise und Fluggesellschaften durch die Liberalisierung bewirkt bzw. mitbewirkt wurden.[140]

Wettbewerbsstruktur: Die Beurteilung der Veränderung der Wettbewerbsstruktur kann anhand von zwei unterschiedlichen Indikatoren vorgenommen werden. Dementsprechend ergeben sich unterschiedliche Aussagen. Die Europäische Kommission legt als Maßstab die Zahl der Strecken zugrunde, d. h. die Zahl der zwischen den europäischen Flughäfen bestehenden Verbindungen, unabhängig davon, von wie vielen Fluggesellschaften sie mit welcher täglichen/wöchentlichen Frequenz bedient werden (1992: 510, 1996: 518). Die AEA verwendet die Zahl der von den Fluggesellschaften angebotenen Städteverbindungen (City-Pairs), d. h. die insgesamt zwischen den Flughäfen angebotenen Verbindungen, die jeweils mit einer Flugnummer bedient werden (1992: 3.294, 1996: 3.829).[141]

Strecken: Nimmt man die Zahl der Strecken zwischen den Flughäfen als Indikator für die Wettbewerbsintensität, dann zeigt sich, dass innergemeinschaftlich der Konzentrationsgrad zugenommen hat (vgl. Abb. 9.7). Der Anteil der Monopolstrecken stieg von 56% im Jahre 1992 auf 64% im Jahre 1996. Allerdings handelt es sich hier weitgehend um Strecken mit geringem Verkehrsaufkommen, die die großen Unternehmen kaum interessieren und die daher neuen Marktteilnehmern überlassen wurden. Der Anteil der von zwei Fluggesellschaften bedienten Strecken fiel im betrachteten Zeitraum von 40% auf 30%. Ein wesentlicher Teil des innergemeinschaftlichen Wettbewerbs findet auf Strecken mit mehr als zwei Fluggesellschaften statt. Der prozentual geringe Anteil an den Gesamtstrecken ist hier von 4% auf 6% gestiegen. Dabei handelt es sich vor allem um aufkommensstarke Strecken. Dies zeigt sich deutlich, wenn man die Zahl der Fluggesellschaften auf den Strecken mit einer angebotenen Sitzplatzkapazität von mehr als 2.000 Sitzplätzen pro Woche betrachtet. Hier werden 28% der Strecken von einem, 42% von zwei, 17% von drei und 13% von vier und mehr Unternehmen bedient.[142]

Internationale Städteverbindungen: Nimmt man die Zahl der Städteverbindungen, dann ist die Zahl der internationalen Monopolstrecken innerhalb der EU nahezu konstant geblieben (1992: 27%, 1996: 26%), der Monopolisierungsgrad hat sich nicht verändert.

---

[139] Vgl. BAUMANN, J.: Luftverkehrspolitik, S. 46.
[140] Zu Auswirkungen der Liberalisierung auf den deutschen Luftverkehrsmarkt vgl. FICHERT, F.: Wettbewerb im innerdeutschen Luftverkehr.
[141] Beispiel: Strecke = Verbindung von A nach B; Städteverbindungen = Strecke von A nach B, multipliziert mit der Zahl der Fluggesellschaften und der durchgeführten Flüge (z. B. 2 Fluggesellschaften mit 4 Flügen täglich).
[142] Vgl. JEGMINAT, G.: Luftverkehrspolitik, S. 62.

	Jan. 1992	Jan. 1993	Jan. 1994	Jan. 1995	Jan. 1996
Insgesamt	510	488	482	522	518
Monopol	283 (56%)	296 (61%)	318 (66%)	342 (66%)	329 (64%)
2 Luftfahrtunternehmen	208 (40%)	182 (37%)	150 (31%)	154 (29%)	158 (30%)
mehr als 2 Luftfahrtunternehmen (flughafenbezogen)	19 (4%)	10 (2%)	14 (3%)	26 (5%)	31 (6%)
mehr als 2 Luftfahrtunternehmen (städtepaarbezogen)	28	20	22	39	38

Strecken ohne Zwischenlandung mit einem Kapazitätsangebot von mehr als einer Frequenz und 100 Sitzplätzen wöchentlich.

Quelle: Europäische Kommission: Auswirkungen, S. 9.

Abb. 9.7. Innergemeinschaftliche Strecken 1992-1996

Die Zahl der von zwei Fluggesellschaften bedienten Verbindungen ist im betrachteten Zeitraum von 61% auf 48% gesunken, die der von drei und mehr Fluggesellschaften bedienten Verbindungen von 12% auf 26% gestiegen.[143]

Inländische Städteverbindungen: Bei den inländischen Städteverbindungen ist der Monopolisierungsgrad gesunken (1992: 74%, 1996: 49%). Die Zahl der von zwei Fluggesellschaften bedienten Verbindungen ist von 24% auf 33% gestiegen, die der von drei und mehr Fluggesellschaften bedienten Verbindungen von 2% auf 18% gestiegen.[144]

Für die Inlandsstrecken stellt der Bericht der Europäischen Kommission fest:

„Der Anteil der nur von einem Unternehmen bedienten Inlandsstrecken ist von 90% Anfang 1992 auf 80% Anfang 1996 gesunken. Die Zahl der von zwei oder mehr Unternehmen bedienten Strecken hat sich nahezu verdoppelt, und zwar von 65 im Januar 1993 auf 114 im Januar 1994. Die stärksten Zunahmen waren vor allem in Frankreich, Spanien und Deutschland festzustellen.

- In Spanien, wo bis 1994 alle Inlandsstrecken von nur einem Unternehmen bedient wurden, wurden im Laufe des betreffenden Jahres 17 Strecken (fast 30%) für den Wettbewerb geöffnet.
- In Frankreich, das mit über 20 Millionen Fluggästen den größten Inlandsmarkt der Gemeinschaft aufweist, (...) hat zwischen dem 1.1.1993 und dem 1.1.1996 die Zahl der innerfranzösischen Flüge um 36% zugenommen. (...) TAT, AOM, Air Littoral, Euralair und Air Liberté waren hier am aktivsten.
- In Deutschland dominiert Lufthansa mit rund 15 Millionen Fluggästen den Inlandsmarkt. Von den 13 konkurrierenden Unternehmen waren Ende 1992 nicht weniger als sechs neue Marktteilnehmer. Ihre Geschäftstätigkeit beschränkt sich auf Strecken, auf denen sie sozu-

---

[143] Vgl. AEA: Yearbook 1997, S. 23.
[144] Vgl. a. a. O.

sagen ein Monopol haben. Insgesamt werden etwas mehr als 20% der Inlandsstrecken nicht ausschließlich von einem Unternehmen bedient.
- Die Zahl der Inlandsmärkte, auf denen mehr als zwei Luftfahrtunternehmen auf bestimmten Strecken tätig sind, ist von drei im Jahre 1993 (Vereinigtes Königreich, Deutschland, Portugal) auf sechs im Jahre 1996 gestiegen (hinzu kamen Spanien, Frankreich und Dänemark."[145]

Angebot an Städteverbindungen

Das innereuropäische Angebot an Städteverbindungen hat sich seit Beginn der Liberalisierung um ca. 16% von 3.294 im Jahre 1992 auf 3.829 im Jahre 1996 erweitert.[146] Dies ist im wesentlichen auf eine Erhöhung der Frequenzen der bisherigen Verbindungen und auf die Bedienung dieser Verbindungen durch mehrere Fluggesellschaften zurückzuführen, da die Zahl der Strecken zwischen den Flughäfen nur um knapp zwei Prozent von 510% auf 518% gestiegen ist.[147] Dies ist ein deutliches Indiz dafür, dass die Zahl potentieller neuer Strecken zwischen größeren EU-Flughäfen nur noch gering ist. Der EU-Kommissionsbericht[148] ermittelte (für Ende 1995) 10 Städtepaare ohne jegliche Verbindung, 10 Städtepaare ohne tägliche Verbindung und 6 Städtepaare ohne direkte Verbindung. Dabei handelt es sich um Städte in peripherer Lage (Helsinki, Athen, Lissabon, Dublin), die jedoch über Umsteigeverbindungen erreichbar sind. Die britische Civil Aviation Authority (CAA) hat festgestellt, dass auf 15 von den 33 lediglich von ein oder zwei Fluggesellschaften bedienten innergemeinschaftlichen Strecken mit mehr als 250.000 Fluggästen ein verstärkter Wettbewerb und neue Marktteilnehmer denkbar wären.[149]

Die seit dem dritten Liberalisierungspaket gegebene Möglichkeit der Anschlusskabotage wurde nur von wenigen Fluggesellschaften genutzt: Zwischen 1992 und 1996 wurden maximal 30 Kabotage-Teilstrecken bedient, von denen jedoch viele kurz nach ihrer Einführung wieder aufgegeben wurden.[150] So hatten Anfang 1997 z. B. Lufthansa, SAS und Air France ihre wenigen Kabotagedienste wieder eingestellt. Auch die ab 01.04.1997 erfolgte völlige Freigabe der Kabotage hat bisher nicht zur einer bedeutsamen Zahl von Inlandsflügen durch ausländische EU-Fluggesellschaften geführt.

Marktzugang

Infolge des bereits bestehenden dichten Streckennetzes haben neu auf den Markt kommende Fluggesellschaften nur die Alternative, entweder auf bereits von etablierten Carriern bedienten Strecken mit innovativen Produkten und Flugpreisen zu konkurrieren oder rentable Marktnischen zu entwickeln. Im Gegensatz zu den USA sind in Europa daher neue Fluggesellschaften zum überwiegenden Teil im

---

[145] EUROPÄISCHE KOMMISSION: Auswirkungen, S. 10.
[146] Vgl. AEA: Yearbook 1997, S. 23.
[147] Vgl. EUROPÄISCHE KOMMISSION: Auswirkungen, S. 9.
[148] Vgl. a. a. O.
[149] Vgl. CIVIL AVIATION AUTHORITY: CAP 654 (zit. nach Europäische Kommission: Auswirkungen, S. 15).
[150] Vgl. AEA: Yearbook 1997, S. 20.

Regional- und Interregionalverkehr tätig. Ausnahmen bilden bisher lediglich die Carrier, mit denen ausländische Fluggesellschaften auf dem Wege der Kapitalbeteiligung einen Einstieg in einen anderen Gemeinschaftsmarkt suchen (z. B. British Airways in Deutschland und Frankreich). Konsequenterweise blieb die Dominanz der nationalen Marktführer erhalten, auch wenn sich der Anteil der direkten Konkurrenten am Gesamtangebot erhöht hat (vgl. Abb. 9.8)

		1990	1993	1996
Irland	Ryanair/Aer Lingus	16%	27%	60%
Vereinigtes Königreich	British Midland/British Airways	29%	28%	24%
Österreich	Lauda Air/Austrian	-	5%	28%
Portugal	Portugalia/TAP	-	31%	29%
Frankreich	TAT/Air France (Air Inter)	6%	6%	12%
Belgien	EBA/Sabena	-	-	6%
Dänemark	Maersk/SAS	2%	28%	31%
Deutschland	DBA/Lufthansa	-	8%	13%
Italien	Meridiana/Alitalia (ATI)	7%	14%	14%
Spanien	Air Europa/Iberia (Aviaco)	-	-	10%
Niederlande	Transavia/KLM	6%	4%	6%
Schweden	Transwede/SAS	-	2%	16%

Quelle: EUROPÄISCHE KOMMISSION: Auswirkungen, S. 19.

Abb. 9.8. Produktion des zweitgrößten Luftfahrtunternehmens im Vergleich zum größten Unternehmen

Barrieren für einen erfolgreichen Markteintritt von neuen Fluggesellschaften sind nach DOGANIS:[151]

- hohe Startkosten zur Einrichtung ausreichend häufiger Frequenzen auf den Hauptstrecken, um mit den etablierten Carriern konkurrieren zu können;
- hohe Marketingkosten, um eine neue Fluggesellschaft einem großen Kreis potentieller Nachfrager bekannt zu machen;
- Slotprobleme auf vielen großen Flughäfen, d. h. die attraktiven Start- und Landezeiten auf den überlasteten Knotenflughäfen sind für neue Fluggesellschaften nicht zugänglich, da sie von den etablierten Carriern besetzt sind;
- die Notwendigkeit eines attraktiven Vielfliegerprogramms, das neue Marktteilnehmer nur langfristig entwickeln können;
- das Fehlen eines ausreichenden eigenen Feeder-Programms (Zu- und Abbringerverbindungen zu den Hauptknotenpunkten) sowie durch
- die Fähigkeit und Entschlossenheit der existierenden Fluggesellschaften, jede Preis- oder Produktinnovation eines neuen Konkurrenten wirkungsvoll zu bekämpfen.

Als flankierende Maßnahmen wurden folgende Rechtsakte erlassen:

---

[151] Vgl. DOGANIS, R.: Impact, S. 23.

- der Verhaltenskodex im Zusammenhang mit computergesteuerten Buchungssystemen 1989,
- die Überbuchungsverordnung 1991,
- die Verordnung über die Zuweisung von Zeitnischen auf Flughäfen 1993,
- die Verordnung bezüglich Vereinbarungen über computergesteuerte Buchungssysteme 1993.

Flugpreise

Die IATA-Tarifstruktur der Normaltarife, Ermäßigungen und Sondertarife wurde weiter differenziert und um die carrierspezifischen Tarifkategorien Hub Fares, Aktionstarife und No Frills Carrier-Flugpreise erweitert. Voraussetzung dafür war die Aufhebung der Genehmigungspflicht für Tarife, so dass Flugpreise unmittelbar nach ihrer Festlegung durch die Fluggesellschaft zur Anwendung kommen und über die CRS auch sofort dem Verkauf zur Verfügung stehen.

Auf dem europäischen Markt ist der Anteil der Minderzahler von 59% im Jahre 1986 auf 72% im Jahre 1996 angestiegen. Gleichzeitig fiel der Durchschnittsertrag der Sondertarife von 65% auf 46% des Ertrags des Normaltarifs.[152]

Im Gegensatz zu den Sondertarifen sind die flexiblen Normaltarife (ohne Kapazitätsrestriktionen) weiter gestiegen. Auf bestimmten Strecken können diese Tarife als übermäßig hoch bezeichnet werden.[153]

Der neue Wettbewerb hat kaum Auswirkungen auf jene innergemeinschaftlichen Strecken gehabt, die von ein oder zwei Unternehmen kontrolliert werden. Eine im Auftrag von British Midland durchgeführte Untersuchung der Preisentwicklung auf den 40 aufkommensstärksten internationalen Strecken in Europa zwischen 1986 und 1996 ergab, dass die niedrigsten Vollzahlertarife auf nur von zwei Fluggesellschaften bedienten Strecken um 48%, auf Strecken mit drei und mehr Fluggesellschaften aber nur um 36% stiegen.[154] Auf vielen dieser Strecken sind sowohl die Normaltarife als auch die Sondertarife gestiegen.

Dagegen gab es auf Strecken, die von mehr als zwei Fluggesellschaften bedient werden, eine Reihe von Initiativen, die darauf abzielten, den Marktanteil durch Tarifsenkungen zu erhöhen. Neben einzelnen Konkurrenten der dominierenden nationalen Carrier (z. B. British Midland) sind es vor allem die Low Cost-Carrier, die auf den damals wenigen von ihnen bedienten Strecken Flüge zu erheblich niedrigeren Preisen anbieten und dort zum Teil auch Preissenkungen bei den Konkurrenten auslösten. Diese Entwicklung wird in Abb. 9.9 dargestellt, die sich auf die Durchschnittstarife auf allen Gemeinschaftsstrecken (Stand Januar 1997) bezieht: „Die Flugtarife sinken, wenn sich der Markt von einer monopolistischen zu einer duopolistischen Struktur oder Strecken entwickelt, die von mehr als zwei Unternehmen betrieben werden. Der Verbraucher kommt dabei – abhängig von der Tarifart – in den Genuss von Tarifsenkungen um 10% bis 24%. Vollflexible

---

[152] Vgl. AEA: Yearbook 1997, S. 9.
[153] Vgl. EUROPÄISCHE KOMMISSION: Auswirkungen, S. iii.
[154] FVW INTERNATIONAL, Nr. 16/96, S. 47.

9.4 Liberalisierungsschritte der europäischen Luftverkehrspolitik

Business- und Economy-Tarife bewegen sich in der gleichen Größenordnung, wohingehen Sondertarife nur halb so hoch liegen."[155]

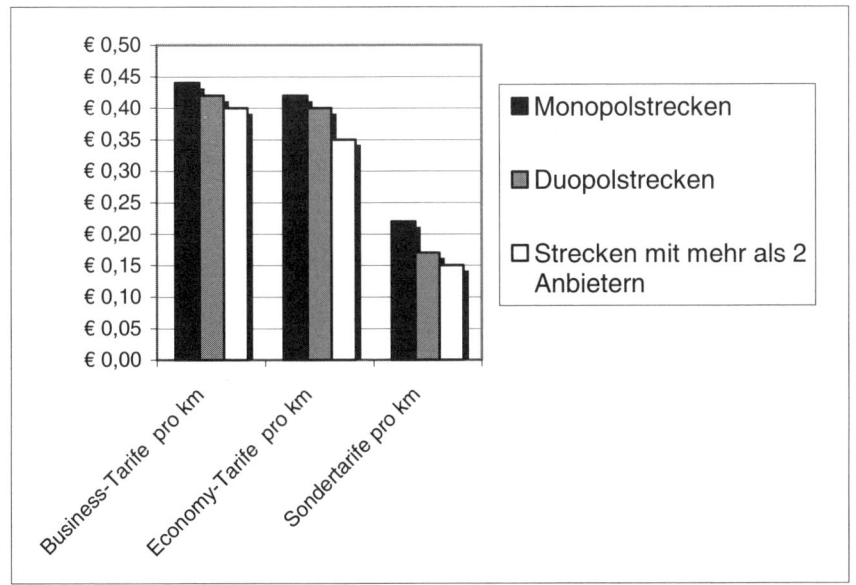

Quelle: EUROPÄISCHE KOMMISSION: Luftverkehr in der Gemeinschaft, S. 26.

Abb. 9.9. Flugtarife pro Kilometer bei unterschiedlicher Marktstruktur 1996

Bei den Inlandstrecken der EU-Staaten ist zwischen wettbewerbsaktiven und potentiellen Märkten zu unterscheiden. Auf den vier aktiven Märkten haben neue Anbieter einen Preiswettbewerb ausgelöst: Deutschland (Deutsche BA, Debonair, Eurowings), England (British Midland), Frankreich (Air Liberté, T.A.T), Spanien (Air Europa, Spanair), Italien (Air One, Meridiana). Zu den potentiellen Märkten gehören Portugal und Finnland, auf denen kleinere Fluggesellschaften innerhalb der herkömmlichen Tarifstruktur tätig sind sowie Irland, Österreich, die Niederlande und Griechenland, wo auch 1997 noch alle Inlandsstrecken vom jeweiligen Monopolisten bedient wurden.[156]

Fluggesellschaften
Die Zahl der im europäischen Personenverkehr tätigen Fluggesellschaften ist von 177 im Jahre 1986 auf 182 im Jahre 1996 zwar nur gering gestiegen, dennoch war die Entwicklung innerhalb der Branche alles andere als statisch. Seit 1992 kamen 88 Fluggesellschaften neu auf den Markt, von denen bisher 32 wieder ausgeschieden sind; gleichzeitig haben aber auch 51 der im Jahre 1992 bestehenden Unter-

---

[155] EUROPÄISCHE KOMMISSION: Luftverkehr in der Gemeinschaft, S. 27.
[156] Vgl. EUROPÄISCHE KOMMISSION: Auswirkungen, S. 10.

nehmen ihren Betrieb eingestellt.[157] Für den Zeitraum 1993 bis 1998 kommt die Kommission zu dem Ergebnis, dass die Zahl der „im wirtschaftlich bedeutenden Linienverkehr in Europa tätigen Unternehmen"[158] von 132 auf 164 anstieg (vgl. Abb. 9.10).

Ein Großteil der neuen Anbieter im Regional- und Interregionalverkehr kam nicht oder nur indirekt liberalisierungsbedingt auf den Markt. Seit Mitte der achtziger Jahre wurde eine neue Generation von Kurzstreckenflugzeugen mit bis zu 100 Sitzplätzen angeboten, die wesentlich kostengünstiger betrieben werden konnten und einen höheren Grad an Komfort und Sicherheit boten als ihre Vorgänger. Die auch in den Regionen gestiegene Nachfrage nach Flugverbindungen führte ebenso zu höheren Sitzladefaktoren wie Kooperationen mit internationalen Fluggesellschaften über Zubringerflüge, die selbst wieder ein Ergebnis der Knotenbildung im Rahmen Strategischer Allianzen waren. Da viele der im Interregionalverkehr beflogenen Strecken verkehrsrechtlich als Bedarfsflugverkehr mit festen Flugzeiten eingestuft wurden und damit nicht in die Kapazitätsregulierung der bilateralen Abkommen einbezogen wurden, ist zu vermuten, dass hier auch ohne Liberalisierung ein erhebliches Wachstum stattgefunden hätte.

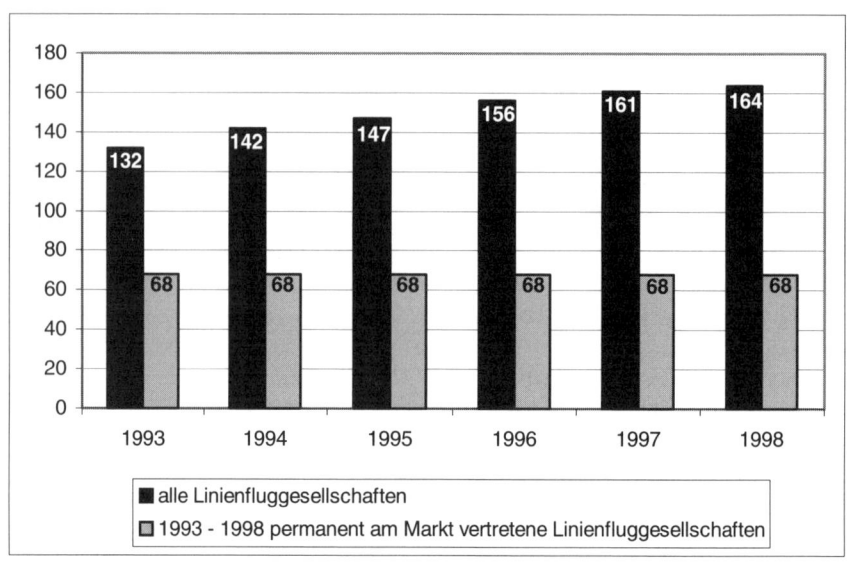

Quelle: EUROPÄISCHE KOMISSION: Luftverkehr in der Gemeinschaft, S. 25.

Abb. 9.10. Anzahl der Linienfluggesellschaften in der Gemeinschaft

---

[157] Vgl. EUROPÄISCHE KOMMISSION: Auswirkungen, S. 14.
[158] EUROPÄISCHE KOMMISSION: Luftverkehr in der Gemeinschaft, S. 9.

9.4 Liberalisierungsschritte der europäischen Luftverkehrspolitik 451

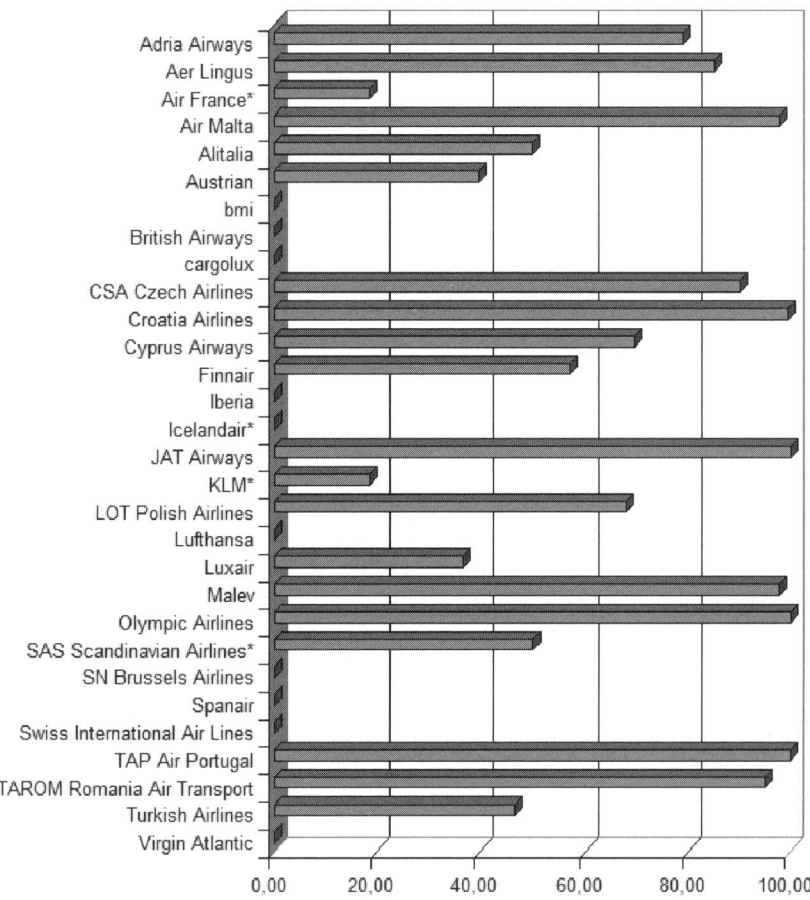

* Air France: zu 100% im Besitz der Air France-KLM-Group, die wiederum zu 18,6% im Staatseigentum ist.
* Icelandair: Die Isländische Landesbank hält 29,85%.
* KLM: zu 100% im Besitz der Air France-KLM-Group, die wiederum zu 18,6% im Staatseigentum ist.
* SAS: Die Muttergesellschaft der SAS gehört zu 21,4% Schweden, zu 14,3% Norwegen, zu 14,3% Dänemark und zu 50% privaten Anlegern.

Quelle: AEA Yearbook 2006, S. 22 ff.

Abb. 9.11. Staatliche Beteiligung (einschließlich Beteiligung von Unternehmen im Staatsbesitz) an europäischen Fluggesellschaften

Eine Betrachtung der wirtschaftlichen Ergebnisse der damals 26 in der AEA vertretenen Airlines ergibt zunächst, dass es aufgrund vieler externer Faktoren (Golfkrieg, Rezession, Entwicklung des US$) nicht möglich ist, eine eindeutige kausale Beziehung zwischen der Liberalisierung und den wirtschaftlichen Ergebnissen der Fluggesellschaften herzustellen. Das auf die Liberalisierung folgende Jahrzehnt war durch eine sehr unstete Entwicklung der finanziellen Ergebnisse gekennzeichnet, die im Wesentlichen aber parallel zur Entwicklung des Weltluftverkehrs liefen. Im kritischen Zeitraum 1990-1994 konnten lediglich British Airways, SAS und Finnair positive Gesamtergebnisse ausweisen. Trotzdem kam es in dieser Zeit nicht zu einem Marktaustritt eines großen nationalen Carriers. Der durch Tarifsenkungen und steigende Zahl der zu Sondertarifen reisenden Fluggäste bedingte Rückgang des Durchschnittsertrags pro verkauftem Personenkilometer konnte durch einen Anstieg der Sitzladefaktoren und eine höhere Produktivität, insbesondere in den Bereichen Personal, Treibstoff und Einsatzdauer der Flugzeuge aufgefangen werden.

Die Privatisierung der nationalen Fluggesellschaften schreitet zunehmend voran. Mit Ausnahme von z. B. Belgien, Großbritannien, Finnland, Spanien, Niederlande und der Bundesrepublik, besitzen alle EU-Staaten weiterhin mehr oder minder große Anteile an den nationalen Fluggesellschaften. Während z. B. Griechenland, Irland und Portugal bisher noch am Konzept des Flag Carriers in Staatsbesitz festhalten, besteht in den meisten anderen Staaten eine Tendenz zur Privatisierung (vgl. Abb. 9.11). Höchst umstritten ist die Frage, inwieweit durch staatliche Beihilfen Wettbewerbsverzerrungen entstehen.

Während die subventionierten Fluggesellschaften den Kapitalzufluss als Umstrukturierungshilfen darstellen, erheben die nicht subventionierten Fluggesellschaften den Vorwurf, hier würden mit Staatsgeldern Kampfpreise subventioniert, um Marktanteile zu erobern. „Die Investmentbank Kleinwort Benson Securities hat ermittelt, dass die privaten (Fluggesellschaften, W. P.) um fast 40 Prozent effizienter gearbeitet haben als die staatlichen Konkurrenten. Nur kann keine noch so rentable Fluggesellschaft einen Subventionswettlauf mit den Steuerzahlern eines anderen Landes gewinnen."[159]

9.5 Flankierende europäische Regelungen

9.5.1 Überblick

Die Entwicklung der EU war im letzten Jahrzehnt durch zwei Hauptkriterien, die **Lissabon-Strategie** und **die EU-Erweiterung**, gekennzeichnet. Wirtschaftlich soll sich die Gemeinschaft durch die 2000 vom Europäischen Rat auf seiner Sondertagung in Lissabon verabschiedete Strategie bis 2010 zur weltweit dynamischsten und wettbewerbsfähigsten Wirtschaftsregion entwickeln.[160] Die Lissabon-Strategie umfasst sämtliche Maßnahmen zur wirtschaftlichen, sozialen und ökologischen Erneuerung der EU. Im Sinne dieser Strategie treibt eine starke Wirtschaft die Schaffung von Arbeitsplätzen voran und fördert soziale und ökologische Maßnahmen, welche wiederum eine nachhaltige Entwicklung und sozialen Zusammenhalt gewährleisten. Seit ihrer Annahme ist die Strategie alljährlich Gegenstand des Frühjahrsberichts der Europäischen Kommission, in dem Bewertungen über Erfolge und Versäumnisse hinsichtlich der bisherigen Umsetzung der Strategie er-

---

[159] Vgl. LUFTHANSA: Balance – Offener Himmel – grenzenloser Wettbewerb, S. 11 f.
[160] Vgl. Europäischer Rat: (73.) Rat in Lissabon, Erklärung des Rates und der Kommission.

folgen. Für den Luftverkehr ergaben sich daraus bisher keine unmittelbaren Folgen; die Interessenverbände sind aber besorgt, dass neue Regelungen die internationale Wettbewerbsposition der europäischen Luftverkehrswirtschaft verschlechtern könnten.[161] Die EU-Erweiterung zum 01.10.2004 um die zehn neuen Mitgliedstaaten Estland, Lettland, Litauen, Malta, Polen, Slowakische Republik, Tschechische Republik, Ungarn und Zypern dehnte den gemeinsamen Markt territorial aus und integrierte die neuen Staaten in den Gültigkeitsbereich des EU-Luftverkehrsrechts. Im Sinne einer European Common Aviation Area (ECAA) wird zudem eine Erweiterung des gemeinsamen Luftverkehrsmarktes, zu dem bisher neben den 25 EU-Mitgliedstaaten die EWR-Staaten Norwegen und Island sowie (durch bilaterale Verträge) die Schweiz gehören, um 10 weitere Staaten im Süden und Osten der EU angestrebt.[162]

Für die europäische Luftverkehrspolitik des letzten Jahrzehnts waren ordnungspolitisch zusätzlich zu den Liberalisierungspaketen eine Reihe von flankierenden Regelungen und Entscheidungen der Kommission, des Rates und des Europäischen Gerichtshofes von Bedeutung. Zunehmend aber ergaben sich auch neue Politikfelder, die zum einen gekennzeichnet waren durch eine Verschiebung der nationalen Politik von Hoheitsrechten und Protektionismus für die nationalen Fluggesellschaften zu einer gesamteuropäischen Perspektive nicht nur bei der Wettbewerbspolitik (Kooperations- und Fusionskontrolle, Beihilfen und Slots) und der Außenvertretung sondern auch bei Umwelt-, Luftverkehrskontroll- und Sicherheitsfragen. Weiterhin gewannen die Interessen der Verbraucher ein zunehmend stärkeres Gewicht.

9.5.2 Wettbewerb

Der EG-Vertrag strebt die Erreichung allgemeiner Ziele wie harmonische und nachhaltige Entwicklung des Wirtschaftslebens, hohes Beschäftigungsniveau, sozialen Schutz und Umweltqualität (Art. 2 und 3) an und unterstellt dabei, dass diese Ziele durch einen freien, unverfälschten und wirksamen Wettbewerb am besten erreicht werden können. Allerdings sind auch Verbotsausnahmen für bestimmte Kartelle oder staatliche Beihilfen (Art. 81 und 86) vorgesehen, wenn dadurch in Einzelfällen die Vertragsziele durch wettbewerbsbeschränkende Maßnahmen besser erreicht werden können als durch eine strikte Anwendung des Wettbewerbsprinzips. Daher bestand in der regulativen Weiterentwicklung oft ein Konflikt zwischen Wettbewerbsrecht (Verbot des Missbrauchs einer marktbeherrschenden Stellung) und industrie-, sozial-, struktur- und regionalpolitischen Motiven, so dass letztendlich die Kommission und der Europäische Gerichtshof über Ausnahmetatbestände zu entscheiden hatten.[163]

---

[161] Vgl. stellvertretend AEA: Yearbook 2005, S. 15.
[162] Vgl. Erklärung der Kommission über die Luftverkehrsbeziehungen zwischen der Gemeinschaft, ihren Mitgliedstaaten und Drittstaaten; Kommission: Weiterentwicklung der Luftfahrtaußenpolitik, S.12.
[163] Vgl. SCHRÖTER, H.: Kommentar zum europäischen Wettbewerbsrecht, Vorbemerkungen, Rn. 12; vgl. ausführlich: BURHOLT, C.: Die europäische Fusionskontrolle.

9.5.2.1 Beihilfen für Fluggesellschaften und Flughäfen

Zunächst waren nur Subventionen von Regierungen an ihre nationalen Fluggesellschaften ein Thema der europäischen Luftverkehrspolitik. Im Zusammenhang mit der Praxis mancher Low Cost-Fluggesellschaften, für die Bedienung eines Flughafens oder die Aufnahme einer neuen Strecke Gegenleistungen von den Flughäfen zu fordern, trat anfangs diesen Jahrzehnts die Frage auf, inwieweit und unter welchen Bedingungen solche Beihilfen mit dem EU-Wettbewerbsrecht vereinbar sind.

Beihilfen für Fluggesellschaften
Im Rahmen des EWG-Vertrages (Art. 92-94) sind Subventionen an Unternehmen weitgehend unzulässig. Im Luftverkehr werden Ausnahmen vom Beihilfeverbot nur im Hinblick auf das gemeinsame Interesse an einem wettbewerbsfähigen und kundenfreundlichen Luftverkehr erteilt. Die Bewertungskriterien für die Genehmigung solcher Subventionen wurden bereits im Memorandum Nr. 2 festgelegt[164] und in der Mitteilung der Kommission von 1994[165] als Leitlinien aktualisiert und präzisiert. Danach folgt die Kommission bei der Genehmigung von Beihilfen folgenden Leitlinien:

- Eine Subventionierung des Betriebs einzelner Flugstrecken wird nur in Fällen gemeinwirtschaftlicher Verpflichtungen (für Strecken, die eine Fluggesellschaft unter rein wirtschaftlichen Gesichtspunkten nicht bedienen würde) oder als Beihilfen sozialer Art (z. B. für Behinderte, sozial schwache Bürger oder Bewohner einer benachteiligten Region) genehmigt.[166]
- Kapitalerhöhungen sind keine staatlichen Beihilfen, wenn die Bereitstellung von Kapital der Zahl der Anteile der öffentlichen Hand entspricht und gleichzeitig mit der Bereitstellung von Mitteln durch private Anleger erfolgt" (Kap. IV. 1., Abs. 27).
- Kapitalzufuhren werden nicht als staatliche Beihilfen behandelt, wenn das Prinzip des marktwirtschaftlichen Kapitalanlegers erkennbar ist. Es ist zu prüfen, „ob ein privater Investor in einer vergleichbaren Lage unter Zugrundlegung der Rentabilitätsaussichten und unabhängig von allen sozialen oder regionalpolitischen Überlegungen oder Erwägungen einer sektorbezogenen Politik eine solche Kapitalhilfe gewährt hätte"[167]. Dieses Kriterium gilt als erfüllt, wenn die Struktur und die zukünftigen Aussichten des Unternehmens eine normale Rendite in Form von Dividenden oder Kapitalzuwachs erwarten lassen.

---

[164] Kommission der Europäischen Gemeinschaften, Zivilluftfahrt-Memorandum Nr. 2, KOM (84) 72 endg., Anhang IV.
[165] Mitteilung der Kommission: Anwendung der Artikel 92 und 93 des EWG-Vertrages sowie des Artikels 61 des EWR-Abkommens auf staatliche Beihilfen im Luftverkehr.
[166] Ausgleichszahlungen wurden genehmigt für Flüge von Einwohnern der Kanarischen Inseln, Balearen, Madeira, Korsika. Vgl. EUROPÄISCHE KOMMISSION: Pressemitteilung IP/05/523.
[167] Urteil des Gerichtshofes vom 10. Juli 1986, Rs. 40/85, Slg. 1986, I-2321.

- Darlehensfinanzierungen werden ebenfalls nach dem Prinzip des marktwirtschaftlich handelnden Kapitalanlegers beurteilt. Ein Unterschiedsbetrag zwischen dem von der Fluggesellschaft unter normalen Marktbedingungen zu zahlenden Zinssatz und dem tatsächlich gezahlten Satz gilt als Beihilfe.
- Bürgschaften, die vom Staat unmittelbar oder durch bevollmächtigte Finanzeinrichtungen geleistet werden, stellen Beihilfen dar. Die Kommission wird nur solchen Bürgschaften zustimmen, deren Inanspruchnahme an bestimmte vertragliche Vorgaben geknüpft ist (z. B. Zahlung eines marktüblichen Zinses).

In Anerkennung der Tatsache, dass die Luftverkehrsgesellschaften der Gemeinschaft aus Gründen des durch die Liberalisierung verschärften Wettbewerbs und wegen genereller Strukturprobleme der Branche eine schwierige Phase durchlaufen, hat die Kommission unter Bezug auf Art. 92 Abs. 3c des EWG-Vertrages (Vereinbarkeit der Förderung der Entwicklung gewisser Wirtschaftszweige mit dem Gemeinsamen Markt) seit 1991 staatliche Beihilfen genehmigt. Die Zustimmung der Kommission ist dabei an folgende Bedingungen geknüpft:

- Die Beihilfe muss Bestandteil eines umfassenden, von der Kommission zu genehmigenden Umstrukturierungsprogramms zur Wiederherstellung der Leistungsfähigkeit der Fluggesellschaft sein.
- Die Beihilfe darf nicht dazu führen, dass die Schwierigkeiten der begünstigten Gesellschaft auf konkurrierende Unternehmen abgewälzt werden. So darf etwa keine Ausweitung der Kapazität und des Streckenprogramms zu Lasten der unmittelbaren europäischen Wettbewerber erfolgen.
- Die Beihilfe darf nur für die Zwecke des Umstrukturierungsprogramms eingesetzt werden. Während der Umstrukturierung dürfen keine Anteile an anderen Fluggesellschaften erworben werden.
- Im Normalfall dürfen Umstrukturierungsbeihilfen nur einmal gewährt werden. Ausnahmen für eine nochmalige Zustimmung bilden außergewöhnliche, unvorhersehbare und von der betreffenden Gesellschaft nicht zu verantwortende Umstände.

Die Kommission hat bisher solche staatlichen Beihilfen für nationale Fluggesellschaften eher großzügig genehmigt. Von 1991 bis 2005 wurden 9 Fluggesellschaften mehr als € 29 Mrd. an Subventionen bezahlt,[168] Ausnahmen von den Prinzipien der einmaligen Gewährung und des marktwirtschaftlichen Kapitalanlegers zugelassen, gesellschaftsrechtliche Umstrukturierungen berücksichtigt und Vorwürfe gegen die mit der Bewilligung versehenen Auflagen weitgehend ignoriert. So erhielt beispielsweise Alitalia 2004 einen staatlichen Überbrückungskredit von € 400 Mio. ebenso genehmigt wie 2005; nach der Aufteilung des Unternehmens in Alitalia Fly (Flugbetrieb) und Alitalia Services wurde ein Kapitalzuschuss von € 1,2 Mrd. zur Rekapitalisierung von Alitalia Fly und eine Investition von € 216 Mio. der staatlichen Gesellschaft Fintecna in AZ Services als marktwirtschaftliches Verhalten eingestuft. Acht europäische Airlines haben die Europäische

---

[168] Sabena, Iberia, Air Lingus, TAP, Olympic Airways, Air France, Iberia, Alitalia, Swissair, LTU; vgl. LUFTHANSA: Politikbrief Oktober 2004, S. 4, August 2005, S. 13.

Kommission erfolglos aufgefordert, dagegen vorzugehen, weil Alitalia mehrfach mit Dumpingtarifen und Streckenausweitungen gegen die Auflagen verstoßen habe.[169] Zudem handle es sich nach Ansicht des Verbandes der Low Cost-Airlines ELFAA um echte Beihilfen: "No private investor operating in a market economy would invest what amounts to over € 3 billion in a terminally ill national airline that has failed to restructure itself after previous multi-billion state aid payments."[170] Lediglich im Falle von Olympic Airlines, der Nachfolgegesellschaft von Olympic Airways, wurde die griechische Regierung nach einer Entscheidung des Europäischen Gerichtshofes 2005 aufgefordert, € 160 Mio. Staatshilfe zurückzufordern, da die Fluggesellschaft nicht nur einen Teil des ursprünglichen Darlehens schulde sondern auch weitere Forderungen aus nicht bezahlten Steuern aus Treibstoffverkauf, ausstehenden Mietzahlungen und Abfertigungsgebühren an griechischen Flughäfen ausstünden.[171]

Staatliche Beihilfen: Beispiel Griechenland

Nachdem die Kommission zwischen 1994 und 2000 mehrere staatliche Beihilfen zur Umstrukturierung von Olympic Airways genehmigt hatte, stellte sie im Dezember 2002 fest, dass dem Unternehmen zusätzliche, mit dem Binnenmarkt unvereinbare Beihilfen gewährt worden waren, und forderte ihre Rückzahlung in Höhe von rund 160 Mio. €. Diese Beihilfen wurden nicht zurückgezahlt, und nach einer eingehenden Analyse der Finanzen von Olympic Airways und Olympic Airlines stellt die Kommission 2005 fest, dass Griechenland diesen Unternehmen weiterhin neue rechtswidrige und mit dem Binnenmarkt unvereinbare Beihilfen gewährt hat, und zwar insbesondere durch folgende Maßnahmen:
- Übernahme eines Teils der Kosten der von Olympic Airlines angemieteten Luftfahrzeuge durch den griechischen Staat und Olympic Airways in Höhe von rund 40 Millionen €;
- Ungerechtfertigte Zahlung von rund 90 Millionen € durch den griechischen Staat an Olympic Airways zum Zeitpunkt der Gründung von Olympic Airlines und seiner Übertragung an den Staat, aufgrund einer Überbewertung der dem Staat übertragenen Vermögenswerte;
- Duldung der Tatsache durch den griechischen Staat, dass Olympic Airways mehr als 350 Millionen € an zwischen Dezember 2002 und Dezember 2004 fälligen Sozialabgaben- und Steuerschulden nicht beglichen hat;
- Übernahme verschiedener finanzieller Verpflichtungen von Olympic Airways durch den griechischen Staat, insbesondere in Bezug auf Mietverträge für Flugzeuge und die Rückzahlung eines Bankdarlehens in Höhe von bis zu 60 Millionen €.

Durch diese Beihilfen hat Griechenland Olympic Airways und Olympic Airlines einen Vorteil verschafft, der ihren Konkurrenten nicht zuteil wurde. Daher hat die Kommission im April 2006 beschlossen, vor dem Europäischen Gerichtshof Klage gegen Griechenland zu erheben.

Quelle: EUROPÄISCHE KOMMISSION: Pressemitteilungen IP/05/1139 vom 14.09.2005, IP/06/531 vom 26.04.2006.

---

[169] Vgl. LUFTHANSA: Politikbrief, Mai 2005, S. 6.
[170] ELFAA: Open Letter to Members of the European Commission, 16. May 2005.
[171] Vgl. AIRLINE BUSINESS, Nr. 6/2005, S. 21.

Im Jahr 2002 genehmigte die Kommission Hilfen mehrerer Mitgliedstaaten (Frankreich, Deutschland, Großbritannien) in Höhe von ca. € 110 Mio. als Kompensation für die Verluste im Zusammenhang mit den Terrorattentaten vom 11. September 2001. Zudem wurden die Mitgliedstaaten autorisiert, „to offer an additional insurance guarantee or to assume the risk directly themselves. It is not possible to quantify the aid element for such guarantees, which were authorised for all member states."[172]

Beihilfen für Flughäfen
Bezüglich der **Flughäfen** wurden in den Leitlinien von 1994 lediglich öffentliche Investitionen in den Bau- oder Ausbau von Infrastrukturanlagen angesprochen, die als allgemeine wirtschaftspolitische Maßnahmen von der Kommission nicht gemäß den Vertragsbestimmungen über staatliche Beihilfen kontrolliert werden können. Erst 2005 wurden in einer Mitteilung die gemeinschaftlichen Leitlinien für die Beurteilung der Finanzierung von Flughäfen und der Gewährung staatlicher Anlaufbeihilfen für Luftfahrtunternehmen auf Regionalflughäfen veröffentlicht.[173] Die Kommission verfolgt dabei das strukturpolitische Ziel der Förderung der Regionalflughäfen (bis zu 5 Mio. Passagiere/Jahr), wenn dort das zum Erreichen einer kritischen Größe notwendige Fluggastaufkommen nicht erreicht wird. Eine Weiterentwicklung dieser Flughäfen sei wünschenswert, weil dies zu größerem und für alle Europäer besser zugänglichen Luftverkehrsangebot führe, eine größere Zahl von Abflughäfen die Mobilität der Bürger fördere, zur regionalen Wirtschaftsentwicklung und zur Entlastung der großen Luftverkehrsdrehkreuze beitragen würde. Die neuen Leitlinien beziehen sich auf Finanzierung der Flughafeninfrastruktur, Beihilfen für den Betrieb von Flughafeninfrastruktur, für die Erbringung von Flughafendiensten sowie Anlaufbeihilfen für Fluggesellschaften. Sie sind hinsichtlich der Eigentumsordnung neutral und gewähren eine Gleichbehandlung von öffentlichen und privaten Flughäfen.

Generell kann der Betrieb eines Flughafens als ein Dienst von allgemeinem wirtschaftlichem Interesse bezeichnet werden, wofür er staatliche Ausgleichsleistungen erhalten kann, die keine staatlichen Beihilfen darstellen. Allerdings dürfen dadurch niedrig gehaltene Abgaben nicht dazu dienen, den Wettbewerb zu verzerren und den Handelsverkehr in einem Maße zu beeinträchtigen, das dem gemeinschaftlichen Interesse zuwiderläuft. Tätigkeiten auf Grund übertragener hoheitlicher Befugnisse (Gefahrenabwehr, Flugsicherung) sind keine Tätigkeiten wirtschaftlicher Art und dürfen lediglich kostendeckend entgolten werden.

Die **Finanzierung von Flughafeninfrastruktur** gilt nicht als staatliche Beihilfe, wenn sie für kleine Regionalflughäfen (mit weniger als 1 Mio. Passagiere jährlich) als Ausgleich für gemeinwirtschaftliche Verpflichtungen geleistet werden oder bei den größeren Flughäfen eine angemessene finanzielle Beteiligung durch den Flughafenbetreiber erfolgt. Den Staaten wird dadurch die Möglichkeit einge-

---

[172] EU-KOMMISSION: Report: State Aid Scoreboard, S. 17.
[173] MITTEILUNG DER KOMMISSION: Gemeinschaftliche Leitlinien für die Finanzierung von Flughäfen und die Gewährung staatlicher Aufbauhilfen für Luftfahrtunternehmen auf Regionalflughäfen.

räumt, Einfluss auf die regionale Wirtschaftsentwicklung zu nehmen und verkehrspolitisch tätig zu werden.

Beihilfen für den Betrieb von Flughafeninfrastruktur sind nur dann keine staatlichen Beihilfen, wenn damit gemeinwirtschaftliche Verpflichtungen abgegolten werden.

Beihilfen für die Erbringung von Flughafendiensten, hier insbesondere Bodenabfertigung, sind unterhalb der Schwelle von 2 Mio. Fluggästen insofern möglich als hier der Flughafenbetreiber seine Einnahmen und Verluste aus rein gewerblicher Tätigkeit untereinander ausgleichen kann, um damit günstige Gebühren zu ermöglichen. Ab 2 Mio. Fluggäste muss die Bodenabfertigung sich selbst tragen, unabhängig von anderen Einnahmen aus gewerblicher Tätigkeit und öffentlichen Mitteln.

Beihilfen durch Flughäfen
Im Zusammenhang mit der Praxis mancher Low Cost-Fluggesellschaften, für die Bedienung eines Flughafens oder die Aufnahme einer neuen Strecke Gegenleistungen von den Flughäfen zu fordern, trat die Frage auf, inwieweit und unter welchen Bedingungen solche Beihilfen mit dem EU-Wettbewerbsrecht vereinbar sind. Prominentestes Beispiel ist Ryanair, die nahezu ausschließlich Regionalflughäfen anfliegt, deren Bedienung sie von finanzieller Förderung abhängig macht (2004 wurde wegen mangelnder kommerzieller Unterstützung der Flughafen Straßburg durch Baden-Baden ersetzt). Vom wallonischen Flughafen Charleroi (südlich von Brüssel) erhielt die Fluggesellschaft folgende Zugeständnisse: nur 50% der Landegebühren und 10% der Bodenabfertigungsgebühren, Kostenbeteiligung bei der Einrichtung der Flughafenstation: 160.000 € für jede neu eröffnete Strecke, 768.000 € für Einstellung und Ausbildung des fliegenden Personals, kostenlose Nutzung von Büro- und Wartungsflächen; dazu einen Marketingbeitrag von 4 € pro Fluggast. Ryanair verpflichtete sich im Gegenzug, für einen Zeitraum von 15 Jahren zwei bis vier Flugzeuge in Charleroi zu stationieren und je Flugzeug mindestens drei Strecken von dort aus zu bedienen. Die Kommission hat in einer Entscheidung vom 12. Februar 2004 einen Teil dieser Leistungen als gemäß Artikel 87 Absatz 1 EG-Vertrag nicht mit dem Gemeinsamen Markt vereinbar erklärt.[174]

Bei **Anlaufbeihilfen für Fluggesellschaften** wird die Kommission keine Einwände erheben, „wenn Luftfahrtunternehmen befristet und unter bestimmten Voraussetzungen staatliche Beihilfen erhalten, sofern diese dazu dienen, neue Flugverbindungen oder neue Frequenzen von Regionalflughäfen aus anzubieten, um ein Fluggastaufkommen anzuziehen und nach einer bestimmten Zeit die Rentabilitätsschwelle zu erreichen."[175] Fluggesellschaften können daher öffentliche Beihilfen erhalten, wenn damit ausschließlich die zusätzlichen, mit der Eröffnung einer neuen Flugverbindung zusammenhängenden Kosten (Marketing, Einrichtung einer Niederlassung) zum Teil (Obergrenzen: 50% pro Jahr und insgesamt 30% der

---

[174] Vgl. Entscheidung 2004/393/EG der Kommission. Ähnlich der Fall Berlin-Schönefeld, wo das Landgericht Potsdam den Flughafenbetreibern untersagt hat, Easyjet geringere Gebühren in Rechnung zu stellen als anderen Airlines (Az. 2 O 07/04).
[175] MITTEILUNG DER KOMMISSION: Gemeinschaftliche Leitlinien, Rn. 74.

beihilfefähigen Kosten) übernommen werden, nicht aber regelmäßige Betriebskosten. Die Höhe der Beihilfe, die auf höchstens drei Jahre (fünf bei benachteiligten Regionen und Regionen in äußerster Randlage) beschränkt wird, ist nach der Entwicklung der Fluggastzahlen auf der betreffenden Strecke zu bemessen und degressiv und diskriminierungsfrei (gleiche Regelung für alle Fluggesellschaften) zu gestalten.

Wurde einem Unternehmen eine Beihilfe gewährt, die von der Kommission als nicht zulässig bewertet wird, so ist sie zurückzufordern.

9.5.2.2 Slotzuweisung

Das zunehmende Wachstum des Luftverkehrs führt in Verbindung mit administrativen Auflagen (z. B. Nachtflugverbot) auf zunehmend mehr internationalen Flughäfen zu zeitlichen Kapazitätsengpässen. Die Folgen sind höhere Kosten für die Fluggesellschaften, stärkere Umweltbelastungen durch das Fliegen von Warteschleifen, Flugverspätungen für die Passagiere sowie Marktzugangsbeschränkungen für neue Wettbewerber.

Die Marktzugangsbeschränkungen ergeben sich aus dem Nichterhalten der gewünschten Slots. Dies sind tageszeitlich genau festgelegte Zeitnischen für die Landung auf oder den Start eines Flugzeugs von einem Flughafen. In der Verordnung der Kommission über die Zuweisung von Zeitnischen werden sie definiert als „die Erlaubnis, die für den Betrieb eines Luftverkehrsdienstes erforderliche Flughafeninfrastruktur (...) an einem bestimmten Tag und zu einer bestimmten Uhrzeit (…) in vollem Umfang zum Starten oder Landen zu nutzen"[176]. Die Slotkapazität eines Flughafens wird durch technische (Zahl und Lage der Start- und Landebahnen, Verfügbarkeit von Abfertigungseinrichtungen, Flugsicherungskapazität) und administrative (Nachtflugverbot, Höchstzahl von Flugbewegungen pro Tag oder zu bestimmten Tageszeiten) Gründe bestimmt. So liegt etwa am Flughafen Frankfurt/Main die Zahl der pro Stunde zur Verfügung stehenden Slots bei 80;[177] durch Nachtflugbeschränkungen können sie aber in der Zeit zwischen 23.00 und 06.00 Uhr nur sehr beschränkt genutzt werden.

Wenn die Nachfrage nach Slots zu bestimmten Tageszeiten oder an bestimmten Tagen größer ist als die Zahl der zur Verfügung stehenden Zeitnischen, dann entsteht das Problem der Verteilung auf die verschiedenen Fluggesellschaften. Hierbei[178] wird unterschieden zwischen a) einem „flugplanvermittelnden Flughafen", der zu bestimmten Tageszeiten oder an bestimmten Wochentagen zu Überlastungen neigt, die aber durch eine freiwillige Einigung zwischen den Fluggesellschaften bewältigt werden können, und b) einem „koordinierten Flughafen", auf dem eine erhebliche Unterkapazität besteht, die detaillierte Regeln erfordert.

Für die Zuweisung von Slots stehen grundsätzlich folgende Möglichkeiten zur Verfügung:

---

[176] Verordnung (EG) Nr. 793/2004 des Europäischen Parlaments und des Rates vom 21. April 2004 über die Änderung der Verordnung (EWG) Nr. 95/93 über gemeinsame Regeln für die Zuweisung von Zeitnischen.
[177] Vgl. FRAPORT: Geschäftsbericht 2002, S. 40.
[178] Verordnung (EG) Nr. 737/2004, Art. 1c Buchstabe i.

1. administrative Zuteilung, z. B. bei nicht überlasteten Flughäfen durch einen Flugplanvermittler;
2. käuflicher Erwerb: Ein kommerzieller Handel mit Slots findet für inneramerikanische Flüge bei vier hochfrequentierten Flughäfen in den USA (Chicago O'Hare, New York Kennedy, New York La Guardia, Washington National) statt, wo stark nachgefragte Zeitnischen Preise bis zu US$ 3 Mio. erzielen. American Airlines zahlte US$ 400 Mio. für die Übernahme der TWA-Flugrechte einschließlich der Slots nach London-Heathrow.[179] Dieses auch für die Flughäfen der EU diskutierte Verfahren ist insofern problematisch, als es neue Wettbewerber benachteiligt. Diese starten in der Regel mit kleineren Flugzeugen als die etablierten Fluggesellschaften, die größeres Gerät einsetzen und daher auch höhere Preise für die Slots bieten können;
3. Scheduling Committees: Selbstverwaltungseinrichtungen der Fluggesellschaften zur Aufteilung der vorhandenen Slots, z. B. im Rahmen von Koordinierungstreffen der IATA;[180]
4. Vergabe nach der Verordnung (EG) Nr. 793/2004 des Europäischen Parlaments und des Rates vom 21. April 2004 über gemeinsame Regeln für die Zuweisung von Zeitnischen auf Flughäfen der Gemeinschaft, die sowohl auf EU-Fluggesellschaften als auch auf Drittländerunternehmen Anwendung findet. Nach dieser Verordnung entscheiden die Mitgliedstaaten darüber, unter welchen Voraussetzungen (Kapazitätseckwerte) ein Flughafen als koordiniert zu erklären ist.

Auf koordinierten Flughäfen wird innerhalb der EU bei der Slotvergabe nach der Verordnung (EG) Nr. 793/2004 wie folgt verfahren:

Vorrangregelung: Eine Fluggesellschaft, die in einer Flugplanperiode über einen Slot verfügt, hat in der nächsten Flugplanperiode ein Anrecht auf die gleiche Zeitnische. Nach dem Prinzip der historischen Priorität („grandfather rights") behält eine Luftverkehrsgesellschaft daher einen Slot solange, als sie ihn zu mindestens 80% nutzt („use it or lose it-Regel"). Dadurch sollen die Anforderungen der Regelmäßigkeit (kontinuierliche Nutzung und Flugplankontinuität), der kalkulierbaren Planungsgrundlage für Flugpläne (Anschlüsse, Flugzeugumläufe), des Investitionsschutzes (die Einführung neuer Flugverbindungen rentiert sich oft erst nach einer längeren Aufbauzeit) und der internationalen rechtlichen Einbindung erfüllt werden. Stellen mehrere Fluggesellschaften einen Antrag auf eine Abfolge von Zeitnischen (mindestens fünf Slots während einer Flugplanperiode), so wird dem gewerblichen Luftverkehr und insbesondere dem Linien- sowie dem programmierten Gelegenheitsverkehr Vorrang eingeräumt.

Slot-Pool: Alle neu geschaffenen, ungenutzten, aufgegebenen oder anderweitig verfügbaren Slots kommen in einen Pool, aus dem 50% dieser Zeitnischen an Neubewerber vergeben werden. Als Neubewerber gelten Fluggesellschaften, die auf dem betreffenden Flughafen am Tag des beantragten Slots über weniger als

---

[179] Vgl. HANLON, P.: Global Airlines, S. 140; zur Diskussion von Kauf und Vermietung vgl. WITTMANN, M.: Liberalisierung, S. 112 f.
[180] Vgl. IATA: Scheduling Procedure Guide.

fünf Zeitnischen bzw. weniger als fünf Prozent (oder weniger als vier Prozent bei einem Flughafensystem) der Zeitnischen dieses Tages verfügen.

Übertragbarkeit: Slots können zwischen den Fluggesellschaften in gegenseitigem Einvernehmen oder als Folge einer teilweisen oder völligen Übernahme frei und ohne Entgelt ausgetauscht werden, auch die Übertragung auf andere Strecken oder Verkehrsarten ist möglich. Neubewerber sind von der Tauschregelung ausgeschlossen. Die Slotübertragung muss vom Flughafenkoordinator bestätigt werden.

Flugplankoordinator (Flugplanvermittler und Koordinator): Die Verteilung der Slots erfolgt in den einzelnen Mitgliedstaaten durch einen neutralen Flugplankoordinator, der von einem Koordinierungsausschuss (je koordiniertem Flughafen) beraten wird, nach neutralen, transparenten und nichtdiskriminierenden Regeln. In Deutschland wurde bereits 1972 die Stelle eines Flugplankoordinators eingerichtet, die mittlerweile über 20 Mitarbeiter umfasst.[181] In der Bundesrepublik unterliegen die Flughäfen Berlin-Tegel, Dresden, Düsseldorf, Frankfurt/Main, Leipzig/Halle, München und Stuttgart der Koordinierungspflicht.[182]

Durchsetzung: Um die Luftfahrtunternehmen zur Einhaltung der Zeitnischen zu bewegen, können Fluggesellschaften, deren Flugdienste regelmäßig und vorsätzlich erheblich von den zugewiesenen Slots abweichen und damit den Flughafenbetrieb beeinträchtigen, die Zeitnischen für die restliche Flugplanperiode entzogen werden. Wenn ein Drittland bei der Slotzuweisung den Luftfahrtunternehmen der Gemeinschaft nicht eine vergleichbare Behandlung gewährt, kann ein Mitgliedstaat von der in der Verordnung geregelten Gleichbehandlung abweichen, um das diskriminierende Verhalten des betreffenden Drittlandes abzustellen.

Gültigkeit: Die zeitliche Gültigkeit dieser Verordnung ist nicht eingeschränkt, sie soll spätestens 2007 überprüft werden.

Durch die Beibehaltung der Großvater-Rechte dürften die erwünschten Auswirkungen der Regulierung der Slotvergabe auf den Wettbewerb gering bleiben. Auch erscheint die Definition von Neubewerbern, die den etablierten Fluggesellschaften Konkurrenz machen sollen, eher eng gefasst. Slots zu stark nachgefragten Flugzeiten (mit hohem wirtschaftlichem Wert wie z. B. Tagesrandverbindungen) sind von den etablierten Fluggesellschaften besetzt und werden es auch bleiben. So kam eine Studie der UK Civil Aviation Authority[183] über die Auswirkung der Verordnung zu dem Ergebnis, dass die Regelung nur geringe Möglichkeiten für neue Wettbewerber schaffe: Die Mehrzahl der Neubewerbern zugeteilten Slots waren für diese uninteressant und wurden zurückgegeben, da mehr als zwei Drittel entweder in der Zeit vor 07.00 Uhr oder nach 21.00 Uhr lagen. Zudem würde die 3%-Regel schon kleinere und mittlere Fluggesellschaften wie British Midland, Air UK oder Jersey European als Neubewerber ausschließen. Für diese ergibt sich durch die notwendige Paarigkeit von Slots ein zusätzliches Problem, wenn sowohl am Ausgangs- als auch am Zielflughafen knappe Zeitnischen beantragt werden

---

[181] Vgl. Richtlinien für den Flugplankoordinator 1996 gemäß § 31 des 10. Gesetzes zur Änderung des Luftfahrtgesetzes vom 05. Juli 1994.
[182] Vgl. ULRICH, C.: Flugplankoordination, S. 25.
[183] Vgl. CIVIL AVIATION AUTHORITY: Slot Allocation, S. 3.

(z. B. Frankfurt/Main – London-Heathrow); zudem muss ein Slot möglichst gut in die Flugzeugumläufe passen.

Die Übertragbarkeit von Slots verschafft den großen etablierten Fluggesellschaften durch die Möglichkeit des konzerninternen „Slotmanagements" Wettbewerbsvorteile, die in Zusammenarbeit mit ihren Regionalflug- und Charterunternehmen und in Kooperation mit den Partnern ihrer Strategischen Allianzen ihre Flugpläne optimieren und flexibel an geänderte Marktverhältnisse anpassen können.[184] Die prognostizierte Steigerung des Flugangebotes könnte bei anhaltender Slotknappheit dazu führen, dass die Fluggesellschaften die ihnen zur Verfügung stehenden Slots zugunsten ertragsstärkerer internationaler Verbindungen umverteilen und Inlandsverbindungen zu kleineren Flughäfen einstellen.[185] Dies würde dem erklärten Ziel einer Liberalisierung, eines größeren Streckenangebotes und damit der besseren Versorgung der Nachfrager innerhalb der EU zuwiderlaufen.

Im Hinblick auf das Ziel der möglichst wirtschaftlichen Ausnutzung knapper Flughafenkapazitäten ist eine effizienzorientierte Prioritätensetzung zulässig – z. B. Bevorzugung größerer Maschinen, höherer durchschnittlicher Ladefaktoren, größerer Streckenlänge –, auf die in Deutschland bisher aber verzichtet wurde.

9.5.2.3 CRS-Verhaltenskodex

Der am 1.8.1989 in Kraft getretene, 1993 durch die Verordnung (EWG) Nr. 3089/93[186] und 1999 durch die Verordnung (EG) Nr. 323 des Rates[187] geänderte Verhaltenskodex[188] verfolgt das Ziel, diskriminierende Verhaltensweisen im Zusammenhang mit computergesteuerten Reservierungssystemen (CRS) zu beseitigen. Er ist für alle im Gebiet der EU angebotenen oder genutzten Systeme ungeachtet der Staatsangehörigkeit des Betreibers oder des Standorts der zentralen Datenbank gültig und bezieht zudem Nur-Sitzplatz-Produkte von Charterverkehrsfluggesellschaften ebenso ein wie Bahnprodukte.

Nach diesem Verhaltenskodex gilt für den Luftverkehr:

- Ein CRS-Anbieter muss jedem Luftfahrtunternehmen die Gelegenheit geben, gleichberechtigt und ohne Diskriminierung an diesen Vertriebsmöglichkeiten teilzunehmen, er darf der teilnehmenden Fluggesellschaft keine unangemessenen Bedingungen stellen.
- Sämtliche Daten aller Flugverbindungen müssen in einer neutralen Darstellungsform angezeigt werden und folgende Reihenfolge einhalten:

---

[184] Vgl. WITTMANN, M.: Liberalisierung, S. 162.
[185] Vgl. AEA: Yearbook 1997, S. 26.
[186] Verordnung (EWG) Nr. 3089/93 des Rates vom 29.10.1993 zur Änderung der Verordnung (EWG) Nr. 2299/89 über einen Verhaltenscodex im Zusammenhang mit computergesteuerten Buchungssystemen.
[187] Verordnung (EG) Nr. 323/1999 des Rates vom 8. Februar 1999 zur Änderung der Verordnung Nr. 2299/89 über einen Verhaltenskodex im Zusammenhang mit computergesteuerten Buchungssystemen (CRS).
[188] Verordnung (EWG) des Rates Nr. 2299/89 vom 24.7.89 über einen Verhaltenskodex im Zusammenhang mit computergesteuerten Buchungssystemen.

- Non-Stop-Flüge zwischen den betreffenden Städtepaaren ohne Zwischenlandung; Auflistung nach Abflugzeit.
- Direktflüge zwischen den betreffenden Städten ohne Wechsel des Flugzeugs; eine Zwischenlandung, ein Flugzeug- oder Flughafenwechsel und/oder Code Sharing sind besonders zu kennzeichnen; Auflistung nach Flugzeit.
- Anschlussflüge und Direktflüge mit Flugzeugwechsel.

- Code Share-Flüge dürfen, auch wenn mehr als zwei Fluggesellschaften daran beteiligt sind, nur zweimal angezeigt werden.
- Der CRS-Betreiber darf keine überhöhten Gebühren oder Vertragsstrafen bei Kündigung verlangen. Es darf keine Diskriminierung konkurrierender CRS erfolgen, etwa durch die Weigerung, hinsichtlich der eigenen Dienste die gleichen Informationen über Flugpläne, Flugpreise und verfügbare Sitzplätze, die man seinem eigenen CRS bereitstellt, einem anderen CRS zur Verfügung zu stellen. Die Bereitstellung von Marketing-, Buchungs- und Verkaufsdaten hat auf nicht diskriminierender Basis zu erfolgen.
- Um die wettbewerbsmäßige Gleichheit sicherzustellen, muss eine getrennte Rechtsnatur zwischen dem CRS und der betreibenden Fluggesellschaft bestehen.

9.5.2.4 Bodenabfertigung

Die Richtlinie 96/97/EG des Rates vom 15.10.1996 über den Zugang zum Markt der Bodenabfertigungsdienste[189] legte eine schrittweise Liberalisierung für folgende Dienste fest:

- Administrative Abfertigung und Überwachung am Boden,
- Fluggastabfertigung,
- Gepäckabfertigung,
- Fracht- und Postabfertigung,
- Vorfelddienste,
- Reinigungsdienste und Flugzeugservice,
- Betankungsdienste,
- Stationswartungsdienste,
- Flugbetriebs- und Besatzungsdienste,
- Transportdienste am Boden,
- Bordverpflegungsdienste.

Während einige dieser Dienste schon früher von mehreren Unternehmen durchgeführt wurden, wurden andere vorwiegend oder ausschließlich durch das „Leitungsorgan des Flughafens" (gemeint ist der Flughafenbetreiber) erbracht.[190]

---

[189] Richtlinie 96/97/EG des Rates vom 15.10.1996 über den Zugang zum Markt der Bodenabfertigungsdienste auf den Flughäfen der Gemeinschaft.
[190] Vgl. MEYER, H.: Enthierarchisierungsstrategien, S. 155 f.; LOBBENBERG, A., DOGANIS, R.: Turnaround, S. 32 ff.

Durch die am 1. Januar 1998 in Kraft getretene Richtlinie wird die Selbstabfertigung durch die Fluggesellschaften oder die Drittabfertigung durch ein anderes Unternehmen ermöglicht. Ziele sind die Senkung der Betriebskosten der Fluggesellschaften und eine bessere Anpassung der Dienstleistungen an die Bedürfnisse der Kunden. Für die Flughafengesellschaften besteht die Möglichkeit, durch Abfertigungsgesellschaften auf fremden Flughäfen die Geschäftstätigkeit zu erweitern.

Entsprechend dem Subsidiaritätsprinzip der Gemeinschaft erhalten die Mitgliedstaaten die Möglichkeit, durch Ausnahmeregelungen den lokalen Besonderheiten Rechnung zu tragen. So kann für einige Bodenabfertigungsdienste (Gepäck-, Fracht- und Postabfertigung, Vorfeld- und Betankungsdienste) die Zahl der zur Erbringung dieser Dienste befugten Unternehmen auf zwei begrenzt werden. In diesem Fall ist es seit 1.1.2001 erforderlich, dass mindestens ein Dienstleister sowohl von dem Flughafenbetreiberunternehmen als auch von dem den jeweiligen Flughafen beherrschenden Luftverkehrsunternehmen unabhängig ist. Nach Artikel 9 der Richtlinie sind mehrere Freistellungen aus Platz- und Kapazitätsgründen vorgesehen. Die Freistellungen werden von den Mitgliedstaaten für einen Zeitraum von drei Jahren bewilligt, der um weitere drei Jahre verlängert werden kann. Die Mitgliedstaaten können die Ausübung der Tätigkeit eines Dienstleisters oder eines Eigenabfertigers auf einem Flughafen von der Erteilung einer Zulassung durch eine Behörde abhängig machen, die vom Leitungsorgan des betreffenden Flughafens unabhängig sein muss. Die Kriterien für die Erteilung dieser Zulassung müssen einen Bezug zur allgemeinen bzw. betrieblichen Sicherheit der Einrichtungen, Luftfahrzeuge, Ausrüstungen und Personen oder zum Umweltschutz haben und den einschlägigen sozialrechtlichen Vorschriften entsprechen.

Bezüglich der deutschen Regelung durch die Verordnung über Bodenabfertigungsdienste auf Flugplätzen (BADV)[191] entschied der Europäische Gerichtshof im Juli 2005 (AzC.386/03), dass diese nicht mit dem EU-Recht vereinbar ist. Beanstandet wurden:

- § 8 Absatz 2 BADV, wonach der Flugplatzunternehmer von einem Dienstleister oder Selbstabfertiger die Übernahme von Arbeitnehmern entsprechend den übernommenen Bodenabfertigungsdiensten fordern kann. Da eine solche Bestimmung allein aufgrund ihres Bestehens den Flugplatzunternehmern in Deutschland erlaubt, einen gewissen Druck auf die Unternehmen oder Nutzer, die auf diesem Markt Fuß fassen wollen, auszuüben, kann sie den Marktzugang neuer Dienstleister verteuern und diese dadurch gegenüber den bereits tätigen Unternehmen benachteiligen, wodurch die Öffnung der Märkte für Bodenabfertigungsdienste gefährden werden kann.
- § 9 Absatz 3 BADV, mit dem die Einzelheiten des Entgelts festgelegt werden, das der Flugplatzunternehmer von den Dienstleistern und den Selbstabfertigern für den Zugang zu seinen Einrichtungen sowie deren Vorhaltung und Nutzung erheben kann.

---

[191] Verordnung über Bodenabfertigungsdienste auf Flugplätzen (Bodenabfertigungsdienst-Verordnung – BADV) vom 10. Dezember 1997, zuletzt geändert durch Artikel 1 (Artikel 3) der Verordnung vom 14. März 2005.

- dass das fragliche Entgelt eine Gegenleistung darstellen muss, die exakt der Nutzung der Flughafeneinrichtungen entspricht.

Das nach deutschem Recht vorgesehene Entgelt geht über den vom Gemeinschaftsgesetzgeber vorgesehenen Rahmen hinaus, da es sich dabei ausschließlich um eine Gegenleistung für den Zugang der Dienstleister oder Selbstabfertiger zu den Flughafeneinrichtungen handelt. Die dort vorgesehenen Zahlungen stehen in keinerlei Zusammenhang mit den Kosten, zu denen die Vorhaltung der Flughafeneinrichtungen durch den Flugplatzunternehmer führt, und können daher nicht als von den in Artikel 16 Absatz 3 der Richtlinie 96/67 aufgeführten Kriterien umfasst angesehen werden.

9.5.2.5 Kooperations- und Fusionskontrolle

Unternehmenskooperationen und Unternehmenszusammenschlüsse können gesamtwirtschaftlich betrachtet ambivalente Wirkungen haben. Einerseits bieten sie die Möglichkeiten für Effizienzgewinne durch bessere Ressourcennutzung, kostengünstigere Produktion und erhöhtes Innovationspotential, die den Nachfragern Angebotsverbesserungen in der Form von niedrigeren Preisen und Produktverbesserungen (mehr Verbindungen und Frequenzen, Anschlussorientierung) bringen. Andererseits kann durch die gestärkte Marktmacht ein wettbewerbsreduzierendes Verhalten ausgelöst werden, das zu Angebotsverschlechterungen führt.

Die Wettbewerbspolitik der EU in Bezug auf Kooperationen und Fusionen wird von BERMIG beschrieben als „using antitrust enforcement to ensure that progressive and pro-competitive market integration is maintained and not undermined by restrictive or exclusionary practices, ... (but) should not stand in the way of pro-competitive restructuring and efficiency enhancing co-operation between carriers".[192] Dabei gelten für die Wettbewerbsanalyse für Kooperationen und Zusammenschlüsse weitgehend dieselben Regeln, insbesondere die grundsätzliche Annahme, dass dadurch der Wettbewerb gefährdet oder ausgeschaltet wird. Allerdings gilt auch die Leitlinie, dass die Position der europäischen Fluggesellschaften gegenüber der internationalen Konkurrenz „durch die Genehmigung unter Achtung des Wettbewerbsrechts von Allianzen und Annäherungen zur möglichen Entstehung von europäischen Fluggesellschaften, die ihren Mitbewerbern auf dem Weltmarkt erfolgreich gegenübertreten können"[193], gestärkt wird. Dafür hat die Kommission 2004 auch das Recht erhalten, die EU-Wettbewerbsregeln auch auf den Verkehr mit Drittländern anzuwenden. Sie hat damit auch Durchsetzungsbefugnisse für Strecken zwischen Flughäfen der Gemeinschaft und Drittstaaten, so dass bei Wettbewerbsverstößen Schadenersatzklagen vor nationalen Gerichten möglich geworden sind.[194] **Kooperationen** beziehen sich auf:

- Tarifkonsultationen im Rahmen des Interline-Verkehrs,
- Absprachen über die Zuweisung von Slots,

---

[192] BERMIG, C.: Competiton Policy, S. 23.
[193] EUROPÄISCHE KOMMISSION: Bilanz 2000-2004, S. 22.
[194] Verordnung (EG) Nr. 411/2004 des Rates vom 26. Februar 2004.

- den Betrieb von computergesteuerten Buchungssystemen (CRS) und die
- Zusammenarbeit im Rahmen von Allianzen.

In der Verordnung (EG) 1/2003[195] werden die allgemeinen Anwendungsbestimmungen der in EG-Vertrag Art. 81 und 82 festgelegten Wettbewerbsregeln neu gefasst. Sie betreffen vor allem Verfahrensfragen wie die Abschaffung des zentralisierten Anmeldesystems, die stärkere Beteiligung der nationalen Wettbewerbsbehörden und die Errichtung eines für die Informations- und Konsultationsverfahren erforderlichen Netzes von Behörden aus den Mitgliedstaaten sowie die Informations- und Ermittlungsbefugnisse der Kommission.

Allianzen
Kooperationen, die nur wenige Bereiche umfassen und daher keine gemeinschaftsweite Bedeutung haben wie z. B. Code Share-Vereinbarungen, fallen in den Kompetenzbereich der nationalen Wettbewerbsbehörden. Weitergehende Kooperationen wie z. B. strategische Allianzen, die europaweite oder interkontinentale Verkehrsgebiete betreffen, sind bei der EU-Kommission zu beantragen und werden dort nach Art. 81 EG-Vertrag bewertet.[196] Bei der Überprüfung wettbewerbsbeeinflussender Folgen erfolgt zunächst eine Beurteilung der Marktanteile der kooperierenden Unternehmen auf der Basis von Einzelmärkten, d. h. einzelnen Strecken. Bei innereuropäischen Strecken wurden bisher nur bei hohen Marktanteilen auf Direktverbindungen zwischen Flughäfen mit Slotengpässen (z. B. Düsseldorf-Stockholm) Auflagen erteilt.[197] Bezüglich interkontinentaler Strecken wurde davon ausgegangen, dass die Direktflüge in starker Konkurrenz mit Umsteigeflügen von benachbarten Flughäfen stehen und daher ebenfalls nur in wenigen Fällen Auflagen erteilt. Darüber hinaus können auch strukturelle Faktoren wie Markteintrittsbarrieren durch Slotknappheit oder Hub-Dominanz, regulative Faktoren wie Verkehrsrechte oder Preiskontrollen sowie strategisches Verhalten in Form von „predatory behavior" (ruinöse Preiskonkurrenz, Verdrängungswettbewerb durch temporäre Erhöhung der Frequenzen) berücksichtigt werden.

Die mit der Genehmigung einer Allianz verbundenen Auflagen werden erteilt, um die durch die Kooperation entstehende Einschränkung des Wettbewerbs durch Verringerung der Marktmacht der kooperierenden Unternehmen, Erleichterung des Marktzugangs für und Stärkung der Wettbewerbsfähigkeit von neuen Konkurrenten auszugleichen. Ziel der Auflagen ist, „die Marktzutrittsschranken so weit zu senken, dass sich die ansonsten beherrschenden Unternehmen in ihrem Verhaltensspielraum durch den potentiellen Wettbewerb eingeschränkt fühlen".[198] Die

---

[195] Verordnung (EG) Nr. 1/2003 des Rates vom 16. Dezember 2002 zur Durchführung der in den Artikeln 81 und 82 des Vertrags niedergelegten Wettbewerbsregeln.
[196] Lediglich die Allianz KLM/Alitalia wurde nach der Fusionskontrollverordnung beurteilt, da die Kommission ihr den Charakter eines Gemeinschaftsunternehmens zusprach (Entscheidung vom 11.8.1999). Vgl PRIEMAYER, B.: Strategische Allianzen, S. 37.
[197] Vgl. z. B. Entscheidung der Kommission zur Kooperation Lufthansa/SAS, Abl. EG L 54 vom 5.3.1996, RN. 90.
[198] HARTMANN-RÜPPEL, M.: Europäische Fusionskontrolle, S. 282.

European Competition Authorities[199] haben in einer Untersuchung folgende zur Anwendung kommenden Auflagen ermittelt:

- Abgabe von Slots auf überlasteten Flughäfen,
- Einfrieren oder Reduzierung des Angebots durch Reduzierung der Frequenzen,
- Einschränkungen bezüglich umsatzgebundener Rabatte für Großkunden und Reisebürokooperationen,
- Preisreduzierungen für andere Strecken für den Fall von Preisreduzierungen auf einer Strecke mit einem neuen Konkurrenten,
- Kooperation durch blocked space-agreements mit dem neuen Wettbewerber, der dadurch sein Angebot ausweiten kann,
- Öffnung des Vielfliegerprogramms und des Interlining in Bezug auf die betroffenen Strecken für den neuen Konkurrenten.

Seit 1996 wurden eine Reihe von Kooperationen von gemeinschaftsweiter Bedeutung, alle mit Auflagen, genehmigt. Die wichtigsten waren die von Lufthansa/SAS, KLM/Alitalia, Lufthansa/Austrian Airlines, BA/SN Brussels Airlines sowie die interkontinentalen Allianzen von Lufthansa/United/SAS, British Airways/American Airlines und KLM/Northwest.[200]

Zusammenschlüsse
Nach der 1990 in Kraft getretenen ersten Fusionskontrollverordnung[201] sollte geprüft werden, ob ein Zusammenschluss eine dominierende Marktposition von gemeinschaftsweiter Bedeutung konstituiert, die missbräuchlich ausgenutzt werden könnte. Die Aufgreifschwellen zur Ingangsetzung eines Kontrollverfahrens waren aber so hoch angesetzt, dass „die EG-Fusionsrichtlinie praktisch keine Auswirkungen auf die wettbewerblich bedeutenden Fusionen im europäischen Luftverkehr seit 1987 gehabt hätte, wäre sie entsprechend früher in Kraft getreten".[202]
Der Rat hat daher in der Verordnung (EG) Nr. 1310/97[203] den Tatbestand „Zusammenschluss von gemeinschaftsweiter Bedeutung" neu bestimmt. Er liegt nach Art. 1 (2) vor, „wenn folgende Umsätze erzielt werden:

- ein weltweiter Gesamtumsatz aller beteiligten Unternehmen von mehr als 5 Milliarden ECU[204] und
- ein gemeinschaftsweiter Gesamtumsatz von mindestens zwei beteiligten Unternehmen von jeweils mehr als 250 Millionen ECU;

---

[199] EUROPEAN COMPETITION AUTHORITIES: Mergers and Alliances, S. 32-37.
[200] Vgl. dazu BALFOUR, J.: EC competition law, S. 81-85.
[201] Verordnung (EWG) Nr. 4064/89 des Rates vom 21.12.1989 über die Kontrolle von Unternehmenszusammenschlüssen.
[202] TEUSCHER, W.: Liberalisierung, S. 111.
[203] Verordnung (EG) Nr. 1310/97 des Rates vom 30. Juni 1997 zur Änderung der Verordnung (EWG) Nr. 4064/89 des Rates über die Kontrolle von Unternehmenszusammenschlüssen.
[204] ECU = European Currency Unit, eine von 1979 bis 1998 geltende europäische Buchwährung/Rechnungseinheit, die am 1.1.1999 wertgleich in den Euro überführt wurde.

- dies gilt nicht, wenn die am Zusammenschluss beteiligten Unternehmen jeweils mehr als zwei Drittel ihres gemeinschaftsweiten Gesamtumsatzes in einem und demselben Mitgliedstaat erzielen."

Nach der ersten Fusionskontrollverordnung wurden ca. 20 Entscheidungen getroffen, die sich vorwiegend auf die Eingliederung von Regionalfluggesellschaften durch Flag Carrier und die Übernahme von Low Cost-Carriern bezogen.[205]

Seit dem 01.05.2004 gilt die **zweite EU-Fusionsverordnung**.[206] Während die bisher nach der ersten Fusionskontrollverordnung geltenden Schwellen für eine gemeinschaftsweite Bedeutung von Zusammenschlüssen beibehalten wurden (Art. 1), wurden folgende Bereiche neu geregelt:

- Festlegung der Untersuchungsfristen für Entscheidungen der Kommission (25 bis 105 Arbeitstage, Art. 10).
- Einführung einer einzigen Anlaufstelle für Zusammenschlüsse, deren Auswirkungen auf den Markt die Grenzen eines Mitgliedstaats überschreiten. Zusammenschlüsse, die die Schwellenwerte für eine gemeinschaftsweite Bedeutung (in der Regel ein gemeinsamer Marktanteil der beteiligten Unternehmen von 25%) nicht erreichen, werden von der Kommission an jeweils einen Mitgliedstaat verwiesen. Die Vermeidung einer mehrfachen Anmeldung desselben Vorhabens erhöht die Rechtssicherheit, reduziert die Kosten der beteiligten Unternehmen und staatlichen Stellen und vermeidet widersprüchliche Beurteilungen (Art. 4).
- Die Einhaltung der Verordnung kann durch Rückgängigmachung des Zusammenschlusses, Geldbußen (bis zu 10% des jährlichen Gesamtumsatzes bei vorsätzlichen oder fahrlässigen Vergehen) und Zwangsgelder zur Erzwingung von Auskünften und Nachprüfungen (bis zu 5% des täglichen Gesamtumsatzes) sichergestellt werden (Art. 14 und 15).
- Um den Unternehmen wie auch den Vertretern des Rechts deutlich zu machen, wie die Kommission Zusammenschlüsse beurteilt, soll sie dazu Leitlinien veröffentlichen[207] (Einleitung, Art. 28).

Bis 2004 wurden nach der ersten Fusionskontrollverordnung Unternehmenszusammenschlüsse dann untersagt, wenn anzunehmen war, dass sie zu einer marktbeherrschenden Stellung führen würden. In der neuen Verordnung werden nun umfassend weitere Kriterien berücksichtigt. Dazu zählen: „die wirtschaftliche Macht und Finanzkraft der beteiligten Unternehmen, die Wahlmöglichkeiten der Lieferanten und Abnehmer, ihr Zugang zu den Beschaffungs- und Absatzmärkten, rechtliche oder tatsächliche Marktzugangsschranken, die Entwicklung des Angebots und der Nachfrage bei den jeweiligen Erzeugnissen und Dienstleistungen, die Interessen der Zwischen- und Endverbraucher sowie die Entwicklung des techni-

---

[205] Aufgeführt in HARTMANN-RÜPPEL, M.: Europäische Fusionskontrolle, S. 47-62.
[206] Verordnung (EG) Nr. 139/2004 des Rates vom 20. Januar 2004 über die Kontrolle von Unternehmenszusammenschlüssen („EG-Fusionsverordnung").
[207] Erfolgt durch Leitlinien zur Bewertung horizontaler Zusammenschlüsse vom 05.02.2004.

schen und wirtschaftlichen Fortschritts, sofern dies dem Verbraucher dient und den Wettbewerb nicht behindert"[208]. Da durch Zusammenschlüsse bewirkte Restrukturierungen von Unternehmen den Erfordernissen eines dynamischen Marktes entsprechen und die Wettbewerbssituation verbessern können, werden bei der Beurteilung auch solche Effizienzgewinne (niedrigere Preise, Kosteneinsparungen, verbesserte Waren und Dienstleistungen) berücksichtigt. So kann eine Fusion genehmigt werden, wenn Effizienzvorteile „die Fähigkeit und den Anreiz des fusionierten Unternehmens verstärken, den Wettbewerb zum Vorteil der Verbraucher zu beleben, wodurch den nachteiligen Wirkungen dieser Fusion auf den Wettbewerb entgegengewirkt werden kann".[209]

Zusammen mit den dazu notwendigen empirischen Analysen führt dies zu einer differenzierten Beurteilung und „bedeutet eine Tendenz zur stärker einzelfallbezogenen Beurteilung auf der Grundlage industrieökonomischer Modelle und quantitativer Studien".[210] Damit werden auch solche Zusammenschlüsse eher erlaubt, bei denen der Wettbewerb lediglich auf Teilmärkten gefährdet werden könnte. So werden etwa im Luftverkehr nicht Länder oder Regionen sondern einzelne Strecken und dort wiederum einzelne Nachfragergruppen (zeitsensitive Geschäftsreisende, weniger zeitsensitive Privatreisende) als Teilmärkte betrachtet.[211] Wird für eine bestimmte Strecke eine Gefährdung des Wettbewerbs festgestellt, so kann dies durch Auflagen, die im wesentlichen den bei der Genehmigung von Allianzen angewendeten Maßnahmen entsprechen, kompensiert werden. Bisher wurden z. B. die Zusammenschlüsse Air France/KLM (2004) und Lufthansa/Swiss (2005) nach der neuen Fusionskontrollverordnung genehmigt.

> **Beispiel: Lufthansa/Swiss**
>
> Lufthansa und Swiss International meldeten im Mai 2005 bei der Kommission eine Vereinbarung an, nach der die Lufthansa die Aktienmehrheit und damit alleinige Kontrolle über Swiss erlangt. Nach Ansicht der Kommission hätte dies eine Ausschaltung oder erhebliche Reduzierung des Wettbewerbs auf bestimmten innereuropäischen und interkontinentalen Strecken zur Folge. Auf der Grundlage der EU-Fusionskontrollverordnung erfolgte eine Genehmigung,[212] nachdem sich die Fluggesellschaften zur Einhaltung folgender Auflagen verpflichteten:
> - Slots: Aufgabe von Slots auf den Flughäfen Zürich, Frankfurt, München, Düsseldorf, Berlin, Wien, Stockholm und Kopenhagen. Damit haben konkurrierende Fluggesellschaften die Möglichkeit, täglich bis zu 41 Hin- und Rückflüge auf den benannten Strecken anzubieten.
> - Frequenzen: Verzicht auf eine Erhöhung der Frequenzen auf den Strecken Zürich-Frankfurt und Zürich-München für den Zeitraum von drei Jahren, nachdem dort ein neuer Wettbewerber den Flugbetrieb aufgenommen hat.

---

[208] Verordnung (EG) Nr. 139/2004, Art. 2 (b).
[209] EU-KOMMISSION: Leitlinien zur Bewertung horizontaler Zusammenschlüsse, Textziffer 77.
[210] CHRISTIANSEN, A.: Die "Ökonomisierung" der EU-Fusionskontrolle, S. 292.
[211] Vgl. dazu detailliert EUROPEAN COMPETITION AUTHORITIES: Mergers and Alliances, S. 5-31.
[212] Vgl. COMMISSION OF THE EC: Case No Comp/M.3770-Lufthansa/Swiss, Kap. VI, RN 188-197.

- Interline-Abkommen: Ein neuer Anbieter auf den frei gewordenen Slots erhält Interlinerechte.
- Vielfliegerprogramme: Ein neuer Anbieter erhält auf diesen Strecken die Möglichkeit der Teilnahme an den Vielfliegerprogrammen von Lufthansa und Swiss.
- Tarife: Werden auf den benannten Strecken nach Eintritt eines Mitbewerbers veröffentlichte Flugpreise gesenkt, dann senken die Fluggesellschaften die entsprechenden Flugpreise auf den Strecken Zürich-Warschau und Zürich-Stockholm.
- Intermodale Dienste: Die Fluggesellschaften gehen auf Antrag eines Bodenbeförderungsunternehmens zwischen Deutschland und der Schweiz mit diesem ein Kooperationsabkommen ein.
- Kooperation: Beendigung der Kooperation von Swiss mit American Airlines und Finnair.

Zudem hat die schweizerische Luftfahrtbehörde versichert, dass sie anderen Anbietern Verkehrsrechte erteilen würde, um auf Strecken nach Zielorten außerhalb der EU in Zürich zwischenlanden zu können. Die schweizerischen und deutschen Luftfahrtbehörden haben außerdem zugesagt, bei Langstreckenflügen die Preise nicht zu regulieren.

Bezüglich der **Tarifkoordination von Interline-Flugpreisen**, die auch die multilateralen Prorate Agreements von ca. 350 beteiligten Fluggesellschaften[213] umfasst, gab es hinsichtlich der bis zum 30.06.2005 verlängerten Verordnung (EU) 1617/93 bis 30.06.2005[214] bisher keine Entscheidung. Es besteht hier also die in Verordnung 3976/87 geregelte Situation, in der Regelungen über Gruppenausnahmen auch rückwirkend angewendet werden können. Sollte die Tarifkonsultation verboten werden, dann ist den Fluggesellschaften eine Übergangsperiode zur Anpassung ihrer Verfahren einzuräumen.

9.5.3 Verbraucherinteressen

9.5.3.1 Nichtbeförderung, Annullierung, große Verspätung

Infolge der von den Fluggesellschaften im Rahmen des Yield Managements angewendeten Überbuchungspraxis werden auf den Flughäfen der EU jährlich ca. 250.000 Fluggäste trotz eines gültigen Flugscheins und einer bestätigten Reservierung nicht befördert.[215] Linienflüge werden überbucht, um trotz der teilweise vielen „No Shows" möglichst hohe Auslastungszahlen zu erreichen. Zum Schutze der Passagierinteressen wurde 1991 die Verordnung (EWG) Nr. 295/91 erlassen und 2005 durch eine Neuregelung – Verordnung (EG) Nr. 261/2004[216] – ersetzt. Nach einer Klage der IATA und der Fluggesellschaft Hapag-Lloyd hat der Europäische

---

[213] An den Tarifkonferenzen beteiligen sich (2005) 128 Passagier- und 95 Frachtfluggesellschaften. Ca. 350 Fluggesellschaften haben Interline-Abkommen; vgl. IATA: Interline, o. S.
[214] Vgl. EU-Kommission, IP/02/924 vom 25.06.2002.
[215] Vgl. EUROPÄISCHE KOMMISSION: Pressemitteilung IP/05/181.
[216] Verordnung (EG) Nr. 261/2004 des Europäischen Rates und des Rates vom 11. Februar 2004 über eine gemeinsame Regelung für Ausgleichs- und Unterstützungsleistungen für Fluggäste im Falle der Nichtbeförderung und bei Annullierung oder großer Verspätung von Flügen und zur Aufhebung der Verordnung (EWG) Nr. 295/91.

Gerichtshof in seiner Entscheidung vom 10.01.2006 (AZ: C-344/04) die Rechtmäßigkeit der Verordnung festgestellt. Die neue Verordnung erweitert den Regelungsbereich auf:

- Fluggäste im Bedarfsflugverkehr einschließlich Flügen im Rahmen von Pauschalreisen,
- Flüge von einem Drittstaat in einen Mitgliedstaat,
- Annullierung von Flügen und
- große Verspätungen.

Anwendungsbereich: Die geänderte Verordnung bezieht sich a) auf Fluggäste, die auf Flughäfen im Gebiet eines Mitgliedstats einen Flug antreten sowie b) auf Fluggäste, die von einem Drittstaat einen Flug zu einem Flughafen im Gebiet eines Mitgliedstaates antreten, sofern die ausführende Fluggesellschaft ein Luftfahrtunternehmen der Gemeinschaft ist. Da „die Unterscheidung zwischen Linienflugverkehr und Bedarfsflugverkehr an Deutlichkeit verliert, sollte der Schutz sich nicht auf Fluggäste im Linienflugverkehr beschränken, sondern sich auch auf Fluggäste im Bedarfsflugverkehr, einschließlich Flügen im Rahmen von Pauschalreisen, erstrecken".[217] Nicht davon betroffen sind Fluggäste, die kostenlos oder zu einem der Öffentlichkeit nicht zugänglichen, reduzierten Tarif (z. B. Agenturdiscounts) reisen, sie schließt aber Reisende mit Flugscheinen aus Kundenbindungsprogrammen (z. B. Prämienflüge von Frequent Flyer-Programmen) ein.

Die Verpflichtungen für die Fluggesellschaft „sollten (…) in den Fällen beschränkt oder ausgeschlossen sein, in denen ein Vorkommnis auf außergewöhnliche Umstände zurückgeht, die sich auch dann nicht hätten vermeiden lassen, wenn alle zumutbaren Maßnahmen ergriffen worden wären."[218] Als Beispiele für solche Umstände werden politische Instabilität, Wetterbedingungen, Sicherheitsrisiken, unerwartete Flugsicherheitsmängel sowie Streiks aufgeführt.

Nichtbeförderung: Die aus der Überbuchungspraxis der Fluggesellschaften resultierenden Probleme für Fluggäste sollen durch eine Mindestregelung für Ausgleichsleistungen gelöst werden. Kann ein Luftfahrtunternehmen Fluggäste nicht befördern, so hat es zunächst zu versuchen, Fluggäste gegen eine entsprechende Leistung zu einem freiwilligen Verzicht auf eine Beförderung zu bewegen. „Finden sich nicht genügend Freiwillige, (…) kann das ausführende Luftfahrtunternehmen Fluggästen gegen ihren Willen die Beförderung verweigern."[219] Hierbei fallen folgende Ausgleichszahlungen an:

- 250 € bei allen Flügen über eine Entfernung bis zu 1.500 km;
- 400 € bei allen innergemeinschaftlichen Flügen von mehr als 1.500 km, bei allen anderen Flügen zwischen 1.500 km und 3.500 km;
- 600 € bei allen anderen Flügen.

---

[217] Verordnung (EG) Nr. 261/2004, (5) Einführungstext.
[218] Verordnung (EG) Nr. 261/2004, (15) Einführungstext.
[219] Verordnung (EG) Nr. 261/2004, Art. 4 (2).

Wird den Fluggästen ein anderer Flug angeboten, dessen Ankunftszeit nicht später als zwei (a), drei (b) oder (c) vier Stunden liegt, können die Ausgleichszahlungen um 50% gekürzt werden.

Die abgelehnten Fluggäste haben zudem einen Anspruch auf Unterstützungsleistungen wie unentgeltlich Mahlzeiten und Erfrischungen in angemessenem Verhältnis zur Wartezeit, eine Hotelunterbringung, falls ein Aufenthalt von einer Nacht oder mehreren Nächten notwendig ist, sowie zwei Telefongespräche, Telefaxe oder E-Mails.

Annullierung: Die Fluggesellschaft ist zu Unterstützungsleistungen verpflichtet, es sei denn, die Fluggäste werden mindestens zwei Wochen vor der planmäßigen Abflugzeit darüber informiert oder sie erhalten bei einer kürzeren Informationszeit ein Angebot für eine anderweitige Beförderung, das es ihnen ermöglicht:

- bei einer Informationszeit zwischen zwei Wochen und sieben Tagen nicht mehr als zwei Stunden vor der planmäßigen Abflugzeit abzufliegen und ihr Endziel höchstens vier Stunden nach der planmäßigen Ankunftszeit zu erreichen;
- bei einer Informationszeit von weniger als sieben Tagen nicht mehr als eine Stunde vor der planmäßigen Abflugzeit abzufliegen und ihr Endziel höchstens zwei Stunden nach der planmäßigen Ankunftszeit zu erreichen.

Verspätung: Unterstützungsleistungen sind in folgenden Fällen anzubieten:

- bei allen Flügen über eine Entfernung von 1.500 km oder weniger um zwei Stunden oder mehr;
- bei allen innergemeinschaftlichen Flügen über eine Entfernung von mehr als 1.500 km und bei allen anderen Flügen über eine Entfernung zwischen 1.500 km und 3.500 km um drei Stunden und mehr;
- bei allen anderen Flügen um vier Stunden und mehr.

Bei Nichtbeförderung, einer Verspätung von mehr als fünf Stunden sowie bei der Annullierung eines Fluges hat der Fluggast einen Anspruch auf vollständige Erstattung der Flugscheinkosten oder eine anderweitige Beförderung zum Endziel unter vergleichbaren Reisebedingungen zum frühestmöglichen oder, auf Wunsch des Fluggastes, zu einem späteren Zeitpunkt.

Personen mit eingeschränkter Mobilität oder besonderen Bedürfnissen sowie Kinder ohne Begleitung haben bei der Beförderung Vorrang und sind bei Betreuungsleistungen bevorzugt zu berücksichtigen.

Verpflichtungen: Die Fluggesellschaft hat am Abfertigungsschalter klar lesbar folgenden Hinweis anzubringen: „Wenn Ihnen die Beförderung verweigert wird oder wenn Ihr Flug annulliert wird oder um mindestens zwei Stunden verspätet ist, verlangen Sie am Abfertigungsschalter oder am Flugsteig schriftliche Auskunft über ihre Rechte, insbesondere über Ausgleichs- und Unterstützungsleistungen."[220]

Jeder Mitgliedstaat benennt eine Stelle, die für die Durchsetzung dieser Verordnung zuständig ist. In Deutschland wurde der Verkehrsclub Deutschland e.V. (VCD) damit beauftragt, eine zentrale Schlichtungsstelle Mobilität einzurichten.

---

[220] Verordnung (EG) Nr. 261/2004, Art. 14 (1).

9.5.3.2 Erleichterung der Ein- und Ausreiseformalitäten

Zur Vereinfachung des innergemeinschaftlichen Reiseverkehrs wurden die Ein- und Ausreiseformalitäten erleichtert. Nach der Verordnung (EWG) Nr. 3925 des Rates vom 19.12.1991 über die Abschaffung von Kontrollen und Förmlichkeiten für Handgepäck oder aufgegebenes Gepäck auf einem innergemeinschaftlichen Flug[221] (gültig seit 1.1.1993) werden Handgepäck und aufgegebenes Gepäck von Reisenden auf einem innergemeinschaftlichen Flug keinen Kontrollen oder Förmlichkeiten mehr unterzogen. Davon ausgenommen sind bestimmte Umsteigeflüge zu Zielen außerhalb der Gemeinschaft. Kontrollen für das Gepäck von Personen,

- „die mit einem Flugzeug reisen, das von einem nichtgemeinschaftlichen Flughafen kommt und nach Zwischenlandung auf einem Gemeinschaftsflughafen zu einem anderen Gemeinschaftsflughafen weiterfliegen soll, werden im letztgenannten Flughafen durchgeführt" (Art. 3 Abs. 1),
- „die mit einem Flugzeug reisen, das auf einem Gemeinschaftsflughafen zwischenlandet, bevor es zu einem nichtgemeinschaftlichen Flughafen weiterfliegt, werden am Abgangsflughafen durchgeführt" (Art. 3 Abs. 2),

sofern es sich bei diesen Flughäfen um einen internationalen Gemeinschaftsflughafen handelt. Als solche gelten auch Regionalflughäfen (z. B. Hof oder Mannheim), so dass in Deutschland 27 internationale Gemeinschaftsflughäfen bestehen. Nicht betroffen von der Regelung sind Sicherheitskontrollen durch Behörden der Mitgliedstaaten oder Transportunternehmen. Den Mitgliedstaaten wurde das Recht zu besonderen Kontrollen in Ausnahmefällen, insbesondere zur Verhinderung von Straftaten speziell im Zusammenhang mit Terrorismus, Drogenhandel und illegalem Handel mit Kunstwerken, zugestanden.

Der freie Personenverkehr von Staatsbürgern der Mitgliedsländer und solchen von Drittländern, Asylbewerbern und legalen Zuwanderern zwischen den Unterzeichnerstaaten wurde – außerhalb des EWG-Vertrags – durch das Übereinkommen von Schengen[222] geregelt und führte zum Wegfall der Binnengrenzkontrollen auf Land- Luft- und Seewegen. Das von Deutschland, Frankreich, den Beneluxländern, Italien, Spanien, Portugal, Griechenland und Österreich vereinbarte Abkommen (1986 Grundsatzübereinkommen; 1990 Durchführungsvereinbarungen) ist seit 1995 in den meisten Unterzeichnerstaaten in Kraft und schließt grenzüberschreitende Flüge ein. 2001 schlossen sich Dänemark, Finnland und Schweden an. Schon seit 1996 besteht mit den Nicht-EU-Staaten Norwegen und Island ein Schengen-Kooperationsabkommen.[223]

---

[221] Verordnung (EWG) Nr. 3925 des Rates vom 19.12.1991 über die Abschaffung von Kontrollen und Förmlichkeiten für Handgepäck oder aufgegebenes Gepäck auf einem innergemeinschaftlichen Flug sowie auf einer innergemeinschaftlichen Seereise mitgeführtes Gepäck.
[222] Vgl.: EUROPÄISCHE KOMMISSION: Binnenmarkt, S. 19; SCHWENK, W.: Handbuch des Luftverkehrsrechts, S. 42 ff.
[223] Common Manual, ABl. C 313/97 vom 16. Dezember 2002, S. 97.

9.5.4 Umwelt

Nach Art. 6 des EU-Vertrages sind die EU-Gremien verpflichtet, Umweltaspekte in andere Politikbereiche zu integrieren, so auch in die Luftverkehrspolitik. „Diese Politik geht, entsprechend der vertraglichen Vorgaben, von der Gleichrangigkeit von verkehrspolitischen (Sicherstellung von Mobilität) und umweltpolitischen (Nachhaltigkeit) Zielen aus und postuliert das Prinzip der nachhaltigen Mobilität auch für die auf den Luftverkehr auszurichtenden Maßnahmen."[224] Die politischen Entscheidungsgremien in der EU stehen so vor dem Dilemma, einerseits aus wirtschaftlichen und gesellschaftlichen Gründen das Wachstum des Luftverkehrs zu fördern und andererseits die Umweltbelastungen generell zu reduzieren. Die Kommission stellt zu dieser Situation fest: „Die Luftverkehrsbranche wächst jedoch rascher, als derzeit technologische und operationelle Fortschritte erzielt und eingeführt werden können, die die Umweltauswirkungen an der Quelle reduzieren. Die Gesamtauswirkungen auf die Umwelt werden zunehmen, da Wachstumsrate und Verbesserung des Umweltzustands in wichtigen Bereichen offensichtlich immer weiter auseinanderklaffen, z. B. bei Emissionen von Treibhausgasen. Dies ist eine auf Dauer nicht tragbare Tendenz, die wegen ihrer Folgen für das Klima, die Lebensqualität und die Gesundheit der europäischen Bürger umgekehrt werden muß. Langfristig sind daher Verbesserungen der Umweltverträglichkeit des Luftverkehrs anzustreben, die die negativen Umweltauswirkungen des Wachstums dieser Branche mehr als ausgleichen."[225] Daher wurden folgende strategische Ziele formuliert:

- Verbesserung der technischen Normen und einschlägigen Vorschriften bezüglich Lärm, Gasemissionen und betriebsbezogener Maßnahmen;
- Stärkere Anreize für den Markt zur Umweltverbesserung in Form wirtschaftlicher Anreize und Förderung von Initiativen der Industrie;
- Unterstützung von Flughäfen hinsichtlich Lärmmessung, Raumordnungs- und Betriebsvorschriften; Einführung strengerer Lärmvorschriften und Förderung der Intermodalität;
- Unterstützung von Forschung und Entwicklung zur Förderung des technischen Fortschritts.

Die bisherige Tätigkeit hatte die Lärmreduktion zum Schwerpunkt. Darüber hinaus wurden in Bezug auf Schadstoffe der Handel mit Emissionszertifikaten vorbereitet und im Bereich Forschung und Entwicklung Einzelprojekte gefördert.

Nach der Richtlinie (EWG) Nr. 92/14 des Rates vom 2.3.1992 zur **Verringerung der Schallemissionen** von Unterschallflugzeugen erfolgte seit 1995 eine Ausmusterung der Flugzeuge des Kapitels 2; Flugzeuge dieses Typs dürfen seit 1.4.2002 nicht mehr eingesetzt werden. Ausnahmen gelten für Luftfahrzeuge, die in einem Drittland registriert sind und von dort aus betrieben werden. Unter Be-

---

[224] SEEBOHM, E.: Luftverkehr und Umwelt, S. 53.
[225] Vgl.: Mitteilung der Kommission an den Rat, das Europäische Parlament, den Wirtschafts- und Sozialausschuss und den Ausschuss der Regionen – Luftverkehr und Umwelt: Wege zu einer nachhaltigen Entwicklung, S. 1.

rücksichtigung der schlechten finanziellen Situation der Fluggesellschaften vor allem in den Entwicklungsländern und der wirtschaftlichen Lebensdauer von Verkehrsflugzeugen von bis zu 30 Jahren wurde jedoch für Fluggerät, das im April 1995 noch nicht 25 Jahre in Betrieb war, eine weitere Betriebsgarantie auch über das Jahr 2002 hinaus eingeräumt. Damit soll ein gerechter Interessenausgleich zwischen Entwicklungsländern und hoch entwickelten Industrieländern erreicht werden. Die zunehmenden Erfolge in der Schallemission von Flugzeugen führten mit der Einführung des Kapitels 4 im Jahre 2006 zu einer weiteren Differenzierung nach Lärmklassen.

Die Reduzierung der Lärmbelästigung durch Betriebsbeschränkungen auf Flughäfen liegt weitgehend in der Hoheit der Mitgliedstaaten. Mit der Richtlinie 2002/30/EG[226] wurde ein „ausgewogener Ansatz" bei der Lösung von Lärmproblemen auf Flughäfen ihres Gebietes geschaffen. Dieser „ausgewogene Ansatz" ist ein Verfahren, innerhalb dessen die Mitgliedstaaten die möglichen Maßnahmen zur Lösung des Lärmproblems auf einem Flughafen auf ihrem Gebiet prüfen, insbesondere die absehbaren Auswirkungen einer Reduzierung des Fluglärms an der Quelle, der Flächennutzungsplanung und -verwaltung der lärmmindernden Betriebsverfahren und Betriebsbeschränkungen"[227]. Sie können ferner wirtschaftliche Anreize für Lärmschutzmaßnahmen prüfen. Aus entwicklungspolitischen Gründen sollen „knapp die Vorschriften erfüllende Flugzeuge" (bezogen auf Anhang 16 des ICAO-Abkommens) aus Entwicklungsländern bis 2012 von Neuregelungen ausgenommen werden. Diese Richtlinie behandelt jedoch nur die Harmonisierung von Entscheidungsverfahren, die im Zusammenhang mit Betriebsbeschränkungen zu berücksichtigen sind. Eine Angleichung von akzeptablen Grenzwerten für Lärmemissionen an europäischen Flughäfen ist zwar in Vorbereitung, doch ist nach SEEBOHM „abzuwarten, inwieweit eine EU-weite Festlegung (…) auch in Anbetracht von erweiterungsbedingten Effekten, eine politische Realisierungsmöglichkeit hat. Für die nahe Zukunft ist hier wohl eher Skepsis angebracht."[228]

Einbeziehung des Luftverkehrs in den Emissionshandel
Im Rahmen der Umsetzung des Kyoto-Protokolls,[229] in dem sich die EU zu einer **Emissionsreduktion** von 8% in der Periode 2008-2012 gegenüber 1990 verpflichtet hat, wurde 2005 ein Emissionshandelssystem eingeführt, an dem 2006 ca. 12.000 Unternehmen beteiligt sind. Basis hierfür ist die Emissionshandelsrichtli-

---

[226] Richtlinie 2002/30/EG des Europäischen Parlaments und des Rates vom 26. März 2002 über Regeln und Verfahren für lärmbedingte Betriebsbeschränkungen auf Flughäfen der Gemeinschaft. Auch relevant: Richtlinie 2002/49/EG des Europäischen Parlaments und des Rates vom 25. Juni 2002 über die Bewertung und Bekämpfung von Umgebungslärm – Erklärung der Kommission im Vermittlungsausschuss zur Richtlinie über die Bewertung und Bekämpfung von Umgebungslärm.
[227] Richtlinie 2002/30/EG, Art. 2g.
[228] SEEBOHM, E.: Luftverkehr und Umwelt, S. 55.
[229] Vgl. UNFCCC: United Nations Framework for Climatic Change, Art. 2.

nie,[230] in der die grundsätzlichen Vorgaben für die Mitgliedstaaten definiert werden, die die Richtlinie in nationales Recht umzusetzen haben. Der Luftverkehr war bisher wegen der schwierigen Zurechenbarkeit beweglicher Emissionsquellen daran nicht beteiligt. Um zu verhindern, dass der wachsende Beitrag des Luftverkehrs an der Steigerung der Treibhausgasemissionen nicht den in anderen Industrien erzielten Reduktionsergebnissen entgegenwirkt, schlug die Kommission im Herbst 2005 vor, die Betreiber von Flugzeugen in das EU-System des Handels mit Treibhausgasen einzubeziehen.[231] Da die Emissionen des internationalen Luftverkehrs gemäß dem Kyoto-Protokoll bei der Festlegung der Emissionsziele der einzelnen Länder ausgenommen wurden, erfolgte zunächst eine Delegation der Zuständigkeit für die Reduktion der Schadstoffbelastungen an die ICAO, die sich bisher jedoch auf keinen Maßnahmenkatalog einigen konnte.

Die Luftverkehrsindustrie unterstützt im Grundsatz die umweltpolitischen Ziele der EU und sieht den Emissionshandel als bessere Alternative zu Ökosteuern.[232] Allerdings befürchten wachstumsorientierte neue Fluggesellschaften eine Benachteiligung, wenn die Zertifikate auf der Basis früherer Emissionen zugeteilt würden. Wegen der höheren Preissensibilität der Nachfrage könnten auch die Low Cost-Carrier gegenüber den Netzwerkcarriern benachteiligt sein. Generell sei eine Einführung nur dann zu vertreten, wenn folgenden Anforderungen erfüllt werden:[233]

- Beschränkung des Handels auf Kohlendioxid-Emissionen, da nur dazu fundierte wissenschaftliche Erkenntnisse vorliegen und bereits ein etabliertes Handelssystem besteht;
- Berücksichtigung des Wachstums des Luftverkehrs und der hohen Emissionsvermeidungskosten (keine Alternativen zum Flugtreibstoff Kerosin) bei den Zielvorgaben;
- Handel mit Emissionszertifikaten nur durch die Fluggesellschaften;
- Anerkennung von freiwilligen Maßnahmen einzelner Airlines vor Einführung des Emissionshandels, damit bisherige Umweltinvestitionen nicht zum Nachteil gereichen;
- Finanzielle Steuerungselemente und Emissionshandel können allenfalls ergänzend sinnvoll sein. Der Luftverkehr als globale Branche benötigt dann allerdings einheitliche globale Regeln – keine EU-Insellösung.

---

[230] Vgl. Richtlinie 2003/87/EG des Europäischen Parlaments und des Rates vom 13. Oktober 2003 über ein System für den Handel mit Treibhausgasemissionszertifikaten in der Gemeinschaft.
[231] Vgl. Pressemitteilung IP/05/1192.
[232] Vgl. BAKER, C.: Europe backs emissions trading, S. 19.
[233] Vgl. stellvertretend ADV: ADV-Position zum Handel mit Emissionen; LUFTHANSA: Politikbrief, Mai 2005, S. 10.

9.5.5 Sicherheit

9.5.5.1 Flugsicherheit

Sicherheitsprüfungen bei ausländischen Flugzeugen (Safety Assessment of Foreign Aircraft) Mit der Zunahme der Zahl der Länder, deren Fluggesellschaften internationale und interkontinentale Verkehrsdienste anbieten, hat sich nach Ansicht der ICAO im letzten Jahrzehnt ein Sicherheitsproblem entwickelt: „Information available to ICAO shows that a significant number of Contracting States have experienced major difficulties in carrying out their safety oversight functions."[234] Dies führte dazu, dass die Zielstaaten ihrerseits versuchten, die Sicherheit der einfliegenden Flugzeuge zu überwachen. Ein von der ICAO eingeführtes freiwilliges Programm zur Sicherheitsbewertung der Tätigkeit der nationalen Luftfahrtbehörden (Universal Safety Oversight Audit Programme, USOAP) wurde von der ECAC durch ein eigenes Programm (Safety Assessment of Foreign Aircraft, SAFA) ergänzt. An diesem 1996 auf freiwilliger Basis eingerichteten Verfahren nehmen 35 der 42 ECAC-Staaten (2006) teil. 2005 wurden ca. 4.600 Inspektionen durchgeführt, davon 1.401 in Deutschland.[235] In der EU wurden diese Sicherheitsüberprüfungen 2004 durch die Richtlinie 2004/36/EG über die Sicherheit von Luftfahrzeugen aus Drittstaaten, die Flughäfen in der Gemeinschaft anfliegen, geregelt.[236] Alle Mitgliedstaaten müssen Flugzeuge aus Drittstaaten nach der Landung auf ihren Flughäfen einer Inspektion unterziehen, wenn ein berechtigter Verdacht besteht, dass sie den Sicherheitsnormen nicht entsprechen. Dabei handelt es sich um stichprobenartig durchgeführte unangemeldete Vorfeldkontrollen (Ramp-Checks) von ausländischen Flugzeugen, auch von solchen aus Nicht-ECAC-Staaten. Neben der Überprüfung von Crew-Lizenzen und Flugzeugdokumenten erfolgt eine Inaugenscheinnahme des Zustands des Flugzeugs und der Sicherheitseinrichtungen. Werden Unregelmäßigkeiten festgestellt, kann das Flugzeug bis nach erfolgreicher Reparatur am Boden festgehalten werden; die Mitgliedstaaten können dem betreffenden Luftfahrtunternehmen oder sogar allen Flugzeugen aus dem betreffenden Land künftig den Zugang zu ihrem Luftraum verwehren. Die Ergebnisse der Inspektion werden an alle Mitgliedstaaten sowie an die Kommission weitergegeben und bei der Erstellung der „Gemeinschaftlichen Liste" berücksichtigt.

Da die Kontrollen während des flugplanmäßigen Aufenthalts erfolgen, steht dafür nur eine begrenzte Zeit zur Verfügung, so dass lediglich offensichtliche Mängel festgestellt werden und keine tatsächlichen Aussagen über die Flugtüchtigkeit des Flugzeugs erfolgen können. Das SAFA-Programm/die Richtlinie 2004/36/EG ersetzen daher auch nicht die notwendigen Überprüfungen der nationalen Behörden der Herkunftsländer der Flugzeuge.

---

[234] Vgl. EUROPEAN CIVIL AVIATION CONFERENCE: SAFA Report 2005, S. 3.
[235] In Deutschland werden die Kontrollen vom Luftfahrt-Bundesamt durchgeführt. Vgl.: LBA: Statistik der durchgeführten Ramp-Checks an Flugzeugen ausländischer Luftfahrtunternehmen, o. S.
[236] Richtlinie 2004/36/EG des Europäischen Parlaments und des Rates vom 21. April 2004 über die Sicherheit von Luftfahrzeugen aus Drittstaaten.

„**Gemeinschaftliche Liste**" Zusätzlich zu der seit 1994 geltenden Richtlinie 94/56/EG über Grundsätze für die Untersuchung von Unfällen und Störungen in der Zivilluftfahrt[237] wurde 2003 die Richtlinie 2003/42/EG[238] über die Meldung von Ereignissen in der Zivilluftfahrt verabschiedet. Damit soll ein früh greifendes Informationssystem unter Berücksichtigung aller potenziell sicherheitskritischen Faktoren entwickelt werden. Die über das System gesammelten Informationen werden an Personen und Organisationen weitergegeben, die sie zur Verbesserung der Flugsicherheit nutzen. Im Januar 2006 trat die Verordnung (EG) Nr. 2111/2005 des Europäischen Parlaments und des Rates vom 14. Dezember 2005 über die Erstellung einer gemeinschaftlichen Liste der Luftfahrtunternehmen in Kraft, die zur Veröffentlichung der ersten „Gemeinschaftlichen Liste" von Fluggesellschaften, denen in der EU ein Flugverbot erteilt worden ist, führte (vgl. Abb. 9.12). Die Liste ist der Öffentlichkeit über die Internetseiten der Europäischen Kommission, der Europäischen Agentur für Flugsicherheit und des Luftfahrt-Bundesamtes zugänglich. Reisebüros und Flughäfen sind ebenfalls verpflichtet, die Liste zur Kenntnis zu bringen.

Ist eine betroffene Fluggesellschaft der Meinung, dass sie von der Liste gestrichen werden sollte, weil sie die geforderten Sicherheitsnormen wieder erfüllt, prüft der Sachverständigenausschuss für Flugsicherheit die vorgelegten Nachweise. Die „Gemeinschaftliche Liste" wird wann immer notwendig aktualisiert, spätestens alle drei Monate.

Nach Ansicht der Kommission wird „die europäische schwarze Liste (…) einen Beitrag zu mehr Flugsicherheit in der Europäischen Union leisten. Über die strafende Wirkung hinaus wird sie allen in Europa tätigen Luftfahrtunternehmen einen Anreiz geben, die Sicherheitsnormen streng zu befolgen, und sie wird weniger gewissenhafte Luftfahrtunternehmen davon abhalten, den Flugbetrieb in Europa aufzunehmen. Mit der schwarzen Liste wird vermieden, dass die Mitgliedstaaten bei der Untersagung oder Beschränkung des Flugbetriebs uneinheitlich vorgehen."[239] Die Kunden sind schon bei der Buchung durch den Verkäufer des Flugscheins (Fluggesellschaft, Reiseveranstalter, Agentur) über das den Flug durchführende Unternehmen zu informieren, ebenso bei einem Wechsel der Fluggesellschaft nach der Buchung. Die systematische Unterrichtung der Fluggäste soll eine größere Transparenz hinsichtlich des tatsächlich fliegenden Luftfrachtführers gewährleisten und den Kunden zusätzliche Rechte verschaffen, wenn z. B. die Fluggesellschaft nachträglich in die gemeinschaftliche Liste aufgenommen und der Flug deswegen durch den Kunden annulliert wurde (Ansprüche auf Rückzahlung oder Ersatzbeförderung).

---

[237] Richtlinie 94/56/EG des Rates vom 21. November 1994 über Grundsätze für die Untersuchung von Unfällen und Störungen in der Zivilluftfahrt.
[238] Richtlinie 2003/42/EG des Europäischen Parlaments und des Rates vom 13. Juni 2003 über die Meldung von Ereignissen in der Zivilluftfahrt.
[239] EU-KOMMISSION: Pressemitteilung IP/06/318. Zur Diskussion der Nützlichkeit solcher Listen vgl. KNORR. A.: „Schwarze Listen", S. 79.

Eine zusätzliche Erhöhung der Sicherheit soll auch durch die Einführung eines Flugverkehrsmanagements auf gesamteuropäischer Ebene (Single European Sky) erreicht werden.

Beispiel: Gemeinschaftliche Liste

Liste A: 93 Fluggesellschaften, denen die Nutzung des EU-Luftraums wegen unzureichender Kontrollmöglichkeiten der zuständigen nationalen Luftfahrtbehörden gänzlich untersagt ist: Alle Fluggesellschaften aus
- Kongo (51; Ausnahme Hewa Bora; vgl. Liste B)
- Guinea (11)
- Liberia (3)
- Sierra Leone (13)
- Swaziland (6)
- Sonstige Fluggesellschaften: Air Koryo (Südkorea), Air Service Comores (Komoren), Ariana Afghan Airlines (Afghanistan), BGB Air (Kasachstan), GST Aero Air Company (Kasachstan), Phoenix Aviation (Kirgisien), Phuket Airlines (Thailand), Reem Air (Kirgisien), Silverblack Cargo Freighters (Ruanda).

Liste B: 3 Fluggesellschaften, denen operative Beschränkungen auferlegt wurden:
- Air Bangladesh: 2 Flugzeuge ohne Einflugerlaubnis
- Buraq Air (Libyen): 1 Flugzeug ohne Einflugerlaubnis
- Heva Bora (Kongo): nur 1 Flugzeug zugelassen.

Quellen: ABl. L084 vom 23.03.2006, S. 14.

European Aviation Safety Agency (EASA) Die European Aviation Safety Agency (EASA) wurde 2002 durch eine Verordnung des Europäischen Parlaments und des Rates[240] gegründet und hat 2003 ihre Tätigkeit aufgenommen. Ihre Aufgaben sind:

- Die Erteilung von Lufttüchtigkeits- und Umweltzeugnissen für Luftfahrzeuge und die dazugehörigen Ausrüstungen sowie für die Zulassung von Entwicklungs- und Herstellungsbetrieben.
- Beratung der EU-Kommission bei der Ausarbeitung weiterer gemeinsamer Vorschriften und beim Abschluss internationaler Abkommen.

Schrittweise sollen ihr bis 2010 die Aufgaben der Überwachung des Betriebs der Luftfahrtunternehmen, die Zulassung des Luftfahrtpersonals und die Aufsicht über von in der EU betriebenen Flugzeugen aus Drittländern übertragen werden.

Im Zuge dieser Harmonisierung von Zulassungsprozessen und -standards ging ein Großteil der bisher von den nationalen Behörden ausgeübten Vollzugs- und Rechtsetzungsaufgaben auf die supranationale Behörde EASA über. Damit soll sichergestellt werden, dass innerhalb der Gemeinschaft alle Zivilflugzeuge nach den gleichen hohen Sicherheits- und Umweltstandards gebaut und gewartet werden.

---

[240] Verordnung (EG) Nr. 1592/2002 zur Festlegung gemeinsamer Vorschriften für die Zivilluftfahrt und zur Errichtung einer Europäischen Agentur für Flugsicherheit; Verordnung (EG) Nr. 1702/2003 der Kommission vom 24. September 2003 zur Festlegung der Durchführungsbestimmungen.

Für die Luftfahrtindustrie bedeuten einheitliche Regelungen ein Mehr an Rechtssicherheit sowie einfachere, billigere, schnellere und transparentere Verfahren.

9.5.5.2 Luftsicherheit

Nach den Anschlägen vom 11. September 2001 hat die Kommission sich zum Ziel gesetzt, alle Vorschriften für den Bereich der Sicherheit im Luftverkehr zu überprüfen, um Sicherheitslücken zu schließen und potenziellen Bedrohungen durch Terroristen Rechnung zu tragen. Das Ziel der Luftsicherungsverordnung (EG) Nr. 2320/2002[241] ist die Festlegung und Durchführung zweckdienlicher Vorschriften auf Gemeinschaftsebene zur Verhinderung unrechtmäßiger Eingriffe in den zivilen Luftverkehr. Da zur Durchführung der Sicherheitsmaßnahmen auf nationaler Ebene eine Vielzahl von verschiedenen Stellen beteiligt ist, hat jeder Mitgliedstaat eine zentrale Behörde für die Überwachung der Durchführung zu benennen. Die Luftsicherungsverordnung bezieht sich auf:

Flughafensicherheit: Die Regelungen betreffen:

- Baulicher Bereich: Abgrenzung zwischen luft- und landseitigen Bereichen, Ausweis von Sicherheitsbereichen;
- Zugangskontrolle: Zugang zu Sicherheitsbereichen und anderen luftseitigen Bereichen, Zuverlässigkeitsprüfung und Schulung des zugangsberechtigten Personals, Pflicht zum Tragen eines Sicherheitsausweises für das gesamte am Flughafen tätige Personal, fahrzeugbezogene Passagierscheine für Fahrzeuge, die zwischen Land- und Luftseite verkehren, Überwachung der Abfertigungsgebäude und sonstiger öffentlicher Bereiche von Luftfahrzeugbewegungsflächen;
- Durchsuchung von Personal, mitgeführten Gegenständen und Fahrzeugen;
- Objektschutz durch ausreichende Beleuchtung, Zäune, Wachen und Streifengänge.

Sicherheit von Luftfahrzeugen: Durchsuchung der Luftfahrzeuge vor dem Rückflug oder, falls sie nicht im Dienst sind, bevor sie vor einem Flug in den Sicherheitsbereich gebracht werden; Kontrolle des Zugangs zu abgestellten Luftfahrzeugen.

Fluggäste und Handgepäck: Kontrolle von Fluggästen und Handgepäck durch Abtasten von Hand oder durch Metalldetektoren und Röntgengeräte, Leitlinien für die Einstufung von verbotenen Gegenständen, Vermischungsverbot von kontrollierten abfliegenden Passagieren zu EU-Zielen mit ankommenden Passagieren aus Nicht-EU-Ländern, die möglicherweise weniger intensiv kontrolliert wurden.

---

[241] Verordnung (EG) Nr. 2320/2002 des Europäischen Parlaments und des Rates vom 16. Dezember 2002 zur Festlegung gemeinsamer Vorschriften für die Sicherheit in der Zivilluftfahrt.

Aufgegebenes Gepäck: Zuordnung jedes Gepäckstückes zu dem jeweilig abgefertigten Passagier, Kontrolle aller aufgegebenen Gepäckstücke von Hand oder mittels Durchleuchtung, Schutz des aufgegebenen Gepäcks vor Manipulationen.

Weitere Regelungen betreffen die Abfertigung von Fracht und Post, Sicherheitskontrollen für Bordverpflegung, Reinigungsdienste, Einstellung und Schulung von Personal sowie Leitlinien für die Ausrüstung. Seit 2003 erfolgt eine 100% Reisegepäckkontrolle, seit 2004 eine vollständige Personal- und Warenkontrolle (2004). Für kleine Flughäfen (Flugaufkommen von täglich zwei gewerblichen Flügen im Jahresdurchschnitt), für die eine Anwendung der gemeinsamen Grundnormen unverhältnismäßig aufwendig oder aus praktischen Gründen unmöglich ist, können die zuständigen Behörden der Mitgliedstaaten alternative Maßnahmen erlauben.

Die Kommission erhält das Recht, in Zusammenarbeit mit den zuständigen nationalen Behörden Inspektionen durchzuführen, um die vollständige und europaweite Anwendung der Verordnung zu gewährleisten.[242]

Zur Festlegung von **Gegenständen, die an Bord und in Frachträumen von Passagierflugzeugen** verboten sind, wurde die Verordnung (EG) Nr. 68/2004[243] erlassen, deren vorrangiges Ziel es ist, die Fluggäste an europäischen Flughäfen darüber zu informieren, welche Gegenstände bei Sicherheitskontrollen beschlagnahmt werden. Passagieren ist es untersagt, folgende Gegenstände in den Sicherheitsbereich und an Bord von Flugzeugen mitzunehmen:

- Gewehre, Feuerwaffen und sonstige Waffen;
- spitze/scharfe Gegenstände, die Verletzungen hervorrufen können (Äxte, Pfeile etc.);
- stumpfe Instrumente wie Baseball- oder Golfschläger und Angelruten;
- Sprengstoffe und brennbare Stoffe;
- chemische und toxische Stoffe.

Vereinbarung mit den USA über die Übermittlung von Passagierdaten: Im Nachgang zu den Terroranschlägen vom 11.09.2001 verabschiedete der US-Kongress zur Vorbeugung und Bekämpfung von Terrorismus, internationalen Verbrechen wie organisierte Kriminalität und Flügen von mit Haftbefehl gesuchten Personen ein Gesetz, nach dem alle Fluggesellschaften, die Passagierflüge aus dem Ausland in die Vereinigten Staaten oder von den Vereinigten Staaten ins Ausland anbieten, den amerikanischen Behörden den elektronischen Zugriff auf die „Passenger Name Records" (PNR, Fluggastdatensatz[244]) der Reisenden gewähren müs-

---

[242] Konkretisiert in der Verordnung (EG) Nr. 1486/2003 der Kommission vom 22. August 2003 zur Festlegung von Verfahren für die Durchführung von Luftsicherheitsinspektionen. Diese EU-Inspektionen ersetzen nicht diejenigen der nationalen Behörden.

[243] Verordnung (EG) Nr. 68/2004 der Kommission vom 15. Januar 2004 zur Festlegung von Maßnahmen für die Durchführung der gemeinsamen grundlegenden Normen für Luftsicherheit.

[244] „Passenger Name Record" (PNR) ist ein Datensatz mit Reiseangaben für den einzelnen Passagier, der alle Informationen enthält, die für die Bearbeitung und Kontrolle für die

sen. Am 28. Mai 2004 haben die USA und die EU-Kommission ein entsprechendes Abkommen über die Weitergabe bestimmter PNR-Daten auf Transatlantik-Flügen unterzeichnet.[245] Danach geben die europäischen Fluggesellschaften bis zu 34 Informationen über Passagiere, die in die USA fliegen, an die US-Behörden weiter. Die Daten dürfen dreieinhalb Jahre lang gespeichert werden und beziehen sich u. a. auf Name, Anschrift, Zahlungsart, Reiseverlauf, erster Aufenthaltsort in den USA, Reisebüro, Sitzplatznummer und Nummern der Gepäckanhänger. Seit 2005 werden diese Daten von ausländischen Fluggesellschaften auch dann verlangt, wenn ein Flug durch den US-Luftraum (ohne Landung) erfolgt. Zur organisatorischen Vereinfachung und um zu vermeiden, dass jede Fluggesellschaft ihre eigenen Vorgaben macht, wird seit 2005 ein durch BARIG entwickeltes Standardformular eingesetzt. Der Europäische Gerichtshof hat in einer Entscheidung vom 30.05.2006 festgestellt, dass der dem Abkommen zugrunde liegende Beschluss des Rates nichtig ist, weil die Gemeinschaft dafür nicht zuständig ist.[246] Da die USA auf eine Übermittlung von Fluggastdaten nicht verzichten werden, liegt die Lösung darin, das EU-Abkommen in nationale Abkommen zu überführen. Der zunächst ebenfalls von den USA verlangte Einsatz von bewaffneten Flugbegleitern (Sky Marshals) stieß auf erhebliche Widerstände von Pilotenverbänden, ausländischen Fluggesellschaften und mehreren Staaten und wurde übergangsweise durch alternative Sicherheitsvorkehrungen (z. B. verstärkte Cockpit-Türen) ersetzt. Das Europäische Parlament hat im Juni einen Verordnungsvorschlag dazu verabschiedet, nachdem der Einsatz von Sky Marshals möglich ist, wenn dies vom Abflugsland, Zielland und den überflogenen Staaten genehmigt wird.[247]

9.5.6 Flugverkehrsmanagement

Einheitlicher europäischer Luftraum: Das Flugverkehrsmanagement umfasst den Luftraum für den allgemeinen Luftverkehr, die Flugstrecken, die Flugnavigationshilfen, die Verkehrsflussplanung und -regelung sowie die effiziente Abwicklung der Flugsicherung (Kontrollzentren, Überwachungs- und Kommunikationseinrichtungen), die für eine sichere und effiziente Durchführung des Luftverkehrs im europäischen Luftraum erforderlich sind. Durch die steigende Frequentierung des europäischen Luftraums wird die bisherige Flugverkehrskontrolle zunehmend problematischer. Die als gesamteuropäische Einrichtung geplante EUROCONTROL arbeitete nur im Luftraum über den Beneluxstaaten und Norddeutschland,

---

bei der Buchung beteiligten und für die sonstigen beteiligten Fluggesellschaften erforderlich sind.

[245] Vgl. Beschluss 2004/496/EG des Rates vom 17. Mai 2004 über den Abschluss eines Abkommens zwischen der Europäischen Gemeinschaft und den Vereinigten Staaten von Amerika über die Verarbeitung von Fluggastdatensätzen und deren Übermittlung durch die Fluggesellschaften an das Bureau of Customs and Border Protection des United States Department of Homeland Security, ABl. L 183 vom 20.05.2004, S. 83.

[246] Vgl. EUROPÄISCHER GERICHTSHOF: Pressemitteilung Nr. 46/06.

[247] Da das Europäische Parlament in dieser Frage nur ein Mitentscheidungsrecht hat, muss der Verordnungsvorschlag noch vom Ministerrat genehmigt werden.

daneben sind im oberen europäischen Luftraum der 42 an der ECAC beteiligten Staaten ca. 30 Dienstleister in 64 Kontrollzentren tätig. Deren Produktivität ist trotz ähnlicher geografischer Bedingungen nur halb so hoch wie in den USA. Folgen dieser Zersplitterung sind Mehrkosten für Fluggesellschaften und Fluggäste, Verspätungen und Sicherheitsrisiken. Nach Schätzungen von EUROCONTROL betrugen im Jahr 2003 die Gesamtkosten der durch die Ineffizienz des europäischen Flugverkehrsmanagements verursachten Verspätungen ca. € 800 Mio.[248] Die Initiativen des Europäischen Rates und der Kommission verfolgen das Ziel eines „Einheitlichen europäischen Luftraums (Single European Sky)", d. h. eines einheitlichen Flugverkehrssystems. Der europäische Luftraum soll nach Verkehrsflusskriterien statt nach Staatsgrenzen umstrukturiert werden mit dem Ergebnis der:

- Verbesserung der Luftverkehrssicherheit;
- Schaffung zusätzlicher Kapazitäten, auch durch bessere Zusammenarbeit zwischen militärischen und zivilen Stellen zur Verringerung von Verspätungen;
- Vermeidung von Umwegen, um den Fluggesellschaften und Passagieren Geld und Zeit zu sparen und die Umwelt zu entlasten;
- Effizienzsteigerung der Flugsicherungsdienste.

Zur Schaffung des rechtlichen Rahmens für einen einheitlichen europäischen Luftraum wurde 2004 ein Paket von vier Verordnungen verabschiedet:

- Verordnung (EG) Nr. 549/2004 des Europäischen Parlaments und des Rates vom 10.03.2004 zur Festlegung des Rahmens für die Schaffung eines einheitlichen europäischen Luftraums. In dieser Rahmenverordnung wurden die intendierten Ziele, die Verfahren für die Umsetzung und die dafür verantwortlichen Gremien (Kommission, Ausschuss für den einheitlichen Luftraum, Industry Consulting Body, EUROCONTROL) festgelegt.
- Verordnung (EG) Nr. 550/2004 des Europäischen Parlaments und des Rates vom 10.03.2004 über die Erbringung von Flugsicherungsdiensten im einheitlichen europäischen Luftraum. Die Flugsicherungsdienste-Verordnung regelt die Zertifizierung von Flugsicherungsorganisationen und schafft den Rahmen für eine transparente Gebührenregelung.
- Verordnung (EG) Nr. 551/2004 des Europäischen Parlaments und des Rates vom 10.03.2004 über die Ordnung und Nutzung des Luftraums im einheitlichen europäischen Luftraum. Die Luftraumverordnung betrifft gemeinsame Gestaltungs-, Planungs- und Verwaltungsverfahren für den oberen Luftraum (über 8.700 m). Dabei soll die Luftraumnutzung durch eine flexible Gestaltung der zivilen und militärischen Anforderungen optimiert werden.
- Verordnung (EG) Nr. 552/2004 des Europäischen Parlaments und des Rates vom 10.03.2004 über die Interoperabilität des europäischen Flugverkehrsmanagements. Die Interoperabilitäts-Verordnung regelt die Vereinheitlichung der

---

[248] Ohne Quellenangabe zitiert in: EUROPÄISCHE KOMMISSION: Der einheitliche europäische Luftraum, S. 1.

Verfahren, Komponenten und Systeme des Flugverkehrsmanagements: Luftraummanagement, Verkehrsflussregelung, Flugverkehrsdienste, Kommunikationssysteme und -verfahren, Navigationssysteme, Überwachungssysteme, Flugberatungsdienste und Wetterdienste. So soll insbesondere eine durchgehende Steuerung des Flugzeugumlaufs von der Parkposition des Ausgangsflughafens bis zur Parkposition des Zielflughafens („gate-to-gate") zu einer Effizienzsteigerung der Luftraumnutzung führen.

Gegenwärtig arbeiten die Kommission, EUROCONTROL und als Industry Consulting Body das Air Traffic Alliance Consortium an einem Masterplan zur Implementierung des gemeinsamen europäischen Luftraums ab 2007 mit einem Zeithorizont von 20 Jahren.[249] In einem ersten Schritt wurde 2005 das Projekt SESAR gestartet, das die technischen Aspekte (Technologien zur Verkehrssteuerung, Vornahme von Berechnungen und Kommunikation zwischen Bodenstationen und Flugzeugen) des Einheitlichen Europäischen Luftraums umsetzen soll.[250]

Galileo Das sich in der Entwicklung befindliche zivile Satellitenortungs- und navigationssystem GALILEO soll der Modernisierung der Infrastruktur aller Verkehrsträger und damit auch des Luftverkehrs dienen.[251] Das Funknavigationssystem erlaubt es dem Nutzer, anhand der Signale mehrerer Satelliten seinen Standort (geografische Breite und Länge, Höhe) und die genaue Zeit zu bestimmen. Die gegenwärtig existierenden Systeme GPS (USA) und Glonass (Russland) wurden für militärische Zwecke entwickelt und können zur Verteidigung der Eigeninteressen der Betreiberstaaten für die zivile Nutzung gesperrt werden. Nach Ansicht der Mitgliedstaaten kann es sich Europa nicht erlauben, in solch einem auch wirtschaftlich strategischen Bereich einer Schlüsseltechnologie gänzlich von Drittländern abhängig zu sein. Daher haben die Kommission und die Europäische Weltraumagentur (ESA) ein eigenständiges Programm für die satellitengestützte Funknavigation mit der Bezeichnung Galileo entworfen, bei dem bis 2010 ein System von 30 Satelliten den ganzen Globus abdecken und mit Hilfe terrestrischer Sender eine Vielzahl von Diensten erbracht werden sollen.[252] Dazu zählen der Open Service (freier und kostenloser Zugang, z. B. zur Abfrage von Daten zur Festlegung der eigenen Position), der Commercial Service für kostenpflichtige höherwertige Mehrwertdienste wie z. B. Navigationsdaten im Luftverkehr, der Regulated Service mit Zugangskontrolle für Sicherheits- und Schutzbehörden, der Search and Rescue Service für humanitäre Such- und Rettungsdienste und der Save of Life Service für sicherheitskritische Anwendungen (z. B. Warnung bei Annäherung). Durch präzise Positionsangaben ergeben sich geringere Abstände der Flugzeuge und damit eine bessere Nutzung des Luftraums und der Flugzeuge, verbesserte Si-

---

[249] Vgl. BAKER, C.: Europe unveils its ATM masterplan, S. 17. Für Einzelheiten zum aktuellen Stand vgl. EUROPÄISCHE KOMMISSION: Air Transport – The single European Sky, o. S.
[250] Vgl. EUROPÄISCHE KOMMISSION: Pressemitteilung IP/05/1435.
[251] Vgl. EU-Kommission: Communication: Moving to the deployment of the European satellite radionavigation programme. Aktueller Stand: EUROPÄISCHE KOMMISSION: Galileo – Ein fester Orientierungspunkt in Zeit und Raum, o. S.
[252] Vgl. EUROPEAN SPACE AGENCY: Galileo.

cherheit durch Unterstützung der bisherigen Navigationshilfen in den Start- und Landephasen und in Regionen mit unzureichender Infrastruktur sowie bei der Bewegung der Flugzeuge auf dem Boden. Die Kosten der Entwicklung und Bereitstellung werden auf € 3,2 Mrd. geschätzt, die von der EU, ESA und der beteiligten Industrie getragen werden sollen. Die EU-Kommission finanziert lediglich die Entwicklung im Rahmen von Vorhaben des transeuropäischen Verkehrsnetzes (TEN) hälftig mit der ESA (Europäische Weltraumagentur) mit. Die jährlichen Betriebskosten von € 220 Mio. werden durch die Nutzer aufgebracht.

9.5.7 Luftverkehrsaußenpolitik

Die Kommission hat in der Agenda „Weiterentwicklung der Luftfahrtaußenpolitik der Gemeinschaft" vom 11.03.2005 die zukünftigen Aktionsfelder dargelegt. Grundziele sind eine größtmögliche Öffnung der Märkte nach dem Vorbild des Binnenmarkts und die Gewährleistung fairer Wettbewerbsbedingungen durch Konvergenz der bestehenden Regulierungssysteme. Dafür wurden zunächst drei Säulen für die Luftverkehrsaußenpolitik festgelegt:

- Rechtssicherheit der bestehenden bilateralen Luftverkehrsabkommen;
- Schaffung eines gemeinsamen europäischen Luftverkehrsraums;
- Umfassende Luftverkehrsabkommen mit Schlüsselpartnern (key partner countries).

9.5.7.1 Bestehende bilaterale Luftverkehrsabkommen

Die Bedeutung der EU-Kompetenz für Abkommen mit Drittstaaten ergibt sich aus dem überragenden Stellenwert, den Flugverbindungen zu solchen Staaten als Zielorte für die interkontinentalen Luftverkehrsgesellschaften der Gemeinschaft haben, die nahezu 60% ihrer Erträge auf Strecken, die aus Europa herausführen, erzielen.[253] Eine nach dem Primat der Gemeinschaftsinteressen erfolgende Aushandlung von Luftverkehrsabkommen berührt damit in hohem Maße ihre wirtschaftlichen Interessen, wenn sie zukünftig von allen Mitgliedstaaten aus ihre Flüge durchführen können.

Da der EWG-Vertrag keine konkreten Bestimmungen enthält, die eine Zuständigkeit der Gemeinschaft für die Luftverkehrspolitik generell oder für die der Mitgliedstaaten gegenüber Nicht-EG-Staaten begründen, bestanden darüber bis zur Entscheidung des Europäischen Gerichtshofs 2002 (AZ: C-476/98) erhebliche Meinungsunterschiede.[254] Die Kommission vertrat die Position, dass die Gestaltung der Luftverkehrsbeziehungen der EU ebenso wie die der Mitgliedstaaten mit Drittstaaten eine gemeinschaftliche Aufgabe darstellt und in ihre Zuständigkeit fällt.[255] Unter Berufung auf Art. 113 EWG-Vertrag stufte sie den Luftverkehr als Handel mit Dienstleistungen, den internationalen Luftverkehr damit als Außen-

---

[253] Berechnet nach AEA: Summary of Traffic Results 2005.
[254] Siehe dazu ausführlich EISERMANN, K. S.: Grundlagen, S. 258-309.
[255] Vgl. KOM (92) 434 endg. vom 21.10.1992; zur Diskussion vgl. MEIER, U.: Luftverkehrsbeziehungen, S. 8 ff.

handel und somit als Bestandteil der in ihrer Kompetenz liegenden Handelspolitik ein. Zudem befürchtet die Kommission, dass einzelne Mitgliedstaaten in bilateralen Verhandlungen gegeneinander ausgespielt würden und damit für die Gemeinschaft wichtige Verkehrsrechte verloren gehen könnten. Zudem würden die meisten der bisherigen bilateralen Abkommen gegen das EU-Recht (z. B. durch die Vorschrift der Preisabsprachen im Rahmen der IATA-Tarifkonferenzen) verstoßen. Weiterhin stellt die EU-KOMMISSION fest:

> „Das Fehlen einer gemeinsamen Außenpolitik macht den Luftverkehrsbinnenmarkt anfällig und von den Fortschritten in bilateralen Abkommen zwischen den Mitgliedstaaten und Drittländern abhängig. Aufgrund der Vielzahl solcher Abkommen müssen die Mitgliedstaaten und die Unternehmen in ihren Beziehungen zu den Drittländern nichtharmonisierte Regelungen und Vorschriften hinnehmen. Bisweilen sind diese Vorschriften sogar unvereinbar mit dem Binnenmarkt (z. B. Klauseln über die Bezeichnung staatlicher Luftfahrtunternehmen, Verpflichtung zum Abschluss von Wirtschaftsverträgen)."[256] Zudem sei global betrachtet „diese Situation, in der jeder Mitgliedstaat einzeln und nicht die Europäische Union die Zugangsbedingungen mit den Drittländern verhandelt, ein Hindernis. Um nur ein Beispiel herauszugreifen: Die europäischen Luftverkehrsgesellschaften konnten auf dem Flughafen Tokio Narita nur 160 Zeitnischen erhalten, während die amerikanischen Unternehmen dort über 640 verfügen. (…) Die drei größten amerikanischen Luftverkehrsgesellschaften befördern jede für sich genommen durchschnittlich 90 Millionen Passagiere, die größten europäischen Gesellschaften dagegen nur 30 bis 40 Millionen. Die kleinsten unter ihnen haben keinen inländischen Markt, um ihre Wettbewerbsfähigkeit zu sichern."[257]

Der Rat hatte bis 2002 den Anspruch der Kommission unter Berufung auf Art. 84 Abs. 2 EWGV abgelehnt, da der Abschluss von Luftverkehrsabkommen Bestandteil einer Luftverkehrspolitik sei, über die wegen der nicht in Einklang zu bringenden Interessengegensätze nur jeder Staat selbst in eigener Zuständigkeit entscheiden könne. Eine EU-Außenkompetenz ergebe sich nur in begrenzten Ausnahmefällen bei klar definierten gemeinsamen Interessen aller Mitgliedstaaten. Er hatte daher eine weitergehende Erörterung der Außenvertretung, insbesondere die eines einschlägigen Gemeinschaftsrechtsakts, zurückgestellt und in Zusammenarbeit mit der Kommission von Fall zu Fall entschieden, wie gemeinschaftliche Anliegen zu Drittstaaten behandelt werden sollen. So erteilte er der Kommission Mandate für Verhandlungen wie z. B. über luftverkehrsspezifische Fragen des EWR-Vertrages und im Rahmen von GATT, GATS und WTO oder die Ausarbeitung von Luftverkehrsabkommen zwischen der EU und Norwegen oder Schweden sowie der Schweiz, die entsprechenden Verträge selbst aber wurden durch den Rat abgeschlossen. Er war weiterhin der Ansicht, dass zumindest langfristig globale luftverkehrspolitische Fragen zukünftig auch im Rahmen der WTO (World Trade Organization) gelöst werden könnten. Dort wurde 1993 mit dem Abschluss der Uruguay-Runde erstmals ein Allgemeines Abkommen über den Dienstleistungs-

---

[256] EUROPÄISCHE KOMMISSION: Auswirkungen, S. 24.
[257] EUROPÄISCHE KOMMISSION: Weißbuch Die europäische Verkehrspolitik, S. 109.

verkehr (General Agreement on Trade in Services, GATS) vereinbart. Da bestimmte GATT-Prinzipien wie Meistbegünstigtenklausel und Inländerbehandlung auf Verkehrsrechte nur angewendet werden könnten, wenn das existierende, auf Austausch von Rechten zu fairen und gleichen Bedingungen basierende bilaterale System geändert wird, wurden diese bisher nicht behandelt und lediglich die Bereiche Reparatur und Wartung von Flugzeugen, Verkauf und Marketing von Luftverkehrsleistungen und CRS eingeschlossen. Generell aber könnte die WTO auch für die EU zumindest ein Forum für die Diskussion eines neuen globalen Regulierungssystems werden.[258]

Im Jahre 1998 leitete die Kommission beim Europäischen Gerichtshof ein Vertragsverletzungsverfahren gegen acht Mitgliedstaaten (Belgien, Dänemark, Deutschland, Finnland, Großbritannien, Luxemburg, Österreich und Schweden) ein, die mit den USA „Open-Sky-Abkommen" geschlossen hatten, um auf dem Rechtsweg ein bisher politisch verweigertes Verhandlungsmandat zu erstreiten. Die Urteile des Europäischen Gerichtshofes vom 05.11.2002[259] bescherten der Kommission aber nur einen Teilerfolg hinsichtlich der Außenkompetenz und der Verletzung des Niederlassungsrechts.

Außenkompetenz: Wenn die Gemeinschaft gemeinsame Rechtsnormen erlassen hat, sind die Mitgliedstaaten nicht mehr berechtigt, mit Drittstaaten Verpflichtungen einzugehen, sofern diese Verpflichtungen die gemeinsamen Rechtsnormen beeinträchtigen. So stellte der Gerichtshof fest, dass einige der Vorschriften über die Festlegung von Flugpreisen für den Luftverkehr innerhalb der Gemeinschaft (Verordnung EWG 2409/92) sowie die Vorschriften über die CRS (Code of Conduct, Verordnung EWG 2289/89) für Luftfahrtunternehmen von Drittländern gelten. Da in diesen Fällen die Gemeinschaft über eine ausschließliche Außenkompetenz verfüge, stellten die Open Skies-Abkommen eine Verletzung dieser Außenkompetenz dar. Gleichzeitig wurde entschieden, dass die Kommission keine umfassende Außenkompetenz über alle Luftverkehrsbereiche besitzt, sondern nur in den Bereichen Preisgestaltung und CRS-Anwendung; so liegt insbesondere die Regulierung des Marktzugangs weiter bei den Mitgliedstaaten.[260]

Verletzung des Niederlassungsrechts: Nach den bilateralen Klauseln über Eigentum und Kontrolle der Luftfahrtunternehmen gelten Verkehrsrechte nur für Fluggesellschaften, die unter der Kontrolle der Vertragsstaaten stehen (national ownership rule). Danach haben die USA die Möglichkeit, den anderen Mitgliedstaaten diese Rechte zu verweigern. Dadurch werden auf europäischer Seite diese Unternehmen daran gehindert, wie inländische Unternehmen behandelt zu werden; dies ist mit den Gemeinschaftsvorschriften über das Niederlassungsrecht nicht vereinbar. Die Urteile verpflichten die betroffenen Mitgliedstaaten, die ent-

---

[258] Vgl. YUN ZHAO: Air Transport Services and WTO, S. 48 ff; LU, A.: International Airlines Alliances, S. 262-267.
[259] Urteile des Gerichtshofes in den Rechtssachen C-466 bis 469/98, C-471/98, C-472/98, C-475/98 und C-476/98 vom 5. November 2002. Deutschland: Rs. C-476/98, Slg. 2002, S. I-9855.
[260] Vgl. Urteil Rs. C-476/98, Rn. 114 ff.

sprechenden Vertragsbestimmungen in den Open Skies-Abkommen nicht mehr anzuwenden oder sie abzuändern und bei neuen bilateralen Verträgen darauf zu verzichten.

Um den Urteilen des Gerichtshofs Rechnung zu tragen und die Beziehungen zwischen den Mitgliedstaaten und den Vereinigten Staaten mit dem Gemeinschaftsrecht in Einklang zu bringen, ersuchte die Kommission den Rat unverzüglich um ein Mandat zur Aushandlung eines neuen Abkommens EU-USA auf Gemeinschaftsebene.[261] Dieses wurde im Juni 2003 erteilt.

Bedeutsamer ist jedoch, dass die Eigentums- und Kontrollregelung in den meisten bilateralen Verträgen eine Standardklausel darstellt mit der Folge, dass die rund 2.000 bestehenden bilateralen Abkommen an das Gemeinschaftsrecht angepasst werden müssen.[262] Daher erhielt die Kommission gleichzeitig ein Mandat, mit Drittstaaten über Nationalitätenklauseln zu verhandeln (sog. „horizontales Mandat"). „Wichtigstes Ziel ist dabei, die Beseitigung von Klauseln in bilateralen Abkommen, die Drittstaaten eine Diskriminierung zwischen Luftfahrtunternehmen der Gemeinschaft auf der Grundlage der Eigentümerverhältnisse ermöglichen, was Verstöße gegen das im EG-Vertrag verankerte Niederlassungsrecht zur Folge hat."[263] Damit werden die bestehenden bilateralen Abkommen nicht ersetzt sondern in Einklang mit dem Gemeinschaftsrecht gebracht. Es soll erreicht werden, dass alle EU-Fluggesellschaften von allen Mitgliedstaaten aus Verkehrsrechte in Drittstaaten nutzen können. Weil die Kommission aber nicht gleichzeitig eine Vielzahl von Verhandlungen mit allen betroffenen Drittländern führen kann, erhielten die Mitgliedstaaten die Ermächtigung, auf der Grundlage von Standardklauseln Verhandlungen über solche Fragen aufzunehmen, die in die Kompetenz der Gemeinschaft fallen.[264] „Damit soll zum einen die Anpassung der bilateralen Abkommen an das Gemeinschaftsrecht beschleunigt werden, zum anderen wird dadurch die Kontinuität der Luftverkehrsbeziehungen mit Drittländern sichergestellt."[265]

Die Mitgliedstaaten hatten zunächst nur eher zögerlich Maßnahmen getroffen, um die vom Gerichtshof festgestellten Probleme zu beheben, obwohl die Kommission mehrere Aktionen gegenüber Mitgliedstaaten (Fristsetzungsschreiben, Vertragsverletzungsverfahren[266]) eingeleitet hat. Die Verhandlungsbereitschaft ist zwischenzeitlich aber stark gestiegen, so dass bis Mitte 2006 mehr als 400 bilaterale Luftverkehrsabkommen geändert wurden, in denen 62 Staaten aus allen fünf Kontinenten den EU-Fluggesellschaften Verkehrsrechte zwischen allen Mitgliedstaaten und ihren Ländern eingeräumt haben. Darunter sind 23 Staaten, die im

---

[261] Vgl. Erklärung der Kommission über die Luftverkehrsbeziehungen zwischen der Gemeinschaft, ihren Mitgliedstaaten und Drittstaaten, Abs. 2 (ABl. Nr. C 69 vom 22.03.2003, S. 3).
[262] Kommission: Weiterentwicklung der Luftfahrtaußenpolitik, S. 2.
[263] Erklärung der Kommission über die Luftverkehrsbeziehungen zwischen der Gemeinschaft, ihren Mitgliedstaaten und Drittstaaten, Abs. 4.
[264] Verordnung EG Nr. 847/2004 des Europäischen Parlaments und des Rates vom 29.04.2004, ABl. Nr. L 157 vom 30.04.2004, S. 7.
[265] Schwenk, W., Giemulla, E.: Handbuch des Luftverkehrsrechts, S. 675.
[266] Vgl. Pressemitteilungen der Kommission 2004: IP/04/967, 2005: IP/05/305.

Rahmen von „horizontalen Verhandlungen" direkt mit der EU-Kommission verhandelt haben.[267] Deutschland hat zwischenzeitlich den Artikel 4 des Musterabkommens den Vorgaben des EU-Rechts wie folgt angepasst:

> „Eine Vertragspartei kann die nach Artikel 3 Absatz 2 erteilte Genehmigung unter folgenden Voraussetzungen widerrufen, aussetzen oder durch Auflagen einschränken: a) im Falle eines von der Bundesrepublik Deutschland bezeichneten Unternehmens:
> i) wenn das Unternehmen nicht gemäß dem Vertrag zur Gründung der Europäischen Gemeinschaft im Hoheitsgebiet der Bundesrepublik Deutschland niedergelassen ist oder über keine Betriebsgenehmigung nach dem Recht der Europäischen Gemeinschaft verfügt oder
> ii) wenn der für die Ausstellung ihres Luftverkehrsbetreiberzeugnisses zuständige Mitgliedstaat der Europäischen Gemeinschaft keine wirksame gesetzliche Kontrolle über das Unternehmen ausübt oder diese nicht aufrechterhält oder die zuständige Luftfahrtbehörde in der Bezeichnung nicht eindeutig gegeben ist."[268]

9.5.7.2 Gemeinsamer Europäischer Luftverkehrsraum

Im Dezember 2004 beauftragte der Ministerrat die Kommission mit der Aufgabe der Verwirklichung eines gemeinsamen Luftverkehrsraums bis 2010, der die im Süden und Osten an die EU angrenzenden Partner umfassen soll und eine weitgehende wirtschaftliche und regulierungsbezogene Integration der Luftverkehrsmärkte dieses Raums zum Ziel hat.[269]

Bereits im Sommer 2006 wurde mit neun südosteuropäischen Staaten (Albanien, Bosnien und Herzegowina, Bulgarien, Kroatien, der ehemaligen jugoslawischen Republik Mazedonien, Rumänien, Serbien, Montenegro und Übergangsverwaltung der Vereinten Nationen im Kosovo) sowie Island und Norwegen ein Abkommen über die Schaffung eines gemeinsamen europäischen Luftverkehrsraums (European Common Aviation Area – ECAA) zur Unterzeichnung aufgelegt.[270] Dabei handelt es sich zunächst um länderspezifische Übergangsübereinkommen. Sobald die Partnerländer das EU-Luftverkehrsrecht (einschließlich Wettbewerbsrecht, Flugsicherheit, Umweltschutz und Passagierrechte) übernommen haben, erhalten ihre Fluggesellschaften vollen Zugang zu den EU-Märkten. Mit der ECAA wird ein integrierter Luftverkehrsmarkt mit 35 Staaten und mehr als 500 Mio. Einwohnern geschaffen.

Aus wirtschaftlichen Gründen sollen weitere EU-Anrainerstaaten, deren Märkte im Wesentlichen auf die EU ausgerichtet sind, für einen Beitritt zur ECAA gewonnen werden. Mit Marokko wurde 2005 ein Euro-Mediterranean Aviation Agreement geschlossen, das eine stufenweise Integration vorsieht. Unter der Voraussetzung der positiven Evaluierung der marokkanischen Regulierungs- und Si-

---

[267] Vgl. EUROPÄISCHE KOMMISSION: Pressemitteilung IP/06/582 vom 05.05.2006.
[268] Abgedruckt in SCHWENK, W., GIEMULLA, E.: Handbuch des Luftverkehrsrechts, S. 678.
[269] EUROPÄISCHE KOMMISSION: Weiterentwicklung der Luftfahrtaußenpolitik, S. 11.
[270] Vgl. EUROPÄISCHE KOMMISSION: Pressemitteilung IP/06/764, Annex 1; Abkommen noch nicht veröffentlicht.

cherheitsstandards werden zunächst gegenseitig unbeschränkte Verkehrsrechte (dritte und vierte Freiheiten) zwischen der EU und Marokko eingeräumt, die später um innereuropäische Verkehrsrechte (8. Freiheit) für Marokko und Verkehrsrechte der fünften Freiheit für europäische Fluggesellschaften erweitert werden sollen.[271] Weitere Staaten, mit denen Beitrittsverhandlungen angestrebt werden, sind die russische Föderation und die Ukraine.[272]

9.5.7.3 Umfassende Luftverkehrsabkommen mit Schlüsselstaaten

Eine weitere Säule der EU-Luftverkehrsaußenpolitik besteht in der „Aufnahme von Verhandlungen über globale Abkommen in den wichtigsten Regionen der Welt, um die Aussichten zur Förderung der europäischen Luftverkehrsbranche unter fairen Wettbewerbsbedingungen in den dynamischsten Märkten der Welt zu verbessern und zur Reform der internationalen Zivilluftfahrt beizutragen."[273] Als sog. Schlüsselstaaten werden Australien, Chile, China, Indien, Japan, Kanada, Mexiko, Neuseeland, Südkorea sowie die USA betrachtet. Die Verhandlungen mit diesen Ländern sind unterschiedlich weit fortgeschritten.

USA: Open Aviation Area Schon 1996 erhielt die Kommission die Ermächtigung zur Verhandlungsführung mit den USA, allerdings ohne Verhandlungen über den Marktzugang. 2003 wurden die Verhandlungen mit dem neuen erweiterten Mandat aufgenommen. Die Kommission zielt dabei auf eine vollständig liberalisierte Open Aviation Area ab, die auf einem Vorschlag der AEA von 1995 für eine Transatlantic Common Aviation Area (TCAA) basiert[274] und folgende Punkte umfasst:

- Schrittweise Aufhebung aller Marktzutrittsschranken und der Regelungen zur Festlegung von Flugpreisen. Damit soll ein bisher bestehender Nachteil der europäischen Fluggesellschaften beseitigt werden, denn die US-Luftfahrtunternehmen können durch die in den bilateralen Abkommen zugestandenen 5. Freiheitsrechte den europäischen Markt besser bedienen als die europäischen Fluggesellschaften den amerikanischen, die dort keine Kabotagerechte besitzen.
- Gewährung von Niederlassungsrechten für Fluggesellschaften, die im Besitz von natürlichen oder rechtlichen Personen der Mitgliedsstaaten der TCAA sind oder dort ihre Haupttätigkeit haben. Das bedeutet die Aufhebung der „national ownership-Klauseln". Diese Nationalitätenklauseln begrenzen die Angebotsmärkte (der Luftverkehr über den Nordatlantik wird von sechs US-Luftfahrtunternehmen, aber über 20 EU-Fluggesellschaften abgewickelt), verhindern grenzübergreifende Unternehmenszusammenschlüsse und beschränken den Zugang zu ausländischem Kapital.[275]

---

[271] Vgl. EUROPÄISCHE KOMMISSION: Pressemitteilung IP/06/582, Annex 3; Abkommen noch nicht veröffentlicht.
[272] Vgl. EUROPÄISCHE KOMMISSION: Pressemitteilung IP/06/582, Annex 1.
[273] EUROPÄISCHE KOMMISSSION: Weiterentwicklung der Luftfahrtaußenpolitik, S. 12.
[274] KOM (2003)94; AEA: Towards a Transatlantic Common Aviation Area.
[275] Vgl. VAN FENEMA, P.: National Ownership, S. 8 ff.

- Angleichung der Wettbewerbspolitik bezüglich der Ausnahmen im Kartellrecht, der Definitionen von wettbewerbsrelevanten Tatbeständen wie Marktmacht oder Verdrängungswettbewerb, die Behandlung von Kooperationen sowie der anzuwendenden Sanktionen bei Wettbewerbsverstößen.
- Aufhebung bestehender Restriktionen hinsichtlich des Leasings von nicht im Heimatstaat zugelassenen Flugzeugen (wet lease).[276]

Nach fast zehnjährigen Verhandlungen zeichnet sich ab, dass sich die Liberalisierungsvorstellungen der EU nicht sofort und in einem Gesamtpaket sondern nur schrittweise in einem mehrstufigen Abkommen realisieren lassen. Da beide Seiten an einer Liberalisierung im Sinne einer nun Open Aviation Area genannten Marktöffnung und -harmonisierung interessiert sind, haben die USA Vorschlägen über die Gemeinschaftsbenennungsklausel für EU-Fluggesellschaften und den freien Streckenzugang zugestimmt. Dies würde nicht nur den Wettbewerb erhöhen, sondern auch den strategischen Interessen der großen US-Fluggesellschaften entgegenkommen, die in internationalen Verbindungen bessere Gewinnchancen als in den Inlandsverbindungen sehen, wo sie von den Low Cost-Konkurrenten preislich und streckenmäßig bedrängt werden; sie bauen seit 2005 neue Strecken auf, erhöhen Frequenzen und Flugzeuggröße, sind aber dabei durch bilaterale Kapazitätsvereinbarungen behindert.[277] Einigungen stehen auch in den Bereichen Luftsicherheit und Zusammenarbeit bei der Anwendung des Wettbewerbsrechts in Aussicht. Keine Lösungen zeichnen sich bisher bezüglich der Regelungen der Eigentums- und Kontrollklauseln und des Kabotageverkehrs ab. Während die USA eine Kapitalbeteiligung bis in Höhe von 49,9% anbieten, besteht die EU auf einer völligen Abschaffung. Da die bis Ende 2005 erzielten Ergebnisse der ersten Verhandlungsrunde noch von der US-Regierung und dem EU-Ministerrat bestätigt werden müssen und hier Modifizierungen zu erwarten sind, stehen die endgültigen Vereinbarungen gegenwärtig (Sommer 2006) noch nicht fest.

Weitere Schlüsselpartner für umfassende liberale Luftverkehrsabkommen sind:

- Australien, Neuseeland, Singapur und Chile, die eine ähnliche markt- und konsumentenorientierte Luftverkehrspolitik wie die EU betreiben. „They are key drivers of aviation liberalisation in their respective regions. (...) negotiations with these countries could set benchmarks for air transport agreements worldwide."[278]
- China, das infolge seines starken Wirtschafts- und Luftverkehrswachstums als strategisch wichtiger Zukunftsmarkt angesehen wird. Hier geht es zunächst darum, den regulativen Rahmen zu harmonisieren und bestehende operative Probleme zu beseitigen.

---

[276] Vgl.: RHOADES, D. L.: Evolution of International Aviation, S. 160-168; NICKLAS, M.: Neue Rahmenbedingungen, S. 124-130.
[277] Vgl. SHIFRIN, C.: A Bigger picture, S. 70. So besitzen z. B. in London-Heathrow, dem bedeutendsten europäischen Transatlantikflughafen, durch die dual designation jeweils nur zwei Fluggesellschaften aus GB und USA Verkehrsrechte.
[278] EUROPÄISCHE KOMMISSION: Pressemitteilung IP/06/582, Annex 1.

- Indien, das den Dialog mit der EU aufgenommen und Bereitschaft zur Marktöffnung und zur Zusammenarbeit auch in Fragen der Luftverkehrstechnologie und -infrastruktur gezeigt hat.

Die Verhandlungen mit Kanada, Mexiko und Südkorea befinden sich noch in der Entwicklungsphase.

9.5.8 Anstehende Regelungen

Der regulative Rahmen der Luftverkehrspolitik ist sowohl an geänderte Rahmenbedingungen als auch an brancheninterne Marktentwicklungen anzupassen. Die EU-Kommission hat daher 2003 beschlossen, die seit 1992 getroffenen Regelungen einer grundsätzlichen Revision zu unterziehen: „Nach zehn Jahren ist absehbar, dass einige Bestimmungen des dritten Liberalisierungspakets veraltet sind, andere wiederum wurden schlecht angewendet und müssten präziser gefasst, überarbeitet und gestrichen werden."[279] Da dies ein langwieriger Prozess sein dürfte, sind zwischenzeitlich Änderungen und Ergänzungen insbesondere der den Liberalisierungsprozess flankierenden Regelungen vorzunehmen. Die gegenwärtig anstehenden Entscheidungen beziehen sich auf den Wettbewerb, Verbraucherinteressen, Umwelt, Sicherheit und Abgaben auf Flugtickets.

Wettbewerb:
Modifikation oder Abschaffung des CRS-Verhaltenskodex: Der Markt der CRS hat sich im letzten Jahrzehnt erheblich verändert. Aus ehemals strategischen Marketinginstrumenten einzelner Fluggesellschaften oder Kooperationen sind Standardangebote unabhängiger Leistungsanbieter geworden, für die ein möglichst umfangreiches Angebot und die nichtdiskriminierende Darstellung Wettbewerbsfaktoren darstellen. Da der Besitz eines CRS keine Wettbewerbsvorteile mehr bringt sondern eher eine Portfolioinvestition darstellt, haben viele Fluggesellschaften ihre Anteile veräußert. In den USA verfügt keine der dort beheimateten Airlines mehr über eine Beteiligung an einem CRS, und in Europa haben nur noch AirFrance/KLM, Iberia und Lufthansa Stimmrechte bei Amadeus. Insofern ist die Missbrauchsgefahr, die zur Einführung von Code of Conducts führte, geringer geworden. Zudem haben die schnelle Entwicklung des Direktvertriebs über die Websites der Fluggesellschaften und die Entwicklung konkurrierender Buchungssysteme auf Internetbasis die Marktmacht der CRS erheblich geschwächt. Nachdem dies in den USA bereits 2004 zur Deregulierung des CRS-Marktes durch die Abschaffung des Code of Conducts geführt hat, bestehen auch bei der EU-Kommission Überlegungen bezüglich einer Modifizierung oder Abschaffung dieser Verordnung. Widerspruch dagegen kommt von Konsumentenverbänden, Fluggesellschaften und Agenturen, die befürchten, dass Airline-Eigentümer ihre eigenen Gesellschaften bevorzugen und alte wettbewerbsverzerrende Praktiken wie diskriminierende Auflistung oder verzögerte Darstellung von Preisänderungen

---

[279] EUROPÄISCHE KOMMISSION: Konsultationspapier, S. 2.

der Konkurrenz wieder anwenden könnten. Ein schon öfter angekündigter Vorschlag der Kommission wird für 2007 erwartet.[280]

Bodenabfertigungsrichtlinie: Zur Verstärkung des Wettbewerbs auf Flughäfen soll die Zahl der zugelassenen Bodenabfertiger erhöht werden.[281] Dies trifft auf den Widerstand der Flughafengesellschaften, die keine Notwendigkeit zusätzlicher Konkurrenten sehen, da bereits die bisherige Marktöffnung zu Preisreduzierungen von bis zu 20% geführt habe und mehr Anbieter infolge knapper Vorfeldflächen die Effizienz und Funktionalität verschlechtern würden.[282] Die Fluggesellschaften sind für eine Ausweitung des Geltungsbereiches der Bodenverkehrsrichtlinie auf Flughäfen ab 1 Mio. Passagiere (bisher ab 2 Mio.) und plädieren für mehr Transparenz bei der Festlegung der Entgelte sowie für eigene Mitwirkungsrechte, da sie die Auftraggeber an die Bodenabfertiger sind.[283]

Verbraucherinteressen:
Verordnungsentwurf über die Rechte von Flugreisenden mit eingeschränkter Mobilität.[284] Diese Initiative der Kommission und des Europäischen Parlaments zielt darauf ab, dass Körperbehinderte, Sehbehinderte, Schwerhörige und geistig Behinderte bei Flugreisen unentgeltliche Hilfen erhalten sollen, die den Check-In, die Beförderung vom Abfertigungsschalter zum Flugzeug, das Umsteigen und die Abfertigung aller notwendigen Ausrüstungen umfasst. Diese bisher von den Fluggesellschaften freiwillig übernommenen Aufgaben fallen dann in die Verantwortung der Flughäfen. Die Verordnung gilt für Flughäfen mit mehr als 150.000 Passagieren/Jahr. Dort sind Einrichtung von Ankunfts- und Abfahrtsorten als Anlaufstellen einzurichten, bei denen mobilitätseingeschränkte Passagiere eine Betreuung beantragen können, wenn die Hilfsbedürftigkeit spätestens 48 Stunden vor Abflug dem Luftfahrt- oder Reiseunternehmen gemeldet wird. Die Finanzierung dieser Leistungen erfolgt durch ein Entgelt, das die Fluggesellschaften an die Flughafen-Betreiber entrichten.

Weitere, über den Status der gremieninternen Diskussion noch nicht hinausgekommene Überlegungen betreffen die Bereiche der Veröffentlichung von Leistungsdaten der Fluggesellschaften hinsichtlich der Servicequalität (Quote pünktlicher oder ausgefallener Flüge, verlorenen Gepäcks; Anzahl von Gästebeschwerden)[285] und der Passagierrechte im Falle des Konkurses einer Fluggesellschaft.

Umwelt:
Einführung des Emissionshandels: Ende 2006 soll ein geplanter Richtlinienentwurf für Emissionshandel im Flugverkehr ab der Handelsperiode 2010 vorgelegt werden. Danach sollen alle Passagier- und Frachtflüge, die von einem Flughafen

---

[280] Vgl. MITCHELL, K.: Don't break the code, S. 74.
[281] Vgl. EUROPÄISCHE KOMMISSION: Pressemitteilung IP/06/467.
[282] Vgl. SCHMITZ, P.: Liberalisierung der Vorfeldflächen, S. 276.
[283] Vgl. stellvertretend LH, Politikbrief April 2006, S. 8.
[284] Vorschlag für eine Verordnung des Europäischen Parlaments und des Rats, KOM (2005) 47 endg. vom 16.02.2005. Vom Europäischen Parlament am 15.12.2005 in erster Lesung verabschiedet, Erlassung steht noch aus (Stand: 07/2006).
[285] AEA, Position paper, 2005.

innerhalb der EU starten, in das System einbezogen werden; nicht betroffen sind Flüge aus Drittländern in die EU. Da das geplante Emissionskontingent, das an die Fluggesellschaften verteilt werden soll, geringer ist als sie für den bisherigen Kohlendioxidausstoß benötigen, wird ein Zukauf von Emissionsrechten zu Kostensteigerungen führen. Die Kommission geht davon aus, dass die Auswirkungen auf die Ticketpreise gering (von 0 bis 9 €) sein werden.[286] Da davon auch Nicht-EU-Fluggesellschaften betroffen sein werden, sind schwierige Verhandlungen mit den Drittstaaten, insbesondere mit den USA, zu erwarten, so dass eine Einführung frühestens für die zweite Phase des Handelssystems (2008-2012) zu erwarten ist.[287]

Sicherheit:
JAR-Vorschriften für betriebliche Abläufe sollen in die EU-Rechtsvorschriften aufgenommen werden. Angestrebt werden Maßnahmen zur Ausstellung des Luftverkehrsbetreiberscheins und seiner gegenseitigen Anerkennung in den Mitgliedstaaten, Verfahren für den Betrieb von Flugzeugen sowie Niveau der Ausbildung und Qualifikation von Flug- und Kabinenpersonal. Zusätzlich sollen die Arbeitszeiten des Flugzeugpersonals EU-weit harmonisiert werden.[288]

Überarbeitung der Luftsicherheitsverordnung: Die Kommission hat im September 2005 den Vorschlag einer Überarbeitung der Luftsicherungsverordnung (EG) Nr. 2320/2002 vorgelegt.[289] Bei den rund 40 seit 2004 durchgeführten Inspektionen der Umsetzung der Verordnung in nationale Sicherheitskontrollen ergab sich, dass das Sicherheitsniveau deutlich gestiegen sei, aber Verbesserungen notwendig sind. Um rascher auf Drohungen reagieren zu können, ist die Reaktionsfähigkeit der beteiligten Institutionen zu erhöhen, insbesondere durch eine Vereinfachung der technischen Aspekte. Zudem bedürfen die Vorschriften bzgl. Sicherheit der Fracht und während des Fluges einer Vervollständigung, um gegebenenfalls gemeinsam auf die von Drittländern verlangten Maßnahmen reagieren zu können.

Abgabe auf Flugtickets zur Entwicklungsfinanzierung:
Im Zusammenhang mit den Diskussionen über einen Schuldenerlass für die ärmsten Länder der Welt und die Erhöhung der Entwicklungshilfe haben die Finanzminister der G7-Staaten[290] im Februar 2005 Überlegungen zur Einführung spezieller Steuern zur Finanzierung dieser Vorhaben angestellt. Der Europäische Rat hat im Anschluss daran geprüft, inwieweit eine obligatorische oder fakultative Abga-

---

[286] Die Zertifikate werden an den Börsen gehandelt, da Unternehmen, die weniger als die zugeteilte Emissionsmenge brauchen, diese an Unternehmen, die ihre Emissionsrechte überziehen würden und dafür Strafe zahlen müssten, verkaufen können. Der Preis für eine Tonne Kohlendioxid unterlag im ersten Halbjahr 2006 starken Schwankungen und bewegte sich zwischen € 12 und € 30, die Strafzahlung für eine Tonne Mehremission betrug € 40 (vgl. HECKING, C.: Knappes Gut, S. 22).
[287] Zur ausführlichen Darstellung vgl. CAMES, M., DEUBER, O., RATH, U.: Emissionshandel im Luftverkehr, S. 45-105; JUNKERHEINRICH, M.: „Auflagen, Steuern und Zertifikate", S. 243.
[288] Vgl. EU-Kommission: Sicher fliegen in Europa, S. 9.
[289] Vgl. EU-Kommission, Pressemitteilung IP/05/1178 vom 22.09.2005.
[290] Deutschland, Frankreich, Großbritannien, Italien, Japan, USA, Kanada.

be für Flugpassagiere (€ 10 für Inner-EU-Flüge und € 30 für Flüge in Drittländer) im Rahmen einer EU-weiten Regelung zu realisieren ist. „Ein koordinierter Ansatz der EU würde ein politisches Signal europäischer Solidarität gegenüber den Entwicklungsländern aussenden, die Umsetzung der Maßnahme für Fluggesellschaften und Passagiere vereinfachen und klären sowie die Einhaltung der einschlägigen Bestimmungen des EG-Vertrages gewährleisten."[291]

Der Vorschlag stieß seitens der Fluggesellschaften und ihrer Verbände auf heftige Kritik, da er wegen des damit verbundenen Nachfragerückgangs die wirtschaftliche Situation der Fluggesellschaften zu einem Zeitpunkt erheblich verschlechtere, in dem sie unter dem Anstieg der Treibstoffkosten besonders leiden würden. Eine solche Steuer wäre auch kontrapunktiv, da Luftverkehr und Tourismus für viele Entwicklungsländer eine bedeutende Einnahmequelle darstellen. Zudem würden durch die Erhebungsprozeduren weitere Kosten entstehen und die erhobene Geldsumme bei weiten nicht ausreichen, um die Entwicklungsziele zu finanzieren.

Nachdem sich bisher nur Frankreich und Großbritannien dafür entschieden haben, ist eine EU-weite Einführung einer solchen Abgabe als eher unwahrscheinlich einzustufen.

9.6 Weltluftverkehr: Liberalisierung und Plurilateralismus

Die bisherige Argumentation über eine Veränderung des globalen luftverkehrspolitischen Ordnungsrahmens, die sich um die Alternativen Bilateralismus oder Multilateralismus drehte, erfährt seit einiger Zeit eine Erweiterung um die Option Plurilateralismus. Darunter wird ein System von jeweils regionalen Luftverkehrsabkommen verstanden, in denen mehrere benachbarte Staaten intern gemeinsame Marktderegulierungen einleiten, die Beziehungen zu Drittstaaten aber weiterhin bilateral geregelt bleiben. Diese neue Entwicklung ist vor dem Hintergrund anhaltender nationaler und bilateraler Liberalisierungsbewegungen zu sehen. Die USA als weltweit wichtigste Luftverkehrsnation setzen ihre Politik der Open Skies fort und haben bis 2006 bereits mehr als 50 solcher Luftverkehrsabkommen geschlossen. In Deutschland hat das Bundesministerium für Verkehr, Bau- und Wohnungswesen 2000 verkündet, bei der weltweiten Liberalisierung der Luftverkehrsmärkte „sowohl auf bilateraler als auch auf multilateraler Ebene eine gestaltende Funktion"[292] zu übernehmen.

In einer Reihe von Ländern (Australien, China, Indien, Japan, Neuseeland, Taiwan, Thailand, Südkorea) wird die Politik einer innerstaatlichen Liberalisierung verfolgt, die als eine Vorstufe der internationalen Liberalisierung betrachtet werden kann. Sowohl die bestehenden als auch die infolge reduzierter Markteintrittsbarrieren neu auf den Markt kommenden Fluggesellschaften wollen am Wachstum des interregionalen und interkontinentalen Luftverkehrs teilhaben und drängen darauf, in den bilateralen Verträgen designiert zu werden. Da eine multip-

---

[291] EUROPÄISCHE KOMMISSION: Pressemitteilung IP/05/1082.
[292] BMVBW: Liberalisierung im internationalen Fluglinienverkehr, S. 2.

le Designierung in der Regel aber nur nach dem Gegenseitigkeitsprinzip erfolgt, erhalten auch Fluggesellschaften der Vertragspartner Verkehrsrechte, so dass frühere Duopolstrecken für einen stärkeren Wettbewerb geöffnet werden.

Bei den neu ausgehandelten bilateralen Abkommen ist ein Trend zum Abbau von Wettbewerbsbeschränkungen zu verzeichnen. SCOTT verglich in einer Untersuchung die in den Perioden 1966-1975 (vor der US-Deregulierung) und 1986-1995 neu verhandelten bilateralen Luftverkehrsabkommen und kam zu dem Ergebnis: „Based on available data, it is clear that there is a move towards liberal agreements."[293] Er belegt dies durch folgende Entwicklungen:

- Es fand eine Verschiebung zugunsten multipler Designierung von 43% zu 56% statt; zudem wurden bestehende Abkommen neu interpretiert und mehr Fluggesellschaften zugelassen.
- Die Kapazitätsfestlegungen haben von 62% auf 69% zugenommen, gleichzeitig stieg aber die Zahl der neuen Abkommen ohne Kapazitätskontrollen von 10% auf 16% an.
- Tarifgenehmigungen durch beide Vertragsstaaten waren in den zwischen 1966 und 1975 geschlossenen Abkommen die Regel (99%). In der Dekade 1986-1995 wurden sie nur noch in 42% der Verträge festgeschrieben. Die Mehrzahl der Verträge enthielt „limited disapproval"-Klauseln, nach denen Preiszonen oder die Genehmigung nur durch den Staat, von dem der Verkehr ausgeht (country of origin-rule), vorgesehen sind.
- Die Zahl der jeweils in einem Staat genehmigten Zielflughäfen hat in den neuen Abkommen stark zugenommen. Zwar dominiert mit 60,5% (gegenüber 72,3%) noch immer die single gateway-rule, jedoch ist insbesondere bei den Abkommen, die keine Begrenzung der Zahl der Flughäfen vorsehen, ein Anstieg von 9,8% auf 16,5% festzustellen.

Die ICAO stellt für den Zeitraum 1994-2002 fest: "By December 2004, 100 open skies agreements have been concluded involving approximately 78 countries. These agreements cover an increasing number of developing countries, with two-thirds involving the United States as one of the partners. (...) About 70% of the newly concluded or amended bilateral agreements have contained some form of liberalized agreements."[294]

Aus Sicht der Entwicklungsländer kann die im Abkommen von Chicago geforderte (Art. 4) „fair opportunity to operate international airlines" jedoch nur dann gewährleistet sein, wenn man ihnen im Verkehr mit den Industrieländern „a special and differential treatment" einräumt, so wie sie die WTO im Sachgüterbereich vorsieht.[295] Ihr gesamtwirtschaftlicher Entwicklungsstand und die daraus resultierende geringe, wenngleich wachsende Nachfrage sowie die Größe und Kapitalkraft ihrer nationalen Fluggesellschaften können gegenüber den Luftverkehrsgesellschaften aus den Industrieländern erhebliche Wettbewerbsnachteile darstellen.

---

[293] SCOTT, A.: Freer skies?, S. 96.
[294] Vgl. ICAO Journal, Nr. 6/2005, S. 29.
[295] Vgl. RATTRAY, K.: Air carriers of developing countries, S. 13.

9.6 Weltluftverkehr: Liberalisierung und Plurilateralismus

Dies könnte bei einer weitgehenden Liberalisierung zu einer Dominanz der stärkeren ausländischen Fluggesellschaften und damit zu einer Marginalisierung oder gar Eliminierung der einheimischen Unternehmen führen. Daher schlagen sie vor, Bestandsgarantien etwa durch Kapazitätsaufteilung auf für das kleinere Unternehmens lebenswichtigen Strecken zuzulassen, auf multiple Designation zu verzichten, da dies zu Nachteilen führt, wenn das Entwicklungsland nur eine Fluggesellschaft hat, oder bei Öffnung der „national ownership-Klausel" die ausländische Kapitalbeteiligung mit Auflagen wie etwa Bestandsgarantien für ein adäquates Streckennetz oder die Beschäftigung von Einheimischen zu versehen. Ebenso sollten Subventionen möglich sein, da die Luftfahrt in vielen Entwicklungsländern noch des Status einer „infant industry" habe und staatliche Beihilfen zudem nicht nur finanzielle Investition sondern auch einen Entwicklungsbeitrag darstellen.

Bei den in den letzten Jahren abgeschlossenen bilateralen Abkommen ist die Herausbildung von Liberalisierungszonen zu erkennen, die zunächst nur die Beziehungen zwischen einzelnen Ländern nach dem Prinzip der reziproken Liberalisierung auf bilateraler Ebene im Rahmen des Nachbarschaftsverkehrs betreffen, aber auch dies sind Schritte zum weiteren Abbau von Marktregulierungen. Dem Konzept des Plurilateralismus folgend bestehen weltweit inzwischen 13 interregionale Luftverkehrsabkommen, die den Fluggesellschaften der jeweils beteiligten Staaten nahezu unbeschränkte Verkehrsrechte der fünften, sechsten und siebten Freiheit gewähren:[296]

- Luftverkehrsabkommen im Rahmen des Andenpaktes 1991 zwischen Bolivien, Ecuador, Kolumbien, Peru und Venezuela;
- Common Market for Eastern and Southern Africa (COMESA) beschließt 1993 eine transnationale Zusammenarbeit zwischen 20 Staaten im östlichen und südlichen Afrika;
- Rahmenabkommen der Association of South-East Asian Nations (ASEAN-Staaten) über die Liberalisierung von Dienstleistungen (Framework Agreement on Services), 1995;[297]
- Fortaleza Agreement zwischen sechs südamerikanischen Staaten 1997;
- Banjul Accord zwischen sechs westafrikanischen Staaten 1997;
- Luftverkehrsabkommen der Caribbean Community zwischen 14 Karibikstaaten, seit 1998 in Kraft;
- CLMV Agreement zwischen vier Staaten in Südostasien 1998;
- Die Arab Civil Aviation Commission leitet 1998 leitete eine schrittweise Liberalisierung des Luftverkehrs zwischen 16 Staaten im Mittleren Osten ein;[298]
- CEMAC-Agreement zwischen sechs zentralafrikanischen Staaten 1999;
- Yamoussukro II: Ministerentscheidung 1999 über eine schrittweise Liberalisierung zwischen allen 53 Staaten Afrikas, noch von den Staatspräsidenten zu ratifizieren;[299]

---

[296] Vgl. LYLE, C.: Freedoms's path, S. 77; FINLAY, C.: Plurilateral agreements, S. 211.
[297] Vgl. FORSYTH, P., KING, J., RODOLFO, C.: Open Skies in ASEAN.
[298] Vgl. ENDRES, G.: Shifting sands, S. 24.

- Im Rahmen der Asia Pacific Economic Cooperation (APEC) wurde 2001 ein multilaterales Open Sky-Abkommen zwischen Brunei, Chile, Neuseeland, Peru, Singapur und USA geschlossen;[300]
- Australien und Neuseeland haben 2000 einen gemeinsamen Luftverkehrsmarkt einschließlich des Abbaus der nationalen Eigentümerklausel eingeführt;
- Pacific Islands Air Service Agreement (PIASA) 2003;
- CLMV-Sub-regional Air Transport Cooperation zwischen Kambodscha, Laos, Myanmar und Vietnam 2003;
- Innerhalb der East African Community wurde 2005 zwischen Kenia, Tanzania und Uganda ein Abkommen über die Harmonisierung und Liberalisierung des Luftverkehrs zwischen diesen Staaten geschlossen.

Selbst wenn der Grad der Inkraftsetzung dieser Abkommen höchst unterschiedlich ist und einige eher Absichtserklärungen als Realität sind, so stellen sie doch wichtige Schritte zur Überwindung des bisherigen strikten Bilateralismus dar.

In der EU ist die Luftverkehrspolitik in eine neue Phase eingetreten. Nachdem die Liberalisierung auf regulativer Ebene weitgehend abgeschlossen und der Gemeinsame Markt zur selbstverständlichen Realität des Luftverkehrs geworden ist, liegen die Aufgaben der EU-Gremien einerseits darin, den Aufbau neuer wettbewerbsbeschränkender Strukturen, z. B. durch Allianzen, zu verhindern und andererseits verstärkt eine Liberalisierungspolitik gegenüber Drittländern zu verfolgen. Diese Aktivitäten werden durch das generelle Ziel der Kommission, eine gemeinsame Außenpolitik der EU zu entwickeln, gefördert. Angestrebt wird eine European Common Aviation Area, d. h. die Ausdehnung des Gemeinsamen Marktes auf Nicht-EU-Staaten.

Die Mehrheit der europäischen Fluggesellschaften sieht in einer weiteren Liberalisierung mehr Chancen als Risiken. Sie haben sich durch Privatisierung, Reorganisation, Kostensenkungsprogramme, Kooperationen und Strategische Allianzen an die neue Wettbewerbssituation angepasst. Um die Vorteile der Allianzbündnisse auf verschiedenen Ebenen des kontinentalen und interkontinentalen Verkehrs stärker realisieren zu können, benötigen sie den Abbau von Beschränkungen in Produktion und Vertrieb. Daraus folgt eine Umorientierung im Verhältnis zu den EU-Gremien, das von beiden Seiten weniger als früher als Antagonismus, sondern – trotz zum Teil unterschiedlicher Positionen wie z. B. bei der Slotallokation – zunehmend als Partnerschaft mit ähnlichen Zielen gesehen wird. Dies zeigt sich in der Initiative, einen gemeinsamen Luftverkehrsmarkt über dem Nordatlantik (Open Aviation Area) zu schaffen, die zunächst von der AEA ausging. Wurde die internationale Luftverkehrspolitik bisher vorwiegend vom Aspekt der Personenbeförderung geprägt, so könnte sich ein weiterer Liberalisierungsdruck aus dem Frachtbereich ergeben. Der verkehrspolitisch meist separat behandelte Bereich des Transports in reinen Frachtflugzeugen war schon in der Vergangenheit oft liberaler geregelt und könnte vor dem Hintergrund der zunehmenden

---

[299] Zur Liberalisierung in Afrika vgl. CHINGOSHO, E.: Africa's era of liberalisation; ENDRES, G.: Bilateral barriers.
[300] Vgl. FINDLAY, C.: Plurilateral agreements, S. 215-219.

Bedeutung des Frachttransports im globalen Handel eine Vorreiterrolle übernehmen.[301] Der Druck von der Nachfragerseite ist hier wesentlich höher, da die Interessen der Kunden (multinationale Großunternehmen, internationales Logistik- und Speditionsgewerbe) leichter und koordinierter in eine effektivere Lobbyarbeit umgesetzt werden können als im Personenverkehr (Einzelnachfrager, kaum bedeutsame Verbrauchervertretungen).[302]

Generell scheint sich zumindest in den Verkehrsministerien vieler Länder die Ansicht zu verbreiten, dass der bisherige vom Bilateralismus gekennzeichnete weltweite Ordnungsrahmen zu eng ist, um den zukünftigen Verkehrsbedürfnissen gerecht zu werden. Denn wirtschaftlich werden Luftverkehrsmärkte nicht nach Staatsgrenzen oder zwischenstaatlichen Verträgen definiert, sondern nach Angebots- und Nachfrageströmen. Nach Jung[303] gilt insbesondere für den interkontinentalen und internationalen Luftverkehr, dass die mittlerweile erreichte Integration der Beförderungssysteme Strasse, Bahn und Luft dazu geführt hat, „dass aus Sicht des Kunden regelmäßig mehrere Flughäfen mit nahezu identischem Zeitaufwand erreichbar und damit sowohl am Anfangs- als auch am Endpunkt der Reise gegeneinander austauschbar" sind. Daher umfasst hier der relevante Markt „die jeweils gewünschte Beförderungsleistung zwischen zwei geografischen Regionen innerhalb der Einzugsbereiche austauschbarer Flughäfen."[304] Die Deckungsungleichheit von wirtschaftlich definierten Märkten und staatlich abgegrenzten Verkehrsgebieten mit unterschiedlicher Marktregulierung führt zu ökonomischer Ineffizienz für Anbieter (unzureichende Marktausschöpfung) und Nachfrager (Reisezeiten, Flugpreise) und damit zu suboptimalen Ergebnissen des Luftverkehrssystems, die durch eine Aufhebung der in der bilateralen Struktur begründeten Beschränkungen verbessert werden kann.[305]

Die sich abzeichnenden Ansätze des Plurilateralismus als einer Übergangsstufe vom Bilateralismus zum globalen Multilateralismus könnten zu Liberalisierungsallianzen auf staatlicher Ebene führen. Ähnlich wie im Bereich der kommerziellen Allianzen der Luftverkehrsgesellschaften wäre die Zugehörigkeit zu diesen Liberalisierungsnetzwerken ein entscheidender Standortvorteil nicht nur für die Fluggesellschaften, sondern vor dem Hintergrund der zunehmenden Globalisierung auch für die gesamten Volkswirtschaften dieser Länder. Allerdings darf auch nicht verkannt werden, dass Protektionismus und bilaterale Verträge weiterhin die Luftverkehrspolitik vieler Länder bestimmen.

---

[301] Vgl. CONWAY, P.: Could cargo lead liberalisation, S. 29; SCOTT, E., CRABTREE, T.: Freight freedoms.
[302] In der Volkswirtschaftslehre befasst sich das Spezialgebiet „Neue politische Ökonomie" mit dem Zusammenhang zwischen politischen Entscheidungen und der Tätigkeit von Einflussgruppen. Vgl. BRÖSSE, U.: Industriepolitik; TIROLE, J.: Industrieökonomik.
[303] JUNG, C.: Marktordnung des Luftverkehrs, Teil II, S. 503.
[304] A. a. O.
[305] Siehe dazu schon Mitteilung der Kommission vom 1. Juni 1994, KOM (94)endg., Rn. 46.

10 Ausblick

"Predicting the future and prescribing industry remedies are two favourite pastimes for those who follow air transport. Recent crises make the former next to impossible and the latter absolutely essential. The only certainty is the need for change."[1]

Giovanni Bisignani, IATA Director General and Chief Executive

Wenn Wandel auch im Luftverkehr die einzige Konstante ist, woher wird der Wandel der nächsten Dekade dann kommen? Die Prognosen für die zukünftige **Entwicklung** des Weltluftverkehrs lassen ein weiteres mengenmäßiges Wachstum erwarten. So geht BOEING von einem durchschnittlichen Wachstum des Weltinlandsprodukts (Gross Domestic Product) bis 2025 von 3,1% aus.[2] Dabei wird von BOEING prognostiziert: „The major determinant of air travel growth will continue to be economic growth. Travel growth is also stimulated by lower fares, additional world trade, and service improvements, such as increased frequencies and more direct service."[3] Unter den Annahmen ungestörter politischer und wirtschaftlicher Rahmenbedingungen, einer gleich bleibenden Struktur der Angebots- und Nachfragebeziehungen und der Vermeidung von Engpässen bei Treibstoff und Infrastruktur rechnet die Luftverkehrswirtschaft für unterschiedliche Zeiträume mit jährlichen Steigerungsraten, gemessen in RPK (Revenue Passenger Kilometers = verkaufte Passagierkilometer) zwischen 4,5% (ICAO, 2010), 5,3% (AIRBUS, 2023) und 4,9% (BOEING, 2025) der Verkehrsleistungen im **weltweiten Passagierlinienverkehr**. Der internationale Verkehr wird bis 2010 nach den Berechnungen der ICAO mit 5,5% stärker steigen als der nationale Flugverkehr.

	IATA bis 2009	ICAO bis 2010	AIRBUS bis 2023	BOEING bis 2025
Weltlinienverkehr Passage insgesamt	5,0	4,5	5,3	4,9
Weltlinienverkehr Fracht insgesamt	5,2	6,0	5,9	6,1

Quellen: AIRBUS: Global Market Forecast 2004, S. 4 und S. 60; BASELER, R.: Boeing Market Overview 2006-2025, S. 3, IATA: Passenger and Freight Forecast Publications, S. 5 ff; ICAO: Strong Air Traffic Growth, S. 2.

Abb. 10.1. Prognosen zur Entwicklung des Weltluftverkehrs

Für das darauf folgende Jahrzehnt bis 2020 werden von AIRBUS infolge der Marktreife mit durchschnittlich 4,6% etwas geringere Wachstumsraten, von BOEING dagegen mit 4,7% geringfügig steigende Wachstumsraten erwartet (vgl.

---

[1] BISIGNANI, G.: o. T., S. 70.
[2] BASELER, R.: Boeing Market Overview 2006-2025, S. 3.
[3] BOEING: Current market Outlook 2005, S. 6.

Abb. 10.1). Der **Frachtverkehr** wird, wie schon im letzten Jahrzehnt, mit insgesamt 6,0% und international 6,5% ein höheres Wachstum ausweisen.[4] AIRBUS geht hierfür langfristig bis zum Jahr 2023 von einem Wachstum von 5,9% aus, BOEING von 6,1% bis 2025.[5]

	Anteil an RPKs 2004	2004	2014	2024	durchschnittliches jährliches Wachstum 2005-2024
					RPK in 1.000
Europa	14,1%	523.119	729.993	1.017.708	3,4
Nordamerika	25,0%	925.181	1.273.262	1.856.806	3,5
Japan, Südkorea	2,3%	83.552	155.004	232.803	5,3
Südostasien	1,9%	71.820	133.885	213.785	5,6
Südamerika	1,4%	52.556	128.472	220.882	7,4
Indischer Subkontinent	0,6%	21.254	53.611	99.145	8,0
China	3,0%	110.209	290.939	596.341	8,8
wichtige Streckenmärkte					
Europa-Nordamerika	10,5%	387.913	660.518	960.947	4,6
Europa-Afrika	2,8%	105.179	191.719	278.757	5,0
Europa-China	1,2%	45.184	91.351	148.863	6,1
Nordamerika-Südamerika	1,1%	40.569	98.439	162.511	7,2
Nordamerika-Südostasien	0,9%	32.030	75.315	130.774	7,3
Nordamerika-China	0,9%	33.222	80.015	154.144	8,0
Nordamerika-Afrika	0,1%	3.765	12.093	18.153	8,2
Mittlerer Osten-Indischer Subkontinent	0,1%	2.230	7.724	15.523	10,2
Nordamerika-Indischer Subkontinent	0,04%	1.330	1.855	16.402	13,4
Welt gesamt		3.699.717	6.224.160	9.496.962	7,00

Quelle: BOEING: Current market Outlook 2005, S. 31 f.

Abb. 10.2. Prognose zur Entwicklung wichtiger Inlandsmärkte

Die **Zahl der Flüge** wird infolge der bestehenden und zukünftig verstärkt auftretenden Kapazitätsengpässe in der Infrastruktur weniger stark steigen können als die Zahl der Passagiere. Die Fluggesellschaften werden daher gezwungen sein, verstärkt größere Flugzeuge einzusetzen. Laut AIRBUS wird die durchschnittliche

---

[4] Vgl. ICAO: Growth in Air Traffic, S. 2.
[5] AIRBUS: Global Market Forecast 2004, S. 60; BASELER, R.: Boeing Market Overview 2006-2025, S. 10.

Sitzplatzzahl der Flugzeuge von gegenwärtig 181 auf 215 im Jahre 2023 anwachsen.[6]

Die **regionalen Teilmärkte** weisen laut BOEING erhebliche Wachstumsunterschiede auf (vgl. Abb. 10.2 und 10.3). Während der hoch entwickelte nordamerikanische Binnenverkehr bis 2024 jährlich um durchschnittlich 3,5% zunehmen wird und der Inlandsverkehr in den EU-Mitgliedstaaten um 3,4% steigt, werden die höchsten Wachstumsraten im Inlandsverkehr für China mit 8,8% vorausgesagt.

Im **internationalen Verkehr** werden die höchsten Wachstumsraten für China, Südamerika und den indischen Subkontinent prognostiziert, zum Teil das Doppelte wie für die entwickelten Märkte in Europa und Nordamerika (vgl. Abb. 10.2). Der international größte Teilmarkt über den Nordatlantik (Europa – Nordamerika) wird auf Grund seiner Entwicklungsreife mit 4,6% eher unterdurchschnittlich wachsen; ausgesprochene Wachstumsmärkte sind die Strecken zwischen den Industrieländern und Asien (Nordamerika – China: 8,0%, Europa – China: 6,1%, Nordamerika – Indischer Subkontinent: 13,4%, Nordamerika – Südostasien: 7,3%), Südamerika (Nordamerika – Südamerika: 7,2%) Afrika (Europa – Afrika: 5,0%, Nordamerika – Afrika: 8,2%) sowie die Strecken zwischen dem Mittleren Osten und dem Indischen Subkontinent (13,4%).[7]

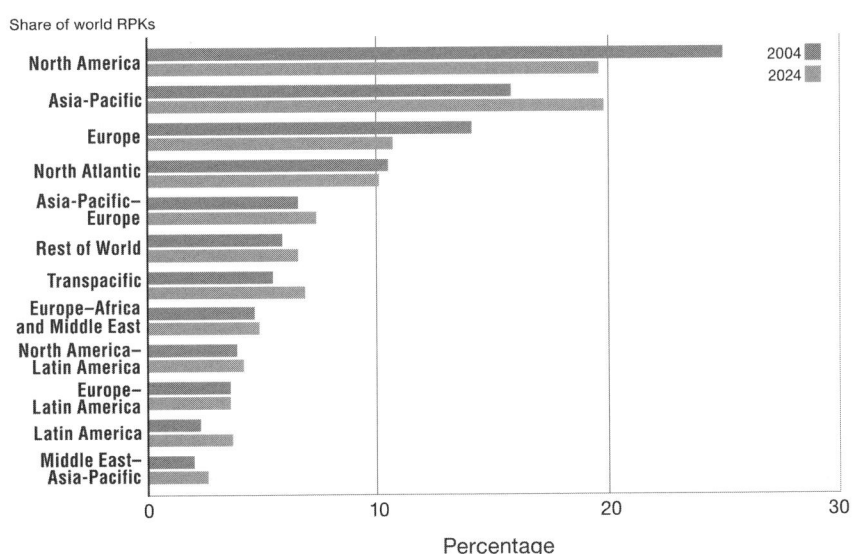

Quelle: BOEING: Current Market Outlook 2005, S. 9.

Abb. 10.3. Prognose zur Entwicklung regionaler Teilmärkte

---

[6] AIRBUS: Global Market Forecast 2004, S. 3.
[7] Vgl. BOEING: Current market Outlook 2005, S. 31 f.

Das zukünftige Wachstum wird nicht linear sondern, bedingt durch die Abhängigkeit der Luftverkehrsnachfrage von der Wirtschaftsentwicklung, in Konjunkturwellen verlaufen. Es kann von kurzfristigen Einbrüchen durch externe Faktoren wie Kriege, politische Krisen, Häufung von Terroranschlägen oder Fluglotsenstreiks gestört werden und setzt die Überwindung möglicher **Engpässe** voraus. Denn einerseits werden der europäische Luftraum und die Flughäfen wichtiger Metropolen schon bald an ihre Kapazitätsgrenzen stoßen, andererseits aber werden Flughafenaus- oder Neubauten in den dicht besiedelten Regionen der Industrieländer aus ökologischen Gründen immer schwieriger und langwieriger. Auf überlasteten Drehkreuzflughäfen stellt die zu geringe Start- und Landebahnkapazität ein drängendes Problem dar, das sich nachteilig auf die Wettbewerbsfähigkeit europäischer Fluglinien auf dem Weltmarkt auswirkt (siehe Abb. 10.4). Eine im Auftrag der EU-Kommission durchgeführte Studie zeigt, dass in Europa „die Flughäfen 2025 ernsthaft überfordert sein werden, wenn die Nachfrage nur wenig langsamer wächst als derzeit. Bis 2025 werden über 60 Flughäfen überlastet sein, und die 20 wichtigsten Flughäfen werden mindestens 8-10 Stunden täglich ihre Sättigungsgrenze erreichen, weil die Nachfrage gegenüber dem Stand von 2003 um den Faktor 2,5 gestiegen sein wird. Und trotz einer Erhöhung der Flughafenkapazität um 60% im Flughafennetz kann nur das Doppelte des Verkehrsaufkommens von 2003 aufgenommen werden, und der Nachfrage entsprechende 3,7 Mio. Flüge jährlich (17%) können nicht durchgeführt werden."[8]

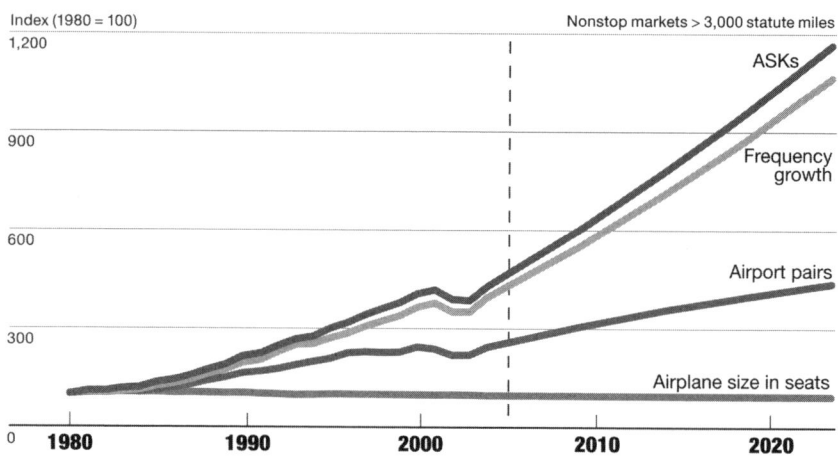

Quelle: BOEING: Current Market Outlook 2005, S. 12.

Abb. 10.4. Entwicklung von Beförderungskapazität, Frequenzen, Strecken und Flugzeuggröße

Da die ordnungspolitische Strategie der Wachstumsbegrenzung durch Verkehrsvermeidung dirigistische Maßnahmen erfordert, die weder in Deutschland noch in einem anderen europäischen Land eine politische Mehrheit finden, muss die Zu-

---

[8] EUROPÄISCHE KOMMISSION: EU IP/05/1147.

nahme der Flugbewegungen und Passagiere vorwiegend durch eine effizientere Nutzung der knappen Ressourcen bewältigt werden. Die wichtigsten Ansatzpunkte dafür sind:

- Die Optimierung des Verkehrsflusses durch ein effizientes Flugverkehrsmanagement, z. B. durch Slotverteilung unter Berücksichtigung der Beförderungskapazität eines Fluges, Verkürzung der Mindestabstände zwischen den Flugzeugen im Luftraum oder Neuaufteilung des militärischen/zivilen Luftraums.
- Die Verkehrsverlagerung durch integrierte Verkehrssysteme, d. h. durch systematische infrastrukturelle Verknüpfung und betriebliche Vernetzung unterschiedlicher Verkehrsträger mit dem Ziel der Nutzung der jeweils systemspezifischen Vorteile. Hier kommt insbesondere der Anbindung der Bahn an die Flughäfen und der Substitution der Kurzstreckenflüge durch Hochgeschwindigkeitszüge eine wichtige Bedeutung zu.
- Die ungleiche Verteilung des Wachstums auf die einzelnen Flughäfen: Ein stärkeres Wachstum des Interregionalverkehrs zwischen Regionalflughäfen an den großen Hubs vorbei ermöglicht, dass deren Kapazitäten zunehmend für interkontinentale Flüge genutzt werden. Internationale Flughäfen mit Kapazitätsreserven werden zu Sekundärhubs für aufkommensstarke interkontinentale Strecken entwickelt.
- Infolge der veränderten geopolitischen Lage können früher militärisch genutzte Flughäfen dem zivilen Luftverkehr, insbesondere dem Ferienflugverkehr, auch zukünftig stärker zur Verfügung gestellt werden.
- Da Flughafenneubauten in Europa nur noch bedingt politisch durchsetzbar sind, wird eine Erweiterung bestehender Flughäfen notwendig.

Die Diskussion um die **Umweltauswirkungen** des Luftverkehrs wird anhalten. Es ist fraglich, ob neue Erkenntnisse über die ökologischen Auswirkungen zu einer Versachlichung der Diskussion beitragen, da sich manifeste wirtschaftliche Interessen – die schon die Erhebung einer Mineralölsteuer auf Kerosin als eine massive Gefährdung des Standortes Deutschland ansehen – und versteinerte ideologische Positionen des Umweltschutzes um jeden Preis gegenüberstehen. Wächst der Luftverkehr wie prognostiziert, dann wird sein Beitrag zur Umweltbelastung ebenfalls steigen, da die absehbaren technologischen und operativen Verbesserungen nicht ausreichen werden, um die ökologischen Folgen des Wachstums zu kompensieren. Einerseits herrscht über die Bewertung dieses Tatbestands weitgehende Einigkeit, stellvertretend eine Stellungnahme der EU-Kommission: „Dies ist eine auf Dauer nicht tragbare Tendenz, die wegen ihrer Folgen für das Klima, die Lebensqualität und die Gesundheit der europäischen Bürger umgekehrt werden muss."[9] Andererseits kommt eine Bewertung der tatsächlich ernsthaft in Angriff genommenen Maßnahmen zu dem Ergebnis, dass es wohl auch in diesem Jahrzehnt nicht zu einer nachhaltigen Trendwende kommen wird. Der Luftverkehr fährt fort, auf Kosten der Umwelt zu wachsen.

---

[9] KOMMISSION DER EUROPÄISCHEN GEMEINSCHAFT: Luftverkehr und Umwelt, S. 2.

Von der technischen Entwicklung her gesehen sind „revolutionäre Fortschritte", wie sie in der Vergangenheit die Einführung der Düsen- und Großraumflugzeuge darstellten, zumindest mittelfristig nicht in Sicht. Mit der Indienststellung neuer umweltfreundlicher und wirtschaftlich betreibbarer Überschallflugzeuge in den nächsten zwei Jahrzehnten ist nicht zu rechnen. Für den Passagierverkehr entwickelt die japanische Luft- und Weltraumbehörde ein Überschallflugzeug, das bis zu 300 Passagiere mit zweifacher Schallgeschwindigkeit befördern kann; die geplante Indienststellung ist frühestens ab 2020 geplant.[10] Die **Flugzeugindustrie** konzentriert sich vorwiegend auf die Weiterentwicklung vorhandener Baumuster zur Vergrößerung der Reichweiten, Erhöhung der Beförderungskapazität und Verbesserung der Wirtschaftlichkeit. Hierbei unterscheiden sich die strategischen Ansätze der Hersteller deutlich. Während AIRBUS die Indienststellung des A 380 mit zunächst 600 Sitzplätzen für Anfang 2007 in Aussicht stellt und damit eine Monopolstellung für Superjumbos auf Flügen zwischen interkontinentalen Hubs anstrebt, setzt BOEING mit der B 787 „Dreamliner" auf Punkt-zu-Punkt Direktverbindungen zwischen aufkommensstarken Metropolen.

Die Verbesserung der **Sicherheit** im Luftverkehr ist nicht nur ein generell anzustrebendes Ziel, sie hat durch die Zunahme der Zahl der Fluggesellschaften insbesondere aus Staaten mit vergleichsweise unterentwickelten Kontrollinstanzen, deren Sicherheitsstandards den internationalen Normen nur bedingt genügen, genauso wie durch die verstärkte Bedrohung durch **Terroranschläge** eine besondere und andauernde Aktualität erhalten. Dies erfordert die Entwicklung neuer Standards, Prüfverfahren und Kontrolleinrichtungen durch die angeflogenen Staaten. Die multilaterale Koordination der neuen Sicherheitsinitiativen wird daher zum wesentlichen Bestandteil der zukünftigen Luftverkehrspolitik. Sie wird in Europa insbesondere von der EU-Kommission durch die Einführung neuer Joint Aviation Requirements und die Errichtung der European Aviation Safety Agency (EASA), an der auch Nicht-EU-Staaten teilnehmen können, forciert.

Die Veränderung des internationalen luftverkehrspolitischen **Ordnungsrahmens** wird weiter fortschreiten. In immer mehr Verkehrsgebieten wird die bisherige strenge Regulierung von wettbewerbsorientierten Liberalisierungsbestrebungen abgelöst, die USA und Europa waren nur die prominentesten Vorreiter. Andere, für den Luftverkehr bedeutende Staaten wie Kanada, Australien, Japan und die osteuropäischen Länder folgen auf diesem Weg. Allerdings scheint selbst in langfristiger Perspektive ein gänzlich liberalisierter Weltluftverkehr nicht wahrscheinlich. Die politische Idee der luftverkehrlichen (Teil-)Autarkie und damit verbun-

---

[10] DEUTSCHE GESELLSCHAFT FÜR LUFT- UND RAUMFAHRT: Newsletter, o. S. Die 1976 in Dienst gestellte Concorde wurde 2003 außer Dienst gestellt. Sie war kein ökonomischer Erfolg: der Treibstoffverbrauch war für einen wirtschaftlichen Betrieb zu hoch, die Wartung und Ersatzteilbeschaffung zu kostspielig und ein effizienter Einsatz im gesamten Streckennetz wegen zu großer Lärmbelastung (kein Überschallflug über Land) nicht möglich. Zudem trugen zahlreiche Verspätungen wegen technischer Unzuverlässigkeit zu einem schlechten Image des Premiumproduktes bei. Schließlich führte der Nachfragerückgang nach dem Absturz in Paris im Jahr 2000 mit 114 Toten sowie die wirtschaftliche Lage bei steigenden Treibstoffkosten zur Stilllegung der Concorde-Flotte bei Air France und British Airways.

den die des Flag-Carriers ist in vielen Staaten noch zu dominant, um dort den Markt und die einheimischen Unternehmen ungeschützt durch protektionistische Regelungen in den internationalen Wettbewerb zu entlassen. Der Entwurf einer multilateralen Liberalisierung des Weltluftverkehrs mit dann supranationalen Wettbewerbsregelungen etwa im Rahmen der WTO wird noch für Jahrzehnte ein anzustrebendes Maximalkonzept bleiben. Bis dahin erscheint der Weg des Plurilateralismus eine wichtige Übergangsphase darzustellen. Die internationalen Fluggesellschaften werden sich also weiterhin gleichzeitig in unterschiedlichen Wettbewerbsordnungen bewegen und hinnehmen müssen, dass sie in Preiskonkurrenz zu subventionierten Flag-Carriern und den US-amerikanischen Megacarriern stehen. Da nicht anzunehmen ist, dass innerhalb Europas eine schnelle Veränderung der Marktstruktur durch Übernahmen und Zusammenschlüsse erfolgen kann, sind für die europäischen Fluggesellschaften Kooperationen der unterschiedlichsten Art weiterhin die bevorzugte Möglichkeit, hinsichtlich Größe und Verkehrsrechten konkurrenzfähige Wettbewerbspositionen aufzubauen.

Die Bedeutung des E-Commerce wird sowohl auf der Beschaffungs- wie auch auf der **Vertriebsseite** weiter zunehmen, zumal hier auch in Zukunft noch weitere Kostenpotentiale zu realisieren sind. Beschaffungskooperationen ermöglichen durch gemeinsame virtuelle Lagerhaltung, Preisvorteile und Prozessrationalisierung neue Wege der Kostenreduzierung. Der Online-Verkauf wird ebenso weiter zunehmen, jedoch wird das Wachstum aufgrund rückläufiger Zahlen bei den neu hinzukommenden Nutzern abflachen, dies obwohl in den letzten Jahren bestehende Hindernisse wie geringe Internet-Nutzung der Bevölkerung (Anfang 2006 nutzten ca. 40 Mio. Menschen in Deutschland das Internet), unsicherer Zahlungsverkehr und die z. T. nutzerunfreundliche Gestaltung der Websites beseitigt wurden. Vor allem für die Netzwerk-Carrier sind auch weiterhin die sich aus dem stärkeren (elektronischen) Direktvertrieb ergebenden Kostenvorteile notwendig, um wettbewerbsbedingte Rückgänge der Durchschnittserträge zu kompensieren. Denn es ist davon auszugehen, dass in fast allen Marktsegmenten die Bedeutung des Preises als Wettbewerbsparameter weiter zunehmen wird. Für die Agenturen und Reisebüros hat diese Entwicklung erhebliche Auswirkungen, ebenso wie die weiter anhaltende Tendenz zur Individual- und zur Internetbuchung. Die Konzentration der traditionellen Fluggesellschaften auf den Online-Vertrieb wird den indirekten stationären Vertrieb massiv beeinflussen und auch zukünftig die Schwierigkeiten der Reisebüros weiter verstärken. Sonderverkaufsaktionen oder Online-Auktionen wie bspw. in den Abendstunden (9.999 Tickets für 19,99 € zwischen 18 und 24 Uhr o. ä.) wirkt sich bei der Bindung des stationären Vertriebs an starre Öffnungszeiten besonders stark aus. Gleiches gilt für die Entwicklung der Provisionen, umso mehr als eine Buchung über leistungsfähige Online-Systeme die Prozesskosten bei den traditionellen Luftverkehrsgesellschaften senkt und so neben den Provisionsersparnissen zu einer weiteren Kostenreduktion führt. Dies wird den Druck auf die bisherigen Vergütungssysteme und damit auf den stationären Vertrieb sowie die Reisemittler weiter erhöhen. Ähnlich geraten die GDS unter Zugzwang, da diese von den Airlines vom Zugang zu den Onlinetarifen des Direktvertriebs ausgeschlossen werden.

Die bestehenden globalen **Strategischen Allianzen** sind in ihrer Zusammensetzung noch wenig gefestigt, so dass in begrenztem Umfang mit Partnertausch insbesondere bei Privatisierung von sich noch in Staatsbesitz befindenden Fluggesellschaften zu rechnen ist. Sie wurden in einer für die meisten Mitgliedsgesellschaften prosperitären Phase der Branchenkonjunktur gegründet und sind bisher Schönwetterallianzen, die sich erst noch bewähren müssen, besonders wenn einzelne Mitglieder das Gefühl haben, weniger Vorteile aus der Allianz als ihre Partner zu haben oder in ernsthafte wirtschaftliche Schwierigkeiten kommen.

Für die erfolgreichen Allianzen scheint eine zunehmende Integration auch eine kapitalmäßige Verflechtung zu fordern. Sollten wichtige Staaten die national ownership rule aufgeben, dann ist damit zu rechnen, dass auch die Bindung der Verkehrsrechte an das nationale Besitztum der Fluggesellschaften fällt – welches Land könnte es sich leisten, einer in den USA registrierten Fluggesellschaft Verkehrsrechte zu verweigern und dadurch die eigenen Verkehrsrechte dorthin zu verlieren? Dies würde den Weg für relevante kapitalseitige Übernahmen und Fusionen öffnen, an deren Ende der Zusammenschluss von Allianzmitgliedern zu transnationalen Airlines steht. Für diese Entwicklung gibt es in Europa durch die Übernahme der Swiss durch die Lufthansa oder der Fusion von Air France und KLM schon erste Anzeichen. Diese Konsolidierungsphase, so DOGANIS, „(...) will see the emergence of six to eight very large transnational airlines, each created through merger or takeover of several different airlines"[11].

Bis dahin werden die Fluggesellschaften unternehmensintern weiterhin auf die strategischen Erfolgsfaktoren Kostenreduzierung, Qualitätsverbesserung, interne und externe Nutzung der Informationstechnologie sowie Produkt- und Netzentwicklung setzen. Die langfristig bedeutsamste Aufgabe des **Managements** aber ist schon jetzt, die rechtzeitige Neupositionierung der Unternehmen im globalen Wettbewerb zu finden und abzusichern. Als Optionen für die neue strategische Ausrichtung stehen zur Verfügung:

- Die Position des Global Players, erzielt durch Strategische Allianzen mit oder ohne Kapitalbeteiligung. Für diese Gruppe von Unternehmen wird sich der Wettbewerb nicht mehr zwischen einzelnen Fluggesellschaften sondern zwischen den Alliamzsystemen abspielen.
- Die Entwicklung zum Spezialisten für bestimmte Regionen, der auf einem Teil seines Heimatkontinents durch ein dichtes Streckennetz und häufige Frequenzen eine sichere Wettbewerbsposition findet.
- Die Spezialisierung auf ein bestimmtes Marktsegment und Streckenmuster, z. B. den Zubringerverkehr aus der Region zu den nationalen Hubs interkontinentaler Fluggesellschaften, der im Auftrag von Pauschalreiseveranstaltern bediente Urlauberverkehr oder die Betätigung als Low Cost-Carrier auf ausgewählten Strecken.

Die finanzielle Aufschwungphase in der zweiten Hälfte der neunziger Jahre hat dem Management die Chance geboten, durch Kostensenkungsprogramme, Ver-

---

[11] DOGANIS, R.: Airline Business, S. 99.

triebsrationalisierung oder Organisationsrestrukturierung ihre Unternehmen zu konsolidieren. Die sich zu Beginn dieses Jahrzehnts ankündigende konjunkturelle Abkühlung sowie eine ungünstige Sicherheitslage verbunden mit erheblichen Kostensteigerungen im Personal- und Treibstoffbereich weisen darauf hin, dass sich bei den erfolgreichen **Fluggesellschaften** die Gewinnmargen der letzten Jahre reduzieren und weniger erfolgreiche Unternehmen mit ernsthaften Überlebensproblemen konfrontiert sein könnten.

Erschwerend kommen die Veränderungen in der Wettbewerbslandschaft hinzu, die in vielen Verkehrsgebieten zu einer Konsolidierung des Angebotsmarktes führen werden. In der gegenwärtigen Entwicklungsphase ist die Evolution der Geschäftsmodelle noch nicht abgeschlossen. Verschiedene Low Cost-Anbieter fangen an sich zu differenzieren und in die Geschäftsfelder von Netzwerkgesellschaften und Ferienfliegern vorzudringen. Charterfluggesellschaften in der bisherigen Form werden zukünftig wiederum in anderen Geschäftsmodellen zu finden sein, welche spezifische Merkmale bspw. von Low Cost-Gesellschaften aufweisen. Dies bedeutet für Full Service Network-Carrier wie für Streckenspezialisten ein Aufweichen von bisher klar getrennt geglaubten Grenzen mit der Einsicht, dass die Geschäftsmodelle langsam beginnen sich zu überschneiden.

Somit werden nur die potentesten früheren Flag Carrier die Option Megacarrier nutzen können und in einem modularen Business Model mehrere Geschäftssysteme unabhängig voneinander betreiben, wobei Allianzen dabei helfen, im Kerngeschäft als Netzwerkcarrier ein ausreichendes Passagieraufkommen zu generieren. Andere Liniengesellschaften hingegen müssen sich redimensionieren, um in Marktnischen eigenständig oder nach einer Übernahme und Verlust der eigenen Marke als modularer Baustein einer Netzwerkairline zu überleben. Die Mehrzahl der boomenden Neugründungen des Low Cost-Sektors wird bei einem weiteren Wachstum der Anbieterzahlen eine eher geringe Überlebenschance haben und das Ausscheiden aus dem Markt als einzige strategische Option begreifen müssen.

Dies zeigt, dass das bei anhaltender Stabilität der wirtschaftlichen und politischen Rahmenbedingungen prognostizierte Wachstum und der langfristige Übergang von der alten Wettbewerbsordnung in immer weniger regulierte Märkte weiterhin nicht nur die Fluggesellschaften, ihre Agenturen und die Verbraucher berühren wird, sondern alle Komponenten des globalen Systems Luftverkehrswirtschaft.

Quellenverzeichnis

ABERLE, G. (1997): Transportwirtschaft, 2. A., München/Wien.

ABERLE, G. (2006): Transportwirtschaft, 4. A., München/Wien.

ABEYRATNE, R. (2005): Competition and Predation, in: FORSYTH, P., GILLEN, D., MAYER, O., NIEMEYER, H. (Ed.): Competition versus Predation in Aviation Markets, Aldershot, S. 57.

ABRAHAM, H. (1996): Das Recht der Luftfahrt, Kommentare und Quellensammlung, Band 1: Internationales Luftrecht, Köln 1960; Band 2: Nationales deutsches Luftrecht, Köln.

ACI (AIRPORTS COUNCIL INTERNATIONAL) (2001): World airports ranking by total passengers 2000, unter: http://www.airports.org/traffic/passengers.html, abgerufen am 24.07.2001.

ACI (AIRPORTS COUNCIL INTERNATIONAL) (2004): The social and economic impact of airports in Europe, Brüssel.

ACI (AIRPORTS COUNCIL INTERNATIONAL) (2005) Passenger Traffic 2005, unter: http://www.airports.org/cda/aci/display/main/aci_content.jsp?zn=aci&cp=1-5-54-55_9_2__, abgerufen am 01.04.2006.

ACI (AIRPORTS COUNCIL INTERNATIONAL) (2006): World airports ranking by total passengers 2005, unter http://www.airports.org/cda/aci/display/main/aci_content .jsp? zn=aci&cp=1-5_9_2__, abgerufen am 10.07.2006.

ADENAUER-FROWEIN, B. (1986): EWG-Vertrag und Luftverkehr: Neueste Rechtsprechung, in: ZLW, S. 193.

ADV (ARBEITSGEMEINSCHAFT DEUTSCHER VERKEHRSFLUGÄFEN) (2003): Aviation and the Environment, 3. A., Berlin.

ADV (ARBEITSGEMEINSCHAFT DEUTSCHER VERKEHRSFLUGHÄFEN) (2005): ADV-Position zum Emissionshandel im Luftverkehr, Pressemitteilung vom 28.04.2005.

ADV (ARBEITSGEMEINSCHAFT DEUTSCHER VERKEHRSFLUGHÄFEN) (2005): Gesamtumsatzerlöse der internationalen Verkehrsflughäfen in Deutschland 2005, Berlin (unveröffentlicht).

ADV (ARBEITSGEMEINSCHAFT DEUTSCHER VERKEHRSFLUGHÄFEN) (2006): Gesellschafter und Beteiligungsverhältnisse – internationale Verkehrsflughäfen in Deutschland (Stand Juni 2006), Berlin.

ADV (ARBEITSGEMEINSCHAFT DEUTSCHER VERKEHRSFLUGHÄFEN) (1995): Pressemitteilung, Stuttgart.

ADV (ARBEITSGEMEINSCHAFT DEUTSCHER VERKEHRSFLUGHÄFEN) (1997): Luftfahrt und Umwelt, Stuttgart.

ADV (ARBEITSGEMEINSCHAFT DEUTSCHER VERKEHRSFLUGHÄFEN) (div. J.): Jahresberichte 1994-2005, Stuttgart/Berlin.

ADV (ARBEITSGEMEINSCHAFT DEUTSCHER VERKEHRSFLUGHÄFEN) (o. J.): Basismaterial Wirtschaft, Stuttgart.

AEA (ASSOCIATION OF EUROPEAN AIRLINES) (1984): EEC Air Transport Policy – AEA Views, Brüssel.

AEA (ASSOCIATION OF EUROPEAN AIRLINES) (1995): European Airports. Getting to the hub of the problem, Brüssel.

AEA (ASSOCIATION OF EUROPEAN AIRLINES) (1999): Towards a Transatlantic Common Aviation Area, Brüssel.

AEA (ASSOCIATION OF EUROPEAN AIRLINES) (2000): AEA Comments on Commission Paper of July 2000 "Proposal to revise the slot regulation", Brüssel.

AEA (ASSOCIATION OF EUROPEAN AIRLINES) (2005): Action Plan 2004-2009, Brüssel.

AEA (ASSOCIATION OF EUROPEAN AIRLINES) (2005): Summary of Traffic and Airline Results, Brüssel.

AEA (ASSOCIATION OF EUROPEAN AIRLINES) (2006): ‚Normal' Traffic Growth in 2005 masks Market Violatily, Pressemitteilung vom 06.02.2006, Brüssel.

AEA (ASSOCIATION OF EUROPEAN AIRLINES) (2006): Consumer Report 2005, Brüssel.

AEA (ASSOCIATION OF EUROPEAN AIRLINES) (2006): S.T.A.R. Report 2005 (vorläufige Zahlen Stand Juli 2006), Brüssel.

AEA (ASSOCIATION OF EUROPEAN AIRLINES) (div. J.): Yearbook 1991, 1996-2006, Brüssel.

AHRNS, H. J., FESER, H. D. (1987): Wirtschaftspolitik, Problemorientierte Einführung, 5. A., München.

AIR BERLIN (2006): Präsentation zum Quartalsbericht Januar-März 2006, unter: http://www.airberlin.com/saveas.php?filepath=_files/de/&file=Air_Berlin_Praesentation_Q1_2006_45.pdf, abgerufen am 09.06.2006.

AIR BERLIN (2006): Full Service, unter: http://www.airberlin.com/, abgerufen am 04.07.2006.

AIR TRANSPORT ACTION GROUP (ATAG) (2005): The economic and social benefits of air transport, Genf.

AIRBUS (1997): Airbus Letter Nr. 6/1997.

AIRBUS (div. J.): Global Market Forecast, Jahrgang 2001, 2005.

ALAMDARI, F. (2000): Have airline alliances achieved their goals, unter: http://www.rmr-aviation2001.com/version2.0.0.2000.10.16/html_papers/login.cfm?paper_id=184, abgerufen am 23.03.2001.

ALAMDARI, F., MASON, K.: The future of airline distribution, in: JOURNAL OF AIR TRANSPORT MANAGEMENT, 12, S. 122-134.

ALBERGOTTI, R. (1992): Understanding Bankruptcy in the US, London.

ALDERIGHI, M., CENTO, A. (2004): European Airlines Conduct after September 11, in: JOURNAL OF AIR TRANSPORT MANAGEMENT, 2, S. 97.

AMADEUS (2006): Network Airlines – The right solution for your Airline, unter: http://www.amadeus.com/airlines/x5821.html, abgerufen am 25.06.2006.

AMADEUS (2006): System One Amadeus announces End to Consolidation, unter: https://www.us.amadeus.com/media/pressrelease.aspx?Adapter=JazzMain&cid=425&sNode=110&Node=110&Exp=Y, abgerufen am 24.06.2006.

AMADEUS GERMANY (2006): Das Unternehmen: Amadeus Germany – führend im Reisevertrieb, unter: http://www.portevo.de/sites/getContent.do? id=77&context =wus.Unternehmen, abgerufen am 24.06.2006.

AMADEUS GERMANY (2006): Die Geschichte von Amadeus Germany, unter: http://www.portevo.de/sites/getContent.do?id=14561&context=wus.UntChronik, abgerufen am 24.06.2006.

AMADEUS GERMANY (2006): Chronik Amadeus Germany, unter: http://www.portevo.de/sites/getContent.do?id=14561&context=wus.UntChronik, abgerufen 25.06.2006.

AMADEUS: Our Customer Solutions, unter: http://www.amadeus.com/amadeus/x5140.html, abgerufen am 25.06.2006.

APEC (ASIAN PACIFIC ECONOMIC COMMUNITY) (2001): Multilateral Agreement on the Liberalization of International Air Transportation, 2001, unter: http://www.maliat.govt.nz/agreement/index.shtml abgerufen am 17.03.2006.

ARBEITSGEMEINSCHAFT BULWIEN UND PARTNER, UNIVERSITÄT FRANKFURT/MAIN; UNIVERSITÄT DARMSTADT (1999): Einkommens- und Beschäftigungseffekte des Flughafens Frankfurt/Main – Status-quo-Analyse und Szenarien, München/Frankfurt am Main/Darmstadt.

ARMBRUSTER, J. (1996): Flugverkehr und Umwelt, Berlin/Heidelberg.

ARNDT, A. (2002): Zur Qualität von Luftverkehrsstatistiken für das innereuropäische Luftverkehrsgebiet, Berichte aus dem Weltwirtschaftlichen Colloquium der Universität Bremen, 77.

ARNDT, A. (2004): Die Liberalisierung des grenzüberschreitenden Luftverkehrs in der EU. Eine quantitative Analyse der Wohlfahrtswirkungen und des Anbieterverhaltens, Frankfurt/Main.

ARNDT, A. (2004): Umweltprobleme und Umweltschutz im Luftverkehr – Ansatzpunkte und Anwendungsprobleme umweltpolitischer Instrumente, in: KNORR, A., SCHAUF, T. (Hrsg.): See- und Luftverkehrsmärkte im Umbruch, Münster, S. 149.

ASHFORD, N., STANTON, H. P. M., MOORE, C. A. (1992): Airport Operations, London.

ATA (AIR TRANSPORT ASSOCIATION) (div. J.): Air Transport 1987, 1990, 1991, 1997 – The Annual Report of the Scheduled Airline Industry, Washington DC.

ATA (AIR TRANSPORT ASSOCIATION) (div. J.): The Air Transport Association Annual Reports 1994 - 2001, unter: http://www.airlines.org/public/industry/display1.asp?id=6, abgerufen am 06.08.2001.

AUSTRIAN AIRLINES (2001): Austrian Airlines News, unter: http://guide.ims.at/aua/detail.ims?id=68802&lang=&country=&k=, abgerufen am 28.07.2001.

BAA (BRITISH AIRPORTS AUTHORITY) (1981): Traffic Forecasts: Methodology, London.

BACHMANN, K. (1978): Der Charterflugverkehr in der BRD, Köln.

BACHMANN, P. (2005): Flugsicherung in Deutschland, Stuttgart.

BAKER, C. (2000): War of independents, in: AIRLINE MANAGEMENT, 10, S. 76.

BAKER, C. (2005): Europe backs emissions trading, in: AIRLINE BUSINESS, 11, S. 19.

BAKER, C. (2005): Europe unveils its ATM masterplan, in: AIRLINE BUSINESS, 7, S. 17.

BAKER, C. (2005): Values look up, in: AIRLINE BUSINESS, 4, S. 52.

BAKER, C. (2006): Full recovery, in: AIRLINE BUSINESS, 4, S. 42.

BAKER, C. (2006): Report highlights security burden, in: AIRLINE BUSINESS, 1, S. 22.

BALDWIN, R. (1985): Deregulating the Airlines, Oxford.

BALFOUR, J. (2004): EC competition law and airline alliances, in: JOURNAL OF AIR TRANSPORT MANAGEMENT, 10, S. 81.

BANFE, C. (1997): Airline Management, Prentice Hall.

BANISTER, D., BUTTON, K. J. (1991): Transport in a Free Market Economy, London.

BARIG (BORD OF AIRLINES REPRESENTATIVES IN GERMANY) (2005): Positionspapier – Erwartungen der Airline-Industrie an die künftige Bundespolitik, Berlin/Frankfurt am Main.

BARRETT, S. (2000): Airport competition in the deregulated European aviation market, in: JOURNAL OF AIR TRANSPORT MANAGEMENT, 6, S. 13.

BARTLING, H. (1983): Wettbewerbliche Ausnahmebereiche – Rechtfertigungen und Identifizierungen, in: FELDSIEPER, M., GROSS, R. (Hrsg.): Wirtschaftspolitik in weltoffener Wirtschaft Berlin, S. 32.

BAUM, H., SCHNEIDER, J. (2004): Regionalwirtschaftliche Auswirkungen des Low cost-Marktes im Raum Köln-Bonn, Studie für Köln Bonn Airport, die IHK Köln und die IHK Bonn/Rhein-Sieg, Köln.

BAUM, H., WEINGARTEN, F. (1992): Kooperation zwischen Schienen- und Luftverkehr in Deutschland, Studie für das deutsche Verkehrsforum, Köln.

BAUMANN, J. (1995): Die Luftverkehrspolitik der Europäischen Union, Berlin.

BAUMANN, R. (1996): Ein Signal für eine neue Luftverkehrspolitik, in: FVW INTERNATIONAL, 13, S. 72.

BAUMOL, W., PANZAR, J., WILLIG, R. (1988): Contestable Markets and the Theory of Industry Structure, San Diego.

BDI (BUNDESVERBAND DER DEUTSCHEN INDUSTRIE) (2004): Positionspapier „Nachhaltige Mobilität für Wachstum und Beschäftigung", Berlin.

BDI (BUNDESVERBAND DER DEUTSCHEN INDUSTRIE) (2005): Wer tut mehr für die Wertschöpfung? Vergleich der Wahlprogramme, unter: http://www.bdi-online.de/Dokumente/Vergleich10_8pdf, abgerufen am 14.09.2005.

BECKER, J. (1992): Marketing-Konzeption, Grundlagen des strategischen Marketing-Managements, 4. A., München.

BECKERS, J. (2003): Die Luftverkehrskonzepte der Bundesregierung, in: KOCH, H.-J. (Hrsg.): Umweltprobleme des Luftverkehrs, Baden-Baden, S. 67.

BECKERS, J. (2003): Zu wenig Schutz für Betroffene schadet dem Luftverkehr, in: ZEITSCHRIFT FÜR LÄRMBEKÄMPFUNG, 5, S. 56.

BEDER, H. (1994): Der Luftfrachtverkehr, in: ISERMANN, H. (Hrsg.): Logistik: Beschaffung, Produktion, Distribution, Landsberg/Lech, S. 105.

BEHRING, A. (2003): Ansprüche an die Effektivität politischer Maßnahmen am Beispiel von Verkehrs- und Umweltpolitik, Hamburg.

BEISEL, R. (2006): Airline Strategies and Choice of Aircraft: Does the recovery or size matter?, Vortrag auf der Hamburg Aviation Conference am 23.02.2006, Hamburg.

BELOBABA, P., WILSON, J. (1997): Impacts of yield management in competitive airline markets; in: AIRLINE BUSINESS, 1, S. 3.

BENDER, W. (1997): Flughafenwettbewerb, in: BLOECH, J., IHDE, G. (Hrsg.): Vahlens Großes Logistiklexikon, München 1997, S. 298.

BENNET, P. (1999): Austrian Spring, in: AIRLINE BUSINESS, 4, S. 34.

BENTZIEN, J. (1998): Die Zuständigkeit der EU für Luftverkehrsabkommen mit Drittstaaten, in: ZLW, 4, S. 439.

BERATERGRUPPE VERKEHR UND UMWELT (1983): Auswirkungen von Flughäfen auf die regionale Entwicklung, Untersuchungsbericht zum Forschungsprojekt des Bundesministers für Verkehr, Freiburg/Breisgau.

BERINGER, H. (2000): Fusionen finden regional statt, in: TOURISTIK REPORT, 20, S. 52.

BERMIG, C. (2005): Competition Policy in European Aviation Markets, in: DELFMANN, W., BAUM, H., AUERBACH, S., ALBERS, S. (Hrsg.): Strategic Management in the Aviation Industry, Aldershot, S. 19.

BERNHARD, H. (o. J.): Schienenanbindung der deutschen Flughäfen, ARBEITSGEMEINSCHAFT DEUTSCHER VERKEHRSFLUGHÄFEN (ADV) (Hrsg.): Stuttgart/Berlin.

BEYEN, R. K., HERBERT, J. (1991): Deregulierung des amerikanischen und EG-europäischen Luftverkehrs, Hamburg.

BEYHOFF, S. (1994): Vielfliegerprogramme und der Wettbewerb im Luftverkehr, DLR-Mitt. 94-02, Köln, in: INTERNATIONALES VERKEHRSWESEN, 6, S. 334.

BEYHOFF, S., EHMER, H., WILKEN, D. (1995): Code-Sharing im internationalen Luftverkehr der Bundesrepublik Deutschland, DLR-Forschungsbericht, Köln.

BFS (BUNDESANSTALT FÜR FLUGSICHERUNG) (o. J.): Luftfahrthandbuch, Loseblatt-Sammlung, Frankfurt/Main.

BIEGER, T., DÖRING, T., LAESSER, C. (2002): Basic Report: Transformation of business models in the airline industry, in: AIEST (Hrsg.): Air Transport and Tourism, St. Gallen.

BIEGER, T., LIEBRICH, A. (2001): Neue Geschäftsmodelle in der Netzökonomie, in: IDT Institut für Öffentliche Dienstleistungen und Tourismus (Hrsg.): IDT-Blickpunkte, 5, St. Gallen.

BIELITZ, J. (2005): Rechtsfragen einer Kerosinbesteuerung, Hamburg.

BIERMANN, T. (1997): Dienstleister müssen besser werden, in: HAVARD BUSINESS MANAGER, 2, S. 85.

BINGGELI, U., POMPEO, L. (2002): Hyped hopes for Europe's low-cost airlines, in: THE MCKINSEY QUARTERLY, 4, o. S.

BIRKELBACH, R. (1993): Qualitätsmanagement in Dienstleistungszentren, Frankfurt/Main.

BIRKELBACH, R., TERHORST, H. (1991): Marketingkonzeption für einen Verkehrsflughafen: Beispiel Münster/Osnabrück, in: WOLF, J., SEITZ, E. (Hrsg.): Tourismus-Management und -Marketing, Landsberg/Lech, S. 633.

BISCHOFF, M. (1995): Chancen und Risiken für die europäische Luft- und Raumfahrtindustrie. Dokumente der Luft- und Raumfahrtindustrie, DAIMLER-BENZ AEROSPACE (Hrsg.): 7.

BISIGNANI, G. (2005): Anniversary, in: AIRLINE BUSINESS, 11, S. 70.

BISKAMP, S. (2001): IT-Dienstleister EDS steigt groß ins Geschäft mit Airlines ein, in: FINANCIAL TIMES DEUTSCHLAND, 16.03.2001, S. 15.

BLECKMANN, A. (1985): Europarecht – Das Recht der Europäischen Wirtschaftsgemeinschaft, Köln.

BLEEKE, J. A. (1991): Strategic Choices for Newly Opened Markets, in: THE MCKINSEY QUARTERLY, 1, S. 75.

BLÜTHMANN, H. (1997): Ein Kommissar greift ein, in: DIE ZEIT, 23, S. 27.

BMF (BUNDESMINISTERIUM DER FINANZEN) (2006): 20. Subventionsbericht der Bundesregierung, Berlin.

BMUNR (BUNDESMINISTERIUM FÜR UMWELT, NATURSCHUTZ UND REAKTORSICHERHEIT) (2001): Fünfter Bericht der Interministeriellen Arbeitsgruppe "CO2-Reduktion", unter: http://www.bmu.de/fset800.htm, abgerufen am 27.06.2001.

BMUNR (BUNDESMINISTERIUM FÜR UMWELT, NATURSCHUTZ UND REAKTORSICHERHEIT) (2006): Pressemitteilung 018/06 vom 01.02.2006.

BMV (BUNDESMINISTER FÜR VERKEHR) (1977): Koordiniertes Investitionsprogramm für die Bundesverkehrswege bis zum Jahre 1985, Bonn.

BMV (BUNDESMINISTER FÜR VERKEHR) (1981): Grundzüge der Luftfahrtpolitik, Bonn.

BMV (BUNDESMINISTER FÜR VERKEHR) (1981): Leitlinien der Luftfahrtpolitik des Bundes, Bonn.

BMV (BUNDESMINISTER FÜR VERKEHR) (1981): Sozial liberale Verkehrspolitik der 80er Jahre, Bonn.

BMV (BUNDESMINISTER FÜR VERKEHR) (1990): Der Luftverkehr und seine Bewältigung in den neunziger Jahren, Bonn.

BMV (BUNDESMINISTER FÜR VERKEHR) (1990): Verkehrspolitik der 90er Jahre, Bonn.

BMV (BUNDESMINISTER FÜR VERKEHR) (1992): Bundesverkehrswegeplan 1992: Beschluss der Bundesregierung vom 15. Juli 1992, Bonn.

BMV (BUNDESMINISTER FÜR VERKEHR) (1994): Luftfahrtkonzept 2000, Bonn.

BMV (BUNDESMINISTER FÜR VERKEHR) (1995): Aufteilung von Verkehrsrechten und Frequenzen auf deutsche Luftfahrtunternehmen, Leitlinien vom 03. Januar 1995 – LR 12/20.50.00.

BMV (BUNDESMINISTER FÜR VERKEHR) (1996): Pressedienst des Bundesministers für Verkehr, 114, 10.05.1996.

BMV (BUNDESMINISTER FÜR VERKEHR) (1996): Pressedienst des Bundesministers für Verkehr, 119, 21.05.1996.

BMV (BUNDESMINISTER FÜR VERKEHR) (1997): Konzept Luftverkehr und Umwelt, Bonn.

BMV (BUNDESMINISTER FÜR VERKEHR): (1986)Verkehrspolitik in der X. Legislaturperiode, Bonn.

BMVBS (BUNDESMINISTERIUM FÜR VERKEHR, BAU UND STADTENTWICKLUNG) (2006): Europäische Verkehrspolitik, unter: http://www.bmvbs.de/Verkehr/-,1424/Europäische-Verkehrspolitik.htm, abgerufen am 23.03.2006.

BMVBS (BUNDESMINISTERIUM FÜR VERKEHR, BAU UND STADTENTWICKLUNG) (2006): Verkehrspolitik, unter: http://www.bmvbs.de/Verkehr-,1405.22720/Verkehrspolitik.htm, abgerufen am 30.06.2006.

BMVBW (BUNDESMINISTERIUM FÜR VERKEHR, BAU- UND WOHNUNGSWESEN) (2002): Integrierte Verkehrspolitik – Herausforderung, Verantwortung und Handlungsfelder. Ergebnisse der Arbeitsgruppe „Integrierte Verkehrspolitik" beim Bundesministerium für Verkehr, Bau- und Wohnungswesen, Berlin.

BMVBW (BUNDESMINISTERIUM FÜR VERKEHR, BAU- UND WOHNUNGSWESEN) (2005): Klimaschutzprogramm 2005: Verkehr und Klimaschutz, Bonn.

BMVBW (BUNDESMINISTERIUM FÜR VERKEHR; BAU- UND WOHNUNGSWESEN) (1999): Bericht der Bund/Länder-Arbeitsgruppe 'Flughafenkapazitäten' an die VMK vom 03. September 1999.

BMVBW (BUNDESMINISTERIUM FÜR VERKEHR; BAU- UND WOHNUNGSWESEN) (1999): Zusammenfassung der Bestimmungen über Einflug und Ausflug von Luftfahrzeugen im Bereich der Bundesrepublik Deutschland, Neubekanntmachung vom 24. August 1999 (NfL I-286/99).

BMVBW (BUNDESMINISTERIUM FÜR VERKEHR; BAU- UND WOHNUNGSWESEN) (2000): Flughafenkonzept der Bundesregierung, Entwurf vom 30. August 2000, BMVBW LS11/20.00.50-03.

BMVBW (BUNDESMINISTERIUM FÜR VERKEHR; BAU- UND WOHNUNGSWESEN) (2000): Luftverkehrspolitische Leitlinien: Code-Sharing deutscher und ausländischer Fluglinienunternehmen; Referat LS12 vom 05. Februar 2000.

BMVBW (BUNDESMINISTERIUM FÜR VERKEHR; BAU- UND WOHNUNGSWESEN) (2000): Luftverkehrspolitische Leitlinien: Liberalisierung im internationalen Fluglinienverkehr Deutschlands; AZ. LS12/20.45.05-02.02 2000.

BMVBW (BUNDESMINISTERIUM FÜR VERKEHR; BAU- UND WOHNUNGSWESEN) (2000): Verkehrsbericht 2000, Berlin.

BMW (BUNDESMINISTERIUM FÜR WIRTSCHAFT) (o. J.): Energie sparen im Büro, Bonn.

BMWT (BUNDESMINISTERIUM FÜR WIRTSCHAFT UND TECHNOLOGIE) (2001): Luftfahrt 2002. Die deutsche Luftfahrtforschung, Partner im globalen Wettbewerb, Berlin.

BMWT (BUNDESMINISTERIUM FÜR WIRTSCHAFT UND TECHNOLOGIE) (2001): Luftfahrt 2020, Dokumentation 494, Berlin.

BÖCKSTIEGEL, K. (1980): CAB versus IATA – Documentation on Air Law Aspects in the Legislative Hearings, Washington, Oct. 1979 on IATA Traffic Conferences, in: ZLW, S. 3.

BOEING (2005): Statistical Summary of Commercial Jet Airplane Accidents – Worldwide Operations 1959-2004, Seattle.

BOEING (div. J.): Current Market Outlook 2000, 2005, 2006, Seattle.

BOJANIC, D. C. (1992): A Look at the Modernized Family Life Cycles and Overseas Travel, in: JOURNAL OF TRAVEL AND TOURISM MARKETING, 1 (1), S. 61-79.

BONDZIO, L. (1996): Modelle für den Zugang von Passagieren zu Flughäfen, Bochum.

BONGARTZ, U. (2000): Der US-Luftverkehrsmarkt, Frankfurt/Main, Berlin.

BONGERS, H. (1967): Deutscher Luftverkehr, Versuch einer Analyse der Lufthansa, Bad Godesberg.

BÖTTGER, W. (1954): Die Kostenrechung und Preisbildung in Verkehrsbetrieben, Düsseldorf.

BOWERSOX, D. J. (1991): Logistische Allianzen machen Furore, in: Harvardmanager, 2, S. 34.

BRATTIG, B. (2004.): Handel mit Treibhausgas-Emissionszertifikaten in der EG, Hamburg.

BRENNER, M., LEET, H., SCHOTT, E. (1985): Airline Deregulation, Westport.

BREYER, S. G., STEIN, M. (1982): Airline Deregulation: The Anatomy of Reform, in: POOLE, R. W. (Hrsg.): Instead of Regulation, Alternatives to Federal Regulatory Agencies, Lexington, Mass., S. 5.

BRIGGS, D. (2004): Tourism Development and Airlines in the New Millenium: An Operations Management Perspective, in: LUMSDON, L., PAGE, S. (Hrsg.): Tourism and Transport: Issues for the New Millenium, Oxford, S. 117.

BRITISH AIRWAYS (2006): Executive Club, unter http://www.brithishairways.com, abgerufen am 24.05.2006.

BRONDER, C., PRITZL, R. (1991): Leitfaden für strategische Allianzen, in: HAVARD BUSINESS MANAGER, 1, S. 4.

BROOKS, M., BUTTON, K. J. (1995): Yield Management: A Phenomenon of the 1980s and 1990s? in: INTERNATIONAL JOURNAL OF TRANSPORT ECONOMICS, Vol. 21/1995, S. 177.

BRÖSSE, U. (1999): Industriepolitik, 2. A., München/Wien.

BRUECKNER, J. (2000): The Benefits of Codesharing and Antitrust Immunity, University of Illinois, Campaign.

BRUECKNER, J., WHALEN, W. (1998): The Price Effects of International Airline Alliances, unveröffentlicht.

BRUNEDER, H. (1982): Flugverkehr, Österreichischer Universitätslehrgang für Fremdenverkehr, Wirtschaftsuniversität Wien (Manuskript), Wien.

BRUSCH, R. (1984): Zur Liberalisierung des interregionalen Linienluftverkehrs in den Staaten der Europäischen Gemeinschaft (EG) unter besonderer Berücksichtigung der Bundesrepublik Deutschland, Diss., Berlin.

BUCHHOLZ, J., CLAUSEN, U., VASTAG, A. (1998): Handbuch der Verkehrslogistik, Berlin.

BUCHWALD, P. (1974): Hauptprobleme des heutigen und künftigen Luftverkehrs, Bad Homburg.

BUND (2000): Stellungnahme des BUND zum "Flughafenkonzept der Bundesregierung", Berlin.

BUND (2005): Für Steuergerechtigkeit über den Wolken, Berlin.

BUNDESAMT FÜR UMWELT, WALD UND LANDWIRTSCHAFT (1993): Umweltabgaben in Europa, Bern.

BUNDESARBEITSGERICHT (2006): Pressemitteilung 23/06, unter: http://juris.bundesgerichtshof.de/cgi-bin/rechtsprechung/document.py?Gericht=bag&Art=pm&Datum=2006&nr=10963 &anz =25&pos=2&Frame=2, abgerufen am 01.07.2006.

BUNDESKARTELLAMT (2002): Beschluss B 9 – 144/01 vom 18. Februar 2002 (Verwaltungsverfahren gegen die Deutsche Lufthansa AG).

BUNDESKARTELLAMT (2005): Tätigkeitsbericht 2003/2004 – Kurzfassung, Bonn.

BUNDESREGIERUNG (1978): Bulletin, 80, 19. 07.1978.

BUNDESVERBAND DER DEUTSCHEN LUFT- UND RAUMFAHRTINDUSTRIE (2004): Statistiken zur Luft- und Raumfahrtindustrie 2003/2004, Berlin.

BUNDESVEREINIGUNG GEGEN FLUGLÄRM E.V. (2001): Merkblatt LT006, Lärmwirkungen und Anhaltswerte, unter: http://www.fluglaerm.de /bvf/mwirk .htm, abgerufen am 27.05.01.

BURGHOUWT, G., WIT, J. de (2005): Temporal configurations of European airline networks, in: JOURNAL OF AIR TRANSPORT MANAGEMENT, 11, S. 185.

BURGNER, N. (1996): Wirtschaftlicher Nonsens, in: FLUG REVUE, Juli 1996, S. 26.

BURHOLT, C. (2005): Die europäische Fusionskontrolle – Eckpfeiler des europäischen Wettbewerbsrechts oder Instrument einer europäischen Industriepolitik, Diss., Universität Bonn.

BUTTON, K. (1991): Airline Deregulation: International Experiences, London.

BUTTON, K. (1996): Liberalising European Aviation: Is There An Empty Core Problem?, in: JOURNAL OF TRANSPORT ECONOMICS AND POLICY, Sept. 1996, S. 275.

BUTTON, K., MAGGI, R. (1995): Videoconferencing and Its Implication for Transport, in: TRANSPORT REVIEWS, 15, S. 57.

BUTTON, K., TAYLOR, S. (2000): International air transportation and economic development, in: JOURNAL OF AIR TRANSPORT MANAGEMENT, 12, S. 209.

CAA (CIVIL AVIATION AUTHORITY) (1983): A Comparison between European and United States' Fares, CAA Paper 83 006, London.

CAA (CIVIL AVIATION AUTHORITY) (1995): Slot Allocation: A Proposal for Europe's Airports, CAA 644, London.

CAB (CIVIL AERONAUTICS BOARD US) (1955): Order E 9305, Washington DC.

CAB (CIVIL AERONAUTICS BOARD US) (1958): Federal Aviation Act (FAA), Section 414, Washington DC.

CAB (CIVIL AERONAUTICS BOARD US) (1975): Regulatory Reforms, Washington DC.

CAMES, M., DEUBER, O., RATH, U. (2004): Emissionshandel im zivilen Luftverkehr, Berlin.

CAPITAL (1986): Geschäftsreisen 1986, Hamburg.

CAVES, R. (1962): Air Transport and its Regulators, Cambridge, Mass.

CDU, CSU, SPD (2005): Gemeinsam für Deutschland – mit Mut und Menschlichkeit; Koalitionsvertrag zwischen CDU, CSU und SPD, Berlin 11.11.2005.

CE (2005): Giving wings to the emission trading, Inclusion of aviation under the European emission trading system. Report for the Eureopean Commission, DG Environment, Delft.

CECCHINI, P. (1990): The European Challenge 1992 – The Benefits of a Single Market (The Cecchini Report), Reprint, Aldershot.

CERWENKA, P. (1983): Telekommunikation und Personenverkehr, in: DVWG (Hrsg.): Kommunikation und Verkehr, Köln, S. 17.

CESARZ, F. (1985): Deutsche Lufthansa: Nationale Rolle und Unabhängigkeit, in: LUFTHANSA (Hrsg.): Jahrbuch, Köln, S. 73.

CHENG, B. (1962): The Law of International Air Transport, London.

CHICHOROWSKI, G., FÜHR, M. (2005): Strukturwandel im Luftverkehr. Ergebnisse aktueller Szenarien und ihre Bedeutung für die Entwicklung des Rhein-Main-Flughafens, Darmstadt.

CHOMSKY, N. (2002): 9-11, New York.

CHRISTIANSEN, A. (2005): Die "Ökonomisierung" der EU-Fusionskontrolle: Mehr Nutzen als Kosten, in: WIRTSCHAFT UND WETTBEWERB, 3, S. 285.

CHUANG, R. Y. (1972): The International Air Transport Association, Leyden.

CLAASEN, W. (1990): Die weltweiten Computer-Vertriebssysteme, in: LUFTHANSA (Hrsg.): Jahrbuch, S. 80.

CLARK, P. (2002): Buying the Big Jets, fleet planning for airlines, Aldershot.

CLARKE, R., TUNNACLIFFE, T. (2005): Switching the channel, in: AIRLINE BUSINESS, 7, S. 53.

CLUOGHERTY, J. (1996): North American airline mergers, in: TRANSPORTATION RESEARCH RECORD, 1517/1996.

CONDOR FLUGDIENST (div. J.): Jahresberichte 1978-1990, Neu Isenburg.

CONRADY, R. (2000): Der Einsatz von Online-Medien im Marketing-Mix von Luftverkehrsgesellschaften, Heilbronn, unveröffentlicht.

CONRADY, R., POMPL, W. (1999): Airline-Management: Low Cost als strategische Option, in: INTERNATIONALES VERKEHRSWESEN, 12, S. 564.

CONRADY, R., SCHUCKERT, M., MÖLLER, C. (2002): Personalisierung von Reiseinformationen und -angeboten im globalen Medium Internet – Ergebnisse eines Forschungsprojektes an der Fachhochschule Heilbronn in: POMPL, W., LIEB, M. G. (Hrsg.): Internationales Tourismus-Management – Herausforderungen, Strategien, Instrumente, München, S. 346-364.

CONRADY, R., ORTH, M. (1999): Der Lufthansa InfoFlyway im Rahmen der Direktvertriebsstrategie der Deutschen Lufthansa AG, in: LINK, J., TIEDKE, D. (Hrsg.): Erfolgreiche Praxisbeispiele im Online Marketing, Berlin/Heidelberg, S. 23.

CONWAY, P. (2000): Could cargo lead liberalisation, in: AIRLINE BUSINESS, 12, S. 29.

CONWAY, P. (2005): An uneasy calm, in: AIRLINE BUSINESS, 3, S. 70.

COSTA, P., HARNED, D., LUNDQUIST, J. (2002): Rethinking the aviation industry, in: THE MCKINSEY QUARTERLY, 2, S. 88-100.

COSTAGUTA, A. (2005): Lies, Damn Lies, and Statistics, in: ICAO JOURNAL, 6, S. 20.

CULMANN, H. (1968): Preisbildung und Wettbewerb im nationalen und grenzüberschreitenden Luftverkehr, in DVWG (Hrsg.): Problemkreis Luftverkehr, Köln, S. 87.

DAMERIS, M., SCHUMANN, U. (2000): Ergebnisse aus 10 Jahren Ozonforschung im DLR, in: DLR Nachrichten, 96, S. 28.

DAUDEL, S., VIALLE, G. (1996): Yield Management, 2. A., Frankfurt/Main.

DÄUMLER, K.-D. (1991): Betriebliche Finanzwirtschaft, 5. A., Herne/Berlin.

DAUTEL, P. (1997): Trucking, in: BLOECH, J., IHDE, G. B. (Hrsg.): Vahlens Großes Logistik Lexikon, München, S. 1111.

DE CONINCK, F. (1992): European Air LAW – New Skies for Europe, Paris.

DE WITT, J. G. (1995): An urge to merge, in: JOURNAL OF AIR TRANSPORT MANAGEMENT, Vol. 2/1995, S. 173.

DEISEROTH, K. (1970): Begriff und Bedeutung von Genehmigungen gemäß § 20-22 LuftVG, Diss., Köln.

DELFMANN, W., BAUM, H., AUERBACH, S., ALBERS, S. (2005): Strategic Management in the Aviation Industry, Aldershot.

DEMPSEY, P. S., GESELL, L. E. (1997): Airline Management: Strategies for the 21st Century, Chandler.

DEMPSEY, P. S., GOETZ, A. R. (1992): Airline Deregulation and Laissez-Faire Mythology, Westport.

DENIS, N. (2005): Industry consolidation and future airline network structures in Europe, in: JOURNAL OF AIR TRANSPORT MANAGEMENT, 11, S. 175.

DEPARTMENT OF TRADE AND INDUSTRY (UK) (1996): Experts consider operational measures as means to reduce emissions and their environmental impact, in: ICAO JOURNAL, March 1996, S. 9.

DEPARTMENT ON TREASURY (US) (o. J.): Air Transportation Safety and Stabilization Act: Public Law 107-42.

DEUTSCHE BANK RESEARCH (2005): Ausbau von Regionalflughäfen, Frankfurt/Main.

DEUTSCHE BUNDESBANK (1992): Internationale Organisationen und Gremien im Bereich von Währung und Wirtschaft, Frankfurt/Main.

DEUTSCHE BUNDESBANK (2006): Monatsbericht März 2006, Frankfurt/Main.

DEUTSCHE GESELLSCHAFT FÜR LUFT- UND RAUMFAHRT (2005): DLRG Newsletter: 32/2005, unter http://www.dglr.de/news/newsletter/display.php?id=7, abgerufen am 30.06.2006.

DEUTSCHER BUNDESTAG (1995): Drucksache 13/518 vom 17.03.1995; Antwort der Bundesregierung auf die Kleine Anfrage der SPD-Fraktion zur Verringerung der Lärmbelästigung durch Privatflugzeuge.

DEUTSCHER BUNDESTAG (1995): Drucksache 13/831 vom 16.03.1995; Entschließungsantrag der Fraktion der SPD bezüglich internationaler Klimaschutz.

DEUTSCHER BUNDESTAG (1997): Drucksache 13/7498 vom 23.04.1997; Antrag der SPD-Fraktion zur Verbesserung des Schutzes vor Fluglärm, Berlin.

DEUTSCHER BUNDESTAG (1997): Drucksache 13/7680 vom 15.05.1997; Antrag der PDS zu Luftverkehr und Umwelt, Berlin.

DEUTSCHER INDUSTRIE- UND HANDELSTAG (DIHT) (1982): Regionalluftverkehr mit mehr Markt; EG-Konzept zum interregionalen Luftverkehr, Bonn.

DFLR (DEUTSCHE FORSCHUNGSANSTALT FÜR LUFT- UND RAUMFAHRT) (1996): Luftverkehr und Umwelt: Luftverkehr und Raumfahrt, Hintergrund-Information 28.1/96.

DFS (DEUTSCHE FLUGSICHERUNG) (2004): Luftverkehr in Deutschland, Mobilitätsbericht 2004, Langen.

DIECKHEUER, G. (1998): Internationale Wirtschaftsbeziehungen, 4. A., München/Wien.

DIEDERICH, H. (1969): Preisforderungen in Form von Tarifen, in: ZEITSCHRIFT FÜR BETRIEBSWIRTSCHAFT, 3, S. 139.

DIEDERICH, H. (1977): Verkehrsbetriebslehre, Wiesbaden.

DIEGRUBER, J. (1991): Erfolgsfaktoren nationaler europäischer Linienluftverkehrsgesellschaften im Markt der 90er Jahre, Konstanz.

DIN (DEUTSCHES INSTITUT FÜR NORMUNG E.V.) (1992): DIN ISO 8402, Qualitätsmanagement und Qualitätssicherung – Begriffe, Berlin/Köln.

DIRLEWANGER, G. (1990): Die Preisdifferenzierung im internationalen Luftverkehr, Frankfurt/Main.

DOGANIS, R. (1991): Flying off Course, 2. A., London.

DOGANIS, R. (1992): The Airport Business, London.

DOGANIS, R. (1995): The Impact of Liberalisation on European Airline Strategies and Operations, in: JOURNAL OF AIR TRANSPORT MANAGEMENT, 1, S. 15.

DOGANIS, R. (2001): The airline business in the 21st century, London.

DOGANIS, R. (2002): Flying off Course, 3. A., London.

DOGANIS, R. (2005): Harsh realities, in: AIRLINE BUSINESS, 11, S. 77.

DOMMEL, L. (2005): Grundkurs Europäische Verkehrspolitik, Norderstedt.

DÖRING, J. (2003): Connecting perspectives: Videokonferenzen. Tagungsbericht, Aachen.

DÖRING, T. (1999): Airline-Netzmanagement aus kybernetischer Perspektive – Ein Gestaltungsmodell, Diss., Bern/Stuttgart.

DORN, D., FISCHBACH, R. (1996): Volkswirtschaftslehre II, 2. A., München/Wien.

DOT (U.S. DEPARTMENT OF TRANSPORTATION) (1990): National Transport Policy Statement, Washington DC.

DOT (U.S. DEPARTMENT OF TRANSPORTATION) (o. J.): Background Materials, zitiert nach WOERZ, C.: Deregulierungsfolgen im Luftverkehr - Handlungsempfehlungen für Marktordnung und Umweltpolitik, Heidelberg.

DOT (U.S. DEPARTMENT OF TRANSPORTATION) (o. J.): Code of Federal Regulations, 14 CFR Part 255, Computer Reservation Systems.

DOUGLAS, G. W., MILLER, J. C. (1974): Economic Regulations of Domestic Air Transport, Washington DC.

DRV (1995): Tourismusmarkt der Zukunft, Frankfurt/Main.

DRV (2004): Passagiere und Reisebüros sollen für verfehlte Lufthansa-Finanzpolitik bluten, Pressemitteilung vom 04. Februar 2004, Berlin.

DRV (2004): Reisebüros sehen Existenz gefährdet, Pressemitteilung vom 16. Januar 2004, Berlin.

DRV (2005): DRV begrüßt gleiche Preise in allen Vertriebskanälen, Pressemitteilung vom 06. April 2005, Berlin.

DRV (2005): DRV schaltet Kartellamt ein, Pressemitteilung vom 05. Januar 2005, Berlin.

DRV (2005): DRV zieht Klage gegen Lufthansa zurück, Pressemitteilung vom 09. März 2005, Berlin.

DRV (div. J.): Geschäftsberichte 1990–1997, Berlin.

DRV (o. J.): Elektronische Informations- und Buchungssysteme, Berlin.

DVWG (DEUTSCHE VERKEHRSWISSENSCHAFTLICHE GESELLSCHAFT) (1997): Wettbewerbspolitik in deregulierten Verkehrsmärkten – Interventionismus oder Laissez Faire?, Bergisch Gladbach.

DVWG (DEUTSCHE VERKEHRSWISSENSCHAFTLICHE GESELLSCHAFT) (1998): 5. Luftverkehrsforum: 10 Jahre Liberalisierung des Luftverkehrs in Europa, Bergisch Gladbach.

ECAC (EUROPEAN CIVIL AVIATION CONFERENCE) (1982): COMPAS-REPORT on Competition in Intra-European Air Services, Paris.

ECAC (EUROPEAN CIVIL AVIATION CONFERENCE) (2001): Member States, unter: http://www.ecac-ceac.org/uk/ecac/ecac-memberstates.htm, abgerufen am 04.08.2001.

ECAC (EUROPEAN CIVIL AVIATION CONFERENCE) (2005): ECAC/JAA Programme for Safety Assessment of Foreign Aircraft, SAFA Report, Brüssel.

ECKEY, H., STOCK, F. (2000): Verkehrsökonomie, Wiesbaden, S. 67-142.

ECONOMIST INTELLIGENCE UNIT (1986): Air Transport in a Competitive European Market, London.

ECONOMIST INTELLIGENCE UNIT (1994): The airtransport industry in crisis, London.

EDWARDS, L. (1969): British Air Transport in the Seventies; Report of the Committee of Inquiring into Civil Air Transport, London.

EFTA (EUROPEAN FREE TRADE ASSOCIATION) (2001): The Efta States, unter: http://secretariat.efta.int/states/, abgerufen am 04.08.2001.

EHMER, H. (1984): Der zivile Luftverkehr der DDR, Forschungsstelle für gesamtdeutsche wirtschaftliche und soziale Fragen (Hrsg.), Berlin.

EHMER, H. (1998): Der Wettbewerb im Linienluftverkehr mit kleinen Verkehrsflugzeugen, Göttingen.

EHMER, H. (2001): Liberalization in German air transport – analysis and competition policy recommendations. Summary of a German study, in: JOURNAL OF AIR TRANSPORT MANAGEMENT, 7, S. 51.

EHMER, H., BERSTER, P. (2002): Globale Allianzen von Fluggesellschaften und ihre Auswirkungen auf die Bundesrepublik Deutschland, Institut für Verkehrsforschung, Deutsches Zentrum für Luft- und Raumfahrt (Hrsg.), Köln.

EISERMANN, K. S. (1995): Die Luftfahrtaußenkompetenz der Gemeinschaft, in: EUROPÄISCHE ZEITSCHRIFT FÜR WIRTSCHAFTSRECHT, 11, S. 331.

EISERMANN, K. S. (1995): Grundlagen des Gemeinsamen Europäischen Luftverkehrsmarktes, Diss., Bonn.

EKERTZ, S. (1997): GNSS - Die Zukunft der Satellitennavigation, in: FLUG REVUE, 10, S. 58.

ELTON, M. (1979): Substitution for Transportation, in: Telecommunications Policy, 3, S. 257.

ENDRES, G. (2006): Bilateral barriers, in: AIRLINE BUSINESS, 2, S. 61.

ENDRES, G. (2006): Shifting sands, in: AIRLINE BUSINESS, 1, S. 24.

ETZEL, M. L. G. (1997): Die Entwicklung der „Hub and Spoke" Systeme im europäischen Luftraum, Heilbronn, unveröffentlicht.

EUROCONTROL (2001): Overview, unter: http://www.eurocontrol.int/dgs/overview/en/index.html, abgerufen am 04.08.2001.

EUROPÄISCHE KOMMISSION (1979): Luftverkehr – ein Vorgehen der Gemeinschaft – Memorandum der Kommission, KOM (79) 311 endg. vom 4.7.1979 (1. Memorandum).

EUROPÄISCHE KOMMISSION (1984): Fortschritte auf dem Weg zu einer gemeinschaftlichen Luftverkehrspolitik – Memorandum Nr. 2 der Kommission, KOM (84) 72 endg. vom 15.3.1984 (2. Memorandum).

EUROPÄISCHE KOMMISSION (1987): Efficiency, Stability and Equity – A Strategy for the Evolution of the Economic System of the European Community, Brüssel.

EUROPÄISCHE KOMMISSION (1988): Verordnung (EWG) Nr. 2671/88 der Kommission vom 26.7.1988 zur Anwendung von Artikel 85 Absatz 3 des Vertrages auf Gruppen von Vereinbarungen zwischen Unternehmen, Beschlüssen von Unternehmensvereinigungen oder aufeinander abgestimmten Verhaltensweisen zur gemeinsamen Planung und Koordinierung der Kapazität, der Aufteilung von Einnahmen, der Tarifkonsultationen im Fluglinienverkehr sowie der Zuweisung von Zeitnischen auf Flughäfen, ABl. EG 1988 L 239/9.

EUROPÄISCHE KOMMISSION (1988): Verordnung (EWG) Nr. 2672/88 der Kommission vom 26.7.1988 zur Anwendung von Artikel 85 Absatz 3 des Vertrages auf Vereinbarungen zwischen den Unternehmen über computergestützte Buchungssysteme für den Luftverkehr, ABl. EG 1988 L 239/13.

EUROPÄISCHE KOMMISSION (1988): Verordnung (EWG) Nr. 2673/88 der Kommission vom 26.7.1988 zur Anwendung von Artikel 85 Absatz 3 des Vertrages auf bestimmte Gruppen von Vereinbarungen zwischen Unternehmen, Beschlüssen von Unternehmensvereinigungen und aufeinander abgestimmten Verhaltensweisen bezüglich Versorgungsleistungen auf Flughäfen, ABl. EG 1988 L 239/17.

EUROPÄISCHE KOMMISSION (1989): Mitteilung zur Allianzvereinbarung SAS/Lufthansa, veröffentlicht in: Wirtschaft und Wettbewerb, Heft 9, 718-721.

EUROPÄISCHE KOMMISSION (1990): Verordnung (EWG) Nr. 82/91 der Kommission vom 5.12.1990 zur Anwendung von Artikel 85 Absatz 3 des Vertrages auf bestimmte Gruppen von Vereinbarungen zwischen Unternehmen, Beschlüssen von Unternehmensvereinigungen und aufeinander abgestimmten Verhaltensweisen bezüglich Versorgungsleistungen auf Flughäfen, ABl. EG 1991 L 10/7.

EUROPÄISCHE KOMMISSION (1990): Verordnung (EWG) Nr. 83/91 der Kommission vom 5.12.1990 zur Anwendung von Artikel 85 Absatz 3 des Vertrages auf Vereinbarungen zwischen den Unternehmen über computergesteuerte Buchungssysteme für den Luftverkehr, ABl. EG 1991 L 10/9.

EUROPÄISCHE KOMMISSION (1990): Verordnung (EWG) Nr. 84/91 der Kommission vom 5.12.1990 zur Anwendung von Artikel 85 Absatz 3 des Vertrages auf Gruppen von Vereinbarungen zwischen Unternehmen, Beschlüssen von Unternehmensvereinigungen oder aufeinander abgestimmten Verhaltensweisen zur gemeinsamen Planung und Koordinierung der Kapazität, der Aufteilung von Einnahmen, der Tarifkonsultationen im Fluglinienverkehr sowie der Zuweisung von Zeitnischen auf Flughäfen, ABl. EG 1990 L 10/4.

EUROPÄISCHE KOMMISSION (1990): Vorschlag für eine Verordnung (EWG) des Rates über Konsultationen zwischen Flughäfen und Flughafenbenutzern sowie über Gebührengrundsätze von Flughäfen, KOM (90) 100 endg. vom 3.4.1990, veröffentlicht im ABl. EG 1990 C 147/6.

EUROPÄISCHE KOMMISSION (1992): Die künftige Entwicklung der gemeinsamen Verkehrspolitik – Globalkonzept einer Gemeinschaftsstrategie für eine auf Dauer tragbare Mobilität, KOM (92) 494 endg. vom 2.12.1992.

EUROPÄISCHE KOMMISSION (1992): Grünbuch zu den Auswirkungen des Verkehrs auf die Umwelt: eine Gemeinschaftsstrategie für eine dauerhafte umweltgerechte Mobilität, KOM (92) 46 endg. vom 20.2.1992.

EUROPÄISCHE KOMMISSION (1992): Konsultationspapier für die Revision der Verordnungen Nr. 2407/92, 2408/92 und 2409/92 vom 23. Juli 1992, unter: http://ec.europa.eu/transport/air/consultation/2003_05_15_en.htm, abgerufen am 01.07.2006.

EUROPÄISCHE KOMMISSION (1993): Verordnung (EWG) Nr. 1618/93 der Kommission vom 25.6.1993 zur Änderung der Verordnung (EWG) Nr. 83/91 zur Anwendung von Artikel 85 Absatz 3 des Vertrages auf Vereinbarungen zwischen den Unternehmen über computergesteuerte Buchungssysteme für den Luftverkehr, ABl. EG 1993 L 155/23.

EUROPÄISCHE KOMMISSION (1993): Verordnung (EWG) Nr. 3618/92 der Kommission vom 15.12.1992 zur Anwendung vom Artikel 85 Absatz 3 EWG-Vertrag auf Gruppen von Vereinbarungen, Beschlüssen und aufeinander abgestimmten Verhaltensweisen betreffend die gemeinsame Planung und Koordinierung von Flugplänen, den gemeinsamen Betrieb von Flugdienst, Tarifkonsultationen im Personen- und Frachtlinienverkehr sowie der Zuweisung von Zeitnischen auf Flughäfen, ABl. EG 1993 L 155/18.

EUROPÄISCHE KOMMISSION (1993): Verordnung (EWG) Nr. 3652/93 der Kommission zur Anwendung von Artikel 85 Absatz 3 des Vertrages auf bestimmte Gruppen von Vereinbarungen zwischen Unternehmen über computergesteuerte Buchungssysteme für den Luftverkehr, ABl. EG 1993 L 333/37.

EUROPÄISCHE KOMMISSION (1993): Verordnung (EWG) Nr. 1617/93 der Kommission vom 25.6.1993 zur Anwendung von Artikel 85 Absatz 3 EWG-Vertrag auf Gruppen von Vereinbarungen, Beschlüssen und aufeinander abgestimmten Verhaltensweisen betreffend die gemeinsame Planung.

EUROPÄISCHE KOMMISSION (1994): Comité des Sages: Expanding Horizons, Civil Aviation in Europe: an Action Programme for the Future, Brüssel.

EUROPÄISCHE KOMMISSION (1994): Die zivile Luftfahrt in Europa auf dem Weg in die Zukunft, KOM (94) 218 endg. vom 1.8.1994.

EUROPÄISCHE KOMMISSION (1994): Mitteilung der Kommission über die Anwendung der Artikel 92 und 93 des EG-Vertrages sowie des Artikels 61 des EWR-Abkommens auf staatliche Beihilfen im Luftverkehr vom 16.11.1994, ABl. EG 1994 C 350/5.

EUROPÄISCHE KOMMISSION (1994): Mitteilung der Kommission: Die Zivilluftfahrt in Europa auf dem Weg in die Zukunft, KOM (94) endg., 1. Juni 1994.

EUROPÄISCHE KOMMISSION (1995): GATS, Allgemeines Übereinkommen über den Dienstleistungsverkehr, Brüssel.

EUROPÄISCHE KOMMISSION (1996): Auswirkungen des dritten Paketes von Maßnahmen zur Liberalisierung des Luftverkehrs, KOM (96) 514 endg. vom 22.10.1996.

EUROPÄISCHE KOMMISSION (1996): Der Binnenmarkt, 2. A., Brüssel.

EUROPÄISCHE KOMMISSION (1996): Die Verkehrspolitik der Europäischen Union, EU-Nachrichten Nr. 8.

EUROPÄISCHE KOMMISSION (1996): Entscheidung der Kommission vom 16. Januar 1996 in einem Verfahren nach Artikel 85 EG-Vertrag und Artikel 53 EWR-Abkommen (IV/35.545 LH/SAS), ABL. L 54 vom 5.3.1996, S. 28.

EUROPÄISCHE KOMMISSION (1996): The European Union and World Trade, Brüssel.

EUROPÄISCHE KOMMISSION (1996): Weißbuch: Flugverkehrsmanagement – Für einen grenzenlosen Himmel über Europa, KOM (96) 57 endg. vom 6.3.1996.

EUROPÄISCHE KOMMISSION (1996): Yield Management in small and medium-sized enterprises in the tourist industry, Brüssel 1996.

EUROPÄISCHE KOMMISSION (1997): Vorschlag für einen europäischen Beitrag zu Satellitennavigationssystemen, KOM (97) 442.

EUROPÄISCHE KOMMISSION (1999): Air Transport and the Environment - Towards meeting the Challenges of Sustainable Development, KOM (1999) 640 vom 30.11.99.

EUROPÄISCHE KOMMISSION (1999): Entscheidung der Kommission vom 20. Juli 1999 in einem Verfahren betreffend die Anwendung der Verordnung (EWG) Nr. 2299/89 des Rates (Elektronisches Ticket), ABl. Nr. L 244 vom 16.09.1999, S. 0056.

EUROPÄISCHE KOMMISSION (1999): Mitteilung der Kommission an den Rat, das europäische Parlament, den Wirtschafts- und Sozialausschuss und den Ausschuss der Regionen: Der Luftverkehr in der Gemeinschaft – Vom Binnenmarkt zur weltweiten Herausforderung, KOM (1999) 182 endg., Brüssel, 20.05.1999.

EUROPÄISCHE KOMMISSION (1999): Mitteilung der Kommission KOM (99/0640) endg. an den Rat, das Europäische Parlament, den Wirtschafts- und Sozialausschuss und den Ausschuss der Regionen – Luftverkehr und Umwelt: Wege zu einer nachhaltigen Entwicklung.

EUROPÄISCHE KOMMISSION (1999): Report „The European Airline Industry: from Single Market to World-wide Challenges", veröffentlicht am 20.5.1999.

EUROPÄISCHE KOMMISSION (1999): Verordnung (EWG) 1083/99 vom 26. Mai 1999 zur Änderung der Verordnung (EWG) Nr. 1617/93 zur Anwendung von Vereinbarungen, Beschlüssen und aufeinander abgestimmten Verhaltensweisen.

EUROPÄISCHE KOMMISSION (2000): Der einheitliche europäische Luftraum – Bericht der hochrangigen Gruppe, Brüssel.

EUROPÄISCHE KOMMISSION (2000): Veröffentlichung nach Artikel 5 der Verordnung (EWG) Nr. 3975/87 des Rates vom 14. Dezember 1987 in der Sache IV/37.730 – Austrian Airlines Oesterreichische Luftverkehrs AG/Deutsche Lufthansa AG, ABl. C 193 vom 11.07.2000, S. 7.

EUROPÄISCHE KOMMISSION (2001): Umwelt 2010: Unsere Zukunft liegt in unserer Hand. Sechstes EU-Umweltaktionsprogramm 2001-2010, Luxemburg.

EUROPÄISCHE KOMMISSION (2001): Weißbuch: Die europäische Verkehrspolitik bis 2010: Weichenstellung für die Zukunft, Brüssel.

EUROPÄISCHE KOMMISSION (2003): Erklärung der Kommission über die Luftverkehrsbeziehungen zwischen der Gemeinschaft, ihren Mitgliedstaaten und Drittstaaten, ABl. C 69/3 vom 22.03.2003, S. 3.

EUROPÄISCHE KOMMISSION (2003): Erklärung der Kommission über die Luftverkehrsbeziehungen zwischen der Gemeinschaft, ihren Mitgliedstaaten und Drittstaaten, ABl. Nr. C 69 vom 22.03.2003, S. 3.

EUROPÄISCHE KOMMISSION (2003): Verordnung (EG) Nr. 1/2003 des Rates vom 16. Dezember 2002 zur Durchführung der in den Artikeln 81 und 82 des Vertrags niedergelegten Wettbewerbsregeln, ABl. L001 vom 04.01.2003, S. 1.

EUROPÄISCHE KOMMISSION (2003): Verordnung (EG) Nr. 1486/2003 der Kommission vom 22. August 2003 zur Festlegung von Verfahren für die Durchführung von Luftsicherheitsinspektionen der Kommission im Bereich der Zivilluftfahrt, ABl. L 213 vom 23.08.2003, S. 3.

EUROPÄISCHE KOMMISSION (2003): Verordnung (EG) Nr. 1702/2003 der Kommission vom 24. September 2003 zur Festlegung der Durchführungsbestimmungen für die Erteilung von Lufttüchtigkeits- und Umweltzeugnissen für Luftfahrzeuge und zugehörige Erzeugnisse, Teile und Ausrüstungen sowie für die Zulassung von Entwicklungs- und Herstellungsbetrieben, ABl. L 243 vom 27.09.2003, S. 6.

EUROPÄISCHE KOMMISSION (2003): Verordnung (EG) Nr. 2042/2003 der Kommission vom 20. November 2003 über die Aufrechterhaltung der Lufttüchtigkeit von Luftfahrzeugen und luftfahrttechnischen Erzeugnissen, Teilen und Ausrüstungen und die Erteilung von Genehmigungen für Organisationen und Personen, die diese Tätigkeiten ausführen, ABl. L 315 vom 28.11.2003, S. 1.

EUROPÄISCHE KOMMISSION (2004): 2004/496/EG: Beschluss des Rates vom 17. Mai 2004 über den Abschluss eines Abkommens zwischen der Europäischen Gemeinschaft und den Vereinigten Staaten von Amerika über die Verarbeitung von Fluggastdatensätzen und deren Übermittlung durch die Fluggesellschaften an das Bureau of Customs and Border Protection des United States Department of Homeland Security, Amtsblatt L 183 vom 20/05/2004, S. 83.

EUROPÄISCHE KOMMISSION (2004): Berichtigung der Verordnung (EG) Nr. 772/2004 der Kommission vom 27. April 2004 über die Anwendung von Artikel 81 Absatz 3 EG-

Vertrag auf Gruppen von Technologietransfer-Vereinbarungen, ABl. L 123 vom 27.04.2004, S. 158.

EUROPÄISCHE KOMMISSION (2004): Communication from the Commission to the European Parliament and Council: Moving to the deployment and operational phases of the European satellite radionavigation programme, COM (2004) 636 final.

EUROPÄISCHE KOMMISSION (2004): Der einheitliche europäische Luftraum, Luxemburg.

EUROPÄISCHE KOMMISSION (2004): Energie und Verkehr: Bilanz 2000-2004, Brüssel.

EUROPÄISCHE KOMMISSION (2004): Entscheidung der Kommission (2004/393/EG) vom 12. Februar 2004 über die Vorteilsgewährung seitens der Region Wallonien und des Flughafenbetreibers Brussels South Charleroi Airport zugunsten des Luftfahrtunternehmens Ryanair bei dessen Niederlassung in Charleroi (Bekannt gegeben unter Aktenzeichen C(2004) 516), ABl. L 137 vom 30.04.2004, S. 1.

EUROPÄISCHE KOMMISSION (2004): Entscheidung der Kommission (2004/535/EG) vom 14. Mai 2004 über die Angemessenheit des Schutzes der personenbezogenen Daten, die in den Passenger Name Records enthalten sind, welche dem United States Bureau of Customer and Border Protection übermittelt werden, ABl. L 235 vom 06.07.2004, S. 11.

EUROPÄISCHE KOMMISSION (2004): Entscheidung der Kommission vom 11/02/2004 zur Vereinbarkeit eines Zusammenschlusses mit dem Gemeinsamen Markt (Fall IV/M.3280 - AIR FRANCE / KLM) gemäß der Verordnung (EWG) Nr. 4064/89 des Rates, Amtsblatt Nr. C 060 vom 09.03.2004, S. 5.

EUROPÄISCHE KOMMISSION (2004): Leitlinien zur Bewertung horizontaler Zusammenschlüsse gemäß der Ratsverordnung über die Kontrolle von Unternehmenszusammenschlüssen, ABl. C 031 vom 05.02.2004, S. 5.

EUROPÄISCHE KOMMISSION (2004): Report: State Aid Scoreboard, COM (2004) 256 final.

EUROPÄISCHE KOMMISSION (2004): Verordnung (EG) Nr. 68/2004 der Kommission vom 15. Januar 2004 zur Änderung der Verordnung (EG) Nr. 622/2003 zur Festlegung von Maßnahmen für die Durchführung der gemeinsamen grundlegenden Normen für Luftsicherheit, ABl. L 10 vom 16.01.2004, S 14.

EUROPÄISCHE KOMMISSION (2004): Verordnung (EG) Nr. 772/2004 der Kommission vom 27. April 2004 über die Anwendung von Artikel 81 Absatz 3 EG-Vertrag auf Gruppen von Technologietransfer-Vereinbarungen, ABl. L 123 vom 27.04.2004, S. 11.

EUROPÄISCHE KOMMISSION (2005): Case No COMP/M.3770-LUFTHANSA/SWISS, EUR-Lex, document Number 32005M3770.

EUROPÄISCHE KOMMISSION (2005): Memo/05/281, European Commission actions in the field of aviation safety, Pressemitteilung vom 17.08.2005.

EUROPÄISCHE KOMMISSION (2005): Mitteilung der Kommission KOM (2005) 79 endgültig vom 11.03.2005, Weiterentwicklung der Luftfahrtaußenpolitik der Gemeinschaft.

EUROPÄISCHE KOMMISSION (2005): Sicher fliegen in Europa, Brüssel.

EUROPÄISCHE KOMMISSION (2005): Strategic Objectives 2005-2009, Brüssel.

EUROPÄISCHE KOMMISSION (2005): Vorschlag für eine Verordnung des Europäischen Parlaments und des Rates über die Rechte von Flugreisenden mit eingeschränkter Mobilität, KOM (2005) 47 endg. vom 16.02.2005.

EUROPÄISCHE KOMMISSION (2006): Air Transport – The single European Sky, unter: http://europa.eu.int/comm/transport/air/single_sky/index_en.htm, abgerufen am 12.06.2006.

EUROPÄISCHE KOMMISSION (2006): Galileo – Ein fester Orientierungspunkt in Zeit und Raum, unter http://europa.eu.int/comm/dgs/energy_transport/galileo /index_de-htm, abgerufen am 12.06.2006.

EUROPÄISCHE KOMMISSION (o. J.): Mitteilung der Kommission: Gemeinschaftliche Leitlinien für die Finanzierung von Flughäfen und die Gewährung staatlicher Aufbauhilfen für Luftfahrtunternehmen auf Regionalflughäfen, noch nicht im ABl. veröffentlicht.

EUROPÄISCHE KOMMISSION (o. J.): Pressemitteilungen IP/05/523, IP/05/1139, IP/05/1178, IP/05/1435, IP/06/467, IP/06/531, IP/06/582.

EUROPÄISCHE KOMMISSION (o. J.): The European Airline Industry: From Single Market to World-wide Challenges, Brüssel.

EUROPÄISCHE KOMMISSION DG ENVIRONMENT (2006): EMAS, unter: http://europa.eu.int/comm/environment/emas/, abgerufen am 15.07.2006.

EUROPÄISCHE UNION (1993): Abkommen über den Europäischen Wirtschaftsraum vom 2. 5. 1992, ABl. EG Nr. L. 1 vom 3. 1. 1994 S. 3 in der Fassung des Anpassungsprotokolls vom 17. 3. 1993.

EUROPÄISCHE UNION (2002): Abkommen zwischen der Europäischen Gemeinschaft und der Schweizerischen Eidgenossenschaft (...) Mitteilung über das Inkrafttreten der sieben Abkommen mit der Schweizerischen Eidgenossenschaft in den Bereichen Freizügigkeit, Luftverkehr, ABl. L 114 vom 30.4.2002, S. 73.

EUROPÄISCHE UNION (2002): Common Manual, ABl. C 313/97 vom 16. Dezember 2002, S. 97 (Schengen).

EUROPÄISCHE UNION (2006): Abkommen über den Europäischen Wirtschaftsraum – Schlussakte – Gemeinsame Erklärungen der Vertragsparteien, ABl. L 001 vom 3.1.1994, S. 3. ABl. L 084 vom 23.03.2006, S. 14, (Gemeinschaftliche Liste).

EUROPÄISCHER GERICHTSHOF (1974): Rs. 167/73, Urteil vom 4.4.1974 (Seeleute-Fall).

EUROPÄISCHER GERICHTSHOF (1976): Rs. 2/74, Urteil vom 8.4.1976 (Fall Royer).

EUROPÄISCHER GERICHTSHOF (1976): Rs. 43/75, Urteil vom 8.4.1976 (Defrenne-Fall).

EUROPÄISCHER GERICHTSHOF (1985): Rs. 13/83, Urteil vom 22.5.1985 (Untätigkeits-Urteil).

EUROPÄISCHER GERICHTSHOF (1986): Rs. 209-213/84, Urteil vom 30.4.1986 (Fall Nouvelles Frontières).

EUROPÄISCHER GERICHTSHOF (1989): Rs. 66/86, Urteil vom 11.4.1989 (Silver Line-Urteil).

EUROPÄISCHER GERICHTSHOF (2002): Deutsche Bahn v Commisssion, Rechtssache T-351/02 – Bahn – unter: http://europa.eu.int/cj/en/content/juris/t2.htm bzw. detailliert unter http://curia.europa.eu/jurisp/cgi-bin/form.pl?lang=en&Submit=Rechercher&alldoc

s=alldocs&docj=docj&docop=docop&docor=docor&docjo=docjo&numaff=T-351/02&
datefs=&datefe=&nomusuel=&domaine=&mots=&resmax=100, abgerufen am 15.06.
2006.

EUROPÄISCHER GERICHTSHOF (div. J.): Gutachten des EuGH Nr. 2/92 und 1/94.

EUROPÄISCHER RAT (1980): Richtlinie (EWG) 80/1266 des Rates vom 16.12.1980 über die künftige Zusammenarbeit und gegenseitige Unterstützung der Mitgliedstaaten auf dem Gebiet der Flugunfalluntersuchung, ABl. EG 1980 L 375/32.

EUROPÄISCHER RAT (1980): Richtlinie (EWG) 80/51 des Rates vom 20.12.1979 zur Verringerung der Schallemissionen von Unterschallluftfahrzeugen, ABl. EG 1980 L 18/26.

EUROPÄISCHER RAT (1983): Richtlinie (EWG) 83/206 des Rates vom 21.4.1983 zur Änderung der Richtlinie (EWG) 80/51 zur Verringerung der Schallemissionen von Unterschallluftfahrzeugen, ABl. EG 1983 L 117/15.

EUROPÄISCHER RAT (1983): Richtlinie (EWG) 83/416 des Rates vom 25.7.1983 über die Zulassung des interregionalen Linienflugverkehrs zur Beförderung von Personen, Post und Fracht zwischen den Mitgliedstaaten (Regionalflugrichtlinie), ABl. EG 1983 L 237/19.

EUROPÄISCHER RAT (1986): Richtlinie Nr. 86/653/EWG vom 18.12.1986 zur Koordinierung der Rechtsvorschriften der Mitgliedsstaaten betreffend die selbständigen Handelsvertreter, in: ABl. Nr. L 382/17 vom 31.12.1986.

EUROPÄISCHER RAT (1987): Entscheidung des Rates Nr. 87/602/EWG vom 14.12.1987 über die Aufteilung der Kapazitäten für die Personenbeförderung zwischen Luftfahrtunternehmen im Fluglinienverkehr zwischen Mitgliedstaaten und über den Zugang von Luftfahrtunternehmen zu Strecken des Fluglinienverkehrs zwischen Mitgliedstaaten, in: ABl. Nr. L 374/19 vom 14.12.1987.

EUROPÄISCHER RAT (1987): Richtlinie (EWG) 87/601 des Rates vom 14. Dezember 1987 über Tarife im Fluglinienverkehr zwischen Mitgliedstaaten, ABl. EG Nr. L 374 vom 31.12.1987.

EUROPÄISCHER RAT (1987): Verordnung (EWG) Nr. 3975/87 des Rates vom 14.12.1987 über die Einzelheiten der Anwendung der Wettbewerbsregeln auf Luftfahrtunternehmen, ABl. EG 1987 L 374/1.

EUROPÄISCHER RAT (1987): Verordnung (EWG) Nr. 3976/87 des Rates vom 14.12.1987 zur Anwendung von Artikel 85 Absatz 3 des Vertrages auf bestimmte Gruppen von Vereinbarungen und aufeinander abgestimmten Verhaltensweisen im Luftverkehr, ABl. EG 1987 L 374/9.

EUROPÄISCHER RAT (1988): Richtlinie (EWG) 87/601 des Rates vom 16.5.1988 über den Wettbewerb auf dem Markt für Telekommunikations-Endgeräte, ABl. EG 1988 L 131/73.

EUROPÄISCHER RAT (1989): Richtlinie (EWG) 89/463 des Rates vom 18.7.1989 zur Änderung der Richtlinie (EWG) 83/416 über die Zulassung des interregionalen Linienflugverkehrs zur Beförderung von Personen, Post und Fracht zwischen den Mitgliedstaaten, ABl. EG 1989 L 226/14.

EUROPÄISCHER RAT (1989): Richtlinie (EWG) 89/629 des Rates vom 4.12.1989 zur Begrenzung der Schallemissionen von zivilen Unterschallstrahlflugzeugen, ABl. EG 1989 L 363/27.

EUROPÄISCHER RAT (1989): Verordnung (EWG) Nr. 2299/89 des Rates vom 29.7.1989 über einen Verhaltenscodex im Zusammenhang mit computergesteuerten Buchungssystemen, ABl. EG 1989 L 220/1.

EUROPÄISCHER RAT (1989): Verordnung (EWG) Nr. 4064/89 des Rates vom 21.12.1989 über die Kontrolle von Unternehmenszusammenschlüssen, ABl. EG 1989 L 257/17.

EUROPÄISCHER RAT (1990): Verordnung (EWG) Nr. 2342/90 des Rates vom 24.7.1990 über die Tarife im Linienflugverkehr, ABl. EG 1990 L 217/1.

EUROPÄISCHER RAT (1990): Verordnung (EWG) Nr. 2343/90 des Rates vom 24.7.1990 über den Zugang von Luftverkehrsunternehmen zu Strecken des innergemeinschaftlichen Linienflugverkehrs und über die Aufteilung der Kapazitäten für die Personenbeförderung im Linienflugverkehr zwischen Mitgliedstaaten, ABl. EG 1990 L 217/18.

EUROPÄISCHER RAT (1990): Verordnung (EWG) Nr. 2344/90 des Rates vom 24.7.1990 zur Änderung der Verordnung (EWG) Nr. 3976/87 des Rates zur Anwendung von Artikel 85 Absatz 3 des Vertrages auf bestimmte Gruppen von Vereinbarungen und aufeinander abgestimmten Verhaltensweisen im Luftverkehr, ABl. EG 1990 L 217/15.

EUROPÄISCHER RAT (1991): Pressemitteilungen des Rates der Europäischen Gemeinschaften Nr. 7086/89 vom 5.6.1989, Nr. 7170/90 vom 18./19.6.1990, Nr. 10872/90 vom 17./18.12.1990, Nr. 5395/91 vom 27.3.1991.

EUROPÄISCHER RAT (1991): Richtlinie (EWG) 91/670 des Rates vom 16.12.1991 zur gegenseitigen Anerkennung von Erlaubnissen für Luftfahrtpersonal zur Ausübung von Tätigkeiten in der Zivilluftfahrt, ABl. EG 1991 L 373/21.

EUROPÄISCHER RAT (1991): Verordnung (EWG) Nr. 295/91 des Rates vom 16.12.1991 zur Harmonisierung der technischen Vorschriften und Verwaltungsverfahren in der Zivilluftfahrt, ABl. EG 1991 L 373/4.

EUROPÄISCHER RAT (1991): Verordnung (EWG) Nr. 3925 des Rates vom 19.12.1991 über die Abschaffung von Kontrollen und Förmlichkeiten für Handgepäck oder aufgegebenes Gepäck auf einem innergemeinschaftlichen Flug sowie auf einer innergemeinschaftlichen Seereise mitgeführtes Gepäck.

EUROPÄISCHER RAT (1992): Richtlinie (EWG) 92/14 des Rates vom 2.3.1992 zur Verringerung der Schallemissionen von Unterschallflugzeugen, ABl. EG 1992 L 76/21.

EUROPÄISCHER RAT (1992): Richtlinie (EWG) 92/81 des Rates vom 19.10.1992 zur Harmonisierung der Struktur der Verbrauchssteuern auf Mineralöle, ABl. EG 1992 L 316.

EUROPÄISCHER RAT (1992): Verordnung (EWG) Nr. 2409/92 des Rates vom 23.7.1992 über Flugpreise und Luftfrachtraten, ABl. EG 1992 L 240/15.

EUROPÄISCHER RAT (1992): Verordnung (EWG) Nr. 2410/92 des Rates vom 23.7.1992 zur Änderung der Verordnung (EWG) Nr. 3575/87 über die Einzelheiten der Anwendung der Wettbewerbsregeln auf Luftfahrtunternehmen, ABl. EG 1992 L 240/18.

EUROPÄISCHER RAT (1992): Verordnung (EWG) Nr. 2411/92 des Rates vom 23.7.1992 zur Änderung der Verordnung (EWG) Nr. 3976/87 zur Anwendung von Artikel 85 Absatz 3 des Vertrages auf bestimmte Gruppen von Vereinbarungen und aufeinander abgestimmten Verhaltensweisen im Luftverkehr, ABl. EG 1992 L 240/9.

EUROPÄISCHER RAT (1993): Richtlinie (EWG) 93/65 des Rates vom 19.7.1993 über die Aufstellung und Anwendung kompatibler technischer Spezifikationen für die Beschaffung von Ausrüstungen und Systemen für das Flugverkehrsmanagement, ABl. EG 1993 L 187/52.

EUROPÄISCHER RAT (1993): Verordnung (EWG) Nr. 1836/93 des Rates vom 29. Juni 1993 über die freiwillige Beteiligung gewerblicher Unternehmen an einem Gemeinschaftssystem für das Umweltmanagement und die Umweltbetriebsprüfung.

EUROPÄISCHER RAT (1993): Verordnung (EWG) Nr. 2407/92 des Rates vom 23.7.1992 über die Erteilung von Betriebsgenehmigungen an Luftfahrtunternehmen, ABl. EG 1992 L 240/1, berichtigt ABl. EG 1993 L 45/30.

EUROPÄISCHER RAT (1993): Verordnung (EWG) Nr. 2408/92 des Rates vom 23.7.1992 über den Zugang von Luftfahrtunternehmen der Gemeinschaft zu Strecken des innergemeinschaftlichen Flugverkehrs, ABl. EG 1992 L 240/8, berichtigt ABl. EG 1993 L 45/30.

EUROPÄISCHER RAT (1993): Verordnung (EWG) Nr. 3089/93 des Rates vom 29.10.1993 zur Änderung der Verordnung (EWG) Nr. 2299/89 über einen Verhaltenscodex im Zusammenhang mit computergesteuerten Buchungssystemen, ABl. EG 1993 L 278/9.

EUROPÄISCHER RAT (1993): Verordnung (EWG) Nr. 95/93 des Rates vom 18.1.1993 über gemeinsame Regeln für die Zuweisung von Zeitnischen auf Flughäfen in der Gemeinschaft, ABl. EG 1993 L 14/1.

EUROPÄISCHER RAT (1994): Entschließung des Rates vom 24.10.1994 über die Lage der europäischen Zivilluftfahrt, ABl. EG 1994 C 309/2.

EUROPÄISCHER RAT (1996): Entscheidung des Rates Nr. 1692/96/EG über gemeinschaftliche Leitlinien für den Aufbau eines transeuropäischen Verkehrsnetzes am 23. Juli 1996.

EUROPÄISCHER RAT (1996): Mitteilungen an die Presse 12593/96 (Presse 371-G), S. 13.

EUROPÄISCHER RAT (1996): Mitteilungen an die Presse 5515/96 (Presse 55).

EUROPÄISCHER RAT (1996): Rat der EU, Bull. 6/1996, S. 106.

EUROPÄISCHER RAT (1996): Richtlinie (EWG) 96/97 des Rates vom 15.10.1996 über den Zugang zum Markt der Bodenabfertigungsdienste auf den Flughäfen der Gemeinschaft, ABl. EG L 272/36.

EUROPÄISCHER RAT (1997): Verordnung (EG) Nr. 1310/97 des Rates vom 30. Juni 1997 zur Änderung der Verordnung (EWG) Nr. 4064/89 des Rates über die Kontrolle von Unternehmenszusammenschlüssen, ABl. EG Nr. L 180 vom 9.7.1997, S.1.

EUROPÄISCHER RAT (1997): Verordnung (EG) Nr. 2027/97 des Rates über die Haftung von Luftfahrtunternehmen bei Unfällen vom 9. Oktober 1997, ABl. EG Nr. L 285 vom 17.10.1997, S. 1.

EUROPÄISCHER RAT (1999): Verordnung (EG) Nr. 323/1999 des Rates vom 8. Februar 1999 zur Änderung der Verordnung Nr. 2299/89 über einen Verhaltenskodex im Zusammenhang mit computergesteuerten Buchungssystemen (CRS), ABl. EG L 40/1.

EUROPÄISCHES PARLAMENT UND RAT (2000): (73.) Rat in Lissabon, Erklärung des Rates und der Kommission – Außerordentlicher Rat in Lissabon, am 23./24. März 2000, unter: http://www.europa-web.de/europa/03euinf/10counc/ratlisboa.htm, abgerufen am 31.01.2006.

EUROPÄISCHES PARLAMENT UND RAT (2002): Richtlinie 2002/30/EG des Europäischen Parlaments und des Rates vom 26. März 2002 über Regeln und Verfahren für lärmbedingte Betriebsbeschränkungen auf Flughäfen der Gemeinschaft, ABl. L 085 vom 28.03.2002, S. 40.

EUROPÄISCHES PARLAMENT UND RAT (2002): Richtlinie 2002/49/EG des Europäischen Parlaments und des Rates vom 25. Juni 2002 über die Bewertung und Bekämpfung von Umgebungslärm – Erklärung der Kommission im Vermittlungsausschuss zur Richtlinie über die Bewertung und Bekämpfung von Umgebungslärm, ABl. L 189 vom 18.07.2002, S. 12.

EUROPÄISCHES PARLAMENT UND RAT (2002): Verordnung (EG) Nr. 2320/2002 des Europäischen Parlaments und des Rates vom 16. Dezember 2002 zur Festlegung gemeinsamer Vorschriften für die Sicherheit in der Zivilluftfahrt, ABl. L 355 vom 30.12.2002, S. 1.

EUROPÄISCHES PARLAMENT UND RAT (2003): Richtlinie 2003/42/EG des Europäischen Parlaments und des Rates vom 13. Juni 2003 über die Meldung von Ereignissen in der Zivilluftfahrt, Amtsblatt L 167 vom 04.07.2003, S. 23.

EUROPÄISCHES PARLAMENT UND RAT (2003): Richtlinie 2003/87/EG des Europäischen Parlaments und des Rates vom 13. Oktober 2003 über ein System für den Handel mit Treibhausgasemissionszertifikaten in der Gemeinschaft und zur Änderung der Richtlinie 96/61/EG des Rates, ABl. L 275 vom 25.10.2003, S. 32.

EUROPÄISCHES PARLAMENT UND RAT (2004): Richtlinie 2004/36/EG des Europäischen Parlaments und des Rates vom 21. April 2004 über die Sicherheit von Luftfahrzeugen aus Drittstaaten, die Flughäfen in der Gemeinschaft anfliegen, ABl. L 143 vom 30.04.2004, S. 76.

EUROPÄISCHES PARLAMENT UND RAT (2004): Verordnung (EG) Nr. 1592/2002 des Europäischen Parlaments und des Rates vom 15. Juli 2002 zur Festlegung gemeinsamer Vorschriften für die Zivilluftfahrt und zur Errichtung einer Europäischen Agentur für Flugsicherheit, ABl. L 240 vom 07.09.2002, S. 1.

EUROPÄISCHES PARLAMENT UND RAT (2004): Verordnung (EG) Nr. 2111/2005 des Europäischen Parlaments und des Rates vom 14. Dezember 2005 über die Erstellung einer gemeinschaftlichen Liste der Luftfahrtunternehmen, gegen die in der Gemeinschaft eine Betriebsuntersagung ergangen ist, sowie über die Unterrichtung von Fluggästen über die Identität des ausführenden Luftfahrtunternehmens und zur Aufhebung des Artikels 9 der Richtlinie 2004/36/EG, ABl. L 344 vom 27.12.2005, S. 15.

EUROPÄISCHES PARLAMENT UND RAT (2004): Verordnung (EG) Nr. 261/2004 des Europäischen Parlaments und des Rates vom 11. Februar 2004 über eine gemeinsame Regelung für Ausgleichs- und Unterstützungsleistungen für Fluggäste im Falle der Nichtbeförderung und bei Annullierung oder großer Verspätung von Flügen und zur Aufhebung der Verordnung (EWG) Nr. 295/91 – Erklärung der Kommission, ABl. Nr. L 046 vom 17.02.2004, S. 1.

EUROPÄISCHES PARLAMENT UND RAT (2004): Verordnung (EG) Nr. 549/2004 des Europäischen Parlaments und des Rates vom 10.03.2004 zur Festlegung des Rahmens für die Schaffung eines einheitlichen europäischen Luftraums („Rahmenverordnung"), ABl. L 096 vom 31.03.2004, S. 1.

EUROPÄISCHES PARLAMENT UND RAT (2004): Verordnung (EG) Nr. 550/2004 des Europäischen Parlaments und des Rates vom 10.03.2004 über die Erbringung von Flugsicherungsdiensten im einheitlichen europäischen Luftraum („Flugsicherungsdienste-Verordnung"), ABl. L 096 vom 31.03.2004, S. 10.

EUROPÄISCHES PARLAMENT UND RAT (2004): Verordnung (EG) Nr. 551/2004 des Europäischen Parlaments und des Rates vom 10.03.2004 über die Ordnung und Nutzung des Luftraums im einheitlichen europäischen Luftraum („Luftraumverordnung"), ABl. L 096 vom 31.03.2004, S. 20.

EUROPÄISCHES PARLAMENT UND RAT (2004): Verordnung (EG) Nr. 552/2004 des Europäischen Parlaments und des Rates vom 10.03.2004 über die Interoperabilität des europäischen Flugverkehrsmanagements („Interoperabilitäts-Verordnung"), ABl. L 096 vom 31.03.2004, S. 26.

EUROPÄISCHES PARLAMENT UND RAT (2004): Verordnung (EG) Nr. 785/2004 des Europäischen Parlaments und des Rates vom 21.04.2004 über Versicherungsanforderungen an Luftfahrtunternehmen und Luftfahrzeugbetreiber, ABl. L 138 vom 30.04.2004, S. 11.

EUROPÄISCHES PARLAMENT UND RAT (2004): Verordnung (EG) Nr. 793/2004 des Europäischen Parlaments und des Rates vom 21. April 2004 zur Änderung der Verordnung (EWG) Nr. 95/93 des Rates über gemeinsame Regeln für Zuweisung von Zeitnischen auf Flughäfen der Gemeinschaft, ABl. L 138 vom 30.04.2004, S. 50.

EUROPÄISCHES PARLAMENT UND RAT (2004): Verordnung (EG) Nr. 847/2004 des Europäischen Parlaments und des Rates vom 29.04.2004 über die Aushandlung und Durchführung von Luftverkehrsabkommen zwischen Mitgliedstaaten und Drittstaaten, ABl. L 195 vom 02.06.2004, S. 3.

EUROPÄISCHES PARLAMENT UND RAT (2004): Verordnung (EG) Nr. 847/2004 des Europäischen Parlaments und des Rates vom 29.04.2004 über die Aushandlung und Durchführung von Luftverkehrsabkommen zwischen Mitgliedstaaten und Drittstaaten, ABl. L 195 vom 30.4.2004, S. 3.

EUROPÄISCHES PARLAMENT UND RAT (2004): Verordnung (EG) Nr. 868/2004 des Europäischen Parlaments und des Rates vom 21. April 2004 über den Schutz vor Schädigung der Luftfahrtunternehmen der Gemeinschaft durch Subventionierung und unlautere Preisbildungspraktiken bei der Erbringung von Flugverkehrsdiensten von Ländern, die nicht Mitglied der Europäischen Gemeinschaft sind, ABl. L 162 vom 30.04.2004, S. 1.

EUROPEAN COMPETITION AUTHORITIES (o. J.): Mergers and alliances in civil aviation; Report of the ECA Air Traffic Working Group, o. O.

EUROPEAN SPACE AGENCY (2005): Galileo – The European Programme for Global Navigation Services, 2. A., Nordwijk.

EUROSTAT (2001): Volkswirtschaftliche Gesamtrechnung, unter: http://www.europa.int/comm/eurostat/Public/datashop/print-product/DE?catalogue=Eurostat&product=1-a2010pc-DE&mode=download, abgerufen am 24.07.01.

EVERS, J., KIENE, L. (2005): Das Nettopreissystem der Airlines und seine rechtlichen Folgen, in: REISERECHT AKTUELL, 1, S. 8.

F. U. R. (FORSCHUNGSGEMEINSCHAFT URLAUB UND REISEN) (1997): Reiseanalyse RA '97, in: FVW INTERNATIONAL, 17, S. 24.

F. U. R. (FORSCHUNGSGEMEINSCHAFT URLAUB UND REISEN) (1997): Erste Ergebnisse der Reiseanalyse RA 97, Hamburg 1997.

F. U. R. (FORSCHUNGSGEMEINSCHAFT URLAUB UND REISEN) (2000): Reiseanalyse RA 2000, Hamburg.

F. U. R. (FORSCHUNGSGEMEINSCHAFT URLAUB UND REISEN) (2001): Reiseanalyse RA 2001 – Erste Ergebnisse, Hamburg.

F. U. R (FORSCHUNGSGEMEINSCHAFT URLAUB UND REISEN.) (2006): Reiseanalyse 2006, Erste Ergebnisse, Hamburg/Kiel.

FELDMANN, J. M. (2002): No more hiding places, in: AIR TRANSPORT WORLD, August 2002.

FICHERT, F. (1999): Umweltschutz im zivilen Luftverkehr, Berlin.

FICHERT, F. (2000): Wettbewerbsprobleme durch Luftverkehrsallianzen – Marktöffnung ist vordringlich, in: ZEITSCHRIFT FÜR WIRTSCHAFTSPOLITIK, 2, S. 212.

FICHERT, F. (2004): Wettbewerb im innerdeutschen Luftverkehr – Empirische Analyse eines deregulierten Marktes mit wirtschaftspolitischen Schlussfolgerungen, in: Institut für Wirtschaftsforschung Halle (Hrsg.): Deregulierung in Deutschland – theoretische und empirische Analysen, Tagungsband, Sonderheft 2, Halle, S. 83.

FIELD, D. (2006): Airlines and GDSs haggle over content, in: AIRLINE BUSINESS, 6, S. 13.

FIELD, D. (2006): Pain relief, in: AIRLINE BUSINESS, 7, S. 27.

FINDLAY, C. (2003): Plurilateral agreements on trade in air transport services: the US model, in: JOURNAL OF AIR TRANSPORT MANAGEMENT, 9, S. 211.

FLINT, P. (1995): The Electronic Skyway, in: AIR TRANSPORT WORLD, 1, S. 38.

FLINT, P. (2006): Location, Location, Location, in: AIR TRANSPORT WORLD, July 2006, S. 26.

FLOTTAU, J. (2001): British Airways stößt Billigfluglinie „Go" ab, in FINANCIAL TIMES DEUTSCHLAND, 22. Mai 2001, S. 9.

FLOTTAU, J. (2001): SAir-Group schaltet auf Umkehrschub, in: FINANCIAL TIMES DEUTSCHLAND, 03. Februar 2001, S. 19.

FLOTTAU, J. (2001): Swissair besinnt sich aufs Fliegen, in: FINANCIAL TIMES DEUTSCHLAND, 13. Juli 2001, S. 7.

FLUGHAFEN BERLIN-SCHÖNEFELD (2005): Wirtschaftliche Effekte des Airports Berlin Brandenburg International, Berlin.

FLUGHAFEN DÜSSELDORF (2006): Medieninformation 01.01.2006, unter: http://www.duesseldorf-international.de/d/index.php?type=index&path=08_ medienceter, abgerufen am 10.1.2006.

FLUGHAFEN FRANKFURT MAIN AG (1982): Multiplikatoreffekte durch am Flughafen ausgezahlte Löhne, Gehälter und Auftragssummen, Fachthema Nr. 4, Frankfurt/Main.

FLUGHAFEN FRANKFURT MAIN AG / FRAPORT AG (2000): Unser Flughafen, 6, Frankfurt/Main.

FLUGHAFEN FRANKFURT MAIN AG / FRAPORT AG (o. J.): Verkaufsprospekt/Börsenzulassungsprospekt, Frankfurt/Main.

FLUGHAFEN FRANKFURT MAIN AG / FRAPORT AG (2001): FRA 2000 Plus, Frankfurt/Main.

FLUGHAFEN MÜNCHEN GMBH (1998): Zukunft der Airport- und Airline-Industrie, München.

FOCKE, H., WILKEN, D. (2001): Scenarios of Air Transport Reflecting Capacity Constraints at German Airports. AIR & SPACE EUROPE, 3 (1/2), (2001), S. 45-49.

FOCUS (2000): Der Markt für Urlaubs- und Geschäftsreisen – Daten, Fakten, Trends; Focus Marktanalyse, Neuauflage September 2000.

FOCUS (2003): Der Markt für Urlaubs- und Geschäftsreisen – Daten, Fakten, Trends, Focus medialine, unter: http://www.medialine.de/hps/upload/hxmedia/medialn/HBy7qsvQ.pdf, abgerufen am 20.03.2006.

FOCUS (2006): Branchenspecial „Reisen", Focus medialine, unter: http://medialine.focus.de/hps/upload/hxmedia/medialn/HBcKdTdC.pdf, abgerufen am 20.03.2006.

FOLLIOT, M. (1977): Transport aérien international, Paris.

FONTANARI, M. L. (1995): Voraussetzungen für den Kooperationserfolg – Eine empirische Analyse, in: SCHERTLER, W.: Management von Unternehmenskooperationen, Wien, S. 115.

FORSYTH, P., KING, J., RODOLFO, C. (2003): Opens Skies in ASEAN, in: JOURNAL OF AIR TRANSPORT MANAGEMENT, 3, S. 143.

FORTIER-DUGUAY, T. (1989): La déréglementation aérienne, in: ESPACES, 1989, Nr. 98, S. 32; Nr. 99, S. 49.

FRANKE, M. (2004): Competition between network carriers and low-cost carriers – retreat battle or breakthrough to a new level of efficiency? in: JOURNAL OF AIR TRANSPORT MANAGEMENT, 10 (1), S. 15-21.

FRAPORT AG (2004): Nachhaltigkeitsbericht, Frankfurt/Main.

FRAPORT AG (2005): Regionalökonomische Auswirkungen des Flughafens Frankfurt/Hahn für den Betrachtungszeitraum 2003–2015, Frankfurt/Main.

FRAPORT AG (2005): Umwelterklärung 2005, Frankfurt/Main.

FRAPORT AG (2006): Geschäftsbericht 2005, Verkaufsprospekt/Börsenzulassungsprospekt, Frankfurt/Main.

FRAPORT AG (2006): Zehn-Punkte-Programm, unter: http://www.fraport.de /cms/luftverkehrsglossar/dok/7/7941.zehnpunkteprogramm.htm, abgerufen am 01.07.2006.

FRAPORT AG (o. J.): Nachtflugbeschränkung, unter: http://www.ausbau.flughafen-frankfurt.de/cms/default/rubrik/5/5902.nachtflugbeschraenkung.htm, abgerufen am 20.02.06.

FRAPORT AG) (div. J.): Geschäftsbericht 2002, 2003, 2004, 2005, Frankfurt/Main.

FREIBERG, K. (1996): Nuts! Southwest Airlines' Crazy Recipe for Business and Personal Success, New York.

FRENCH, T. (1995): Charter Airlines in Europe, in: EIU Travel & Tourism Analyst 4, S. 4.

FRENCH, T. (1995): Regional Airlines in Europe, EIU Research Report, London.

FRENCH, T. (1996): No-Frills Airlines in Europe, in EIU Travel & Tourism Analyst 3, S. 4.

FRERICH, J., MÜLLER, G. (2004): Europäische Verkehrspolitik, Band 1, München/Wien.

FREYER, W. (1997): Qualität durch Markenbildung, in: POMPL, W., LIEB, M. (Hrsg.): Qualitätsmanagement im Tourismus, München/Wien, S. 155.

FREYER, W. (2001): Tourismus-Marketing, 3. A., München/Wien.

FREYER, W., NAUMANN, M., SCHRÖDER, A. (2004): Geschäftsreise-Tourismus: Geschäftsreisemarkt und Business Travel Management, FIT-Forschungsinstitut für Tourismus, Dresden.

FREYER, W., POMPL, W. (1999): Reisebüro-Management, München/Wien.

FRIEBEL, G., NIFFKA, M. (2005): Intermodal Competition in the Transportation Market: The Entry of Low-cost Airlines in Germany, unter: www.db.de/site/shared/en/file_attachments/presentations/low_cost_airlines.pdf, abgerufen am 08.05.2005.

FRIEDRICH, A., HEINEN, F. (2003): Örtliche und globale Luftverunreinigung, in: KOCH, H.-J. (Hrsg.): Umweltprobleme des Luftverkehrs, Baden-Baden 2003, S. 11.

FRISCHKORN, G. (1980): Der Wettbewerb zwischen der Deutschen Bundesbahn und den Luftverkehrsgesellschaften im innerdeutschen Personenfernverkehr unter Berücksichtigung verkehrsgeographischer Aspekte, Diss., Frankfurt/Main.

FRITZ, W. (2000): Internet-Marketing und Electronic Commerce, Wiesbaden.

FROBÖSE, H. (1983): Ordnungspolitische Reformen im Verkehrssektor der Bundesrepublik – „Deregulierung", in: DVWG (Hrsg.): Verkehrspolitische Strategien unter dem Diktat leerer Kassen, Köln, S. 67.

FROHNMEYER, A. (1969): Die Rechtsfragen der Verkehrspolitik, in: GUSTAV-STRESEMANN-INSTITUT (Hrsg.): Einführung in die Rechtsfragen der Gemeinschaft, Bergisch-Gladbach, S. 146.

FRUHAN, W. (1972): The Fight for Competitive Advantage, a Study of the United States Domestic Trunk Carriers, Boston.

FÜRST, R. (2004): Preiswettbewerb in Krisen, Auswirkungen der Terror-Attentate des 11. September 2001 auf die Luftverkehrsbranche, Wiesbaden.

FVW INTERNATIONAL (2000): Der deutsche Veranstaltermarkt in Zahlen 2000, Beilage zu Nr. 13 vom 26. Mai 2000, Hamburg.

FVW INTERNATIONAL (2006): Schrumpfender Markt – Weniger Reisebüros, mageres Umsatzplus, in: Dokumentation Ketten und Kooperationen 05, Beilage zum Heft 14/06 vom 09. Juni 2006, Hamburg.

GABOR, A. (1988): Pricing, Aldershot.

GALLACHER, J. (1999): New challenge to charter, in: AIRLINE BUSINESS, 10, S. 68.

GANSFORT, G. (1998): Praktische Anmerkungen zu der Europäischen Verordnung über die Haftung von Luftfahrtunternehmen bei Flugunfällen mit Personenschäden, in: ZLW, S. 262.

GATT (o. J.): Trade in Civil aircrafts, Tokio Round Agreements, unter: http://www.wto.org/english/docs_e/legal_e/air-79_e.htm, abgerufen am 25.03.2006.

GEBHARD, T., JÄGER, F., SCHLICHTING, T. (1997): Dienstleistungsmarketing im Aufbruch – Das Umdenken in der KEP-Branche am Beispiel von United Parcel, in: INTERNATIONALES VERKEHRSWESEN, 5, S. 231.

GEISLER, M. (1997): Die Bonusliste des Bundesministeriums für Verkehr als Grundlage für Nachtflugbeschränkungen auf deutschen Verkehrsflughäfen, in: ZLW, S. 307.

GEMADER, L. (1983): Stellenwert des Luftverkehrs, Bonn.

GENERAL ACCOUNTING OFFICE (1985): Deregulation: Increasing Competition Is Making Airlines More Efficient And Responsive To Consumers, Washington DC.

GEWALD, S. (1999): Erfolgsfaktoren im Management von Fluggesellschaften, in: HANDBUCH DES HOTEL- UND TOURISTIKMANAGEMENTS, München/Wien, S. 77-81.

GIDWITZ, B. (1980): The Politics of International Air Transport, Lexington, Mass.

GIEMULLA, E., BRAUTLACHT, A. (1987): Öffentliche Verkehrsinteressen in privater Hand, in: ZLW, S. 123.

GIEMULLA, E. (1996): Kopplung von Slot-Vergabe und Luftfahrzeuggröße aufgrund lokaler Sonderregelungen, in: ZLW, S. 245.

GIEMULLA, E., SCHMID, R. (1992): Wem gehört die Zeit? Rechtsprobleme bei der Slot-Zuteilung, in: ZLW, S. 51.

GIEMULLA, E., SCHMID, R. (1998): Recht der Luftfahrt 1998, S. 347-768.

GIEMULLA, E., SCHMID, R., LAU, U. (o. J.): Europäisches Luftverkehrsrecht, Loseblattsammlung; Neuwied/Frankfurt am Main.

GIEMULLA, E., SCHMID, R., MÜLLER-ROSTIN, W., GANSFORT, G. (div. J.): Luftverkehrsgesetz, Frankfurter Kommentar zum Luftverkehrsrecht, Neuwied, Loseblatt-Sammlung ab 2000.

GIEMULLA, E., SCHMID, R., VAN SCHNYDEL, H. (1997): Wörterbuch zum Luftverkehrsrecht, Neuwied.

GIESBERTS, L., GEISLER, M. (1998): "Flughafengebühren" – Neue Entwicklungen bei Entgelten für die Benutzung von Flughäfen, in: ZLW, S. 35-44.

GILLEN, D., MORRISON, W. (2005): Regulation, competition and network evolution in aviation, in: JOURNAL OF AIR TRANSPORT MANAGEMENT, 3, S. 161.

GITTEL, J. (2003): The Southwest Airlines Way, New York.

GLASTETTER, W. (1998): Außenwirtschaftspolitik, 3. A., München/Wien.

GORDON, A. (2006): Five things everyone should know about network evolution, Vortrag anlässlich der 9. Hamburg Aviation Conference, 22.-24. Februar 2006, Hamburg.

GOTTHELF, G. (2005): Gemeinsam an getrennten Orten? Zur Relevanz von Raum und Kontext in der Videokonferenz, Aachen.

GRABOWSKI, O. (1994): Wettbewerbsbeschränkungen in der Luftfahrtindustrie durch Computer Reservation Systems, Frankfurt/Main.

GRAHAM, A. (2001): Managing Airports, Jordan Hill.

GRAHAM, B. (1995): Geography and Air Transport, Chichester.

GRANDE, M. (1985): Der Luftverkehrsmarkt der Bundesrepublik Deutschland, in: LUFTHANSA (Hrsg.): Jahrbuch, Köln, S. 36.

GRANDJOT, H. (2002): Verkehrspolitik, Grundlagen, Funktionen und Perspektiven für Wissenschaft und Praxis, Hamburg.

GRANDJOT, H.-H. (1997): Leitfaden Luftfracht, München.

GRANDJOT, H.-H. (1997): Luftfracht, in: BLOECH, J., IHDE, G. B. (Hrsg.): Vahlens Großes Logistik Lexikon, München, S. 653.

GRANDJOT, H.-H. (2002): Leitfaden Luftfracht, 2. A., München.

GRAUMANN, H. (1966): Die Rechtsnatur der Genehmigung von Luftfahrtunternehmen nach § 20 LuftVG, Diss., Mainz.

GRAUMANN, H. (1998): Übersicht über die bilateralen Luftverkehrsabkommen zwischen der Bundesrepublik Deutschland, in: ZLW, 2, S. 207-212.

GREENPEACE (1996): Klimaschädlichkeit des Flugverkehrs, Hamburg.

GRIEFAHN, B., (1989): Fluglärm. Ursachen, Wirkungen, Forderungen, Handlungs- und Forschungsbedarf, in: PFEIFFER, M., FISCHER, M. (Hrsg.): Unheil über unseren Köpfen? Flugverkehr auf dem Prüfstand von Ökologie und Sozialverträglichkeit. Stuttgart.

GRÖNROOS, C. (1990): Service Management and Marketing, Lexington (MA).

GROTHEER, S. (2004): Marktanalyse für den Regionalflughafen Karlsruhe/Baden-Baden, Gutachten Technische Universität Kaiserslautern.

GRUNDMANN, S. (1999): Marktöffnung im Luftverkehr, Baden-Baden.

GRUNER + JAHR (1991): Branchenbild Nr. 5, Luftverkehr, Marktanalyse, Hamburg, Februar 1991.

GRUNER + JAHR (1991): Branchenbild Nr. 7, Geschäftsreisen, Marktanalyse, Hamburg, Februar 1991.

GULDIMANN, W. (1996): Luftverkehrspolitik, Zürich.

GUTENBERG, E. (1973): Grundlagen der Betriebswirtschaftslehre, Bd. 2: Der Absatz, Berlin.

GUTENBERG, E. (1975): Grundlagen der Betriebswirtschaftslehre, Bd. 1: Die Produktion, Berlin.

GUZHVA, V., PAGIAVLAS, N. (2004): US Commercial airline performance after September 11, 2001: decomposing the effect of the terrorist attack from macroeconomic influences, in: JOURNAL OF AIR TRANSPORT MANAGEMENT, 4, S. 327.

HAANAPPEL, P. (1978): Ratemaking in International Air Transport, Deventer.

HAANAPPEL, P. (1984): Pricing and Capacity Determination in International Air Transport, Deventer.

HÄBEL, G. (1982): Zur Frage der Wettbewerbswidrigkeit des Verkaufs von "Fremdwährungsflugscheinen" durch Reisebüros, in: ZLW, S. 225.

HAGLEITNER, M. (1998): Strategische Allianzen von Airlines im Lichte des Europarechts, Aachen.

HANLON, J. (1981): Air Fares and Exchange Rates, in: TOURISM MANAGEMENT, March 1981, S. 4.

HANLON, J. (1984): Sixth Freedom Operations in International Air Transport, in: TOURISM MANAGEMENT, September 1984, S. 177.

HANLON, J. (1996): Global Airlines: Competition in a Transnational Industry, Oxford.

HANNEGAN, T., MULVEY, F. (1995): International airline alliances: An analysis of code-sharing's impact on airlines and consumers, in: JOURNAL OF AIR TRANSPORT MANAGEMENT, 2, S. 131.

HÄNSEL, W. (1984): Der internationale Personenluftverkehr, Gießen.

HARTMANN-RÜPPEL, M. (2002): Europäische Fusionskontrolle und Luftverkehr, die wettbewerbsrechtliche Beurteilung horizontaler Zusammenschlüsse im Luftverkehr nach der europäischen Fusionskontrollverordnung, Baden-Baden.

HARTWIG, K.-H., SASS, U. (2005): Die Privatisierung der Flugsicherung, in: INTERNATIONALES VERKEHRSWESEN, 11, S. 484.

HÄTTY, H. (2002): Airline strategy against crises, anlässlich der 5th Hamburg Aviation Conference, 14.02.2002, Hamburg.

HAUG, A. (1997): Qualitätsmanagement im Ferienflugverkehr, in: POMPL, W., LIEB, M. (Hrsg.): Qualitätsmanagement im Tourismus, München/Wien, S. 299.

HAUPT, R., WILKEN, D. (1985): Luftverkehrsnachfrage und Neubaupläne der Bundesbahn – Substitutionseffekte, in: INTERNATIONALES VERKEHRSWESEN 6, S. 408.

HAWK, B. E. (1989): United States Regulation Of Air Transport, in: SLOT, P. J., DAGTOGLOU, P. D. (eds.): Toward a Community Air Transport Policy, Deventer, S. 255.

HAX, A. C., MAJLUF, N. S. (1988): Strategisches Management, Frankfurt/Main.

HECKING, C. (2006): Knappes Gut im Überfluss, in: Financial Times Deutschland, 16. Mai 2006, S. 22.

HELM, A. (1999): Die Deutsche Lufthansa AG: Ihre gesellschafts- und konzernrechtliche Entwicklung, Frankfurt/Main.

HEMKER, H. (2005): Antrieb für übermorgen, in: LUFTHANSA: Balance 2005, S. 28.

HERZOG, R., MÖLLER, C., SCHUCKERT, M. (2004): Auswirkungen der Low Cost-Carrier auf die Tourismusindustrie, in: TOURISMUS JOURNAL, Heft 4/2003, Stuttgart, S. 483-488.

HESS, M. (1994): Strategisches Management der Unternehmensentwicklung von Regionalfluglinien, Diss., St. Gallen.

HEUER, K., KLOPHAUS, R., SCHAPER, T. (2005): Regionalökonomische Auswirkungen des Flughafens Frankfurt-Hahn für den Betrachtungszeitraum 2003–2015. Wissenschaftliche Forschungsstudie im Auftrag der Flughafen Frankfurt-Hahn GmbH, Birkenfeld.

HEUSKEL, D. (1999): Wettbewerb jenseits von Industriegrenzen, Frankfurt/Main.

HEYNEN, T. C. (1985): Ordnungs- und strukturpolitische Gestaltungselemente zur Erstellung eines neuen luftverkehrspolitischen Konzepts unter besonderer Berücksichtigung des Luftverkehrs in Europa und Nordamerika, Diss., Frankfurt/Main.

HILLE, R. (1988): Entwicklung und Bestimmungsfaktoren des Luftverkehrs im Konjunkturverlauf, Diss., Darmstadt.

HOBBE, S. (2004): Perspektiven für den Luftverkehr nach den „Open Skies" Urteilen des EuGH, in: DVWG (Hrsg.): Luftverkehrsmärkte der Zukunft, 11. Luftverkehrsforum der DVWG, Berlin, S. 98.

HOCHREITER, R., ARNDT, U. (1978): Die Tourismusindustrie, Frankfurt/Main.

HÖFER, B. J. (1993): Strukturwandel im europäischen Luftverkehr – Marktstrukturelle Konsequenzen der Deregulierung, Frankfurt/Main.

HOFMANN, M. (1971): Luftverkehrsgesetz – Kommentare, München.

HOFTON, A. (1987): Trans-Atlantic Air Travel, in: TRAVEL & TOURISM ANALYST, January 1987, S. 3.

HOLLOWAY, S. (1992): Air Finance: Aircraft acquisition finance and airline credit analysis, London.

HOLLOWAY, S. (1997): Straight and Level: Practical Airline Economics, Aldershot.

HOLLOWAY, S. (2001): Straight and Level: Practical Airline Economics, 2th ed., Aldershot.

HOLLOWAY, S. (2003): Changing Planes, Vol. 2, Aldershot.

HOLSTEIN, G. (1983): Tarifbildung im Luftverkehr, in: DER LUFTHANSEAT, Nr. 4, S. 8 und Nr. 5, S. 3.

HÖLZER, F., BIERMANN, T. (1985): Die Leistungserstellung der Lufthansa und ihre Preise, in: LUFTHANSA (Hrsg.): Jahrbuch '85, Köln, S. 50.

HOPF, R., LINK, H., STEWART-LADEWIG, L. (2003): Subventionen im Luftverkehr, Wochenbericht des DIW 42/03, Berlin.

HOPFENBECK, W., JASCH, C. (1993): Öko-Controlling: Umdenken zahlt sich aus – Audits, Umweltberichte und Ökobilanzen als betriebliche Führungsinstrumente, Landsberg/Lech.

HUDSON, E. (1983): Regulatory Chance in International Air Transport: Current ECAC Developments and Future Prospects, in: DVWG (Hrsg.): Alternative Strategien in der Luftverkehrspolitik, Köln, S. 69.

HULLEY, M. (2001): Growth in Air Traffic Projected to continue, Pressemitteilung PIO 06/2001.

HULLEY, M. (2001): The impact of e-marketplaces upon the airlines industry, unter: http://www.rmr-aviation2001.com, abgerufen am 08. März 2001.

HÜSCHELRATH, K. (1998): Liberalisierung im Luftverkehr, Marburg.

HÜTHER, M. (2003): Weltwirtschaftliche Folgen des Terrorismus – mittel- und langfristige Perspektiven, ifo-Schnelldienst, Heft 1/2003, S. 3.

IATA (2006): E-Ticketing, unter: http://www.iata.org/whatwedo/et/, abgerufen am 12.07.2006.

IATA (2006): Passenger General Sales Agency Agreement, unter: http://www.iata.org/NR/rdonlyres/8E84F933-D5D4-4762-8872-87998BDD37 66/0/GSA.pdf, abgerufen am 04.07.2006.

IATA (2006): Reisebüro Akkreditierung – lokale Kriterien, unter: http://www.iata.org/NR/rdonlyres/5D9685DF-323E-4DC6-BC02-E4395D1DC20D/45962/DE_CRITERIA_4_german.pdf, abgerufen am 04.07.2006.

IATA (2006): Resolution 824: Passenger Sales Agency Agreement (Version II), unter: http://www.iata.org/NR/rdonlyres/FDFE1245-529A-4CC9-A496-2ED5F5F06CC4/0/res 824.pdf, abgerufen am 04.07.2006.

IATA (INTERNATIONAL AIR TRANSPORT ASSOCIATION) (1945): Act of Incorporation, Montreal/Genf.

IATA (INTERNATIONAL AIR TRANSPORT ASSOCIATION) (1984): Comments on EEC Civil Aviation Memorandum No. 2, Montreal/Genf.

IATA (INTERNATIONAL AIR TRANSPORT ASSOCIATION) (1985): Deregulation Watch. Second Report June 1985, Montreal/Genf.

IATA (INTERNATIONAL AIR TRANSPORT ASSOCIATION) (1990): Manual of Tariff Coordinating Conferences Resolutions, Passengers, Montreal/Genf.

IATA (INTERNATIONAL AIR TRANSPORT ASSOCIATION) (1990): Scheduling Procedures Guide, 8. A., Montreal/Genf.

IATA (INTERNATIONAL AIR TRANSPORT ASSOCIATION) (1990): World Air Transportation Statistics (WATS) 1989, Genf/Montreal.

IATA (INTERNATIONAL AIR TRANSPORT ASSOCIATION) (1991): Bank Settlement Plan Manual for Passenger Sales Agents (Germany), Handbuch für Agenten, Montreal/Genf.

IATA (INTERNATIONAL AIR TRANSPORT ASSOCIATION) (1991): Travel Agent's Handbook, Montreal/Genf.

IATA (INTERNATIONAL AIR TRANSPORT ASSOCIATION) (1993): Airline Marketing, Montreal/Genf.

IATA (INTERNATIONAL AIR TRANSPORT ASSOCIATION) (1996): Travel Agent's Handbook, Resolution 814 Edition, Montreal/Genf.

IATA (INTERNATIONAL AIR TRANSPORT ASSOCIATION) (2004): Environmental Review 2004, Montreal/Genf.

IATA (INTERNATIONAL AIR TRANSPORT ASSOCIATION) (2005): Aviation Taxes and Charges, IATA Economics Briefing No. 2, Montreal/Genf.

IATA (INTERNATIONAL AIR TRANSPORT ASSOCIATION) (2005): Tariff Conference, unter: http://www.iata.org/pressroom/industry-facts/fact_sheets/IATA_Tariff_Conference.htm, abgerufen am 31.12.2005.

IATA (INTERNATIONAL AIR TRANSPORT ASSOCIATION) (2006): Agency Service Office Germany: Kriterien und Konditionen.

IATA (INTERNATIONAL AIR TRANSPORT ASSOCIATION) (2006): Air Traffic Rebounds in 2004 – Cost Efficiency: The Challenge for 2005, Pressemitteilung vom 31.01.2006, unter: http://www.iata.org/pressroom/pr/2005-01-31-02.htm, abgerufen am 05.02.2006.

IATA (INTERNATIONAL AIR TRANSPORT ASSOCIATION) (2006): Aufkommen Weltluftverkehr, unter: http://www.iata.org/about/index.htm, abgerufen am 20.03.2006.

IATA (INTERNATIONAL AIR TRANSPORT ASSOCIATION) (2006): Cost/Benefit of becoming an IATA member, International Air Transportation Association (Hrsg.), Montreal/Genf.

IATA (INTERNATIONAL AIR TRANSPORT ASSOCIATION) (2006): Interline, unter: http://www.iata.org/pressroom/industry-facts, abgerufen am 17.03.2006.

IATA (INTERNATIONAL AIR TRANSPORT ASSOCIATION) (div. J.): Annual Reports 1990-2006.

IATA (INTERNATIONAL AIR TRANSPORT ASSOCIATION) (o. J.): Resolution 814: Passenger Sales Agency Rules, unter: http://www.iata.org /NR/rdonlyres/B7517E0A-DCBF-49F9-9313-3F72C8A6F B86/0/ Reso_814_27th.pdf, abgerufen am 04.07.2006.

IATA (INTERNATIONAL AIR TRANSPORT ASSOCIATION) (o. J.): Resolution 818: Passenger Sales Agency Rules – Europe, unter: http://www.iata.org/NR/rdonlyres/058 10EA3-722C-4A82-B9D3-827B84CAF5FF/0/Reso_818_27th, abgerufen am 04.07.06.

IATA (INTERNATIONAL AIR TRANSPORT ASSOCIATION) (div. J.): World Air Transport Statistics 1985-2006, Montreal/Genf.

ICAO (INTERNATIONAL CIVIL AVIATION ORGANIZATION) (1944): International Air Services Transit Agreement, Doc 2187, Montreal.

ICAO (INTERNATIONAL CIVIL AVIATION ORGANIZATION) (1944): International Air Transport Agreement, Doc 2187, Montreal.

ICAO (INTERNATIONAL CIVIL AVIATION ORGANIZATION) (1967): International Agreement on the Procedure for Establishment of Tariffs for Scheduled Air Services, Doc 8681, Montreal.

ICAO (INTERNATIONAL CIVIL AVIATION ORGANIZATION) (1983): Manual on the Establishment of International Air Carrier Tariffs, Montreal.

ICAO (INTERNATIONAL CIVIL AVIATION ORGANIZATION) (1986): The Economic Situation of Air Transport 1986, Montreal.

ICAO (INTERNATIONAL CIVIL AVIATION ORGANIZATION) (1993): International Standards and Recommended Practices, Environmental Protection, Annex 16 to the Convention on International Civil Aviation – Vol. 1, Aircraft Noise, 3. A., Montreal.

ICAO (INTERNATIONAL CIVIL AVIATION ORGANIZATION) (1994): Convention on International Civil Aviation, Doc 2187, Montreal.

ICAO (INTERNATIONAL CIVIL AVIATION ORGANIZATION) (1995): Environmental Protection, Environmental Motivated Fuel Tax. Working Paper A 31 – WP/82, Montreal.

ICAO (INTERNATIONAL CIVIL AVIATION ORGANIZATION) (1999): Leasing, in: ICAO JOURNAL, International Civil Aviation Organisation (Hrsg.), 6, S. 29.

ICAO (INTERNATIONAL CIVIL AVIATION ORGANIZATION) (2001): Airline financial results remain positive in 2000 despite soaring fuel process, unter: http://www.icao.int/cgi/gotopl?icao/en/nr/nr.htm, abgerufen am 31.07.2001.

ICAO (INTERNATIONAL CIVIL AVIATION ORGANIZATION) (2001): CAEP recommends further measures for reducing aircraft noise, unter: http://www.icao.org/icao/en/jr/5601, abgerufen am 06.03.2001.

ICAO (INTERNATIONAL CIVIL AVIATION ORGANIZATION) (2001): Development of World Scheduled Revenue Traffic 1991-2000, unter: http://www.icao.int/cgi/goto.pl?icao/en/nr/nr.htm, abgerufen am 31.07.01.

ICAO (INTERNATIONAL CIVIL AVIATION ORGANIZATION) (2001): Growth in Air Traffic projected to continue – ICAO releases long term forecasts, unter: http://www.icao.org/icao/en/nr/pio200106.htm, abgerufen am 03.07.2001.

ICAO (INTERNATIONAL CIVIL AVIATION ORGANIZATION) (2001): News releases, unter: http://www.icao.int/cgi/goto.pl?icao/en/nr/nr.htm, abgerufen am 31.07.2001.

ICAO (INTERNATIONAL CIVIL AVIATION ORGANIZATION) (2001): Resolution adopted at the 33rd Session of the Assembly, A33-7: Consolidated statement of continuing ICAO policies and practices related to environmental protection, Montreal.

ICAO (INTERNATIONAL CIVIL AVIATION ORGANIZATION) (2002): ICAO conference to address challenges and opportunities of new regulatory framework, in: ICAO JOURNAL, Vol. 9/2002, Montreal.

ICAO (INTERNATIONAL CIVIL AVIATION ORGANIZATION) (2004): Committee on Aviation Environmental Protection: Environmental Technical Manual on the Use of Procedures in the Noise Certification of Aircraft, Third edition, Montreal.

ICAO (INTERNATIONAL CIVIL AVIATION ORGANIZATION) (2005): ICAO JOURNAL, 6, Montreal.

ICAO (INTERNATIONAL CIVIL AVIATION ORGANIZATION) (2006): Development of World Scheduled Revenue Traffic 1991-2005, Montreal.

ICAO (INTERNATIONAL CIVIL AVIATION ORGANIZATION) (2006): World Airlines Improve Operationg Profits in 2005 Despite Fuel Cost Increase, PIO 07/06, Pressemitteilung vom 30. Mai 2006, Montreal.

ICAO (INTERNATIONAL CIVIL AVIATION ORGANIZATION) (div. J.): Annual Reports of the Council 1985-2006, Montreal.

ICAO (INTERNATIONAL CIVIL AVIATION ORGANIZATION) (div. J.): Development of Civil Air Transport, in: ICAO Journal 1997-2006, Montreal.

IHDE, G. (1991): Transport, Verkehr, Logistik, 2. A., München.

ILLETSCHKO, L. (1959): Betriebswirtschaftliche Probleme der Verkehrswirtschaft, Wiesbaden.

ILLETSCHKO, L. (1975): Transportbetriebswirtschaftslehre, Stuttgart.

IMF (INTERNATIONAL MONETARY FUND) (2000): World Economic Outlook 2000, Washington DC.

IMF (INTERNATIONAL MONETARY FUND) (2006): World Economic Outlook 2006, Washington DC.

INITIATIVE "LUFTVERKEHR FÜR DEUTSCHLAND" (2004): Masterplan zur Entwicklung der Flughafeninfrastruktur, Berlin .

INITIATIVE "LUFTVERKEHR FÜR DEUTSCHLAND" (2005): Perspektiven des Deutschen Luftverkehrs – Ein Programm für Wachstum, Wohlstand und Arbeitsplätze, Frankfurt/Main.

INVEST-INDUSTRIE (1982): Marktanalyse Personenfernverkehr – Wiederholungsbefragung im Geschäftsreiseverkehr, München.

IPCC (INTERGOVERNMENTAL PANEL ON CLIMATE CHANGE) (2001): A Report of Working Group I of the Intergovernmental Panel on Climate Change, Summary for Policymakers, unter: http://www.ipcc.ch/pub/spm22-01.pdf, abgerufen am 02.07.2001.

IPCC (INTERGOVERNMENTAL PANEL ON CLIMATE CHANGE) (2001): Aviation and the Global Atmosphere, Summary for Policymakers, o. O.

IRMENGA, U. (1999): Airlines und Flughäfen, Frankfurt/Main.

JAA (JOINT AVIATION AUTHORITIES) (2001): Membership, unter: http://www.jaa.nl/whatisthejaa/jaainfo.html#fig1, abgerufen am 04.08.2001.

JAA (JOINT AVIATION AUTHORITIES) (2006): Member-States, unter: http://www.jaa.nl/introduction/Annex1-JAAMemberStates-December2005.pdf, abgerufen am 04.02.2006.

JÄCKEL, K. (1991): Kooperationsstrategien im Linienluftverkehr vor dem Hintergrund zunehmender Integrationsentwicklung in Europa, Bergisch Gladbach/Köln.

JACQUEMIN, M. (2006): Netzmanagement im Luftverkehr, Wiesbaden.

JADEN, E. (1972): Die wirtschaftliche Bedeutung von Regionalflughäfen, Diss., Berlin.

JAEGER, G., LAUDEL, H. (1993): Der Luftfrachtverkehr, Hamburg.

JARACH, D. (2005): Airport Marketing, Aldershot.

JEGMINAT, G. (1997): Luftverkehrspolitik in der EU, in: FVW INTERNATIONAL, 23, S. 62.

JEGMINAT, G. (1997): Neue elektronische Vermarktungsinstrumente: Die Technik wächst auf den Kunden zu, in: FVW INTERNATIONAL, 7, S. 36.

JEGMINAT, G. (1999): Flugverkehr im 21. Jahrhundert, in: FVW INTERNATIONAL, 30, S. 110.

JEGMINAT, G. (1999): Spanair erschließt mehr als nur Spanien, in: FVW INTERNATIONAL, 25, S. 94.

JEGMINAT, G. (2001): Gegenwind für British Airways, in: FVW INTERNATIONAL, 14, S. 6.

JEGMINAT, G. (2001): Lufthansa hängt Wettbewerber ab, in: FVW INTERNATIONAL, 6, S. 114.

JEGMINAT, G. (2006): Widerstand wächst – Brüssel will Verhaltenskodex für GDS streichen, in: FVW INTERNATIONAL, 1, S. 56-57.

JEGMINAT, G., BAUMANN, R. (1997): Kampf um Marktpositionen über die Behörden, in: FVW INTERNATIONAL, 12, S. 68.

JOHNSON, T: (2001): Aviation: the environmental challenge, unter: http://www.rmraviation2001.com, abgerufen am 09.03.2001.

JONES, L. (1996): Keeping up appearances, in: AIRLINE BUSINESS, 10, S. 38.

JONES, L. (1997): Deregulation. Much adoo about nothing? in: AIRLINE BUSINESS, 3, S. 34.

JONES, P., KIPPS, M. (1995): Flight Catering, Burnt Mill.

JORDAN, A. (1970): Airline Regulation in America: Effects and Imperfections, Baltimore.

JOSKOW, A. (1988): Deregulation and Competition Policy – The US Experience with Deregulation in the Air Transport Sector, in: OECD (Hrsg.): Deregulation and Airline Competition, Paris, Annex II, S. 103.

JUERGENSEN, H., KANTZENBACH, E. (1994): Zur Liberalisierung des Luftverkehrs in Europa, Göttingen.

JUNG, CH. (1998): Die Marktordnung des Luftverkehrs – Zeit für neue Strukturen in einem liberalisierten Umfeld (Teil I) ZLW, 3, S. 308.

JUNKERHEINRICH, M. (2002): „Auflagen, Steuern und Zertifikate? Ökonomische Aspekte des Einsatzes umweltpolitischer Instrumente im Verkehrssektor, in: JUNKERHEINRICH, M. (Hrsg.): Ökonomisierung der Umweltpolitik, 2. A., Berlin, S. 243.

KAHN, A. (1970): The Economics of Regulation: Principles and Institutions, Vol. 1 und 2, New York.

KAHN, A. (2004): Lessons from Deregulation, Washington DC.

KAPP, K. W. (1979): Soziale Kosten der Marktwirtschaft, Frankfurt/Main.

KARK, A. (1989): Die Liberalisierung der europäischen Zivilluftfahrt und das Wettbewerbsrecht der Europäischen Gemeinschaft, in: RUHWEDEL, E. (Hrsg.): Bürgerliches Recht, Handels- und Verkehrsrecht, Frankfurt/Main, S. 212.

KASPAR, C. (1974): Die verkehrswirtschaftliche und volkswirtschaftliche Bedeutung des Flughafens Stuttgart, St. Gallen.

KASPAR, C. (1998): Management der Verkehrsunternehmen, München/Wien.

KASTNER, S. (1997): Beitrag zur Pressekonferenz anlässlich der ITB vom 07.03.1997, Bonn/Berlin.

KATZ, R. (1987): Liberalisation of Air Transport in Europe, in: TRAVEL & TOURISM ANALYST, March 1987, S. 3.

KATZ, R. (1988): The impact of computer reservation systems on air transport competition, in: OECD (Hrsg.): Deregulation and Airline Competition, Annex I, Paris, S. 85.

KEELER, T. E. (1991): Airline deregulation and market performance: the economic basis for regulatory reform and lessons from the US experience, in: BANISTER, D., BUTTON, K. J. (Hrsg.): Transport in a Free Market Economy, London, S. 121.

KEHRBERGER, H. (1979): Zur rechtlichen Problematik sogenannter „Weichwährungstickets", in: ZLW, S. 101.

KEMP, R., MOUNTFORD, T., TACOUN, F. (2005): Airline alliance survey 2005, in: AIRLINE BUSINESS, 9, S. 49-91.

KIMES, S. E. (1998): Yield Management: Airline Tool for Capacity-Constrained Service Firms, in: JOURNAL OF OPERATIONS MANAGEMENT, 8, S. 348.

KIRSTGES, T. (1994): Management von Tourismusunternehmen, München/Wien.

KLEIN, H. (1995): Management der Kundenzufriedenheit bei der Deutschen Lufthansa AG, in: SIMON, H., HOMBURG, C. (Hrsg.): Kundenzufriedenheit: Konzepte – Methoden – Erfahrungen, Wiesbaden, S. 367.

KLEIN, H. (1995): Vertriebslandschaft im Umbruch – Konzentration durch Liberalisierung, DRV-Jahrestagung in Palma de Mallorca, unveröffentlicht.

KLEIN, H. (1996): Allianzen – Herausforderungen und Strategien aus Sicht der Deutschen Lufthansa AG, in: INTERNATIONALES VERKEHRSWESEN, 12, S. 12.

KLOSTER-HARZ, D. (1976): Die Luftverkehrsabkommen der BRD, Diss., Göttingen.

KLOTEN, N. (1959): Die Eisenbahntarife im Güterverkehr, Basel/Tübingen.

KNAPP, F. (1998): Determinanten der Verkehrsmittelwahl, Berlin.

KNIEPS, G. (1987): Deregulierung im Luftverkehr, Tübingen.

KNIEPS, G. (1988): Gutachten des Deutschen Instituts für Wirtschaftsforschung, Baden-Baden, S. 253.

KNIEPS, G. (1988): Regulierung und Deregulierung im Luftverkehr der USA, in: HORN, M., KNIEPS, G., MÜLLER, J. (Hrsg.): Deregulierungsmaßnahmen in den USA: Schlußfolgerungen für die Bundesrepublik Deutschland, Wirtschaftsrecht und Wirtschaftspolitik, Band 94.

KNIEPS, G. (1996): Wettbewerb in Netzen, Reformpotentiale in den Sektoren Eisenbahn und Luftverkehr, Tübingen.

KNITTEL, W. (1994): Die Luftverkehrspolitik in Deutschland, in: DVWG (Hrsg.): Erstes Forum Luftverkehr der DVWG, Bergisch Gladbach, S. 137.

KNITTLINGER, K. (1997): Ertragsverfall gefährdet Airlinegewinne, in: FLUG REVUE, 3, S. 22.

KNORR, A. (1998): Bilaterale, regionale oder multilaterale Liberalisierung des Luftverkehrs, in: INTERNATIONALES VERKEHRSWESEN, 9, S. 383.

KNORR, A. (1998): Kooperationen zwischen Fluggesellschaften – Wettbewerbsbelebung oder Kartellsurrogat, in: Hamburger Jahrbuch für Wirtschafts- und Gesellschaftspolitik, Hamburg.

KNORR. A. (2006): „Schwarze Listen" – mehr Sicherheit im Luftverkehr, in: INTERNATIONALES VERKEHRSWESEN, 3, S. 79.

KÖBERLEIN, C. (1997): Kompendium der Verkehrspolitik, München/Wien.

KOERVER-STÜMPER, H. (1995): Nationaler Luftverkehr in der Bundesrepublik Deutschland – ein Teilmarkt ohne Chancen, in DVWG (Hrsg.): Alternative Strategien in der Luftverkehrspolitik, Köln, S. 165.

KOTAITE, A. (1995): Harnessing global cooperation, in: ICAO JOURNAL, November 1995, S. 10.

KOTLER, P., BLIEMEL, F. (1995): Marketing-Management, 8. A., Stuttgart 1995.

KRAHN, H. (1994): Markteintrittsbarrieren auf dem US-amerikanischen Luftverkehrsmarkt – Schlußfolgerungen für die Luftverkehrspolitik der Europäischen Gemeinschaften, Frankfurt/Main.

KRÄMER, P. M. (1992): Tagungsbericht ICAO Kolloquium 1992, in: ZLW, S. 275.

KRÄMER, P. M. (1994): Kapazitätsengpässe im Luftraum, Köln.

KRANZ, B. (2006): Mit einem Mausklick in den Urlaub, unter: http://www.abendblatt.de/daten/2006/03/07/540778.html, abgerufen am 01.07.2006.

KRAUSE, J. (1999): Electronic Commerce und Online-Marketing, München/Wien.

KRAUSE, R. (1997): Marketingaktivitäten deutscher Verkehrsflughäfen, in: FVW INTERNATIONAL, 5, S. 164.

KRAUSS, W. (1983): Zielvorstellung der Anbieter von Charterluftverkehrsleistungen zur europäischen und internationalen Luftverkehrspolitik, in: DVWG (Hrsg.): Alternative Strategien in der Luftverkehrspolitik, Köln, S. 133.

KRÜGER, K. (1990): Yield Management: Dynamische Gewinnsteuerung im Rahmen integrierter Informationstechnik, in: CONTROLLING, 5, S. 241.

KRUSE, J. (1998): Die Strategische Bedeutung der Innovation Call Center, in: HENN, H., KRUSE, J., STRAWE, O. (Hrsg): Handbuch Call Center Management, S. 10.

KUHNE, M. (1985): Luftverkehrstarife in Europa und USA – Welche Erkenntnisse sind aus Vergleichen zu ziehen? in: INTERNATIONALES VERKEHRSWESEN, 1, S. 26.

KUMMER, S., MEDENBACH, S. (2004): Die wirtschaftliche Bedeutung der österreichischen Luftverkehrswirtschaft – Stand und Entwicklungsperspektiven des Personenluftverkehrs, Wien.

KUMMER, S., SCHMIDT, S. (2002): Methodik der Generierung und Anwendung wertorientierter Performance-Kennzahlen zur Beurteilung der Entwicklung des Unternehmenswertes von Flughafenunternehmen, TU Dresden, INSTITUT FÜR VERKEHR UND WIRTSCHAFT (Hrsg.), Dresden.

KUMMER, S., SCHNELL, M. (2001): Strategien und Markteintrittsbarrieren in europäischen Luftverkehrsmärkten: Theorie und neue empirische Befunde, DVWG (Hrsg.), Schriftenreihe D, 70, Bergisch-Gladbach.

KYROU, D. (2000): Lobbying the European Commission: the case of air transport, Aldershot.

LAASER, C.-F., SICHELSCHMIDT, H., SOLTWEDEL, R., WOLF, H. (2000): Global Strategic Alliances in Scheduled Air Transport, herausgegeben vom INSTITUT FÜR WELTWIRTSCHAFT, Kiel.

LAI, S., LU, W. L. (2005): Impact analysis of September 11 on air travel demand in the USA, in: JOURNAL OF AIR TRANSPORT MANAGEMENT, 11, S. 455.

LBA (LUFTFAHRT-BUNDESAMT) (2006): Statistik der durchgeführten Ramp-Checks an Flugzeugen ausländischer Luftfahrtunternehmen, unter: http://www.lba.de/cln_001/nn_57212/DE/_C3_96ffentlichkeitsarbeit/Statistiken/Ramp-Checks.html__nnn=true, abgerufen am 18.04.2006.

LECHNER, K. (1963): Verkehrsbetriebswirtschaftslehre, Stuttgart.

LEE, D. (2003): Concentration and price trends in the US domestic airline industry: 1990-2000, in: JOURNAL OF AIR TRANSPORT MANAGEMENT, 9, S. 91.

LEE, S., NEGRETTE, A. (1979): Deregulation of Air Transportation: Past Regulatory Controls and the Transition to a Deregulated System, in: TRANSPORTATION RESEARCH FORUM (Hrsg.): Proceedings, 20th annual meeting of the TRF, Oxford, Indiana.

LI, M. (1998): Air transport in ASEAN: Recent developments and implications, in: JOURNAL OF AIR TRANSPORT MANAGEMENT, 4, S. 135.

LIEB, M. (1997): Strategien des Qualitätsmanagements, in: POMPL, W., LIEB, M. (Hrsg.): Qualitätsmanagement im Tourismus, München/Wien, S. 30.

LINDEN, W. (1961): Grundzüge der Verkehrspolitik, Wiesbaden.

LINDENMEIER, J. (2005): Yield-Management und Kundenzufriedenheit. Konzeptionelle Aspekte und empirische Analyse am Beispiel von Fluggesellschaften, Wiesbaden.

LINDSTÄDT, H., FAUSER, B. (2004): Separation or integration?, in: JOURNAL OF AIR TRANSPORT MANAGEMENT, 10 (1), S. 23-31.

LOBBENBERG, A., DOGANIS, R. (1994): A costly turnaround, in: AIRLINE BUSINESS, 3, S. 32.

LOBBENBERG, A. (1995): Strategic responses of charter airlines to Single Market integration, in: JOURNAL OF AIR TRANSPORT MANAGEMENT, 2, S. 67.

LOHMANN, M. (1968): Einführung in die Betriebswirtschaftslehre, Tübingen.

LU, A. (2002): International Airline Alliances: EC Competiton Law / US Antitrust Law, Diss., Universität Leiden.

LÜCKING, J. (1994): Angebotsplanung und Fluggastverhalten im überlasteten Luftverkehrssystem, Bern.

LUFTHANSA (1986): Einführung in die Luftfracht, Köln.

LUFTHANSA (1990): Ertragsmanagement Passage, Köln.

LUFTHANSA (1996): Programm 15 – Kostenmanagement, Frankfurt/Main.

LUFTHANSA (1997): Balance – Offener Himmel – grenzenloser Wettbewerb, Köln.

LUFTHANSA (1997): Flightcrew Info 1/87, S. 51.

LUFTHANSA (1997): Zahlen, Daten, Fakten 1997, Köln.

LUFTHANSA (1999): Begriffe und Definitionen im Lufthansa-Konzern, Köln.

LUFTHANSA (1999): Der Lufthanseat, 782, 22. 01.1999.

LUFTHANSA (2000): Balance – Umweltbericht der Lufthansa 1999/2000, Köln.

LUFTHANSA (2001): IATA-Rangfolge, unter: http://www.lufthansa-financials.de/avcom/ deutsch/00_start/index_d.html, Der Konzern, IATA-Rangfolge, abgerufen am 01.08.2001.

LUFTHANSA (2001): Passagierflotten, unter: http://cms.lufthansa.com/dlh/downloads/ Passagierflotten.pdf, abgerufen am 20.07.2001.

LUFTHANSA (2001): Profil, unter: http://www.lufthansa.com/dlh/de/htm/profil/felder /passage.html, abgerufen am 18.07.2001.

LUFTHANSA (2003): Lufthansa modernisiert Vertriebsmodell – Nettopreise bieten Kunden mehr Transparenz und Reisebüros neue Chancen, Pressemitteilung vom 08. Dezember 2003, Köln.

LUFTHANSA (2004): Politikbrief, Oktober 2004, Köln.

LUFTHANSA (2005): Balance 2005, Beiheft Daten und Fakten, Köln.

LUFTHANSA (2005): Beförderungsbedingungen für Fluggäste und Gepäck (Stand Oktober 2005), Customer Relations Passage, FRA EI/R, unter: http://www.lufthansa.com /online/portal/lh/xy/generalinfo?l=de&nodeid=1484834, abgerufen am 19.04.2006.

LUFTHANSA (2005): Fliegen mit Lufthansa wird günstiger – Absenkung der Ticket Service Charge, Pressemitteilung vom 03. Januar 2005, Köln.

LUFTHANSA (2005): Politikbrief, August 2005, Köln.

LUFTHANSA (2005): Politikbrief, Mai 2005, Köln.

LUFTHANSA (2006): Erst vernetzen, dann verlagern, unter: http://konzern.lufthansa.com/de/html/ueber_uns/mobilitaet/vernetzt/verkehrsverlagerung/index. htm, abgerufen am 10.06.2006.

LUFTHANSA (2006): IATA-Rangfolge, in: WELTLUFTVERKEHR, Ausgabe 2006, S. 32.

LUFTHANSA (2006): Lufthansa-Rekord: Mehr als 51 Millionen Fluggäste - neue Bestmarke bei Passagier-Auslastung im Jahr 2005, Pressemitteilung vom 10.01.2006, unter: http://konzern.lufthansa.com/de/html/presse/pressemeldungen/index.html?c=nachrichten /app/show/de/2006/01/1153/HOM&s=0 abgerufen am 15.03.2006.

LUFTHANSA (2006): Miles & More Teilnahmebedingungen, unter: Miles-and-More.com, abgerufen am 24.05.2006.

LUFTHANSA (2006): PartnerPlusBenefit Teilnehmebedingungen, unter: https://www. partnerplusbenefit.com/application/resources/AGBDruckversionen/tac_de_DE.pdf, abgerufen am 13.07.2006.

LUFTHANSA (div. J.): Geschäftsberichte 1975-2005, Köln.

LUFTHANSA (div. J.): Umweltberichte 1994, 1995/96, 1996/97, Köln.

LUFTHANSA (o. J.): Broschüre Miles & More, das Vielfliegerprogramm, Köln

LUFTHANSA (o. J.): Lufthansa Report – Daten, Fakten, Hintergrund, Medienservice zum Luftverkehr, Köln.

LUFTHANSA (o. J.): Passagehandbuch für Agenten. Köln.

LUFTHANSA (o. J.): PT 102 - Flugpreise Deutschland, Standardbedingungen für internationale Sondertarife (Note S 999), Köln.

LUHMANN, N. (1968): Zweckbegriff und Systemrationalität, Tübingen.

LYLE, C. (2000): Freedoms's path, in: AIRLINE BUSINESS, 3, S. 77.

MAILLEBIAU, E., HANSEN, M. (1995): Demand and Consumer Welfare Impacts of International Airline Liberalisation: The Case of North Atlantic, in: JOURNAL OF TRANSPORT ECONOMICS AND POLICY, May 1995, S. 115.

MAK, B., GO, F. (1995): Matching global competition, in: TOURISM MANAGEMENT, 1, S. 61.

MALANIK, P. (1998): Strategische Allianz statt Fusion. Die „sanfte" Variante des Strukturveränderungsprozesses oder einfach das bessere Konzept?, DVWG (Hrsg.): Schriftenreihe B, S. 1-15.

MARUHN, E. (1991): 30 Jahre Nachtluftpost, in: LUFTHANSA (Hrsg.): Jahrbuch 1991, Köln. S. 168.

MARUHN, E. (1992): Integrators – Herausforderung für die Luftfracht, in LUFTHANSA (Hrsg.): Jahrbuch 1992, Köln, S. 147.

MARX, J. (1974): Die regionalpolitische Rolle des regionalen Luftverkehrs, Diss., Zürich.

MASON, K. J. (2005): Observations of fundamental changes in the demand for aviation services, in: JOURNAL OF AIR TRANSPORT MANAGEMENT, 11 (1), S. 19-25.

MEFFERT, H. (1994): Marketing-Management, Wiesbaden.

MEFFERT, H., BRUHN, M. (1997): Dienstleistungsmarketing, 2. A., Wiesbaden.

MEHDORN, H. (1994): Die Zukunft der zivilen europäischen Luftfahrtindustrie, in: DEUTSCHE AEROSPACE (Hrsg.): Dokumente der Luft- und Raumfahrtindustrie, Nr. 8, o. O.

MEIER, U. (1993): Die Gestaltung der Luftverkehrsbeziehungen der Mitgliedstaaten der Europäischen Gemeinschaft mit Drittstaaten – eine gemeinschaftliche Aufgabe?, in: ZLW, S. 5.

MEINECKE, H. (1975): Die Tarife der IATA in kartellrechtlicher Sicht, Diss., Göttingen.

MEINECKE, P. (2000): Deutsche Flughäfen im Feld von Wettbewerb und Kooperationen, in: INTERNATIONALES VERKEHRSWESEN, 52 (11), S. 513-517.

MENGEN, A. (1993): Konzeptgestaltung von Dienstleistungsprodukten: eine Conjoint-Analyse, Stuttgart.

MEYER, A. (1965): Die Staatshoheit im Luftraum und die Entwicklungen im Weltraum, in: ZLW, S. 296.

MEYER, A. (1975): Internationale Luftfahrtabkommen, Bde. I - III, Köln.

MEYER, H. (1996): Enthierarchisierungsstrategien im Luftverkehr, Göttingen.

MEYER, R. (2005): Dirigismus und Liberalisierung im internationalen Fluglinienverkehr, in: LEMPER, B., MEYER, R. (Hrsg.): Märkte im Wandel – mehr Mut zum Wettbewerb, Frankfurt/Main, S.167-184.

MILLER, B., CLARKE, J.-P. (2004): Umweltbelastungen des Luftverkehrs, in: KNORR, A., SCHAUF, T. (Hrsg.): See- und Luftverkehrsmärkte im Umbruch, Münster, S. 133.

MITCHELL, K. (2006): Don't break the code, in: AIRLINE BUSINESS, 3, S. 74.

MÖLLER, C., SCHUCKERT, M. (2005): Low Cost Airlines als Innovationskatalysator in der Touristik, in: PECHLANER, H. ET AL (Hrsg.): Erfolg durch Innovationen – Perspektiven für den Tourismus- und Dienstleistungssektor, Wiesbaden, S. 431-444.

MÖLLER, C., SCHUCKERT. M., THOMSEN, S. (2004): Electronic Customer Care in der Touristik, in: SALMEN, M., GRÖSCHEL, M. (Hrsg.): Handbuch Electronic Customer Care – Der Weg zur digitalen Kundennähe, Heidelberg, S. 265-278.

MÖLLERS, W. (1978): Entwicklung und Bedeutung der Verkehrsflughäfen in der BRD als binnenländische Luftverkehrsknotenpunkte und die damit verbundene Problematik, Zürich/Frankfurt am Main.

MONROE, K. (1990): Pricing: Making profitable decisions, New York.

MOORE, T. (1986): U.S. Airline Deregulation: Its Effects on Passengers, Capital and Labour, in: JOURNAL OF LAW AND ECONOMICS, Vol. XXIX, S. 1.

MORRISON, S. (1996): Airline Mergers: A Longer View, in: JOURNAL OF TRANSPORT ECONOMICS AND POLICY, 30, S. 237-250.

MORRISON, S. A., WINSTON, C. (1986): The Economic Effects of Airline Deregulation, Washington DC.

MORRISON, S. A., WINSTON, C. (1995): The Evolution of the Airline Industry, Washington DC.

MORRISON, S. A., WINSTON, C. (2002): Le profil du secteur du transport aérien, in: GAUDRY, M., MAYES, R. (Hrsg.): La Libéralisation du transport aérien, Paris, S. 3.

MORTIMER, L. (1996): Standards for aircraft noise, emissions focus of meeting on environmental issues, in: ICAO JOURNAL, March 1996, S. 5.

MOSER, S. (1991): Die Swissair Story, Düsseldorf/Wien.

MÜLLER, U. (2006): Mitteldeutsche Luftnummern, in: DIE WELT, 14.03.2006, S. 12.

MÜLLER, U., PÖHLMANN, H. (1977): Allgemeine Volkswirtschaftslehre, Wiesbaden.

NAGEL, R. (2004): Die Erwartungen Deutschlands an einen offenen transatlantischen Luftverkehrsmarkt, in: DVWG (Hrsg.): Luftverkehrsmärkte der Zukunft, 11. Luftverkehrsforum der DVWG, Berlin, S. 69.

NAPP-ZINN, A. (1954): Gemeinwirtschaftliche Verkehrsbedienung – Entwicklung und Problematik eines verkehrspolitischen Grundsatzes, in: ZEITSCHRIFT FÜR VERKEHRSWISSENSCHAFTEN, S. 90.

NAVEAU, J. (1996): Liberté de l'air: La grande illusion, Brüssel.

NAVEAU, J. (1998): International Air Transport in a Changing World, London.

NETZER, F. (1999): Strategische Allianzen im Luftverkehr, Frankfurt/Main.

NEU, M. (1989): Marketing-Strategien für den internationalen Wettbewerb von Luftfahrtgesellschaften, Diss., Würzburg.

NEUMEISTER, K. (2000): Umweltpolitik darf nicht flugzeugfeindlich sein, in: LUFT-HANSA (Hrsg.): Balance – Umweltbericht der Lufthansa 1999/2000, Frankfurt/Main, S. 39.

NIEJAHR, M. (1996): Neuere Überlegungen zur Vergabe von Slots, in: DVWG (Hrsg.): Drittes Luftverkehrsforum der DVWG, Bergisch Gladbach, S. 55.

NIESCHLAG, R., DICHTL, E., HÖRSCHGEN, H. (1994): Marketing, 17. A., Berlin.

NIESTER, W. (1983): Verkehrspolitische Überlegungen zur zukünftigen Gestaltung des nationalen und internationalen Luftverkehrs, in: DVWG (Hrsg.): Alternative Strategien in der Luftverkehrspolitik, Köln, S. 95.

NIESTER, W. (1995): Die verkehrspolitischen Maßstäbe des BMV zur Gestaltung des Regional-/Ergänzungsluftverkehrs im regionalen, nationalen und grenzüberschreitenden Bereich, in: DVWG (Hrsg.): Problemkreis Regional-/Ergänzungsluftverkehr, Bergisch Gladbach, S. 23.

NORTON, W. (1994): Bankruptcy Law and Practice, 2. A., o. O.

NOVOSTI – RUSSIAN NEWS & INFORMATION AGENCY (2005): Pressemitteilung vom 28.04.2005, Moskau.

O. V. (1983): The Interline System, in: IATA Review, 3, S. 8.

O. V. (1986): ECAC, U.S. Renew North Atlantic Pact, in: Aviation Week & Space Technology, 23.2.1986, S. 56.

O. V. (1987): Äußerste Grenze, in: Der Spiegel, 35, S. 118.

O. V. (1990): One Sure Result Of Airline Deregulation; Controversy about its Impact on Fares, in: THE WALL STREET JOURNAL, 08.06.1990.

O. V. (1997): FAG wirbt für ein gemeinsames deutsches Flughafen-System, in: UNSER FLUGHAFEN, Mitarbeiterzeitung der Flughafen Frankfurt/Main AG, 6, S. 8.

O. V. (1998): Mehr erlaubte Flugbewegungen, in: INTERNATIONALES VERKEHRSWESEN, 3, S. 71.

O. V. (1999): Erst Freund, dann Feind, in: TOURISTIK REPORT, 18, S. 18.

O. V. (2001): Aeroexchange setzt neue Maßstäbe, in Lufthanseat, 856, S. 1.

O. V. (2001): Flugpässe für die ganze Welt, in FVW INTERNATIONAL, . 6, S. 111.

O. V. (2001): LH-Flat-Fee, in TOURISTIK REPORT, 13, S. 16.

O. V. (2001): Open Skies in Asia-Pacific, AIRLINE BUSINESS, 1, S. 9.

O. V. (2001): Wachstum und Wettbewerb, in TOURISTIK REPORT, 6, S. 50.

O. V. (2001): Webbed Wings, in THE ECONOMIST, March 10th 2001, Supplement: Survey of Air Travel, S. 20.

O. V. (2005): Jet engine market statistics, in: AIRLINE BUSINESS, 4, S. 61.

O. V. (2006): Flugangebot in den GDS, in: TOURISTIK REPORT, 07.03.2006.

O. V. (2006): Kerosinsteuer, unter: http://www.spiegel.de/reise/aktuell/0,151 8,406014,00, abgerufen am 16.03.2006.

O. V. (2006): Welcome to Lufthansa – 24/7 worldwide, in: LUFTHANSEAT, 1137, Köln.

O. V. (2006): World Airline Fleets, in: AIR TRANSPORT WORLD, July 2006, S. 103.

O. V. (2006): World Fleet Summary, in: AIR TRANSPORT WORLD, July 2006, S. 102.

O'CONNOR. W. (1995): An introduction to airline economics, 5th ed., Westport.

O'CONNOR. W. (2001): An introduction to airline economics, 6th ed., Westport.

O'CONNOR, W. (1978): An Introduction to Airline Economics, New York.

ODENTHAL, F. (1983): Determinanten der Nachfrage nach Personenlinienluftverkehr in Europa, Frankfurt/Main.

OECD (ORGANISATION FOR ECONOMIC CO-OPERATION AND DEVELOPMENT) (1996): The Future of International Air Transport Policy, Paris.

OESSLER, R. (2002): Luftfahrtversicherungen in Zeiten terroristischer Anschläge, in: ARBEITSKREIS LUFTVERKEHR DER TU DARMSTADT (Hrsg.): Kolloquium Luftverkehr an der TU Darmstadt, Bd. 9, Darmstadt, S. 45-56.

OHMAE, K. (1989): The Global Logic of Strategic Alliances, in: HARVARD BUSINESS REVIEW, March-April 1989, S. 143.

OLIVA, C. (1998): Belastungen der Bevölkerung durch Flug- und Straßenlärm. Eine Lärmstudie am Beispiel der Flughäfen Genf und Zürich, Berlin.

OPASCHOWSKI, H. W. (2006): Tourismusanalyse 2006, BAT FREIZEIT-FORSCHUNGSINSTITUT (Hrsg.), Hamburg.

OPITZ, M. (1994): Der Einfluß der EG-Liberalisierung auf die Netzbildung im europäischen Luftverkehrssystem, Nürnberg.

OPPERMANN, M. (1995): Family Life Cycle and Cohort Effects: A Study of Travel Patterns of German Residents, in: JOURNAL OF TRAVEL AND TOURISM MARKETING, 4 (1), S. 23-27.

OPPERMANN, T. (1991): Europarecht, München.

OSROWSKI, P. L., O'BRIEN, T. V., GORDON, G. L. (1993): Service Quality and Customer Loyality in the Commercial Airline Industry, in: JOURNAL OF TRAVEL RESEARCH, Fall 1993, S. 16.

OTT, J., NEIDL, R. (1997), Airline Odyssey – The Airline Industry´s Turbulent Flight into the Future, New York.

OUM, T., PARK, J., ZHANG, A. (1996): The Effects of Airline Codesharing Agreements on Firm Conduct and International Air Fares, in: JOURNAL OF TRANSPORT ECONOMICS AND POLICY, May 1996, S. 187.

OUM, T., YU, C. (1995): A productivity comparison of the world's major airlines, in: JOURNAL OF AIR TRANSPORT MANAGEMENT, 3/4, S. 181.

OUM, T., YU, C. (1998): Winning Airlines, Boston.

OUM, T., YU, C., ZHANG, A. (2002): Global airline alliances: international regulatory issues, in: JOURNAL OF AIR TRANSPORT MANAGEMENT, 7, S. 57.

OXFORD ECONOMIC FORECASTING (2005): Measuring Airline Network Benefits; unveröffentlichte Studie im Auftrag der IATA, Montreal.

PACHE, E. (2005): Möglichkeiten der Einführung einer Kerosinsteuer auf innerdeutsche Flüge, Forschungsbericht 363 01 091; UMWELTBUNDESAMT (Hrsg.): Berlin.

PAGE, S. (1996): Transport for tourism, London/New York.

PAGE, S. (1999): Transport and Tourism, New York.

PAVAUX, J. (1984): L'économie du transport aérien, Paris.

PENNINGTON-GRAY, L., KERSTETTER, D. L., WARNICK, R. (2002): Forecasting Travel Patterns Using Palmore's Cohort Analysis, in: JOURNAL OF TRAVEL AND TOURISM MARKETING, 13 (1/2), S. 127-145.

PERRET, F. (2000): Europäisches Recht und Computerreservierungssysteme, Frankfurt/Main.

PETERSEN, H. (1996): Telekommunikation und Verkehr, in: INTERNATIONALES VERKEHRSWESEN, 5, S. 224.

PETERSON, B. (2004): Blue streak: Inside JetBlue, the upstart that rocked an industry, New York.

PFAFF, M. J. (1992): Die Beschaffung von Verkehrsflugzeugen, Heidelberg.

PFÄHLER, W., NIEMEIER, H.-M., MAYER, O. (1999): Airports and Air Traffic, Frankfurt/Main.

PHILIPP, W. (1994): Die Flugsicherung – Clearance for take-off, in: DVWG (Hrsg.): Erstes Forum Luftverkehr der DVWG, Bergisch Gladbach, S. 115.

PICKRELL, D. (1991): The regulation and deregulation of US airlines, in: BUTTON, K. J. (Hrsg.): Deregulation: International Experiences, London, S. 5.

PICOT, A. (1982): Transaktionskostenansatz in der Organisationstheorie, in: DIE BETRIEBSWIRTSCHAFT, Jg. 42, S. 255.

PIEPELOW, V. (1997): Die europäischen Linienfluggesellschaften im Wettbewerb, Frankfurt/Main.

PILLING, M.: Unfinished business, in: AIRLINE BUSINESS, 5, S. 34-35.

PIPER, H. P. (1994): Bodendienste der deutschen Verkehrsflughäfen, in: INTERNATIONALES VERKEHRSWESEN, 1+2, S. 51.

PIRATH, C. (1934): Die Grundlagen der Verkehrswirtschaft, Berlin.

POMPL, W. (1975): Der internationale Tourismus in Kenia und seine Implikationen für die sozioökonomische Entwicklung des Landes, Diss., München.

POMPL, W. (1982): Die Entwicklung des Nordatlantik-Flugverkehrs, in: DER FREMDENVERKEHR, 9, S. 14.

POMPL, W. (1984): Neuere Entwicklungen in der Luftverkehrspolitik der Europäischen Gemeinschaft, in: INTERNATIONALES VERKEHRSWESEN, 8, S. 317.

POMPL, W. (1984): Tarifniveau in Europa und den USA, in: FVW INTERNATIONAL, 5, S. 122.

POMPL, W. (1996): Touristikmanagement 2, Berlin/New York.

POMPL, W. (1997): Beschwerdemanagement, in: POMPL, W., LIEB, M. G. (Hrsg.): Qualitätsmanagement im Tourismus, München/Wien, S. 184-206.

POMPL, W. (1997): Qualität touristischer Dienstleistungen, in POMPL, W., LIEB, M. G. (Hrsg.): Qualitätsmanagement im Tourismus, München/Wien, S. 1.

POMPL, W. (1997): Stichwörter Luftverkehr, Linienluftverkehr, Regionalluftverkehr, in: BLOECH, J., IHDE, G. (Hrsg.): Vahlens Großes Logistiklexikon, München.

POMPL, W. (1997): Touristikmanagement 1, 2. A., Berlin/New York.

POMPL, W. (2000): Erfolgsfaktoren im Management von Luftverkehrsgesellschaften, in: GEWALD, S.: Handbuch des Touristik- und Hotelmanagement, 2. A., München/Wien, S. 77.

POMPL, W. (2002): Internationale Strategien von Luftverkehrsgesellschaften, in: POMPL, W., LIEB, M. (Hrsg.): Internationales Tourismus-Management, München, S. 183.

POMPL, W. (2002): Structural changes in the airline industry and the consequences for tourism, in: AIEST (Hrsg.): Air Transport and Tourism, St. Gallen, S. 85-120.

POMPL, W. (2003): Tourismusdienstleistungen, in: PEPELS, W. (Hrsg.): Betriebswirtschaft der Dienstleistungen, Herne/Berlin, S. 397-419.

POMPL, W., BUER, CH. (2006): Notwendigkeit, Probleme und Besonderheiten von Innovationen bei touristischen Dienstleistungen, in: PIKKEMAAT, B., PETERS, M., WEIERMAIR, K. (Hrsg.): Innovationen im Tourismus, Berlin.

POMPL, W., SCHUCKERT, M., MÖLLER, C. (2003): Zur Differenzierung der Geschäftsmodelle im Personenluftverkehr: Die Full Service Network Carrier, in: TOURISMUS JOURNAL, 4, Stuttgart, S. 457-467.

POMPL, W., SCHUCKERT, M., MÖLLER, C. (2004): The Future of Small and Medium Sized Airlines in Europe, in: KELLER, P., BIEGER, T. (Hrsg.): The future of SMEs in Tourism, AIEST, St. Gallen, S. 335-360.

POMPL, W., SCHUCKERT, M., MÖLLER, C. (2006): Full Service Network Carrier – Ein Geschäftsmodell unter Druck?, in: DVWG (Hrsg.): INTERNATIONALES VERKEHRSWESEN, 58 (1+2), S. 21-27.

PORGER, V. (1978): Europäischer Flugtourismus in der BRD, Teil 1, in: Zeitschrift für Verkehrswissenschaften, S. 103.

PORTER, M. (1992): Wettbewerbsstrategie, 7. A., Frankfurt/Main.

POSTERT, A., SICKLES, R. (2002): La concurrence dans le transport aérien en Europe: 1976-1994, in: GAUDRY, M., MAYES, R. (Hrsg.): La Libéralisation du transport aérien, Paris, S. 59.

PREDÖHL, A. (1964): Verkehrspolitik, Göttingen.

PRIEMAYER, B. (2005): Strategische Allianzen im Europäischen Wettbewerbsrecht, Wien.

PRO LUFTAHRT (o. J.): Flughafen Frankfurt a. M. – Drehscheibe des Weltluftverkehrs, Egelsbach o. J.

PROGNOS AG (1995): Bedeutung und Umwelteinwirkungen von Schienen- und Luftverkehr in Deutschland, Basel.

PRYZYCHOWSKI, H. v. (1996): Der alliierte Flugverkehr 1945-1960, Berlin.

PÜMPIN, C. (1986): Management strategischer Erfolgspositionen – das SEP-Konzept als Grundlage wirkungsvoller Unternehmensführung, 3. A., Bern/ Stuttgart.

RADEMACHER, H. (1991): Nach dem Flugzeugzusammenstoß in Los Angeles, in: FAZ, 8.2.1991, S. 9.

RADNOTI, G. (2002): Profit Strategies for Air Transportation, New York.

RANGOSCH-DU MOULIN, S. (1997): Videokonferenzen als Ersatz oder Ergänzung von Geschäftsreisen, Diss., Universität Zürich.

RANGOSCH-DU MOULIN, S. (1998): Einsparungen im Pendler- und Geschäftsreiseverkehr durch Telekommunikation? in: INTERNATIONALES VERKEHRSWESEN, 5, S. 203-207.

RAT DER EUROPÄISCHEN UNION (1993): Beschluss des Rates vom 22. 06. 1992 über den Abschluss eines Abkommens zwischen der Europäischen Wirtschaftsgemeinschaft, dem Königreich Norwegen und dem Königreich Schweden über die Zivilluftfahrt, geändert durch Beschluss des Rates 93/453/EWG vom 22.7.1993, ABl. L 212 vom 23.8.1993, S. 17.

RAT DER EUROPÄISCHEN UNION (1994): Richtlinie 94/56/EG des Rates vom 21. November 1994 über Grundsätze für die Untersuchung von Unfällen und Störungen in der Zivilluftfahrt, ABl. L 319 vom 12.12.1994, S. 14.

RAT DER EUROPÄISCHEN UNION (2003): Richtlinie 2003/96/EG des Rates vom 27. Oktober 2003 zur Restrukturierung der gemeinschaftlichen Rahmenvorschriften zur Besteuerung von Energieerzeugnissen und elektrischem Strom, ABl. L 283 vom 31.10.2003, S. 51.

RAT DER EUROPÄISCHEN UNION (2004): Beschluss 2004/496/EG des Rates vom 17. Mai 2004 über den Abschluss eines Abkommens zwischen der Europäischen Gemeinschaft und den Vereinigten Staaten von Amerika über die Verarbeitung von Fluggastdatensätzen und deren Übermittlung durch die Fluggesellschaften an das Bureau of Customs and Border Protection des United States Department of Homeland Security, ABl. L 183 vom 20.05.2004, S. 83.

RAT DER EUROPÄISCHEN UNION (2004): Veröffentlichung nach Artikel 5 der Verordnung (EWG) Nr. 3975/87 des Rates vom 14. Dezember 1987 in der Sache IV/37.730 – Austrian Airlines Oesterreichische Luftverkehrs AG/Deutsche Lufthansa AG, ABl. C 193 vom 30.04.2004, S. 1.

RAT DER EUROPÄISCHEN UNION (2004): Verordnung (EG) 1321/2004 des Rates vom 12. Juli 2004 über die Verwaltungsorgane der europäischen Satellitennavigationsprogramme, ABl. L 246 vom 20.07.2004, S. 1.

RAT DER EUROPÄISCHEN UNION (2004): Verordnung (EG) Nr. 139/2004 des Rates vom 20. Januar 2004 über die Kontrolle von Unternehmenszusammenschlüssen („EG-Fusionsverordnung"), ABl. L 024 vom 29.01.2004, S. 1.

RAT DER EUROPÄISCHEN UNION (2004): Verordnung (EG) Nr. 411/2004 des Rates vom 26. Februar 2004 zur Aufhebung der Verordnung (EWG) Nr. 3975/87 und zur Änderung der Verordnung (EWG) Nr. 3976/87 sowie der Verordnung (EG) Nr. 1/2003 hinsichtlich des Luftverkehrs zwischen der Gemeinschaft und Drittländern, ABl. L 068 vom 06.03.2004, S. 1.

RATTRAY, K. (2002): Air carriers of developing countries must have safeguards in a liberalized environment, in: ICAO JOURNAL, 9, S. 13.

REICHARDT, G. (1995): Ein Verfahren zur Bewertung der Anbindung eines Landes an den Luftverkehr – Beispiel Nordrhein-Westfalen, Bochum.

REICHE, D. (1999): Privatisierung der internationalen Verkehrsflughäfen in Deutschland, Wiesbaden.

REIFARTH, J. (1985): Internationale Regelung der Tarife im Linienluftverkehr, Frankfurt/Main.

REMMERS, J. (1994): Yield Management im Tourismus, in: SCHERTLER, W. (Hrsg.): Tourismus als Informationsgeschäft, Wien, S. 171.

RHOADES, D. L. (2003): Evolution of International Aviation, Aldershot.

RICHMOND, S. B. (1961): Regulation and Competition in Air Transportation, New York.

RIEMANN, J. (1997): Franchising im Flugverkehr: Britischer Branchenprimus prescht weit voraus, in: Touristik Report, 5, S. 62.

RITTWEGER, A., LAREW, J. (1996): Revenue Management – Dig a little deeper, in: AIRLINE BUSINESS, 10, S. 64.

ROBINSON, J. (1933): The Economics of Imperfect Competition, London.

ROCHAT, P. (2005): No more science fiction, in: AIRLINE BUSINESS, 6, S. 90.

RODERMANN, M. (1995): Das Problem Synergieplanung versus Synergierealisierung und die Notwendigkeit zur konzeptionellen Klärung des Synergiebegriffs, in: SCHERTLER, W. (Hrsg.): Management von Unternehmenskooperationen, Wien, S. 251-316.

RÖDIG, F. (1990): IATA-Bedeutungswandel durch veränderte Marktbedingungen, in: LUFTHANSA (Hrsg.): Jahrbuch 1990, S. 48.

ROGL, D. (2000): Neue Technologien für den alten Kontinent, in: FVW INTERNATIONAL, 30, S. 56.

ROGL, D. (2001): Cendant ergänzt sein Blatt, in: FVW INTERNATIONAL, 16, S. 32.

ROPELLA, W. (1998): Synergie als strategisches Ziel der Unternehmung, Berlin/ New York.

ROSENFIELD, S. (1994): Regulation of International Commercial Aviation: The International Regulatory Structure, Bd. 1, 2, New York.

ROSENTHAL, F. (1993): Die nationale Luft- und Raumfahrtindustrie – Aspekte staatlichen Engagements in Hochtechnologiebranchen, Frankfurt/Main.

RÖSSGER, E. (1970): Die Bedeutung eines Flughafens für die Wirtschaft seiner Umgebung, Köln-Oplanden.

RÖSSGER, E., HÜNERMANN, K. (1965): Einführung in die Luftverkehrspolitik, Zürich.

ROTHE, S. (1994): Neue Distributionsstrategien im Tourismus – am Beispiel der Reiseveranstalter und Reisebüros, in: SCHERTLER, W. (Hrsg.): Tourismus als Informationsgeschäft, Wien, S. 89.

RUDOLF, A. (1970): Die sogenannte Pauschalreise (IT-) Charter im Spannungsfeld zwischen Fluglinien und Gelegenheitsverkehr, in: ZLW, S. 110.

RUTKOWSKI, K. (1991): Herausforderungen für Osteuropa, in: INTERNATIONALES VERKEHRSWESEN, 4, S. 143.

SABATHIL, S. (1994): Lehrbuch des Linienflugverkehrs, 2. A., Berlin.

SABRE (2006): Products and Servies, unter: http://www.sabreairlinesolutions.com/products.htm, abgerufen am 25.06.2006.

SABRE (2006): Sabre History, unter: http://www.sabre-holdings.com/aboutUs/history .html#60s, abgerufen am 25.06.2006.

SAKAI, M., BROWN, J., MAK, J. (2000): Population Aging and Japanese International Travel in the 21st Century, in: JOURNAL OF TRAVEL RESEARCH, 38, S. 212-220.

SAMPSON, A. (1984): Empires of the Sky, London.

SAMUELSON, P., NORDHAUS, W. (2005): Volkswirtschaftslehre. Das internationale Standardwerk der Makro- und Mikroökonomie, Landsberg/Lech.

SANDVOSS, J. (1996): Slots – für Airlines der Engpassfaktor Nr. 1, in: DVWG (Hrsg.): Drittes Forum Luftverkehr, Bergisch Gladbach, S. 82.

SAVAGE, I. (2002): La déreglementation du transport aérien et la sécurité aux Etats-Unis : le point 20 ans après, in: GAUDRY, M., MAYES, R. (Hrsg.): La Libéralisation du transport aérien, Paris, S. 155.

SAX, E. (1981): Die Verkehrsmittel in Volks- und Staatswirtschaft, Band 1, Berlin:

SCHÄFER, T. (2000): Lufthansa mitten im Jahrhundert der Netze, in: FVW INTERNATIONAL, 30, S. 58.

SCHÄFER, T. (2000): Online-Buchungssysteme für Firmenkunden, in: FVW INTERNATIONAL, 29, S. 74.

SCHATZ, K. W. (1985): Deregulierung im Luftverkehr – Markt über den Wolken, in: BEIHEFTE DER KONJUNKTURPOLITIK, Heft 32, S. 75.

SCHEEL, H. (1995): Konzerninsolvenzrecht. Eine rechtsvergleichende Darstellung des US-amerikanischen und des deutschen Rechts, Köln.

SCHERTLER, W. (1995): Management von Unternehmenskooperationen – Entwurf eines Bezugsrahmens, in: DERS. (Hrsg.): Management von Unternehmenskooperationen, Wien, S. 21.

SCHILLING, R. (1993): Qualität bei Linienfluggesellschaften und ihre Beeinflussung durch strategische Allianzen, Heilbronn, unveröffentlicht.

SCHIPPER, Y., RIETVELD, P., NIJKAMP, P. (2001): Environmental externalities in air transport markets, in: JOURNAL OF AIR TRANSPORT MANAGEMENT, 2, S. 169.

SCHMENGLER, H. J., THIEME, M. (1995): Die Bedeutung eines Bonusprogramms im Marketing einer Luftverkehrsgesellschaft, in: MARKETING ZFP, 2, S. 130.

SCHMID, G. (1988): Regionalverkehr in Europa – ein bedeutender Faktor für die Wirtschaft? in: DVWG (Hrsg.): Der Beitrag des Luftverkehrs zur ökonomischen Entwicklung in Europa, Bergisch Gladbach, S. 220.

SCHMID, G. (2000): Handbuch Airlinemanagement, München/Wien.

SCHMID, R. (1993): Das Dritte Maßnahmenbündel der EG-Kommission zur Errichtung des Binnenmarktes im Luftverkehr, in: Transportrecht, S. 89.

SCHMID, R. (1996): Rechtsprechung zum Charterflug, Frankfurt/Main.

SCHMIDT, A. (1994): Die Anwendbarkeit der umweltökonomischen Lizenzlösung auf die Umweltbelastungen durch den zivilen Luftverkehr, Frankfurt/Main.

SCHMIDT, A. (1995): Computerreservierungssysteme im Luftverkehr, Hamburg.

SCHMIDT, L. (1997): Die aktuelle Sicherheitssituation des Luftverkehrs in Deutschland, in: FVW INTERNATIONAL, 5, S. 169.

SCHMIDT, L. (1997): Die Ferienmonate entscheiden über den Gewinn, in: FVW INTERNATIONAL, 14, S. 63.

SCHMIDT, L. (2000): Türkische Carrier in der Krise, in: FVW INTERNATIONAL, 22, S. 110.

SCHMIDT, L. (2001): Wer nimmt die Sitze aus dem Markt, in: FVW INTERNATIONAL, 10, S. 84.

SCHMIDT, S. (1993): Strategische Allianzen im Luftverkehr. Erfolgsorientiertes Management europäischer Flug-Carrier, Trier.

SCHMITZ, P. (2004): Liberalisierung der Bodenverkehrsdienste um jeden Preis?, in: INTERNATIONALES VERKEHRSWESEN, 6, S. 276.

SCHNEIDER, D. (1993): Wettbewerbsvorteile integrierter Systemanbieter im Luftfrachtmarkt, Frankfurt/Main.

SCHOBER, A. (2004): Netzwerkbasierte E-Services als Instrument der Kundenbindung, Frankfurt/Main.

SCHÖLCH, M. (1997): Partner der Airlines – die Flughäfen im Wettbewerb; unveröffentlichtes Vortragsmanuskript, DVWG-Veranstaltung 'Der Luftverkehr von morgen', 9.4.1997.

SCHÖRCHER, U., BUCHHOLZ, R. (1994): Qualitätsmanagement in der Luftfahrt, in: MASING, W. (Hrsg.): Handbuch Qualitätsmanagement, 3. A., München/Wien.

SCHROIFF, F. (1979): Verkehrspolitik in der Bundesrepublik Deutschland zwischen Marktwirtschaft und Dirigismus, Göttingen.

SCHUCKERT, M., MÖLLER, C. (2003): Low Cost-Carrier und Charter-Modus: Grundprinzipien und Geschäftsmodelle, in: TOURISMUS JOURNAL – Zeitschrift für tourismuswissenschaftliche Forschung und Praxis, Heft 4/2003, Stuttgart, S. 469-482.

SCHUCKERT, M., MÖLLER, C. (2005) : Krisenantizipation und -reaktion in der Touristik am Beispiel von Luftverkehrsunternehmen, in: PECHLANER, H., GLAEßER, D. (Hrsg.): Krisen und Strukturbrüche – Perspektiven des Managements von Risiken und Gefahren, Schriften zu Tourismus und Freizeit der Deutschen Gesellschaft für Tourismuswissenschaft e.V., Bd. 4, Berlin, S. 131-141.

SCHUCKERT, M., MÜLLER, S.: (2006) Erlebnisorientierung im touristischen Transport am Beispiel des Personenluftverkehrs, in: WEIERMAIR, K., BRUNNER-SPERDIN, A. (Hrsg.): Erlebnisinszenierung im Tourismus – Creating Experiences in Tourism, Berlin, S. 145-156.

SCHUHMANN, U. (1993): On the Effect of Emissions from Aircraft Engines on the State of the Atmosphere, DLR Report, 1, Oberpfaffenhofen.

SCHULMEISTER, S. (1977): Reiseverkehr und Konjunktur, Wien.

SCHULTE-HILLEN, J. (1975): Luft- und Raumfahrtpolitik der Bundesrepublik Deutschland, Schriften der Kommission für wirtschaftlichen und sozialen Wandel, Bd. 49, Göttingen.

SCHULTE-STRATHAUS, U. (2004): Auf dem Weg zu einem europäischen Luftverkehrsmarkt – Worauf muß Deutschland achten?, in: DEUTSCHE VERKEHRSWISSENSCHAFTLICHE GESELLSCHAFT (Hrsg.): Luftverkehrsmärkte der Zukunft, 11. Luftverkehrsforum der DVWG, Berlin, S. 82.

SCHULZ, A. (1995): Vertriebskoordination und Angebotsoptimierung in elektronischen Märkten, Diss., Nürnberg

SCHULZ, A., FRANK, K., SEITZ, E. (1996): Tourismus und EDV, München.

SCHÜRNBRAND, K. (2006): Kollektive Marktbeherrschung in der Europäischen Fusionskontrolle, Frankfurt/Main.

SCHWENK, W. (1996): Handbuch des Luftverkehrsrechts, 2. A., Köln.

SCHWENK, W., GIEMULLA, E. (2005): Handbuch des Luftverkehrsrechts, 3.A., Köln.

SCHWENK, W., SCHWENK, R. (1993): Flugsicherung in Europa, in: ZLW, S. 121.

SCOTT, E. (2000): Freer Skies, in: AIRLINE BUSINESS, 7, S. 94.

SCOTT, E., CRABTREE, T. (2006): Freight freedoms, in: AIRLINE BUSINESS, 1, S. 50.

SEEBOHM, E. (2003): Luftverkehr und Umwelt im Rahmen des Luftverkehrskonzeptes der Europäischen Union, in: KOCH, H.-J. (Hrsg.): Umweltprobleme des Luftverkehrs, Baden-Baden, S. 53.

SEELER, H. (1992): Luftfahrtindustrie und Wirtschaft – Wechselbeziehungen, in: DVWG (Hrsg.): Der Beitrag des Luftverkehrs zur ökonomischen Entwicklung in Europa, Bergisch Gladbach, S. 68.

SEIDENFUS, H. (1981): Neuorientierung der Verkehrspolitik, Göttingen.

SEIDENFUS, H. (1993): Sustainable Mobility" – Kritische Anmerkungen zum Weißbuch der EG-Kommission, in RWI-Mitteilungen, S. 285.

SERPEN, E., O'TOOL, K. (2002): Flag bearers, in: AIRLINE BUSINESS, 10, S. 75-78.

SHAW, S. (1982): Air Transport – A Marketing Perspective, London.

SHAW, S. (1985): Airline Marketing and Management, 2. A., London.

SHAW, S. (2004): Airline Marketing and Management, 5. A., Aldershot.

SHEARMAN, P. (1992): Air Transport – Strategic Issues in Planning and Development, London.

SHEPHERD, W. G. (1990): The Economics of Industrial Organization, Englewood Cliffs/New Jersey.

SHIFRIN, C. (2005): A bigger picture, in: AIRLINE BUSINESS, 4, S. 70.

SHIFRIN, C. (2005): FAA´s cost conundrum, in: AIRLINE BUSINESS, 5, S. 31.

SHIFRIN, C. (2006): Bigger is better, in: AIRLINE BUSINESS, 5, S. 50.

SIGMANN, U. (1999): Strategische Allianzen im Regionalluftverkehr, Bergisch Gladbach.

SIMON, H. (1982): Preismanagement, Wiesbaden.

SIMON, J. L. (1994): The Airline Oversales Auction Plan, in: JOURNAL OF TRANSPORT ECONOMICS AND POLICY, September 1994, S. 319.

SINGAPORE AIRLINES (2001): Equity Partners, unter: http://www.singaporeair.com/saa/app/saa?hidHeaderAction=onHeaderMenuClick&hidTopicArea=EquityPartners, abgerufen am 19.07.2001.

SINHA, D. (2002): Deregulation and Liberalisation of the Airline Industry, Aldershot.

SITA (SOCIETE INTERNATIONALE DE TELECOMMUNICATIONS AERONAUTIQUES) (2006): "About", unter http://www.sita.com/News _Centre/ Corporate_ profile/History/default.htm, abgerufen am 15.2.2006.

SITA (SOCIETE INTERNATIONALE DE TELECOMMUNICATIONS AERONAUTIQUES) (1996): Activity Report 1995, Brüssel.

SITA (SOCIETE INTERNATIONALE DE TELECOMMUNICATIONS AERONAUTIQUES) (2001): About SITA, unter: http://www.sita.com/newscentre /profile/index.asp, abgerufen am 28.07.2001.

SKAMEDAL, J. (2004): Telecommuting's implications on travel and travel patterns, Diss., Universität Linköping.

SMITHIES, R. (1995): Air Transport and the General Agreement on Trade in Services (GATS), in: JOURNAL OF AIR TRANSPORT MANAGEMENT, 2, S. 123.

SORGENFREI, J. (1989): Regionalflughäfen: Funktionen und Wirkungen, Göttingen.

SPAETH, A. (1997): Flugsicherheit hat zugenommen, in: DIE ZEIT, 45, S. 77.

SPAETH, A. (2001): Keep it simple, in: TOURISM MANAGEMENT, 3, S. 30.

SPANNAGL, W. (1974): Linienfluggesellschaften im Hotelgewerbe, Diss., München.

SPIEGEL (2003): Geschäftsreisen in der LAE 2003 – Zielgruppen und Medien, Hamburg, Spiegel-Verlag, unter: http://media.spiegel.de/internet/media.nsf/E71118F70D3F0E36C 1256E2800654C66/$file/SP_LAE_Geschaeftsreisen.pdf, abgerufen am 20.03.2005.

STANFORD RESEARCH INSTITUTE INTERNATIONAL (SRI) (1990): A European Planning Strategy for Air Traffic to the Year 2010, Menlo Park.

STANOVSKY, R. (2003): Deregulierung im europäischen Luftverkehr, Notwendigkeiten, Möglichkeiten und Grenzen, Bayreuth.

START (2001): Geschäftsbericht 2000, unter: http://www.startamadeus.de/pdf/GB_D_00 .pdf, abgerufen am 02.08.2001.

STATISTISCHES BUNDESAMT (1984): Erläuterungen u. Definitionen für die Luftfahrtstatistik (lfd. Nr. 4), Wiesbaden.

STATISTISCHES BUNDESAMT (2003): Energy consumption and air emissions caused by transport activities. Contributions to Environmental-Economic Accounting, Vol. 12/2003, Wiesbaden.

STATISTISCHES BUNDESAMT (2005): Luftverkehr auf ausgewählten Flugplätzen, Fachserie 8, Reihe 6.1, Wiesbaden.

STATISTISCHES BUNDESAMT (2005): Statistisches Jahrbuch 2005, Wiesbaden.

STATISTISCHES BUNDESAMT (2006): Außenhandel, Fachserie 7 Reihe 1, Wiesbaden.

STATISTISCHES BUNDESAMT (2006): Energieverbrauch nach Wirtschaftsbereichen, unter: http://www.destatis.de/basis/d/umw/ugrtab3.php, abgerufen am 15.06.2006.

STATISTISCHES BUNDESAMT (2006): Luftverkehr auf ausgewählten Flugplätzen, Fachserie 8 Reihe 6.1, Wiesbaden.

STATISTISCHES BUNDESAMT (div. J.): Fachserie 8, Reihe 6, Luftverkehr 1996–2001, Wiesbaden.

STATISTISCHES BUNDESAMT (div. J.): Fachserie 8, Reihe 6.2, Luftverkehr, Jahrgänge 2002-2006, Wiesbaden.

STERZENBACH, R. (2000): Luftverkehr: Betriebswirtschaftliches Lehr- und Handbuch, 2. A., München/Wien.

STERZENBACH, R., CONRADY, R. (2003): Luftverkehr: Betriebswirtschaftliches Lehr- und Handbuch, 3. A., München/Wien.

STOETZER, M.-W. (1991): Regulierung oder Liberalisierung des Luftverkehrs in Europa, Baden-Baden.

STÖRMER, N. (2005): Der Schutz vor Fluglärm, Berlin.

STRASZHEIM, M. (1978): Airline Demand Functions in the North Atlantic, in: JOURNAL OF TRANSPORT ECONOMICS AND POLICY, S. 179.

STREITZ, M. (2006): Flugfirmen stopfen das Mobilfunk-Loch, unter: http://www.spiegel .de/wirtschaft/0,1518,408477,00.html, abgerufen am 01.07.2006.

STUKENBERG, D. (1979): Weichwährungsflugscheine, in: ZLW, S. 3.

STUKENBERG, D. (o. J.): Touristik im Fluglinienverkehr, in: KLATT, H. (Hrsg.): Recht der Touristik, Neuwied, Loseblatt-Sammlung, Gruppe 70.

SUFFOLK, T. F. (1996): Eurocontrol introduces new airspace management concept, in: ICAO JOURNAL, March, S. 21.

SÜLBERG, W. (1998): Reisevermittler, in HAEDRICH, G. u. a. (Hrsg.): Tourismus-Management, 3. A., Berlin, S. 571.

SWISSAIR (1993): Ökobilanz 1992, Zürich.

TACOUN, F. (2006): Mainline aircraft orders in AIRLINE BUSINESS, 4, S. 58.

TACT (1995): The Air Cargo Tarif, Amsterdam.

TALLURI, K., VAN RYZIN, G. (2004): The Theory and Practice of Revenue Management, New York.

TANEJA, N. (1980): US-International Aviation Policy, Lexington, Mass.

TANEJA, N. (1981): Airlines in Transition, Lexington, Mass.

TANEJA, N. (1987): Introduction to Civil Aviation, Lexington, Mass.

TANEJA, N. (2003): Airline Survival Kit, Aldershot.

TEGELBERG-ABERSON, E. (1987): Freedom in European Air Transport: The Best of Both Worlds? in: Air Law, 6, S. 282.

TERHORST, R. (1992): Das Modell eines Frachtflughafens und sein Beitrag zur logischen Optimierung der Luftfrachttransportkette, Diss., Köln.

TEUFEL, D. (2000): Der Treibhauseffekt – Ursachen, Folgen, Gegenmaßnahmen, in: GESAMTVERBAND DER DEUTSCHEN VERSICHERUNGSWIRTSCHAFT E.V. (Hrsg.): Katastrophe Natur, Berlin, S. 180.

TEUSCHER, W. (1994): Zur Liberalisierung des Luftverkehrs in Europa, Göttingen.

THIER, F. Z. (1987): Die zivile Luftfahrt, Wien.

THOMAS COOK: Geschäftsbericht 2004/2005, Oberursel.

THOMAS, G. (2004): Identity Crisis, in: Air Transport World, September 2004, S. 38-42.

THORNTON, D. (1996): Airbus Industrie, Houndmills.

TIETZ, B. (1980): Handbuch der Tourismuswirtschaft, München.

TIJON, F. (1997): Wirtschaftlichkeitsanalyse von Luftverkehrsunternehmen, Berlin.

TILLMANN, K. (1969): Meinungen über Urlaubsverkehrsmittel, in: Studienkreis für Tourismus (Hrsg.): Motive – Meinungen – Verhaltensweisen, Starnberg, S. 50.

TINARD, Y. (1990): La déréglementation aérienne: facteur d'insécurité?, in: ESPACES, 103, S. 5.

TIROLE, J. (1999): Industrieökonomik, 2. A., München/Wien.

TOURISTIK-ASSEKURANZ-SERVICE (o. J.): Personenkautionsversicherung für IATA-Agenturen, Frankfurt/Main.

TRANSAVIA (2006): Basiq Air, Pressemitteilung vom 07.09.2004 unter: http://www.transavia.com/tra/nieuws.nsf/vwwebdocs/de~merknaam, abgerufen am 01.07. 2006.

TRETHEWAY, M. W. (2004): Distortion of airline revenues: why the network airline model is broken, in: JOURNAL OF AIR TRANSPORT MANAGEMENT, 10 (1), S. 3-14.

TRÖNDLE, D. (1986): Kooperationsmanagement: Steuerung interaktioneller Prozesse bei Unternehmenskooperationen, Bergisch Gladbach.

TRUITT, L., TEYE, V., FARRIS, M. (1991): The Role of Computer Reservations Systems, in: TOURISM MANAGEMENT, March, S. 25.

TUI AG (2005): Geschäftsbericht 2005, Hannover.

TÜV RHEINLAND (o. J.): Maßnahmen zur verursacherbezogenen Schadstoffreduzierung des zivilen Luftverkehrs; Gutachten im Auftrag des Umweltbundesamts, o. O.

U.S. DEPARTMENT OF JUSTICE (1983): Comments and Proposed Rules for the CAB and Reply Comments, Washington DC.

ULRICH, C. (1996): Die Flugplankoordination der Bundesrepublik Deutschland, in: DVWG (Hrsg.): Drittes Luftverkehrsforum der DVWG, Bergisch Gladbach, S. 17.

UMLAUFT, H. (1975): Marketing-System des Linienflugverkehrs, Diss., Winterthur.

UMWELTBUNDESAMT (1993): Umweltfreundliche Beschaffung, Bonn.

UMWELTBUNDESAMT (1996): Verkehrsleistung und Luftschadstoffemissionen des Personenflugverkehrs in Deutschland von 1980 bis 2010, Texte 16/96, Berlin.

UNCTAD (UNITED NATIONS CONFERENCE ON TRADE AND DEVELOPMENT) (2004): Trade and Development Report 2004, Genf.

UNCTAD (UNITED NATIONS CONFERENCE ON TRADE AND DEVELOPMENT) (2005): Trade and Development Report 2005, Genf.

UNFCCC (UNITED NATIONS FRAMEWORK CONVENTION FOR CLIMATIC CHANGE) (2006): Kyoto-Protokoll, unter: http://unfccc.int/essential_background /kyoto_protocol/background/items/1351.php, abgerufen am 30.06.2006.

UNFCCC (UNITED NATIONS FRAMEWORK CONVENTION FOR CLIMATIC CHANGE) (2006): Status of Ratification, unter: http://unfccc.int/essential_background/kyoto_protocol/status_of_ratification/items/2613.php, abgerufen am 28.04.2006.

UNGEFUG, G. (2001): Feriencarrier und Touristen, in: FVW INTERNATIONAL, 2, S. 204.

VAHRENKAMP, R. (2003): Der Gütertransport im internationalen Luftverkehr, in: INTERNATIONALES VERKEHRSWESEN, 3, S. 71.

VAN FENEMA, P.: (2002) National Ownership and control provisions remain major obstacles to airline mergers, in: ICAO JOURNAL, 9, S. 7.

VAN SUNTUM, U. (1986): Verkehrspolitik, München.

VDR (VERBAND DEUTSCHES REISEMANAGEMENT. E.V.) (2005): VDR Geschäftsreiseanalyse 2005, Frankfurt/Main.

VELLAS, F. (1993): Le Transport aérien, Paris.

VERBAND DEUTSCHES REISEMANAGEMENT e.V. (VDR) (2005): VDR-Geschäftsreisanalyse 2005 in Zusammenarbeit mit BearingPoint, Management Summary, unter: http://www.vdr-service.de/portal/portal/cms/obj/_offen/kompetenzzentrum/vdrgra2005 msd.pdf, abgerufen am 20.03.2005.

VERKEHRSCLUB DEUTSCHLAND (1996): Mobilitätsmanagement in Betrieb und Verwaltung, Bonn.

VERTRAG ÜBER DIE GRÜNDUNG DER EUROPÄISCHEN WIRTSCHAFTSGEMEINSCHAFT (1957): vom 25.3.1957, BGBl. 1957 II, S. 766.

VERTRAG ZUR GRÜNDUNG DER EUROPÄISCHEN GEMEINSCHAFT (1992) in der Fassung des Vertrages über die Europäische Union vom 7.2.1992, BGBl. 1992 II, S. 1253.

VERWALTUNGSGERICHT KÖLN (1975): Urteil vom 14.01.1972; in: ZLW, S. 235.

VOIGT, B., LINKE, M. (2005): Der Erfolg eines Systemhauses, Berlin.

VOIGT, F. (1973): Verkehr, Band 1 und 2, Berlin.

VOIGT, F., TRETZEL, M. (1978): Verkehrspolitik, in: Handwörterbuch der Volkswirtschaft, Wiesbaden, S. 1343.

VOLZ, A., MARTI, E. (2001): Die Potentiale des Internet in der Tourismusbranche am Beispiel ausgewählter Destinationen, INSTITUT FÜR WIRTSCHAFTSINFORMATIK AN DER UNIVERITÄT BERN (Hrsg.): ; Arbeitsbericht Nr. 129, Bern.

VON WRANGELL, N. (1999): Globalisierungstendenzen im internationalen Luftverkehr, Frankfurt/Main.

WAGNER, P. (1997): Kundenorientierung – Der Königsweg zum Unternehmenserfolg, Renningen.

WALCHER, F. (1978): Das Planungs- und Steuerungssystem der staatlichen Verkehrspolitik zur Regulierung der Verkehrsmärkte, Berlin.

WALKER, A. (1995): Chance Regio-Flughafen, Frankfurt/Main.

WALKER, K. (1999): US DoD gives red light to ownership changes, in: AIRLINE BUSINESS, June, S. 11.

WALKER, K. (2000): Chicago revisited, in: AIRLINE BUSINESS, 1, S. 28.

WALKER, K. (2000): Sans frontiers, in: AIRLINE BUSINESS, 2, S. 34.

WALTHER, M. (1996): Verkehrspolitik in der Bundesrepublik Deutschland - Verselbständigung und politische Steuerung, Diss., Tübingen.

WARDELL, D. (1987): Airline Reservation Systems in den USA, in: Travel and Tourism Analyst, 1, S. 45.

WASSENBERGH, H. (1970): Aspects of Air Law and Civil Air Policy in the Seventies, The Hague.

WASSENBERGH, H. (1991): The globalization of international air transport, in: ITA MAGAZINE, July/August, S. 3.

WEBER, G. (1997): Erfolgsfaktoren im Kerngeschäft von europäischen Luftverkehrsgesellschaften, Bamberg.

WEBER, J. (1994): Der Wandel im Luftverkehr, in: DVWG (Hrsg.): Erstes Forum Luftverkehr der DVWG, Bergisch Gladbach, S. 37.

WEBER, J. (2000): Allianzen statt Fusionen, in: INTERNATIONALES VERKEHRSWESEN, 52 (11), S. 512.

WEBER, L. (1981): Die Zivilluftfahrt im Europäischen Gemeinschaftsrecht, Heidelberg.

WEB-TOURISMUS TOURISMUS FORSCHUNG UND BERATUNG (2005): Folgestudie zum Verkehrs-Wettbewerbsvergleich, unter: http://www.web-tourismus.de/downloads/mobilumjedenpreis.pdf, abgerufen am 05.05.2005.

WEIMANN, L. (1998): Markteintrittsbarrieren im europäischen Luftverkehr, Hamburg.

WEINGARTEN, F. (1995): Entlastung des Luftverkehrs in Deutschland unter den Bedingungen eines wachsenden Luftverkehrsmarktes, Bergisch Gladbach/Köln.

WEINHOLD, M. (1995): Computerreservierungssysteme im Luftverkehr, Baden-Baden.

WEISS, O. (1996): Servicequalität – Unsere Kunden halten uns den Spiegel vor, in: LUFTHANSEAT, 642, S. 1.

WEITHÖNER, U. (1999): Informationssysteme und neue Medien, in: FREYER, W., POMPL, W. (Hrsg.): Reisebüro-Management, München/Wien, S. 315.

WELLS, A. T. (1989): A Carebook for Air Transportation, Belmont.

WENDLIK, H. (1995): Infrastrukturpolitik im europäischen Luftverkehr unter den Bedingungen eines wachsenden Marktes, Ostfildern-Kemnath.

WENDLING, P. (1998): Schadstoffe in der Luftfahrt – Ergebnisse der Atmosphärenforschung 1992-1997, Oberpfaffenhofen.

WENGLORZ, G. (1992): Die Deregulierung des Linienluftverkehrs im Europäischen Binnenmarkt, Heidelberg.

WHEATCROFT, S. (1964): Air Transport Policy, London.

WHEATCROFT, S. (1964): Elasticity of Demand for North Atlantic Travel, in: IATA-Dok. Nr. 9165, Montreal.

WHEATCROFT, S. (1978): Price elasticity revisited, New York, unveröffentlicht.

WHEATCROFT, S. (1981): The Size and Shape of Future Air Traffic, in: WASSENBERG, H. A., FENEMA, H. P. (Hrsg.): International Air Transport in the Eighties, Deventer, S. 92.

WHEATCROFT, S. (1994): Aviation and Tourism Policies, WTO (Hrsg.): London/New York.

WIEDMANN, K. (2004): Kundenbindung und Kundenbindungsinstrumente: Einsatzmöglichkeiten bei Low Cost Airlines, Hannover.

WIEDMANN, K., HENNINGS, N., HAMMERSEN, M. (2005): Profitabilitätsorientiertes Zielkundenmanagement in der Luftverkehrsbranche, Hannover.

WIESKE-HARTZ, H. (1998): Airline Operation, Allershausen.

WIESNER, J. (2000): Die Privatisierung der Deutschen Lufthansa AG und ihre Aktionärsstruktur nach deutschem, internationalem und europäischem Recht, Frankfurt/Main.

WIEZOREK, B. (1998): Strategien europäischer Fluggesellschaften in einem liberalisierten Weltluftverkehr, Frankfurt/Main.

WILEMAN, A., JOYCE, I., WILDING, J. (2006): Top 50 leasing survey, in: AIRLINE BUSINESS, 2, S. 47.

WILKEN, D. (1996): Code-Sharing im Luftverkehr Deutschlands, in: INTERNATIONALES VERKEHRSWESEN, 7+8, S. 25.

WILLEKE, R. (1987): Liberalisierung und Harmonisierung als Aufgabe und Chance einer gemeinsamen Verkehrspolitik im EG-Raum, in: ZEITSCHRIF FÜR VERKEHRSWISSENSCHAFT, 3, S. 71.

WILLIAMS, G. (1993): The Airline Industry and the Impacts of Deregulation, Aldershot.

WILLIAMS, G. (2002): Airline Competition: Deregulation's Mixed Legacy, Aldershot.

WILMER, CUTLER & PICKERING (1991): Deutschlands Flughafen-Kapazitätskrise; nicht veröffentlichte Studie – erstellt für das Planungsbüro Luftraumnutzer 1991.

WIRTZ, B. (2000): Electronic Business, Wiesbaden.

WITTMANN, M. (1994): Die Liberalisierung des Luftverkehrs in der Europäischen Gemeinschaft, Konstanz.

WOERZ, C. (1996): Deregulierungsfolgen im Luftverkehr – Handlungsempfehlungen für Marktordnung und Umweltpolitik. Heidelberg.

WOLL, A. (1984): Allgemeine Volkswirtschaftslehre, München.

WORLD BANK (2006): World Development Indicators – Quick Query, unter http://ddp-ext.worldbank.org/ext/DDPQQ/showReport.do?method=showReport, abgerufen am 20.03.2006.

WTO (WORLD TRADE ORGANIZATION) (2005): World Trade Report 2005, Genf.

WYSS, F. (1993): Herausforderung Luftverkehr – Ökologieorientiertes Management bei der Swissair, in: WÖHLER, K., SCHERTLER, W. (Hrsg.): Touristisches Umweltmanagement, Limburgerhof, S. 161.

YEOMAN, I., INGOLD, A. (1997): Yield Management – Strategies for the Service Industries, London.

YERGIN, D., VIETOR, R., EVANS, P. (2000): Fettered Flight: Globalization and the Airline Industry, Cambridge, Mass.

YOU, X., O'Leary, J. T. (2000): Age and Cohort Effects: An Examination of Older Japanese Travellers, in: JOURNAL OF TRAVEL AND TOURISM MARKETING, 9 (1/2), S. 21-42.

YU, G. (1998): Operations Research in the Airline Industry, Kluwer.

ZACHIAL, M., FITTER, J., SOLZBACHER, F. (1975): Preisbildungstheorie und -politik im Verkehrswesen, Forschungsbericht des Landes Nordrhein-Westfalen, 2524, Köln-Opladen.

ZEIKE, O. (2003): Nachfrageveränderungen im Rahmen von Flughafenkooperationen, Hamburg.

ZENTRUM FÜR RECHT UND WIRTSCHAFT DES LUFTVERKEHRS (2006): Regionalökonomische Bedeutung des Flugplatzes Zweibrücken, Trier.

ZHAO, Y. (2001): Air Transport Services and WTO in the New Epoche, in: ZLW, S. 48.

ZIELKE, T. (1998): Verkehrsaufteilung in Flughafensystemen, Berlin.

ZIMMERLICH, A., DAVID, D., VEDDERN, M. (2004): Übersicht B2B-Marktplätze im Internet, Branchenspezifische B2B-Marktplätze – empirische Erhebung, 28, Universität Münster.

Linkliste

Airports Council International (ACI)	www.airports.org
Air Transport Action Group (ATAG)	www.atag.org
Air Transport Association of America (ATA)	www.airlines.org
Air Transport World (ATW)	www.atwonline.com
Airbus	www.airbus.com
Airline Business	www.flightglobal.com
Arbeitsgemeinschaft Deutscher Verkehrsflughäfen (ADV)	www.adv-net.org
Association of European Airlines (AEA)	www.aea.be
Board of Airline Representatives in Germany (BARIG)	www.barig.org
Boeing	www.boeing.com
Bundesministerium für Verkehr-, Bau- und Stadtentwicklung	www.bmvbs.de
Bundesvereinigung gegen Fluglärm e. V. (BVF)	www.fluglaerm.de
Deutsche Flugsicherung (DFS)	www.dfs.de
Deutsche Lufthansa AG (DLH)	www.lufthansa.com
Deutscher Reise Verband (DRV)	www.drv.de
Amadeus	www.amadeus.com
EUROCONTROL	www.eurocontrol.int
EUROPÄISCHE KOMMISSION	ec.europa.eu
Europäische Union (EU)	www.europa.eu.int
European Aeronautic Defence and Space Company (EADS)	www.eads.net
European Aviation Safety Agency (EASA)	www.easa.eu.int
European Civil Aviation Conference (ECAC)	www.ecac-ceac.org
European Free Trade Association (EFTA)	secretariat.efta.int
European Low Fares Airlines Association (ELFAA)	www.elfaa.com
European Regions Airline Association (ERA)	www.eraa.org
EUROSTAT	www.europa.int
Intergovernmental Panel on Climate Change (IPCC)	www.ipcc.ch
International Air Carrier Association (IACA)	www.iaca.be
International Air Transport Association (IATA)	www.iata.org
International Civil Aviation Organisation (IACA)	www.icao.org
Joint Aviation Authorities (JAA)	www.jaa.nl
Luftfahrt-Bundesamt (LBA)	www.lba.de
Luftrecht-Online	www.luftrecht-online.de
Oneworld	www.oneworld.com
Organisation for Economic Co-Operation and Development (OECD)	www.oecd.org
SkyTeam	www.skyteam.com
Société Internationale de Télécommunications Aéronautiques (SITA)	www.sita.aero
Star Alliance	www.staralliance.com
Statistisches Bundesamt Deutschland (DESTATIS)	www.destatis.de
United Nations Framework Convention for Climatic Change	www.unfccc.int
US Federal Aviation Administration (FAA)	www.faa.gov
WTO World Trade Organization	www.wto.org
WTO World Tourism Organization	www.world-tourism.org

Sachverzeichnis

1

11. September 2001 11, 214

A

Abacus 310
Abfertigungsfunktion 166
Abfertigungszeit 85
Abkommen 335, 429
   bilaterale 369, 372, 414
Abkommen von Chicago 20, 31, 33, 35, 162, 242, 365
ACE 26
ACI 27
Ad_hoc-Charterflügen 284
ADV 27
AEA 26, 334
Agentur 17, 25, 49, 137, 229, 235, 264, 276, 282, 286, 288
Agenturzulassung 283, 289
Airbus 30, 63, 181, 357, 501
Airline Deregulation Act 244, 399, 400, 402
Airpässe 241, 262
Allianzen 83, 127, 135
Altersstruktur 210
Angebotsregulierung 48
angreifbarer Markt 338, 348
Anspruchsgruppen 81, 174
Anstoßflugpreis 272
Anwendungsbedingungen 235, 246, 254, 257
Anwendungsbestimmungen 36, 226, 230, 241, 276
Apollo 304
Approval
   Automatic Approval 374
   Country of origin-rule 374
   Double Approval 374
   Double Disapproval 374
asr 28
Aufgabenteilung 340
Aufsichtsbehörde 45
Außenhandel 206
Auswanderer 259
Auswirkungen, gesamtwirtschaftliche 55
Auswirkungen, regionalwirtschaftliche 60
Autarkiedenken 63
Aviation Konzern 123

B

Bahn 78, 83, 86, 95, 176, 180, 216, 217, 340, 343, 383, 387, 391
BARIG 28, 275
Batch-Produktion 47
Beförderungsklasse 86, 203, 235, 237, 252, 254, 272
Beförderungspflicht 34, 36
Beförderungsprozess 85
Behinderte 259
Beratungsgebühr 137
Bermuda I-Abkommen 243, 413
Bermuda-Klausel 372
Berufsgruppen 211
Berufsgruppenvertretungen 28
Besuchsreisen 200
Beteiligung 155
Betriebsergebnisse 8
Betriebsgenehmigung 361
Betriebspflicht 34, 36
Billing and Settlement Plan (BSP) 25, 110, 329
Bodenabfertigungsdienste 30
Bodenverkehrsdienste 173
Boeing 31, 181, 501
Branchenverbände 131
Buchungsklasse 254
Bundesbehörden 347
Bundesländer 20
Bundesministerium für Verkehr 18, 163, 350, 438, 440
Bus 83, 86, 219, 383

C

CAB 397, 413
Call Center 282

Carrier Fares 279
Charterflug
　Affinitätscharter 39
　Gastarbeiter 39
　Own Use 39
　Selbstbenutzer 40
　Single Entity 39
　Special-Event 40
　Studenten 40
Charterfluggesellschaften 19, 36, 103, 130, 232
Charterflugreisen 39, 248
Charterkette 38
Chartermodus 4, 104
Charterverkehr 3, 34, 37, 101, 199, 233, 247, 253, 286, 352, 369, 415, 440
Check-in 86, 142
Clearing House 25
Code 365, 374
Code Share 135, 139, 145
Commingling-Verbot 40
Consolidators 17, 286, 290
contestable market 338
Continental Carrier 101
Corporate Aviation 103
Corporate Negos 121
Crews 110
CRS 30, 141, 235, 289, 303, 341, 404, 417
Customer Fares 279

D

Deregulierung 131
Designation 365
Deutsche Flugsicherung GmbH (DFS) 29, 389
Deutscher Wetterdienst 30
Devisen-Carrier 99
Dienstleistung 43, 82, 233, 234, 281
Dienstleistungsketten 96
Dienstleistungssequenz 79
Dienstleistungsverkehr 425
DRV 28

E

ECAC 21, 243, 248, 250, 252, 334, 354, 370
Economies of density 145
Economies of scale 145
Economies of scope 145

Economies of size 145
Effekte, direkte 53
Effekte, endogene Wachstums- 54
Effekte, indirekte 54
Effekte, induzierte 54
Effekte, katalysierte 54
Effekte, positive Standort- 58
Effekte, wirtschaftliche 60
Ehegatten 260
Eintrittsbarrieren 339
Einzelflugverkehr 38
electronic ticketing 138
ELFAA 26
Emissionen 74, 342, 388
Emissionshandel 382
ERA 26
ERSP 289
EUROCONTROL 23, 30, 354, 383
Europäische Agentur für Luftsicherheit EASA 23
EWR 37
Executive Charter 104

F

Familien 210, 260
Ferienfluggesellschaft 102
Firmenreisestellen 93, 283
Flag Carrier 63, 99, 100, 101, 336, 396, 443
Flexibilität 84, 137, 201
Flugangst 213
Flughafen 29, 86, 162, 168
Fluglärm 28, 353, 376
Fluglärmgesetz 389
Flugplan 33, 36, 44, 47, 80, 83, 108, 175, 438
Flugplangenehmigung 362
Flugplankoordinator 19, 363, 461
Flugplanmitteilungspflicht 362
Flugsicherung 77, 343, 350
Flugunterbrechung 137, 269
Flugzeugfamilie 181
Fracht 6
Fractional Jet Ownership 103
Franchise 127, 139, 148, 282
Fraport 60, 356, 384
Freiheiten der Luft 336, 363
Fuel Dumping 75
Full-Service-Carrier 89
Fusion 154

G

Gabelreise 269, 273
Galileo 308, 385
Gastarbeiter 36, 259
Gebühren 180, 290
Gelegenheitsverkehr 3, 19, 37, 41, 341, 369
Genehmigungsbehörde 85
General Aviation 104
General Sales Agency Agreements 137, 286
Gepäck 384
Gesamtreisezeit 218
Gesamtverkehrskonzept 356
Geschäftsmodell 231
Geschäftsreisenachfrage 129
Geschäftsreisende 39, 47, 84, 196, 215, 240, 255, 280
GETS 310
Gewerbsmäßigkeit 33, 35
Globale Distributionssysteme 304, 308
Golfkrieg 214
Graumarkt 26, 276, 289
Grenzkosten 340
Gruppentarif 226, 253
Güterklassen 94

H

Haupturlaubsreise 216
Haushaltsnettoeinkommen 216
Haustarife 260, 279
Hub 105, 140, 167
   Hinterland-Hub 168
   Hourglass-Hub 168
   Mega-Hub 169
   Mini-Hub 169
   Multi-Hub 168
   Rolling-Hub 169
   Sekundär-Hub 169
Hub and Spoke 141, 148, 167, 174, 392, 404, 418

I

IACA 26
IAPA 27
IATA 10, 24, 49, 131, 136, 137, 198, 242, 244, 268, 276, 334, 395, 413
IATA-Tarifsystem 225

ICAO 10, 20, 136, 162, 250, 334, 354, 363, 369, 501
Imagekomponenten 211
In Flight-Service 86, 88
Inclusive-Tours 241
infant industry 337
In-Flight-Entertainment 88
Infrastruktur 9, 29, 85, 174, 335, 416
Infrastrukturpolitik 342
Inlandsverkehr 46, 83, 221
Instrumente: 342
Integration, vertikale 114
Integration, wirtschaftliche 66
Integrators 96
Interline 84, 103, 137, 142, 144, 201, 247, 256, 264, 278, 433, 442
IT-Tarif 253

J

JAA 354
Joint Aviation Authorities 21
Jugendliche 258

K

Kabinenkonfiguration 47
Kabotage 141, 365, 415, 434, 439, 446
Kapazität 118
Kapazitätsregelungen 48, 363
Kapitalbeteiligungen 342
Kartelle 134
Kartellpreisbildung 247, 249
KEP-Dienste 96
Kerosinsteuer 359, 381, 392
Kinder 258
Kombinationstarife 226
Konferenz von Chicago 242
Konkurrenz, ruinöse 339
Konzentration 129, 134, 148, 154
Kooperationen 133
Kosten 47, 50
Kostenstruktur 47, 405
Krisen 214
Kundenstatus 89, 144
Kuppelprodukt 93
Kurzreisen 216

L

Landegebühren 192
Landeplätze 29, 166

Landesbehörden 347
Lärm 192
Lärmschutz 20, 191, 344, 390
Leasing 31, 339
    Dry Leasing 186
    Finanzierungsleasing 186
    Operate Leasing 186
    Wet Leasing 186
Leasingvertrag 35
Legacy 119, 122
Leistungsfähigkeit 337, 351
Leitweg 228, 255
Linienbindung 33, 36
Linienverkehr 3, 40
Low Cost-Airlines 4, 89, 102, 104, 198, 410, 412
Luftfahrt-Bundesamt 19, 350
Luftfahrthandbuch Deutschland (AIP) 29
Luftfahrtindustrie 17, 57, 354
Luftfahrtorganisation 17
Lufthansa 6, 13, 45, 90, 92, 105, 135, 147, 150, 155, 160, 199, 213, 214, 253, 260, 344, 355, 362, 384, 445
Luftpost 358
Luftsicherheitsgebühren 393
Luftverkehrsabkommen 243, 252
Luftverkehrsbetreiberzeugnis 437
Luftverkehrsgesetz 31, 361, 373
Luftverkehrswirtschaft 17
Luftverkehrszulassungsordnung 361

M

Major 101, 126
Markteintrittsbarrieren 122, 348, 359
Marktforschung 203
Marktsegmentierung 236
Megacarrier 101
Mehrwertsteuer 387, 389
Memorandum of Understanding 251
Militärangehörige 259
Mineralölsteuer 358, 387, 393
Monopol, natürliches 337
multiple designation 365
Multiplikatorwirkungen 59

N

Nachfrage 45
Nachtflugverbot 95, 377, 391, 459
national ownership rule 126, 337, 365

Negotiated Fares 280, 285
    Agency Negos 280
    Consolidator Negos 280
    Corporate Negos 280
    Tour Operator Negos 280
Netzwerk-Carrier 101
Neutral Unit of Construction NUC 273, 275
Nischenstrategie 405
Non-IATA-Agenturen 289

O

öffentliches Interesse 51
Öffentlichkeit 33, 35
Online-Dienst 86, 289
Online-Vertrieb 282
Open Skies 101, 113, 130, 253, 372, 414

P

Pariser Konferenz 336
Pauschalflugreise 38, 286
Piece Concept 267
PKW 219
Poolabkommen 139, 233, 374
Post 6
Potentialqualität 80
predatory behaviour 233
Preisbildung 230, 246
Preisdifferenzierung 84, 240, 249, 256, 257
    Angebotskonkretisierung 242
    personelle 241
    räumliche 239
    sachliche 241
    zeitliche 240
Preiselastizität 180, 200, 214, 232, 236, 249, 274
Preisführerschaft 129, 441
Preiskategorien 216
Privatisierung 105
Privatreisen 200
Produktionsfaktoren 80
Produktkomponenten 82
Prorate 120
Provision 25, 137, 144, 282, 288, 289, 427
Punkt-zu-Punkt 42

Q

Qualität 43, 79, 82, 129, 175
  Ergebnisqualität 80
  funktionale 80
  instutionelle 80
  Prozessqualität 80
  technische 80
  Total Quality Service 81

R

Regelmäßigkeit 33, 36
Regionalfluggesellschaften 26, 83, 102, 148, 362
Regionalflughafen 163, 352, 392, 431, 434
Regionalflugzeuge 181
Regionalluftverkehr 20, 41, 163, 344, 357, 431, 434
Regulierung 335
Reisebüro 176, 198, 276, 285, 404
Reiseintensität 208, 210
Reisen
  berufliche 195
  Besuchsreisen 196
  Incentive 195
  private 196
Reiseveranstalter 36, 38, 104, 113, 175, 195, 263, 283, 285, 351
Rentabilität 7
Reservierungssystem 282
ROE-Rate 274
Royalties 138, 363

S

Sabre 304, 309, 385
Saison 240, 285
Sale-and-lease-back 187
Schienenverkehr 352
Schiff 219
Schüler 258
seamless travel 83, 119, 122, 144
Seeleute 259
Segelflugplätze 29
Selbstbedienungsautomaten 284
Senioren 210, 259
Service Cards 89
Service-Charge 137
Servicekette 46, 86, 203

Sicherheit 9, 45, 82, 349, 393, 399, 400, 407
SITA 30
SITI 275
SITO 275
Sitzladefaktor 46, 84, 129, 276
Sitzverfügbarkeit 46, 84, 236, 340
Sky Train 106
Slots 19, 83, 105, 143, 154, 175, 339, 460
Sonderflughäfen 166
SOTI 275
SOTO 275
Standortverbesserung 177
Stopover 228, 269, 273, 275, 284
Strategische Allianzen 233
strategische Einsatzreserve 9, 64
Streckengenehmigung 368
Streckenlänge 41
Streckennetz 83, 167, 168, 339
Streckenrechte 360
Streckenspezialist 102
Streiks 214
Studenten 258
Subcharter-Kodex 350
Substituierbarkeit 220
Substitutionseffekte 218
Subventionen 11, 31, 50, 63, 99, 129, 183, 184, 233, 340, 344, 357, 390, 392, 414, 424
Sunday-Rule 228, 261

T

Tarif
  APEX 262
  Budget 263
  Excursion 260
  IT 263
  Kooperations- 279
  PEX 262
  Rail&Fly 266
  Standby 262
  Super-APEX 262
Tarifaufsichtspflicht 341
Tarifgenehmigung 50, 226, 230, 374
Tarifgenehmigungspflicht 341
Tarifgestaltung
  formelle 225
  materielle 226
Tarifklassen 254

Tarifkoordination 226, 230, 242, 252, 277
Tarifmix 235
Tarifpflicht 34, 37
Terrorismus 11, 506
Traffic Conferences 244
Transitfunktion 167
Transitvereinbarung 367
Transportvereinbarung 368
Treibhauseffekt 70, 72
Trucking 95

U

Überbuchung 471
Übergepäck 267
Überkapazität 8, 238, 277, 340, 370
Umsatzsteuerbefreiung 358
Umweltgebühren 382
Umweltschutz 67, 82, 342, 343, 353, 439
Unternehmensverbindungen 132
Unternehmensziele 99, 231
Unternehmenszusammenschluss 134
Urlaubsreise 6, 45, 65, 199, 202, 216, 241

V

Verbraucherschutz 27, 142, 341
Vereinigung Cockpit 28
Verkehrsanbindung 178
Verkehrsflughäfen 29
Verkehrskonferenzen 244
Verkehrsleistung 78
Verkehrspolitik 348
Verkehrsrechte 9, 50, 63, 83, 138, 141, 143, 242, 363, 367, 439
Verkehrsregion 41, 221
Verkehrssysteme 343

Verkehrsträger 199
Verkehrsverlagerung 383, 391
Verkehrswertigkeit 44, 52, 94, 340
Vernetzung 352
Videokonferenzen 220
Vielflieger 89, 106, 111, 122, 144, 148, 169, 199, 202, 220, 447
virtuelle Fluggesellschaft 124, 126

W

Wartung 109
Wegsicherungsfunktion 166
Wertedynamik 211
Wet Lease 128
Wettbewerb 128, 161, 232, 338
Wettbewerbsbedingungen 49, 184, 342, 348
Wettbewerbsfähigkeit 131, 154, 166, 353
Wettbewerbsrecht 387
Wirtschaftswachstum 205
Wohlfahrtseffekte 238
WTO 28

Y

Yield Management 26

Z

Zielländer 221
Zonentarife 226, 239
Zubringerverkehr 42, 418
Zulassung 18, 23, 288, 354, 362, 424, 429, 464
Zulassungsbehörde 45
Zulieferindustrie 31
Zuverlässigkeit 45, 85

Druck: Krips bv, Meppel
Verarbeitung: Stürtz, Würzburg